Selected Scientific Papers of Alfred Landé

Fundamental Theories of Physics

A New International Book Series on The Fundamental Theories of Physics: Their Clarification, Development and Application

Selected Scientific Papers of Alfred Landé

edited by

A. O. Barut

Department of Physics,
University of Colorado, Boulder, U.S.A.

and

A. van der Merwe

Department of Physics,
University of Denver, U.S.A.

D. Reidel Publishing Company

A MEMBER OF THE KLUWER ACADEMIC PUBLISHERS GROUP

Dordrecht / Boston / Lancaster / Tokyo

Library of Congress Cataloging in Publication Data

CIP

Landé, Alfred, 1888–
Selected scientific papers of Alfred Landé.

(Fundamental theories of physics)
Includes index.
1. Physics. I. Barut, A. O. (Asim Orhan), 1926–
II. Van der Merwe, Alwyn. III. Title. IV. Series.
QC21.2.L36A25 1987 530 87–23484
ISBN-13: 978-94-010-8266-2 e-ISBN-13: 978-94-009-3981-3
DOI: 10.1007/978-94-009-3981-3

Published by D. Reidel Publishing Company,
P.O. Box 17, 3300 AA Dordrecht, Holland.

Sold and distributed in the U.S.A. and Canada
by Kluwer Academic Publishers,
101 Philip Drive, Assinippi Park, Norwell, MA 02061, U.S.A.

In all other countries, sold and distributed
by Kluwer Academic Publishers Group,
P.O. Box 322, 3300 AH Dordrecht, Holland.

ALFRED LANDÉ
circa 1935.
(Portrait furnished by courtesy of Prof. Carl H. Landé.)

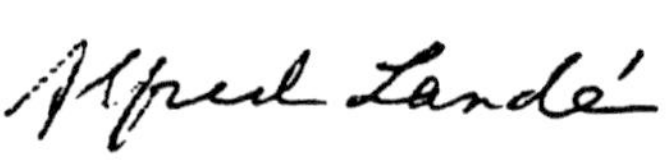

ALFRED LANDÉ

circa 1947.

(Portrait furnished by courtesy of Prof. Carl H. Landé.)

EDITORS' PREFACE

Theoretical physicists all over the world are acquainted with Landé's celebrated computation of the g factor or splitting factor or, more precisely, the magnetogyric factor. The so-called anomalous Zeeman effect had intrigued, if not vexed, some of the most distinguished physicists of that time, such as Bohr, Sommerfeld, Pauli, and others. Landé realized that this recalcitrant effect was inseparable from the multiplet line structure – a breakthrough in understanding which he achieved in 1922 at the age of thirty four. It was in the same year that Landé discovered the interval rule for the separation of multiplet sublevels, a significant result that holds in all cases of Russell-Saunders coupling and renders comparatively easy the empirical analysis of spectral multiplets.

In the twenties, Landé succeeded in constructing some original concepts of axiomatic thermodynamics by employing Caratheodory's somewhat esoteric approach as his guiding concept. Published in the *Handbuch der Physik*, his comprehensive treatise, evincing several novel ideas, has become a classic.

Landé, Sommerfeld's student though never a true disciple, published two monographs on quantum mechanics that are remarkable for their content and exposition. In this connection it may be apposite to stress that Landé had subscribed for many years to the (infelicitously named) Copenhagen interpretation. Physicists are prone to forget that already Born at first propounded a unitary particle theory, which he only later on, after a visit to Bohr in Copenhagen, disowned on becoming 'converted' to the generally accepted dualism of complementarity – the reconciliation of the corpuscle and wave pictures.

In numerous papers and lectures and in three formidable, polemical books, Landé assailed the Copenhagen ideology. He critically examined the Stern-Gerlach experiment and invoked the work of Duane, Ehrenfest, Epstein, and several other physicists to attack and often even to ridicule the wave-particle 'church'.*

And thus the classical quantum theorist Landé became a renegade, a heretic among the adherents to Bohr's and Heisenberg's tenets.

Throughout his academic pursuits, Landé had been almost obsessed with the so-called 'quantum riddle'. His objective was to create the whole mathematical edifice of quantum theory without having to resort to quantal concepts. In 1966 he presented a paper at an international colloquium held at the University of

*W. Yourgrau and A. van der Merwe, 'Alfred Landé and the Development of Quantum Theory', in *Perspectives in Quantum Theory*, W. Yourgrau and A. van der Merwe, eds. (The MIT Press, Cambridge, 1971).

Denver, later published in its proceedings, in which he constructed quantum mechanics by invoking only three nonquantal postulates.**

Alfred Landé was a reserved, modest, and rather aloof man. It is almost ironical that this unpretentious and mild-mannered scholar should dare to challenge some of the most brilliant physicists of his time and should risk antagonizing old colleagues and friends along the way. He was in no sense a wild eccentric; on the contrary, his outstanding training, his formidable powers of reasoning, and his masterly handling of the physicist's tools have ensured Landé a place in the galaxy of original thinkers and architects of modern theoretical physics. His name will endure.

Asim O. Barut
Alwyn van der Merwe

W. Yourgrau, 'Alfred Landé', *Phys. Today* **29 (5), 82 (1976).

TABLE OF CONTENTS

The papers appearing in this volume are numbered according to the comprehensive list of papers which are presented in chronological order beginning on p. 550.

APPENDICES

Quanteneffekt im Hochfrequenzspektrum.

Von A. Landé.

J. Franck und G. Hertz[1]) zeigten, daß Hg-Atome durch auftreffende Elektronen ionisiert werden und die ultraviolette Woodsche Resonanzlinie $\lambda = 253{,}6\,\mu\mu$ aussenden, wenn die kinetische Energie der Elektronen den kritischen Betrag $\varepsilon_c = h \cdot \frac{c}{\lambda} = h\nu$ erreicht. Es ist zu vermuten, daß sich eine entsprechende Beziehung auch bei andern Elementen und für andere charakteristische Spektrallinien vorfindet. Nun hat Moseley[2]) die sekundären Röntgenspektra der meisten Elemente des periodischen Systems untersucht und mit großer Genauigkeit eine lineare Beziehung zwischen den Atomnummern N (Ntes Element im periodischen System) und den Quadratwurzeln aus den Hochfrequenzen ν des Barklaschen K- und L-Typus gefunden. Andrerseits hat Whiddington[3]) beobachtet, daß eine Reihe chemischer Elemente unter dem Einfluß primärer Röntgenstrahlung nur dann sekundäre Strahlen aussendet, wenn die primäre Strahlung durch Elektronenstöße hervorgerufen wird, deren Stoßenergie oberhalb einer kritischen Energie ε_c liegt; Whiddington fand die zugehörige kritische Elektronengeschwindigkeit v_c nahezu proportional dem Atomgewicht A des sekundären Strahlers ($v_c = A \cdot 10^8$). Ein Vergleich der kritischen Elektronenenergien von Whiddington mit den Moseleyschen Röntgenfrequenzen zeigt bei allen untersuchten Elementen eine nahe Übereinstimmung zwischen ε_c und der mit h multiplizierten langsamsten und stärksten Röntgenfrequenz K_α[4]), wie aus folgender Tabelle hervorgeht:

1) Verh. d. Deutsch. Phys. Ges. **16**, 457 und 512, 1914.
2) Phil. Mag. **26**, 1024, 1913; **27**, 703, 1914.
3) Proc. Roy. Soc. London. **85**, 323, 1911.
4) Whiddingtons Beobachtungen beziehen sich nur auf Elemente mit niedrigem Atomgewicht, bei denen die weichere L-Strahlung nicht auftritt.

Element	Whiddington		Moseley		Quotient
	gemessen Volt	berechnet $\varepsilon_c : e$	gemessen $\lambda \cdot 10^8$	berechnet $h \cdot \nu : e$	$\varepsilon_c : h\nu$
Al	2 200	7,3	8,346	5,0	1,4
Cr	7 320	24,4	2,301	18,1	1,3
Fe	9 600	32,0	1,946	21,6	1,4
Ni	10 750	35,8	1,662	25,2	1,4
Cu	11 080	36,9	1,549	27,0	1,3
Zn	11 280	37,6	1,442	29,0	1,3
Sc	15 400	51,3		35,0*	1,4

*) Aus Moseleys Interpolationsformel abgeleitet.

Für das elektrische Elementarquantum ist $e = 4{,}7 \cdot 10^{-10}$ genommen, für h der Wert $6{,}55 \cdot 10^{-27}$. Es zeigt sich also, daß für alle untersuchten Elemente im Gebiet der Röntgenfrequenzen ein Quanteneffekt besteht, der dem von Franck und Hertz im Ultravioletten entdeckten analog ist.

Daß die Elektronenenergien ε_c etwas größer als die zugehörigen h_ν beobachtet wurden, stimmt mit der bei allen Resonanzvorgängen bei Röntgenstrahlen in Erscheinung tretenden Tatsache überein, daß das Resonanzgebiet um 12—20% nach Rot gegen das Erregungsgebiet verschoben ist[1]).

Nach J. Stark[2]) ist $\lambda = 253{,}6\,\mu\mu$ die langsamste Frequenz einer vom neutralen Hg-Atom ausgesandten Serie, welcher also die kleinste kritische Stoßenergie ε_c entspricht; analog ist zu vermuten, daß bei Elementen, welche L-Strahlung neben der härteren K-Strahlung aufweisen (Elemente mit höherem Atomgewicht als 90), ε_c sich $= h\nu_L$ (statt $= h\nu_K$) findet, wo ν_L eine der Moseleyschen L-Frequenzen ist.

1) Vergl. Pohl, Die Physik der Röntgenstrahlen, Seite 77, 97, 121.
2) Ann. d. Phys. **42**, 241, 1913.

(Eingegangen 10. August 1914.)

Reprinted from *Phys. Z.* **15**, 793–794 (1914).

Zur Theorie der Helligkeitsschwankungen.

Von A. Landé.

In einer Diskussion zwischen A. Einstein und W. Ritz[1]) über die Freiheitsgrade der Hohlraumstrahlung handelte es sich um folgendes Paradoxon: Einerseits ist die Zahl der Freiheitsgrade eines Hohlraums V nach der Jeansschen Abzählung der elektromagnetisch möglichen Eigenschwingungen gleich

$$dZ = \frac{8\pi\nu^2}{c^3} V d\nu, \quad Z = \int_0^\infty \frac{dZ}{d\nu} d\nu = \infty. \quad \text{(a)}$$

Nimmt man aber andrerseits an, die Strahlung werde hervorgerufen durch die Emission von N innerhalb der Wand befindlichen Elektronen, so wird der Strahlungszustand im Innern durch die $3N$ Zustandsvariablen der N Elektronen nach der Theorie der retardierten Potentiale vollständig bestimmt sein, so daß als Zahl der Freiheitsgrade

$$Z = 3N \quad \text{(b)}$$

anzusetzen ist. Die Lösung des Paradoxons, daß, auch wenn elektrische Felder nur von Elektronenbewegungen hervorgerufen werden sollen, doch in einem spiegelnden Hohlraum noch beliebige Felder überlagert werden dürfen, deren Dasein auf frühere sehr oft gespiegelte Elektronenimpulse geschoben wird, scheint nicht den wesentlichen Punkt zu treffen. Denn, wie im folgenden gezeigt werden soll, ist die von N Elektronen emittierte Strahlung, bereits wenn sie in den freien Raum hinein gesandt wird, Schwankungsgesetzen unterworfen, welche, nach dem bekannten engen Zusammenhang zwischen Schwankungen und Zahl der Freiheitsgrade, auf den Jeansschen Ausdruck (a) hinweisen, speziell also unabhängig von der Zahl N sind. Wir werden dabei Beziehungen ableiten, welche eng mit den Resultaten M. v. Laues in seiner Arbeit „Über die Freiheitsgrade von Strahlenbündeln"[1]) zusammenhängen.

§ 1. In der Entfernung 1 vom Beobachtungspunkt o befinden sich N monochromatische Lichtzentren (Atome), welche in o eine mittlere Helligkeit $\bar{J}$ hervorbringen. Dieselbe mittlere Helligkeit $\bar{J}$ wird in o erregt durch Nr^2 Zentren derselben Art, welche sich in der Entfernung r von o befinden. Intensitätsschwankungen um $\bar{J}$ werden aus zwei Gründen vorkommen:

1. Befindet sich jedes der Nr^2 Atome im Verlaufe der langen Zeit T nur a-mal je eine Zeit τ im leuchtenden Zustand, und hängt die Verteilung der a Leuchtzeiten τ über die gesamte Zeit T bei jedem Atom vom Zufall ab, so wechselt fortwährend die Zahl der gleichzeitig leuchtenden Atome. Je größer aber der Mittelwert dieser Zahl ist, umso geringer

1) W. Ritz, diese Zeitschr. **9**, 903, 1908; **10**, 224, 1909; A. Einstein, diese Zeitschr. **10**, 185, 1909; Einstein u. Ritz, diese Zeitschr. **10**, 323, 1909.

1) M. v. Laue, Ann. d. Phys. **44**, 1197, 1914.

Reprinted from *Phys. Z.* **15**, 946–952 (1914).

werden die relativen Schwankungen um diesen Mittelwert sein. Wird also die mittlere Helligkeit J im Beobachtungspunkt o einmal durch eine kleine Lichtquelle in geringer Entfernung, ein zweites Mal durch eine große Lichtquelle derselben Art in großer Entfernung hervorgebracht, so werden die in o beobachteten Helligkeitsschwankungen um den Mittelwert J im zweiten Fall klein gegenüber denen im ersten Fall sein und im Grenzfall überhaupt verschwinden.

2. Schwankungen einer zweiten Art entstehen dadurch, daß die leuchtenden Zentren Phasendifferenzen besitzen, welche nach den Gesetzen des Zufalls wechseln, so daß die in o beobachtete Intensität J durch Interferenz bald größer, bald kleiner als J wird. Es soll zunächst gezeigt werden, daß die Größe dieser Schwankungen im Nullpunkt unabhängig von der Zahl der die mittlere Intensität J hervorbringenden Zentren ist, im Gegensatz zu den Schwankungen der ersten Art.

§ 2. Es seien, unter Vernachlässigung der im Grenzfall unendlich kleinen Schwankungen 1. Art, in jedem Augenblick genau n Atome im leuchtenden Zustand. Die Emission möge durch n monochromatische lineare Oszillatoren besorgt werden, welche plötzlich ihre Schwingungsrichtung, Phase und Amplitude ändern können. Alle sollen in einem kleinen Kegel um die z-Achse liegen. Dann erzeugt der $\varkappa$te Oszillator in o ein elektrisches Feld, dessen Komponente nach der zu z senkrechten Polarisationsrichtung x gleich

$$\mathfrak{E}_x = \frac{A_\varkappa \alpha_\varkappa}{z_\varkappa} e^{i\delta_\varkappa}$$

ist. $z_\varkappa$ gibt die Entfernung, $A_\varkappa$ die Amplitude, $\delta_\varkappa$ die Phase des $\varkappa$ten Oszillators an; $\delta_\varkappa$ liegt mit gleicher Wahrscheinlichkeit zwischen o und 2π, jeder Wert $A_\varkappa$ besitze die Wahrscheinlichkeit $w(A)$, so daß $\int dw(A) = 1$, und $\overline{A} = \int A\, dw$. Der Faktor $\alpha_\varkappa$ ist gleich der Projektion eines in der Schwingungsrichtung des emittierenden linearen Oszillators gezogenen Einheitsvektors auf die Polarisationsrichtung x; die Wahrscheinlichkeit, daß diese Projektion zwischen den Werten α und $\alpha + d\alpha$ $(0 \leq \alpha \leq 1)$ liegt, ist bekanntlich gleich $d\alpha$, unabhängig von der Größe von α; daher ist z. B. $\overline{\alpha^2} = \int_0^1 \alpha^2 d\alpha = \frac{1}{3}$. Es wird also die gesamte elektrische Kraft in o

$$\mathfrak{E}_x = \sum_1^n \frac{A_\varkappa \alpha_\varkappa}{z_\varkappa} e^{i\delta_\varkappa}.$$

Die in o erzeugte Intensität ist dann

$$J = |\mathfrak{E}_x|^2 = \left|\sum_1^n \frac{A_\varkappa \alpha_\varkappa}{z_\varkappa} e^{i\delta_\varkappa}\right|^2. \qquad (1)$$

Schreibt man zur Abkürzung der beiden reellen Größen

$$J_0 = \frac{1}{3} \sum_1^n \overline{\left(\frac{A_\varkappa}{z_\varkappa}\right)^2},$$
$$R = \left|\sum_1^n \frac{A_\varkappa \alpha_\varkappa}{z_\varkappa} e^{i\delta_\varkappa}\right| = |\mathfrak{E}_x|, \qquad (2)$$

so wird

$$R^2 = J = \frac{J}{J_0} \cdot J_0 = \frac{J}{J_0} \cdot \frac{1}{3} \sum_1^n \overline{\left(\frac{A_\varkappa}{z_\varkappa}\right)^2}. \qquad (3)$$

Es wird gefragt nach der Wahrscheinlichkeit eines Wertes J/J_0 bis $J + dJ/J_0$, d. h. wegen (1) nach der Wahrscheinlichkeit, daß die geometrische Summe der in der komplexen Ebene gezogenen n Vektoren $\frac{A_\varkappa \alpha_\varkappa}{z_\varkappa} e^{i\delta_\varkappa}$ $(\varkappa = 1, 2, \ldots n)$ ihren Endpunkt in einem Kreisring um den Nullpunkt hat, dessen Radien sich aus (3)

$$R^2 = \frac{J}{J_0} \cdot \frac{1}{3} \sum_1^n \overline{\left(\frac{A_\varkappa}{z_\varkappa}\right)^2}$$

und

$$R^2 + dR^2 = \frac{J + dJ}{J_0} \cdot \frac{1}{3} \sum_1^n \overline{\left(\frac{A_\varkappa}{z_\varkappa}\right)^2} \qquad (4)$$

bestimmen. ($A_\varkappa$, $\alpha_\varkappa$, $z_\varkappa$ sind reell.)

§ 3. Zur Berechnung dieser Wahrscheinlichkeit benutzen wir folgenden Satz[1]): Hat man n komplexe Größen $\zeta_\varkappa = \xi_\varkappa + i\eta_\varkappa$ $(\varkappa = 1, 2, \ldots n)$, so ist die Wahrscheinlichkeit, daß

$$\Sigma \xi_\varkappa - \Sigma \overline{\xi}_\varkappa \text{ zwischen } X \text{ und } X + dX,$$

und zugleich

$$\Sigma \eta_\varkappa - \Sigma \overline{\eta}_\varkappa \text{ zwischen } Y \text{ und } Y + dY$$

liegt, für große n näherungsweise gleich

$$dW = \frac{1}{2\pi\sqrt{\mathfrak{A}\mathfrak{C} - \mathfrak{B}^2}} \cdot e^{-\frac{\mathfrak{C}X^2 - 2\mathfrak{B}XY + \mathfrak{A}Y^2}{2(\mathfrak{A}\mathfrak{C} - \mathfrak{B}^2)}} \cdot dX\,dY. \qquad (5)$$

Dabei bedeutet $\overline{\xi}_\varkappa$ den Mittelwert von $\xi_\varkappa$, d. h. $\overline{\xi}_\varkappa = \int \xi_\varkappa dw$ usw. Ferner ist darin

$$\mathfrak{A} = \sum_1^n \overline{(\xi_\varkappa - \overline{\xi}_\varkappa)^2}, \qquad \mathfrak{C} = \sum_1^n \overline{(\eta_\varkappa - \overline{\eta}_\varkappa)^2},$$
$$\mathfrak{B} = \sum_1^n \overline{(\xi_\varkappa - \overline{\xi}_\varkappa)(\eta_\varkappa - \overline{\eta}_\varkappa)}.$$

1) Markoff, Wahrscheinlichkeitsrechnung, Leipzig 1912, § 33.

Im vorliegenden Fall ist $\xi_\varkappa + i\,\eta_\varkappa = \frac{A_\varkappa \alpha_\varkappa}{z_\varkappa}(\cos\delta_\varkappa + i\sin\delta_\varkappa)$, wobei $\frac{A^\varkappa}{z_\varkappa}$, $\alpha_\varkappa$ und $\delta_\varkappa$ voneinander unabhängige Größen sind. Daher ist hier

$$\overline{\xi_\varkappa} = \overline{\left(\frac{A_\varkappa \alpha_\varkappa}{z_\varkappa}\cos\delta_\varkappa\right)} = \overline{\left(\frac{A_\varkappa}{z_\varkappa}\right)}\cdot\overline{\alpha_\varkappa}\cdot\overline{\cos\delta_\varkappa} = 0,$$

$$\overline{\eta_\varkappa} = 0,$$

$$\overline{\xi_\varkappa^2} = \overline{\left(\frac{A_\varkappa \alpha_\varkappa}{z_\varkappa}\cos\delta_\varkappa\right)^2} = \overline{\left(\frac{A_\varkappa}{z_\varkappa}\right)^2}\cdot\overline{\alpha_\varkappa^2}\cdot\overline{\cos^2\delta_\varkappa} = \overline{\left(\frac{A_\varkappa}{z_\varkappa}\right)^2}\cdot\frac{1}{3}\cdot\frac{1}{2},$$

$$\overline{\eta_\varkappa^2} = \overline{\left(\frac{A_\varkappa}{z_\varkappa}\right)^2}\cdot\frac{1}{3}\cdot\frac{1}{2},$$

$$\overline{(\xi_\varkappa\eta_\varkappa)} = \overline{\left(\frac{A_\varkappa^2\alpha_\varkappa^2}{z_\varkappa^2}\sin\delta_\varkappa\cos\delta_\varkappa\right)} = \overline{\left(\frac{A_\varkappa^2}{z_\varkappa^2}\right)}\cdot\overline{\alpha_\varkappa^2}\cdot\overline{\sin\delta_\varkappa\cos\delta_\varkappa} = 0.$$

Also wird hier

$$\mathfrak{A} = \frac{1}{6}\cdot\sum\overline{\left(\frac{A_\varkappa}{z_\varkappa}\right)^2} = \mathfrak{C}, \quad \mathfrak{B} = 0$$

und die Wahrscheinlichkeit, daß

$$R = \left|\sum_1^n \frac{A_\varkappa \alpha_\varkappa}{z_\varkappa} e^{i\delta_\varkappa}\right|$$

in das Gebiet $dX\,dY$ fällt, ist nach (5)

$$dW = \frac{3}{\pi\,\Sigma\overline{(A_\varkappa/z_\varkappa)^2}}\, e^{-3(X^2+Y^2)/\Sigma\overline{\left(\frac{A_\varkappa}{z_\varkappa}\right)^2}}.$$

Einführung von Polarkoordinaten R, Θ gibt

$$X^2 + Y^2 = R^2,$$

$$dX\,dY = R\,d\Theta\,dR = \frac{1}{2}\cdot d\Theta\cdot dR^2$$

$$dW = e^{-3R^2/\Sigma\overline{\left(\frac{A_\varkappa}{z_\varkappa}\right)^2}}\cdot\frac{d\Theta}{2\pi}\cdot d\left(3R^2/\Sigma\overline{\left(\frac{A_\varkappa}{z_\varkappa}\right)^2}\right).$$

Integration über Θ und Einführung von (3) ergibt für die in (4) gesuchte Wahrscheinlichkeit:

$$dW = e^{-J/J_0}\cdot d(J/J_0). \tag{6}$$

Zugleich findet sich J_0 als Mittelwert von J:

$$\bar{J} = \int_0^\infty J\,dW = J_0 \tag{7}$$

Wir haben also gefunden[1]): die Wahrscheinlichkeit einer Schwankung $J - \bar{J}$ im Beobachtungspunkt o hängt nur von der Größe der mittleren Helligkeit $\bar{J}$ ab, nicht von der Art, wie diese mittlere Helligkeit hervorgebracht wird; sie ist also unabhängig von der Zahl n[1]) (im Gegensatz zu den Schwankungen 1. Art, § 1), dem Abstand z und der Amplitude A der emittierenden Oszillatoren.

Liegen die leuchtenden Atome von o aus gesehen in einem kleinen Kegel $d\Omega$ um die z-Achse mit o als Spitze, so kann man dieses Resultat auch so aussprechen:

Für die Schwankungen im Punkt o ist nur die „mittlere Helligkeit des beleuchtenden Kegels" maßgebend, d. h. die mittlere Helligkeit beim Beobachten in der Richtung $d\Omega$, nicht aber die Zahl, Amplitude und Entfernung der Lichtzentren, welche diese mittlere Helligkeit hervorrufen.

Sind daher die leuchtenden Atome auf irgendeiner den Nullpunkt ganz umschließenden Schale mit gleichmäßiger Dichte verteilt, so daß von o aus gesehen die leuchtende Hülle überall gleich hell erscheint, so wird man in o und auch in jedem andern Punkt P im Innern dieses „Hohlraums" nicht nur die gleiche mittlere Intensität, sondern auch gleich große Schwankungen erhalten, und es ist die Größe dieser Schwankungen unabhängig von der Zahl der die Hülle bildenden Atome, von der Gestalt und Größe des Hohlraums und von der Lage des Beobachtungspunktes in ihm (allein auf Grund retardierter Potentiale, ohne Berücksichtigung von Spiegelungen).

§ 4. Auch der zeitliche Ablauf der Schwankungen kann nicht von der Zahl der emittierenden Teilchen abhängen. Nehmen wir nämlich zunächst an, daß sämtliche Oszillatoren im gleichen Moment $t = 0$ und dann immer nach Intervallen τ alle gleichzeitig ihre Phasen wechseln, so werden in dem Beobachtungspunkt o im Verlauf der Zeit T nacheinander $Z = \frac{T}{\tau}$ verschiedene voneinander unabhängige Momentanintensitäten $J_1 J_2 \ldots J_Z$ auftreten. Bedeutet $\bar{E}(T)$ die während T im Mittel am Beobachtungspunkt pro Flächeneinheit durchgestrahlte Energie, $E(T)$ aber den tatsächlichen Betrag der Durchstrahlung während T, so ist

$$\frac{E - \bar{E}}{\bar{E}} = \sum_{p=1}^{Z}\frac{J_p}{\bar{J}} - Z\cdot\frac{\bar{J}}{\bar{J}}.$$

1) Herr Prof. v. Laue machte mich freundlichst darauf aufmerksam, daß ein der Gl. (6) analoges Resultat für Schallquellen bereits von Lord Rayleigh abgeleitet wurde, freilich auf ganz anderm Wege. Vgl. Rayleigh, Theory of Sound § 42a.

1) Genauer: Für großes n existiert ein bestimmter Grenzwert für diese Größe. Man überzeugt sich aber leicht, daß bereits für $n = 50$ die genauen Werte diesem Grenzwert ungeheuer nahe kommen, daß es also gleichgültig ist, ob man 50 oder 10^{30} Oszillatoren hat, so daß in diesem Sinne von einer Unabhängigkeit des Resultats von n gesprochen werden darf.

Da nun $J/\bar{J}$ mit der Wahrscheinlichkeit

$$dW = e^{-J/\bar{J}}\, dJ/\bar{J}$$

vorkommt (Gl. 6), ergibt sich (vgl. Markoff l. c. § 16):

Die Wahrscheinlichkeit, daß die relative Schwankung des gesamten während T stattfindenden Energietransports zwischen den Werten

$$\frac{E-\bar{E}}{\bar{E}} \quad \text{und} \quad \frac{E-\bar{E}}{\bar{E}} + d\left(\frac{E-\bar{E}}{\bar{E}}\right)$$

liegt, ist für große Z näherungsweise

$$dW\left(\frac{E-\bar{E}}{\bar{E}}\right) = \frac{1}{\sqrt{\pi}} \cdot e^{-\left(\frac{E-\bar{E}}{\bar{E}}\right)^2 \cdot \frac{Z}{2}}\, d\left(\frac{E-\bar{E}}{\bar{E}}\sqrt{\frac{Z}{2}}\right).$$

Daraus ergibt sich das mittlere Schwankungsquadrat

$$\overline{\left(\frac{E-\bar{E}}{\bar{E}}\right)^2} = \int_{-\infty}^{+\infty} \left(\frac{E-\bar{E}}{\bar{E}}\right)^2 dW = \frac{1}{Z} = \frac{\tau}{T}. \qquad (8)$$

Geben wir jetzt die Beschränkung, daß sämtliche Oszillatoren immer alle zur gleichen Zeit ihre Phase wechseln, auf, so ändert sich in obiger Betrachtung nur, daß die Z Intensitäten $J_1 J_2 \ldots J_Z$ jetzt nicht mehr plötzlich nach Zeitintervallen τ einander ablösen, sondern daß ein allmählicher Übergang von J_1 auf J_2 auf $\ldots J_Z$ stattfindet; denn zur Zeit $t = \frac{\tau}{p}$ werden[1]) von N-Oszillatoren bereits $\frac{N}{p}$ eine andere Phase, dagegen $N\left(1 - \frac{1}{p}\right)$ noch die gleiche Phase wie zu $t = 0$ haben. Gl. (8) gilt also nach wie vor, und wir bemerken, daß auch der zeitliche Ablauf der Intensitätsschwankungen von der Zahl der Oszillatoren unabhängig ist.

§ 5. Bis jetzt hatten wir nur diejenigen Schwankungen betrachtet, welche n in Richtung der z-Achse gelegene Oszillatoren in dem einen Punkt o hervorbringen. Beleuchten die n Atome ein ganzes Flächenstück, welches um den Nullpunkt senkrecht zur z-Richtung gelegt ist, so werden zwischen zwei verschiedenen Punkten (ξ, η) dieser Fläche fortwährend wechselnde örtliche Intensitätsunterschiede auftreten. Wir fragen nach dem mittleren Quadrat des Intensitätsunterschiedes $J(\xi, \eta) - J(0)$ an den zwei Punkten (ξ, η) und o der Fläche $z = 0$ im Verhältnis zu der an beiden Punkten gleichen mittleren Intensität $\bar{J}$, d. h. wir suchen

$$\overline{\Delta^2} = \overline{\left(\frac{J(\xi,\eta) - J(0)}{\bar{J}}\right)^2}.$$

1) Unter Vernachlässigung der Schwankungen erster Art (§ 1).

Die Berechnung von $\overline{\Delta^2}$ werden wir auf zwei Weisen ausführen: einmal unter der Annahme, daß für beide Punkte unabhängig voneinander das Wahrscheinlichkeitsgesetz (6) gilt, das zweite Mal direkt mit Hilfe retardierter Potentiale, indem wir hier berücksichtigen, daß die Erregung in o und (ξ, η) gleichzeitig von denselben Oszillatoren hervorgerufen wird, also in gewisser Weise voneinander abhängig ist; wir werden daher zunächst bei der zweiten Methode einen andern (kleineren) Wert für $\overline{\Delta^2}$ erhalten, dessen Größe von der Entfernung o bis (ξ, η) abhängt. Überschreitet aber $(\xi\eta)$ eine bestimmte kritische Entfernung von o, so werden wir denselben Wert für $\overline{\Delta^2}$ wie bei der ersten Rechnungsart finden, und dürfen dann behaupten, daß die Erregung in überkritischer Entfernung von o im Sinne der Wahrscheinlichkeitsrechnung als unabhängig von der Erregung in o anzusehen ist. Aus der Größe der kritischen Entfernung werden wir eine Einteilung der beleuchteten Fläche in Elementargebiete ableiten, deren Zahl übereinstimmt mit der von M. v. Laue (l. c.) auf anderm Wege erhaltenen Zahl der Freiheitsgrade eines auf der Fläche mündenden Strahlenbündels.

§ 6. Wir berechnen zunächst $\overline{\Delta^2}$ unter der Voraussetzung vollständiger Unabhängigkeit von $J(0)$ und $J(\xi\eta)$. Die Wahrscheinlichkeit, daß $J(0)$ in das Intervall $d(J_0)$ und zugleich $J(\xi\eta)$ in das Intervall $dJ(\xi\eta)$ fällt, ist dann nach (6)

$$dW = e^{-\frac{J(0)+J(\xi\eta)}{\bar{J}}} \cdot d\left(\frac{J(0)}{\bar{J}}\right)\, d\left(\frac{J(\xi\eta)}{\bar{J}}\right).$$

Führen wir als neue Variable ein

$$\frac{J(0) + J(\xi\eta)}{\bar{J}} = \Gamma$$

$$\frac{J(0) - J(\xi\eta)}{\bar{J}} = \Delta,$$

also

$$\frac{J(0)}{\bar{J}} = \frac{\Gamma + \Delta}{2}, \qquad \frac{J(\xi\eta)}{\bar{J}} = \frac{\Gamma - \Delta}{2},$$

so wird

$$dW = e^{-\Gamma}\frac{1}{2}\, d\Gamma\, d\Delta,$$

also die Wahrscheinlichkeit, daß

$$\frac{J(0) - J(\xi\eta)}{\bar{J}}$$

zwischen Δ und $\Delta + d\Delta$ liegt, während Γ alle möglichen Werte annimmt, nämlich zwischen Δ und ∞ variiert ($J > 0$), gleich

$$\frac{1}{2}\, d\Delta \int_{\Delta}^{\infty} e^{-\Gamma} d\Gamma = \frac{1}{2} e^{-\Delta} d\Delta;$$

und es wird die Wahrscheinlichkeit, daß

$$\left|\frac{J(0)-J(\xi\eta)}{J}\right|$$

zwischen Δ und $\Delta + d\Delta$ liegt, doppelt so groß, gleich $e^{-\Delta}d\Delta$. Daher findet sich schließlich

$$\overline{\Delta^2} = \int_0^\infty \Delta^2 e^{-\Delta} d\Delta = 2\,. \tag{9}$$

§ 7. Nun berechnen wir Δ^2 nach der zweiten Methode (§ 5). Wir behandeln das Problem in der Ebene $y = 0$; die Erweiterung auf den Raum geschieht später ohne Schwierigkeit. Die n Lichtzentren mögen sich, von 0 aus gesehen, alle innerhalb eines kleinen Öffnungswinkels Ω um die z-Achse befinden (siehe Fig. 1), die

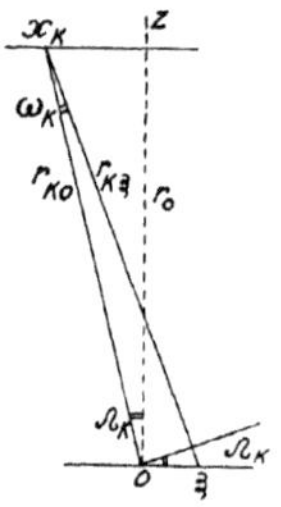

Fig. 1.

Koordinaten des $\varkappa$ten Oszillators seien $z = r_0$, $x = x_\varkappa$, seine Entfernungen von den Beobachtungspunkten 0 und ξ seien $r_{\varkappa 0}$ und $r_{\varkappa\xi}$. Für kein Atom ist $x_\varkappa$ größer als der Maximalbetrag $X = r_0 \cdot \Omega$. Dann ist die Intensität in 0 bzw. in ξ nach § 2 gleich

$$J_0 = \left|\sum \frac{A_\varkappa \alpha_\varkappa}{r_{\varkappa 0}} e^{i(\delta_\varkappa + k r_{\varkappa 0})}\right|^2,$$

$$J(\xi) = \left|\sum \frac{A_\varkappa \alpha_\varkappa}{r_{\varkappa\xi}} e^{i(\delta_\varkappa + r_{\varkappa\xi})}\right|^2,$$

wobei $A_\varkappa \alpha_\varkappa e^{i\delta_\varkappa}$ für jedes der n Atome einen andern von Zeit zu Zeit sich unregelmäßig ändernden Wert hat, der aber nur vom Atom $\varkappa$, nicht vom Beobachtungspunkt abhängt. Im Nenner dürfen bei kleinem Ω $r_{\varkappa 0}$ und $r_{\varkappa\xi}$ durch r_0 ersetzt werden. Im Exponenten ist, weil dort r als Faktor von $k = \frac{2\pi}{\lambda}$ auftritt, in erster Näherung

$$r_{\varkappa\xi} = r_{\varkappa 0} + \Omega_\varkappa \xi = r_{\varkappa 0} + \frac{x_\varkappa}{r_0}\cdot\xi$$

zu setzen, falls $\Omega_\varkappa$ den kleinen Winkel zwischen $r_{\varkappa 0}$ und r_0 bedeutet.

Daher wird

$$J(0) = \left|\sum \frac{A_\varkappa \alpha_\varkappa}{r_0} e^{i\delta_\varkappa}\cdot e^{ikr_{\varkappa 0}}\right|^2,$$

$$J(\xi) = \left|\sum \frac{A_\varkappa \alpha_\varkappa}{r_0} e^{i\delta_\varkappa} e^{ikr_{0\varkappa}}\cdot e^{ikx_\varkappa\xi/r_0}\right|^2.$$

Machen wir die Annahme, daß die n Atome in gleichen Abständen σ auf der Geraden $z = r_0$ angeordnet sind, so daß $x_\varkappa = \varkappa\cdot\sigma$, $X = n\cdot\sigma$ wird, und kürzen ab

$$\alpha = \frac{k\sigma\xi}{r_0} = \frac{2\pi\sigma\xi}{\lambda r_0}, \quad D_\varkappa = \frac{A_\varkappa \alpha_\varkappa}{r_0} e^{ir_{\varkappa 0}} e^{i\delta_\varkappa}, \tag{10}$$

so wird

$$\Delta = \frac{J(0)-J(\xi)}{J} = \frac{\left|\sum_1^n D_\varkappa\right|^2 - \left|\sum_1^\varkappa D_\varkappa e^{i\alpha\varkappa}\right|^2}{\left|\sum_1^\varkappa D_\varkappa\right|^2}.$$

Bedeutet ferner $\bar\varrho$ den konjugierten Wert von ϱ, so wird daraus

$$\Delta = \frac{(\Sigma D_\varkappa)(\Sigma \bar D_\varkappa) - (\Sigma D_\varkappa e^{i\alpha\varkappa})(\Sigma \bar D_\varkappa e^{-i\alpha\varkappa})}{(\Sigma D_\varkappa)(\Sigma \bar D_\varkappa)},$$

$$\Delta = \frac{\sum_1^n\sum_1^n D_\varkappa \bar D_l (1 - e^{i\alpha(\varkappa - l)})}{(\Sigma\Sigma D_\varkappa \bar D_l)}.$$

Nun nimmt aber in $D_\varkappa$ (10) der absolute Betrag $\frac{A_\varkappa \alpha_\varkappa}{r_0}$ und in $D_\varkappa \bar D_l$ der Betrag

$$\frac{A_\varkappa A_l \alpha_\varkappa \alpha_l}{r_0^2}$$

unabhängig von den übrigen Faktoren nach bestimmten Wahrscheinlichkeitsgesetzen alle möglichen positiven Werte an. Es darf daher bei der Mittelwertsbildung

$$\overline{\Delta^2} = \overline{[\Sigma\Sigma D_\varkappa \bar D_l (1 - e^{i\alpha(\varkappa - l)})]^2} : \overline{[\Sigma\Sigma D_\varkappa \bar D_l]^2}$$

im Zähler und Nenner der Faktor $\left(\frac{A_\varkappa A_l \alpha_\varkappa \alpha_l}{r_0^2}\right)^2$ vor das Summenzeichen gestellt werden und hebt sich dann weg. Daher wird mit Benutzung der Abkürzung $\varphi_\varkappa = kr_{\varkappa 0} + \delta_\varkappa$

$$\overline{\Delta^2} = [\Sigma\Sigma \text{[illegible]} (1 \text{[illegible]}$$
$$: \overline{[\Sigma\Sigma e^{i(\varphi_\varkappa - \varphi_l)}]^2}, \tag{11}$$

wobei jedes $\varphi_\varkappa$ unabhängig von den übrigen jeden Wert zwischen 0 und 2π mit gleicher Wahrscheinlichkeit annimmt.

Im Nenner von (11) kann man schreiben

$$\sum_1^n\sum_1^n e^{i(\varphi_\varkappa - \varphi_l)} = \frac{1}{2}\sum_1^n\sum_1^n (e^{i(\varphi_\varkappa - \varphi_l)} + e^{-i(\varphi_\varkappa - \varphi_l)})$$
$$= \sum_1^n\sum_1^n \cos(\varphi_\varkappa - \varphi_l),$$

$$\overline{\Sigma\Sigma e^{i(\varphi_\varkappa - \varphi_l)}} = \sum_1^n \cos(\varphi_\varkappa - \varphi_\varkappa) = n,$$

$$\overline{[\Sigma\Sigma e^{i(\varphi_\varkappa - \varphi_l)}]^2} = n^2. \tag{12}$$

Im Zähler von (11) kann man schreiben

$$\sum_{\varkappa}\sum_{l} e^{i(\varphi_\varkappa-\varphi_l)} - \sum_{\varkappa}\sum_{l} e^{i(\varphi_\varkappa+\alpha\varkappa-\varphi_l-\alpha l)} =$$

$$\sum_{\varkappa}\sum_{l}\cos(\varphi_\varkappa-\varphi_l) - \sum_{\varkappa}\sum_{l}\cos(\varphi_\varkappa+\alpha\varkappa-\varphi_l-\alpha l)$$

$$(\Sigma\Sigma)^2 = [\sum_{\varkappa}\sum_{l}\cos(\varphi_\varkappa-\varphi_l)]^2 + [\sum_{\varkappa}\sum_{l}\cos(\varphi_\varkappa + \alpha\varkappa - \varphi_l - \alpha l)]^2 - 2\sum_{\varkappa}\sum_{l}\sum_{p}\sum_{q}\cos(\varphi_\varkappa - \varphi_l + \varphi_p - \varphi_q + \alpha p - \alpha q).$$

Führt man ein $\psi_{\varkappa l} = \varphi_\varkappa - \varphi_l = -\psi_{l\varkappa}$ und $\psi_{\varkappa\varkappa} = 0$ so wird

$$(\Sigma\Sigma)^2 = [\Sigma\Sigma\cos\psi_{\varkappa l}]^2 + [\Sigma\Sigma\cos(\psi_{\varkappa l} + \alpha(\varkappa - l))]^2 - 2\Sigma\Sigma\Sigma\Sigma\cos(\psi_{\varkappa l} + \psi_{pq} + \alpha(p-q)).$$

Bei der Mittelwertsbildung $\overline{(\Sigma\Sigma)^2}$ bleiben im ersten Quadrat nur die Glieder $\varkappa = l$ stehen ($\cos\psi_{\varkappa\varkappa} = 1$), ebenso im zweiten Quadrat; im doppelten Produkt bleiben nur die Glieder mit

$$\varkappa = q,\ l = p,\ \psi_{\varkappa l} + \psi_{pq} = 0$$

stehen. Also wird

$$\overline{(\Sigma\Sigma)^2} = n^2 + n^2 - 2\{\cos(1\alpha + \psi_{21} + \psi_{12}) + \cos(1\alpha + \psi_{32} + \psi_{23}) + \cdots + \cos(2\alpha + \psi_{31} + \psi_{13}) + \cos(2\alpha + \psi_{42} + \psi_{24}) + \cdots + \cdots\}$$

$$\overline{(\Sigma\Sigma)^2} = 2n^2 - 2\{(n-1)\cos 1\alpha + (n-2)\cos 2\alpha + \cdots 1\cos(n-1)\alpha\}$$

$$= 2n^2 - 2n\sum_1^{n-1}\cos\varkappa\alpha + 2\Sigma\varkappa\cos\varkappa\alpha$$

$$= 2n^2 - 2n\sum_1^{n-1}\cos\varkappa\alpha + 2\frac{\partial}{\partial\alpha}\sum_1^{n-1}\sin\varkappa\alpha.$$

Darin ist nach bekannten Formeln:

$$\sum_1^{n-1}\cos\varkappa\alpha = \frac{1}{2\sin\frac{\alpha}{2}}\left(\sin n\alpha - \sin\frac{\alpha}{2}\right)$$

$$\sum_1^{n-1}\sin\varkappa\alpha = \frac{1}{2\sin\frac{\alpha}{2}}\left(-\cos n\alpha + \cos\frac{\alpha}{2}\right).$$

Man erhält daher

$$\overline{(\Sigma\Sigma)^2} = 2n^2 - \frac{\cos\frac{\alpha}{2}}{\sin\frac{\alpha}{2}} + \cos\alpha n\cdot\frac{\cos\frac{\alpha}{2}}{\sin\frac{\alpha}{2}} - \frac{\cos^2\frac{\alpha}{2}}{\sin^2\frac{\alpha}{2}}$$

Einführung von $H = n\alpha$ ergibt

$$\overline{(\Sigma\Sigma)^2} = 2n^2 - \frac{\cos H/2n}{\sin H/2n} + \cos H\cdot\frac{\cos H/2n}{\sin^2 H/2n} - \frac{\cos^2 H/2n}{\sin^2 H/2n}.$$

Nun gehen wir zur Grenze $\lim n = \infty$ bei festem $H = n\alpha$ über:

$$\overline{(\Sigma\Sigma)^2} = 2n^2 - \frac{2n}{H} + \cos H\cdot\frac{4n^2}{H^2} - \frac{4n^2}{H^2}$$

und erhalten schließlich bei Division durch den Nenner n^2 (12)

$$\overline{\Delta^2} = 2 - \frac{4}{H^2}(1 - \cos H) \tag{13}$$

worin nach (10)

$$H = n\alpha = \frac{n\sigma\xi}{r_0}\frac{2\pi}{\lambda} = \frac{X\xi}{r_0}\frac{2\pi}{\lambda} = \Omega\xi\frac{2\pi}{\lambda} = \omega X\frac{2\pi}{\lambda}. \tag{14}$$

Dabei war X die Größe der von den leuchtenden Atomen $x_\varkappa = \varkappa\cdot\sigma$ erfüllten Strecke, $X = n\cdot\sigma$ auf der Geraden $z = r_0$, Ω der Winkel, unter dem die Strecke vom Beobachtungspunkt o aus gesehen wird, ξ die Entfernung zwischen den beiden Beobachtungspunkten o und ξ auf der Geraden $z = 0$, ω der Winkel, unter dem die Strecke oξ von der Lichtquelle aus erscheint; $\overline{\Delta^2}$ bedeutete das mittlere Quadrat des relativen Intensitätsunterschiedes zwischen den zwei Punkten o und ξ, und ist hier als Funktion von X, ω, λ bzw. ξ, Ω, λ gefunden. In § 6 hatten wir für $\overline{\Delta^2}$ unter der Voraussetzung, daß die Erregungen in o und ξ voneinander unabhängig seien, den Wert $\overline{\Delta^2} = 2$ gefunden. Wir vergleichen damit die graphische Darstellung von $\overline{\Delta^2}(H)$ aus Gl. (13) (Fig. 2).

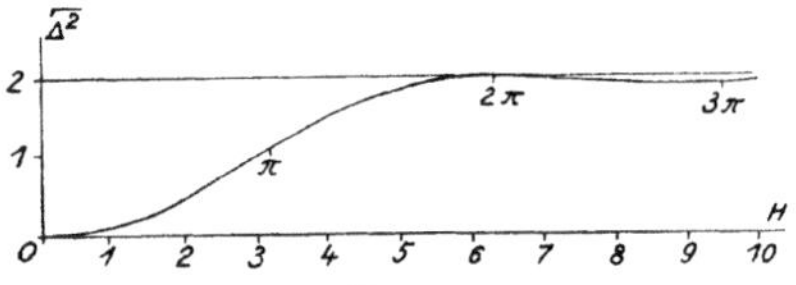

Fig. 2.

Bei $H = 0$ ist $\overline{\Delta^2} = 0$, d. h. zwei sehr benachbarte Punkte der beleuchteten Fläche werden in jedem Augenblick nahezu gleich stark erleuchtet. Bei $H = 2\pi$, d. h. nach (14) bei

$$\frac{X\xi}{r_0\lambda} = \frac{\Omega\xi}{\lambda} = \frac{\omega X}{\lambda} = 1 \tag{17}$$

erreicht $\overline{\Delta^2}$ zum erstenmal den Wert 2, als seien die Schwankungen in $\xi = \frac{r_0\lambda}{X}$ und o voneinander unabhängig, und im weiteren Verlauf der Kurve entfernt sich $\overline{\Delta^2}(H)$ nur noch minimal von dem Wert 2. (Die nächste größte relative Abweichung beträgt 0,04 : 1 bei $H \backsimeq 3\pi$, die übernächste nur 0,0016 : 1 bei $H \backsimeq 5\pi$). Wir wollen zunächst einmal von dieser Abweichung absehen und so tun, als bliebe $\overline{\Delta^2}$ auch für $H > 2\pi$ immer genau auf dem Wert 2. Dann können wir das Resultat so aussprechen:

Die Intensitätsschwankungen in Punkten ξ der Graden $z=0$, welche erhellt wird von einer im Abstand r_0 parallel laufenden leuchtenden Linie, sind im Sinne der Wahrscheinlichkeitsrechnung als unabhängig anzusehen von den Schwankungen in o, wenn die Entfernung o bis ξ größer als $\frac{\lambda}{\Omega}$ ist.

$\frac{\lambda}{\Omega}$ ist aber nach der elementaren Beugungstheorie gerade der Abstand je zweier Intensitätsminima, welche ein Spalt der Breite $X=r_0 \cdot \Omega$ im Abstand r_0 auf der Fläche $z=0$ entwirft. Gehen wir zum räumlichen Problem über, so können wir ohne weiteres schließen, daß das System der dunklen Streifen, welche eine Beugungsöffnung auf einer Fläche entwirft, zugleich die Fläche in Elementargebiete einteilt, innerhalb deren diejenigen Helligkeitsschwankungen als kohärent betrachtet werden müssen, welche eine an die Stelle der Beugungsöffnung gesetzte gleich große Lichtquelle hervorbringt. Dieses Resultat hängt aufs engste zusammen mit dem von M. v. Laue auf anderem Wege erhaltenen Ergebnis, daß die Zahl der Freiheitsgrade eines Strahlenbündels von der räumlichen Öffnung Ω^2, welches auf der Fläche ξ^2 mündet, gleich $\left(\frac{\xi\Omega}{\lambda}\right)^2$ ist.

Die Erregungen in zwei Punkten, die um mehr als $\xi=\frac{\lambda}{\Omega}$ voneinander entfernt liegen, sind nach unsrer Betrachtungsweise mittels retardierter Potentiale streng genommen nicht voneinander unabhängig (Fig. 2). Nur in gewisser Annäherung wird, von $\xi \sim \frac{\lambda}{\Omega}$ an, die Abhängigkeit der Schwankungen unmerkbar. Dagegen zeigt unser Resultat, daß die Größe der Schwankungen von der Zahl n der leuchtenden Atome unabhängig bleibt, im Gegensatz zu der gewöhnlich auftretenden Abnahme der relativen Schwankung mit zunehmender Zahl der beteiligten unabhängigen Systeme.

Göttingen, November 1914.

(Eingegangen 5. Dezember 1914.)

Einige neue Experimente zur Quantenhypothese und deren theoretische Bedeutung.

Von Dr. Alfred Landé, Göttingen.

§ 1. Solange die chemischen Atome als die letzten unteilbaren Bausteine der Materie angesehen wurden, mußte man die physikalische Veränderlichkeit chemisch einfacher Körper als eine *Massenerscheinung* auffassen, hervorgerufen durch die Wechselwirkung sehr vieler gleichartiger Atome aufeinander. Die Grundlehren der Chemie fußen auf dieser Ansicht, und auch die ursprüngliche Spektralanalyse setzte, wenn sie jedem Element *ein* ganz bestimmtes Spektrum zuschrieb, die Unveränderlichkeit des chemischen Atoms voraus. Sehr bald gelang es aber, ein und demselben chemischen Körper mehrere verschiedene Spektra zu entlocken, die unabhängig voneinander je nach den äußeren Umständen bald gesondert, bald gleichzeitig hervorgebracht werden konnten. Durch Untersuchungen an leuchtenden positiv geladenen Atomen (Kanalstrahlen) zeigte *J. Stark*, daß die verschiedenen Spektra von den Atomen in verschiedenen elektrischen Ladungszuständen ausgesandt werden (neutrales, einwertiges, zweiwertiges usw. Spektrum). Die Abtrennung negativer Elektronen vom Atom verändert also seine inneren Eigenschaften, von denen das ausgesandte Licht Kunde gibt, in durchgreifender Weise. Daher kommt es, daß chemische Verbindungen, die doch nach elektrochemischen Vorstellungen durch elektrische Kräfte, Bindung von Valenzelektronen usw. zustande kommen, Spektra emittieren, in denen die Spektra ihrer Konstituenten nicht im geringsten wiederzuerkennen sind. Auf verschiedenen Wegen kann man ferner innerhalb eines solchen Spektrums weitere Veränderungen hervorrufen, u. a. die *Leuchtkraft* einzelner Linien verstärken oder abschwächen; durch geeignete Versuchsanordnung läßt sich sogar erreichen, daß vom ganzen Spektrum beliebige einzelne Linien bzw. Liniengruppen übrigbleiben (§ 7). Die einfachste Deutung dieser Tatsache ist die: Das leuchtende Atom durchläuft, bei gegebener elektrischer Ladung, eine große Reihe verschiedener Leuchtzustände, in jedem Zustand (oder vielleicht beim Übergang von einem Zustand zum zweiten) sendet es nur *eine* solche Linie bzw. Gruppe aus. Das unter gewöhnlichen Umständen beobachtete Gesamtspektrum zeigt nur das gleichzeitige Vorhandensein sehr vieler Atome in sehr vielen verschiedenen Leuchtzuständen an; die verschiedene Helligkeit der Spektrallinien entspricht der relativen Häufigkeit, mit der die leuchtenden Atomzustände zugegen sind. — Während alle früheren Erklärungsversuche für die Gesetzmäßigkeiten der Spektra auf Grund der Anschauung gleichzeitigen Erklingens sämtlicher Spektraltöne ungeheuer komplizierte Mechanismen voraussetzen mußten und alle mehr oder weniger fehlschlugen, gelang es *N. Bohr* mit Verwendung der *nacheinander* durchlaufenen verschiedenen Atomzustände, von denen jeder einzelne verhältnismäßig einfach konstruiert ist, einige der hauptsächlichsten Spektralseriengesetze theoretisch abzuleiten[1]).

§ 2. Nach der elektromagnetischen Theorie kommt Lichtemission dann zustande, wenn eine elektrische Ladung ihre Geschwindigkeit oder Bewegungsrichtung ändert. Das einfachste Modell der Erzeugung *einer* Spektrallinie ist ein Elektron, welches mit einer Kraft proportional der Entfernung (quasielastische Kraft) an eine Gleichgewichtslage gebunden ist, um diese mit um so größerer Schwingungszahl herumpendelt, je stärker die Bindung ist, und dabei durch Lichtemission Energie verliert (*H. A. Lorentz*). Ein solches quasielastisch gebundenes strahlendes Elektron[2]) hat bei gegebener Bindung die Eigenschaft, hinreichend einfarbiges Licht, d. h. eine Spektral*linie* auszusenden und aus auffallendem weißen Licht zu absorbieren. Es behält ferner bei Energieverminderung durch Ausstrahlung seine Farbe bei und zeigt im magnetischen Feld die beobachtete normale Aufspaltung in zwei bzw. drei Spektrallinien (*Zeemann*-Effekt). Das Modell gibt dagegen keine Rechenschaft für die Aufspaltung im elektrischen Feld (*Stark-Effekt*)[3]). Um letzteren Effekt zu erhalten, muß man die quasielastische Art der Bindung und damit zugleich die Unabhängigkeit der Farbe vom Energieinhalt aufgeben. Damit das Elektron dann trotzdem noch eine scharfe Spektrallinie aussenden kann, muß seine *Energie* während des Emissionsprozesses den zu der Farbe gehörigen bestimmten Wert haben; sowie die Energie des Elektrons durch Emission unter diesen Betrag

[1]) Vergl. diese Zeitschrift 1914, S. 285 u. 309 (*Seeliger*). Weitere Literatur am Schluß der Arbeit.

[2]) Ist m die Masse, c die Ladung des Elektrons, x seine Entfernung von der Ruhelage, k die Bindungskonstante, so lautet seine Bewegungsgleichung bei Vernachlässigung der Strahlungsdämpfung: $m\ddot{x}+kx=0$. Das Elektron kann beliebige Energie $E=\frac{m}{2}\dot{x}^2+k\frac{x^2}{2}$ besitzen, ohne daß sich die Schwingungszahl ν ändert, da ν nur von k und m abhängt: $\nu=\frac{1}{2\pi}\sqrt{k/m}$.

[3]) Vergl. diese Zeitschrift 1914, S. 145 (*Stark*).

Reprinted from *Naturwiss.* **3**, 17–23 (1915).

gesunken ist, muß die Lichtausstrahlung aufhören, ohne daß aus den elektromagnetischen Eigenschaften des Modells ein Grund dafür abzuleiten ist. Das Bild des an eine Gleichgewichtslage gebundenen strahlenden Elektrons kann also ohne Ergänzung durch nichtmechanische - nichtelektrische Eigenschaften von den experimentellen Beobachtungen keine Rechenschaft geben.

Ein zweites berühmtes Modell des leuchtenden Atoms besteht aus einer positiven Zentralladung, die von negativen Elektronen elektrisch neutralisiert und nach dem Anziehungsgesetz vom umgekehrten Quadrat der Entfernung umkreist wird (*Rutherford*). Da hier, wie bei den Planetenbahnen, Umlaufszeit und Umlaufsenergie, also Farbe und Intensität des ausgestrahlten Lichts voneinander funktionell abhängig sind[1]), kann eine einfarbige scharfe Spektrallinie nur dann emittiert werden, wenn der Energieinhalt des kreisenden Elektrons die zu der Spektralfarbe gehörige bestimmte Energie hat. D. h. also wie oben: sobald das Elektron durch Ausstrahlung Energie verliert, muß aus unbekannten Gründen plötzlich die Strahlung aufhören. Auch dieses Atommodell ist also durch nichtmechanische-nichtelektromagnetische Vorstellungen zu ergänzen, um die Beobachtungen wiederzugeben.

§ 3. Während die vorigen Überlegungen nur die Unzulänglichkeit zweier spezieller mechanisch-elektrischer Modelle zeigen, erhebt sich ein viel gewichtigerer Feind der reinen Mechanik und Elektrodynamik in der *allgemeinen Theorie der Strahlungserscheinungen*, deren Resultate von allen speziellen Vorstellungen über Atomkonstitution unabhängig sind. Die Strahlungstheorie führt auf Grund einiger fundamentaler Beobachtungstatsachen, z. B. daß jeder Körper bei bestimmter Temperatur und stabilen chemischen Eigenschaften überhaupt ein bestimmtes Licht aussendet (Rotglut, Weißglut) zu dem Schluß, daß das Leuchten nicht in einer allmählichen kontinuierlich verlaufenden Energieausstrahlung bestehen kann, wie es jedes mechanisch-elektrische Modell zeigt, sondern in einem explosionsähnlichen Vorgang, bei dem das leuchtende Atom momentan eine beträchtliche Energiemenge ausstößt, um dann einige Zeit gar kein Licht zu emittieren. Die genauere Analyse der Fundamentalbeobachtungen führte zu dem Ergebnis, daß Energieemission mit der Lichtschwingungszahl ν (ν Schwingungen pro Sekunde) nur in *endlichen Energiequanten* der Größe $\varepsilon = h \cdot \nu$ erfolgen kann (*Planck*); dabei ist h eine universelle Naturkonstante und hat den Wert $h = 6{,}55 \,.\, 10^{-27}$ erg. sec. h wird „Wirkungsquantum“ genannt. Die theoretische Ableitung des *Wirkungsgesetzes* $\varepsilon = h \cdot \nu$ aus einigen alltäglichen Beobachtungen an leuchtenden Körpern, bei denen durch das Zusammenwirken von Trillionen von Atomen alle feineren Einzelvorgänge verwischt sind, wurde erst nachträglich experimentell im Einzelnen gerechtfertigt, indem bei einer Reihe von Leuchtprozessen das wirkliche Auftreten von endlichen Energiequanten $\varepsilon = h\nu$ nachgewiesen und gemessen werden konnte (s. u.). Dieser Erfolg der Theorie ist um so höher einzuschätzen, als das zunächst hypothetisch aufgestellte Wirkungsgesetz sich gegen eine Welt von scheinbar festbegründeten Tatsachen durchzukämpfen hatte, nämlich gegen die klassische Mechanik und Elektrodynamik, die, im Gegensatz zur Quantenemission $\varepsilon = h \,.\, \nu$, nur *kontinuierliche* Energieumsetzungen kennt und alle wenn auch noch so kleinen Energiebeträge ε als zulässig erachtet. An eine Erklärung, d. h. eine Einfügung des Wirkungsgesetzes in unser bisheriges elektromagnetisch-mechanisches Weltbild, ist vorläufig gar nicht zu denken; wir können uns einstweilen nur darauf beschränken, ein möglichst großes Beobachtungsmaterial über quantenhafte Prozesse zusammenzutragen und so die aus Massenerscheinungen abstrahierten Gesetze am Einzelindividuum nachzuprüfen. Einige darauf ausgehende Experimentaluntersuchungen sollen im folgenden besprochen werden.

§ 4. *Phosphoreszenz.* Viele Metallsalze haben die Fähigkeit, nach Bestrahlung mit Licht gewisser Farbe („erregendes Licht“) noch einige Zeit im Dunkeln mit geänderter Farbe nachzuleuchten (Phosphoreszenzlicht). Die Dauer des Nachleuchtens kann wesentlich verkürzt werden durch Bestrahlung mit anderem Licht geeigneter Farbe (auslöschendes Licht), und auch durch Erwärmung des Phosphors. Jede neue Bestrahlung mit erregendem Licht bringt den Phosphoreszenzvorgang in unveränderter Stärke hervor; daraus folgt, daß die *Energie* des Phosphoreszenzlichts nur aus dem auffallenden Licht stammen und keineswegs schon *vor* der Bestrahlung in den Phosphormolekülen potentiell aufgespeichert sein kann, so daß etwa das erregende Licht nur katalytisch auslösend wirkte. Nach *Lenard* besteht die „Erregung“ des Phosphors darin, daß aus dem auffallenden Licht ein bestimmtes Spektralgebiet absorbiert (erregende Absorption) und die absorbierte Energie dazu verwendet wird, aus den Phosphormolekülen je ein Elektron loszureißen. Das Elektron lagert sich an andere „aufspeichernde“ Atome an: die Substanz ist „erregt“, d. h. sie steht zur Aussendung des Phosphoreszenzlichts bereit, sie ist mit Phosphoreszenzenergie „geladen“. Die „Auslöschung“ der Erregung, d. h. die Loslösung von den auf-

[1]) Die Gleichgewichtsbedingung: Zentrifugal- gleich Zentripetalkraft heißt: $\frac{m v^2}{r} = \frac{e_+ e_-}{r^2}$, oder, da $v = 2\pi r \cdot \nu$,

$$(1)\quad m\, 4\pi^2 r^2 \nu^2 = e_+ \cdot e_- / r.$$

Die Energiegleichung: Gesamtenergie E gleich potentielle Energie Φ plus kinetische K heißt:

$$(2)\quad E = \Phi + K = e_+ e_- / r + \frac{m}{2} (2\pi r \nu)^2.$$

Aus (1) und (2) folgt

$$\nu^2 = 8\, E^3 / 27\, e^2_+ e^2_-\, m\, 4\pi^2 \text{ und } r^3 = e_+ e_- / 4\pi^2 m\, \nu^2.$$

speichernden Atomen, geschieht infolge von Wärmebewegung, oder, wenn Licht geeigneter Farbe absorbiert (auslöschende Absorption) und die absorbierte Energie dazu benutzt wird, das Elektron von den aufspeichernden Atomen wieder loszutrennen. Es stürzt dann in das ursprüngliche Molekül zurück und sendet dabei das eigentliche Phosphoreszenzlicht aus. Während die bei jedem atomaren Einzelprozeß emittierte Lichtenergie allemal denselben Betrag hat (s. u.), zeigt die beobachtete Helligkeit der Phosphoreszenz nur die *Zahl* der gleichzeitig sich abspielenden Elementarprozesse an. Erregender, auslöschender und phosphoreszierender Spektralbereich können sich teilweise überdecken, doch liegt in der Regel das Intensitätsmaximum der Phosphoreszenz in langwelligerem Gebiet als das der Erregung (Stokessche Regel); beide werden eingerahmt durch ein ultrarotes und ein ultraviolettes Auslöschungsgebiet, ersteres wahrscheinlich den Schwingungen der aufspeichernden Atome, letzteres den Schwingungen der aufgespeicherten Elektronen entsprechend. Mit diesem Bild des Phosphoreszenzvorgangs stimmen folgende Hauptergebnisse der *Lenard*schen Beobachtungen überein: 1. Die erregende Absorption (d. h., welcher Bruchteil der auffallenden Lichtenergie abgefangen und zur „Erregung“ verbraucht wird) nimmt mit zunehmender Erregung (d. h. zunehmender Zahl der aufgespeicherten Elektronen im Verhältnis zur Zahl der noch nicht losgetrennten oder bereits zurückgekehrten) ab[1]). 2. Die auslöschende Absorption nimmt mit zunehmender Erregung *zu*. 3. Die bei der Erregung absorbierte Energie wird nahezu in ihrem vollen Betrage nachher als Phosphoreszenzlicht wiedergewonnen. (Keine Verluste bei der Aufspeicherung und durch Wärmebewegung.) 4. Die Farbe des Phosphoreszenzlichts ist unabhängig davon, welche *Farbe* man zur Erregung benutzt hat; das Phosphoreszenzlicht ist unpolarisiert. 5. Vergrößerung der auffallenden Licht*intensität* hat nur insofern Einfluß auf den Phosphoreszenzvorgang, als sie den ganzen Phosphoreszenzprozeß beschleunigt, ohne aber Einfluß auf die *Farbe* des Erregungs-, Auslöschungs- und Phosphoreszenzgebietes zu haben (weil jeder Elementarprozeß unverändert bleibt und nur die *Zahl* der gleichzeitigen Prozesse variiert). 6. Die beim Zurückstürzen eines Elektrons im ganzen emittierte Phosphoreszenzlichtenergie hat mit großer Annäherung den Wert $h \cdot \nu_0$, wo ν_0 die Schwingungszahl der Phosphoreszenzfarbe bedeutet, welche am intensivsten ausgestrahlt wird. — Die letzten Sätze (3) bis (6) tragen die charakteristischen Züge quantenhafter Vorgänge, wie wir sie noch mehrmals vorfinden werden. Um ihre Bedeutung klar zu erkennen, wollen wir überlegen, welche Vorgänge an ihrer Stelle nach der gewöhnlichen Elektrodynamik zu erwarten wären. Es falle eine Lichtwelle auf den Phosphor auf. Wenn seine Moleküle überhaupt die aufgefangene Energie zur Erregung benutzen, so müßte man erwarten, daß sämtliche Moleküle nach der *gleichen* Zeit mit der erforderlichen Energieaufspeicherung fertig wären, da die Belichtung bei allen zur gleichen Zeit begonnen hat. Die Aufspeicherungszeit würde man durch Schwächung der auffallenden Intensität beliebig verlängern können; wäre sie aber abgelaufen, so müßten im gleichen Moment plötzlich alle Trillionen Moleküle erregt und fähig sein, unter Phosphoreszenzemission zurückzustürzen. Statt dessen beobachtet man etwas ganz anderes: Die Zahl der voll erregten, also phosphoreszenzfähigen Moleküle nimmt von Anfang der Bestrahlung an allmählich und gleichmäßig zu, und zwar wird in gleichen Zeiten der gleiche Prozentsatz der unerregten Moleküle neu erregt. Die Zeit, die nötig ist, um *ein* Molekül zu erregen, liegt überdies auch bei beliebig schwachem Licht unterhalb der Beobachtungsgrenze. Es ist, als besitze die auffallende Lichtwelle der Schwingungszahl ν nicht in ihrer ganzen Ausdehnung überall die gleiche Energiedichte, sondern bestehe aus einzelnen „Lichtatomen“ oder „Lichtquanten“, in denen je eine so beträchtliche Energie konzentriert ist, daß sie beim Auftreffen auf ein Molekül dasselbe in unmeßbar kurzer Zeit voll erregt, dagegen alle Moleküle unerregt läßt, an denen das Lichtatom in gewisser Entfernung vorbeifliegt. Da jedes Phosphoreszenzzentrum mindestens die Energie $h \cdot \nu_0$ braucht, um sie nachträglich wieder als Phosphoreszenzlicht abzugeben, hätte man den Lichtquanten mit der Schwingungszahl ν die Energie $\varepsilon = h \cdot \nu$ zuzuschreiben (Lichtquantenhypothese, *Einstein*, *Stark*). Die Stokessche Regel $\nu > \nu_0$ würde dann besagen $h\nu > h\nu_0$, d. h. die erregenden Lichtquanten $h\nu$ müssen größer sein als die später wiederzugewinnenden Quanten $h\nu_0$, damit Phosphoreszenz zustande kommt. Die Lichtquantenhypothese steht natürlich im schärfsten Gegensatz zu allen optischen Erfahrungen oder kann nur durch so künstliche Zusatzhypothesen mit der Optik in Einklang gebracht werden, daß man in ihr wohl nicht mehr als ein heuristisches Prinzip sehen darf, das zugleich zeigt, wie ratlos wir gegenwärtig dem Problem des Leuchtens gegenüberstehen. Eine andere Deutung der Beobachtung, daß auch unter sehr schwacher Lichtbestrahlung die Phosphoreszenzerregung bei einzelnen Molekülen sofort, bei anderen erst später einsetzt, besteht darin, daß man eine gewisse „Disposition“ zur Erregung bei den Molekülen als erforderlich annimmt, die nach den Gesetzen des Zufalls bald

[1]) Kommen auf jedes ccm N Ph.zentren, von denen in einem bestimmten Moment N' unerregt, N'' erregt sind $(N' + N'' = N)$, und fällt auf den Körper die Lichtintensität J_0 auf, so wird nach Durchlaufen einer Schicht von der Dicke D nur noch die Lichtintensität $J = J_0 \cdot e^{-D(\varepsilon N' + \alpha N'')}$ vorhanden sein: die Faktoren ε und α sind die Absorptionskoeffizienten der erregenden und der auslöschenden Absorption. Der absorbierte Lichtbetrag $J_0 - J$ wird zur Erregung und Auslöschung des Phosphors verbraucht.

diesen, bald jenen Molekülen zukommen soll. Freilich wird auch durch die Dispositionshypothese die Schwierigkeit nicht vermieden, daß die gerade disponierten Moleküle, um genügend schnell genügend viel Licht aufzufangen, den andern ihr Licht wegnehmen müssen[1]), wenn, wie es sichergestellt ist, das Phosphoreszenzlicht seine Energie aus dem auffallenden Licht schöpft.

Die gleichen Phosphoreszenzerscheinungen zeigen sich übrigens auch dann, wenn man den Phosphor nicht mit Licht bestrahlt, sondern ihn mit Elektronen (Kathodenstrahlen) bombardiert. Dieser Effekt soll jedoch im nächsten Paragraphen mitbehandelt werden.

§ 5. *Fluoreszenz.* Die Dauer des merklichen Nachleuchtens schwankt bei verschiedenen Phosphoren zwischen weiten Grenzen, Bruchteilen von Sekunden bis zu Monaten. Ist sie unmeßbar klein, so spricht man von *Fluoreszenz.* Die Eigenschaft, zu fluoreszieren, d. h. während der Bestrahlung mit geeignet gefärbtem erregenden Licht eine andere Farbe selbständig auszusenden, haben mehr oder weniger alle Körper. Die einfachsten Fluoreszenzerscheinungen zeigen sich im Gebiet der *Röntgenstrahlen,* die als äußerst schnellschwingende Lichtwellen anzusehen sind, etwa tausendmal so schnell als gewöhnliches Licht. Läßt man Röntgenstrahlen von möglichst kleiner Schwingungszahl auf einen Körper, z. B. Eisen, fallen, so werden sie im Eisen etwas absorbiert und zerstreut, ohne daß etwas Besonderes geschieht. Erhöht man jetzt beständig die Schwingungszahl ν des auffallenden Röntgenlichts, so wird das Eisen von einem ziemlich scharf definierten kritischen ν an plötzlich die auffallende Strahlung stark absorbieren und auf ihre Kosten sekundär eine scharfe Spektrallinie der Schwingungszahl ν_0 aussenden (charakteristische Sekundärstrahlung, *Barkla, Moseley*). Die Sekundärstrahlung ν_0 tritt erst dann auf, wenn das auffallende ν um einige Prozent größer als ν_0 ist, d. h. nach der Lichtquantenhypothese, wenn die erregenden Quanten $h\nu$ etwas größer als die Sekundärstrahlungsquanten $h\nu_0$ sind. Wächst ν, so behält ν_0 seinen Wert unverändert bei, nur nimmt die Intensität der ν_0-Emission (= *Zahl* der emittierenden Zentren) und der ν-Absorption schnell ab, je mehr ν das ν_0 übertrifft. Die charakteristische Sekundärstrahlung ist eine typische Phosphoreszenzerscheinung: das ausgestrahlte Licht ist unpolarisiert, seine Farbe ist unabhängig von der Intensität und Farbe des erregenden Lichtes, der absorbierte Bruchteil des erregenden Lichtes wird nahezu vollständig als Fluoreszenzlicht wiedergewonnen, und die Stokessche Regel $\nu > \nu_0$ ist erfüllt. Im Gegensatz zum Phosphoreszenz*gebiet* ist aber die Röntgenfluoreszenz auf eine scharfe *Linie* ν_0 zusammengeschrumpft, während das Erregungsgebiet von dem kritischen $\nu > \nu_0$ bis zu den kürzesten Wellen reicht. Während ferner bei den gewöhnlichen Phosphoreszenzerscheinungen die Art der Bindung der Phosphoreszenzatome in den Molekülen eine große Rolle spielt, ist die charakteristische Röntgenfluoreszenz eine reine Eigenschaft des Atoms. Man hat es hier offenbar mit der Lostrennung von Elektronen zu tun, die besonders stark im Innern des Atoms festgebunden sind, wie aus der großen beim Zurückstürzen gewonnenen Arbeit $h\nu_0$ hervorgeht (ν_0 ist etwa 1000mal so groß als das ν sichtbaren Lichts). Die Phosphoreszenzelektronen scheinen dagegen mehr an der Oberfläche der Atome zu sitzen, so daß benachbarte Atome und Moleküle den ungestörten Prozeß trüben (s. u.). Jedes chemische Element (von Al aufwärts) besitzt eine besondere Schwingungszahl ν_0, die schweren Atome sogar mehrere. Beleuchtet man mit dem einfarbigen charakteristischen Eisenlicht ν_0 ein zweites Element, etwa Aluminium, dessen ν_0 kleiner als das Eisen-ν_0 ist, so wird das Aluminium-ν_0 hell sekundär aufstrahlen; dagegen sendet Eisen *selbst* bei Bestrahlung mit Eisenlicht ν_0 kein sekundäres Eisenlicht ν_0 aus, entsprechend der Stokesschen Regel.

Es gibt noch eine zweite Methode zur Hervorbringung der charakteristischen Röntgenstrahlung, nämlich ein Bombardement des betreffenden Körpers mit *Elektronen* (Kathodenstrahlen). Geradeso wie vorher zur Aufspeicherung der Fluoreszenzenergie $h\nu_0$ die *Schwingungszahl* ν des auftreffenden Lichts, d. h. die Größe seiner Lichtenergiequanten $h\nu$, einen bestimmten Grenzwert überschreiten mußten, so muß hier die *Energie* ε der auftreffenden Elektronen einen kritischen Wert ε_c überschreiten, um wirksam zu sein. Die Messung (*Whiddington*) ergab die wichtige Beziehung: ε_c ist etwas größer als $h \cdot \nu_0$. Wir finden also hier unser elementares Wirkungsgesetz $\varepsilon = h\nu$ wieder; die beobachtete Abweichung liegt, wie oben, gerade in der nach der Stokesschen Regel zu erwartenden Richtung, daß zur Aufspeicherung der Fluoreszenzenergie $h\nu_0$ ein etwas größerer Energiebetrag $\varepsilon_c = h\nu > h\nu_0$ aufgewendet werden muß. Auftreffende Lichtquanten und Elektronen können sich also, falls sie gleiche Energie enthalten, scheinbar gegenseitig vertreten.

§ 6. Analoge Fluoreszenzerscheinungen finden sich auch im Gebiet des *sichtbaren* Lichts. Nur hat man es hier mit Elektronen zu tun, die nahe der Atomoberfläche sitzen und daher durch äußere Einflüsse, Druck- und Temperaturänderung, Beimischung fremder chemischer Stoffe, leicht in ihren Schwingungen, also auch in der Farbe des ausgesandten Lichtes, gestört werden. Besonders eingehende Untersuchungen sind am fluoreszierenden Quecksilberdampf gemacht worden; *R. W. Wood* fand, daß sehr verdünnter *Hg*-

[1]) Daß nach *Lenard* die „lichtabsorbierenden" Querschnitte bei manchen Phosphoren 20 bis 30 mal so groß als die Atomquerschnitte sind, hebt diese Schwierigkeit nicht, da die ersteren unter der Annahme berechnet sind, daß fortdauernd *alle* unerregten Moleküle absorbieren.

dampf eine scharfe Fluoreszenzlinie ν_0 mit der Wellenlänge $\lambda_0 = 253{,}6\ \mu\mu$ besitzt, die bei Bestrahlung mit Licht noch kürzerer Wellenlänge eines Bereiches um $\lambda = 186\ \mu\mu$ hell aufleuchtet, dagegen im Licht, dessen Schwingungszahl ν noch näher an ν_0 liegt oder gar kleiner als ν_0 ist, ganz unbeeinflußt bleibt. Daß wir es hier mit einer echten Fluoreszenzerscheinung zu tun haben, geht daraus hervor, daß das sekundäre Licht ν_0 keine Spur von Polarisation zeigt (im Gegensatz zu den „Resonanzerscheinungen" s. u. § 7), und daß mit zunehmender Reinheit des Dampfes, d. h. abnehmenden störenden Einflüssen, mehr und mehr die ganze auffallende Energie als Fluoreszenzlicht wiedergewonnen wird.

Wie die Röntgenfluoreszenz, so läßt sich auch die Fluoreszenz im sichtbaren Lichtgebiet durch *Elektronenstöße* hervorrufen. *J. Frank* und *G. Hertz* entdeckten vor kurzem, daß zur Ionisierung des *Hg*-Dampfes, d. h. zur Abtrennung eines Elektrons aus jedem *Hg*-Atom, die auftreffenden Elektronen mindestens mit einer kritischen Energie ε_c aufprallen müssen, wobei ε_c gerade gleich $h\nu_0$ und ν_0 die Schwingungszahl obiger Fluoreszenzlinie $\lambda = 253{,}6$ ist. Tatsächlich beobachteten sie weiter, daß unter diesem Elektronenanprall das Fluoreszenzlicht ν_0 ausgesandt wird. Wahrscheinlich muß aber die dazu nötige Aufprallenergie, wie es nach der Stokesschen Regel und der Äquivalenz von auftreffender Elektronenenergie und Lichtquantenenergie zu erwarten ist, etwas größer als $h\nu_0$ sein; jedenfalls fanden *Frank* und *Hertz* deutliches Leuchten erst bei überkritischer Aufprallenergie $\varepsilon > h\nu_0$.

§ 7. Von der Fluoreszenz scharf zu unterscheiden sind die *Resonanzerscheinungen*, die *Wood* entdeckt hat. Während bei der Fl. die Erregung in einem mehr oder weniger breiten *Gebiet* ν erfolgt, dessen Schwingungszahlen größer als ν_0 sind, während ferner das Fluoreszenzlicht vollständig unpolarisiert ist, zeigt das Resonanzlicht starke Polarisation, und zu seiner Erzeugung muß das auffallende Licht mit dem Resonanzlicht bis auf einen außerordentlichen Grad von Genauigkeit übereinstimmen. Beim Jod fand *Wood* z. B., daß gewisse Resonanzlinien noch keine Spur erregt werden, wenn die erregende Lichtwellenlänge nur um $^1/_{100}\ \mu\mu = 10^{-9}$ cm differiert; das wäre akustisch fehlende Resonanz bei zwei Tönen, die um $^1/_{10000}$ „Ton" dissonieren ($^1/_1$ „Ton" hat das Schwingungszahlverhältnis $^4/_5$). Interessant ist, daß bei Bestrahlung mit ν_0 Licht oft nicht nur die Linie ν_0, sondern noch eine Reihe anderer Linien $\nu_1\ \nu_2\ \ldots$ auftreten, die offenbar mit ν_0 irgendwie gekoppelt sind; erregt man irgend eine Linie dieser Gruppe, so erscheinen auch die andern mehr oder weniger hell, darunter auch die schneller schwingenden Linien. Daraus erklären sich die früher oft beobachteten „Ausnahmen" gegen die Stokessche Regel; man hatte es dabei eben nicht mit Fluoreszenz, sondern mit Resonanz zu tun.

§ 8. Die bisher festgestellte Äquivalenz der zwei Energieformen: Licht ν (Lichtquanten $h\nu$) und Elektronenstoßenergie ε, wenn $\varepsilon = h\nu$, findet sich bei der Energie*emission* wieder. Der bei der Phosphoreszenz direkt gemessenen und bei der Fluoreszenz mit großer Wahrscheinlichkeit analog vermuteten Emission von Lichtenergie in Beträgen $h\nu_0$ geht eine *Emission von Elektronen* parallel, deren Energie ε ebenfalls in quantentheoretischem Zusammenhang mit einer Lichtschwingungszahl ν steht, wie zuerst *Einstein* vermutete. Man beobachtete, daß auffallendes Röntgenlicht ν gleichzeitig mit der Auslösung der Sekundärstrahlung ν_0 noch *Elektronen* aus dem bestrahlten Körper freimacht *(Sekundäre Kathodenstrahlen, Dorn, Beatty)*. Auch dieser Effekt setzt erst bei bestimmtem ν ein, und zwar bei demselben kritischen ν, bei dem auch die sekundäre Röntgenstrahlung beginnt. Nach einer Meßreihe von *Sadler* ist überhaupt bei jeder auffallenden Röntgenfarbe das Verhältnis zwischen der in Form von Elektronen ausgestrahlten Energie und der gleichzeitigen sekundären Röntgenenergie nahezu konstant (und zwar nicht viel verschieden von Eins). Über die genauen *Anfangsgeschwindigkeiten* der abgetrennten Elektronen herrscht noch keine Übereinstimmung. Sind die emittierten Elektronen dieselben, welche, wenn sie zurückstürzen, die sekundäre Fluoreszenzstrahlung hervorbringen und dabei die Energie $h\nu_0$ abgeben, so müßte man erwarten, daß die gleiche oder etwas größere Energie nötig ist, um sie vom Atom loszureißen, daß sie aber dann ohne Geschwindigkeit neben dem Atom liegen bleiben[1]) und eventuell nach einiger Zeit alle wieder zurückstürzen können. Statt dessen wird beobachtet, daß sie mit Energien fortfliegen, die nicht erheblich kleiner als $h\,.\,\nu$ sind, wo ν die *erregende* Lichtschwingungszahl ist, daß also ihre Anfangsgeschwindigkeit weder $= 0$ noch etwa eine Funktion von ν_0 ist. Man hat es hier offenbar mit einem zweiten Effekt zu tun, der sich wieder besonders gut nach der Lichtquantenhypothese deuten läßt: Ein Teil der neben den Atomen liegen bleibenden losgelösten Elektronen wird nach einiger Zeit zurückstürzen, ein anderer Teil wird vorher von einem zweiten Lichtquantum $h\nu$ getroffen und fliegt auf dessen Kosten mit der kinetischen Energie $\varepsilon = h\nu$ fort. Natürlich ist damit über den Mechanismus des Vorgangs nicht das geringste ausgesagt.

§ 9. Ganz analoge Erscheinungen finden sich wieder im Gebiet des gewöhnlichen Lichts. Der sichtbaren Fluoreszenzemission (§ 5) geht eine Emission von Elektronen parallel (Lichtelektrischer Effekt, *Hallwachs, Pohl* und *Pringsheim)*. Auch

[1]) Die elektromagnetisch berechnete Kraft aller verfügbaren Lichtquellen reicht nicht im entferntesten aus, um das Elektron *sofort* aus dem Atominnern herauszureißen, sondern es kann den kritischen Energiebetrag erst durch allmähliche Steigerung seiner Amplitude erhalten. Wenn es zum erstenmal die kritische Amplitude erreicht hat, hat es dabei annähernd die Geschwindigkeit Null.

hier hängen die Anfangsgeschwindigkeiten der lichtelektrischen Elektronen wesentlich von der auftreffenden Schwingungszahl ν ab; man findet Energiewerte, die entsprechend der Stokesschen Regel um einige Prozent hinter dem quantentheoretischen Wert $h \cdot \nu$ zurückbleiben (*Hughes, Richardson*). Dabei hängen die *Geschwindigkeiten* der lichtelektrischen Elektronen nicht von der *Intensität* des auffallenden Lichts ab, sondern allein von seiner Farbe ν; nur die *Zahl* der pro Zeiteinheit ausgesandten Elektronen hängt von der Intensität ab und ist ihr direkt proportional. Um die Merkwürdigkeit der bei den sekundären Kathodenstrahlen und dem lichtelektrischen Effekt geltenden Gesetze zu erkennen, wollen wir wieder überlegen, was an ihrer Stelle nach mechanisch-elektromagnetischen Anschauungen zu erwarten ist, wenn, wie als festgestellt anzunehmen ist, die lichtelektrische Elektronenenergie aus dem auffallenden Licht stammt. Nach gewöhnlichen Vorstellungen wird das im Atom gebundene Elektron durch die auffallenden Lichtwellen in Schwingungen geraten, d. h. Energie auffangen, zugleich aber selbst wieder ausstrahlen. Die Loslösung aus dem Atom möge geschehen, wenn die Entfernung des Elektrons von seiner Gleichgewichtslage einen kritischen Betrag überschreitet oder, was auf dasselbe hinauskommt, wenn seine Energie einen gewissen Wert ε^c erreicht (dessen Betrag nahe bei $h\nu_0$ liegen muß, weil $h\nu_0$ die bei der Lostrennung geleistete Arbeit darstellt, § 6). Bei ungestörter Lichtanregung wird sich mit der Zeit ein dynamisches Gleichgewicht zwischen Energieein- und -ausstrahlung herstellen, so daß das Elektron schließlich eine gewisse Energie $\bar{\varepsilon}$ enthält, deren Betrag mit abnehmender Intensität des erregenden Lichts beliebig verkleinert werden kann. Durch genügende Verminderung der auffallenden Intensität (Entfernung von der Lichtquelle) kann daher dieses $\bar{\varepsilon}$ unter den kritischen Wert ε_c gebracht werden, so daß das Elektron sich *nie* vom Atom losreißen wird. Die experimentelle Beobachtung des lichtelektrischen Effekts geschieht aber gerade bei Intensitäten, die unter der Annahme normaler Ausstrahlung theoretisch bei weitem nicht zur Erreichung der kritischen Energie $\varepsilon_c \sim h\nu_0$ genügen würden. Sogar wenn angenommen wird, daß nur Energieeinstrahlung und keine Ausstrahlung des Elektrons vorhanden ist, würde man die Ansammlungs*zeit* der Energie ε_c dadurch bei jedem Atom beliebig verlängern können, daß man sehr schwaches Licht aufstrahlt; hätte dieses genügend lange gewirkt, so müßte im selben Moment in allen Atomen die Energieaufspeicherung fertig sein und plötzlich aus allen Trillionen Atomen die Elektronen befreit werden. In Wirklichkeit beobachtet man aber auch bei sehr schwachem Licht, daß schon nach unmeßbar kurzer Zeit die Befreiung einzelner Elektronen stattfindet, derart, daß sich die eigentlich am *Schluß* der Aufspeicherungszeit erwartete lichtelektrische Explosion über die ganze Zeit gleichmäßig verteilt. Nehmen wir aber immerhin an, ein Elektron sei aus dem Atom befreit; dann wird es nach der Elektrodynamik unter dem Einfluß der auftreffenden Welle ν hin und her geschüttelt und wird dabei Energie aufnehmen und ausstrahlen. Dagegen ist absolut nicht einzusehen, warum es plötzlich geradlinig fortfliegt, noch dazu mit einer Energie $h \cdot \nu$, deren Größe gar nicht von der Stärke, sondern nur von der Schwingungszahl der auffallenden Lichtwelle abhängt. Will man die Lichtquantenhypothese, welche diesen Erscheinungen gerecht wird, aber mit andern optischen Erfahrungen unvereinbar scheint, vermeiden, so bleibt nur übrig, anzunehmen, daß durch gewisse unbekannte Vorgänge die gesamte von den Trillionen Atomen absorbierte Lichtenergie jederzeit sämtlichen Atomen zur Verfügung steht und in einzelnen zufällig besonders „disponierten" Atomen zur Auslösung gelangt und dort den lichtelektrischen Prozeß hervorbringt. Freilich spricht gegen diese Dispositionshypothese die Tatsache, daß auch in Gasen, bei denen die einzelnen Atome nur verhältnismäßig selten in Wechselwirkung treten, ein lichtelektrischer Effekt vorhanden ist.

§ 10. Aus allem geht hervor, daß wir in den besprochenen Quanteneffekten Erscheinungen vor uns haben, die der Einordnung in unser elektromagnetisches Weltbild vollkommen widerstehen. Nun sind schon seit längerer Zeit andere Tatsachen bekannt, von denen dasselbe gilt. Bereits die Existenz von Elektronen, in denen endliche Ladungen auf engem Raum konzentriert sind, ohne daß deren enorme Abstoßungskräfte zur Zersprengung der Ladung führen, zeigt fremde Wirkungen an, welche die elektrischen Kräfte aufheben. Vor allem aber die Tatsache, daß die positiven und negativen Elementarladungen nur in ganz bestimmten Konfigurationen, die wir chemische Atome nennen, vorkommen, welche sich, wie die radioaktiven Prozesse lehren, gegenseitig reproduzieren, und deren Eigenschaften, quantenhafte Licht- und Elektronenemission, sich elektromagnetisch nicht erklären lassen, deutet auf Vorgänge hin, von deren „Mechanismus" wir uns auch nicht den allergeringsten Begriff machen können. Das einzige, was wir von ihnen wissen, ist, soweit rein periodische Prozesse mit einer wohldefinierten Schwingungszahl ν in Betracht kommen, die Gültigkeit des Planckschen Wirkungsgesetzes $\varepsilon = h \cdot \nu$. Es wurde oft diskutiert, ob das Wirkungsgesetz in einer Eigenschaft der Atome beruht oder bereits dem Vakuum zuzuschreiben ist. Demgegenüber hat *A. Sommerfeld* das Programm aufgestellt, umgekehrt aus der Gültigkeit des Quantengesetzes das Dasein der chemischen Atome begreifen zu lernen.

Literatur.

Beatty, Proc. Roy. Soc., *A 87*, 511, 1912.
Barkla und *Sadler*, Phil. Mag. *16*, 550, 1908.
Bohr, Phil. Mag. *26*, 1, 1913.
Einstein, Ann. d. Phys. *17*, 132, 1905.

Franck und *Hertz*, Verh. d. deutschen Phys. Ges. *13*, 967, 1911; *15*, 34, 1913; *16*, 457, 1914; *16*, 512, 1914.
Hughes, Phil. Mag. *25*, 683, 1913.
Moseley und *Darwin*, Phil. Mag. *26*, 1024, 1913; *27*, 703, 1914.
Lenard, Heidelberger Akademie 1912—1914.
Richardson, Phil. Mag. *26*, 549, 1913.
J. Stark, Phys. Ztschr. *8*, 881, 1907; *14*, 562, 1913; *14*, 961, 1913.
Wood, Phys. Ztschr. *6*, 903, 1905; *10*, 425, 1909; *10*, 466, 1909; *13*, 353, 1912; *13*, 177, 1912; *13*, 1189, 1912.
Whiddington, Proc. Roy. Soc. *A 86*, 370, 1912.
Dazu folgende *Bücher*, in denen sich viele weitere Literatur findet:
Konen, Das Leuchten der Gase und Dämpfe, Sammlung „Wissenschaft" Nr. 49.
Planck, Vorlesungen über Wärmestrahlung, 2. Aufl. 1913.
Pohl, Die Physik der Röntgenstrahlen, Sammlung „Wissenschaft" Nr. 45.
Pohl und *Pringsheim*, Die lichtelektrischen Erscheinungen, Vieweg, 1914.
Stark, Elektrische Spektralanalyse chemischer Atome, Physikalische Bibliothek Nr. 1, S. Hirzel, 1914.

Über ein Paradoxon der Optik.

Von A. Landé.

Ein bekanntes Paradoxon der Optik lautet folgendermaßen[1]): Jeder ebene Lichtimpuls von beliebiger Form läßt sich nach Fourier auffassen als Überlagerung unendlich vieler reiner Sinuswellen mit verschiedenen Wellenlängen λ. An Stellen des Raumes, bis zu denen der Impuls noch nicht gelangt ist, heben sich durch Interferenz die sämtlichen endlosen Sinuswellen grade gegenseitig auf. Stellt man aber in den Weg des Impulses eine farbenzerstreuende Vorrichtung (Prisma, Beugungsgitter), so wird diese als harmonischer Analysator eine räumliche Trennung der einzelnen endlosen Sinuswellen, ein Spektrum, hervorbringen, so daß eine gegenseitige Vernichtung nicht mehr stattfinden kann. „Daraus folgt, daß die Lichtintensität an jedem Punkt des Spektrums unabhängig von der Zeit sein muß, weil jede einzelne harmonische Komponente eine konstante Amplitude besitzt. Daher muß jede Lichtquelle, gleichgültig ob sie ausgelöscht ist oder ob sie leuchtet, ein Spektrum von unveränderlicher Stärke geben“[2]). Die Anwendung dieser Überlegungen auf die Theorie der Interferenz führte zu der Anschauung, daß[3]) „die Regelmäßigkeit der Lichtschwingungen, die durch die Beobachtungen von Fizeau und Foucault nachgewiesen wurde, keine Eigenschaft der wirklichen Lichtbewegung sei, sondern erst durch den Spektralapparat hervorgebracht“ werde[1]). Deshalb sei „die Zahl der beobachtbaren Banden (in den Interferenzversuchen von Fizeau und Michelson) allein durch die auflösende Kraft des Spektroskops begrenzt, beweise aber nichts über die Regelmäßigkeit der Schwingungen im ursprünglichen Licht“[2]).

Um das erwähnte Paradoxon zu lösen und auch seine Folgerungen zu revidieren, ist es vielleicht von Interesse, den zeitlichen Ablauf der Lichtzerstreuung eines ebenen Wellenzuges von endlicher Breite exakt zu untersuchen. Um frei von speziellen Materialkonstanten dispergierender Substanzen zu bleiben, soll der Vorgang der Beugung am Rande einer vollkommen spiegelnden Halbebene betrachtet werden, der sich mit den von A. Sommerfeld gegebenen Methoden[3]) exakt behandeln läßt. Als Hauptresultate der Untersuchung werden wir finden:

1. Es gelangt an keine Stelle des Raumes eine Lichterregung, bevor nicht die zur Ausbreitung mit normaler Lichtgeschwindigkeit c um die Schirmkante herum nötige Zeit abgelaufen ist.

2. Ein ebener Wellenzug, der aus N Wellen λ besteht, zeigt im Beugungsbild nur die N hellen und N dunkeln Streifen der N niedrigsten Ordnungen. Die Beobachtungsdauer eines Streifens $p$ter Ordnung sinkt, von dem normalen Wert $\frac{N\lambda}{c}$ bei niedrigstem p, mit wachsender Ordnung linear auf die Beobachtungsdauer Null beim letzten Streifen Nter Ordnung.

1) Vgl. die Darstellung bei Wood, Physical Optics, Kap. 23.

2) Übersetzt nach Gouy, C. R. **120**, 916, 1895; vgl. ferner Gouy, Journ. de Phys. **5**, 354, 1886; Schuster, Phil. Mag. 1894, S. 509; Poincaré, C. R. **120**, 757, 1895.

3) Schuster, C. R. **120** 989, 1895; Lord Rayleigh, Scientific Papers Vol. III, S. 47.

1) Übersetzt nach Schuster, C. R. **120**, 989, 1895.

2) Übersetzt nach Rayleigh, l. c. S. 60.

3) A. Sommerfeld, Mathematische Theorie der Diffraktion, Math. Ann. **47**, 317, 1896 (zitiert als S. I); Derselbe, Theoretisches über die Beugung der Röntgenstrahlen, Zeitschr. f. Math. u. Phys. **46**, 11, 1901 (S. II)

Reprinted from *Phys. Z.* **16**, 201–204 (1915).

3. Die Streifen stellen sich nicht plötzlich in ihrer vollen Intensitätsstärke her und verlöschen nicht plötzlich, sondern durchlaufen einen Anklingungs- bzw. einen Abklingungszustand. Jedoch erreicht das Beugungsbild bereits nach Verlauf einer einzigen Lichtperiode nach Beginn der Anklingung in großer Annäherung die stationäre Lichtstärke, und sinkt in einer gleichen Zeit nach Beginn der Abklingung auf eine Intensität herab, die gegen die stationäre Lichtstärke praktisch zu vernachlässigen ist.

4. Auch bei unendlich lange andauernder Beleuchtung wird man dann nur die N ersten Ordnungen beobachten, wenn die ankommende Erregung aus Sinuswellen besteht, welche nach je N-Perioden unregelmäßig ihre Phase wechseln (Spektrallinie). Verglichen mit der normalen Intensitätsverteilung bei gänzlich fehlenden Phasenwechseln wird dabei das Bild der hellen und dunklen Streifen um so verschwommener, zu je höherer Ordnung man fortschreitet, um in der Nten und in allen höheren Ordnungen ganz zu verschwinden.

Diese Resultate werden auf folgende Weise gewonnen[1]):

I. Nach Sommerfelds exakter Lösung des Beugungsproblems[2]) gibt eine unendlich lange andauernde ebne Erregung rein periodischer Wellen, welche aus dem Unendlichen der positiven x-Achse herkommt und an einer vollkommen spiegelnden Halbebene $x = 0$, $y < 0$ gebeugt wird, im „unbeschatteten" Raum $y > 0$ (Figur) Maxima und Minima auf den Zylinderparaboloiden

$$\frac{2\pi}{\lambda}(x + r) = \pi\left(n + \frac{3}{4}\right), \quad (n = 0, 1, 2, 3 \ldots), \quad (1)$$

wobei die Entfernung r von der Schirmkante $x = y = 0$ gerechnet wird. Die Schnitte einiger dieser Paraboloide mit der xy-Ebene sind in der Figur punktiert eingezeichnet. Den geraden Zahlen n entsprechen die Maxima, den ungeraden die Minima. Ihre Entstehung wird dadurch klar, daß Sommerfelds Lösung im „unbeschatteten Raum" $y > 0$ sich auffassen läßt als Überlagerung $E + C$ ebner Wellen

$$E = \sin\frac{2\pi}{\lambda}(ct + x), \quad (2)$$

und Zylinderwellen

$$C = A_{(\varphi, r)} \sin\left[\frac{2\pi}{\lambda}(ct - r) + \frac{3\pi}{4}\right]. \quad (3)$$

E hat die Form ankommender ebner Wellen. C stellt Zylinderwellen dar, welche von der Schirmkante $x = y = 0$ radial auszugehen scheinen. Ihre Amplitude $A_{(\varphi, r)}$ hängt ab vom Ort (r, φ) des Aufpunktes, in welcher die Lichterregung $E + C$ beobachtet wird.

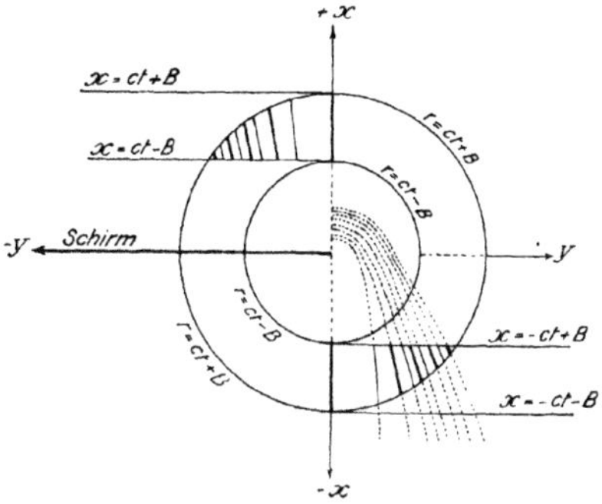

Im „Schattenraum"-Quadranten $x < 0$, $y < 0$ bestehen allein die Zylinderwellen C, so daß eine durch $A_{(r, \varphi)}$ bestimmte und zwar monotone Intensitätsabnahme von der Grenze des geometrischen Schattens ($y = 0$, $x < 0$) bis zur Schirmrückseite stattfindet.

Im „Reflexionsraum" $x > 0$, $y < 0$ besteht die Erregung $E + C + E_R$, wobei:

$$E_R = -\sin\frac{2\pi}{\lambda}(ct - x)$$

reflektierte ebene Wellen darstellt.

II. Eine zweite Arbeit von Sommerfeld[1]) behandelt die Beugung eines aus dem Unendlichen der positiven x-Achse kommenden Impulses der endlichen Breite $2B$. In großer Entfernung $x > 0$ vom Schirm wird der herankommende Impuls dargestellt durch

$$\begin{array}{lll} f(ct + x) & \text{für Argumente} & |ct + x| < B \\ \text{bzw. } 0 & \text{"} \quad \text{"} & |ct + x| > B \end{array} \quad (4)$$

Der Impuls eilt mit Lichtgeschwindigkeit c auf den Schirm $x = 0$ zu. Seine Front erreicht den Schirm im Moment $ct = -B$; würde der Schirm die Lichtausbreitung nicht stören, so würde der Impuls im Moment $ct = +B$ den Schirm ganz überstrichen haben, um dann nach $(-x)$ hin weiter zu eilen. In Wirklichkeit beginnt aber im Moment $ct = -B$ der Beugungsvorgang: Der ankommende ebene Impuls wird von der „Schattengrenze" $y = 0$, $x < 0$ in zwei Teile zerschnitten (Figur). Der Teil $y > 0$ wandert als ebener Impuls

1) Die ausführliche Ableitung der Resultate nach den exakten Sommerfeldschen Methoden wird später publiziert werden.

2) Sommerfeld I.

1) Sommerfeld II.

$$\left.\begin{array}{ll} \text{a) } E' = f(ct+x) \text{ für Argumente} & |ct+x| < B \\ \text{b) } E' = 0 \text{ für Argumente} & |ct+x| > B \end{array}\right\} \quad (5)$$

im „unbeschatteten" Raum $y > 0$ ungestört weiter. Der Teil $y < 0$ wird am Schirm $x = 0$, $y < 0$ nach den Gesetzen der geometrischen Optik reflektiert als ebener Impuls

$$\left.\begin{array}{ll} \text{a) } E_R' = f(ct-x) \text{ für Argumente} & |ct-x| < B \\ \text{b) } E_R' = 0 \text{ für Argumente} & |ct-x| > B \end{array}\right\} \quad (6)$$

Außerdem beginnt aber vom Moment $ct = -B$ an radial von der Schirmkante aus ein Zylinderimpuls

$$\left.\begin{array}{ll} \text{a) } C' = g(ct-r) \text{ für Argumente} & -B < ct-r < +B \\ \text{b) } C' = h(ct-r) \text{ für Argumente} & +B < ct-r < \infty \\ \text{c) } C' = 0 \text{ für Argumente} & -\infty < ct-r < -B \end{array}\right\} \quad (7)$$

auszugehen.

In der Figur sind gemäß (5), (6), (7) die Geltungsbereiche der Erregungen f, g, h in der xy-Ebene eingezeichnet, nämlich folgendermaßen:

In dem durch Ebenen begrenzten Gebiet

$$-ct - B < x < -ct + B$$

herrscht, soweit es nicht im Schattenraum verläuft, die Lichterregung (5'a)

$$E' = f(ct+x).$$

Dieses Gebiet geht mit Lichtgeschwindigkeit c in Richtung der negativen x-Achse weiter.

In dem ebenen Gebiet

$$+ct - B < x < +ct + B$$

herrscht, soweit es im Reflexionsraum verläuft, die Erregung (6'a)

$$E_R' = f(ct-x).$$

Dieses Gebiet wandert in Richtung der positiven x-Achse weiter.

In dem Zylinderringgebiet

$$ct - B < r < ct + B$$

herrscht für $r > 0$ die Erregung (7'a)

$$C' = g(ct-r).$$

Dieses Gebiet eilt mit Lichtgeschwindigkeit radial von der Schirmkante fort.

In dem Zylindergebiet

$$0 < r < ct - B$$

herrscht die Erregung (7'b)

$$C' = h(ct-r).$$

Der Radius dieses Zylindergebietes wächst mit Lichtgeschwindigkeit.

In allen übrigen Gebieten der xy-Ebene ist in dem betrachteten Zeitpunkt keine Lichterregung vorhanden.

Dort, wo sich das Zylinderringgebiet (7'a) mit dem ebenen Gebiet (5'a) überdeckt, herrscht als gesamte Lichterregung

$$E' + C' = f(ct+x) + g(ct-r). \quad (8)$$

Das Überdeckungsgebiet wird begrenzt durch die äußere Fläche $r = ct + B$ des Zylinderringes (7'a) und durch die Rückseite $x = -ct + B$ des ebenen Gebiets (5'a). Während diese beiden Grenzflächen im Raum fortwandern, bewegt sich ihre Schnittgerade auf dem ebenen Paraboloid

$$x + r = 2B. \quad (8')$$

Der behandelte Impuls bestehe nun in einem Zeitpunkt $ct < -B$, wenn seine Front den Schirm noch nicht erreicht hat, aus N reinen Sinusperioden der Wellenlänge λ von der Gesamtbreite $2B = N\lambda$, d. h. es sei in (4) speziell

$$f(s) = \sin\left(\frac{2\pi}{\lambda} s\right). \quad (9)$$

Dann läßt sich mit Hilfe der exakten Sommerfeldschen Methoden ableiten, daß die Funktion $C' = g(ct-r)$ in ihrem Gültigkeitsbereich (7'a) große Ähnlichkeit mit der in (3) vorkommenden Funktion

$$C = A_{(\varphi, r)} \sin\left[\frac{2\pi}{\lambda}(ct-r) + \frac{3\pi}{4}\right] \quad (3)$$

hat; und zwar unterscheidet sich C' in einem festen Punkt (xy) um so weniger von C, je längere Zeit der Punkt (xy) in dem sich bewegenden Ringgebiet (7'a) bereits liegt. Der Übergang von C' in C, die Anklingung, wird vollendet in großer Annäherung bereits etwa eine Lichtperiode $\tau = \frac{\lambda}{c}$ nach dem Eintritt des festen Punktes (xy) durch die äußere Zylinderfläche $r = ct + B$ in das Innere des Ringgebietes. Daher darf $C' = g(ct-r)$, abgesehen von einem schmalen Anklingungsgebiet nahe dem äußeren Ringrand, überall durch C ersetzt werden. Es treten also durch Interferenz von E' und C' Maxima und Minima an den gleichen Stellen (Paraboloiden) auf, die in (1) angegeben wurden, soweit diese Paraboloide in dem Überdeckungsgebiet verlaufen. Da das Überdeckungsgebiet durch das mit (1) konfokale und koaxiale Paraboloid (8')

$$x + r = N\lambda \quad (8'')$$

begrenzt ist, kommen für Maxima und Minima nur diejenigen Paraboloide (1)

$$x + r = \left(n + \frac{3}{4}\right)\frac{\lambda}{2}, \quad (n = 0, 1, 2 \ldots) \quad (1)$$

in Betracht, welche innerhalb (8') verlaufen. Ihre Anzahl ist $2N$. D. h., man beobachtet nur N helle und N dunkle Streifen, entsprechend den geraden und den ungeraden Zahlenwerten von $n < 2N - \frac{3}{4}$, nämlich $n = 0, 2, 4 \ldots 2N - 2$, bzw. $n = 1, 3, 5 \ldots 2N - 1$.

Die Beobachtungsdauer des Streifens mit der Zahl n auf einer in den Beugungsraum gestellten Platte berechnet sich zu

$$\tau_n = \frac{1}{c} \cdot \frac{\lambda}{2}\left(2N - \frac{3}{4} - n\right). \qquad (10)$$

Von dieser Zeit τ_n ist aber noch ein für alle n gleich großer Zeitbetrag der ungefähren Größe

$$\tau' = \frac{\lambda}{c} = \frac{1}{c} \cdot \frac{\lambda}{2} \cdot 2$$

für den Anklingungsvorgang abzurechnen, so daß der letzte dunkle und helle Streifen nicht mehr deutlich zum Vorschein kommen wird.

Dem Anklingungsprozeß entspricht im Gebiet $r < ct - B$ ein Abklingungsvorgang. Es wird nämlich in einem festen Punkt (xy) noch beliebig lange Zeit, nachdem der Zylinderring über ihn hinweggegangen ist, eine Lichterregung (7'b) $C' = h(ct - r)$ angetroffen. Jedoch zeigt die Rechnung, daß $h(ct - r)$ bereits 1 bis 2 Perioden nach dem Eintritt des Punktes (xy) in das Gebiet $r < ct - B$ eine Intensität erhält, welche gegen den stationären Intensitätswert im Ringgebiet zu vernachlässigen ist.

Das Resultat 4 über die Zahl der Maxima und Minima bei unendlich langen Wellenzügen mit Phasenwechseln ergibt sich ohne weiteres mit Hilfe von Wahrscheinlichkeitsbetrachtungen.

Unsere Ergebnisse gestatten, einige bekannte Überlegungen über den Begriff der spektralen Zerlegung zu ergänzen. Ein Wellenzug von n Sinusperioden läßt sich zwar formal nach dem Fourierschen Lehrsatz als ein „Spektrum" auffassen. Dieses Fourierspektrum hat aber nichts zu tun mit dem wirklich beobachteten Spektrum, das der abgebrochene Wellenzug in einem Beugungsapparat entwirft; während nämlich das Fourierspektrum aus zeitlich unbegrenzt andauernden Wellen aller verschiedenen Farben besteht, wird, jedenfalls am Rande einer Halbebene, eine Erscheinung beobachtet, welche identisch ist mit dem überall gleich gefärbten Beugungsbild, das auch eine unbegrenzte Welle derselben Periode erzeugen würde. Der einzige Unterschied zwischen abgebrochener und unbegrenzter Welle ist, was die Beobachtung betrifft, an der Halbebene nur die verschiedene Dauer des sonst gleichen Beugungsbildes. Daß die scharfen Linien bei einem stark auflösenden Gitter mit abnehmender Länge des auftreffenden Wellenzuges verwischt werden, liegt nicht daran, daß das Fourierspektrum des Wellenzuges sich verbreitert, sondern ist darauf zurückzuführen, daß jene Schärfe durch das Zusammenwirken vieler räumlich getrennter Stellen (Gitterstriche) des beugenden Apparates zustande kommt, daß aber bei kurzer Dauer die Wirkung der einzelnen Gitterstriche nicht im selben Moment an der Beobachtungsstelle zur Geltung kommen kann, daß also sozusagen die Auflösungskraft des Apparates herabgesetzt ist.[1]) Die Verhältnisse, wenn der abgebrochene Impuls nicht aus Sinuswellen besteht, sondern irgend eine andere Form hat, sind sehr kompliziert; jedenfalls hat das dann beobachtete farbige Spektrum nichts oder doch nur indirekt etwas mit dem Fourierspektrum des Impulses zu tun.

Überhaupt ist das eingangs erwähnte Paradoxon auf eine Verwechslung von Fourierspektrum und beobachtbarem Spektrum zurückzuführen.

1) Genaueres wird demnächst publiziert.

Göttingen, April 1915.

(Eingegangen 21. April 1915.)

3. *Die Abzählung der Freiheitsgrade in einer Elektronenwolke (strahlender Körper);* *von A. Landé.*

Inhalt: I. Teil. § 1. Die Fouriersche Reihe. § 2. Die Freiheitsgrade des Hohlraumes. — II. Teil. § 3. Schwankungen der spektralen Intensitätsverteilung. § 4. Räumliche Intensitätsschwankungen. — Zusammenfassung.

I. Teil.

Die Strahlung in einem nach außen abgeschlossenen Raum läßt sich auf verschiedene Weise analysieren. J. H. Jeans[1]) löst sie in lauter *Eigenschwingungen* auf, von denen jede den *ganzen* abgeschlossenen Raum durchsetzt. Als Zahl der Eigenschwingungen im Volumen V und im Intervall $d\nu$ findet Jeans

$$(1) \qquad dZ = \frac{8\pi\nu^2}{c^3} V d\nu$$

(Zahl der Freiheitsgrade). M. v. Laue[2]) baut die Strahlung aus lauter schmalen *Bündeln* von endlicher Länge auf; jedes Bündel wird im Intervall $d\nu$ durch eine bestimmte Zahl von Angaben (Koeffizienten einer Fourierschen Reihe) beschrieben. Durch Summation über alle in V möglichen Bündel gelangt v. Laue dann ebenfalls zu der Jeansschen Zahl (1) der Freiheitsgrade.

Bedenkt man nun, daß die Strahlung ihren Ursprung in leuchtenden Quellen im Innern oder an den Wänden des Hohlraumes hat, so ist dieses Resultat zunächst überraschend. Da nämlich, unabhängig vom Voluminhalt V, der Strahlungszustand an jedem Punkt des Hohlraumes durch die retardierten Potentiale der N Quellen bestimmt ist, so sollte dZ nicht proportional dem Voluminhalt V, sondern proportional der Quellenzahl N sein. Dieser Widerspruch mit dem Jeansschen Ergebnis wurde seinerzeit als Grund für die Abweichung der Jeansschen Strahlungsformel von der

1) J. H. Jeans, Phil. Mag. **10.** p. 91. 1905.
2) M. v. Laue, Ann. d. Phys. **44.** p. 1197. 1914.

Reprinted from *Ann. Phys.* (*Leipzig*) **50**, 89–105 (1916).

Erfahrung hingestellt. Nach W. Ritz[1]) sollen nämlich aus allen überhaupt möglichen Lösungen der Maxwellschen Gleichungen nur diejenigen in Wirklichkeit zulässig sein, die sich auf *retardierte Potentiale* strahlender Quellen zurückführen lassen, was für die Gesamtheit der Jeansschen Eigenschwingungen nicht zutreffe. Daher stellten letztere eine zu große Mannigfaltigkeit von Lösungen der Maxwellschen Gleichungen dar, und die Zahl der Freiheitsgrade sei in Wirklichkeit von (1) abweichend. Entgegen dieser Auffassung wollen wir im Folgenden nachweisen, daß sich (als Gegenstück zur Auflösung in Jeanssche Eigenschwingungen und Lauesche Strahlenbündel) die Strahlung in V auch direkt aus retardierten Potentialen von N beliebig verteilten Oszillatoren ableiten läßt und dabei doch wieder genau die Jeanssche Zahl (1) herauskommt, also Unabhängigkeit von N, Proportionalität mit V. Wir zeigen nämlich, daß eine große Zahl von Freiheitsgraden nur verschwindende Energien tragen und dadurch von vornherein ausscheiden, während die Energien anderer Freiheitsgrade ihr Nichtverschwinden der Existenz von Oszillatoren an einer bestimmten zugeordneten Stelle des *Raumes* verdanken, wodurch die Proportionalität von dZ mit dem Voluminhalt V verständlich wird.

§ 1. Die Fouriersche Reihe.

In dem Hohlraum V mögen N Oszillatoren irgendwie verteilt sein. Die Emissionsbewegung des $\varkappa$ten Oszillators denken wir uns harmonisch mit unendlich langer Grundperiode (Fouriersches Integral) aufgelöst zu

$$\int_0^\infty a_\varkappa(\nu)\, e^{-2i\pi\nu t}\, d\nu \qquad [a_\varkappa(\nu) \text{ komplex}].$$

Dann beobachtet man in einem Punkt $P_{\xi\eta}$ auf einer den Hohlraum durchsetzenden $\xi\eta$-Ebene die zur Schwingungszahl ν gehörige harmonische Komponente

$$A(\nu, \xi, \eta) = \sum_\varkappa \frac{a_\varkappa(\nu)\, \mathfrak{c}_\varkappa}{r_{\varkappa\xi\eta}}\, e^{-2i\pi\nu(t - r_{\varkappa\xi\eta}/c)}, \tag{2}$$

---

1) W. Ritz, Physik. Zeitschr. **9.** p. 903. 1908. Vgl. ferner A. Einstein, l. c. **10.** p. 185. 1909; W. Ritz, **10.** p. 224. 1909; A. Einstein u. W. Ritz, **10.** p. 323. 1909.

falls $\mathfrak{c}_\varkappa$ den Richtungskosinus zwischen Schwingungs- und beobachteter Polarisationsrichtung angibt. Die Funktion $A(\nu, \xi, \eta)$ entwickeln wir über einem Farbenintervall

$$\nu_0 - \frac{\Delta\nu}{2} \text{ bis } \nu_0 + \frac{\Delta\nu}{2}$$

und über einem rechteckigen Gebiet $\Delta f = \Delta\xi \,.\, \Delta\eta$

$$\xi_0 - \frac{\Delta\xi}{2} \text{ bis } \xi_0 + \frac{\Delta\xi}{2} \quad \text{und} \quad \eta_0 - \frac{\Delta\eta}{2} \text{ bis } \eta_0 + \frac{\Delta\eta}{2}$$

zu der Fourierschen Reihe

$$(3) \qquad A(\nu, \xi, \eta) = \sum_{-\infty}^{+\infty}{}^{s} \sum_{-\infty}^{+\infty}{}^{p} \sum_{-\infty}^{+\infty}{}^{q} G_{spq}\, e^{2i\pi\left(\frac{\nu-\nu_0}{\Delta\nu}s + \frac{\xi-\xi_0}{\Delta\xi}p + \frac{\eta-\eta_0}{\Delta\eta}q\right)},$$

wobei der Fourierkoeffizient G_{spq} den Wert erhält:

$$(4) \qquad \begin{cases} G_{spq} = \dfrac{1}{\Delta\nu\,\Delta\xi\,\Delta\eta} \displaystyle\int_{\nu_0-\frac{\Delta\nu}{2}}^{\nu_0+\frac{\Delta\nu}{2}} d\nu \int_{\xi_0-\frac{\Delta\xi}{2}}^{\xi_0+\frac{\Delta\xi}{2}} d\xi \int_{\eta_0-\frac{\Delta\eta}{2}}^{\eta_0+\frac{\Delta\eta}{2}} d\eta \\ \qquad\qquad \times A(\nu, \xi, \eta)\, e^{-2i\pi\left(\frac{\nu-\nu_0}{\Delta\nu}s + \frac{\xi-\xi_0}{\Delta\xi}p + \frac{\eta-\eta_0}{\Delta\eta}q\right)}. \end{cases}$$

Im Exponenten von (2) können wir schreiben

$$(5) \qquad r_{\varkappa\xi\eta} = r_\varkappa + (\xi - \xi_0)\,\alpha_\varkappa + (\eta - \eta_0)\,\beta_\varkappa$$

falls $r_\varkappa$ die Entfernung des $\varkappa$ten Oszillators von der *Mitte* von Δf angibt, und wenn $\alpha_\varkappa$ und $\beta_\varkappa$ die Richtungskosinusse der Verbindungen des Oszillators mit zwei anderen auf Δf liegenden Punkten sind, die um so näher von der Mitte liegen, je kleiner die Ausmessungen von Δf gegen $r_\varkappa$ sind. Dann wird aus (4) bei Einsetzung von (2), (5)

$$(6) \qquad \begin{cases} G_{spq} = \displaystyle\sum_\varkappa \frac{\mathfrak{c}_\varkappa}{\Delta\xi\,\Delta\eta\,\Delta\nu} \int a_\varkappa(\nu)\, d\nu \int d\xi \int d\eta \\ \qquad \times \dfrac{1}{r_{\varkappa\xi\eta}} \cdot e^{-2i\pi\left(\frac{\nu-\nu_0}{\Delta\nu}s + \nu t - \frac{\nu}{c} r_\varkappa\right)} \cdot e^{-2i\pi\frac{\xi-\xi_0}{\Delta\xi}\left(p - \alpha_\varkappa\frac{\nu\,\Delta\nu}{c}\right)} \\ \qquad\qquad \cdot e^{-2i\pi\frac{\eta-\eta_0}{\Delta\eta}\left(q - \beta_\varkappa\frac{\nu\,\Delta\eta}{c}\right)} \end{cases}$$

Im Nenner setzen wir statt der mit $\xi\,\eta$ veränderlichen Größe $r_{\varkappa\xi\eta}$ eine mittlere Entfernung $\overline{r_\varkappa}$ des $\varkappa$ten Oszillators von den

Punkten des Flächenelementes $\varDelta f$ vor das Integralzeichen, ebenso statt der mit ν veränderlichen Größe $a_\varkappa(\nu)$ eine mittlere Größe $\overline{a_{\varkappa\nu}}$. In den Exponenten kann statt der mit $\varDelta\xi$ bzw. $\varDelta\eta$ multiplizierten Variablen ν ein mittlerer konstanter Wert gesetzt werden. Dadurch wird

$$G_{spq} = \sum_\varkappa \frac{\overline{a_{\varkappa\nu}}\, c_\varkappa}{r_\varkappa} e^{-2i\pi\nu_0(t-r_\varkappa/c)} \cdot \frac{1}{\varDelta\nu}\int\limits_{\nu_0-\frac{\varDelta\nu}{2}}^{\nu_0+\frac{\varDelta\nu}{2}} d\nu\, e^{-2i\pi\frac{\nu-\nu_0}{\varDelta\nu}\left(s+t\varDelta\nu-\frac{\varDelta\nu}{c}r_\varkappa\right)}$$

$$\cdot \frac{1}{\varDelta\xi}\int\limits_{\xi_0-\frac{\varDelta\xi}{2}}^{\xi_0+\frac{\varDelta\xi}{2}} d\xi\, e^{-2i\pi\frac{\xi-\xi_0}{\varDelta\xi}\left(p-\frac{\nu\varDelta\xi}{c}\alpha_\varkappa\right)} \cdot \frac{1}{\varDelta\eta}\int\limits_{\eta_0-\frac{\varDelta\eta}{2}}^{\eta_0+\frac{\varDelta\eta}{2}} d\eta\, e^{-2i\pi\frac{\eta-\eta_0}{\varDelta\eta}\left(q-\frac{\nu\varDelta\eta}{c}\beta_\varkappa\right)},$$

oder nach Ausführung der Integrationen

$$(7)\quad \begin{cases} G_{spq} = \sum_\varkappa \frac{\overline{a_{\varkappa\nu}}\, c_\varkappa}{r_\varkappa} e^{-2i\pi\nu_0(t-r_\varkappa/c)} \cdot \dfrac{\sin\pi\left(s+t\varDelta\nu-\frac{\varDelta\nu}{c}r_\varkappa\right)}{\pi\left(s+t\varDelta\nu-\frac{\varDelta\nu}{c}\cdot r_\varkappa\right)} \\[2ex] \qquad\cdot \dfrac{\sin\pi\left(p-\frac{\nu\varDelta\xi}{c}\alpha_\varkappa\right)}{\pi\left(p-\frac{\nu\varDelta\xi}{c}\alpha_\varkappa\right)} \cdot \dfrac{\sin\pi\left(q-\frac{\nu\varDelta\eta}{c}\beta_\varkappa\right)}{\pi\left(q-\frac{\nu\varDelta\xi}{c}\beta_\varkappa\right)}. \end{cases}$$

$$(7')\quad G_{spq} = \sum_\varkappa M(\varkappa) \times \varphi(\varkappa, s) \times \chi(\varkappa, p) \times \psi(\varkappa, q),$$

worin die Faktoren φ, χ, ψ die Form $\sin\varkappa : \varkappa$ haben.

Zu diesem Ausdruck G_{spq} trägt jeder Oszillator $\varkappa$ mit einem Glied $M_\varkappa$ bei, welches noch mit den vom Index $s\,p\,q$ abhängenden Faktoren $\varphi_{\varkappa s}\chi_{\varkappa p}\psi_{\varkappa q}$ multipliziert ist. Um G_{spq} zu diskutieren, wollen wir den ganzen Raum um das Flächenelement $\varDelta\xi\,\varDelta\eta$ herum durch die

$$(8)\quad \begin{cases} \text{Kugelschar} \quad r^{(s)} = \frac{c}{\varDelta\nu}s + ct \\ \text{und die beiden} \\ \text{Kegelscharen}\quad \alpha^{(p)} = \frac{c}{\nu\varDelta\xi}p,\quad \beta^{(q)} = \frac{c}{\nu\varDelta\eta}q \\ \qquad\qquad (s, p, q = 0, \pm 1, \pm 2 \ldots \pm\infty), \end{cases}$$

in *Fächer* einteilen, welche um so kleiner ausfallen, je größer $\varDelta\nu$, $\varDelta\xi$ und $\varDelta\eta$ sind. An jeder Ecke eines Faches stoßen drei der Flächen (8) zusammen, so daß die Fachecken ein System von Gitterpunkten $s\,p\,q$ bilden und zu jedem Gitterpunkt $s\,p\,q$ ein G_{spq} gehört. Mit Bezug auf einen Oszillator $\varkappa$ mit den Raumkoordinaten $r_\varkappa\ \alpha_\varkappa\ \beta_\varkappa$ lassen sich die Gitterpunkte $s\,p\,q$ ordnen in *Schalen,* welche den Oszillator $\varkappa$ umgeben: Die erste Schale besteht aus 2^3 Gitterpunkten, nämlich den acht Ecken des den Oszillator *selbst* enthaltenden Faches; die zweite Schale besteht aus 4^3-2^3, die dritte Schale aus $6^3-(4^3-2^3)$ Gitterpunkten usw. Der Beitrag $M_\varkappa\ \varphi_{\varkappa s}\ \chi_{\varkappa p}\ \psi_{\varkappa q}$ des $\varkappa$ten Oszillators zu einem G_{spq} ist nun um so *kleiner,* je größer die Nenner

$$s + t\,\Delta\nu - \frac{\Delta\nu}{c} r_\varkappa, \quad p - \frac{\nu\,\Delta\xi}{c}\alpha_\varkappa, \quad q - \frac{\nu\,\Delta\eta}{c}\beta_\varkappa,$$

von $\varphi\,\chi\,\psi$ sind. Der Oszillator $\varkappa$ trägt also am meisten zu denjenigen G_{spq} bei, die zu den 8 Gitterpunkten der *ersten* Schale gehören, und sein Beitrag zu einem anderen G_{spq} ist um so kleiner, je größer die Zahl der zwischen dem Punkt $s\,p\,q$ und dem Oszillator gelegenen Schalen ist. Der Beitrag $M_\varkappa\ \varphi_{\varkappa s}\ \chi_{\varkappa p}\ \psi_{\varkappa q}$ *der* Gitterpunkte, welche die $m$te den Oszillator $\varkappa$ umgebende Schale bilden, sinkt mit wachsendem m unter jede beliebige Grenze. Vergrößert man andererseits $\Delta\nu, \Delta\xi, \Delta\eta$ hinreichend, so wird das Netzwerk der Gitterpunkte engmaschiger. Dabei bleibt zwar die *Anzahl* der zu beträchtlichen G_{spq} Anlaß gebenden Gitterpunkte unverändert; dagegen wird das *Raumgebiet,* in welchem die wesentlich beitragenden Gitterpunkte liegen, beliebig nahe an den Oszillator herangedrängt; d. h. die *Einflußsphäre* jedes Oszillators auf die G_{spq} läßt sich durch Vergrößerung von $\Delta\nu$, $\Delta\xi$, $\Delta\eta$ *räumlich* beliebig verkleinern, während die *Zahl* der in der Einflußsphäre liegenden Gitterpunkte unverändert bleibt. Liegen nun Oszillatoren in einem gegebenen Volumelement r bis $r+dr$, α bis $\alpha+d\alpha$, β bis $\beta+d\beta$

$$dV = r\,dr\,d\Omega = r\,dr\,\frac{d\alpha\,d\beta}{\cos\theta} \quad (\gamma = \cos\Theta), \tag{9}$$

so sind die in dV liegenden Gitterpunkte $s\,p\,q$ eingeschlossen in den Grenzen:

$$\left\{\begin{array}{l} -t\,\Delta\nu + \frac{\Delta\nu}{c} r < s < -t\,\Delta\nu + \frac{\Delta\nu}{c}(r + dr), \\ \frac{\nu\,\Delta\xi}{c}\alpha < p < \frac{\nu\,\Delta\xi}{c}(\alpha + d\alpha), \ \frac{\nu\,\Delta\eta}{c}\beta < q < \frac{\nu\,\Delta\eta}{c}(\beta + d\beta), \end{array}\right. \tag{10}$$

und man hat innerhalb dV im ganzen

$$(11)\quad \Delta z = \frac{\Delta \nu}{c} dr \frac{\nu \Delta \xi}{c} d\alpha \cdot \frac{\nu \Delta \eta}{c} d\beta = \frac{\nu^2}{c^3} dr\, \Delta \nu\, \Delta f\, d\Omega \cos\Theta,$$

Gitterpunkte $s\,p\,q$. Durch Vergrößerung von dV oder von $\Delta \nu \Delta f$, d. h. durch Vergrößerung von Δz, läßt sich nun erreichen, daß das Gebiet, welches von den Einflußsphären der in dV liegenden Oszillatoren eingenommen wird, relativ beliebig wenig über den Rand von dV hinausragt. Behauptet man also, daß die G_{spq} *aller* außerhalb dV liegenden Gitterpunkte $s\,p\,q$ von allen innerhalb dV liegenden Oszillatoren $\varkappa$ verschwindend kleine Beiträge $M_\varkappa\, \varphi_{\varkappa s}\, \chi_{\varkappa p}\, \psi_{\varkappa q}$ erhalten, so begeht man einen um so kleineren relativen Fehler, je kleiner die Einflußsphären der einzelnen Oszillatoren im Verhältnis zu dem ganzen den Oszillatoren zur Verfügung stehenden Raum dV sind, d. h. je größer die Zahl Δz (11) gegen Eins wird.

Sind also Oszillatoren nur innerhalb dV vorhanden, so werden im Grenzfall

$$(12)\quad \Delta z \gg 1$$

alle G_{spq}, die zu außerhalb dV gelegenen Gitterpunkten $s\,p\,q$ gehören, von vornherein verschwinden. Übrig bleiben nur *die* Δz G_{spq}-Werte, deren Gitterpunkte innerhalb dV liegen, deren $s\,p\,q$ also in den Intervallen (10) eingeschlossen sind. Man hat also das *Resultat*:

Die in einem Volumteil $dV = r\,dr\,d\Omega$ verteilten Oszillatoren bringen auf einem unter dem Einfallswinkel Θ gelegenen Flächenstück Δf im Farbenintervall $\Delta \nu$ eine Lichterregung hervor, die wegen (10) beschrieben wird durch höchstens

$$(13)\quad \Delta z = \frac{\nu^2}{c^3} \Delta f\, \Delta \nu\, dr\, d\Omega \cos\Theta \qquad (\text{falls } \Delta z \gg 1),$$

nicht verschwindende Fourierkoeffizienten G_{spq}, während die übrigen G_{spq} von vornherein verschwinden, unabhängig von der *Zahl* der in dem Volumteil enthaltenen Oszillatoren. — Jedes von Null verschiedene G_{spq} verdankt sein Nichtverschwinden der Existenz von Oszillatoren in einer bestimmten Raumgegend; es tragen nämlich alle *die* Oszillatoren $\varkappa$ zu dem betreffenden G_{spq} merklich bei, deren Einflußsphären den Gitterpunkt $s\,p\,q$ enthalten.

§ 2. Die Freiheitsgrade des Hohlraums.

Hat man leuchtende Oszillatoren in mehreren Volumteilen, so setzt sich G_{spq} (7') einfach additiv aus den Beiträgen der einzelnen Volumteile zusammen, und es verschwinden wieder alle *die* G_{spq} von vornherein, deren Gitterpunkte $s\,p\,q$ außerhalb des von Oszillatoren eingenommenen Gebietes V liegen. Dadurch ist der Strahlungszustand in den Intervallen Δf, $\Delta \nu$ auf *Emissionen von Oszillatoren* zurückgeführt (an Stelle der Zurückführung auf Eigenschwingungen des Hohlraumes [Jeans] oder auf Strahlenbündel [v. Laue]), und die Zahl der Bestimmungsstücke der Strahlung auf Δf, $\Delta \nu$ hängt nicht von der Zahl der Oszillatoren ab, sondern von dem Voluminhalt des den Oszillatoren zur Verfügung stehenden Gebietes dar. Der eingangs erwähnte Widerspruch ist dadurch gelöst.

Um die Zahl der Bestimmungsstücke der ganzen Strahlung zu berechnen, wenn die Oszillatoren ein Raumgebiet V erfüllen, betrachte man[1]) eine beliebige Ebene f, welche ein von Oszillatoren erfülltes Raumgebiet V eventuell in mehreren nicht zusammenhängenden Stücken durchsetzt. f denken wir uns aus lauter Stücken Δf zusammengesetzt, so daß $f = \Sigma \Delta f$. Durch jedes Δf legen wir, als Achse eines Kegels der Öffnung $d\Omega$, in der festen Richtung Ω eine Gerade, welche mit der Normalen von Δf den Einfallswinkel Θ bildet. Den innerhalb V verlaufenden Teil R dieser Geraden denken wir aus lauter Stücken dr zusammengesetzt, so daß $\Sigma\, dr = R$. Summieren wir jetzt in (13) über sämtliche Stücke dr der zu einem Δf gehörigen Geraden R und dann über sämtliche zu f gehörigen Stücke Δf, so wird

$$\sum_R \sum_f dr\, \Delta f \cos \Theta = V;$$

also ist wegen (13)

$$\frac{\nu^2}{c^3}\, d\,\Omega\, V \Delta \nu\,.$$

die Zahl der Fourierkoeffizienten G_{spq}, welche die Beleuchtung der ganzen Ebene f durch sämtliche Oszillatoren mit Farben $\Delta \nu$ beschreibt, soweit diese aus der Kegelöffnung $d\,\Omega$ um die feste Richtung Ω auf die einzelnen Stücke Δf strahlen. Läßt man *alle* Einfallswinkel zu, so tritt 4π an die Stelle

1) Vgl. M. v. Laue, Ann. d. Phys. **44.** p. 1200. **1914.**

von $d\Omega$. Beachtet man schließlich, daß in jedem komplexen Fourierkoeffizienten $G_{s p q}$ *zwei* Angaben (Amplitude und Phase) enthalten sind, so findet man die Jeanssche Zahl

$$dZ = \frac{8\pi\nu^2}{c^3} V d\nu, \tag{14}$$

als Zahl der unabhängigen Angaben, welche den Strahlungszustand auf einer beliebigen durch V gelegten Ebene f im Intervall $d\nu$ beschreiben. Da nach Bestimmung der dZ Zustandsgrößen auf der Ebene f der Zustand in jedem anderen Punkt des Volumens V ohne neue Angaben mitbestimmt ist, falls passende Randbedingungen, etwa spiegelnde Wände, vorgeschrieben sind, so ist dZ als *Zahl der Freiheitsgrade* des Raumes V im Intervall $d\nu$ anzusprechen. Alle übrigen Freiheitsgrade sind von vornherein ausgeschlossen, da ihre Energien gegen die der dZ Freiheitsgrade um so mehr verschwinden, je größer dZ gegen 1 ist:

$$dZ \gg 1. \tag{12}$$

Die Bedingung (12) ist übrigens auch die Voraussetzung der Untersuchungen von Jeans, Weyl und v. Laue über die Freiheitsgrade der Hohlraumstrahlung.

II. Teil.

Zu einem ähnlichen Resultat gelangt man durch eine Methode, die sich auf die *Schwankungen* der spektralen und der räumlichen Energieverteilung gründet. Man kann nämlich fragen, ob bei der fortwährend schwankenden Energieverteilung im Spektrum alle *Farben* wirklich unabhängig voneinander sind, oder ob nicht bei gegebener Intensität der Farbe ν im selben Augenblick die Intensität einer benachbarten Farbe $\nu + \Delta\nu$ mehr oder weniger mitbestimmt ist; ebenso, ob nicht die Intensitätsschwankungen an benachbarten *Raum*punkten in jedem Augenblick irgendwie verknüpft sind. Wir werden nun finden, daß bei den fortwährenden räumlichen und spektralen Intensitätsschwankungen zwei benachbarte Stellen des Raumes und des Spektrums wahrscheinlichkeitstheoretisch um so abhängiger voneinander sind, je näher sie beieinander liegen, so daß sich, bis auf einen unbestimmten Zahlenfaktor, ein *kritisches Raumintervall* und ein *kritisches Farbenintervall* feststellen läßt, innerhalb dessen Abhängigkeit, außerhalb dessen Unabhängigkeit besteht. Dadurch gelingt es, den Raum und das Spektrum in voneinander unabhängig schwankende Elementarbereiche zu zerlegen, deren Anzahl bis auf jenen unbestimmten Faktor mit der Jeansschen Zahl (1) der Freiheitsgrade übereinstimmt. Die kritischen Intervalle sind übrigens identisch mit den kritischen Grenzen des harmonischen und optischen Auflösungsvermögens, welche beide auch nur bis auf einen unbestimmten Faktor definiert sind.

§ 3. Schwankungen der spektralen Intensitätsverteilung.

Der Beobachtungspunkt P werde bestrahlt von n Oszillatoren, welche in der Entfernung

$$r - \frac{dr}{2} \quad \text{bis} \quad r + \frac{dr}{2}$$

von P innerhalb eines körperlichen Winkels $d\Omega$ liegen, also ein Volumelement $r\, d\Omega\, dr$ erfüllen. Die Schwingung des $\varkappa$ten Oszillators werde nach Fourier mit einer Grundperiode $2T$ dargestellt durch

$$(1) \qquad \sum_{-\infty}^{+\infty}{}_s\, a_{\varkappa s}\, e^{-i\frac{\pi s t}{T}} \qquad (a_{\varkappa s} \text{ komplex}).$$

Ist dann $t_\varkappa$ die Lichtzeit vom $\varkappa$ten Oszillator zum Punkt P $t_\varkappa = r_\varkappa / c$, und bedeutet $\mathfrak{c}_\varkappa$ den Kosinus der Schwingungsrichtung des $\varkappa$ten Oszillators gegen die in P beobachtete Polarisationsrichtung, so wird die Lichterregung in P dargestellt durch

$$(2) \qquad \sum_{1}^{n}{}_\varkappa \sum_{-\infty}^{+\infty}{}_s \frac{a_{\varkappa s}\, \mathfrak{c}_\varkappa}{r_\varkappa}\, e^{-i\frac{\pi s}{T}(t - t_\varkappa)} = \sum_{-\infty}^{+\infty}{}_s\, e^{-i\frac{\pi s}{T} t} \sum_{1}^{n}{}_\varkappa \frac{a_{\varkappa s}\, \mathfrak{c}_\varkappa}{r_\varkappa}\, e^{+i\frac{\pi s}{T} t_\varkappa},$$

wobei die Schwingung $\nu = s/2T$ den Amplituden-Phasenfaktor

$$(3) \qquad A_s = \sum_{1}^{n}{}_\varkappa \frac{a_{\varkappa s}\, \mathfrak{c}_\varkappa}{r_\varkappa}\, e^{+i\frac{\pi s}{T} t_\varkappa}$$

besitzt. Bezeichnen wir mit $\tilde{z}$ die zu z konjugiert komplexe Größe, so wird die Intensität der Schwingung $\nu = s/2T$

$$(4) \qquad J_s = A_s \tilde{A}_s = \sum_\varkappa \sum_\mu \frac{a_{\varkappa s}\, \mathfrak{c}_\varkappa\, \tilde{a}_{\mu s}\, \mathfrak{c}_\mu}{r_\varkappa \quad r_\mu}\, e^{+i\frac{\pi s}{T}(t_\varkappa - t_\mu)},$$

und, wenn $\nu' = s'/2T$ die Schwingungszahl einer anderen Fourierschwingung ist:

$$(5)\quad \left\{ \begin{aligned} J_s \cdot J_{s'} = & \sum_\varkappa \sum_\mu \sum_\varrho \sum_\sigma \frac{a_{\varkappa s} c_\varkappa}{r_\varkappa} \frac{\bar{a}_{\mu s} c_\mu}{r_\mu} \frac{a_{\varrho s'} c_\varrho}{r_\varrho} \frac{\bar{a}_{\sigma s'} c_\sigma}{r_\sigma} \\ & \times e^{i \frac{\pi}{T} [s(t_\varkappa - t_\mu + t_\varrho - t_\sigma) - (s - s')(t_\varrho - t_\sigma)]}. \end{aligned} \right.$$

Nun berechnen wir, unter der Voraussetzung im Durchschnitt *gleichmäßiger* Dichteerfüllung des Volumelements $r\,d\Omega\,dr$ mit Oszillatoren, den Mittelwert $\overline{J_s}$, wenn jeder Oszillator mit *gleicher* Wahrscheinlichkeit in jeder Entfernung

$$r - \frac{dr}{2} \quad \text{bis} \quad r + \frac{dr}{2}$$

liegen kann, so daß die Zeiten $t_1 \ldots t_\varkappa \ldots t_\mu$ in einem Spielraum

$$\tau = \frac{dr}{c} \qquad \left(t_\varkappa = \frac{r}{c} + \tau_\varkappa, \quad -\frac{\tau}{2} < \tau_\varkappa < +\frac{\tau}{2}\right),$$

um $t_0 = r/c$ variieren. Dann wird in (4) der Mittelwert

$$\left\{ \begin{aligned} \frac{1}{\tau^2} \int_{-\tau/2}^{+\tau/2} \int_{-\tau/2}^{+\tau/2} d\tau_\varkappa \, d\tau_\mu \, e^{i \frac{\pi s}{T} (\tau_\varkappa - \tau_\mu)} &= \frac{\sin^2(\pi s \tau / 2T)}{(\pi s \tau / 2T)^2} \quad \text{für } \varkappa \lessgtr \mu \\ &= 1 \qquad\qquad\qquad\quad \text{für } \varkappa = \mu. \end{aligned} \right.$$

Nehmen wir an, daß $\nu\tau = s\tau/2T$ *groß gegen 1* ist, d. h. daß auf die Strecke dr viele Wellenlängen $\lambda = c/\nu$ fallen, so ist also der Mittelwert der Glieder $\varkappa \lessgtr \mu$ gegen den der Glieder $\varkappa = \mu$ zu vernachlässigen, und wir erhalten aus (4)

$$(6)\qquad \overline{J_s} = \sum_\varkappa \frac{|a_{\varkappa s}|^2 c_\varkappa^2}{r_\varkappa^2}.$$

Sind $\nu\tau$ und $\nu'\tau$ groß gegen 1, ohne daß auch $(\nu - \nu')\tau$ groß gegen 1 zu sein braucht, so finden wir entsprechend, daß in (5) bei der Mittelung nur diejenigen Glieder stehen bleiben, für welche $\varkappa = \mu$ und $\varrho = \sigma$ ist — diese geben 1 als Mittelwert des Exponentialfaktors —, oder für welche $\varkappa = \sigma$ und $\mu = \varrho$ ist — diese geben den Mittelwert $\sin^2[\pi(s-s')\tau/2T] : [\pi(s-s')\tau/2T]^2$ —, so daß man aus (5) erhält:

$$(7)\quad \left\{ \begin{aligned} \overline{J_s J_{s'}} = {} & 1 \cdot \sum_\varkappa \sum_\varrho \frac{|a_{\varkappa s}|^2 c_\varkappa^2}{r_\varkappa^2} \frac{|a_{\varrho s'}|^2 c_\varrho^2}{r_\varrho^2} \\ & + \frac{\sin^2[\pi(s - s')\tau/2T]}{[\pi(s - s')\tau/2T]^2} \sum_{\varkappa \lessgtr \mu} \sum_\mu \frac{a_{\varkappa s} c_\varkappa}{r_\varkappa} \frac{\bar{a}_{\mu s} c_\mu}{r_\mu} \frac{a_{\mu s'} c_\mu}{r_\mu} \frac{\bar{a}_{\varkappa s'} c_\varkappa}{r_\varkappa}, \\ & \textbf{dagegen aus (6)} \\ \overline{J_s} \times \overline{J_{s'}} = {} & \sum_\varkappa \sum_\varrho \frac{|a_{\varkappa s}|^2 c_\varkappa^2}{r_\varkappa^2} \frac{|a_{\varrho s'}|^2 c_\varrho^2}{r_\varrho^2}. \end{aligned} \right.$$

Wären J_s und $J_{s'}$ voneinander ganz unabhängig, so wäre

$$\overline{J_s J_{s'}} : \overline{J_s} \times \overline{J_{s'}} = 1\,.$$

In Wirklichkeit weicht aber, wegen $(s-s')/2T = \nu - \nu'$, $\tau = dr/c$, dieser Quotient um so mehr von dem „unabhängigen“ Wert 1 ab, je größer in (7)

$$\sin^2[\pi(\nu-\nu')\,dr/c] : [\pi(\nu-\nu')\,dr/c]^2 \tag{8}$$

ist. Der unabhängige Wert 1 wird beim Auseinanderrücken von ν und ν' erstmalig erreicht, wenn (8) verschwindet, d. h. bei

$$|\nu - \nu'| = c/dr\,,$$

als seien die Intensitätsschwankungen an den beiden Stellen ν und ν' des Spektrums voneinander unabhängig. Bei weiter wachsender Differenz $|\nu-\nu'| > c/dr$ entfernt sich der wahre Wert $\overline{J_s J_{s'}} : \overline{J_s} \times \overline{J_{s'}}$ von dem unabhängigen Wert 1 nur noch minimal. Je nachdem man diesem Entfernen mehr oder weniger Rechnung trägt und unter δ eine mehr oder weniger die 1 übertreffende Zahl versteht, kann man

$$\delta\,.\,c/dr \tag{8'}$$

als eine Art *kritische Farbendifferenz* auffassen, derart, daß zwei Farben ν und ν' als voneinander abhängig gelten, wenn $|\nu-\nu'| < \delta\,c/dr$, als unabhängig, wenn $|\nu-\nu'| > \delta\,c/dr$ ist. Ein Spektralbereich $\Delta\,\nu$ wird dadurch in

$$\frac{1}{\delta}\frac{dr}{c}\Delta\,\nu\,, \tag{9}$$

unabhängig schwankende Farbenbezirke zerlegt. Da die in den Größen $a_{\varkappa s}$ ($\varkappa = 1, 2, \ldots n$; $-\infty < s < +\infty$) ausgedrückten speziellen Emissionseigenschaften der Oszillatoren und auch ihre Anzahl n aus dem Ergebnis herausfallen, hat man das *Resultat:*[1])

Ein gleichmäßig dicht mit Oszillatoren erfülltes Volumelement $r\,d\Omega\,dr$ gibt im Aufpunkt $r = 0$ ein Spektrum, in welchem die Intensitäten zweier Farben ν und ν' im Sinne der Wahrscheinlichkeitsrechnung um so unabhängiger von-

1) Dasselbe Resultat in anderer Einkleidung vgl. M. v. Laue, Über einen Satz der Wahrscheinlichkeitsrechnung und seine Anwendung auf die Strahlungstheorie, Ann. d. Phys. 47. p. 853. 1915.

einander schwanken, je größer $|\nu-\nu'|\,d\,r/c$ gegen 1 ist, unabhängig von der Zahl und den speziellen Eigenschaften der Oszillatoren. Daraus leitet sich eine Einteilung des im Aufpunkt beobachteten Spektralintervalls $\Delta\,\nu$ in

$$\frac{1}{\delta}\,\Delta\,\nu\,d\,r/c \tag{9}$$

Elementarbezirke unabhängiger Schwankungen ab.

§ 4. Räumliche Intensitätsschwankungen.

Wir denken uns wie in (1) die Emissionsbewegung jedes Oszillators spektral aufgelöst und betrachten in diesem Paragraphen nur die Eigenschwingungen einer einzigen Farbe $\nu = c/\lambda$, $k = 2\pi/\lambda$. Ist wieder $r_\varkappa$ die Entfernung des $\varkappa$ten Oszillators von P, $r'_\varkappa$ die von einem benachbarten Punkt P', so wird die Lichterregung in P bzw. P' bis auf den Faktor $e^{-2i\pi\nu t}$ dargestellt durch

$$\left\{\begin{aligned} A &= \sum_1^n{}_\varkappa \frac{a_\varkappa c_\varkappa}{r_\varkappa}\, e^{i(\delta_\varkappa + k r_\varkappa)} \\ A' &= \sum_1^n{}_\varkappa \frac{a_\varkappa c_\varkappa}{r'_\varkappa}\, e^{i(\delta_\varkappa + k r'_\varkappa)}. \end{aligned}\right. \qquad (\delta_\varkappa = \text{Phase}), \tag{10}$$

$$J = A\tilde{A} = \sum_\varkappa \sum_\mu \frac{a_\varkappa c_\varkappa \tilde{a}_\mu c_\mu}{r_\varkappa\; r_\mu}\, e^{i(\delta_\varkappa - \delta_\mu) + ik(r_\varkappa - r_\mu)}$$

$$J J' = A\tilde{A}A'\tilde{A}' = \sum_\varkappa \sum_\mu \sum_\varrho \sum_\sigma \frac{a_\varkappa c_\varkappa \tilde{a}_\mu c_\mu\, a_\varrho c_\varrho\, \tilde{a}_\sigma c_\sigma}{r_\varkappa\; r_\mu\; r_{\varrho'}\; r_{\sigma'}}\, e^{i(\delta_\varkappa - \delta_\mu + \delta_\varrho - \delta_\sigma) + ik(r_\varkappa - r_\mu + r_{\varrho'} - r_{\sigma'})}.$$

Geht man zu Mittelwerten über viele Phasenverteilungen δ über, so bleiben in $\bar{J}$ nur die Summenglieder mit $\varkappa = \mu$ stehen, so daß

$$\bar{J} = \sum_\varkappa \frac{|a_\varkappa|^2 c_\varkappa^2}{r_\varkappa^2} \tag{11}$$

wird. In $\overline{JJ'}$ bleiben nur die Summenglieder stehen, bei welchen $\varkappa = \mu$ und $\varrho = \sigma$ ist — diese geben den Exponentialfaktor $e^0 = 1$ —, und die Glieder, bei denen $\varkappa = \sigma$ und $\mu = \varrho$ ist — diese geben den Faktor $e^{ik[(r_\varkappa - r_\varkappa') - (r_\mu - r_\mu')]}$. Also wird

Abzählung der Freiheitsgrade in einer Elektronenwolke. 101

$$
(12)\left\{\begin{aligned}
\overline{JJ'} &= \sum_{\varkappa}\sum_{\varrho}\frac{|a_\varkappa|^2 c_\varkappa^2}{r_\varkappa^2}\frac{|a_\varrho|^2 c_\varrho^2}{r_\varrho'^2} \\
&+ \sum_{\varkappa}\sum_{\mu}{}_{\varkappa\lessgtr\mu}\frac{|a_\varkappa|^2 c_\varkappa^2}{r_\varkappa r_\varkappa'}\frac{|a_\mu|^2 c_\mu^2}{r_\mu r_\mu'} e^{ik[(r_\varkappa - r_\varkappa') - (r_\mu - r_\mu')]}\,.
\end{aligned}\right.
$$

Dagegen nach (11)

$$
\overline{J} = \overline{J'} = \sum_{\varkappa}\sum_{\varrho}\frac{|a_\varkappa|^2 c_\varkappa^2}{r_\varkappa^2}\frac{|a_\varrho|^2 c_\varrho^2}{r_\varrho'^2}\,.
$$

Die beiden Aufpunkte P und P' mögen nun auf einem Ebenenstück f liegen; P habe auf f die Koordinaten $\xi = 0$, $\eta = 0$, P' die Koordinaten $\xi\eta$. Die Mitte des Oszillatoren enthaltenden Raumelements $r\,d\Omega\,dr$ liege von P aus in der Richtung mit den Kosinussen $\alpha_0\,\beta_0\,\gamma_0$, so daß

$$
(13) \qquad d\Omega = \frac{d\alpha\, d\beta}{\cos\Theta}
$$

wird, wenn $\gamma_0 = \cos\Theta$ und Θ der Einfallswinkel zwischen der Richtung $\alpha_0\,\beta_0\,\gamma_0$ und der Flächennormalen von f ist. Die Oszillatoren mögen die um $\alpha_0\,\beta_0\,\gamma_0$ herum liegenden Richtungskosinusse $\alpha_\varkappa\,\beta_\varkappa\,\gamma_\varkappa$ haben, wobei

$$
\alpha_\varkappa = \alpha_0 + \mathfrak{a}_\varkappa \quad \left(-\frac{d\alpha}{2} < \mathfrak{a}_\varkappa < +\frac{d\alpha}{2}\right),
$$

$$
\beta_\varkappa = \beta_0 + \mathfrak{b}_\varkappa \quad \left(-\frac{d\beta}{2} < \mathfrak{b}_\varkappa < \frac{d\beta}{2}\right).
$$

Ist die Entfernung PP' klein gegen $r_\varkappa$, so wird angenähert

$$
(14) \qquad r_\varkappa' - r_\varkappa = \xi\alpha_\varkappa + \eta\beta_\varkappa = (\xi\alpha_0 + \eta\beta_0) + (\xi\,\mathfrak{a}_\varkappa + \mathfrak{b}_\varkappa)\,.
$$

Nimmt, unter der Voraussetzung im Durchschnitt *gleichmäßiger* Dichteerfüllung des Volumelements $r\,dr\,d\alpha\,d\beta/\cos\Theta$, jedes $\mathfrak{a}_\varkappa$ und $\mathfrak{b}_\varkappa$ mit *gleicher* Wahrscheinlichkeit jeden Wert zwischen $-d\alpha/2$ und $+d\alpha/2$ bzw. zwischen $-d\beta/2$ und $+d\beta/2$ an, so wird der Mittelwert des Exponentialfaktors (12) nach (14)

$$
\frac{1}{(d\alpha\, d\beta)^2}\int\!\!\int_{-d\alpha/2}^{+d\alpha/2}\int\!\!\int_{-d\beta/2}^{+d\beta/2} e^{ik[(\xi\mathfrak{a}_\varkappa + \eta\mathfrak{b}_\varkappa) - (\xi\mathfrak{a}_\mu + \eta\mathfrak{b}_\mu)]}\, d\mathfrak{a}_\varkappa\, d\mathfrak{a}_\mu\, d\mathfrak{b}_\varkappa\, d\mathfrak{b}_\mu
$$

$$
= \frac{\sin^2(k\xi\, d\alpha/2)}{(k\xi\, d\alpha/2)^2}\cdot\frac{\sin^2(k\eta\, d\beta/2)}{(k\eta\, d\beta/2)}\,.
$$

Daher wird aus (12) im Durchschnitt

$$(15)\quad \begin{cases} \overline{J J'} = \sum_\varkappa \sum_\mu \frac{|a_\varkappa|^2 c_\varkappa^2 \, |a_\mu|^2 c_\mu^2}{r_\varkappa^2 \quad r_\mu'^2} \\ \quad + \frac{\sin^2(k\xi\, d\alpha/2)\sin^2(k\eta\, d\beta/2)}{(k\xi\, d\alpha/2)^2\,(k\xi\, d\beta/2)^2} \sum_\varkappa \sum_\mu \frac{|a_\varkappa|^2 c_\varkappa^2 \, |a_\mu|^2 c_\mu^2}{r_\varkappa r_\varkappa' \quad r_\mu r_\mu'}, \\ \qquad\qquad\qquad\qquad\qquad\qquad \varkappa \lesseqgtr \mu \\ \overline{J} \times \overline{J'} = \sum_\varkappa \sum_\mu \frac{|a_\varkappa|^2 c_\nu^2 \, |a_\mu|^2 c_\mu^2}{r_\varkappa^2 \quad r_\mu'^2}. \end{cases}$$

Wären J und J' voneinander ganz unabhängig, so wäre

$$\overline{J J'} : \overline{J} \times \overline{J'} = 1 .$$

In Wirklichkeit weicht aber nach (15) dieser Quotient um so mehr von dem „unabhängigen Wert" 1 ab, je größer

$$(16)\qquad \frac{\sin^2(k\xi\, d\alpha/2)}{(k\xi\, d\alpha/2)^2} \; \frac{\sin^2(k\eta\, d\beta/2)}{(k\eta\, d\beta/2)^2}$$

ist. Der unabhängige Wert 1 wird, falls $P'(\xi, \eta)$ von $P(0, 0)$ abrückt, erstmalig erreicht wenn (16) verschwindet, d. h. auf dem Quadratrand

$$|\xi| = \frac{2\pi}{k\, d\alpha} = \frac{\lambda}{d\alpha}, \qquad |\eta| = \frac{2\pi}{k\, d\beta} = \frac{\lambda}{d\beta},$$

als seien die Intensitätsschwankungen in P und P' voneinander unabhängig. Bei weiter wachsendem Abstand $\overline{PP'}$ weicht der wahre Wert $\overline{JJ'} : \overline{J} \times \overline{J'}$ nur noch minimal von dem „unabhängigen" Wert 1 ab. Je nachdem man dieser Abweichung mehr oder weniger Rechnung trägt, und unter ε eine mehr oder weniger die 1 übertreffende Zahl versteht, kann

$$(16')\qquad \varepsilon^2 \frac{\lambda}{d\alpha} \cdot \frac{\lambda}{d\beta} = \varepsilon^2 \frac{c^2}{\nu^2\, d\Omega \cos\Theta}$$

als eine Art *kritischer Flächenbezirk* angesprochen werden, derart, daß die Beleuchtung in zwei Punkten $P(0, 0)$ und $P'(\xi, \eta)$ als voneinander abhängig gilt, wenn

$$|\xi| < \varepsilon \frac{\lambda}{d\alpha}, \qquad |\eta| < \varepsilon \frac{\lambda}{d\beta},$$

als unabhängig, wenn

$$|\xi| > \varepsilon \frac{\lambda}{d\alpha}, \qquad |\eta| > \varepsilon \frac{\lambda}{d\beta}$$

ist. Ein Ebenenstück Δf wird dadurch in

$$(17)\qquad \frac{1}{\varepsilon^2}\,\Delta f\,\frac{d\alpha\,d\beta}{\lambda^2} = \frac{1}{\varepsilon^2}\,\frac{\nu^2}{c^2}\,\Delta f\,d\,\Omega\cos\Theta$$

unabhängig schwankende Elementarbezirke zerlegt.

Wir haben also das *Resultat*:[1])

Wird ein Ebenenstück aus der Einfallsrichtung Θ her von Oszillatoren beleuchtet, welche im Durchschnitt mit gleichmäßiger Dichte ein Volumelement $r\,d\Omega\,dr$ erfüllen, so sind die Intensitätsschwankungen in zwei Punkten $P'(\xi,\eta)$ und $P\,(0,0)$ der Fläche im Sinne der Wahrscheinlichkeitsrechnung um so unabhängiger voneinander, je größer

$$\frac{k\,\xi\,d\alpha}{2\pi}\cdot\frac{k\,\eta\,d\beta}{2\pi} = \xi\,\eta\,\frac{\nu^2}{c^2}\,d\,\Omega\cos\Theta$$

gegen 1 ist, unabhängig von der Zahl und den speziellen Eigenschaften der Oszillatoren. Daraus leitet sich eine Einteilung des Ebenenstückes Δf in

$$(17)\qquad \frac{1}{\varepsilon^2}\,\frac{\nu^2}{c^2}\,\Delta f\,d\,\Omega\cos\Theta$$

unabhängig schwankende Elementarbezirke ab.

Durch Multiplikation von (17) mit (9) erhält man

$$(18)\qquad \frac{1}{\delta\,\varepsilon^2}\,\frac{\nu^2}{c^3}\,d\,r\,d\,\Omega\cos\Theta\,\Delta f\,\Delta\nu$$

als Gesamtzahl der unabhängig schwankenden Elementarbezirke, welche die in einem Volumelement $r\,d\Omega\,dr$ gleichmäßig dicht verteilten Oszillatoren auf einem Ebenenstück Δf im Farbintervall $\Delta\nu$ aus der Einfallsrichtung Θ her hervorbringen, *unabhängig von der Zahl und den speziellen Eigenschaften der Oszillatoren.* Die Zahl (18) der unabhängigen Elementarbereiche von $\Delta f\,.\,\Delta\nu$ stimmt bis auf den unbestimmten Faktor $1/\delta\,\varepsilon^2$ überein mit der Zahl Δz in Gleichung 13, Teil I, für die Zahl der unabhängigen Angaben zur Beschreibung des Zustandes auf $\Delta f\,.\,\Delta\nu$.

Der unbestimmte Zahlenfaktor $1/\delta\,\varepsilon^2$ in (18) trägt dem Umstand Rechnung, daß zwei Stellen des Spektrums bzw.

---

1) Dasselbe Resultat in anderer Einkleidung vgl. A. Landé, Zur Theorie der Helligkeitsschwankungen, Physik. Zeitschr. **15.** p. 946. 1914.

des Raumes auch dann noch nicht in ihren Schwankungen ganz unabhängig sind, wenn ihre Entfernung das kritische Intervall (8′) bzw. (16′) übertrifft, und daß andererseits auch bei unterkritischer Entfernung ein gewisses Maß von Unabhängigkeit besteht.

Die kritische Entfernung (16′) $|\xi - \xi'| = \varepsilon\,\lambda/d\alpha$ unabhängiger Schwankungen bei Beleuchtung zweier Punkte aus dem Winkel $d\,\alpha$ ist übrigens identisch mit der Grenze ihrer *optischen Auflösbarkeit*, die ebenfalls nur bis auf einen unbestimmten Zahlenfaktor definiert ist.[1]) Analog führt das kritische Farbenintervall (8′)

$$|\nu - \nu'| = \delta\,\frac{c}{d\,r} = \delta/\tau$$

zu einer „Grenze der *harmonischen Auflösbarkeit*“, d. i. einer minimalen Schwingungszahldifferenz $|\nu - \nu'|$, welche zwei benachbarte Farben nicht unterschreiten dürfen, wenn sie *während einer vorgegebenen Zeit* τ aufgelöst werden sollen; oder auch dem Reziproken einer minimalen Zeit τ, welche zur Analyse eines vorgegebenen Farbenakkords ν, ν' nötig ist: $\tau = \delta/|\nu - \nu'|$.[2])

Zusammenfassung.

1. Teil. Die Strahlung, welche eine Wolke von Oszillatoren $\varkappa$ auf einem Flächenelement $\Delta f = \Delta\xi\,.\,\Delta\eta$ der $\xi\eta$-Ebene im Farbenintervall $\Delta\nu = c\Delta\lambda/\lambda^2$ hervorbringt, wird in die Fouriersche Reihe

$$A(\nu, \xi, \eta) = \sum_{-\infty}^{+\infty}{}^{s} \sum_{-\infty}^{+\infty}{}^{p} \sum_{-\infty}^{+\infty}{}^{q} G_{spq}\, e^{2i\pi\left(\frac{\nu-\nu_0}{\Delta\nu}s + \frac{\xi-\xi_0}{\Delta\xi}p + \frac{\eta-\eta_0}{\Delta\eta}q\right)}$$

1) M. v. Laue, Ann. d. Phys. **44.** p. 1197. 1914.

2) Damit ein Zusammenklang aus zwei gleichzeitig angeschlagenen Tönen ν und ν' harmonisch analysiert werden kann, darf die dafür zur Verfügung stehende Zeit τ nicht kleiner als die Schwingungsdauer $1/\nu - \nu'$ des Differenztones sein, d. h. man muß eine „Schwebung“ abwarten. Zwei Tonintervalle ν_1 bis ν_1' und ν_2 bis ν_2' werden in der Musik als *gleich* bezeichnet, wenn $\nu_1 : \nu_1' = \nu_2 : \nu_2'$ ist. Die zur harmonischen Auflösbarkeit nötige Minimalzeit (Schwebungsperiode) ist also um so größer, je *tiefer* bei gleichbleibendem Tonintervall $\nu : \nu'$ die beiden Töne ν und ν' liegen.

entwickelt, wobei

$$G_{spq} = \sum_{\varkappa} \frac{\overline{a_{\varkappa\nu}\, c_{\varkappa}}}{\overline{r_{\varkappa}}}\, e^{i\vartheta_{\varkappa}} \cdot \frac{\sin\pi\left(s + t\,\Delta\nu - \frac{r_{\varkappa}}{\lambda}\,\frac{\Delta\lambda}{\lambda}\right)}{\pi\left(s + t\,\Delta\nu - \frac{r_{\varkappa}}{\lambda}\,\frac{\Delta\lambda}{\lambda}\right)} \cdot \frac{\sin\pi\left(p - \frac{\Delta\xi}{\lambda}\,\alpha_{\varkappa}\right)}{\pi\left(p - \frac{\Delta\xi}{\lambda}\,\alpha_{\varkappa}\right)} \cdot \frac{\sin\pi\left(q - \frac{\Delta\eta}{\lambda}\,\beta_{\varkappa}\right)}{\pi\left(q - \frac{\Delta\eta}{\lambda}\,\beta_{\varkappa}\right)}$$

wird. Zu jedem Indextripel $s\,p\,q$ gehört also eine bestimmte Raumstelle r, α, β, deren umgebende Oszillatoren $r_{\varkappa}\,\alpha_{\varkappa}\,\beta_{\varkappa}$ den drei Faktoren der Form $\sin x/x$ zu ihren *Maximalwerten* 1 verhelfen. Im Grenzfall sehr kleiner Wellenlängen λ ist aber der Abfall von diesem Maximum 1 auf 0 räumlich so steil, daß die Größe G_{spq} nur abhängt von der Lagerungsdichte und Leuchtkraft derjenigen Oszillatoren, die sich äußerst nahe an der zu *$s\,p\,q$ zugeordneten Raumstelle maximaler* $\sin x/x$-*Faktoren* befinden. Ob also der Fourierkoeffizient G_{spq} von 0 verschieden ist, hängt nur von der *Existenz* von Oszillatoren in der Umgebung der zu $s\,p\,q$ zugeordneten Raumstelle ab, nicht von der Zahl der dortigen Oszillatoren. Sind also die Oszillatoren von vornherein alle auf einen bestimmten Raum V beschränkt, so verschwinden von vornherein alle die G_{spq}, deren Gitterpunkte $s\,p\,q$ *außerhalb* V liegen, und es ist die Zahl der überhaupt als von 0 verschieden in Betracht kommenden Bestimmungsstücke G_{spq} proportional dem für die Oszillatoren zur Verfügung stehenden Raum V, nämlich gleich der Jeansschen Zah (1). Allein aus retardierten Potentialen von Oszillatoren läßt sich also die Jeanssche Zahl der Freiheitsgrade ableiten, womit der eingangs erwähnte Widerspruch gelöst ist.

II. Teil. Einige Resultate über die Größe unabhängig schwankender Gebiete des Raumes und des Spektrums sind am Schluß der §§ 3 und 4 angegeben. Sie führen zu „kritischen" Raum- und Farbenintervallen, welche mit den Grenzen des optischen und harmonischen Auflösungsvermögens übereinstimmen.

Brest-Litowsk, Februar 1916.

(Eingegangen 1. März 1916.)

1048

Über die absolute Berechnung der Kristalleigenschaften mit Hilfe Bohrscher Atommodelle.

Von Prof. Dr. M. Born und Dr. A. Landé.

(Vorgelegt von Hrn. Einstein.)

Inhalt. 1. Das Potential zweier Elektronenringe. 2. Der Atomabstand in Molekeln. 3. Der Elementarabstand für eine Klasse regulärer Kristalle. 4. Das Potential des kubischen Raumgitters. 5. Das Potential (−1)ter Ordnung (nach Madelung). 6. Das Potential (−5)ter Ordnung. Vergleich mit der Erfahrung.

Die von Bohr, Sommerfeld u. a. ausgebaute Vorstellung über Atomkonstitution hat den Grund für die Größenordnung 10^{-8} cm der Atomradien aufgedeckt: es ist der Radius des quantenhaft stabilisierten Ringsystems der Elektronenbahnen um den positiven Kern, bei welchem die Elektronenringe nur mit wenigen Quanten ausgestattet sind. Es fragt sich nun, wie aus solchen Ringsystemen eine Molekel mit bestimmten inneren Atomabständen gebildet werden kann und weiterhin ein Kristall, der ja als eine einzige, riesige Molekel aufzufassen ist[1].

Nach den Vorstellungen über die Natur der chemischen Kräfte, die Hr. Kossel[2] entwickelt hat und denen wir uns hier anschließen, geschieht die Molekelbildung so, daß neutrale Atome durch Abgabe oder Aufnahme von äußeren (Valenz-)Elektronen zu Ionen werden und

[1] Hr. Th. v. Kármán hat nach mündlicher Mitteilung schon vor längerer Zeit den Versuch gemacht, die Eigenschaften der Kristallgitter aus Bohrschen Elektronenringsystemen abzuleiten; er wird seine Rechnungen demnächst veröffentlichen. Der Unterschied gegen unsere Theorie besteht hauptsächlich darin, daß er von neutralen Atomen ausgeht (wie z. B. bei Diamant) und daher statt der Coulombschen elektrodynamische Anziehungskräfte der Ringe aufeinander einführen muß. — Ferner hat Hr. A. C. Crehore eine Untersuchung veröffentlicht (Phil. Mag. Vol. XXIX. 6. ser. 1915, p. 750), die ein ähnliches Ziel hat. Doch geht er nicht von Bohrschen Elektronenringen aus, sondern von seinen eigenen Atommodellen, die sich an das Thomsonsche Atommodell anlehnen, betrachtet die Atome als elektrisch neutral (auch bei Kristallen wie NaCl!) und muß daher mit elektrodynamischen Anziehungen operieren. Seine äußerst undurchsichtigen Rechnungen scheinen überdies fehlerhaft zu sein.

[2] Vergl. W. Kossel, Ann. d. Phys. (4) **49**, p. 229, 1916.

Reprinted from *Preuss. Akad.* **45**, 1048–1068 (1918).

letztere sich dann zum Molekelverband zusammenfinden. Dabei bieten sich zwei Fragestellungen dar. 1. Die Frage nach den Energieverhältnissen der Ionenbildung und -anlagerung. Ihre Beantwortung würde in einer Theorie der chemischen Umsetzungen und Wärmetönungen bestehen. 2. Die Frage nach den physikalischen Eigenschaften der fertigen Molekel, speziell nach ihren Größenverhältnissen und den Kräften, welche bei Deformationen auftreten, mit dem Ziel, eine Theorie der Aggregatzustände zu gewinnen, besonders eine Theorie der absoluten Dimensionen und Deformationskräfte der Kristalle.

Die erstere Frage nach den Energieumsetzungen bei der Molekelbildung ist dadurch erschwert, daß die meßbaren Wärmetönungen bei chemischen Prozessen nur kleine Bruchteile der im ganzen umgesetzten Energiemengen sind. Denn die Wärmeentwicklung ist nur der kleine Restbetrag, welcher von den großen Energiegewinnen und -verlusten bei der Abtrennung, Ionisierung und gegenseitigen Anlagerung der Partikel übrigbleibt. Damit also ein atomistisch berechneter Zahlenwert für die Wärmetönung ein einigermaßen richtiges Resultat ergibt, müssen seine einzelnen positiven und negativen Posten schon einen sehr hohen Grad von Naturtreue besitzen.

Anders bei der zweiten Fragestellung nach den physikalischen Eigenschaften des Molekelverbandes. Die Struktur der Molekel kommt hier voll zur Geltung, ihre Theorie kann daher leichter an der Erfahrung geprüft werden. Die einfachste Frage, die man aufwerfen kann, ist die nach den stabilen Abständen der Ionen in der Molekel und besonders im Kristall. Der nächste Schritt wäre dann die Berechnung der Kräfte, welche bei Änderung dieser Abstände auftreten.

Daß zwei Ringsysteme sich überhaupt in einem bestimmten Abstand einstellen können, erklärt sich so: In großer Entfernung ziehen sich das positive und das negative Ion einfach mit Coulombscher Kraft an. In größerer Nähe macht sich dagegen die Struktur der Partikel bemerkbar; neben dem Anziehungsterm tritt ein Abstoßungsterm auf, der von dem speziellen Bau der beteiligten Ionen abhängt. Gleichgewicht herrscht dort, wo sich Anziehung und Abstoßung die Wage halten.

Diese Anziehungs- und Abstoßungskräfte können weiterhin zur Bildung von Kristallen führen, wobei dann der Ionenabstand die Rolle der Gitterkonstanten spielt. Die an Kristallgittern gewonnenen eindeutigen Ergebnisse der Theorie eignen sich sogar in besonderem Maße zum Vergleich mit der Erfahrung. Wir werden aber zur Erläuterung der Methode die Rechnung auch für isolierte Molekel zweiatomiger, heteropolarer[1] Verbindungen durchführen.

[1] Vergl. W. Kossel, l. c. p. 265 und R. Abegg, Zeitschr. f. anorg. Chemie **50**, p. 309, 310, 1906.

Die Dimensionen des Kristallgitters werden durch die Forderung gewonnen, daß im natürlichen Zustand des Kristalls weder Einzelkräfte noch Spannungen vorhanden sind. Diese »Anfangsspannungen« traten schon in der ersten molekulartheoretischen Ableitung der Elastizitätstheorie durch CAUCHY[1] auf und sind damals Gegenstand zahlreicher Diskussionen gewesen: doch kann die Bedingung der Spannungsfreiheit nicht zur Bestimmung der Gitterkonstanten fruchtbar gemacht werden, solange die Summen über die Molekularkräfte durch Integrale ersetzt werden. Die neuere Gitterdynamik[2] hat sich von dieser vereinfachten Rechnungsweise freigemacht und damit die Möglichkeit gewonnen, die Gesamtheit der Bedingungsgleichungen aufzustellen, der die Bestimmungsstücke eines Gitters bei gegebenen Einzelkräften zwischen je zwei Atomen genügen müssen.

Wir werden im folgenden einen ersten Schritt in der Anwendung dieser Gleichungen tun, indem wir für die regulären Kristalle vom Typus des NaCl unter den angegebenen Hypothesen über den Atombau sowie unter plausiblen Annahmen über die Stellung der Atomachsen im Gitter die absolute Kantenlänge des elementaren Würfels berechnen. (Vergleich mit den Beobachtungen § 6.)

§ 1. Das Potential zweier Elektronenringe.

Wir betrachten zunächst das gegenseitige Potential zweier Elektronenringe, deren Mittelpunkte o_1 und o_2 den Abstand r voneinander haben und deren Achsenrichtungen ζ_1 und ζ_2 gegeneinander den Winkel ε_{12} bilden. Statt Punktbelegungen mit p_1 bzw. p_2 Elektronen von der Ladung $-e$ nehmen wir kontinuierliche Belegungen mit den Gesamtladungen $E_1 = -ep_1$ und $E_2 = -ep_2$ an, welche auf zwei Kreisen von den Radien a_1 und a_2 gleichmäßig verteilt sind. Ist dann R der Abstand zweier Kreisringpunkte A_1 und A_2, so wird das gegenseitige Potential der Ringe gleich dem Mittelwert von

$$E_1 E_2 \cdot \frac{1}{R} \tag{1}$$

über alle Lagen von A_1 auf dem ersten Ring und A_2 auf dem zweiten Ring. Zur Berechnung von $1/R$ benutzen wir die EULERschen Winkel ϕ, ϑ, f als Bestimmungsstücke der beiden Punkte A_1 und A_2. Auf

[1] A. L. CAUCHY. Exerc. de math. 3 (1828) p. 188; Œuvres (2), 8 p. 227. Vergl. auch Enzyklopädie der math. Wiss. IV 23. C. H. MÜLLER u. A. TIMPE. Grundgl. d. math. Elastizitätstheorie.

[2] Vergl. M. BORN, Dynamik der Kristallgitter. Leipzig, B. G. Teubner, 1915.

1051 Gesamtsitzung vom 14. November 1918. — Mitteilung vom 17. Oktober

Fig. 1.

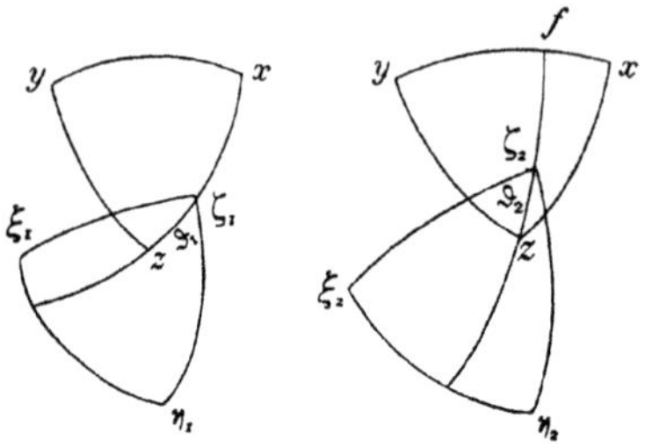

einer Einheitskugel (Fig. 1) seien x, y, z die Durchstoßungspunkte eines rechtwinkligen Koordinatensystems, dessen z-Achse in Richtung der Verbindung $r = o_1 o_2$ fallen soll. Sind ζ_1 und ζ_2 die Durchstoßungspunkte der beiden Ringachsen, so gehen die Spuren der beiden Ringebenen als größte Kreise durch die auf ζ_1 (bzw. ζ_2) senkrechten Richtungen ξ_1 und η_1 (bzw. ξ_2 und η_2). Der Winkel zwischen z und ζ_1 werde ϑ_1 genannt. Ein Punkt A_1 des größten Kreises $\xi_1 \eta_1$ werde durch das Azimut ϕ_1 von ξ_1 aus festgelegt. Entsprechendes gelte für ϑ_2 und ϕ_2.

Wird nun das xyz-System so gelegt, daß ζ_1 auf den Kreis zx fällt, so schneidet $z\zeta_2$ den Kreis xy in einem um den Winkel f verdrehten Punkt. Die rechtwinkligen Koordinaten eines Ringpunktes $A_1(\phi_1 \vartheta_1 o)$ bzw. $A_2(\phi_2 \vartheta_2 f)$ sind dann[1]

$$(2) \begin{cases} x_1 = a_1(-\cos\phi_1 \cdot \cos\vartheta_1), & x_2 = a_2(-\cos\phi_2 \cos\vartheta_2 \cos f - \sin\phi_2 \sin f), \\ y_1 = a_1 \sin\phi_1, & y_2 = a_2(-\cos\phi_2 \cos\vartheta_2 \sin f + \sin\phi_2 \cos f), \\ z_1 = a_1 \cos\phi_1 \sin\vartheta_1, & z_2 = a_2 \cos\phi_2 \sin\vartheta_2, \end{cases}$$

bezogen auf die Ringzentren o_1 bzw. o_2. Die Entfernung $R = A_1 A_2$ wird daher gegeben durch

$$R^2 = (x_1 - x_2)^2 + (y_1 - y_2)^2 + (z_1 + r - z_2)^2$$

oder mit Einsetzung von (2)

$$\frac{R^2}{r^2} = 1 + 2\left(\frac{a_1}{r}\cos\phi_1 \sin\vartheta_1 - \frac{a_2}{r}\cos\phi_2 \sin\vartheta_2\right) + \frac{a_1^2 + a_2^2}{r^2}$$
$$- \frac{2a_1 a_2}{r^2}(\cos\phi_1 \cos\phi_2 \cos\vartheta_1 \cos\vartheta_2 \cos f + \cos\phi_1 \sin\phi_2 \cos\vartheta_1 \sin f$$
$$- \sin\phi_1 \cos\phi_2 \cos\vartheta_2 \sin f + \sin\phi_1 \sin\phi_2 \cos f + \cos\phi_1 \cos\phi_2 \sin\vartheta_1 \sin\vartheta_2).$$

Ordnet man dies nach Potenzen von r^{-1} und führt die Abkürzung

$$(3) \qquad \cos\delta_{12} = \sin\vartheta_1 \sin\vartheta_2 + \cos\vartheta_1 \cos\vartheta_2 \cos f$$

ein, so erhält man

[1] G. Kirchhoff, Vorlesungen über Mechanik. Leipzig, B. G. Teubner, 1897, 5. Vorles. § 1. Gl. (8).

$$(4)\quad \begin{cases} \dfrac{R^2}{r^2} = 1 + 2A + B^2, \qquad \text{wobei} \\ A = \dfrac{a_1}{r}\cos\phi_1 \sin\vartheta_1 - \dfrac{a_2}{r}\cos\phi_2\sin\vartheta_2, \\ B^2 = \dfrac{a_1^2+a_2^2}{r^2} - \dfrac{2a_1a_2}{r^2}[\cos\phi_1\cos\phi_2\cos\delta_{12} + \sin\phi_1\sin\phi_2\cos f \\ \qquad + \sin f(\cos\phi_1\sin\phi_2\cos\vartheta_1 - \sin\phi_1\cos\phi_2\cos\vartheta_2)]. \end{cases}$$

Zur Berechnung des Potentials (1) braucht man die Größe

$$\frac{r}{R} = (1 + 2A + B^2)^{-1/2},$$

die wir bis auf Größen 4. Ordnung in $\frac{1}{r}$ entwickeln wollen. Man erhält

$$(5)\quad \begin{cases} \dfrac{r}{R} = 1 - A + \dfrac{1}{2}(3A^2 - B^2) + \dfrac{1}{2}(3AB^2 - 5A^3) \\ \qquad + \dfrac{1}{8}(3B^4 - 30A^2B^2 + 35A^4) + \cdots \end{cases}$$

Um den Mittelwert von $\frac{1}{R}$ zu erhalten, hat man in (5) die Mittelwerte der Größen (4) über alle Azimute ϕ_1 und ϕ_2 einzusetzen, welche heißen:

$$\overline{A} = 0, \qquad \overline{A^3} = 0, \qquad \overline{AB^2} = 0,$$

$$\begin{cases} \overline{A^2} = \dfrac{1}{2}\left[\left(\dfrac{a_1}{r}\right)^2 \sin^2\vartheta_1 + \left(\dfrac{a_2}{r}\right)^2\sin^2\vartheta_2\right], \qquad \overline{B^2} = \dfrac{a_1^2+a_2^2}{r^2}, \\ \overline{A^4} = \dfrac{3}{8}\left[\left(\dfrac{a_1}{r}\right)^4 \sin^4\vartheta_1 + \left(\dfrac{a_2}{r}\right)^4\sin^4\vartheta_2 + \dfrac{4a_1^2a_2^2}{r^4}\sin^2\vartheta_1\sin^2\vartheta_2\right], \\ \overline{A^2B^2} = \dfrac{1}{2}\dfrac{a_1^2+a_2^2}{r^2}\left[\left(\dfrac{a_1}{r}\right)^2\sin^2\vartheta_1 + \left(\dfrac{a_2}{r}\right)^2\sin^2\vartheta_2\right] + \dfrac{a_1^2+a_2^2}{r^4}\sin\vartheta_1\sin\vartheta_2\cos\delta_{12}, \\ \overline{B^4} = \dfrac{(a_1^2+a_2^2)^2}{r^4} + \dfrac{a_1^2a_2^2}{r^4}[\cos^2\delta_{12} + \cos^2 f + \sin^2 f(\cos^2\vartheta_1 + \cos^2\vartheta_2)]. \end{cases}$$

Führt man noch, an Stelle des in (3) definierten Winkels δ_{12}, den Winkel ε_{12} zwischen den beiden Ringachsen ζ_1 und ζ_2 ein:

$$(6)\qquad \cos\varepsilon_{12} = \cos\vartheta_1\cos\vartheta_2 + \sin\vartheta_1\sin\vartheta_2\cos f,$$

und benutzt die Bezeichnungen

$$
(7)\quad \begin{cases} P_2(\cos\vartheta) = \frac{1}{2}(3\cos^2\vartheta - 1)\,, \\ P_4(\cos\vartheta) = \frac{1}{8}(35\cos^4\vartheta - 30\cos^2\vartheta + 3)\,. \\ Q_4(\vartheta_1\vartheta_2\varepsilon_{12}) = \frac{1}{4}[1 - 5(\cos^2\vartheta_1 + \cos^2\vartheta_2) + 35\cos^2\vartheta_1\cos^2\vartheta_2 \\ \qquad + 2\cos^2\varepsilon_{12} - 20\cos\vartheta_1\cos\vartheta_2\cos\varepsilon_{12}] \end{cases}
$$

für die zweite und vierte Kugelfunktion P_2 und P_4 und eine verwandte Funktion Q_4, so erhält man schließlich nach elementarer Umformung

$$
(8)\quad \begin{cases} \overline{\left(\frac{1}{R}\right)} = \frac{1}{r}\left\{1 - \frac{1}{2}\left[\left(\frac{a_1}{r}\right)^2 P_2(\cos\vartheta_1) + \left(\frac{a_2}{r}\right)^2 P_2(\cos\vartheta_2)\right]\right. \\ \left. + \frac{3}{8}\left[\left(\frac{a_1}{r}\right)^4 P_4(\cos\vartheta_1) + \left(\frac{a_2}{r}\right)^4 P_4(\cos\vartheta_2) + \frac{2a_1^2a_2^2}{r^4} Q_4(\vartheta_1\vartheta_2\varepsilon_{12})\right]\right\}. \end{cases}
$$

Durch Multiplikation mit E_1E_2 ergibt sich daraus das gegenseitige Potential ψ der beiden Ringe mit den Ladungen E_1 und E_2. Ordnet man die Glieder von ψ nach Potenzen von r^{-1}, schreibt also

$$
(9)\qquad \psi = r^{-1}\overset{(-1)}{\Psi} + r^{-3}\overset{(-3)}{\Psi} + r^{-5}\overset{(-5)}{\Psi} + \cdots,
$$

so werden die Koeffizienten $\overset{(-n)}{\Psi}$ nicht mehr von dem gegenseitigen Abstand r, sondern nur noch von den Stellungen und den Radien der Ringe abhängen und die Werte besitzen

$$
(10)\quad \begin{cases} \overset{(-1)}{\Psi} = E_1 \cdot E_2\,, \\ \overset{(-3)}{\Psi} = -E_1E_2 \cdot \frac{1}{2}\{a_1^2 P_2(\cos\vartheta_1) + a_2^2 P_2(\cos\vartheta_2)\}\,, \\ \overset{(-5)}{\Psi} = E_1E_2 \cdot \frac{3}{8}\{a_1^4 P_4(\cos\vartheta_1) + a_2^4 P_4(\cos\vartheta_2) + 2a_1^2a_2^2 Q_4(\vartheta_1\vartheta_2\varepsilon_{12})\}\,. \end{cases}
$$

Diese Formeln gelten auch für die Wirkung eines positiven Kerns der Ladung E_1 auf einen Elektronenring der Ladung E_2, wenn man dabei $a_1 = 0$ setzt.

§ 2. Der Atomabstand in Molekeln.

Das so gewonnene Potential zweier Elektronenringe wollen wir nun zur Berechnung des Atomabstandes r in zweiatomigen (heteropolaren) Molekeln benutzen. Als Resultat wird sich ergeben, daß r mehrfach größer ist als der Radius des größten Elektronenringes der beteiligten Ionen. Daher ist es gerechtfertigt, die Entwicklung (9) des

Potentials je zweier Ringe gleich von vornherein nach dem zweiten Glied abzubrechen, also zu schreiben

$$\psi = r^{-1} \overset{(-1)}{\Psi} + r^{-3} \overset{(-3)}{\Psi} .$$

Das Gesamtpotential ϕ der beiden Ionen wird erhalten, indem man die Formeln für $\overset{(-1)}{\Psi}$ und $\overset{(-3)}{\Psi}$ aus (10) anwendet 1. auf die Wirkung zwischen den Ringen des einen und den Ringen des anderen Ions, 2. auf die Wirkung zwischen dem Kern des einen und den Ringen des anderen Ions, 3. auf die Wirkung zwischen den beiden Kernen, und die so erhaltenen Ausdrücke summiert. Schreibt man das Resultat der Summation in der Form $\Phi = \Sigma \Psi$, also

$$\text{(11)} \qquad \phi = r^{-1} \overset{(-1)}{\Phi} + r^{-3} \overset{(-3)}{\Phi} ,$$

so wird Gleichgewicht für denjenigen Abstand r herrschen, bei welchem ϕ ein Minimum, also $\frac{d\phi}{dr} = 0$ ist, d. h. es wird

$$\text{(11')} \qquad r = \sqrt{\frac{-3 \overset{(-3)}{\Phi}}{\overset{(-1)}{\Phi}}} .$$

$\overset{(-3)}{\Phi}$ hängt dabei durch die Winkel ϑ_1 und ϑ_2 (10) noch von der Stellung der verschiedenen Ringe gegen die Verbindungslinie r ab.

Es fragt sich nun, ob nicht die gegenseitige Stellung der Ringe innerhalb des einzelnen Atoms durch das Eingehen in den Molekelverband geändert wird. Herr Sommerfeld[1] hat gezeigt, daß ein Atom mit nicht mehr als 3 Ringen dann seine minimale Energie besitzt, wenn die Ringe senkrecht gekreuzte Achsen haben. Doch findet Sommerfeld, daß die Energiedifferenz zwischen komplanarer und gekreuzter Stellung der Ringe nur sehr klein im Verhältnis zur Gesamtenergie des Ringsystems ist. Die zugehörigen, senkrecht stellenden Kräfte sind aber trotzdem, wie eine einfache Rechnung zeigt, immer noch mehrfach größer als die ihnen entgegenwirkenden parallelstellenden Kräfte bei der Annäherung eines anderen Ions, eine Folge davon, daß die Entfernung r ein mehrfaches des größten beteiligten Elektronenringradius bleibt. Man kann also annehmen, daß die gekreuzte Stellung der Ringe innerhalb des einzelnen Atoms auch nach seinem Eintritt in den Molekelverband erhalten bleibt.

Wir gehen nun zur Berechnung des Atomabstandes (11') über. Ein positives Ion mit der Atomnummer Z^{+} und der Gesamtladung $+ 1 \cdot e$

[1] A. Sommerfeld, Phys. Zeitschr. 19, p. 297, 1918.

bestehe aus der Kernladung $+Z^{+}\cdot e$, umgeben von einem innersten Elektronenring aus p_{1+} Elektronen, einem zweiten, dritten usw. Ring aus $p_{2+}, p_{3+}, \cdots$ Elektronen mit den Ringradien $a_{1+}, a_{2+}, a_{3+}, \cdots$. In dieser Bezeichnungsweise besitzt der Kern den Radius $a_{0+} = 0$ und die Ladungszahl $p_{0+} = -Z^{+}$. Entsprechendes gelte für ein negatives Ion der Gesamtladung $-e$ und der Kernladung $Z^{-}\cdot e$. Die Größen $\overset{(-1)}{\Phi} = \sum \overset{(-1)}{\Psi}$ und $\overset{(-3)}{\Phi} = \sum \overset{(-3)}{\Psi}$ in (11′) entstehen durch Summation nach k^{+} und $k^{-} = 0, 1, 2 \cdots$ aus den Größen (10), also

$$\left\{\begin{aligned} \overset{(-1)}{\Phi} &= \sum_{k+}\sum_{k-}(-p_{k+}e)(-p_{k-}e)\,, \\ \overset{(-3)}{\Phi} &= \sum_{k+}\sum_{k-} -(-p_{k+}e)(-p_{k-}e)\left(a_{k-}^{2}\frac{1}{2}P_{2}(\cos\vartheta_{k-}) + a_{k+}^{2}\frac{1}{2}P_{2}(\cos\vartheta_{k+})\right), \end{aligned}\right.$$

oder wegen $\sum\limits_{k+} p_{k+}e = +e$, $\sum\limits_{k-} p_{k-}e = -e$

$$\left\{\begin{aligned} \overset{(-1)}{\Phi} &= -1e^{2}\,, \\ \overset{(-3)}{\Phi} &= +e^{2}\left[\sum_{k+} p_{k+}a_{k+}^{2}\frac{1}{2}P_{2}(\cos\vartheta_{k+}) - \sum_{k-} p_{k-}a_{k-}^{2}\frac{1}{2}P_{2}(\cos\vartheta_{k-})\right]. \end{aligned}\right.$$

Führt man darin die Abkürzung

$$(11'') \qquad c_{k+} = \frac{1}{2}P_{2}(\cos\vartheta_{k+})\,, \qquad c_{k-} = \frac{1}{2}P_{2}(\cos\vartheta_{k-})$$

ein, so wird nach (11′) der gesuchte Atomabstand

$$r = \sqrt{3\left(\sum_{k+} a_{k+}^{2}p_{k+}c_{k+} - \sum_{k-} a_{k-}^{2}p_{k-}c_{k-}\right)}\,.$$

Bei Einführung der Verhältnisse $\alpha_k = a_k : a_0$ der Ringradien zu dem Bahnradius

$$(12) \qquad a_0 = \frac{e^{2}}{2hN} = 0.528\cdot 10^{-8}\,\text{cm}$$

(N = Rydbergsche Konstante) des einquantigen Wasserstoffelektrons im Bohrschen Modell wird schließlich der gesuchte Atomabstand

$$(13) \qquad r = 0.528\cdot\sqrt{3\left(\sum_{k+}\alpha_{k+}^{2}p_{k+}c_{k+} - \sum_{k-}\alpha_{k-}^{2}p_{k-}c_{k-}\right)}\cdot 10^{-8}\,\text{cm}\,.$$

Durch die Faktoren c_k (11″) ist dieser Ausdruck abhängig von den Winkeln ϑ_k der Ringachsen gegen die Verbindungslinie r, wobei aber die Achsen innerhalb ein und desselben Ions unveränderlich senkrecht aufeinander stehen bleiben. Für die Gleichgewichtsorientierung der beiden Ionen gegeneinander kommen nur Winkel $\vartheta = 0$ und $\vartheta = \frac{\pi}{2}$ in Betracht mit $c_k = \frac{1}{2}$ bzw. $c_k = -\frac{1}{4}$ (11''). Stabil wird eine Ionenstellung mit solchen Winkeln ϑ sein, für welche die gegenseitige potentielle Energie ein Minimum ist; das ist der Fall, wenn die Differenz unter dem Wurzelzeichen in (12) möglichst kleine positive Werte annimmt, damit r ein Minimum wird.

Der auf a_0 (12) reduzierte Radius α_k des $k$ten Ringes berechnet sich in erster Näherung aus der Beziehung[1]

$$(14) \qquad \alpha_k = \frac{a_k}{a_0} = \frac{n_k^2}{Z_k} = \frac{n_k^2}{Z - \sum\limits_{j<k} p_j - s_k} .$$

Darin bedeutet n_k die Anzahl der Quanten, welche die Winkelgeschwindigkeit ω_k im $k$ten Ring festlegt durch die Beziehung $m a_k^2 \omega_k = \frac{h n_k}{2\pi}$. Z_k bedeutet die »wirksame Kernladungszahl« für den $k$ten Ring: sie ist die Differenz aus der Kernladungszahl Z, der Anzahl $\sum\limits_{j<k} p_j$ der innerhalb des $k$ten Ringes liegenden Elektronen und der »Abschirmungskonstante« s_k bei p_k kreisförmig angeordneten Elektronen, z. B.[1]

$$(14') \qquad s_k = 0 \text{ für } p_k = 1 , \qquad s_k = 0.25 \text{ für } p_k = 2 , \qquad s_k = 2.805 \text{ für } p_k = 8 .$$

Die Zahl n_k, welche angibt, wieviel Energiequanten jedes Elektron des $k$ten Ringes als kinetische Energie erhält, wird von Sommerfeld und Kroo auf Grund der Röntgenspektren zu $n_k = k$ angenommen: der $k$te Ring soll k-quantig sein. Identifiziert man aber die Atomradien (Wirkungssphären) mit den Radien a_k,

$$\frac{a_k}{a_0} = \alpha_k = \frac{n_k^2}{Z_k} = \frac{k^2}{Z_k} .$$

ihrer äußersten Ringe, so ist die darin auftretende, abgeschirmte Ladungszahl Z_k der innerhalb a_k liegenden Ladungen für den äußersten Ring bei homologen Elementen des periodischen Systems im allgemeinen jedesmal die gleiche. Das würde also bedeuten, daß die mit a_k^3 proportionalen Atomvolumina von einem zum andern homologen Element zunehmen wie die 6. Potenzen der ganzen Zahlen k, welche an-

[1] A. Sommerfeld, Atombau u. Röntgenspektren, Phys. Ztschr. 19, S. 297, 1918. J. Kroo, Der 1. u. 2. Elektronenring d. Atome, ebenda S. 307

geben, der wievielte Ring (von innen an gezählt) der äußerste Ring des betreffenden Elements ist, d. h. mit der 6. Potenz von einer zur andern Periode des Systems der Elemente[1]. Um mit der Erfahrung in Einklang zu bleiben, muß man jedenfalls für den jeweiligen äußersten Ring die Sommerfeld-Kroosche Annahme $n_k = k$ für Elemente aus den höheren Perioden aufgeben. Das braucht aber die Sommerfeld-Krooschen Röntgenspektren nicht zu beeinträchtigen, da sich diese bei höheren Elementen nur in den innersten Ringen der Atome abspielen (vergl. den Titel der Krooschen Arbeit).

Als Beispiel betrachten wir Verbindungen von Elementen, welche den drei ersten Zeilen des periodischen Systems entnommen sind, über deren Aufbau also einigermaßen begründete Vorstellungen bestehen, Verbindungen der Alkalimetalle Li, Na, K mit den Halogenen F und Cl.

Das positive Alkaliion entsteht durch Abtrennung des negativen Valenzelektrons, welches allein den äußersten Ring des Atoms bildet, so daß der zweitäußerste Ring des Atoms aus 8 Elektronen als äußerster Ring des Ions zurückbleibt. Das negative Halogenion entsteht durch Aufnahme eines Elektrons in den äußersten Ring des Atoms, welcher dadurch aus einem Siebenerring zum Achterring wird. Man berechnet dann aus (14), (14') für die verschiedenen Ringe k folgende Elektronenzahlen p_k und zugehörige auf a_0 (12) reduzierte Radien α_k unter der Annahme $n_1 = 1$, $n_2 = 2$, $n_3 = 3$ bzw. $n_3 = 2$.

Tabelle 1.

	$Z = p_0$	p_1	($n_1 = 1$) α_1	p_2	($n_2 = 2$) α_2	p_3	($n_3 = 3$) α_3	($n_3 = 2$) α_3
Li +	3	2	0.364	—	—	—	—	—
Na +	11	2	0.093	8	0.646	—	—	—
K +	19	2	0.053	8	0.283	8	1.454	0.646
F −	9	2	0.114	8	0.955	—	—	—
Cl −	17	2	0.060	8	0.328	8	2.145	0.955

Setzt man diese Werte in (13) ein und probiert aus, welche Orientierung der Ringachsen gegen die Verbindungslinie r (d. h. welche Auswahl der Faktoren c_k unter den Werten $+\frac{1}{2}$ und $-\frac{1}{4}$) zu kleinstmöglichem r führt, so erhält man folgende Werte für $r \cdot 10^8$ cm:

[1] Hr. Sommerfeld hat in seiner Ansprache zu M. Plancks 60. Geburtstag (erschienen bei C. F. Müller, Karlsruhe i. B. 1918) das α_n des äußersten Ringes als »Atomgröße« bezeichnet und gezeigt, daß diese Atomgrößen einen ähnlichen Gang haben wie die Atomvolumina, wenn der $n$te Ring n-quantig gerechnet wird. Wir sind der Meinung, daß man dieser interessanten Analogie kein zu großes Gewicht beilegen darf, weil dabei Größen verschiedener Dimensionen verglichen werden.

Tabelle 2.

Li F 1.21	Na F 0.91	K F 1.94 0.83
Li Cl 2.80 1.28	Na Cl 2.68 1.00	K Cl 2.08 0.93

Bei den Verbindungen des Cl und denen des K sind zwei Werte berechnet worden unter der Annahme $n_3 = 3$ (obere Zahl der Tabelle 2) und $n_3 = 2$ (untere Zahl). Zu minimalem r führt stets diejenige Orientierung der Ionen, bei der die Achse ihres äußersten Ringes senkrecht zu r zeigt; eine Ausnahme davon macht nur KF, $n_3 = 3$, mit parallel zu r gestellten Achsen, da die Senkrechtstellung dort negativen Radikanden in (13) ergibt. Innerhalb der einzelnen Ionen wurde gekreuzte Ringstellung angenommen: mit der erwähnten Ausnahme zeigen also die Achsen der zweitäußersten Ionenringe parallel zu r.

Die theoretischen Werte der Tabelle 2 eignen sich übrigens nicht zum Vergleich mit der Erfahrung, weil für die einzelne Molekel die empirische Definition des Molekeldurchmessers r (Wirkungssphäre) zu unbestimmt ist. Erst im Kristall geht der Atomabstand in die auch empirisch wohldefinierte Gitterkonstante über (§ 6). Die Betrachtungen dieses Paragraphen sollen nur zur Erläuterung der angewandten Methode dienen und auf die folgenden komplizierten Betrachtungen an Kristallen vorbereiten.

§ 3. Der Elementarabstand für eine Klasse regulärer Kristalle.

Wir wollen nun das im § 1 entwickelte Potential zweier Elektronenringe anwenden auf den bekannten regulären Gittertypus, zu dem das Steinsalz gehört; wir nehmen also an, daß in den Eckpunkten eines kubischen Raumgitters abwechselnd Ringsysteme der in § 2 beschriebenen Ionenarten liegen. Wir benutzen dabei die Bezeichnungen, die in dem Buche von M. BORN, Dynamik der Kristallgitter[1], gebraucht werden. Besteht das Gitter aus mehreren (s) ineinander geschobenen einfachen Gittern, so sollen diese durch Indizes $k = 1, 2, \cdots s$ unterschieden werden. Wir betrachten nun zwei Gitterpunkte, von denen der eine im Elementar-Parallelepiped $l = 0$, $m = 0$, $n = 0$ liegt, also die Indizes $(0\,0\,0\,k')$ haben möge, während die des andern $(l\,m\,n\,k)$ seien, und nehmen an, daß ihre Wechselwirkung durch ein Potential $\phi_{lmn}^{(kk')}$ be-

[1] M. BORN, Dynamik der Kristallgitter, Leipzig, B. G. Teubner 1915.

schrieben sei. Das gesamte Potential aller Gitterpunkte auf die s Punkte $(o\,o\,o\,k)$, $k = 1, 2, \cdots s$, ist dann

$$(15) \qquad \phi = \sum_k \sum_{k'} \mathop{S'}_{lmn} \phi_{lmn}^{(kk')},$$

wobei der Strich an dem Summenzeichen bedeuten soll, daß die s Glieder $\phi_{ooo}^{(kk)}$ $(k = 1, 2, \cdots s)$ auszulassen sind. Die Symmetrieverhältnisse der betrachteten regulären Kristallklasse und die Anordnung der beiden Ionenarten in den Würfelecken bringt es nun mit sich, daß die relative Konfiguration der Gitteranordnung (kubisches Gitter) und alle vorkommenden Winkel (Achsenrichtungen von Elektronenringen) im unverzerrten Kristall von vornherein festliegen und nur die absolute Dimension δ des Gitters, unabhängig von Symmetrieverhältnissen, kontinuierlich veränderlich ist. Entwickelt man daher die Einzelpotentiale $\phi_{lmn}^{(kk')}$ nach diesem einen unabhängigen Parameter des unverzerrten Kristalls in der Form

$$(16) \qquad \phi_{lmn}^{(kk')} = \sum_h \delta^h \overset{(h)}{\Phi}{}_{lmn}^{(kk')},$$

so wird aus (15)

$$(16') \qquad \phi = \sum_h \delta^h \overset{(h)}{\Phi}, \quad \text{mit} \quad \overset{(h)}{\Phi} = \sum_k \sum_{k'} \mathop{S'}_{lmn} \overset{(h)}{\Phi}{}_{lmn}^{(kk')}.$$

Gleichgewicht bei fehlendem äußeren Druck herrscht unter der Bedingung ϕ = Minimum, d. h.

$$(17) \qquad \frac{d\phi}{d\delta} = 0 = \sum_h h\delta^{h-1} \overset{(h)}{\Phi}.$$

Durch die Potentiale (10) wirken nun zwei ionisierte Atome in großem Abstand mit Coulombschen Anziehungskräften aufeinander, und erst bei Annäherung treten Abstoßungskräfte hinzu. Daher ist das gewichtigste Glied der Reihe (16') das Glied $\delta^{-1} \overset{(-1)}{\Phi}$ und wir werden sehen, daß das nächst höhere Potential in dem betrachteten Kristall erst vom -5 ten Grade in δ ist. Also hat (17) die Form

$$(17') \qquad 0 = (-1)\delta^{-2} \overset{(-1)}{\Phi} + (-5)\delta^{-6} \overset{(-5)}{\Phi} + \cdots,$$

und ihre Lösung ist in erster Näherung

$$(18) \qquad \delta = \sqrt[4]{\frac{-5\overset{(-5)}{\Phi}}{\overset{(-1)}{\Phi}}}.$$

Damit ist die Bestimmung der absoluten Gittergröße δ auf die Aufgabe reduziert, die Größen

$$(18') \qquad \overset{(k)}{\Phi} = \sum_k \sum_{k'} \mathrm{S}'_{lmn} \overset{(k)}{\Phi}{}^{(kk')}_{lmn}$$

zu berechnen.

§ 4. Das Potential des kubischen Raumgitters.

Es liege also ein kubisches Raumgitter vor, bestehend aus zunächst nur zwei Sorten von Elektronenringen, unterschieden durch ihre Radien a und Ladungen E. Die Achsen jeder der beiden Ringsorten sollen aber noch vier verschiedenen Orientierungen im Raumgitter angehören, so daß in jedem Elementarkubus im ganzen 8 voneinander zu unterscheidende Ringe vorhanden sind. Ist δ der Elementarabstand von einem Ringzentrum zum nächsten Ringzentrum der anderen Sorte, so hat man 8 ineinandergestellte Raumgitter $k = 1, 2, \cdots 8$, die wir aber statt durch den einen Index k durch drei in δ gemessene Koordinaten i, j, k charakterisieren wollen, während die Indizes l, m, n den Elementarwürfel angeben sollen. Aus den 8 Gitterpunkten

$$(19) \qquad \begin{pmatrix} ijk \\ lmn \end{pmatrix} = \begin{pmatrix} 000 \\ 000 \end{pmatrix}, \begin{pmatrix} 0\,{}^1\!/_2\,{}^1\!/_2 \\ 000 \end{pmatrix}, \begin{pmatrix} {}^1\!/_2\,0\,{}^1\!/_2 \\ 000 \end{pmatrix}, \begin{pmatrix} {}^1\!/_2\,{}^1\!/_2\,0 \\ 000 \end{pmatrix}$$
$$\begin{pmatrix} {}^1\!/_2\,{}^1\!/_2\,{}^1\!/_2 \\ 000 \end{pmatrix}, \begin{pmatrix} {}^1\!/_2\,0\,0 \\ 000 \end{pmatrix}, \begin{pmatrix} 0\,{}^1\!/_2\,0 \\ 000 \end{pmatrix}, \begin{pmatrix} 0\,0\,{}^1\!/_2 \\ 000 \end{pmatrix}$$

gehen dann alle übrigen hervor durch Einsetzung aller positiven und negativen ganzen Zahlen für lmn[1]. Für die eine Ringsorte ist die Summe $i+j+k$ ganzzahlig, für die andere Sorte durch 2 gebrochen. Im Einklang mit der Symmetrie des regulären Systems nehmen wir an: Die Achsen der 8 Ringe (19) zeigen nach dem Punkt $({}^1\!/_4, {}^1\!/_4, {}^1\!/_4)$[2]. Die Richtungskosinus der Ringachsen des Ringes $\begin{pmatrix} ijk \\ lmn \end{pmatrix}$ haben dann die Werte

$$(20) \qquad \frac{(-1)^{2i}}{\sqrt{3}}, \quad \frac{(-1)^{2j}}{\sqrt{3}}, \quad \frac{(-1)^{2k}}{\sqrt{3}}.$$

Die Entfernung $r^{(ijk)}_{lmn}$ des Ringes $\begin{pmatrix} ijk \\ lmn \end{pmatrix}$ von dem Ring $\begin{pmatrix} 000 \\ 000 \end{pmatrix}$ ist gegeben durch

$$(20') \qquad r^{(ijk)}_{lmn} = \delta \cdot \rho = \delta \cdot \sqrt{(l+i)^2 + (m+j)^2 + (n+k)^2}\,;$$

[1] $2i$, $2j$, $2k$ sind stets ganze Zahlen, $4i$, $4j$, $4k$ stets gerade Zahlen. Dagegen sind $l+i$, $m+j$, $n+k$ ganze oder durch 2 gebrochene Zahlen.

[2] Dieselbe Anordnung der Ringachsen benützt auch Hr. A. C. Crehore in der oben zitierten Arbeit und erläutert sie durch Figuren.

die Richtungskosinus der Verbindungslinie sind

$$\frac{l+i}{\rho}, \quad \frac{m+j}{\rho}, \quad \frac{n+k}{\rho}. \tag{20''}$$

Bedeutet also $\vartheta_{lmn}^{(ijk)}$ den Winkel zwischen der Achse des Ringes $\begin{pmatrix} ijk \\ lmn \end{pmatrix}$ und $r_{lmn}^{(ijk)}$, und $\vartheta_{000}^{(000)}$ den Winkel zwischen der Achse des Ringes $\begin{pmatrix} 000 \\ 000 \end{pmatrix}$ und $r_{lmn}^{(ijk)}$, so wird

$$\left\{\begin{aligned} \cos \vartheta_{lmn}^{(ijk)} &= \frac{(-1)^{2i}(l+i)+(-1)^{2j}(m+j)+(-1)^{2k}(n+k)}{\rho\cdot\sqrt{3}}, \\ \cos \vartheta_{000}^{(000)} &= \frac{(l+i)+(m+j)+(n+k)}{\rho\cdot\sqrt{3}}. \end{aligned}\right. \tag{21}$$

Dagegen wird der in (6) eingeführte Winkel $\varepsilon_{lmn}^{(ijk)}$ zwischen den Achsen der Ringe $\begin{pmatrix} ijk \\ lmn \end{pmatrix}$ und $\begin{pmatrix} 000 \\ 000 \end{pmatrix}$ gegeben durch

$$\cos \varepsilon_{lmn}^{(ijk)} = \frac{(-1)^{2i}+(-1)^{2j}+(-1)^{2k}}{3}. \tag{21'}$$

Ferner wird aus (21)

$$\left\{\begin{aligned} \cos^2 \vartheta_{lmn}^{(ijk)} &= \frac{1}{3}\left[1+\frac{2(l+i)(m+j)(-1)^{2i+2j}+\cdots}{\rho^2}\right], \\ \cos^2 \vartheta_{000}^{(000)} &= \frac{1}{3}\left[1+\frac{2(l+i)(m+j)+\cdots}{\rho^2}\right]. \end{aligned}\right. \tag{21''}$$

Summiert man (21″) über die Indizeskombinationen

$$\begin{matrix} \begin{pmatrix} ijk \\ lmn \end{pmatrix} & \begin{pmatrix} -ijk \\ -lmn \end{pmatrix} & \begin{pmatrix} i-jk \\ l-mn \end{pmatrix} & \begin{pmatrix} ij-k \\ lm-n \end{pmatrix} \\ \begin{pmatrix} -i-j-k \\ -l-m-n \end{pmatrix} & \begin{pmatrix} i-j-k \\ l-m-n \end{pmatrix} & \begin{pmatrix} -ij-k \\ -lm-n \end{pmatrix} & \begin{pmatrix} -i-jk \\ -l-mn \end{pmatrix} \end{matrix} \left| \begin{matrix}\text{mit je 6 Permutationen} \\ \text{bei Vertauschung von} \\ i,\ j,\ k \\ l,\ m,\ n \end{matrix}\right. \tag{22}$$

(d. h. im ganzen $6\cdot 8 = 48$ Kombinationen), so fallen durch diese Summierung (Summenzeichen $\mathfrak{S}$) alle Glieder fort, welche Produkte $(l+i)\cdot(m+j)$ usw. enthalten, und es bleibt übrig

$$\mathfrak{S}\cos^2\vartheta_{lmn}^{(ijk)} = \mathfrak{S}\cos^2\vartheta_{000}^{(000)} = C_{lmn}^{(ijk)}\cdot\frac{1}{3}, \tag{23}$$

worin der Zahlenfaktor $C_{lmn}^{(ijk)}$ im allgemeinen, entsprechend der Anzahl der Kombinationen (22), den Wert 48 haben wird. Kommen aber unter den Zahlen ijk, lmn Nullen vor, oder sind unter ihnen gleiche Zahlen, so ist die Anzahl $C_{lmn}^{(ijk)}$ der Kombinationen (22) verkleinert. (Vgl. die Werte von C in Tabelle 3, S. 1065.)

In derselben Weise findet man dann

$$(23')\quad\begin{cases} \mathfrak{S}\cos^4\vartheta_{lmn}^{(ijk)} = \mathfrak{S}\cos^4\vartheta_{000}^{(000)} = C_{lmn}^{(ijk)}\cdot\frac{1}{9}\left[1+4\frac{(l+i)^2(m+j)^2+\cdots}{\rho^4}\right],\\ \mathfrak{S}\cos^2\varepsilon_{lmn}^{(ijk)} = C_{lmn}^{(ijk)}\cdot\frac{1}{3}\left[1+\frac{2}{3}\left((-1)^{2i+2j}+\cdots\right)\right],\\ \mathfrak{S}\cos^2\vartheta_{lmn}^{(ijk)}\cdot\cos^2\vartheta_{000}^{(000)} = C_{lmn}^{(ijk)}\cdot\frac{1}{9}\left[1+4\frac{(l+i)^2(m+j)^2(-1)^{2i+2j}+\cdots}{\rho^4}\right],\\ \mathfrak{S}\cos\vartheta_{lmn}^{(ijk)}\cdot\cos\vartheta_{000}^{(000)}\cdot\cos\varepsilon_{lmn}^{(ijk)} = C_{lmn}^{(ijk)}\cdot\frac{1}{9}\frac{[(-1)^{2i}+\cdots][(l+i)^2(-1)^{2i}+\cdots]}{\rho^2}. \end{cases}$$

Für die in (7) eingeführten Funktionen erhält man also die Summen

$$(24)\quad \mathfrak{S}P_2(\cos\vartheta_{lmn}^{(ijk)}) = \mathfrak{S}P_2(\cos\vartheta_{000}^{(000)}) = 0,$$

$$(24')\quad \mathfrak{S}P_4(\cos\vartheta_{lmn}^{(ijk)}) = \mathfrak{S}P_4(\cos\vartheta_{000}^{(000)}) = C_{lmn}^{(ijk)}\cdot\left(-\frac{7}{18}\right)\left\{1-5\frac{(l+i)^2(m+j)^2+\cdots}{\rho^4}\right\},$$

$$(24'')\quad \mathfrak{S}Q_4(\vartheta_{lmn}^{(ijk)},\ \vartheta_{000}^{(000)},\ \varepsilon_{lmn}^{(ijk)}) = C_{lmn}^{(ijk)}\cdot\frac{1}{9}\left\{(-1)^{2i+2j}\left[\frac{35(l+i)^2(m+j)^2}{\rho^4}+\frac{5(n+k)^2}{\rho^2}-4\right]+\cdots\right\}.$$

Da durch die Summation $\mathfrak{S}$ zu jeder Kombination $\binom{ijk}{lmn}$ auch alle Kombinationen mit negativen Indizes erschöpft sind, so erhält man das Gesamtpotential ϕ auf $\binom{000}{000}$ durch Summation über alle Punkte (19) und alle aus (19) hervorgehenden Punkte mit verschwindenden oder positiven Werten lmn, mit Ausnahme des Punktes $\binom{000}{000}$ selber. Es werden also durch Einsetzung von (24), (24'), (24'') in (10) die Entwicklungsglieder von (16')

$$(25)\quad\begin{cases} \overset{(-1)}{\Phi} = \sum_{ijk}\underset{\substack{lmn\\ \geq 0}}{\mathrm{S}}\frac{C_{lmn}^{(ijk)}}{\rho}E_{lmn}^{(ijk)}\cdot E_{000}^{(000)},\\ \overset{(-3)}{\Phi} = 0,\\ \overset{(-5)}{\Phi} = \sum_{ijk}\underset{\substack{lmn\\ \geq 0}}{\mathrm{S}}\frac{C_{lmn}^{(ijk)}}{\rho}E_{lmn}^{(ijk)}\cdot E_{000}^{(000)}\left\{-\frac{(a_{lmn}^{(ijk)})^4+(a_{000}^{(000)})^4}{\rho^4}A_{lmn}^{(ijk)}+\frac{(a_{lmn}^{(ijk)}a_{000}^{(000)})^2}{\rho^4}B_{lmn}^{(ijk)}\right\}, \end{cases}$$

mit den Abkürzungen

$$(26)\quad\begin{cases} A_{lmn}^{(ijk)} = \frac{7}{48}\left\{1-5\frac{(l+i)^2(m+j)^2+\cdots}{\rho^4}\right\},\\ B_{lmn}^{(ijk)} = \frac{1}{12}\left\{(-1)^{2i+2j}\left[\frac{35(l+i)^2(m+j)^2}{\rho^4}+\frac{5(n+k)^2}{\rho^2}-4\right]+\cdots\right\},\\ \rho^2 = (l+i)^2+(m+j)^2+(n+k)^2. \end{cases}$$

§ 5. Das Potential (— 1)ter Ordnung (nach MADELUNG).

Um die in (25) auftretenden Summen auszuwerten, kann man sich bei $\overset{(-5)}{\Phi}$ auf die paar ersten Summenglieder beschränken, da die entfernteren Partikel wegen der Faktoren $1/\rho^5$ sehr rasch abnehmende Beiträge liefern (§ 6). Um auch $\overset{(-1)}{\Phi}$ zu berechnen, dessen Glieder den nur langsam mit der Entfernung abnehmenden Faktor $1/\rho$ besitzen, benutzen wir eine allgemeine Methode zur Auswertung von Potentialen im unendlichen Gitter, welche Herr E. MADELUNG gefunden hat und demnächst in der Phys. Zeitschrift publizieren wird. Ihr Resultat in der speziellen Anwendung auf das hier benutzte kubische Raumgitter soll im folgenden wiedergegeben werden.

MADELUNG setzt das Potential im Nullpunkt, herrührend von den andern Gitterpunkten eines kubischen Raumgitters von abwechselnd positiv und negativ geladenen Punkten $\pm e$, aus drei Summanden zusammen:

$$(27)\quad \delta^{-1}\overset{(-1)}{\Phi} = e^2\left(\frac{\delta}{2}\right)^{-1}\left\{\sum_P{}' \Phi_P + \sum_L{}' \Phi_L + \sum_E{}' \Phi_E\right\} = e^2\cdot\delta^{-1}\cdot 2\{\cdots\},$$

wobei $\frac{\delta}{2}$ der Abstand von einem positiven zum nächsten negativen Partikel ist; das Gitter selbst soll im xyz-System orientiert sein.

I. Φ_P ist das auf den Elementarabstand 1 reduzierte Potential eines Gitterpunktes P der x-Achse auf den Nullpunkt. $\sum' \Phi_P$ ist die Gesamtwirkung aller dieser Gitterpunkte (mit Ausnahme des Nullpunktes selber), nämlich wegen des abwechselnden Vorzeichens der Ladungen $\pm e$ und der Erstreckung der x-Achse ins Positive und Negative:

$$(28)\qquad \sum{}' \Phi_P = -2\left(\frac{1}{1} - \frac{1}{2} + \frac{1}{3} - + \cdots\right)$$

mit dem Zahlenwert

$$(28')\qquad \sum{}' \Phi_P = -2\,ln\,2 = -1.3862\,.$$

II. Φ_L ist das Potential einer parallel zur x-Achse laufenden Gitterlinie der Netzebene $z = 0$. $\sum' \Phi_L$ ist die Gesamtwirkung aller dieser Gitterlinien (mit Ausnahme der x-Achse selber), für welche MADELUNG die Reihe angibt [$H_0^{(1)}$ = nullte HANKELsche Funktion 1. Art[1]]:

$$(29)\quad \sum{}' \Phi_L = -8\left[\sum_n \frac{i\pi}{2} H_0^{(1)}(i\pi n) - \sum_n \frac{i\pi}{2} H_0^{(1)}(2i\pi n) + \sum_n \frac{i\pi}{2} H_0^{(1)}(3i\pi n) - + \cdots\right],$$

[1] Hr. MADELUNG benutzt die kurze Bezeichnung $\frac{i\pi}{2} H_0^{(1)}(ix) = K_0(x)$.

in welcher die Summen nach n nur über alle ungraden positiven Zahlen zu erstrecken sind und außerordentlich rasch konvergieren, ebenso wie die Reihe der Summen selbst. Man findet den Zahlenwert

$$(29') \qquad \sum{}' \Phi_L = -0.225 .$$

III. Φ_E ist das Potential einer parallel zur Ebene $z = 0$ laufenden Netzebene, $\sum{}' \Phi_E$ die Gesamtwirkung aller dieser Ebenen (mit Ausnahme der Netzebene $z = 0$ selber), für welche Madelung die Reihe angibt

$$(30) \quad \sum{}' \Phi_E = -16 \left[\sum_m \sum_n \frac{e^{-\pi\sqrt{m^2+n^2}}}{\sqrt{m^2+n^2}} - \sum_m \sum_n \frac{e^{-2\pi\sqrt{m^2+n^2}}}{\sqrt{m^2+n^2}} + \sum_m \sum_n \frac{e^{-3\pi\sqrt{m^2+n^2}}}{\sqrt{m^2+n^2}} - + \cdots \right]$$

Die Summen sind über alle ungeraden positiven Zahlen m und n zu erstrecken und konvergieren rasch. Man findet numerisch

$$(30') \qquad \sum{}' \Phi_E = -0.131 .$$

Bedenkt man, daß in jedem Elementarkubus 4 positive und 4 negative Ionen liegen, so erhält man numerisch aus (27)

$$(31) \quad \overset{(-1)}{\Phi} = 2 \cdot 8 \cdot (-1.386 - 0.225 - 0.131) e^2 = -27.87 e^2 .$$

§ 6. Das Potential (—5)ter Ordnung. Vergleich mit der Erfahrung.

Bei der Berechnung von $\overset{(-5)}{\Phi}$ aus (25) beschränken wir uns wegen der Abnahme der einzelnen Glieder mit $1/\rho^5$ auf das gegenseitige Potential derjenigen Glieder, deren Abstand kleiner oder gleich $\frac{\delta}{2} \cdot 3$ ist, d. h. auf die 122 zu $\begin{pmatrix} 000 \\ 000 \end{pmatrix}$ benachbarten Partikel, für welche $\rho \leq \frac{3}{2}$ ist. Dieselben sind charakterisiert durch die $C\begin{Bmatrix} ijk \\ lmn \end{Bmatrix}$ Kombinationen (22) und besitzen die in folgender Tabelle zusammengestellten Werte

$$-A\begin{Bmatrix} ijk \\ lmn \end{Bmatrix} \cdot C\begin{Bmatrix} ijk \\ lmn \end{Bmatrix} / \rho^5 \text{ und } B\begin{Bmatrix} ijk \\ lmn \end{Bmatrix} \cdot C\begin{Bmatrix} ijk \\ lmn \end{Bmatrix} / \rho^5 ,$$

welche in (25) einzusetzen und zu summieren sind.

Man sieht aus dieser Tabelle die starke Abnahme der Größen in den beiden letzten Spalten auf weniger als den 200ten Teil des Beitrags der nächst benachbarten Ionen. Die Beiträge der noch weiter entfernten, nicht in Tabelle 3 berücksichtigten Ionen können also fortgelassen werden, um so mehr als ihre Vorzeichen zwischen + und — wechseln.

Unterscheidet man die beiden Ringsorten durch ihre Radien a_+ und a_- und summiert man nach (25) die Wirkung auf $\begin{pmatrix} 000 \\ 000 \end{pmatrix}$ herrührend

Tabelle 3.

$\binom{ijk}{lmn}$	C	$\frac{1}{\rho^5}$	$A^{(ijk)}_{lmn}$	$B^{(ijk)}_{lmn}$	$-\frac{A\cdot C}{\rho^5}$	$\frac{B\cdot C}{\rho^5}$
$\binom{\frac{1}{2}00}{000}$	6	32	0.146	0.750	−28.02	+144.0
$\binom{0\frac{1}{2}\frac{1}{2}}{000}$	12	5.66	−0.0365	0.646	+ 2.48	+ 43.9
$\binom{\frac{1}{2}\frac{1}{2}\frac{1}{2}}{000}$	8	2.06	−0.0963	0.388	+ 1.58	+ 6.39
$\binom{000}{100}$	6	1	0.146	−0.584	− 0.87	− 3.50
$\binom{\frac{1}{2}00}{001}$	24	0.572	0.0292	−0.383	− 0.40	− 5.28
$\binom{0\frac{1}{2}\frac{1}{2}}{100}$	24	0.364	−0.0365	−0.248	+ 0.32	+ 2.17
$\binom{000}{011}$	12	0.177	−0.0365	−0.401	+ 0.08	− 0.85
$\binom{\frac{1}{2}00}{011}$	24	0.132	−0.0704	0.298	+ 0.22	+ 0.95
$\binom{\frac{1}{2}00}{100}$	6	0.132	0.146	0.750	− 0.12	+ 0.59

von den Ringen der gleichen Sorte (welche ganzzahlige Indexsumme $i+j+k$ besitzen) und gesondert davon die der andern Ringsorte (welche gebrochene Indexsumme $i+j+k$ haben), so wird das Potential aller Ringe auf den Ring $\binom{000}{000}$, falls er den Radius a'_+ hat, gleich

$$(33)\quad E'_+E_-[(a'^4_+ + a^4_-)(-26.7) + a'^2_+a^2_-\cdot 146.6] + E'_+E_+[(a'^4_+ + a^4_+)\cdot 2.0 + a'^2_+a^2_+\cdot 37.4]:$$

dagegen, falls er den Radius a'_- hat, gleich dem daraus entstehenden Ausdruck, wenn man die Indizes + an a und E mit den Indizes — vertauscht. Sind weiterhin in den Ringzentren punktförmige Ladungen (Kerne) angebracht, so erhält man aus (33) das Potential (—5)ter Ordnung zwischen Kernen und Ringen, indem man passend a für einen Ring gleich Null setzt.

Jetzt wollen wir annehmen, daß statt des einen Ringes a_+ mehrere konzentrische. komplanare Ringe mit den Radien a_{k+} und den Ladungen $E_+ = -e\cdot p_{k+}$ vorhanden seien. deren Achsen alle die gleiche Orientierung haben[1], und ebenso mehrere konzentrische. gleichge-

[1] NaCl ist regulär holoedrisch, die übrigen Halogen-Alkalisalze sind regulär plagiedrisch. Unser Modell aus komplanaren Ringsystemen gibt diesen Unterschied zunächst nicht wieder. Vielleicht beruht er auf einer abweichenden Stellung der inneren Ringe, was auf das Ergebnis der folgenden Rechnungen nur geringen Einfluß hätte.

richtete Ringe der (—) Sorte. Ferner soll die Gesamtladung des (+) Ringsystems mit Kern (+ Ions) gleich $+1 \cdot e$, die des anderen (— Ions) gleich $-1 \cdot e$ sein. Bedenkt man noch, daß in δ^3 von jeder Sorte vier Ionen vorhanden sind, so erhält man aus (33) als Potential (— 5)ter Ordnung des ganzen Gitters auf den Elementarwürfel.

$$\overset{(-5)}{\Phi} = e^2 \cdot 4 \Big\{ -26{,}7 \cdot 2 \left(\sum p_{k+} a_{k+}^4 - \sum p_{k-} a_{k-}^4 \right) + 293{,}2 \cdot \sum p_{k+} a_{k+}^2 \cdot \sum p_{k-} a_{k-}^2 - 2{,}0 \cdot 2 \left(\sum p_{k+} a_{k+}^4 - \sum p_{k-} a_{k-}^4 \right) + 37{,}4 \left[\left(\sum p_{k+} a_{k+}^2 \right)^2 + \left(\sum p_{k-} a_{k-}^2 \right)^2 \right] \Big\}.$$

Führt man statt der Radien a die reduzierten Radien α (12), (14) ein, so wird mit Hilfe von (31) aus (18)

$$(34) \quad \delta = 0{,}528 \cdot 10^{-8} \left[\frac{4 \cdot 5}{27{,}87} \Big\{ 37{,}4 \left| \left(\sum p_{k+} \alpha_{k+}^2 \right)^2 + \left(\sum p_{k-} \alpha_{k-}^2 \right)^2 \right| - 57{,}4 \left| \sum p_{k+} \alpha_{k+}^4 - \sum p_{k-} \alpha_{k-}^4 \right| + 293{,}2 \cdot \sum p_{k+} \alpha_{k+}^2 \cdot \sum p_{k-} \alpha_{k-}^2 \Big\} \right]^{1/4} \text{cm}.$$

In den folgenden Beispielen wollen wir die in (34) einzusetzenden reduzierten Radien α nicht aus der Näherungsformel (14) berechnen, sondern aus der exakten Beziehung

$$(35) \qquad \alpha_k = \frac{n_k^2}{Z_k + A_k}.$$

Das Zusatzglied A_k trägt dem Umstand Rechnung, daß die auf den $k$ten Ring »wirksame Kernladungszahl« nicht nur von der innerhalb a_k liegenden Ladungszahl abhängt, sondern daß auch die räumliche Anordnung aller innerhalb und außerhalb a_k liegenden Ringe das auf den $k$ten Ring wirkende Feld beeinflußt. Unter der Annahme, daß im Kristallverband alle Ringe eines Ions in derselben Ebene liegen, hat das Zusatzglied A_k die Gestalt[1]

$$(35') \qquad A_k = -\frac{3}{4} \sum_{j<k} p_j \left(\frac{\alpha_j}{\alpha_k} \right)^2 + \frac{1}{2} \sum_{j>k} p_j \left(\frac{\alpha_k}{\alpha_j} \right)^3.$$

Es bewirkt, daß der äußerste Ring etwas vergrößert wird. Wieviel die durch A_k hervorgebrachte Änderung der Ringradien ausmacht, erkennt man aus dem Vergleich der folgenden nach (35), (35') gerechneten reduzierten Radien α_k mit denen nach (14) gerechneten Radien der Tabelle 1.

Der in der Tabelle 1 auch berücksichtigte Fall $n_3 = 3$ (dritter Ring 3 quantig) ist von dort unverändert zu übernehmen, weil die Korrektionen A_k dann nach (35') für den äußersten Ring nur verschwindend klein werden.

---

[1] A. SOMMERFELD a. a. O.

Tabelle 4.

	Z	p_1	$(n_1=1)$ α_1	p_2	$(n_2=2)$ α_2	p_3	$(n_3=2)$ α_3
Li +	3	2	0.364	—	—	—	—
Na +	11	2	0.093	8	0.649	—	—
K +	19	2	0.053	8	0.278	8	0.754
F −	9	2	0.114	8	0.959	—	—
Cl −	17	2	0.060	8	0.325	8	1.097

Die Werte der Tabelle 4 in (34) eingesetzt ergeben folgende Größen $\delta \times 10^8$ cm[1]:

Tabelle 5.

	Berechn.	Beob.		Berechn.	Beob.		Berechn.	Beob.
Li F	3.60	4.00	Na F	4.86	4.60	K F	5.34 (7.3)	5.31
Li Cl	4.19 (7.7)	5.11	Na Cl	5.44 (7.8)	5.59	K Cl	5.90 (11.0)	6.24

Bei den Verbindungen des K und denen des Cl ist die obere Zahl der Tabelle mit 2quantigem, die untere eingeklammerte mit 3quantigem dritten Ring berechnet. Die Übereinstimmung der ersten Alternative und die Diskrepanz der zweiten mit den beobachteten Werten[2] scheint zugunsten der Annahme zu sprechen, daß der dritte Elektronenring der Kristallionen 2quantig ist. In folgender graphischen Darstellung der Tabelle 5 sind die beobachteten Werte von $\delta \cdot 10^8$ als Kreise, die mit 2quantigem bzw. 3quantigem dritten Ring berechneten als Striche bzw. Kreuze eingetragen. Während die Annahme $n_3 = 2$ gute Übereinstimmung mit der Erfahrung gibt, führt die Annahme $n_k = k$ für $k = 3$ zu beträchtlichen Abweichungen.

Die Gründe, welche die Allgemeinheit der Sommerfeld-Krooschen Annahme $n_k = k$ für die jeweiligen äußersten Elektronenringe verbieten, sind in § 2 auseinandergesetzt. Die Diskrepanz zwischen Erfahrung

[1] M. Reinganum hat bemerkt (Ber. d. Deutsch. Phys. Ges., 21. Sept. 1904, p. 293), daß sich die Molekularvolumina der Halogensalze aus den Quadraten der Atomvolumina der Bestandteile linear zusammensetzen. Seine empirische Formel hat eine gewisse Ähnlichkeit mit unserem Ausdruck für δ^3 nach (34).

[2] Die als beobachtet eingetragenen Werte der Tabelle 5 sind aus den spezifischen Gewichten ϱ mit Hilfe der Atomgewichte μ und der Avogadroschen Zahl $N = 6.2 \cdot 10^{23}$ abgeleitet nach der Formel

$$\delta = \sqrt[3]{\frac{4(\mu_+ + \mu_-)}{N\varrho}} = 1.86 \cdot 10^{-8} \sqrt[3]{\frac{\mu_+ + \mu_-}{\varrho}}.$$

Fig. 2.

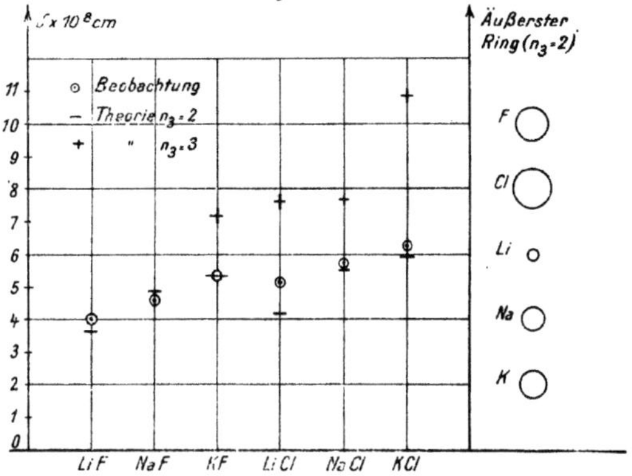

und Theorie bei der Annahme $n_k = k$, würde bei den kristallischen Verbindungen der höheren Elemente *Rb*, *Cs* und *Br*, *J* mit mehr als drei Ringen noch auffallender werden; jedoch wollen wir diese Elemente mangels begründeter Vorstellungen über ihren Aufbau hier nicht behandeln, sondern uns mit der Theorie der Gitterkonstante δ für die einwertigen Ionen aus den drei ersten Reihen des periodischen Systems begnügen. Daß keine volle Übereinstimmung mit der Erfahrung erzielt ist, kann an Unvollkommenheiten der benutzten Atommodelle, besonders der jeweiligen äußersten Ionenringe, liegen (dagegen hat eine Größenänderung der inneren Ringe und die Art ihrer Orientierung im Raumgitter wegen der Kleinheit ihrer Radien a nur geringen Einfluß auf den Wert [34] von δ). Sodann benutzte unsere Theorie die offenbar nicht korrekte Vereinfachung, daß die Potentiale höherer als (-5)ter Ordnung in der Reihe (17') zur Bestimmung von δ außer acht gelassen wurden; doch haben wir uns überzeugt, daß diese Vernachlässigung durchaus erlaubt ist. Endlich ist nicht berücksichtigt, daß durch das Feld der übrigen Ionen die Elektronenbahnen jedes einzelnen Ions verändert werden. Aber auch diese Wirkung kann das Resultat nicht wesentlich beeinflussen.

Wir haben auch versucht, die Kompressibilität $\varkappa$ zu berechnen. Während die erhaltenen $\varkappa$-Werte von Kristall zu Kristall den richtigen Gang zeigen, ergeben sich absolute Werte für die Zusammendrückbarkeit, welche durchweg doppelt so groß als die beobachteten sind. Wir behalten uns vor, auf diese Diskrepanz zurückzukommen.

Ausgegeben am 21. November.

Berlin, gedruckt in der Reichsdruckerei.

Über die Berechnung der Kompressibilität regulärer Kristalle aus der Gittertheorie;

von M. Born und A. Landé.

(Eingegangen am 8. November 1918.)

Nachdem wir gezeigt haben[1]), daß sich die Gitterkonstanten der regulären Kristalle vom Typus des NaCl berechnen lassen, wenn man die Atome als BOHRsche Elektronenringsysteme mit bestimmten Achsenrichtungen annimmt, sind wir daran gegangen, die übrigen Kristalleigenschaften aus dieser Vorstellung abzuleiten. Am einfachsten gestaltet sich die Berechnung der Kompressibilitäten; dabei hat sich nun, wie wir bereits am Schlusse unserer zitierten Abhandlung andeuteten, herausgestellt, daß die berechneten Kompressibilitäten gerade doppelt so groß herauskommen als die beobachteten. Die aus BOHRschen Atomen aufgebauten Kristalle sind also zu weich. Diese Tatsache erscheint uns sehr schwerwiegend aus dem Grunde, weil zu ihrer Ableitung keinerlei besondere Voraussetzungen über die Elektronenringe der Atome notwendig sind, sondern nur ein allgemeines Resultat über das Abstoßungsgesetz der Ringe, daß nämlich die potentielle Energie dieser Abstoßung mit hinreichender Näherung umgekehrt proportional der fünften Potenz der Gitterkonstanten δ ist.

Wir haben gezeigt, daß die potentielle Energie pro Elementarwürfel (mit genügender Näherung) die Form

$$\Phi = -\frac{a}{\delta} + \frac{b}{\delta^5}$$

hat, wo das erste Glied die elektrostatische (COULOMBsche) Anziehung der in ihren Mittelpunkten konzentriert gedachten Atomladungen und das zweite Glied die genannte Abstoßungswirkung der Elektronenringe darstellt.

[1]) M. BORN und A. LANDÉ, Sitzungsber. d. Königl. Preuß. Akademie d. Wissensch., 17. Okt. 1918, S. 1048. Vgl. auch die voranstehende Arbeit.

Reprinted from *Deut. Phys. Ges.* **20**, 210–216 (1918).

Anstatt nun mit diesem Gesetz die Kompressibilität zu berechnen und zu zeigen, daß sie dann um das Doppelte zu groß herauskommt, wollen wir von dem allgemeineren Ansatze[1])

$$\Phi = -\frac{a}{\delta} + \frac{b}{\delta^n} \qquad 1)$$

ausgehen und beweisen, daß der Wert $n = 5$ mit den beobachteten Kompressibilitäten unverträglich ist und durch $n = 9$ ersetzt werden muß. Die einfache Rechnung gestaltet sich folgendermaßen:

Die Gleichgewichtsbedingung lautet $\Phi = \text{Min.}$ oder

$$\Phi' = \frac{a}{\delta^2} - \frac{nb}{\delta^{n+1}} = 0. \qquad 2)$$

Hieraus haben wir früher unter der Annahme BOHRscher Atome ($n = 5$, a und b bekannt) den Gitterabstand δ_0 berechnet; wir wollen jetzt umgekehrt δ_0 als durch Beobachtungen bekannt ansehen und b aus 2) berechnen:

$$b = \frac{a}{n}\,\delta_0^{n-1}. \qquad 3)$$

Durch nochmaliges Differenzieren folgt aus 1) mit Berücksichtigung von 3):

$$\Phi'' = -\frac{2a}{\delta^3} + \frac{n(n+1)b}{\delta^{n+2}} = \frac{a}{\delta_0^3}(n-1).$$

Daher lautet die Reihenentwickelung der potentiellen Energie pro Elementarwürfel:

$$\Phi = \Phi_0 + \frac{a(n-1)}{\delta_0^3} \cdot \frac{(\delta - \delta_0)^2}{2} + \cdots$$

Die Änderung des Volumens dieses Würfels sei

$$\varDelta = \delta^3 - \delta_0^3 = 3\,\delta_0^2(\delta - \delta_0);$$

daher hat man bis auf Glieder von höherer als zweiter Ordnung

$$\Phi = \Phi_0 + \frac{a(n-1)}{18\,\delta_0^7}\varDelta^2.$$

Daraus berechnet sich der Druck

$$p = -\frac{d\Phi}{d\varDelta} = -\frac{a(n-1)}{9\,\delta_0^7}\varDelta.$$

---

[1]) Einen Ansatz dieser Form hat auch Herr E. GRÜNEISEN seiner Theorie des festen Zustandes einatomiger Elemente [Ann. d. Phys. (4) **39**, 257, 1912] zugrunde gelegt; doch fehlt bei ihm die Vorstellung, daß die Anziehungen elektrostatischer Natur sind (Exponent -1 von δ), und damit die Möglichkeit exakter quantitativer Schlüsse.

Die Kompressibilität ist definiert durch

$$\varkappa = -\frac{1}{v}\frac{dv}{dp} = -\frac{1}{\delta_0^3}\frac{d\Delta}{dp};$$

mithin folgt

$$\varkappa = \frac{9\,\delta_0^4}{a(n-1)}. \qquad 4)$$

Die Berechnung der Konstanten a ist in unserer zitierten Arbeit durchgeführt; sie ist dort mit $\frac{1}{2}\Phi^{(-1)}$ bezeichnet. Nach der Methode von MADELUNG[1]) ergibt sich nämlich für die elektrostatische Energie aller Ionen eines Gitters vom Typus NaCl auf ein einzelnes, wenn der Abstand benachbarter, voneinander verschiedener Ionen gleich 1 gesetzt wird, der Wert[2])

$$-e^2.(1{,}386 + 0{,}225 + 0{,}131) = -e^2.1{,}742.$$

Als Elementarwürfel hat man nun einen solchen zu nehmen, dessen Kanten δ_0 parallel den Achsen von einem Ion zum nächsten gleichen Ion reichen und der von jeder Sorte vier Ionen enthält. Daher ist die potentielle Energie aller Ionen auf die eines Elementarwürfels

$$-\frac{8}{\delta_0/2}e^2.1{,}742 = -\frac{e^2}{\delta_0}\cdot 2\cdot 13{,}94.$$

Sind in der Volumeneinheit N Elementarwürfel, so erhält man die Energie der Volumeneinheit durch Multiplikation mit $\frac{N}{2}$, weil bei der Summation jedes Ionenpaar doppelt gezählt wird; die Energie der Volumeneinheit ist also

$$-\frac{e^2}{\delta_0}\cdot 13{,}94\cdot N,$$

und hieraus folgt durch Division mit N die Energie pro Elementarwürfel

$$-\frac{a}{\delta_0} = -\frac{13{,}94\,e^2}{\delta_0}.$$

Es st also

$$a = 13{,}94\,e^2. \qquad 5)$$

[1]) E. MADELUNG, Phys. ZS. **19**, 524, 1918.

[2]) Vgl. M. BORN u. A. LANDÉ, l. c., §5, Ende, Formel 31. Vgl. auch das Beispiel bei MADELUNG, l. c., S. 531, dessen Gitterkonstante a gleich $2\,\delta$ ist, wodurch der Zahlenwert doppelt so groß herauskommt. Bei BORN-LANDÉ, l. c. S. 1060, Zeile 11 ist der sinnentstellende Druckfehler δ in $\delta/2$ zu verbessern.

Die Gitterkonstante δ_0 berechnen wir aus der Dichte ϱ, den Atomgewichten μ_+ und μ_- der Ionen und der AVOGADROschen Zahl $N = 6{,}2 \,.\, 10^{23}$:

$$\delta_0 = \sqrt[3]{\frac{4\,(\mu_+ + \mu_-)}{N\,\varrho}} = 1{,}86 \,.\, 10^{-8} \sqrt[3]{\frac{\mu_+ + \mu_-}{\varrho}}. \tag{6}$$

Dann erhalten wir mit $e = 4{,}76 \,.\, 10^{-10}$ elektrostatische Einheiten aus 4), 5), 6) zur Bestimmung von n:

$$n = 1 + 3{,}41 \,.\, 10^{-13} \frac{1}{\varkappa} \left(\frac{\mu_+ + \mu_-}{\varrho}\right)^{4/3}. \tag{7}$$

Die Kompressibilität $\varkappa$ ist für 12 Halogensalze von RICHARDS und JONES[1]) gemessen worden; von diesen scheiden die Silbersalze hier aus, weil diese nach allen unseren Kenntnissen nicht kristallinisch, sondern amorph sind. Für die übrigen neun Salze gibt die folgende Tabelle die nach 7) zur Berechnung von n nötigen Daten sowie die daraus gewonnenen Werte von n:

	μ_+	μ_-	ϱ	$\varkappa_{\text{beob.}}$	n	$\varkappa_{\text{ber.}}$
NaCl	23,0	35,5	2,17	$4{,}1 \,.\, 10^{-12}$	7,75	$3{,}46 \,.\, 10^{-12}$
NaBr	23,0	79,9	3,01	5,1	8,41	4,73
NaJ	23,0	126,9	3,55	6,9	8,33	6,30
KCl	39,1	35,5	1,98	5,0	9,62	5,36
KBr	39,1	79,9	2,70	6,2	9,56	6,64
KJ	39,1	126,9	3,07	8,6	9,10	8,68
TlCl	204,0	35,5	7,02	4,7	9,00	4,69
TlBr	204,0	79,9	7,54	5,1	9,43	5,36
TlJ	204,0	126,9	7,056	6,7	9,60	6,76

Der Mittelwert der so berechneten n-Werte ist 8,76; das widerspricht dem Werte $n = 5$, der sich aus der Annahme BOHRscher Elektronenringe ergeben hat. Die nächste ganze Zahl ist

$$n = 9.$$

Mit diesem Werte sind die in der letzten Kolonne zusammengestellten Werte von $\varkappa$ berechnet, nämlich nach der aus 7) folgenden Formel

$$\varkappa = 4{,}26 \,.\, 10^{-14} \left(\frac{\mu_+ + \mu_-}{\varrho}\right)^{4/3}. \tag{8}$$

[1]) TH. W. RICHARDS und GR. JONES, Journ. Amer. Chem. Soc. **31**, 158, 1909. Wir entnehmen die Zahlenangaben von $\varkappa$ der kritischen Zusammenstellung von W. VOIGT in seinem Lehrbuch der Kristallphysik, § 362, S. 720.

Die Figur veranschaulicht die Übereinstimmung, die man im Hinblick auf die Schwierigkeit der Kompressibilitätsmessungen als recht gut bezeichnen muß.

In die Figur sind außerdem noch die Werte von $\varkappa_{\text{ber.}}$ und $\varkappa_{\text{beob.}}$ für Flußspat CaF_2 eingetragen. Das Gitter dieses Kristalls ist von den bisher behandelten gänzlich verschieden. Der Elementar-

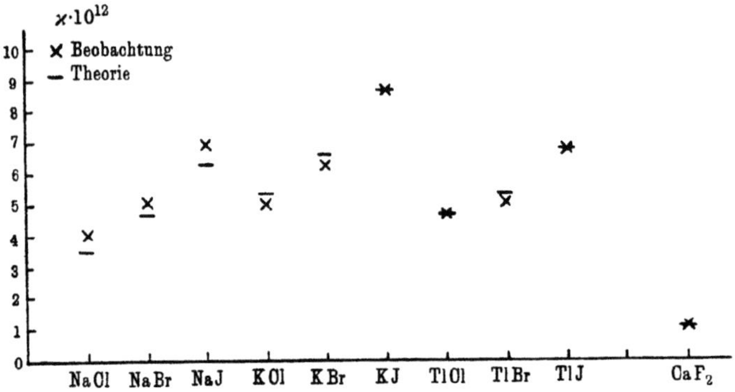

würfel, dessen Kante δ_0 parallel der Achse von einem Ca-Atom zum benachbarten reicht, enthält vier Ca-Atome und acht F-Atome, so daß

$$\delta_0 = \sqrt[3]{\frac{4(\mu_+ + 2\mu_-)}{N\varrho}} = 1{,}86 \,.\, 10^{-8} \sqrt[3]{\frac{\mu_+ + 2\mu_-}{\varrho}}$$

ist. Die Konstante a hat der eine von uns (A. Landé) berechnet und wird darüber gesondert berichten[1]); sie hat den von 5) ganz verschiedenen Wert

$$a = 38{,}7\, e^2.$$

Daraus folgt für $\varkappa$ aus 4) mit $n = 9$, $\mu_+ = 40{,}1$, $\mu_- = 19$, $\varrho = 3{,}18$:

$$\varkappa_{\text{ber.}} = 1{,}54 \,.\, 10^{-14} \left(\frac{\mu_+ + 2\mu_-}{\varrho}\right)^{4/3} = 1{,}10 \,.\, 10^{-12}.$$

Der beobachtete Wert beträgt[2]):

$$\varkappa_{\text{beob.}} = 1{,}16 \,.\, 10^{-12};$$

die Übereinstimmung ist recht befriedigend[3]).

[1]) Vgl. die folgende Abhandlung.

[2]) Vgl. W. Voigt, Kristallphysik, VII. Kapitel, § 372, S. 742.

[3]) Man kann die Formel 4) zur Berechnung der Elektronenladung e aus Dichte, Kompressibilität und Atomgewichten benutzen; für die 10 oben behandelten Kristalle ergibt sich als Mittelwert $e = 4{,}84 \,.\, 10^{-10}$ (anstatt $4{,}76 \,.\, 10^{-10}$), allerdings mit einem mittleren Fehler von etwa 10 Proz.

Hätte man $n = 5$ statt $n = 9$ genommen, so würde in der Formel 4) für $\varkappa$ der Faktor $n - 1$ im Nenner den Wert $5 - 1 = 4$ statt $9 - 1 = 8$ bekommen, $\varkappa$ also doppelt so groß ausfallen, wie wir schon oben gesagt haben.

Es scheint uns nun im Hinblick auf die Verwendbarkeit der BOHRschen Atommodelle zum Aufbau der Kristallgitter von Wichtigkeit, ganz klar zu stellen, ob die Schlüsse, die zur Verwerfung des Exponenten 5 und zur Annahme des Exponenten 9 geführt haben, tatsächlich zwingend sind. Wir stellen daher die notwendigen Voraussetzungen nochmals zusammen:

1. Die Struktur des Kristallgitters. Diese ist durch die Röntgenaufnahmen wohl als völlig gesichert zu betrachten. Aus den neueren Untersuchungen von DEBYE und SCHERRER[1]) folgt überdies mit Hilfe von Messungen der Intensitätsverhältnisse der Interferenzflecke, daß sämtliche zu einem Atom gehörigen Elektronen auf engem Raume um den Kern konzentriert sind, derart, daß das Verhältnis des Durchmessers dieses Raumes zur Gitterkonstanten von der Größenordnung 1 : 10 ist.

2. Die Atome tragen die der Valenz entsprechende Anzahl von einfachen Ladungen $e = 4{,}76 \cdot 10^{-10}$. Das wird einmal durch das Vorhandensein von Reststrahlen und die quantitativen Beziehungen zwischen Reststrahlfrequenz und ultrarotem Brechungsindex bewiesen[2]); sodann haben auch DEBYE u. SCHERRER (in der eben zitierten Abhandlung, § 2) durch Intensitätsmessungen der Interferenzflecke von Röntgenstrahlen den direkten Nachweis der einfachen Ladungen für den Kristall LiF erbracht.

3. Außer dem durch Ladungen verursachten Kontraktionsbestreben $-a\delta^{-1}$ besteht ein Expansionsbestreben $b\delta^{-n}$ und sonst keine wesentliche Kraft. Man könnte daran denken, daß außer der COULOMBschen noch eine elektrodynamische Anziehung der rotierenden Elektronenringe in Betracht käme; eine solche würde jedoch einer höheren Potenz von δ^{-1} proportional sein und ist neben der COULOMBschen Wirkung zu vernachlässigen[3]).

[1]) P. DEBYE und P. SCHERRER, Phys. ZS. **19**, 474, 1918; vgl. insbesondere § 3, S. 480.

[2]) Vgl. W. DEHLINGER, Phys. ZS. **15**, 276, 1914; M. BORN, Sitzungsber. d. Königl. Preuß. Akad. d. Wissensch. 1918, S. 604 und Phys. ZS. **19**, 539, 1918.

[3]) Anders ist es bei neutralen Atomen, wo die COULOMBsche Anziehung fehlt und die niedrigste Potenz von δ^{-1} im Ausdrucke des Potentials von den elektrodynamischen Wirkungen herrührt.

Das wird auch durch den Befund direkt bestätigt, daß die Kompressibilität des Flußspats CaF_2 bei unserer Rechnung richtig herauskommt; denn dieses Ergebnis beruht wesentlich darauf, daß das Kontraktionsbestreben durch die COULOMBsche Anziehung dieses charakteristischen Gitters richtig wiedergegeben wird [1]).

Es scheint uns, daß gegen diese drei Voraussetzungen keine Einwände erhoben werden können, und damit wäre das Ergebnis $n = 9$ gesichert.

Dies widerspricht nun unseren früheren Ansätzen, bei denen die abstoßende Kraft auf die Wirkung der Elektronenringe zurückgeführt wurde. Die von uns auf Grund der ebenen Ringe gefundene gute Übereinstimmung der Gitterkonstanten mit den Beobachtungen können wir nicht als so zwingend anerkennen, wie die voranstehenden Überlegungen [2]). Wir sehen auch keine Möglichkeit, wie man etwa durch andere Anordnung der Ringe zu einem höheren Exponenten als 5 kommen könnte. Der hohe Exponent 9 läßt sich so deuten, daß die Elektronen des einzelnen Atoms nach den Richtungen des Raumes gleichmäßig verteilt sind, nicht in ebenen Scheiben. Damit erhebt sich für die Quantentheorie eine neue Aufgabe; die ebenen Elektronenbahnen genügen nicht, die Atome sind offenbar räumliche Gebilde. Dieser Schluß scheint uns ebenso gewichtig, wie die Ergebnisse der Forschung über die Spektren der Röntgenstrahlen, und trotz der Erfolge, die dort mit den ebenen Ringsystemen erzielt sind, müssen wir eine Erweiterung der Theorie im genannten Sinne verlangen.

Einige Überlegungen in dieser Richtung werden wir demnächst mitteilen.

---

[1]) Daß die Glieder mit δ^{-5} und δ^{-7} nicht genau Null sind, ist theoretisch wahrscheinlich; auch deuten die Abweichungen der $\varkappa$-Werte, besonders bei den Na-Salzen, darauf hin.

[2]) Daß die aus Elektronenringsystemen aufgebauten Kristalle zu weich werden, haben wir noch auf anderem Wege geprüft; wir haben nämlich die Reststrahlfrequenzen berechnet und viel zu langsame Schwingungen gefunden.

Kristallgitter und Bohrsches Atommodell; von M. Born und A. Landé.

(Eingegangen am 5. November 1918.)

In einer kürzlich erschienenen Arbeit der Verfasser[1]) wurde der Versuch gemacht, einige reguläre Kristalle vom NaCl-Typus als Aggregate BOHRscher Atommodelle aufzufassen und die absolute Größe ihrer Gitterabstände aus universellen Konstanten und ganzen Zahlen (Atomnummern, Valenzzahlen usw.) vorauszuberechnen: Ein positives Alkaliion und ein negatives Halogenion, aufgebaut aus positiven Kernen und Elektronenringen, wirken in großer Entfernung so aufeinander, als seien ihre Ladungen in ihren Zentren punktförmig vereinigt, mit elektrostatischem COULOMBschen Potential umgekehrt proportional ihrem Abstand r. In größerer Nähe macht sich jedoch ihre Struktur bemerkbar in Zusatzpotentialen proportional der dritten, fünften usw. Potenz ihres Abstandes (die geraden Potenzen von r fallen durch Mittelung über alle Phasen der Elektronen auf ihren Kreisbahnen heraus) und man erhält das Gesamtpotential zweier solcher Ringsysteme in der Form:

$$\psi = r^{-1} . \overset{(-1)}{\psi} + r^{-3} . \overset{(-3)}{\psi} + r^{-5} . \overset{(-5)}{\psi} + \cdots, \qquad 1)$$

worin die Koeffizienten $\overset{(-n)}{\psi}$ von den Radien und räumlichen Orientierungen der beteiligten Elektronenringe abhängen.

Für den Kristallverband, wo jedes Ion unter dem Einfluß unendlich vieler anderer Ionen eine Gleichgewichtslage annimmt, wurde in der zitierten Arbeit die Vorstellung durchgeführt, daß die Ringe eines Ions alle konzentrisch und in einer Ebene liegen und daß die Achsen dieser komplanaren Ringsysteme abwechselnd in Richtung der vier langen Hauptdiagonalen des Elementarwürfels im kubischen Gitter zeigen. Entsteht also das Kristallgitter durch Reproduktion der acht Gitterpunkte

$$ijk = 000,\ \tfrac{1}{2}00,\ 0\tfrac{1}{2}0,\ 00\tfrac{1}{2},\ 0\tfrac{1}{2}\tfrac{1}{2},\ \tfrac{1}{2}0\tfrac{1}{2},\ \tfrac{1}{2}\tfrac{1}{2}0,\ \tfrac{1}{2}\tfrac{1}{2}\tfrac{1}{2},$$

[1]) M. BORN und A. LANDÉ, Über die absolute Berechnung der Kristalleigenschaften mit Hilfe BOHRscher Atommodelle. Sitzungsber. d. preuß. Akad. d. Wiss. 1918, S. 1048.

Reprinted from *Deut. Phys. Ges.* **20**, 202–209 (1918).

so wurden den Ringachsen des Ions (ijk) die Richtungskosinus

$$\frac{(-1)^{2i}}{\sqrt{3}}, \quad \frac{(-1)^{2j}}{\sqrt{3}}, \quad \frac{(-1)^{2k}}{\sqrt{3}} \qquad 2)$$

zugeschrieben. Bei dieser mit der kristallographischen Regularität verträglichen Ringorientierung heben sich durch Summierung der Potentiale (1) über alle Gitterpunkte des kubischen Gitters die mit r^{-3} proportionalen Glieder fort, und es bleibt als Gesamtpotential Φ aller Gitterpunkte auf die acht Gitterpunkte des Elementarkubus δ^3 übrig:

$$\Phi = \delta^{-1}.\overset{(-1)}{\Phi} + \delta^{-5}.\overset{(-5)}{\Phi} + \cdots, \qquad 3)$$

entwickelt nach reziproken Potenzen des Elementarabstandes δ von einem $+$-Ion längs einer Würfelkante zum folgenden $+$-Ion. Aus der Gleichgewichtsbedingung $d\Phi/d\delta = 0$ ergibt sich dann unter Vernachlässigung höherer Entwickelungsglieder der Gitterabstand δ:

$$\delta = \sqrt[4]{\frac{-5\overset{(-5)}{\Phi}}{\overset{(-1)}{\Phi}}}. \qquad 4)$$

Benutzt man als Maßeinheit den Radius

$$a_0 = 0{,}528 . 10^{-8}\,\mathrm{cm} = \frac{h^2}{4\pi^2 e^2 m} \qquad 5)$$

des innersten, einquantigen Ringes beim BOHR schen Wasserstoffatom, ferner die auf a_0 reduzierten Radien der Elektronenringe im $+$-Ion und $-$-Ion:

$$\alpha_{k+} = \frac{a_{k+}}{a_0}, \qquad \alpha_{k-} = \frac{a_{k-}}{a_0} \qquad \begin{cases} k = 1: & K\,\text{Ring} \\ k = 2: & L\,\text{Ring} \\ k = 3: & M\,\text{Ring usw.} \end{cases} \qquad 5')$$

und die Anzahlen p_k der Elektronen, welche den $k$ten Ring bilden, dazu die Zahl (BORN und LANDÉ, l. c., § 5)

$$\overset{(-1)}{\Phi} = -27{,}84$$

für das COULOMB sche Potential aller Gitterpunkte auf die acht Punkte des Elementarkubus δ^3 (reduziert auf Punktladungen $e = +1$), so ergibt sich für δ die Formel (l. c., § 6):

$$\delta = 0{,}52 . 10^{-8} \Big[\frac{4 . 5}{27{,}84} \{37{,}4 [(\Sigma p_k \alpha_k^2)_+^2 + (\Sigma p_k \alpha_k^2)_-^2] \qquad 6)$$

$$- 57{,}4 [(\Sigma p_k \alpha_k^4)_+ - (\Sigma p_k - \alpha_k^4)_-] + 293{,}2 (\Sigma p_k \alpha_k^2)_+ . (\Sigma p_k \alpha_k^2)_-\}\Big]^{1/4} \mathrm{cm}.$$

*

Um die Gitterkonstanten δ der verschiedenen Halogen-Alkalisalze zu erhalten, hat man hier für die auf a_0 reduzierten Ringradien α_k und ihre Belegungszahlen p_k mit Elektronen die Werte einzusetzen, welche durch die BOHRsche Theorie und ihre Erweiterung auf höhere Elemente des periodischen Systems nahegelegt werden, und die Summen $(\Sigma p_k \alpha_k^2)_+$ usw. über alle Ringe des $+$-Ions (bzw. $-$-Ions) auszuführen.

Die Formel 6) für δ ist zunächst nur für den Fall aufgestellt, daß in jedem einzelnen Ion alle Ringe komplanar sind, also sämtliche Ringachsen des Ions ijk die Richtungskosinus (2) besitzen. Würde man den inneren Ringen davon abweichende Achsenrichtungen zuschreiben, etwa dem zweitäußersten Ring des Ions ijk die Achsenrichtungskosinus:

$$\frac{(-1)^{2j}}{\sqrt{3}}, \quad \frac{(-1)^{2k}}{\sqrt{3}}, \quad \frac{(-1)^{2i}}{\sqrt{3}} \tag{7}$$

und dem drittäußersten Ring die Richtungen:

$$\frac{(-1)^{2k}}{\sqrt{3}}, \quad \frac{(-1)^{2i}}{\sqrt{3}}, \quad \frac{(-1)^{2j}}{\sqrt{3}}, \tag{7'}$$

so würden die Summenglieder in 6), welche sich auf diese inneren Ringe beziehen, mit anderen Zahlenfaktoren auszustatten sein. Da aber die Radien α als höhere Potenzen in den Radikanden von 6) eingehen, so bestimmen im wesentlichen doch nur die äußersten Ringe den Wert von δ; auch bei Verzicht auf Komplanarität würde δ keinen wesentlich anderen als den nach 6) berechneten Wert bekommen, falls nur die Radien und Orientierungen der äußersten Ringe erhalten bleiben [1]).

Das letztere ist nun aber bei Umorientierung der inneren Ringe keineswegs der Fall. Nach A. SOMMERFELDS [2]) allgemeiner Theorie BOHRscher Ringsysteme sind vielmehr die absoluten Werte der äußersten Ringradien ziemlich empfindlich gegen Orientierungsänderungen der inneren Ringe. SOMMERFELD gibt dafür folgende Formeln an. n_k sei die Anzahl der Quanten, welche jedes Elektron

---

1) Schreibt man dagegen auch den äußersten Ringen der Ionen eine Orientierung 7) oder 7') zu, so ändern die Zahlenfaktoren im Radikanden von 6) sich so, daß der Radikand negativ, also δ imaginär ausfällt. Für die äußersten Ringe ist also nur die Orientierung 2) zulässig.

2) A. SOMMERFELD, Phys. ZS. **19**, 297, 1918.

des $k$ten Ringes gemäß der Impulsgleichung (SOMMERFELD, l. c., Gl. 2):

$$m a_k^2 \omega_k = \frac{n_k h}{2\pi} \tag{8}$$

auf seiner Kreisbahn mitbekommt („der $k$te Ring ist n_k-quantig"). Der auf a_0 5) reduzierte Radius $\alpha_k = a_k : a_0$ 5') bestimmt sich dann aus der Gleichung (SOMMERFELD, l. c., Gl. 10):

$$\alpha_k = \frac{n_k^2}{Z_k + A_k}, \tag{8'}$$

in welcher Z_k die gesamte Ladungszahl innerhalb des $k$ten Ringes (Kernladung Z vermindert um die inneren Ringladungen $\sum\limits_{i<k} p_i$) vermindert um die „Abschirmungskonstante" s_{p_k} für p_k Elektronen im $k$ten Ring bedeutet (SOMMERFELD, l. c. S. 297):

$$s_p = \frac{1}{4} \sum_{l=1}^{p-1} \frac{1}{\sin \frac{\pi l}{p}} \tag{9}$$

z. B. $s_2 = 0{,}25, \quad s_8 = 2{,}805, \quad s_{10} = 3{,}863;$

$$Z_k = Z - \sum_{i<k} p_i - s_{p_k}. \tag{9'}$$

Neben Z_k tritt in 8') noch eine von der gegenseitigen Beeinflussung der Ringe herrührende Konstante A_k auf, welche den Wert (SOMMERFELD, l. c., Gl. 20):

$$A_k = -\frac{3}{2} \sum_{j<k} p_j c_{jk} \left(\frac{\alpha_j}{\alpha_k}\right)^2 + \sum_{j>k} p_j c_{jk} \left(\frac{\alpha_k}{\alpha_j}\right)^3 \tag{10}$$

hat, worin c_{jk} sich aus dem Winkel ϑ_{jk} zwischen den Achsen des Ringes j und k bestimmt zu (SOMMERFELD, l. c., Gl. 19):

$$c_{jk} = \frac{3\cos^2 \vartheta_{jk} - 1}{4}. \tag{11}$$

Man ersieht hieraus, daß die Beeinflussungskonstante A_k den Radius α_k 8') des äußersten Ringes vergrößert, wenn die inneren Ringe komplanar ($\vartheta_{ik} = 0$) sind, dagegen verkleinert, wenn die inneren Ringe senkrecht auf dem äußersten stehen ($\vartheta_{jk} = \pi/2$), daß jedoch ein wie in 7) oder 7') orientierter innerer Ring ($\cos^2 \vartheta_{ik} = 1/3$) den äußeren Ring gar nicht beeinflußt, indem sein Beitrag zu A_k verschwindet.

Stellt man nun die Forderung auf, daß die Ringe innerhalb des Ions die Stellung minimaler potentieller Energie einzunehmen suchen, so würde SOMMERFELDs' Theorie senkrecht gekreuzte Ringe im Ion ergeben. Aber abgesehen davon, daß eine solche senkrecht gekreuzte Ringstellung mit der Regularität des Kristallsystems schwer zu vereinigen ist, spricht auch der Vergleich mit der Beobachtung der Gitterkonstanten δ stark zugunsten komplanarer Ringanordnung im Ion. Denn nur bei komplanarer Ringstellung bewirken hinzukommende innere Ringe eine Vergrößerung des äußersten Ringes 8′) 10) und damit eine Vergrößerung der Gitterkonstanten δ 6) mit zunehmender Atomnummer der beteiligten Ionen im periodischen System der Elemente, wie es die Erfahrung fordert. Senkrecht gekreuzte innere Ringe würden dagegen beim Fortschreiten im periodischen System eine Verkleinerung der äußersten Radien α und damit eine Verkleinerung von δ ergeben, während die innere Ringorientierung 7) oder 7′) wegen $A_k = 0$ konstante Radien α der äußersten Ringe und damit konstante Gitterabstände δ für alle Alkali-Halogenverbindungen ergeben würde, im Widerspruch zur Erfahrung. Die Annahme komplanarer Ringsysteme wird dagegen den Beobachtungen gerecht (s. u. Figur S. 209).

Sehr wesentlich für die Größe des äußersten Elektronenringes ist die in 8) 8′) auftretende Zahl n_k der Impulsquanten. Die Durchführung der Annahme $n_k = k$ („der $k$te Ring ist k-quantig"), welche SOMMERFELD aus Röntgenspektralmessungen für die beiden innersten Ringe vermutet, ergibt bei höheren Elementen des periodischen Systems viel zu große Atomradien und damit viel zu große Gitterkonstanten δ. In unserer zitierten Arbeit war beispielsweise die Vorstellung durchgeführt, daß der dritte Elektronenring von Chlor und Kalium dreiquantig sei; der Vergleich mit der Erfahrung zeigte die Unhaltbarkeit dieser Vorstellung. Noch ungleich stärker würde dieser Widerspruch werden, wenn man den Ansatz $n_k = k$ auf Elemente aus der vierten oder fünften Periode des Systems der Elemente, auf Br, J, Rb, Cs anwenden würde. Vielmehr bleibt man hier wie dort nur dadurch im Einklang mit der Erfahrung, wenn man den jeweiligen äußersten Ring zweiquantig läßt ($n_k = 2$) und auch die Elektronen der inneren Ringe demgemäß mit zwei Quanten ausstattet. In Übereinstimmung mit den erwähnten Röntgenspektren darf man übrigens den innersten (ersten) Ring einquantig lassen, weil dadurch der δ-Wert bei höheren Elementen nicht wesentlich beeinflußt wird, und beim Lithium, wo der erste Ring gleichzeitig der äußerste ist, allein die Vorstellung $n_1 = 1$ zu einigermaßen richtigen δ-Werten führt. Wir wollen also im folgenden die Annahme durchführen, daß der erste Ring einquantig und alle folgenden zweiquantig sind.

Was die Anzahlen p_k der Elektronen in den verschiedenen Ringen k betrifft, so wird durch das periodische System das Schema $p_1 = 2$, $p_2 = 8$, $p_3 = 8$ nahegelegt. Die folgenden großen Perioden von 18 Elementen führen aus chemischen Gründen zu der Vermutung $p_4 = 10$, $p_5 = 8$, $p_6 = 10$, $p_7 = 8$. Wie gesagt, gibt dann komplanare Ringanordnung den beobachteten Gang von δ mit Hilfe der theoretischen Formel 6) gut wieder (s. unten Fig. 1). Nur beim Cs scheint die Komplanarität durchbrochen zu sein. Die Cs-Verbindungen zeigen empirisch etwas kleinere Gitterkonstanten als die Rb-Verbindungen, was sich dadurch erklären würde, daß einer der dem äußersten naheliegenden Ringe beim Cs die Orientierungen 7) oder 7') aufweist, so daß sein Beitrag zu den ringvergrößernden Konstanten A_k in 8) 10) fortfiele. Ohne daher behaupten zu wollen, daß die folgende Annahme beim Cs gerade der Wirklichkeit entspricht, ist beim Cs die Rechnung durchgeführt für den Fall, daß der fünfte (drittäußerste) Ring gemäß 7 oder 7') aus der Richtung (2) der übrigen Ringe herausgedreht ist. Auch bei den anderen behandelten Ionen ist eine solche Herausdrehung innerer Ringe nicht ausgeschlossen, denn je weiter innen ein Ring liegt, desto geringer ist nach 8') 10) der Einfluß seiner Orientierung auf die Größe des äußersten Ringes, und nur letztere Größe kann nach 6) an der Erfahrung nachgeprüft werden. Es liegt nahe, in solchen Verdrehungen innerer Ringe den Grund für die kristallographischen Unterschiede zu suchen, nach welchen die verschiedenen Halogen-Alkalisalze den verschiedenen Symmetrieklassen des regulären Kristallsystems zuzuordnen sind.

Wir gehen nun dazu über, eine Zusammenstellung der Elektronenzahlen p_k und reduzierten Radien $\alpha_k = a_k : a_0$ für die verschiedenen positiven Alkali- und negativen Halogenionen zu geben, welche mit Hilfe der Formeln 8') bis 10) mit $n_1 = 1$, $n_k = 2$ $(k > 1)$ berechnet sind unter Benutzung des Zahlenwertes $c_{jk} = 1/2$

bei komplanaren Ringen gemäß 11). Nur beim Cs ist die Stellung des fünften (drittäußersten) Ringes nach 7) so angenommen, daß der zugehörige Faktor c_{jk} in der Beeinflussungskonstante A_k 10) verschwindet.

	Z	p_1	α_1	p_2	α_2	p_3	α_3	p_4	α_4	p_5	α_5	p_6	α_6	p_7	α_7
Li .	3	2	0,3638	—	—	—	—	—	—	—	—	—	—	—	—
Na .	11	2	0,0930	8	0,649	—	—	—	—	—	—	—	—	—	—
K .	19	2	0,0534	8	0,278	8	0,754	—	—	—	—	—	—	—	—
Rb .	37	2	0,0272	8	0,1243	8	0,176	10	0,312	8	0,846	—	—	—	—
Cs .	55	2	0,073	8	0,080	8	0,095	10	0,150	8	0,166	10	0,313	8	0,840
F .	9	2	0,1141	8	0,959	—	—	—	—	—	—	—	—	—	—
Cl .	17	2	0,0598	8	0,325	8	1,097	—	—	—	—	—	—	—	—
Br .	35	2	0,0286	8	0,1325	8	0,200	10	0,363	8	1,168	—	—	—	—
J. .	53	2	0,0019	8	0,0083	8	0,0099	10	0,1456	8	0,2315	10	0,410	8	1,292

Diese Angaben, in 6) eingesetzt, geben folgende Werte für $\delta . 10^{+8}$ cm. Die eingeklammerten Zahlen bedeuten die beobachteten Werte, die sich mit Hilfe der Avogadroschen Zahl $N = 0{,}62 . 10^{24}$ nach der Formel berechnen:

$$\delta^3 . N = 4 \frac{\mu_+ + \mu_-}{\varrho},$$

worin μ_+ und μ_- die Atomgewichte der Ionen, ϱ das spezifische Gewicht des Salzes ist.

	ber.	beob.		ber.	beob.		ber.	beob.		ber.	beob.
LiF	3,60	4,00	LiCl	4,19	5,11	LiBr	4,44	5,45	LiJ	5,09	5,95
NaF	4,86	4,60	NaCl	5,44	5,59	NaBr	5,64	5,98	NaJ	6,21	6,475
KF	5,34	5,31	KCl	5,90	6,24	KBr	6,09	6,59	KJ	6,69	7,05
—	—	—	RbCl	6,26	6,57	RbBr	6,58	6,88	RbJ	7,20	7,33
—	—	—	CsCl	6,24	6,53	CsBr	6,43	6,81	CsJ	7,03	7,23

Die berechneten Werte δ sind in der folgenden Figur als Striche, die beobachteten als Punkte eingetragen. Man erkennt, wie durch die Einführung komplanarer Ringe der richtige Gang der Gitterkonstanten erzielt wird und, abgesehen von den Li-Salzen, auch gute Übereinstimmung der absoluten Werte. Bei gemäß 7) gekreuzten Ringen hätte man bei allen Verbindungen (außer bei denjenigen des Li) denselben konstanten Wert für δ erhalten, im Widerspruch zur Erfahrung. Auch die Annahme, daß alle Ringe außer dem ersten zweiquantig sind, bewährt sich gut; eine Änderung dieses Ansatzes $n_k = 2$ $(k > 1)$ würde gänzlich andere, von der Erfahrung weit abliegende Werte für die Gitterkonstante δ ergeben, jedenfalls wenn sich diese Änderung auf den jeweiligen äußersten Elektronenring eines Ions beziehen würde. Von den inneren Ringen dürften einige, ohne wesentlichen Einfluß auf δ, auch einquantig genommen werden, doch hat diese Freiheit wenig

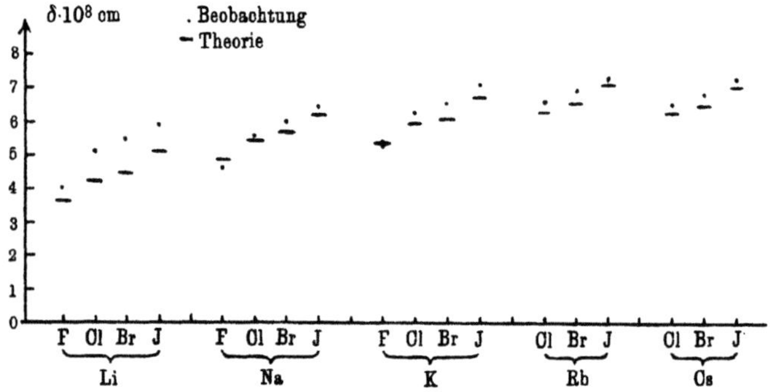

Vorteil, weil ja ein Ring, der in einem höheren Element als innerer Ring auftritt, bei einem niederen Element selbst äußerer, also unbedingt zweiquantiger Ring ist. — Es sei noch bemerkt, daß die Berechnung der elastischen Kompressibilität der Halogen-Alkalisalze zu theoretischen Werten führt, welche rund doppelt so groß als die gemessenen sind. Während also die Theorie den absoluten Größendimensionen δ gerecht wird, gibt sie doppelt so weiche Körper als die Erfahrung. Auf diese Schwierigkeit soll in der folgenden Arbeit eingegangen werden.

Über Koppelung von Elektronenringen und das optische Drehungsvermögen asymmetrischer Moleküle.

Von A. Landé.

§ 1. Über die Drehung der Polarisationsebene in organischen Verbindungen liegt ein umfangreiches experimentelles Material vor[1]). Einigermaßen allgemeingültige Gesetzmäßigkeiten für die Größe des Drehungswinkels bei verschiedenen Substanzen sind jedoch nicht bekannt, abgesehen von wenigen nicht einmal ausnahmslos geltenden empirischen Regeln von beschränktem Umfang, welche für manche homologe Reihen asymmetrischer Kohlenstoffverbindungen eine Zunahme der optischen Aktivität bei Ersetzung einer Atomgruppe durch gewisse andre feststellen. So haben P. A. Guye und C. Brown (1890), durch theoretische Überlegungen geleitet, die Regel aufgestellt[2]): Die drehende Kraft eines asymmetrischen Tetraeders ist, abgesehen von einem konstanten Faktor, proportional dem „Asymmetrieprodukt"

$$P = \frac{(m_1 - m_2)(m_1 - m_3)\ldots(m_3 - m_4)}{(m_1 + m_2 + m_3 + m_4)^6}$$

aus den Massen m_1 bis m_4 der Atomgruppen in den Tetraederecken. Doch fanden sich Ausnahmen von dieser Regel in solcher Anzahl, daß Guye schließlich die Überzeugung gewann „nicht nur die Massen der vier Gruppen, sondern auch ihre gegenseitige Lage, die Wirkungen, welche sie aufeinander ausüben, ihre Konfiguration und endlich die Natur der Elemente seien auf die Größe und den Sinn der Drehung von Einfluß". Landolt (l. c.) setzt hinzu: „Wegen dieser Kompliziertheit des Phänomens dürfte es auch auf andern Wegen nicht möglich sein, die numerische Relation zwischen Drehung und atomistischem Bau der Moleküle jemals aufzudecken."

1) Landolt, Das optische Drehungsvermögen. Braunschweig 1898.
2) Literatur dazu Landolt § 86.

Während die angeführten Regeln sich ausschließlich auf Parallelitäten zwischen den Drehungen homologer Reihen beziehen, fehlen theoretische Aussagen über die absolute Größe des Effekts gänzlich. Eine Abschätzung der Größenordnung ohne Eingehen auf die unbekannte Einzelstruktur spezieller organischer Flüssigkeiten ist aber möglich, wenn nur bestimmte Grundvorstellungen über den Mechanismus der optischen Aktivität vorliegen. Nun hat Herr Born die allgemeine Elektronentheorie der optisch aktiven Kristalle, isotropen und anisotropen Flüssigkeiten[1]) gegeben: Die quasielastisch an Gewichtslagen gebundenen Dispersionselektronen sollen außer von den Feldstärken des durchgehenden Lichtes noch von gegenseitigen Koppelungskräften angegriffen werden, über deren Natur zunächst nichts ausgesagt wird. Die Anwendung der Bornschen Formeln auf einfache mechanische Modelle führt aber zu äußerst verwickelten Abhängigkeiten der Drehungsgröße von der Art der gegenseitigen Koppelung und der Konfiguration der Elektronen im Molekül, die auch durch Näherungen nicht wesentlich vereinfacht werden können. Das naheliegendste Modell einer asymmetrischen Kohlenstoffverbindung, ein Tetraeder, welches geometrisch regulär ist und in dessen 4 Ecken Dispersionselektronen mit 4 verschiedenen quasielastisch isotropen Bindungen sitzen, gibt z. B. die Drehung Null wenn man nicht mindestens Größen 7. Ordnung in dem Verhältnis „wechselseitige Koppelungskraft zu Einzelbindungskraft" berücksichtigt[2]). Schwache Koppelungen führen dagegen bereits in 1. Näherung zu einer merklichen optischen Aktivität, wenn durch Einführung von anisotropen Bindungen oder nichtzentralen Koppelungskräften dem Modell ein besonders starker Schraubungssinn erteilt wird. Jedoch fehlt dann wieder die Möglichkeit, die Größe dieser Asymmetrieelemente aus bekannten Molekulareigenschaf-

1) M. Born, Dynamik der Kristallgitter. Leipzig 1915. Diese Zeitschr. 16, 251, 1915; Ann. d. Phys. 55, 177, 1918.
2) A. Landé, Ann. d. Phys. 56, 225, § 6, 1918.

Reprinted from *Phys. Z.* **19**, 500–505 (1918).

ten abzuleiten oder sie mit andern optischen Beobachtungen in Zusammenhang zu bringen, um ein Maß für die zu erwartenden Drehungen zu erhalten. Nur in der neueren Theorie der Atomstruktur von Bohr, Debye, Sommerfeld u. a. treten anisotrope Bindungen ohne Einführung neuer Konstanten auf, welche im folgenden zu einer Abschätzung der Größenordnung des Dreheffekts verwendet werden sollen.

Ein kreisendes Bohrsches Elektron verhält sich dispersionstheoretisch wie ein anisotrop gebundenes Elektron, von dessen drei Haupteigenfrequenzen zwei zusammenfallen. Bereits bei der sehr schwachen elektrostatischen gegenseitigen Beeinflussung ihrer Schwingungen stellen nun zwei solche anisotrop gebundene Elektronen einen optisch aktiven Mechanismus dar; der Drehungswinkel wird proportional der Breite der beiden aus den Haupteigenfrequenzen gebildeten Duplets und hängt noch von der etwas schief anzunehmenden gegenseitigen Orientierung der anisotropen Hauptrichtungen ab. Die gesamte Aktivität des Moleküls setzt sich dann additiv aus den Beiträgen zusammen, welche die Kombinationen von je 2 seiner Elektronenringe liefern. Zwar können diese Beiträge der einzelnen Paare bald positives, bald negatives Vorzeichen haben. Trotzdem genügen aber die aus der Dispersion bekannten Anisotropien, um wenigstens zu einer Abschätzung für die Größenordnung der optischen Aktivität zu gelangen. Es zeigt sich gute Übereinstimmung mit der Erfahrung. Zu diesem Resultat führt außer der Vorstellung von Elektronenringen wieder die allgemeine Theorie, welche Born zur Ableitung der optischen Aktivität aufstellte, speziell 1. die Kleinheit aber Endlichkeit der Moleküldimensionen im Vergleich zur Wellenlänge des auffallenden Lichtes, 2. die Wechselwirkung zwischen den Partikeln ein und desselben Moleküls; letztere werden wir auf elektrostatische Kräfte der Elektronen zurückführen können. Unter dem Einfluß der Lichtfeldstärken erhält dann jeder Elektronenring ein periodisches Moment, dessen Größe noch von seiner Orientierung gegen die im Raum feste Lichtschwingungsrichtung abhängt. Durch Mittelung über alle möglichen Orientierungen des Moleküls, bei denen aber die relative Lage der verschiedenen Ringe gegeneinander erhalten bleibt, wird eine lineare Beziehung zwischen Feldstärke und Moment der Volumeinheit abgeleitet, deren Koeffizienten für die Brechung und Dispersion und für die Drehung der Polarisationsebene bestimmend sind.

§ 2. Jede Atomgruppe in den Ecken des Moleküls werde dispersionstheoretisch dargestellt durch einen Elektronenring, welcher mit quantenhaft festgelegter Umlaufsfrequenz um eine im Molekül feste Achse rotiert. Ein Ring (*) habe als Rotationsachse den Einheitsvektor $\mathfrak{Z}$ und die Umlaufsfrequenz ω, er bestehe aus μ Elektronen der Masse m und Ladung ε. Die Verbindung r vom Mittelpunkt des Ringes (*) zu einem Ringe (′) falle in Richtung des Einheitsvektors $\mathfrak{R}$. Unter dem Einfluß einer mit der Frequenz s periodischen elektrischen Feldstärke $\mathfrak{K}$, am Orte des Ringes (*) zu nehmen, wird der Ring (*) verschoben und verzerrt; im Mittel über alle zufälligen Anfangsphasen der Kreisbahn stellt der Ring (*) ein periodisches Moment $\mathfrak{p}$ dar mit den Komponenten in einem $x\,y\,z$-System (z-Achse $\parallel \mathfrak{Z}$)

$$\mathfrak{p}_x = -\frac{\varepsilon^2\mu}{m\omega^2}\left\{\mathfrak{K}_x\frac{f_+ + f_-}{2} + i\,\mathfrak{K}_y\frac{f_+ - f_-}{2}\right\}$$

$$\mathfrak{p}_y = -\frac{\varepsilon^2\mu}{m\omega^2}\left\{-i\,\mathfrak{K}_x\frac{f_+ - f_-}{2} + \mathfrak{K}_y\frac{f_+ + f_-}{2}\right\}$$

$$\mathfrak{p}_z = -\frac{\varepsilon^2\mu}{m\omega^2}\cdot\mathfrak{K}_z\,\varphi \qquad (1)$$

worin $f_+ = f\left(+\frac{s}{\omega}\right)$, $f_- = f\left(-\frac{s}{\omega}\right)$ und $\varphi = \varphi\left(\frac{s}{\omega}\right)$ bekannte Funktionen von $\frac{s}{\omega}$ und μ sind, deren explizite Form bei Debye, Sommerfeld u. a.[1]) benutzt wird. Uns interessiert im folgenden nur die optische Aktivität für kleine Lichtfrequenzen $s << \omega$, für welche die imaginären Glieder in (1) verschwindende Koeffizienten bekommen. Übrig bleibt also mit der Abkürzung

$$a = -\frac{\varepsilon^2\mu}{m\omega^2}f(0),\quad b = -\frac{\varepsilon^2\mu}{m\omega^2}\varphi(0),$$

$$\mathfrak{p}_x = a\,\mathfrak{K}_x,\ \mathfrak{p}_y = a\,\mathfrak{K}_y,\ \mathfrak{p}_z = b\,\mathfrak{K}_z\,. \qquad (2)$$

Setzt man den Vektor $\mathfrak{K}$ aus einem Vektor in der $\mathfrak{Z}$-Richtung $\mathfrak{Z}\cdot(\mathfrak{K},\mathfrak{Z})$ und einem darauf senkrechten Vektor $\mathfrak{K} - \mathfrak{Z}\cdot(\mathfrak{K},\mathfrak{Z}) = [\mathfrak{Z}\,[\mathfrak{K},\mathfrak{Z}]]$ zusammen und den Vektor $\mathfrak{p}$ aus entsprechenden zwei Vektoren, so wird aus (2) in vektorieller Schreibweise:

$$\mathfrak{p} - \mathfrak{Z}\,(\mathfrak{p}\,\mathfrak{Z}) = a\,\{\mathfrak{K} - \mathfrak{Z}\,(\mathfrak{K}\,\mathfrak{Z})\},$$
$$\mathfrak{Z}\,(\mathfrak{p}\,\mathfrak{Z}) = b\cdot\mathfrak{Z}\,(\mathfrak{K}\mathfrak{Z})$$

oder addiert

$$\mathfrak{p} = a\,\mathfrak{K} + (b - a)\,\mathfrak{Z}\,(\mathfrak{K}\,\mathfrak{Z})\,. \qquad (2')$$

Die Kraft $\mathfrak{K}$ setzt sich hier zusammen aus der elektrischen Feldstärke $\mathfrak{E}$ des einfallenden Lichtes und aus Zusatzkräften $\mathfrak{F}_{(\prime)}$, herrührend von den übrigen Ringen (′) des Moleküls. Letztere besitzen nämlich ein periodisches Moment

$$\mathfrak{p}' = a'\,\mathfrak{K}' + (b' - a')\,\mathfrak{Z}'\cdot(\mathfrak{K}'\,\mathfrak{Z}'), \qquad (3)$$

wirken also auf den Ring (*) mit der Kraft

$$\mathfrak{F}_{(\prime)} = \frac{1}{r^3}\,[\mathfrak{R}\,[\mathfrak{p}',\mathfrak{R}]] = \frac{1}{r^3}\left\{\mathfrak{p}' - \mathfrak{R}\,(\mathfrak{p}',\mathfrak{R})\right\}. \qquad (4)$$

1) P. Debye, Münchner Akademieberichte 1915, S. 1; A. Sommerfeld, Festschrift Elster und Geitel. Derselbe. Ann. d. Phys. 53, 497, § 2, 1917.

Sind diese Zusatzkräfte $\mathfrak{F}_{(')}$ schwach gegen $\mathfrak{E}$, so wird man bei ihrer Berechnung nach (4) $\mathfrak{p}'$ nicht aus (3), sondern aus

$$\mathfrak{p}' = a'\mathfrak{E}' + (b' - a')\mathfrak{Z}'(\mathfrak{E}'\mathfrak{Z}')$$

entnehmen dürfen, worin $\mathfrak{E}'$ die an der Stelle (') auftretende Feldstärke ohne Zusatz ist. Diese hängt mit der Feldstärke $\mathfrak{E}$ zusammen durch

$$\mathfrak{E}' = \mathfrak{E}\, e^{\frac{2i\pi}{\lambda} r(\mathfrak{s}\mathfrak{N})} = \mathfrak{E}\left(1 + \frac{2i\pi}{\lambda} r(\mathfrak{s}\mathfrak{N}) + \ldots\right),$$

wenn $\mathfrak{s}$ die Wellennormale und λ die Wellenlänge der Wellen in der Substanz bedeuten. Im Gebiet der optischen Wellen kann man sich auf die beiden hingeschriebenen Glieder der Reihe nach $\frac{r}{\lambda}$ beschränken, und erhält dann aus (4)

$$\mathfrak{F}_{(')} = \frac{1}{r^3}\left(1 + \frac{2i\pi}{\lambda} r\,(\mathfrak{s}\,\mathfrak{N})\right) \times \Big\{a'\mathfrak{E} + \tag{4'}$$

$$+ (b'-a')\mathfrak{Z}'(\mathfrak{E}\mathfrak{Z}') - \mathfrak{N}\big(\mathfrak{N}, a'\mathfrak{E} + (b'-a')\mathfrak{Z}'(\mathfrak{E}\mathfrak{Z}')\big)\Big\}$$

als die von (') herrührende, auf (*) wirkende Zusatzkraft. Im ganzen ist also aus (4')

$$\mathfrak{K} = \mathfrak{E} + \Sigma'\mathfrak{F}_{(')} = \mathfrak{E} + \Sigma\frac{1}{r^3}\Big\{\ldots\Big\} +$$

$$+ \frac{2i\pi}{\lambda}\Sigma'\frac{1}{r^2}(\mathfrak{s}\,\mathfrak{N})\Big\{\ldots\Big\}$$

in (2') einzuführen. Dann zerfällt auch $\mathfrak{p}$ in einen von λ freien und in einen mit $\frac{2i\pi}{\lambda}$ proportionalen Teil. Während der erstere die Brechung und Dispersion gibt, führt der letztere zur optischen Aktivität, die uns hier allein interessiert. Der mit $\frac{2i\pi}{\lambda}$ proportionale Teil von $\mathfrak{p}$ zerfällt, wie $\Sigma'\mathfrak{F}_{(')}$, weiter in Einzelbeiträge der einzelnen Ringe ('), welche wir $\mathfrak{p}_{(')}$ nennen wollen. Es wird dann im ganzen

$$\mathfrak{p} = \left\{\begin{matrix}\text{von } \lambda \\ \text{freier Teil}\end{matrix}\right\} + \Sigma'\mathfrak{p}_{(')} \tag{5}$$

mit

$$\mathfrak{p}_{(')} = \frac{2i\pi}{\lambda}\frac{1}{r^2}(\mathfrak{s}\,\mathfrak{N}) \times \tag{5'}$$

$$a\Big\{a'\mathfrak{E} + (b'-a')\mathfrak{Z}'(\mathfrak{E}\mathfrak{Z}') -$$

$$\mathfrak{N}\cdot\big(\mathfrak{N}, a'\mathfrak{E} + (b'-a')\mathfrak{Z}'(\mathfrak{E}\mathfrak{Z}')\big)\Big\}$$

$$+ (b-a)\mathfrak{Z}\Big(\mathfrak{Z}, a'\mathfrak{E} + (b'-a')\mathfrak{Z}'(\mathfrak{E}\mathfrak{Z}') -$$

$$- \mathfrak{N}\big(\mathfrak{N}, a'\mathfrak{E} + (b'-a')\mathfrak{Z}'(\mathfrak{E}\mathfrak{Z}')\big)\Big)$$

$\mathfrak{p}$ ist damit ausgedrückt als Funktion der an der Stelle (*) herrschenden Feldstärke $\mathfrak{E}$.

§ 3. Ebenso kann man für einen anderen Ring das Moment $\mathfrak{p}^*$ als lineare Vektorfunktion der an seinem Ort herrschenden Feldstärke $\mathfrak{E}^*$ darstellen. Tut man dies für alle Ringe der N Moleküle pro Volumeinheit, so erhält man als Moment der Volumeinheit aus (5)

$$\mathfrak{P} = \left\{\begin{matrix}\text{von } \lambda \\ \text{freier Teil}\end{matrix}\right\} + N\,\Sigma^*\Sigma'\mathfrak{p}^*_{(')}, \tag{6}$$

wenn man noch über alle Orientierungen der N Moleküle gegen die im Raum festen Richtungen $\mathfrak{E}$ und $\mathfrak{s}$ mittelt. Statt des zweiten, mit $\frac{2i\pi}{\lambda}$ proportionalen Teils von $\mathfrak{P}$ kann man auch schreiben

$$\frac{N}{2}\Sigma^*\Sigma'(\mathfrak{p}^*_{(')} + \mathfrak{p}'_{(*)})$$

und es handelt sich darum, die angeführte Mittelung auf $(\mathfrak{p}^*_{(')} + \mathfrak{p}'_{(*)})$ anzuwenden. Aus (5') folgt wegen $\mathfrak{N}_{'*} = -\mathfrak{N}_{*'}$, wenn man noch umordnet, als Beitrag des Ringpaares (*')

$$(\mathfrak{p}^*_{(')} + \mathfrak{p}'_{(*)}) = i\frac{2\pi}{\lambda}\cdot\frac{1}{r^2}(\mathfrak{s}\,\mathfrak{N}) \times$$

$$aa'\Big\{\mathfrak{E} - \mathfrak{N}(\mathfrak{N}\mathfrak{E}) - \mathfrak{E} + \mathfrak{N}(\mathfrak{N}\mathfrak{E})\Big\} +$$

$$a(b'-a')\Big\{\mathfrak{Z}'(\mathfrak{E}\mathfrak{Z}') - \mathfrak{N}(\mathfrak{N}\mathfrak{Z}')(\mathfrak{E}\mathfrak{Z}') -$$

$$- \mathfrak{Z}'(\mathfrak{E}\mathfrak{Z}') + \mathfrak{Z}'(\mathfrak{Z}'\mathfrak{N})(\mathfrak{N}\mathfrak{E})\Big\} +$$

$$a'(b-a)\Big\{\mathfrak{Z}(\mathfrak{E}\mathfrak{Z}) - \mathfrak{Z}(\mathfrak{N}\mathfrak{Z})(\mathfrak{E}\mathfrak{N}) - \mathfrak{Z}(\mathfrak{E}\mathfrak{Z}) +$$

$$+ \mathfrak{N}(\mathfrak{N}\mathfrak{Z})(\mathfrak{E}\mathfrak{Z})\Big\} +$$

$$(b-a)(b'-a')\Big\{\mathfrak{Z}(\mathfrak{Z}\mathfrak{Z}')(\mathfrak{E}\mathfrak{Z}') - \mathfrak{Z}(\mathfrak{Z}\mathfrak{N})(\mathfrak{N}\mathfrak{Z}')(\mathfrak{E}\mathfrak{Z}') -$$

$$- \mathfrak{Z}'(\mathfrak{Z}\mathfrak{Z}')(\mathfrak{E}\mathfrak{Z}) + \mathfrak{Z}'(\mathfrak{Z}'\mathfrak{N})(\mathfrak{N}\mathfrak{Z})(\mathfrak{E}\mathfrak{Z})\Big\}.$$

Hierin heben sich die Glieder des Faktors von aa' sofort gegenseitig weg, ebenso in den Faktoren von $a(b'-a')$ und $a'(b-a)$ das erste gegen das dritte Glied. Den Rest kann man so schreiben

$$(\mathfrak{p}^*_{(')} + \mathfrak{p}'_{(*)}) = i\frac{2\pi}{\lambda}\cdot\frac{1}{r^2} \times$$

$$a(b'-a')\Big\{(\mathfrak{s}\,\mathfrak{N})(\mathfrak{N}\mathfrak{Z}')\big[\mathfrak{E}[\mathfrak{Z}'\mathfrak{N}]\big]\Big\} +$$

$$+ a'(b-a)\Big\{(\mathfrak{s}\,\mathfrak{N})(\mathfrak{N}\mathfrak{Z})\big[\mathfrak{E}[\mathfrak{N}\mathfrak{Z}]\big]\Big\}$$

$$+ (b-a)(b'-a')\Big\{(\mathfrak{Z}\mathfrak{Z}') - (\mathfrak{N}\mathfrak{Z})(\mathfrak{N}\mathfrak{Z}')\Big\} \tag{7}$$

$$\times(\mathfrak{s}\,\mathfrak{N})\Big[\mathfrak{E}[\mathfrak{Z}\mathfrak{Z}']\Big].$$

Bei der Mittelung wird $\mathfrak{s}$ und $\mathfrak{E}$ im Raume festgehalten, $\mathfrak{N}$, $\mathfrak{Z}$, $\mathfrak{Z}'$ unter Wahrung ihrer relativen Richtungen im Raume gedreht. Da zu jeder Lage von $\mathfrak{R}$ und $\mathfrak{Z}'$ eine entgegengesetzte Lage $-\mathfrak{R}$, $-\mathfrak{Z}'$ gehört, kehrt in dem Faktor von $a(b'-a')$ bei dieser Umkehrung ($\mathfrak{s}\,\mathfrak{R}$) sein Vorzeichen um, während ($\mathfrak{R}\,\mathfrak{Z}'$) und [$\mathfrak{Z}'\,\mathfrak{R}$] unverändert bleiben; daher ist im Mittel der Faktor von $a(b'-a')$ gleich Null, ebenso auch der Faktor von $a'(b-a)$. Der bei Drehung des Moleküls im Raum veränderliche Faktor von $(b-a)(b'-a')$ ist $(\mathfrak{s}\,\mathfrak{R})\,[\mathfrak{E}\,[\mathfrak{Z}\,\mathfrak{Z}']]$ mit der x-Komponente

$$(\mathfrak{s}_x \mathfrak{R}_x + \mathfrak{s}_y \mathfrak{R}_y + \mathfrak{s}_z \mathfrak{R}_z)(\mathfrak{E}_y \mathfrak{A}_z - \mathfrak{E}_z \mathfrak{A}_y) \qquad (7'')$$

($\mathfrak{A} = [\mathfrak{Z}\,\mathfrak{Z}']$ gesetzt).

Führt man eine solche Drehung des Moleküls aus, daß $\mathfrak{R}$ in $-\mathfrak{R}$ und $\mathfrak{A}$ in $-\mathfrak{A}$ umschlägt, so kehren alle Produkte $\mathfrak{R}_p\,\mathfrak{A}_q$ ihr Vorzeichen um außer $\mathfrak{R}_x\,\mathfrak{A}_x$, $\mathfrak{R}_y\,\mathfrak{A}_y$; $\mathfrak{R}_z\,\mathfrak{A}_z$.

Letztere drei Produkte haben aber den gleichen Mittelwert

$$\overline{\mathfrak{R}_x}\,\overline{\mathfrak{A}_x} = \frac{1}{3}(\overline{\mathfrak{R}_x\,\mathfrak{A}_x} + \overline{\mathfrak{R}_y\,\mathfrak{A}_y} + \overline{\mathfrak{R}_z\,\mathfrak{A}_z}) = \frac{1}{3}(\mathfrak{R}\,\mathfrak{A}).$$

Obige x-Komponente ($7''$) hat also als Mittelwert

$$(-\mathfrak{s}_y\,\mathfrak{E}_z + \mathfrak{s}_z\,\mathfrak{E}_y)\frac{1}{3}(\mathfrak{R}\,\mathfrak{A}) = [\mathfrak{E}, \mathfrak{s}]_x \frac{1}{3}(\mathfrak{R}\,[\mathfrak{Z}\,\mathfrak{Z}'])$$

und der Mittelwert von (7) reduziert sich auf

$$\mathfrak{p}^*_{(')} + \mathfrak{p}'_{(*)} = i\,[\mathfrak{E}\,\mathfrak{s}]\frac{2\pi}{3\lambda}\frac{1}{r^2}(b-a)(b'-a') \qquad (8)$$

$$\times \left\{(\mathfrak{Z}\,\mathfrak{Z}') - (\mathfrak{R}\,\mathfrak{Z})(\mathfrak{R}\,\mathfrak{Z}')\right\}(\mathfrak{R}, [\mathfrak{Z}\,\mathfrak{Z}']).$$

Nach (6) wird dann die Polarisation der Volumeinheit

$$\begin{cases} \mathfrak{P} = \left\{\begin{matrix}\text{von } \lambda \\ \text{freier Teil}\end{matrix}\right\} + i\,[\mathfrak{E}\,\mathfrak{s}]\,\psi \quad \text{mit} \\ \psi = \Sigma^* \Sigma' \psi_{*'} = \dfrac{2\pi N}{3\lambda}\Sigma^* \Sigma' \dfrac{1}{r^2} \qquad (9) \\ \qquad (b-a)(b'-a')([\mathfrak{R}\,\mathfrak{Z}]\,[\mathfrak{R}\,\mathfrak{Z}']) \cdot (\mathfrak{R}, [\mathfrak{Z}\,\mathfrak{Z}']). \end{cases}$$

Während der von λ freie Teil, welcher proportional $\mathfrak{E}$ ist, die Brechung und Dispersion gibt, ist ψ der Parameter der optischen Aktivität[1]). Der Drehungswinkel Θ der Polarisationsebene pro Längeneinheit der Substanz ist gegeben durch

$$\Theta = \frac{2\pi}{2\lambda}\left(\frac{n_0^2+2}{3}\right)^2 \cdot \psi \qquad (10)$$

(n_0 = Brechungsindex für lange Wellen).

ψ setzt sich — eine Folge unsrer Annahme schwacher gegenseitiger Störungen — aus den Beiträgen $\psi_{*'}$ je zweier Elektronenringe (*) und (') additiv zusammen.

Da aber die Beiträge $\psi_{*'}$ je nach der Orientierung der Kreiselachsen (*) und (') im Molekül bald positiv, bald negativ ausfallen, können sich die $\psi_{*'}$ teils gegenseitig verstärken, teils schwächen, und der gesamte Drehungseffekt wird in komplizierter Weise von den Orientierungen der verschiedenen Kreiselachsen gegeneinander abhängen.

Zwei Achsen z und z' werden sich im allgemeinen nicht in einem Punkt treffen, sondern windschief in einer gewissen Entfernung l aneinander vorbeizeigen; eine einfache geometrische Überlegung zeigt, daß

$$r \cdot (\mathfrak{R}\,[\mathfrak{Z}\,\mathfrak{Z}']) = l \cdot \sin(\mathfrak{Z}\,\mathfrak{Z}') \qquad (10')$$

ist. Die Projektionen $\mathfrak{Z}_N$ und $\mathfrak{Z}'_N$ auf die zu $\mathfrak{R}$ normale Ebene N bilden in dieser Ebene einen Winkel $\sphericalangle\zeta$, und es ist

$$([\mathfrak{R}\,\mathfrak{Z}] \cdot [\mathfrak{R}\,\mathfrak{Z}']) = \mathfrak{Z}_N \cdot \mathfrak{Z}'_N \cdot \cos\zeta.$$

Mit Benutzung von (2) wird also der dimensionslose Parameter ψ der optischen Aktivität für lange Wellen λ

$$\psi = \Sigma^* \Sigma' \psi_{*'} = \frac{2\pi N}{3\lambda}\Sigma\Sigma\frac{1}{r^2}\frac{\varepsilon^2\mu}{m\,\omega_k^2}(f_0 - \varphi_0) \cdot$$

$$\cdot \frac{\varepsilon^2\mu'}{m\,\omega_k'^2}(f'_0 - \varphi'_0) \cdot W_{*'} \qquad (11)$$

worin die Winkelfunktion $W_{*'}$ gegeben ist durch

$$W_{*'} = \mathfrak{Z}_N\,\mathfrak{Z}'_N \cos\zeta \cdot \frac{l}{r}\sin(\mathfrak{Z}\,\mathfrak{Z}'). \qquad (12)$$

$W_{*'}$ und $\psi_{*'}$ werden also gleich Null, **1.** wenn die beiden Achsen z und z' durch einen Punkt gehen, **2.** wenn die beiden Achsenrichtungen $\mathfrak{Z}$ und $\mathfrak{Z}'$ parallel zeigen, **3.** wenn eine der Achsen oder beide parallel zu $\mathfrak{R}$ zeigen, **4.** wenn die durch $\mathfrak{R}$ und $\mathfrak{Z}$ gelegte Ebene senkrecht auf der durch $\mathfrak{R}$ und $\mathfrak{Z}'$ gelegten Ebene steht.

§ 4. Wir wollen nun wenigstens die Größenordnung der Einzelbeiträge $\psi_{kk'}$ abschätzen. Der in (9) nicht ausgeschriebene von λ freie Teil hat die Form $\mathfrak{E} \cdot \Phi = \mathfrak{E} \cdot \Sigma\Phi_k$, worin (bei vernachlässigter gegenseitiger Störung der Elektronenringe gegenüber ihren ungestörten Dispersionsschwingungen) Φ_k gegeben ist[1]) durch

$$\Phi_k = -\frac{N}{3}\frac{\varepsilon^2\mu_k}{m\,\omega_k^2}\left\{2\,\overset{(k)}{f_0} + \overset{(k)}{\varphi_0}\right\} \qquad (13)$$

Φ hängt mit dem Brechungsindex n für lange Wellen und der „molekularen Refraktion" Ξ^2) zusammen durch

$$\Phi = (n^2-1)\cdot\frac{3}{n^2+2}, \quad \Xi = \frac{\Phi}{3} \times \frac{\text{Molekulargewicht}}{\text{Dichte}}$$

$$= \frac{\Phi\,M}{3\,D}. \qquad (14)$$

1) M. Born, diese Zeitschr. 16, 251, Gl. (24), 1915.

1) A. Sommerfeld, Ann. d. Phys. 53, 498, Gl. (7), 1917.

2) Vgl. Goldhammer, Dispersion und Absorption. Leipzig 1913, § 27.

Nach einer von F. Martens geprüften Regel ist aber die molekulare Refraktion Ξ die Summe der „Atomrefraktionen" ξ_k, welche mit Φ_k analog (14) zusammenhängen durch

$$\Phi_k = (n_k^2 - 1)\frac{3}{n_k^2 + 2}, \tag{14'}$$

$$\xi_k = \frac{\Phi_k}{3} \times \frac{\text{Atomgewicht}}{\text{Dichte }(k)} = \frac{\Phi_k}{3} \cdot \frac{A_k}{D_k}.$$

Faßt man unter k im Beispiel einer organischen Verbindung eine ganze Atomgruppe zusammen, welche dispersionstheoretisch durch den Elektronenring (k) repräsentiert sein soll, so wird nach (13) (14')

$$\frac{-e^2\mu_k}{m\,\omega_k^2} = \frac{3\,\Phi_k}{N}\,\frac{1}{2f_0 + \varphi_0} = \frac{9\,\xi_k D_k}{N A_k} \cdot \frac{1}{2f_0 + \varphi_0}.$$

Dies in (11) eingesetzt, gibt

$$\psi_{kk'} = \frac{2\pi N}{3\lambda}\,\frac{1}{r^2}\,\frac{81}{N^2} \cdot \frac{\xi_k D_k}{A_k} \cdot \frac{\xi_{k'} D_{k'}}{A_{k'}} \cdot \frac{\frac{f_0}{\varphi_0} - 1}{2\frac{f_0}{\varphi_0} + 1} \times \frac{\frac{f'_0}{\varphi'_0} - 1}{2\frac{f'_0}{\varphi'_0} + 1} \cdot W_{(kk')} \tag{15}$$

Nach Sommerfeld[1]) ist nun

$$\frac{f_0}{\varphi_0} = \frac{18{,}34 - 6 \cdot \ln\mu}{(3{,}06\ln\mu + 11{,}7)\,0{,}98}$$

eine mit der Zahl μ der Ringelektronen nur langsam veränderliche Zahl. Aus ihr folgt z. B. für $\mu = 1$ bzw. $\mu = 4$ der Faktor

$$\frac{\frac{f_0}{\varphi_0} - 1}{2\frac{f_0}{\varphi_0} + 1} = \begin{cases} \frac{1}{7} & \text{für } \mu = 1 \\ -\frac{1}{6{,}2} & \text{für } \mu = 4 \end{cases}$$

als Maß für die relative Breite der aus den beiden anisotropen Hauptfrequenzen gebildeten Duplets für 1 bzw. 4 Ringelektronen. Wir nehmen für beide Ringe k und k' den Wert rund $\pm\frac{1}{7}$. Ferner hat man

$$N = \frac{6{,}2 \cdot 10^{23}}{M}, \quad r_{kk'} = 2 \cdot 10^{-8}\text{ cm},$$

$$\lambda_{Na} = 5{,}89 \cdot 10^{-5}\text{ cm}.$$

Für die Dichten

$$D_k = D \times \frac{\text{Atomgruppen-Gewicht}}{\text{Molekülgewicht}}$$

nehmen wir rund $\frac{1}{4}$, weil die Dichten D der aktiven Substanzen selbst in der Nähe des Wertes 1 liegen. Für die Quotienten $\xi_k : A_k$ besteht der Durchschnittswert $^1/_6$; bei einer großen Zahl von Substanzen mit wenigen Ausnahmen weicht er nur wenig von $^1/_6$ ab[1]).

Daher wird aus (15) (10)

$$\psi = \Sigma\Sigma\psi_{kk'} = \pm\frac{2\pi}{3 \cdot 5{,}89 \cdot 10^{-5}} \cdot \frac{1}{4 \cdot 10^{-16}} \times \frac{81\,M}{6{,}2 \cdot 10^{23}} \cdot \frac{1}{16} \cdot \frac{1}{36} \cdot \frac{1}{49} \cdot \Sigma\Sigma W_{kk'}$$

$$\psi = 0{,}04 \cdot 10^{-5}\,M\,\Sigma\Sigma W_{kk'}$$

$$\Theta = \Sigma\Sigma\Theta_{kk'} = \frac{M}{50}\Sigma\Sigma W_{kk'} \tag{16}$$

mit der noch unbekannten Winkelfunktion $W_{kk'}$. Nun zeigt die Erfahrung, daß erst vier verschiedene zu einem asymmetrischen Tetraeder zusammentretende Atomgruppen oder noch kompliziertere Moleküle optisches Drehungsvermögen besitzen. Nach der Vorstellung der kreisenden Elektronenringe müßten aber bereits Moleküle aus 2 oder 3 solchen Gruppen optisch aktive Substanzen liefern, ebenso auch 4 Atomgruppen, welche nicht alle verschieden sind. Daß solche Verbindungen aber tatsächlich inaktiv sind, kann nach unsrer Vorstellung nur daher kommen, daß entweder sämtliche Summanden $\Psi_{kk'}$ einzeln verschwinden oder sich paarweise aufheben. Das erstere wird der Fall sein bei 2 oder 3 Atomgruppen im Molekül; die 2 bzw. 3 Kreiselachsen werden sich aus Symmetriegründen in einer einzigen Ebene einstellen, so daß sich je zwei Achsen in einem Punkt schneiden und die Größe $l_{kk'}$ aus (10') verschwindet, daher $W_{kk'} = 0$. (12) Bei 4 Atomgruppen, I II III IV, von denen etwa I und II identisch sein mögen, wird die durch III, IV und die Mitte von $r_{\mathrm{I\,II}}$ gelegte Ebene Symmetrieebene des Moleküls sein, also $l_{\mathrm{I\,II}} = 0$, $l_{\mathrm{III\,IV}} = 0$, dazu $\sin(\overset{(I)}{\mathfrak{Z}}\ \overset{(III)}{\mathfrak{Z}}) = -\sin(\overset{(II)}{\mathfrak{Z}}\ \overset{(III)}{\mathfrak{Z}})$ und $\sin(\overset{(I)}{\mathfrak{Z}}\ \overset{(IV)}{\mathfrak{Z}}) = -\sin(\overset{(II)}{\mathfrak{Z}}\ \overset{(IV)}{\mathfrak{Z}})$. Wird jetzt die Gruppe II durch eine von allen andern verschiedene Gruppe ersetzt, so werden die Kanten $r_{kk'}$ des dadurch entstehenden asymmetrischen Tetraeders, verglichen mit denen im Symmetriefall, in ihrer Länge verändert und in ihrer gegenseitigen Orientierung um gewisse Winkelbeträge verdreht sein. Um Winkelbeträge derselben Größenordnung müssen sich dann auch die Kreiselachsen verdrehen, um unter den neuen Verhältnissen stabile Lagen einzunehmen. Nun ist auch die Windschiefe l/r (10') gleich einem Verdrehungswinkel, nämlich gleich dem im Symmetriefall verschwindenden Winkel (genauer dessen Sinus) zwischen der Richtung $[\mathfrak{Z}\,\mathfrak{Z}']$ und

1) A. Sommerfeld, l. c. § 4, S. 512.

1) Vgl. die Tabellen bei Goldhammer, l. c. § 27.

der auf $\mathfrak{N}$ normalen Ebene N. Die andern Faktoren von $W_{kk'}$ (12), nämlich $\mathfrak{Z}'_N \mathfrak{Z}_N$ cos ($\zeta_{kk'}$) sin ($\mathfrak{Z}\mathfrak{Z}'$) sind von der Größenordnung 1 auch im Asymmetriefall. Daher kann man $W_{kk'}$ vergleichsweise im Maß eines Winkels $W_{kk'}$ angeben, der von derselben Größenordnung ist, wie die Verdrehungswinkel der Kanten $r_{kk'}$ bei der Umwandlung eines symmetrischen in ein asymmetrisches Molekül; es wird sich um Winkel von etwa 5 bis 15 Grad handeln. Daher hat man in (16) für $W_{kk'}$ Winkel von etwa 5—15 Grad einzusetzen, deren genaue Werte von Fall zu Fall anders ausfallen. Θ ist dann im selben Winkelmaß wie $W_{kk'}$ gegeben. Die so abgeschätzte Größenordnung für die Drehung der Polarisationsebene pro cm stimmt gut mit den in weiten Grenzen schwankenden tatsächlichen Werten bei optisch aktiven organischen Verbindungen überein. Man findet, bei Molekulargewichten M der Größenordnung 100, Drehungswinkel von durchschnittlich 50^0, zuweilen kleinere von 5^0 bis zu größeren von 200^0, die durch die verschiedenartigsten Umstände bei der gegenseitigen Orientierung der Atomgruppen und der dadurch bedingten Verstärkung oder Schwächung der einzelnen Summanden des Drehungsparameters $\psi = \Sigma\,\Sigma\,\psi_{kk'}$ zustande kommen.

(Eingegangen 26. Juli 1918.)

Zuschriften an die Herausgeber.

Die Abstände der Atome im Molekül und im Kristalle.

Vorläufige Mitteilung.

Nach *Bohr, Sommerfeld* u. a. besteht das Atom aus einem positiven Kern, um welchen in verschiedenen Sphären negative Elektronen herumlaufen. Die Elektronen gruppieren sich zu ein oder mehreren konzentrischen Ringen, welche mit dem Kern und den anderen Elektronenringen durch elektrostatische Kräfte verbunden sind und quantentheoretisch bestimmte Energien enthalten. Herr *Sommerfeld* hat kürzlich die allgemeine Theorie solcher Ringsysteme behandelt[1]; dabei betrachtete er die Beeinflussung eines Ringelektrons durch die Elektronen eines anderen Ringes so, als sei dieser andere Ring kontinuierlich mit einer Ladung belegt, welche gleich der Gesamtladung der auf ihm (in Wirklichkeit diskontinuierlich) angeordneten Elektronen ist.

Diese Methode läßt sich nun erweitern auf gegenseitige Beeinflussung von Elektronenringen, die zu zwei *verschiedenen* Ringsystemen mit zwei verschiedenen Zentralkernen gehören, d. h. auf die Wechselwirkungen zwischen zwei Atomen, die in den chemischen Anziehungskräften und den Kräften bei der Kristallbildung in Erscheinung treten. Die Verbindung NaCl besteht z. B. aus einem Na-Atom, dessen äußerster Ring ein Elektron $-e$ abgegeben hat und das dadurch die Gesamtladung $+e$ besitzt, und einem Chloratom, welches durch Aufnahme eines Elektrons $-e$ die Gesamtladung $-e$ zeigt. Es fragt sich nun, warum die beiden geladenen Atome nicht einfach ineinanderstürzen, wie es die zwischen ihnen auftretende Anziehungskraft e^2/r^2 erwarten ließe, warum sich vielmehr ein bestimmter Atomabstand r einstellt, der in den Gitterdimensionen der Kristalle und den Molekülvolumina zutage tritt und gemessen werden kann. Die Antwort ist die, daß das Kraftgesetz e^2/r^2 der beiden entgegengesetzt geladenen Atome nur für große Entfernungen r streng gilt. Gelangt dagegen das Na-Atom an das Cl-Atom heran, so werden die negativen Elektronenringe des Na schon fast die des Cl berühren, wenn die Na-Ringe von dem Cl-Kern und ebenso die Cl-Ringe vom Na-Kern noch etwas größere Abstände haben. Daher werden die gegenseitigen Abstoßungen der negativen Ringe bei Annäherung der Atome über die gegenseitige Anziehung zwischen Kernen und Ringen überwiegen. Mathematisch macht sich dies bemerkbar in einer Korrektion der Anziehungskraft e^2/r^2 durch eine Abstoßungskraft $-ae^2/r^4$, die außer von der Entfernung r der beiden Atome noch durch den Faktor a von ihrer Struktur und ihrer gegenseitigen räumlichen Orientierung abhängt. Die Gesamtkraft $\frac{e^2}{r^2}\left(1-\frac{a}{r^2}\right)$ wird also Null für $r=\sqrt{a}$, dieser Abstand stellt eine Gleichgewichtslage der beiden Atome gegeneinander dar. $\sqrt{a}$ ist daher als Atomabstand im Molekül aufzufassen. Die bei der Annäherung der beiden Atome bis auf die Entfernung $\sqrt{a}$ gewonnene Arbeit hängt ferner eng zusammen mit der Wärmeentwicklung bei dem chemischen Prozeß $Na^+ + Cl^- = NaCl$.

Als einfachste Beispiele haben wir die Theorie an den Verbindungen der Alkalimetalle Li, Na, K mit den leichten Halogenen F, Cl geprüft, über deren Atomkonfiguration einigermaßen begründete Vorstellungen existieren. Obwohl diese keinen Anspruch auf Endgültigkeit machen, ergibt sich doch eine befriedigende Übereinstimmung zwischen Theorie und Erfahrung: 1. Die berechneten Atomabstände finden sich etwa 3 bis 4 mal so groß wie die Atomradien selbst, und liegen in der Nähe der in Kristallen bekannten Gitterdimensionen, ebenso die Größe der berechneten chemischen Wärmetönungen in der Nähe der beobachteten. Ferner zeigt sich auch angenähert der richtige Gang der Atomabstände und Wärmetönungen für die verschiedenen chemischen Verbindungsreihen.

Die Berechnung der Gitterkonstanten im Kristall erfordert mathematisch ein Eingehen auf das Gleichgewicht der unendlich vielen Atomkräfte. Man kann zeigen, daß, wenn Φ die potentielle Energie zwischen 2 Atomen ist, für das Gleichgewicht bei regulären Kristallen die Bedingung $\Sigma \frac{\partial \Phi}{\partial x} x = 0$ bestehen muß, wo die Summe über alle Paare von Gitterpunkten zu erstrecken ist und x die relative x-Koordinate je zweier Atome bedeutet. Da nun Φ nach obiger Betrachtung in der Form $\Phi = \Phi_{-1} - \Phi_{-3} + \ldots\ldots$ dargestellt werden kann, wo Φ_n eine homogene Funktion n-ten Grades bedeutet, so ist nach dem Eulerschen Satze

$$\Sigma \frac{\partial \Phi}{\partial x} x = -\Phi_{-1} + 3\Phi_{-3} - + \ldots\ldots = 0.$$

Bezeichnet nun δ^3 das Volumen des Elementar-Parallelepipeds, so ist $\Phi_n = \delta^n A_n$, wo A_n eine von den absoluten Dimensionen des Gitters unabhängige Zahl ist, die man durch Summation der Atomkräfte berechnen kann. Dann folgt

$$-\frac{1}{\delta} A_{-1} + \frac{3}{\delta^3} A_{-3} + \ldots = 0,$$

und aus dieser Gleichung berechnet sich δ, ganz analog wie oben für das einzelne Molekül erläutert wurde; z. B. in erster Näherung:

$$\delta = \sqrt{\frac{3A_{-3}}{A_{-1}}} = \sqrt{a}.$$

Es ist danach sehr wahrscheinlich, daß der Grund für die Existenz endlicher Atomabstände in einer abstoßenden Zusatzkraft ae^2/r^4 zu suchen ist, obwohl der genaue Zahlenwert der Konstanten a bei den verschiedenen Verbindungen erst auf Grund verbesserter Atommodelle herauskommen kann.

Berlin, den 30. Juli 1918.

M. Born.
A. Landé.

[1]) Phys. Ztschr. 15. Juli 1918.

Reprinted from *Naturwiss.* **6**, 496 (1918).

Elektronenbahnen im Polyederverband.

Von Dr. A. LANDÉ.

(Vorgelegt von Hrn. PLANCK.)

Vielfache Erfahrungen nötigen zu der Annahme, daß die Atome keine flachen Ringsysteme, sondern räumliche Gebilde von Polyedersymmetrie sind. Die gesamte organische Chemie weist auf ein Kohlenstoffatom von Tetraederstruktur hin mit vier im Raume gleichwertigen Hauptrichtungen, gestützt auch auf optische Erfahrungen über das Drehungsvermögen für linear polarisiertes Licht. Räumliche Atome sind ferner zur Begründung des Kristallaufbaues notwendig: Warum eine bestimmte Atomsorte in dem einen Kristallsystem, eine andere Sorte in einem andern System kristallisiert, bleibt unverständlich, wenn beide Atomsorten nur aus ebnen Ringen aufgebaut sind; man erwartet vielmehr, daß bereits in dem einzelnen Atom oder Ion eine Hindeutung auf das Kristallsystem vorgezeichnet sei. Zwar lassen sich aus BOHRschen Ringatomen reguläre Kristallgitter aufbauen, welche die richtigen Gitterkonstanten zeigen[1]. Aber erstens sind die so erhaltenen Raumgitter nicht stabil. Zweitens müssen die atomaren Abstoßungskräfte, welche den COULOMBschen Anziehungen der Ionen die Wage halten, nach Messungen über die Kompressibilität regulärer Kristalle mit der -10ten Potenz des Gitterabstands wachsen; Elektronenringsysteme geben aber nur die -6te Potenz, wie Hr. M. BORN und Verfasser ohne besondere Annahmen über die Struktur der Ringe zeigen konnten[2]. Hrn. BORN ist inzwischen der weitere Nachweis gelungen, daß nur Atome von Würfelstruktur die geforderte -10te Potenz für die Abstoßungskräfte ergeben[3] Ein Hinweis auf die Würfelstruktur der gesättigten Ionen mit 8 Elektronen in den 8 Ecken ist übrigens auch die Vorzugsstellung der Zahl 8 im periodischen System der Elemente, die bei der Ringtheorie (Bevorzugung eines Achterrings vor einem Siebener- und Neunerring) gar nicht zu verstehen ist.

[1] M. BORN und A. LANDÉ, Sitzungsber. der Preuß. Akad. d. Wiss. 1918 S. 1048.
[2] M. BORN und A. LANDÉ, erscheint demnächst in Verh. d. deutschen Phys. Ges.
[3] M. BORN, Verh. d. deutschen Phys. Ges.

Reprinted from *Preuss. Akad.* **5**, 101–106 (1919).

Will man deshalb eine Theorie räumlicher Atome entwerfen, so darf man von den bewährten Methoden des dynamischen Gleichgewichts beim RUTHERFORDschen Atommodell, geregelt durch Quantenbedingungen, nicht abweichen. Damit erhebt sich die Aufgabe, ein n-Körperproblem von n durcheinander und um einen Kern wirbelnden Elektronen zu lösen, speziell, nach Hrn. BORNS Ergebnissen, solche Lösungen eines Achtkörperproblems zu suchen, daß die Gesamtheit der acht Elektronenbahnen eine Würfelstruktur zeigt, d. h. jedem einzelnen Bahnstück ds weitere 47 Bahnstücke entsprechen, welche aus dem ersteren durch die Drehungen und Spiegelungen der zum Würfel gehörenden Deckoperationen hervorgehen. Ein entsprechendes Problem kann man auch stellen für die Bahnen von vier Elektronen in bezug auf die zum Tetraeder gehörenden Deckoperationen mit je 24 gleichwertigen Bahnpunkten. Um solche »Elektronenbahnen im Polyederverband« zu erhalten, muß man das n-Körperproblem durch geeignete Verknüpfungen zwischen den $3n$ Koordinaten spezialisieren, in Analogie zu der einfachsten Spezialisierung, daß alle Elektronen in gleichen Abständen hintereinander den gleichen Kreis von konstantem Radius beschreiben, oder zum SOMMERFELDschen Ellipsenverein, bei welchem alle Elektronen stets ein reguläres Polygon von zeitlich veränderlichem Durchmesser bilden. Jede solche Annahme reduziert das n-Körperproblem auf ein Einkörperproblem. Die Erfolge der BOHRschen Elektronenringe bestätigen die Bevorzugung solcher harmonisch ineinandergreifender Bahnen mehrerer Elektronen, die zwar nach statistischen Prinzipien als äußerst unwahrscheinlich abzulehnen wären.

§ 1. Vier Elektronen im Tetraederverband.

Jeder Punkt xyz bildet auf dem regulären Tetraeder mit 23 andern eine Gruppe von 24 gleichwertigen Punkten mit den Koordinaten

$$(1)\qquad \begin{array}{llll} xyz & x-y-z & -xy-z & -x-yz \\ xzy & x-z-y & -xz-y & -x-zy \\ yzx & y-z-x & -yz-x & -y-zx \\ yxz & y-x-z & -yx-z & -y-xz \\ zxy & z-x-y & -zx-y & -z-xy \\ zyx & z-y-x & -zy-x & -z-yx\,. \end{array}$$

Soll nun die Gesamtheit der von vier Elektronen beschriebenen Bahnen die Symmetrie des Tetraeders besitzen, so muß man verlangen: Ist ds irgendein Bahnelement eines Elektrons, so sollen auch die 23 nach (1) gleichwertigen Elemente ds ebenfalls auf der Bahn dieses oder eines andern Elektrons liegen. Gruppentheoretische Überlegungen führen dann zu folgendem Ansatz zur Reduktion des Vierkörperproblems auf ein Einkörperproblem: Man setze die 4×3 Koordinaten der Elektronen I II III IV, d. h. die 12 Koordinaten

$$(2)\quad \left\{\begin{matrix} x_{\rm I}y_{\rm I}z_{\rm I} & x_{\rm II}y_{\rm II}z_{\rm II} & x_{\rm III}y_{\rm III}z_{\rm III} & x_{\rm IV}y_{\rm IV}z_{\rm IV} \\ x\;y\;z & x\;-y\;-z & -x\;y\;-z & -x\;-y\;z \end{matrix}\right. \quad \text{gleich}$$

Aus der Lage eines Elektrons erhält man also die gleichzeitigen Lagen der drei andern durch Drehung um 180° um die drei Koordinatenachsen. Letztere drei Elektronen wirken abstoßend auf das erste aus Entfernungen $2\rho_x$, $2\rho_y$, $2\rho_z$, wenn man die Abkürzungen

$$(3)\quad \rho^2 = x^2+y^2+z^2\,,\quad \rho_x^2 = y^2+z^2\,,\quad \rho_y^2 = z^2+x^2\,,\quad \rho_z^2 = x^2+y^2$$

einführt. Dazu kommt die Anziehung des Kerns $+Ze$ in der Entfernung ρ. Die Bewegungsgleichungen des Elektrons heißen also

$$(4)\quad \left\{\begin{aligned} m\ddot{x} &= e^2\left[-\frac{Z}{\rho^2}\cdot\frac{x}{\rho} \qquad\qquad\quad + \frac{1}{4\rho_y^2}\cdot\frac{x}{\rho_y} + \frac{1}{4\rho_z^2}\cdot\frac{x}{\rho_z}\right] \\ m\ddot{y} &= e^2\left[-\frac{Z}{\rho^2}\cdot\frac{y}{\rho} + \frac{1}{4\rho_x^2}\cdot\frac{y}{\rho_x} \qquad\qquad\quad + \frac{1}{4\rho_z^2}\cdot\frac{y}{\rho_z}\right] \\ m\ddot{z} &= e^2\left[-\frac{Z}{\rho^2}\cdot\frac{z}{\rho} + \frac{1}{4\rho_x^2}\cdot\frac{z}{\rho_x} + \frac{1}{4\rho_y^2}\cdot\frac{z}{\rho_y}\right], \end{aligned}\right.$$

und dieselben Gleichungen gelten auch für die drei andern Elektronen, da (4) invariant gegen die Vertauschungen (2) ist. Die Energie des Systems Kern und 4 Elektronen wird

$$(5)\quad T+U = 4\cdot\frac{m}{2}(\dot{x}^2+\dot{y}^2+\dot{z}^2) + e^2\left[-\frac{4Z}{\rho}+\frac{1}{\rho_x}+\frac{1}{\rho_y}+\frac{1}{\rho_z}\right].$$

Jede lösende Bahnkurve von (4) bildet mit den drei andern Bahnen, die man durch Einsetzung der Vertauschungen (2) aus der ersteren erhält, vier in bezug auf das Tetraeder gleichwertige Bahnen, entsprechend der ersten Zeile des Schemas (1). Damit aber die volle Symmetrie (1) mit 24 gleichwertigen Bahnen vorhanden ist, müßte jede der 4 Elektronenbahnen durch die 6 Permutationen der Reihenfolge xyz in sich übergehen, d. h. durch Spiegelung an den Ebenen $x = \pm y$ und $y = \pm z$ und $z = \pm x$ entsprechend den vertikalen Spalten des Schemas (1). Mit Rücksicht darauf, daß an den Spiegelebenen keine Knicke in den Bahnkurven vorkommen dürfen, erfüllt man letztere Symmetrieforderung durch folgende Anfangsbedingungen für sechs in gleichen Abständen aufeinander folgende Zeitpunkte $t_1 t_2 \cdots t_6$ (s. Fig.).

$$(6)\quad \begin{cases} x(t_1) = y(t_1) = y(t_3) = z(t_3) = z(t_5) = x(t_5) \\ \dot{x}(t_1) = -\dot{y}(t_1) = \dot{y}(t_3) = -\dot{z}(t_3) = \dot{z}(t_5) = -\dot{x}(t_5) \\ 0 = \dot{z}(t_1) = \dot{x}(t_3) = \dot{y}(t_5) = 0 \end{cases}$$

$$(6')\quad \begin{cases} z(t_2) = x(t_2) = x(t_4) = y(t_4) = y(t_6) = z(t_6) \\ \dot{z}(t_2) = -\dot{x}(t_2) = \dot{x}(t_4) = -\dot{y}(t_4) = \dot{y}(t_6) = -\dot{z}(t_6) \\ 0 = \dot{y}(t_2) = \dot{z}(t_4) = \dot{x}(t_6) = 0. \end{cases}$$

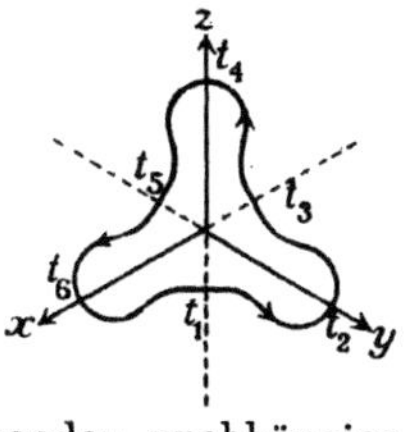

Diese Anfangsbedingungen sind nicht voneinander unabhängig; da nämlich die Bewegungsgleichungen (4) selbst durch alle 24 Vertauschungen (1) in sich übergehen, ziehen bereits die Bedingungen

$$(6'')\quad \begin{cases} x(t_1) = y(t_1) & z(t_2) = x(t_2) \\ \dot{x}(t_1) = -\dot{y}(t_1) & \dot{z}(t_2) = -\dot{x}(t_2) \\ \dot{z}(t_1) = 0 & \dot{y}(t_2) = 0 \end{cases}$$

die übrigen Bedingungen (6) (6′) nach sich. In der Figur ist die Bahn $x(t)\, y(t)\, z(t)$ eines Elektrons, durch die nach (2) auch die Bahnen der andern Elektronen mitbestimmt sind, schematisch als Projektion auf die Ebene $x + y + z = 0$ aufgezeichnet; die drei Koordinatenachsen verlaufen teils unter (punktiert), teils über (ausgezogen) dieser Ebene.

Wir bemerken, daß man auch mit 12 Elektronen, deren Koordinaten die drei zyklischen Vertauschungen der vier Wertetripel (2) sind, die Symmetrie des Tetraeders erreichen kann, falls wieder die Anfangsbedingungen (6) (6′) (6″) erfüllt werden, und daß 24 Elektronen, deren Lagen und Geschwindigkeiten in einem Anfangsmoment durch (1) gegeben sind, sogar ohne Auferlegung von Bedingungen stets im Tetraederverband bleiben.

§ 2. 8 Elektronen im Würfelverband.

Auf dem Würfel bildet jeder Punkt xyz mit 47 andern eine Gruppe von 48 gleichwertigen Punkten mit den Koordinaten

$$(7)\quad \begin{cases} xyz, \quad x-y-z, \quad -xy-z, \quad -x-yz, \quad -x-y-z, \quad -xyz, \\ \qquad x-yz, \quad xy-z \text{ mit je 6 Permutationen.} \end{cases}$$

Man setze die 8×3 Koordinaten von 8 Elektronen I, II, ···, VIII d. h. die 24 Koordinaten

$$(7')\qquad x_{\mathrm{I}}y_{\mathrm{I}}z_{\mathrm{I}} \quad x_{\mathrm{II}}y_{\mathrm{II}}z_{\mathrm{II}} \quad \cdots \quad x_{\mathrm{VIII}}y_{\mathrm{VIII}}z_{\mathrm{VIII}}$$

gleich den in (7) ausgeschriebenen 8 Wertetripeln. Dadurch geht das Achtkörperproblem der 8 Elektronen (7′) in drei Gleichungen eines Einkörperproblems über. Aus der Lage eines Elektrons erhält man nach (7) die Lage der 7 andern durch Spiegelung an den drei Koordinatenebenen, den drei Koordinatenachsen und am Nullpunkt. Die

Bewegungsgleichungen des Elektrons lauten also hier mit Benutzung der Abkürzungen (3)

$$
(8)\quad \begin{cases}
m\ddot{x} = e^2\left[-\frac{Z}{\rho^2}\cdot\frac{x}{\rho} + \frac{1}{4\rho^2}\frac{x}{\rho} + \frac{1}{4x^2}\frac{x}{|x|} + \frac{1}{4\rho_y^2}\frac{x}{\rho_y} + \frac{1}{4\rho_z^2}\frac{x}{\rho_z}\right] \\
m\ddot{y} = e^2\left[-\frac{Z}{\rho^2}\cdot\frac{y}{\rho} + \frac{1}{4\rho^2}\frac{y}{\rho} + \frac{1}{4y^2}\frac{y}{|y|} + \frac{1}{4\rho_x^2}\frac{y}{\rho_x} + \frac{1}{4\rho_z^2}\cdot\frac{y}{\rho_z}\right] \\
m\ddot{z} = e^2\left[-\frac{Z}{\rho^2}\frac{z}{\rho} + \frac{1}{4\rho^2}\frac{z}{\rho} + \frac{1}{4z^2}\frac{z}{|z|} + \frac{1}{4\rho_x^2}\frac{z}{\rho_x} + \frac{1}{4\rho_y^2}\frac{z}{\rho_y}\right]
\end{cases}
$$

und dieselben Gleichungen gelten auch für die andern sieben Elektronen, da (8) invariant gegen die Vertauschungen (7) ist. Die Energie des Systems Kern mit acht Elektronen ist

$$
(9)\quad \begin{aligned} T + U = 8\cdot\frac{m}{2}(\dot{x}^2+\dot{y}^2+\dot{z}^2) + e^2\Bigg[-\frac{8Z}{\rho} + \frac{2}{\rho} + 2\left(\frac{1}{\rho_x}+\frac{1}{\rho_y}+\frac{1}{\rho_z}\right) \\ + 2\left(\frac{1}{|x|}+\frac{1}{|y|}+\frac{1}{|z|}\right)\Bigg]. \end{aligned}
$$

Die potentielle Energie wird unendlich, wenn ein Elektron (also auch die übrigen) sich einer Ebene $x = 0$ oder $y = 0$ oder $z = 0$ nähert. Ein Elektron kann also niemals aus dem Oktanten heraus, in welchem es sich zu irgendeiner Zeit einmal befindet. Wir können annehmen, daß ein Elektron, dessen Bewegung durch (8) bestimmt ist, im positiven Oktanten liegt; dann dürfen in (8) die Faktoren $x/|x|$, $y/|y|$, $z/|z|$ durch 1 ersetzt werden. Die andern sieben Elektronen laufen dann nach (7) in den andern sieben Oktanten. Alles über die Anfangsbedingungen beim Tetraeder Gesagte gilt unverändert auch beim Würfel, im besonderen die Gleichungen (6) (6′) (6″).

Auch 24 Elektronen, deren Koordinaten die drei zyklischen Vertauschungen der hingeschriebenen Wertetripel (7) sind, durchlaufen Würfel symmetrische Bahnen, wenn die Anfangsbedingungen (6) (6′) (6″) erfüllt sind, und 48 Elektronen mit den Lagen (7) bleiben sogar ohne Auferlegung von Anfangsbedingungen im Würfelverband.

§ 3. Mannigfaltigkeit periodischer Bahnen.

Geht man zur Zeit t_1 von einem beliebigen Punkt der Ebene $x = y$ mit beliebiger Anfangsgeschwindigkeit $\dot{x} = -\dot{y}$, $\dot{z} = 0$ aus (Fig. 1), so wird im allgemeinen die Bahnkurve nach hinreichend langer Zeit sich den Bedingungen $z = x$, $\dot{z} = -\dot{x}$, $\dot{y} = 0$ beliebig stark nähern, also quasiperiodisch die Polyedergruppe erfüllen. Es ist aber möglich, daß bei gewissen zur Zeit t_1 auferlegten Anfangsbedingungen (6″) die

Bahnkurve nach einer endlichen Zeit $t_2 - t_1$ die Bedingungen (6″) exakt erfüllt, die Gesamtheit der Elektronenbahnen also nach der Zeit $\tau = 6\cdot(t_2 - t_1)$ die Symmetrie des Polyeders erreicht. Ändert man jetzt bei festgehaltenem Ausgangspunkt die absolute Größe der Anfangsgeschwindigkeit zur Zeit t_1 ein wenig, so wird die Bahnkurve nicht mehr senkrecht durch die Ebene $z = x$ hindurchgehen, sondern in einer durch zwei Polarkoordinaten (ϑ, ϕ) gegebenen Richtung. Durch Änderung der beiden Koordinaten des Ausgangspunktes auf der Ebene $x = y$ kann man aber im allgemeinen diese Richtungsänderung (ϑ, ϕ) aufheben. Zu der geänderten Anfangsgeschwindigkeit gehört dann eine geänderte Periodenzeit τ. Man erhält auf diese Weise eine einparametrige Schar periodischer Bahnen, in welcher als Parameter auch der Energiewert $E = T + U$ genommen werden kann:

$$\tau = f(E).$$

Nimmt man an, daß die eben geschilderte kontinuierliche Bahnenschar etwa auf direktem Wege von der Ebene $x = y$ zur Ebene $z = x$ führt, ohne die Achse $x:y:z = 1:1:1$ zu umschlingen (s. Fig.), so wird es noch andere Scharen periodischer Bahnen geben, welche diese Achse erst ein- oder mehreremal umschlingen, und deren Perioden τ mit benachbarten τ-Werten in den Funktionalbeziehungen

$$\tau = f_0(E), \quad \tau = f_1(E), \quad \tau = f_2(E), \cdots \tag{10}$$

stehen. Aus jeder solchen Schar wird dann die Quantentheorie durch eine weitere Bedingung $E = h/n\tau$ $(n = 1, 2, 3, \cdots)$ eine Folge von zulässigen Perioden $\tau_{01}\tau_{02}\cdots;\ \tau_{11}\tau_{12}\cdots;\ \tau_{21}\tau_{22}\cdots;\ \cdots$ mit zugehörigen Energiewerten

$$E_{01}E_{02}\cdots\ \ E_{11}E_{12}\cdots;\ E_{21}E_{22}\cdots;\ \cdots \tag{11}$$

aussondern. Gibt es aber keine periodischen Bahnen, so sind die allgemeinen Prinzipien für ergodische Systeme der Quantelung zugrunde zu legen.

Ausgegeben am 6. Februar.

Antwort auf die Bemerkungen des Herrn L. Vegard zu unseren Arbeiten über Kristallgitter und Bohrsches Atommodell;

von M. Born und A. Landé.

(Eingegangen am 23. Mai 1919.)

In unseren Arbeiten über den Aufbau von Kristallgittern aus BOHRschen Atommodellen haben wir uns auf Ergebnisse SOMMERFELDscher Arbeiten gestützt, die die Anordnung und Bewegung der Elektronen in den Ringsystemen betreffen. Herr VEGARD erhebt nun den Anspruch, daß ihm die Priorität bei zwei dieser Ansätze gebühre. Es scheint uns nicht überflüssig, hierzu Stellung zu nehmen.

1. Die Hypothese der wachsenden Quantenzahlen. Nach dieser soll jedem Elektron des innersten Ringes ein Quant, jedem Elektron des zweiten Ringes zwei Quanten usw. zukommen. Diese Idee einer von Ring zu Ring wachsenden Quantenzahl liegt an sich nahe und steckt schon in den ursprünglichen Formeln von MOSELEY[1]) für K_a und L_a. In einer großen Arbeit von 1916

[1]) H. MOSELEY, Phil. Mag. (6) **26**, 1024, 1913; **27**, 703, 1914.

Reprinted from *Deut. Phys. Ges.* 385–387 (1919).

hat Sommerfeld[1]) die zweiquantige Natur der L-Bahn zur vollen Gewißheit erhoben. Herrn Vegards Arbeiten sind sämtlich später erschienen und fügen zu der großen Leistung Sommerfelds, der Entwirrung der Feinstruktur der Röntgenspektra, nichts von gleicher Sicherheit hinzu. Die Ansicht, daß das emittierende Elektron von einem konstituierenden (primären) Ringe des Atoms zu seinem inneren Ringe springt, ist wohl zuerst von Kossel[2]) ausgesprochen, allerdings noch nicht quantitativ durchgeführt worden.

Daß wir nicht die genannte große Arbeit Sommerfelds von 1916, sondern die in der Phys. ZS. (**19**, 297, 1918) erschienene Abhandlung zitiert haben, hat darin seinen Grund, daß wir die genauen Ringdurchmesser brauchten; diese sind aber zum ersten Male in der zuletzt genannten Arbeit von Sommerfeld auf Grund der konsequenten Berücksichtigung der Wechselwirkungen der Ringe berechnet worden. In den etwas früheren Arbeiten von Vegard ist diese Frage überhaupt nicht aufgeworfen. Das Verdienst des Herrn Vegard, erstmalig bestimmte kühne Vorschläge über die Besetzung der Ringe gemacht und sie mit der Struktur des periodischen Systems und anderen physikalischen Tatsachen verknüpft zu haben, soll deshalb nicht geleugnet werden.

Die Behauptung des Herrn Vegard, daß die Hypothese der wachsenden Quantenzahlen durch unsere Arbeiten über die Gitter eine Bestätigung gefunden habe, ist in dieser Allgemeinheit unrichtig. Wir haben festgestellt und ausdrücklich hervorgehoben, daß die Dichten der Halogen-Alkalisalze nur dann einigermaßen richtig herauskommen, wenn der erste Ring einquantig, alle folgenden aber zweiquantig angenommen werden. Das ist zwar im Einklang mit Sommerfelds Ergebnis über den L-Term, widerspricht aber der von Herrn Vegard propagierten Hypothese. Durch unsere weitergehenden Untersuchungen über die Kompressibilität sehen wir uns übrigens gezwungen, die ganze Ringstruktur in Zweifel zu ziehen.

2. Der Ellipsenverein. In den wenigen Zeilen, die Herr Vegard[3]) im Phil. Mag. 1918 dem Ellipsenverein widmet, findet sich nichts über die dynamische Möglichkeit dieser Bewegungs-

[1]) A. Sommerfeld, Ann. d. Phys. (4) **51**, 1 u. 123, 1916.
[2]) W. Kossel, Verh. d. D. Phys. Ges. **16**, 953, 1914.
[3]) L. Vegard, Phil. Mag., April 1918, S. 293.

konstellation und über die Anordnung der Elektronen auf einem regelmäßigen, rotierenden und der Größe nach pulsierenden Polygon. Höchstens hätten wir, wie es auch Herr SOMMERFELD tut, auf Herrn NICHOLSON[1]) verweisen können, der am Beispiel des Heliumatoms auf eine derartige dynamische Anordnung vor SOMMERFELD aufmerksam gemacht hat. Übrigens stimmen wir mit Herrn SOMMERFELD darin überein, daß der „Ellipsenverein" nur eine mögliche Anordnung der Elektronen darstellt, aber vielleicht nicht verwirklicht ist; er gibt ja nicht den richtigen Kernladungsdefekt 3,5 im L-Dublett. Vielleicht wird auch hier unser Vorschlag einer räumlichen (kubischen) Anordnung der Elektronen weiterführen.

3. Die Anzahl der Elektronen in den Ringen. Wir haben unseren Überlegungen die Gedanken KOSSELs über die Verteilung der Elektronen auf die verschiedenen Ringe zugrunde gelegt; denn diese hauptsächlich auf chemische Tatsachen gestützten Annahmen schienen uns besser fundiert als die Ergebnisse der Röntgenstrahlenforschung, bei denen vorläufig noch keine Eindeutigkeit vorhanden ist. Was uns festzustehen scheint, ist, daß in den ersten Perioden des Systems der Elemente mit jedem Alkalimetall eine neue äußerste Elektronenschale einsetzt, wobei die Elektronenzahl beim Fortschreiten vom Alkalimetall bis zum Edelgase von 1 bis 8 anwächst; den Anordnungen von acht Elektronen bei den Edelgasen (und bei den Ionen der Nachbarelemente) kommt eine höhere Stabilität als allen übrigen Anordnungen zu. Diesem Grundsatze widerspricht das von Herrn VEGARD zuerst aufgestellte Schema der Elemente[2]); neuerdings scheint er allerdings den KOSSELschen Grundsatz anzuerkennen[3]). Eine Durchrechnung der Gitterkonstanten mit anderen Hypothesen über die Elektronenzahlen der Ringe würde zu keiner eindeutigen Entscheidung führen und scheint uns wegen der gegen die Ringhypothese bestehenden Bedenken (Kompressibilität) überflüssig.

Wir halten gegenüber den von Herrn VEGARD erhobenen Prioritätsansprüchen unsere Zitate aufrecht.

[1]) J. W. NICHOLSON, Phil. Mag. (6) **27**, 557, 1914.

[2]) L. VEGARD, Verh. d. D. Phys. Ges. **19**, 328–343, 1917 und Phil. Mag. (6) **35**, 293, 1918.

[3]) L. VEGARD, Phil. Mag. (6) **36**, 238, 1919.

Adiabatenmethode zur Quantelung gestörter Elektronensysteme;

von A. Landé.

(Eingegangen am 11. Juli 1919.)

§ 1. Die Elektronenbahnen im Atom sind in vielen Fällen dadurch der Theorie zugänglich, daß man sie auffaßt als Abweichungen von bekannten einfachen Bahnen, in der Astronomie als Störungen intermediärer Bahnen bezeichnet. Die kontinuierliche Menge der mechanisch möglichen gestörten Bahnen kann dann nachträglich durch die Quantenbedingungen eingeschränkt werden, welche P. Epstein, K. Schwarzschild, J. M. Burgers [1]) für sehr allgemeine Fälle von Bahnkurven gegeben haben. Diese Methoden besitzen aber die Eigenschaft, unmittelbar zu der Gesamtenergie des gestörten Systems als Ganzes zu führen, während man in vielen Fällen, besonders bei Spektralfragen, vor allem den Energieunterschied des gestörten Systems vom intermediären kennen lernen will. In einem aus mehreren Elektronen bestehenden Atom ist z. B. die Änderung der Gesamtenergie durch gegenseitige Störungen klein gegen die Gesamtenergie selber, dagegen beträchtlich gegen die Energie des äußersten spektral tätigen Elektrons. Bei der oben erwähnten Quantelung entsteht nun der Nachteil, daß man eine große Zahl von Rechnungsgliedern mitführt, die sich auf die Energie der inneren Elektronen beziehen und im Schlußresultat wieder herausfallen, und nur Glieder kleinerer Ordnung übrig lassen, auf deren Wert es gerade ankommt. Deshalb ist eine Methode der Quantelung angebracht, welche direkt auf die gesuchten kleinen Energiestörungen hinzielt. Hierzu erweist sich der Adiabatensatz von P. Ehrenfest [2]) als

[1]) P. Epstein, Ann. d. Phys. (4) **51**, 178, 1916; K. Schwarzschild, Sitzungsber. Berl. Akad. 1916, S. 548; J. M. Burgers, Leidener Dissertation § 10, Haarlem 1918.

[2]) P. Ehrenfest, Ann. d. Phys. (4) **51**, 327, 1916. Die erste Anwendung einer Adiabatenmethode auf Atomdynamik findet sich bei P. Scherrer, Die Rotationsdispersion des Wasserstoffs, Dissertation, Göttingen 1916.

Reprinted from *Deut. Phys. Ges.* **21**, 578–584 (1919).

brauchbares Prinzip: Die nachträgliche Quantelung des gestörten Elektronensystems kann ersetzt werden durch die ursprüngliche Quantelung der intermediären Bahnen, wenn letztere, nach Ausführung der Quantelung im ungestörten Zustande, durch lauter mechanische Gleichgewichtszustände hindurch in gestörte Bahnen umgewandelt werden. Liegt z. B. ein positiver Kern mit zwei Elektronenringen vom Bahnradius r und R vor, so gehe man vom Anfangszustand $R = \infty$, $r = r^0$ aus, wobei r^0 den Radius des inneren Ringes auf seiner ungestört gequantelten Bahn bedeuten soll. Verkleinert man nun zwangsweise den Radius R, so muß sich, damit mechanisches Gleichgewicht erhalten bleibt, r gleichzeitig in der Art ändern, daß die Energiezunahme $d\,W_i(r\,R)$ des inneren Ringes (potentielle Energie der inneren Elektronen gegeneinander und gegen den Kern + kinetische Energie) gleich der vom Außenringe am inneren geleisteten Arbeit ist. Das führt zu einer bestimmten Abhängigkeit $r = r(R)$. Geht man umgekehrt von einem Zustande $r = 0$, $R = R^0$ aus und dehnt den inneren Ring r zwangsweise aus, so muß sich gleichzeitig R in der Art ändern, daß die Energie des Außenringes $W_a(R, r)$ um die vom Innenringe an ihm geleistete Arbeit vermehrt wird. Das führt zu einer zweiten Beziehung $R = R(r)$. Beide zusammen liefern ein bestimmtes, zu den ursprünglich gequantelten Werten r^0, R^0 gehörendes Wertepaar r, R für die einander störenden Bahnen. Die bei diesem Prozeß auftretenden Arbeitsleistungen führen dann direkt zu den gesuchten Energieabweichungen des gestörten Elektronensystems vom ungestörten.

§ 2. Als Beispiel für diese Methode wollen wir zunächst eine Anzahl von Elektronenringen betrachten, deren Konfiguration durch eine Anzahl Koordinaten a (Ringradien) in der Art beschrieben sei, daß die potentielle Energie der Elektronen des $k$ten Ringes gegeneinander und gegen den Kern nur von einem a_k abhängt:

$$U_k = U_k(a_k). \tag{1}$$

Eventuelle räumliche Neigungen der Bahnebenen seien also zwangsläufig durch a_k mitbestimmt, ebenso Verzerrungen der Bahnen.

Zwischen je zwei Ringen bestehe ferner das Potential der Störungskräfte

$$V_{jk} = V_{jk}(a_j, a_k) \tag{1'}$$

Beschreibt man den Systemzustand durch Koordinaten und Geschwindigkeiten, so gilt nach LAGRANGE die Gleichgewichtsbedingung:

$$\frac{\partial}{\partial a_k}\left(\sum_i U_i + \sum_{i<j}\sum V_{ij} - \sum_i T_i\right) = 0,$$

in der die kinetische Energie T_i proportional a_i^2 sein möge (z. B $T_i = \frac{m}{2} a_i^2 \dot{\varphi}_i^2$). Letztere Gleichung geht wegen 1) über in

$$\frac{2}{a_k} \cdot T_k = \frac{\partial}{\partial a_k}\left(U_k + \sum_{j \neq k} V_{jk}\right), \qquad 1'')$$

wodurch dann auch T_k als Funktion der a ausgedrückt ist.

Als Ausgangszustand des $k$ten Ringes nehmen wir den Fall, daß alle engeren Ringe in den Kern hineingedrängt sind, alle äußeren sich ins Unendliche ausgedehnt haben, während a_k selbst den ungestört gequantelten Wert a_k^0 besitzt:

$$a_k = a_k^0, \quad a_j = 0 \ (j<k), \quad a_j = \infty \ (j>k). \qquad 2)$$

Man gehe nun vom Anfangszustand 2) aus und ändere durch irgendeinen Zwang alle a_j $(j \neq k)$ um gewisse Beträge $d\,a_j$. Damit a_k mit den a_j im mechanischen Gleichgewicht bleibt, muß sich auch a_k ändern, und zwar in der Weise, daß die von den a_j an a_k geleistete Arbeit

$$d\,A_k = -\frac{\partial}{\partial a_k}\left(\sum_{j \neq k} V_{jk}\right) d\,a_k$$

gleich ist der Energiezunahme

$$d\,W_k = \frac{\partial W_k}{\partial a_k}\, d\,a_k + \sum_{j \neq k} \frac{\partial W_k}{\partial a_j}\, d\,a_j$$

der Energie $W_k = U_k + T_k$.

Die Gleichsetzung von $d\,A_k$ und $d\,W_k$ ergibt

$$\frac{\partial}{\partial a_k}\left(W_k + \sum_{j \neq k} V_{jk}\right) d\,a_k + \sum_{j \neq k} \frac{\partial W_k}{\partial a_j}\, d\,a_j = 0. \qquad 3)$$

Die Lösung dieser totalen Differentialgleichung (PFAFFsche Gleichung) wird gesucht in der Form

$$a_k = a_k(a_1 \ldots a_{k-1}\, a_{k+1} \ldots a_n), \qquad 3')$$

ausgehend vom Anfangszustand 2). Daß bei zwei Ringen eine und nur eine Lösung vorhanden ist, ist trivial.

Bei **drei** Ringen hängt die Existenz und Eindeutigkeit der Lösung $a_1 = a_1(a_2 a_3)$ der PFAFFschen Gleichung

$$\frac{\partial(W_1 + V_{12} + V_{13})}{\partial a_1} d a_1 + \frac{\partial W_1}{\partial a_2} d a_2 + \frac{\partial W_1}{\partial a_3} d a_3 = 0 \qquad 4)$$

ab von der Erfüllung einer „Integrabilitätsbedingung" genannten Beziehung[1]) zwischen den Koeffizienten von $d a_1$, $d a_2$, $d a_3$. Werden diese Koeffizienten X, Y, Z genannt, so heißt die Bedingung

$$0 = X\left(\frac{\partial Y}{\partial a_3} - \frac{\partial Z}{\partial a_2}\right) + Y\left(\frac{\partial Z}{\partial a_1} - \frac{\partial X}{\partial a_3}\right) + Z\left(\frac{\partial X}{\partial a_2} - \frac{\partial Y}{\partial a_1}\right). \qquad 4')$$

Im vorliegenden Fall 4) wird daraus

$$\begin{aligned} 0 = {} & \frac{\partial(W_1 + V_{12} + V_{13})}{\partial a_1} \cdot \left(\frac{\partial^2 W_1}{\partial a_2 \partial a_3} - \frac{\partial^2 W_1}{\partial a_3 \partial a_2}\right) \\ & + \frac{\partial W_1}{\partial a_2} \cdot \left(\frac{\partial^2 W_1}{\partial a_3 \partial a_1} - \frac{\partial^2 (W_1 + V_{12} + V_{13})}{\partial a_1 \partial a_3}\right) \\ & + \frac{\partial W_1}{\partial a_3} \cdot \left(\frac{\partial^2 (W_1 + V_{12} + V_{13})}{\partial a_1 \partial a_2} - \frac{\partial^2 W_1}{\partial a_2 \partial a_1}\right). \end{aligned}$$

Da nun in der Summe $W_k = U_k + T_k$ die Größe U_k nur von a_k abhängt, während T_k nach 1″) auch andere a_j enthält, wird aus 4′)

$$0 = \frac{\partial T_1}{\partial a_2} \cdot \left(-\frac{\partial^2 V_{13}}{\partial a_1 \partial a_3}\right) + \frac{\partial T_1}{\partial a_3} \cdot \frac{\partial^2 V_{12}}{\partial a_1 \partial a_2}. \qquad 4'')$$

Darin ist wegen 1″)

$$\frac{\partial T_1}{\partial a_2} = \frac{a_1}{2} \frac{\partial^2 V_{12}}{\partial a_1 \partial a_2}, \qquad \frac{\partial T_1}{\partial a_3} = \frac{a_1}{2} \frac{\partial^2 V_{13}}{\partial a_1 \partial a_3},$$

woraus die Richtigkeit von 4″), d. h. die Erfüllung der Integrabilitätsbedingung folgt. Von einem bestimmten Anfangszustande der $a_1 a_2 a_3$ ausgehend, gehört also zu jedem Wertepaar $a_2 a_3$ ein bestimmtes $a_1 = a_1(a_2 a_3)$, gleichgültig auf welchem „Wege", d. h. in welcher funktionalen Verknüpfung $a_2(a_3)$ die beiden Größen a_2 und a_3 von jenen Anfangswerten in die Endwerte übergegangen sind.

[1]) Vgl. z. B. SERRET, Lehrb. d. Diff.- u. Int.-Rechnung, Bd. III, Nr. 872. Leipzig, Teubner, 1909.

Kommt nun ein vierter Ring a_4 hinzu, so drücke man mit Hilfe einer willkürlichen Funktionalbeziehung $a_4 = a_4(a_3)$ überall a_4 durch a_3 aus, indem man z. B. schreibt

$$W_1(a_1 a_2 a_3 a_4) = W_1[a_1 a_2 a_3] = [W_1],$$
$$\frac{\partial W_1}{\partial a_3} + \frac{\partial W_1}{\partial a_4}\frac{\partial a_4}{\partial a_3} = \frac{\partial [W_1]}{\partial a_3},$$
$$V_{13} + V_{14} = V_{13}[a_1 a_3] + V_{14}[a_1 a_3] = [V_{13}],$$
$$V_{12} = [V_{12}].$$

Dann geht bei vier Ringen 3) über in die zu 4) analoge Gleichung

$$\frac{\partial}{\partial a_1}([W_1] + [V_{12}] + [V_{13}])\,d a_1 + \frac{\partial}{\partial a_2}[W_1]\,d a_2 + \frac{\partial}{\partial a_3}[W_1]\,d a_3 = 0,$$

die ebenso wie 4) die Unabhängigkeit des Endzustandes a_1 vom Wege der zwei unabhängigen Variablen a_2, a_3 verbürgt. Da die Abhängigkeit $a_4 = a_4(a_3)$, d. h. der „Weg" von a_4, willkürlich sein durfte, folgt die Unabhängigkeit des Endzustandes a_1 vom Wege der $a_2 a_3 a_4$ aus ihrem Anfangszustand in ihren Endzustand. Der Spezialfall 2) als Anfangszustand ist dabei nicht wesentlich.

Sukzessive zu mehr als vier Ringen übergehend, erhält man dann die eindeutige Bestimmtheit der Lösung a_k 3') der PFAFFschen Gleichung 3). Indem man ferner den Index k von 1 bis n variieren läßt, jedesmal von einem Anfangszustande 2) ausgehend, erhält man n Gleichungen $a_1 = a_1(a_2 a_3 a_4 \ldots)$, $a_2 = a_2(a_1 a_3 a_4 \ldots)$ für die n Unbekannten a. Diese Gleichungen haben ein bestimmtes Wertsystem $a_1 a_2 \ldots a_n$ als Lösung, welches man durch ein konvergentes Verfahren folgendermaßen ermitteln kann. Man bringe vom Ausgangszustande 2) aus alle Ringe außer a_k zwangsweise in die intermediären Lagen a_j^0. Dadurch rückt a_k^0, um das Gleichgewicht aufrecht zu erhalten, in eine gestörte Lage $a_k^{(1)}$. Durch den entsprechenden Prozeß findet man auch gestörte Lagen $a_j^{(1)}$ für alle anderen Ringe. Jetzt bringe man alle Ringe $a_{j \neq k}$ in die eben bestimmten Lagen $a_j^{(1)}$; dadurch rückt a_k in eine Lage $a_k^{(2)}$. Durch den entsprechenden Prozeß findet man auch gestörte Lagen $a_j^{(2)}$ für die anderen Ringe. Durch Fortführung dieses Verfahrens gelangt man so zu einer Reihe von Wertsystemen

$$a_1^0\, a_2^0\, a_3^0 \ldots;\quad a_1^{(1)}\, a_2^{(1)}\, a_3^{(1)} \ldots;\quad a_1^{(2)}\, a_2^{(2)}\, a_3^{(2)} \ldots;\quad \ldots,$$

welche gegen das adiabatisch richtige Wertsystem $a_1 a_2 a_3 \ldots$ konvergieren. Da die gestörte Lage $a_k^{(1)}$ unabhängig vom Wege der

a_j-Veränderungen ist, kann man den Weg einschlagen, die a_j aus ihren Anfangslagen (2) einzeln nacheinander in die Endlagen $a_j^{(0)}$ zu bringen; a_k^0 rückt dadurch in $n-1$ Schritten nach $a_k^{(1)}$, und bei jedem dieser Schritte sind alle $d a_i$ gleich Null außer zweien (nämlich außer $d a_k$ und dem gerade vorrückenden $d a_j$). Die Behandlung der totalen Differentialgleichung 3) ist damit auf eine Folge von gewöhnlichen Differentialgleichungen 1. Ordnung reduziert.

§ 3. Im folgenden soll das Beispiel zweier komplanarer Ringe mit den Radien r_1 (innerer) und r_2 (äußerer Ring) und den Elektronenzahlen p_1 und p_2 behandelt werden. Wir werden dabei die Formeln, die Herr SOMMERFELD [1]) durch nachträgliche Quantelung des gestörten Systems gefunden hat, teils bestätigen, teils ergänzen. Es ist hier speziell, wenn Z_1 bzw. Z_2 die „wirksame Kernladungszahl" bedeutet,

$$\left.\begin{aligned} U_1 &= -\frac{\varepsilon^2 p_1 Z_1}{r_1}, \\ U_2 &= -\frac{\varepsilon^2 p_2 Z_2}{r_2}, \\ V_{12} &= \frac{\varepsilon^2 p_1 p_2}{r_2}\left(\frac{1}{4}\frac{r_1^2}{r_2^2}+\cdots\right), \\ \text{also nach } 1'')\quad T_1 &= \frac{1}{2}\frac{\varepsilon^2 p_1}{r_1}\left[Z_1+\frac{p_2}{2}\frac{r_1^3}{r_2^3}+\cdots\right], \\ T_2 &= \frac{1}{2}\frac{\varepsilon^2 p_2}{r_2}\left[Z_2-\frac{3p_1}{4}\frac{r_1^2}{r_2^2}+\cdots\right]. \end{aligned}\right\} \tag{5}$$

Die Gleichungen 3) 2) verwandeln sich, wenn man unter k einmal den inneren, dann den äußeren Ring versteht, in

$$\frac{d r_2}{d r_1} = -\frac{\frac{\partial}{\partial r_1}(W_1+V_{12})}{\frac{\partial}{\partial r_2} W_1} \quad \text{bzw.} \quad \frac{d r_1}{d r_2} = -\frac{\frac{\partial}{\partial r_2}(W_2+V_{12})}{\frac{\partial}{\partial r_1} W_2} \tag{6}$$

$$r_1 = r_1^0, \quad r_2 = \infty, \qquad\qquad r_1 = 0, \quad r_2 = r_2^0, \tag{6'}$$

oder mit Benutzung der speziellen Werte 5)

$$\frac{d(r_2^{-3})}{d(r_1^{-3})} = f\left(\frac{r_2^{-3}}{r_1^{-3}}\right) = \frac{2}{3p_2} Z_1 + \frac{4}{3}\frac{r_2^{-3}}{r_1^{-3}}$$

bzw.

$$\frac{d(r_1^2)}{d(r_2^2)} = F\left(\frac{r_1^2}{r_2^2}\right) = \frac{2}{3p_1} Z_2 + \frac{1}{2}\frac{r_1^2}{r_2^2}.$$

[1]) A. SOMMERFELD, Phys. ZS. 19, 297, 1918.

Um sie zu integrieren, bezeichnet man den Quotienten r_2^{-3}/r_1^{-3} mit ξ bzw. r_1^2/r_2^2 mit Ξ, und erhält dann neue Differentialgleichungen für die Koordinaten r_1^{-3} und ξ bzw. r_2^2 und Ξ:

$$\frac{d\,(r_1^{-3})}{r_1^{-3}} = \frac{d\,\xi}{f(\xi)-\xi} \quad \text{bzw.} \quad \frac{d\,(r_2^2)}{r_2^2} = \frac{d\,\Xi}{F(\Xi)-\Xi}.$$

Setzt man die Abkürzung ein:

$$x = f(\xi)-\xi = \frac{2}{3\,p_2} Z_1 + \frac{1}{3}\xi, \quad X = F(\Xi)-\Xi = \frac{2}{3\,p_1} Z_2 - \frac{1}{2}\Xi,$$

so erhält man die Integrale

$$\ln(r_1^{-3}) = 3 \ln x + \text{Const} \quad \text{bzw.} \quad \ln(r_2^2) = -2 \ln X + \text{Const}.$$

Da nach 6') $\xi^0 = 0$, $\Xi^0 = 0$ ist, wird schließlich

$$\frac{r_1^0}{r_1} = 1 + \frac{p_2}{2\,Z_1}\frac{r_1^3}{r_2^3} \quad \text{bzw.} \quad \frac{r_2^0}{r_2} = 1 - \frac{3\,p_1}{4\,Z_2}\frac{r_1^2}{r_2^2} \tag{7}$$

als Lösung von 6) erhalten. Einsetzung dieser Größen in 5) gibt den Wert für die Gesamtenergie $E = T_1 + U_1 + T_2 + U_2 + V_{12}$

$$\left.\begin{aligned} -E = \frac{\varepsilon^2}{2}\Bigg\{&\left(\frac{p_1 Z_1}{r_1^0} + \frac{p_2 Z_2}{r_2^0}\right) - \frac{1}{2}\frac{p_1 p_2}{r_2^0}\left(\frac{r_1^0}{r_2^0}\right)^2 \\ &+ \frac{p_1 p_2}{r_2^0}\left[\frac{9}{16}\frac{p_1}{Z_2}\left(\frac{r_1^0}{r_2^0}\right)^4 + \frac{1}{4}\frac{p_2}{Z_1}\left(\frac{r_1^0}{r_2^0}\right)^5\right]\Bigg\}. \end{aligned}\right\} \tag{8}$$

Zu dem ungestörten Energiewert tritt also als Korrektion ein Glied mit $(r_1^0/r_2^0)^2$ und weitere zwei Glieder mit $(r_1^0/r_2^0)^4$ bzw. $(r_1^0/r_2^0)^5$. Während das erste Korrektionsglied mit Herrn SOMMERFELDs Ergebnis übereinstimmt, weichen die beiden letzteren im Vorzeichen ab. SOMMERFELDs Rechnung, die in den Gliedern höherer Ordnung nicht konsequent vorgeht, gibt jedoch richtig gestellt[1]) Übereinstimmung mit unserer Formel 8).

Eine Anwendung dieser Adiabatenmethode auf die Quantelung des Heliumatoms wird Verf. demnächst in der Phys. ZS. geben.

---

[1]) Bei SOMMERFELD, l. c. § 3, ist die vor (13) stehende Formel für V erhalten „durch Eintragung von (12) in (7)". Es muß aber (10) in (7) eingetragen werden. Dadurch werden die Glieder (15) um den doppelten Betrag mit umgekehrtem Vorzeichen vermehrt. SOMMERFELDs Ergebnisse für die Röntgenspektren werden dadurch aber nicht berührt, da sie mit Vernachlässigung der beiden letzten Korrektionsglieder gewonnen sind.

Eine Quantenregel für die räumliche Orientierung von Elektronenringen;

von A. Landé.

(Eingegangen am 11. Juli 1919.)

Über die räumliche Orientierung einer elliptischen Elektronenbahn in einem ebenen homogenen Kraftfeld hat Herr Sommerfeld[1]) eine Quantenregel abgeleitet. Bedeutet ϑ den Winkel zwischen der Bahnebene und der Normalebene des Feldes, so kann ϑ nur diskrete Werte annehmen, bestimmt durch

$$\cos\vartheta = \frac{n_1}{n},$$

wobei n die azimutale Quantenzahl des Elektrons auf seiner Bahnellipse bedeutet und n_1 ebenfalls eine ganze Zahl angibt ($0 \leqq n_1 \leqq n$). Es soll hier nun der allgemeinere Fall behandelt werden, daß zwei Elektronen auf verschiedenen Bahnen um einen schweren Kern kreisen[2]). In Fig. 1 bedeuten $J = AC$ und $J' = AC'$ Größe und Achsenrichtung des Drehimpulses für das erste und zweite Elektron in einem Zeitpunkt; die Diagonale $\mathfrak{J} = AB$ des Parallelogramms $ACBC'$ gibt also das Impulsmoment des ganzen Systems um die vom Schwerpunkt A ausgehende Achse AB an.

Fig. 1.

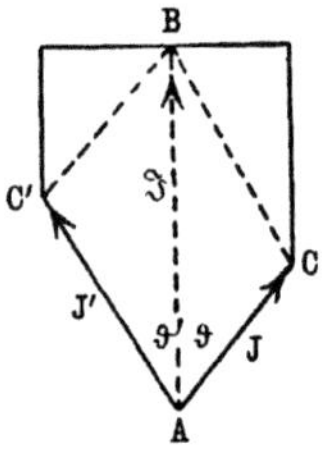

Nach dem Flächensatz bleibt $\mathfrak{J}$ dauernd nach Größe und Richtung unveränderlich. Unmittelbar aus der Figur folgt ferner für die Neigungswinkel ϑ und ϑ'

$$\mathfrak{J} = J\cos\vartheta + J'\cos\vartheta' = \text{const.} \qquad 1)$$

$$J\sin\vartheta - J'\sin\vartheta' = 0. \qquad 2)$$

1) A. Sommerfeld, Ann. d. Phys. (4) **51**, 31, 1916, Formel 22).

2) Im Nachtrag zu A. Landé, Das Serienspektrum des Heliums, Phys. ZS. **20**, 228, 1919 hat Verf. eine andere Ableitung der räumlichen Quantelung 4), 5) gegeben. [Dort wurde ϑ im umgekehrten Sinn benutzt, $-\vartheta$ statt ϑ; daher steht hier in 5) ein Minuszeichen.] Die hier gegebene Ableitung verdanke ich den Mitgliedern des Seminars für theoret. Physik in München.

Reprinted from *Deut. Phys. Ges.* **21**, 585–588 (1919).

Die Quantentheorie verlangt, daß die Flächenkonstante in 1)

$$\mathfrak{J} = \frac{kh}{2\pi} \qquad 3)$$

sei, wo k eine ganze positive Zahl bedeutet. Infolge der gegenseitigen Störungen der beiden Elektronen sind nun die einzelnen Faktoren J, J', $\cos\vartheta$, $\cos\vartheta'$ nicht konstant. Bei Vernachlässigung der Störungseinflüsse gehen aber J und J' in zeitlich konstante Größen über, quantentheoretisch bestimmt durch die Impulsgleichungen:

$$J = \frac{nh}{2\pi}, \qquad J' = \frac{n'h}{2\pi}, \qquad 3')$$

wobei n und n' die azimutalen Quantenzahlen der beiden Elektronenbahnen angeben. Einsetzung von 3), 3') in 1), 2) führt zu den Beziehungen

$$n\cos\vartheta + n'\cos\vartheta' = k \qquad 4)$$

$$n\sin\vartheta - n'\sin\vartheta' = 0 \qquad 5)$$

als Bestimmungsgleichungen für die Neigungen ϑ und ϑ' der beiden Elektronenbahnachsen gegen die unveränderliche Achse AB. Die auf AC senkrechte Bahnebene des einen Elektrons schneidet die auf AB senkrechte „unveränderliche Ebene" in zwei Halbstrahlen, dem aufsteigenden und dem absteigenden Knoten. Da AC mit AB und AC' dauernd in einer Ebene liegt, ergibt sich der Satz von Jakobi aus der Himmelsmechanik:

Der aufsteigende Knoten der einen Planetenbahn auf der unveränderlichen Ebene fällt dauernd mit dem absteigenden Knoten der anderen Planetenbahn zusammen.

Die Ebene $ACBC'$ mit den beiden Drehachsen AC und AC' kann noch um die im Raum feste Achse AB eine Rotationsbewegung ausführen [Präzession][1]), deren Schnelligkeit von den gegenseitigen Bahneinflüssen abhängt.

Fig. 2 enthält eine Zusammenstellung einiger nach 4), 5) bei verschiedenen Wertetripeln $nn'k$ möglichen Bahnneigungen ϑ und ϑ'. Die an die Drehimpulsvektoren geschriebenen Zahlen geben die azimutalen Quantenzahlen n, n', k an, deren Größe mit der Länge des betreffenden Vektors übereinstimmt. Der Vektor des gesamten Drehimpulses $\mathfrak{J}$ ist (wie in Fig. 1) senkrecht nach oben gezeichnet, J im allgemeinen nach rechts, J' nach links, soweit

[1]) Vgl. die Darstellung bei A. Landé, l. c.

J und J' nicht mit $\mathfrak{J}$ zusammenfallen. In letzterem Falle hat man Komplanarität der beiden Elektronenbahnen mit gleichem bzw. entgegengesetztem Umlaufssinn, je nachdem J und J' nach der gleichen bzw. entgegengesetzten Richtung zeigen. Bei gegebenem $n' = 1$ (innerer Ring einquantig) gehören zu jedem n drei Stellungen, bei $n' = 2$ fünf, bei $n' = 3$ sieben Stellungen der beiden Ringe gegeneinander, usf.

Die vorigen Resultate und Formeln lassen sich auf den Fall zweier Ellipsenvereine von Elektronen, speziell auf zwei Kreis-

Fig. 2.

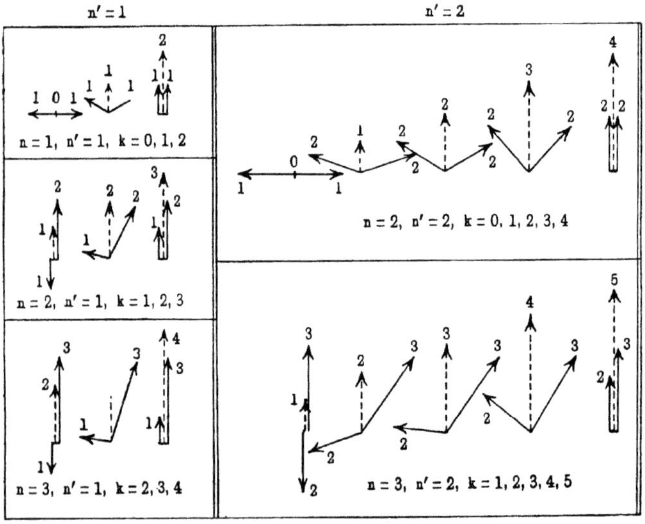

ringe mit den Besetzungszahlen p und p' ausdehnen. An Stelle von 3') treten dann die Impulsgleichungen

$$J = p \cdot \frac{nh}{2\pi}, \qquad J' = p' \frac{n'h}{2\pi} \tag{6}$$

auf, so daß man statt 4) 5) erhält

$$\left.\begin{aligned} p n \cos\vartheta + p' n' \cos\vartheta' &= k \\ p n \sin\vartheta - p' n' \sin\vartheta &= 0 \end{aligned}\right\} \tag{7}$$

als neue Orientierungsregeln für die Winkel ϑ und ϑ' der Bahnebene gegen die unveränderliche Ebene.

Nach einer von Herrn SOMMERFELD schon 1916 ausgesprochenen These[1]) enthält eine Serie von Spektraltermen lauter Terme mit gleicher azimutaler Quantenzahl n, die sich nur durch verschiedene radiale Quantenzahlen unterscheiden. Z. B. sollen nach SOMMERFELD die S-, P-, D-, B-Terme bzw. durch die azimutalen Quantenzahlen $n = 1, 2, 3, 4$ äußerer Elektronen charakterisiert sein. Da nach 4), 5) bei gegebenem n' (Festlegung innerer Elektronenbahnen) und gegebenem n (Festlegung des Seriencharakters: S-, P-, D- oder B-Term) noch verschiedene Werte k, also verschiedene Neigungen ϑ, ϑ' vorkommen können, folgt die Möglichkeit, verschiedene S-, P-, D-, B-Serien eines Atoms auf verschiedene Orientierung der Bahnebenen gegen die unveränderliche Ebene zurückzuführen[2]).

[1]) A. SOMMERFELD, Sitzungsber. der Bayr. Akad. 1916, S. 131.

[2]) Eine Anwendung auf die beiden Spektren des Heliums (Orthohelium- und Parheliumspektrum) wird Verfasser demnächst in der Phys. ZS. geben.

Das Serienspektrum des Heliums.

(Vorläufige Mitteilung.)

Von A. Landé.

Um das Serienspektrum des Heliums und der Alkalien dynamisch zu erklären, braucht man sich mit Rücksicht auf die Bohrsche Frequenzbedingung $\nu = E_n - E_n/h$ nur mit den Energiewerten E_n zu beschäftigen, die ein Außenelektron (Valenzelektron) auf seiner n-quantigen Bahn um die von $Z - 1$ Innenelektronen dicht umgebene Kernladung $+Ze$ besitzt. Kern und innere Elektronen wirken auf das äußere wie ein punktförmiger Kern der Ladung $+e(1 + \varkappa)$, worin $\varkappa$ aus der Wechselwirkung der Elektronen zu berechnen ist. In Anbetracht der Schnelligkeit des Elektronenumlaufes ersetzte A. Sommerfeld[1]) die Wechselwirkung zwischen inneren und äußeren Elektronen näherungsweise durch die Wirkung, welche zwischen den konzentrischen Kreisbahnen auftritt, wenn man sich dieselben entsprechend der Verweilzeit kontinuierlich mit Elektrizität belegt denkt. $\varkappa$ wird dann eine Größe zweiter Ordnung in dem Radienverhältnis der inneren Elektronenbahnen zur äußeren. Dagegen würde man einen Effekt erster Ordnung durch eine exzentrische Verschiebung des Ringes vom äußeren Valenzelektron fort (Fig. 1) erhalten, und eine solche Verschiebung ist infolge der abstoßenden Kraft des Außen-

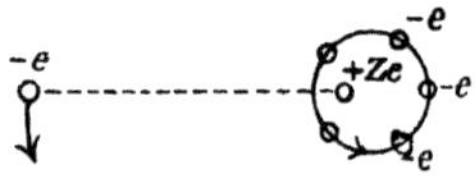

Fig. 1.

elektrons gegen die Ringelektronen tatsächlich vorhanden. Der Kern $+Ze$ mit der um die Strecke d verschobenen Ringladung $(Z - 1)(-e)$ wirkt dann auf das äußere Elektron in erster Näherung zurück wie ein Dipol vom Moment $d \cdot e$, dessen ungleichnamiger Pol auf das Valenzelektron zu zeigt; erst in zweiter Näherung macht sich in $\varkappa$ die Größe des Ringes bemerkbar, und in dritter Näherung eine Verzerrung der Kreisringform. Es kommt nun darauf an, die Größe der exzentrischen Ringverschiebung d im Feld des Valenzelektrons zu berechnen. Das ist eine ähnliche Aufgabe, wie die in der Dispersionstheorie gestellte Frage nach dem Moment eines Ringes im periodischen Feld einer Lichtwelle, nur daß im vorliegenden Fall das Feld mit dem Valenzelektron rotiert und dazu nicht an allen Stellen des Ringes die gleiche Stärke und Richtung hat. Letztere Inhomogenität wird aber die Größe des erzielten Ringmomentes wieder nur in höherer Ordnung verändern. Wir denken uns deshalb das inhomogene Feld des Valenzelektrons ersetzt durch ein homogenes von der Größe und Richtung, wie es im Ringzentrum herrschen würde. Die verschiedenen schiefen Stellungen der Bahnebene des äußeren Elektrons gegen den

1) A. Sommerfeld, Sitzungsber. der Bayr. Akademie, November 1916.

Reprinted from *Phys. Z.* **20**, 228–234 (1919).

inneren Ring und die verschiedenen Ellipsenformen dieser Bahn, die bei azimutaler, radialer und räumlicher Quantelung auftreten, ergeben schließlich die Aussicht, das Seriensystem des Heliums dynamisch zu deuten.

Der Gang der Untersuchung ist so vorgezeichnet: Man rechne in Anlehnung an Debyes Störungstheorie des Wasserstoffmoleküls[1]) die Störungen in einem rotierenden Felde aus, setze für die Größe des Feldes die vom Außenelektron herrührende Feldstärke $-e/r^2$ ein und ziehe die Energiebilanz des gesamten Systems Kern+Ring+Valenzelektron bei verschieden gequantelten Bahnen des letzteren, um die mit h multiplizierten Kombinationsterme des Serienspektrums zu erhalten. Ihre Größe hängt natürlich ab von der jeweiligen exzentrischen Ringverschiebung. Berechnet man aber die Ringmomente in der üblichen Weise der Dispersionstheorie, sinngemäß für rotierendes Feld geändert, so erhält man ganz falsche Energiewerte. Die üblichen gestörten Ringbahnen, welche aus ungestörten Kreisbahnen vom Radius a entstehen, sind nämlich in dem störenden Feld zwar im Gleichgewicht; mit diesem Feld sind aber auch noch viele andere exzentrisch verschobene Bahnen verträglich, nämlich diejenigen, welche nach jenen Formeln aus Kreisen mit irgendwelchen anderen Radien a' entstehen würden. Aus der Auswahl dieser mechanisch mit dem störenden Feld verträglichen Bahnen hat man nun diejenige auszusuchen, welche aus der ungestörten Kreisbahn a bei unendlich langsamen Anwachsen des Feldes entstehen würde (Adiabatensatz von P. Ehrenfest[2])). Da nun die Ringladung $-pe$ auch beim Bohrschen Atommodell näherungsweise quasielastisch an den Kern gebunden ist, leistet ein elektrisches Feld beim Anwachsen vom Betrag Null auf den Betrag $\mathfrak{E}$ die Verschiebungsarbeit

$$W = pe \cdot \mathfrak{E} \cdot \frac{d}{2} .$$

Der um d verschobene Ring muß also einen um W größeren Energieinhalt (kinetische + potentielle Energie der Ringelektronen gegeneinander und gegen den Kern) haben als der ungestörte Ring. Die Debyeschen gestörten Dispersionsbahnen widersprechen aber dieser Forderung, wie man sich durch Rechnung leicht überzeugt. Zu dem ungestörten Radius a bekommt man vielmehr die energetisch richtigen gestörten Bahnen, indem man die Debyeschen Störungsformeln auf einen ungestörten Ring a' anwendet, wobei a' so zu wählen ist, daß nach der Verschiebung die adiabatisch verlangte Energiezunahme W gilt. Im Falle der periodischen Lichtwelle wäre also mit der Verschiebung eine periodische Pulsation des Ringes verbunden, in unserm Fall der Heranbringung des felderzeugenden Valenzelektrons aus dem Unendlichen eine einmalige kleine Zusammenschrumpfung des Ringes bei seiner azentrischen Verschiebung. Übrigens erweist sich diese Radiusänderung als so klein, daß bei der Entwicklung des atomaren Feldes nach Potenzen von a/r in großer Näherung der normale Wert a eingesetzt werden kann. Jenes Zusammenschrumpfen ist aber für die Energiebilanz wesentlich.

Um dann die Serienterme zu erhalten, hat man nach der Methode der Dispersionstheorie zu jeder Entfernung r des Außenelektrons die zugehörige Lage des Ringes aufzusuchen und das Potential des exzentrischen Systems Kern + verschobener Ring auf das Valenzelektron zu bilden und die Verschiebungsenergie W hinzuzufügen, um nach den allgemeinen Methoden von A. Sommerfeld[1]) die quantentheoretischen Bahnen des Valenzelektrons in diesem Potentialfeld zu erhalten[2]).

Das Valenzelektron soll um den Kern eine konzentrische Kreisbahn beschreiben, deren Achse mit der Achse des ungestörten inneren Ringes einen Winkel ϑ einschließt (Fig. 2).

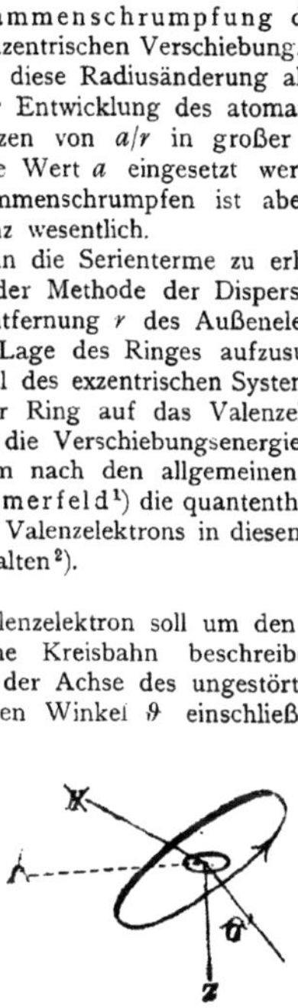

Fig. 2

$\vartheta = 180^0$ bedeutet also komplanar, aber entgegengesetzt umlaufendes Elektron. Nimmt man die Schnittlinie der beiden Bahnebenen zur x-Achse, die Drehachse, des inneren Ringes zur z-Achse, und hat das äußere Elektron die Umlaufsfrequenz s, so ist seine Bahn beschrieben durch

$$X_0 = r \cos s\,t, \qquad Y_0 = r \sin s\,t \cos \vartheta, \qquad Z_0 = r \sin s\,t \sin \vartheta. \tag{1}$$

Es erzeugt im Ringzentrum ein Feld, dessen periodische Komponenten durch die reellen Teile von

1) P. Debye, Sitzungsber. der Bayr. Akademie, Januar 1915.
2) P. Ehrenfest, Ann. d. Phys. 51, 327, 1916

1) A. Sommerfeld, l. c.
2) Vgl. Fußnote 1 S. 232.

$$\mathfrak{E}_x = \frac{e}{r^2} e^{is'}, \quad \mathfrak{E}_y = -i \frac{e}{r^2} \cos\vartheta\, e^{is}, \qquad (1')$$
$$\mathfrak{E}_z = -i \frac{e}{r^2} \sin\vartheta\, e^{is}$$

gegeben sind.

Die Ringelektronen (beim *He* nur ein einziges) mögen mit der Frequenz ω auf einem Kreis vom Radius a umlaufen; eins von ihnen beschreibt dann ungestört die Bahn

$$x = a \cos \omega t, \quad y = a \sin \omega t, \quad z = 0. \qquad (2)$$

Steht es unter dem Einfluß der scheinbaren Kernladung $Z' = Z - s_p$ mit der Abschirmungskonstante s_p (bei *He* ist $Z' = Z = 2$), so sind a und ω durch die mechanische Gleichgewichtsforderung und Quantenbedingung (einquantige Bahn)

$$m a \omega^2 = \frac{Z' e^2}{a^2}, \quad m a^2 \omega = \frac{1 \cdot h}{2\pi} \qquad (3)$$

festgelegt, während das Valenzelektron mit n Quanten den Impuls

$$m r^2 s = \frac{n h}{2\pi} \qquad (3')$$

hat. Aus Gl. (3) und (3') folgt die Frequenzbeziehung

$$\frac{s}{\omega} = \frac{n a^2}{r^2}. \qquad (3'')$$

Die ungestörte Bahn (2) des inneren Elektrons ändere durch den Einfluß des Feldes (1') ihren Kernabstand a um einen Betrag $R(t)$, ihren Phasenwinkel ωt um einen Winkel $\Phi(t)$, und ihre Koordinate $z = 0$ um den Betrag $Z(t)$, wobei R/a, Φ und Z/a als periodische Funktionen

$$\left.\begin{aligned} \frac{R}{a} &= \frac{A}{2} e^{i(s+\omega)t} + \frac{A'}{2} e^{i(s-\omega)t}, \\ \Phi &= \frac{B}{2} e^{i(s+\omega)t} + \frac{B'}{2} e^{i(s-\omega)t}, \\ \frac{Z}{a} &= \frac{G}{2} e^{ist} \end{aligned}\right\} \qquad (4)$$

in die Bewegungsgleichungen des Ringelektrons im störenden Feld eingesetzt werden können. Mit Hilfe der potentiellen Energie U von Kern und Ring, die bei dem einen Ringelektron des *He* die Gestalt

$$U = -Ze^2 : \sqrt{(a+R)^2 + Z^2} = -\frac{2e^2}{a}\left(1 - \frac{R}{a} + \frac{R^2}{a^2} - \frac{1}{2}\frac{Z^2}{a^2} + \cdots\right) \qquad (5)$$

hat, erhält man nach dem Muster der Debyeschen Störungstheorie beim Wasserstoffmolekül[1])

[1]) P. Debye, l. c.

als Resultat für die Koeffizienten A, A', B, B', G in (4) die Ausdrücke

$$\left.\begin{aligned} A &= \frac{1}{m a \omega^2} \frac{e^2}{r^2} (1 - \cos\vartheta) \frac{\left(2 + \frac{s}{\omega}\right)^2 - 1}{\left(1 + \frac{s}{\omega}\right)^4 - \left(1 + \frac{s}{\omega}\right)^2} \\ B &= \frac{i}{m a \omega^2} \frac{e^2}{r^2} (1 - \cos\vartheta) \frac{\left(2 + \frac{s}{\omega}\right)^2 + 2}{\left(1 + \frac{s}{\omega}\right)^4 - \left(1 + \frac{s}{\omega}\right)^2} \\ A' &= \frac{1}{m a \omega^2} \frac{e^2}{r^2} (1 + \cos\vartheta) \cdot \frac{\left(2 - \frac{s}{\omega}\right)^2 - 1}{\left(1 - \frac{s}{\omega}\right)^4 - \left(1 - \frac{s}{\omega}\right)^2} \\ B' &= \frac{-i}{m a \omega^2} \frac{e^2}{r^2} (1 + \cos\vartheta) \frac{\left(2 - \frac{s}{\omega}\right)^2 + 2}{\left(1 - \frac{s}{\omega}\right)^4 - \left(1 - \frac{s}{\omega}\right)^2} \\ G &= \frac{-2i}{m a \omega^2} \frac{e^2}{r^2} \sin\vartheta \cdot \frac{1}{\left(\frac{s}{\omega}\right)^2 - 1} \end{aligned}\right. \qquad (6)$$

Die Entwicklung nach der kleinen Größe $s/\omega = na^2/r^2$ gibt mit Benutzung von (3)

$$\left.\begin{aligned} A &= (1 - \cos\vartheta) \frac{1}{n} \frac{3}{4} \left(1 - \frac{7}{6}\frac{s}{\omega}\right) \\ B &= i(1 - \cos\vartheta) \frac{1}{n} \frac{6}{4} \left(1 - \frac{11}{6}\frac{s}{\omega}\right) \\ A' &= -(1 + \cos\vartheta) \frac{1}{n} \frac{3}{4} \left(1 - \frac{7}{6}\frac{s}{\omega}\right) \\ B' &= i(1 + \cos\vartheta) \frac{1}{n} \frac{6}{4} \left(1 - \frac{11}{6}\frac{s}{\omega}\right) \\ G &= i \frac{s}{n\omega}. \end{aligned}\right\} \qquad (7')$$

G ist also in s/ω um eine Größenordnung kleiner als A, B, A', B'.

Damit sind die Störungen (4) bestimmt: Aus ihnen setzt sich die Bahn des gestörten Ringelektrons zusammen (statt (2))

$$\left.\begin{aligned} x &= (a + R)\cos(\omega t + \Phi) = \\ &= a\left[\cos\omega t + \frac{R}{a}\cos\omega t - \Phi \sin\omega t\right] \\ y &= (a + R)\sin(\omega t + \Phi) = \\ &= a\left[\sin\omega t + \frac{R}{a}\sin\omega t - \Phi\cos\omega t\right] \\ z &= Z = a \cdot \frac{Z}{a}. \end{aligned}\right\} \qquad (8)$$

Bildet man aus (1) und (8) die Entfernung l zwischen dem Valenz- und dem Ringelektron, so erhält man, da

$$l^2 = (X_0 - x)^2 + (Y_0 - y)^2 + (Z_0 - z)^2,$$

den folgenden Ausdruck

$$\frac{l^2}{r^2} = 1 - \frac{2a}{r}\Big[(\cos st \cos \omega t + \cos\vartheta \sin st \sin\omega t) +$$

$$+ \frac{R}{a}\Big(\cos(s+\omega)t \cdot \frac{1-\cos\vartheta}{2} + \cos(s-\omega)t \frac{1+\cos\vartheta}{2}\Big)$$

$$- \Phi\Big(\sin(s+\omega)t \cdot \frac{1-\cos\vartheta}{2} - \sin(s-\omega)t \frac{1+\cos\vartheta}{2}\Big)\Big]$$

$$+ \frac{a^2}{r^2} = 1 - 2M + N^2$$

mit $M = \frac{a}{r}[\cdots], \quad N = \frac{a}{r}.$ (9)

Bildet man die reziproke Größe r/l, entwickelt bis zu Gliedern zweiter Ordnung

$$\frac{r}{l} = 1 + M + \frac{1}{2}(3M^2 - N^2) + \cdots$$

und bestimmt den zeitlichen Mittelwert, so erhält man nach einiger Rechnung

$$\overline{M} = \frac{a}{r}\Big[\frac{1-\cos\vartheta}{8}(A - iB) + \frac{1+\cos\vartheta}{8}(A' + iB')\Big]$$

$$\overline{M^2} = \frac{a^2}{r^2}\Big\{\frac{1+\cos^2\vartheta}{4} +$$

$$+ \frac{1}{128}(1-\cos\vartheta)^2[(A - iB)^2 + 2A^2 + 2(iB)^2 +$$

$$+ \frac{1}{128}(1+\cos\vartheta)^2[(A' + iB')^2 + 2A'^2 + 2(iB')^2] -$$

$$- \frac{1-\cos^2\vartheta}{32}(A - iB)(-A' - iB')\Big\}. \qquad (10)$$

Andererseits ist die in obiger Verschiebungsarbeit W vorkommende Größe $d/2$ zu entnehmen aus der Entwicklung

$$W = \frac{e^2}{r^2} \cdot \frac{d}{2} = \frac{e^2}{2r}\Big(\frac{l}{r} - 1\Big) =$$

$$= -\frac{e^2}{r}\Big[\frac{\overline{M}}{2} + \frac{1}{4}(\overline{M^2} - \overline{N^2})\Big]. \qquad (10')$$

Das mittlere Potential des in der Entfernung r kreisenden Elektrons gegen Kern $Z = 2$ und Ring $-1e$ ist also beim Helium

$$V = -\frac{e^2}{r}\Big(2 - \Big(\overline{\frac{r}{l}}\Big)\Big) + W.$$

Mit Benutzung von (7), (10), (10′) ergibt sich

$$V = -\frac{e^2}{r}\Big(1 + \alpha_1 \frac{a}{r} + \alpha_2 \frac{a^2}{r^2} + \alpha_3 \frac{a^3}{r^3} + \cdots\Big) \qquad (11)$$

mit den Abkürzungen

$$\left.\begin{aligned} \alpha_1 &= \frac{9\cos\vartheta}{16n}, \\ \alpha_2 &= -\frac{1+5\cos^2\vartheta}{16} - \\ &\quad - \frac{45(1+150\cos^2\vartheta+\cos^4\vartheta)}{n^2 \cdot 4096} \end{aligned}\right\} \qquad (12)$$

als mittleres Potential des auf einer geneigten Kreisbahn umlaufenden Valenzelektrons gegen Kern und verschobene Kreisbahn des inneren Ringelektrons beim Helium. Für $\vartheta = 0^0$ und $\vartheta = 180^0$ ist überdies (11) nicht nur das mittlere Potential, sondern das Potential in jedem Punkt der komplanaren Kreisbahn. Wir betrachten nun im Folgenden den Ausdruck (11), (12) als Potential des Valenzelektrons in einem beliebigen Punkt des Abstandes r vom Kern, auch wenn sich das Valenzelektron auf irgendeiner andern Bahn, etwa einer Ellipse, durch diesen Punkt hindurch bewegt.

Die Reihenentwicklung (11) des Potentials V auf das Valenzelektron bildet die Grundlage der Quantelung seiner Umlaufsbahnen im Atomfeld. Herr Sommerfeld hat die allgemeine Methode zur Ableitung der zugehörigen Kombinationsterme[1]) mit Hilfe komplexer Integration gegeben nur für den Fall, daß allein gerade Potenzen von $\frac{a}{r}$ in V vorkommen (fehlende exzentrische Ringverschiebung). Die Erweiterung der Sommerfeldschen Methode auf Potentialfelder der Gattung (13) führt zu folgender Bahnenergie des Valenzelektrons bei n azimutalen und n' radialen Quanten

$$h\nu = \frac{Nh}{(n+n')^2} \cdot \frac{1}{\Big(1 - \frac{n}{n+n'}\delta_n\Big)^2} \qquad (13)$$

worin δ_n die nur von n, nicht von n' abhängende Größe bedeutet:

$$\delta_n = \alpha_1\Big(\frac{a}{n^2 a_0}\Big) + \Big(\alpha_2 + \frac{\alpha_1^2}{2}\Big)\Big(\frac{a}{n^2 a_0}\Big)^2 +$$

$$+ \Big(\alpha_3 + 3\alpha_1\alpha_2 + \frac{\alpha_1^3}{2}\Big)\Big(\frac{a}{n^2 a_0}\Big)^3 + \cdots \qquad (13')$$

mit den Abkürzungen

$$\left.\begin{aligned} N &= \frac{2\pi m e^4}{h^3} \quad \text{(Rydberg-Frequenz)}, \\ a_0 &= \frac{h^2}{4\pi^2 m e^2} \quad \text{(innerster Wasserstoff-ringradius)}. \end{aligned}\right\} \qquad (14)$$

Die in δ_n auftretende Größe $a/n^2 a_0$ ist im wesentlichen gleich a/r. Die Stellung ϑ der schiefen Kreisbahnen ist geregelt durch die Sommerfeldschen Bedingungen[2])

$$\cos\vartheta = \frac{n_1}{n_1 + n_2} \quad \text{wobei} \quad n_1 + n_2 = n, \qquad (15)$$

erhalten aus der Quantelung im Raum. Jede quantentheoretisch mögliche Bahn ist nun charakterisiert durch die drei Quantenzahlen $n' n_1 n_2$.

1) A. Sommerfeld, Münchener Akademieberichte, November 1916.

2) A. Sommerfeld, Ann. d. Phys. **51**, 31, 1916, Formel 22.

$n = n_1 + n_2$ bestimmt das Flächenmoment $mr^2\dot{\varphi} = nh/2\pi$, die Neigung ϑ der inneren gegen die äußere Elektronenbahn ist durch (15) gegeben, und die Exzentrizität ε wird gefunden aus $\sqrt{1-\varepsilon^2} = n/n + n'$. Rechnet man die Terme ν_H aus (13) für verschiedene positiv ganzzahlige Tripel $n' n_1 n_2$ aus, so ergeben sich durch Vergleich mit den Serientermen $\nu_H = N/(n+n')^2$ des Wasserstoffs[1]) die in der folgenden Tabelle zusammengestellten Werte $\nu_{He} : \nu_H$.

	Beobachtung		Theorie		
	ν_{He}	$\nu_H : \nu_H$	$\nu_{He} : \nu_H$	$n' n_1 n_2$	ϑ
S_I	32 031	1,168	Näherung unzureichend		
	13 445	1,103			
	7 369	1,075			
	4 646	1,059			
P_I	27 174	0,982	0,9979	002	90^0
	12 099	0,992	0,9986	102	"
	6 817	0,994	0,9989	302	"
	4 367	0,995	0,9991	402	"
D_I	12 204	1,0011	0,9996	003	90^0
	6 863	1,0009	0.9997	103	"
	4 391	1,0007	0,99976	203	"

	Beobachtung		Theorie		
	ν_{He}	$\nu_H : \nu_H$	$\nu_{He} : \nu_H$	$n' n_1 n_2$	ϑ
S_{II}	38 453	1,402	1,37	110	0^0
	15 073	1,237	1,225	210	"
	8 011	1,168	1,160	310	"
	4 963	1,131	1,125	410	"
P_{II}	29 222	1,0657	1,050	020	0^0
	12 745	1,0458	1,034	120	"
	7 093	1,0337	1,023	220	"
	4 509	1,0278	1,019	320	"
D_{II}	12 208	1,0012	1,0181	030	0^0
	6 865	1,0010	1,0135	130	"
	4 393	1,0009	1,0108	230	"

Theorie		
$\nu : \nu_H$	$n' n_1 n_2$	ϑ
1,029	011	60^0
1,020	111	"
1,014	211	"
1,011	311	"
—	—	—
1,012	021	$48{,}20^0$
1,009	121	"
1,007	221	"
1,0062	012	$70{,}53^0$
1,0046	112	"
1,0039	212	"

1) Für N ist dabei der nach F. Paschen, Ann. d. Phys. 50, 935, 1916 für Helium geltende Wert $N = 109722$ genommen.

Nach einer zuerst von A. Sommerfeld vertretenen Auffassung besitzen in den Serien

$$\left.\begin{array}{ll} \text{Hauptserie} & \nu = S - P \\ \text{1. (diffuse) Nebenserie} & \nu = P - D \\ \text{2. (scharfe) Nebenserie} & \nu = P - S \end{array}\right\} \quad (16)$$

die S-Terme die azimutale Quantenzahl $n = 1$, die P-Terme $n = 2$, die D-Terme $n = 3$, während die radiale Quantenzahl n' die Werte $1, 2, 3 \cdots$ durchläuft. S-Terme gibt es also mit den Wertetripeln $(n' n_1 n_2) = (n', 0, 1)$ und $(n', 1, 0)$, P-Terme mit $(n', 0, 2)$, $(n', 1, 1)$ und $(n', 2, 0)$, D-Terme mit $(n', 0, 3)$, $(n' 1, 2)$, $(n', 2, 1)$ und $(n', 3, 0)$. Das sind zwei S-Termserien, drei P-Term- und vier D-Termserien. Empirisch gibt es ebenfalls zwei S-Termserien, nämlich S_I (Parhelium) und die einfach beobachteten S_{II}-Terme; ferner drei P-Termserien, nämlich P_I und die beiden Terme von P_{II}; ferner wäre es möglich, daß von den beobachteten drei D-Termen D_I und zwei D_{II}-Terme einer noch doppelt wäre, D_{II} also in Wahrheit ein Triplet darstellt. Die Zusammenstellung der Tabelle, graphisch in der Fig. 3 aufgetragen, zeigt aber, daß nach unserer Näherungsrechnung die Terme $(n' 0 2)$, $(n' 0 3)$, $(n' 2 0)$, $(n' 1 2)$, allenfalls auch $(n' 1 0)$ mit beobachteten Termen nahe zusammenfallen, während die übrigen Terme mit den vorigen keine genügend engen Duplets bilden. Man beachte aber, daß unsere Näherungsmethode, besonders die räumliche Quantelung (15) nur als provisorisch anzusehen ist[1]). In Wirklichkeit werden z. B. die gegeneinander geneigten Bahnachsen noch säkulare Präzessionen ausführen, deren Periode zu quanteln ist, an Stelle der räumlichen Quantelung (15). Deshalb kann die hier gegebene Theorie, besonders die erhaltenen Zahlenwerte, nur als eine erste Orientierung über die Möglichkeit, das Serienspektrum des Heliums dynamisch zu deuten, angesehen werden.

Unsere Näherung ist besonders unzureichend bei den S-Termen mit $n = 1$, weil hier die äußere Elektronenbahn zu dicht am inneren Elektron vorbeiführt. Das hängt damit zusammen, daß die S-Terme hier als starke Störungen der Wasserstoffterme $n = 1$, $n' = 0, 1, 2 \cdots$ aufgefaßt werden, im Gegensatz zu der üblichen Beschreibung durch schwach gestörte Laufzahlen $n = 1{,}5;\ 2{,}5;\ 3{,}5 \cdots$. Auch bei den P-Termen $(n = 2)$ würden die dritten Glieder der Reihenentwicklung vermutlich die erhaltenen Quotienten

1) Die exakte Behandlung der gegenseitigen Bahnstörungen mit Hilfe Fourierscher Reihen nach Winkelkoordinaten und deren Quantelung (Schwarzschild, Burgers), die Verf. gegenwärtig durchführt, konnte bereits die erste Näherung der hier gegebenen Rechnungsmethode bestätigen und dadurch die obige Anwendung des Adiabatensatzes auf die Verschiebungsenergie W rechtfertigen.

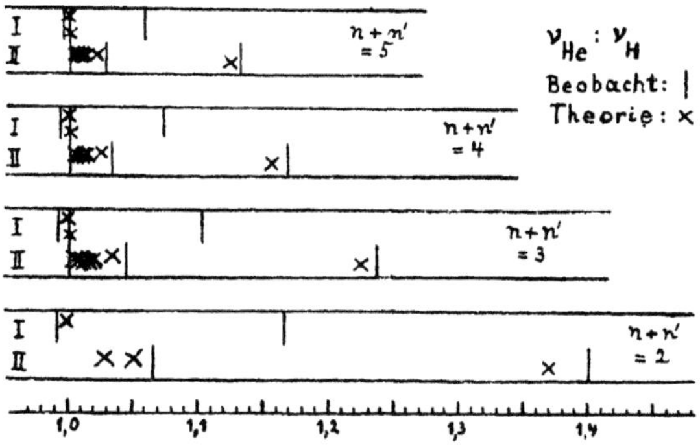

Fig. 3

ν_{He}/ν_H noch merklich vergrößern. Ferner bemerkt man, daß Umkehrung des Vorzeichens von $\cos\vartheta$ (Umkehrung des Umlaufssinns des äußeren Elektrons) gerade das Hauptglied α_1 der Reihenentwicklung δ_n (13) umkehrt, also zu der nahezu entgegengesetzten Abweichung des He-Terms vom entsprechenden H-Term führen würde. Die Forderung positiver Quantenzahlen n_1 und n_2 schließt aber solche Umkehrung aus.

In der Fig. 3 sind die aus der Beobachtung abstrahierten Termwerte $\nu_{He} : \nu_H$ als Striche eingetragen, für die verschiedenen Werte von $n + n'$ und von He_{I} und He_{II} getrennt, dazu als Kreuze die theoretischen Termwerte $\nu_{He} : \nu_H$ der Tabelle.

Die Werte der S-Terme von He_{II} in der Tabelle, gehörend zu den Quantentripeln (n' 1 0), und die entsprechenden Kreuze der Figur sind wegen der unzureichenden Konvergenz der Störungsreihen nicht mit Hilfe von (13) berechnet worden. Vielmehr ist, einer Anregung von Herrn Sommerfeld folgend, der in (13) benötigte Wert von $\delta_{n=1}$ ($n_1 = 1$, $n_2 = 0$, $\vartheta = 0^0$) erhalten aus der von H. Rau[1]) gemessenen Ionisierungsspannung, die zur Erzeugung der Fowlerschen Heliumserie

$$\nu = N\, 4\left(\frac{1}{4^2} - \frac{1}{n^2}\right)$$

nötig ist. Die gemessene Ionisierungsspannung ist 75—80 Volt, umgerechnet gleich einer Arbeit $Nh \cdot 5{,}55$ bis $5{,}91$. Davon möge die Arbeit

$$Nh \cdot 4 \cdot \left(\frac{1}{1^2} - \frac{1}{4^2}\right)$$

für den Sprung des innern Elektrons aus der normalen einquantigen Bahn in die vierquantige Fowlersche Ausgangsbahn verbraucht werden, nachdem das äußere Elektron bereits entfernt gedacht ist. Der Rest $Nh \cdot 1{,}80$ bis $2{,}16$ bleibt also zur Abtrennung dieses äußeren Elektrons vom neutralen Helium übrig. Ist im neutralen Helium der Normalzustand durch das Quantentripel $(n' n_1 n_2) = (0, 1, 0)$ (Grundglied von S_{II} in obiger Tabelle) charakterisiert, so ist nach (13) die Abtrennungsarbeit $Nh : (1 - \delta_1)^2$ für seinen Sprung ins Unendliche nötig.

Aus der Gleichsetzung

$$\frac{1}{(1-\delta_1)^2} = \begin{cases} 1{,}80 \\ 2{,}16 \end{cases}$$

folgt dann als Mittel $\delta_1 = 0{,}29$.

Mit diesem Zahlenwert sind die theoretischen Werte S_{II} nach (13) berechnet und in die Figur als Kreuze eingetragen worden. Umgekehrt kann man aber auch aus der dynamischen Deutung der S-Terme von He_{II} rückwärts den Wert δ_1 extrapolieren und mit ihm die Energie des normalen He-Atoms mit $n' = 0$, $n_1 = 1$, $n_2 = 0$ nach (13) berechnen. Man findet so den Energiewert $-Nh \cdot 6{,}16$ bis $6{,}20$ als innere Energie des neutralen Heliums im Normalzustand, wenn dieses besteht aus dem Kern $+ 2e$, umkreist von einem Elektron auf einquantiger Kreisbahn, in weiterem Abstand von einem zweiten Elektron auf ebenfalls einquantiger[1]) komplanarer Kreisbahn (Kreisbahn cum grano salis zu verstehen, da sich die beiden Elektronen stören). Dieses Modell des normalen Heliums steht im Gegensatz zu dem von N. Bohr propagierten Modell[2]),

1) H. Rau, Berichte d. phys. med. Ges. Würzburg, 26. Febr. 1914.

1) Bei fehlender gegenseitiger Störung würden die Radien der beiden einquantigen Bahnen gleich $a_0/2$ und $a_0 \cdot 1$ sein (a_0 ist in (14) definiert).

2) Das Bohrsche Modell zweier auf demselben Kreis diametral gegenüber rotierender Elektronen gibt bekanntlich die falsche Dispersion. Das hier verwendete Heliummodell, zwei einquantige Kreisbahnen mit verschiedenen Radien, wurde von Sommerfeld vorgeschlagen.

bei dem die beiden Elektronen auf ein und demselben einquantigen Kreis diametral gegenüberliegend laufen. Das Bohrsche Modell hat den Energieinhalt $-Nh \cdot 2(2-0{,}25)^2 = -Nh \cdot 6{,}125$. Aus unserer Deutung der S-Terme von He_{II} ergibt sich also, daß das hier benutzte He-Modell mit seiner Energie $-Nh \cdot 6{,}16$ bis $6{,}20$ um ein geringes stabiler ist als das von Bohr vorgeschlagene. —

Nachtrag bei der Korrektur. Die Rotationsachse eines kreisenden Elektrons, welche sich mit einer im Raum festen Achse gleichrichten will, mit der sie einen Winkel Θ bildet, führe bei unverändertem Θ (fehlende Nutation) eine Präzessionsbewegung um z aus. Ist $2\pi o$ die Präzessionsfrequenz, klein gegen die Rotationsfrequenz s des Elektrons, so ist die kinetische Energie näherungsweise gleich

$$m r^2 (s + o \cos \Theta)^2/2,$$

die Gesamtenergie also um einen Betrag

$$E = m r^2 s o \cos \Theta$$

größer als die normale Energie bei fehlender Präzession. Aus der Quantelung dieser mit o periodischen Zusatzenergie: $\overline{E} = n_1 h \cdot o$ folgt sofort

$$\cos \Theta = n_1/n_s, \qquad (1)$$

wenn $n_s = m r^2 s/h$ die Zahl der Energiequanten sh ist, aus denen sich wegen $oh \ll sh$ die Gesamtenergie im wesentlichen aufbaut, übereinstimmend mit der Regel (15), die von Sommerfeld auf ganz andere Art abgeleitet wurde. —

Die zwei kreisenden Elektronen beim Helium können eine Präzessionsbewegung ausführen, so daß ihre Rotationsachsen mit einer im Raume festen Achse z die unveränderlichen Winkel ϑ und Θ einschließen, während ihre Knotenlinie $\perp z$ mit der einen Frequenz $2\pi o$ vorrückt. Die Quantelung der mit o periodischen Zusatzenergie $\overline{E} = m a^2 \omega o \cos \vartheta + m r^2 s o \cos \Theta$, $\overline{E} = n_1 h \cdot o$, führt zu

$$n_s \cos \Theta + n_\omega \cos \vartheta = n_1. \qquad (2)$$

Da andererseits die potentielle Energie V der beiden Kreisbahnen nur von $\vartheta - \Theta$ abhängt, führt die Bedingung des Gleichgewichts

$$\frac{\partial T}{\partial \vartheta} = \frac{\partial V}{\partial \vartheta} = -\frac{\partial V}{\partial \Theta} = -\frac{\partial T}{\partial \Theta},$$

d. h. $m a^2 \omega o \sin \vartheta = m r^2 s o \sin \Theta$ zu

$$n_s \sin \Theta + n_\omega \sin \vartheta = 0 \qquad (3)$$

als zweite Bestimmung für ϑ und Θ bei gegebenen $n_s\, n_\omega\, n_1$. Die aus (2) (3) entspringenden diskreten Werte ϑ, Θ führen zu von (15) abweichenden gegenseitigen Stellungen der beiden Kreise gegeneinander. Die Diskussion von (2) (3) zeigt zu jedem n_s bei $n_\omega = 1$ nur zwei Stellungen (ϑ, Θ), entsprechend den zwei Termsystemen He_I und He_{II}. Die Duplizität der He_{II}-Terme dürfte möglicherweise auf Nutationen mit quantenmäßigen bestimmten Frequenzen beruhen.

(Eingegangen 25. März 1919.)

Über die Größe der Atome.

Von A. Landé.

(Eingegangen am 27. Januar 1920.)

Wenn die Atome aus ebenen Elektronenringen entsprechend den Periodenzahlen des Systems der Elemente aufgebaut sind, wird man für den zweiten Ring bei Atomnummern Z in der Nachbarschaft von $Z = 10$ Dimensionen von ungefähr $0{,}35 \,.\, 10^{-8}$ cm Radius erwarten (zweiquantiger L-Ring mit ungefähr acht Elektronen Besetzung), wobei es hier wie in den folgenden Betrachtungen auf 20 Proz. mehr oder weniger nicht ankommen soll. Nicht viel größer, also ebenfalls zweiquantig wären dann die äußeren Ringe der anderen Edelgase bzw. der ionisierten Alkalien und Halogene anzunehmen, sowohl im Hinblick auf den Größenanstieg der Edelgas-Atomvolumina von Ne bis Em, wie auf den Größenanstieg der Kristallgitterkonstanten von NaF bis CsJ, die der dritten Potenz der Radien proportional sind. Ringionen vom ungefähren Radius $0{,}35 \,.\, 10^{-8}$ cm lassen sich mit alleiniger Zuhilfenahme elektrostatischer Kräfte zu Kristallgittern zusammensetzen, welche der Größe nach mit den empirischen im Einklang stehen und dadurch die Radiusgrößen der beteiligten Ringionen zu bestätigen scheinen[1]. Die Summen der beiden Atomradien füllen dabei nur etwa den dritten Teil der ganzen Entfernung zwischen zwei benachbarten Atomzentren aus und es bleiben zwischen den Ringionen beträchtliche Lücken frei.

Die Bestätigung der obigen Atomgröße durch die Kristalldimensionen wird aber hinfällig, wenn man die Vorstellung ebener Ringe aufgibt und Elektronenanordnungen von höherer räumlicher Symmetrie annimmt. Daß die Ionen der Alkalien und Halogene und daher auch die Edelgasatome fast kugelsymmetrisch anzunehmen sind, mindestens aber die Symmetrie des Würfels besitzen[2], darf wohl als ausgemacht

[1] M. Born und A. Landé, Sitzungsber. Berliner Akad., Ber. 1918, S. 1048.

[2] Dieselben, Verh. d. D. Phys. Ges. **20**, 210, 1918. M. Born, ebenda S. 230. Daß der Kern und die innersten Elektronen nicht so symmetrisch aufgebaut sind

Reprinted from *Z. Phys.* **2**, 191–197 (1920).

gelten. Unabhängig von der mechanischen und quantentheoretischen Untersuchung solcher Ladungsverteilungen soll im folgenden Sicherheit über die ungefähren Dimensionen der Würfelschalen gewonnen werden. Vorausgesetzt sei nur erstens der allgemeine Satz über das periodische System der Elemente: „Atomnummer = Kernladungszahl = Elektronenzahl im neutralen Atom"; zweitens das aus Kompressibilitätsmessungen der Kristalle erhaltene Resultat, daß die Kohäsionskräfte in den Kristallen ein Potential mit der Reihenentwickelung

$$\Phi = \frac{A}{\delta} - \frac{B}{\delta^9} + \cdots \tag{1}$$

(abgesehen von unbeträchtlichen Reihengliedern mit anderen Potenzen der Gitterkonstanten δ) besitzen[1]; drittens, daß dieses Potential allein durch die Coulombschen Kräfte zwischen allen positiven und negativen Einzelladungen zustande kommt. Elektromagnetische Kräfte können wegen der Langsamkeit der in Betracht kommenden Elektronenbewegungen keine Rolle spielen. Dagegen muß man zur Erzielung der Stabilität des Gitteraufbaus Zusatzbedingungen vermutlich quantentheoretischer Natur frei lassen, die aber, wie stets, Größe und Richtung der elektrostatischen Kräfte unverändert lassen werden. Jedenfalls sollen irgendwelche hypothetischen „Molekularkräfte" ausgeschlossen sein. Aus den obigen drei Voraussetzungen folgt nun zunächst die Würfelsymmetrie der äußeren Ladungsschalen[2]). Durch Rückschluß aus den empirischen Kristallgitterdimensionen soll die Größe dieser Ionenwürfel abgeschätzt werden. Als Resultat ergeben sich etwa dreimal so große Radien, als man sie von den zweiquantigen Ringatomen her gewohnt ist.

Während nämlich die obigen Ringionen mit ihren Radien von rund $0{,}35 \cdot 10^{-8}$ cm unter Freilassung beträchtlicher Zwischenräume die empirisch verlangten Gitter als Gleichgewichtslagen annehmen, müßten sich entgegengesetzt geladene Ionen von genau kugelsymmetrischer äußerer Ladungsverteilung bis zur gegenseitigen Berührung nähern, weil ja deren Ladungen in den Kugelzentren vereinigt gedacht werden dürfen. Die Radien solcher sich berührenden Kugelionen wären dann nach Ausweis der empirischen Gittergrößen mehr als dreimal so groß anzunehmen, als die Radien der durch Lücken getrennten Ringionen. Nicht viel anders liegt nun der Fall bei der

und dadurch auch die Symmetrie der äußeren Schale stören, soll uns nicht hindern, doch von im wesentlichen würfelsymmetrischen Ionen zu sprechen.

[1]) M. Born und A. Landé, Verh. d. D. Phys. Ges. **20**, 210, 1918.

[2]) M. Born, ebenda, S. 230.

Wechselwirkung von Elektronensystemen von Würfelsymmetrie mit dem Gitterpotential (1), wie an anderer Stelle durch Berechnung des Konstanten B von (1) gezeigt werden soll. Auch hier wird Gleichgewicht zwischen den Anziehungen der positiven und negativen Ionengesamtladungen und den Abstoßungen der stets negativen kubischen Elektronensphären erst eintreten, wenn die würfelsymmetrischen Sphären sich fast bis zur Berührung nähern. Will man also festhalten, daß die kubischen Kristallgitter der Alkali-Halogensalze mit Hilfe elektrostatischer Kräfte aus Ionen aufgebaut sind, deren Gestalt bereits die Würfelsymmetrie des zu bildenden Gitters besitzt, so ist der Folgerung nicht auszuweichen, daß diese Würfelionen sich in Kristallen fast ohne Lücken aneinanderlegen, ihre Radien also fast dreimal größer sind als die Radien zweiquantiger Ringionen.

Die Würfelstruktur der Ladungsverteilung in der äußeren Atomsphäre kann dabei auf verschiedene Weise zustande kommen. Am einfachsten wäre die Anordnung von acht Elektronen in den acht Würfelecken; aus Stabilitätsgründen können diese jedoch dort nicht ruhen. Es sind aber Bahnen der acht Elektronen e möglich, bei denen dieselben um die acht Würfelecken herumkreisen derart, daß die Ladung $8e$ im Zeitmittel gleichmäßig verteilt erscheint auf vier größten Kreisen einer Kugel mit dem Atomkern als Zentrum, deren Ebenen gegeneinander wie die vier Seiten des regulären Tetraeders geneigt sind[1]). Die so auf der Kugelfläche verteilte Ladung $8e$ besitzt ebenfalls Würfelsymmetrie und es zeigt sich, daß Ionen von solcher Gestalt sich durch elektrostatische Kräfte noch enger annähern müssen, als es bei acht Punktladungen in den acht Würfelecken der Fall wäre, da jene Verteilung auf den Kugelkreisen sich nicht mehr erheblich von der isotropen Ladungsverteilung unterscheidet, bei der ja sogar völlige Berührung der Ionen eintreten müßte. Wie aber auch die wahre würfelsymmetrische Ladungsverteilung sein möge, jedenfalls kann man sich jedes Ion mit einer Kugelsphäre umgeben denken, welche angibt, wie nahe andere Würfelatome herangelassen werden, und diese „Wirkungssphäre“ wird nur wenig größer als der wahre Umfang der äußersten Elektronensphäre und relativ scharf definiert sein, eine Folge des starken mit der neunten Potenz des Abstandes abnehmenden Abstoßungspotentials (1) der Elektronenwürfel.

Welche Radien r_+ und r_- man den positiven Alkali- und negativen Halogenionen (genauer ihren Wirkungssphären) zuschreiben muß,

[1]) A. Landé, Verh. d. D. Phys. Ges. **21**, 653, § 1, 1919.

ist aus der folgenden Zusammenstellung der empirischen Gitterkonstanten δ (doppelte Entfernung zweier verschieden geladener Nachbarionen) abzuleiten, da ja bei Berührung der Ionen $\delta/2$ einfach gleich der Radiensumme $r_+ + r_-$ anzunehmen ist (Tabelle 1). Durch die

Tabelle 1 der empirischen Gitterkonstanten $\delta \cdot 10^8$.

LiF	4,00	LiCl	5,11	LiBr	5,45	LiJ	5,95
NaF	4,60	NaCl	5,59	NaBr	5,98	NaJ	6,47
KF	5,31	KCl	6,24	KBr	6,59	KJ	7,05
—	—	RbCl	6,57	RbBr	6,88	RbJ	7,33
—	—	CsCl	6,53	CsBr	6,81	CsJ	7,23

Gleichungen $2r_+ + 2r_- = \delta$ mit empirisch bekannten rechten Seiten sind die Einzelwerte r_+ und r_- freilich nur bis auf einen unbestimmten konstanten Summanden festgelegt. Letzteren findet man aber mit Hilfe der Gitterkonstante von LiJ. Da nämlich das Li-Ion mit seinen zwei Elektronen keinen Würfel bilden kann, sondern nur eine einquantige (allenfalls zweiquantige) Ringsphäre besitzt, ist es jedenfalls so viel kleiner als das Jodion, daß beim Gitteraufbau die um $\delta\sqrt{2}$ entfernten Jodpartikel eher zur Berührung kommen als je ein Jod- mit einem benachbarten Lithiumion. Daher ist im LiJ und eventuell auch in den anderen Li-Salzen die obige Radienbeziehung durch $r.\sqrt{2} = \delta/2$ zu ersetzen, wodurch der unbestimmte Summand festgelegt ist. Dafür bleibt aber der viel kleinere Radius des Li-Ions ganz unbestimmt.

Für die übrigen Ionendurchmesser bzw. -radien ergeben sich dann die als rohe Näherungen zu betrachtenden Werte der „Wirkungssphären“:

Tabelle 2.

	Na_+	K_+	Rb_+	Cs_+	F_-	Cl_-	Br_-	J_-
$2r \cdot 10^8$	2,2	2,9	3,3	3,2	2,4	3,3	3,6	4,1
r/a_0 . .	2,07	2,73	3,10	3,01	2,26	3,10	3,38	3,86

In der zweiten Zeile stehen die auf $a_0 = 0{,}532 \cdot 10^{-8}$ reduzierten Radien, in der ersten die Durchmesser, welche paarweise additiv zusammengefaßt die Werte der Tabelle 1 ergeben sollen.

Daß sich die empirischen δ-Werte überhaupt annähernd durch additive Zusammensetzung der verschiedenen Kombinationen $2r_+ + 2r_-$ bilden lassen, weist neben den anderen Argumenten ebenfalls auf eine fast lückenlose Berührung der Ionen im Gitter hin.

Daß die „Wirkungssphären“ der Ionen die hier gefundene Größenordnung haben, dürfte nicht neu sein. Wir behaupten aber darüber hinaus, daß die wahren äußeren Elektronenschalen nur unerheblich (höchstens etwa 20 Proz.) kleiner sind als die Größen der Tabelle 2.

Es möge hier die Frage angeschnitten werden, ob die Würfelstruktur wirklich durch acht Elektronen oder etwa durch eine (innere und eine) äußere Schale von je vier Elektronen aufgebaut zu denken ist, was dynamisch durchaus möglich wäre[1]). Wir bilden zu diesem Zwecke die Radienverhältnisse $r_+ : r_-$ von je zwei um ein Edelgas gruppierten Ionen und finden nach Tabelle 2 die Quotienten:

$$\left.\begin{array}{ll} r_{Na} : r_F = 0{,}916, & r_K : r_{Cl} = 0{,}908, \\ r_{Rb} : r_{Br} = 0{,}917, & r_{Cs} : r_J = 0{,}780. \end{array}\right\} \qquad (2)$$

Andererseits kann man annehmen, daß nicht nur bei Elektronenringen, sondern auch bei den Würfelbahnen als erste Näherung, bei Vernachlässigung des Einflusses innerer Sphären, sich die Radien gleichquantiger entsprechender Elektronenanordnungen umgekehrt verhalten wie die wirksamen Kernladungszahlen Z' ($Z' = Z - s_p$ mit der Abschirmungskonstante s_p für Besetzung mit p Elektronen), also $r_+ : r_- = Z'_- : Z'_+$. Die Werte s_p werden nicht viel verschieden sein von den entsprechenden Werten bei Ringanordnung, z. B. $s_4 = 0{,}957$ und $s_8 = 2{,}805$, so daß man erhält:

$$r_+ : r_- = 7 - 2{,}805 : 9 - 2{,}805 = 0{,}68 \qquad (3a)$$

für acht Elektronen,

$$r_+ : r_- = 3 - 0{,}957 : 5 - 0{,}957 = 0{,}51 \qquad (3b)$$

für vier Elektronen.

Der Vergleich mit (2) entscheidet zugunsten der äußeren Würfelschale aus acht Elektronen. Daß der Wert 0,68 kleiner ist als die Werte (2), wird verständlich, weil in dem Gitter die großen Halogenionenschalen durch gegenseitigen Einfluß mehr zusammengedrückt werden, als die kleinen Alkaliionensphären durch gegenseitigen Einfluß, während die Wechselwirkung zwischen Alkali- und Halogenionen beide Sorten in gleicher Weise beeinflussen wird.

Es handelt sich nun darum, die aus dem Kristallbau bei Annahme kubischer Ionen nicht zu umgehende Größenabschätzung r (Tabelle 2) der Wirkungssphären, die nicht viel größer als die wahren Elektronenschalen sind, modellmäßig zu verstehen. Verf. hat kürzlich die Bahntheorie von acht Elektronen im Würfelverband quantentheoretisch in Angriff genommen und für große wirksame Kern-

[1]) A. Landé, l. c. § 3.

ladungen Z' die Bahnen der oben beschriebenen Ladungsverteilung als Näherung gefunden [1]). Der Radius dieser Bahnen ergibt sich zu [2])

$$r = a_0 \cdot \frac{(2\,n)^2}{Z'}, \tag{4}$$

das ist viermal so groß wie n-quantige Ringradien, die sich nach Bohr bekanntlich zu $r = a_0 \cdot n^2/Z'$ berechnen. Mit Einsetzung der in (4a) auftretenden Z'-Werte erhält man aus (5)

$$\frac{r_+}{a_0} = \frac{4\,n^2}{6{,}195}, \quad \frac{r_-}{a_0} = \frac{4\,n^2}{4{,}195},$$

was nur für $n = 2$ zu Werten führt, die mit den Werten r/a_0 der Tabelle 2 zu vergleichen sind, nämlich

$$\frac{r_+}{a_0} = 2{,}59, \quad \frac{r_-}{a_0} = 3{,}83, \tag{5}$$

Zahlen, die nur als erste grobe Näherung zu betrachten sind; denn weder ist dabei der Einfluß innerer Elektronen (Vergrößerung von r), noch die Störung durch die fast berührenden Nachbarionensphären (Verkleinerung von r) berücksichtigt, ganz abgesehen davon, daß ja bereits die Radiusformel (4) nur im Grenzfall sehr großer Z' gilt. Die theoretische Ionengröße (5) ist also nur als provisorische Abschätzung aufzufassen, die allerdings für $n = 2$ in die Gegend der durch Tabelle 2 geforderten Werte weist.

Ein Einwand gegen die gefundene Größe der Würfelsphären könnte aus der Betrachtung der Alkali-Serienspektren entspringen, deren konstante Terme ($^3/_2$, s), (2, p), (3, d) geschrieben werden mit den Quantenzahlen $^3/_2$, 2, 3. Daß die gebrochene Quantenzahl $^3/_2$ des S-Terms nicht auf fester Basis steht, hat sich bei dem entsprechenden Term bei Helium herausgestellt. Verf. konnte zeigen, daß man hier die Quantenzahl 1 statt $^3/_2$ zu nehmen hat[3]), und daß $^3/_2$ nur durch eine starke Störung der einquantigen Bahn des Serienelektrons durch Einfluß des inneren Elektrons vorgetäuscht wird. Ähnliches wird man bei den Alkalispektren vermuten. Hier müßte eine S-Bahn mit $n = 1$ statt $n = {}^3/_2$ auf einem Radius $r = 1 \cdot a_0$ vor sich gehen, also innerhalb der Würfelsphäre verlaufen, wenn sie ungestört (wasserstoffähnlich) wäre. Die Störung des in Wirklichkeit natürlich außen umlaufenden Elektrons durch den Einfluß der Würfelsphäre

[1]) A. Landé, Dynamik der räumlichen Atomstruktur; Verh. d. D. Phys. Ges. **20**, 2, 1918 und **21**, 644 u. 653, 1919.

[2]) l. c. S. 655, 1919.

[3]) Physik. ZS. **20**, 228, 1919.

kann man aber folgendermaßen berechnen[1]): Man denke sich die Würfelsphäre der acht Elektronen in den Kern hineingeschrumpft, so daß das Valenzelektron die ungestörte einquantige Bahn beschreiben kann. Jetzt dehne man den inneren Würfel durch irgend einen Zwang unendlich langsam aus. Durch die Abstoßung der negativen Würfelsphäre wird dann auch die Bahn des Valenzelektrons ausgedehnt. Wenn der Prozeß durch lauter mechanische Gleichgewichtszustände hindurchgeht, erhält man zu jedem Ausdehnungszustand des Würfels die zugehörige gestörte einquantige Bahn des Valenzelektrons, welche stets außerhalb des Würfels bleibt und doch einquantig ist. Nur wird seine Termenergie so stark von der ungestörten einquantigen Energie abweichen, daß eine gebrochene Quantenzahl $^3/_2$ vorgetäuscht erscheinen kann. Jedenfalls darf man das Auftreten eines Serienterms ($^3/_2$, s) eher als ein Argument für als gegen die gefundene Größe der Würfelsphären auffassen.

Ein anderer Einwand könnte aus der Schärfe der Interferenzlinien im Laueeffekt erhoben werden. Debyes und Scherrers[2]) Methode, aus der gemessenen Art des Intensitätsabfalls die Größe der beugenden Elektronenhülle abzuschätzen, hat bisher noch keine Anwendung auf Einzelfälle heteropolarer Kristalle gefunden. Wie aber auch ihr Resultat ausfällt, jedenfalls dürfte die Erklärung der Beugungslinienschärfe auf nicht festerem Boden stehen, als die von uns benutzte Voraussetzung, daß die Kristalle durch elektrostatische Kräfte zwischen Ionen von höherer räumlicher Symmetrie zustande kommen und deshalb die Ionen notwendig die gefundenen Größen haben müssen.

Wollte man aber aus irgendwelchen Gründen doch einer kleineren Ausdehnung der Elektronensphären den Vorzug geben, so würde man die Existenz besonderer nicht elektrischer „Molekularkräfte" postulieren müssen.

[1]) A. Landé, Verh. d. D. Phys. Ges. **21**, 578, 1919.
[2]) P. Debye und P. Scherrer, Phys. ZS. **19**, 474, 1918.

Über ein dynamisches Würfelatommodell.

Von E. Madelung und A. Landé.

Mit einer Abbildung.

(Eingegangen am 18. Juni 1920.)

Die dynamische Behandlung des Würfelatommodells, welches von acht Elektronen mit den Koordinaten [1])

I. x, y, z, II. $x, -y, -z$, III. $-x, y, -z$, IV. $-x, -y, z$,
V. $-x, -y, -z$, VI. $-x, y, z$, VII. $x, -y, z$, VIII. $x, y, -z$

gebildet wird, beruht darauf, daß durch diese Symmetriebedingungen das Achtkörperproblem auf ein Einkörperproblem zurückgeführt wird, von dem man, wenigstens im Grenzfall kleiner bzw. großer Kernladungen $Z\varepsilon$, explizite Lösungen angeben kann [2]), bei kleinem Z in Gestalt kleiner Kreisbahnen um die Würfelecken (II, § 2), welche sich bei großem Z zu sphärischen Dreiecken mit asymptotisch scharfen Ecken verzerren (III, § 1). Der Nachteil dieses Modells besteht darin, daß es wesentlich höhere potentielle Energie besitzt als der ebene 8-Ring, und daß bei Einwirkung äußerer Kräfte die erzeugten Bahnstörungen des Modells von sehr viel höherer Größenordnung sind als die erzeugenden Störungskräfte: Die geringfügigste Störung eines Elektrons läßt dasselbe nicht mehr mit seinem Spiegelelektron zu dem die Symmetrie erhaltenden Stoß zusammentreffen, sprengt vielmehr das ganze Bahnensystem auseinander.

Diese beiden Nachteile werden vermieden bei einem im folgenden zu behandelnden Würfelatommodell, welches durch Ineinandergreifen von zwei Tetraedermodellen entsteht, die der eine von uns früher behandelt hat (III, § 3). Die Elektronen V bis VIII sollen hier nicht mehr die am Symmetriezentrum invertierten Lagen von I bis IV einnehmen, also im Bogenabstand π hinter bzw. vor letzteren herlaufen, sondern in einem von π abweichenden Bogenabstand α, für den wir später den ungefähren Wert $\alpha = 75^0$ feststellen werden. Freilich geht dadurch der Vorteil der bisher behandelten Polyederbahnen, daß sich das n-Körperproblem auf ein Einkörperproblem reduziert, verloren, weil die acht Elektronen dann nicht mehr in jedem Moment gleichberechtigt sind, sondern sich in zwei Gruppen von je vier untereinander gleichberechtigten Elektronen einteilen. Man hat viel-

[1]) A. Landé, Sitzungsber. d. preuß. Akad. d. Wiss. 1919, S. 101.

[2]) Derselbe, Verh. d. D. Phys. Ges. **21**, I. Mitteil. S. 2, II. Mitteil. S. 644, III. Mitteil. S. 653, 1919, IV. Mitteil. ZS. f. Phys. **2**, 83, 1920, im folgenden zitiert als I, II, III, IV.

Reprinted from *Z. Phys.* **2**, 230–235 (1920).

mehr ein wesentlich komplizierteres Zweikörperproblem zu lösen, vereinfacht nur durch die Bedingung der Periodizität der Lösung und der Gleichberechtigung der beiden Bahnengesamtheiten jener zwei Gruppen von je vier Elektronen.

Einfache Verhältnisse erhält man dagegen bei großer Kernladungszahl Z, wobei $Z = 8$ bereits als „groß" anzusehen ist, weil dabei der zeitlich veränderliche Teil des Coulombschen Potentials der Ladungen klein ist gegen den zeitlichen Mittelwert dieses Potentials (s. u.). In diesem Fall hat man für die vier Elektronen I bis IV die durch Zentralabstand ϱ, Azimut φ und Höhe ζ beschriebenen und bereits früher behandelten Bahnen bei großem Z [vgl. III, (10)]

$$\left.\begin{array}{l}
\text{I.}\left\{\begin{array}{l}
x = +\varrho\left[\sqrt{\frac{2}{3}}\cos\varphi \qquad\qquad + \frac{1}{\sqrt{3}}\zeta\right] \\
y = +\varrho\left[\frac{1}{\sqrt{2}}\sin\varphi - \frac{1}{\sqrt{6}}\cos\varphi + \frac{1}{\sqrt{3}}\zeta\right] \\
z = +\varrho\left[-\frac{1}{\sqrt{2}}\sin\varphi - \frac{1}{\sqrt{6}}\cos\varphi + \frac{1}{\sqrt{3}}\zeta\right]
\end{array}\right. \\
\text{II.}\left\{\begin{array}{l} x = + \\ y = - \\ z = - \end{array}\right. \quad
\text{III.}\left\{\begin{array}{l} x = - \\ y = + \\ z = - \end{array}\right. \quad
\text{IV.}\left\{\begin{array}{l} x = - \\ y = - \\ z = + \end{array}\right.
\end{array}\right\} \qquad (1)$$

Dabei ist ϱ bei großem Z zeitlich annähernd konstant, ζ annähernd gleich Null und φ annähernd gleich ωt. Die vier Elektronen beschreiben also nach (1) bei großem Z vier Kreisbahnen mit der Frequenz ω um das Zentrum, deren Ebenen senkrecht auf den vier Hauptdiagonalen des im xyz-System orientierten Würfels stehen[1]). Die im Winkelabstand α hinter I bis IV herlaufenden Elektronen haben dann die Koordinaten ($\varphi + \alpha = \varphi'$)

$$\left.\begin{array}{l}
\text{V.}\left\{\begin{array}{l}
x = +\varrho'\left[\sqrt{\frac{2}{3}}\cos\varphi' \qquad\qquad + \frac{1}{\sqrt{3}}\zeta'\right] \\
y = +\varrho'\left[\frac{1}{\sqrt{2}}\sin\varphi' - \frac{1}{\sqrt{6}}\cos\varphi' + \frac{1}{\sqrt{3}}\zeta'\right] \\
z = +\varrho'\left[-\frac{1}{\sqrt{2}}\sin\varphi' - \frac{1}{\sqrt{6}}\cos\varphi' + \frac{1}{\sqrt{3}}\zeta'\right]
\end{array}\right. \\
\text{VI.}\left\{\begin{array}{l} x = + \\ y = - \\ z = - \end{array}\right. \quad
\text{VII.}\left\{\begin{array}{l} x = - \\ y = + \\ z = - \end{array}\right. \quad
\text{VIII.}\left\{\begin{array}{l} x = - \\ y = - \\ z = + \end{array}\right.
\end{array}\right\} \qquad (2)$$

[1]) Vgl. Fig. 1 in IV, ZS. f. Phys. **2**, 83, 1920.

wobei bei großem Z asymptotisch

$$\varrho = \varrho' = \text{const}, \quad \zeta = \zeta' = 0, \quad \varphi - \varphi' = \alpha = \text{const}, \quad \varphi = \omega t \quad (3)$$

wird.

Um wenigstens für große Z den Radius ϱ und die Energie W

$$\varrho = a_0 \cdot \frac{n^2}{Z - s_8}, \quad W = -\frac{Nh}{n^2}(Z - s_8)^2 \quad (4)$$

des Modells (1) (2) zu finden, muß man die Abschirmungszahl s_8 der acht Elektronen auf ihren Kreisbahnen berechnen, das ist das mit $\frac{1}{2} \cdot \frac{\varrho}{\varepsilon^2}$ multiplizierte Coulombsche Potential eines Elektrons gegen die sieben anderen, welches auch im Grenzfall (3) nicht konstant ist, sondern bei variierendem Azimut φ mit geringer Amplitude und der Periode $\varphi = \pm 60^0$ um einen Mittelwert $\bar{s}_8$ oszilliert.

1. Berechnungsmethode von $\bar{s}_8$ (Landé). Nennt man xyz die Koordinaten von I und $x'y'z'$ die von V im Grenzfall (3), so erhält man aus der Wirkung von I gegen II, III, ... VIII die Abschirmungszahl:

$$s_8 = \frac{\varrho}{2} \left\{ \frac{1}{\sqrt{4y^2 + 4z^2}} + \frac{1}{\sqrt{4x^2 + 4z^2}} + \frac{1}{\sqrt{4x^2 + 4y^2}} \right.$$
$$+ \frac{1}{\sqrt{(x-x')^2 + (y-y')^2 + (z-z')^2}} + \frac{1}{\sqrt{(x-x')^2 + (y+y')^2 + (z+z')^2}}$$
$$\left. + \frac{1}{\sqrt{(x+x')^2 + (y-y')^2 + (z+z')^2}} + \frac{1}{\sqrt{(x+x')^2 + (y+y')^2 + (z-z')^2}} \right\}$$

Einsetzung von (1_{I}) und (2_{V}) gibt bei Einführung der Abkürzungen

$$s_\pm = \sin\varphi \pm \sin\varphi', \quad c_\pm = \cos\varphi \pm \cos\varphi', \quad \varphi' = \varphi + \alpha$$

folgenden Ausdruck für s_8

$$\left.\begin{aligned} s_8(\varphi) = {} & \frac{\sqrt{3}}{4\sqrt{2 - \cos 2\varphi}} + \frac{\sqrt{6}}{4\sqrt{4 + \cos 2\varphi - \sqrt{3}\sin 2\varphi}} \\ & + \frac{\sqrt{6}}{4\sqrt{4 + \cos 2\varphi + \sqrt{3}\sin 2\varphi}} + \frac{1}{2\sqrt{s_-^2 + c_-^2}} + \frac{\sqrt{6}}{2\sqrt{4c_-^2 + 2c_+^2 + 6s_+^2}} \\ & + \frac{\sqrt{6}}{2\sqrt{5c_+^2 + c_-^2 + 3s_+^2 + 3s_-^2 + 2\sqrt{3}(c_+ s_+ - c_- s_-)}} \\ & + \frac{\sqrt{6}}{2\sqrt{5c_+^2 + c_-^2 + 3s_+^2 + 3s_-^2 - 2\sqrt{3}(c_+ s_+ - c_- s_-)}} \end{aligned}\right\} \quad (5)$$

Die drei ersten Glieder, welche die Abschirmungszahl der vier Elektronen I bis IV wiedergeben, treten auch in III, § 3 auf als $s_4(\varphi)$ mit den nach je 60° sich wiederholenden Werten

$$s_4(0^0) = 0{,}980, \quad s_4(30^0) = 0{,}956, \quad \bar{s}_4 = 0{,}968. \tag{5'}$$

Der Wert der vier letzten Glieder (5) hängt ab von dem Winkel $\alpha = \varphi' - \varphi$. In Wirklichkeit wird sich nun ein solcher Winkel α ausbilden, bei dem $\bar{s}_8$ ein Minimum wird. Man hat also α zu bestimmen aus der Gleichung $\partial \bar{s}_8/\partial \alpha = 0$, was nur durch umständliche numerische Rechnungen zu erreichen ist. Wir vereinfachen uns aber die Aufgabe, indem wir statt des wirklichen Mittelwertes von s_8 über alle Winkel φ einfach das arithmetische Mittel von s_8 für $\varphi = 0^0$ und $\varphi = 30^0$ als $\bar{s}_8$ ansprechen. Das ist erlaubt, weil die Schwankung von s_8 mit φ nur gering ist, wie sich aus folgender Zusammenstellung ergibt:

$$\begin{array}{llll} \alpha = 60^0: & s_8(0^0) = 2{,}516 & s_8(30^0) = 2{,}533 & \bar{s}_8 = 2{,}524 \\ \alpha = 90^0: & s_8(0^0) = 2{,}512 & s_8(30^0) = 2{,}488 & \bar{s}_8 = 2{,}500 \\ \alpha = 120^0: & s_8(0^0) = 2{,}789 & s_8(30^0) = 2{,}534 & \bar{s}_8 = 2{,}661 \end{array}$$

Allgemein wird aus (5) (5'):

$$\left.\begin{aligned} s_8(\varphi = 0^0) &= 0{,}980 + \frac{1}{2}\left[\frac{1}{\sqrt{2 - 2\cos\alpha}} + \frac{1}{\sqrt{2 - \frac{2}{3}\cos\alpha}}\right. \\ &\quad \left. + \frac{1}{\sqrt{2 + \frac{4}{3}\cos\alpha + \frac{2}{\sqrt{3}}\sin\alpha}} + \frac{1}{\sqrt{2 + \frac{4}{3}\cos\alpha - \frac{2}{\sqrt{3}}\sin\alpha}}\right] \\ s_8(\varphi = 30^0) &= 0{,}956 + \frac{1}{2}\left[\frac{1}{\sqrt{2 - 2\cos\alpha}} + \frac{1}{\sqrt{2 + \frac{2}{\sqrt{3}}\sin\alpha}}\right. \\ &\quad \left. + \frac{1}{\sqrt{2 + 2\cos\alpha}} + \frac{1}{\sqrt{2 - \frac{2}{\sqrt{3}}\sin\alpha}}\right] \end{aligned}\right\} \tag{6}$$

Aus der Minimalbedingung $\partial \bar{s}_8/\partial \alpha = 0$ für das arithmetische Mittel dieser beiden Funktionen ergibt sich α in der Nähe von

$$\alpha = 75^0 \text{ mit } \bar{s}_8(0^0) = 2{,}476, \quad s_8(30^0) = 2{,}496, \tag{7}$$

$$\text{Mittelwert } \bar{s}_8 = 2{,}486. \tag{8}$$

Das Ergebnis $\alpha = 75^0$ bringt es mit sich, daß $\bar{s}_8$ nicht nur das arithmetische Mittel für $\varphi = 0^0$ und $\varphi = 30^0$, sondern für die vier Azimute $\varphi = 0^0, 15^0, 30^0, 45^0$ ist, wie aus der Periodizität von s_8 mit $\varphi = \pm 60^0$ folgt.

*

2. Berechnungsmethode von $\bar{s}_8$ (Madelung). Eine zweite Berechnungsmethode ergibt sich durch folgende Überlegungen: Betrachtet man nur zwei Bahnen des Tetraederverbandes, so stellen diese zwei größte Kugelkreise dar, die sich unter einem Winkel σ ($\cos\sigma = \frac{1}{3}$) schneiden. Befindet sich das Elektron I des ersten Kreises in einem Schnittpunkt S_1 (vgl. Figur), so befindet sich das des anderen Kreises II im diametralen Schnittpunkt S_2. Wandert I bis E_1 um den Winkel φ_{12}, so wandert II um den gleichen Winkel bis E_2. Ihr Abstand d_{12} ist also aus dem sphärischen Dreieck $S_1 E_1 E_2$ zu berechnen, in dem die Seiten $S_1 E_1 = \varphi_{12}$, $S_1 E_2 = \pi - \varphi_{12}$ und σ bekannt sind. Folgt ein weiteres Elektron VI um den Winkel α dem II nach, so befindet es sich in E_2' und der Abstand $d_{16} = E_1 E_2'$ ist ebenso berechenbar.

In unserem Modell haben wir nun die drei Elektronen II—IV, die die Bewegungsform $E_1 E_2$ (d. h. $\alpha = 0$), ferner die drei Elektronen VI—VIII, die die Bewegungsform $E_1 E_2'$ ($\alpha \neq 0$) relativ zu I besitzen, und schließlich noch das Elektron V mit der konstanten Entfernung α von I.

Es ist zu beachten, daß die φ_{ik} nicht gleich dem früher gebrauchten Winkel φ sind; vielmehr gilt: $\varphi = \varphi_{12} + 90^0 = \varphi_{14} + 150^0 = \varphi_{13} + 210^0 = \varphi_{23} + 150^0 = \varphi_{24} + 210^0 = \varphi_{34} + 90^0$.

Die Rechnung verläuft nach folgenden Formeln:

$$\sin\frac{\sigma}{2} = \frac{1}{\sqrt{3}} \qquad \operatorname{ctg}\frac{\sigma}{2} = \sqrt{2}$$

$$d_{12} = 2\,\varrho\,.\sin\frac{\delta_{12}}{2}; \quad \sin\frac{\delta_{12}}{2} = \sin\frac{\sigma}{2}\cdot\frac{\sin\left(\frac{\varphi_{12} + \pi - (\varphi_{12} - \alpha)}{2}\right)}{\cos\frac{\varrho - \tau}{2}}$$

$$= \frac{\sin\frac{\sigma}{2}\cdot\cos\frac{\alpha}{2}}{\cos\frac{\varrho-\tau}{2}} = \frac{1}{\sqrt{3}}\cdot\frac{\cos\frac{\alpha}{2}}{\cos\frac{\varrho-\tau}{2}}$$

$$\operatorname{tg}\frac{\varrho-\tau}{2} = \operatorname{ctg}\frac{\sigma}{2}\cdot\frac{\sin\left(\frac{\pi - (\varphi_{12} - \alpha) - \varphi_{12}}{2}\right)}{\sin\left(\frac{\pi - (\varphi_{12} - \alpha) + \varphi_{12}}{2}\right)}$$

$$= \frac{\operatorname{ctg}\frac{\sigma}{2}\cdot\cos\left(\varphi_{12} - \frac{\alpha}{2}\right)}{\cos\frac{\alpha}{2}} = \frac{\sqrt{2}\,.\cos\left(\varphi_{12} - \frac{\alpha}{2}\right)}{\cos\frac{\alpha}{2}}$$

Die Rechnung (mit Rechenschiebergenauigkeit) ergab, daß das Minimum von $\bar{s}_8$ zwischen $\alpha = 80^0$ mit $\bar{s}_8 = 2{,}490$ und $\alpha = 70^0$ mit $\bar{s}_8 = 2{,}488$ liegt, der Minimalwert von $\bar{s}_8$ also noch etwas kleiner als letztere beiden Werte sein muß, übereinstimmend mit dem Resultat der 1. Berechnungsmethode.

Die Schwankung der potentiellen Energie eines Elektrons beträgt dabei nur bis zu $\pm 1{,}07$ Proz. des Mittelwertes, wie man aus folgender Tabelle ersieht (für $\alpha = 80^0$):

φ	0^0	10^0	20^0	30^0	40^0	50^0	60^0
$\frac{1}{2}\sum \frac{\varrho}{d_{1\,i}}$	2,484	2,463	2,466	2,503	2,515	2,510	2,484

mit dem Maximalwert 2,516 für $\varphi =$ etwa 42^0 und dem Minimalwert 2,462 für $\varphi =$ etwa 12^0.

Die mittlere Abschirmungszahl $\bar{s}_8$ ist in beiden Rechnungsmethoden so berechnet, als ob die acht Elektronen wirklich auf den ungestörten Kreisbahnen in genau konstantem Abstand hintereinander liefen. Das

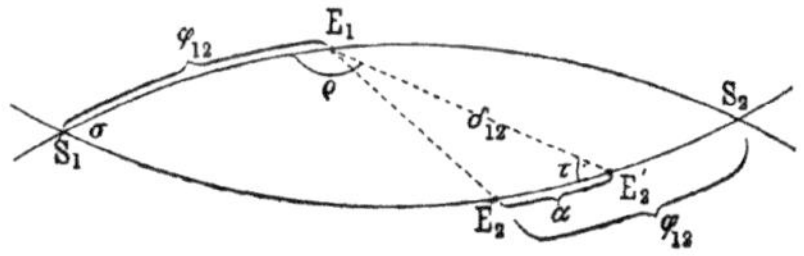

würde aber nur bei konstantem $Z - s_8$ der Fall sein. Da aber nach (7) und nach der letzten Tabelle $s_8(\varphi)$ nur wenig mit φ veränderlich ist, und das um so mehr von der wirksamen Zentralladungszahl $Z - s_8$ bei nicht zu kleinem Z gilt, bleibt $\bar{s}_8$ mit sehr geringem Fehler als „wirksame" Abschirmungszahl zur Einsetzung in (4) brauchbar. Das Würfelatom besitzt also erheblich geringere Gesamtenergie W als ein ebener 8-Ring mit $s_8 = 2{,}805$, d. h. die räumliche Anordnung erweist sich als erheblich stabiler als die ebene. Das absolute Minimum von s_8 erhielte man, wenn man die acht Elektronen in den Würfelecken ruhend festhält, nämlich $\bar{s}_8 = 2{,}4686$. Durch unser dynamisches Modell ist dieses Ideal mit $\bar{s}_8 = 2{,}486$ nahezu erfüllt.

Die Betrachtungen über relativistische Ellipsenbahnen in der IV. Mitteilung[1]) sind ohne weiteres auf das vorliegende Modell übertragbar.

Kiel, Institut für theoretische Physik, im Juni 1920.

Frankfurt a. M., Institut für theoretische Physik, im Juni 1920.

[1]) A. Landé, Dynamik der räumlichen Atomstruktur IV. ZS. f. Phys. 2, 83—86, 1920.

A. Landé (Frankfurt a. M.), Über Würfelatome.

Im Folgenden möchte ich das Ergebnis einiger Abschätzungen von Größenzusammenhängen zwischen universellen Konstanten und empirischen Atomeigenschaften auf Grund der Würfelhypothese[1]) mitteilen, welche in ihrer Gesamtheit zu dem Versuch ermutigen, durch exaktere Störungsrechnungen diese Abschätzungen auf festeren Boden zu stellen. Das Würfelatom sei ein System aus positivem Kern und 4 bzw. 8 Elektronen, bei dem die Gesamtheit der Elektronenbahnen in folgender Art die Bedingung der Würfelsymmetrie erfüllt, zunächst für vier Elektronen. Man denke sich durch den Atomkern 4 Ebnen gelegt, welche wie die 4 Ebnen eines regulären Tetraeders gegeneinander geneigt sind. Jedes der 4 Elektronen hat eine der 4 Ebnen zur Verfügung, um in ihr eine Kreisbahn (s. Figur) oder auch eine

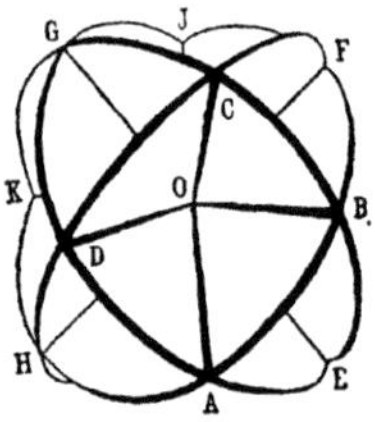

Ellipsenbahn zu beschreiben in der Art, daß gewisse Koordinatenverknüpfungen dafür sorgen, daß diese Kreis- oder Ellipsenbahnen ein mechanisch mögliches System von räumlicher Symmetrie bilden, und dabei die Elektronen auf ihren einander kreuzenden Bahnen sich niemals in die Quere kommen. Man erhält auf diese Weise ein Modell für das Kohlenstoffatom (s. unten).

Eine Modifikation dieses Polyederbahnenmodells von vier Elektronen führt zu dem von Herrn Madelung und mir vorgeschlagenen Würfelatom aus acht Elektronen. Bei diesem soll nämlich hinter jedem der eben beschriebenen vier Elektronen ein zweites Elektron im Winkelabstand 75° laufen. Dieses Modell besitzt eine wesentlich geringere Abschirmungskonstante $s_8 = 2{,}486$ als ein ebner Ring von 8 Elektronen mit $s_8 = 2{,}805$, und hat dadurch eine wesentlich geringere potentielle Energie als ein ebner Achtring. Nimmt man an, mangels einer ausgebauten Theorie der quantenmäßig bevorzugten Zustände, daß die stabilste Elektronenanordnung um eine Kernladung $+Z\varepsilon$ diejenige mit der kleinsten potentiellen Energie sei, so läßt sich beweisen, daß dann eine beliebige Zahl z von Elektronen, die nur kleiner als die Kernladungszahl Z sein soll, sich in lauter Würfelschalen von je 8 Elektronen aufteilt bis auf den außen an das Atom sich ansetzenden Rest der Division durch 8, wobei gegenseitige Störungen der Schalen nicht in Betracht gezogen sind. Obwohl das periodische System in Einzelheiten dieser Aussage widerspricht, nämlich erst eine innerste Schale von 2 Elektronen und später Schalen von 18 Elektronen verlangt, die vielleicht als Doppelschalen aufzufassen sind, wird doch der wesentliche Grundzug des Systems, die Sonderstellung der Zahl 8 in den kleinen Perioden, aus dem allgemeinen Prinzip der minimalen potentiellen Energie durch unsre Würfelbahnen verständlich.

Die Frage, ob die Würfelsymmetrie einer Elektronenschale durch Kreisbahnen oder, was dynamisch ebensogut möglich ist, durch Ellipsenbahnen im Würfelverband zustandekommt, mußte durch exakte Störungsrechnungen mit Berücksichtigung des Einflusses innerer und äußerer Elektronensphären entschieden werden. Da solche Störungsrechnungen noch nicht durchgeführt sind, bleibt nichts andres übrig, als sich auf anschauliche Betrachtungen zu stützen, die zu folgender durch ihre Anwendungen bestätigten These führen: „Im Normalzustand laufen die Elektronen der Würfelschalen auf zweiquantigen Ellipsen ($n = 1$, $n' = 1$), führt dann zu einer Reihe von numerischen Voraussagen über Atomeigenschaften, die sich allein aus universellen Konstanten und den beiden Quantenzahlen n und n' ergeben, wobei Störungseinflüsse stets nur schätzungsweise berücksichtigt sind.

1. Das positive *Na*-Ion. Die 8 Elektronen auf den von Herrn Madelung und mir angegebenen Würfelbahnen stellen eine um rund 900 kcal pro Mol stabilere Konfiguration dar als jede andere ebne oder räumliche Anordnung der 8 Elektronen um eine Zentral-

1) Ausführliche Mitteilung mit Literaturangaben siehe Zeitschr. f. Phys. 2, 380, 1920. Die Berechnungen über den Diamanten werden später publiziert.

Reprinted from *Phys. Z.* **21**, 626–628 (1920).

ladung $Z = 9$. Der Radius des Na-Ions, Würfelschale im Ellipsenverband gemäß obiger These, berechnet sich im Aphelwert zu $0,605 \cdot 10^{-8}$ cm im Einklang mit Kristallgitterdaten. Fajans und Herzfeld finden nämlich unter der Annahme von 8 ruhenden Elektronen in den 8 Würfelecken den Wert $0,517 \cdot 10^{-8}$, ein Wert, der bei unsern dynamischen Ellipsenbahnen ungefähr auf den obigen universell berechneten Aphelwert zu vergrößern wäre.

2. Das neutrale Neon-Atom als Würfel ist selbst der stabilsten andern Konfiguration noch um rund 550 kcal pro Mol überlegen, woraus die chemische Trägheit des Ne verständlich wird. Dieselben 550 kcal bedeuten eine untere Grenze der Ionisierungsspannung des Ne von 23,8 Volt, während Messungen von Holst und Hopmanns und von Horton und Davies an Argon 15,1 bzw. 17 Volt ergaben.

3. Das negative Fluor-Ion steht gerade auf der Grenze, wo die Würfelanordnung beginnt unstabiler als andre Anordnungen zu werden. Freilich darf man sich gerade in solchen Grenzfällen, wo eine Reihe von Konfigurationen nahezu die gleiche Energie besitzen, nicht auf das Prinzip der minimalen potentiellen Energie als alleiniges Auswahlprinzip verlassen. Vielmehr wäre es möglich, daß hier auch der Impuls des Modells bei der Quantenauswahl der mechanisch möglichen Zustände mitspricht. In dieser Beziehung hätte dann unser Würfelmodell mit seinem Impuls Null eine Sonderstellung. Als Würfel-Ion im Ellipsenverband gemäß obiger These erhält das F'-Ion den Aphelradius $0,875 \cdot 10^{-8}$ cm, im Einklang mit dem Kristallgitterwert $0,75 \cdot 10^{-8}$ von Fajans und Herzfeld, der ungefähr in dem erforderlichen Maße vergrößert zu denken ist, wenn unsre dynamischen Bahnen statt ruhender Elektronen der Kristallgitterrechnung zugrunde gelegt werden. Wird ein positiver $H^{\cdot}$-Kern dem F'-Ion angelagert, so legt er sich aus Stabilitätsgründen dicht auf eine der Würfelecken auf, mit einem Kernabstand in 1. Näherung von $0,945 \cdot 10^{-8}$ cm. Aus dem Bandenspektrum des HF berechnet Herr A. Krazer den Wert $0,92 \cdot 10^{-8}$. Als Ionisierungsenergie des HF-Moleküls ergibt unsre universelle Berechnung in 1. Näherung 350 kcal, was in die Reihe 320, 311, 302 kcal für HCl, HBr, HI paßt, die Herr Born aus empirischen Daten abgeleitet hat.

4. Das doppelt negative O''-Ion kann aus Stabilitätsgründen keine Würfelschale aus 8 Elektronen besitzen. Dagegen wäre eine Doppelschale aus zwei konzentrisch ineinandergestellten Würfelschalen von je 4 Elektronen sehr wohl möglich, welche dann Kreisbahnen beschreiben müssen, weil sie sich als Ellipsenbahnen gegenseitig durchdringen müßten. Als Radius des O''-Ions ergibt sich dann $2,2 \cdot 10^{-8}$ cm (mehr als doppelt so groß wie der F'-Radius). Diese Größe bestätigt sich am H_2O-Molekül. Lagert man nämlich zwei $H^{\cdot}$-Kerne an ein O''-Ion an, und zwar aus Stabilitätsgründen auf zwei durch eine kurze Seitendiagonale getrennte Würfelecken, so gewinnt man dadurch mindestens 533 kcal pro Mol (unterer Grenzwert bei Vernachlässigung von Störungen), während Herr Born und Frl. Bormann für H_2S den Wert 716 kcal finden. Ferner erhält das H_2O-Modell in dieser Näherung drei Trägheitsmomente 4,05 und 9,1 und $11,5 \cdot 10^{-40}$, während Herr A. Eucken aus den Messungen von Rubens, Aschkinaß, E. v. Bahr (nach dem Planckschen Quantenansatz berichtigt) die zwei Trägheitsmomente 3,8 und $8,8 \cdot 10^{-40}$ ableitet.

5. Für das neutrale C-Atom, Würfelbahnen von 4 Elektronen im Ellipsenverband gemäß obiger These, berechnet sich der Aphelradius $1,3 \cdot 10^{-8}$, der seine Bestätigung in der absoluten Berechnung einiger Eigenschaften des Diamanten findet. Ein Weg zur Auffindung der Kohäsionskraft dieses neutralen Kristalls ergibt sich nämlich durch folgende Überlegung: Die Wechselwirkung zwischen zwei als gleich schnell gehende Uhren aufzufassenden C-Atomen hängt wesentlich von der dauernd oder doch wenigstens viele Perioden hindurch gleich bleibenden Phasendifferenz ihrer Elektronenbewegungen ab. Stellt man sich nun vor, daß in einem Diamantkristall die Phasen der einzelnen Atome nach Wahrscheinlichkeit verteilt wären, so würde auch die über eine Periode gemittelte Kraft zwischen je zwei Atomen von Ort zu Ort nach Zufall wechseln, und es könnte kein regelmäßiges Kristallgitter zustandekommen, sondern nur ein auf molekulare Entfernungen wechselndes Gefüge mit unregelmäßig verteilter Dichte, die überdies infolge der nach und nach eintretenden Phasenänderungen einzelner Atome langsamen Schwankungen unterworfen wäre. Der regelmäßige Aufbau auch der einatomigen Kristalle drängt vielmehr zu der Annahme, daß alle Elektronenbewegungsphasen irgendwie geordnet sind. Im einfachsten Fall (Diamant) mögen alle Atome die gleiche Phase besitzen[1]), oder anders ausgedrückt: Der ganze Kristall

1) Auf die als Einwand gegen die Existenz von Phasenbeziehungen erhobene Frage, wie sich denn bei der Bildung des Kristalls die Phasenbeziehungen herstellen sollen, ist zu antworten, daß man dies derselben Ursache zuzuschreiben hat, die auch bei der Bildung eines Bohr-Debyeschen H_2-Moleküls den beiden Elektronen die Phasendifferenz 180° geben soll und die allgemein bei der Aufnahme eines $p$ten Elektrons in einen Ring von $p - 1$-Elektronen aus einem regulären $p - 1$-Eck ein reguläres p-Eck herstellen soll.

wird als ein großes Molekül aufgefaßt in dem Sinne, daß die inneren Bewegungen dieses Moleküls dauernd regelmäßig ineinandergreifen, und zwar so, daß nicht nur die Atomkerne, sondern auch die einander entsprechenden Elektronen aller gleichen Atome in jedem Augenblick ein Gitter bilden, welches um das ruhende Gitter der Atomkerne umläuft.

Bei der Verfolgung dieses „Gittersynchronismus" findet man als Gitterpotential eine Funktion mit einem ersten und zweiten Differentialquotienten, d. h. die Bindungsenergie einer $C-C$-Bindung, den Gitterabstand und die Kompressibilität des Diamanten angenähert im Einklang mit der Erfahrung, unter alleiniger Benutzung universeller Konstanten und der beiden Quantenzahlen $n = 1$, $n' = 1$, wobei besonders berücksichtigt werden muß, daß die C-Atome durch die Wirkung ihrer Nachbarn in bestimmter Weise komprimiert werden.

A. Landé. Überreicht vom Verfasser.

Physikalische Zeitschrift. 21. Jahrgang. 1920. Seite 114—122.

Störungstheorie des Heliumatoms.

(Auszug aus der Frankfurter Habilitationsschrift.)

Von A. Landé.

In einer vorläufigen Mitteilung[1]) in dieser Zeitschrift zeigte Verf., daß eine konsequente Anwendung der Quantentheorie auf die komplanaren und geneigten Kreis- und Ellipsenbahnen zweier Elektronen $-\varepsilon$ um einen Kern $+2\varepsilon$ Aussicht hat, das Serienspektrum des Heliums zu erklären. Im folgenden soll deshalb die exakte Störungstheorie und Quantelung des Heliumatoms ausgeführt werden. Die früheren Überschlagsrechnungen werden dabei teils bestätigt, teils berichtigt. Der Fortschritt gegen früher besteht in konsequenter Berücksichtigung der Bahnstörungen und einer neuen Quantelung der Bahnneigungen, welche nur zwei Seriensysteme (He_{I} und He_{II}) zuläßt, im Gegensatz zu der früher erhaltenen Vielfachheit.

§ 1. Wir wollen zunächst nur diejenigen Zustände des Atoms betrachten, bei denen beide Elektronen in einer Ebene im gleichen Drehsinn um den Kern $+2\varepsilon$ laufen[2]). Ihre Lagen sind dann bestimmt durch Polarkoordinaten r, φ (inneres) R, Φ (äußeres Elektron). Ihr gegenseitiger Abstand

$$\sqrt{r^2 + R^2 - 2r\,R\cos(\varphi - \Phi)} = \varrho$$

hängt nur von dem Winkelunterschied

$$\gamma = \varphi - \Phi \tag{1}$$

ab. Die gegenseitige potentielle Energie ε^2/ϱ der beiden Elektronen ist in die nach Potenzen von r/R fortschreitende Reihe entwickelbar

$$\frac{\varepsilon^2}{\varrho} = \frac{\varepsilon^2}{R}\left(1 + \frac{r}{R}\cos\gamma + \frac{r^2}{R^2}\,\frac{3\cos^2\gamma - 1}{2} + \cdots\right) \tag{1'}$$

Daher wird die gesamte potentielle Energie des Systems mit dem Kern gleich

$$V = -\frac{2\varepsilon^2}{r} - \frac{\varepsilon^2}{R} + \frac{\varepsilon^2}{R}\left(\frac{r}{R}\cos\gamma + \frac{r^2}{R^2}\,\frac{3\cos^2\gamma - 1}{2} + \cdots\right) \tag{2}$$

und die gesamte kinetische Energie, bei Vernachlässigung der Elektronenmassen μ gegen die Kernmasse gleich

$$T = \frac{\mu}{2}\left[\dot r^2 + r^2\dot\varphi^2 + \dot R^2 + R^2\dot\Phi^2\right]. \tag{2'}$$

Die Lagrangeschen Gleichungen für eine Koordinate q

$$\frac{d}{dt}\frac{\partial T}{\partial \dot q} - \frac{\partial T}{\partial q} = -\frac{\partial V}{\partial q}$$

auf die vier Koordinaten r, φ, R, Φ angewandt, führen zu den vier Bewegungsgleichungen:

$$\mu\ddot r - \mu r\dot\varphi^2 + \frac{2\varepsilon^2}{r^2} = -\frac{\varepsilon^2}{R^2}\left(\cos\gamma + \frac{2r}{R}\,\frac{3\cos^2\gamma - 1}{2} + \cdots\right) \tag{3a}$$

$$2\mu\dot r\dot\varphi + \mu r\ddot\varphi = -\frac{\varepsilon^2}{R^2}\left(\frac{\partial\cos\gamma}{\partial\varphi} + \frac{3r}{2R}\,\frac{\partial\cos^2\gamma}{\partial\varphi} + \cdots\right) \tag{3b}$$

$$\mu\ddot R - \mu R\dot\Phi^2 + \frac{\varepsilon^2}{R^2} = \frac{\varepsilon^2}{R}\cdot\frac{r}{R}\left(2\cos\gamma + \frac{3r}{R}\,\frac{3\cos^2\gamma - 1}{2} + \cdots\right) \tag{3c}$$

$$2\mu\dot R\dot\Phi + \mu R\ddot\Phi = -\frac{\varepsilon^2}{R}\frac{r}{R}\left(\frac{\partial\cos\gamma}{\partial\Phi} + \frac{3r}{2R}\,\frac{\partial\cos^2\gamma}{\partial\Phi} + \cdots\right). \tag{3d}$$

1) A. Landé, Das Serienspektrum des Heliums, diese Zeitschr. **20**, 228, 1919.

2) Komplanare Gegenrotation würde das Vorzeichen der Störungen 1. Ordnung umkehren, entgegen der Beobachtung.

Reprinted from *Phys. Z.* **21**, 114–122 (1920).

Wären keine gegenseitigen Bahnstörungen vorhanden, so würden die beiden Elektronen gewisse ungestörte, in der Astronomie als intermediär bezeichnete Bahnen beschreiben. Die wirklichen Bahnen sind dann als Störungen solcher intermediären Bahnen zu behandeln.

Die Verhältnisse weichen hier insofern von den astronomischen ab, als der Kern zwar wegen seiner überwiegenden Masse als ruhend betrachtet werden darf, aber seine Kraft auf die Planeten dieselbe Größenordnung wie die gegenseitigen Störungskräfte der Planeten unter sich besitzt.

Als intermediäre Bahnen nehmen wir hier reine Kreisbahnen

$$r = \mathring{r}, \quad \varphi = \mathring{\omega} t, \qquad R = \mathring{R}, \quad \Phi = \mathring{\Omega} t \tag{4}$$

an, als Lösungen der Gleichungen (3), wenn deren rechte Seiten gleich Null gesetzt werden. Man erhält dann die intermediären Beziehungen

$$\mu \mathring{r} \mathring{\omega}^2 = 2 \varepsilon^2 / \mathring{r}^2, \qquad \mu \mathring{R} \mathring{\Omega}^2 = \varepsilon^2 \mathring{R}^2 \tag{4'}$$

und eine kleine Größe $\mathring{\varrho}$

$$\mathring{\varrho} = 2 \mathring{r} / R = (4 \mathring{\Omega} / \mathring{\omega})^{2/3}. \tag{4''}$$

Um durch sukzessive Näherung Lösungen $r(t)$, $\varphi(t)$, $R(t)$, $\Phi(t)$ von (3) zu finden, welche als Störungen reiner Kreisbahnen aufzufassen sind, setzen wir $r(t)$ usw. als Fouriersche Reihen nach der Winkeldifferenz $(\omega - \Omega)t$ an:

$$\begin{aligned} r &= r_0 + r_1 \cos(\omega-\Omega)t + r_2 \cos 2(\omega-\Omega)t + \cdots \\ \varphi &= \omega t + \varphi_1 \sin(\omega-\Omega)t + \varphi_2 \sin 2(\omega-\Omega)t + \cdots \\ R &= R_0 + R_1 \cos(\omega-\Omega)t + R_2 \cos 2(\omega-\Omega)t + \cdots \\ \Phi &= \Omega t + \Phi_1 \sin(\omega-\Omega)t + \Phi_2 \sin 2(\omega-\Omega)t + \cdots \end{aligned} \tag{5}$$

deren Koeffizienten $r_0 r_1 r_2$ usw. unten näher bestimmt werden. Da sich die Koeffizienten der Sinusglieder von r und R und der Cosinusglieder von ω und Φ als verschwindend herausstellen würden, sind sie in dem Ansatz (5) gleich fortgelassen. Zur Abkürzung wollen wir zuweilen statt (5) schreiben

$$\begin{aligned} r &= r_0 + \bar{r} + \bar{\bar{r}} + \cdots, \\ R &= R_0 + \bar{R} + \bar{\bar{R}} + \cdots, \\ \varphi &= \varphi_0 + \bar{\varphi} + \bar{\bar{\varphi}} + \cdots, \\ \Phi &= \Phi_0 + \bar{\Phi} + \bar{\bar{\Phi}} + \cdots, \end{aligned} \tag{5'}$$

so daß die Größe

$$\gamma = \varphi - \Phi$$

aus (1) die Form

$$\gamma = \gamma_0 + \bar{\gamma} + \bar{\bar{\gamma}} + \cdots$$

mit

$$\gamma_0 = (\omega - \Omega) t, \qquad \bar{\gamma} = (\varphi_1 - \Phi_1) \sin \gamma_0, \tag{5''}$$

usw. erhält. Die auf der rechten Seite von (3) vorkommenden Größen haben daher die Entwicklungen (6) (6')

$$\cos\gamma = \cos\gamma_0 - \bar{\gamma} \sin\gamma_0$$

$$\frac{\partial \cos\gamma}{\partial\varphi} = -\sin\gamma = \sin\gamma_0 - \bar{\gamma}\cos\gamma_0 = -\frac{\partial\cos\gamma}{\partial\Phi}$$

$$\cos^2\gamma = \frac{1+\cos 2\gamma}{2} = \tfrac{1}{2}(1 + \cos 2\gamma_0 - 2\bar{\gamma}\sin 2\gamma_0)$$

$$\frac{\partial\cos^2\gamma}{\partial\varphi} = -\sin 2\gamma =$$

$$= -\sin 2\gamma_0 - 2\bar{\gamma}\cos 2\gamma_0 = -\frac{\partial\cos^2\gamma}{\partial\Phi} \tag{6}$$

$$\left.\begin{aligned} \frac{1}{r^2} &= \frac{1}{r_0^2}\left(1 - \frac{2\bar{r}}{r_0} + 3\left(\frac{\bar{r}}{r_0}\right)^2 - 2\frac{\bar{\bar{r}}}{r_0}\right) \\ \text{mit}\quad \bar{r} &= r_1\cos\gamma_0, \quad \bar{\bar{r}} = r_2\cos 2\gamma_0 \\ \frac{1}{R^2} &= \text{entsprechend.} \end{aligned}\right\} \tag{6'}$$

Die Größen $r_0 R_0 \omega \Omega$ in (5) sind übrigens verschieden von den intermediären Werten $\mathring{r} \mathring{R} \mathring{\omega} \mathring{\Omega}$ aus (4), (4'), (4''). Bedeutet aber $[\varrho^n]$ eine Größe $n$ter Ordnung in der kleinen Größe ϱ (4''), so wird statt (4') (4'')

$$\frac{2\varepsilon^2}{r_0^2} = \mu r_0 \omega^2 (1 + [\varrho_0^n]), \tag{7}$$

$$\frac{\varepsilon^2}{R^2} = \mu R_0 \Omega^2 (1 + [\varrho_0^n])$$

$$\varrho_0 = \frac{2 r_0}{R_0} = \left(\frac{4\mathring{\Omega}}{\omega}\right)^{2/3} (1 + [\varrho_0^n]) = \mathring{\varrho}(1 + [\varrho_0^n]) \tag{7'}$$

worin der Exponent n sich unten (Gl. 15) zu $n = {}^4/_3$ herausstellen wird.

Nach der klein anzunehmenden Größe

$$\varrho_0 = (2 r_0 / R_0)^{2/3}$$

sollen im folgenden die Störungen entwickelt werden.

Wir setzen nun den Ansatz (5), (5') in die Bewegungsgleichungen (3) ein und erhalten bis auf Glieder höherer Ordnung:

$$\begin{aligned} &\mu[(\ddot{r}_0 - r_0\dot{\varphi}_0^2) + (\ddot{\bar{r}} - \bar{r}\dot{\varphi}_0^2 - 2 r_0 \dot{\varphi}_0 \dot{\bar{\varphi}}) + \\ &+ (\ddot{\bar{\bar{r}}} - \bar{\bar{r}}\dot{\varphi}_0^2 - 2\dot{\varphi}_0 \bar{r} \dot{\bar{\varphi}}^2 - \bar{r}_0 \dot{\bar{\varphi}}^2 - 2 r_0 \dot{\varphi}_0 \dot{\bar{\bar{\varphi}}})] + \\ &+ \frac{2\varepsilon^2}{r_0^2}\left[1 - \frac{2\bar{r}}{r_0} + \frac{3\bar{r}^2}{r_0^2} - \frac{2\bar{\bar{r}}}{r_0}\right] = \\ &- \frac{\varepsilon^2}{R_0^2}\left[\cos\gamma_0 - \bar{\gamma}\sin\gamma_0 - 2\frac{\bar{R}}{R_0}\cos\gamma_0 - \right. \\ &\left. - \frac{2 r_0}{R_0}\,\frac{1+\cos 2\gamma_0}{4}\right] \end{aligned} \tag{8a}$$

$$\begin{aligned} &\mu[(2\dot{\varphi}_0\dot{\bar{r}} + r_0\ddot{\bar{\varphi}}) + (2\dot{\bar{r}}\dot{\bar{\varphi}} + 2\dot{\varphi}_0\dot{\bar{\bar{r}}} + r_0\ddot{\bar{\bar{\varphi}}} + \\ &+ \bar{r}\ddot{\bar{\varphi}})] = -\frac{\varepsilon^2}{R_0^2}\left(1 - 2\frac{\bar{R}}{R_0}\right)(-\sin\gamma_0 - \\ &- \bar{\gamma}\cos\gamma_0 - \tfrac{3}{2}\frac{r_0}{R_0}\sin 2\gamma_0) \end{aligned} \tag{8b}$$

$$\mu[(\ddot{R}_0 - R_0\dot{\Phi}_0^2) + (\ddot{\bar{R}} - \bar{R}\dot{\Phi}_0^2 - 2R_0\dot{\Phi}_0\dot{\bar{\Phi}}) +$$
$$+ (\ddot{R} - \bar{R}\dot{\Phi}_0^2 - 2\dot{\Phi}_0\bar{R}\dot{\bar{\Phi}} - R_0\dot{\bar{\Phi}}^2 - 2R_0\dot{\Phi}_0\dot{\Phi})] +$$
$$+ \frac{\varepsilon^2}{R_0^2}\left[1 - 2\frac{R}{R_0} + 3\frac{\bar{R}^2}{R_0^2} - 2\frac{R}{R_0}\right] =$$
$$+ \frac{\varepsilon^2}{R_0^2}\frac{r_0}{R_0}\, 2\cos\gamma_0 \qquad (8\text{c})$$

$$\mu\{(2\dot{\Phi}_0\dot{\bar{R}} + R_0\ddot{\bar{\Phi}}) + (2\dot{R}\dot{\bar{\Phi}} + 2\dot{\Phi}_0\dot{R} +$$
$$+ R_0\dot{\Phi} + \bar{R}\ddot{\bar{\Phi}})\} = -\frac{\varepsilon^2}{R_0^2}\frac{r_0}{R_0}\sin\gamma_0. \qquad (8\text{d})$$

Hier kann man die zeitlich konstanten Glieder zusammenfassen und für sich gleich Null setzen [s. u. Gl. (12a), (12c)], ebenso die Glieder mit dem Faktor $\cos\gamma_0$ bzw. $\sin\gamma_0$ [Gl. (9)] und die Glieder mit dem Faktor $\cos 2\gamma_0$ bzw. $\sin 2\gamma_0$ [Gl. (16)]. Dabei ist also z. B.

$$\gamma\sin\gamma_0 = (\varphi_1 - \Phi_1)\sin^2\gamma_0 = (\varphi_1 - \Phi_1)\frac{1 - \cos 2\gamma_0}{2}$$

mit dem Bestandteil $(\varphi_1 - \Phi_1)\frac{1}{2}$ zu den Konstanten, mit dem Bestandteil

$$(\varphi_1 - \Phi_1)\frac{\cos 2\gamma_0}{2}$$

zu den Gliedern mit $\cos 2\gamma_0$ zu schlagen. Da auf der rechten Seite von (8a), (8c) nur konstante und Cosinusglieder stehen bleiben, auf der rechten Seite von (8b), (8d) nur Sinusglieder und keine konstanten Glieder, ist die Fortlassung der Sinus- bzw. Cosinusglieder in dem Ansatz (5) gerechtfertigt; man erhält aus (8a) und (8c) je drei für sich zu erfüllende Gleichungen, aus (8b) und (8d) je zwei, im ganzen zehn simultane Gleichungen zur Bestimmung der zehn unbekannten Fourier-Koeffizienten

$$r_0\ r_1\ r_2\ \varphi_1\ \varphi_2\ R_0\ R_1\ R_2\ \Phi_1\ \Phi_2$$

als Funktionen der frei bleibenden Größen ω und Ω, die erst durch zwei Quantenbedingungen später festgelegt werden.

§ 2. Wir stellen zunächst die vier Gleichungen mit dem gleich Null gesetzten Faktor von $\cos\gamma_0$ bzw. $\sin\gamma_0$ zusammen (9a) bis (9d):

$$\frac{r_1}{r_0}\left(\mu r_0(\omega - \Omega)^2 + \mu r_0\omega^2 + 2\cdot\frac{2\varepsilon^2}{r_0^2}\right) + \varphi_1 2\mu r_0\omega(\omega - \Omega) = +\frac{\varepsilon^2}{R_0^2} \qquad (9\text{a})$$

$$\frac{r_1}{r_0}\cdot 2\mu r_0\omega(\omega - \Omega) + \varphi_1\mu r_0(\omega - \Omega)^2 = -\frac{\varepsilon^2}{R_0^2} \qquad (9\text{b})$$

$$\frac{R_1}{R_0}\left(\mu R_0(\omega - \Omega)^2 + \mu R_0\Omega^2 + 2\cdot\frac{\varepsilon^2}{R_0^2}\right) + \Phi_1 2\mu R_0\Omega(\omega - \Omega) = -2\frac{\varepsilon^2}{R_0^2}\frac{r_0}{R_0} \qquad (9\text{c})$$

$$\frac{R_1}{R_0}\cdot 2\mu R_0\Omega(\omega - \Omega) + \Phi_1\mu R_0(\omega - \Omega)^2 = +\frac{\varepsilon^2}{R_0^2}\frac{r_0}{R_0} \qquad (9\text{d})$$

(9c), (9d) ergeben mit Benutzung von (7), (7′) die Lösungen

$$\left.\begin{aligned}\frac{R_1}{R_0} &= -\tfrac{1}{16}\varrho_0^4 + \cdots,\\ \Phi_1 &= \tfrac{1}{32}\varrho_0^4 \cdots\end{aligned}\right\} \qquad (10)$$

Der periodische Teil $R_1\cos\gamma_0$ und $\Phi_1\sin\gamma_0$ von R und Φ ist also von vierter Ordnung verschwindend klein gegen den aperiodischen Teil R_0 und $\Phi_0 = \Omega t$. Die Bahn des äußeren Elektrons ist also auch im gestörten Zustand (nahezu) eine Kreisbahn, freilich mit einem geänderten Radius $R_0 \mp \mathring{R}$ und $\Omega \mp \mathring{\Omega}$. Anders liegt der Fall bei dem inneren Elektron, dessen Bahn stark verzerrt wird. Multipliziert man nämlich (9b) mit $2\omega/\omega - \Omega$ und subtrahiert von (9a), so erhält man bei Vernachlässigung von Ω^2 neben ω^2

$$\frac{r_1}{r_0} = -\frac{3}{2}\frac{\varepsilon^2}{R_0^2}\cdot\frac{1}{\mu r_0\omega\Omega - \left(\frac{2\varepsilon^2}{r_0} - \mu r_0\omega^2\right)}$$

Dividiert man hier Zähler und Nenner durch $2\times 2\varepsilon^2/r_0^2$ (7), so wird bis auf einen Faktor $1 + [\varrho_0^{4/3}]$

$$\left.\begin{aligned}\frac{r_1}{r_0} &= -\frac{3}{2}\cdot\frac{\varrho_0^2}{2(\varrho_0^{4/3} - \eta)},\\ \varphi_1 &= -2\frac{r_1}{r_0}(1 + [\varrho_0^{4/3}]),\end{aligned}\right\} \qquad (11)$$

wenn

$$\eta = 4\left(1 - \frac{\mu r_0\omega^2}{2\varepsilon^2/r_0^2}\right) \qquad (11')$$

gesetzt wird. Der in η auftretende Fourier-Koeffizient r_0 wird erst simultan mit den zwei Gleichungen bestimmbar, welche durch Nullsetzen des konstanten Teils von (8a) und (8c) erhalten werden[1]). Diese Gleichungen heißen

$$\mu\{r_0\omega^2 + r_0\varphi_1^2(\omega - \Omega)^2\tfrac{1}{2} + r_1\varphi_1\omega(\omega - \Omega)\} =$$
$$= \frac{2\varepsilon^2}{r_0^2}\left(1 + \frac{3}{2}\frac{r_1^2}{r_0^2}\right) - \frac{\varepsilon^2}{R_0^2}\left\{\frac{R_1}{R_0} +\right.$$
$$\left.+ \tfrac{1}{2}(\varphi_1 - \Phi_1) - \tfrac{1}{2}\frac{r_0}{R_0}\right\} \qquad (12\text{a})$$

---

1) Man darf in (11) nicht für η näherungsweise den intermediären Wert $\mathring{\eta} = 0$ setzen, der zu

$$r_1/r_0 = -\frac{3}{4}\sqrt{\varrho_0}$$

führen würde. Denn es stellt sich der gestörte Wert η größer als sein Addend $\varrho_0^{4/3}$ heraus. Dieser Fehler wurde in der nach dem Muster der Dispersionstheorie durchgeführten Rechnung (A. Landé, l. c.) implicite gemacht, und fälscht auch die allgemeinen Dispersionsformeln von Sommerfeld (Elster-Geitel-Festschrift) für den Fall, daß der Elektronenring aus einem Elektron besteht.

$$\mu\{R_0\Omega^2+R_0\Phi_1^2(\omega-\Omega)^2\cdot\tfrac{1}{2}+R_1\Phi_1\Omega(\omega-\Omega)\}=$$
$$=\frac{\varepsilon^2}{R_0^2}+\frac{\varepsilon^2}{R_0^2}\frac{r_0}{R_0}\left\{3\frac{R_1}{R_0}+(\varphi_1-\Phi_1)-\right.$$
$$\left.-\tfrac{3}{4}\frac{r_0}{R_0}-\frac{r_1}{r_0}\right\}. \qquad (12\text{c})$$

Wegen der Kleinheit (10) von R_1/R_0 und Φ_1 und der nach (11) angenäherten Beziehung

$$\varphi_1=-2\,r_1/r_0$$

wird daraus

$$\left(\frac{2\,\varepsilon^2}{r_0^2}-\mu r_0\omega^2\right)+\frac{2\,\varepsilon^2}{r_0^2}\frac{3}{2}\frac{r_1^2}{r_0^2}+$$
$$+\frac{\varepsilon^2}{R_0^2}\left(\frac{r_1}{r_0}+\frac{1}{2}\frac{r_0}{R_0}\right)=0 \qquad (13\text{a})$$

$$\left(\frac{\varepsilon^2}{R_0^2}-\mu R_0\Omega^2\right)-$$
$$-\frac{\varepsilon^2}{R_0^2}\frac{r_0}{R_0}\left(\frac{3}{4}\frac{r_0}{R_0}+3\frac{r_1}{r_0}\right)=0. \qquad (13\text{c})$$

Durch (11′) wird aus (13a)

$$\eta+6\frac{r_1^2}{r_0^2}+\tfrac{1}{2}\varrho_0^2\frac{r_1}{r_0}+\tfrac{1}{8}\varrho_0^3=0+|\varrho_0^4| \qquad (11'')$$

(11′), (11″) sind zwei Gleichungen für die beiden Unbekannten η und r_1/r_0, welche gelöst werden durch

$$\left.\begin{aligned}\eta&=-\tfrac{3}{2}\varrho_0^{4/3}+\tfrac{2}{3}\varrho_0^{5/3}-\frac{2}{27}\varrho_0^{2/3}\ \cdots\\ \frac{r_1}{r_0}&=-\tfrac{1}{2}\varrho_0^{2/3}+\tfrac{1}{9}\varrho_0^{4/3}+[\varrho_0^{7/6}],\\ \varphi_1&=-2\frac{r_1}{r_0}\end{aligned}\right| \qquad (14)$$

also nach (11′) und (13c)

$$\frac{2\,\varepsilon^2}{r_0^2}-\mu r_0\omega^2=\frac{2\,\varepsilon^2}{r_0^2}\left(-\tfrac{3}{8}\varrho_0^{4/3}+\right.$$
$$\left.+\tfrac{1}{6}\varrho_0^{5/3}-\frac{1}{54}\varrho_0^{2/3}\right)$$
$$\frac{\varepsilon^2}{R_0^2}-\mu R_0\Omega^2=\frac{\varepsilon^2}{R_0^2}\left(\tfrac{3}{4}\varrho_0^{2/3}+\right.$$
$$\left.+\tfrac{1}{6}\varrho_0^{11/6}+\frac{3}{16}\varrho_0^2\right), \qquad (15)$$

abweichend von den intermediären Beziehungen (4′).

Die erhaltenen Werte $r_1:r_0$ und φ_1 bedeuten eine Verzerrung der inneren Elektronenbahn, nämlich eine exzentrische Verschiebung von der jeweiligen Lage des äußeren Elektrons fortgewendet. Ihr Effekt ist eine scheinbare Verstärkung der Kernladungswirkung auf das äußere Elektron.

Nachdem durch (10), (14), (15) die Fourier-Koeffizienten $r_0\,r_1\,R_0\,R_1\,\varphi_1\,\Phi_1$ der Reihen (5) bestimmt sind, bleibt noch übrig, auch $r_2\varphi_2\,R_2\,\Phi_2$ zu bestimmen. Es wird sich aber zeigen, daß letztere Koeffizienten in der Energie des gestörten Systems keine Rolle spielen, soweit die hier erstrebte Näherung verfolgt wird. Trotzdem wollen wir der Vollständigkeit halber die Gleichungen für $r_2\,\varphi_2\,R_2\,\Phi_2$ aufstellen. Sie werden erhalten durch Nullsetzen des Faktors von $\cos 2\gamma_0$ bzw. $\sin 2\gamma_0$ in (8) und heißen (16a) (16b):

$$\frac{r_2}{r_0}\left[-4\mu(\omega-\Omega)^2 r_0-\mu\omega^2 r_0-2\frac{2\,\varepsilon^2}{r_0^2}\right]+\varphi_2[-4\mu\omega(\omega-\Omega)r_0]=$$
$$=\mu\omega(\omega-\Omega)r_1\varphi_1+\mu(\omega-\Omega)^2 r_0\varphi_1^2\cdot\tfrac{1}{2}+\frac{2\,\varepsilon^2}{r_0^2}\left(-\frac{3}{2}\frac{r_1^2}{r_0^2}\right)+\frac{\varepsilon^2}{R_0^2}\left(\frac{R_1}{R_0}-\tfrac{1}{2}(\varphi_1-\Phi_1)-\frac{3}{2}\frac{r_0}{R_0}\right)$$
$$(16\text{a})$$

$$\frac{r_2}{r_0}[-4\mu\omega(\omega-\Omega)r_0]+\varphi_2[-4\mu(\omega-\Omega)^2 r_0]=\tfrac{3}{2}\mu(\omega-\Omega)^2 r_1\varphi_1-\frac{\varepsilon^2}{R_0^2}\left(\frac{R_1}{R_0}-(\varphi_1-\Phi_1)\tfrac{1}{2}-\frac{3}{2}\frac{r_0}{R_0}\right)$$
$$(16\text{b})$$

und zwei entsprechende Gleichungen (16c) und (16d) für R_2 und Φ_2.

(16a, b) gehen in unserer Näherung über in

$$7\cdot\frac{r_2}{r_0}+4\varphi_2=\tfrac{3}{8}\varrho_0^{4/3}$$
$$4\frac{r_2}{r_0}+4\varphi_2=\tfrac{3}{4}\varrho_0^{4/3}$$

mit den angenäherten Lösungen

$$\left.\begin{aligned}\frac{r_2}{r_0}&=-\tfrac{1}{8}\varrho_0^{4/3},\\ \varphi_2&=-\frac{5}{2}\frac{r_2}{r_0}\end{aligned}\right. \qquad (17)$$

während die Werte $\dfrac{R_2}{R_0}$ und Φ_2 in noch höherem Grade verschwinden als R_1/R_0 und Φ_1 in (18).

Durch (10), (14), (17) sind jetzt die Fourier-Koeffizienten der gestörten Bahnen (5) als Funktionen von r_0, R_0 und ϱ_0 bestimmt, r_0 und R_0 selbst sind durch (15) als Funktionen von ω, Ω und ϱ_0 gegeben. Die gestörten Bahnen hängen also letzten Endes von dem Wert zweier Parameter ab, z. B. von ω und Ω oder auch r_0 und R_0.

§ 3. Die Energie des gestörten Elektronensystems teilen wir ein in

1. Energie des inneren Elektrons W_i = kinetische Energie + potentielle Energie gegen den Kern,

2. Energie des Außenelektrons W_a = kinetische Energie + potentielle Energie gegen den Kern und das im Kern gedachte innere Elektron,

3. potentielle Energie V_{ia} der Störungskräfte. Es wird also nach (2), (2′)

$$\left.\begin{aligned} W_i &= \frac{\mu}{2}(\dot{r}^2 + r^2\ {}^2) - \frac{2\varepsilon^2}{r} \\ W_a &= \frac{\mu}{2}(\dot{R}^2 + R^2\dot{\Phi}^2) - \frac{\varepsilon^2}{R} \\ V_{ia} &= \frac{\varepsilon^2}{R}\left(\frac{r}{R}\cos\gamma + \frac{r^2}{R^2}\,\frac{3\cos^2\gamma - 1}{2} + \cdots\right). \end{aligned}\right| \quad (18)$$

Setzt man in W_i die Fourier-Reihen (5) ein, ohne die von uns berechneten speziellen Werte $r_0\, r_1\, r_2\, \varphi_1\, \varphi_2$ zu benutzen, so erhält man W_i in der Form

$$W_i = \text{konst.} + f_1(r_1\varphi_1)\cdot\cos 2\gamma_0 + \\ + f_2(r_1\varphi_1 r_2\varphi_2)\cos 2\gamma_0.$$

Setzt man in die dabei auftretenden Funktionen f_1 und f_2 die (angenäherten) Beziehungen (14), (17)

$$\varphi_1 = -2\frac{r_1}{r_0}, \quad \varphi_2 = -\frac{5}{2}\frac{r_2}{r_0} \qquad (18')$$

ein, so verschwinden f_1 und f_2, und es bleibt als konstanter Teil übrig

$$W_i = \frac{\mu}{2}r_0^2\omega^2 - \frac{2\varepsilon^2}{r_0} - \frac{\mu}{2}r^2_0\omega^2\cdot 2\frac{r_1^2}{r_0^2} = \\ -\frac{\varepsilon^2}{r_0}\left(1 + 2\eta + 2\frac{r_1^2}{r_0^2}\right)$$

oder mit Benutzung von (14) der Wert

$$W_i = -\frac{\varepsilon^2}{2r_0}\left(2 + \tfrac{1}{4}\varrho_0^{4/3} - \tfrac{1}{9}\varrho_0^{7/3} + \frac{1}{81}\varrho_0^{8/3}\right), \quad (19)$$

der auch als Zeitmittel der in Wahrheit sehr schwach periodisch schwankenden Energie des inneren Elektrons angesehen werden kann[1]).

Wegen der Kleinheit (10) von R_1 und Φ_1 wird ferner

$$W_a = \frac{\mu}{2}R_0^2\Omega^2 - \frac{\varepsilon^2}{R_0} = -\frac{\varepsilon^2}{2R_0} \\ -\frac{1}{2}\left(\frac{\varepsilon^2}{R_0} - \mu R_0^2\Omega^2\right)$$

also nach (15)

$$W_a = -\frac{\varepsilon^2}{R_0}\left(\tfrac{1}{2} - \tfrac{3}{8}\varrho_0^{5/3} + \right. \\ \left. + \frac{1}{12}\varrho_0^{11/6} + \frac{3}{32}\varrho_0^2\right). \qquad (20)$$

Da ferner der zeitliche Mittelwert von

$$r\cos\gamma = (r_0 + r_1\cos\gamma_0)(\cos\gamma_0 - \varphi_1\sin^2\gamma_0)$$

gleich

$$\tfrac{3}{2}r_0\frac{r_1}{r_0}$$

ist [vgl. (5″), (18′)], wird der Mittelwert von V_{ia} nach (18)

$$V_{ia} = \frac{\varepsilon^2}{R_0}\left(\frac{3}{2}\frac{r_0}{R_0}\frac{r_1}{r_0} + \frac{r_0^2}{R_0^2}\cdot\frac{1}{4}\right)$$

und mit Benutzung von (14)

$$V_{ia} = \frac{\varepsilon^2}{R_0}\left(-\tfrac{3}{8}\varrho_0^{5/3} + \frac{1}{12}\varrho_0^{11/6} + \frac{1}{16}\varrho_0^2\right) \quad (21)$$

also

$$W_a + V_{ia} = -\frac{\varepsilon^2}{R_0}\left(\tfrac{1}{2} + \frac{1}{32}\varrho_0^2\right). \qquad (22)$$

§ 4. Wir sind jetzt imstande, eine an anderer Stelle[1]) erläuterte Quantelungsmethode anzuwenden, speziell mit Benutzung der dortigen Gleichung [6], da es sich beim neutralen Helium ja auch nur um zwei „Ringe" handelt. Statt der dort benutzten Variablen $r_1\, r_2$ wollen wir aber hier die Größen $2r_0$ und R_0 nehmen, an denen im folgenden der Index o fortgelassen werden soll.

Statt [6], [6′] l. c. gilt hier für die beiden adiabatischen Prozesse

$$\frac{dR}{d(2r)} = -\frac{\partial(W_i + V_{ia})/\partial(2r)}{\partial W_i/\partial R} \qquad (23a)$$

bzw.

$$\frac{d(2r)}{dR} = -\frac{\partial(W_a + V_{ia})/\partial R}{\partial W_a/\partial 2r} \qquad (23b)$$

ausgehend von dem Anfangszustand

$$R = \infty, \quad r = \mathring{r} \quad \text{bzw.} \quad r = 0, \quad R = \mathring{R}. \qquad (24)$$

Für die totalen Änderungen dW_i und dW_a erhält man aus (23a), (23b)

$$dW_i = -dR\cdot\frac{\partial V_{ia}}{\partial(2r)} : \frac{dR}{d(2r)}$$

bzw.

$$dW_a = -d(2r)\frac{\partial V_{ia}}{\partial R} : \frac{d(2r)}{dR}. \qquad (25)$$

Um (23a) zu integrieren, braucht man

$$\frac{\partial(W_i + V_{ia})}{\partial(2r)} = \frac{\varepsilon^2}{4r^2}\left(2 - \frac{1}{12}\varrho^{4/3}\right),$$

$$\frac{\partial W_i}{\partial R} = \frac{\varepsilon^2}{4r^2}\tfrac{1}{3}\varrho^{4/3}\left(1 - \tfrac{1}{2}\varrho^{1/3}\right).$$

Daher wird aus (23a)

$$\frac{dR}{d(2r)} = -\varrho^{-7/3}\cdot 6\cdot(1 + \cdots). \qquad (26)$$

Andererseits ist

$$-\frac{\partial V_{ia}}{\partial(2r)} = \frac{\varepsilon^2}{R^2}\tfrac{5}{8}\varrho^{2/3}(1 + \cdots).$$

1) Daß die periodischen Glieder von W_i in höherer Ordnung verschwinden, zeigt an, daß der Gesamtbetrag der Energie des Innenelektrons groß ist gegen die von ihm gewonnene Energie auf seinem Wege von der Konjunktion zur Opposition unter der störenden Kraft des Außenelektrons.

1) Vgl. A. Landé, Adiabatenmethode zur Quantelung gestörter Elektronensysteme, Verh. d. Deutsch. Phys. Ges. 21, 578, 1919. Formeln dieser Arbeit werden hier in eckigen Klammern zitiert.

Die totale Änderung dW_i wird also nach (25)

$$dW_i = -\frac{\varepsilon^2}{R^2}\frac{5}{48}(1+\cdot\cdot)\,dR.$$

Integriert man zwischen den Grenzen $R=\infty$ und R (24), so ergibt sich bis auf Glieder höherer Ordnung in ϱ

$$W_i - \mathring{W}_i = \frac{\varepsilon^2}{2R}\cdot\frac{5}{96}+\cdot\cdot \qquad (26')$$

wobei

$$\mathring{W}_i = -\frac{\varepsilon^2}{\mathring{r}},$$

falls man bei der Integration r als Konstante behandelt; daß letzteres in der hier erstrebten Näherung berechtigt ist, geht hervor aus Gleichung (26) die sich auch schreiben läßt in der Form

$$d(2r)\cdot(2r)^{-7/3} = \tfrac{5}{6}\,dR\cdot R^{-7/3}(1+\cdot\cdot).$$

Ihr Integral zwischen den Grenzen $R=\infty$, $r=\mathring{r}$ bis R, r heißt

$$\frac{r-\mathring{r}}{r} = \tfrac{1}{8}\varrho^{4/3}. \qquad (26'')$$

Während der Zusammenziehung von R aus dem Unendlichen erfährt also r nur eine kleine Ausdehnung von der relativen Ordnung $\varrho^{4/3}$. Um (23b) zu integrieren, braucht man aus (22)

$$\frac{\partial(W_a+V_{ia})}{\partial R} = \frac{\varepsilon^2}{R^2}\left(\tfrac{1}{2}+\tfrac{3}{2}\varrho^2\right)$$

$$\frac{\partial W_a}{\partial(2r)} = \frac{\varepsilon^2}{R^2}\tfrac{5}{8}\varrho^{7/3}\left(1-\frac{11}{45}\varrho^{2/3}-\frac{3}{10}\varrho^{4/3}\right).$$

Also geht (23b) über in

$$\frac{d(2r)}{dR} = -\varrho^{-2/3}\cdot 8\,\frac{1-\frac{3}{16}\varrho^2}{1-\frac{11}{45}\varrho^{2/3}-\frac{3}{10}\varrho^{4/3}}$$

oder

$$\frac{d(2r)^{5/3}}{dR^{5/3}} = -\tfrac{5}{3}\,\frac{1-\frac{3}{16}u^{6/5}}{1-\frac{11}{45}u^{2/5}-\frac{3}{10}u^{4/5}} = f(u),$$

wenn zur Abkürzung der Quotient

$$\frac{(2r)^{5/3}}{dR^{5/3}} = u,\ \text{also}\ \varrho = u^{3/5}$$

gesetzt wird. Führt man nun statt $2r$ und R die neuen Variablen u und $R^{5/3}$ ein, so ergibt sich die Umformung

$$\frac{d(R^{5/3})}{R^{5/3}} = \frac{du}{f(u)-u}.$$

Integration zwischen den Grenzen $r=0$, $R=\mathring{R}$ bis r, R ergibt bis auf höhere Potenzen von u

$$\ln\left(\frac{R}{\mathring{R}}\right) = \tfrac{3}{5}\int_0^u du\left(-\tfrac{3}{8}\right)\left(1-\frac{11}{45}u^{2/5}-\frac{3}{10}u^{4/5}\right)$$

oder bei Wiedereinführung von ϱ statt u

$$\frac{\mathring{R}}{R} = 1-\tfrac{9}{8}\varrho^{5/3}\left(1-\tfrac{2}{9}\varrho^{2/3}-\tfrac{1}{4}\varrho^{4/3}\right). \qquad (27)$$

Einsetzung in W_a+V_{ia} (22) ergibt schließlich

$$W_a+V_{ia} = -\frac{\varepsilon^2}{2\mathring{R}}\left(1+\tfrac{3}{4}\varrho^{5/3}-\frac{1}{24}\varrho^{11/3}-\tfrac{1}{8}\varrho^2\right)+\cdot\cdot \qquad (27')$$

$$W_a+V_{ia}-\mathring{W}_a = -\frac{\varepsilon}{2\mathring{R}}\left(\tfrac{3}{4}\varrho^{5/3}-\tfrac{1}{6}\varrho^{11/3}-\tfrac{1}{8}\varrho^2\right). \qquad (27'')$$

Ein Vergleich von (27″) mit (26′) zeigt, daß der Energiegewinn von W_i gegenüber $\mathring{W}_i$ von höherer Ordnung klein ist gegen den Verlust W_a+V_{ia} gegenüber $\mathring{W}_a = -\varepsilon^2/2\mathring{R}$. In unserer Näherung bleibt also W_i während des adiabatischen Prozesses konstant, in Übereinstimmung mit einem Theorem von Herrn N. Bohr[1]).

Die Gesamtenergie

$$E = W_i + W_a + V_{ia}$$

des gestörten Systems wird also nach (26′), (27′) bis auf Glieder höherer Ordnung in $\mathring{\varrho} = 2\mathring{r}/\mathring{R}$ (vgl. (7′)):

$$E = -\frac{\varepsilon^2}{\mathring{r}}-\frac{\varepsilon^2}{2\mathring{R}}-\frac{\varepsilon^2}{2\mathring{R}}\tfrac{3}{4}(\mathring{\varrho})^{5/3}\Big[1-\tfrac{2}{9}(\mathring{\varrho})^{2/3}-\tfrac{1}{6}(\mathring{\varrho})^{1/3}+\cdot\cdot\Big], \qquad (28)$$

worin die beiden ersten Glieder den intermediären Energiewert angeben. Man kann diese Formel so auffassen, als sei die Energie des inneren Elektrons unverändert auf dem intermediären Wert $-\varepsilon^2/\mathring{r}$ geblieben, während sich der absolute Betrag der Energie des äußeren Elektrons mit dem Störungsfaktor

$$E_a:\mathring{E}_a = 1+\tfrac{3}{4}(\mathring{\varrho})^{5/3}-\tfrac{1}{6}(\mathring{\varrho})^{11/3}-\tfrac{1}{8}(\mathring{\varrho})^2 \qquad (28')$$

multipliziert habe. Die in ϱ vorkommenden Radien $\mathring{r}$ und $\mathring{R}$ sind die im ungestörten Zustand quantentheoretisch festgelegten Bahnradien mit den Quantenzahlen n_i und n_a und besitzen die Werte

$$\mathring{r} = a_0\cdot\frac{n_i^2}{Z_i},\quad \mathring{R} = a_0\cdot\frac{n_a^2}{Z_a},\quad a_0 = \frac{h^2}{4\pi^2\mu\varepsilon^2}, \qquad (28'')$$

wobei $Z_i = 2$ und $Z_a = 1$ die „wirksamen Kernladungszahlen" und a_0 den Radius der einquantigen Bahn des Wasserstoffelektrons bedeuten. Beim Helium ist überdies $n_i = 1$ anzunehmen. Schreibt man also für n_a einfach n, so wird schließlich

$$\mathring{\varrho} = \frac{2\mathring{r}}{\mathring{R}} = \frac{1}{n^2}$$

und (28′) geht über in die endgültige Formel

1) N. Bohr, The Quantum Theory of Line-Spectra, Teil 2, § 2, Kopenhagen 1918. Dieses Theorem war in der vorläufigen Mitteilung des Verf. (l. c.) über das *He* nicht erfüllt, der dortige Vergleich mit quasielastischen Verhältnissen (S. 229) war also unzutreffend. Der Fehler wurde dort durch die oben S. 116 Fußnote erwähnte Annäherung aufgehoben.

$$E_a : \mathring{E}_a = 1 + \tfrac{3}{4} n^{-10/3} - \tfrac{1}{6} n^{-11/3} - \tfrac{1}{8} n^{-4} + \cdots \quad (29)$$

Das letzte hier hingeschriebene Glied

$$-1 : 8 n^4 = -\mathring{r}^2 : 2 \mathring{R}^2$$

erscheint bei Sommerfeld als niedrigstes Störungsglied, wenn man von der Vorstellung der gleichmäßigen Ladungsverteilung auf den Ringperipherien ausgeht. Die beiden ersten Störungsglieder von (29) sind der exzentrischen Verschiebung der inneren Bahn im Kraftfeld des äußeren Elektrons zuzuschreiben. Letztere Verschiebung gibt zu den Störungen der Ordnung n^{-4} keinen Beitrag, weil in (14) nach den Gliedern mit $\varrho_0^{\,2/3}$ sofort Glieder mit $\varrho_0^{\,4/3}$ folgen.

Es ist klar, daß die abgebrochene Reihe (28'), (29) für die Quantenzahl $n = 1$ keine zureichende Näherung zum Vergleich mit der Erfahrung darstellt.

§ 5. Die exakte Störungstheorie des Heliumatoms bei geneigten Bahnebenen und elliptischem Umlauf hat Verfasser nicht durchgeführt. Nach Analogie zu früher erhaltenen Resultaten[1]) liegt jedoch Grund vor zu der Annahme, daß ein Neigungswinkel Θ zwischen den Bahnebenen die Energieformeln (28') und (29) in folgender Weise ändert: Die beiden ersten Störungsglieder, welche der exzentrischen Verschiebung des inneren Elektrons zuzuschreiben waren, sind mit dem Faktor $\cos\Theta$ zu versehen, das dritte Störungsglied mit dem Faktor

$$(3\cos^2\Theta - 1) : 2,$$

mit dem auch in Sommerfelds Theorie der geneigten Ringe[2]) das entsprechende Glied behaftet ist. [Diese beiden Faktoren sind bekannt als erste und zweite Kugelfunktion von $\cos\Theta$.] Bei elliptischer Bahn des äußeren Elektrons mit der radialen Quantenzahl n' und der azimutalen Quantenzahl n führt die erwähnte Analogie dazu, alle hingeschriebenen Störungsglieder mit dem Faktor

$$n : (n + n')$$

zu multiplizieren. (29) geht dann über in die Energieformel[3])

$$E_a : \mathring{E}_a = 1 + \frac{n}{n + n'} \left[\cos\Theta \left(\tfrac{3}{4} n^{-10/3} - \tfrac{1}{6} n^{-11/3} - \right) - \frac{3\cos^2\Theta - 1}{2} \cdot \tfrac{1}{8} n^{-4} + \cdots\right] \quad (30)$$

Für Θ sind die Werte einzusetzen, welche sich aus der Quantelung der räumlichen Orientierung (bzw. der Präzessionsbewegung) von Elektronenringen ergeben und die aus Gl. (4) und (5)

	Beobachtung		Theorie			
	ν_{He}	$\nu_H : \nu_H$	$n'n$	k	ϑ	$\nu_{He} : \nu_H$
S_I	—	—	01	1	120°	0,7230
	32 031	1,168	11	1		0,8618
	13 445	1,103	21	1		0,9078
	7 369	1,075	31	1		0,9308
	4 646	1,059	41	1		0,9447
P_I	27 174	0,989	02	2	104° 28'	0,9873
	12 099	0,992	12	2		0,9919
	6 817	0,994	22	2		0,9939
	4 367	0,995	32	2		0,9951
D	12 204	1,0011	03	3	99° 35'	0,9982
	6 863	1,0009	13	3		0,9987
	4 391	1,0007	23	3		0,9989

	Beobachtung		Theorie			
	ν_{He}	$\nu_H : \nu_H$	$n'n$	k	ϑ	$\nu_{He} : \nu_H$
S_{II}	—	—	01	2	0°	1,457
	38 453	1,402	11	2		1,229
	15 073	1,237	21	2		1,152
	8 011	1,168	31	2		1,114
	4 963	1,131	41	2		1,092
P_{II}	29 222	1,0657	02	3	0°	1,0536
	12 745	1,0458	12	3		1,0367
	7 093	1,0337	22	3		1,0268
	4 509	1,0278	32	3		1,0214
D_{II}	12 208	1,0012	03	4	0°	1,0136
	6 865	1,0010	13	4		1,0102
	4 393	1,0009	23	4		1,0081

einer Arbeit des Verfassers[1]) abzulesen sind. Es sind das komplanare Bahnen mit gleichgerichteter Rotation beider Elektronen

$$(\vartheta + \vartheta' = \Theta = 0°)$$

bzw. entgegengerichteter Rotation

$$(\vartheta + \vartheta' = \Theta = 180°)$$

und bei $n = 1$ überdies $\Theta = 120°$, bei $n = 2$ $\Theta = 104° 28'$; bei $n = 3$ $\Theta = 99° 35'$ usw. Die theoretischen Werte des Verhältnisses $E_a : \mathring{E}_a$ sollen sich in der Beobachtung wiederfinden als Verhältniszahlen $\nu_{He} : \nu_H$ der Heliumterm-Schwingungszahlen zu den Normalschwingungszahlen der Wasserstoffterme. Die folgende Tabelle gibt neben den theoretischen Werten, welche zu den verschiedenen Wertetripeln n

1) A. Landé, diese Zeitschr. 20, 228, 1919.

2) A. Sommerfeld, diese Zeitschr. 19, 297, 1918.

3) Während als Faktor des Gliedes mit $n^{-4} = (2r/R)^2$ die zweite Kugelfunktion wohl das Richtige trifft, ist statt $\cos\Theta$ als Faktor der ersten Störungsglieder wahrscheinlich eine kompliziertere Funktion von Θ zu nehmen, deren Gestalt erst weitere Rechnung geben kann, die aber das Resultat qualitativ wohl nicht und quantitativ wohl nur wenig gegen (30) ändern wird.

1) Vgl. A. Landé, Eine Quantenregel für die räumliche Orientierung von Elektronenbahnen, Verh. d. D. Phys. Ges. 21, 585, 1919. Die dortigen Gl. (4) und (5) heißen

$$n\cos\vartheta + n'\cos\vartheta' = k$$
$$n\sin\vartheta - n'\sin\vartheta' = 0,$$

worin ϑ und ϑ' die Neigungswinkel der beiden Elektronenbahnen gegen die unveränderliche Ebene bedeuten, und $n\, n'\, k$ drei ganze Zahlen sind. Diese Quantenregeln gelten aber nur, wenn man die Störungskräfte vernachlässigt, ein Fall, der hier, besonders bei den Bahnen S_I, welche der Theorie Schwierigkeit bereiten, nur in roher Näherung zutrifft.

(azimutale) n' (radiale) k (Gesamtimpulsquantenzahl) mit zugehörigen Winkeln

$$\vartheta,\ \vartheta',\ \Theta = \vartheta + \vartheta'$$

gehören, auch die beobachteten Schwingungszahlen der He-Terme und ihre Quotienten $\nu_{He}:\nu_H$ mit den beobachteten Normalzahlen des Wasserstoffs. Die Beobachtung unterscheidet zwei gesonderte Heliumspektren, nämlich He_{I} aus einfachen und He_{II} aus Duplettermen bestehend, ferner innerhalb jeder dieser beiden Spektren S-Terme, P-Terme und D-Terme, welche sich zu den Kombinationen $S-P$ (Hauptserie), $P-D$ (1. diffuse Nebenserie) und $P-S$ (2. scharfe Nebenserie) zusammenfinden. Die S-Terme sind übrigens auch bei He_{II} einfach. An den experimentellen Termwerten fällt auf, daß zwar bei He_{II} ein Abfallen der Werte $\nu_{He}:\nu_H$ von den S- zu den P- und D-Termen der gleichen Quantenzahl $n+n'$ stattfindet, daß dagegen bei He_{I} ein solcher Gang nur zwischen den P- und D-Termen stattfindet, wahrend die beobachteten S_{I}-Terme vollkommen außerhalb dieses Ganges liegen. Daher ist von vornherein zu erwarten, daß die Theorie nicht ohne weiteres zur Erklärung der S_{I}-Terme führen kann. Berechnet man nun nach (30) die theoretischen $\nu_{He}:\nu_H$-Werte zu allen möglichen Kombinationen der Quantenzahlen $n\,n'k$ für $n=1$, $n=2$ und $n=3$ mit Ausschluß der komplanaren Gegenrotation, so findet man Werte, die mit den daneben geschriebenen Beobachtungen der S-, P- und D-Terme von He_{I} und He_{II} vereinbart werden können. Und zwar ist die Übereinstimmung bei den Termen $n=2$ und $n=3$ gut, bei S_{II} ($n=1$) wenigstens qualitativ richtig; bei letzteren Termen ($n=1$) reicht eben die Näherung (30) nicht im entferntesten mehr aus. Dagegen fallen bei S_{I}, wie zu erwarten, Beobachtung und Theorie auch qualitativ ganz auseinander. Bei 60° Neigung (Nebenwinkel von 120°, d. h. Umkehr der Umlaufsrichtung) würden die beobachteten Werte von S_{I} resultieren. 60° Neigung ist aber quantentheoretisch nicht zulässig. Es liegt hier vielleicht ein andersartiger Bahntypus vor.

Während beim Wasserstoff zu der einen Gesamtquantenzahl $n+n'$ nur eine Schwingungszahl ν_H (abgesehen von der Feinstruktur) gehört, treten zu dem gleichen $n+n'$ beim Helium mehrere Schwingungszahlen ν_{He} auf, eine Art Grobstruktur durch verschiedene Exzentrizität und räumliche Neigung der Bahnen. In der Figur, deren horizontaler Maßstab die Werte des Quotienten $\nu_{He}:\nu_H$ angibt, ist diese Grobstruktur des Terms $n+n'$ für jede Gesamtquantenzahl $n+n'$ in einem besonderen horizontalen Band gezeichnet, wobei noch He_{I} (Parhelium) und He_{II} (Dupletlinien) untereinander getrennt aufgetragen sind und zwar die Beobachtung als senkrechte Linien, die theoretischen Werte als Kreuze. Theoretische Werte von S_{I} sind nicht eingezeichnet, da S_{I} offenbar auf einer anderen Entstehungsart als der hier behandelten beruht. Die entsprechenden Wasser-

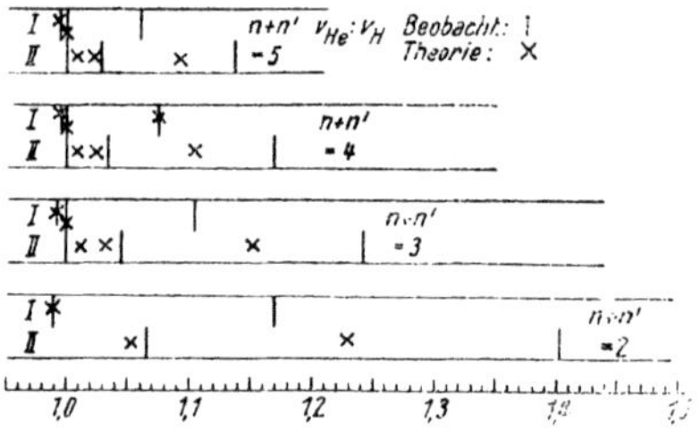

stofflinien würden also in der Figur senkrecht über dem Teilstrich 1,0 liegen. Die Aufspaltung dieser normalen Linien durch die gegenseitigen Bahnstörungen geht also beim Helium bis zu 40 Proz. ihres ungestörten Normalwertes, was früher den Anlaß zur Einführung gebrochener Quantenzahlen für die S-Terme gegeben hat. Hier, wo die gebrochenen als gestörte ganze Quantenzahlen aufgefaßt werden, ist es deshalb nicht verwunderlich, daß die Störungstheorie mit den ersten Reihengliedern quantitativ nicht mehr ausreicht. Besonders befriedigend erscheint es, daß die Quantelung der Präzessionen, die Mannigfaltigkeit der räumlichen Stellungen bei jedem n auf zwei beschränkt, Komplanarität bei He_{II} und Neigungswinkel von nahezu 90° bei He_{I}. Die dritte Bahnstellung, komplanar entgegengesetzt rotierende Elektronen ($\Theta = 180°$), besitzt einen so kleinen negativen Energiewert E_a gegenüber den Energiewerten der beiden andern Stellungen, daß diese Gegenrotation aus Stabilitätsgründen auszuschließen ist. Eine Erklärung für das Zustandekommen der S_{I}-Terme und für die Duplizität der He_{II}-Terme fehlt[1]).

1) In einer Arbeit „Über Serienspektren nach dem Bohrschen Modell" von F. Tank, Ann. d. Phys. 59, 293, 1919 werden die gegenseitigen Störungen der beiden He-Elektronen so berechnet, als seien die Ladungen kontinuierlich über ihre Bahnen verteilt. Dabei „wird Anschluß an die Erfahrung nur bei den Hauptserientermen erreicht", und zwar unter der Annahme, daß beim Parhelium (He_{I}) beide Elektronen in derselben Ebene laufen, beim Helium (He_{II}) in nahezu senkrecht gekreuzten Ebenen (umgekehrt als bei uns), daß bei He_{I} das innere Elektron einen einquantigen Kreis, beim He_{II} einen zweiquantigen Kreis beschreibt. Es erscheint aber die gewählte Annäherung (kontinuierliche Ladungsverteilung) nicht zulässig zu sein, weil die Störungen 1. Ordnung dabei unberücksichtigt bleiben. Auch die Annahme eines zweiquantigen inneren Elektrons bei He_{II} kann nicht befriedigen.

(Eingegangen 17. August 1919.)

Über den anomalen Zeemaneffekt (Teil I).

Von A. Landé.

(Eingegangen am 16. April 1921.)

Inhalt: § 1. Die inneren Quantenzahlen. § 2. Quantentheorie des normalen Zeemaneffektes. § 3. Räumliche Quantelung, Auswahl- und Polarisationsregel bestimmen die Anzahl der π- und σ-Komponenten. § 4. Die anomalen magnetischen Energieniveaus bestimmen die Lagen. § 5. Das Korrespondenzprinzip bestimmt die Intensitäten.

Die komplizierten Typen des anomalen Zeemaneffekts sind in neuerer Zeit sichergestellt worden besonders durch die schönen Untersuchungen von E. Back im Tübinger Institut, welche Sommerfeld[1]) publiziert hat. Neuerdings hat Back[2]), fußend auf der Rungeschen Regel und Sommerfelds magnetooptischem Zerlegungssatz, konstruktive Gesetzmäßigkeiten aufgedeckt, welche die beobachteten Zeemantypen beherrschen, und zu „Indexregeln" zusammengefaßt, welche es ermöglichen, auch bisher unbeobachtete neue Typen vorauszusagen. Die vorliegende Arbeit soll nun den Bau der anomalen Zeemantypen vom Standpunkte des Kombinationsprinzips und der Quantentheorie aus verständlich machen. Sie endet damit, daß jede einzelne magnetische Zerlegungskomponente einem bestimmten Übergange von einem Quantenzustande des Atoms in einen anderen Quantenzustand zugeordnet wird bzw. aus zwei magnetischen Termen kombiniert wird. Der anomale Zeemaneffekt gibt dadurch eine besonders eindringliche Illustration zum Auswahlprinzip von Rubinowicz und Bohr.

§ 1. Zur Vorbereitung muß kurz auf einige bereits im magnetisch unbeeinflußten Zustande zutage tretenden Eigentümlichkeiten derjenigen Liniengebilde eingegangen werden, die Rydberg als vollständige Dubletts und Tripletts bezeichnet hat. Die Analyse der Serienlinien in Kombinationsterme ergibt nämlich bei den

Dublettlinien.	Triplettlinien.	
einen s-Term	einen s-Term	(1)
zwei p-Terme	drei p-Terme	
zwei d-Terme	drei d-Terme	

Während man nun aus diesem Schema durch Kombination des einen s-Terms mit seinen zwei (bzw. drei) p-Termen in der Hauptserie (s, p) Liniendubletts (bzw. Tripletts) erhält, würde man in der

[1]) A. Sommerfeld, Ann. d. Phys. **63**, 221, 1920. Atombau u. Spektrallinien. 2. Aufl. S. 541.

[2]) E. Back, Die Naturwissenschaften **9**, 199, 1921.

Reprinted from *Z. Phys.* **5**, 231–241 (1921).

ersten Nebenserie (p, d) durch Kombination aller p-Terme mit ihren d-Termen $2 \cdot 2 = 4$- (bzw. $3 \cdot 3 = 9$-)fache Linien erwarten, findet aber in Wirklichkeit nur 3- (bzw. 6-)fache Linien in der ersten Nebenserie, nämlich nur die folgenden Kombinationen[1]):

Vollständige Dubletts.	Vollständige Tripletts.	
$(\mathfrak{s}\mathfrak{p}_1)$ $(\mathfrak{s}\mathfrak{p}_2)$	(sp_1) (sp_2) (sp_3)	
$(\mathfrak{p}_1\mathfrak{d}_1)$ $(\mathfrak{p}_1\mathfrak{d}_2)$ $(\mathfrak{p}_2\mathfrak{d}_2)$	$(p_1 d_1)$ $(p_1 d_2)$ $(p_1 d_3)$	(2)
	$(p_2 d_2)$ $(p_2 d_3)$ $(p_3 d_3)$	

In dem Ausfallen der übrigen Kombinationen erblickt Sommerfeld das Wirken eines Auswahlprinzips, welches er zu dem Auswahlprinzip von Rubinowicz und Bohr[2]) in Parallele setzt, indem er den verschiedenen Termen außer ihren azimutalen Quantenzahlen n noch gewisse andere ganze Zahlen k zuordnet, die er „innere" Quantenzahlen nennt (Tabelle 1. Die eingeklammerten Zahlen sind noch nicht durch Beobachtungen bestätigt):

Tabelle 1.

	Dubletts							Tripletts									
Term .	$\mathfrak{s}$	$\mathfrak{p}_1$	$\mathfrak{p}_2$	$\mathfrak{d}_1$	$\mathfrak{d}_2$	$\mathfrak{b}_1$	$\mathfrak{b}_2$	s	p_1	p_2	p_3	d_1	d_2	d_3	b_1	b_2	b_3
n . .	1	2	2	3	3	(4)	(4)	1	2	2	2	3	3	3	(4)	(4)	(4)
k . . .	1	2	1	3	2	(4)	(3)	1	2	1	0	3	2	1	(4)	(3)	(2)

Dann läßt sich nämlich die Tatsache der vollständigen Dubletts und Tripletts, daß nur die Kombinationen (2) in Wirklichkeit vorkommen, einfacher formulieren durch die Auswahlregel:

B. Es werden nur diejenigen Terme kombiniert, deren „innere" Quantenzahlen k sich um 0 oder ± 1 unterscheiden.

§ 2. Wir müssen ferner an die Debye-Sommerfeldsche Theorie des normalen Zeemaneffekts erinnern[3]). Ist n die azimutale

[1]) In der Paschenschen Schreibweise bedeutet P, $\mathfrak{p}$, p den Prinzipal-Term der Einfachlinien, Dubletts, Tripletts, während π eine Parallelkomponente im transversalen Zeemaneffekt angibt.

[2]) A. Rubinowicz, Phys. ZS. **19**, 441, 1918. N. Bohr, Kopenh. Akad. 1918. Die strengere Fassung des Auswahlprinzips von Bohr heißt:

A. Es werden nur die Terme kombiniert, deren azimutale Quantenzahlen n sich um ± 1 unterscheiden. Die weitere Fassung (A′) läßt Änderungen von n um 0 oder ± 1 zu. Das Korrespondenzprinzip verlangt: (A) gilt, wenn nur ein Elektron zum Impuls des Atoms beiträgt, wenn also seine Bahnebene mit der invariablen Atomebene zusammenfällt. (A′) gilt, wenn mehrere gekreuzte Elektronenbahnen zum Gesamtimpuls des Atoms beitragen (vgl. z. B. A. Sommerfeld, l. c., 2. Aufl., S. 536.

[3]) Dadurch brauchen wir in unsere Darstellung Sommerfelds „magnetooptischen Zerlegungssatz" (l. c.) nicht ausdrücklich einzuführen, der bei der Auffindung unserer Resultate wichtig war.

Quantenzahl, so kann die Drehachse des Atoms nur solche Winkel Θ mit der Feldrichtung H bilden, daß

$$m = n.\cos\Theta = \text{ganze Zahl}, \quad |m| \leqq n \tag{3}$$

wird (Sommerfelds räumliche Quantelung). Die zu diesen Stellungen gehörigen magnetischen Störungsenergien E sind

$$E = m.h\,\omega_0, \quad \text{wo} \quad \omega_0 = \frac{e}{\mu}\frac{H}{4\pi c}. \tag{4}$$

Führt man statt E die in Einheiten $\omega_0 h$ gemessene Energiegröße ε ein, so schreibt sich (4) in der für das Folgende wichtigen Form

$$\frac{\omega}{\omega_0} = m.g \quad (m = 0, \pm 1, \pm 2, \ldots \pm n \text{ mit } g = 1) \tag{4'}$$

mit dem speziellen Proportionalitätsfaktor $g = 1$. Aus dem Korrespondenzprinzip von Bohr bzw. aus der Kopplung von Atom und Äther nach Rubinowicz leitet sich die Auswahl- und Polarisationsregel ab:

C. Die äquatoriale Quantenzahl m darf sich nur um 0 bzw. ± 1 ändern: im ersten Falle entstehen parallel dem Felde H polarisierte (π)-Komponenten, im zweiten Falle senkrecht zum Felde polarisierte (σ)-Komponenten bei transversaler Beobachtung.

Ein Atom im S-Termzustand ($n = 1$) bzw. im P-Termzustand ($n = 2$) kann also nach (3) folgende Werte der äquatorialen Quantenzahl besitzen:

$$\left.\begin{array}{llrrrrr} S\text{-Term } (n = 1) & \ldots & & -1 & 0 & +1 & \\ P\text{-Term } (n = 2) & \ldots & -2 & -1 & 0 & +1 & +2 \end{array}\right\} \tag{5}$$

Die nach C. erlaubten Übergänge des S-Termzustandes in den P-Termzustand (Hauptserie) werden also in (5) durch Pfeile zwischen zwei senkrecht untereinander stehenden Stellen (π-Komponenten) bzw. durch 45° nach rechts und links ansteigende Pfeile (σ-Komponenten) dargestellt.

Bildet man noch die magnetischen Störungsenergiedifferenzen zwischen Anfangs- und Endzustand, $\varDelta\varepsilon = \varepsilon_P - \varepsilon_S$, so wird bei den erlaubten Übergängen die Abweichung $\varDelta\varepsilon$ von der Mitte des Aufspaltungsbildes nach (4')

$$\varDelta\varepsilon = 0, \pm 1 \text{ (normales Zeemantriplett).}$$

Wichtig für das Folgende ist, daß hier drei verschiedene Übergänge, entsprechend den drei verschiedenen senkrechten Pfeilen, im Aufspaltungsbilde ein und dieselbe π-Komponente in der Bildmitte verursachen, und auch die beiden σ-Komponenten des normalen Tripletts hier drei verschiedene Entstehungsarten haben, entsprechend den drei rechtsgeneigten Pfeilen und den drei linksgeneigten Pfeilen in (5). Das ist eine Folge der Beziehung (4') zwischen Impuls m und Energie e unter Vermittlung des einen stets gleichen Faktors $g = 1$ Wir werden sehen, daß im anomalen Zeemaneffekt ein solches Aufeinanderfallen nicht mehr stattfindet, sondern durch Ungültigkeit von $g = 1$ jeder Übergang (Pfeil) zu einer besonders sichtbaren Aufspaltungskomponente führt.

§ 3. Um nun die Struktur[1]) der anomalen Zeemanzerlegungen quantentheoretisch zu behandeln, wollen wir folgende Arbeitshypothese aufstellen, die zwar für die formale Gültigkeit unserer Resultate bedeutungslos ist (man braucht überall statt Quantenzahlen einfach Zahlen zu sagen), für eine speziellere Theorie des Effekts aber von Bedeutung sein kann. Obige Auswahlregel B. geht nämlich in das Auswahlprinzip A'. für gekreuzte Elektronenbahnen über, wenn wir die hypothetischen „inneren" Quantenzahlen k (Tabelle 1) ansprechen als die azimutalen Quantenzahlen des Atoms als Ganzes in seiner invariablen Ebene (im Gegensatz zu der „äußeren" azimutalen Quantenzahl des einen springenden äußeren Elektrons). Existiert nun ein Feld H, so kann die Atomachse noch verschiedene Winkel Θ mit der Feldrichtung bilden. Bezeichnet man demnach die Projektion des Impulsvektors k auf die Feldrichtung H als äquatorialen Impuls, so muß die äquatoriale Quantenzahl m gleich oder kleiner sein als die Quantenzahl k

$$|m| \leqq k, \tag{6}$$

und man erwartet für m die obige Auswahl- und Polarisationsregel C. von Rubinowicz und Bohr im Magnetfelde.

Während jedoch die übliche räumliche Quantelung im Magnetfelde ganzzahlige Werte für m allein zuläßt, muß man sich hier (Begründung in Teil II) mit rationalen Brüchen für m zufrieden geben, die aber wegen C. im Abstande ± 1 aufeinanderfolgen müssen. Wegen der Symmetrie von $+$ und $-$ für m kommt deshalb als einzige Folge gebrochener Zahlen die Wertereihe:

$$m = \pm\frac{1}{2}, \quad \pm\frac{3}{2}, \ldots, \pm\frac{2k-1}{2} \tag{7}$$

in Betracht, neben der anderen Wertereihe

$$m = 0, \pm 1, \pm 2, \pm 3, \ldots \pm k. \tag{7'}$$

---

[1]) Die Forderung der magnetischen Aufspaltung, der Terme ist gestellt worden von T. v. Lohuizen, Amst. Akad., Mai 1919. Siehe auch J. Krönert, Dissertation München 1920 und A. Sommerfeld, l. c.

Wir werden sehen, daß die erstere Alternative bei den Dublett-, die letztere bei den Triplett-Aufspaltungsbildern in Erscheinung tritt.

Mit Hilfe von A., B., C. und (7), (7′) läßt sich dann die ganze Mannigfaltigkeit der komplizierten Zeemanzerlegungen beherrschen, wenn man noch den Proportionalitätsfaktor g [vgl. (4′)] zwischen dem äquatorialen Impuls m und der magnetischen Störungsenergie e kennt in der Beziehung:

$$e = m \cdot g. \tag{8}$$

Aber auch ohne Kenntnis der Einzelwerte g ist jetzt bereits die Anzahl der π- und σ-Komponenten in jedem Aufspaltungstyp bestimmt auf Grund der Quantenzahlen n und k der Taballe 1. Versteht man z. B. unter g' den unbekannten g-Wert für den Term $\mathfrak{s}$ ($n = 1$, $k = 1$) und g'' für $\mathfrak{p}_1$ ($n = 2$, $k = 2$), so werden die magnetischen Energieniveaus für diese Terme nach (7) [vgl. (5)]

$$\left.\begin{array}{lcccc} \mathfrak{s}\text{-Term} \ldots & & -\tfrac{1}{2}g' & +\tfrac{1}{2}g' & \\ \mathfrak{p}_1\text{-Term} \ldots & -\tfrac{3}{2}g'' & -\tfrac{1}{2}g'' & +\tfrac{1}{2}g'' & +\tfrac{3}{2}g'' \end{array}\right\} \tag{5′}$$

Man hat also im Aufspaltungsbild der Linie ($\mathfrak{s}\,\mathfrak{p}_1$) Na-$D_2$-Linie zwei π-Komponenten [senkrechte Pfeile in (5′)] bei $\pm(\tfrac{1}{2}g' - \tfrac{1}{2}g'')$, zwei σ-Komponenten (schräge Pfeile) bei $\pm(\tfrac{1}{2}g' - \tfrac{3}{2}g'')$ und zwei σ-Komponenten bei $\pm(\tfrac{1}{2}g' + \tfrac{1}{2}g'')$.

§ 4. Die Analyse der Zeemanbilder führt, wie wir nachher durch Synthese bestätigen werden, zu folgender Berechnungsart der Aufspaltungsfaktoren g. Wir wollen unter $\overline{m}$ den bei $k = n$ vorkommenden Maximalwert von m verstehen, also bei den

$$\left.\begin{array}{ccc} \text{Einfachlinien} & \text{Dubletts} & \text{Tripletts} \\ \overline{m} = n & \overline{m} = (2n-1):2 & \overline{m} = n \\ \multicolumn{3}{c}{\text{(Atomachse parallel dem Felde, siehe Teil II)}} \end{array}\right\} \tag{9}$$

Bei den Einfachlinientermen, bei denen ja stets $k = n$ ist, setzen wir dann

$$\overline{m} \cdot g = k, \tag{10}$$

woraus wegen (9) folgt:

$$g = 1 \tag{10′}$$

[wie schon in (4′) festgestellt, so daß (10) gerechtfertigt ist]. Es zeigt sich, daß bei den Dublettermen ebenfalls (10) gilt:

$$\overline{m} \cdot g = k, \tag{11}$$

woraus wegen (9) folgt:

$$g = \frac{2k}{2n-1}, \tag{11′}$$

mit den Einzelwerten:

Term	$\mathfrak{s}$	$\mathfrak{p}_1$	$\mathfrak{p}_2$	$\mathfrak{d}_1$	$\mathfrak{d}_2$	b_1	b_2
g	$^2/_1$	$^4/_3$	$^2/_3$	$^6/_5$	$^4/_5$	$(^8/_7)$	$(^6/_7)$

(11″)

Es zeigt sich dagegen bei den Triplettermen, daß hier das Produkt $\overline{m}.g$ nicht $= k$ ist, sondern je nach dem Term verschiedene Werte hat, die in der folgenden Tabelle (12) zusammengestellt sind, und aus der sich in jedem Einzelfalle der Faktor g berechnet (12′).

$$\left.\begin{array}{llll} \text{Für } k = n, & k = n-1, & k = n-2 \\ \overline{m}.g = k+1, & k+1+\dfrac{1}{n-1}, & k+\dfrac{k}{n-1} \end{array}\right| \qquad (12)$$

mit den Einzelwerten:

Term	s	p_1	p_2	p_3	d_1	d_2	d_3	b_1	b_2	b_3
g	$^2/_1$	$^3/_2$	$^3/_2$	$^0/_1$	$^4/_3$	$^7/_6$	$^1/_2$	$(^5/_4)$	$(^{13}/_{12})$	$(^2/_3)$

(12′)

Aus (7), (7′), (11), (12) folgt also, daß die Störungsenergien e folgende Wertmöglichkeiten $m.g$ besitzen:

Tabelle 2.

	n	$k \backslash m$	$\pm ^1/_2$	$\pm ^3/_2$	$\pm ^5/_2$		n	$k \backslash m$	0	± 1	± 2	± 3
$\mathfrak{s}$	1	1	$\pm ^1/_1$	—	—	s	1	1	0	$\pm ^2/_1$	—	—
$\mathfrak{p}_1$	2	2	$\pm ^2/_3$	$\pm ^6/_3$	—	p_1	2	2	0	$\pm ^3/_2$	$\pm ^6/_2$	—
$\mathfrak{p}_2$	2	1	$\pm ^1/_3$	—	—	p_2	2	1	0	$\pm ^3/_2$	—	—
—	—	—	—	—	—	p_3	2	0	0	—	—	—
$\mathfrak{d}_1$	3	3	$\pm ^3/_5$	$\pm ^9/_5$	$\pm ^{15}/_5$	d_1	3	3	0	$\pm ^4/_3$	$\pm ^8/_3$	$\pm ^{12}/_3$
$\mathfrak{d}_2$	3	2	$\pm ^2/_5$	$\pm ^6/_5$	—	d_2	3	2	0	$\pm ^7/_6$	$\pm ^{14}/_6$	—
—	—	—	—	—	—	d_3	3	1	0	$\pm ^1/_2$	—	—

Diese Tabelle entspricht ganz dem, was Sommerfeld (l. c.) als ideale Forderung für eine Tabelle magnetischer Energieniveaus postuliert hat. Nur kommen bei den Triplett-d-Termen neben dem Nenner 3 auch die Nenner 2 und 6 vor [entgegen der Aussage[1]) des

[1]) Sommerfeld (l. c.) hat bereits durch Anwendung seines magnetooptischen Zerlegungssatzes erkannt, daß bei den Dubletts die Termnenner $2n-1$, bei den Tripletts die Termnenner n auftreten, und hat diese Tatsache als ein „Zahlenmysterium" bezeichnet. Bei uns ist dies eine Folge der im Teil II zu begründenden Gleichung $\overline{m}.g = k$ bzw. $\overline{m}.g =$ (Gl. 12). Speziell die drei Gesetze (12) werden wir im Teil II als Ausschnitt aus einer größeren Gesamtheit von Gesetzen erkennen, welche auch die beim Neon auftretenden neuartigen Aufspaltungen und die sogenannten Einfachterme beim Hg-Spektrum beherrschen, wobei alle diese Gesetze durch eine einheitliche Formel umfaßt werden, zu der die Dublettaufspaltungen mit gehören.

$$\begin{array}{ll} \mathfrak{s} & \left\{ \quad -\frac{1}{1} \quad +\frac{1}{1} \right. \\ \mathfrak{p}_1 & \left\{ -\frac{6}{3} \quad -\frac{2}{3} \quad +\frac{2}{3} \quad +\frac{6}{3} \right. \\ (\mathfrak{s}\,\mathfrak{p}_1) & \left\{ \frac{(1) \quad 3 \quad 5}{3} \right\} \end{array} \qquad \begin{array}{ll} \mathfrak{s} & \left| -\frac{1}{1} \quad +\frac{1}{1} \right| \\ \mathfrak{p}_2 & \left| -\frac{1}{3} \quad +\frac{1}{3} \right| \\ (\mathfrak{s}\,\mathfrak{p}_2) & \left\{ \frac{(2) \quad 4}{3} \right\} \end{array}$$

$$\begin{array}{ll} \mathfrak{p}_1 & \left\{ -\frac{6}{3} \quad -\frac{2}{3} \quad +\frac{2}{3} \quad +\frac{6}{3} \right. \\ \mathfrak{d}_2 & \left\{ -\frac{6}{5} \quad -\frac{2}{5} \quad +\frac{2}{5} \quad +\frac{6}{5} \right. \\ (\mathfrak{p}_1\mathfrak{d}_2) & \left\{ \frac{(4) \quad 8 \quad (12) \quad 16 \quad 24}{15} \right\} \end{array} \qquad \begin{array}{ll} \mathfrak{p}_2 & \left\{ \quad -\frac{1}{3} \quad +\frac{1}{3} \right. \\ \mathfrak{d}_2 & \left\{ -\frac{6}{5} \quad -\frac{2}{5} \quad +\frac{2}{5} \quad +\frac{6}{5} \right. \\ (\mathfrak{p}_2\mathfrak{d}_2) & \left\{ \frac{(1) \quad 11 \quad 13}{15} \right\} \end{array}$$

$$\begin{array}{ll} \mathfrak{p}_1 & \left\{ \quad -\frac{6}{3} \quad -\frac{2}{3} \quad +\frac{2}{3} \quad +\frac{6}{3} \right. \\ \mathfrak{d}_1 & \left\{ -\frac{15}{5} \quad -\frac{9}{5} \quad -\frac{3}{5} \quad +\frac{3}{5} \quad +\frac{9}{5} \quad +\frac{15}{5} \right. \\ (\mathfrak{p}_1\mathfrak{d}_1) & \left\{ \frac{(1) \quad (3) \quad 15 \quad 17 \quad 19 \quad 21}{15} \right\} \end{array}$$

$$\begin{array}{ll} s & \left\{ \quad -2 \quad 0 \quad +2 \right. \\ p_1 & \left\{ -\frac{6}{2} \quad -\frac{3}{2} \quad 0 \quad +\frac{3}{2} \quad +\frac{6}{2} \right. \\ (s\,p_1) & \left\{ \frac{(0) \quad (1) \quad 2 \quad 3 \quad 4}{2} \right\} \end{array} \qquad \begin{array}{ll} s & \left| -2 \quad 0 \quad +2 \right| \\ p_2 & \left| -\frac{3}{2} \quad 0 \quad +\frac{3}{2} \right| \\ (s\,p_2) & \left\{ \frac{(1) \quad 3 \quad 4}{2} \right\} \end{array} \qquad \begin{array}{ll} s & \left| -2 \quad 0 \quad +2 \right| \\ p_3 & \left| \quad 0 \quad \right| \\ (s\,p_3) & \left\{ \frac{(0) \quad 4}{2} \right\} \end{array}$$

$$\begin{array}{ll} p_1 & \left\{ -\frac{6}{2} \quad -\frac{3}{2} \quad 0 \quad +\frac{3}{2} \quad +\frac{6}{2} \right. \\ d_3 & \left\{ \quad -\frac{1}{2} \quad 0 \quad +\frac{1}{2} \right. \\ (p_1 d_3) & \left\{ \frac{(0) \quad 1 \quad (2) \quad 3 \quad 5}{2} \right\} \end{array} \qquad \begin{array}{ll} p_2 & \left| -\frac{3}{2} \quad 0 \quad +\frac{3}{2} \right| \\ d_3 & \left| -\frac{1}{2} \quad 0 \quad +\frac{1}{2} \right| \\ (p_2 d_3) & \left\{ \frac{1 \quad (2) \quad 3}{2} \right\} \end{array} \qquad \begin{array}{ll} p_3 & \left| \quad 0 \quad \right| \\ d_3 & \left| -\frac{1}{2} \quad 0 \quad +\frac{1}{2} \right| \\ (p_3 d_3) & \left\{ \frac{(0) \quad 1}{2} \right\} \end{array}$$

$$\begin{array}{ll} p_1 & \left\{ -\frac{6}{2} \quad -\frac{3}{2} \quad 0 \quad +\frac{3}{2} \quad +\frac{6}{2} \right. \\ d_2 & \left\{ -\frac{14}{6} \quad -\frac{7}{6} \quad 0 \quad +\frac{7}{6} \quad +\frac{14}{6} \right. \\ (p_1 d_2) & \left\{ \frac{(2) \quad (4) \quad 5 \quad 7 \quad 9 \quad 11}{6} \right\} \end{array} \qquad \begin{array}{ll} p_2 & \left\{ \quad -\frac{3}{2} \quad 0 \quad +\frac{3}{2} \right. \\ d_2 & \left\{ -\frac{14}{6} \quad -\frac{7}{6} \quad 0 \quad +\frac{7}{6} \quad +\frac{14}{6} \right. \\ (p_2 d_2) & \left\{ \frac{(0) \quad (2) \quad 5 \quad 7 \quad 9}{6} \right\} \end{array}$$

$$\begin{array}{ll} p_1 & \left\{ \quad -\frac{6}{2} \quad -\frac{3}{2} \quad 0 \quad +\frac{3}{2} \quad +\frac{6}{2} \right. \\ d_1 & \left\{ -\frac{12}{3} \quad -\frac{8}{3} \quad -\frac{4}{3} \quad 0 \quad +\frac{4}{3} \quad +\frac{8}{3} \quad +\frac{12}{3} \right. \\ (p_1 d_1) & \left\{ \frac{(0) \quad (1) \quad (2) \quad 6 \quad 7 \quad 8 \quad 9 \quad 10}{6} \right\} \end{array}$$

„Zahlenmysteriums“], eine Folge der z. T. gebrochenen Werte von $\bar{m}.g$ in (12).

Die zu beobachtenden magnetischen Aufspaltungen Δe erhält man dann als Differenz der beiden e-Werte des Anfangs- und Endterms, während Zulässigkeit und Polarisation der betreffenden Komponente durch C. geregelt ist.

In der folgenden Zusammenstellung sind dementsprechend in der ersten Zeile die Werte von $e = m.g$ für den Endzustand, in der zweiten Zeile für den Anfangszustand hingeschrieben. Senkrecht untereinander stehen wie in (5) die Terme mit gleicher äquatorialer Quantenzahl m; horizontale Nachbarn haben ein um ± 1 voneinander abweichendes m. Man denke sich nun wie in (5) von der ersten Zeile zur zweiten Pfeile gezeichnet, und zwar 1. zwischen zwei senkrecht übereinanderstehenden Stellen (Übergänge mit π-Polarisation) und 2. um 45° geneigte Pfeile zwischen je zwei Stellen, deren m sich um $+1$ bzw. -1 unterscheiden (Übergänge mit σ-Polarisation). Die so erhaltenen Übergänge geben nun in der Tat eindeutig und lückenlos alle beobachteten Aufspaltungsbilder wieder. Letztere sind in der dritten Zeile angeschrieben, und zwar die π-Komponenten eingeklammert, die σ-Komponenten ohne Klammern. Diese Zahlen sind noch mit $\pm$ versehen zu denken und durch den Rungeschen Nenner zu dividieren, der unter dem Bruchstriche steht. Z. B. gibt die Linie ($\mathfrak{s}\mathfrak{p}_1$), d. i. die Na-$D_2$-Linie,

$$\pi\text{-Komponenten bei } \left(+\frac{1}{1}\right)-\left(+\frac{2}{3}\right) \text{ und } \left(-\frac{1}{1}\right)-\left(-\frac{2}{3}\right)$$

$$\sigma\text{-Komponenten bei } \left(+\frac{1}{1}\right)-\left(+\frac{6}{3}\right) \text{ und } \left(-\frac{1}{1}\right)-\left(-\frac{6}{3}\right)$$

$$\sigma\text{-Komponenten bei } \left(+\frac{1}{1}\right)-\left(-\frac{2}{3}\right) \text{ und } \left(-\frac{1}{1}\right)-\left(+\frac{2}{3}\right)$$

die man in der dritten Zeile wiederfindet.

Bei den Triplettlinien (sp_2), $(p_2 d_3)$, $(p_1 d_2)$ werden π-Komponenten in der Bildmitte nicht beobachtet. Bei den entsprechenden Übergängen (in dem Schema punktiert) bleibt außer der inneren äquatorialen Quantenzahl $m = 0 = m'$ auch die innere Quantenzahl k ungeändert, und wir müssen deshalb als Zusatz zu C. noch verlangen;

> C'. Übergänge, bei denen $m = 0$ und $m' = 0$ und gleichzeitig $k - k' = 0$ ist, haben verschwindende Intensität.

Diese Zusatzregel wird vom Korrespondenzprinzip gefordert (s. u. § 5).

Zusammenfassend können wir die Lage Δe der Zeemankomponenten bei den verschiedenen Typen durch (13) darstellen:

$$\left.\begin{array}{lll}
\text{Einfachlinien} & \text{Dublettlinien} & \text{Triplettlinien} \\
m = 0, \pm 1, \ldots \pm k & m = \pm\frac{1}{2}, \pm\frac{3}{2}, \ldots \pm\frac{2k-1}{2} & m = 0, \pm 1, \pm 2, \ldots \pm k \\
k = n & k = n,\ n-1 & k = n,\ n-1,\ n-2 \\
 & \quad \text{bzw. } k = n = 1 & \quad \text{bzw. } k = n = 1 \\
n = 1, 2, \ldots \infty & n = 1, 2, \ldots \infty & n = 1, 2, \ldots \infty \\
\bar{m} \,.\, g = k & \bar{m} \,.\, g = k & \bar{m} \,.\, g = \text{Gl. } (12) \\
\multicolumn{2}{l}{\left\{\begin{array}{l}
\text{A. } n - n' = +1, -1 \\
\text{B. } k - k' = 0, +1, -1 \\
\text{C. } m - m' = \begin{cases} 0 & (\pi\text{-Komponenten}) \\ \pm 1 & (\sigma\text{-Komponenten}) \end{cases} \\
\text{C}'. \text{ Die Kombination } k - k' = 0,\ m = 0,\ m' = 0 \text{ fällt aus.}
\end{array}\right.} & \boxed{\Delta e = mg - m'g'}
\end{array}\right\} \quad (13)$$

Einen bestimmten Zeemantyp erhält man bei festen n, n', k, k' durch Variation von m, m'.

Die Erklärung der anomalen Zeemantypen ist also reduziert auf das Problem der anomalen Grundfaktoren g, die man nach (4) auffassen kann als scheinbar anomale Werte von ε/μ, siehe Teil II [1]).

Auf Grund von (13) bzw. nach Analogie des Schemas S. 237 kann man unter anderem folgende Voraussagen über bisher unbeobachtete

Tabelle 3.

$\mathfrak{d}_1 b_2$	$\frac{(6)\quad 12\quad (18)\quad 24\quad (30)\quad 36\quad 48\quad 60}{35}$
$\mathfrak{d}_1 b_1$	$\frac{(1)\quad (3)\quad (5)\quad 35\quad 37\quad 39\quad 41\quad 43\quad 45}{35}$
$\mathfrak{d}_2 b_2$	$\frac{(1)\quad (3)\quad 27\quad 29\quad 31\quad 33}{35}$
$\mathfrak{s}\, \mathfrak{d}_2$	$\frac{1\quad (3)\quad 7}{5}$
$d_1 b_1$	$\frac{(0)\quad (1)\quad (2)\quad (3)\quad 12,\quad 13,\quad 14,\quad 15,\quad 16,\quad 17,\quad 18}{12}$
$s\, d_2$	$\frac{(0)\quad 2\quad (5)\quad 7}{6}$
$s\, d_3$	$\frac{3\quad (9)\quad 12}{6}$

[1]) Z. B. hat der s-Term der Dubletts und Tripletts den Faktor $g = 2$, d. h. eine scheinbare Verdoppelung von ε/μ. Damit hängt wohl das gänzlich unverständliche Ergebnis zusammen, daß die ε/μ-Bestimmung aus dem magnetisch-mechanischen Fundamentaleffekt von Einstein und de Haas (Verh. d. D. Phys. Ges. **17**, 152, 1915) einen verdoppelten ε/μ-Wert ergibt. Vgl. S. J. Barnett, Phys Rev. **6**, 239, 1915; **10**, 7, 1917; J. G. Stewart, Phys. Rev. **11**, 100, 1918; Emil Beck, Ann. d. Phys. **60**, 109, 1919.

Zeemantypen machen: für die Aufspaltungsbilder der Bergmannserien (db) und für Starks „diffuse Hauptserie“ (sd). Von den sechs Typen (bd) ist nur der von ($b_1 d_1$) explizit hingeschrieben. Im Teil II folgen entsprechende Betrachtungen über das Spektrum von Hg und Ne.

§ 5. Hinsichtlich der Intensitäten bemerken wir, daß von den unzerspaltenen Linien (2) diejenigen die stärksten sind [Hauptlinien, in (2) unterstrichen], bei denen außer der Abnahme von n um 1 auch k um 1 abnimmt, daß dagegen die Linien, bei denen k ungeändert bleibt oder um 1 zunimmt, schwächer sind (Satelliten). Diesen Tatbestand würde man nach dem Bohrschen Korrespondenzprinzip erwarten, wenn man das aus gekreuzten Bahnen bestehende Atom repräsentiert durch ein Elektron, welches in der invariablen Atomebene mit dem Kreisbahnradius c zirkuliert, und ein zweites Elektron, welches mit geringerer Amplitude a axial schwingt ($a < c$).

Dasselbe Ersatzmodell im Magnetfeld ($\mathfrak{H} \parallel z$) mit der äquatorialen Komponente $m = k . \cos\Theta$ hat dann als Mittelwerte der Amplituden x und z

$$\left.\begin{aligned} &\text{parallel zum Feld } \bar{z} = c . \sin\Theta + a . \cos\Theta \\ &\text{senkrecht zum Feld } \bar{x} = c . \sqrt{\frac{1+\cos^2\Theta}{2}} + a . \sin\Theta \end{aligned}\right\} \quad (14)$$

Daraus liest man nach Bohrs Korrespondenzprinzip ab: „Die Stärke einer π-Komponente ist proportional zu $\bar{z}(\Theta)$, die einer σ-Komponente zu $\bar{x}(\Theta)$, wobei Θ ein mittlerer Wert zwischen den Neigungen Θ' und Θ'' der Atomachse gegen die Feldrichtung im Anfangs- und Endzustand ist.“ Da im allgemeinen $c > a$ anzunehmen ist, also das c-Glied in (14) maßgebend ist, gilt qualitativ: Diejenigen π-Komponenten sind die stärksten, die bei quer zum Feld gestellter Atomachse entstehen; diejenigen σ-Komponenten sind die stärksten, bei deren Entstehung die Atomachse möglichst parallel zum Feld zeigt. Oder auf das Schema S. 237 angewandt:

Diejenigen π-Komponenten sind die stärksten, welche durch Pfeile in der Mitte des Übergangsschemas dargestellt werden; diejenigen σ-Komponenten sind die stärksten, welche durch Pfeile am rechten und linken Rande des Übergangsschemas dargestellt werden. Nur wenn $k' - k'' = 0$ ist, muß der Ersatzstrahler verschwindende zirkulare Amplitude $c = 0$ haben, so daß dann das a-Glied allein maßgebend ist und eine Umkehrung der Abhängigkeit von Θ eintritt. Ist dazu noch $m' = 0 = m''$, d. h. $\Theta = 90^0$, so wird $\bar{z} = 0$, wodurch die obige Zusatzregel C' ihre Begründung findet. Diese Folgerung aus dem Korrespondenzprinzip bestätigt sich nun sehr gut, wie man durch Vergleich mit den bei Sommerfeld, 2. Aufl., reproduzierten Figuren der verschiedenen Zeemantypen sieht.

Zusammenfassung. Die Quantentheorie des normalen Zeemaneffekts (Sommerfeld, Debye) verlangt eine Reihe bestimmter Richtungen der Atomachsen gegen die magnetische Feldrichtung (Quantelung des äquatorialen Impulses). Da nun bei den Einfachlinien die äquatorialen Impulse mit den magnetischen Energien durch einen einzigen konstanten Faktor zusammenhängen, entstehen bei allen erlaubten Impulsquantensprüngen stets wieder die gleichen Energiesprünge (normales Triplett). Bei den Dublett- und Triplettlinien hat dagegen jener Proportionalitätsfaktor bei den verschiedenen Termen verschiedene Einzelwerte. Die erlaubten Impulsquantensprünge führen daher zu einer Reihe verschiedener Energiesprünge, die in den anomalen Zeemanbildern nebeneinander daliegend zur Beobachtung gelangen. Jede beobachtete π- und σ-Komponente wird einem bestimmten Übergange der azimutalen Quantenzahl n, der „inneren" Quantenzahl k und ihrer äquatorialen Komponente m zugeordnet. Ferner werden einige Voraussagen über die bisher nicht beobachteten Zeemantypen der Bergmannserie und Starks „diffuser Hauptserie" gemacht. Das Problem des anomalen Zeemaneffekts ist dadurch auf die Frage nach der Herkunft dieses variablen Faktors zurückgeführt, den man formal als anomalen ε/μ-Wert auffassen kann.

Frankfurt a. M., Institut für theoretische Physik.

398

Über den anomalen Zeemaneffekt[1]) (II. Teil).

Von A. Landé in Frankfurt a. M.

(Eingegangen am 5. Oktober 1921.)

Nachdem im Teil I die komplizierten Zeemantypen auf anomale Grundfaktoren $g \neq 1$ reduziert waren, soll im folgenden versucht werden, die Anomalität der g zurückzuführen auf eine Modifikation des Larmorschen Satzes über die Präzessionsbewegungen von Elektronensystemen im magnetischen Feld. Einen theoretischen Grund für diese Modifikation können wir nicht angeben. Wie bekannt, gelangt man aber bei Verwendung des Larmorschen Satzes auch für beliebig komplizierte Elektronensysteme stets zum normalen Zeemantriplett, so daß irgend eine Modifikation keinesfalls zu umgehen ist. Dasselbe gilt für das anomale Ergebnis $\varepsilon : \mu = 2 \times$ Normal beim Effekt von Barnett und beim Einstein-de Haas-Effekt nach E. Beck. Unser Ziel ist, die spezielle Form der zu fordernden Modifikation aus den empirischen Zeemantypen bzw. aus ihren Termen abzulesen und den Zusammenhang mit den genannten magnetomechanischen Effekten aufzuzeigen.

§ 1. Nach dem Larmorschen Satz sind (a) alle Elektronenbewegungen im Magnetfeld H die gleichen wie ohne Magnetfeld, falls man sie im Magnetfeld bezieht auf ein Koordinatensystem, welches um die Feldrichtung als Achse rotiert, und zwar (b) mit der Umlaufszahl

$$o = \frac{\varepsilon}{4 \pi c^2 \mu} \cdot H \tag{1}$$

(normale Larmorpräzession). Diesen Satz kann man in seiner Teilaussage (a) oder (b) modifizieren nach Annahme a oder b.

Annahme a:

Die normale Umlaufszahl o der Larmorpräzession ist zu ersetzen durch die anomale Umlaufszahl $o + \Delta o$.

Für Atome in den Dublettermzuständen (Quantenzahlen k und n vgl. I, Tabelle 1) muß man speziell setzen:

$$\frac{\Delta o}{o + \Delta o} = \pm \frac{1}{2k}. \tag{2}$$

---

[1]) Teil I. ZS. f. Phys. 5, 231, 1921. Dort ist in Gl. (4') der Druckfehler $\omega/\omega_0 =$ zu verbessern in $e =$. In Tab. 3 bei $(s d_2)$ ist $\sigma = 12/6$ zu ergänzen.

Reprinted from *Z. Phys.* **5**, 398–405 (1921).

Das obere Vorzeichen soll dabei für die $\mathfrak{x}_1$-Terme mit $k = n$ gelten (zu denen auch der $\mathfrak{s}$-Term gehört), das untere Vorzeichen für die $\mathfrak{x}_2$-Terme mit $k = n - 1$.

Nach (2) wird bei den Dublettermen ($k = n \pm {}^1/_2 - {}^1/_2$) speziell

$$\frac{o + \varDelta o}{o} = \frac{2k}{2n-1}, \quad \frac{\varDelta o}{o} = \pm \frac{1}{2n-1}. \tag{3}$$

Wir fassen nun wie in Teil I die von Sommerfeld[1]) als „innere" Quantenzahl eingeführte Zahl k auf als gesamte azimutale Quantenzahl des Atoms um seine invariable Achse (im Gegensatz zu der azimutalen Quantenzahl n des äußersten spektralen Elektrons).

Bei normaler Larmorpräzession o wird dann, wie aus der Theorie des normalen Tripletts bekannt, das Maximum der magnetischen Energie, gehörend zur Parallelstellung von invariabler Atomachse und Feldrichtung, bezogen auf $o.h$ als Einheit, gleich

$$\bar{e} = k = n \pm {}^1/_2 - {}^1/_2 \tag{4}$$

und allgemein bei schiefer Stellung (Winkel Θ zwischen Feld und Atomachse)

$$e = \bar{e} . \cos \Theta, \tag{5}$$

e gibt die Vermehrung der kinetischen Atomenergie durch die Präzession an, während die potentielle Energie vom Feld unabhängig ist.

Nun lassen wir die normale Präzession o in die anomale $o + \varDelta o$ übergehen, wobei aber die maximale Energie $\bar{E} = \bar{e} o h$ ihren Wert unverändert beibehalten soll.

Das ist, wegen der um $\varDelta o$ veränderten Präzessionszahl, nur möglich, wenn gleichzeitig der Winkel Θ von der Parallelstellung aus in den Wert $\bar{\Theta}$ übergeht, entsprechend der Gleichung

$$\bar{E} = k . o . h = k . (o + \varDelta o) . h . \cos \bar{\Theta}. \tag{6}$$

Bei dem genannten Prozeß muß demnach

$$\cos \bar{\Theta} = \frac{o}{o + \varDelta o} = \frac{2n-1}{2k} \tag{7}$$

als äußerste Stellung statt der Parallelstellung resultieren. Die äquatoriale Quantenzahl m des Atoms in dieser neuen äußersten Stellung ist dabei, da k die Gesamtimpulsquantenzahl angibt, gleich

$$\bar{m} = k . \cos \Theta = \frac{2n-1}{2} = n - {}^1/_2. \tag{8}$$

Da wegen der Koppelung von Atom und Äther nach Rubinowicz die äquatoriale Quantenzahl m sich nur um ganze Einheiten ändern

[1]) A. Sommerfeld, Ann. d. Phys. **63**, 221, 1920. Atombau und Spektrallinien, 2. Aufl., S. 541.

darf, erhält man für die möglichen Werte, ausgehend von dem Maximalwert $\bar{m}$, die Reihe:

$$m = n - {}^1/_2,\ n - {}^3/_2,\ \ldots,\ {}^1/_2,\ -{}^1/_2,\ \ldots,\ -(n - {}^3/_2),\ -(n - {}^1/_2), \quad (9)$$

welche in Teil I Gl. (7) ohne Begründung eingeführt werden mußte, und die jetzt als Folge von (2) (6) [bzw. (2') (6') s. u.] erscheint.

Die zu (9) gehörigen Stellungen der Atomachse im Feld sind wegen der von der Größe der Larmorpräzession unabhängigen Beziehung

$$\cos\Theta = m:k \quad (10)$$

(k = gesamte azimutale Quantenzahl, m = äquatoriale Quantenzahl)

gegeben durch

$$\cos\Theta = \frac{n - {}^1/_2}{k},\ \frac{n - {}^3/_2}{k},\ \ldots \frac{{}^1/_2}{k},\ -\frac{{}^1/_2}{k},\ \ldots -\frac{n - {}^3/_2}{k},\ -\frac{n - {}^1/_2}{k}. \quad (10')$$

Die auf $o.h$ als Einheit bezogenen kinetischen Präzessionsenergien werden, wegen der von der Größe der Larmorpräzession unabhängigen Beziehung $e:\bar{e} = \cos\Theta : \cos\bar{\Theta}$:

$$e = k,\ k\cdot\frac{2n-3}{2n-1},\ \ldots,\ k\cdot\frac{1}{2n-1},\ -k\cdot\frac{1}{2n-1},\ \ldots,\ -k\cdot\frac{2n-3}{2n-1}. \quad (11)$$

Wegen (10) können dabei nur diejenigen Werte e und m real auftreten, bei denen

$$m \leq k \quad (12)$$

ist. Bei den $\mathfrak{x}_2$-Termen mit $k = n - 1$ können z. B. aus diesem Grunde die Maximalwerte $\bar{e}$ und $\bar{m}$ selbst nicht real in Erscheinung treten, sondern haben nur als ideale Maximalwerte formale Bedeutung.

In (11), (9), (12) haben wir die magnetischen Aufspaltungen der Dubletterme, die sich in Teil I durch Analyse der empirischen Zeemantypen ergaben, wiedergefunden. Man sieht auch sofort, daß ein $\mathfrak{s}_2$-Term nicht existieren kann; denn für ihn sind wegen $k = 0$ überhaupt keine Stellungen $\cos\Theta$ nach (10') real möglich, bei beliebig schwachem Magnetfeld.

Beim normalen Zeemaneffekt (oh als Energieeinheit) ist der Quotient $e:m = g = 1$. Beim anomalen Zeemaneffekt [$(o + \Delta o).h$ als Energieeinheit] ist der Quotient

$$g = e:m = (o + \Delta o):o, \quad (13)$$

d. h.: Die in Teil I auftretenden anomalen Aufspaltungsfaktoren g zeigen nach Auffassung (a) das Verhältnis $(o + \Delta o):o$ der anomalen zur normalen Präzessionszahl an.

Statt nach Annahme (a) ein Δo zur Larmorpräzession o hinzuzufügen, kann man auch o unverändert lassen, dafür aber einführen die

Annahme b:

Das Atom erhält eine Zusatzrotation der Umlaufszahl $\Delta\omega$ um seine mit o präzessierende Achse, wobei $\Delta\omega = \text{const.}\cos\Theta$.

Beim Foucaultschen Pendel in verschiedenen Breiten Θ (vom Pol aus gerechnet) wäre const $= -o$, nämlich $\Delta\omega = -o.\cos\Theta$, falls o die Umlaufszahl der Erde bedeutet. Hier dagegen bleiben alle vorigen Betrachtungen (a) unverändert, wenn man das obige Δo auffaßt als Abkürzung für den Ausdruck $\Delta\omega:\cos\Theta$, also

$$(\Delta\omega)_b = (\Delta o)_a.\cos\Theta. \tag{13'}$$

Statt aus (2) (6) kann man (9) (11) (12) jetzt ableiten aus

$$\frac{\overline{\Delta\omega}}{o} = \pm\frac{1}{2k} \tag{2'}$$

$$\overline{E} = koh = kh(o\cos\overline{\Theta} + \overline{\Delta\omega}). \tag{6'}$$

Die verschobenen π-Komponenten der anomalen Zeemantypen weisen nach dem Analogieprinzip direkt auf eine solche Veränderung $\Delta\omega$ der Periode ω des Strahlers hin. Wir möchten deshalb der Auffassung b vor der Auffassung a den Vorzug geben.

§ 2. Die magnetische Aufspaltungsreihe der e (im Maß $o.h$) eines Spektralterms ist bestimmt, wenn gegeben sind die (idealen) Maximalwerte $\bar{e}$ und $\bar{m}$ und dazu die Größe k, welche nach (12) gewisse Werte von m nicht real auftreten läßt. Die Aufspaltungsreihe heißt dann nämlich (wie auch schon in Teil I benutzt):

$$\left.\begin{array}{ll} & e = m.g \quad \text{mit} \quad g = \bar{e}:\bar{m} \\ \text{und} & m = \bar{m},\ \bar{m}-1,\ \bar{m}-2,\ \ldots -(\bar{m}-1),\ -\bar{m} \\ \text{mit der Beschränkung} & m \leqq k \end{array}\right\} \tag{14}$$

Die Dublettaufspaltungen sind z. B. nach obigem bestimmt durch

$$\bar{e} = k,\ \bar{m} = n - 1/2\ (k = n \text{ bzw. } k = n-1). \tag{15}$$

Wir schreiben dies in der nach (4) sachgemäßeren Form:

$$\bar{e} = n \pm 1/2 - 1/2,\ \bar{m} = n - 1/2. \tag{16}$$

Speziell fehlt der s_2-Term, d. h.

$$\bar{e} = 1 + 1/2 - 1/2 \text{ tritt auf, } (e = 1 - 1/2 - 1/2 \text{ fehlt}). \tag{16'}$$

Durch Addition und Subtraktion von (16) (16′) gelangt man nun zu folgendem Formelsystem:

$$e = (n \pm 1/2 - 1/2) \pm (1 + 1/2 - 1/2),\quad \bar{m} = (n - 1/2) \pm (1 - 1/2). \tag{17}$$

Wir fügen noch folgendes ähnlich gebaute Formelsystem hinzu:

$$\left.\begin{array}{ll} \text{Mit} & f = n-1,\ n-2,\ \ldots,\ 2,\ 1,\ 0 \\ \text{sei} & \bar{e} = (f \pm \frac{1}{2n} - 1/2) \pm (1 + \frac{1}{2n} - 1/2),\quad \bar{m} = (f - 1/2) + (1 - 1/2) \end{array}\right\} \tag{18}$$

Das sind wegen der Vorzeichen $\pm$ je vier Formeln, nämlich mit

$$\text{a) } ++, \quad \text{b) } +-, \quad \text{c) } -+, \quad \text{d) } --.$$

Sie führen zu folgenden für numerische Rechnungen geeigneten Formeln für $g = \bar{e} : \bar{m}$

$$\text{a) } g = 1 + \frac{1}{n}, \quad \text{b) } g = 1, \quad \text{c) } g = 1, \quad \text{d) } g = 1 - \frac{1}{n-1}. \qquad (17')$$

$$\text{a) } g = 1 + \frac{1}{fn}, \quad \text{b) } g = 1, \quad \text{c) } g = 1, \quad \text{d) } g = 1 - \frac{1}{(f-1)\,n}. \qquad (18')$$

Wir behaupten nun, daß (17) (18) bzw. (17′) (18′) gerade alle Aufspaltungsfaktoren g wiedergeben, die zu einem Einfach-Triplettseriensystem gehören. [In Teil I, Gl. (12) kamen (17′a), (18′a), (17′d) in anderer Schreibweise vor.]

Rechnet man nämlich nach (17′) (18′) alle g aus, so erhält man die in Tabelle 4 zusammengestellten g-Werte; da jedesmal der Fall

Tabelle 4.

f \ n	1	2	3	4
	$^2/_1$ 1 —	$^3/_2$ 1 $^0/_1$	$^4/_3$ 1 $^1/_2$	$^5/_4$ 1 $^2/_3$
$n-1$		$^3/_2$ 1 —	$^7/_6$ 1 $^2/_3$	$^{13}/_{12}$ 1 $^7/_8$
$n-2$			$^4/_3$ 1 —	$^9/_8$ 1 $^3/_4$
$n-3$				$^5/_4$ 1 —

Tabelle 5.

f \ n	1	2	3	4
	s (1) S (0) — —	p_1 $\mathfrak{s}_5$ (2) P $\mathfrak{s}_2$ (1) p_3 (0)	d_1 $\mathfrak{p}_9$ (3) D (2) d_3 (2)	b_1 $\mathfrak{d}'_4$ (4) B (3) b_3 (2)
$n-1$		p_2 $\mathfrak{s}_4$ (1) $\mathfrak{s}_3$ (0) — —	d_2 $\mathfrak{p}_6$ $\mathfrak{p}_8$ (2) $\mathfrak{p}_5$ $\mathfrak{p}_{10}$ (2) $\mathfrak{p}_7$ (1)	b_2 (3) . . . .
$n-2$			$\{$ $\mathfrak{p}_4$ (2) $\}$ $\{$ $\mathfrak{p}_2$ (1) $\}$ $\mathfrak{p}_1$ $\mathfrak{p}_3$ (0) — —	. . . . . .
$n-3$				. . $\mathfrak{d}_6$ (0) — —

(b) und (c) den gleichen Wert g, nämlich $g = 1$ ergibt, enthält jede Zelle der Tabelle nur **drei** Eintragungen. In den drei ersten Spalten für $n = 1, 2, 3$, finden sich in der Tat alle beim Hg und beim Ne analysierten Aufspaltungsfaktoren[1]) wieder, wie man aus der zugeordneten Tabelle 5 sieht. Die „Einfachterme" des Hg sind dort mit S, P, D, ..., die „Tripletterme" des Hg mit s, p_1, p_2, p_3, d_1, d_2, d_3... bezeichnet; auch die Neon-Terme sind in Paschens Bezeichnung angeführt, aber mit deutschen Buchstaben. Hinter die Termnamen sind in Tabelle 5 noch die empirisch bekannten Werte k in Klammern beigefügt, welche mit den g zusammen die realen Aufspaltungsreihen

[1]) A. Landé, Phys. ZS. **22**, 417, 1921.

bestimmen. Z. B. sieht man beim Vergleich von Tabelle 4 und 5, daß der Hg-Term d_2 und die Ne-Terme $\mathfrak{p}_6$ und $\mathfrak{p}_8$ die gleiche Termaufspaltungsreihe $e = 0, \pm {}^7/_6, \pm {}^{14}/_6$ besitzen. Auch die zugefügten Zahlen (k) zeigen eine gewisse, wenn auch nicht vollkommene Ordnung, woraus hervorgeht, daß das Schema wohl nicht als endgültig zu betrachten ist.

Im besonderen sind beim Hg die „Einfachterme" X durch (17b, c), die „Tripletterme" x_1, x_2, x_3 durch (17a), (18a), (17d) dargestellt. Konsequent wäre also der s-Term als s_1 zu bezeichnen, während für die empirisch fehlenden Terme s_2 und s_3 auch in der Tabelle kein Platz ist, d. h.: Aus (17) (18) folgt, daß es nur **einen** s-Term geben kann. Da der Wert $g = 1$ von dem allgemeinen Formelsystem (17) (18) mitumfaßt wird, drängt sich die Auffassung auf, daß diese „Einfachterme" auch beim Hg, wie beim Ne, mit den „Triplettermen" eine enge Einheit bilden, in welcher der Wert $g = 1$ als zufälliges Resultat von Vorzeichenvertauschungen keine wesentlich bevorzugte Rolle spielt; dafür spricht auch die Möglichkeit wechselseitiger Kombinationen von „Einfach"- mit „Triplettermen". Übrigens sind die beim Hg und Ne auftretenden „Einfachterme" als „unecht" zu bezeichnen, weil bei ihnen $k < n$ ist, im Gegensatz zu den „echten Einfachtermen" des Wasserstoffs, bei welchem k mit n übereinstimmt.

Eine Voraussage, wie die höheren Terme des Neonspektrums in die Spalte $n = 4$ von Tabelle 5 einzuordnen sind, ist eindeutig nur für den Term $\mathfrak{b}_4'$ ($k = 4$) und $\mathfrak{b}_6$ ($k = 0$) möglich. Für die Bergmannterme des Triplett-Hg-Spektrums erwartet man dagegen, wie schon in Teil I, Gl. (11), (12') angedeutet, folgende Aufspaltungsreihen (Tabelle 6), denen wir der Vollständigkeit halber die Aufspaltungsreihen der Dublett-Bergmannterme zufügen. Denn nachdem die Bergmannterme der Tripletts durch Saunders[1]), die der Dubletts durch Meissner[2]) isoliert sind, ist auch ihre magnetische Zerlegung ins Bereich des Möglichen gerückt.

Tabelle 6.

Dubletterme							Tripletterme							
	n	$k \backslash m$	$\pm {}^1/_2$	$\pm {}^3/_2$	$\pm {}^5/_2$	$\pm {}^7/_2$		n	$k \backslash m$	0	± 1	± 2	± 3	± 4
b_1	4	4	$\pm {}^4/_7$	$\pm {}^{12}/_7$	$\pm {}^{20}/_7$	$\pm {}^{28}/_7$	b_1	4	4	0	$\pm {}^5/_4$	$\pm {}^{10}/_4$	$\pm {}^{15}/_4$	$\pm {}^{20}/_4$
b_2	4	3	$\pm {}^3/_7$	$\pm {}^9/_7$	$\pm {}^{15}/_7$	—	b_2	4	3	0	$\pm {}^{13}/_{12}$	$\pm {}^{26}/_{12}$	$\pm {}^{39}/_{12}$	—
							b_3	4	2	0	$\pm {}^2/_3$	$\pm {}^4/_3$	—	—

[1]) F. A. Saunders, Astrophys. Journ. **51**, 23, 1920.
[2]) K. W. Meissner, Ann. d. Phys. **65**, 378, 1921.

§ 3. Von den magneto-mechanischen Effekten betrachten wir den einfacheren von Barnett[1]), der in folgender idealisierten Weise beschrieben werden möge.

Wird ein diamagnetischer Körper in mechanische Drehung versetzt, so werden die mit dem Körper fest verbundenen Atomachsen gegen den Raum eine Präzessionsbewegung ausführen, so daß der Körper zu einem Magneten wird. Dieser Magnetismus muß aber aufgehoben werden durch ein der mechanischen Drehachse paralleles Magnetfeld H von solcher Stärke, daß die mechanisch erzwungene Präzession durch eine entgegengesetzte magnetische Larmorsche Präzession rückgängig gemacht wird. Ist o die mechanische Rotationszahl, so ist der absolute Betrag von H nach dem Larmorschen Satz aus der Gleichung

$$o = \frac{\varepsilon}{4\pi c^2 \mu} \cdot H \tag{1}$$

zu bestimmen. Das Experiment zeigt aber, daß bereits der halbe Betrag der normal zu erwartenden Feldstärke den durch mechanische Drehung erzeugten Magnetismus neutralisiert. Dies deuten wir so:

a) Die vom Feld H erzeugte Präzession hat nicht die Larmorsche Umlaufszahl o, sondern $o + \Delta o = 2 . o$,

oder in der andern (vorzuziehenden) Auffassung:

b) Außer der Larmorpräzession o erzeugt das Feld noch eine Rotation $\Delta\omega = o . \cos\Theta$ des Atoms um seine präzessierende Achse (gleich aber mit entgegengesetztem Drehungssinn wie beim Foucaultschen Pendel).

Gerade dieses Resultat erwartet man nun nach Ausweis des anomalen Zeemaneffekts für Atome im $\mathfrak{s}$-Term- oder s-Termzustand. Denn das Verhältnis $(o + \Delta o) : o$ ist nach (13) (13') gleich dem Aufspaltungsfaktor g, und g ist bei den $\mathfrak{s}$- und s-Termen gleich 2 (vgl. Anmerkung S. 239 in Teil I). Entsprechend kann das Ergebnis des Einstein-de Haas-Effekts[2]) nach den exakten Versuchen von Beck[3]) gedeutet werden.

Es sei noch auf die Folgerung hingewiesen, daß Körper, welche den S-Termzustand ($g = 1$) als unerregten Ausgangszustand besitzen, einen normalen Barnett- und Einstein-de Haas-Effekt besitzen sollten. Ferner sollte in „starken" Feldern eine dem Paschen-Back-Effekt

---

1) S. J. Barnett, Phys. Rev. **6**, 239, 1915; **10**, 7, 1917. J. G. Stewart, Phys. Rev. **11**, 100, 1918.

2) Einstein und de Haas, Verh. d. D. Phys. Ges. **17**, 152, 1915.

3) E. Beck, Ann. d. Phys. **60**, 109, 1919.

analoge Verwandlung des anomalen in den normalen magnetomechanischen Effekt eintreten.

§ 4. Wir stellen noch einmal die besonderen empirischen Tatsachen zusammen, welche durch die Deutung von Sommerfelds „innerer" Quantenzahl k als gesamte azimutale Quantenzahl des Atoms um seine invariable Achse (im Gegensatz zu der azimutalen Quantenzahl n des äußersten spektralen Elektrons) verständlich wurden:

a) Die Maximalenergie $\bar{e} = k$ bei den Dublettermen, d. h. $\bar{e} = n$ bei den $\mathfrak{x}_1$-Termen, $\bar{e} = n - 1$ bei den $\mathfrak{x}_2$-Termen (vgl. II, § 1).

b) Die allgemeine Gleichung $m \leq k$, welche das Fehlen der idealen Maximalwerte $\bar{e}$ bei den Zerlegungen der Terme $k < n$ erklärt (vgl. II, § 1).

c) Die Zusatzregel (C') von Teil I, welche das Verschwinden der π-Komponenten in der Bildmitte bei den Kombinationen $k' - k'' = 0$ verlangt (vgl. I, § 5).

d) Die Zusatzregel (B') (vgl. Phys. ZS. l. c.), welche die Kombination $k' = 0$ mit $k'' = 0$ verbietet.

Die Begründung von (d) soll hier nachgeholt werden: Man denke sich den Drehimpuls des Atoms dargestellt als axialen Vektor k parallel der invariablen Achse des Atoms. Ändert sich k um ± 1 ($k' - k'' = \pm 1$), so bleibt dabei die Richtung von k' gleich der von k'' (weil keine andere Richtung im Raum ausgezeichnet ist) und es wird nach Rubinowicz eine zirkulare Welle mit $k' \,//\, k''$ als Symmetrieachse ausgestrahlt. Ändert sich k um 0 ($k' - k'' = 0$), so wird nach Rubinowicz eine lineare Welle parallel $k' \,//\, k''$ polarisiert ausgestrahlt. Ist aber in letzterem Fall $k' = 0$ und $k'' = 0$, also beide Impulsvektoren k zu einem Punkt zusammengeschrumpft, so kann auch keine lineare Welle auftreten, weil sie keine Richtung im Raume vorfindet, nach der sie ihre Polarisationsrichtung orientieren könnte.

Wollte man statt k etwa n als Gesamtdrehimpuls-Quantenzahl ansprechen, was ja wegen der Serienauswahlregel $n' - n'' = \pm 1$ naheliegt [aber auch für k gilt nach Sommerfeld eine Auswahlregel $k' - k'' = 0, \pm 1$], so würde die Erklärung der unter a), b), c), d) angeführten empirischen Tatsachen auf besondere Schwierigkeiten stoßen. Ein weiteres Kriterium, ob k oder n den Gesamtimpuls darstellen, würden magnetische Messungen am Hg-Dampf geben, dessen Grundterm 1,5 S die Werte $k = 0$ und $n = 1$ hat.

Anomaler Zeemaneffekt und Seriensysteme bei *Ne* und *Hg*.

Von A. Landé.

Inhalt: § 1. Spektroskopische Aufspaltungsregeln im Magnetfeld. § 2. Das Neonspektrum. § 3. Das Quecksilberspektrum.

§ 1. Die quantentheoretisch begründete Synthese der anomalen Zeemantypen aus magnetischen Termen[1]) läßt sich, unabhängig von jeder theoretischen Deutung als spektroskopische Tatsache gefaßt, wie folgt darstellen. Die Schwingungszahl ν_0 einer Spektrallinie ist die Differenz zweier Terme W und W'. Durch ein magnetisches Feld wird jeder Term W für sich in mehrere Einzelterme $W+Z$, zerspalten, wobei die dem Feld H proportionalen Zusatzschwingungszahlen Z eine Anzahl verschiedener Werte annehmen. Eine bestimmte Aufspaltungslinie (Parallel [π]- oder Senkrecht [σ]-Komponente bei transversaler Beobachtung) hat also die Schwingungszahl

$$\left.\begin{aligned} \nu &= (W+Z)-(W'+Z') = \\ &= (W-W')+(Z-Z') = \nu_0 + \Delta\nu. \end{aligned}\right\} \quad (1)$$

Daher ist ihr Abstand $\Delta\nu$ vom Ort der unzerspaltenen Linie

$$\Delta\nu = Z - Z'. \quad (1')$$

Die für einen Term W charakteristische Reihe der magnetischen Aufspaltungsterme Z berechnet man auf folgende Weise. Jeder Term W wird in der Spektroskopie durch gewisse Buchstaben (s, p, d..) und Indizes (p_1, p_2, p_3..) bezeichnet. Statt dessen charakterisieren wir ihn durch (zunächst zwei) ganze Zahlen n und k (siehe die von Sommerfeld[2]) übernommene Zuordnung (Teil I Tabelle 2) und behaupten:

Zum Term n, k gehört die Wertereihe

$$\left.\begin{aligned} &Z = m\cdot\omega_0\cdot g \text{ mit} \\ &m = 0, \pm 1, \pm 2, \pm 3, \ldots\ldots \pm k \\ &\text{bei Einfach- und Triplettermen,} \\ &m = \pm\tfrac{1}{2}, \pm\tfrac{3}{2}, \pm\tfrac{5}{2}, \ldots \pm (k-\tfrac{1}{2}). \\ &\qquad\text{bei Dublettermen,} \end{aligned}\right\} \quad (2)$$

wobei

$$\omega_0 = \frac{\varepsilon}{\mu}\frac{H}{4\pi c}, \quad (2')$$

worin g eine unten noch näher zu bestimmende Funktion von n und k ist, und ω_0 den Abstand der σ-Komponente in Wellenzahlen von der Bildmitte im normalen Zeemantriplett bei der Feldstärke H angibt. Es wird also nach (1') der Abstand $\Delta\nu$ einer Komponente von der Bildmitte im Maß ω_0:

$$\Delta\nu/\omega_0 = m\cdot g - m'\cdot g'.$$

Die $s, p, d, \ldots$ Terme besitzen der Reihe nach die Zahlen $n = 1, 2, 3, \ldots$, für welche die übliche Serienkombinationsregel gilt:

A) Es werden nur die Terme kombiniert, bei denen $n - n' = \pm 1$ ist.

Für die Zahlen k bzw. k' der beiden Terme gilt ferner nach Sommerfeld l. c. die Auswahlregel:

B) Es werden nur die Terme kombiniert, bei denen $k - k' = 0$ oder $= \pm 1$ ist.

Wir ergänzen diese Regel durch den Zusatz:

B') Die Kombination $k = 0 = k'$ fällt aus.

C) Es treten allein diejenigen σ- und π-Komponenten wirklich auf, bei denen $m - m' = \pm 1$ ist (σ-Komponenten), oder bei denen $m - m' = 0$ ist (π-Komponenten).

C') Die Kombination $m = m'$ bei $k - k' = 0$ fällt aus (Teil I § 5).

Man konstruiert nach (1')(2) die Lagen der Zeemankomponenten $\Delta\nu$ aus den Aufspaltungstermen Z und Z' mit Hilfe des folgenden Schemas (3) (3'). Man schreibt zunächst die Wertereihe $m\cdot g$ und $m'\cdot g'$ der beiden Terme W und W' hin, gleiche m untereinander (Beispiel Tabelle 3):

1) A. Landé, Über den anomalen Zeemaneffekt, Teil I. Zeitschr. f. Phys. **5**, 231, 1921, zitiert als Teil I. Dort ist in Gl (4') der Druckfehler $\omega/\omega_0 =$ zu verbessern in $\varepsilon =$. In Tab. 3 bei (sd_2) ist $\sigma = 12/6$ zu ergänzen.

2) A. Sommerfeld, Ann. d. Phys. **63**, 221, 1920.

Reprinted from *Phys. Z.* **22**, 417–422 (1921).

$$\text{Einfach- und Tripletterme} \left\{ \begin{array}{l} -kg,\ -(k-1)g, \ldots, -1g,\ 0,\ 1g, \ldots, (k-1)g,\ kg \\ \quad\searrow\ \downarrow \qquad \times\ \times\ \downarrow\times\downarrow\times\downarrow\times\ \times\ \downarrow\ \swarrow \\ \qquad -k'g' \qquad , \ldots\ -1g',\ 0,\ 1g', \ldots\ k'g' \end{array} \right\} \tag{3}$$

$$\text{Dubletterme} \left\{ \begin{array}{l} -(k-\tfrac{1}{2})g,\ -(k-\tfrac{3}{2})g, \ldots, -\tfrac{1}{2}g,\ \tfrac{1}{2}g,\ \ldots, (k-\tfrac{3}{2})g,\ (k-\tfrac{1}{2})g \\ \qquad\quad \searrow \qquad \downarrow\ \times\ \times\ \downarrow\times\downarrow\times\ \times \quad \downarrow\ \swarrow \\ \qquad\qquad -(k'-\tfrac{1}{2})g', \ldots, -\tfrac{1}{2}g',\ \tfrac{1}{2}g',\ \ldots\ (k'-\tfrac{1}{2})g' \end{array} \right\} \tag{3'}$$

Bildet man nun in (3) (3') die Differenz zwischen zwei Gliedern der ersten und zweiten Zeile, die durch einen senkrechten (bzw. 45° geneigten) Pfeil verbunden sind, $m - m' = 0$ (bzw. $m - m' = \pm 1$), so erhält man nach (2) und (C) die Werte $\Delta\nu/\omega_0$ für die π-Komponenten (bzw. σ-Komponenten). Dabei ist (C') zu beachten. Wegen (B) folgt u. a. als Regel für die Anzahl der so erhaltenen Komponenten:

α) Bei der magnetischen Aufspaltung einer Dublettlinie ist die Anzahl der π-Komponenten (d. i. die Anzahl der senkrechten Pfeile in (3')) doppelt so groß wie die kleinere der beiden Zahlen k und k'.

β) Bei der magnetischen Aufspaltung einer Triplettlinie ist die Anzahl der π-Komponenten stets gleich $k + k'$. Doppelt so groß ist die Anzahl der σ-Komponenten.

β') Speziell ist im Falle $k - k' = 0$ eine π-Komponente in der Bildmitte nicht vorhanden (C').

Ferner sieht man aus (3) (3') sofort:

γ) Die π-Komponenten folgen einander in gleichen Abständen $\Delta = g - g'$. Dasselbe gilt für die rechts und die links der Bildmitte liegenden Gruppen der σ-Komponenten.

γ') Dabei ist im Sonderfall (β') eine π-Komponente in der Bildmitte ergänzt zu denken.

Regeln für die relative Intensität der einzelnen Komponenten heißen für $k - k' \neq 0$ [bzw. $k - k' = 0$]:

δ) Diejenigen π-Komponenten sind die stärksten [schwächsten], welche durch Pfeile in der Mitte des Übergangsschemas (3) (3') dargestellt werden; diejenigen σ-Komponenten sind die stärksten [schwächsten], welche durch Pfeile am rechten und linken Rande des Übergangsschemas dargestellt werden.

Die Lage der einzelnen Komponenten hängt noch von den Werten der Faktoren $g(k, n)$ ab. Bei den Dubletts fanden wir in Teil I die einfache Zusammensetzung $g = k : (n - \frac{1}{2})$ dieses Faktors, bei den Tripletts kompliziertere Funktionen (Teil I Gl. 12). Letztere werden wir demnächst im Teil II zusammen mit denen der sogenannten Einfachterme zu einheitlichen Formeln zusammenfassen. Die quantentheoretische Begründung obiger magnetooptischer Kombinationsregeln und ihre Anwendung auf die Zerlegungen der vollständigen Dubletts und Tripletts war im Teil I gegeben, mit Ausnahme von (B'), deren Erklärung noch aussteht.

Wir wollen jetzt fortschreiten zu dem gemischten System von Einfach- und Triplettermen, wie es beim *Hg*-Spektrum und beim *Ne*-Spektrum vorliegt.

§ 2. F. Paschen[1]) hat nach Vorarbeiten von Watson[2]) und Meißner[3]) auf Grund seines umfangreichen Beobachtungsmaterials fast sämtliche 800—900 Bogenlinien des Neonspektrums in ein System von Serien eingeordnet und in Terme aufgelöst. Er erhielt vier *s*-Termfolgen, zehn *p*-, vier *s'*- und acht *d*-Termfolgen. Diese kombinieren aber nur in begrenzter Auswahl. Zum Beispiel treten die zehn *p*-Termfolgen mit den vier *s*-Termfolgen nicht zu $10 \times 4 = 40$, sondern nur zu 30 Hauptserien zusammen usw., in Analogie zu Rydbergs Auswahl der „vollständigen" Dubletts und Tripletts.

Die vorkommenden Serien sind in Paschens Tabelle IV zusammengestellt oder auch aus W. Grotrians[4]) übersichtlicher graphischer Darstellung zu ersehen. Wir suchen nun in dieser Serienauswahl das Wirken desselben quantentheoretischen Auswahlprinzips (B), das von Sommerfeld[5]) zur Ordnung der vollständigen Dubletts und Tripletts durch formale Einführung „innerer" Quantenzahlen angewendet wurde (siehe Teil I § 1). Aus der Serienauswahl im Neonspektrum kann man durch einiges Probieren rückwärts auf die „innere" Quantenzahl k jedes Terms schließen auf Grund von (B) (B') und gelangt so zu der in Fig. 1 gegebenen Zuordnung. An den linken Rand der horizontalen Linien sind die Zahlenwerte k angeschrieben, an den rechten Rand die zugehörigen Terme in Paschens Bezeichnung. Diese Zuordnung findet sich dann nachträglich bestätigt, wenn wir gemäß (B) Pfeile zwischen je zwei horizontalen Linien ziehen, welche gleiches k oder

1) F. Paschen, Ann. d. Phys. **60**, 405, 1919; **63**, 201, 1920.
2) H. E. Watson, Proc. Cambridge Phil. Soc. **16**, 130, 1902.
3) K. W. Meißner, Ann. d. Phys. **58**, 333, 1919.
4) W. Grotrian, diese Zeitschr. **21**, 639, 1920.
5) A. Sommerfeld, l. c. und auch: Atombau und Spektrallinien, 2. Auflage, S. 540.

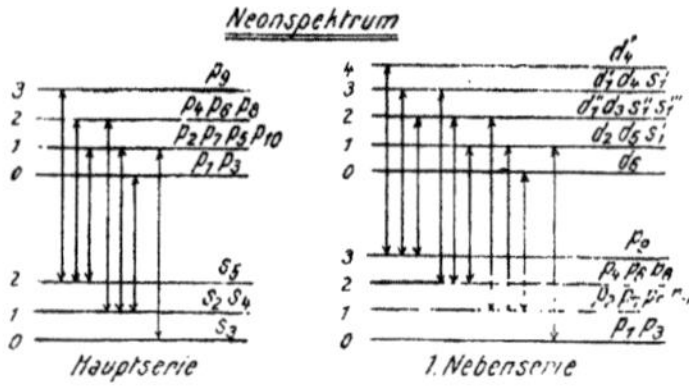

Fig. 1.

um ± 1 differierendes k besitzen. Nach (B') sind Übergänge zwischen $k = 0$ und $k' = 0$ auszulassen. Diese Pfeile geben dann in der Tat die beobachteten Serien richtig wieder, bis auf geringe Ausnahmen, die auch in dem Schema von Grotrian störend auftraten. Es sind nämlich zwei Linien schwacher Intensität vorhanden, welche Paschen einer in das Schema nicht hineinpassenden Serie $2p_2 - md_4$ zuschreibt; es fehlen ferner in der Beobachtung die Serienlinien $2p_2 - md_1''$, $2p_6 - md_1''$, $2p_5 - md_5$, $2p_7 - md_5$, $2p_9 - ms_1''''$. Gegenüber den über hundert Serien, die nach obiger Zuordnung k richtig und vollständig eintreffen, fallen jedoch diese 5 fehlenden nicht ins Gewicht. „Es wäre aber wohl wünschenswert, nach diesen fehlenden Serien noch einmal besonders zu suchen" (Grotrian).

Aus der getroffenen Zuordnung k, indirekt also aus dem vollständigen Schema der Kombinationsserien des Neons, können nun nach § 1 eine Reihe von Aussagen über die zu erwartenden anomalen Zeemantypen der betreffenden Serien gemacht werden.

Zunächst ist auf Grund von (β) die Anzahl der π- und σ-Komponenten für jede Termkombination eindeutig angebbar. Zum Beispiel muß die Serie ($s_5 p_4$) mit $k = 2$, $k' = 2$ im Magnetfeld $2 + 2 = 4$ π-Komponenten und 4 rechte und 4 linke σ-Komponenten zeigen. Wegen $k = k'$ ist in der Bildmitte keine π-Komponente vorhanden (β').

Die Einzelheiten des Zeemanbildes hängen von den charakteristischen Faktoren g und g' der beteiligten Terme ab. Da aber derselbe Term mit seinem g in verschiedenen Kombinationen wiederkehrt, genügt es, sein g aus einer dieser Kombinationen zu analysieren, um dieses g bei der Bildung andrer Kombinationen verwenden zu können. Kennt man z. B. den Wert g für einen Term (s_4 hat $g = \frac{3}{2}$), und findet in dem Zeemanbild der Kombination dieses Terms mit einem andern den Abstand Δ zwischen je zwei σ-Komponenten (die Serie ($s_4 p_8$) hat im Zeemanbild den Abstand $\Delta = \frac{1}{3}$ zwischen je zwei σ-Komponenten), so ist wegen (γ) sofort auch $g' = g - \Delta$ bekannt (p_8 hat $g' = \frac{3}{2} - \frac{1}{3} = \frac{7}{6}$). Auf diese Weise gelangt man sukzessive dazu, aus wenigen exakt beobachteten Zeemantypen die g-Werte aller Terme zu analysieren und durch ihre wechselseitige Kombination die übrigen Zeemantypen vorauszusagen oder unsicher beobachtete Typen zu kontrollieren. Dabei kann stets das Schema (3') als sicherer Führer benutzt werden bzw. die Regeln (β) (β') (γ) und die Intensitätsregel (δ).

Zum Beispiel sieht man einem von der Beobachtung gelieferten Typ sofort an, ob er einer Richtigstellung bedarf. Wenn etwa als Zeemantyp von ($p_6 s_5$) angegeben wird: π-Komponenten bei $\pm \frac{2}{6}$, $\pm \frac{3}{6}$, σ-Komponenten bei $\pm \frac{6}{6}$, $\pm \frac{7}{6}$, $\pm \frac{9}{6}$, $\pm {}^{10}/_6$, so findet sich Regel (γ) nicht erfüllt und fordert eine Korrektion des ja oft als unsicher bezeichneten Versuchsergebnisses.

Auf dem angegebenen Wege gelangt man zur Tabelle 1 für die magnetischen Aufspaltungsreihen $m \cdot g$ ($m = 0, \pm 1, \pm 2, .. \pm k$) der verschiedenen Neonterme und durch Kombination nach (3') zu den sichtbaren Aufspaltungsbildern in der Hauptserie (Tabelle 2). In Tabelle 2 sind die theoretischen Aufspaltungen und die experimentellen von Lohmann[1]) und Takamine und Yamada[2]) zusammengestellt,

Tabelle 1
für $m \cdot g$ bei Neon.

Term	k \ m	0	± 1	± 2	± 3
p_9	3	0	$\pm {}^4/_3$	$\pm {}^8/_3$	$\pm {}^{12}/_3$
p_4	2	0	$\pm {}^4/_3$	$\pm {}^8/_3$	
$p_6 p_8$	2	0	$\pm {}^7/_6$	$\pm {}^{14}/_6$	
p_2	1	0	$\pm {}^4/_3$		
p_7	1	0	$\pm {}^2/_3$		
$p_5 p_{10}$	1	0	± 1		
$p_1 p_3$	0	0			
s_5	2	0	$\pm {}^3/_2$	$\pm {}^6/_2$	
s_4	1	0	$\pm {}^3/_2$		
s_2	1	0	± 1		
s_3	0	0			

und zwar bereits in der von Krönert[3]) auf die richtigen Rungeschen Nenner und auf ganzzahlige Zähler reduzierten Form.

Auch die relativen Intensitäten der π- und σ-Komponenten innerhalb eines Typs können nach Regel (δ) angegeben werden.

Für die Typen der 1. Nebenserie können gemäß der Zuordnung k in Fig. 1 die Anzahl der π- und σ-Komponenten nach (β) (β') eben-

1) W. Lohmann, Dissertation, Halle 1907.
2) Takamine u. Yamada, Proc. Tokyo Math. Phys. Soc. 7, 277, 1913—1914.
3) J. Krönert, Dissertation, München 1920 (ungedruckt); vgl. auch A. Sommerfeld l. c. § 4.

Tabelle 2.

Serie	Theorie	Beobachtung
$s_2 p_1$, $s_2 p_{10}$, $s_3 p_5$, $s_2 p_5$, $s_2 p_3$, $s_3 p_{10}$	$\frac{(0)\;1}{1}$	$\frac{(0)\;1}{1}$ (first two); ? (last four)
$s_3 p_2$	$\frac{(0)\;4}{3}$	$\frac{(0)\;4}{3}$
$s_3 p_7$	$\frac{(0)\;2}{3}$	$\frac{(0)\;2}{3}$
$s_4 p_1$, $s_4 p_3$	$\frac{(0)\;3}{2}$	$\frac{(0)\;3}{2}$
$s_4 p_2$	$\frac{(1)\;8,\,9}{6}$	$\frac{(1)\;8,\,9}{6}$ [1]
$s_4 p_7$	$\frac{4\;(5)\;9}{6}$	$\frac{4\;(5)\;9}{6}$
$s_2 p_2$	$\frac{(1)\;3,\,4}{3}$	$\frac{(1)\;3,\,4}{3}$
$s_2 p_7$	$\frac{(1)\;2,\,3}{3}$	?

Abweichende Beobachtungen von Lohmann:

1) $\frac{(1)\;3,\,4}{6}$ 2) $\frac{(0)\;(1)\;6,\,7,\,8}{6}$;

3) $\frac{(1)\;(2)\;6,\,7,\,8,\,9}{6}$.

Die eingeklammerten Ziffern bedeuten π-Komponenten. Die Pfeile über den Ziffern sind in der Richtung der theoretisch zu erwartenden Intensitätszunahme gezogen (Pfeilspitze über der stärksten σ- bzw. π-Komponente).

Tabelle 2a.

Serie	Theorie	Beobachtung
$s_5 p_5$, $s_5 p_{10}$	$\frac{\overleftarrow{(0)\;(1)}\;\overrightarrow{2,\,3,\,4}}{2}$	$\frac{(0)\;(1)\;2,\,3,\,4}{2}$
$s_2 p_4$	$\frac{\overleftarrow{(0)\;(1)}\;\overrightarrow{3,\,4,\,5}}{3}$	$\frac{(0)\;(2)\;6,\,8,\,9}{6}$
$s_2 p_6$, $s_2 p_8$	$\frac{\overleftarrow{(0)\;(1)}\;\overrightarrow{6,\,7,\,8}}{6}$	$\frac{(0)\;(1)\;7,\,8,\,9}{6}$
$s_4 p_4$	$\frac{\overleftarrow{(0)\;(1)}\;\overleftarrow{7,\,8,\,9}}{6}$	$\frac{(0)\;(1)\;7,\,8,\,9}{6}$ [2]
$s_4 p_6$, $s_4 p_8$	$\frac{\overleftarrow{(0)\;(2)}\;\overleftarrow{5,\,7,\,9}}{6}$	$\frac{(0)\;(2)\;6,\,7,\,9}{6}$ $\frac{(0)\;(2)\;5,\,7,\,9}{6}$
$s_5 p_2$	$\frac{\overleftarrow{(0)\;(1)}\;\overrightarrow{8,\,9,\,10}}{6}$	$\frac{(0)\;(1)\;8,\,9,\,10}{6}$
$s_5 p_7$	$\frac{\overleftarrow{(0)\;4}\;\overrightarrow{(5)\;9,\,14}}{6}$	$\frac{(0)\;4\;(5)\;9,\,14}{6}$
$s_5 p_4$	$\frac{\overrightarrow{(1)\;(2)}\;\overrightarrow{7,\,8}\;\overleftarrow{9,\,10}}{6}$	$\frac{(1)\;(2)\;7,\,8,\,9,\,11}{6}$ [3]
$s_5 p_6$, $s_5 p_8$	$\frac{\overrightarrow{(2)\;(4)}\;\overrightarrow{5,\,7}\;\overleftarrow{9,\,11}}{6}$	$\frac{(2)\;(3)\;6,\,7,\,9,\,10}{6}$ $\frac{(2)\;(4)\;4,\,7,\,8\;\;11}{6}$
$s_5 p_9$	$\frac{\overleftarrow{(0)\;(1)\;(2)}\;\overleftarrow{6,\,7,\,8,\,9,\,10}}{6}$	$\frac{(0)\;(1)\;(2)\;6,\,7,\,8,\,9,\,10}{6}$

falls exakt angegeben werden, die Einzelheiten der betreffenden Typen aber nur in einigen besonderen Fällen, da zur Analyse von g-Werten für die $s^{(i)}$, d und $d^{(i)}$-Terme nur wenig Material vorliegt[1]).

Bemerkenswert ist, daß die Neonterme s, p, d sich nach ihrer kleinsten Laufzahl 1,5; 2; 3 ebenso verhalten, wie auch beim *Hg* die Terme s, p, d. Nach ihrer magnetischen Aufspaltung (Tabelle 1) und nach ihren Zahlen k verhalten sie sich dagegen analog den Termen p, b, d des *Hg*.

Man kann gemäß Tabelle 1 die verschiedenen Terme des Neonspektrums entsprechend ihrer magnetischen Aufspaltung einteilen in „Einfachterme" mit $g = 1$ bzw. mit unbestimmten g (letzteres bei $k = 0$ und deshalb fehlender Termaufspaltung) und „Tripletterme" mit $g \pm 1$. Nach Tabelle 1 wären zu bezeichnen als

Einfachterme: $s_2\; s_3\; p_1\; p_3\; p_5\; p_{10}$,
Tripletterme: $s_4\; s_5\; p_2\; p_7\; p_4\; p_6\; p_8\; p_9$,

was auch Paschen l. c. S. 413 bemerkt.

Nach Paschen besteht also das Neonspektrum aus Serien kombiniert aus je zwei „Einfachtermen", Serien kombiniert aus je zwei „Triplettermen" und Serien aus einem Einfach- und einem Tripletterm kombiniert. Jedoch ist, wie in Teil II gezeigt werden soll, eine prinzipielle Unterscheidung zwischen „Einfach"- und „Triplett"-Termen nach ihrer magnetischen Aufspaltung nicht wesentlich. Man kann nämlich zeigen, daß alle Tripletterme, auch die beim Neon auftretenden neuartigen, zusammen

1) J. Krönert bemerkt l. c., daß die von Franck und Hertz gemessene Ionisierungsspannung des Neon von 16 Volt einem Grundterm $\nu = 130\,000\ \mathrm{cm}^{-1}$ entspricht, während der größte optisch in Erscheinung tretende Serienterm $(1{,}5\; s_5)$ $\nu = 39888$ hat. Das Neonspektrum hat also bereits „angeregte" Zustände als Grundbahnen.

Physik. Zeitschr. XXII, 1921. Landé, Anomaler Zeemaneffekt u. Seriensysteme bei *Ne* u. *Hg*. 5

mit den Einfachtermen in ihren Faktoren g einem einheitlichen Gesetz gehorchen, und daß der unter anderen resultierende Wert $g = 1$ neben gebrochenen g-Werten sachlich keinerlei bevorzugte Rolle spielt.

Diese Bemerkung gilt auch für das *Hg*-Spektrum, welches als Typus eines Einfach-Triplettseriensystems besprochen werden soll[1]).

§ 3. Das *Hg*-Spektrum wurde von Paschen, Kayser und Runge, Eder und Valenta, Stiles, Miller aufgelöst in ein System von Einfachtermen S, P, D, und Triplettermen s; $p_1\, p_2\, p_3$; $d_1\, d_2\, d_3$, die untereinander und wechselseitig kombinieren. In Fig. 2 sind diese Terme

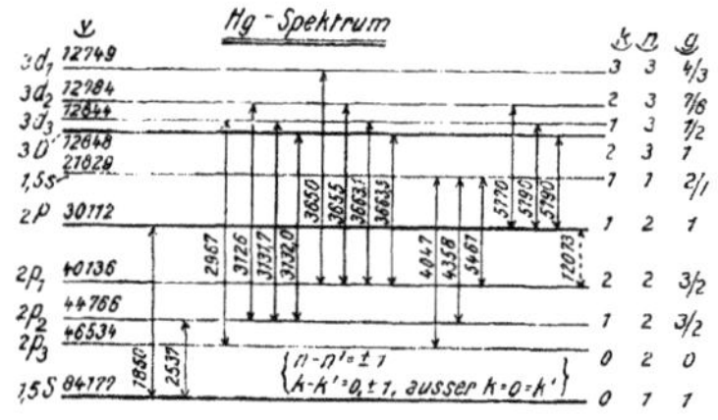

Fig. 2.

mit niedrigster Laufzahl (z. B. $1{,}5\,S$) nach ihren Wellenzahlen ν geordnet und als horizontale Grade dargestellt. An den rechten Rand der Graden sind die (nachträglich zu bestätigenden Gesamtquanten-)Zahlen k angeschrieben, die bei der Serienauswahl (B) (B′), § 1 maßgebend sind. Weiter rechts stehen die magnetischen Aufspaltungsfaktoren g (Teil I Tab. 2) bzw. $g = 1$ bei den Einfachtermen. Kombinationen sind zugelassen zwischen den Termen mit $k - k' = \pm 1$ oder $= 0$ (Auswahlregel B) unter Ausschluß von $k = k' = 0$ (B′). Die Kombinationen sind durch Pfeile dargestellt mit angeschriebener Wellenlänge λ der betreffenden Spektrallinie.

Den Termen s und S, p und P, d und D,.. sind der Reihe nach die (azimutalen Quanten-)Zahlen $n = 1, 2, 3, ..$ zugeordnet, für deren Änderung die Auswahlregel (A) gilt. Die von $1{,}5\,S$ ausgehenden zwei Pfeile sind die beiden Absorptionslinien $\lambda = 2537$ und $\lambda = 1849$ des *Hg*. Sie sind Resonanzlinien, da von $2p_2$ und von $2P$ nur der ganze Zurücksprung nach $1{,}5\,S$ möglich ist. Die Zustände $2p_1$ und $2p_3$ können dagegen wegen (B) und (B′) weder von $1{,}5\,S$ erreicht werden noch nach $1{,}5\,S$ zurückfallen, sind also metastabil. Die Kombinationslinien $(1{,}5\,S - 2p_1)$ und $(1{,}5\,S - 2p_3)$ sind verboten $(1{,}5\,S - 2p_2)$ ist erlaubt, $(2P - 2d_1)$ ist wegen (B) verboten, $(2P - 3d_2)$ und $(2P - 3d_3)$ erlaubt; $(2p_3 - 3D)$ ist verboten, $(2p_1 - 3D)$ und $(2p_2 - 3D)$ erlaubt, in Übereinstimmung mit dem beobachteten Emissionsspektrum des Quecksilbers.

W. Miller[1]) gibt als schwachen Zugleiter von $(2\gamma_3 - 3d_3)$ die Linie $(2\gamma_3 - 3D)$ an. Man hat hier also einen Fall der Durchbrechung der Auswahlregel (B).

Aus dem vollständigen Kombinationsschema des *Hg*-Spektrums (Fig. 2). der Metastabilität von p_1 und p_3 und der Resonanz von $\lambda = 2537$ konnte also auf Grund von (B) (B′) die Zuordnung der Zahlen k zu den einzelnen Termen gewonnen bzw. nachträglich bestätigt werden. Nachdem aber diese Zuordnung k festgestellt ist, können daraus theoretische Angaben über die zu erwartenden Zeemantypen der einzelnen Linien gemacht werden, zunächst über die Anzahl der π- und σ-Komponenten nach (β) (β'), § 1. Die Einzelheiten der Aufspaltungsbilder hängen noch von den g-Werten der Terme ab. In Teil I Gl. (12′) sind die g-Werte für die Triplettterme bereits analysiert; für die Einfachterme ist $g = 1$ zu nehmen. Daher kann man jetzt die Zeemantypen für die gemischten Einfach-Triplettkombinationen voraussagen nach der Methode des § 1 Schema (3′). Man erwartet danach theoretisch aus den rechts in Fig. 2 angeschriebenen Aufspaltungsfaktoren g der Terme folgende Typen (Tabelle 3):

Tabelle 3.

$$S \begin{Bmatrix} 0 \\ -\tfrac{3}{2} \;\; 0 \;\; \tfrac{3}{2} \end{Bmatrix} p_2 \qquad P \begin{Bmatrix} -1 & 0 & 1 \\ -\tfrac{2}{1} & 0 & \tfrac{2}{1} \end{Bmatrix} s \qquad D \begin{Bmatrix} -2 \; -1 \; 0 \; 1 \; 2 \\ 0 \end{Bmatrix} p_3$$

$$(Sp_2)\,\frac{(0)\;3}{2} \qquad (sP)\,\frac{(1)\;1,\,2}{1} \qquad (p_3D)\,\frac{(0)\;1}{1}$$

$$D \begin{Bmatrix} -2 & -1 & 0 & 1 & 2 \\ & -\tfrac{3}{2} & 0 & \tfrac{3}{2} & \end{Bmatrix} p_2 \qquad P \begin{Bmatrix} & -1 & 0 & 1 & \\ -\tfrac{14}{6} & -\tfrac{7}{6} & 0 & \tfrac{7}{6} & \tfrac{14}{6} \end{Bmatrix} d_2$$

$$(p_2D)\,\frac{(0)\;(1)\;1,\,2,\,3}{2} \qquad (d_2P)\,\frac{(0)\;(1)\;6,\,7,\,8}{6}$$

$$D \begin{Bmatrix} -2 & -1 & 0 & 1 & 2 \\ -\tfrac{6}{2} & -\tfrac{3}{2} & 0 & \tfrac{3}{2} & \tfrac{6}{2} \end{Bmatrix} p_1 \qquad P \begin{Bmatrix} -1 & 0 & 1 \\ -\tfrac{1}{2} & 0 & \tfrac{1}{2} \end{Bmatrix} d_3$$

$$(p_1D)\,\frac{(1)\;(2)\;1,\,2,\,3,\,4}{2} \qquad (d_3P)\,\frac{(1)\;1,\,2}{2}$$

1) Nachtrag bei der Korrektur. Aus der Dissertation von Lohmann, die mir erst jetzt im Original zugänglich wird, ersehe ich, daß die gemessenen Intensitäten bei den *Ne*-Aufspaltungen sämtlich in voller Übereinstimmung mit den theoretischen Intensitäten (Tab. 2a) stehen. Dadurch wird die Intensitätsregel (δ) und ihre quantentheoretische Ableitung (Teil I § 5) von neuem gestützt.

1) W. Miller, Ann. d. Phys. **24**, 105, 1907.

Die Aufspaltungen von (p_1D), (p_2D), (p_3D) sind bestätigt durch W. Miller l. c., (d_2P) durch Lohmann l. c., (Sp_2) durch Paschen[1]; auch hinsichtlich der Intensitäten. Über die Zerlegungen von (sP) und (d_3P) scheint experimentell nichts bekannt zu sein.

Zusammenfassung: In § 1 werden die früheren Ergebnisse der quantentheoretischen Zeemantermanalyse als spektroskopische Kombinations-, Polarisations- und Intensitätsregeln zusammengestellt. In § 2 und § 3 wird das vollständige Seriensystem von *Ne* und *Hg* durch eine Auswahlregel geordnet, nach Art von Sommerfelds Auffassung der „vollständigen" Dubletts und Tripletts, und aus der erhaltenen Ordnung mit Hilfe der Regeln des § 1 für jede Serie ihr Zeemantyp erhalten. Die Übereinstimmung mit der Erfahrung über Anzahl, Lage und Intensität der Zeemankomponenten bestätigt den Zusammenhang zwischen den magnetischen Aufspaltungstypen und den feldlosen Linienmultiplizitäten, der früher auf quantentheoretischer Grundlage entwickelt wurde.

Frankfurt a. M., Institut für theoret. Physik.

(Eingegangen 27. Juni 1921.)

1) F. Paschen, Ann. d. Phys. **35**, 877, 1911.

Über den anomalen Zeemaneffekt.

Von A. Landé, Frankfurt a. M.

A. Sommerfeld[1]) und *E. Back*[2]) haben in dieser Zeitschrift eine Reihe von Gesetzmäßigkeiten aufgedeckt, welche die komplizierten Aufspaltungstypen von Spektrallinien im magnetischen Feld beherrschen. Ich möchte nun über eine Untersuchung[3]) berichten, welche zunächst aus den empirischen Bildern der zerspaltenen Spektrallinien auf die *Zerspaltung der Spektralterme* schließt und in den *Term*aufspaltungen eine Gesetzmäßigkeit findet, die außerordentlich viel einfacher ist als etwa die von *Back* bei den *Linien* gefundene, und die schließlich zu einer quantentheoretischen Deutung der Erscheinungen hinleitet. Man kann danach für jede Parallel- (π-) Komponente und jede Senkrecht- (σ-) Komponente angeben, daß sie dem Übergang des Atoms aus einem bestimmten Quantenzustand, bei bestimmter Neigung der invariablen Atomachse gegen die Feldrichtung, in einen andern Quantenzustand mit anderer bestimmter Neigung ihre Entstehung verdankt. Gleichzeitig wird auch die relative *Intensität* der π- und σ-Komponenten innerhalb eines Zeemantyps auf Grund einer einfachen Regel beherrscht, welche nach dem Korrespondenzprinzip vorauszusehen ist. Schließlich zeigt sich ein enger Zusammenhang des anomalen Zeemaneffekts mit anomalen Ergebnissen, die dem optischen Gebiet scheinbar fern liegen, nämlich den magnetomechanischen Effekten von *Barnett* und von *Einstein-de Haas* nach den Versuchen von *E. Beck*, welche eine scheinbare Verdoppelung von ε/μ zeigen.

§ 1. *Das Kombinationsprinzip beim anomalen Zeemaneffekt.*

Um die Entfernung einer Aufspaltungskomponente von der Lage der unzerspaltenen Spektrallinie (in Wellenzahlen gemessen) anzugeben, benutzt man als Einheit die Entfernung a, welche die beiden σ-Komponenten eines *normalen* Tripletts von ihrer π-Komponente bei der betreffenden Feldstärke haben würden.

$$(a = 4{,}7 \cdot 10^{-5}\ \mathrm{cm}^{-1}\ \mathrm{Gauß}^{-1})$$

Auf dieselbe Einheit wollen wir auch die Aufspaltungsgrößen der *Terme* beziehen. Die Termzerspaltungen können nun mit ebensolcher Sicherheit aus den Aufspaltungslinien analysiert werden, wie in üblicher Weise die gewöhnlichen Serienterme aus den Spektrallinien. Das Ergebnis ist in der folgenden *Tab. 1 der Aufspaltungsgrößen* (mit a als Einheit) für die einzelnen Terme zusammengestellt. (Tabelle 1 stellt die endgültige Fassung der von *Lohnizen* aufgestellten Termzerspaltungstabellen dar.)

Tabelle 1.

Dubletterme							m/k	n
	$-5/2$	$-3/2$	$-1/2$	$1/2$	$3/2$	$5/2$		
$\mathfrak{s}$			$-1/1$	$1/1$			1	1
$\mathfrak{p}_1$		$-6/3$	$-2/3$	$2/3$	$6/3$		2	2
$\mathfrak{p}_2$			$-1/3$	$1/3$			1	2
$\mathfrak{d}_1$	$-15/5$	$-9/5$	$-3/5$	$3/5$	$9/5$	$15/5$	3	3
$\mathfrak{d}_2$		$-6/5$	$-2/5$	$2/5$	$6/5$		2	3

Tripletterme								m/k	n
	-3	-2	-1	0	1	2	3		
s			$-2/1$	0	$2/1$			1	1
p_1		$-6/2$	$-3/2$	0	$3/2$	$6/2$		2	2
p_2			$-3/2$	0	$3/2$			1	2
p_3				0				0	2
d_1	$-12/3$	$-8/3$	$-4/3$	0	$4/3$	$8/3$	$12/3$	3	3
d_2		$-14/6$	$-7/6$	0	$7/6$	$14/6$		2	3
d_3			$-1/2$	0	$1/2$			1	3

Eine ähnliche Tabelle findet sich für die vielen Terme des von *Paschen* entwirrten *Neon*-Spektrums. Die Bedeutung der beigegebenen Zahlen m, n, k wird unten erläutert.

Aus diesen Termaufspaltungen werden nun die Aufspaltungsbilder der *Linien* in folgender Weise kombiniert. Es handle sich etwa um eine Linie der Serie ($\mathfrak{p}_1$, $\mathfrak{d}_1$). Man schreibt [siehe das Schema (1)] die Termaufspaltungsreihen der beteiligten Terme untereinander, und zwar so, daß Glieder mit gleichen m (vgl. oberste Zeile der Tab. 1) senkrecht untereinander stehen. Dann verbinde man je zwei Terme, deren m sich um 0 oder ± 1 unterscheiden, miteinander durch Pfeile, welche angeben, daß die betreffenden Aufspaltungsterme miteinander kombiniert werden sollen. Ihre Differenz bestimmt die Entfernung der kombinierten π- oder σ-Komponente vom Ort der unzerspaltenen Spektrallinie. Gleichzeitig mit dieser *Auswahl* ist auch die *Polarisation* bestimmt nach folgender Regel:

A. Es werden nur die Aufspaltungsterme kombiniert, deren m sich um 0 oder um ± 1 unterscheiden. Im ersteren Falle [senkrechte Pfeile in dem Schema (1)] entstehen π-Komponenten, im letzteren Falle [schräge Pfeile] σ-Komponenten.

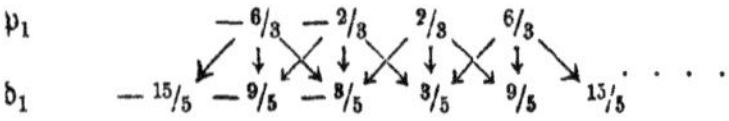

. . . . (1

In dem angeführten Beispiel der Serienlinien ($\mathfrak{p}_1 \mathfrak{d}_1$) erhält man also

[1]) *A. Sommerfeld*, „Die Naturw." 1920, Heft 4.
[2]) *E. Back*, „Die Naturw." 1921, Heft 12 und 29.
[3]) *A. Landé*, Zs. f. Phys. Bd. 5, S. 231, 1921, als Teil I. Teil II erscheint demnächst. Ferner Phys. Zs. Bd. 22, S. 417, 1921.

Reprinted from *Naturwiss.* **9**, 926–928 (1921).

π-Komponenten bei $\pm[{}^6/_3 - {}^9/_5]$, $\pm[{}^2/_3 - {}^3/_5]$
σ-Komponenten bei $\pm[{}^6/_3 - {}^{15}/_5]$, $\pm[{}^2/_3 - {}^9/_5]$ $\pm[-{}^2/_3 - {}^3/_5]$, $\pm[-{}^6/_3 + {}^3/_5]$
im ganzen also folgenden Aufspaltungstyp:

$$\frac{-21, -19, -17, -15, (-3)\,(-1)\,(1)\,(3), 15, 17, 19, 21}{15}$$

(Die π-Komponenten sind eingeklammert.)

Ebenso kann man sich auch sämtliche übrigen Aufspaltungstypen aus Tab. 1 nach dem Muster des Schema (1) selbst rekonstruieren. [Der Zeemantyp von ($\mathfrak{s}\,\mathfrak{p}_2$), $Na - D_1$-Linie, ist z. B.

$$\left.\frac{-4, (-2)\,(2)\,4}{3}\right]$$

Die rechts in Tab. 1 zu jedem Term angeschriebene Zahl k gibt an, in wieviele positive (die 0 nicht mitgerechnet) Aufspaltungsglieder der Term im Magnetfeld zerspalten wird.

Wir können nun auch die allgemeine Regel angeben, nach der die relativen *Intensitäten* der π- und σ-Komponenten innerhalb eines Zeemantyps sich richten:

B. Bei der Kombination zweier Terme *mit verschiedenen* k sind diejenigen π-Komponenten die stärksten, welche durch senkrechte Übergangspfeile in der Mitte des Schemas (1) dargestellt sind, diejenigen σ-Komponenten sind die stärksten, welche durch schräge Pfeile am rechten und linken Rande des Übergangsschemas dargestellt sind.

Bei der Kombination zweier Terme *mit gleichen* k ist das Wort „stärksten" durch „schwächsten" zu ersetzen, speziell haben dann π-Komponenten in der Bildmitte sogar die Intensität 0.

§ 2. *Reduzierung der Aufspaltungsreihen auf Grundfaktoren und deren Gesetzmäßigkeiten.*

Die Tab. 1 stellt das empirische Material der Termaufspaltungen dar, in welchem Gesetzmäßigkeiten zu finden jetzt nicht schwer ist. Bezeichnet man die Aufspaltungsgrößen der Tab. 1 mit e, so sieht man, daß sie Vielfache eines für den Term charakteristischen *Grundfaktors* g sind, aus dem durch Multiplikation mit den Zahlen m die Einzelwerte e entstehen nach der Formel:

$$e = m \cdot g, \quad m \leq k \qquad \ldots\ldots (2$$

$$\left[\begin{array}{ll} m = \pm{}^1/_2, \pm{}^3/_2, \ldots \pm \frac{2k-1}{2} & \text{bei den Dubletts} \\ m = 0, \pm 1, \pm 2 \ldots, \pm k & \text{„ „ Tripletts} \end{array}\right]$$

Dadurch reduziert sich die Tab. 1 auf folgende kleinere Tab. 2 für die Grundfaktoren g:

Beigefügt sind zu jedem Term die für ihn charakteristische Zahl k, welche wegen $m \leq k$ die *Anzahl* der Aufspaltungsglieder e beschränkt, und die Zahl n, welche den Termcharakter festlegt (die s-Terme haben $n = 1$, die p-Terme haben $n = 2$, die d-Terme $n = 3$ usw.) und für welche die Serienkombinationsregel gilt (ohne Magnetfeld):

C. *Es werden nur die Terme kombiniert, deren* n *sich um* ± 1 *unterscheiden.*

(Diese Regel gibt das Serienschema: Hauptserie, 1. Nebenserie usw.) Die Zahl k hat nun, außer ihrer Bedeutung für die Anzahl der magnetischen Aufspaltungsterme ($m \leq k$) noch folgende Bedeutung: Sie findet sich identisch mit der von *Sommerfeld* eingeführten *„inneren" Quantenzahl* jedes Terms, welche die Auswahl der sog. „vollständigen" Dubletts und Tripletts bestimmt durch die Auswahlregel:

D. *Es werden nur die Terme miteinander kombiniert, deren* k *sich um 0 oder* ± 1 *unterscheiden.*

D'. *Speziell sind Übergänge* $k = 0$ *in* $k' = 0$ *verboten.*

Z. B. gibt es nach Tab. 2 wegen (D) wohl die Kombinationen

($\mathfrak{p}_1\,\mathfrak{d}_1$), ($\mathfrak{p}_2\,\mathfrak{d}_2$), ($\mathfrak{p}_1\,\mathfrak{d}_2$), aber nicht ($\mathfrak{p}_2\,\mathfrak{d}_1$).

Nachdem die Tab. 1 der Aufspaltungsgrößen auf die Tab. 2 der Grundfaktoren g reduziert ist [alle Zeemantypen können also jetzt mit Hilfe der einen Tabelle 2 auf Grund der Auswahl- und Polarisationsregel A und (2) konstruiert werden], bleibt noch übrig, auch noch die g selbst auf eine einfache Formel zu bringen, die für jeden durch k und n festgelegten (unzerspaltenen) Term seinen magnetischen Aufspaltungsfaktor g berechnen läßt. Bei den *Dublettlinientermen* sieht man aus Tab. 2 sofort, daß g durch die einfache Formel dargestellt wird:

$$g = k : (n - {}^1/_2) \text{ bei den Dublettermen} \;.\;.\; (3$$

Bei den *Einfachlinientermen*, die untereinander kombiniert zum normalen Zeemantriplett führen, ist in normaler Weise

$$g = 1 \text{ bei Einfachlinientermen} \;.\;.\;.\; (3^1$$

während die Bestimmungsgleichung für g bei den *Triplettermen* und bei denen des *Neon*spektrums etwas verwickelteren, aber ebenfalls gesetzmäßigen Bau zeigt.

Damit sind die *empirischen Gesetzmäßigkeiten*, die den Bau der anomalen Zeemantypen beherrschen, erschöpft. Die große Vereinfachung, die durch die Analyse der Aufspaltungs*terme* gewonnen ist, im Vergleich zu den von *Back* l. c.

Tabelle 2.

	Dubletterme					Tripletterme						
	$\mathfrak{s}$	$\mathfrak{p}_1$	$\mathfrak{p}_2$	$\mathfrak{d}_1$	$\mathfrak{d}_2$	s	p_1	p_2	p_3	d_1	d_2	d_3
g	$^2/_1$	$^4/_3$	$^2/_3$	$^6/_5$	$^4/_5$	$^2/_1$	$^3/_2$	$^3/_2$	$^0/_1$	$^4/_3$	$^7/_6$	$^1/_2$
k	1	2	1	3	2	1	2	1	0	3	2	1
n	1	2	2	3	3	1	2	2	2	3	3	3

behandelten Gesetzmäßigkeiten der sichtbaren Aufspaltungs*linien* ist augenfällig, besonders da hier auch noch die ***Intensitäten*** durch die Regel B mit beherrscht werden.

Überdies können auch die Zeemantypen neuer Kombinationsserien mit Einschluß der Intensitäten nach dem Muster des Schemas (1) vorausgesagt werden. In der Tat haben *Paschen* und ***Back***, wie ich höre, bei neu von ihnen entdeckten Kombinationslinien gerade die nach Schema 1 zu erwartenden neuartigen Zeemantypen gefunden.

§ 3. Quantentheoretische Deutung.

Theoretisch erhebt sich nun die Frage, woher die anomalen Termzerspaltungen (gebrochene Werte des Grundfaktoren g an Stelle von $g = 1$ bei den Einfachtermen) ihren Ursprung haben und weshalb die Auswahlregeln A, C, D und die Intensitätsregel B gilt. Einen Teil der Antwort gibt die Quantentheorie, speziell *Bohrs* Deutung der Spektralterme als Energieniveaus. Die Zerspaltung eines Terms zeigt an, daß ein und derselbe Atomzustand verschiedene Zusatzenergien im Magnetfeld erhalten kann, entsprechend dem Winkel Θ, welchen die invariable Atomachse mit der Feldrichtung bildet. Durch das Magnetfeld wird nämlich die Achse des Atoms, welche ohne Feld im Raum nach einer festen Richtung zeigt, zu einer Präzessionsbewegung um die Feldrichtung gezwungen, derart, daß dabei der Winkel Θ dauernd derselbe bleibt. Die Winkelgeschwindigkeit dieser Präzession ist dabei nach einem von *Larmor* bewiesenen Satze gleich

$$\omega = \frac{\varepsilon}{2\mu c} H \quad . \; . \; . \; . \; . \; . \; . \; . \quad (4$$

[ε und μ = Elektronenladung und -masse
c = Lichtgeschwindigkeit, H = Feldstärke]

und die zugehörige magnetische Zusatzenergie ist

$$E = g\, m\, \omega\, h/2\pi \ (\text{mit } g = 1), \quad . \; . \; . \; . \quad (5$$

worin m die *äquatoriale Quantenzahl* bedeutet, welche man durch Multiplikation mit $\cos\Theta$ aus der gesamten azimutalen Impulsquantenzahl des Atoms erhält. Die äquatoriale Quantenzahl m wird nun mit der in Tab. 1 auftretenden Zahl m identifiziert, wodurch sich nach *Bohr* und ***Rubinowicz*** die Gültigkeit der Auswahl- und Polarisationsregel A erklärt. Ferner wird die in Tab. 1 auftretende Zahl k, welche wir mit *Sommerfelds* „innerer" Quantenzahl identisch fanden, aufgefaßt als die ***gesamte azimutale Quantenzahl*** k des Atoms, so daß die räumliche Orientierung eines Atomzustandes (der sich optisch als Aufspaltungsterm e bemerkbar macht) gegeben ist durch k und m zu:

$$m = k \cos\Theta \quad . \; . \; . \; . \; . \; . \; . \; . \quad (6$$

woraus sich die oben empirisch gefundene (2) Beziehung $m \leq k$ erklärt. Die Auswahlregel D' für k, neben mehreren anderen Einzelheiten der Zeemantypen, legt ebenfalls die Auffassung nahe, daß k die gesamte Drehimpulsquantenzahl sei.

Die schwierigste Frage ist die, warum die Grundfaktoren g nicht wie in (5) $g = 1$, sondern im allgemeinen (Tab. 2) ***gebrochene Zahlen*** sind. Denn auch für beliebig komplizierte Elektronensysteme gelangt man bei Anwendung des Larmorschen Satzes stets zu $g = 1$ und damit zum ***normalen*** Zeemantriplett. Eine Modifikation dieses Satzes ist also keinesfalls zu umgehen. Dasselbe gilt wegen des anomalen Ergebnisses bei den magnetomechanischen Fundamentaleffekten von ***Barnett*** und von ***Einstein-de Haas***, welche nach den exakten Versuchen von ***E. Back*** eine scheinbare *Verdoppelung* des Wertes ε/μ zeigen. Aufgabe einer künftigen Theorie ist es, die jedenfalls ***nötige*** Modifikation in einer speziellen Form auszusprechen, welche den anomalen magnetomechanischen Effekt und den ***Paschen-Back***effekt mitumfaßt.

Zur Theorie der anomalen Zeeman- und magneto-mechanischen Effekte.

Von **A. Landé** in Tübingen.

Mit zwei Abbildungen. (Eingegangen am 16. September 1922.)

Die Theorie des anomalen Zeemaneffekts und seiner Verwandlung in den Paschen-Back-Effekt ist in einer bedeutsamen Untersuchung von W. Heisenberg[1]) auf wenige Grundannahmen über den quantenmäßigen Aufbau der Atome und ihr Verhalten im äußeren Magnetfeld zurückgeführt worden. Freilich scheinen diese Grundannahmen: a) halbzahlige Quantenaufteilung zwischen Atomhülle und Atomrumpf[2]), b) Unwirksamkeit des Rumpfimpulses bei der räumlichen Quantelung im Magnetfeld[3]), c) Einstellung der Rumpfimpulsachse in die Resultante von äußerem und innerem Feld[4]) nicht ohne weiteres vereinbar mit den allgemeinen Prinzipien, die bei der Verknüpfung von Mechanik, Elektrodynamik und Quantentheorie bisher gewohnt waren und welche auch in der neuen systematischen Atombautheorie von Bohr[5]) benutzt werden. Jedoch gelangt man bei näherer Beschäftigung mit dem Problem der magnetischen Linienaufspaltung trotz aller Bedenken stets wieder zu der Überzeugung, daß die Zeemantypen mit ihrer tiefgehenden Symmetrie der Termaufspaltungen bereits von formalen wie auch von modellmäßigen Gesichtspunkten aus kaum wesentlich anders als nach Heisenberg

[1]) W. Heisenberg, Zur Quantentheorie der Linienstruktur und der anomalen Zeemaneffekte, ZS. f. Phys. 8, 273, 1922. Vgl. auch A. Sommerfeld, Atombau und Spektrallinien, 3. Aufl., S. 494 ff.

[2]) Obwohl der Drehimpuls des Rumpfs für sich und der des Leuchtelektrons für sich nur im Zeitmittel halbzahlig sein soll, bei dauernd ganzzahligem Gesamtdrehimpuls des Atoms, würde bei allmählichem Abtrennen des Leuchtelektrons und immer schwächer werdender Wechselwirkung schließlich der Rumpf mit dauernd halbzahligem Impuls zurückbleiben können.

[3]) Dadurch ergibt sich zugleich ein Widerspruch zur Impulskoppelung von Atom- und Ätherimpuls (Rubinowicz), gegen den auch Heisenbergs arithmetische Mittelung über die ausgestrahlten Impulse (l. c., S. 281) nicht hilft wegen der variablen Intensitätsverhältnisse der Mehrfachlinien. Kann doch z. B. nach Wood reine D_1-Linienresonanz erzeugt werden bei fehlendem D_2.

[4]) Nach dem mechanisch begründeten Larmorschen Satz dürfte keine solche Einstellung stattfinden, sondern nur eine Präzession um die äußere Feldrichtung unter Beibehaltung der Einstellung im inneren Feld.

[5]) N. Bohr, Drei Aufsätze über Spektren und Atombau. Braunschweig, Friedr. Vieweg & Sohn A.-G., 1922. Siehe dort besonders die Bemerkungen zu Heisenbergs Theorie S. 98.

Reprinted from *Z. Phys.* **11**, 353–363 (1922).

gedeutet werden können. Z. B. ist die formale Symmetrie zwischen zwei zusammengehörigen Dublettermen $\mathfrak{x}_1$ und $\mathfrak{x}_2$, deren Aufspaltungsformeln [s. unten Gl. (6)] nur durch eine Vorzeichenvertauschung $\pm$ auseinander hervorgehen, nach Heisenberg auf zwei symmetrische Lagen der sich offenbar irgendwie anomal verhaltenden Rumpfachse gegen die invariable Atomachse zurückzuführen. Nach Bohr (Vorträge in Göttingen, Juni 1922) soll dagegen beim $\mathfrak{x}_1$-Term die Rumpfachse parallel, beim $\mathfrak{x}_2$-Term gekreuzt zur invariablen Atomachse stehen, eine Vorstellung, die meines Erachtens von vornherein zu einem modellmäßigen Verständnis der erwähnten Symmetrie nicht geeignet sein dürfte.

Bei dieser Sachlage soll im folgenden versucht werden, den Inhalt der Heisenbergschen Theorie dadurch fester zu begründen, daß die vom Standpunkt der normalen Anschauungen angreifbaren Postulate (*a*), (*b*), (*c*) als notwendige Folgerungen aus einer Grundannahme über die Kinematik des Rumpfes dargestellt werden, zu deren Anerkennung das empirische Material unmittelbar zu zwingen scheint, besonders auf Grund des Analogieprinzips zwischen klassischer und Quantenausstrahlung. Nach dem Analogieprinzip kann man nämlich aus den empirischen Zeeman-Typen und Paschen-Back-Verwandlungen direkt ablesen, welche Art von Anomalität die Bewegungen des Leuchtelektrons zeigen (§ 1). Der Schluß auf die verursachenden „anomalen" Kräfte ist dann nicht mehr schwer (§ 2) und führt weiterhin zum Ursprung dieser Kräfte einerseits, zu Aufschlüssen über den Atombau andererseits (§ 3), und zwar wieder zu Heisenbergs Vorstellungen, welche damit ihre kinematische und quantentheoretische Begründung erfahren.

§ 1. Wir beschränken uns zunächst auf schwaches äußeres Feld und betrachten nur die Zeemantypen der folgenden Serien bei den Dublettlinienatomen:

$$\begin{array}{lll} (\mathfrak{s}\,\mathfrak{p}_1) & (\mathfrak{p}_1\,\mathfrak{d}_1) & (\mathfrak{d}_1\,\mathfrak{b}_1) \ldots \\ & (\mathfrak{p}_2\,\mathfrak{d}_2) & (\mathfrak{d}_2\,\mathfrak{b}_2) \ldots \end{array}$$

bei denen asymptotische Annäherung an die klassische Ausstrahlung [1]) zu erwarten ist, weil bei ihnen eine Quantenzahl k um $\Delta k = 1$ springt, wobei $\lim \Delta k/k = 0$ ist.

Die Aufspaltungen dieser Serienlinien, etwa die von $(\mathfrak{p}_1\,\mathfrak{d}_1)$ und $(\mathfrak{p}_2\,\mathfrak{d}_2)$ [siehe Gl. (1)] können aufgefaßt werden als aufgebaut aus

[1]) Bei den Kombinationen eines $\mathfrak{x}_1$-Terms mit einem $\mathfrak{x}_2$-Term, die mit einem Umschnappen der Rumpfstellung verbunden sind, ist keine Analogie zu erwarten, weil die Rumpforientierungs-Quantenzahl nicht asymptotisch gegen Unendlich strebt.

mehreren ineinandergestellten **Teiltripletts**, bestehend aus je einer π-Komponente umgeben von zwei σ-Komponenten, in Gl. (1) angedeutet durch $\sigma - (\pi) - \sigma$. Charakteristisch für diese Teiltripletts ist, daß 1. ihre Spannweite nicht die eines normalen Lorentzschen Tripletts ist; 2. ihre Mitten (π-Komponenten) gegen die feldlose Bildmitte verschoben sind.

$$\left.\begin{array}{ll} (\mathfrak{p}_1\,\mathfrak{d}_1) \left\{ \begin{array}{l} -{}^{21}/_{15} \text{———} (-{}^{3}/_{15}) \text{———} +{}^{15}/_{15} \\ -{}^{19}/_{15} \text{———} (-{}^{1}/_{15}) \text{———} +{}^{17}/_{15} \\ -{}^{17}/_{15} \text{———} (+{}^{1}/_{15}) \text{———} +{}^{19}/_{15} \\ -{}^{15}/_{15} \text{———} (+{}^{3}/_{15}) \text{———} +{}^{21}/_{15} \end{array} \right. \\ \\ (\mathfrak{p}_2\,\mathfrak{d}_2) \left\{ \begin{array}{l} -{}^{13}/_{15} \text{———} (-{}^{1}/_{15}) \text{———} +{}^{11}/_{15} \\ -{}^{11}/_{15} \text{———} (+{}^{1}/_{15}) \text{———} +{}^{13}/_{15} \end{array} \right. \end{array} \right\} \quad (1)$$

Zusammenfassend ergibt sich nun aus den Beobachtungen (bei den Bergmannserien durch Extrapolation) folgende Tabelle 1 für die Verschiebungen der Teiltriplettmitten und für ihre innerhalb eines Zeemantyps konstanten Spannweiten. (Die Spannweite $(\pi) - \sigma$ des normalen Tripletts ist gleich 1 gesetzt.)

Tabelle 1.

Serie	$\varDelta\omega/\mathfrak{o}$ = Verschiebungen	$1 + \varDelta\mathfrak{o}/\mathfrak{o}$ = Spannweite
$(\mathfrak{s}\,\mathfrak{p}_1)$ . . .	$\pm {}^{1}/_{3}$	$1 + {}^{1}/_{3}$
$(\mathfrak{p}_1\,\mathfrak{d}_1)$ . . .	$\pm {}^{1}/_{5}$, $\pm {}^{1}/_{15}$	$1 + {}^{1}/_{5}$
$(\mathfrak{d}_1\,\mathfrak{b}_1)$ . . .	$\pm {}^{1}/_{7}$, $\pm {}^{3}/_{35}$, $\pm {}^{1}/_{35}$	$1 + {}^{1}/_{7}$
$(\mathfrak{p}_2\,\mathfrak{d}_2)$ . . .	$[\mp {}^{1}/_{5}]$, $\mp {}^{1}/_{15}$	$1 - {}^{1}/_{5}$
$(\mathfrak{d}_2\,\mathfrak{b}_2)$ . . .	$[\mp {}^{1}/_{7}]$, $\mp {}^{3}/_{35}$, $\mp {}^{1}/_{35}$	$1 - {}^{1}/_{7}$

[Die Teiltripletts, die zu den eingeklammerten Verschiebungen bei den $(\mathfrak{x}_2\,\mathfrak{y}_2)$-Typen gehören, sind nicht beobachtet, sondern haben verschwindende Intensität.]

Dieser Aufbau eines Zeemantyps aus verschobenen und gedehnten Teiltripletts würde nun zunächst bei Annahme **klassischer Ausstrahlung** des umlaufenden Leuchtelektrons folgende **Bewegungen** anzeigen: Jedes besondere Teiltriplett entspricht einer Rotation des Leuchtelektrons in seiner Bahn und überlagerter Präzession der Bahnebene um die Feldrichtung bei einer besonderen Neigung ϑ zwischen Bahnnormale und Magnetfeld. Die anomale Spannweite des Teiltripletts zeigt aber, daß nicht die nach der gewöhnlichen Theorie [1]) zu

[1]) P. Debye, Göttinger Nachr., 3. Juni 1916. A. Sommerfeld, Phys. ZS. **17**, 491, 1916.

erwartende normale Larmor-Präzession $\mathfrak{o}$, sondern eine modifizierte Präzession der Frequenz $\mathfrak{o} + \Delta\mathfrak{o}$ um die Feldrichtung stattfindet. Die Verschiebung der π-Komponenten des Teiltripletts zeigt ferner an, daß außerdem die feldlose Umlaufsfrequenz ω des Leuchtelektrons sich in eine Umlaufsfrequenz $\omega + \Delta\omega$ verwandelt hat. Die Werte der Tabelle 1 geben die entsprechenden Verhältniszahlen $\Delta\omega/\mathfrak{o}$ und $(\mathfrak{o} + \Delta\mathfrak{o})/\mathfrak{o}$ für die Teiltripletts der Zeemantypen an. Dabei ist übrigens nach Tabelle 1 der Maximalbetrag der Zusatzrotation $(\Delta\omega/\mathfrak{o})_{\max}$ gleich $\Delta\mathfrak{o}/\mathfrak{o}$. Er gehört offenbar zur Parallelstellung von Atomachse und Feldrichtung ($\cos\vartheta = \pm 1$), während die übrigen kleineren Zusatzrotationen $\Delta\omega$ einem zu schiefer Achsenstellung gehörigen Faktor $\cos\vartheta$ zuzuschreiben sind [1]).

Quantentheoretisch ist dieses an der Linienaufspaltung gewonnene Bild in folgender Weise auf die Terme zu übertragen: Wirkt auf ein Dublettlinienatom im Termzustand

$$\left.\begin{array}{ccccc} & \mathfrak{s} & \mathfrak{p}_1 & \mathfrak{d}_1 & \mathfrak{b}_1 \ldots \\ & & \mathfrak{p}_2 & \mathfrak{d}_2 & \mathfrak{b}_2 \ldots \\ n = & 1 & 2 & 3 & 4 \ldots \end{array}\right\} \qquad (2)$$

ein äußeres Magnetfeld, so erhält das Leuchtelektron nicht die elektrodynamisch zu erwartende Larmor-Präzession $\mathfrak{o}$ bei ungeänderter Rotation ω, sondern zu $\mathfrak{o}$ kommt eine Zusatzpräzession $\Delta\mathfrak{o}$, zu ω eine Zusatzrotation $\Delta\omega$ [2]). Wie sich gleich zeigen wird, führt zur empirischen Termaufspaltung (6) folgender Ansatz für die Zusatzgrößen der Dubletterme:

$$\frac{\Delta\mathfrak{o}}{\mathfrak{o}} = \pm\frac{1}{2n-1} = \frac{\pm\frac{1}{2}}{n-\frac{1}{2}} = \frac{(\Delta\omega)_{\max}}{\mathfrak{o}}, \quad \frac{\Delta\omega}{\mathfrak{o}} = \frac{(\Delta\omega)_{\max}}{\mathfrak{o}} \cdot \cos\vartheta, \qquad (3)$$

welcher in der Tat asymptotisch übereinstimmt mit Tab. 1.

[Das obere Vorzeichen soll stets für die $\mathfrak{x}_1$-Terme, das untere für die $\mathfrak{x}_2$-Terme gelten. n ist gemäß Gl. (2) den einzelnen Termen zuzuordnen.] Auch hier heben sich in den Stellungen $\cos\vartheta = +1$ und $\cos\vartheta = -1$ die Zusatzpräzession $\Delta\mathfrak{o}$ und die Zusatzrotation

[1]) Die Verhältnisse sind, falls man von der normalen Präzession $\mathfrak{o}$ und von der feldlosen Rotation ω absieht, dieselben wie bei der Rotation $\Delta\omega$ des Foucaultschen Pendels relativ zu der mit $\Delta\mathfrak{o}$ sich drehenden Erde. Auf den Polen ($\cos\vartheta = \pm 1$) hebt $\Delta\mathfrak{o}$ gerade $(\Delta\omega)_{\max}$ auf, allgemein gilt $|\Delta\omega| = |\Delta\mathfrak{o} \cdot \cos\vartheta|$. Diesen Vergleich verdanke ich Herrn A. D. Fokker in Delft.

[2]) Daß die Anomalität des Zeemaneffekts auf einer Zusatzpräzession oder -Rotation beruhe, hatte Verf. in ZS. f. Phys. **7**, 398, 1921 (Teil II) angedeutet, und zwar, um dem oben S. 353, Anm. 3 erwähnten Dilemma zu entgehen, in etwas anderer Weise. Im Anschluß an die dann erschienene Arbeit von Heisenberg (l. c.) ordnen wir jetzt $(\Delta\omega)_{\max}$ der Parallelstellung $\cos\vartheta = \pm 1$ zu.

$(\Delta\omega)_{max}$, gegenseitig auf; die Bewegung bleibt hier eine normale Larmor-Präzession, und die zugehörige magnetische Energie ist in ganz normaler Weise zu berechnen [Gl. (5) und (5')].

Neben den Parallel- und Gegenstellungen von Feld und Atomachse sind nun nach den Grundprinzipien der Quantentheorie [1]) diejenigen schiefen Stellungen ϑ zu erwarten, bei denen die magnetischen Energieterme E/h sich um ganze Vielfache der Störungs-, d. i. in diesem Falle der Präzessionsumlaufszahl $\mathfrak{o} + \Delta\mathfrak{o}$ von den maximalen Energietermen unterscheiden:

$$\frac{E_{max}}{h} - \frac{E}{h} = z.(\mathfrak{o} + \Delta\mathfrak{o}) \quad (z = \text{ganze Zahl}). \tag{4}$$

Der Gesamtimpuls $\mathfrak{J}$ des Atoms um seine invariable Achse ist beim $\mathfrak{x}_1$- bzw. $\mathfrak{x}_2$-Term [2]):

$$\mathfrak{J} = \frac{h}{2\pi}(n - \tfrac{1}{2} \pm \tfrac{1}{2}) \tag{5}$$

zu setzen. Zu diesem $\mathfrak{J}$ gehört in der Parallelstellung, wo die normale Larmorpräzession stattfindet, als maximaler magnetischer Energieterm in normaler Weise der Wert

$$\frac{E_{max}}{h} = \mathfrak{o}(n - \tfrac{1}{2} \pm \tfrac{1}{2}). \tag{5'}$$

Daher ergibt sich aus Gl. (3) und (4) folgende (empirisch bestätigte) Termaufspaltungsreihe:

$$E/h = \mathfrak{o}(n - \tfrac{1}{2} \pm \tfrac{1}{2}) - z(\mathfrak{o} + \Delta\mathfrak{o}), \quad (z = 0, 1, 2, \ldots, 2n - 1).$$

Anders geschrieben mit Benutzung von Gl. (3):

$$\frac{E}{h} = \mathfrak{o}.(n - \tfrac{1}{2} \pm \tfrac{1}{2}) \cdot \frac{n - \frac{1}{2} - z}{n - \frac{1}{2}} \tag{6}$$

Zu (6) gehören die Winkel:

$$\cos\vartheta = \frac{E}{E_{max}} = \frac{n - \frac{1}{2} - z}{n - \frac{1}{2}} \tag{6'}$$

zwischen Atomachse und Feld, so daß die äquatorialen Impulskomponenten $J\cos\vartheta$ gebrochene Quantenzahl bekommen. (6') gibt gerade die Achsenstellungen, die Heisenberg zur Erklärung

[1]) N. Bohr, On the quantum theory of line spectra, Kopenhagen 1918, Part II 32.

[2]) $k = n$ bzw. $n - 1$ ist wegen der feldlosen Kombinationsauswahl bei den „zusammengesetzten Dubletts" von Sommerfeld (Ann. d. Phys. **63**, 221, 1920) als „innere Quantenzahl" eingeführt worden. Auf Grund der Intensitätsverhältnisse innerhalb der einzelnen Zeemantypen deutete Verf. (ZS. f. Phys. **5**, 231, 1921, Teil I, § 5) k als Gesamtimpulsquantenzahl des Atoms.

der empirischen[1]) Aufspaltungsterme Gl. (6) einführt und welche er theoretisch ableitet aus seiner Grundannahme (*b*), daß nicht die äquatoriale Komponente des gesamten Atomimpulses in ganzen Quantenschritten fortschreite, sondern nur die des Leuchtelektrons, obwohl der Rumpf in normaler Weise zur magnetischen Zusatzenergie im Feld $\mathfrak{H}$ beitragen soll. Der Zweck der Betrachtungen des vorliegenden § 1 war, die Folgerungen aus der quantentheoretisch zunächst anfechtbaren Hypothese (*b*) von Heisenberg darzustellen als Folgerungen aus Bohrs Quantenforderung (4) mit Hilfe der anomalen Präzessionsfrequenz $\mathfrak{o} + \Delta\mathfrak{o}$. Die Frage, welche Kräfte die Zusatzpräzession $\Delta\mathfrak{o}$ und Zusatzrotation $\Delta\omega$ erzeugen, soll im § 2, der Ursprung dieser Kräfte in § 3 behandelt werden.

§ 2. Wir erinnern an einige geläufige Sätze aus der Kreiseltheorie. Der Drehimpuls eines starren, in einem Punkt seiner Achse festgehaltenen symmetrischen Kreisels werde nach Größe und Richtung parallel dieser Achse dargestellt durch den Impulsvektor $\mathfrak{J}_1$, welcher mit der festen Richtung $\mathfrak{z}$ den Winkel ϑ_1 einschließe (Fig. 1). Auf den mit der Umlaufszahl ω rotierenden Kreisel werde jetzt ein Drehmoment $\Delta\mathfrak{M}$ um eine auf der Ebene $\mathfrak{z}\,\mathfrak{J}_1$ senkrecht gehaltene $\Delta\mathfrak{M}$-Achse ausgeübt. Dann führt bekanntlich die Kreiselachse $\mathfrak{J}_1$ eine Präzession $\Delta\mathfrak{o}$ um die $\mathfrak{z}$-Achse aus bei konstant erhaltenem Winkel ϑ_1, deren Umlaufsfrequenz gegeben ist durch die Vektorgleichung:

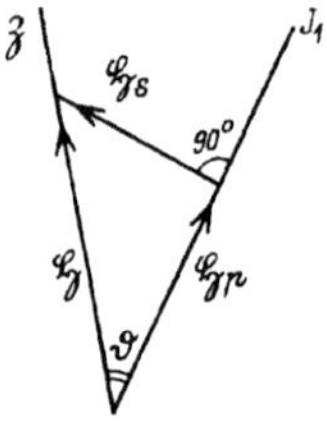

Fig. 1.

$$\frac{\Delta\mathfrak{o}}{\mathfrak{o}} = \frac{\Delta\mathfrak{M}}{[\mathfrak{J}_1\mathfrak{o}]} \quad \Delta\mathfrak{o} = \mathfrak{z}\frac{\Delta\mathfrak{M}}{[\mathfrak{J}_1\mathfrak{z}]}, \qquad \left.\begin{array}{l} \mathfrak{o} \text{ und } \Delta\mathfrak{o} = \text{Vektor} \parallel z \\ \Delta\mathfrak{M} = \quad \text{„} \quad \perp\mathfrak{J}_1 \text{ und } \perp z \end{array}\right\} \qquad (7)$$

Da das Drehmoment $\Delta\mathfrak{M}$ keine Impulsänderung um die $\mathfrak{z}$-Achse hervorbringen kann, ist mit $\Delta\mathfrak{o}$ eine gleichzeitige Änderung $\Delta\omega$ von ω verbunden, derart, daß $\Delta\omega$ verschwindet für $\cos\vartheta_1 = 0$, $\Delta\omega$ sich gegen $\Delta\mathfrak{o}$ forthebt für $\cos\vartheta_1 = 1$ und -1, allgemein entsprechend der Vektorgleichung:

$$|\Delta\omega| = |\Delta\mathfrak{o}\,.\cos\vartheta| \qquad (8')$$

$$\Delta\omega = -\frac{(\mathfrak{J}_1\,.\,\Delta\mathfrak{o})\,\mathfrak{J}_1}{\mathfrak{J}_1^{\,2}}, \quad (\Delta\omega = \text{Vektor} \parallel \mathfrak{J}_1) \qquad (8)$$

(vgl. Foucaultsches Pendel, s. oben). Die Verbindung von Präzession $\Delta\mathfrak{o}$ und Zusatzrotation $\Delta\omega$ bewirkt überdies, daß das von Null

---

[1]) A. Landé, Über den anomalen Zeemaneffekt, Teil I, ZS. f. Phys. 5, 231, 1921.

anwachsende Drehmoment $\Delta\mathfrak{M}$ keine Arbeit leistet, indem sich der kinetische Energiezuwachs von $\Delta\mathfrak{o}$ aufhebt gegen die kinetische Energieverminderung von $\Delta\omega$. Die Zusatzbewegung ist also „arbeits- und impulslos".

Anders ist es bekanntlich, wenn ein Drehmoment $[\mathfrak{i}_1\mathfrak{H}]$ herrührt von einem magnetischen Feld $\mathfrak{H}$ parallel $\mathfrak{z}$ auf das mit Ladungen im Verhältnis $\varepsilon:\mu$ behaftete Massensystem, welches dann als Magnet vom Moment

$$\mathfrak{i}_1 = \mathfrak{J}_1 \cdot \frac{\varepsilon}{2\,c\,\mu} \tag{9}$$

erscheint. Es tritt dann entsprechend Gl. (7) eine Präzession

$$\mathfrak{o} = \frac{\mathfrak{H}[\mathfrak{i}_1\mathfrak{H}]}{[\mathfrak{J}_1\mathfrak{H}]} = \frac{\mathfrak{i}_1}{\mathfrak{J}_1}\mathfrak{H} = \frac{\varepsilon}{2\,c\,\mu}\mathfrak{H} \tag{10}$$

auf, die Zusatzrotation $\Delta\omega$ fehlt aber, und das magnetische Feld leistet die Arbeit

$$A = (\mathfrak{i}_1\mathfrak{H}), \tag{10'}$$

wenn es von Null bis zur vollen Stärke anwächst[1]).

Tritt ein äußeres Magnetfeld $\mathfrak{H}$ parallel $\mathfrak{z}$ gleichzeitig auf mit einem mechanischen Drehmoment $\Delta\mathfrak{M}$ um eine auf $\mathfrak{J}_1$ und $\mathfrak{z}$ senkrechte Achse, so überlagern sich beide Effekte Gl. (7), (8) und (10) und führen zu dem folgenden Resultat:

$$\left.\begin{array}{l} \text{Präzession . . } \mathfrak{o}+\Delta\mathfrak{o};\quad \mathfrak{o} = \dfrac{\varepsilon}{2\,c\,\mu}\mathfrak{H},\quad \dfrac{\Delta\mathfrak{o}}{\mathfrak{o}} = \dfrac{\Delta\mathfrak{M}}{[\mathfrak{J}_1\mathfrak{o}]} \\ \text{Zusatzrotation } \Delta\omega;\quad |\Delta\omega| = |\Delta\mathfrak{o}.\cos\vartheta| \\ \text{herrührend von Magnetfeld } \mathfrak{H} \text{ und Drehmoment } \Delta\mathfrak{M} \end{array}\right\} \tag{11}$$

Das Resultat Gl. (3) des § 1 läßt sich demnach auf folgende Weise deuten: Neben dem äußeren Feld $\mathfrak{H}$, welches zu normaler Larmorpräzession der Leuchtelektronenachse $\mathfrak{J}_1$ um $\mathfrak{H}$ mit normaler magnetischer Energie Gl. (10') führt, existiert noch ein mechanisches Drehmoment $\Delta\mathfrak{M}$, dessen Achse stets senkrecht auf $\mathfrak{H}$ und $\mathfrak{J}_1$ steht, den Impuls um $\mathfrak{z}$ nicht vermehrt und keine Arbeit leistet. Seine Größe ist, bei Gleichsetzung von Gl. (3) und (7)

$$\frac{\Delta\mathfrak{o}}{\mathfrak{o}} = \frac{\Delta\mathfrak{M}}{[\mathfrak{J}_1\mathfrak{o}]} = \frac{\pm\frac{1}{2}}{n-\frac{1}{2}},\quad |\Delta\omega| = |\Delta\mathfrak{o}.\cos\vartheta| \tag{12}$$

[1]) Man kann nämlich $\mathfrak{H}$ auffassen als Vektorsumme $\mathfrak{H} = \mathfrak{H}_p + \mathfrak{H}_s$ (Fig. 1). Die zu $\mathfrak{J}_1$ senkrechte Komponente $\mathfrak{H}_s = \mathfrak{H}.\sin\vartheta_1$ wirkt wie ein mechanisches Drehmoment $[\mathfrak{i}_1\mathfrak{H}] = [\mathfrak{i}_1\mathfrak{H}_s]$, gibt also nach Gl. (7) die Präzessionsfrequenz $\mathfrak{o}$ Gl. (10) und zugleich nach Gl. (8') die Zusatzrotation um die $\mathfrak{J}_1$-Achse $-\mathfrak{o}.\cos\vartheta_1$. Die zu $\mathfrak{J}_1$ parallele Komponente $\mathfrak{H}_p$ gibt eine Zusatzrotation um die $\mathfrak{J}_1$-Achse $+\mathfrak{o}\cos\vartheta_1$, so daß die reine Larmorsche Präzession $\mathfrak{o}$ übrig bleibt mit dem zugehörigen normalen Zuwachs $(\mathfrak{i}_1\mathfrak{H})$ an kinetischer Energie.

bestimmt zu
$$\varDelta \mathfrak{M} = \frac{\pm \frac{1}{2}}{n - \frac{1}{2}} \cdot [\mathfrak{J}_1 \mathfrak{o}], \tag{13}$$
oder wegen Gl. (9) und (10)
$$\varDelta \mathfrak{M} = \frac{\pm \frac{1}{2}}{n - \frac{1}{2}} \cdot [\mathfrak{i}_1 \mathfrak{H}]. \tag{14}$$

Dieses mechanische Zusatzdrehmoment von in § 3 aufzuklärendem Ursprung, das als „inneres Drehmoment" bezeichnet werden möge, kann demnach als Ursache für die Zusatzpräzession $\varDelta \mathfrak{o}$ und Zusatzrotation $\varDelta \omega$ des § 1 verantwortlich gemacht werden.

§ 3. Der Atomrumpf möge den mechanischen Drehimpuls $\mathfrak{J}_2$ und daher das magnetische Moment $\mathfrak{i}_2 = \mathfrak{J}_2 \varepsilon / 2 \mu c$ besitzen. Mit Heisenberg nehmen wir an, daß der Vektor $\mathfrak{J}_2$ sich parallel (bei den $\mathfrak{x}_1$-Termen) bzw. entgegengesetzt (bei den $\mathfrak{x}_2$-Termen) zu der Resultante $\mathfrak{H} + \mathfrak{H}_i$ aus innerem und äußerem Feld einstelle, wobei das innere Feld $\mathfrak{H}_i$ parallel dem Leuchtelektronenimpuls $\mathfrak{J}_1$ gerichtet sein soll (Fig. 2). Das von $\mathfrak{H}$ auf $\mathfrak{i}_2$ wirkende Drehmoment $[\mathfrak{i}_2 \mathfrak{H}]$ wird dann aufgehoben durch ein vom Leuchtelektron auf den Rumpf ausgeübtes entgegengesetztes Drehmoment $-[\mathfrak{i}_2 \mathfrak{H}]$, falls entsprechend Heisenbergs Annahme (c) im Gleichgewicht $\mathfrak{i}_2$ parallel bzw. antiparallel zur Resultante $\mathfrak{H} + \mathfrak{H}_i$ zeigt. Dem letzteren Drehmoment entspricht aber als Reaktion ein entgegengesetztes Drehmoment $[\mathfrak{i}_2 \mathfrak{H}]$, ausgeübt vom Rumpf $\mathfrak{J}_2$ auf das Leuchtelektron $\mathfrak{J}_1$:

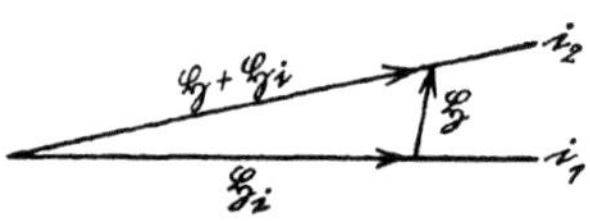

Fig. 2.

$$\varDelta \mathfrak{M} = [\mathfrak{i}_2 \mathfrak{H}]. \tag{15}$$

Ist speziell $\mathfrak{H}$ klein gegen $\mathfrak{H}_i$ (schwaches äußeres Feld), so wird die Resultante $\mathfrak{H} + \mathfrak{H}_i$ parallel $\mathfrak{H}_i$, also auch $\mathfrak{i}_2$ parallel $\pm \mathfrak{i}_1$ und
$$\varDelta \mathfrak{M} = \pm [\mathfrak{i}_1 \mathfrak{H}] \frac{\mathfrak{i}_2}{\mathfrak{i}_1}, \quad (\mathfrak{i}_2 \parallel \pm \mathfrak{i}_1). \tag{16}$$

Wir identifizieren dieses durch die Rumpfeinstellung auf das Leuchtelektron ausgeübte arbeits- und impulslose Drehmoment mit dem in § 2 gefundenen inneren Drehmoment Gl. (14) bei schwachem Feld [1]). Speziell ergibt sich dann durch Gleichsetzung von Gl. (14) und (16) die Bedingung
$$\frac{\pm \frac{1}{2}}{n - \frac{1}{2}} = \frac{\pm \mathfrak{i}_2}{\mathfrak{i}_1} = \frac{\pm \mathfrak{J}_2}{\mathfrak{J}_1}, \quad (\mathfrak{J}_2 \parallel \pm \mathfrak{J}_1) \tag{17}$$
für das Verhältnis der Impulse von Rumpf und Leuchtelektron.

[1]) Das Verhältnis der anomalen zur normalen Präzessionszahl $\mathfrak{o} + \varDelta \mathfrak{o}/\mathfrak{o}$ ist identisch mit dem Verhältnis $(\mathfrak{J}_1 + \mathfrak{J}_2)/\mathfrak{J}_1$ und identisch mit dem Auf-

Da in Gl. (5) der Gesamtimpuls des Atoms

$$\mathfrak{J} = \mathfrak{J}_1 + \mathfrak{J}_2 = \frac{h}{2\pi}(n - \tfrac{1}{2} \pm \tfrac{1}{2}) \tag{17'}$$

war, folgt schließlich als besonderes Resultat

$$\mathfrak{J}_1 = \frac{h}{2\pi}(n - \tfrac{1}{2}), \quad \mathfrak{J}_2 = \frac{h}{2\pi} \cdot \tfrac{1}{2} \tag{18}$$

als Einzelimpulse von Rumpf und Leuchtelektron, in Übereinstimmung mit Heisenbergs Befund (a). Die Grundannahme (c), daß der Rumpf sich in die Resultante von $\mathfrak{H}$ und $\mathfrak{H}_i$ einstelle, genügt also, um die weitere Annahme (b) von Heisenberg überflüssig zu machen, es sei der Impuls $\mathfrak{J}_2$ des Rumpfs bei der räumlichen Quantelung im Magnetfeld unwirksam. Es folgt vielmehr (b) aus (c) vermittelst (4). Die Einstellung des Rumpfes, als sei dieser ein Stabmagnet (magnetischer Dipol, speziell hier vom Moment $^1/_2$ Magneton) widerspricht dem Larmorschen Satz, welcher für den Rumpf als Kreisel (Ampèrescher Molekularstrom) nur eine Präzession $\mathfrak{o}$ bei festgehaltener feldloser Einstellung verlangt, dadurch aber stets nur zum normalen Zeemaneffekt führen kann.

In der Resultantenstellung, welche also der Kreiselkinematik bereits widerspricht, darf der Rumpf auch weiterhin nicht als Kreisel behandelt werden. Denn in der Resultantenstellung wirkt auf den Rumpf gar kein resultierendes Drehmoment; der Rumpf als Kreisel sollte demnach in der momentanen Resultantenrichtung im Raum stillstehen indem seine durch das äußere Feld $\mathfrak{H}$ erzeugte normale Larmorpräzession $\mathfrak{o}$ infolge des inneren Feldes $\mathfrak{H}_i$ überlagert sein sollte von einer entgegengesetzten Zusatzpräzession $\Delta\mathfrak{o} = -\mathfrak{o}$ und Zusatzrotation $|\Delta\omega| = |-\mathfrak{o}\cos\vartheta_2|$. Diese arbeits- und impulslosen Zusatzgrößen des Rumpfes sollten also von den arbeits- und impulslosen Zusatzgrößen Gl. (3) des Leuchtelektrons verschieden sein. Daß der Rumpf in Wirklichkeit (außer der normalen Energievermehrung $h \cdot \frac{1}{2}\mathfrak{o}\cos\vartheta_2$ der Larmorpräzession, zu der noch die potentielle Energie gegen das innere Feld als energietermbestimmend hinzutritt) die arbeits- und impulslosen Zusatzgrößen Gl. (3) des Leuchtelektrons mitbekommt, wenn anders das Atom seinen Zusammenhalt bewahren soll, zeigt eben, daß die normale Behandlung des Rumpfes als Kreisel zwar nicht mit dem Energie- und Impulssatz, wohl aber mit der Kinematik im Widerspruch steht, und durch eine unmechanische Einstellung des Rumpfes zu ersetzen ist.

---

spaltungsfaktor g, welcher bei der Termanalyse der Zeemantypen auftrat (vgl. Landé, l. c., Teil 2).

§ 4. Wendet man statt der für schwache Felder gültigen Gl. (16) die für alle Felder gültige Gl. (15) an, so erhält man, ganz im Anschluß an die formale Übertragung der Voigtschen Koppelungstheorie von Sommerfeld[1]) und an die modellmäßige Theorie von Heisenberg, den Übergang zum Paschen-Back-Effekt, indem die Resultante $\mathfrak{H} + \mathfrak{H}_i$ aus der Richtung $\mathfrak{H}_i$ ($\mathfrak{H} \ll \mathfrak{H}_i$) in die Richtung $\mathfrak{H}$ ($\mathfrak{H} \gg \mathfrak{H}_i$) übergeht, wobei Zusatzdrehmomente, Zusatzpräzession und -rotation und magnetische Energie sich entsprechend ändern[2]).

§ 5. Sehr einfach ist jetzt die Erklärung für die Anomalität der magnetomechanischen Effekte von Barnett[3]) und Einstein-de Haas[4]). Eine bestimmte Magnetisierung ist nach Gl. (3) mit einer Atomachsenpräzession um die Feldrichtung verbunden, welche $g = \left(1 \pm \frac{1}{2n-1}\right)$ mal so groß, beim $\mathfrak{s}_1$-Term (Normalzustand $n = 1$) also 2 mal so groß ist, als normal bei der betreffenden Magnetisierung zu erwarten wäre. [Dasselbe gilt auch bei dem s_1-Termzustand eines Triplettlinienatoms, welcher ebenfalls den Aufspaltungsfaktor $g = 2$ besitzt (vgl. Fußnote S. 360)]. Es ist demnach beim Versuch von Barnett eine doppeltnormale Winkelgeschwindigkeit der Atomachsen und des mit ihnen gekoppelten Kernmassengerüsts nötig, um eine bestimmte Magnetisierung zu erzeugen bzw. aufzuheben. Und beim Versuch von Einstein-de Haas muß bei der Magnetisierung bzw. Ummagnetisierung eines Körpers eine doppeltnormale Rotationsgeschwindigkeit der Atomachsen und des mit ihnen gekoppelten Kernmassengerüsts als Reaktion auf eine bestimmte erzeugte Magnetisierung in Erscheinung treten.

Zusammenfassung.

Die von Heisenberg im Widerspruch zu dem mechanisch begründeten Larmorschen Satz angenommene unmechanische Einstellung des Atomrumpfs in die Resultante von äußerem ($\mathfrak{H}$) und

[1]) A. Sommerfeld, ZS. f. Phys. 8, 257, 1922. Atombau und Spektrallinien. 3. Aufl., Kap. 6.

[2]) Die Übertragung der vorigen Überlegungen auf Triplettlinienatome wird in einer folgenden Arbeit gestreift, wo unter anderem die an Chrom und Neon aus dem Zeemaneffekt abgeleitete These vertreten wird, daß man allgemein Bohrs n_k-Bahnen durch $n_{k-1/2}$-Bahnen zu ersetzen hat, wie es Heisenberg bei den Dublett- und Triplettlinienatomen vorgeschlagen hat.

[3]) S. J. Barnett, Phys. Rev. **6**, 239, 1915. I. G. Stewart, Phys. Rev. **11**, 100, 1918.

[4]) Einstein und de Haas, Verh. d. D. Phys. Ges. **17**, 152, 1918. Emil Beck, Ann. d. Phys. **60**, 109, 1919. G. Arvidsson, Phys. ZS. **21**, 88, 1920.

innerem, vom Leuchtelektron herrührendem ($\mathfrak{H}_i$) Feld führt zum Auftreten eines Drehmomentes $\Delta\mathfrak{M}$ ausgeübt auf das Leuchtelektron. $\Delta\mathfrak{M}$ erzeugt eine „arbeits- und impulslose" Zusatzpräzession $\Delta\mathfrak{o}$ um $\mathfrak{H}$ und Zusatzrotation $\Delta\omega$ um $\mathfrak{H}_i$. Diese Zusatzbewegung ist aus den empirischen Zeemantypen nach dem Analogieprinzip ablesbar und rechtfertigt mit Hilfe von Bohrs Störungsquantelung (4) die scheinbar anomale räumliche Quantelung im Magnetfeld, welche Heisenberg als besondere Hypothese (b) neben der Einstellungshypothese (c) einführte. Die spezielle Gestalt der Zeemantermspaltungen läßt sich dann zur Feststellung der Einzelimpulse der Elektronen benutzen und führt eindeutig zu Heisenbergs halbzahliger Quantenaufteilung (a) zwischen Rumpf und Leuchtelektron im Dublettlinienatom. Die anomale Zusatzpräzession erklärt gleichzeitig die Anomalität des Barnett- und des Einstein-de Haas-Effekts. Bei den unmechanischen Rumpfeigenschaften durchbricht Bohrs Störungsquantenforderung (4) die (normalerweise mit ihr identische) Forderung ganzquantiger äquatorialer Impulse.

VIII. Fortschritte beim Zeemaneffekt.

Von **Alfred Landé**—Tübingen.

Vor nunmehr 27 Jahren (1896) entdeckte P. ZEEMAN (*23*), daß die spektral beobachteten Schwingungsfrequenzen eines leuchtenden Gases durch Magnetisierung der Lichtquelle geändert werden können. Hatten die auf MAXWELLS Theorie gegründeten HERTZschen Versuche die fundamentale Rolle elektrischer und magnetischer Kräfte bei der *Ausbreitung* des Lichts mittelbar sichergestellt, so zeigte das ZEEMANsche Phänomen unmittelbar die elektromagnetische Natur des *Lichterzeugungs*mechanismus. Im besonderen bewies die erfolgreiche Voraussage der Einzelheiten beim »normalen« Zeemaneffekt durch H. A. LORENTZ (*14*), daß dieselben elektromagnetisch wirksamen Teilchen, deren Existenz vor allem durch PH. LENARDS und J. J. THOMSONS Forschungen sichergestellt und deren Einfügung in das Gebäude der MAXWELL-HERTZschen Lehren durch die *Elektronentheorie* von H. A. LORENTZ geleistet worden war, sich auch im gebundenen Zustand an einem allgemein elektromagnetischen Aufbau der Materie beteiligten. Tiefere Aufschlüsse über die speziellen Elektronenanordnungen bei den verschiedenen chemischen Elementen in ihren verschiedenen Leuchtzuständen versprach die zuerst von MICHELSON, PRESTON, RUNGE und PASCHEN, neuerdings besonders eingehend von E. BACK (*1*) untersuchte magnetische Aufspaltung mancher Spektrallinien in mehrere Komponenten verschiedener Anzahl und Anordnung, deren immer wiederkehrende Erscheinungsformen als »*anomale Zeemantypen*« bekannt geworden sind, und welche in starken Magnetfeldern die von PASCHEN und BACK entdeckten Normalisierungsverwandlungen zeigen. Eine befriedigende Erklärung des anomalen Zeeman- und Paschen-Backeffektes im Zusammenhang mit der Deutung der »Multiplettstruktur« magnetisch unbeeinflußter Spektrallinien ist bisher noch nicht gefunden. Immerhin haben sich mit Hilfe der allgemeinen Quantentheorie (M. PLANCK) und ihrer Anwendung auf den Atombau (N. BOHR) neben ausgedehnten spektroskopischen Erfolgen auch wichtige Aufschlüsse atomtheoretischer Art ergeben, welche eine endgültige Lösung des Rätsels der anomalen Zeemaneffekte und damit einer Reihe prinzipieller Fragen über die Verwendung mechanisch-elektromagnetischer Grundsätze in der Quantentheorie in nahe Aussicht stellen.

Reprinted from *Ergeb. Exakt. Naturwiss.* 11, 147–162 (1923).

§ 1. Klassische Theorie des normalen Zeemaneffekts.

Normaler Zeemaneffekt liegt vor (vgl. Abb. 1), wenn bei Beobachtung *parallel* der Magnetfeldrichtung eine Aufspaltung der Spektrallinie in zwei Komponenten erscheint, welche symmetrisch nach kleineren und größeren Schwingungszahlen verschoben sind (»Längseffekt«), dagegen bei Beobachtung *senkrecht* zur Kraftlinienrichtung eine Aufspaltung in drei Komponenten auftritt, von denen eine am Ort der ursprünglichen Spektrallinie bleibt, die zwei andern beiderseits symmetrisch verschoben sind (»Quereffekt«). Die zwei verschobenen Komponenten bei Längsbeobachtung erscheinen rechts und links zirkular polarisiert; bei Querbeobachtung erscheinen die beiden verschobenen Komponenten senkrecht (σ), die unverschobene Mittelkomponente parallel (π) den Kraftlinien linear polarisiert.

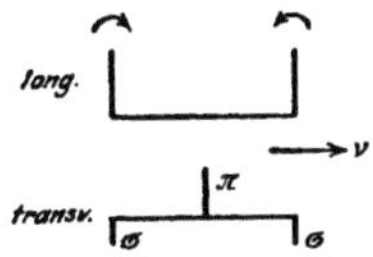

Abb. 1.

Die Verschiebung der Seitenkomponenten ist proportional der angewandten Feldstärke $\mathfrak{H}$ und hat in Schwingungszahlen gemessen den Betrag:

$$(1) \qquad \Delta\nu = \pm 4{,}70 \cdot 10^{-5} c \cdot \mathfrak{H} \begin{pmatrix} \mathfrak{H} \text{ in absol. Einheiten} \\ c = \text{Lichtgeschwindigkeit} \end{pmatrix}.$$

Die LORENTZsche Elektronentheorie gibt für das normale Zeemanphänomen folgende Erklärung (*14*). Die Gesamtheit der Bahnen schwingender oder kreisender Elektronen eines Atoms, deren elektromagnetische Strahlung durch den Spektralapparat harmonisch in einzelne Linien der Schwingungszahl ν analysiert wird, erhält im Magnetfeld nach LARMOR eine gemeinsame gleichmäßige Drehung (Präzession) um die Feldrichtung als Achse[1]) mit der Umlaufzahl

$$(2) \qquad o = \frac{\varepsilon}{4\pi c \mu}\mathfrak{H} \quad (\varepsilon = \text{Ladung}, \ \mu = \text{Masse jedes Elektrons}).$$

Eine harmonische Analyse der Elektronenbewegungskomponenten parallel und senkrecht zur Magnetfeldrichtung zeigt dann, daß erstere unverändert bleiben, letztere in je zwei zirkulare Komponenten zerfallen, welche rechts bzw. links herum mit der Schwingungszahl $\nu \pm o$ umlaufen. Die zugehörigen Schwingungskomponenten des ausgestrahlten Lichts geben daher zu einer Aufspaltung der Spektrallinie ν im Magnetfeld Anlaß, die gerade mit der beim normalen Zeemaneffekt längs und quer beobachteten übereinstimmt und dabei den Betrag hat:

$$(3) \qquad \Delta\nu = \pm o.$$

Die Gleichsetzung der rechten Seiten von (1) und (2) in (3) liefert einen Weg zur experimentellen Bestimmung des Quotienten ε/μ. Der

[1]) Der Beweis des LARMORschen Satzes über die gemeinsame Präzession (2) der Elektronenbahnen im Magnetfeld $\mathfrak{H}$ beruht darauf, daß die bei einer solchen Präzession o auftretende Zusatzzentrifugalkraft, die CORIOLIssche Kreiselkraft, die Größe $4\pi\mu[\mathfrak{v}o]$ besitzt (o als Vektor parallel der Drehachse gedacht), während das Feld $\mathfrak{H}$ eine Zentripetalkraft $\varepsilon[\mathfrak{v}\mathfrak{H}]:c$ erzeugt. Gleichgewicht zwischen beiden Zusatzkräften $4\pi\mu[\mathfrak{v}o] = \varepsilon[\mathfrak{v}\mathfrak{H}]:c$ besteht also, wenn o durch (2) bestimmt ist.

Zeemaneffekt wurde so in den Händen von H. A. LORENTZ zu einem Hauptstützpunkt für das Vorkommen der universellen negativen Elektronenladung ε in den Atomen.

§ 2. Quantentheoretische Deutung des normalen Effekts.

Die Quantentheorie des normalen Zeemaneffekts ist von P. DEBYE (*6*) und A. SOMMERFELD (*18*) begonnen, von A. RUBINOWICZ (*17*) und N. BOHR (*4*) vollendet worden. Es sei W der gesamte Energieinhalt eines Elektronensystems (Atoms) in einem quantentheoretisch zulässigen Zustand, daher W/h nach der BOHRschen Theorie der zugehörige Spektralterm des Quantenzustands. Geht nun das Atom vom Anfangszustand a in den Endzustand e über, so sendet es die Energie $W_a - W_e$ nach BOHR in Form einer monochromatischen Strahlung der Schwingungszahl

$$(4) \qquad \nu = \frac{W_a}{h} - \frac{W_e}{h} \quad (h = \text{PLANCKS Wirkungsquantum})$$

aus. Wirkt aber sowohl im Anfangs- wie im Endzustand auf das Atom ein Magnetfeld $\mathfrak{H}$, so sind die Energien W_a und W_e um ΔW_a und ΔW_e geändert, die zugehörigen Spektralterme demnach um $\Delta W_a/h$ und $\Delta W_e/h$ und die ausgesandte Schwingungszahl ν schließlich um

$$(5) \qquad \Delta\nu = \frac{\Delta W_a}{h} - \frac{\Delta W_e}{h} = \text{ZEEMANverschiebung.}$$

Nun sind die magnetischen Zusatzterme $\Delta W/h$ im Felde $\mathfrak{H}$ leicht anzugeben. Bedeutet nämlich o die Umlaufszahl (2) der LARMORpräzession, die dem Atom wie in § 1 sowohl im Anfangs- wie im Endzustand aufgezwungen wird, so wird[1])

$$(6) \qquad \frac{\Delta W_a}{h} = m_a \cdot o, \quad \frac{\Delta W_e}{h} m_e \cdot o.$$

Die dabei auftretenden *ganzen* Zahlen m_a und m_e werden als »äquatoriale Quantenzahlen« des Anfangs- und Endzustands bezeichnet und sind noch verschiedener ganzzahliger Werte

$$(7) \qquad m = \pm m_{\max}, \quad m = \pm(m_{\max} - 1), \quad m = \pm(m_{\max} - 2), \ldots$$

fähig, wobei $m_{\max}$ im Anfangs- bzw. Endzustand verschiedene Werte besitzen kann.

---

[1]) Ist J der Vektor des gesamten Drehimpulsmoments $\Sigma\mu[\mathfrak{v}\mathfrak{r}]$ für das Atom, M seine (äquatoriale) Komponente gegen die Feldrichtung $\mathfrak{H}$, also $M = J\cos(J\mathfrak{H})$, so sind M und J durch die Quantenbedingungen $2\pi J = jh$, $2\pi M = mh$ eingeschränkt, wobei j und $m = j\cos(J\mathfrak{H})$ ganze Zahlen bedeuten. Die Zusatzenergie ΔW im Magnetfeld berechnet sich zu $\Delta W = o \cdot 2\pi M$, also der Zusatzterm zu $\Delta W/h = o \cdot m$.

Die Kombination je zweier geänderter Terme $(W + \Delta W)/h$ führt zu einer Änderung (5) der ausgesandten Schwingungszahl

$$\frac{\Delta W_a}{h} - \frac{\Delta W_e}{h} = \Delta \nu = o(m_a - m_e), \tag{8}$$

deren Größe außer von der in o enthaltenen Feldstärke noch von den äquatorialen Quantenzahlen m_a und m_e des Anfangs- und Endzustands abhängt. Stellt man in Tab. 1 für das Beispiel $m_{\max} = 3$ und $m_{\max} = 2$ die zu den verschiedenen m-Werten nach (6) gehörigen Zusatzterme $\Delta W/h$ zusammen,

Tabelle 1.

m	-3	-2	-1	0	1	2	3
$\Delta W_a/h$	$-3o$	$-2o$	$-1o$	0	$1o$	$2o$	$3o$
$\Delta W_e/h$		$-2o$	$-1o$	0	$1o$	$2o$	

so erhält man nach (8) die Verschiebungen $\Delta \nu$ im Magnetfeld durch Subtraktion eines Gliedes der unteren von einem der oberen Zeile. Von allen diesen Differenzenbildungen sind aber quantentheoretisch nach BOHR und RUBINOWICZ nur diejenigen zulässig, welche in Tab. 2 durch *Pfeile* verbunden sind,

Tabelle 2.

m	-3	-2	-1	0	1	2	3
$\Delta W_a/oh$	-3	-2	-1	0	1	2	3
$\Delta W_e/oh$		-2	-1	0	1	2	

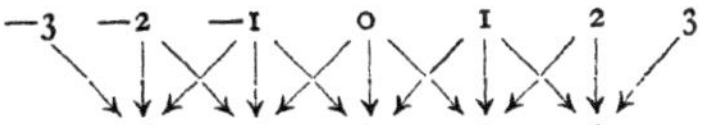

d. h. diejenigen, bei denen m sich nur um 0 oder ± 1 ändert. Diese *Auswahlregel* ist noch ergänzt durch die *Polarisationsregel*, daß beim Übergang $m \to m$ eine linear parallele $\mathfrak{H}$ polarisierte Welle, beim Übergang $m \to m \pm 1$ eine zirkular um $\mathfrak{H}$ polarisierte Welle ausgestrahlt wird. Beschränkt man sich auf Beobachtung quer zum Feld, so führt also nach (8) der Übergang

$$(9) \quad \begin{cases} m \text{ nach } m & \text{mit } \Delta\nu = 0 & \text{zu } \pi\text{-Komponenten (senkr. Pfeile)} \\ m \text{ nach } m \pm 1 & \text{» } \Delta\nu = \pm 1o & \text{» } \sigma\text{- » (schräge Pfeile)} \end{cases}$$

und gibt somit genau das in § 1 besprochene Bild des normalen Zeemaneffekts, wie es auch die klassische Theorie erklären konnte. Charakteristisch ist, daß alle fünf durch senkrechte Pfeile in Tab. 2 angedeuteten Übergänge zu der *einen* π-Komponente in der Bildmitte $\Delta \nu = 0$ führen, alle fünf rechtsgeneigten Pfeile zu der einen σ-Komponente $\Delta \nu = +1o$ und alle fünf linksgeneigten Pfeile zu der einen σ-Komponente $\Delta \nu = -1o$. Ein solches Zusammenfallen der zu verschiedenen Übergängen gehörigen Komponenten findet aber beim *anomalen* Zeemaneffekt nicht mehr statt.

§ 3. Die anomalen Zeemantypen.

Wie schon oben bemerkt, finden sich Spektrallinien mit normaler Aufspaltung nur ausnahmsweise. Die meisten Linien zeigen vielmehr komplizierte »anomale« magnetische Aufspaltungen, von denen zur Veranschaulichung einige in Abb. 2 im gleichen Maßstab mit einem normalen Triplett schematisch wiedergegeben sind, nämlich die Typen der Hauptserie (gleich denen der scharfen Nebenserie) und die der diffusen Nebenserie der Dubletts (Beispiel *Na*) und der Tripletts (Beispiel *Cd*). An jedem Typ sind links die beteiligten Kombinationsterme in der üblichen Bezeichnungsweise angegeben. Rechts ist in der abgekürzten Schreibweise (10′) der Typus rational dargestellt (s. u.). Die π-Komponenten sind in den Abbildungen nach oben, die σ-Komponenten nach unten als Striche abgetragen, deren Länge die relative Intensität der Komponenten innerhalb des betreffenden Typs veranschaulichen soll. Diese Typen sind besonders durch die Beobachtungen von Zeeman, Preston, Paschen, Runge, Back u. a. sichergestellt worden.

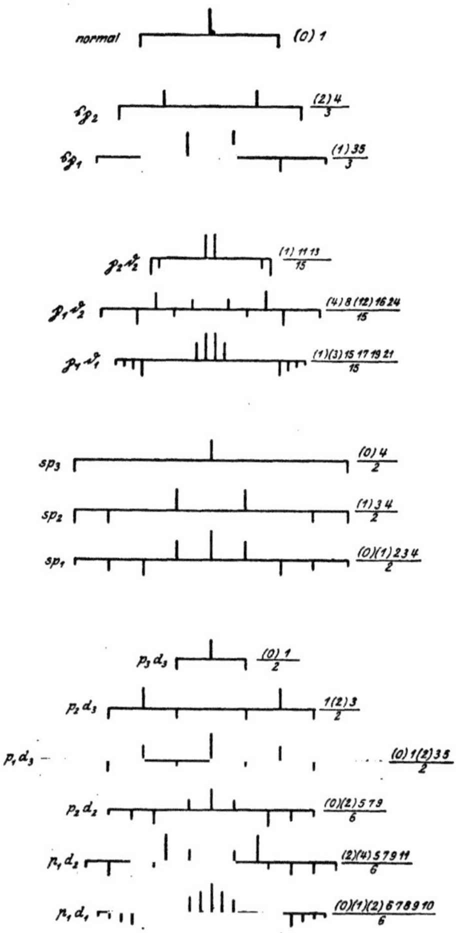

Abb. 2.

Über das immer wiederkehrende Auftreten dieser und anderer charakteristischer Aufspaltungstypen unterrichtet die Preston*sche Regel*:

Der Zeemantyp einer Spektrallinie hängt von der Term*art* (s, p_i, d_i usw.)

jeder der beiden kombinierenden Terme ab, nicht von deren Laufzahl (1, 2, 3 usw.).

Z. B. geben die Terme $2p_1$, $3p_1$, $4p_1$ ... in Kombination mit dem Term $1{,}5\,s$ (oder auch mit den Termen $2{,}5\,s$, $3{,}5\,s$...) stets denselben Zeemantyp, welcher demnach charakteristisch für jede Kombination (sp_1) ist. Deswegen kann der Zeemantyp zur Erkennung der Zugehörigkeit einer Linie zu einer bestimmten Serie dienen und gewinnt dadurch große Bedeutung als analytisches Hilfsmittel in der Spektroskopie.

Für das spezielle Aussehen der Typen ist von besonderer Bedeutung die RUNGE*sche Regel*:

Die gegenseitigen Abstände $\Delta\nu$ der anomalen π- und σ-Komponenten sind *rationale* Vielfache der Aufspaltungsgröße $\Delta\nu = \pm o = \pm 4{,}70 \cdot 10^{-5} c \cdot \mathfrak{H}$ des normalen Tripletts.

Z. B. läßt sich, wenn man den Faktor o fortläßt, also das normale Triplett durch -1, (0), 1 beschreibt (die π-Komponenten mögen stets eingeklammert werden) der Typus von $(\mathfrak{p}_2\mathfrak{d}_2)$ der diffusen Dublettnebenserie darstellen durch

$$(10) \qquad (\mathfrak{p}_2\mathfrak{d}_2) \quad -\frac{13}{15},\ -\frac{11}{15},\ \left(-\frac{1}{15}\right)\left(\frac{1}{15}\right)\ \frac{11}{15},\ \frac{13}{15}$$

oder in abgekürzter Schreibweise (vgl. Abb. 2)

$$(10') \qquad (\mathfrak{p}_2\mathfrak{d}_2) \quad \frac{(1)\ 11\ 13}{15}.$$

Der Hauptnenner für die numerische Darstellung der Komponentenverschiebungen (im vorliegenden Beispiel der Nenner 15) heißt *RUNGEscher Nenner*. Nenner größer als 20 lassen sich an einem Aufspaltungstyp auch mit den heutigen verfeinerten Beobachtungsmitteln nicht mehr mit Sicherheit numerisch feststellen (z. B. läßt sich die Lage einer Komponente bei 20/19 von 21/20 nicht mehr unterscheiden). Trotzdem führen aber theoretische Überlegungen zur sicheren Voraussage bzw. Identifizierung von Typen mit ihren RUNGEschen Nennern und Zählern weit über die Grenzen der direkten Beobachtungsgenauigkeit hinaus (s. u. § 6). — Wichtig für diese Identifizierung ist auch die *Intensitätsabstufung* der Komponenten innerhalb des Typs (s. u. § 4).

§ 4. Termanalyse der anomalen Typen.

Über die eigentümlichen Gesetzmäßigkeiten der beobachteten Aufspaltungsbilder sind im Anschluß an die RUNGEsche Regel eine Reihe formaler Untersuchungen angestellt worden. Entscheidend für das Verständnis dieser Gesetzmäßigkeitenwurde der Gesichtspunkt des *Kombinationsprinzips* von RYDBERG, dessen Anwendung auf den Zeemaneffekt zuerst T. VAN LOHUIZEN (*13*) nachdrücklich forderte, indem er die Lagen der verschobenen π- und σ-Komponenten aufzufassen suchte als Differenz je zweier verschobener Terme, wobei also jeder der RUNGEschen Brüche (10) aufzulösen wäre in eine Differenz zweier Termbrüche im Sinne von Gl. (5). Die Folgerung, daß dann der RUNGEsche Nenner der Linienaufspaltung gleich dem Hauptnenner der beiden Termaufspaltungsbrüche sein müsse, bezeichnete A. SOMMERFELD (*19*) als »magnetooptischen Zerlegungssatz«. Unter Benutzung der von A. SOMMERFELD (*19*) eingeführten »inneren« Quantenzahlen und der Auswahl- und Polarisationsregel von BOHR und RUBINOWICZ gelang A. LANDÉ (*10*) die gesuchte *Termanalyse* der anomalen Typen, die sich im engen Anschluß an die Quantentheorie des normalen Tripletts von § 2 folgendermaßen beschreiben läßt.

Man versucht in die erste und zweite Zeile einer der Tab. 2 nachgebildeten Tab. 3 die magnetischen Zusatzterme $\Delta W/oh$ als solche RUNGEsche Brüche einzutragen, daß ihre Kombinationen (= Differenzen), welche der Auswahl- und Polarisationsregel (9) genügen (angedeutet durch senkrechte und schräge Pfeile in Tab. 3) zu dem beobachteten Typus führen, der in der dritten Zeile von Tab. 3 angeschrieben ist. Z. B. erhält man im Beispiel ($\mathfrak{p}_2\mathfrak{d}_2$) die beobachteten π-Komponenten als die Differenzen $^1/_{15} = {^1/_3} - {^2/_5}$, $-{^1/_{15}} = -{^1/_3} - (-\frac{2}{5})$ der *senkrecht* unter einanderstehenden Glieder der ersten und zweiten Zeile. Daß die am Kopfe der Tab. 3 angegebenen Zahlen m hier wie bei allen Dublettermen (allgemein bei allen »*graden*« Termen, s. u. § 6) halbzahlig sind, hängt mit der Symmetrie ihrer Zeemanzerlegungen zusammen. Der Rückschluß aus einem beliebigen Linienaufspaltungstyp (dritte Zeile) auf die Termaufspaltungsbrüche $\Delta W/oh$ der ersten und zweiten Zeile ist auf Grund des Pfeilschemas stets möglich durch Probieren oder auch durch Auflösung zweier linearer Gleichungen.

Tabelle 3.

Äquat. Quantenzahlen m	$-{^3/_2}$	$-{^1/_2}$	$^1/_2$	$^3/_2$
$\Delta W/oh$ von $\mathfrak{p}_2$ . . .		$-{^1/_3}$	$^1/_3$	
$\Delta W/oh$ von $\mathfrak{d}_2$ . . .	$-{^6/_5}$	$-{^2/_5}$	$^2/_5$	$^6/_5$
$\Delta\nu/oh$ von ($\mathfrak{p}_2\mathfrak{d}_2$) . .	$-\frac{13}{15}\ -\frac{11}{15}\ \left(-\frac{1}{15}\right)\left(\frac{1}{15}\right)\ \frac{11}{15}\ \frac{13}{15}$			

Die Durchführung der Termanalyse bei den anomalen Zeemantypen zeigte, daß in der Tat jede Termart ihre (von der Laufzahl unabhängige) eigene Reihe der magnetischen Zusatzterme $\Delta W/oh$ besitzt. In Tab. 4 sind die nach Analogie von Tab. 3 aus den Zeemantypen der Abb. 2 gefundenen *Termaufspaltungen* der Dublett- und Tripletterme zusammengestellt, aus denen sich die Typen der Abb. 2 durch das Pfeilschema wie in Tab. 3 rekonstruieren lassen.

Tabelle 4 für $\Delta W/oh$.

	Dubletterme							Tripletterme						
m	$-5/2$	$-3/2$	$-1/2$	$1/2$	$3/2$	$5/2$	m	-3	-2	-1	0	1	2	3
$\mathfrak{s}$			$-1/1$	$1/1$			s			$-2/1$	0	$2/1$		
$\mathfrak{p}_1$		$-6/3$	$-2/3$	$2/3$	$6/3$		p_1		$-6/2$	$-3/2$	0	$3/2$	$6/2$	
$\mathfrak{p}_2$			$-1/3$	$1/3$			p_2			$-3/2$	0	$3/2$		
							p_3				0			
$\mathfrak{d}_1$	$-15/5$	$-9/5$	$-3/5$	$3/5$	$9/5$	$15/5$	d_1	$-12/3$	$-8/3$	$-4/3$	0	$4/3$	$8/3$	$12/3$
$\mathfrak{d}_2$		$-6/5$	$-2/5$	$2/5$	$6/5$		d_2		$-14/6$	$-7/6$	0	$7/6$	$14/6$	
							d_3			$-1/2$	0	$1/2$		

Die hier als Beispiel angeführten Dublett- und Tripletterme sind übrigens nur besondere Fälle aus einer großen Klasse von anomalen Termen, von denen in § 6 die Rede sein soll. Stets läßt sich aber, falls die beobachtete Linienaufspaltung in Form RUNGEscher Brüche dargestellt ist, die Aufspaltung $\Delta W/oh$ der sie erzeugenden Terme ableiten, oft auch aus der Forderung, daß eine solche Ableitung möglich sei, die Beobachtungsunsicherheit der Komponentenlagen überwinden. Umgekehrt kann man für neue Kombinationslinien, deren Zeemantypus noch nie beobachtet war, diesen voraussagen, falls die magnetischen Termzerlegungen aus andern Kombinationen der beteiligten Terme einmal gefunden sind. Dadurch erfährt der Anwendungsbereich des Zeemaneffekts zur Erkennung der kombinierenden Terme eine große Erweiterung.

Für diese spektroskopische Anwendung und auch für das theoretische Verständnis des anomalen Zeemaneffekts ist wichtig die Regel für die relativen *Intensitäten* der π- und σ-Komponenten innerhalb ihres Typs. Bezeichnet man durch $m_{\max}$ den maximalen Wert von m für jede Termzerlegung (nach Tab. 4 ist z. B. für den $\mathfrak{p}_2$-Term $m_{\max} = 1/2$, für den $\mathfrak{d}_2$-Term ist $m_{\max} = 3/2$ usw.), so läßt sich diese *Intensitätsregel* im Anschluß an das Pfeilschema (Tab. 3) leicht aussprechen durch folgenden Satz (A. LANDÉ) (*10*):

Bei der Kombination von zwei Termen mit *verschiedenem* $m_{\max}$ (wie z. B. in Tab. 3) sind diejenigen π-Komponenten die *stärksten*, welche durch senkrechte Übergangspfeile in der *Mitte* des Pfeilschemas dargestellt sind; und diejenigen σ-Komponenten sind die *stärksten*, welche durch schräge Pfeile am *Rande* des Pfeilschemas dargestellt sind. Bei der Kombination zweier Terme mit *gleichem* $m_{\max}$ (z. B. $\mathfrak{p}_1 \mathfrak{d}_2$) ist das Wort »stärksten« durch »schwächsten« zu ersetzen, speziell haben dann π-Komponenten $m = 0 \rightarrow m = 0$ in der Bildmitte die Intensität *Null*.

§ 5. Termaufspaltungsgesetze.

Nachdem so durch Zurückgehen von den beobachteten Linienaufspaltungen zu den Termaufspaltungen eine große Vereinfachung in der formalen Beherrschung der Zeemaneffekte gewonnen ist, müssen jetzt die Termaufspaltungen selbst, z. B. die in Tab. 4 angeführten, näher betrachtet werden. Man erkennt aus Tab. 4, daß die Aufspaltungsgrößen $\Delta W/oh$ jedes Terms sich darstellen lassen als Produkt der am Kopf der Tab. 4 angegebenen äquatorialen Quantenzahlen m mit einem für den betreffenden Term charakteristischen »Aufspaltungsfaktor« g in der Form

$$(11) \qquad \frac{\Delta W}{oh} = m \cdot g,$$

wobei m die in ganzzahligen Intervallen fortschreitenden Werte

$$(11') \qquad m = \pm m_{\max}, \quad \pm(m_{\max} - 1), \quad \pm(m_{\max} - 2), \ldots$$

durchläuft. Z. B. lassen sich die Aufspaltungsgrößen $\pm 3/5, \pm 9/5, \pm 15/5$ des Terms $\mathfrak{d}_1$ aus Tab. 4 darstellen mit $m_{\max} = 5/2$ und $g = 6/5$ in der Form $\pm \frac{1}{2} \cdot \frac{6}{5}$, $\pm \frac{3}{2} \cdot \frac{6}{5}$, $\pm \frac{5}{2} \cdot \frac{6}{5}$. Bei den übrigen Termen der Tab. 4 sind die Faktoren g, die nach (11) (11') zusammen mit $m_{\max}$ die Termaufspaltungen $\Delta W/oh$ vollständig bestimmen, in der Tab. 5 zusammengestellt:

Tabelle 5.

Term	$\mathfrak{s}$	$\mathfrak{p}_1$	$\mathfrak{p}_2$	$\mathfrak{d}_1$	$\mathfrak{d}_2$	s	p_1	p_2	p_3	d_1	d_2	d_3
g	$2/1$	$4/3$	$2/3$	$6/5$	$4/5$	2	$3/2$	$3/2$	$0/0$	$4/3$	$7/6$	$1/2$
$m_{\max}$	$1/2$	$3/2$	$1/2$	$5/2$	$3/2$	1	2	1	0	3	2	1

Es hat sich nun herausgestellt, besonders durch die Untersuchungen von CATALÁN (*5*) und BACK (*2*) am Manganspektrum und H. GIESELER (*7*) am Chromspektrum und durch theoretische Untersuchungen von A. LANDÉ (*11*), daß die obigen Dublett- und Tripletterme Angehörige einer großen Gruppe von »*Multipletttermen*« sind, deren magnetische Aufspaltung (charakterisiert durch $m_{\max}$ und g jedes Multipletterms) von einem einheitlichen Gesetz beherrscht ist. Charakterisiert man nämlich jeden solchen Term durch die Multiplizitätsklassenzahl r ($r = 1$ Singuletterm, $r = 2$ Dublettterm, $r = 3$ Tripletterm usw.), seine Artbestimmungszahl k ($k = 1$ s-Term, $k = 2$ p-Term, $k = 3$ d-Term usw.) und sein $m_{\max}$ (in Tab. 6 ist $\overline{m}$ statt $m_{\max}$ geschrieben), so erhalten die nach ihren r, k, $m_{\max}$ geordneten Multipletterme folgende zugehörigen Grundfaktoren g (Tab. 6):

Tabelle 6.

$\Delta\nu$	$= 1 : 2 : 3 : 4 : 5 : 6 : 7 :$								$\frac{3}{2} : \frac{5}{2} : \frac{7}{2} : \frac{9}{2} : \frac{11}{2} : \frac{13}{2} : \frac{15}{2} :$								$\Delta\nu$
$k \backslash \bar{m}$	0	1	2	3	4	5	6	7	$\frac{1}{2}$	$\frac{3}{2}$	$\frac{5}{2}$	$\frac{7}{2}$	$\frac{9}{2}$	$\frac{11}{2}$	$\frac{13}{2}$	$\frac{15}{2}$	$\bar{m} / k$
	Singuletts $r = 1$								Dubletts $r = 2$								
1	$\frac{0}{0}$								2								1
2		1							$\frac{2}{3}$	$\frac{4}{3}$							2
3			1							$\frac{4}{5}$	$\frac{6}{5}$						3
4				1							$\frac{6}{7}$	$\frac{8}{7}$					4
5					1							$\frac{8}{9}$	$\frac{10}{9}$				5
	Tripletts $r = 3$								Quartetts $r = 4$								
1		2								2							1
2	$\frac{0}{0}$	$\frac{3}{2}$	$\frac{3}{2}$						$\frac{8}{3}$	$\frac{26}{15}$	$\frac{8}{5}$						2
3		$\frac{1}{2}$	$\frac{7}{6}$	$\frac{4}{3}$					0	$\frac{6}{5}$	$\frac{48}{35}$	$\frac{10}{7}$					3
4			$\frac{2}{3}$	$\frac{13}{12}$	$\frac{5}{4}$					$\frac{2}{5}$	$\frac{36}{35}$	$\frac{78}{63}$	$\frac{4}{3}$				4
5				$\frac{3}{4}$	$\frac{21}{20}$	$\frac{6}{5}$					$\frac{4}{7}$	$\frac{62}{63}$	$\frac{116}{99}$	$\frac{14}{11}$			5
	Quintetts $r = 5$								Sextetts $r = 6$								
1			2								2						1
2		$\frac{5}{2}$	$\frac{11}{6}$	$\frac{5}{3}$						$\frac{12}{5}$	$\frac{66}{35}$	$\frac{12}{7}$					2
3	$\frac{0}{0}$	$\frac{3}{2}$	$\frac{3}{2}$	$\frac{3}{2}$	$\frac{3}{2}$				$\frac{10}{3}$	$\frac{28}{15}$	$\frac{58}{35}$	$\frac{100}{63}$	$\frac{14}{9}$				3
4		0	1	$\frac{5}{4}$	$\frac{27}{20}$	$\frac{7}{5}$			$-\frac{2}{3}$	$\frac{16}{15}$	$\frac{46}{35}$	$\frac{88}{63}$	$\frac{142}{99}$	$\frac{16}{11}$			4
5			$\frac{1}{3}$	$\frac{11}{12}$	$\frac{23}{20}$	$\frac{19}{15}$	$\frac{4}{3}$			0	$\frac{6}{7}$	$\frac{8}{7}$	$\frac{14}{11}$	$\frac{192}{143}$	$\frac{18}{13}$		5
	Septetts $r = 7$								Oktetts $r = 8$								
1				2								2					1
2			$\frac{7}{3}$	$\frac{23}{12}$	$\frac{7}{4}$						$\frac{16}{7}$	$\frac{122}{63}$	$\frac{16}{9}$				2
3		3	2	$\frac{7}{4}$	$\frac{33}{20}$	$\frac{8}{5}$				$\frac{14}{5}$	$\frac{72}{35}$	$\frac{38}{21}$	$\frac{56}{33}$	$\frac{18}{11}$			3
4	$\frac{0}{0}$	$\frac{3}{2}$	$\frac{3}{2}$	$\frac{3}{2}$	$\frac{3}{2}$	$\frac{3}{2}$	$\frac{3}{2}$		4	2	$\frac{12}{7}$	$\frac{34}{21}$	$\frac{52}{33}$	$\frac{222}{143}$	$\frac{20}{13}$		4
5		$-\frac{1}{2}$	$\frac{5}{6}$	$\frac{7}{6}$	$\frac{13}{10}$	$\frac{41}{30}$	$\frac{59}{42}$	$\frac{10}{7}$	$-\frac{4}{3}$	$\frac{14}{15}$	$\frac{44}{35}$	$\frac{86}{63}$	$\frac{140}{99}$	$\frac{206}{143}$	$\frac{284}{195}$	$\frac{22}{15}$	5
$k / \bar{m}$	0	1	2	3	4	5	6	7	$\frac{1}{2}$	$\frac{3}{2}$	$\frac{5}{2}$	$\frac{7}{2}$	$\frac{9}{2}$	$\frac{11}{2}$	$\frac{13}{2}$	$\frac{15}{2}$	$\bar{m} \backslash k$
$\Delta\nu$	$= 1 : 2 : 3 : 4 : 5 : 6 : 7 :$								$\frac{3}{2} : \frac{5}{2} : \frac{7}{2} : \frac{9}{2} : \frac{11}{2} : \frac{13}{2} : \frac{15}{2} :$								$\Delta\nu$

Alle diese Grundfaktoren g sind als Funktionen von r, k, m_{max} berechnet nach der Formel

$$g = \frac{3}{2} + \frac{\left(\frac{r}{2}\right)^2 - \left(k - \frac{1}{2}\right)^2}{2\,(m_{max} + 1) \cdot m_{max}}. \tag{12}$$

Dieses Gesetz hat sich bei den in Tab. 6 angeführten Multiplettermen, soweit von ihnen Zeemaneffekte untersucht sind, ausnahmslos bestätigt. Als Beispiele führen wir an $r = 1$ *Hg*, $r = 2$ *Na*, $r = 3$ *Hg*, $r = 4$ *Mn*, $r = 5$ *Cr*, $r = 6$ *Mn*, $r = 7$ *Cr*, $r = 8$ *Mn*. Die Tab. 6 ließe sich theoretisch zu beliebig hoher Multiplizität r fortsetzen.

§ 6. Struktur und Intervallregel der Multipletts.

Eine besondere Eigenschaft der Tab. 6 ist, daß *nicht alle* Stellen, zu beliebigen k, m_{max} und r gehörend, mit Termen ausgefüllt sind, daß vielmehr z. B. bei $r = 4$ nur ein s-Term, drei p-Terme, vier d-Terme, vier f-Terme usw. vorhanden sind, allgemein, daß eine gewisse *Strukturregel* die Vielfachheit der Multipletterme einschränkt.

Diese in Tab. 6 in Erscheinung tretende *Strukturregel* heißt: Es gibt nur solche Terme, deren m_{max} eingeschränkt ist zwischen den Grenzen:

$$\left| k - 1 - \frac{r-1}{2} \right| \leqq m_{max} \leqq \left| k - 1 + \frac{r-1}{2} \right|. \tag{13}$$

Aus dieser Regel ergibt sich unter anderem das allmähliche Ansteigen der Multiplizität in der Reihe der ungeraden Zahlen (ein s-Term, drei p-Terme, fünf d-Terme usw.) bis die volle Multiplizität r erreicht ist, welche dann weiterhin konstant bleibt.

Wie oben angemerkt, kommen bei ein und demselben Element Multipletterme mit verschiedener Vielfachheit vor, z. B. bei *Hg* Singulett- und Tripletterme, bei *Mn* Quartett-, Sextett- und Oktetterme. Diese können aber nicht in beliebiger Weise miteinander kombinieren, sondern nur unter Einschränkung durch *Auswahlregeln*, die bei Charakterisierung jedes Terms durch ein Wertetripel r, k, m_{max} sich in folgender Weise aussprechen lassen:

Zwei Terme (r, k, m_{max}) und (r', k', m'_{max}) kombinieren nur dann, wenn

$$k - k' = \pm 1 \tag{14}$$

$$m_{max} - m'_{max} = 0 \text{ oder } \pm 1 \tag{15}$$

ist. Auch für r—r' ist eine zu (15) analoge, aber empirisch noch nicht gesicherte Auswahlregel zu vermuten. (14) stellt die bekannte Regel dar, daß nicht zwei s-Terme untereinander oder zwei p-Terme untereinander kombinieren, auch nicht ein s-Term mit einem d-Term, sondern wohl ein s-Term mit einem p-Term usw. (15) ist inhaltsgleich mit der zuerst von Sommerfeld (*19*) aufgestellten Auswahlregel für seine »inneren« Quantenzahlen j, welche die Struktur der »zusammengesetzten« Multipletts (Rydberg) beherrscht.

Unter besonderen Umständen, in starken äußeren Feldern, können aber Ausnahmen von den Auswahlregeln (14) (15) eintreten. Besondere Bedeutung, auch für die theoretische Seite des Problems, haben hier die von PASCHEN und BACK (*16*) beobachteten Durchbrechungen der Regel (15) und die von R. GÖTZE beobachteten der Regel (14) gewonnen.

Von Bedeutung sind die am Kopf der Tab. 6 angegebenen Proportionen $\Delta\nu = 1:2:3:\ldots$ bei den ungeraden, $\Delta\nu = {}^3/_2 : {}^5/_2 : {}^7/_2 \ldots$ bei den geraden Multiplettermen. Ihr Inhalt möge am Beispiel der Tripletterme $p_3\ p_2\ p_1$ erläutert werden, welche in Tab. 6 mit $g = {}^0/_0,\ {}^3/_2,\ {}^3/_2$ auftreten: Der Schwingungszahlabstand $\Delta\nu_{32}$ von p_3 nach p_2 verhält sich bekanntlich zu $\Delta\nu_{21}$ von p_2 nach p_1 angenähert wie 1 : 2.

Allgemein ist nun bei den ungeraden Multiplettermen das Intervallverhältnis benachbarter Terme das der ganzen (oder auch geraden) Zahlen, bei den geraden Multiplettermen das der halbzahlig gebrochenen (oder auch ungeraden) Zahlen. Das Intervall $\Delta\nu$ zwischen zwei (auch nicht benachbarten) Termen, welche gleiches r und k, aber verschiedenes $m_{\max}$ haben, läßt sich ganz allgemein darstellen durch die Formel:

$$(16)\qquad \nu - \nu' = \Delta\nu \text{ ist proportional } \frac{1}{2}\left[\left(m_{\max} + \frac{1}{2}\right)^2 - \left(m'_{\max} + \frac{1}{2}\right)^2\right].$$

Trotzdem diese *Intervallregel* (LANDÉ) nur in 1. *Näherung* gilt, kann sie doch als Hilfsmittel bei der Orientierung über die Multiplizitätsklasse von Termen dienen, falls das noch bessere Hilfsmittel der Zeemaneffekte gerade nicht zur Verfügung steht. Auch für die modellmäßige Erklärung der Multiplettstruktur und der anomalen Zeemaneffekte gibt die Intervallregel wichtige Fingerzeige.

Bei der Bearbeitung der anomalen magnetischen Aufspaltung von Multiplettermen ist es von Wert, eine praktische und systematische Bezeichnung der vorkommenden Terme zu haben. Die übliche Bezeichnungsweise der Spektroskopie, z. B. $np_1\ np_2\ np_3$ für die Triplett-p-Terme, hat sich mit ihrer Indizierung als nicht eindeutig und erweiterungsfähig bei höheren Multiplettermen erwiesen. Deshalb möge hier zum Schluß eine (auch von PASCHEN gebrauchte) Bezeichnung n_{kj}^r angeführt werden. n deutet dabei, wie bei BOHRS n_k-Bahnen, die *Hauptquantenzahl* oder *Laufzahl* des Terms an, k die *azimutale Quantenzahl* des äußeren Valenzelektrons, welche für die Term*art* (s, p oder d ...-Term) verantwortlich ist (vgl. Tab. 6). j bedeutet die »*innere*« *Quantenzahl*, die eng mit der beim Zeemaneffekt maßgebenden Zahl $m_{\max}$ verknüpft ist (s. o.), und r die für die Multiplizitätsklasse maßgebende »*Rumpfquantenzahl*« (vgl. Tab. 6). Zum Vergleich stellen wir die alten und neuen Bezeichnungen bei den Singulett-, Dublett- und Triplettermen in Tab. 7 zusammen:

Tabelle 7. Vergleichstabelle.

nS	nP	nD	$n\mathfrak{s}$	$n\mathfrak{p}_1$	$n\mathfrak{p}_2$	$n\mathfrak{d}_1$	$n\mathfrak{d}_2$	ns	np_1	np_2	np_3	nd_1	nd_2	nd_3
n_{10}^1	n_{21}^1	n_{32}^1	n_{11}^2	n_{22}^2	n_{21}^2	n_{33}^2	n_{32}^2	n_{11}^3	n_{22}^3	n_{21}^3	n_{20}^3	n_{33}^3	n_{32}^3	n_{31}^3

Die in Tab. 6 angegebenen g-Werte gehören zu den Termen, deren neue Bezeichnungen n^r_{kj} in Tab. 8 (in derselben Anordnung wie bei Tab. 6) zusammengestellt sind.

Tabelle 8. Term n^r_{kj}.

	Ungerade Multipletts						Gerade Multipletts						
	Singuletts						Dubletts						
s	n^1_{10}						n^2_{11}						s
p		n^1_{21}					n^2_{21}	n^2_{22}					p
d			n^1_{32}					n^2_{32}	n^2_{33}				d
f				n^1_{43}					n^2_{43}	n^2_{44}			f
	Tripletts						Quartetts						
s		n^3_{11}						n^4_{12}					s
p	n^3_{20}	n^3_{21}	n^3_{22}				n^4_{21}	n^4_{22}	n^4_{23}				p
d		n^3_{31}	n^3_{32}	n^3_{33}			n^4_{31}	n^4_{32}	n^4_{33}	n^4_{34}			d
f			n^3_{42}	n^3_{43}	n^3_{44}			n^4_{42}	n^4_{43}	n^4_{44}	n^4_{45}		f
	Quintetts						Sextetts						
s			n^5_{12}						n^6_{13}				s
p		n^5_{21}	n^5_{22}	n^5_{23}				n^6_{22}	n^6_{23}	n^6_{24}			p
d	n^5_{30}	n^5_{31}	n^5_{32}	n^5_{33}	n^5_{34}		n^6_{31}	n^6_{32}	n^6_{33}	n^6_{34}	n^6_{35}		d
f		n^5_{41}	n^5_{42}	n^5_{43}	n^5_{44}	n^5_{45}	n^6_{41}	n^6_{42}	n^6_{43}	n^6_{44}	n^6_{45}	n^6_{46}	f
$\Delta\nu =$	1 :	2 :	3 :	4 :	5 :		$= \frac{3}{2}$:	$\frac{5}{2}$:	$\frac{7}{2}$:	$\frac{9}{2}$:	$\frac{11}{2}$:		$= \Delta\nu$

Der Vorteil der neuen Bezeichnung n^r_{kj} liegt darin, daß aus der Termbezeichnung gleichzeitig Struktur, Intervalle, Kombinationsauswahl und Zeemaneffekt abgelesen werden kann, vermittels der Formeln (13) (16) (14) (15) (12), in denen

$$j = m_{\max} \quad \text{bei ungeraden Multiplettermen}$$

$$j = m_{\max} - \frac{1}{2} \quad \text{» geraden »}$$

eingeführt ist, damit der Index j stets als ganze Zahl geschrieben werden kann. Es sei noch bemerkt, daß Tab. 6 nicht das einzig existierende Schema der Multiplettermaufspaltungen ist, sondern nur ein Sonderbeispiel aus einer Folge von ähnlich gebauten aber noch unbekannten Schematen. Die darauf hinzielenden experimentellen Untersuchungen sind noch nicht abgeschlossen.

§ 7. Paschen-Back-Effekt.

Werden die Spektrallinien eines Multipletts in sehr starken Magnetfeldern erzeugt, so verwandeln sich, nach der Entdeckung von PASCHEN und BACK (*15*) die oben beschriebenen anomalen Zeemantypen derart, daß eine Verschmelzung der π- und σ-Komponenten benachbarter Linienaufspaltungen eintritt, und mit wachsender Feldstärke ein Zustand angenähert wird, bei dem im wesentlichen ein gewöhnliches *normales* Triplett übrigbleibt, als habe man nicht ein Linienmultiplett, sondern eine einfache Linie mit normalem Zeemaneffekt magnetisch zerlegt. Die genaue experimentelle Erforschung des Phänomens ist noch im Anfangsstadium, dasselbe kann auch von dem *theoretischen* Verständnis des Paschen-Backeffekts gesagt werden. Nur für die Dubletts existiert eine mit der Erfahrung nahe übereinstimmende formale Theorie, die Koppelungstheorie von WOLDEMAR VOIGT (*22*), die von A. SOMMERFELD (*20*) in quantentheoretisch formales Gewand gekleidet werden konnte. Eine modellmäßige Deutung der Zeemaneffekte und Paschen-Back-Verwandlungen im Zusammenhang mit der Multiplettstruktur der Terme hat W. HEISENBERG (*9*) unternommen, jedoch ist trotz mancher vielversprechender Erfolge seine Theorie nicht zur Erklärung des jetzt vorliegenden Tatsachenmaterials geeignet, und es scheint, daß die nötige Modifikation der mechanisch-elektrodynamischen Prinzipien in der Quantentheorie in wesentlich anderer Weise vorzunehmen ist, als es von HEISENBERG versucht wurde. Auch hier ist weiterer Fortschritt vor allem von der eingehenden *experimentellen* Durchforschung des Gebiets zu erwarten[1]).

§ 8. Modellmäßige Ansätze.

Zum Schluß müssen wir, obwohl die betreffenden Fragen zur Zeit in einem ganz unabgeschlossenen Stadium sind, noch kurz auf die modellmäßigen Vorstellungen eingehen, die von der Multiplettstruktur der Terme und ihrer anomalen magnetischen Termaufspaltung nahegelegt werden. Denkt man sich das Atom bestehend aus einem äußeren (im Fall einer Quantenemission springenden) »Leuchtelektron« einerseits, und dem von ihm umkreisten Komplex der übrigen inneren Elektronenbahnen, der als »Rumpf« bezeichnet wird, andererseits, so kann die Bahnebene des Leuchtelektrons gegen die invariable Ebene des Rumpfes noch verschiedene Orientierungen haben, für die aber nach einer Quantenregel nur bestimmte ausgewählte Neigungen zulässig sind. Nennt man K die Drehimpuls-

[1]) **Ein wichtiger Schritt zur formalen Beherrschung des Paschen-Back-Effekts bei der ganzen in § 6 behandelten Klasse von Multipletts ist soeben von W. PAULI (Zeitschr. f. Phys. 1923, 16, 155) erreicht worden. PAULI kann mit Hilfe einer einfachen Regel zu jedem Zeemanterm *mg* seinen normalisierten Paschen-Back-Term hinschreiben. Umgekehrt läßt sich daher aus dem einfachen Schema der Paschen-Back-Terme das kompliziertere Schema der Zeemanterme gewinnen.**

quantenzahl des Leuchtelektrons, R die des Rumpfes, so muß auch die Vektorsumme dieser beiden Drehimpulse als gesamter Drehimpuls des Atoms durch eine Quantenzahl J bestimmt sein. Man kann sich nun, wenigstens in großen Zügen, von der Vielfachheit der Multipletterme (Strukturregel), den relativen Schwingungszahlabständen der zu einem Multiplett gehörenden Terme (Intervallregel) und in gewisser Weise auch von den Zeemanzerlegungen (g-Formel) Rechenschaft geben, wenn man die oben eine so große Rolle spielenden Zahlen k, r, j ($\cong m_{\max}$) mit den eben angegebenen Quantenimpulsen in Zusammenhang bringt. Daß der Aufspaltungsfaktor g nicht den *normalen* Wert $g = 1$ (vgl. Tab. 2 des normalen Zeemaneffekts, wo $\Delta W/oh$ stets gleich m ist) hat, sondern gebrochene Werte annimmt, deutet auf ein Versagen der klassischen Mechanik und Elektrodynamik in einem viel weiterem Maße hin, als es selbst die Quantentheorie bisher postuliert hat. Denn auch auf Grund einer quantentheoretischen Betrachtungsweise gelangt man ja, wie in § 2, selbst bei beliebig komplizierten Elektronensystemen im Atom stets zum *normalen* Zeemaneffekt.

Die offenbar notwendige aber noch unbekannte Modifikation der Grundprinzipien, auf die der anomale Zeemaneffekt so eindringlich hinweist, verspricht freilich die tiefsten Aufschlüsse über den Mechanismus des Atombaues zu geben; dabei deuten alle Anzeichen darauf hin, als ob die endgültige Lösung dieser Fragen im Prinzip dicht vor der Tür stände. Speziell eine Reihe von Fragen aus dem Gebiet des Magnetismus harren hier ihrer Aufklärung, besonders die Frage, ob das magnetische Moment eines Elektronensystems (bewegte Ladungen ε) in gewöhnlicher Weise aus dem mechanischen Drehmoment (bewegte Massen μ) berechnet werden darf, so wie es die dem LARMORschen Satz angeschlossene Gleichung (6) fordert. Nicht nur der *anomale Zeemaneffekt*, bei dem eine Durchbrechung (11) von (6) in der Form $\Delta W/h = m \cdot g \cdot o$ ($g \neq 1$) auftritt, verneint die Anwendbarkeit der gewohnten Prinzipien, sondern auch die *magnetomechanischen Versuche* von EINSTEIN, DE HAAS und BARNETT (*3*) und ihrer Nachfolger, welche nach Ausweis genauer Beobachtungen einen anomalen Effekt ergeben im Sinne eines Quotienten $g = 2$ zwischen dem normal zu erwartenden und dem wirklich auftretenden magnetischen Moment gedrehter Massen. Ein wichtiges Hilfsmittel bei der Bearbeitung dieser Fragen können die Experimente von STERN und GERLACH (*21*) über magnetische Ablenkung von Atomstrahlen geben.

Literatur.

1. BACK, E.: Ann. d. Physik 1923, 70, 333.
2. — Zeitschr. f. Physik 1923, 15, 206.
3. BARNETT, V. J.: Physikal. Rev. 1915, 6, 239.
4. BOHR, N.: Kgl. Danske Vidensk. Selsk. Skrifter, Kopenhagen 1918.
5. CATALÁN, M. A.: Philosoph. Trans. Roy. Soc. 1922, 223, 177.

6. DEBYE, P.: Physikal. Zeitschr. 1916, 17, 507.
7. GIESELER, H.: Ann. d. Physik 1922, 69, 147.
8. GÖTZE, R.: Ann. d. Physik 1921, 66, 285.
9. HEISENBERG, W.: Zeitschr. f. Physik 1922, 8, 273.
10. LANDÉ, A.: Zeitschr. f. Physik 1921, 5, 231.
11. — Ibid. 1923, 15, 192.
12. — Verhandl. d. dtsch. Physikal. Ges. 1921, 21, 585.
13. VAN LOHUIZEN, T.: Amsterdam. Akad. Mai 1919.
14. LORENTZ, Z. A.: Versuch einer Theorie der elektr. und opt. Erschein. in bewegten Körpern, Leiden 1895.
15. PASCHEN, F. und BACK, E.: Ann. d. Physik 1912, 39, 897.
16. — Physika 1921, 1, 261.
17. RUBINOWICZ, A.: Physikal. Zeitschr. 1918, 19, 441.
18. SOMMERFELD, A.: Physikal. Zeitschr. 1916, 17, 491.
19. — Ann. d. Physik 1920, 63, 121.
20. — Zeitschr. f. Physik 1922, 8, 257.
21. STERN, O. und GERLACH, W.: Zeitschr. f. Physik 9, 349, 353.
22. VOIGT, W.: Ann. d. Physik 1913, 41, 403.
23. ZEEMAN, P.: Amsterdam. Akad. 1896, 31. Okt.

Zur Theorie der Röntgenspektren.

Von A. Landé in Tübingen.

(Eingegangen am 12. Juni 1923.)

§ 1. Die einheitliche Systematik der Röntgenterme, welche neuerdings besonders von G. Hertz und M. Siegbahn und seinen Schülern gefördert und in den Untersuchungen von Coster und Wentzel zum Abschluß gebracht wurde, ist bisher nicht ganz von entsprechend einheitlichen theoretischen Ansichten über die zugrunde liegenden Atommodellzustände ergänzt worden. Zwar hat die formale Analogie des Quantenzahlschemas der Röntgenterme mit den Quantenzahlen der Bohrschen Elektronenschalen zu bestimmten Vorstellungen geführt, in welchen Gruppen und Untergruppen sich die Lücken befinden, die zu den einzelnen Röntgentermen Anlaß geben, aber nur soweit die von Bohr und Coster[1]) als „normale" Niveaus bezeichneten Röntgenterme in Betracht gezogen werden; es sind das die Terme K, $L_1 L_3$, $M_1 M_3 M_5$ usw., bei denen die Quantenzahlen k_1 und k_2 in der Bezeichnung $n(k_1 k_2)$ von Bohr und Coster [d. h. m und n in der Bezeichnung $k(m, n)$ von Wentzel] einander gleich sind. Auch von den Intervallen zwischen je zwei normalen Niveaus und den sie beherrschenden Gesetzmäßigkeiten als Summe aus einem „Abschirmungsintervall" und einem Sommerfeldschen „Relativitätsintervall" konnten Bohr und Coster auf Grund des Schalenaufbaues in weitem Maße Rechenschaft geben. Für die „anomalen" Niveaus kann dagegen „nach dem jetzigen Stand der Theorie keine vollständige Erklärung gegeben werden"[2]); es sind das die Termzustände L_2, $M_2 M_4$, $N_2 N_4 N_6$ usw. mit $k_2 = k_1 - 1$, welche von dem normalen Nachbarniveau desselben k_1 durch ein Relativitätsintervall, von dem normalen Nachbarniveau desselben k_2 durch ein Abschirmungsintervall getrennt sind.

Will man in dieser Frage weiter kommen, so ergibt sich sofort die Alternative: a) Entweder entsteht der „anomale" $n(k_1 k_2)$-Term durch Entfernung eines n_{k_1}-Elektrons, b) oder eines n_{k_2}-Elektrons aus dem Atom.

Für a) und gegen b) spricht der Abschirmungsdublettabstand $n(k_1 k_2) - n(k_2 k_2)$. Für b) und gegen a) spricht der

---

1) N. Bohr und D. Coster, ZS. f. Phys. **12**, 342, 1923.
2) Ebenda S. 364.

Reprinted from *Z. Phys.* **16**, 391–396 (1923).

Relativitätsdublettabstand $n(k_1 k_2) - n(k_1 k_1)$. Für a) und gegen b) sprechen aber die Auswahlregeln

$$k_1 \begin{matrix} \nearrow k_1 + 1 \\ \searrow k_1 - 1 \end{matrix} \qquad \left. k_2 \begin{matrix} \nearrow k_2 + 1 \\ \rightarrow k_2 \\ \searrow k_2 - 1 \end{matrix} \right\} \tag{1}$$

welche k_1 als azimutale, k_2 als „innere" Quantenzahl zu erkennen geben. Für a) und gegen b) spricht weiterhin (s. unten) die Struktur (Vielfachheit) der Röntgenterme, welche gegeben ist durch

$$\left. \begin{array}{ll} k_2 = k_1 \text{ und } k_2 = k_1 - 1 & \text{für } k_1 = 2, 3, 4 \ldots \\ k_2 = k_1 & \text{für } k_1 = 1. \end{array} \right\} \tag{2}$$

Während also die Größe der Termintervalle teils für, teils gegen a) und b) zeugt, wird durch die Auswahlregel die Alternative a) bevorzugt. Gegenüber Intervallabschätzungen, die nach dem heutigen Stand der Theorie auch in ihren Grundzügen noch als unsicher gelten können, fällt nun das viel allgemeiner und sicherer fundierte Argument der Auswahlregeln entscheidend in die Wage, hier also zugunsten der Anschauung a). Die folgenden Überlegungen wollen diese Vorstellung noch von zwei anderen Seiten her stützen.

§ 2. Zunächst möge versucht werden, ohne auf Intervallbeziehungen und Auswahlregeln einzugehen, ein allgemeines Bild über das Zustandekommen der normalen und anomalen Röntgenterme zu gewinnen, wie man es im Anschluß an Kossels Vorstellungen auf Grund des Bohrschen Schalenbaues erwarten kann.

Daß jede Elektronenschale des Atoms im abgeschlossenen Zustand im ganzen den Drehimpuls Null[1]) hat (mit Ausnahme der innersten 1_1-Schale mit dem Impuls $1\,h/2\pi$), geht nicht nur aus den periodisch wiederkehrenden Grundzügen der optischen Spektren beim Fortschreiten im periodischen System hervor, sondern auch aus der speziellen Multiplettstruktur, den Intervallbeziehungen und Zeemaneffekten ihrer Terme. — Es werde nun z. B. von den sechs Elektronen der impulslos abgeschlossenen 3_2-Schale eins herausgerissen, so daß die fünf übrigen sich zu einer neuen Konfiguration zusammenschließen. Aus mehreren Gründen würde man erwarten können, daß diese neue Konfiguration bestehe aus einer impulslos abgeschlossenen 3_2-Schale mit $6 - 2 = 4$ Elektronen und dazu einem isolierten 3_2-Elektron für sich. Ebenso könnte man allgemein erwarten, daß bei Entfernung eines Elektrons aus einer impulslosen n_k-Schale sich die übrigen zu der nächstniedrigeren (zwei Elektronen

[1]) Diese Eigenschaft besitzen auch die Würfel- und Tetraederbahnen, die Verf. 1918 und 1919 vorschlug und deren Modifikation wir in Bohrs räumlichen Schalen wiederfinden.

weniger enthaltenden) impulslosen n_k-Konfiguration und einem n_k-Elektron für sich zusammenfinden; letzteres könnte man als das „Leuchtelektron" des Röntgenterms bezeichnen. Das Atominnere in einem solchen Röntgentermzustand hat dann außer impulslosen Schalen noch die innerste 1_1-Schale vom resultierenden Impuls 1 und das Röntgenleuchtelektron [1]) vom Impuls k. Der Sachverhalt ist also analog den optischen Termzuständen der Dubletterme z. B. des Na-Atoms: eine innerste 1_1-Schale vom Impuls 1, mehrere abgeschlossene Schalen vom Impuls 0 und ein äußeres Leuchtelektron [2]) vom Impuls k. Analog dem Na wird man demnach auch bei den Röntgentermen zwei Bahnstellungen des Röntgenleuchtelektrons k gegen den innersten Rumpfimpuls 1 erwarten, indem k und 1 sich zu zwei verschiedenen Werten j des resultierenden Impulses vektoriell zusammensetzen können. Eine Ausnahme muß dabei für den niedrigsten Wert $k = 1$ auftreten, bei dem bloß eine Stellung möglich ist, ebenso wie beim Na der $\mathfrak{s}$-Term einfach ist.

Danach wäre jeder Röntgenterm charakterisiert durch drei Quantenzahlen, nämlich n als Hauptquantenzahl, k als azimutale Quantenzahl des Röntgenleuchtelektrons und j als resultierende Quantenzahl aus k und dem Impuls 1 der 1_1-Schale. Wir haben hier eine spezielle Fassung der oben unter a) genannten Vorstellung: bei Entfernung eines Elektrons aus der n_k-Schale können jedesmal zwei Röntgenterme $n\,(k, j = k)$ und $n\,(k, j = k-1)$ auftreten [3]); sie sind zu identifizieren mit den Termen $n\,(k_1, k_2 = k_1)$ und $n\,(k_1, k_2 = k_1 - 1)$ von Bohr und Coster; speziell für den niedrigsten Wert von $k_1\ (= k)$ entsteht nur ein Term $k_1 = k_2\ (k = j)$.

Bei dieser Identifizierung $k_1 = k$, $k_2 = j$ ergeben sich demnach ohne weiteres:

1. Die Multiplettstruktur der Röntgenterme:

$$j = k \quad \text{und} \quad j = k - 1 \quad \text{für } k = 2, 3, 4 \ldots$$
$$j = k \qquad\qquad\qquad\qquad \text{für } k = 1$$

2. Die Auswahlregeln in der bekannten Form:

$$k \begin{cases} \nearrow k+1 \\ \searrow k-1 \end{cases} \qquad j \begin{cases} \nearrow j+1 \\ \rightarrow j \\ \searrow j-1 \end{cases}$$

identisch mit (1) und (2).

[1]) Die folgenden Betrachtungen würden sich nur unwesentlich ändern, wenn man der ionisierten n_k-Schale als Ganzes den Drehimpuls k läßt, statt obige spezielle Aufteilung von k zwischen „Röntgenleuchtelektron" (k) und zweifach ionisiertem Schalenrest (0) anzunehmen.

[2]) Bzw. eine ionisierte Schale vom Impuls k.

[3]) Nach neueren Vorstellungen soll $j = k \pm {}^1/_2$ sein.

Stellt man in Tab. 1 die den Hauptquantenzahlen $n_{kj} = n(k_1 k_2)$ zugeschriebenen Röntgen- und optischen Terme zusammen, so wird die vollständige Analogie der Röntgenspektren zu den optischen Dublettspektren mit ihren Haupt- und Nebenserien, zusammengesetzten Dubletts usw. besonders deutlich.

Tabelle 1.

	K	L_{I}	L_{II}	L_{III}	M_{I}	M_{II}	M_{III}	M_{IV}	M_{V}
n_{kj}	1_{11}	2_{11}	2_{21}	2_{22}	3_{11}	3_{21}	3_{22}	3_{32}	3_{33}
	$1\,\mathfrak{s}$	$2\,\mathfrak{s}$	$2\,\mathfrak{p}_2$	$2\,\mathfrak{p}_1$	$3\,\mathfrak{s}$	$3\,\mathfrak{p}_2$	$3\,\mathfrak{p}_1$	$3\,\mathfrak{d}_2$	$3\,\mathfrak{d}_1$

§ 3. Als drittes Erfordernis fehlt jetzt die Ableitung der Intervallbeziehungen, speziell ein Verständnis der Tatsache, daß die Dubletts $n(k_1, k_2 = k_1) - n(k_1, k_2 = k_1 - 1)$ „relativistisch" erscheinen.

Auch bei dieser Frage kann die obige Vorstellung weiterleiten, daß die erwähnten „anomalen" Dubletts wesensgleich seien mit den optischen Dubletts bei Na, Mg^+, Al^{++} und nur unter anderen Kernladungs- und Abschirmungsverhältnissen zustande kommen. (Durch diese Vorstellung wird die Auffassung, daß die Intervalle zwischen je zwei „normalen" Niveaus sich als Summe eines Abschirmungs- und eines echten Relativitätsdubletts darstellen, in keiner Weise berührt.) Die Kenntnis der optischen Dubletts ist neuerdings durch F. Paschens [1]) Auffindung des Al^{++}-Spektrums wesentlich gefördert worden. Paschen gibt für die Schwingungszahlenintervalle $\Delta\nu = m\,\mathfrak{p}_2 - m\,\mathfrak{p}_1$ folgende Zusammenstellung:

Tabelle 2 für $\Delta\nu = m\,\mathfrak{p}_2 - m\,\mathfrak{p}_1$.

	$2\,\mathfrak{p} = 3_2$	$3\,\mathfrak{p} = 4_2$	$4\,\mathfrak{p} = 5_2$	$5\,\mathfrak{p} = 6_2$
Na $(Z = 11)$	17,18	5,49	2,49	1,50
Mg^+ $(Z = 12)$	91,55	30,5	14,1	7,6
Al^{++} $(Z = 13)$	238	80,13	39,15	20,59

Befriedigende Rechnungen über die modellmäßig zu erwartende Größe dieser optischen Dubletts in Abhängigkeit von der Kernladungszahl Z und der Laufzahl m liegen nicht vor. Ist aber die in § 2 vertretene Analogie der optischen Dubletts mit den „relativistischen" Röntgendubletts richtig [2]), so müßten auch die optischen

[1]) F. Paschen, Ann. d. Phys. 71, 142, 1923 (Kayser-Heft).

[2]) A. Sommerfeld hat 1916 versucht, das Li-Dublett relativistisch abzuleiten. Daß dies gelang, trotzdem, wie wir heute wissen, die Alkalidubletts einen ganz anderen Ursprung haben, scheint eine Stütze für die obige Analogie zu sein.

Dubletts mit der vierten Potenz einer abgeschirmten Kernladungszahl $Z - s$ anwachsen [1]) und durch Extrapolation Anschluß an die betreffenden Röntgendubletts gewinnen. Nun läßt sich Tabelle 2 angenähert darstellen durch

Tabelle 3.

n_k	3_2	4_2	5_2	6_2
$\Delta\nu$	$1.(Z-9)^4$	$^1/_3.(Z-9)^4$	$^1/_6.(Z-9)^4$	$^1/_{12}.(Z-9)^4$

wobei die Bohrsche Elektronenanordnung bei diesen optischen Termen schematisch dargestellt ist durch

$$2 \times 1_1, \quad 4 \times 2_1, \quad 4 \times 2_2, \quad n_k. \tag{3}$$

Einigermaßen vergleichbare Verhältnisse im Atominnern liegen vor bei den Röntgentermen L_{II} und L_{III}, für welche nach der oben vertretenen Ansicht gemeinsam das Elektronenzahlschema

$$2 \times 1_1, \quad 4 \times 2_1, \quad 2 \times 2_2, \quad 2_2, \ldots \tag{4}$$

gilt. Die Abschirmungszahl s ist in (4) um zwei geringer als in (3) zu nehmen, also $(Z-7)^4$ einzusetzen. Die 2_2-Bahn des Röntgenleuchtelektrons ist ferner vergleichbar der 3_2-Bahn des optischen Leuchtelektrons (letztere ist ja effektiv einer ungestörten 2_2-Bahn äquivalent, während bei größerem Z im Atominnern eine 2_2-Bahn relativ wenig gestört ist). Tabelle 4 vergleicht demgemäß die Extrapolation des optischen 3_2-Dubletts mit dem Dublett $L_{II} L_{III}$ $L_2 L_1$ bei verschiedenen Z nach Bohr und Coster (l. c.).

Tabelle 4.

Z	27	47	67	87
$1.(Z-7)^4$ . .	$1,6 . 10^5$	$26 . 10^5$	$130 . 10^5$	$410 . 10^5$
$L_{II} - L_{III}$ . . .	$1,2 . 10^5$	$13 . 10^5$	$62 . 10^5$	$210 . 10^5$

Die Extrapolation gibt also die richtige Größenordnung; zahlenmäßige Übereinstimmung ist wegen der Verschiedenheit der Verhältnisse [vgl. Gleichung (3) und (4)!] nicht zu erwarten und würde nur einer zufällig passenden Wahl der Abschirmungskonstanten zu verdanken sein.

Für die Röntgentermzustände $M_{II} M_{III} = M_4 M_3$ gilt das Schema der Elektronenzahlen:

$$2 \times 1_1, \quad 4 \times 2_1, \quad 4 \times 2_2, \quad 6 \times 3_1, \quad 4 \times 3_2, \quad 3_2, \ldots \tag{5}$$

[1]) Nimmt man mit Rosdestwensky und Heisenberg einen magnetischen Ursprung dieser Dubletts an, so ergibt sich ein Anwachsen mit der dritten Potenz, falls andere Störungskräfte vernachlässigt werden.

Die Abschirmungskonstante s ist in (5) um 10 größer als bei den optischen Termen (3); die Röntgen-3_2-Bahn ist mit der optischen 4_2-Bahn vergleichbar (s. oben). Danach erhält man die Vergleichstabelle:

Tabelle 5.

Z	59	69	79	89
$^1/_3 . (Z-19)^4$.	$8 . 10^5$	$21 . 10^5$	$43 . 10^5$	$80 . 10^5$
$M_{II} - M_{III}$ . .	$7 . 10^5$	$16 . 10^5$	$33 . 10^5$	$52 . 10^5$

Für die Röntgenterme $N_{II}\, N_{III} = N_6\, N_5$ gilt das Schema der Elektronenzahlen:

$$2 \times 1_1,\ 4 \times 2_1,\ 4 \times 2_2,\ 6 \times 3_1,\ 6 \times 3_2,\ 6 \times 3_3,\ 8 \times 4_1,\ 6 \times 4_2,\ 4_2, \ldots \quad (6)$$

s ist in (6) um 32 größer als bei den optischen Termen (3); die Röntgen-4_2-Bahn ist der optischen 5_2-Bahn vergleichbar. Man hat demnach die Vergleichstabelle:

Tabelle 6.

Z	71	81	91
$^1/_6 . (Z-41)^4$.	$1{,}4 . 10^5$	$4{,}5 . 10^5$	$11 . 10^5$
$N_{II} - N_{III}$ . .	$2{,}7 . 10^5$	$6{,}1 . 10^5$	$17 . 10^5$

Die Übereinstimmung der Größenordnung ist auch hier bemerkenswert; irgend eine zahlenmäßige Annäherung darf bei der ganz rohen Extrapolation von den optischen Dubletts zu den unter andersartigen Umständen entstehenden Röntgendubletts nicht erwartet werden. Das Ziel der letzten Vergleichstabellen ist vielmehr nur, zu zeigen, daß für die Alternative a) und speziell für die Verwandtschaft der optischen mit den relativistischen Röntgendubletts (§ 2) nicht nur die Multiplettstruktur und die Auswahlregeln der Röntgenterme spricht, sondern auch die Intervallbeziehungen nicht von vornherein als offensichtliches Gegenargument angeführt zu werden brauchen, vielmehr Anzeichen vorhanden sind für eine Verwandtschaft dieser Röntgendubletts mit den optischen Dubletts auch auf Grund der Dublettintervalle. Dadurch wird die Auffassung, das Intervall zwischen je zwei normalen Niveaus sei die Summe aus einem Abschirmungs- und einem echten Relativitätsintervall, in keiner Weise beeinträchtigt.

Ein weiteres Argument für die obige Auffassung gibt das Spektrum des Neons, dessen Zeemaneffekte sowohl bei den zu L_1 analogen wie bei den zu L_2 analogen Termen (Grotrian) auf eine Zerstörung der L_2-Schale hindeuten. Vgl. die binnen kurzem erscheinende Note.

292

Zur Struktur des Neonspektrums.

Von **A. Landé** in Tübingen.

(Eingegangen am 5. Juli 1923.)

Das von Paschen [1]) nach Vorarbeiten von Watson und Meissner analysierte Neonspektrum zeigt 4 s'-Termfolgen, 10 p-Termfolgen und 8 d-Term- nebst 4 s'-Termfolgen, deren Benennungen, „innere" Quantenzahlen j und magnetische Aufspaltungsfaktoren g in Tabelle 1 zusammengestellt sind. Die g-Werte der s- und p-Terme gründen sich [2]) auf die experimentellen Ergebnisse von Lohmann, Takamine und Yamada, die g-Werte der d- und s'-Terme sind noch unbekannt.

Tabelle 1.

	L_1								L_2				
	s_4	s_5							s_3	s_2			
j	1	2							0	1			j
g	$^3/_2$	$^3/_2$							$^0/_0$	1			g
	p_3	p_7	p_{10}	p_6	p_8	p_9			p_1	p_5	p_2	p_4	
j	0	1	1	2	2	3			0	1	1	2	j
g	$^0/_0$	$^2/_3$	1	$^7/_6$	$^7/_6$	$^4/_3$			$^0/_0$	1	$^4/_3$	$^4/_3$	g
	d_6	d_5	d_2	d_3	d_1''	d_4	d_1'	d_4'	s_1'	s_1''	s_1''''	s_1'''	
j	0	1	1	2	2	3	3	4	1	2	2	3	j

Die Terme zerfallen in zwei Gruppen, von denen die eine der Ritzschen Formel genügt, die andere erst dann, wenn man die Wellenzahl 780 cm^{-1} hinzuaddiert. Nach Grotrian [3]) gibt $\Delta\nu = 780\ cm^{-1}$ die Extrapolation des L-Dubletts der Röntgenspektren für $Z = 10$ (Neon), so daß die in Tabelle 1 links zusammengestellten Terme dem Röntgenterm L_1, die anderen L_2 zugeordnet sind.

Es scheint nun, daß diese Neonterme den Anfang eines Quintettsystems, zweier Triplettsysteme und eines Singulettsystems bilden, da sie in folgender Tabelle 2 mit ihren j-Werten unterzubringen sind, und zwar L_1 für sich und L_2 für sich (die b-Terme sind nicht analysiert). Fraglich bleibt aber die Einzelzuordnung der Terme von Tabelle 1 zu den Stellen der Tabelle 2, z. B. ob p_5 zum Triplett- und p_2 zum Singulettsystem L_2 gehört oder umgekehrt.

[1]) F. Paschen, Ann. d. Phys. **60**, 405, 1919; **63**, 201, 1920.
[2]) A. Landé, Phys. ZS. **22**, 417, 1921.
[3]) W. Grotrian, ZS. f. Phys. **8**, 116, 1922.

Reprinted from *Z. Phys.* **17**, 292–294 (1923).

Tabelle 2.

	Quintett	Triplett	Triplett	Singulett	
s	2	1	1	0	s
p	1 2 3	0 1 2	0 1 2	1	p
d	0 1 2 3 4	1 2 3	1 2 3	2	d
(b)	1 2 3 4 5	2 3 4	2 3 4	3	(b)
	L_1		L_2		

In der Zuordnungstabelle 3 ist daher möglicherweise die Stellung der dort eingeklammerten Terme zu vertauschen, nämlich p_{10} mit p_7, p_6 mit p_8, p_2 mit p_5. Dasselbe gilt für die zugehörigen g-Werte dieser Terme, soweit sie in Tabelle 3 eingeklammert sind.

Tabelle 3.

	Quintett			Triplett			Triplett			Singulett	
Terme	(p_7)	s_5 (p_6)	p_9	p_3	s_4 (p_{10})	(p_8)	p_1	s_2 (p_2)	p_4	s_3	(p_5)
g	$(^2/_3)$	$^3/_2$ $^7/_6$	$^4/_3$	$^0/_0$	$^3/_2$ (1)	$^7/_6$	$^0/_0$	1 $(^4/_3)$	$^4/_3$	$^0/_0$	(1)
j	1	2	3	0	1	2	0	1	2	0	1
		L_1						L_2			

Auch ohne daß diese Sonderzuordnung im einzelnen mit Sicherheit gelingt, erkennt man doch, daß die magnetischen Aufspaltungsfaktoren g hier gänzlich andere sind, als bei der Klasse von Multipletts, welche Verfasser kürzlich nach Struktur, Intervallbeziehungen und Zeemaneffekt zusammenfassend behandelte[1]). Welchen formalen Gesetzen diese neuen g-Werte genügen, kann wohl erst nach einer eingehenden magnetischen Untersuchung der d- und s'-Terme des Neons sichergestellt werden, wobei vielleicht auch die obigen g-Werte eine Nachprüfung verdienen. Denn es ist keineswegs sicher, ob sich ihre Darstellung durch so kleine Rungesche Nenner aufrecht erhalten lassen wird.

Charakteristisch für jene frühere Multiplettklasse war, daß der gesamte Drehimpuls (j) des Atoms außer vom n_k-Leuchtelektron nur von Rumpfelektronen des Drehimpulses $k = 1$ geliefert wurde (abgeschlossene Schalen geben keinen Beitrag zum Drehimpuls des Atoms). In einigen, wenn nicht sogar in allen optischen Termzuständen des Neons dagegen ist anzunehmen, daß das Leuchtelektron aus der 2_2-Schale herausgehoben ist, während die zurückbleibenden drei

1) A. Landé, ZS. f. Phys. **15**, 189, 1923.

Elektronen $k = 2$ jetzt zum Rumpfimpuls beitragen. Traten nun früher die einquantigen Rumpfelektronen in anomaler Weise mit doppelter magnetischer Energie in Erscheinung [vgl. die g-Formel (21') l. c.], so werden jetzt die höherquantigen Rumpfelektronen dem Atom wesentlich andere anomale magnetische Eigenschaften verleihen. Diese Überlegung gab mit den Anlaß zu einer Untersuchung der Zeemaneffekte im Pb-Bogenspektrum durch Herrn Back; denn das zu vorletzt gebundene Elektron im Blei ($Z = 82$) hat den Impuls $k = 2$, da der Grundterm des Thalliumspektrums ($Z = 81$) ein p_2-Term ist[1]). In der Tat zeigen die bisherigen Ergebnisse von Back lauter neue g-Werte. Daß auch abgesehen von ihrem Zeemaneffekt die Multipletts bei Ne, Pb usw. von anderer Art als die früher behandelten sind, geht auch aus dem Versagen der einfachen Intervallproportionen hervor: Beim Neon z. B. (Tabelle 3) folgen die Termwellenzahlen innerhalb jedes Multipletts scheinbar regellos aufeinander.

Aus Tabelle 3 scheint hervorzugehen, daß beim Neon nicht nur die L_1-Terme, sondern auch die L_2-Terme durch Heraushebung des Leuchtelektrons aus der 2_2-Schale entstehen. Denn würde das L_2-Triplettsystem eine zerstörte 2_1-Schale im Rumpf besitzen, so sollte seine magnetische Aufspaltung die des gewöhnlichen Triplettsystems wie beim Si-Spektrum[2]) sein. Wir sehen so in den Zeemaneffekten des Neons eine Stütze für die vom Verfasser vertretene Auffassung über die Natur der Röntgentermzustände, nach der u. a. sowohl L_1 wie L_2 (L_{III} wie L_{II}) durch Zerstörung der 2_2-Schale, und nur L_3 (L_I) durch Zerstörung der 2_1-Schale zustande kommt, was auf Grund der Auswahlregeln und Struktur der Röntgenterme zu fordern war, obwohl die Intervallbeziehungen dem Anschein nach ebensoviel für wie gegen diese Auffassung sprechen.

---

1) W. Grotrian, ZS. **12**, 218, 1922.

2) F. Paschen und E. Back, Ann. d. Phys. **40**, 936, 1913.

A. Landé (Tübingen), Schwierigkeiten in der Quantentheorie des Atombaues, besonders magnetischer Art.

Die Bohrsche Theorie nimmt an, daß die mechanischen Grundgesetze wenigstens in den stationären Zuständen der Elektronensysteme gültig seien. Man versuchte deshalb die Quantenbahnen mit Hinzuziehung der astronomischen Störungsmethoden zu berechnen. Aber besonders Bohr selbst hat oft darauf hingewiesen, daß wir vorbereitet sein müssen, nicht einmal bei den stationären Quantenbahnen die mechanischen Gesetze bestätigt zu finden, jedenfalls wenn es sich um gekoppelte Systeme handelt, d. h. um Systeme mit mehr als einem Elektron. Und in der Tat ist man bei dem einfachsten gekoppelten System, dem He-Atom, zwar zu einem ungefähren Bild über die den verschiedenen Spektraltermen zugrunde liegenden Bahnen gelangt, im einzelnen endigten aber die großangelegten störungstheoretischen Untersuchungen über die Heliumterme von Kramers, van Vleck, Kemble, Born und Heisenberg mit der Erkenntnis, daß die Mechanik hier versagt. Nach diesem negativen Resultat ist es umso wichtiger, eine positive Grundlage zu bekommen, um die im Atom wirkenden Gesetze der noch unbekannten „Ersatzmechanik" zu finden. Es scheint nun, daß neuere Ergebnisse über die Multiplettstruktur und den Zeemaneffekt der Spektralterme wenigstens einige Fingerzeige in dieser Richtung bieten, zusammen mit dem magnetomechanischen Effekt von Barnett und Einstein-de Haas und dem Atomstrahlversuch von Stern und Gerlach.

Angriffspunkte für die gesuchte Modifikation der Mechanik können besonders solche Eigenschaften der Elektronensysteme bieten, bei denen offene Widersprüche gegen die gewohnten Quantenregeln zutage treten. Einige dieser Widersprüche sollen im Folgenden zusammengestellt werden, und zwar in etwas apodiktischer Form, trotzdem die zugrunde liegenden Vorstellungen keineswegs endgültige Klärung und Anerkennung gefunden haben, sondern nur die nach Ansicht des Vortragenden einfachste und formal durchsichtigste Deutung der spektroskopischen und magnetischen Erfahrung darstellen.

Das Impulsvektorgerüst des Atoms läßt sich beschreiben durch den Drehimpulsvektor R des Atomrumpfes (im Maß $h/2\pi$), den Drehimpuls K des äußersten Valenz- oder Leuchtelektrons, und den aus den Vektoren R und K resultierenden Drehimpuls J des Atoms als Ganzes. K hat zur Verfügung die Quantenzahlen

$$K = 1/2,\ 3/2,\ 5/2,\ 7/2 \dots \qquad (1)$$

und gibt dann Anlaß zu einem

$$s,\ p,\ d,\ f, \dots \text{-Term}.$$

Reprinted from *Phys. Z.* **24**, 441–444 (1923).

R hat zur Verfügung die Quantenzahlen

$$R = {}^1/_2,\ {}^2/_2,\ {}^3/_2,\ {}^4/_2 \dots \qquad (2)$$

und gibt dann Anlaß zu einem Singulett-, Dublett-, Triplet-, Quartett-, ...-Term. Das Vorkommen solcher (A) **halber Quantenzahlen**[1]) ist der erste Widerspruch gegen die gewohnten Regeln.

Durch vektorielle Zusammensetzung von R und K unter verschiedenen Winkeln gewinnt man verschiedene Gesamtimpulsvektoren J, welche Anlaß geben zu der Multiplizität der Terme[2]). Quantentheoretisch erwartet man für J dann die Werte $J = R + K$, $R + K - 1$, $R + K - 2, \dots$ bis $|R - K|$. Statt dessen finden sich empirisch für J die Werte:

$$J = R + K - \tfrac{1}{2},\ R + K - \tfrac{3}{2}, \dots \text{ bis } |R - K| + \tfrac{1}{2}. \qquad (3)$$

Befindet sich das Atom im äußeren Magnetfeld $\mathfrak{H}$, und bedeutet $m = J \cos (J \mathfrak{H})$ die äquatoriale Quantenzahl des Atoms, so erwartet man für m die Werte $m = J$, $J - 1$, $J - 2, \dots$ bis $(-J)$. Statt dessen findet man die Werte:

$$m = J - \tfrac{1}{2},\ J - \tfrac{3}{2}, \dots \text{ bis } -J + \tfrac{1}{2}. \qquad (4)$$

Es erscheint also nach (3) und (4) jedesmal (***B***) **ein Wert weniger als erwartet**[3]).

Die magnetische Energie des Atoms im Feld $\mathfrak{H}$ sollte normalerweise gleich $m \cdot o \cdot h$ sein (o = Larmorfrequenz), ist in Wirklichkeit aber, wie die Termanalyse der magnetischen Aufspaltungstypen zeigt, gleich

$$m \cdot g \cdot o \cdot h, \qquad (5)$$

mit (C) einem **Aufspaltungsfaktor** $\boldsymbol{g \neq 1}$. g hängt dabei von R, K, J ab (s. unten) und ist speziell bei den s-Termen ($K = {}^1/_2$) gleich 2.

Wir erläutern das Vorige an dem Versuch von Stern und Gerlach[1]). Daß hier zwei abgelenkte Atomstrahlen im Abstand ± 1 Magneton, aber kein unabgelenkter Strahl auftritt, deuteten Stern und Gerlach ursprünglich so, es besitze das untersuchte Silberatom (Dublett-s-Termzustand) 1 Magneton als magnetisches Moment und stelle seine Achse parallel ($m = +1$) bzw. antiparallel ($m = -1$), nicht aber quer zum Feld ($m = 0$) ein, entsprechend dem bekannten Querstellungsverbot von Bohr. Die spektroskopischen Erfahrungstatsachen führen aber zu folgender anderer Deutung. Mit seinem $J = 1$ stellt sich das Silberatom nicht mit den Projektionen $m = \pm 1$ unter Ausschluß von $m = 0$ ein, sondern nach (4) mit $m = \pm {}^1/_2$. Das Fehlen des unabgelenkten Strahls ist also nicht durch ein Ausnahmeverbot, sondern als Spezialfall der allgemeinen Regel (B) zu erklären. Übrigens ist Bohrs Querstellungsverbot nicht aufrecht zu erhalten, da jede Parallelkomponente in der Bildmitte beim Zeemaneffekt die Existenz der Querstellung $m = 0$ beweist. Zu $m = \pm {}^1/_2$ beim Silberatom würde nun normalerweise eine Strahlenablenkung von $\pm {}^1/_2$ Magneton gehören. Wegen (5) ist aber für die magnetischen Eigenschaften nicht m, sondern $m \cdot g$ maßgebend, und g ist, wie erwähnt, bei den s-Termen gleich 2, daher $m \cdot g = \pm {}^1/_2 \cdot 2 = \pm 1$ im Einklang mit Stern-Gerlach. Bei Quecksilberatomstrahlen (Singulett-S-Termzustand mit $J = {}^1/_2$) erwartet man keine magnetische Ablenkung, weil nach (4) das Atom mit $J = {}^1/_2$ sich quer zum Feld stellt ($m = 0$). Ebenso wird sich ein Heliumatom im Normalzustand (Parhelium-Singulett-S-Term $J = {}^1/_2$) stets quer ($m = 0$) zu einem angelegten Feld $\mathfrak{H}$ stellen und daher trotz seines Drehimpulses $J = {}^1/_2$ keinen Paramagnetismus zeigen. Allgemein kann man natürlich die verschiedenen magnetischen Momentkomponenten mg der Atome und Ionen im Feld ohne weiteres aus den spektroskopisch bestimmten Zeemantermen mg voraussagen (Spektroskopische Bestimmung paramagnetischer Momentkomponenten = Zeemantermbestimmung), ohne auf irgendwelche Modellvorstellungen einzugehen. Der spektroskopisch gefundene Wert $g = 2$ bei den s-Termen findet eine weitere Auswirkung bei den magneto-mechanischen Versuchen, welche einen doppeltnormalen Effekt zeigen.

---

1) Halbe Quantenzahlen traten zuerst auf bei der Termanalyse der Zeemantypen, nämlich halbzahlige m. Heisenberg führte dazu in seinem (inzwischen verlassenen) magnetooptischen Modell auch halbzahlige K und R ein, ließ aber J ganzzahlig.

2) A. Landé, Verh. d. D. Phys. Ges. **21**, 585, 1919.

3) Bohr betrachtet nicht J, sondern $J + {}^1/_2$ als Gesamtimpuls des Atoms (Kayserheft), erhält also statt (B) jedesmal zwei Werte m weniger als erwartet. Sommerfeld nimmt $J - {}^1/_2$ als Gesamtimpuls an, um dem Widerspruch (B) ganz zu entgehen; es ist aber fraglich, ob nicht allgemeine Gründe des Atombaus letztere Annahme verbieten. U. a. steht Sommerfelds neuartiger Versuch (Ann. d. Phys. **70**, 32, 1923) den Gesamtimpuls des Atoms in geometrisch formaler Weise aus dem Impulsvektor des unangeregten Atoms und dem „Impulsvektor der Anregung" zusammenzusetzen, in scharfem Gegensatz zu dem modellmäßigen Deutungsversuch der Multipletstruktur durch Zusammensetzung des Gesamtimpulses aus den Impulsvektoren der einzelnen Elektronenbahnen bzw. Bahngruppen (Rumpf und Leuchtelektron). In der soeben in dieser Zeitschrift erschienenen Arbeit von Sommerfeld über „spektroskopische Magnetonenzahlen" werden die vom Verf. aus dem Zeemaneffekt spektroskopisch ermittelten Projektionen der magnetischen Momente auf die Feldrichtung zu einer Deutung der Magnetonen selber herangezogen, welche von der früheren Deutung des Verf. und von der noch andern Deutung Bohrs abweicht. Welche der drei vorläufig hypothetischen Magnetonenzahldeutungen die richtige ist, kann wohl eindeutig nach dem gegenwärtigen Stand der Quantentheorie kaum entschieden werden (Anm. bei der Korr.).

1) Stern u. Gerlach, Zeitschr. f. Phys. **9**, 349 und 353, 1922.

Wir kommen jetzt zu einem weiteren Widerspruch, der sich am einfachsten zusammenfaßt in der Formel

$$J^+ = R - \tfrac{1}{2}, \tag{6}$$

d. h. der Impuls eines +-Ions ist um $^1/_2$ Quantum kleiner als der Impuls desselben Ions, wenn es als Rumpf R des kompletten Atoms auftritt. Anders ausgedrückt: Trennt man Rumpf R und Leuchtelektron K eines Atoms durch Hebung von K auf immer höhere Erregungsstufen, so behält R seinen Impuls bei bis zu beliebig lockerer Bindung des K; sobald aber K ganz abgetrennt wird, wird der Impuls des zurückbleibenden Ions plötzlich um $^1/_2$ kleiner (Unterschied zwischen unendlich lockerer Bindung und fehlender Bindung des K). Die fundamentale Paradoxie dieses Resultates betont besonders Bohr[1]), indem er obige Formel (6) in der Gestalt

$$2J^+ = 2R - 1 \tag{7}$$

betrachtet und damit sagt, daß die Zahl $2J^+$ der räumlichen Stellungen eines Ions im äußeren Magnetfeld um 1 kleiner wird, sobald das Ion zum Rumpf R eines Atoms bei beliebig loser Koppelung des eingefangenen Valenzelektrons wird. Die Zahl der Stellungen von J^+ bzw. R im Magnetfeld hängt nämlich eng zusammen mit dem apriorischen Gewicht des als J^+ bzw. R auftretenden Elektronensystems. Das fundamentale Theorem der **adiabatischen Invarianz der apriorischen Gewichte** (Ehrenfest), welches eine Grundlage von Bohrs Aufbauprinzip bildet, ist also bei der Einfangung von Elektronen **durchbrochen** (D).

Ein weiterer Widerspruch zeigt sich bei dem oben eingeführten Aufspaltungsfaktor g, der in schwachem äußeren Magnetfeld als Funktion der Quantenimpulse R, K, J zu berechnen ist durch

$$g_{\text{schwach}} = \frac{3}{2} + \frac{R^2 - K^2}{2\left(J^2 - \frac{1}{4}\right)}. \tag{8}$$

Diese Formel würde sich in der Gestalt

$$g_{\text{schwach}} = 1 + \frac{R\cos(RJ)}{J} \tag{8'}$$

schreiben lassen, wenn nicht im Nenner von (8) (E) der **Summand** $-\,^1/_4$ stände. Ohne dieses $^1/_4$ würde die unter (C) angeführte Anomalität $g \neq 1$ sich bei allen Multiplikationen auf die eine Annahme zurückführen lassen, daß der Rumpf R mit doppelter magnetischer Energie auftritt, also $2R$ Magnetonen besitzt, während das Leuchtelektron K in normaler Weise K Magnetonen besitzt. In starkem äußeren Feld gilt nach W. Pauli[2]) die g-Formel:

$$\left.\begin{aligned} g_{\text{stark}} &= \frac{m_K + 2m_R}{m} \\ \left[m = m_K + m_R,\right. &\left.\begin{matrix} m_K = K\cos(K\mathfrak{H}) \\ m_R = R\cos(R\mathfrak{H}) \end{matrix}\right], \end{aligned}\right\} \tag{9}$$

bei der die verdoppelte magnetische Energie des Rumpfes durch den Faktor 2 an m_R rein zum Ausdruck kommt, ohne Störung durch das $^1/_4$. Paulis Resultat läßt sich demnach so deuten, daß in starkem äußeren Feld die Mechanik in weiterem Maße in Kraft bleibt als in schwachem Feld: in letzterem tritt zu der in (A), (B), (D) erwähnten Modifikation der Quantenbedingungen und der für (C) verantwortlichen Verdoppelung des Rumpfmagnetons noch eine besondere Modifikation (E) der Mechanik, welche fortfällt, wenn das starke äußere Feld die gegenseitige Koppelung von R mit K übertönt; dabei wird dann R für sich und K für sich im starken Feld $\mathfrak{H}$ eingestellt mit den äquatorialen Komponenten [vgl. (4)]:

$$\left.\begin{aligned} m_R &= R - \tfrac{1}{2},\ R - \tfrac{3}{2}, \ldots \text{ bis } -R + \tfrac{1}{2}, \\ m_K &= K - \tfrac{1}{2},\ K - \tfrac{3}{2}, \ldots \text{ bis } -K + \tfrac{1}{2}. \end{aligned}\right\} \tag{10}$$

Pauli zeigt, wie man aus den als bekannt vorausgesetzten Paschen-Back-Termwerten $m\,g_{\text{stark}}$ die Zeeman-Termwerte $m\,g_{\text{schwach}}$ gewinnen kann (statt sie aus der g-Formel (8) zu berechnen), nämlich durch ein auf Heisenberg zurückgehendes Prinzip der „Permanenz der g-Summen"

$$\sum_J g_{\text{stark}} = \sum_J g_{\text{schwach}} \quad (R,\ K,\ m \text{ konstant}). \tag{11}$$

Wir fassen Paulis Methode zur Gewinnung der g_{schwach} (Formel 8) aus den g_{stark} (Formel 9) auf als einen Weg zur formalen Überwindung der unbekannten Mechanik gekoppelter Systeme, mit Hilfe der Permanenz der g-Summen: Man berechne einen Serienterm ν modellmechanisch unter Berücksichtigung der Resultate (A), (B), (C), (D) zunächst in starkem äußeren Feld, wo er den Wert $\nu + m g_{\text{stark}} \cdot o$ hat; nachträglich setze man formal statt des g_{stark} das nach (8) bekannte zugehörige g_{schwach} ein! Dabei muß man aber darauf achten, daß auch die Mittellage ν des feldlosen Terms bei Anlegung des Magnetfeldes verändert wird. Nennt man nämlich ν_0 den „Schwerpunkt" des Termmultiplets, so wird ein feldloser Multipletterm bei $\nu = \nu_0 + \gamma\omega$ liegen, wobei ω eine für alle Terme des Multiplets gemeinsame Frequenzgröße, γ einen von J noch abhängigen Intervallfaktor bedeuten soll, der den „Hebelarm" vom „Schwerpunkt" ν_0 zum feldlosen Term ν mißt. Im äußeren Magnetfeld wird ν dann vollständig beschrieben durch

$$\nu = \nu_0 + \gamma\omega + m g o. \tag{12}$$

Ebenso wie g wird auch γ von schwachem zu starkem Feld verwandelt. Wieder postulieren

1) N. Bohr, Kayser-Heft, Ann. d. Phys. **71**, 228, 1923.
2) W. Pauli, Zeitschr. f. Phys. **16**, 155, 1923.

wir, daß in starkem Feld γ mechanisch zu berechnen sei, nämlich als Maß für die gegenseitige Energie von R gegen K durch den $\cos(RK)$. In starkem Feld kommt durch die unabhängige Präzession von R und K um $\mathfrak{H}$ nur der Mittelwert[1])

$$\left.\begin{aligned}\gamma_{\text{stark}} &= \cos(RK) = \cos(R\mathfrak{H}) \cdot \cos(K\mathfrak{H}) = \\ &= \frac{m_R}{R} \cdot \frac{m_K}{K}\end{aligned}\right\} \quad (13)$$

in Betracht. Von diesem γ_{stark} gehen wir durch ein entsprechendes Prinzip der „Permanenz der γ-Summen"

$$\sum_J \gamma_{\text{stark}} = \sum_J \gamma_{\text{schwach}} \quad (R,\ K,\ m \text{ konstant}) \quad (14)$$

nach Paulis Rezept zu dem zugehörigen γ_{schwach} über. Allgemein ergibt sich dann die Formel

$$\gamma_{\text{schwach}} = \frac{J^2 + \frac{1}{4} - R^2 - K^2}{2RK}, \quad (15)$$

welche mit der Intervallregel des Verf. im Einklang ist. Diese Formel würde sich in der Gestalt

$$\gamma_{\text{schwach}} = \cos(RK)$$

schreiben lassen, wenn im Zähler nicht (E) der **Summand** $+ {}^1/_4$ stände. Die beiden Permanenzprinzipien (11) und (14) zeigen also nach dieser Auffassung einen Weg, um die unbekannte Mechanik gekoppelter Termzustände formal zu umgehen auf dem Umweg über die bekannte Mechanik der Termzustände in starkem äußeren Magnetfeld.

1) Man kann, wenn von der Modifikation (E) abgesehen wird, den anomalen Zeemaneffekt darauf zurückführen, daß das Leuchtelektron K mit normaler Larmorfrequenz o, der Rumpf aber mit $2o$ um $\mathfrak{H}$ präzessieren will. In schwachem äußeren Feld schließen beide den Kompromiß, ihre Resultante J mit $g \cdot o$ präzessieren zu lassen. In starkem Feld machen sich K und R unabhängig und präzessieren mit o bzw. $2o$ für sich um $\mathfrak{H}$. g ist für die Grundtermzustände (s-Term) gleich 2; damit hängt eng zusammen der doppeltnormale magnetomechanische Effekt nach Barnett, Einstein-de Haas und Beck. (Vgl. Zeitschr. f. Phys. 11, 353, 1922).

279

Termstruktur der Multipletts höherer Stufe.

Von **A. Landé** in Tübingen und **W. Heisenberg** in Göttingen.

(Eingegangen am 18. Mai 1924.)

Im Anschluß an die Struktur des Neonspektrums wird die Struktur der Multipletts höherer Stufe abgeleitet auf Grund eines Verzweigungsprinzips.

Im folgenden soll die Multiplettstruktur, d. h. die Termvielfachheit und die Ordnung der „inneren" Quantenzahlen bei denjenigen Komplextermen besprochen werden, welche nicht dem früher behandelten System[1]) der Singulett-, Dublett- usw. Terme angehören. Obwohl das Neonspektrum das einzige bisher bekannte solche System darstellt, kann man doch die dort gültigen Gesetze leicht verallgemeinern. Als modellmäßiges Charakteristikum für jene früheren Multipletts, die wir als solche erster Stufe bezeichnen wollen, wurde angesehen, daß zum Drehimpuls R des Atomrumpfes nur Elektronen der niedrigsten azimutalen Quantenzahl ($k = 1$ in Sommerfelds, $K = 1/2$ in unserer Normierung) beitragen, indem die im Rumpf enthaltenen Elektronen als s-Terme gebunden wurden. Sind im Atomrumpf auch n_k-Elektronen mit $k > 1$ vorhanden, so müssen wir annehmen, daß die Termzustände des Atoms immer noch zur ersten Stufe gehören, wenn jene Impulsbeiträge $k > 1$ sich nach Größe und Richtung gegenseitig fortheben, d. h. impulslos abgeschlossene Schalen bilden (z. B. geben K und Na denselben Spektraltypus wie Li, weil die 2_1-Bahnen sich dort in ihren Impulsen neutralisieren, ebenso die 2_2-, die 3_1- und die 3_2-Bahnen). Trägt dagegen zum Rumpfimpuls außer n_1-Bahnen auch eine n_k-Bahn mit $k > 1$ bei, indem eines der impulsbeitragenden Rumpfelektronen als p-Term oder d-Term usw. gebunden wurde, so gibt das Atom Multipletts zweiter Stufe. Tragen zwei n_k-Bahnen mit $k > 1$ zum Rumpfimpuls bei, indem etwa zwei Elektronen als p-Terme oder auch eines als p-Term und eines als d-Term usw. gebunden wurde, derart, daß die Impulse sich nicht fortheben, so gibt das Atom Multipletts dritter Stufe usw.; die verschiedenen Stufen bauen sich sukzessive aufeinander auf.

Ein Beispiel für ein Komplexsystem zweiter Stufe gibt das von Paschen analysierte Neonspektrum[2]). Dieses läßt sich zwar nicht

[1]) A. Landé, Termstruktur und Zeemaneffekt der Multipletts. ZS. f. Phys. **15**, 189, 1923 und **19**, 112, 1923.

[2]) F. Paschen, Das Spektrum des Neons. Ann. d. Phys. **60**, 405, 1915 und **63**, 201, 1920.

Reprinted from *Z. Phys.* **25**, 279–286 (1924).

bezüglich seiner Intervallverhältnisse und seines Zeemaneffektes, wohl aber bezüglich seiner Struktur (d. h. Vielfachheit und „innere“ Quantenzahlen J) zerlegt denken in ein Singulettsystem, zwei Triplettsysteme und ein Quintettsystem[1]. Und zwar baut sich das Singulettsystem und das eine Triplettsystem über dem Dublett-$\mathfrak{p}_2$-Term des Neonions auf, das andere Triplett- und das Quintettsystem über dem Dublett-$\mathfrak{p}_1$-Term des Neonions[2]; dies ist angedeutet durch das in Tabelle 1 reproduzierte Schema der inneren Quantenzahlen J beim Neon:

Tabelle 1.

Neonion	$\mathfrak{p}_2$-Term $J = 1$	$\mathfrak{p}_1$-Term $J = 2$
Neonatom: Terme 2. Stufe . s	$1/2$ $3/2$	$3/2$ $5/2$
p	$3/2$ $1/2$ $3/2$ $5/2$	$1/2$ $3/2$ $5/2$ $3/2$ $5/2$ $7/2$
d	$5/2$ $3/2$ $5/2$ $7/2$	$3/2$ $5/2$ $7/2$ $1/2$ $3/2$ $5/2$ $7/2$ $9/2$

Dem Ne^+-Term $J = 1$ entspringen (durch „Verzweigung“ von J in $J \pm 1/2$) zwei Ne-s-Terme mit $J = 1/2$ bzw. $3/2$, und dem Ne^+-Term $J = 2$ entspringen zwei Ne-s-Terme mit $J = 3/2$ und $J = 5/2$. Diese vier s-Terme werden dann zur Grundlage der vier ineinandergreifenden Termsysteme des Neonatoms.

Es muß besonders betont werden, daß diese Einteilung des Neonspektrums in ein Singulett-Triplett- und ein Triplett-Quintett-Termsystem nicht etwa bedeuten soll, daß auch die Intervall- und Intensitätsverhältnisse und der Zeemaneffekt hier dieselben Gesetze befolgen wie bei den entsprechenden Multipletts erster Stufe; vielmehr soll diese Einteilung nur eine übersichtliche Ordnung der vorkommenden J-Werte erleichtern. In Wirklichkeit bilden die vier s-Terme zusammen eine enge Einheit und ebenso bilden die zehn p-Terme zusammen eine enge Einheit usw., wie besonders bei ihren zurzeit von Back untersuchten Zeemaneffekten hervortritt. Diese engen Einheiten werden nur dadurch gegliedert, daß die von Ne^+-$\mathfrak{p}_2$ abgezweigte Termgruppe nach Paschen um rund 780 Wellenzahlen gegenüber der von Ne^+-$\mathfrak{p}_1$ abgezweigten Termgruppe verschoben ist. Diese Gruppeneinteilung gegeneinander verschobener Terme ist in Tabelle 1 (und allgemein in Tabelle 2) durch senkrechte Trennungsstriche angedeutet.

Das Schema der J-Werte von Tabelle 1 läßt sich nun hypothetisch erweitern zu dem allgemeinen Schema der Multipletterme

[1] A. Landé, Zur Struktur des Neonspektrums. ZS. f. Phys. 17, 292, 1923.
[2] W. Grotrian, Das L-Dublett des Neons. ZS. f. Phys. 8, 116, 1922.

zweiter Stufe mit den in Tabelle 2 angegebenen J-Werten[1]). Die Normierung des J schließt sich der schon bei den Multipletts erster Stufe bewährten an; die Bezeichnungsweise der Spektroskopie behält diese J-Werte bei, soweit sie ganzzahlig sind, schreibt aber statt der halbzahligen J-Werte um $1/2$ kleinere Werte als „innere" Quantenzahlen j.

Bei den Multipletts erster Stufe war als praktische Termbezeichnung das Symbol n_{kj}^{r} eingeführt worden (n als Hauptquantenzahl, j als ganze innere Quantenzahl, $k = 1, 2, 3 \ldots$ bei den $s, p, d \ldots$-Termen, $r = 1, 2, 3 \ldots$ bei Singulett-, Dublett-, Triplett...-Termen). Bei den Komplextermen zweiter Stufe werden wir mehrere Werte r als obere Indizes anfügen n_{kj}^{rrr}, also etwa einen Neonterm, weil er dem Singulett-Triplett-Quintett-System angehört, mit n_{kj}^{1335} bezeichnen. Soll noch besonders angedeutet werden, daß der betreffende Term speziell zu der von $Ne^{+} - \mathfrak{p}_1$ abgezweigten Triplett-Quintettgruppe gehört, so wird durch Überstreichen geschrieben $n_{kj}^{13\overline{35}}$. Da es dann immer noch zwei solche Terme gibt, müssen diese vorläufig noch durch angehängte Buchstaben a und b unterschieden werden, wie es folgende Gegenüberstellung der systematischen Bezeichnung und der von Paschen beim Neon gebrauchten erläutert.

Tabelle 3.

s_3	s_2	s_4	s_5	p_1	p_2	p_5	p_4	p_3	p_7	p_{10}	p_6	p_8	p_9
$n_{10}^{\overline{1}335}$	$n_{11}^{\overline{1}3\overline{35}}$	$n_{11}^{13\overline{35}}$	$n_{12}^{13\overline{35}}$	$n_{20}^{\overline{1}335}$	$n_{21a}^{\overline{1}335}$	$n_{21b}^{\overline{1}335}$	$n_{22}^{\overline{1}335}$	$n_{20}^{13\overline{35}}$	$n_{21a}^{13\overline{35}}$	$n_{21b}^{13\overline{35}}$	$n_{22a}^{13\overline{35}}$	$n_{22b}^{13\overline{35}}$	$n_{23}^{13\overline{35}}$

s_1'	s_1''	s_1''''	s_1'''	d_6	d_2	d_5	d_1''	d_3	d_1'	d_4	d_4'
$n_{31}^{\overline{1}335}$	$n_{32a}^{\overline{1}335}$	$n_{32b}^{\overline{1}335}$	$n_{33}^{\overline{1}335}$	$n_{30}^{13\overline{35}}$	$n_{31a}^{13\overline{35}}$	$n_{31b}^{13\overline{35}}$	$n_{32a}^{13\overline{35}}$	$n_{32b}^{13\overline{35}}$	$n_{33a}^{13\overline{35}}$	$n_{33b}^{13\overline{35}}$	$n_{34}^{13\overline{35}}$

Diese Bezeichnungsweise für die Terme zweiter Stufe ist eindeutig, wenn man noch verabredet, mit a den kleineren, mit b den größeren der beiden Terme gleicher übriger Indizes zu benennen.

Das Neonspektrum bildet bisher das einzige bekannte Beispiel eines Multiplettsystems zweiter Stufe. Trotzdem kann sein in Tabelle 1 gegebenes Strukturschema mit gutem Grund zu dem Schema der Tabelle 2 erweitert werden; denn wir wenden dabei das gleiche Verzweigungsprinzip an, das sich schon bei den Multipletts

[1]) Bei der Verzweigung von $J = 1/2$ in 0 und 1 hat nur der letztere Zweig reale Bedeutung, da Terme mit $J = 0$ durch die allgemeine Strukturregel: $|R - K| + 1/2 \leq J \leq |R + K| - 1/2$ ausgeschlossen sind.

Tabelle 2.

Singulett-p-Term 1. Stufe	n_{21}^{1}	3/2 → 1	3/2 → 2			
Dublett-Quartett-System 2. Stufe	n_{kj}^{24}	1 2 2 3 3 4	1 2 3 1 2 3 4 2 3 4 5			
Dublett-p-Terme 1. Stufe	n_{2j}^{2}	1 → 1/2	1 → 3/2	2 → 3/2	2 → 5/2	
Singulett-Triplett-Quintett-System 2. Stufe	n_{kj}^{1335}	3/2 5/2 7/2	1/2 3/2 5/2 3/2 5/2 7/2 5/2 7/2 9/2	1/2 3/2 5/2 3/2 5/2 7/2 5/2 7/2 9/2	3/2 5/2 7/2 1/2 3/2 5/2 7/2 9/2 3/2 5/2 7/2 9/2 11/2	
Triplett-p-Terme 1. Stufe	n_{2j}^{3}	1/2 → 1	3/2 → 1	3/2 → 2	5/2 → 2	5/2 → 3
Dublett-Quartett-Sextett-System 2. Stufe	n_{kj}^{22446}	1 2 2 3 3 4	1 2 2 3 3 4	1 2 3 1 2 3 4 2 3 4 5	1 2 3 1 2 3 4 2 3 4 5	2 3 4 1 2 3 4 5 1 2 3 4 5 6

Tabelle 2 (Fortsetzung).

Singulett-*d*-Term 1. Stufe	n^{1}_{32}	$5/2$ → 2			$5/2$ → 3		
Quartett-Sextett-System 2. Stufe	n^{46}_{kj}	1 2 3 1 2 3 4 2 3 4 5			2 3 4 1 2 3 4 5 1 2 3 4 5 6		
Dublett-*d*-Terme 1. Stufe	n^{2}_{3j}	2 → $3/2$	2 → $5/2$		3 → $5/2$	3 → $7/2$	
Triplett-Quintett-Septett-System 2. Stufe	n^{3557}_{kj}	$1/2$ $3/2$ $5/2$ $3/2$ $5/2$ $7/2$ $5/2$ $7/2$ $9/2$	$3/2$ $5/2$ $7/2$ $1/2$ $3/2$ $5/2$ $7/2$ $9/2$ $3/2$ $5/2$ $7/2$ $9/2$ $11/2$		$3/2$ $5/2$ $7/2$ $1/2$ $3/2$ $5/2$ $7/2$ $9/2$ $3/2$ $5/2$ $7/2$ $9/2$ $11/2$	$5/2$ $7/2$ $9/2$ $3/2$ $5/2$ $7/2$ $9/2$ $11/2$ $1/2$ $3/2$ $5/2$ $7/2$ $9/2$ $11/2$ $13/2$	
Triplett-*d*-Terme 1. Stufe	n^{3}_{3j}	$3/2$ → 1	$3/2$ → 2	$5/2$ → 2	$5/2$ → 3	$7/2$ → 3	$7/2$ → 4
Dublett-Quartett-Sextett-Oktett-System 2. Stufe	n^{244668}_{kj}	1 2 2 3 3 4	1 2 3 1 2 3 4 2 3 4 5	1 2 3 1 2 3 4 2 3 4 5	2 3 4 1 2 3 4 5 1 2 3 4 5 6	2 3 4 1 2 3 4 5 1 2 3 4 5 6	3 4 5 2 3 4 5 6 1 2 3 4 5 6 7

erster Stufe bewährt. Hat etwa ein Ion (Mg^+) einen Dublett-𝔰-Term als Grundzustand mit $J = 1$, so hat das zugehörige Atom (Mg) zwei s-Terme mit $J = {}^1/_2$ und $J = {}^3/_2$ und zeigt demnach ein Singulett- und ein Triplettsystem erster Stufe.

Wir verallgemeinern diese Verzweigungsregel wie folgt: Wenn sich das Atom auf Zuständen des Ions aufbaut, die durch die J-Werte $J_1, J_2, \ldots J_n$ charakterisiert sind, so nehmen wir an, daß das Atom $2n$ s-Terme besitzt mit den J-Werten $J_1 \pm {}^1/_2, \ldots J_n \pm {}^1/_2$, und daß das Atom dementsprechend $2n$ Multiplettsysteme zeigt von der Vielfachheit $2J = 2(J_1 \pm {}^1/_2)$, $2(J_2 \pm {}^1/_2)$, ... usw.[1]) Dieser Verzweigungssatz erscheint als Erweiterung und Präzisierung des Rydbergschen Wechselsatzes.

Charakteristisch für die Verzweigung ist noch, daß die beiden Multiplettsysteme, die sich auf einem Zustand des Ions aufbauen, offenbar eine besondere Zusammengehörigkeit zeigen. Sie besitzen nämlich die gleiche Seriengrenze, da ja bei völliger Ionisation ein bestimmter Term des Ions übrigbleibt[2]).

Die Anwendung dieses Prinzips auf die Terme n_{kj}^r 1. Stufe mit den von ihnen abgezweigten (→) Termsystemen 1. und 2. Stufe zeigt die hypothetische Tabelle 4.

Tabelle 4.

$n_{10}^1 \rightarrow n_{kj}^2$	$n_{11}^2 \rightarrow n_{kj}^1\ n_{kj}^3$	$n_{11}^3 \rightarrow n_{kj}^2\ n_{kj}^4$	$n_{12}^4 \rightarrow n_{kj}^3\ n_{kj}^5$	...
$n_{21}^1 \rightarrow n_{kj}^{24}$	$n_{2j}^2 \rightarrow n_{kj}^{1335}$	$n_{2j}^3 \rightarrow n_{kj}^{22446}$	$n_{2j}^4 \rightarrow n_{kj}^{133557}$	...
$n_{32}^1 \rightarrow n_{kj}^{46}$	$n_{3j}^2 \rightarrow n_{kj}^{3557}$	$n_{3j}^3 \rightarrow n_{kj}^{244668}$	$n_{3j}^4 \rightarrow n_{kj}^{13355779}$	...
$n_{43}^1 \rightarrow n_{kj}^{68}$	$n_{4j}^2 \rightarrow n_{kj}^{5779}$	$n_{4j}^3 \rightarrow n_{kj}^{4668810}$	$n_{4j}^4 \rightarrow n_{kj}^{355779911}$	...
......	....	....	....	...

Zu beachten ist noch, daß die Terme des Ions, über denen sich die Terme des Atoms aufbauen, nicht identisch zu sein brauchen mit

[1]) Nur wenn J_1 selbst gleich ${}^1/_2$ ist, findet bei ihm eine Verzweigung nicht in $J_1 \pm {}^1/_2 = 0$ und 1, sondern nur in $J_1 + {}^1/_2 = 1$ statt, so daß das Atom dann nur $(2n - 1)$ s-Terme besitzt, auf denen sich $2n - 1$ Multiplettsysteme aufbauen (vgl. S. 281, Anm. 1).

[2]) Als Beispiel diene das Cd, dessen Singuletterme und Tripletterme bei hoher Laufzahl derselben Grenze zustreben (denn sie sind verzweigt aus dem Dublett 𝔰-Term des Cd-Ions). Als zweites Beispiel diene das Ne, bei dem die vom Dublett $\mathfrak{p}_1$-Term des Ne-Ions abgezweigten Terme $n^{13\overline{3}\overline{5}}$ einer gemeinsamen Grenze zustreben, die vom Dublett $\mathfrak{p}_2$-Term abgezweigten Terme $n^{13\overline{3}\overline{5}}$ einer anderen gemeinsamen Grenze zustreben, die gegen erstere um rund 780 Wellenzahlen verschoben ist.

den Grundtermen des Ions. Vielmehr können auch im Ion, indem es zum Atomrumpf wird, noch beträchtliche Quantensprünge seiner Elektronen vorkommen; man darf also das Aufbauprinzip nicht allzu eng auffassen.

Ebenso wie sich die Multipletts zweiter Stufe durch Verzweigung auf den höheren Termen erster Stufe aufbauen, so gewinnt man durch naturgemäße Verallgemeinerung von Tabelle 2 von der zweiten Stufe ausgehend durch Verzweigung die Komplexterme dritter Stufe. Ist z. B. das zu vorletzt gebundene Elektron als Term n_{kj}^{1335} (p-Term des Neonspektrums) gebunden, so wird jeder p-Term zweiter Stufe sich durch Hinzukommen des zuletzt gebundenen Elektrons in zwei s-Terme dritter Stufe verzweigen mit den folgenden J-Werten (Tabelle 5):

Tabelle 5.

n_{2j}^{1335}-p-Terme 2. Stufe $J =$	$^3/_2$	$^1/_2$	$^3/_2$	$^5/_2$	$^1/_2$	$^3/_2$	$^5/_2$	$^3/_2$	$^5/_2$	$^7/_2$
	↙ ↘	↓	↙ ↘	↙ ↘	↓	↙ ↘	↙ ↘	↙ ↘	↙ ↘	↙ ↘
s-Terme 3. Stufe $J =$	1 2	1	1 2	2 3	1	1 2	2 3	1 2	2 3	3 4

Man hat also hier 18 s-Terme dritter Stufe zu erwarten, unter ihnen 6 s-Terme mit $J = 1 = {}^2/_2$, 7 s-Terme mit $J = {}^4/_2$, 4 s-Terme mit $J = {}^6/_2$ und 1 s-Term mit $J = {}^8/_2$; demnach soll das Spektrum dritter Stufe hier aus 6 Dublettsystemen, 7 Quartett-, 4 Sextett- und 1 Oktettsystem bestehen, deren Terme sich jedoch bezüglich ihrer Intervalle und ihres Zeemaneffektes ganz anders verhalten werden als bei den betreffenden Multipletts erster Stufe. Man sieht, daß hier eine große Fülle von ineinandergreifenden Termsystemen zu erwarten ist, von der aus man durch Verzweigung weiter zu Komplextermen höherer Stufen übergehen kann. Zum Glück werden aber wohl Komplextermsysteme höherer Stufen nur selten vorkommen, weil mehrere n_k-Rumpfelektronen mit $k > 1$ ihre Impulse nach Größe und Richtung leicht aufheben können, indem sie zu abgeschlossenen Schalen zusammentreten. Immerhin darf man Spektra höherer Stufen besonders dort suchen, wo etwa nach Bohrs System mehrere n_k-Bahnen mit $k > 1$ in unabgeschlossenen Schalen vorliegen sollen.

Von besonderem Interesse wird es sein, die Differenzen der gegeneinander verschobenen Termgruppen (z. B. $A = 780$ bei Ne) zu verfolgen und zu sehen, ob etwa bei den über Tripletttermen erster Stufe aufgebauten Termen zweiter Stufe sich in der Tat drei Gruppen aussondern lassen, deren Verschiebungen A und B mit den

Intervallen der zugrunde liegenden drei Tripletterme erster Stufe übereinstimmen.

Zur modellmäßigen Bedeutung des Verzweigens möge hier nur weniges bemerkt werden. Hat etwa das Neonion (vgl. Tabelle 1) die Gesamtimpulsquantenzahlen $J = 1$ (als $\mathfrak{p}_2$-Term) bzw. $J = 2$ (als $\mathfrak{p}_1$-Term), so erwartet man eigentlich nach dem Bohrschen Aufbauprinzip, daß der Rumpf des Neonatoms, der ja nichts anderes ist als das Neonion, jetzt die Rumpfquantenzahlen $R = 1$ bzw. $R = 2$ zeigen wird. Statt dessen besitzt er die Rumpfquantenzahlen $R = 1 \pm 1/2$ bzw. $R = 2 \pm 1/2$ [wie man aus Tabelle 1 sieht; denn R ist[1]) stets identisch mit dem J-Wert des $\mathfrak{s}$-Terms, hier also gleich $1/2$, $3/2$, $3/2$ und $5/2$]. Die Verzweigung bedeutet also, daß das Ion, wenn es durch Einfangung eines äußeren Elektrons zum Rumpf eines Atoms wird, scheinbar entgegen dem Aufbauprinzip zwei neue Zustände mit um $\pm 1/2$ geändertem Impuls annimmt. Die nähere Diskussion dieses auf Grund der Bohrschen Theorie aus der spektroskopischen Erfahrung abzulesenden Tatbestandes führt aber zu so prinzipiellen Schwierigkeiten[2]), daß gerade dieser formal so einfach darstellbare Impulsverzweigungsprozeß einer der Haupteinwände gegen die Anwendbarkeit der für bedingt-periodische Bewegungen gültigen Quantenregeln auf die gekoppelten Systeme geworden ist[3]) und weiterhin zu einem einfachen Modifikationsversuch[4]) der bisherigen Quantenregeln gedient hat.

Die Zeemaneffekte bei den höheren Multiplettstufen werden demnächst im Anschluß an eine von Back unternommene magnetische Untersuchung des Neonspektrums besprochen, wobei sich das Verzweigungsprinzip in Verbindung mit dem Permanenzprinzip der g-Summen ebenfalls bewährt.

---

1) Wegen der allgemeinen Strukturregel $|R - K| + 1/2 \leq J \leq |R + K| - 1/2$.

2) N. Bohr, Kayserheft der Ann. d. Phys. **71**, 228, 1923.

3) Vgl. z. B. A. Landé, Phys. ZS. **24**, 441, 1923 (Vortrag in Bonn).

4) W. Heisenberg, ZS. f. Phys. (erscheint demnächst).

Über gestrichene und verschobene Spektralterme.

Von **A. Landé** in Tübingen.

(Eingegangen am 22. Juli 1924.)

§ 1. Folgerungen aus dem Zeemaneffekt für die gestrichenen Terme. — § 2. Folgerungen aus den Intervallen. — § 3. Die verschobenen Terme. — § 4. Die Durchbrechung des Auswahlprinzips.

§ 1. Die Vermutung, daß die zuerst von R. Götze untersuchten Kombinationen (pp'), (dd') gewöhnlicher Terme mit „gestrichenen" Termen auf einer Umbildung der Elektronenbahnen im Atomrumpf beruhen, wurde von Bohr[1]) 1922 im Anschluß an sein Aufbausystem in präziser Form für die Erdalkalien so ausgesprochen: Das zu vorletzt gebundene Elektron, z. B. des Ca, soll bei den gewöhnlichen Termen in einer 4_1-Bahn, bei den gestrichenen Termen in einer 3_3-Bahn laufen, während das zuletzt gebundene Leuchtelektron im np- und np'-Term gleicher Hauptquantenzahl n beidemal die gleiche n_2-Bahn beschreibt. Diese Ansicht suchte G. Wentzel[2]) 1924 zu stützen, indem er die Grenze ∞p der np-Termfolge um $\Delta\nu = 13700$ gegen die Grenze $\infty p'$ der np'-Termfolge verschoben nachzuweisen suchte, fast übereinstimmend mit der Differenz $\Delta\nu = 95719 - \frac{82069}{82009} = 2\mathfrak{s}^+ - 3\,\frac{\mathfrak{d}_2^+}{\mathfrak{d}_1^+}$, d. h. der 4_1- gegen der 3_3-Bahn im Ca^+-Spektrum. Bohr weist auf die Durchbrechung der Auswahlregel für k beim Übergang des vorletzten Ca-Elektrons von der 3_3- zur 4_1-Bahn hin, welche andererseits nach Franck für die relative Beständigkeit (Metastabilität) der gestrichenen Termzustände verantwortlich zu machen sei.

Im folgenden wird eine Änderung dieser spezialisierten Ansicht vorgeschlagen, welche unmittelbar aus den 1923 gefundenen Grundzügen des Impulsvektorgerüsts[3]) in den verschiedenen Komplextermzuständen ablesbar ist (Impulsquanten R, K, J von Rumpf, Leuchtelektron und Atomganzem auf Grund der Struktur, Intervalle und Zeemaneffekte bei den Multipletts). Es ergab sich nämlich u. a., daß zwei Termkomplexe, welche gleiche Multiplizität mit gleichen

---

[1]) N. Bohr, Drei Aufsätze über Spektren und Atombau, Nachschrift S. 148. Braunschweig, Friedr. Vieweg & Sohn Akt.-Ges., 1922.

[2]) G. Wentzel, Phys. ZS. **25**, 182, 1924.

[3]) A. Landé, Termstruktur und Zeemaneffekt der Multipletts, ZS. f. Phys. **15**, 189, 1923.

Reprinted from *Z. Phys.* **27**, 149–156 (1924).

„inneren“ Quantenzahlen und magnetischen Termaufspaltungen besitzen (wie beim Ca die Komplexe np und die Komplexe mp'), auch in den Impulsen K des Leuchtelektrons und R des Atomrumpfs einander gleich sein müssen, und daß überdies der bei np und mp' gemeinsame Rumpfimpuls R nur aus Impulsbeiträgen von n_1-Bahnen aufgebaut sein kann, soweit es sich um „Komplextermzustände erster Stufe“ handelt.

Die Beteiligung der Einzelimpulsbeiträge $^1/_2$ solcher n_1-Bahnen an dem durch den Zeemaneffekt ermittelten Rumpfimpuls $R = {}^3/_2$ der Tripletterme ist dann nach den übrigen Erfahrungen über den Schalenbau eindeutig gegeben: Zwei Impulse $^1/_2$ rühren her von den 1_1-Bahnen der beiden innersten Elektronen (Heliumschale), der dritte Impuls $^1/_2$ von dem im Erdalkali zu vorletzt gebundenen Elektron, während die symmetrisch abgeschlossenen Viererschalen niemals Rumpfimpulsbeiträge liefern. Es ist also das vorletzte Elektron bei den gewöhnlichen wie bei den gestrichenen Erdalkalitermen unbedingt als n_1-Bahn anzusprechen. Die Möglichkeit, daß das vorletzte Elektron als 3_3-Bahn (gestrichene Termen nach Bohr) mit dem Impulsbeitrag $^5/_2$ die beiden innersten Elektronenimpulse $^1/_2 + {}^1/_2$ zu der gewünschten Resultante $R = {}^3/_2 = {}^5/_2 - {}^1/_2 - {}^1/_2$ ergänzt, ist deshalb auszuschließen, weil ein solcher Rumpf zu Spektraltermen zweiter Stufe [1]) Anlaß geben würde.

Der Unterschied zwischen gewöhnlichen und gestrichenen Termen kann also nur in der Hauptquantenzahl n des vorletzten Elektrons liegen, und nicht in seiner Azimutalquantenzahl k, welche beidemal gleich 1 sein muß (bzw. $^1/_2$ in der Normierung von Heisenberg und Verf.). Das oben erwähnte Gegenargument von Wentzel wiegt übrigens um so weniger, als seine Bestimmung der Grenze $\infty p'$ eine ziemlich gezwungene Anwendung der Ritzschen Formel auf drei (hypothetisch) zu einer Serie gerechnete p'-Terme macht, die sich nur mit ganz ungewöhnlich großen Korrektionsgrößen der Ritzschen Formel einfügen. Mit der Abweisung der 3_3-Bahnen kann auch die von Wentzel, l. c., in Form eines allgemeinen Gesetzes vermutete und zu weiteren Schlüssen verwendete Auswahlregel beim Springen von zwei Elektronen nicht als haltbar angesehen werden. Allgemein dürften Vorschläge zur Erklärung der gestrichenen Terme, die ihre Begründung nur auf Vergleichen zwischen Termschwingungszahlen bauen, nicht entfernt diejenige Sicherheit beanspruchen können, welche die klaren Gesetzmäßigkeiten des Zeemaneffekts liefern.

[1]) A. Landé und W. Heisenberg, Termstruktur der Multipletts höherer Stufe. ZS. f. Phys. **25**, 279, 1924.

Wir verallgemeinern nun obigen, aus dem Zeemaneffekt abgelesenen Tatbestand für den Fall, daß außer gewöhnlichen x-Termen und gestrichenen x'-Termen noch weitere Termfolgen nx'', nx''' usw. existieren (Beispiele siehe unten): Beschreibt beim x-Term das vorletzte Elektron eine n_1-Bahn, so beschreibt es bei den x'-, x''-, x'''-Termen eine m_1-Bahn mit $m = n + 1$, $n + 2$, $n + 3$ usw. und stets $k = 1$. Die Termart, ob p- oder d-Term, wird durch die azimutale Quantenzahl $k = 2$ oder $k = 3$ (bzw. $K = {}^3/_2$ oder $K = {}^5/_2$ in der systematischen Normierung) usw. des zuletzt gebundenen Leuchtelektrons bestimmt. Bei den Kombinationen zweier x-Terme untereinander oder zweier x'-Terme untereinander usw. springt nur das Leuchtelektron unter Befolgung der Auswahlregel $k \rightarrow k \pm 1$. Bei einer gemischten Kombination (xx') oder $(x'x'')$ oder (xx'') usw. springt das vorletzte Elektron, und zwar unter Beibehaltung seines $k = 1$, indem sich jedoch seine Hauptquantenzahl n ändert.

Während Bohrs spezialisierte Vorstellung $3_3 \rightarrow 4_1$ einen k-Sprung des vorletzten Elektrons um 2 Quanten verlangte, stellen wir einen k-Sprung um Null fest, der ebenfalls den üblichen Auswahlregeln widerspricht, andererseits aber wieder im Sinne von Franck und Reiche die Metastabilität der gestrichenen Termzustände gewährleistet.

§ 2. Neben dem Zeemaneffekt und der Multiplettstruktur gibt die Betrachtung der Termintervalle näheren Aufschluß über die Elektronenbahnen bei den gewöhnlichen und den gestrichenen Termen; denn die Termintervalle hängen ja, wie ihre relativistischen Gesetzmäßigkeiten lehren [1]), eng mit den Dimensionen der inneren und äußeren Bahnschleife des Leuchtelektrons zusammen. Als typisches Beispiel betrachten wir wieder das Ca-Spektrum. Hier liegen nach Paschen und Götze [2]) und nach del Campo [3]) folgende drei p'-Termkomplexe vor:

mp'	bei 10800	mit den Intervallen	86,79 : 47,33	$(5_1\ 4_2)$
np'	„ 750	„ „ „	25,90 : 13,54	$(5_1\ 5_2)$
op'	„ — 5000	„ „ „	14,59 : 11,73	$(5_1\ 6_2)$

welche kombinieren mit dem p-Term:

$2p$ bei 34000 mit den Intervallen 105,92 : 52,24 $(4_1\ 4_2)$.

Die geringe Verschiedenheit der Intervalle in mp' gegenüber denen in $2p$ zeigt, daß das Leuchtelektron beidemal dieselbe n_k-Quantenbahn

[1]) A. Landé, ZS. f. Phys. **25**, 46, 1924.

[2]) Paschen und Götze, Seriengesetze der Linienspektren. Berlin, J. Springer, 1922.

[3]) A. del Campo, Trabajos Lab. Fis. Madrid 1923, S. 31.

mit $k = 2$ beschreibt, die Differenz $mp' - 2p$ also durch Änderung der Hauptquantenzahl n bei der n_1-Bahn des vorletzten Elektrons zustande kommt. Die kleineren Intervalle von np' und op' zeigen gemäß den relativistischen Intervallgesetzen, daß hier das Leuchtelektron n_2-Bahnen mit größeren n als bei mp' und $2p$ ausführt. Im Anschluß an Bohrs Schalenbausystem können die n_k-Bahnen des vorletzten und letzten Elektrons speziell so vermutet werden, wie es in Klammern hinter den Termintervallen oben angegeben ist; jedoch haben letztere Einzelangaben einen viel geringeren Grad von Sicherheit. Immerhin kann man sie quantitativ zu stützen suchen durch folgende Gegenüberstellung gemessener Ca-Terme und Differenzen beim Übergang $\rightarrow$ von einer Konfiguration des vorletzten und letzten Elektrons zu einer andern:

$$(4_1\,4_1) \rightarrow (5_1\,4_1) = (4_1\,4_1) \rightarrow (4_1\,5_1)$$
$$= 2s - 3s \quad = 17765 - 8830 = 8935$$
$$(4_1\,3_3) \rightarrow (5_1\,3_3) = 3d_1 \rightarrow md_1' = 28934 - 11045 = 17889$$
$$(4_1\,4_2) \rightarrow (5_1\,4_2) = 2p_1 \rightarrow mp_1' = 33988 - 10752 = 23236$$
$$(4_1\,\infty) \rightarrow (5_1\,\infty) = 2s^+ \rightarrow 3s^+ = 95719 - 43554 = 52165$$

Dieses Schema zeigt nämlich, daß der Übergang des vorletzten Elektrons von der 4_1- zur 5_1-Bahn sukzessiv ansteigende Energien braucht, wenn dabei das erste Mal das Leuchtelektron auf der 4_1-Bahn, das zweite Mal auf der 3_3-Bahn, das dritte Mal auf der 4_2-Bahn gehalten wird und das vierte Mal ganz abgetrennt ist. Natürlich ist solchen Betrachtungen keinerlei bindende Beweiskraft zuzumessen; vielmehr stützen wir uns nach wie vor auf die sicheren Schlüsse aus dem Zeemaneffekt.

Ähnlich wie bei Ca liegen die Verhältnisse bei Be. Hier existieren nach Back[1]) zwei Termkomplexe

$2p$ mit den Intervallen 2,36 : 0,69
p' „ „ „ 2,03 : 1,41

Die annähernde Größengleichheit der Intervalle zeigt, daß das Leuchtelektron beidemal die gleiche n_k-Bahn ausführt und nur wieder das vorletzte Elektron zwei verschiedene n_1-Bahnen beschreibt. Auch bei Sr und Ba finden sich analoge Verhältnisse.

Ein anderes Beispiel entnehmen wir dem Cr-Spektrum ($Z = 24$). Nach Frl. Gieseler[2]) finden sich im Cr-Quintettsystem u. a. drei

[1]) E. Back, Zur Kenntnis des Zeemaneffektes. Ann. d. Phys. **70**, 333, 1923.
[2]) H. Gieseler, Das Bogenspektum des Chroms. ZS. f. Phys. **22**, 228, 1924.

zu einer gestrichenen Serie gerechnete Quintett-f-Termkomplexe n_{4j}^5, nämlich (l. c., S. 234):

$4f' = 4_{4j}^5$ bei 23500 mit den Intervallen 174,01 : 141,03 : 106,65 : 71,40,
$5f' = 5_{4j}^5$ „ 13400 „ „ „ 168,85 : 138,74 : 114,73 : 64,98,
$6f' = 6_{4j}^5$ „ 9300 „ „ „ 157,96 : 131,20 : 85,24 : 67,64.

Die annähernde Gleichheit dieser Intervallgrößen zeigt, daß nicht etwa das Leuchtelektron hier eine 4_4-, 5_4- und 6_4-Bahn beschreibt, sondern allemal die gleiche n_4-Bahn ausführt, dafür aber eins der früher gebundenen Elektronen auf n_1-Bahnen verschiedener Hauptquantenzahl n läuft. Die drei Terme wären also besser als $4f'$, $4f''$ und $4f'''$ zu bezeichnen, um anzudeuten, daß ihr Seriencharakter von den sukzessiven n_1-Bahnen eines früheren Elektrons herrührt.

Ähnliche Verhältnisse, f- und f'-Termkomplexe mit nahezu gleichen Intervallen, finden sich in den von Meggers[1]) beobachteten Multipletts des Vanadiums.

Größere Reihen von Termen mit nahezu konstanten Intervallen finden z. B. Kiess und Kiess[2]) bei Ti ($Z = 22$). Um auch hier nur ein Beispiel herauszugreifen, so existiert im Triplettsystem des Ti ein f-Termkomplex mit den Intervallen 216,81 : 170,04, welcher kombiniert mit 8 anderen f-Termkomplexen mit den Intervallen:

152,37 : 98,58, 161,18 : 119,78, 132,62 : 89,40, 160,84 : 116,05
126,36 : 97,95, 126,50 : 92,85, 166,50 : 120,06, 20,73 : 24,46.

Die annähernde Gleichheit der ersten sieben dieser Intervalle zeigt, daß bei diesen sieben f-Termkomplexen das Leuchtelektron jedesmal dieselbe n_4-Bahn durchläuft; nur der achte Termkomplex mit seinem erheblich kleineren Intervall entspricht offenbar einer größeren n_4-Bahn des Leuchtelektrons. Die große Mannigfaltigkeit der gestrichenen Terme bei Ti ist darauf zurückzuführen, daß hier nicht nur das vorletzte, sondern auch das dritt- und viertletzte Elektron, entsprechend der Stellung des Ti im periodischen System, zu Übergängen auf höhere n_1-Bahnen fähig sein kann, stets aber unter Beibehaltung der azimutalen Quantenzahl $k = 1$; denn andernfalls würde man sofort Spektralterme zweiter Stufe, nicht gestrichene Tripletterme erster Stufe erhalten.

---

[1]) W. F. Meggers, Journ. Wash. Acad. **13**, 317, 1923 und **14**, 151, 1924; ferner O. Laporte, Phys. ZS. **24**, 510, 1923, welcher ähnlich wie Götze das Kombinationsschema (dd'), (ff'), (df), $(d'f')$ nachweist.

[2]) Kiess und Kiess, Journ. Opt. Soc. Americ. **8**, 607, 1924.

Aus der eingehenden Diskussion der gestrichenen Terme bei den Multipletts verschiedener Elemente sind gewiß noch viele Einzelheiten über die n_k-Bahnen ermittelbar. In der vorliegenden Note sollte gezeigt werden, daß die Ergebnisse des Zeemaneffekts und der Intervallgrößen nicht nur in serienanalytischer, sondern auch in modellmäßiger Hinsicht zur Aufklärung hinzugezogen werden können.

§ 3. Ganz anders als bei den „gestrichenen" Termen liegen die Verhältnisse bei den „verschobenen" Termgruppen, wie sie z. B. im Neonspektrum von Paschen[1]) erkannt worden sind. Es handelt sich hier nicht um n_k-Bahnen eines inneren Elektrons mit $k = 1$ und verschiedenem n, sondern um n_k-Bahnen eines inneren Elektrons mit $k > 1$, gemeinsamem n, aber verschiedener Neigung dieser n_k-Bahn im Atom, wodurch dann die verschobene Termgruppe gegenüber der unverschobenen andere Rumpfquantenzahlen R und daher andere Multiplizität erhält. Z. B. bildet beim Neon die eine Gruppe ein Singulett-Triplettsystem, die verschobene ein Triplett-Quintettsystem, beide zusammen ein n^{1335}-System zweiter Stufe[2]). Im Gegensatz zu den gestrichenen Termen, welche sich nur in Spektren erster Stufe finden, können verschobene Terme nur vorkommen, wenn ein inneres Elektron als n_k-Bahn mit $k > 1$ verschiedene Neigungsmöglichkeit hat und somit ein Spektrum höherer Stufe veranlaßt. Strahlung tritt hier auf, wenn das zuletzt gebundene Leuchtelektron nach den gewöhnlichen Auswahlregeln ($k \rightarrow k \pm 1$) springt, wobei das innere n_k-Elektron entweder seine Neigung beibehalten oder sie auch ändern kann. — Alle diese Vorstellungen sind in der Sprache der bisherigen Quantentheorie des Atombaues ausgedrückt, die sich auf Bohrs Annahme: Term = Energie : h gründet; bei einer Modifikation dieser Grundlagen würden auch die obigen Ausführungen in etwas modifizierter Weise aufgefaßt werden müssen.

§ 4. Die oben erläuterte Vorstellung über die gestrichenen Terme ergibt, daß bei den höher gestrichenen Termzuständen die Bahndimension des vorletzten Elektrons erheblich größer als die des „Leuchtelektrons" sein wird, so daß hinsichlieh des äußeren Atomanblicks das vorletzte und das letzte Elektron ihre Rolle vertauscht haben. Man wundert sich dann, wieso für die Übergänge des vorletzten Elektrons eine andere Auswahlregel ($k \rightarrow k$) gilt, als man sie sonst für ein

[1]) F. Paschen, Das Spektrum des Neons. Ann. d. Phys. **60**, 405, 1919, und **63**, 201, 1920.

[2]) A. Landé und W. Heisenberg, l. c.

locker gebundenes Elektron, nämlich für das zuletzt gebundene Leuchtelektron ($k \longrightarrow k \pm 1$) gewohnt ist. Diese Verwunderung ist der Ausdruck eines oft als selbstverständlich angenommenen „Vertauschungsprinzips", es komme für die Größe eines Terms und für die Übergänge zu einem anderen Term nicht darauf an, ob dieses oder jenes Elektron zum Rumpf zu rechnen sei oder ob es als Leuchtelektron anzusehen sei, vielmehr gebe es nur allgemeine Gesetze, denen die Elektronen folgen, ganz gleich, ob man sie zum Rumpf rechnet oder nicht. In der Tat wird ein solches Prinzip der endgültigen Theorie als Ideal vorschweben. Bei dem heutigen Stande der Quantentheorie des Atombaues ist jedoch dieses Ideal nicht erfüllt, vielmehr treffen wir fortwährend auf scheinbar grundlegende Unterschiede zwischen einem Rumpfelektron und dem zuletzt gebundenen Leuchtelektron. Erstens zeigt das System der anomalen Zeemaneffekte (g-Formel), soweit man sie auf Grund der Bohrschen Theorie zu deuten imstande ist, daß das Leuchtelektron sich zwar magnetisch normal verhält (u. a. auch dann, wenn es als s-Term gebunden eine n_1-Bahn beschreibt), daß dagegen die im Rumpf gebundenen n_1-Bahnen anomale, nämlich verdoppelte magnetische Energie besitzen [1]). Zweitens zeigt das von Heisenberg und Verf. [2]) kürzlich erläuterte „Verzweigungsprinzip" der Multipletts einen ebenfalls grundlegenden Unterschied zwischen Leucht- und Rumpfelektronen. Drittens beweist die Struktur und der Zeemaneffekt des Multipletts, daß (jedenfalls bei den Multipletts erster Stufe) scharf quantenmäßig bestimmte Impulsaufteilung des Gesamtimpulses J auf Leuchtelektron K und Rumpf R vorliegt, obwohl bei diesen oft stark gestörten und gewiß nicht mehr bedingt periodischen Systemen eine zeitliche Konstanz von K für sich und R für sich mechanisch eigentlich unmöglich ist. Anders gesprochen, der Rumpf bildet für sich in dieser Beziehung ein abgeschlossenes Ganzes, und die Wechselwirkung zwischen dem Leuchtelektron und dem Rumpf ist unmechanisch geregelt.

Die besonderen Eigenschaften des Rumpfes einem Leuchtelektron gegenüber, bilden übrigens ein Gegenstück zu den besonderen Eigenschaften des Gesamtatoms einem äußeren stoßenden Elektron gegenüber, welches bekanntlich entweder elastisch reflektiert wird oder zu Quantensprüngen Anlaß gibt, jedenfalls aber unmechanisch in Wechselwirkung tritt. Allgemein gesprochen, hängt dieser ganze Fragenkomplex eng mit der

---

[1]) A. Landé, ZS. f. Phys. **15**, 189, 1923 und **17**, 292, 1923. W. Pauli, ebenda **16**, 155, 1923.

[2]) l. c.

Verknüpfung von Koppelungs- und Strahlungsvorgängen zusammen, worauf Bohr gelegentlich hingewiesen hat; eine befriedigende Lösung, die im engen Anschluß an das Korrespondenzprinzip zu suchen wäre, kann wohl im Rahmen der heutigen Quantentheorie des Atombaues kaum gefunden werden. Um so weniger darf man sich aber wundern, wenn unter den bekannten spektroskopischen Tatsachen viele sind, die beim heutigen Stand der Theorie dem Ideal allgemeiner Gesetze widersprechen, wie z. B. bei den pp'-Kombinationen die Verschiedenheit der Auswahlregeln für ein Leucht- und ein Rumpfelektron, selbst wenn letzteres lockerer gebunden ist als ersteres.

Für die Frage, ob nicht schon jetzt Andeutungen gefunden werden können, wie sich das Korrespondenzprinzip mit der Durchbrechung der k-Auswahlregel bei der Ausstrahlung der Linien (pp'), (dd') usw. abfinden könnte, ist vielleicht der Hinweis von Nutzen, daß ein prinzipieller Unterschied zwischen n_1-Bahnen und n_k-Bahnen mit $k > 1$ insofern besteht, als die Fourierkoeffizienten bei n_1- und n_k-Bahnen durchaus gleicher Art sind, die Quantenübergänge aber zwar bei den n_k-Bahnen $(k > 1)$ durch Absorption und Emission von Strahlung zu höheren und niederen k führen können, die n_1-Bahnen jedoch nicht zu niedrigerem $k < 1$ herabsinken dürfen. Es können also für die Berechnung von Übergangswahrscheinlichkeiten die Fourierkoeffizienten nicht bei allen Bahnen einheitlich in Rechnung gesetzt werden, im Gegensatz zu der üblichen Handhabung des Korrespondenzprinzips im Rahmen der gegenwärtigen Quantentheorie des Atombaues.

Über den quadratischen Zeemaneffekt.

Von **A. Landé** in Tübingen.

(Eingegangen am 4. November 1924.)

Es werden die in der Feldstärke quadratischen Glieder der magnetischen Termenergie berechnet und in guter Übereinstimmung mit der Erfahrung an den unsymmetrischen Störungen der Zeemantypen in stärkeren Feldern gefunden. Die Störungsformeln von Born und Pauli finden ihre Ergänzung in Heisenbergs neuem Quantenprinzip, welches die Erfüllung der Permanenzsätze gewährleistet. Letztere sagen das Verschwinden der Störungen im Mittel bei jedem Zeemaneffekt richtig voraus.

§ 1. Die magnetische Aufspaltung der komplexen Spektralterme ist bekanntlich auf Grund der heutigen Quantentheorie des Atombaues nicht in befriedigender Weise erklärbar. Immerhin konnte die Theorie, von gewissen allerdings prinzipiell wichtigen Einzelheiten abgesehen, den Erscheinungen des anomalen Zeemaneffekts und des Paschen-Back-Effekts gerecht werden bei Benutzung eines Hilfsmodells, dessen gesamter (invariabler) Drehimpuls im Quantenmaß gleich J ist, vektoriell zusammengesetzt aus dem (doppelt magnetisch wirksamem) Drehimpuls R des Atomrumpfes und dem magnetisch normalen Impuls K des Leuchtelektrons. Neuerdings hat Heisenberg[1]) einen Weg angegeben, der aus den Eigenschaften des Hilfsmodells den empirischen Tatbestand mit Einschluß der eben erwähnten Einzelheiten abzuleiten erlaubt. Heisenberg zeigte nämlich, daß sich die Verhältnisse in sehr schwachen und sehr starken Feldern und in wesentlichen Zügen („Permanenzgesetze", s. unten) auch in mittleren Feldern in völliger Übereinstimmung mit der Erfahrung ergeben, wenn man die am Hilfsmodell gewonnenen Formeln nachträglich noch einer gewissen Integration unterzieht. Im folgenden soll nun diese Theorie auch für mittlere Felder so weit durchgeführt werden, daß die dem Quadrate der Feldstärke proportionalen unsymmetrischen Störungen der Zeemantypen bei beginnendem und auch bei fast vollendetem Paschen-Back-Effekt vorausgesagt und mit der Erfahrung verglichen werden können. Dabei wird also zunächst auf obiges Hilfsmodell die Störungstheorie angewandt, und zwar in der von Born und Pauli[2]) für quantentheoretische Zwecke eingerichteten Form, und zum

[1]) W. Heisenberg, ZS. f. Phys. **26**, 291, 1924.
[2]) M. Born und W. Pauli, ebenda **10**, 137, 1922.

Reprinted from *Z. Phys.* **30**, 329–340 (1924).

Schluß dann Heisenbergs Integration ausgeführt. Daß in der Tat die Theorie gut mit der Erfahrung übereinstimmt, ist als eine erneute Bestätigung der Permanenzgesetze, denen die Heisenbergsche Integration gerecht wird, aufzufassen, ferner als Zeichen dafür, daß die Mechanik des Hilfsmodells auch in seinen Störungen, besonders mit Heisenbergs Verbesserung, in manchen Zügen ein Abbild der Wirklichkeit ist.

Im folgenden werden zunächst die erhaltenen Endformeln für die Termaufspaltung in mittelschwachem und in mittelstarkem Feld mitgeteilt, in § 2 wird ihre mathematische Ableitung gegeben; in § 3 folgt der Vergleich mit der Erfahrung.

a) Schwaches Magnetfeld. Es bedeute wie gewöhnlich $o = \Delta\nu_{\text{normal}}$ die der Feldstärke $\mathfrak{H}$ proportionale Wellenzahl der normalen Aufspaltung, $mg \,.\, o$ die anomale magnetische Verschiebung eines Zeemanterms, dabei m die äquatoriale Quantenzahl, g den Aufspaltungsfaktor. Ferner sei $\omega \,.\, \gamma$ die Entfernung des Komplexterms ν vom Schwerpunkt ν_S seines Multipletts, dabei γ der für den betreffenden Komplexterm charakteristische Intervallfaktor, ω ein Maß für die absolute Größe des ganzen Termmultipletts (s. unten). Dann wird die Lage ν eines Zeemanterms beschrieben durch

$$\nu = \nu_S + \omega \,.\, \gamma + o \,.\, mg. \tag{1}$$

In sehr schwachem Magnetfeld ist speziell

$$\nu = \nu_S + \omega \cdot \gamma_{\text{schwach}} + m g_{\text{schwach}}, \tag{2}$$

wobei g_{schwach} und γ_{schwach} die bekannten Funktionen von R, K, J sind:

$$g_{\text{schwach}} = 1 + \frac{J^2 - \frac{1}{4} + R^2 - K^2}{2\,(J^2 - \frac{1}{4})}, \quad \gamma_{\text{schwach}} = \frac{J^2 + \frac{1}{4} - R^2 - K^2}{2\,RK} \tag{2'}$$

Wird das Feld stärker, d. h. o größer, so ist (2) zu ersetzen durch

$$\nu = \nu_S + \omega\,\gamma_{\text{schwach}} + o\,(m\,g_{\text{schwach}} + v \cdot g_1 + v^2 \cdot g_2 + \cdots) \tag{3}$$

als Potenzreihe von $v = o : \omega/KR$. Der Koeffizient g_1 ergibt sich dabei in § 2 als Funktion von R, K, J, m:

$$\left.\begin{aligned} g_1 = \frac{1}{16}\Big\{1 &+ \frac{1}{J^2 - \frac{1}{4}}\,[2\,(R^2 + K^2) + m^2] \\ &- \frac{J^2 + \frac{1}{12}}{(J^2 - \frac{1}{4})^3}\,[3\,(R^2 - K^2)^2 + 6\,m^2\,(R^2 + K^2)] \\ &+ \frac{J^4 + \frac{1}{2}J^2 + \frac{1}{80}}{(J^2 - \frac{1}{4})^5} \cdot 5\,m^2\,(R^2 - K^2)^2\Big\} \end{aligned}\right\} \tag{4}$$

Der Faktor $o\,v$ von g_1 ist dem Quadrat der Feldstärke proportional. Die höheren Glieder $o\,v^2 g_2$ usw. lassen wir beiseite.

Übrigens ist der jeweilige Wert von v bei gegebenem $o = \Delta\nu_{\mathrm{normal}}$ leicht aus der Spannweite des vorliegenden Termmultipletts berechenbar: Nach der γ-Formel (2') ist nämlich der Abstand $\Delta\nu_{JJ'}$ zweier Terme ν_J und $\nu_{J'}$ eines Multipletts (R und K gemeinsam)

$$\Delta\nu_{JJ'} = \frac{\omega}{KR}\cdot\frac{J^2 - J'^2}{2}, \quad \text{also} \quad \frac{\omega}{KR} = \Delta\nu_{JJ'} : \frac{J^2 - J'^2}{2}.$$

$J^2 - J'^2/2$ ist aber nichts anderes als die Summe $z_{JJ'}$ der ganzen bzw. halben Zahlen, welche in der Intervallregel den relativen Abstand $\nu_J - \nu_{J'}$ beschreiben. Z. B. wird bei den Triplett-p-Termen mit der Intervallproportion 2 : 1

$$\frac{\omega}{KR} = \frac{\Delta\nu_{JJ'}}{z_{JJ'}} = \frac{p_1 - p_3}{2+1} = \frac{p_1 - p_2}{2} = \frac{p_2 - p_3}{1}$$

und bei den Quartett-d-Termen n^4_{31} mit der Intervallproportion $\frac{7}{2}:\frac{5}{2}:\frac{3}{2}$

$$\frac{\omega}{KR} = \frac{\Delta\nu_{JJ'}}{z_{JJ'}} = \frac{n^4_{34} - n^4_{31}}{\frac{7}{2}+\frac{5}{2}+\frac{3}{2}} = \frac{n^4_{34} - n^4_{33}}{\frac{7}{2}} = \frac{n^4_{33} - n^4_{32}}{\frac{5}{2}} = \frac{n^4_{32} - n^4_{31}}{\frac{3}{2}}.$$

Bei den Dublett-p-Termen, deren Abstand $p_1 - p_2$ in dem Intervallgesetz durch die Zahl $\frac{3}{2}$ repräsentiert ist, wird

$$\frac{\omega}{KR} = \frac{\Delta\nu_{JJ'}}{z_{JJ'}} = \frac{p_2 - p_1}{\frac{3}{2}}.$$

Allgemein ist $v = o : \omega/KR$ daher gegeben durch den Ausdruck

$$v = \frac{o\,KR}{\omega} = \frac{o\,.\,z_{JJ'}}{\Delta\nu_{JJ'}}. \tag{5}$$

In den Fällen, wo die Intervallregel nicht exakt erfüllt ist, gelten alle Formeln nur angenähert; es ist aber angezeigt, nur den Idealfall der erfüllten Intervallregel zu betrachten, da andernfalls alle Entwicklungen sehr kompliziert würden.

Die Formel (3) zeigt, daß in mittelschwachem Feld der Wert $\gamma_{\mathrm{schwach}}$ unverändert erhalten bleibt, und nur $m g_{\mathrm{schwach}}$ durch die Potenzreihe $m g_{\mathrm{schwach}} + v g_1 + v^2 g_2 \ldots$ ersetzt werden muß. Eine wesentliche Eigenschaft der Störungsglieder ist, daß

$$\sum_J g_1 = 0, \quad \sum_J g_2 = 0 \text{ usw.}$$

summiert über die Terme J eines Multipletts bei festgehaltenem R, K und m. Daraus folgt dann, daß

$$\sum_J m g = \sum_J (m g_{\text{schwach}} + v g_1 + v^2 g_2 + \cdots)$$

unabhängig von v ist, d. h. bei zunehmendem Feld erhalten bleibt; dies ist der Inhalt des Satzes von der Permanenz[1]) der g-Summen von Heisenberg und Pauli.

b) Starkes Magnetfeld. Das Gegenstück zum vorigen bilden die Verhältnisse in mittelstarkem Feld. Die allgemeine Formel (1) für die Lage eines magnetischen Terms:

$$\nu = \nu_S + o \, . \, m g + \omega \gamma$$

hat in sehr starkem Feld die spezielle Form

$$\nu = \nu_S + o \, . \, m g_{\text{stark}} + \omega \gamma_{\text{stark}}, \tag{6}$$

wobei g_{stark} und γ_{stark} sich in bekannter Weise[1]) aus den Impulsen R und K und deren Komponenten in Richtung des Feldes P_R und P_K, wobei $P_R + P_K = m$, berechnen:

$$g_{\text{stark}} = 2 P_R + P_K, \quad \gamma_{\text{stark}} = \frac{P_R P_K}{R K}. \tag{6'}$$

Bei schwächer werdendem Feld tritt an Stelle von (6) die Entwicklung

$$\nu = \nu_S + o \, . \, m g_{\text{stark}} + \omega (\gamma_{\text{stark}} + \gamma_1/v + \gamma_2/v^2 + \cdots) \tag{7}$$

als Potenzreihe in $1/v = \omega/KR : o$. Der Koeffizient γ_1 ergibt sich dabei im § 2 als Funktion von R, K, P_R, $P_K = m - P_R$:

$$\gamma_1 = \frac{1}{2 R K} [(P_R K^2 - P_K R^2) + (P_R - P_K)(P_R P_K - \tfrac{1}{4})]. \tag{8}$$

Der Faktor ω/v von γ_1 ist der Feldstärke umgekehrt proportional. Die höheren Glieder $o \gamma_2/v^2$, usw. lassen wir beiseite. Formel (7) zeigt, daß in mittelstarkem Feld $m g_{\text{stark}}$ erhalten bleibt und nur γ_{stark} durch die Potenzreihe $\gamma_{\text{stark}} + \gamma_1/v + \gamma_2/v^2 + \cdots$ ersetzt werden muß.

Eine wesentliche Eigenschaft der Störungsglieder ist, daß

$$\sum_{P_K} \gamma_1 = 0, \quad \sum_{P_K} \gamma_2 = 0 \text{ usw.}$$

summiert bei festgehaltenem R, K, m. Daraus folgt, daß

$$\sum_{P_K} \gamma = \sum_{P_K} (\gamma_{\text{stark}} + 1/v \gamma_1 + 1/v^2 \gamma_2 + \cdots)$$

unabhängig von der Feldstärke ist, wie es das Permanenzgesetz der γ-Summen[2]) fordert. — Die Permanenzgesetze bilden eine Ergänzung

[1]) W. Pauli, ZS. f. Phys. **16**, 155, 1923.
[2]) A. Landé, ebenda **19**, 112, 1923.

zu der an und für sich willkürlichen, wenn auch praktischen, Zerlegung von ν in drei Summanden nach (1). Wesentlich ist, wie Heisenberg[1]) beweist, nur die Eigenschaft von $\sum\limits_{J} \nu$ bzw. $\sum\limits_{p_K} \nu_1$ eine lineare Funktion der Feldstärke $\mathfrak{H}$ zu sein.

Mit Hilfe der mitgeteilten Formeln läßt sich nun für jeden Multipletterm erster Stufe die Lage $\nu = \nu_S + o\,m\,g + \omega\gamma$ in mittelschwachem und mittelstarkem Feld angeben, abgesehen von höheren Reihengliedern. Zur Beschreibung der Störung genügt im ersten Fall die Angabe von $m\,g = m\,g_{\text{schwach}} + v\,g_1$, da γ_{schwach} im Feld unverändert bleibt; im zweiten Fall würde die Angabe von $\gamma = \gamma_{\text{stark}} + 1/v\gamma_1$ genügen, weil g_{stark} unverändert bleibt. Wir beschränken uns in Tab. 1 auf die Angabe der nach (2') und (4) berechneten Werte von $m\,g = m\,g_{\text{schwach}} + v\,g_1$ bei den s- und p-Termen der Dubletts und Tripletts, aus denen dann in § 3 die Störungen der Aufspaltungslinien bei mittelschwachem Feld abgeleitet werden. Bei den s-Termen ist $g_1 = 0$, ebenso g_2, g_3 usw.

Tabelle 1 für $m\,g = m\,g_{\text{schwach}} + v\,g_1$.

Dubletterme $R = \frac{2}{2}$

K	J \ m	$-\frac{3}{2}$	$-\frac{1}{2}$	$\frac{1}{2}$	$\frac{3}{2}$
$\frac{1}{2}$	1		-1	1	
$\frac{3}{2}$	2	-2	$-\frac{2}{3} + v\,\frac{32}{243}$	$\frac{2}{3} + v\,\frac{32}{243}$	2
	1		$-\frac{1}{3} - v\,\frac{32}{243}$	$\frac{1}{3} - v\,\frac{}{243}$	

Tripletterme $R = \frac{3}{2}$.

K	J \ m	-2	-1	0	1	2
$\frac{1}{2}$	$\frac{3}{2}$		-2	0	2	
$\frac{3}{2}$	$\frac{5}{2}$	-3	$-\frac{3}{2} + v\,\frac{15}{128}$	$0 + v \cdot \frac{5}{32}$	$\frac{3}{2} + v\,\frac{15}{128}$	3
	$\frac{3}{2}$		$-\frac{3}{2} - v\,\frac{15}{128}$	$0 + v\,\frac{11}{32}$	$\frac{3}{2} - v\,\frac{15}{128}$	
	$\frac{1}{2}$			$0 - v \cdot \frac{1}{2}$		

[1]) W. Heisenberg, l. c., § 4.

Man erkennt in Tab. 1, daß die Summen $\sum_J g_1$ der untereinander stehenden (gemeinsames m) Störungsglieder eines Termmultipletts (gemeinsames R und K) verschwinden, wie es die Permanenz der g-Summen verlangt. Die mathematische Ableitung der Formeln g_1 und γ_1 bringt § 2 als selbständige Einschaltung.

§ 2. a) Schwaches Magnetfeld. Wir betrachten zunächst die Annäherung an schwaches Feld ($o \ll \omega$, $v \ll 1$) und benutzen als Variable den resultierenden Impuls j_0 mit der zugeordneten Winkelkoordinate ψ_0 = Winkel zwischen der (R, K, j_0)-Ebene und der ($j_0 \mathfrak{H}$)-Ebene. m, R und K werden als unveränderliche Größen betrachtet, die gegenseitige Energie von R gegen K sei gleich $\omega h \cdot \cos(RK)$ (Intervallregel). R soll gegen das Magnetfeld doppeltnormale Energie besitzen. Dann ist die Hamiltonsche Funktion H des Atoms im Magnetfeld[1]) dargestellt durch:

$$\left.\begin{aligned} \frac{KR \cdot H(j_0 \psi_0)}{\omega h} &= \frac{j_0^2 - K^2 - R^2}{2} + v \left\{ m\left(1 + \frac{j_0^2 + R^2 - K^2}{2 j_0^2}\right) \right. \\ &\quad \left. + \frac{\cos \psi_0}{2 j_0^2} \cdot \sqrt{j_0^2 - m^2}\, \sqrt{2 j_0^2 (K^2 + R^2) - j_0^4 - (K^2 - R^2)^2} \right\} \\ &= H_0 + v H_1 \quad \text{mit} \quad v = o\, KR/\omega \end{aligned}\right\} \tag{9}$$

An Stelle von j_0 und ψ_0 werden jetzt neue kanonische Koordinaten j und ψ gesucht, derart, daß H nur eine Funktion von j, nicht von ψ wird, die sich in Form der Reihe

$$\frac{KR \cdot H(j)}{\omega h} = W_0(j) + v\, W_1(j) + v^2\, W_2(j) + \cdots \tag{9'}$$

darstellt. Die Störungstheorie in der von Born und Pauli[2]) eingerichteten Fassung gibt den Formalismus zur sukzessiven Berechnung von W_0, W_1, W_2, ... an, und vereinfacht sich im vorliegenden Fall ($H_2 = H_3 = \cdots = 0$, nur ein Variablenpaar j, ψ) zu folgenden Formeln, unter intermediärer Benutzung einer Funktion $F(j, \psi_0)$:

$$\left.\begin{aligned} W_0(j) &= H_0(j) = \frac{j^2 - K^2 - R^2}{2}, \\ W_1(j) &= H_1(j, \psi_0) + \frac{\partial H_0}{\partial j} \frac{\partial F_1}{\partial \psi_0}. \end{aligned}\right\} \tag{10}$$

[1]) W. Heisenberg, l. c., Gl. (5).
[2]) Born und Pauli, l. c., Gl. (7) ff.

Letztere Gleichung gibt gemittelt über ψ_0 von 0 bis 2π:

$$W_1(j) = \overline{H_1(j\psi_0)} = m\left(1 + \frac{j^2 + R^2 - K^2}{2j^2}\right), \tag{10'}$$

also

$$\frac{\partial F_1}{\partial \psi_0} = (W_1 - H_1) : \frac{\partial H_0}{\partial j} = -\frac{\cos\psi_0}{2j^3}\sqrt{a}\sqrt{b},$$

worin a und b Abkürzungen für die Radikanden der beiden Quadratwurzeln in (9) bedeuten. Weiter gilt nach der Störungstheorie

$$W_2(j) = \frac{\partial H_1}{\partial j} \cdot \frac{\partial F_1}{\partial \psi_0} + \frac{1}{2}\frac{\partial^2 H_0}{\partial j^2}\left(\frac{\partial F_1}{\partial \psi_0}\right)^2 + \frac{\partial H_0}{\partial j}\frac{\partial F_2}{\partial \psi}.$$

Letztere Gleichung gibt gemittelt über ψ_0 von 0 bis 2π

$$W_2(j) = \overline{\frac{\partial H_1}{\partial j} \cdot \frac{\partial F_1}{\partial \psi_0}} + \frac{1}{2}\frac{\partial^2 H_0}{\partial j^2} \cdot \overline{\left(\frac{\partial F_1}{\partial \psi_0}\right)^2}.$$

Das ist wegen $\overline{\cos\psi_0} = 0$, $\overline{\cos^2\psi_0} = {}^1/_2$, ausgerechnet

$$W_2(j) = \frac{1}{16}\left[\frac{5ab}{j^6} - \frac{2b + 4a(K^2 - R^2 - j^2)}{j^4}\right]. \tag{10''}$$

Einsetzung von (10), (10'), (10'') in (9') gibt

$$\begin{aligned}\frac{H(j)}{h} = \omega \cdot \frac{j^2 - K^2 - R^2}{2KR} &+ o\left\{m\left(1 + \frac{j^2 + R^2 - K^2}{2j^2}\right)\right. \\ &\left. + v \cdot \frac{1}{16}\left[\frac{5ab}{j^6} - \frac{2b + 4a(K^2 - R^2 - j^2)}{j^4}\right]\right\}\end{aligned} \tag{11}$$

als Resultat der Störungsrechnung an obigem Hilfsmodell.

Die Verbesserung, welche nach Heisenberg[1]) an dieser Theorie anzubringen ist, besteht darin, daß nicht $H(j) : h$, sondern

$$\frac{1}{h}\int_{J-1/2}^{J+1/2} H(j)\,dj = \nu - \nu_S$$

als Termverschiebung $\nu - \nu_S$ aufzufassen ist. Diese Integration führt

$$\frac{1}{j^2} \text{ über in } \frac{1}{J^2 - \frac{1}{4}}, \quad \frac{1}{j^4} \text{ in } \frac{J^2 + \frac{1}{12}}{(J^2 - \frac{1}{4})^3}, \quad \frac{1}{j^6} \text{ in } \frac{J^4 + \frac{1}{2}J + \frac{1}{80}}{(J^2 - \frac{1}{4})^5}.$$

---

1) W. Heisenberg, l. c., Gl. (5).

Dadurch wird aus (11), wenn man beachtet, daß auch die Radikanden a und b Funktionen von j^2 sind:

$$\left.\begin{aligned} \nu - \nu_S = \omega \, & \frac{J^2 + \frac{1}{12} - (R^2 + K^2)}{2KR} \\ & + o\left\{m\left(1 + \frac{J^2 - \frac{1}{4} - R^2 - K^2}{2(J^2 - \frac{1}{4})}\right.\right. \\ & + v \cdot \frac{1}{16}\left[1 + \frac{1}{J^2 - \frac{1}{4}}(2[R^2 + K^2] + m^2)\right. \\ & + \frac{J^2 + \frac{1}{12}}{(J^2 - \frac{1}{4})^3}(3[R^2 - K^2]^2 + 6m^2[R^2 + K^2]) \\ & \left.\left. + \frac{J^4 + \frac{1}{2}J^2 + \frac{1}{80}}{(J^2 - \frac{1}{4})^5}\, 5m^2(R^2 - K^2)^2\right]\right\} \\ & = \omega\gamma_{\text{schwach}} + o\{m g_{\text{schwach}} + v \cdot g_1\} \end{aligned}\right\} \quad (12)$$

womit (4) bewiesen ist.

Die Größe γ_{schwach} hier unterscheidet sich von der in (2') angegebenen um $\frac{1}{12KR}$. Dies bedeutet aber nichts anderes, als daß die (an und für sich willkürlich wählbare) Lage des „Schwerpunkts" ν_S hier anders als in (2') genommen ist. Dieselbe Verschiebung hat wegen der Permanenz der γ-Summen, auch die in (17) abgeleitete Größe γ_{stark} gegenüber der in (6') angegebenen Größe. Die den Gleichungen (2') und (6') zugrunde liegende Festlegung des „Schwerpunkts" ν_S ist aber die natürlichere, indem in bezug auf ihn wirklich „Gleichgewicht" zwischen den Termen vom Gewicht J und vom Hebelarm $\gamma\omega$ besteht.

b) Starkes Magnetfeld. Ganz entsprechend geht die Rechnung in starkem Feld ($o \gg \omega$, $v \gg 1$) vor. Hier benutzt man als Variable die äquatoriale Komponente p_0 des Impulses K und als zugeordnete Winkelvariable den Winkel φ_0 zwischen den Ebenen ($K\mathfrak{H}$) und ($R\mathfrak{H}$), während R, K, m als Konstanten betrachtet werden. Die Hamiltonsche Funktion H im Magnetfeld ist hier dargestellt durch[1])

$$\left.\begin{aligned} & \frac{H(p_0\varphi_0)}{o \cdot h} = (2m - p_0) \\ & + \frac{1}{v}\left\{p_0(m - p_0) + KR\sqrt{1 - \frac{p_0}{\mathfrak{k}^2}}\sqrt{1 - \frac{(m - p_0)^2}{\mathfrak{k}^2}} \cdot \cos\varphi_0\right\} \\ & = H_0 + \frac{1}{v}H_1. \end{aligned}\right\} \quad (13)$$

[1]) W. Pauli, ZS. f. Phys. **20**, 371, 1924, Formel (4a).

Statt $p_0 \varphi_0$ suchen wir neue Variable $p\varphi$ einzuführen, so daß

$$\frac{H(p)}{o h} = W_0(p) + \frac{1}{v} W_1(p) + \frac{1}{v^2} W_2(p) + \cdots \tag{14}$$

wird. W_0, W_1 usw. sind dann nach der Störungstheorie bestimmt durch

$$\left.\begin{aligned} W_0(p) &= H_0(p) = \quad 2m - p \\ W_1(p) &= H_1(p_1 \varphi_0) - \frac{\partial H_0}{\partial p}\frac{\partial F_1}{\partial \varphi_0} \end{aligned}\right\} \tag{15}$$

Letztere Gleichung gemittelt über φ_0 von 0 bis 2π:

$$W_1(p) = \overline{H_1(p, \varphi_0)} = p(m-p), \tag{15'}$$

also

$$\frac{\partial F_1}{\partial \varphi_0} = (W_1 - H_1) : \frac{\partial H_0}{\partial p} = KR\sqrt{1 - \frac{p}{\mathfrak{k}^2}}\sqrt{1 - \frac{(m-p)^2}{\mathfrak{k}^2}}\cos\varphi_0$$

$$W_2(p) = \frac{\partial H_1}{\partial p} \cdot \frac{\partial F_1}{\partial \varphi_0} + \frac{1}{2}\frac{\partial^2 H_0}{\partial p^2}\left(\frac{\partial F_1}{\partial \varphi_0}\right)^2 + \frac{\partial H_0}{\partial p}\frac{\partial F_1}{\partial \varphi_0}.$$

Letztere Gleichung gemittelt gibt

$$W_2(p) = \overline{\frac{\partial H_1}{\partial p} \cdot \frac{\partial F_1}{\partial \varphi_0}} + \frac{1}{2}\frac{\partial^2 H_0}{\partial p^2}\overline{\left(\frac{\partial F_1}{\partial \varphi_0}\right)^2}.$$

Man erhält ausgerechnet wegen $\overline{\cos\varphi_0} = 0$, $\overline{\cos^2\varphi_0} = \frac{1}{2}$:

$$W_2(p) = \tfrac{1}{2}\left[K^2(m-p) - R^2 p + (m-p)(m-2p)\right]. \tag{15''}$$

Einsetzung von (15), (15'), (15'') in (14) ergibt

$$\frac{H(p)}{h} = o(2m-p) + \omega\left\{\frac{p(m-p)}{KR} + \frac{1}{v}\frac{KR}{h}\left[\frac{m-p}{R^2} - \frac{p}{K^2} + \frac{p(m-p)(m-2p)}{R^2 K^2}\right]\right\} \tag{16}$$

als Resultat der Störungsrechnung am Hilfsmodell.

Nach Heisenberg erhält man als Termverschiebung $\nu - \nu_S$:

$$\frac{1}{h}\int_{P-1/2}^{P+1/2} H(p)\,dp = \nu - \nu_S,$$

welche zu folgender Formel führt, wenn man zum Schluß P_K statt P und P_R statt $m - P$ schreibt:

$$\begin{aligned} \nu - \nu_S &= o(2P_R + P_K) \\ &\quad + \omega\left\{\frac{P_R P_K - \frac{1}{12}}{RK} + \frac{1}{v}\frac{(P_R K^2 - P_K R^2) + (P_R - P_K)(P_R P_K - \frac{1}{4})}{2RK}\right\} \\ &= o\,g_{\text{stark}} + \omega\left\{\gamma_{\text{stark}} + \frac{1}{v}\gamma_1\right\}, \end{aligned} \tag{17}$$

womit (8) bewiesen ist.

§ 3. Den Vergleich mit der Erfahrung können wir mangels genügenden Beobachtungsmaterials nur für den Fall mittelschwachen Feldes ($v \ll 1$) durchführen, und zwar an den Multipletts ($\mathfrak{s}\mathfrak{p}_i$) der Dubletts und ($sp_i$) der Tripletts. Da die s-Terme keine Störungsglieder besitzen, treten beim Zeemaneffekt der Kombinationen $s - p_i$ die Störungen der p-Terme rein in Erscheinung. Kombiniert man die Zeemannterme der Tabelle 1 nach den üblichen Auswahl- und Polarisationsregeln miteinander, so erhält man folgende Lage der Zeemanlinien, ausgedrückt in Wellenzahlen o des normalen Effekts (die π-Komponenten in Klammern).

Tabelle 2.

$s - p_3$	$2 + \frac{1}{2} v$, $(0 + \frac{1}{2} v)$, $-2 + \frac{1}{2} v$
$s - p_2$	$2 - \frac{44}{128} v$, $\frac{3}{2} + \frac{15}{128} v$, $(\frac{1}{2} + \frac{15}{128} v)$, $(-\frac{1}{2} + \frac{15}{128} v)$, $-\frac{3}{2} + \frac{15}{128} v$, $-2 - \frac{44}{128} v$
$s - p_1$	$2 - \frac{20}{128} v$, $\frac{3}{2} - \frac{15}{128} v$, 1, $(\frac{1}{2} - \frac{15}{128} v)$, $(-\frac{20}{128} v)$, $(-\frac{1}{2} - \frac{15}{128} v)$, -1, $-\frac{3}{2} - \frac{15}{128} v$, $-2 - \frac{20}{128} v$
$\mathfrak{s} - \mathfrak{p}_2$	$\frac{4}{3} + \frac{32}{243} v$, $(\frac{2}{3} + \frac{32}{243} v)$, $(-\frac{2}{3} + \frac{32}{243} v)$, $-\frac{4}{3} + \frac{32}{243} v$
$\mathfrak{s} - \mathfrak{p}_1$	$\frac{5}{3} - \frac{32}{243} v$, 1, $(\frac{1}{3} - \frac{32}{243} v)$, $(-\frac{1}{3} - \frac{32}{243} v)$, -1, $-\frac{5}{3} - \frac{32}{243} v$

Dabei ist vorausgesetzt, daß die Wellenzahl $sp_1 < sp_2 < sp_3$ ist; anderenfalls kehren sich die Vorzeichen der Störungsglieder um. v ist nach (5)

$$v = \frac{o \,.\, Z_{JJ'}}{\Delta v_{JJ'}},$$

d. h. bei den Dublett-$\mathfrak{p}$-Termen

$$v = \frac{o \,.\, \frac{3}{2}}{\mathfrak{p}_2 - \mathfrak{p}_1},$$

bei den Triplett-p-Termen

$$v = \frac{o \,.\, 2}{p_2 - p_1} = \frac{o \,.\, 1}{p_3 - p_2} = \frac{o \,.\, 3}{p_3 - p_1}.$$

Zum Vergleich mit der Erfahrung liegt nur spärliches Material vor. Überdies ist zu beachten, daß es sich um die kleinen Störungen in den selbst bereits außerordentlich kleinen Abständen der einzelnen π- und σ-Komponenten handelt, deren Messung ja nur mit den besten Hilfsmitteln zu quantitativ zuverlässigen Daten führt. Herrn Kollegen Back verdanke ich den Hinweis auf einige seiner Messungen, die sich zu zahlenmäßigem Vergleich von Theorie und Erfahrung eignen. Es handelt sich um das Na-Dublett bei 3303 Å.-E. mit dem feldlosen Linienabstand $\delta\lambda = 0{,}62$ Å.-E. im Feld von 32 988 Gauß, zu dem in dem betrachteten Spektralgebiet die normale Aufspaltung $o = 0{,}169$ Å.-E. gehört[1]). Daher wird nach (5) hier

$$v = \frac{0{,}169 \cdot \frac{3}{2}}{0{,}62} = 0{,}41.$$

Wir stellen nun das gemessene Verhältnis

$$q_{\text{beob.}} = \frac{\text{Abstand zweier Nachbarkomponenten}}{\text{ungestört zu erwartender Abstand dieser Komponenten}}$$

mit dem nach Tabelle 2 berechneten Verhältnis der Abstände

$$q_{\text{ber.}} = \frac{(mg + vg_1)_{\text{I}} - (mg + vg_1)_{\text{II}}}{(mg)_{\text{I}} - (mg)_{\text{II}}} \quad \text{mit} \quad v = 0{,}41$$

je zweier Nachbarkomponenten zusammen:

Tabelle 3 für die relative Vergrößerung der Komponentenabstände.

Komponenten	σ_{10}	π_9	π_8	σ_7	σ_6	σ_5	π_4	π_3	σ_2	σ_1
$q_{\text{beob.}}$ . . .	1,04	0,99	1,07		0,94	1,09	1,03	0,87	1,05	
$q_{\text{ber.}}$	1,00	1,00	1,00		0,92	1,08	1,00	0,92	1,08	

Als Beispiel eines Tripletts betrachten wir das Mg-Triplett (sp_i) = 5183, 5172, 5167 Å.-E., welches Back im Feld 38 900 Gauß ($o = 0{,}489$ Å.-E.) gemessen hat[2]). Dort wird nach (5)

$$v = \frac{0{,}489 \cdot 3}{16} = 0{,}092.$$

Hier führen Beobachtung und Berechnung zu Tabelle 4.

Tabelle 4 für die relative Vergrößerung der Komponentenabstände.

Komponenten	σ_{18}	π_{17}	σ_{16}	σ_{15}	σ_{14}	π_{13}	π_{12}	σ_{11}	σ_{10}
$q_{\text{beob.}}$ . . .	1,01	1,00		0,89	1,00	1,00	0,99	1,11	
$q_{\text{ber.}}$	1,00	1,00		0,92	1,00	1,00	1,00	1,08	

Komponenten	σ_9	σ_8	σ_7	π_6	π_5	π_4	σ_3	σ_2	σ_1
$q_{\text{beob.}}$ . . .	1,00	0,99	1,02	1,02	1,00	0,96	1,04	0,96	
$q_{\text{ber.}}$	0,99	0,98	1,02	1,01	0,99	0,98	1,02	1,01	

[1]) E. Back, Zur Prestonschen Regel, Tübinger Diss. 1913, S. 22. Gedruckt 1921.

[2]) Vgl. Back-Landé, Zeemaneffekt und Multiplettstruktur der Spektrallinien, S. 157—159. Berlin, Verlag J. Springer, 1925.

In Anbetracht der schwierigen Messungen (man beachte die starke Streuung der beobachteten Werte) ist die Übereinstimmung zwischen Theorie und Beobachtung des quadratischen Zeemaneffekts als befriedigend anzusehen.

Beachtenswert ist noch die den Permanenzsätzen entspringende Folgerung, daß die Abweichungen der Komponentenintervalle von den ungestörten Intervallen, d. h. in Tabelle 3 und 4 die Abweichungen der q von dem ungestörten Wert $q = 1$, sich innerhalb jedes Zeemantypus im Durchschnitt fortheben. Diese Eigenschaft der Linienstörungen hat Back bei seinen Messungen gestörter Typen seinem Störungsausgleich schon seit langer Zeit zugrunde gelegt; diese Ausgleichsmethode findet also ihre Rechtfertigung in den Permanenzsätzen.

Lichtquanten und Kohärenz.

Von **A. Landé** in Tübingen.

(Eingegangen am 19. Juni 1925.)

Will man die Plancksche Strahlungsformel aus der Lichtquantentheorie ableiten, so gelingt dies nach Bose nur mit Hilfe eines Wahrscheinlichkeitsansatzes, der die Lichtquanten als voneinander in unaufgeklärter Weise statistisch abhängige Gebilde ansieht und ihnen Polarisation zuschreibt. Dieser Wahrscheinlichkeitsansatz kann aber auch bei statistischer Unabhängigkeit der Lichtquanten begründet werden, wenn man, in Analogie zur klassischen Welleninterferenz, die skalare Addition der Quanten ε innerhalb jedes Quantenbündels aufgibt zugunsten einer Superposition der $\sqrt{\varepsilon}$ mit nach Zufall verteilten Phasen, unter Zulassung nur ganzzahliger Quantenbündelenergien. Es wird auf die Beziehungen dieses Interferenzansatzes zu Einsteins Theorie der Gasentartung hingewiesen. Die Quantenbündel erweisen sich ferner als grundlegend auch für den Energieaustausch zwischen Strahlung und Materie.

Bei der Ableitung der Strahlungsformel benutzt Planck zur Ermittlung des Faktors $8\pi\nu^2/c^3$ das klassisch berechnete Gleichgewicht zwischen Strahlungsdichte und Oszillatoren. Und auch in Einsteins Ableitung wird ebendieser Faktor durch asymptotischen Vergleich mit dem klassischen Strahlungsgesetz festgelegt. Eine rein quantentheoretische Ableitung der Strahlungsformel hat Bose[1]) versucht. Seine Überlegungen haben weiterhin die Grundlage für Einsteins Theorie der Gasentartung gebildet. Im folgenden wird nun der zunächst unverständliche Wahrscheinlichkeitsansatz von Bose besprochen und gezeigt, daß er auf eine Superposition der Lichtquanten zurückgeführt werden kann, die ein quantentheoretisches Analogon zur klassischen Wellensuperposition darstellt.

§ 1. Ableitung der Strahlungsformel aus der Lichtquantentheorie. a) Die Zellen[1]). Die Gesamtenergie E der im Volumen V eingeschlossenen Strahlung bestehe aus Lichtquanten $\varepsilon = h\nu$ der verschiedensten Größen, und zwar mögen zum Energiebereich $\Delta\varepsilon$ im ganzen ΔN Quanten ε gehören, welche zur Gesamtenergie E mit dem Betrage $\Delta E = \varepsilon\,.\,\Delta N$ beisteuern.

Jedes Quant ε hat einen Impuls $p = \varepsilon/c$. Die Richtung seiner Fortbewegung ist bestimmt durch die Impulskomponenten p_x, p_y, p_z, wobei wegen

$$p_x^2 + p_y^2 + p_z^2 = p^2 = \frac{\varepsilon^2}{c^2}$$

[1]) S. N. Bose, ZS. f. Phys. **26**, 178, 1924.

Reprinted from *Z. Phys.* **33**, 571–578 (1925).

p der Radius der Kugel im $p_x p_y p_z$-Raum ist, auf deren Oberfläche zu bleiben das Quant gezwungen ist. Zwischen den Kugeln p und $p + dp$ liegt das Raumgebiet

$$\int dp_x\, dp_y\, dp_z = 4\pi p^2\, dp = 4\pi \frac{\varepsilon^2}{c^3}\, d\varepsilon.$$

Das gesamte Phasengebiet im Raum V und im Intervall $\varDelta\varepsilon$ hat demnach den Inhalt

$$\int^{V} dx\, dy\, dz \int_{p}^{p+\varDelta p} dp_x\, dp_y\, dp_z = 4\pi V \frac{\varepsilon^2}{c^3}\varDelta\varepsilon.$$

Nach Plancks Grundannahme ist das Phasenvolumen in Zellen der Größe h^3 einzuteilen, innerhalb deren die einzelnen Phasenpunkte als gleich wahrscheinlich gelten. Die Anzahl der Zellen, die dem Gebiet $\varDelta\varepsilon$ entsprechen, ist also

$$4\pi V \frac{\varepsilon^2}{h^3 c^3}\varDelta\varepsilon,$$

oder wenn man der Tatsache der Polarisation[1]) Rechnung trägt,

$$\varDelta A = 8\pi V \frac{\varepsilon^2}{h^3 c^3}\varDelta\varepsilon = V \cdot \frac{8\pi\nu^2}{c^3}\, d\nu \text{ Zellen,} \qquad (1)$$

auf die sich die Lichtquanten des Gebietes $\varDelta\varepsilon$ verteilen können (jede Zelle kann dabei beliebig viele Quanten aufnehmen).

Da diese Zellen nach ihrer Anzahl (1) und ihrem Inhalt (Licht bestimmter Richtung und Farbe an bestimmtem Ort) übereinstimmen mit v. Laues elementaren linear polarisierten inkohärenden Strahlenbündeln[2]), wollen wir statt Zelle auch die Bezeichnung „elementares Lichtquantenbündel" oder auch einfach „Quantenbündel" benutzen.

b) Wahrscheinlichkeit und Strahlungsformel. Wir berechnen nun die Anzahl $\varDelta W$ der untereinander als gleich wahrscheinlich angenommenen Möglichkeiten, $\varDelta N$ Quanten auf $\varDelta A$ Zellen zu verteilen, in völliger Anlehnung an Plancks Verteilung von $\varDelta N$ Quanten auf $\varDelta A$ Oszillatoren[3]).

---

[1]) Bose muß also zur Ableitung der Strahlungsformel den Lichtquanten Polarisation zuschreiben.

[2]) Nach v. Laue (Ann. d. Phys. **44**, 1197, 1914) ist die Intervallbreite eines inkohärenten Strahlenbündels definiert durch

$$\frac{1}{\lambda^2}\varDelta f \,.\, \varDelta\Omega \,.\, \cos\Theta \,.\, \varDelta t \,.\, \varDelta\nu = 1.$$

[3]) In entsprechender Weise verteilt Debye $\varDelta N$ Energien ε auf $\varDelta A$ Eigenschwingungen und v. Laue auf $\varDelta A$ unabhängige Strahlenbündel.

Welche Verteilungen dabei als gleich wahrscheinliche Möglichkeiten angesehen werden, soll folgendes Beispiel erläutern. Werden $\Delta N = 4$ Quanten auf $\Delta A = 3$ Zellen verteilt, so hat man folgende 15 Möglichkeiten für den Zelleninhalt:

Tabelle 1.

Zelle Nr. 1	4	0	0	3	3	1	0	1	0	2	2	0	2	1	1
„ „ 2	0	4	0	1	0	3	3	0	1	2	0	2	1	2	1
„ „ 3	0	0	4	0	1	0	1	3	3	0	2	2	1	1	2

Es ist keineswegs selbstverständlich, daß diese 15 Möglichkeiten gleich wahrscheinlich sind („gleiches Gewicht haben"); vielmehr würde man a priori unter der Annahme voneinander unabhängiger Quanten erwarten, daß der Verteilung $\begin{vmatrix} 3 \\ 1 \\ 0 \end{vmatrix}$ ein viermal so großes Gewicht zukäme als der Verteilung $\begin{vmatrix} 4 \\ 0 \\ 0 \end{vmatrix}$, weil letztere nur auf eine Weise realisierbar ist, indem alle vier Quanten a, b, c, d in Zelle Nr. 1 fallen: $\begin{vmatrix} abcd \\ 0 \\ 0 \end{vmatrix}$, erstere dagegen auf vier Weisen:

$$\begin{vmatrix} abc \\ d \\ 0 \end{vmatrix}, \quad \begin{vmatrix} abd \\ c \\ 0 \end{vmatrix}, \quad \begin{vmatrix} acd \\ b \\ 0 \end{vmatrix}, \quad \begin{vmatrix} bcd \\ a \\ 0 \end{vmatrix}.$$

Es ist die Gleichwahrscheinlichkeit der obigen 15 Verteilungen von vier Quanten auf drei Zellen demnach als eine besondere physikalische Annahme anzusehen, die implizite Boses Rechnungen zugrunde liegt und deren Inhalt in einer Abhängigkeit der Quanten im Sinne einer gewissen Interferenzfähigkeit zu suchen ist (§ 2b). — Die Verallgemeinerung des obigen Beispiels $\Delta N = 4$, $\Delta A = 3$, $\Delta W = 15$ gibt als Formel für die Anzahl der „Kombinationen mit Wiederholung von ΔA Elementen zur ΔN-ten Klasse":

$$\Delta W = \frac{(\Delta N + \Delta A - 1)!}{(\Delta A - 1)!\,\Delta N!}. \tag{2}$$

Aus diesem Wahrscheinlichkeitsansatz ergibt sich nach Planck in bekannter Weise als mittlere Energie pro Quantenbündel

$$\frac{\Delta E}{\Delta A} = \bar{u} = \frac{\varepsilon}{e^{\varepsilon/kT} - 1}. \tag{3}$$

Die Gesamtenergie der zum Gebiet $\Delta\varepsilon$ im Volumen V gehörigen Quantenbündel wird demnach gleich $\Delta E = \bar{u} . \Delta A$, d. h. unter Benutzung von (1)

$$\Delta E = \frac{8\pi V . \varepsilon^3}{c^3 h^3} \frac{\Delta \varepsilon}{e^{\varepsilon/kT} - 1}. \tag{4}$$

Führt man zum Schluß statt ε die „Schwingungszahl“ $\nu = \frac{\varepsilon}{h}$ der Lichtquanten ein, so wird der zum Intervall $d\nu$ pro Volumeneinheit gehörige Energieinhalt der Quantenbündel, d. i. die räumliche Strahlungsdichte

$$\varrho_\nu d\nu = \frac{8\pi h \nu^3}{c^3} \cdot \frac{d\nu}{e^{h\nu/kT} - 1}, \tag{5}$$

übereinstimmend mit Plancks Strahlungsformel.

§ 2. Interferenz der Lichtquanten. a) Verteilungsdichte der Lichtquanten über die Zellen. Um einen Einblick in den Sinn des obigen Wahrscheinlichkeitsansatzes (2) zu gewinnen, soll zunächst die zugehörige Verteilungsdichte der Lichtquanten über die ΔA Zellen nach Bose festgestellt werden. Es sei $p_0 \Delta A$ die Anzahl der leeren Zellen, $p_1 \Delta A$ die Anzahl der mit einem Quant gefüllten Zellen usw., also

$$\sum_j p_j \Delta A = \Delta A, \qquad \sum_j p_j = 1. \tag{6}$$

Bei Aufteilung von ΔN Quanten ε über die ΔA Zellen des Energiegebietes $\Delta\varepsilon$ erwartet man, falls die Quanten als voneinander unabhängige Gebilde betrachtet werden dürfen, eine gleichmäßige Verteilung, so daß in jeder Zelle $\bar{j} = \Delta N / \Delta A$ Quanten liegen. Das bedeutet nach obiger Bezeichnungsweise

$$p_j = 0 \text{ für alle } j \text{ außer } p_{\bar{j}} = 1 \text{ für } \bar{j} = \frac{\Delta N}{\Delta A}. \tag{7}$$

Bei obigem Wahrscheinlichkeitsansatz (2) ist aber von einer solchen gleichmäßigen Dichteverteilung keine Rede. Betrachten wir wieder das Beispiel der Dichteverteilungen in Tabelle 1. Hier entsprechen von den 15 Verteilungen die 3 ersten den Werten $[p_0 \Delta A = 2,\ p_1 \Delta A = 0,\ p_2 \Delta A = 0,\ p_3 \Delta A = 0,\ p_4 \Delta A = 1]$; die 6 folgenden Verteilungen entsprechen den Werten $[p_0 \Delta A = 1,\ p_1 \Delta A = 1,\ p_2 \Delta A = 0,\ p_3 \Delta A = 1,\ p_4 \Delta A = 0]$ usw. Allgemein ist die Anzahl Δw der untereinander gemäß Tabelle 1 als gleich wahrscheinlich angenommenen Verteilungen, welche zu einer gegebenen Dichteverteilung $[p_0 \Delta A,\ p_1 \Delta A,\ p_2 \Delta A, \ldots]$ führen, gleich der Zahl der Möglichkeiten, ΔA Zellen über ΔN Quanten in der verlangten Weise zu verteilen, also

$$\Delta w = \frac{(\Delta A)!}{(p_0 \Delta A)!\,(p_1 \Delta A)!\,(p_2 \Delta A)! \ldots}. \tag{8}$$

Im Gleichgewicht sind nun die $p_0 p_1 p_2 \cdots$ so zu wählen, daß Δw bzw. $\lg \Delta w$ ein Maximum wird unter den Nebenbedingungen

$$\sum_j p_j = 1, \quad \sum_j \varepsilon j p_j = \Delta E / \Delta A. \tag{9}$$

Dies führt zu der Verteilung:

$$p_j = B e^{-j \varepsilon \beta}. \tag{10}$$

Dabei bestimmt sich B aus $\sum p_j = 1$ zu $B = 1 - e^{-\varepsilon \beta}$, also

$$p_j = (1 - e^{-\varepsilon \beta}) e^{-j \varepsilon \beta}. \tag{10'}$$

Ferner wird die mittlere Energie $\bar{u}$ pro Zelle

$$\bar{u} = \frac{\Delta E}{\Delta A} = \sum_j \varepsilon j p_j = (1 - e^{-\varepsilon \beta}) \sum_j \varepsilon j \, e^{-\varepsilon j \beta} = \frac{\varepsilon}{e^{\varepsilon \beta} - 1}. \tag{11}$$

Aus dem Vergleich mit (3) oder auch direkt aus

$$1/T = \partial k \lg \Delta \omega / \partial \bar{u} \Delta A$$

folgt $\beta = 1/kT$. Demnach ergibt sich schließlich als Gleichgewichtsverteilung

$$p_j = (1 - e^{-\varepsilon/kT}) e^{-j\varepsilon/kT} \qquad \left(\beta = \frac{1}{kT}\right) \tag{10''}$$

an Stelle der Gleichverteilung (7).

Im Grenzfall $\varepsilon \ll kT$, bei dem $\bar{u} = kT$ wird, ergibt sich aus (10'') durch Reihenentwicklung des ersten Faktors

$$p_j = \frac{\varepsilon}{kT} e^{-j\varepsilon/kT},$$

wofür man bei Einführung von $j\varepsilon = u$, $kT = \bar{u}$ auch schreiben kann

$$p_j = \frac{\varepsilon}{\bar{u}} e^{-u/\bar{u}}. \tag{12}$$

b) Superposition der Lichtquanten als Ursache dieser Verteilungsdichte. Wir wollen nun annehmen, es bestehe zwar Unabhängigkeit der Quanten, infolgedessen Gleichverteilung (7) über die Zellen, jedoch setze sich der Energieinhalt u einer Zelle nicht additiv aus den $\bar{j}$ Beiträgen ε zusammen, sondern nach einem der klassischen Wellentheorie nachgebildeten Wahrscheinlichkeitsgesetz folgender Form: Es sei zwar im Durchschnitt über viele Zellen, welche je $\bar{j}$ Quanten enthalten, der Mittelwert des Energieinhaltes $\bar{u} = \bar{j} \cdot \varepsilon$, bei einer einzelnen Zelle sei aber

$$u = |z_1 + z_2 + \cdots z_{\bar{j}}|^2 = |Z|^2, \tag{13}$$

wo $z_1 = x_1 + i y_1$, $z_2 = x_2 + i y_2$, ... komplexe Zahlen (Vektoren in der xy-Ebene) seien, alle vom gleichen Betrag $\sqrt{\varepsilon}$, deren Argumente

$\varphi_i = \operatorname{arctg}(y_i/x_i)$ jedoch nach Wahrscheinlichkeit zwischen 0 und 2π verteilt seien. Die Wahrscheinlichkeit, daß der resultierende Vektor $Z = X + iY$ auf eine Flächeneinheit der XY-Ebene fällt, ist dann [1])

$$\Omega = C \cdot e^{-\gamma(X^2+Y^2)}. \tag{14}$$

Die Konstanten C und γ bestimmen sich aus den Nebenbedingungen

$$\iint_{-\infty}^{+\infty} \Omega \, dX \, dY = 1 \quad \text{und} \quad \iint_{-\infty}^{+\infty} (X^2 + Y^2) \cdot \Omega \cdot dX \, dY = \bar{u}$$

zu

$$C = 1/\pi \bar{u}, \qquad \gamma = 1/\bar{u}.$$

Wegen

$$X^2 + Y^2 = |Z|^2 = u$$

und

$$dX \, dY = 2\pi \sqrt{u} \cdot d\sqrt{u} = \pi \, du$$

wird dann die Wahrscheinlichkeit, daß der Energieinhalt einer mit $\bar{j}$ Quanten ε gefüllten Zelle in das Gebiet du fällt:

$$\Omega \, dX \, dY = \frac{1}{\pi \bar{u}} e^{-u/\bar{u}} dX \, dY = \frac{1}{\bar{u}} e^{-u/\bar{u}} du.$$

Mißt man schließlich u und $\bar{u}$ in Einheiten ε

$$u = j\varepsilon, \qquad u = j\varepsilon \tag{15}$$

(j wird dabei nicht ganzzahlig zu sein), so ist $du = \varepsilon \, dj$, und es wird die Wahrscheinlichkeit, daß eine mit $\bar{j}$ Quanten ε gefüllte Zelle einen zwischen j und $j + dj$ Energieeinheiten ε betragenden Energieinhalt besitzt, gleich

$$P_j dj = \frac{\varepsilon}{\bar{u}} e^{-u/\bar{u}} dj \qquad (\bar{u} = \bar{j}\varepsilon, \; u = j\varepsilon), \tag{15'}$$

übereinstimmend mit dem Grenzfall (12) der Quantenstatistik. Der zunächst unverständliche Ansatz (2) der Quantentheorie ist also, vorerst im Grenzfall $\varepsilon \ll kT$, äquivalent dem Wahrscheinlichkeitsansatz der folgenden Form:

I. Es sind zwar die Quanten ε unabhängig voneinander auf die Quantenbündel zu verteilen, so daß in jedes Bündel des Intervalls $\Delta\varepsilon$ gleich viele Quanten ε fallen; der Energieinhalt u des Bündels ist aber nicht durch skalare Addition der einzelnen Energiebeträge ε, sondern durch Superposition der $\sqrt{\varepsilon} \cdot e^{i\varphi}$ mit nach Wahrscheinlichkeit verteilten Phasen φ zu bestimmen.

Dies gilt zunächst nur für den Grenzfall $\varepsilon \ll kT$ $\bar{u} = kT$, wo auf jedes Bündel viele Quanten ($\bar{j} \gg 1$) fallen. Aber auch ohne diese Ein-

[1]) Vgl. Markoff, Wahrscheinlichkeitsrechnung S. 33.

schränkung läßt sich aus der a priori erwarteten Gleichverteilung der Quanten, welche gemäß (13) interferieren, die allgemeine Energieverteilung (10′) ableiten, wenn wir noch folgende Zusatzforderung (II) einführen:

II. Nur diejenigen (auf Kreisen liegenden) Punkte der XY-Ebene sind als Resultierende $Z = X + iY$ zugelassen, welche ganzzahligen Werten $u = j\varepsilon$ entsprechen; und diese Punkte sollen die gleiche Wahrscheinlichkeit haben, wie bei kontinuierlichem j die umgebenden Flächengebiete.

In dem Gebiet $dX\,dY = \pi\,du$ liegen aber $dj = \frac{du}{\varepsilon} = \frac{dX\,dY}{\pi\varepsilon}$ zugelassenen Energiewerte, d. h. die ausgezeichneten Werte sind mit gleichmäßiger Dichte über die XY-Ebene verteilt. Es geht daher durch (II) das obige Ergebnis (14) über in die neue Form: Die Wahrscheinlichkeit, daß eine Zelle einen bestimmten Energieinhalt $X^2 + Y^2 = u = j\varepsilon$ mit ganzzahligem j erhält, ist gleich

$$P_j = B e^{-\beta u}, \tag{16}$$

wo B sich bestimmt aus der Nebenbedingung

$$\sum_j P_j = 1 \quad \text{zu} \quad B = (1 - e^{-\beta\varepsilon}),$$

also

$$P_j = (1 - e^{-\beta\varepsilon})\,e^{-\beta j \varepsilon} \tag{16'}$$

übereinstimmend mit (10′). Die Annahmen (I) und (II) sind also hinreichend, um die Energieverteilung (10′), (16′) über die Zellen trotz Unabhängigkeit der Quanten zu begründen und damit das Plancksche Strahlungsgesetz aus der Lichtquantentheorie abzuleiten.

Man erkennt somit, daß schon der einfachste Versuch, die Hypothese der Lichtquanten mit der Strahlungsformel zu vereinbaren, dazu zwingt, den Lichtquanten Polarisation und Phase zuzuschreiben.

§ 3. Vergleich mit Einsteins Theorie der Gasentartung. Durch sinngemäße Übertragung der Lichtquantenstatistik auf Gasmoleküle hat Einstein eine Theorie der Gasentartung aufgestellt, welche darauf gründet, daß die Moleküle eines Energieintervalls $\Delta\varepsilon$ nicht gleichmäßig über die zugehörigen Phasenzellen verteilt seien (wie man es bei gegenseitiger Unabhängigkeit der idealen Gasmoleküle erwarten sollte), vielmehr sei die Wahrscheinlichkeit p_j, daß eine Zelle den Energieinhalt $j\varepsilon$ habe, gleich

$$p_j = (1 - e^{-\alpha})\,e^{-j\alpha}.$$

Daß in dieser Annahme eine Interferenz der Moleküle begriffen sei, hat Einstein bereits gezeigt. Nach den obigen Resultaten können wir diese Interferenzeigenschaft auch in folgender Form aussprechen:

III. Die kinetische Energie eines elementaren Molekülstrahlbündels setzt sich nicht skalar aus den Einzelenergien ε der in ihr enthaltenen (aufeinander nicht wirkenden) Moleküle zusammen, sondern durch Superposition aus den Beiträgen $\sqrt{\varepsilon} . e^{i\varphi}$, wo die „Phasen φ der Moleküle" nach Zufall verteilt sind.

§ 4. (Nachtrag bei der Korrektur.) Daß die hier hervorgehobenen Quantenbündel auch für den Energieaustausch zwischen Strahlung und Materie von Bedeutung sind, kann man durch folgende Ableitung der Planckschen Strahlungsformel zeigen, im Anschluß an Einsteins bekannte Ableitung.

Das Verhältnis der Atomzahlen in den zwei Zuständen E_1 und E_2 (wobei $E_1 - E_2 = \varepsilon$) ist

$$n_2 : n_1 = e^{-(E_2 - E_1)/kT} = e^{\varepsilon/kT}. \tag{17}$$

Neben spontanen Emissionen $1 \rightarrow 2$ sollen noch induzierte Emissionen und Absorptionen vorkommen, deren Wahrscheinlichkeit proportional der durchschnittlichen Anzahl $\bar{j}$ der Quanten ε in einem elementaren Quantenbündel sein soll, wobei nach (1)

$$\bar{j} = \varrho_\nu : \frac{8\pi\nu^2}{c^3}. \tag{18}$$

Gleichgewicht soll also bestehen für

$$n_1 (B_1 \bar{j} + A_1) = n_2 . B_2 \bar{j}. \tag{19}$$

Einsetzung von (17) und (18) in (19) und Auflösung nach ϱ_ν gibt dann Plancks Strahlungsformel, wenn

$$B_1 = B_2 = A_1. \tag{20}$$

Besonders im Hinblick auf (20) scheint diese Ableitung befriedigender als die Einsteinsche, welche für die Wahrscheinlichkeitsfaktoren $\beta_1\, \beta_2\, \alpha_1$ die Beziehung

$$\beta_1 = \beta_2, \qquad \alpha_1 : \beta_1 = \frac{8\pi h\nu^3}{c^3}$$

mit Benutzung der Rayleighschen Formel erschließen muß. Die Verallgemeinerung von (19) für den Einstein-Ehrenfestschen Fall mehrerer simultaner Quantenprozesse ergibt sich ohne weiteres.

Von besonderer Bedeutung scheint, daß die vom Strahlungsgesetz geforderte Superposition (13) der Lichtquanten keineswegs die Interferenzfähigkeit der Spektrallinien erklärt. Denn (13) hat nur Bedeutung im Strahlungsgebiet von Rayleigh (großes T), Interferenzen sind aber beliebig weit im Wienschen Gebiet beobachtbar, wo auf Tausende leerer Bündel ein Bündel $u = 1\,\varepsilon$ kommt.

Warum hat das System der chemischen Elemente die Periodenlängen 2, 8, 8, 18, 18, 32?

Von A. LANDÉ, Tübingen.

Seit KOSSELS großangelegtem Versuch, die chemischen Eigenschaften der Elemente auf Grund ihrer Elektronenanordnung zu verstehen, ist das Rätsel des periodischen Systems und im besonderen die Frage nach dem Ursprung der Perioden von 2, 8, 8, 18, 18, 32 Elementen zu einer Spezialfrage aus der Quantentheorie des Atombaues geworden. Diese Frage darf wohl heute, dank den Forschungen besonders von BOHR, STONER und PAULI und auf Grund einiger Resultate über Spektrallinien (Multiplettstruktur und Zeemaneffekt) in weitem Umfang als geklärt gelten. Es besteht ein überraschend einfacher Zusammenhang zwischen den *Periodenzahlen* $2 = 2 \cdot 1^2$, $8 = 2 \cdot 2^2$, $18 = 2 \cdot 3^2$, $32 = 2 \cdot 4^2$ und den *Quantenzahlen* der im Atom gebundenen Elektronen, die aus den Spektren der Elemente abgelesen worden sind.

Die atommodellmäßige Bedeutung dieser Quantenzahlen, welche in einer dem Spektroskopiker geläufigen Weise durch die Symbole n, K, J, m bezeichnet werden, und ihr Zusammenhang mit den Periodenzahlen soll im folgenden näher erläutert werden.

Wir werden dabei sehen, daß die ebenfalls zu erläuternde *Auswahl* dieser Quantenzahlen

$$(1) \quad \begin{cases} n = 1, 2, 3, \ldots \infty, \quad K \leqq n - \frac{1}{2}, \quad J = K \pm \frac{1}{2} \\ |m| \leqq J - \frac{1}{2} \end{cases}$$

identisch ist mit dem Gesetz der Periodenzahlen, so daß wir (1) geradezu als „*Formel des periodischen Systems*" ansprechen können.

n) Die Bahn eines jeden Elektrons, welches sich am Aufbau eines Atoms beteiligt, ist in gewisser Annäherung eine *Ellipse*. Nach BOHR ist nur eine beschränkte Auswahl solcher Ellipsen wirklich zugelassen; die *große Halbachse* a einer Bahnellipse darf nämlich nur gewisse Werte a_1, a_2, a_3, ... besitzen, anders ausgedrückt, a darf nur gleich a_n sein, wo

$$(2) \qquad n = 1, 2, 3, \ldots \infty$$

(Diese ausgezeichneten Werte a_n sind genauer gegeben durch $a_n = 0{,}53 \cdot \frac{n^2}{Z'} \cdot 10^{-8}$ cm, wenn Z' die auf das betr. Elektron durch Zusammenwirken des positiven Kerns und der übrigen negativen Atomelektronen resultierende „effektive" oder „abgeschirmte" Kernladung bedeutet.) Die Zahl n, welche somit die Größe der Ellipsenhalbachse a_n bestimmt, wird „*Hauptquantenzahl*" der betr. Elektronenbahn genannt, und es sind Elektronenbahnen mit den verschiedensten Hauptquantenzahlen $n = 1$, $n = 2$, $n = 3$, ... möglich. Die Frage ist nun, *wieviele* Elektronen der Hauptquantenzahl $n = 1$ ein Atom enthalten kann, und ebenso wieviele Elektronen mit $n = 2$, mit $n = 3$ usw. im Atom vorkommen können. Als Antwort werden wir gleich finden: Ein Atom kann höchstens 2 Elektronenbahnen mit $n = 1$, höchstens 8 Bahnen mit $n = 2$, höchstens 18 mit $n = 3$ und höchstens 32 Elektronenbahnen mit $n = 4$ enthalten.

K) Soeben war nur von der quantenhaften Bestimmung der *großen* Ellipsenhalbachsen a (a_1, $a_2 \ldots a_n \ldots a_\infty$) die Rede. Aber auch die *kleine* Halbachse b jeder Elektronenbahn nimmt nach SOMMERFELD nur quantenhaft bestimmte Werte an, die wir mit b_K bezeichnen. Ebenso wie die kleine Halbachse b_K einer Ellipse stets kleiner oder höchstens gleich der großen Halbachse a_n sein kann, so wird auch die *Quantenzahl* K von b_K stets kleiner (höchstens ebenso groß) wie die Quantenzahl n von a_n sein. Im besonderen zeigen die Spektren, daß K die Werte

$$K = \tfrac{1}{2}, \tfrac{3}{2}, \tfrac{5}{2} \ldots \text{bis } (n - \tfrac{1}{2})$$

oder kurz geschrieben

$$K \leqq n - \tfrac{1}{2}$$

annimmt. (Der zur Quantenzahl K gehörige Wert der kleinen Halbachse b_K ist übrigens

$$b_K = 0{,}53 \cdot \frac{n^2}{Z'} \cdot 10^{-8}\,\text{cm},$$

vergleiche oben a_n.) Im einzelnen hat man demnach bei den Hauptquantenzahlen $n = 1, 2, 3$ usw. folgende Möglichkeiten für die Quantenzahl K einer Ellipsenbahn:

$$(3) \quad \begin{matrix} n = 1 & n = 2 & n = 3 \\ K = \frac{1}{2} & K = \frac{1}{2}, \frac{3}{2} & K = \frac{1}{2}, \frac{3}{2}, \frac{5}{2} \end{matrix} \quad \text{usw.}$$

K wird als „Nebenquantenzahl" oder auch als „azimutale" Quantenzahl bezeichnet, weil sie den azimutalen *Drehimpuls* des betr. Elektrons mit seiner Bahn mißt; dieser ist nämlich $K \cdot h/2\pi$, wo h PLANCKS Wirkungsquantum bedeutet.

J) Die Form der zulässigen Ellipsenbahnen, d. h. die Werte der großen und kleinen Halbachsen a_n und b_K, war durch die Quantenzahlen n und K festgelegt, und damit auch der Drehimpuls (Kreiselmoment) des Elektrons $K \cdot h/2\pi$ in der Bahnebene. Nun steht aber die Bahnebene des Elektrons nicht im Raum fest, sondern macht eine Präzessionsbewegung (ähnlich wie die Ebene eines Kreisels). Nach außen wirkt dann das Kreiselmoment $K \cdot h/2\pi$ der präzessierenden Ellipsenbahn ebenso wie das Kreiselmoment einer nicht präzessierenden Bahn vom Drehmoment $J \cdot h/2\pi$, wo J als „wirksame" Quantenzahl der Elektronenbahn bezeichnet werden kann; der Drehimpuls darf nämlich wieder nur in bestimmter quantenmäßig ausgezeichneter Weise zur Wirksam-

Reprinted from *Naturwiss.* **13**, 604–606 (1925).

keit[1]) nach außen kommen, und zwar, wie die Spektren zeigen, mit der wirksamen Quantenzahl

$$J = K + \tfrac{1}{2} \text{ und } J = K - \tfrac{1}{2}.$$

Man hat demnach bei gegebener Ellipsenform [vergl. (3)] noch folgende Möglichkeiten für die Wirksamkeit des Kreiselimpulses einer Bahn, gemessen durch die wirksame Quantenzahl J, (welche übrigens nicht gleich Null sein kann):

(4)	$n = 1$	$n = 2$		$n = 3$		
	$K = \frac{1}{2}$	$K = \frac{1}{2}$	$\frac{3}{2}$	$K = \frac{1}{2}$	$\frac{3}{2}$	$\frac{5}{2}$
	$J = 1$	$J = 1$	$1, 2$	$J = 1$	$1, 2$	$2, 3$

m) Die Kreiselachse, um welche der Drehimpuls $J \cdot h/2\pi$ der Elektronenbahn nach außen wirkt (wir nennen sie die J-Achse), kann nun selbst noch verschiedene Richtungen im Raum besitzen. Ist im Raum eine bestimmte Richtung bevorzugt, wird z. B. durch Einschalten eines starken Magnetfeldes die *Kraftlinienrichtung* im Raum ausgezeichnet, so kann sich die J-Achse noch in verschiedenem Winkel gegen die Kraftlinien einstellen. Nun war $J \cdot h/2\pi$ der um die J-Richtung wirksame Drehimpuls. Um die Kraftlinienrichtung als Achse, die schief gegen die J-Achse steht, herrscht demnach nur ein Drehimpuls, den wir mit $m \cdot h/2\pi$ bezeichnen, und der dem Betrag nach *kleiner* (höchstens gleich) als J sein muß. Die spektroskopische Erforschung des Zeemaneffektes zeigt nun speziell:

$$|m| \leqq J - \tfrac{1}{2},$$

ausführlicher geschrieben:

$$m = J - \tfrac{1}{2},\ J - \tfrac{3}{2},\ J - \tfrac{5}{2},\ \ldots \text{ bis } -(J - \tfrac{1}{2})$$

(Negatives m bedeutet einen Winkel *über* 90° zwischen der J-Achse und der positiven Richtung der Kraftlinien.) Eine durch die Quantenzahlen n, K und J charakterisierte Elektronenbahn kann also im Raum (z. B. gegen ein starkes Magnetfeld) noch folgende, durch Quantenzahlen m festgelegte Richtungen annehmen [Gl. (5), vergl. (2) (3) (4)]:

(5)	n	1	2			3				
	K	$\frac{1}{2}$	$\frac{1}{2}$	$\frac{3}{2}$		$\frac{1}{2}$	$\frac{3}{2}$		$\frac{5}{2}$	
	J	1	1	1	2	1	1	2	2	3
	m	$\pm\frac{1}{2}$	$\pm\frac{1}{2}$	$\pm\frac{1}{2}$	$\pm\frac{1}{2}, \pm\frac{3}{2}$	$\pm\frac{1}{2}$	$\pm\frac{1}{2}$	$\pm\frac{1}{2}, \pm\frac{3}{2}$	$\pm\frac{1}{2}, \pm\frac{3}{2}$	$\pm\frac{1}{2}, \pm\frac{3}{2}, \pm\frac{5}{2}$
	Anzahl der Möglichkeiten	$2 = 2 \cdot 1^2$	$2 + 2 + 4 = 8 = 2 \cdot 2^2$			$2 + 2 + 4 + 4 + 6 = 18 = 2 \cdot 3^2$				

	n	4						
	K	$\frac{1}{2}$	$\frac{3}{2}$		$\frac{5}{2}$		$\frac{7}{2}$	
	J	1	1	2	2	3	3	4
	m	$\pm\frac{1}{2}$	$\pm\frac{1}{2}$	$\pm\frac{1}{2}, \pm\frac{3}{2}$	$\pm\frac{1}{2}, \pm\frac{3}{2}$	$\pm\frac{1}{2}, \pm\frac{3}{2}, \pm\frac{5}{2}$	$\pm\frac{1}{2}, \pm\frac{3}{2}, \pm\frac{5}{2}$	$\pm\frac{1}{2}, \pm\frac{3}{2}, \pm\frac{5}{2}, \pm\frac{7}{2}$
	Anzahl der Möglichkeiten	$2 + 2 + 4 + 4 + 6 + 6 + 8 = 32 = 2 \cdot 4^2$						

In der letzten Zeile der Gleichung (5) ist zusammengezählt, wie viele Möglichkeiten eine durch die Quantenzahl n charakterisierte Elektronenbahn (mit der großen Halbachse a_n) noch besitzt bezüglich ihrer kleinen Halbachse (Quantenzahl K), ihres wirksamen Drehimpulses (Quantenzahl J) und ihrer Stellung im Raum (Quantenzahl m). Man sieht, daß eine Elektronenbahn $n = 1$ im ganzen nur die 2 Möglichkeiten $m = +\frac{1}{2}$ und $m = -\frac{1}{2}$ hat, $n = 2$ dagegen 2 Möglichkeiten ($m = +\frac{1}{2}$ und $m = -\frac{1}{2}$) bei $K = \frac{1}{2}$ und $2 + 4 = 6$ Möglichkeiten bei $K = \frac{3}{2}$ (nämlich $m = +\frac{1}{2}$ und $-\frac{1}{2}$ bei $J = 1$, $m = \frac{3}{2}, \frac{1}{2}, -\frac{1}{2}, -\frac{3}{2}$ bei $J = 2$) usw. Es ergeben sich auf diese Art in Gl. 5 grade 2, 8, 18, 32, ... Möglichkeiten für eine Elektronenbahn der Hauptquantenzahlen 1, 2, 3, 4, ... als Folge der in (1) zusammengestellten Quantenauswahl.

Den Aufbau des *periodischen Systems* (successive Anlagerung von Elektronenbahnen, von denen jede in starkem Magnetfeld durch Quantenzahlen n, K, J, m charakterisiert ist) hat man sich dann so zu denken: Zunächst lagert sich *ein* Elektron mit den Quantenzahlen $n = 1$, $K = \frac{1}{2}$, $J = 1$ und m etwa $= +\frac{1}{2}$ an (Wasserstoff). Ein *zweites* Elektron mit $n = 1$ hat dann nach (5) nur noch die Möglichkeit, sich mit $n = 1$, $K = \frac{1}{2}$, $J = 1$ und $m = -\frac{1}{2}$ anzulagern (Helium).

Ein *drittes* Elektron findet alle Möglichkeiten für $n = 1$ bereits durch die beiden ersten Elektronen besetzt und kann demnach nur als eine Bahn mit $n = 2$ angelagert werden, d. h. es beginnt die *zweite Periode* des Systems, die erste Periode ($n = 1$) kann also nicht mehr als zwei Elemente (*H* und *He*) enthalten. Das dritte bis zehnte Elektron lagert sich nun in den $2 + (2 + 4) = 8$ Möglichkeiten an, die für $n = 2$ vorliegen [vgl. (5)] und bildet so die zweite Periode des Systems (Li, Be, B, C, N, O, F, Ne).

Ein elftes Elektron findet jetzt alle Möglichkeiten für $n = 1$ und $n = 2$ bereits erschöpft und kann sich nur als Bahn $n = 3$ anlagern und beginnt somit die *dritte Periode*. Das elfte bis achtzehnte Elektron belegt diejenigen $2 + (2 + 4)$

[1]) Die Art dieser „Wirksamkeit" zu verstehen ist eins der schwierigsten noch ungelösten Probleme der Atomphysik, sodaß gegen die hier gegebene Darstellung Einwendungen möglich sind, die mit der Frage nach der Bedeutung der Quantenzahlen J (aber auch K, n und m) zusammenhängen, hier aber nicht näher behandelt zu werden brauchen.

Tabelle der Elektronenzahlen auf Bahnen n, K.

n	1	2		3			4				5						7	
K	$\frac{1}{2}$	$\frac{1}{2}$	$\frac{3}{2}$	$\frac{1}{2}$	$\frac{3}{2}$	$\frac{5}{2}$	$\frac{1}{2}$	$\frac{3}{2}$	$\frac{5}{2}$	$\frac{7}{2}$	$\frac{1}{2}$	$\frac{3}{2}$	$\frac{5}{2}$	$\frac{7}{2}$	$\frac{9}{2}$	$\frac{1}{2}$	$\frac{3}{2}$	...
2 He	2																	
10 Ne	2	2	6															
18 A	2	2	6	2	6													
36 Kr	2	2	6	2	6	10	2	6										
54 X	2	2	6	2	6	10	2	6	10		2	6						
86 Em	2	2	6	2	6	10	2	6	10	14	2	6	10			2	6	

Bahnen $n = 3$, welche durch $K = \frac{1}{2}$ und $K = \frac{3}{2}$ charakterisiert sind (Na bis A), vgl. (5) und die Tabelle der Elektronenbahnen bei den *Edelgasen*, welche vollaufgefüllte Gruppen n, K repräsentieren.

Das neunzehnte Elektron sucht sich aus energetischen Gründen nicht eine Bahn $n = 3$, $K = \frac{5}{2}$ aus, sondern lagert sich mit $n = 4$ an, und beginnt so die *vierte Periode*. Erst nachträglich werden die Bahnen $n = 3$, $K = \frac{5}{2}$ ausgefüllt, so daß schließlich vom neunzehnten bis zum sechsunddreißigsten Elektron (K bis Kr) die 2 Bahnen $n = 4$, $K = \frac{1}{2}$, die $2 + 4$ Bahnen $n = 4$, $K = \frac{3}{2}$ und die $4 + 6$ Bahnen $n = 3$, $K = \frac{5}{2}$ besetzt werden.

Das siebenunddreißigste Elektron beginnt jetzt mit einer Bahn $n = 5$ die *fünfte Periode*, welche mit dem vierundfünfzigsten beendet wird (Rb bis X); diese achtzehn Elektronen füllen nämlich die 2 Bahnen $n = 5$, $K = \frac{1}{2}$, die $2 + 4$ Bahnen $n = 5$, $K = \frac{3}{2}$ und die $4 + 6$ Bahnen $n = 4$, $K = \frac{5}{2}$ auf.

Das fünfundfünfzigste Elektron beginnt mit einer Bahn $n = 6$ die *sechste Periode* (Cs bis Em) aus 32 Elementen; diese kommen dadurch zustande, daß die 2 Bahnen $n = 6$, $K = \frac{1}{2}$, die $2 + 4$ Bahnen $n = 6$, $K = \frac{3}{2}$, die $4 + 6$ Bahnen $n = 5$, $K = \frac{5}{2}$, und die $6 + 8$ Bahnen $n = 4$, $K = \frac{7}{2}$ angelegt werden.

Das siebenundachtzigste Elektron beginnt mit einer Bahn $n = 7$ die *siebente* Periode, die aber mitten in ihrer Entwicklung mit dem zweiundneunzigsten Element (U) abbricht. Wir haben so an Hand der Formel (1), welche Elektronenbahnen verschiedener Gestalt und Orientierung bestimmt und in Gl. (5) ihre ausführliche Darstellung fand, die Periodenlängen im System der Elemente als eine unmittelbare Folge der Quantengesetze erkannt, die bei der Einfangung von Elektronen ihre ganzzahligen (bzw. halbzahligen) Forderungen durchführen.

Zur Quantentheorie der Strahlung.

Von **A. Landé** in Tübingen.

(Eingegangen am 13. November 1925.)

§ 1. Übergangsscharen. — § 2. Spontane Emission. — § 3. Induzierte Strahlung.

§ 1. Übergangsscharen. Bohr hat mehrfach darauf hingewiesen, daß man den Quantenzuständen eines Atoms eine gewisse Unschärfe zuschreiben muß, weil man die elektrodynamische Reibungskraft der Strahlungsdämpfung bei der Festlegung der stationären Zustände vernachlässigt, um sie erst zur Bestimmung der Übergangswahrscheinlichkeiten zu verwenden. Im folgenden sollen nun einige Konsequenzen dieses Gedankens für die Grundpostulate der Bohrschen Theorie gezogen werden.

Nach den Versuchen von Bothe und Geiger, Compton und Simon darf wohl wieder angenommen werden, daß nicht die stationären Zustände, sondern die Übergänge selbst mit Strahlung verknüpft sind. Will man nun nicht kurzerhand alle Erfolge quasiwellentheoretischer und korrespondenzmäßiger Betrachtungen über Bord werfen, so kann eine Milderung der Lichtquantentheorie etwa durch folgende Behauptung versucht werden:

I. Der Übergang zur Zeit $t = 0$ in einem Atom induziert Übergänge in anderen Atomen nicht momentan, sondern mit abklingender Wahrscheinlichkeit auch zu Zeiten $t > 0$ (abgesehen von der Latenszeit).

Wegen der geringen Abklingungszeiten 10^{-7} bis 10^{-8} sec würde ein Unterschied gegenüber zeitlos wirkender Lichtquanten experimentell unmittelbar kaum feststellbar sein.

Die in I. formulierte Annahme kann man etwas weniger präzis ersetzen durch die Behauptung, daß

II. bereits der Emissionsakt eines einzelnen isolierten Atoms zu einer unscharfen d. h. nicht unendlich kohärenzfähigen „Spektrallinie" führt, deren Breite durch die klassische Dämpfung berechenbar ist.

Bei quasiklassischer Auffassung wird die unscharfe Emission bei ν_0 als eine Schwingung dargestellt, welche sich nach Fourier in eine kontinuierliche Schar rein harmonischer Schwingungen ν auflöst, die den Hauptwert ν_0 umgeben. Jede einzelne dieser harmonischen Komponenten können wir dann einem Übergang zwischen zwei scharf definierten

Reprinted from *Z. Phys.* **35**, 317–322 (1926).

Zuständen zuordnen, und erhalten als Äquivalent der unscharfen Spektrallinie gemäß I. und II. eine kontinuierliche Schar von Übergängen des einen Atoms, deren Struktur unten näher besprochen wird.

Dieser wie es scheint zwingenden Konsequenz von I. und II., daß die Zustandsänderungen in Übergangsscharen[1]) bestehen, hat man wohl deshalb oft keine Bedeutung zugeschrieben, weil die Schärfe der Spektrallinien eine viel auffallendere Eigenschaft als ihre Unschärfe ist. Die Unschärfe einer Spektrallinie ν_0 erstreckt sich aber in Wirklichkeit nicht nur auf den schmalen Bereich ihrer Halbwertsbreite, sondern, wie die Dispersion, Zerstreuung, Reflexion und Brechung fremden Lichtes $\nu \neq \nu_0$ zeigen, auf ein sehr viel weiteres Gebiet. Abweichungen des Brechungsindex n vom Wert 1 finden sich nämlich in einem sehr weit (eigentlich ∞ weit) gespannten Gebiet um ν_0, das wir Dispersionsbreite nennen wollen; nahe bei ν_0 hat die n-Kurve überdies eine im Vergleich zum übrigen Gebiet unverhältnismäßig große (durch die Dämpfung bestimmte) Erhebung, deren Basis für die Breite der „Spektrallinie“ ν_0 maßgebend ist. Dies zeigt aber nur, daß innerhalb der gesamten zugeordneten Übergangsschar der Hauptübergang ΔE_0 und seine unmittelbaren Nachbarn sozusagen zufälligerweise (nämlich wegen des zufällig sehr geringen Betrages der Strahlungsdämpfung) stark bevorzugte Gewichte besitzen, entsprechend der sehr großen Helligkeit der schmalen Spektrallinie ν_0 gegenüber den entfernteren Dunkelstellen ν. Will man aber zu einem Verständnis der Dispersion, Zerstreuung usw. kommen, so muß die Dunkelheit des übrigen Dispersionsgebiets nur als relativ angesehen werden, und die Nebenübergänge ΔE weit ab von ΔE_0 werden von prinzipieller Bedeutung für die Phänomene der Wechselwirkung eines Atoms ν_0 mit fremdem Licht ν.

Auf die Bedeutung der unscharfen Quantelung haben außer Bohr besonders Ehrenfest und Tolman[2]), ferner A. Smekal[3]) hingewiesen,

---

[1]) In dem Ausdruck Übergangsschar liegt eine Konzession an die gewöhnliche Vorstellung, ein „Übergang“ vermittele zwischen zwei scharfen „Zuständen“. Es sind aber, wie eben Bohr betont, die Zustände gar nicht scharf definiert, und dasselbe gilt dann von den Übergängen. Nur formal kann man den unscharfen Zustand aus „scharfen Zuständen“ im üblichen Sinne und den Übergang aus einer Schar von „scharfen Übergängen“ entstanden denken. Jedoch hat diese Zerlegung nach der hier vorgeschlagenen Auffassung keinen physikalischen Inhalt, und es wäre konsequenter, statt Übergangsschar wieder einfach Übergang zu sagen.

[2]) Ehrenfest und Tolman, Phys. Rev. **24**, 287—295, 1924. (Weak Quantization.)

[3]) A. Smekal, ZS. f. Phys. **34**, 81, 1925. (Über metastationäre Atom- und Molekülzustände.)

und R. Becker[1]) hat in seiner Quantentheorie der Dispersion Gewichte der Nebenzustände quantitativ angegeben. Der Unterschied zwischen jenen und der vorliegenden Untersuchung besteht aber darin, daß dort die einzelnen Zustandsänderungen eines Atoms als scharfe Übergänge zwischen Nichtquantenzuständen aufgefaßt werden, hier dagegen, entsprechend I. und II., jede Zustandsänderung selbst bereits als ein Kontinuum von scharfen Übergängen, d. h. als Übergangsschar, aufgefaßt wird.

§ 2. Spontane Emission. Um die Übergangsschar, die der unscharfen Spektrallinie eines Atoms zugeordnet ist, näher kennenzulernen, stellen wir die spontane Emission des Atoms dar durch die abklingende Schwingung

$$\left.\begin{aligned} \mathfrak{E} &= 0 \text{ für } t < 0 \\ \mathfrak{E} &= \mathfrak{E}_0 e^{2\pi t\left(i\nu_0 - \frac{1}{\tau_0}\right)} \text{ für } t \geqq 0, \end{aligned}\right\} \tag{1}$$

die man als Repräsentanten der Feldstärke einer realen oder virtuellen gedämpften Strahlungsemission ansehen möge. Die unscharfe Spektrallinie (1) ist nun nach Fourier zusammengesetzt aus einer kontinuierlichen Schar von rein harmonischen Komponenten $\mathfrak{e}_\nu e^{2\pi i\nu t}$ in der Form

$$\mathfrak{E} = \int_{-\infty}^{+\infty} \mathfrak{e}_\nu e^{2\pi i\nu t} d\nu,$$

worin sich die Einzelamplituden $\mathfrak{e}_\nu$ berechnen zu

$$\mathfrak{e}_\nu = \int_{-\infty}^{+\infty} \mathfrak{E}\, e^{-2\pi i\nu t} dt = \frac{1}{2\pi} \mathfrak{E}_0 \frac{1}{i(\nu - \nu_0) + \frac{1}{\tau_0}}. \tag{2}$$

Schreiben wir noch $\mathfrak{e}_\nu$ in der Form $|\mathfrak{e}_\nu| e^{i\delta_\nu}$, so hat für die einzelne harmonische Komponente die Intensität:

$$|\mathfrak{e}_\nu|^2 = \frac{1}{4\pi^2} \mathfrak{E}_0^2 \frac{1}{(\nu - \nu_0)^2 + \frac{1}{\tau_0^2}}. \tag{3}$$

Ihr relatives Gewicht g_ν ist dann gleich

$$g_\nu = \frac{1}{\pi} \frac{\frac{1}{\tau_0}}{(\nu - \nu_0)^2 + \left(\frac{1}{\tau_0}\right)^2}, \text{ wobei } \int_0^\infty g_\nu\, d\nu = 1. \tag{3'}$$

Quantentheoretisch entspricht der unscharfen Spektrallinie (1) nach unserer Auffassung eine Übergangsschar eines Atoms, oder im üblichen Sinne

---

[1]) R. Becker, ZS. f. Phys. 27, 173, 1924. (Über Absorption und Dispersion in Bohrs Quantentheorie.)

eine Schar von scharfen Übergängen $\varDelta E$ vieler Atome, deren Einzelglieder mit „Gewichten" an der Schar beteiligt sind, die proportional (3') sind, wenn dort ν und ν_0 ersetzt werden durch:

$$\nu = \frac{\varDelta E}{h}, \quad \nu_0 = \frac{\varDelta E_0}{h}. \tag{4}$$

Maximales Gewicht haben dabei diejenigen Nebenübergänge der Schar, die nahe bei dem Hauptübergang $\varDelta E_0$ liegen, der zwischen zwei quantentheoretisch ausgezeichneten Zuständen E_0^a und E_0^e vermittelt. Die relativen Gewichte der Nebenübergänge sind nach (3') wesentlich durch $1/\tau_0$ bestimmt, auch in großer Entfernung von ν_0. Für τ_0 ist, falls das Atom isoliert spontan strahlt, die klassische Abklingungszeit der Strahlungsdämpfung einzusetzen; bei Stoßdämpfung verkürzt sich aber τ_0 wesentlich, und auch die Gewichtsverteilung (3') wird dann verzerrt.

Obwohl wir damit in den Rahmen der alten Auffassung zurückfallen, wollen wir doch die durch (3) und (4) gegebene Übergangsschar durch folgende Vorstellung fixieren. Das Atom besitzt außer den Quantenenergien E_0 als Hauptwerten noch ein Kontinuum von Nebenwerten E. Dieselben Differenzen $\varDelta J$ der Wirkungsgrößen, welche zwei Hauptwerte E_0^a und E_0^e trennen, liegen auch zwischen je zwei anderen Werten E^a und E^e des Kontinuums. Wir können so dem Sprung $\varDelta J$ ein ganzes Kontinuum von Wertepaaren E^a und E^e zuordnen, mit konstanten Differenzen $\varDelta E = E^a - E^e = \varDelta E_0 = E_0^a - E_0^e$ befindet. Gewöhnlich mögen nun, wenn sich das Atom „im Zustand E^a" befindet, die um E_0^a gruppierten Werte E^a fortwährend unendlich schnell durchlaufen werden mit relativen Verweilzeiten, die ihren Gewichten entsprechen. Analoges gelte, wenn sich das Atom „im Zustand E^e" befindet. Ein spontaner Übergang $\varDelta J$ sei jetzt dadurch gekennzeichnet, daß das Atom die beiden Werte eines der oben beschriebenen Wertepaare E^a und E^e gleichzeitig einnimmt und dann noch das ganze Kontinuum der Wertepaare unendlich schnell durchläuft mit relativen Verweilzeiten, die durch (3') gemessen sind. Natürlich darf hierin nichts weiter als ein unrationeller Versuch gesehen werden, die Übergangsschar (3') mit Begriffen der hier gerade aufzugebenden Vorstellung scharf definierter Zustände zu beschreiben.

§ 3. Induzierte Strahlung. Die Wirkung eines spontanen Übergangs des Atoms A auf ein Atom B wird dann halb statistisch, halb kausal in Erscheinung treten. Statistisch insofern, als die in B induzierte Übergangsschar entweder vollständig oder gar nicht zur Ausführung kommt; nur wenn viele Atome B da sind, wird ein gewisser

Prozentsatz vollständiger Übergänge existieren. Kausal insofern, als die Fähigkeit der Übergangsschar A, in B ebenfalls eine Übergangsschar wahrscheinlich zu machen, zeitlich abklingt und im wesentlichen auf die Dämpfungszeit τ_0 von A beschränkt ist. Diese Zeit ist übrigens so kurz ($\approx 10^{-8}$ sec), daß man in den meisten Fällen Koinzidenz von Ursache und Wirkung feststellen wird.

Im einzelnen können wir uns die Wechselwirkung zwischen A und B auch vermittelt denken durch virtuelle Oszillatoren und die von ihnen ausgehende virtuelle Strahlung. Während aber Bohr, Kramers und Slater jedem Quantenzustand von A einen Oszillator ν_0 (bzw. eine diskrete Zahl harmonischer Oszillatoren $\nu_0\ \nu_0'\ \nu_0'' \ldots$) zuordnen, möchten wir jedem Übergang ν_0 von A eine kontinuierliche Schar von harmonischen virtuellen Oszillatoren ν mit den durch (2) gegebenen relativen Amplituden zuordnen; denn nur die aus ihnen zusammensetzbare Schwingung (1), zur Zeit $t = 0$ beginnend, ist zu physikalisch-kausaler Wirkung während $t > 0$ fähig, während eine rein harmonische Schwingung ν_0, von $t = -\infty$ bis $+\infty$ dauernd, physikalisch ein Unding ist.

Kommt nun die eben beschriebene Übergangsschar in B wirklich zustande, d. h. hat B nach dem Übergang seine Zustandsschar E^e mit E^a vertauscht, so ist B Quelle (virtueller) unscharfer Wellen mit dem Hauptwert ν_0 geworden. Es soll aber eben nur dann eine solche sekundäre Strahlung von B ausgehen, wenn B die beschriebene Übergangsschar wirklich ausführt, was halb kausal, halb statistisch (s. oben) eintreten oder auch nicht eintreten wird.

Zum Schlusse sei betont, daß wir auf die Einzelheiten des hier vorgeschlagenen Bildes weniger Wert legen als auf die Feststellung der Alternative:

Entweder ist die Zustandsänderung eines einzelnen Atoms mit der Emission einer mathematisch scharfen, d. h. ∞kohärenzfähigen Spektrallinie ν_0 verknüpft; dann kann die Zustandsänderung in einem Sprunge zwischen zwei scharfen Quantenzuständen $\Delta E_0 = h\nu_0$ bestehen, und die Strahlung übt dann von $t = -\infty$ bis $+\infty$ dauernde oder Momentanwirkungen aus (Lichtquantentheorie). Oder, was durch die Korrespondenz zur klassischen Strahlungsdämpfung näher liegt, jedes einzelne Atom sendet bereits eine unscharfe Spektrallinie aus; dann kann die zugeordnete Zustandsänderung nur in einer (simultanen) kontinuierlichen Schar von Übergängen[1]) bestehen, unter denen außer dem Haupt-

[1]) Siehe Fußnote 1, § 1.

quantenübergang $\Delta E_0 = h\nu_0$ auch noch diejenigen Nebenübergänge $\Delta E = h\nu$ wesentlich zu berücksichtigende relative Gewichte (3') haben, die in die „Dispersionsbreite" der Spektrallinie, d. h. zum Teil weit außerhalb der Linienhalbbreite, fallen.

Born und Jordan[1]) haben dem Gedanken Ausdruck verliehen, daß die momentanen Phasen der atomaren Elektronenbewegungen als prinzipiell unbeobachtbare Größen in den wahren Naturgesetzen keinen Platz haben. Wir möchten hier noch einen Schritt weitergehen und behaupten, daß auch scharfe Zustandsenergien von Quantenzuständen zu diesen Größen gehören; denn definiert und prinzipiell beobachtbar wären nach obigem nur die Eigenschaften der „Zustandsscharen"; nur formal kann man sie (ebenso wie die scharfen Zustände durch Angabe ihrer Momentanphasen) als Zusammensetzung scharfer Zustände veranschaulichen, wobei die Hauptzustände und ihre Nachbarn für gewisse Erscheinungen (Linienhalbbreite) besondere Bedeutung haben, während für andere Phänomene (Dispersion usw.) auch die weiter entfernten Komponenten der Schar wesentliche Berücksichtigung erfordern. Im Gegensatz zu anderen (l. c.), welche die einzelnen Haupt- und Nebenzustände für sich als realisierbar (und beobachtbar) ansehen, möchten wir aber als „Zustand" und „Übergang" des einzelnen Atoms bereits nur die Zustandsschar und die Übergangsschar gelten lassen, um nicht (siehe obige Alternative) der extremsten Lichtquantentheorie zu verfallen, die ja bisher bei dem Problem der Interferenz versagt hat[2]).

[1]) Born und Jordan, ZS. f. Phys. **33**, 479, 1925.

[2]) Wenn z. B. G. Wentzel (ZS. f. Phys. **22**, 193, 1924) den Versuch macht, die Superposition statt Addition von Wellenenergien „in die Sprache der Quantentheorie zu übersetzen" als eine Superposition statt Addition der Wahrscheinlichkeiten, mit denen Lichtquanten auf verschiedenen Wegen von Q nach P gelangen können, so muß dies wegen der darin liegenden Koppelung von Ereignissen, welche zeitlich weit getrennt sein können, als verfehlt angesehen werden. Nach Wentzel soll z. B. in P ein dunkler Interferenzstreifen entstehen, weil die zwei Wege l_1 und l_2, S_1 und S_2 nach P hin einen Gangunterschied ($\lambda/2 =$) $c\,h/2\,\varepsilon$ besitzen und deshalb beide keine Lichtquanten ε transportieren. Denkt man sich aber in die Mitte zwischen Q und P zur Zeit $t = 0$ plötzlich einen schwarzen Schirm eingeschaltet, der den Weg l_1 versperrt, l_2 aber offen läßt, so wird Q erst zur Zeit $t = l/2\,c$ davon etwas merken und dann mit der Emission von Lichtquanten auf l_2 nach P hin beginnen können, so daß P erst von $t = 3\,l/2\,c$ an aufgehellt wird. In Wirklichkeit wird aber die Aufhellung von P bereits zur Zeit $t = l/2\,c$ beginnen. Wentzels Theorie widerspricht also den einfachsten Erfahrungstatsachen.

Ein Experiment über Kohärenzfähigkeit von Licht.

Von **W. Gerlach** und **A. Landé** in Tübingen.

Mit 3 Abbildungen. (Eingegangen am 27. Januar 1926.)

Das Plancksche Strahlungsgesetz verlangt Interferenz der Lichtquanten innerhalb eines Elementarbündels. Der vorliegende Versuch zeigt dasselbe für Lichtquanten räumlich weit getrennter Elementarbündel.

Im Hinblick auf die eindrucksvollen Versuche von Compton, welche eine völlige Einseitigkeit der emittierten Lichtquanten zu beweisen scheinen, ist es nicht unangebracht, wieder einmal experimentell zu zeigen, daß Licht, welches von einer Lichtquelle nach weit verschiedenen Richtungen ausgesandt wird, zur Interferenz gebracht werden kann. Die im folgenden beschriebenen Versuche sollen dabei der Anforderung „weit verschiedener Emissionsrichtung" in besonders definierter Form genügen; es werden nämlich Lichtstrahlen zur Interferenz gebracht, die zu verschiedenen „elementaren Strahlenbündeln" [v. Laue][1]) bzw. zu verschiedenen „elementaren Lichtquantenbündeln" [Bose][2]) gehören.

Ein Elementarbündel hat folgende anschaulich definierte Größe. Wird Licht des Bereichs $\Delta\nu$ von einer Spaltfläche Δf auf einen Schirm gestrahlt und erzeugt dort ein System von Beugungsstreifen, so gehören zu einem Elementarbündel diejenigen Lichtstrahlen, welche von Δf herkommend ein Beugungsmaximum und die zugehörige dunklere Umgebung bilden, und während der Kohärenzdauer $\Delta t = 1/\Delta\nu$ auf den Schirm fallen. Mathematisch ist das Elementarbündel gegeben durch die Ungleichung

$$\frac{\Delta f}{\lambda^2}\,\Delta\Omega\cos\Theta\,.\,\Delta\nu\,.\,\Delta t \leqq 1, \tag{1}$$

wenn $\Delta\Omega$ sein räumlicher Öffnungswinkel, Θ der Winkel zwischen Strahlrichtung und Normale von Δf bedeutet. In der Lichtquantentheorie, wo

$$\nu = \frac{\varepsilon}{h}, \quad \text{also} \quad \frac{\Delta\nu}{c\lambda^2} = \frac{\varepsilon^2\Delta\varepsilon}{c^3 h^3}$$

gesetzt wird, ist daher das elementare Lichtquantenbündel definiert durch

$$\Delta f\,\frac{\varepsilon^2\Delta\varepsilon}{c^2}\,\Delta\Omega\cos\Theta\,.\,\Delta t \leqq h^3. \tag{2}$$

1) M. v. Laue, Ann. d. Phys. **44**, 1197, 1914.
2) S. N. Bose, ZS. f. Phys. **26**, 178, 1924.

Reprinted from *Z. Phys.* **36**, 169–173 (1926).

Falls die Strahlung nur genügend monochromatisch ist ($\Delta\varepsilon$ genügend klein), wird das Elementarbündel außerordentlich langgestreckt, nämlich entsprechend der Kohärenzlänge bis zu 10^{-8} bis 10^{-7} Lichtsek. lang.

Vom Standpunkt der extremsten Lichtquantenlehre aus ist die Interferenz bisher gar nicht zu verstehen[1]. Aber auch das Plancksche Strahlungsgesetz in seinem Rayleigh-Jeansschen Teilgebiet kommt bereits zu einer Ablehnung der extremen Lichtquantenauffassung[2]. Jedoch schafft hier eine Milderung der Lichtquantentheorie Rat, nämlich die Forderung, daß die Lichtquanten, welche zum gleichen Elementarbündel gehören, ihre Energien nicht additiv zusammensetzen, sondern superponieren[3], nachdem man ihnen Phasen und Polarisation zugeschrieben hat. Durch diese Zusatzannahme ist aber den Interferenzerscheinungen noch nicht genügt; denn die Teile eines Lichtstrahls können auch dann interferieren, wenn der Lichtstrahl so violett oder so schwach ist, daß er zum Wienschen Spektralbereich gehört. In letzterem Falle sind aber die meisten elementaren Lichtquantenbündel leer, und nur ausnahmsweise führt ein Bündel ein einziges Lichtquant mit sich, und Belegung mit mehreren Lichtquanten ist ganz zu vernachlässigen. Die Interferenzfähigkeit Wienschen Lichtes verlangt also Superposition von Lichtquantenbruchteilen.

Die im folgenden beschriebenen Versuche sollen die Interferenzfähigkeit noch nach einer anderen Richtung hin verfolgen, nämlich zeigen, daß unter Umständen Teile räumlich verschiedener Elementarbündel interferieren. Im allgemeinen sind ja Teile verschiedener Elementarbündel inkohärent und nur unter besonderen, von der klassischen Wellenoptik vorauszusehenden Umständen ist für sie Kohärenz und somit Interferenz zu erwarten, und die Erfahrung (siehe unten) gibt der Wellenoptik vollkommen recht.

Die Beleuchtung zweier Spalte S_1 und S_2 in einem Schirme S geschehe mit Hilfe eines Vorspalts Δf, welcher auf S_1 und S_2 zwei verschiedene Beugungsmaxima entwirft, so daß also die von Δf nach S_1 gehenden Lichtstrahlen einem anderen Elementarbündel angehören als die von Δf nach S_2 gehenden Strahlen. Das Experiment zeigt nun, entsprechend der klassischen Optik, Interferenzfähigkeit der von S_1 und S_2 weiterlaufenden Strahlen, verlangt also eine Superposition selbst solcher

[1] Über das Versagen der bisherigen Lichtquantentheorien der Interferenz vgl. z. B. Fußnote 2, S. 322 bei A. Landé, ZS. f. Phys. **35**, 317, 1926.

[2] L. Natanson, Phys. ZS. **12**, 659, 1911.

[3] A. Landé, ZS. f. Phys. **33**, 571, 1925.

Lichtquanten, welche zu weit getrennten Elementarbündeln $\Delta f - S_1$ und $\Delta f - S_2$ gehören.

Das Experiment wurde folgendermaßen ausgeführt[1]): Licht von einer Zeissschen 5-Amp.-Bogenlampe fällt durch zwei, etwa $^1/_2$ m voneinander entfernte Spalte auf einen Schirm, in manchen Versuchen noch durch ein Filter von Wratten und Wainright monochromatisiert. Der erste Spalt, der Vorspalt, ist etwa 1 mm breit, in Zinkblech geschnitten, der zweite ein mit Mikrometerschraube meßbar verstellbarer Präzisionsspalt bester Ausführung. In wieder $^1/_2$ m Abstand fällt das Licht auf einen Schirm, auf welchem etwa ein halbes Dutzend Newtonscher Spaltinterferenzen auf jeder Seite des Spaltbildes scharf zu sehen war. Nun wurde an Stelle dieses Schirmes ein anderer gebracht, welcher eine Öffnung hatte, vor welche ein Doppelspalt gesetzt werden konnte. Solche Doppelspalte wurden durch Ritzen in sehr dünner Aluminiumfolie ($\sim 10\,\mu$) hergestellt, sie waren je einige hundertstel Millimeter breit und hatten verschiedene Abstände von der Größenordnung Zehntelmillimeter bis wenige Millimeter.

Die beiden Doppelspalte brachte man zunächst in das direkte Spaltbild. Dann ließ sich mit einer Lupe im Abstand von einigen Dezimetern hinter dem Doppelspalt folgendes beobachten. Das von jedem einzelnen Spalte kommende Licht erzeugt ein weiteres Newtonsches Interferenzsystem, dessen Periode in normaler Weise von der Spaltbreite abhängt. Symmetrisch zu der durch die Normale auf dem Zwischenraum zwischen den beiden Spalten stehenden Ebene überlagern sich die beiden Beugungssysteme. Hier tritt nun ein neues Beugungssystem von sehr scharfen engen Interferenzen auf, dessen Periode nur von dem Abstand der beiden Öffnungsmitten der Doppelspalte abhängt. Dieses System zeigt, daß das Licht von allen Teilen des direkten Spaltbildes kohärent ist, was selbstverständlich ist, nicht nur nach der klassischen Wellenoptik, sondern auch nach der nicht allzu extrem gefaßten Lichtquantentheorie (Kohärenz innerhalb eines Elementarbündels siehe oben).

Bringt man aber den einen Spalt des Doppelspaltes in ein Beugungsbild des primären Interferenzstreifensystems, den anderen in irgend ein anderes, so bleiben die Interferenzen bestehen, ein Beweis dafür, daß alle Beugungsbilder eines Newtonschen Interferenzstreifensystems kohärent sind, ein nach der

[1]) Vielfache und verständnisvolle Hilfe bei der Ausführung hat Herr cand. phys. Vatter geleistet.

klassischen Theorie selbstverständliches, vom Standpunkt der Lichtquanten aber kaum zu verstehendes Resultat.

Zunächst war es auffallend, daß dieses sekundäre Interferenzstreifensystem auch auftrat, wenn die beiden Spalte in zwei Intensitäts**minima** des primären Streifensystems gebracht wurden. Und dieses System blieb auch bestehen, wenn statt des engen Präzisionsspaltes ein ganz weiter Spalt (oder nur **ein** Spaltbacken) verwendet wurde. Auch blieb das System ungeändert, wenn der Doppelspalt weit außerhalb der primären Beugungsbilder gestellt wurde. Daß das Experiment dennoch beweisend ist, ergibt sich aus folgendem. Da die Kanten des Spaltes selbst als sekundäre kohärente Lichtquellen wirken, überlagert sich über das primäre Interferenzbild eine allgemeine schwache Lichtintensität, so daß die Intensitätsminima nicht vollständig dunkel sind. Diese überlagerte all

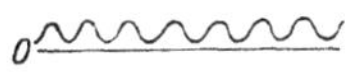

Fig. 1.

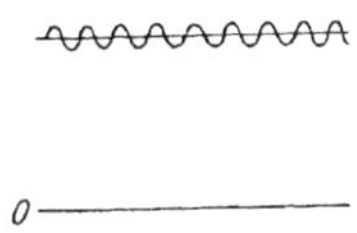

Fig. 2.

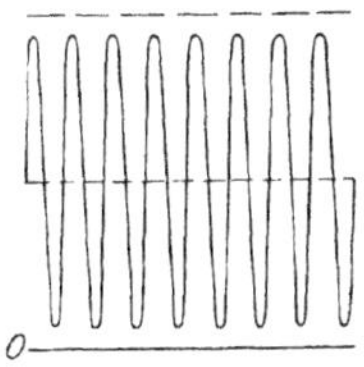

Fig. 3.

gemeine Lichtstrahlung kommt von den Spaltbacken selbst und ist daher in allen ihren Punkten kohärent, nur durch die Phase verschieden. Sie liefert das sekundäre Beugungsbild, wenn der Doppelspalt in zwei Minimis steht (Fig. 1). Bringt man den Spalt in ein Maximum, den andern in ein Minimum des primären Beugungsbildes, so sollte man wieder dasselbe Interferenzsystem nur auf dem von dem Maximum herrührenden helleren Untergrund erwarten (Fig. 2). Statt dessen sieht man aber gleichmäßige Helligkeit, weil auf der großen allgemeinen Helligkeit das feine Streifensystem nicht mehr wahrgenommen wird (Fig. 2, ausgezogene Linien). Liegen aber beide Spalte in — beliebig verschiedenen — primären Beugungsmaximis, so treten wieder scharfe schwarze Interferenzen auf, obwohl die Gesamthelligkeit durch die Wirkung der beiden Maxima nochmals gesteigert ist (Fig. 3). Diese Interferenzen können also nicht die von der allgemeinen Beleuchtung des Doppelspalts herrührenden Beugungsbilder der Fig. 1 sein, sondern nur Streifen, die durch Interferenz der von verschiedenen primären Beugungsbildern ausgehenden Strahlung zustande kommen.

Dieses Ergebnis ist nach dem bekannten Schrödingerschen Versuch[1]) zu erwarten, doch scheinen uns die Versuchsbedingungen bei unserem Experiment noch schärfer definiert zu sein. Das Experiment ist gleichzeitig ein experimenteller Beweis für die Thomas Youngsche Ableitung der geradlinigen Ausbreitung des Lichtes, die gegenüber dem Abbeschen Versuch den Vorteil hat, daß der Einfluß aller an den Rändern von Schirmen auftretenden Beugungseffekte eliminiert worden ist.

Tübingen, Physikal. Institut, Januar 1926.

---

[1]) E. Schrödinger, Ann. d. Phys. **61**, 69, 1920.

Neue Wege der Quantentheorie.

Von A. LANDÉ, Tübingen.

Vor kurzem erschienen in der Zeitschr. f. Physik einige Untersuchungen von HEISENBERG, BORN und JORDAN, die einen gewissen Abschluß der Bemühungen bilden, durch eine in sich geschlossene *Quantenmechanik* die inneren Widersprüche der bisherigen halbklassischen, halb quantentheoretischen Grundsätze der Atomphysik zu überwinden.

Ein Hinweis auf die Unzulänglichkeit der üblichen Quantenregeln bei atomaren Elektronensystemen wäre kaum nötig, wenn wir uns noch im Jahre 1913 befänden, in welchem BOHR seine Grundpostulate veröffentlichte. Denn der damals allgemeine Widerspruch des physikalischen Gefühls gegen die Kühnheit der BOHRschen Annahmen hat sich erst allmählich unter dem Eindruck ihrer großen Erfolge in einen Glauben an die Unfehlbarkeit der Grundannahmen verwandelt. Erst die in letzter Zeit sich häufenden, mit der Theorie nicht in Einklang zu bringenden Einzelerfahrungen (die „Anomalität" des Zeemanneffektes, die Unganzzahligkeit und Zweideutigkeit der Quantenzahlen, das Versagen der Störungstheorie u. a. m.) haben allgemein zu der von BOHR schon lange vorher ausgesprochenen Überzeugung geführt, daß die Grundpostulate wesentlich abzuändern sind. In der Tat: erst Lösung der Bewegungsgleichungen des Atommodells im Rahmen der klassischen Mechanik, dann Einschränkung der zugelassenen Bewegungen durch Quantenvorschriften, endlich Berechnung der Strahlungsfrequenzen aus den Energiesprüngen und Abschätzung der Intensitäten mit Hilfe korrespondenzmäßiger Überlegungen, dies alles bedeutet eine Reihe miteinander organisch gar nicht verbundener Rezepte, die der Natur gewiß nicht angemessen sind und die doch, wie der Erfolg zeigt, einen wahren Kern enthalten müssen, wenn auch belastet mit überflüssigem Beiwerk.

Es war deshalb ein Schritt von großer Tragweite, als bei der Suche nach einer Abänderung der Theorie die scharfe Fragestellung erhoben wurde, welche Bestandteile der BOHRschen Grundannahmen denn eigentlich zur Deutung der spektroskopischen *Erfahrungen* verwendet werden, und welche Züge der Theorie in der Erfahrung kein Gegenstück finden und somit abänderungsfähig oder überflüssig sind. Schon vor Jahren hat BORN gesprächsweise die damals ketzerische Ansicht vertreten, daß die raumzeitlich ablaufenden mechanischen Atommodelle keine physikalische Realität besitzen, d. h. durch keine *Erfahrung* gestützt werden; denn die Erfahrung gebe Auskunft nur über Zustandsenergien (Termwerte), Frequenzen und Intensitäten, niemals aber über momentane Lagen und Geschwindigkeiten der Elektronen; Momentanphasen seien vielmehr *prinzipiell unbeobachtbar*[1]), und alle Bilder über die raumzeitlichen Änderungen der Momentanphasen, also alle Modellvorstellungen, seien somit überflüssig oder gar mit den Beobachtungen unvereinbar.

Die großen Erfolge der BOHRschen Modellvorstellungen lenkten jedoch zunächst von einer Weiterverfolgung dieses Gedankens ab und ließen jedenfalls den heuristischen Wert der Atommodelle mit ihren Elektronenbahnen außer Zweifel. In der Tat kann man sich schwer der Überzeugungskraft z. B. von SOMMERFELDS Feinstrukturtheorie des Wasserstoffs und der Röntgenspektren entziehen; man meint hier die Elektronen mit ihrer von der Momentangeschwindigkeit abhängenden relativistischen Massenkorrektion förmlich umlaufen zu *sehen*. Erst als neuere Erfahrungen und ihre Deutungsversuche (das Versagen aller exakten Berechnungen von Termwerten bei höheren Atomen, die Gesetze der Multipletts und ihrer magnetischen Aufspaltungen und der dabei zutage tretende Widerspruch zwischen Neigungstheorie und relativistischer Theorie) die Unzulänglichkeit bereits der Grundpostulate erkennen ließen, wurde die von BOHR selbst aus prinzipiellen

[1]) Zur Bekräftigung einer *prinzipiellen* Unbeobachtbarkeit von Momentanphasen eines Elektronensystems könnte man noch anführen, daß die eventuellen Hilfsmittel ja selbst aus atomaren Systemen bestehen, in denen die Phase ebenso definiert oder undefiniert sei wie in dem zu untersuchenden System. Hier wäre einzuwenden, daß die Untersuchung ja auch geschehen könnte mit Hilfe einzelner isolierter Elektronen oder α-Teilchen, welche in jedem Zeitpunkt eine bestimmte Lage und Geschwindigkeit besitzen (Spur der Partikel in der WILSONschen Nebelkammer). Da aber diese Stöße erfahrungsgemäß stets quantentheoretischen Gesetzen folgen (FRANCK und HERTZ), darf man mit Recht eine *prinzipielle* Unbeobachtbarkeit von Einzelphasen in Elektronen*systemen* annehmen. Die Sachlage hat hier Ähnlichkeit mit der in der speziellen Relativitätstheorie: die relativistische Zeitdefinition steht und fällt mit der Behauptung, größere Signalgeschwindigkeiten als die des Lichtes seien prinzipiell nicht realisierbar.

Reprinted from *Naturwiss.* **14**, 455–458 (1926).

Gründen stets in den Vordergrund gestellte Suche nach einer befriedigenden Quantenmechanik nun auch zu einem praktisch dringenden Problem.

Es handelte sich praktisch darum, wenigstens eine mathematisch richtige Vorschrift (Gesetzmäßigkeit) zu finden, welche die verschiedenen *beobachteten* Eigenschaften eines Atoms, die Größe seiner Zustandsenergien, Strahlungsfrequenzen und -intensitäten miteinander verknüpft. Im Anschluß an die obige Überlegung von BORN sollte dabei kein Gebrauch gemacht werden von den mit der Beobachtung unvereinbaren raumzeitlich-kontinuierlichen Mechanismen, speziell von dem Begriff der Momentanphase[1]), d. h. dem Momentbild der Lagen und Geschwindigkeiten der einzelnen Elektronen.

Die Art, wie die Verknüpfung der *beobachtbaren* Größen in der neuen Quantenmechanik geschieht, wird am besten an einem Beispiel, dem des linearen, im allgemeinen anharmonisch schwingenden Oszillators erläutert.

Führt ein mechanischer Oszillator (System von *einem* Freiheitsgrad) anharmonische Schwingungen aus, so lassen sich diese nach FOURIER darstellen als Überlagerung rein harmonischer Schwingungen ν mit den Koordinaten

$$q_\nu = Q_\nu \cdot e^{2 i \pi \nu t}.$$

Die *klassische* Emission wird eine gleichzeitige Ausstrahlung aller dieser Schwingungszahlen ν sein mit *Intensitäten* proportional $Q_\nu^2 \cdot \nu^4$. In der Quantentheorie, wo jede Spektrallinie einem *Übergang* zwischen zwei Zuständen mit den Quantenzahlen m und n zugehört, kann man die Intensität und Schwingungszahl einer einzelnen Spektrallinie herrührend denken von einem gedachten („virtuellen") *harmonischen* Oszillator mit der Koordinate

$$q(m, n) = Q(m, n) \cdot e^{2 i \pi \nu(m, n) t} \tag{1}$$

welcher klassisch dieselbe Schwingungszahl $\nu(m, n)$ und Intensität ausstrahlt, wie sie in Wirklichkeit beim Übergang des *anharmonischen* Oszillators vom Quantenzustand m nach n entsprechend der BOHRschen Frequenzbedingung entsteht. Das Gesamtsystem dieser harmonischen virtuellen Oszillatoren, das „virtuelle Orchester" könnte man es nennen, ist also ein klassisches Ersatzbild für die *Strahlung* des anharmonischen Quantenoszillators, indirekt also ein Ersatzbild für den mechanisch nicht faßbaren Quantenoszillator selbst. Wir stellen die Koordinaten $q(m, n)$ aller virtuellen Oszillatoren in folgendem Schema zusammen.

[1]) Sowie man über die *Interferenz* der von verschiedenen Atomen ausgesandten Strahlung Auskunft haben will, wird sich zwar noch der Begriff der Phase, nicht aber der der *Phasendifferenz* vermeiden lassen; diese Frage ist in der neuen Quantenmechanik vorläufig zurückgestellt worden, ebenso wie ja auch BOHRS erste Theorie sich zunächst nur mit *monochromatischer*, d. h. unendlich interferenzfähiger Strahlung beim *zeitlos* gedachten Elektronensprung beschäftigte.

Dieses quadratische Schema nennt man die *Matrix* der $q(m, n)$, abgekürzt die Matrix q

$$q = \begin{Bmatrix} q(1,1) & q(1,2) & q(1,3) & \dots \\ q(2,1) & q(2,2) & q(2,3) & \dots \\ q(3,1) & q(3,2) & q(3,3) & \dots \\ \dots & \dots & \dots & \dots \end{Bmatrix} \tag{2}$$

Der formalen Vollständigkeit halber sind hier auch die Koordinaten $q(1, 1)$, $q(2, 2)$ usw. von virtuellen Oszillatoren hingeschrieben, welche dem „Übergang eines Quantenzustandes in sich selbst" entsprechen. Neben dem Schema der Koordinaten können wir auch noch das der *Impulse* $p = \mu \cdot \frac{dq}{dt}$ für die einzelnen Ersatzoszillatoren der Masse μ hinschreiben

$$p(m, n) = P(m, n) \cdot e^{2 i \pi \nu(m, n) t} \tag{3}$$

und sie zusammenstellen in der Matrix

$$p = \begin{Bmatrix} p(1,1) & p(1,2) & p(1,3) & \dots \\ p(2,1) & p(2,2) & p(2,3) & \dots \\ p(3,1) & p(3,2) & p(3,3) & \dots \\ \dots & \dots & \dots & \dots \end{Bmatrix} \tag{4}$$

Schema (2) und (4) drückt also nichts weiter aus, als daß wir uns die vom Quantenoszillator bei verschiedenen Gelegenheiten (Sprüngen) ausgehenden *Strahlungsfrequenzen* und *Intensitäten* auch herrührend denken können von dem anschaulichen Bild des klassisch kontinuierlich strahlenden Ersatzorchesters der virtuellen Oszillatoren. Die Frequenzen der letzteren werden daher, wie die des Quantenoszillators selbst, dem *Kombinationsprinzip* gehorchen, d. h. die Schwingungszahl $\nu(m, n)$ des virtuellen Oszillators $q(m, n)$ läßt sich ausdrücken als Differenz zweier „Terme" ν_m und ν_n

$$\nu(m, n) = \nu_m - \nu_n. \tag{5}$$

Darüber hinaus wird noch die Gültigkeit der BOHRschen *Frequenzbedingung* behauptet

$$\nu(m, n) = \nu_m - \nu_n = \frac{W_m}{h} - \frac{W_n}{h} \tag{6}$$

d. h. der Term ν_k sei gleich der durch PLANKS Konstante dividierten Energie W_k eines stationären Zustandes des anharmonischen Quantenoszillators.

Gesucht wird jetzt mit Hilfe einer neuen Quantenmechanik der Zusammenhang zwischen *Intensitäten, Schwingungszahlen* und *Termen*, oder, was dasselbe ist, der Zusammenhang zwischen den *Koordinaten* $q(m, n)$ der virtuellen Oszillatoren — deren Amplitudenquadrate sind proportional den Intensitäten —, den *Impulsen* $p(m, n)$ — diese drücken sich nach (3) durch die Frequenzen $\nu(m, n)$ und Koordinaten $q(m, n)$ aus — und den *Energien* W_k — diese sind nach BOHR durch (6) mit den Termen ν_k verknüpft.

Es ist also ein wesentlicher Zug der neuen Theorie, daß die Termenergien W_k das anharmonischen Quantenoszillators berechnet werden *nicht* aus gewissen klassisch-kontinuierlichen Mechanismen, welche den Quantenzustand als *mechanisches*, wenn auch quantentheoretisch ausgewähltes System auffassen. Sondern die Eigenschaften des *mechanisch nicht faßbaren* Quantenzustandes k werden veranschaulicht und berechnet durch Eigenschaften des klassisch-kontinuierlichen Ersatzorchesters. Z. B. die *Energie* W_k des Quantenzustandes k wird, einer geistreichen Intuition HEISENBERGS entsprechend, folgendermaßen aus den $q(n, m)$ und $p(n, m)$ der virtuellen Oszillatoren in Analogie zur klassischen Mechanik berechnet:

In der klassischen Mechanik würde die Energie W des anharmonischen Oszillators durch einen Ausdruck

$$W = \text{kinet.} + \text{pot. Energie} = \frac{\mu}{2}\dot{q}^2 + V(q)$$

oder bei Benutzung des Impulses $p = \mu\dot{q}$ und der Reihenentwicklung $V(q) = a_1 q + a_2 q^2 + a_3 q^3 + \ldots$ dargestellt durch

$$(7) \qquad W = \frac{1}{2\mu} p^2 + [a_1 q + a_2 q^2 + a_3 q^3 + \ldots]$$

Analog dazu behauptet HEISENBERG, die Energie W_k des Quantenoszillators im Zustand k lasse sich berechnen aus den Koordinaten $q(n, m)$ und Impulsen $p(n, m)$ der virtuellen Oszillatoren durch folgenden zu (7) analogen Ausdruck

$$(8) \quad \begin{cases} W_k = \frac{1}{2\mu} \sum_l p(k,l)\, p(l,k) \\ \quad + \left[a_1 \cdot q(k,k) + a_2 \cdot \sum_l q(k,l)\, q(l,k) \right. \\ \quad \left. + a_3 \cdot \sum_l \sum_m q(k,l) \cdot q(l,m) \cdot q(m,k) + \ldots \right] \end{cases}$$

Diesen auf den ersten Blick befremdenden und komplizierten Ausdruck erhält man aus dem klassischen Ausdruck (7), indem man in letzterem ersetzt

$$(9) \quad \begin{cases} q \text{ durch } q(k,k) \\ q^2 \text{ durch } \sum_l q(k,l) \cdot q(l,k) \\ q^3 \text{ durch } \sum_l \sum_m q(k,l) \cdot q(l,m) \cdot q(m,k), \text{ usw.} \end{cases}$$

Der mit dem „Matrizenkalkül" vertraute Mathematiker sieht sofort, daß diese Art Produktbildung identisch ist mit der bekannten Regel „Zeilen mal Kolonnen" bei der Multiplikation von Determinanten. Wir brauchen aber hier nicht näher auf die abgekürzte Rechenmethode des Matrizenkalküls einzugehen, die freilich bei näherer Beschäftigung mit der Quantenmechanik sich als ebenso geeignet erweist, wie etwa die allgemein-kovarianten Tensoren für die Relativitätstheorie und die von NEWTON eigens erfundene Fluxionsrechnung für die Probleme der klassischen Mechanik.

Um nun eine Termberechnung W_k wirklich durchführen zu können, müßten in (8) die einzelnen Koordinaten und Impulse der virtuellen Oszillatoren bekannt sein. Diese werden aber bestimmt durch „Bewegungsgleichungen" und Quantenbedingungen der virtuellen Oszillatoren. Die Bewegungsgleichungen wurden wieder von HEISENBERG in Analogie zur Mechanik eines *klassischen* anharmonischen Oszillators aufgestellt:

In der *klassischen* Mechanik besteht zwischen Energie W als Funktion von Koordinate q und Impuls p der Zusammenhang der kanonischen Bewegungsgleichungen

$$(10) \qquad \frac{dq}{dt} = \frac{\partial W}{\partial p}, \quad \frac{dp}{dt} = -\frac{\partial W}{\partial q}.$$

Bei dem klassischen anharmonischen Oszillator (7) heißen die klassischen Bewegungsgleichungen daher speziell

$$(11) \quad \begin{cases} \frac{dq}{dt} = \frac{1}{\mu} \cdot p, \\ \frac{dp}{dt} = -[a_1 + 2a_2 q + 3a_3 q^2 + 4a_4 q^3 + \ldots] \end{cases}$$

In Analogie hierzu behauptet nun die neue Quantenmechanik folgenden Zusammenhang der $q(m, n)$ mit den $p(m, n)$ der virtuellen Ospillatoren:

$$(12) \quad \begin{cases} \dot{q}(m,n) = \frac{1}{\mu} \cdot p(m,n) \\ \dot{p}(m,n) = -[a_1 + 2a_2 q(m,n) \\ \quad + 3a_3 \sum_k q(m,k) \cdot q(k,n) \\ \quad + 4a_4 \sum_k \sum_l q(m,k) \cdot q(k,l) \cdot q(l,n) \\ \quad + \ldots] \end{cases}$$

Der Übergang von (11) zu (12) ist wieder mit Ersetzung der klassischen q, q^2, q^3, ... durch Summen über die $q(m, n)$ gemäß der Vorschrift (9) geschehen.

Die Gleichungen (12) sind als Bewegungsgleichungen der virtuellen harmonischen Oszillatoren anzusprechen; durch sie sind die Koordinaten $q(m, n)$ und Impulse $p(m, n)$ *eines* solchen Oszillators eng gekoppelt mit den Koordinaten und Impulsen $q(k, l)$ und $p(k, l)$ der *anderen* virtuellen Oszillatoren.

Man kann die Gleichungen (12) auch ohne Eingehen auf den Begriff der Bewegung interpretieren: Statt $\dot{q}(m, n)$ als zeitliche Ableitung von $q(m, n)$ aufzufassen, kann man $\dot{q}(m, n)$ die „punktierte Koordinate" des virtuellen Oszillators nennen und sie *definieren* durch

$$(12') \quad \begin{cases} \dot{q}(m,n) = 2\pi i\nu(m,n) \cdot q(m,n) \\ \dot{p}(m,n) = 2\pi i\nu(m,n) \cdot p(m,n) \end{cases}$$

in Übereinstimmung mit den zeitlichen Ableitungen von (1) und (3).

Die Lösungen $q(n, m)$ und $p(n, m)$ der Gleichungen (12) und damit die Zustandsenergien W_k in (8) sind erst dann bestimmt, wenn noch *Quantenbedingungen* hinzukommen. Durch eine Verallgemeinerung der in der üblichen, halbklassischen Theorie verwandten Bedingung $\int p\,dq = nh$ gelangt HEISENBERG zu der den virtuellen Oszillatoren auferlegten Quantenbedingung:

$$(13) \quad \begin{cases} \sum_k p(m,k) \cdot q(k,n) - \sum_k q(m,k) \cdot p(k,n) \\ \qquad = \frac{h}{2i\pi} \text{ für } m = n \end{cases}$$

zu welcher als Folge der Bewegungsgleichungen nach BORN und JORDAN noch hinzutritt

$$(13')\left\{\begin{array}{l}\sum_k p(m,k)\cdot q(k,n)-\sum_k q(m,k)\cdot p(k,n)\\ \qquad\qquad = 0 \text{ für } m \gtrless n\,.\end{array}\right.$$

Die Quantenbedingungen verknüpfen also Koordinaten und Impulse *verschiedener* virtueller Oszillatoren miteinander. Besonders charakteristisch für die Quantenbedingung (13) ist, daß auf ihrer rechten Seite gar keine „Quantenzahl" vorkommt, sondern nur das Wirkungsquantum h für sich. Dies hat zur Folge, daß auch die Lösungen $q(m, n)$ und $p(m, n)$ der Bewegungsgleichungen (12) und Quantenbedingungen (13) keine Quantenzahl enthalten (s. u.). Die Lösung ist überdies insofern noch nicht eindeutig bestimmt, als die *Numerierung* (m, n) der Zustände durch irgendeine andere Numerierung ersetzt werden kann, so daß bei jeder der vielen möglichen Numerierungen der mit k bezeichnete Zustand („der k-te Zustand") einen anderen physikalischen Zustand repräsentiert; jedoch bleibt die Gesamtheit der Energiewerte stets dieselbe, welche Numerierung man auch wählt. Wählt man *eine* der möglichen Numerierungen, so stellen sich die W_k wegen (8) und (13) als Funktionen von h behaftet mit *Nummern* dar, die jedoch, wenn man eine andere Numerierung auswählt, anders ausfallen. Diese *Nummern* nehmen die Rolle auf, welche die *Quantenzahlen* in den Quantenbedingungen der früheren halbklassischen Termberechnung gespielt hatten, ohne aber deren unmittelbare physikalische Bedeutung zu besitzen. Alles, was aus „Quantenzahlen" in den Termausdrücken über angebliche *mechanische* Eigenschaften des betreffenden Quantenzustandes in der ursprünglichen BOHRschen Theorie ausgesagt wurde, ist also zu revidieren. Der Quantenzustand ist eben gar nicht mechanisch faßbar; sondern sein beobachteter Energieinhalt läßt sich nur in gewisser Weise aus mechanischen Eigenschaften des virtuellen Oszillatorensystems berechnen. Höchstens in sehr übertragenem Sinne darf man zur Abkürzung des Ausdruckes oder, wie der Erfolg der bisherigen BOHRschen Theorie seit 1913 zeigt, als *heuristisches Prinzip* jene Ausdrucksweise beibehalten, die den Quantenzustand durch Begriffe der kontinuierlich-klassischen Mechanik beschreiben will. Damit hat man auch eine Antwort auf die Frage, ob denn die neue Quantenmechanik „vorstellbar" sei. Eine Vorstellung ist freilich, solange man sie im Rahmen klassisch-kontinuierlicher Begriffe sucht, verwehrt, bzw. nur durch das Ersatzbild des virtuellen Orchesters ermöglicht. Ebenso kann man sich ja Sätze der ebnen nichteuklidischen Geometrie nicht unmittelbar, sondern nur durch Abbildung auf gekrümmte Flächen im euklidischen Raum vorstellen. Doch ist damit für das Verständnis der Sache nicht viel gewonnen. Erst häufige Beschäftigung mit vielen Anwendungsbeispielen kann hier zu einer Vertrautheit und Übersicht der Zusammenhänge zwischen den Beobachtungen führen, die besser als hinkende Vergleiche quantentheoretischer Tatbestände durch klassisch-kontinuierliche Bilder ist.

Die von HEISENBERG zuerst entworfene, von BORN und JORDAN vervollkommnete neue Theorie, deren Fundamente besonders BOHR, KRAMERS und SLATER vorbereitet hatten, ist natürlich nur ein erster Versuch, in das unbekannte Gebiet der Quantenmechanik vorzustoßen, und es ist möglich, daß schon bei dem oben gewählten einfachen Beispiel des anharmonischen Oszillators manche Einzelheiten nicht aufrechterhalten bleiben werden. Die wesentliche Erkenntnis, daß die Quantenmechanik konsequent durch virtuelle klassische Bilder faßbar ist, welche den *Übergängen*, nicht den *Zuständen* zugeordnet sind und welche somit eine exakte Formulierung des Korrespondenzprinzips geben, darf aber wohl schon jetzt als bleibende Frucht der neuen Theorie betrachtet werden.

Zur Wellenmechanik der Kontinua und Elektrodynamik.

Von **A. Landé** in Tübingen.

Mit 1 Abbildung. (Eingegangen am 28. Juli 1927.)

Die in der klassischen Theorie exakt angebbaren Größen Energiedichte, Impuls-, Spannungs- und Strömungsdichte sind quantentheoretisch gewissen Unbestimmtheitsgrenzen unterworfen. Dies führt zu einer Wellenfunktion der Dichten, welche im de Broglieschen Sinne vierdimensionale Raumperioden besitzt und für den Fall der Elektrodynamik näher betrachtet wird.

§ 1. Im folgenden wird versucht, Überlegungen, die zur Wellenmechanik der Massenpunkte geführt haben, in möglichst ähnlicher Weise zur Vorbereitung einer Quantentheorie der Kontinua zu benutzen. Zu den Kontinua gehört das elektromagnetische Feld, welches ja ebenfalls mit Energie, Impuls usw. behaftet ist. Der Zustand eines kontinuierlichen Mediums in Raum und Zeit ist charakterisiert durch die Energiedichte w, Impulsdichte $\mathfrak{g}$, Energieströmung $\mathfrak{s}$ und Spannung p an jedem Weltpunkt; diese bilden die Komponenten des Energieimpulsdichten-Tensors $\mathfrak{t}$

$$\mathfrak{t} = \begin{Bmatrix} \mathfrak{t}_{11} & \mathfrak{t}_{12} & \mathfrak{t}_{13} & \mathfrak{t}_{14} \\ \mathfrak{t}_{21} & \mathfrak{t}_{22} & \mathfrak{t}_{23} & \mathfrak{t}_{24} \\ \mathfrak{t}_{31} & \mathfrak{t}_{32} & \mathfrak{t}_{33} & \mathfrak{t}_{34} \\ \mathfrak{t}_{41} & \mathfrak{t}_{42} & \mathfrak{t}_{43} & \mathfrak{t}_{44} \end{Bmatrix} = \begin{Bmatrix} p_{xx} & p_{xy} & p_{xz} & ic\,\mathfrak{g}_x \\ p_{yx} & p_{yy} & p_{yz} & ic\,\mathfrak{g}_y \\ p_{zx} & p_{zy} & p_{zz} & ic\,\mathfrak{g}_z \\ \frac{i}{c}\mathfrak{s}_x & \frac{i}{c}\mathfrak{s}_y & \frac{i}{c}\mathfrak{s}_z & -w \end{Bmatrix} \quad \begin{pmatrix} x_1\, x_2\, x_3\, x_4 = \\ x,\, y,\, z,\, l = ict \end{pmatrix}$$

dessen Symmetrie $\mathfrak{t}_{ik} = \mathfrak{t}_{ki}$ den Satz von der Trägheit der Energie

$$\mathfrak{g} = \mathfrak{s}/c^2$$

enthält. In der klassischen Mechanik wird angenommen, daß die Werte der 16 $\mathfrak{t}$-Komponenten an jedem Weltpunkt mit beliebiger Genauigkeit definiert uud prinzipiell meßbar seien. Die Quantenmechanik der Kontinua wird aber von einer durch die Größe h begrenzten Meßungenauigkeit der Dichtekomponenten ihren Ausgangspunkt nehmen, ähnlich wie die Quantenmechanik der Massenpunkte den Größen Energie und Impuls selbst eine prinzipielle Unschärfe zuschreibt[1].

Wir betrachten zunächst die Energiedichte w. Diese ist klassisch definiert als der Grenzwert der gemessenen Gesamtenergie W in einem Volumen $\varDelta V$, dividiert durch dieses Volumen in $\lim \varDelta V = 0$. Nun ist aber die Fehlergrenze $\varDelta W$, mit der eine Gesamtenergie W meßbar ist,

[1] W. Heisenberg, ZS. f. Phys. **43**, 172, 1927.

Reprinted from *Z. Phys.* **44**, 768–772 (1927).

um so größer, je kleiner die für die Messung zur Verfügung stehende Zeit Δt ist, derart, daß

$$\Delta W . \Delta t = h$$

Daher wird die Genauigkeitsgrenze Δw für die Energiedichtemessung w

$$\Delta w = \frac{\Delta W}{\Delta V} = \frac{h}{\Delta V . \Delta t} = \frac{h c i}{\Delta x_1 \Delta x_2 \Delta x_3 \Delta x_4} = \frac{h c i}{\Delta \sigma} \tag{1}$$

mit $\Delta \sigma$ als Weltvolumelement; dies ist der Ausdruck dafür, daß man die Energiedichte statt durch $w = \lim W / \Delta V$ besser zu definieren hat durch

$$w = \lim \frac{\int W d x_4}{\Delta \sigma} \tag{1'}$$

als Grenzwert einer zu messenden Wirkung pro Weltvolumeinheit. Während also die Energie W eines Massenpunktes der Koordinate t konjugiert ist entsprechend der Beziehung $\Delta W . \Delta t = h$, ist die Energiedichte w allen vier Koordinaten $x_1\, x_2\, x_3\, x_4$ in gleicher Weise „konjugiert" gemäß der Beziehung $\Delta w . \Delta x_1 \Delta x_2 \Delta x_3 \Delta x_4 = h c i$.

Entsprechendes gilt vom Impuls. $\mathfrak{s}_x$ ist die Energieströmung, daher $\mathfrak{s}_x / c = c \mathfrak{g}_x$ die Impulsströmung pro Zeit- und Flächeneinheit, $c \mathfrak{g}_x . \Delta t . \Delta y \Delta z = \mathfrak{G}_x$ der Gesamtimpuls, welcher während Δt durch $\Delta y \Delta z$ strömt. Für den Gesamtimpuls $\mathfrak{G}_x$, welcher der Koordinate x konjugiert ist, gilt das Fehlergesetz $h = \Delta \mathfrak{G}_x . \Delta x$; es wird deswegen $h = \Delta (c \mathfrak{g}_x) \Delta t \Delta y \Delta z . \Delta x$ und schließlich

$$\Delta (c \mathfrak{g}_x) = \frac{h i c}{\Delta \sigma}$$

als Gegenstück zu (1). An Stelle der gewöhnlichen Definition der Impulsdichte $\mathfrak{g}_x = \lim \mathfrak{G}_x / \Delta V$ tritt jetzt besser die Definition

$$c \mathfrak{g}_x = \lim \frac{\int c \mathfrak{G}_x . d x_4}{\Delta \sigma}$$

als Gegenstück zu (1').

§ 2. Man kann nun von den Dichtekomponenten $\mathfrak{t}_{14}$ bis $\mathfrak{t}_{44}$ auf die übrigen $\mathfrak{t}_{jk}$ verallgemeinern:

$$\Delta | \mathfrak{t}_{jk} | = \frac{h i c}{\Delta x \Delta y \Delta z \Delta l} = \frac{h i c}{\Delta \sigma} \tag{2}$$

als Fehlergrenze für die Messung irgend einer Dichtekomponente $\mathfrak{t}_{jk}$ bei Erstreckung der Wirkungsmessung über ein Weltvolumen $\Delta \sigma$; der Gleichung (1') entspricht dabei die Dichtedefinition

$$\mathfrak{t}_{kj} = \mathfrak{t}_{jk} = \lim \frac{\int T_{jk} d x_k}{\Delta x_1 \Delta x_2 \Delta x_3 \Delta x_4} = \lim \frac{\int T_{kj} d x_j}{\Delta x_1 \Delta x_2 \Delta x_3 \Delta x_4} \tag{2'}$$

als „Wirkung" pro Weltvolumeneinheit.

Es handelt sich jetzt um die wellenmechanische Verwertung dieser Ansätze. Während de Broglie dem Massenpunkt der Energie W eine zeitliche Periodenlänge τ bzw. eine x_4-Wellenlänge λ_4 zuordnet durch

$$W = h\nu = \frac{h}{\tau} = \frac{hic}{\lambda_4}$$

und entsprechend dem Impuls $\mathfrak{G}_x$ eine Wellenlänge $\lambda_1 = h/\mathfrak{G}_x$ durch

$$ic\,\mathfrak{G}_x = \frac{hic}{\lambda_1},$$

können wir in der Mechanik der Kontinua der Dichte $\mathfrak{t}_{jk}$ ein Weltvolumen Δ_{jk} als Periode zuordnen durch

$$|\mathfrak{t}_{jk}| = \frac{hic}{\Delta_{jk}}. \tag{3}$$

Das heißt also, einem in der ganzen Raumzeitwelt konstanten Dichtewert $\mathfrak{t}_{jk}$ entspricht eine Zustandsfunktion ψ, welche das Weltvolumen

$$\Delta\sigma = \Delta_{jk} = \frac{hic}{|\mathfrak{t}_{jk}|}$$

als Grundperiode besitzt. Ist dagegen $\mathfrak{t}_{jk}$ nicht überall konstant, so ändert sich auch die Volumperiode Δ_{jk} mit dem Weltort. An einem bestimmten Weltpunkt ist durch die Zustandsfunktion ψ ein bestimmter

Fig. 1.

Wert Δ_{jk} (und dadurch ein bestimmter Wert $\mathfrak{t}_{jk}$) nur in gewissen Fehlergrenzen definiert, und zwar um so genauer, je kleiner der Gradient von Δ_{jk} ist; ebenso ist ja auch die zu einem bestimmten Punkt gehörige eindimensionale Wellenlänge λ um so weniger genau definiert, je stärker der Gradient von λ ist, siehe Fig. 1.

Das Fehlergesetz $\Delta p_k \,.\, \Delta q_k = h$ sieht Heisenberg als Ausdruck für die Vertauschungsregel $p_k q_k - q_k p_k = h/2i\pi$ an, bzw. im Schrödingerschen Sinne als Ausdruck dafür, daß p_k den Operator $h/2i\pi \,.\, \partial/\partial q_k$ vertritt in der Identität

$$\left\{\frac{\partial}{\partial q_k} q_k - q_k \frac{\partial}{\partial q_k},\ \psi\right\} = 1 \,.\, \psi(q_1 q_2 \ldots).$$

Unsere Dichten $\mathfrak{t}_{jk}$ sind nun den vier Koordinaten x_1 bis x_4 in gleicher Weise konjugiert; da es aber 16 Größen $\mathfrak{t}_{jk}$ gibt, wird die Zustandsfunktion ψ des Kontinuums formal eine Funktion der 4.16 Koordinaten x_1^{jk},

x_2^{jk}, x_3^{jk}, x_4^{jk}; wegen der Symmetrie $t_{jk} = t_{kj}$ tritt dann gleich eine Reduktion auf 4.10 Koordinaten ein. Den Wert von ψ in einem bestimmten Weltpunkt $x_1\,x_2\,x_3\,x_4$ erhält man, indem man für alle x_1^{jk} den einen Wert x_1, für alle x_2^{jk} den einen Wert x_2 usw. einsetzt, d. h. den 4.10-dimensionalen Raum auf die 4-dimensionale Welt projiziert. Daß man beim Kontinuum mit so vielen Koordinaten zu tun hat, darf nicht wundern, da ja auch bei Schrödinger ein System von n Freiheitsgraden eine ψ-Funktion von $3n$ Raumkoordinaten besitzt; das Kontinuum besitzt eben an jeder Stelle 16 bzw. 10 Freiheitsgrade, deren Zahl sich übrigens beim elektromagnetischen Felde noch weiter reduziert. Man wird dann t_{jk} als Vertreter des Operators

$$t_{jk} = \frac{h}{2i\pi}\,\partial^4/\partial x_1^{jk}\,\partial x_2^{jk}\,\partial x_3^{jk}\,\partial x_4^{jk}$$

auffassen, zu welchem freilich nicht die einfache Vertauschungsregel

$$t_{jk}\cdot(x_1 x_2 x_3 x_4)^{jk} - (x_1 x_2 x_3 x_4)^{jk}\cdot t_{jk} = h/2i\pi$$

gehört, sondern eine kompliziertere Regel, die nicht zu einer Quantenalgebra im Sinne von Heisenberg-Born-Jordan führen kann.

Die de Broglieschen periodischen bzw. fast periodischen ψ-Funktionen wird man dann verallgemeinern zu

$$\psi = e^{2i\pi\omega} \tag{4}$$

mit

$$\omega = \sum_j\sum_k \frac{x^{jk}\,y^{jk}\,z^{jk}\,l^{jk}}{A_{jk}} = \frac{1}{hic}\sum_j\sum_k t_{jk}\,x^{jk}\,y^{jk}\,z^{jk}\,l^{jk}. \tag{5}$$

Läßt man sich dagegen von der Forderung leiten, daß die Zustandsgröße ψ invariant gegen Lorentztransformationen sein sollte, so wird man zu folgender Gestalt von ω geführt:

$$\omega = \frac{1}{hic}\Big(\sum_j\sum_k t_{jk}\,x_j\,x_k\Big)\cdot\big(x_1^2 + x_2^2 + x_3^2 + x_4^2\big). \tag{6}$$

§ 3. Um zu der Differentialgleichung der ψ-Funktion zu gelangen, wird man sich von den raumzeitlichen Eigenschaften der klassischen Größen t_{jk} leiten lassen. Zunächst führt schon die Forderung der Symmetrie des Tensors t zu einer Reduktion der 4.16 auf 4.10 Koordinaten $x_i^{jk} = x_i^{kj}$. Aber auch die übriggebliebenen 10 Komponenten t_{jk} an der Stelle $x_1\,x_2\,x_3\,x_4$ sind zuweilen nicht voneinander unabhängig.

Ist nämlich t der Energie-Impulstensor eines elektromagnetischen Feldes, so bestehen an jedem Weltpunkt noch folgende fünf Beziehungen zwischen den t_{jk}: Erstens die Gleichung

$$t_{xx} + t_{yy} + t_{zz} + t_{ll} = 0, \tag{7}$$

zweitens folgende weniger bekannte Gleichungen

$$\mathfrak{t}_{xx}\,\mathfrak{t}_{xl} + \mathfrak{t}_{xy}\,\mathfrak{t}_{yl} + \mathfrak{t}_{xz}\,\mathfrak{t}_{zl} + \mathfrak{t}_{xl}\,\mathfrak{t}_{ll} = 0 \qquad (7')$$

und zwei entsprechende Gleichungen mit y und z, schließlich

$$\mathfrak{t}_{xy}\,\mathfrak{t}_{xz}\,\mathfrak{t}_{xl} + \mathfrak{t}_{yx}\,\mathfrak{t}_{yz}\,\mathfrak{t}_{yl} + \mathfrak{t}_{zx}\,\mathfrak{t}_{zy}\,\mathfrak{t}_{zl} = 0, \qquad (7'')$$

so daß von den 16 Größen $\mathfrak{t}_{jk}$ nur fünf Unabhängige übrigbleiben. Da andererseits an einer Stelle die sechs Feldkomponenten $\mathfrak{E}_x$ bis $\mathfrak{H}_z$ willkürlich wählbar sind, werden die Feldkomponenten durch die t-Komponenten nicht vollständig bestimmt[1]. Umgekehrt ist dagegen durch den Sechservektor $\mathfrak{M}$ des elektromagnetischen Feldes der Tensor $\mathfrak{t}$ bestimmt durch (wir benutzen die Bezeichnungen von Laue, Relativitätsprinzip)

$$\mathfrak{t}_{jk} = [[\mathfrak{M}, \mathfrak{M}]]_{jk} = \tfrac{1}{2}(\mathfrak{M}_{jx}\,\mathfrak{M}_{kx} - \mathfrak{M}^*_{jx}\,\mathfrak{M}^*_{kx}) + + +, \qquad (8)$$

wo $\mathfrak{M}^*$ den zu $\mathfrak{M}$ dualen Sechservektor bedeutet, d. h. $\mathfrak{M}^*_{mn} = \mathfrak{M}_{op}$, wo $m\,n\,o\,p$ alle verschieden sind und die Anordnung $m\,n\,o\,p$ aus $x\,y\,z\,l$ durch eine gerade Zahl von Vertauschungen hervorgeht.

Ein klassisch-elektromagnetisches Feldkontinuum liegt vor, wenn die aus der ψ-Funktion abgeleiteten $\mathfrak{t}_{jk}$ die Bedingung

$$\varDelta iv\,\mathfrak{t} = [\mathfrak{Rot}\,\boldsymbol{\Phi},\ \mathrm{Div}\,\mathfrak{Rot}\,\boldsymbol{\Phi}] \ \text{bei}\ \mathrm{Div}\,\boldsymbol{\Phi} = 0 \qquad (9)$$

erfüllen. Man nennt dann den ersten Faktor $\mathfrak{Rot}\,\boldsymbol{\Phi} = \mathfrak{M}$ den Feldvektor, den zweiten Faktor $\mathrm{Div}\,\mathfrak{Rot}\,\boldsymbol{\Phi} = P$ die Viererdichte, $\boldsymbol{\Phi}$ das Viererpotential, $-\varDelta iv\,\mathfrak{t}$ selber die Viererkraftdichte, und es gelten dann automatisch die Maxwellschen Gleichungen

$$\mathrm{Div}\,\mathfrak{M} = P, \quad \mathrm{Div}\,\mathfrak{M}^* = 0. \qquad (10)$$

Die zugehörige ψ-Funktion stellt die de Brogliesche Funktion dar.

Eine von der klassischen möglicherweise abweichende Quantenelektrodynamik im Schrödingerschen Sinne wäre auf einer Differentialgleichung der ψ-Funktion selber aufzubauen und sollte im Grenzfall $h = 0$ in obigen de Broglieschen Fall übergehen.

[1] Zur Berechnung der 6 Größen $\mathfrak{M}$ aus den $\mathfrak{t}$ hat man folgende 5 Gleichungen

$$\mathfrak{M}_{1k}\,\mathfrak{t}_{1k} + \mathfrak{M}_{2k}\,\mathfrak{t}_{2k} + \mathfrak{M}_{3k}\,\mathfrak{t}_{3k} + \mathfrak{M}_{4k}\,\mathfrak{t}_{4k} = 0 \quad \text{für} \quad k = 1, 2, 3, 4,$$

und $[[\mathfrak{M}, \mathfrak{M}]]^2 = \mathfrak{t}^2$.

Spontane Quantenübergänge.

Von **A. Landé** in Tübingen.

(Eingegangen am 17. März 1927.)

Die spontanen Übergänge werden auf ein spontanes Dämpfungsfeld zurückgeführt.

§ 1. Vor kurzem hat M. Born[1]) nach der Wellenmechanik die Übergangswahrscheinlichkeiten zwischen stationären Quantenzuständen unter dem Einfluß eines gegebenen äußeren Feldes berechnet; u. a. wurde auch der Einfluß ungeordneten Lichtes der Strahlungsdichte ϱ_ν diskutiert, um die Einsteinschen Wahrscheinlichkeitskoeffizienten B_{mn} der erzwungenen Absorption und Emission in die Wellenmechanik einzuordnen. Es fehlt aber ein entsprechender Ansatz für die spontane Emission. Auf Grund von Schrödingers Schwebungsinterpretation der Bohrschen Frequenzbedingung und nach Madelungs[2]) hydrodynamischer Deutung des ψ-Feldes könnte man zu der Meinung kommen, die Wellenmechanik verlange zur spontanen Emission der Kombinationsfrequenz ν^{mn} sowohl die Anwesenheit von Partikeln im Anfangszustand m wie im Endzustand n, was aber wohl der Erfahrung widerspricht. Um der spontanen Emission auch für den Fall gerecht zu werden, daß zunächst alle Partikel im Anfangszustand m sind, sah sich O. Klein[3]) gezwungen, für die Ausstrahlung nicht die in diesem Falle stationäre Madelungsche Strömung, sondern eine von ihr abweichende nicht stationäre Strömung verantwortlich zu machen. Die letztere möchten wir nun auf ihre Ursache zurückführen, auf eine Art Dämpfungsfeld, welches einem eventuellen äußeren Feld an die Seite zu stellen ist.

Der gegebene Weg zur spontanen Strahlungsdämpfung wäre in einer Übertragung der klassischen Rechnungen zu suchen, die in einer früheren Arbeit von Born und Jordan[4]) bereits zur quantentheoretischen Umdeutung vorbereitet waren. Jedoch scheinen die dortigen Entwicklungen nicht zur unmittelbaren Übersetzung in die Quantensprache brauchbar, weil das dort benutzte Dämpfungsfeld $\mathfrak{E} = -\frac{2}{3c^3}\cdot\dddot{\mathfrak{M}}$ mit dem Elektronenmoment $\mathfrak{M}$ in Phase ist $\left(\text{Arbeit } dA = -\frac{2}{3c^3}\cdot\dddot{\mathfrak{M}}\dot{\mathfrak{M}}\,dt\right)$ und deshalb bereits die Übergangsamplituden

[1]) M. Born, ZS. f. Phys. **40**, 167, 1926.
[2]) E. Madelung, ebenda **40**, 322, 1926.
[3]) O. Klein, ebenda **41**, 407, 1927.
[4]) M. Born und P. Jordan, ebenda **33**, 479, 1925.

Reprinted from *Z. Phys.* **42**, 835–839 (1927).

proportional der Zeit anwachsen würden, was erst die Übergangswahrscheinlichkeiten tun dürfen.

Wir möchten deshalb hier einem bei der Ableitung des Strahlungsgleichgewichts zuerst von W. Bothe[1]) beschrittenen Wege folgen und die spontanen Übergänge den erzwungenen an die Seite stellen, indem wir fragen, welches störende Feldpotential $F(x, t)$, als Gegenstück zu dem Feldpotential $F(x, t)$ eines störenden äußeren Feldes, in die Gleichung

$$\Delta \psi - \frac{8 \pi^2 \mu}{h^2} [U(x) + F(x, t)] \cdot \psi - \frac{4 \pi i \mu}{h} \frac{\partial \psi}{\partial t} = 0 \qquad (1)$$

einzusetzen ist, um als Resultat die spontanen Übergangswahrscheinlichkeiten zu erhalten. (In erster Näherung dürfen spontane und durch ein äußeres Feld induzierte Übergänge unabhängig voneinander betrachtet werden.) Die Antwort für den Fall, daß alle Partikel im Anfangszustand m sind, lautet folgendermaßen:

Das auf den Zustand m wirkende Dämpfungsfeld ist in ν_{mn} $(n < m)$ nicht rein periodisch, sondern mit ungeordneten Phasenunterbrechungen behaftet, so daß die Fourierentwicklung des Dämpfungsfeldes je eine Umgebung $\Delta \nu_{mn}$ der Kombinationsfrequenzen ν_{mn} umfaßt. Die Stärke des Dämpfungsfeldes ist dabei gleich der Feldstärke ungeordneter Strahlung ϱ_ν, bei der jeder Strahlungsfreiheitsgrad in der Umgebung von ν_{mn} soviel Energie besitzt, als beim Emissionsprozeß emittiert wird (d. h. jeder Freiheitsgrad hat die Energie $h \nu_{mn}$).

Führt man nämlich das Potential $F(x, t)$ dieses „spontanen Dämpfungsfeldes" in obige Wellengleichung (1) ein, so erhält man, wie in § 2 zu zeigen, aus dem Anfangszustand $\psi = c_m \psi_m$ einen Endzustand $\psi = \sum_k C_k \psi_k$ $(k = 1, 2, \ldots m)$ mit $C_k = c_m a_{mk}$, wobei a_{mk}, d. i. die Wahrscheinlichkeitsamplitude des spontanen Übergangs $m \to k$, dem Einsteinschen Verhältnis

$$(a_{mk})^2 : (b_{mk})^2 = \frac{8 \pi h \nu_{mk}^3}{c^3}$$

zwischen spontanen und erzwungenen Übergangswahrscheinlichkeiten $m \to k$ genügt. Auch wenn zunächst alle Partikel im Zustand m allein sind, der Madelungsche Ladungsstrom also stationär ist, werden durch das spontane Feld, welches die Frequenzen ν_{mk} enthält, Übergänge

[1]) W. Bothe, ZS. f. Phys. **41**, 345, 1927. Die vorliegende Untersuchung hat mit der von Bothe viele Berührungspunkte.

$m \rightarrow k$ $(k < m)$ erzeugt. — Man kann nun weiter fragen, welche elektrodynamische Ausstrahlung mit den spontanen Übergängen verknüpft ist. Erst zur Beantwortung dieser Frage wird es nötig sein, neben der Madelungschen Stromdichte mit O. Klein noch eine andersartige Stromdichte heranzuziehen, deren statistische Interpretation aber von derjenigen der Madelungschen Stromdichte abweichen wird. Und zwar möchten wir das Auftreten jener Kleinschen Übergangsdichten bei der spontanen Ausstrahlung als eine Folge des Dämpfungsfeldes verstehen (§ 3).

§ 2. Setzt man in die Gleichung (1) für das Potential $F(x, t)$ das negative Produkt aus Moment $\mathfrak{M}(x)$ und Feld $\mathfrak{E}(t)$ ein, so erhält man, falls das Feld aus ungeordnetem Licht der Strahlungsdichte $\varrho(\nu)$ besteht, nach Born[1]) für die Übergangswahrscheinlichkeit $m \rightarrow n$

$$B_{mn} \cdot \varrho(\nu_{mn}) = \frac{8\pi^3}{3h^3} |\mathfrak{M}_{mn}|^2 \cdot \varrho(\nu_{mn}), \tag{2}$$

wo $\mathfrak{M}_{mn}$ das Matrixelement des Moments $\mathfrak{M}(x)$ ist. Nimmt man nun die Strahlungsdichte ϱ^0 des „spontanen Dämpfungsfeldes" für den Zustand m so, daß auf jeden Freiheitsgrad bei $\nu = \nu_{mn}$ ein Quantum $h\nu_{mn}$ fällt, d. h.

$$\varrho^0(\nu_{mn}) = \frac{8\pi h \nu_{mn}^3}{c^3}, \quad (n < m), \tag{3}$$

so wird die dadurch erzeugte spontane Übergangswahrscheinlichkeit

$$A_{mn} = \frac{8\pi^3}{3h^3} |\mathfrak{M}_{mn}|^2 \cdot \varrho^0(\nu_{mn}), \tag{4}$$

und man erhält in der Tat

$$A_{mn} : B_{mn} \cdot \varrho(\nu_{mn}) = \varrho^0(\nu_{mn}) = \frac{8\pi h \nu_{mn}^3}{c^3}, \tag{5}$$

entsprechend der Einsteinschen Beziehung.

§ 3. Es soll jetzt noch durch Wiederholung bekannter Ergebnisse von Born (l. c.) gezeigt werden, welche Rolle die Übergangsdichten $P_{mn}(xt) = \psi_m(xt)\tilde{\psi}_m(xt)$ spielen, aus welchen sich die dem Zustand m zugeschriebene Dichte $P_m(x, t)$ nach der O. Kleinschen Formel

$$P_m = P_{mn} + \sum^n P_{mn} + P_{nm}, \quad (n < m)$$

aufbaut. Ist der Anfangszustand bzw. der Endzustand charakterisiert durch

$$\psi_a = c_1\psi_1 + c_2\psi_2 + \cdots \quad \text{bzw.} \quad \psi_e = C_1\psi_1 + C_2\psi_2 + \cdots$$

[1]) M. Born, ZS. f. Phys. **40**, 167, 1927, Formel (39). Dort steht wohl versehentlich $4\pi^3$ statt $8\pi^3$.

mit den Schrödinger-Madelungschen Dichten $\varrho_a = \psi_a \tilde{\psi}_a$ und $\varrho_e = \psi_e \tilde{\psi}_e$, so setzen sich die C_n nach Born zusammen aus den c_m durch die linearen Gleichungen

$$C_n = \sum^m c_m b_{mn}, \tag{6}$$

deren Koeffizienten b_{mn} die Übergangsamplituden, ihre Quadrate die Übergangswahrscheinlichkeiten für den Einzelübergang $m \rightarrow n$ darstellen, während die c_m^2 bzw. C_m^2 die Anzahl der Partikel im Zustand m vor und nach der störenden Einwirkung darstellen. Durch Lösung der Wellengleichung (1) erhält man nun für ein beliebiges Störungsfeld $\mathfrak{E}(t)$ nach Born die Übergangsamplituden b_{mn} folgendermaßen ($\mathfrak{E}$ kann z. B. ein willkürlich gegebenes äußeres Feld sein oder auch unser spontanes, im Zustand m wirksames Dämpfungsfeld): Man bilde die potentielle Energie $F(x, t) = -\mathfrak{M}(x) . \mathfrak{E}(t)$ bzw. die mit $-\frac{2i\pi}{h}$ multiplizierte potentielle Energie

$$b(x, t) = \frac{2i\pi}{h} \mathfrak{M}(x) . \mathfrak{E}(t), \tag{7}$$

und mit Benutzung der ungestörten Eigenfunktionen

$$\psi_m(x, t) = \Psi_m(x) . e^{2i\pi\nu_m t} \quad \left(\nu_m = \frac{E_m}{h}\right)$$

die Größen

$$b_{mn} = \frac{2i\pi}{h} \int_\infty \int_0^T dx . dt . b(x, t)\, \psi_m \tilde{\psi}_n$$

$$= \frac{2i\pi}{h} \int_\infty \int_0^T dx\, dt\, b(x, t) . P_{mn}(x, t) \tag{8}$$

mit der O. Kleinschen Dichte $P_{mn}(x, t) = \psi_m \psi_n$. Diese Dichte P_{mn} tritt also in den Übergangsamplituden b_{mn} auf, unabhängig von den Zahlen c_m bzw. c_n des Anfangs- und Endzustandes, z. B. auch dann, wenn zur Zeit $t = 0$ alle Partikel im Zustand m sind. Man kann die Gleichung (8) wegen (7) noch weiter zerlegen in

$$b_{mn} = \frac{2i\pi}{h} \int_\infty dx\, \mathfrak{M}(x)\, \Psi_m(x)\, \tilde{\Psi}_n(x) . \int_0^T dt\, \mathfrak{E}(t)\, e^{2i\pi(\nu_m - \nu_n)t}$$

$$= \frac{2i\pi}{h} \int_\infty dx\, \mathfrak{M}_x\, \varrho_{mn}(x) . \int_0^T dt . \mathfrak{E}(t)\, e^{2i\pi\nu_{mn}t}$$

$$= \frac{2i\pi}{h} M_{mn} . \mathfrak{e}(\nu_{nm}),$$

worin jetzt M_{mn} das Matrixelement von $\mathfrak{M}(x)$ und $\mathfrak{e}(\nu_{mn})$ der Fourierkoeffizient bei der Darstellung von $\mathfrak{E}(t)$ während der Zeit T als Fourier-sches Integral

$$\mathfrak{E}(t) = \int_{-\infty}^{+\infty} \mathfrak{e}(\nu)\, e^{2 i \pi \nu t}\, d\nu$$

ist. Auf diese Weise sind die von O. Klein eingeführten Dichten, welche für die Übergangsamplituden maßgebend sind, zurückgeführt auf das die Übergänge erzeugende Feld, speziell für spontane Übergänge, auf das spontane Dämpfungsfeld.

Nachtrag bei der Korrektur. Inzwischen hat P. Dirac (Proc. Roy. Soc. (A) **114**, 243, 1927) das Problem der spontanen und erzwungenen Strahlung in sehr viel wirksamerer Weise in Angriff genommen durch Behandlung der Lichtquantenanzahl als q-Zahl, wodurch das von uns postulierte Dämpfungsfeld (1 Quant pro Freiheitsgrad) automatisch in Erscheinung tritt.

Zu Diracs Theorie des Kreiselelektrons.

Von **A. Landé** in Tübingen.

(Eingegangen am 24. März 1928.)

§ 1. Allgemeinere Form der Koppelungsmatrizen. — § 2. Hydrodynamisches Strömungsfeld. — § 3. Analogon in der klassischen Mechanik.

§ 1. Die von Dirac* entwickelte Wellenmechanik des rotierenden Elektrons ist besonders deswegen so überzeugend, weil sie gegenüber der früheren Theorie des Punktelektrons keine Komplizierung, sondern eher eine Vereinfachung durch Reduktion der früheren Wellengleichung zweiter Ordnung auf solche erster Ordnung bringt. Diracs Gleichungssystem für die vier gekoppelten Wellenfunktionen ψ_1 bis ψ_4 lautet:

$$\left\{ i \sum_k \gamma_k \left(p_k + \frac{\varepsilon}{c} \Phi_k \right) + \mu c, \ \psi_\zeta \right\} = 0 \quad (\zeta = 1, 2, 3, 4). \tag{1}$$

Die darin vorkommenden vier Operatoren γ_1 bis γ_4 sind mit den Koordinaten x_k, den Impulsen p_k und den Potentialkomponenten Φ_k vertauschbar, sollen jedoch bei Ausübung auf ψ_ζ das Resultat

$$\{\gamma_k \psi_\zeta\} = \sum_{\zeta'} \gamma_k^{\zeta\zeta'} \cdot \psi_{\zeta'} \tag{2}$$

ergeben; die konstanten Koeffizienten $\gamma_k^{\zeta\zeta'}$ sind dabei gewisse Matrixkomponenten, durch deren nähere Angabe erst die Koppelungsoperatoren γ_k in (2) definiert sind. Für die γ_k wird verlangt

$$\left. \begin{aligned} (\gamma_k)^2 &= 1 \ (= \text{Einheitsmatrix}) \\ \gamma_k \cdot \gamma_l &= -\gamma_l \cdot \gamma_k \quad \text{für} \quad k \neq l \end{aligned} \right\} \tag{3}$$

wodurch die Invarianz der Wellengleichung (1) gegenüber Lorentztransformationen garantiert ist.

Dirac selbst hat seine Theorie mit Hilfe spezieller γ-Matrizen** durchgeführt, welche etwas unnatürliche Realitätseigenschaften besitzen, γ_1 und γ_3 imaginär, γ_2 und γ_4 reell. Man wird im Sinne der Relativitätstheorie lieber $\gamma_1\,\gamma_2\,\gamma_3$ reell und nur γ_4 imaginär annehmen wollen, um größere Symmetrie zu erreichen. Wir möchten deshalb an Stelle von

* P. Dirac, Proc. Roy. Soc., Februar 1928.

** Diracs γ-Matrizen lauten: $\gamma_1^{14} = \gamma_1^{23} = -i$, $\gamma_2^{14} = -\gamma_2^{23} = -1$, $\gamma_3^{13} = -\gamma_3^{24} = -i$, $\gamma_4^{11} = \gamma_4^{22} = -\gamma_4^{33} = -\gamma_4^{44} = 1$, dabei $\gamma_k^{\zeta\zeta'} = \tilde{\gamma}_k^{\zeta'\zeta}$. Aus ihnen entstehen durch eine spezielle „Drehung“ die Matrizen (4).

Reprinted from *Z. Phys.* **48**, 601–606 (1928).

Dirac zunächst folgende Koppelungsmatrizen betrachten, die ebenfalls den Bedingungen (3) genügen:

$$\left.\begin{aligned}
\gamma_1 &= \begin{Bmatrix} \cdot & \cdot & \cdot & -1 \\ \cdot & \cdot & +1 & \cdot \\ \cdot & +1 & \cdot & \cdot \\ -1 & \cdot & \cdot & \cdot \end{Bmatrix}, \quad
\gamma_2 = \begin{Bmatrix} -1 & \cdot & \cdot & \cdot \\ \cdot & -1 & \cdot & \cdot \\ \cdot & \cdot & +1 & \cdot \\ \cdot & \cdot & \cdot & +1 \end{Bmatrix}, \\
\gamma_3 &= \begin{Bmatrix} \cdot & \cdot & +1 & \cdot \\ \cdot & \cdot & \cdot & +1 \\ +1 & \cdot & \cdot & \cdot \\ \cdot & +1 & \cdot & \cdot \end{Bmatrix}, \quad
\gamma_4 = \begin{Bmatrix} \cdot & \cdot & \cdot & -i \\ \cdot & \cdot & -i & \cdot \\ \cdot & +i & \cdot & \cdot \\ +i & \cdot & \cdot & \cdot \end{Bmatrix}.
\end{aligned}\right\} \tag{4}$$

Sie haben, ebenso wie Diracs γ, die hermitische Eigenschaft

$$\gamma_k^{\zeta\zeta'} = \tilde{\gamma}_k^{\zeta'\zeta}, \tag{4'}$$

wo $\sim$ den Übergang zum Konjugiertkomplexen bedeutet.

Die Definition des Operators $\mathfrak{S}$ durch

$$\mathfrak{S}_{kl} = \frac{h}{2i\pi}\gamma_k\gamma_l = -\frac{h}{2i\pi}\gamma_l\gamma_k \quad \text{und} \quad \{\mathfrak{S}_{kl}\psi_\zeta\} = \sum_{\zeta'}\mathfrak{S}_{kl}^{\zeta\zeta'}\cdot\psi_{\zeta'} \tag{5}$$

gibt im einzelnen mit Hilfe von (4) die Matrizen

$$\left.\begin{aligned}
\mathfrak{S}_{23} &= \frac{h}{2\pi}\begin{Bmatrix} \cdot & \cdot & -i & \cdot \\ \cdot & \cdot & \cdot & -i \\ i & \cdot & \cdot & \cdot \\ \cdot & i & \cdot & \cdot \end{Bmatrix}, \quad
\mathfrak{S}_{31} = \frac{h}{2\pi}\begin{Bmatrix} \cdot & i & \cdot & \cdot \\ -i & \cdot & \cdot & \cdot \\ \cdot & \cdot & \cdot & -i \\ \cdot & \cdot & i & \cdot \end{Bmatrix}, \\
\mathfrak{S}_{12} &= \frac{h}{2\pi}\begin{Bmatrix} \cdot & \cdot & \cdot & -i \\ \cdot & \cdot & i & \cdot \\ \cdot & -i & \cdot & \cdot \\ i & \cdot & \cdot & \cdot \end{Bmatrix}, \quad
\mathfrak{S}_{14} = \frac{h}{2\pi}\begin{Bmatrix} -1 & \cdot & \cdot & \cdot \\ \cdot & 1 & \cdot & \cdot \\ \cdot & \cdot & -1 & \cdot \\ \cdot & \cdot & \cdot & 1 \end{Bmatrix}, \\
\mathfrak{S}_{24} &= \frac{h}{2\pi}\begin{Bmatrix} \cdot & \cdot & \cdot & 1 \\ \cdot & \cdot & 1 & \cdot \\ \cdot & 1 & \cdot & \cdot \\ 1 & \cdot & \cdot & \cdot \end{Bmatrix}, \quad
\mathfrak{S}_{34} = \frac{h}{2\pi}\begin{Bmatrix} \cdot & 1 & \cdot & \cdot \\ 1 & \cdot & \cdot & \cdot \\ \cdot & \cdot & \cdot & -1 \\ \cdot & \cdot & -1 & \cdot \end{Bmatrix}.
\end{aligned}\right\} \tag{5'}$$

Unabhängig von der speziellen γ-Wahl ist nach (3), (4') und (5) allgemein

$$\begin{aligned}
\mathfrak{S}_{kl}^{\zeta\zeta'} - \tilde{\mathfrak{S}}_{kl}^{\zeta'\zeta} &= \frac{h}{2i\pi}[(\gamma_k\gamma_l)^{\zeta\zeta'} + (\widetilde{\gamma_k\gamma_l})^{\zeta'\zeta}] = \frac{h}{2i\pi}\sum\nolimits_\alpha[\gamma_k^{\zeta\alpha}\gamma_l^{\alpha\zeta'} + \gamma_k^{\alpha\zeta'}\gamma_l^{\zeta\alpha}] \\
&= \frac{h}{2i\pi}(\gamma_k\gamma_l + \gamma_l\gamma_k)^{\zeta\zeta'} = 0,
\end{aligned} \tag{6}$$

d. h. die $\mathfrak{S}_{kl}$ sind hermitisch; ferner ist allgemein nach (3) und (5)

$$(\mathfrak{S}_{kl})^2 = \left(\frac{h}{2i\pi}\right)^2\cdot\gamma_k\gamma_l\cdot\gamma_k\gamma_l = -\left(\frac{h}{2i\pi}\right)^2\gamma_k\gamma_k\gamma_l\gamma_l = \left(\frac{h}{2\pi}\right)^2\cdot 1 \tag{6'}$$

und schließlich die Diagonalsumme

$$\sum_\zeta \mathfrak{S}_{kl}^{\zeta\zeta} = \frac{h}{2i\pi} \sum_\zeta \sum_{\zeta'} \gamma_k^{\zeta\zeta'} \gamma_l^{\zeta'\zeta} = \frac{h}{2i\pi} \cdot \frac{1}{2} \sum_\zeta \sum_{\zeta'} (\gamma_k^{\zeta\zeta'} \gamma_l^{\zeta'\zeta} - \gamma_l^{\zeta\zeta'} \gamma_k^{\zeta'\zeta}) = 0. \quad (6'')$$

Führt man die Beziehungen

$$\left.\begin{aligned} \mathfrak{S}_{23} &= \mathfrak{Q}_x, \ \ldots, \ \mathfrak{S}_{14} = i\mathfrak{P}_x, \\ \mathfrak{M}_{23} &= \mathfrak{H}_x, \ \ldots, \ \mathfrak{M}_{14} = -i\mathfrak{E}_x \quad (\mathfrak{M} = \operatorname{Rot} \boldsymbol{\Phi}) \end{aligned}\right\} \quad (7)$$

ein, so läßt sich nach Dirac die Wellengleichung (1) auf die Form

$$\left\{ \sum_k \left(p_k + \frac{\varepsilon}{c} \Phi_k\right)^2 + \mu^2 c^2 + \frac{\varepsilon}{c} (\mathfrak{M}\mathfrak{S}), \quad \psi_\zeta \right\} = 0 \quad (8)$$

bringen mit den Operatoren

$$p_k = \frac{h}{2i\pi} \frac{\partial}{\partial x_k} \quad \text{und} \quad \mathfrak{M}\mathfrak{S} = \mathfrak{M}_{23}\mathfrak{S}_{23} + \cdots = (\mathfrak{H}\mathfrak{Q}) + (\mathfrak{E}\mathfrak{P}). \quad (9)$$

Bei Diracs Wahl der γ ergab sich ein magnetisches Moment $\mathfrak{Q}$ mit reellem Operator $\mathfrak{Q}_x$, imaginärem $\mathfrak{Q}_y$ und reellem $\mathfrak{Q}_z$, ein elektrisches Moment $\mathfrak{P}$ mit imaginärem $\mathfrak{P}_x$, reellem $\mathfrak{P}_y$, imaginärem $\mathfrak{P}_z$. Dagegen sind hier $\mathfrak{Q}_x \mathfrak{Q}_y \mathfrak{Q}_z$ reell, $\mathfrak{P}_x \mathfrak{P}_y \mathfrak{P}_z$ imaginär; hier wie bei Dirac wird nach (6')

$$\mathfrak{Q}_x^2 = \mathfrak{Q}_y^2 = \mathfrak{Q}_z^2 = \left(\frac{h}{2\pi}\right)^2 \cdot 1 = -\mathfrak{P}_x^2 = -\mathfrak{P}_y^2 = -\mathfrak{P}_z^2, \quad (10)$$

so daß sich an Diracs physikalischen Folgerungen nichts ändert. — Zu den allgemeinen Gleichungen (3), (6), (6'), (10) führen alle die Matrizen γ', welche aus dem γ durch eine vierdimensionale „Drehung"

$$\gamma_k' = \sum_j \alpha_{kj} \gamma_j \quad \left(\sum_j \alpha_{kj} \alpha_{lj} = \delta_{kl} = \sum_j \alpha_{jk} \alpha_{jl}\right) \quad (11)$$

entstehen (diese Transformation soll nur auf die γ, nicht auf die Koordinaten x_1 bis x_4 ausgeübt werden). Die dabei resultierenden Matrizen $\mathfrak{S}'$ sind im allgemeinen verschieden von den $\mathfrak{S}$. Die besonderen $\mathfrak{S}$ haben also, im Gegensatz zu den $\mathfrak{S}^2$, keine physikalisch invariante Bedeutung, ebensowenig wie die besonderen γ.

Eine Minkowskische Drehung des Koordinatensystems allein bei festgehaltenen Koppelungsoperatoren γ führt zu Wellengleichungen in den neuen Koordinaten x_k' von der Form

$$\left\{ i \sum_j \gamma_j \sum_k \left(\alpha_{kj} p_k' + \frac{\varepsilon}{c} \alpha_{kj} \Phi_k'\right) + \mu c, \ \psi_\zeta \right\}$$
$$= \left\{ i \sum_k \gamma_k' \left(p_k' + \frac{\varepsilon}{c} \Phi_k'\right) + \mu c, \ \psi_\zeta \right\} = 0,$$

mit Operatoren γ', welche aus dem γ durch die Drehungsformation (11) entstehen. Eine Transformation der γ allein, bei festgehaltenem Koordinatensystem, welche zu den Gleichungen

$$\left\{ i \sum_k \gamma_k' \left(p_k + \frac{\varepsilon}{c} \Phi_k\right) + \mu c, \ \psi_\zeta \right\} = 0$$

führt, ist somit äquivalent einer inversen Transformation der Koordinaten allein. Wenn also nach bekannten Sätzen bei einer kanonischen Transformation der Koordinaten die Matrixelemente eines Operators invariant sind, so sind sie auch invariant beim Übergang zu neuen γ' bei unveränderten Koordinaten. Dies wird im folgenden benutzt.

§ 2. Es ist jetzt zu zeigen, daß die Überlagerung der Wellenfunktionen ψ_1 bis ψ_4 eine entsprechende Hydrodynamik gibt, wie sie von Gordon und später von O. Klein* für die ψ-Funktion des relativistischen Punktelektrons eingeführt wurde. Bildet man nämlich aus den Wellengleichungen $\{H, \psi\} = 0$ und $\{\widetilde{H} \widetilde{\psi}\} = 0$ durch Multiplikation mit dem konjugierten ψ und Subtraktion die Gleichung

$$\sum_\zeta (\widetilde{\psi}_\zeta H \psi_\zeta - \psi_\zeta \widetilde{H} \widetilde{\psi}_\zeta) = 0,$$

so reduziert sich diese auf die Form

$$0 = \sum_\zeta \mathrm{Div} \left[\frac{h}{2 i \pi} (\widetilde{\psi}_\zeta \, \mathrm{Grad} \, \psi_\zeta - \psi_\zeta \, \mathrm{Grad} \, \widetilde{\psi}_\zeta) + \frac{2 \varepsilon}{c} \boldsymbol{\Phi} \psi_\zeta \widetilde{\psi}_\zeta \right]$$
$$+ \frac{2 i \pi}{h} \frac{\varepsilon}{c} (\widetilde{\psi} \mathfrak{M} \mathfrak{G} \psi - \psi \mathfrak{M} \widetilde{\mathfrak{G}} \widetilde{\psi}), \tag{11a}$$

in der das Glied mit der Viererdivergenz von Gordon als Div des Viererströmungsvektors $\mathfrak{J}$ gedeutet war. Diese Strömungsdeutung ist auch hier aufrechtzuerhalten, weil das letzte Glied in (11a) verschwindet; es ist nämlich

$$\sum_\zeta \mathfrak{M} (\widetilde{\psi}_\zeta \mathfrak{G} \psi_\zeta - \psi_\zeta \widetilde{\mathfrak{G}} \widetilde{\psi}_\zeta) = \sum_{kl} \mathfrak{M}_{kl} \sum_\zeta (\widetilde{\psi}_\zeta \mathfrak{G}_{kl} \psi_\zeta - \psi_\zeta \widetilde{\mathfrak{G}}_{kl} \widetilde{\psi}_\zeta)$$
$$= \sum_{kl} \mathfrak{M}_{kl} \sum_\zeta \sum_{\zeta'} (\widetilde{\psi}_\zeta \mathfrak{G}_{kl}^{\zeta\zeta'} \psi_{\zeta'} - \psi_\zeta \widetilde{\mathfrak{G}}_{kl}^{\zeta\zeta'} \widetilde{\psi}_{\zeta'})$$
$$= \sum_{kl} \mathfrak{M}_{kl} \sum_\zeta \sum_{\zeta'} \widetilde{\psi}_\zeta \psi_{\zeta'} (\mathfrak{G}_{kl}^{\zeta\zeta'} - \widetilde{\mathfrak{G}}_{kl}^{\zeta'\zeta}) = 0,$$

unter Benutzung von (6). (11) hat also die Form der Kontinuitätsgleichung

$$\mathrm{Div} \, \mathfrak{J} = 0 \quad \text{mit} \quad \mathfrak{J} = \sum_\zeta \left[\frac{h}{2 i \pi} (\widetilde{\psi}_\zeta \, \mathrm{Grad} \, \psi_\zeta - \psi_\zeta \, \mathrm{Grad} \, \widetilde{\psi}_\zeta) + \frac{2 \varepsilon}{c} \boldsymbol{\Phi} \psi_\zeta \widetilde{\psi}_\zeta \right]. \tag{12}$$

Der entsprechende Additionsprozeß $\widetilde{\psi} H \psi + \psi \widetilde{H} \psi = 0$ führt bekanntlich zur Energiedichte. Zu den auch beim Punktelektron vorhandenen Energiegliedern kommt hier ein Glied proportional zu

$$\sum_\zeta \mathfrak{M} (\widetilde{\psi}_\zeta \mathfrak{G} \psi_\zeta + \psi_\zeta \widetilde{\mathfrak{G}} \widetilde{\psi}_\zeta) = \sum_{kl} \mathfrak{M}_{kl} \sum_\zeta \sum_{\zeta'} \widetilde{\psi}_\zeta \psi_{\zeta'} (\mathfrak{G}_{kl}^{\zeta\zeta'} + \widetilde{\mathfrak{G}}_{kl}^{\zeta'\zeta})$$
$$= 2 \sum_{kl} \mathfrak{M}_{kl} \sum_\zeta \sum_{\zeta'} \widetilde{\psi}_\zeta \psi_{\zeta'} \mathfrak{G}_{kl}^{\zeta\zeta'} \tag{13}$$

hinzu, welches als Koppelungsenergiedichte der vier an der Strömung beteiligten ψ-Komponenten zu deuten ist. Der Faktor jedes einzelnen $\mathfrak{M}_{kl}$ in (13) ist reell, wie aus (6) folgt. Die Koppelungsenergiedichte besteht also aus einem reellen magnetischen Anteil und einem imaginären (wegen $\mathfrak{M}_{14} = -i \mathfrak{E}_x$ usw.) elektrischen Anteil.

* W. Gordon, ZS. f. Phys. **40**, 117, 1926; O. Klein, ebenda **41**, 407, 1927.

Daß diese Dichte der Koppelungsenergie keine unmittelbare physikalische Bedeutung hat, sieht man schon aus deren Auftreten eines imaginären Energieanteils, ferner daraus, daß ihre Größe von den einzelnen $\mathfrak{S}_{kl}^{\zeta\zeta'}$ abhängt, deren Werte ja mit der willkürlichen Wahl der zugrunde liegenden γ-Matrizen variieren. Es darf eben, wie in jeder Feldtheorie, nur das Integral der Energiedichte über den ganzen Raum als physikalische Größe angesehen werden. Das Raumintegral von (13) ist nun

$$\left.\begin{aligned} \text{Koppelungsenergie} &= 2\sum_{kl}\sum_{\zeta}\sum_{\zeta'}\mathfrak{M}_{kl}^{\zeta\zeta'}\,.\,\mathfrak{S}_{kl}^{\zeta\zeta'} \\ \text{mit } \mathfrak{M}_{kl}^{\zeta\zeta'} &= \int \tilde{\psi}_{\zeta}\,\psi_{\zeta'}\,\mathfrak{M}_{kl}\,dv. \end{aligned}\right\} \tag{14}$$

In dem besonderen Falle räumlich konstanten Feldes $\mathfrak{M}$ verschwinden die Matrixelemente $\mathfrak{M}_{kl}^{\zeta\zeta'}$ für $\zeta \neq \zeta'$, und es ist in diesem Falle speziell die Koppelungsenergie $= 2\sum_{kl}\mathfrak{M}_{kl}\,.\sum_{\zeta}\mathfrak{S}_{kl}^{\zeta\zeta} = 0$ wegen (6″). Allgemein läßt sich (14) auf die Form

$$\text{Koppelungsenergie} = -\frac{2c}{\varepsilon}\left\{\sum_{\zeta}\sum_{k}\left[\left(p_k + \frac{\varepsilon}{c}\,\Phi_k\right)^2\right]^{\zeta\zeta} + 4\,\mu^2 c^2\right\} \tag{14'}$$

bringen, wie man erkennt, wenn man (8) mit $\tilde{\psi}_{\zeta}$ multipliziert, über den ganzen Raum integriert und über ζ von 1 bis 4 summiert. (14′) enthält gar nicht mehr wie (14) die einzelnen $\mathfrak{S}_{kl}^{\zeta\zeta'}$, sondern nur die Diagonalsumme der Matrix des Operators $\left(p_k + \frac{\varepsilon}{c}\,\Phi_k\right)^2$. Da letztere sich bei den kanonischen Lorentztransformationen nicht ändert, bleibt sie auch beim Übergang zu anderer γ-Wahl unverändert, die ja jener Koordinatentransformation äquivalent ist.

§ 3. Für viele Zwecke ist der Ansatz

$$\psi_{\zeta} = \alpha_{\zeta}\cdot e^{2i\pi W_{\zeta}/h} \qquad (\zeta = 1, 2, 3, 4) \tag{15}$$

nützlich. In die Wellengleichung (8) eingesetzt führt er zu

$$\left.\begin{aligned} &\left(\frac{h}{2i\pi}\right)^2 \alpha_{\zeta}\,\Box\,\alpha_{\zeta} + \alpha_{\zeta}^2\left(\text{Grad } W_{\zeta} + \frac{\varepsilon}{c}\,\Phi\right)^2 + \alpha_{\zeta}^2\,\mu^2 c^2 \\ &\quad + \frac{h}{4i\pi}\,\text{Div}\left[2\,\alpha_{\zeta}^2\left(\text{Grad } W_{\zeta} + \frac{\varepsilon}{c}\,\Phi\right)\right] \\ &\quad + \frac{\varepsilon}{c}\sum_{kl}\mathfrak{M}_{kl}\sum_{\zeta'}\mathfrak{S}_{kl}^{\zeta\zeta'}\,\alpha_{\zeta}\,\alpha_{\zeta'}\,e^{2i\pi(W_{\zeta} - W_{\zeta'})/h} = 0. \end{aligned}\right| \tag{15'}$$

Summiert man über ζ, so fällt das Div-Glied fort, da nach (12)

$$0 = \text{Div}\,\mathfrak{J} = \text{Div}\left[\frac{h}{2i\pi}(\tilde{\psi}\,\text{Grad}\,\psi - \psi\,\text{Grad}\,\tilde{\psi}) + \frac{2\varepsilon}{c}\,\Phi\,\psi\,\tilde{\psi}\right]$$

$$= \text{Div}\left[2\,\alpha^2\left(\text{Grad } W + \frac{\varepsilon}{c}\,\Phi\right)\right] = 0 \tag{16}$$

und es bleibt neben (16) als zweite Gleichung für α und W

$$\left(\frac{h}{2i\pi}\right)^2 \sum_\zeta \alpha_\zeta \cdot \Box \alpha_\zeta + \sum_\zeta \alpha_\zeta^2 \left(\text{Grad } W_\zeta + \frac{\varepsilon}{c} \Phi\right)^2 + \sum_\zeta \alpha_\zeta^2 \mu^2 c^2$$
$$+ \frac{\varepsilon}{c} \sum_{kl} \mathfrak{M}_{kl} \sum_{\zeta'} \sum_{\zeta} \mathfrak{S}_{kl}^{\zeta\zeta'} \alpha_\zeta \alpha_{\zeta'} e^{2i\pi(W_\zeta - W_{\zeta'})/h} = 0, \qquad (16')$$

wobei im letzten Glied jedes $\mathfrak{M}_{kl}$ einen reellen Faktor hat. Ein entsprechender Ausdruck, aber ohne das letzte Koppelungsglied, war der Ausgangspunkt von F. Londons Verbindung zwischen Weylscher Elektrodynamik und Wellenmechanik. Wollte man dies auf das Kreiselelektron übertragen, so würde man zu äußerst künstlichen Ausdrücken kommen.

Man kann weiter fragen, wie das klassisch-mechanische Analogon zum wellenmechanischen Kreiselelektron aussieht. Hierzu hat man statt (15) den Broglieschen Ansatz $\psi_\zeta = e^{2i\pi W_\zeta/h}$ zu benutzen und gelangt so aus (15') zu vier Hamilton-Jacobischen Differentialgleichungen

$$\left(\text{Grad } W_\zeta + \frac{\varepsilon}{c} \Phi\right)^2 + \mu^2 c^2 + \frac{h}{2i\pi} \text{Div}\left(\text{Grad } W_\zeta + \frac{\varepsilon}{c} \Phi\right)$$
$$+ \frac{\varepsilon}{c} \sum_{kl} \mathfrak{M}_{kl} \sum_{\zeta'} \mathfrak{S}_{kl}^{\zeta\zeta'} e^{2i\pi(W_\zeta - W_{\zeta'})/h} = 0$$

für die vier Wirkungsfunktionen W_ζ im Raum und Zeit. Durch Summierung über ζ läßt sich wieder das Divergenzglied zum Verschwinden bringen.

Eine andere Möglichkeit, ein klassisches Analogon zum wellenmechanischen Kreiselelektron zu erhalten, besteht darin, in die ursprünglichen vier linearen Diracschen Gleichungen (1) mit dem Ansatz $\psi_\zeta = e^{2i\pi W_\zeta/h}$ einzugehen. Man erhält so

$$\sum_k \sum_{\zeta'} \gamma_k^{\zeta\zeta'} \left(\frac{\partial W_{\zeta'}}{\partial x_k} + \frac{\varepsilon}{c} \Phi_k\right) e^{2i\pi W_{\zeta'}/h} + \mu c e^{2i\pi W_\zeta/h} = 0 \quad (\zeta = 1, 2, 3, 4).$$

Diese vier homogenen Gleichungen in den vier Unbekannten $e^{2i\pi W_\zeta/h}$ haben nur dann eine Lösung, wenn die Determinante Δ der Koeffizienten der Unbekannten verschwindet. Δ ist aber eine Funktion der $\partial W_\zeta / \partial x_k$, die man als „Impulse" p_k^ζ zu deuten hat. $\Delta = 0$ vertritt die Impulsenergiegleichung, welche den Zusammenhang zwischen den räumlichen Impulskomponenten und den Energien $\frac{i}{c} p_4^\zeta$ des klassischen Analogons bestimmt, als Gegenstück zur Punktelektronengleichung $\sum\left(p_k + \frac{\varepsilon}{c} \Phi_k\right)^2 + \mu^2 c^2 = 0$.

713

Zur Quantenelektrik von G. Mie.

Von A. Landé in Tübingen.

(Eingegangen am 12. August 1929.)

§ 1. Die Miesche Grundgleichung. Nach Mie* läßt sich die klassische Elektrodynamik darstellen als Mechanik eines Systems von unendlich vielen Koordinaten und Impulsen, welche den momentanen Zustand in den unendlich vielen Volumteilen $dG = dx\,dy\,dz$ des Raumes beschreiben. Durch kanonische Bewegungsgleichungen ist dann die Weiterentwicklung des elektromagnetischen Zustandes vorgezeichnet. Kennt man nämlich die Vektorpotentialkomponenten $\mathfrak{a}_x^G, \mathfrak{a}_y^G, \mathfrak{a}_z^G$ in sämtlichen Volumteilen $dG_1, dG_2 \ldots$, so sind damit auch ihre räumlichen Ableitungen und durch rot $\mathfrak{a} = \mathfrak{b}$ auch die Feldkomponenten $\mathfrak{b}_x^G, \mathfrak{b}_y^G, \mathfrak{b}_z^G$ mitbestimmt. Die Gesamtheit der Werte $\mathfrak{a}_\alpha^G$ zu einer Zeit t_0 kann man als einen Punkt im $\mathfrak{a}$-Raum mit den unendlich vielen

$$\text{Koordinaten } \mathfrak{a}_x^G, \quad \mathfrak{a}_y^G, \quad \mathfrak{a}_z^G$$

auffassen. Die zeitliche Lagenänderung dieses Koordinatenpunktes im $\mathfrak{a}$-Raum ist aber erst bestimmt, wenn zur Zeit t_0 noch die sämtlichen Geschwindigkeiten $\dot{\mathfrak{a}}_\alpha^G$ gegeben sind. Statt dessen kann man auch nach den Anfangswerten der „Impulse" fragen, die den Koordinaten $\mathfrak{a}_\alpha^G$ konjugiert sind. Es sind dies die

$$\text{Impulse } \frac{1}{c}\,\mathfrak{d}_x^G . dG, \quad \frac{1}{c}\,\mathfrak{d}_y^G . dG, \quad \frac{1}{c}\,\mathfrak{d}_z^G . dG$$

in den einzelnen Raumteilen dG. Nach Mie lassen sich nämlich die Maxwellschen Gleichungen

$$\frac{1}{c}\dot{\mathfrak{d}} = -\mathfrak{i} + \operatorname{rot}\mathfrak{h} \quad (\text{und } \varrho = \operatorname{div}\mathfrak{d}) \quad \mathfrak{i} = \varrho\,\mathfrak{v}/c, \tag{1}$$

$$\frac{1}{c}\dot{\mathfrak{a}} = -\mathfrak{e} - \operatorname{grad}\varphi \quad (\text{und } \mathfrak{b} = \operatorname{rot}\mathfrak{a}) \tag{2}$$

in kanonischer Form schreiben. Ist H die Gesamtenergie des Feldes

$$H\left(\mathfrak{a}_x^{G_1}, \mathfrak{a}_y^{G_1}, \mathfrak{a}_z^{G_1};\ \mathfrak{a}_x^{G_2}, \mathfrak{a}_y^{G_2}, \mathfrak{a}_z^{G_2}; \ldots;\ \frac{1}{c}\mathfrak{d}_x^{G_1} dG_1,\ \frac{1}{c}\mathfrak{d}_y^{G_1} dG_1,\ \frac{1}{c}\mathfrak{d}_z^{G_1} dG_1 \ldots\right),$$

* G. Mie, Ann. d. Phys. 85, 711, 1928.

Reprinted from *Z. Phys.* **57**, 713–722 (1929).

so sind die Maxwellschen Gleichungen äquivalent mit

$$\frac{d(\mathfrak{b}_\alpha^G \cdot d\,G)}{c\,d\,t} = \frac{\partial H}{\partial \mathfrak{a}_\alpha^G} \qquad (\alpha = 1, 2, 3) \tag{1'}$$

$$\frac{d\,\mathfrak{a}_\alpha^G}{c\,d\,t} = -\frac{\partial H}{\partial (\mathfrak{b}_\alpha^G \cdot d\,G)} \qquad (G = G_1, G_2, G_3, \ldots), \tag{2'}$$

das ist ein Gleichungssystem, welches für jedes Volumenelement $d\,G_i$ für sich gilt. Ein Anfangspunkt im $\mathfrak{a}$-Raum ($\mathfrak{a}$-Feld) schlägt somit nach den kanonischen Bewegungsgleichungen bei gegebenen Anfangsimpulsen eine ganz bestimmte Bahn ein. Läßt man dagegen die Anfangsimpulse unbestimmt, so können sich aus einem Anfangsfelde $\mathfrak{a}$ noch die verschiedensten zukünftigen Felder $\mathfrak{a}$ entwickeln.

In der Quantentheorie ist es nun nicht möglich, simultan die Koordinaten und die Impulse scharf anzugeben. Vielmehr gelten nur gewisse Wahrscheinlichkeitsgesetze, nach denen eine Schar von Anfangspunkten in eine Schar von späteren Punkten übergeht.

Es sei $\psi(\mathfrak{a}_x^{G_1}\, \mathfrak{a}_y^{G_1}\, \mathfrak{a}_z^{G_1};\ \mathfrak{a}_x^{G_2}\, \mathfrak{a}_y^{G_2}\, \mathfrak{a}_z^{G_2};\ \ldots t)$, kurz $\psi(\mathfrak{a}_\alpha^G, t)$ die Wahrscheinlichkeitsamplitude, daß unter einer Schar von $\mathfrak{a}$-Feldern zur Zeit t sich eins mit den unendlich vielen Koordinaten $\mathfrak{a}_\alpha^{G_i}$ befindet. Gefragt wird nach der Amplitude $\psi(\mathfrak{a}_\alpha'^G, t')$, zur Zeit t' ein Feld mit den Koordinaten $\mathfrak{a}_\alpha'^G$ anzutreffen. ψ folgt dabei einer Differentialgleichung, die Mie aus der Hamilton-Jacobischen Differentialgleichung der klassischen Elektrodynamik entwickelt. Faßt man nämlich die Impulse und die Gesamtenergie des Feldes auf als Ableitungen einer Wirkungsfunktion $\mathfrak{W}(\mathfrak{a}_\alpha^G, t)$

$$\left.\begin{aligned} \frac{1}{c}\,\mathfrak{b}_\alpha^G \cdot d\,G &= \frac{\partial \mathfrak{W}}{\partial \mathfrak{a}_\alpha^G} \quad (\alpha = 1, 2, 3), \\ E &= -\frac{\partial \mathfrak{W}}{\partial t}, \end{aligned}\right\} \tag{3}$$

so nimmt die klassische Energiegleichung

$$E^2 - (J_1^2 + J_2^2 + J_3^2) = E_0^2 \tag{4}$$

nach Mie die Form an

$$\left.\begin{aligned} \frac{1}{c^2}\left(\frac{\partial \mathfrak{W}}{\partial t}\right)^2 - \left\{\int\limits_G \sum_1^3{}^\alpha \frac{\partial \mathfrak{a}_\alpha^G}{\partial x_1}\frac{\partial \mathfrak{W}}{\partial \mathfrak{a}_\alpha^G}\right\}^2 - \left\{\int\limits_G \sum_1^3{}^\alpha \frac{\partial \mathfrak{a}_\alpha^G}{\partial x_2}\frac{\partial \mathfrak{W}}{\partial \mathfrak{a}_\alpha^G}\right\}^2 \\ - \left\{\int\limits_G \sum{}^\alpha \frac{\partial \mathfrak{a}_\alpha^G}{\partial x_3}\frac{\partial \mathfrak{W}}{\partial \mathfrak{a}_\alpha^G}\right\}^2 = \frac{1}{c^2} E_0^2. \end{aligned}\right\} \tag{5}$$

Hierin bedeutet E_0 die Ruhenergie des gesamten Feldes in einem transformierten Koordinatensystem, relativ zu dem die gesamte elektromagnetische Bewegungsgröße J mit den Komponenten $J_1\, J_2\, J_3$ verschwindet.

Die wellenmechanische Grundgleichung erhält Mie daraus, indem er die

$$\text{Impulse } \frac{1}{c}\,\mathfrak{d}_\alpha^G . d\,G = \frac{\partial \mathfrak{W}}{\partial \mathfrak{a}_\alpha^G} \quad \text{und} \quad E = -\frac{\partial \mathfrak{W}}{\partial t} \tag{6}$$

ersetzt durch die

$$\text{Operatoren } \frac{h}{2 i \pi}\frac{\partial}{\partial \mathfrak{a}_\alpha^G} \quad \text{und} \quad -\frac{h}{2 i \pi}\frac{\partial}{\partial t}, \tag{6'}$$

ausgeübt auf eine Funktion $\psi(\mathfrak{a}_\alpha^G, t)$. So ergibt sich aus (5)

$$\frac{1}{c^2}\frac{\partial^2 \psi}{\partial t^2} - \sum_1^3{}_\nu \left\{ \int_G \sum_1^3{}_\beta \frac{\partial \mathfrak{a}_\beta^G}{\partial x_\nu}\frac{\partial}{\partial \mathfrak{a}_\beta^G} \int_C \sum_1^3{}_\gamma \frac{\partial \mathfrak{a}_\gamma^C}{\partial x_\nu}\frac{\partial \psi}{\partial \mathfrak{a}_\gamma^C} \right\} + \frac{4\pi^2}{h^2 c^2} E_0^2 = 0. \tag{7}$$

Dies ist die Miesche Grundgleichung der Quantenelektrik. Unser Ziel ist, sie zu vereinfachen, sie auf Gleichungen erster Ordnung zu reduzieren und nebenbei Vertauschungsralationen für die Feldgrößen abzuleiten.

§ 2. Vergleich mit Diracs δ-Funktion. Wir wollen jetzt die später zu benutzenden Gleichungen (10), (11), (12) ableiten. In der Mieschen Grundgleichung (7) kommen u. a. die Differentialquotienten $\frac{\partial}{\partial \mathfrak{a}_\beta^G}\left(\frac{\partial \mathfrak{a}_\gamma^C}{\partial x}\right)$ vor, wobei $d\,G$ und $d\,C$ zwei verschiedene, eventuell zwei gleiche Volumenelemente des xyz-Raumes sind. Es ist klar, daß diese Differentialquotienten verschwinden, wenn $\beta \neq \gamma$. Wir brauchen also nur den Fall $\beta = \gamma$ zu betrachten, und wir lassen dabei den unteren Index $\beta = \gamma$ weg. Denken wir die Umgebung der Raumstelle $x = 0$ in Streifen der Breite $d\,x$ eingeteilt, die wir mit dem oberen Index $g = \ldots -2, -1, 0, 1, 2, \ldots$ numerieren, so ist der Grenzwert

$$\frac{\partial \mathfrak{a}^0}{\partial x} = \frac{1}{2}\left(\frac{\mathfrak{a}^1 - \mathfrak{a}^0}{d\,x} + \frac{\mathfrak{a}^0 - \mathfrak{a}^{-1}}{d\,x}\right) = \frac{1}{2}\cdot\frac{\mathfrak{a}^1 - \mathfrak{a}^{-1}}{d\,x},$$

und wenn man hierin $\mathfrak{a}^1$ bzw. $\mathfrak{a}^0$ bzw. $\mathfrak{a}^{-1}$ um 1 vermehrt:

$$\left.\begin{aligned}
\frac{\partial}{\partial \mathfrak{a}^1}\left(\frac{\partial \mathfrak{a}^0}{\partial x}\right) &= \frac{1}{2}\cdot\frac{(\mathfrak{a}^1 + 1) - \mathfrak{a}^{-1}}{d x} = \frac{\partial \mathfrak{a}^0}{\partial x} + \frac{1}{2\,d\,x},\\
\frac{\partial}{\partial \mathfrak{a}^0}\left(\frac{\partial \mathfrak{a}^0}{\partial x}\right) &= 0,\\
\frac{\partial}{\partial \mathfrak{a}^{-1}}\left(\frac{\partial \mathfrak{a}^0}{\partial x}\right) &= \frac{1}{2}\cdot\frac{\mathfrak{a}^1 - (\mathfrak{a}^{-1} + 1)}{d\,x} = \frac{\partial \mathfrak{a}^0}{\partial x} - \frac{1}{2\,d\,x}.
\end{aligned}\right\}$$

Im lim $dx = 0$ ist also

$$\frac{\partial}{\partial \mathfrak{a}^g}\left(\frac{\partial \mathfrak{a}^0}{\partial x}\right) = \begin{cases} \pm \frac{1}{2\,dx} & \text{für } g = \pm 1, \\ 0 & \text{für andere } g. \end{cases} \tag{8}$$

Wir betrachten zum Vergleich die Diracsche δ-Zackenfunktion δ^{GC} im xyz-Raum, welche für $G \neq C$ verschwindet, für zusammenfallende Punkte $G = C$ aber so unendlich ist, daß $\int\limits_G \delta^{GC}\,dG = 1$ wird. Bei obiger Einteilung in Streifen dx ist für eine lineare δ-Funktion ($\delta^{g,0}$ statt δ^{GC})

$$\delta^{g,0} = \frac{1}{dx} \text{ für } g = 0, \quad \text{dagegen} = 0 \text{ für andere } g.$$

$$\left.\begin{aligned} \frac{\partial}{\partial x}\delta^{1,0} &= \frac{1}{2\,.\,dx}[(\delta^{2,0} - \delta^{1,0}) + (\delta^{1,0} - \delta^{0,0})] = -\frac{1}{2\,dx}\cdot\frac{1}{dx}, \\ \frac{\partial}{\partial x}\delta^{0,0} &= \frac{1}{2\,dx}[(\delta^{1,0} - \delta^{0,0}) + (\delta^{0,0} - \delta^{-1,0})] = 0, \\ \frac{\partial}{\partial x}\delta^{-1,0} &= \frac{1}{2\,dx}[(\delta^{0,0} - \delta^{-1,0}) + (\delta^{-1,0} - \delta^{-2,0})] = +\frac{1}{2\,dx}\cdot\frac{1}{dx}. \end{aligned}\right\}$$

Es wird demnach

$$\left.\begin{aligned} \frac{\partial}{\partial x}\delta^{g,0} &= \mp\frac{1}{2\,dx}\cdot\frac{1}{dx} \quad \text{für } g = \pm 1, \\ &= 0 \quad \text{für andere } g. \end{aligned}\right\} \tag{9}$$

Vergleich von (8) mit (9) gibt somit $\frac{\partial}{\partial \mathfrak{a}^g}\left(\frac{\partial \mathfrak{a}^0}{\partial x}\right) = -dx\,\frac{\partial}{\partial x}(\delta^{g,0})$.

Hierbei ist zu beachten, daß links $\partial/\partial x$ eine Verschiebung des Punktes 0, rechts dagegen eine Verschiebung des Punktes g in der x-Richtung bedeutet. Versteht man statt dessen auch rechts unter $\partial/\partial x$ eine Verschiebung des Punktes 0, so dreht sich rechts das Vorzeichen um. Allgemein erhält man, wenn man noch von der linearen zur räumlichen δ-Funktion übergeht und die unteren Indizes hinzufügt:

$$\frac{\partial}{\partial \mathfrak{a}_\beta^G}\left(\frac{\partial \mathfrak{a}_\gamma^C}{\partial x}\right) = +\,dC\,\frac{\partial}{\partial x}(\delta^{GC})\,.\,\delta_{\beta\gamma}, \tag{10}$$

($\delta_{\beta\gamma}$ bedeutet dabei $\delta_{\beta\gamma} = 1$ für $\beta = \gamma$, $\delta_{\beta\gamma} = 0$ für $\beta \neq \gamma$). Wir merken noch an, daß aus dem Vergleich von

$$\frac{\partial}{\partial \mathfrak{a}^g}(\mathfrak{a}^0) = 1 \text{ für } g = 0, \quad = 0 \text{ für andere } g,$$

mit

$$\delta^{g0} = \frac{1}{dx} \text{ für } g = 0, \quad = 0 \text{ für andere } g$$

in entsprechender Weise folgt: $\frac{\partial}{\partial \mathfrak{a}^g}(\mathfrak{a}^0) = dx\,.\,\delta^{g,0}$, und räumlich:

$$\frac{\partial}{\partial \mathfrak{a}_\beta^G}\left(\mathfrak{a}_\gamma^C\right) = dC\,.\,\delta^{GC}\,.\,\delta_{\beta\gamma}. \tag{11}$$

Eine stetige und differenzierbare Funktion $f(xyz)$, welche im Unendlichen verschwindet, im Endlichen aber beliebige Gestalt hat, besitzt die Eigenschaft

$$\iiint\limits_{\infty} dx\,dy\,dz\,\frac{\partial}{\partial x} f(xyz) = \iint\limits_{\infty} dy\,dz\,[f(+\infty, y, z) - f(-\infty, y, z)] = 0.$$

Dasselbe gilt demnach für die δ-Zackenfunktion

$$\int\limits_C dC\,\frac{\partial}{\partial x}(\delta^{GC}) = 0 = \int\limits_C \frac{\partial}{\partial \mathfrak{a}_\beta^G}\left(\frac{\partial \mathfrak{a}_\gamma^C}{\partial x}\right), \tag{12}$$

das letzte Gleichheitszeichen wegen (10); das Integrationsgebiet C kann dabei beliebig nahe um den Punkt G zusammengezogen werden, da die entfernteren C keinen Beitrag zum Integranden liefern.

In (10), (11), (12) sind für das folgende wichtige Beziehungen zu der δ-Zackenfunktion hergestellt.

§ 3. Vertauschungsrelationen für die Feldgrößen. Zunächst wollen wir einige Vertauschungsrelationen für die Feldgrößen ableiten. Es gilt, wenn wir die Impulse (6) als Operatoren (6′) auffassen, für einen bestimmten Zeitpunkt

$$\frac{1}{c}\,\mathfrak{d}_\beta^G\,dG\,.\,\mathfrak{a}_\gamma^C\,\psi - \mathfrak{a}_\gamma^C\,.\,\frac{1}{c}\,\mathfrak{d}_\beta^G\,dG\,\psi$$

$$= \frac{h}{2i\pi}\frac{\partial}{\partial \mathfrak{a}_\beta^G}(\mathfrak{a}_\gamma^C\psi) - \mathfrak{a}_\gamma^C\frac{h}{2i\pi}\frac{\partial}{\partial \mathfrak{a}_\beta^G}\psi = \frac{h}{2i\pi}\psi\frac{\partial}{\partial \mathfrak{a}_\beta^G}(\mathfrak{a}_\gamma^C) = \frac{h}{2i\pi}\psi\,.\,dG\,\delta^{GC}\delta_{\beta\gamma},$$

letzteres wegen (11). Als Operatorgleichung geschrieben bedeutet das

$$\mathfrak{d}_\beta^G\,.\,\mathfrak{a}_\gamma^C - \mathfrak{a}_\gamma^C\,.\,\mathfrak{d}_\beta^G = \frac{hc}{2i\pi}\,.\,\delta^{GC}\,.\,\delta_{\beta\gamma}. \tag{13}$$

Ferner gilt wegen $\mathfrak{b} = \operatorname{rot}\mathfrak{a}$

$$\frac{1}{c}\,\mathfrak{d}_x^G\,dG\,.\,\mathfrak{b}_y^C\,\psi - \mathfrak{b}_y^C\cdot\frac{1}{c}\,\mathfrak{d}_x^G\,dG\,\psi$$

$$= \frac{h}{2i\pi}\frac{\partial}{\partial \mathfrak{a}_x^G}\left(\frac{\partial \mathfrak{a}_x^C}{\partial z} - \frac{\partial \mathfrak{a}_z^C}{\partial x}\right)\psi - \left(\frac{\partial \mathfrak{a}_x^C}{\partial z} - \frac{\partial \mathfrak{a}_z^C}{\partial x}\right)\frac{h}{2i\pi}\frac{\partial}{\partial \mathfrak{a}_x^G}\psi$$

$$= \frac{h}{2i\pi}\psi\frac{\partial}{\mathfrak{a}_x^G}\left(\frac{\partial \mathfrak{a}_x^C}{\partial z} - \frac{\partial \mathfrak{a}_z^C}{\partial x}\right) = \frac{h}{2i\pi}\psi\,dG\,.\,\frac{\partial}{\partial z}(\delta_{GC}),$$

letzteres wegen (10). Als Operatorgleichung erhält man somit

$$\mathfrak{d}_x^G \mathfrak{b}_y^C - \mathfrak{b}_y^C \mathfrak{d}_x^G = \frac{hc}{2i\pi}\frac{\partial}{\partial z}(\delta^{GC}) \tag{13'}$$

und zwei entsprechende Vertauschungsrelationen für $\mathfrak{d}_y^G$, $\mathfrak{b}_z^C$ und $\mathfrak{d}_z^G$, $\mathfrak{b}_x^C$, im gleichen Zeitmoment. Dagegen findet man entsprechend

$$\mathfrak{d}_x^G \mathfrak{b}_x^C - \mathfrak{b}_x^C \mathfrak{d}_x^C = 0. \tag{14}$$

Nichtvertauschbarkeit der zum gleichen Raumpunkt $G = C$ gehörenden Feldgrößen $\mathfrak{d}_x$ mit $\mathfrak{a}_x$, $\mathfrak{d}_x$ mit $\mathfrak{b}_y$ usw. bedeutet nach Heisenberg bekanntlich eine Unschärfe bei der simultanen Messung beider Größen. — Die hier aus der Mieschen Theorie gewonnenen Vertauschungsrelationen stimmen mit den von Heisenberg und Pauli kürzlich abgeleiteten überein.

§ 4. Vertauschbarkeiten in der Mieschen Grundgleichung. Wir betrachten jetzt die Größe

$$U = \int\limits_G \frac{\partial \mathfrak{a}_\beta^G}{\partial x_\mu}\frac{\partial}{\partial \mathfrak{a}_\beta^G}\int\limits_C \frac{\partial \mathfrak{a}_\gamma^C}{\partial x_\nu}\frac{\partial \psi}{\partial \mathfrak{a}_\gamma^C}, \tag{15}$$

welche für den Sonderfall $\mu = \nu$ in der Mieschen Grundgleichung (7) auftritt.

Durch Ausdifferenzieren des Produkts wird

$$U = \int\limits_G \frac{\partial \mathfrak{a}_\beta^G}{\partial x_\mu}\int\limits_C \frac{\partial \mathfrak{a}_\gamma^C}{\partial x_\nu}\frac{\partial^2 \psi}{\partial \mathfrak{a}_\beta^G \partial \mathfrak{a}_\gamma^C} + \int\limits_G \frac{\partial \mathfrak{a}_\beta^G}{\partial x_\mu}\int\limits_C \frac{\partial \psi}{\partial \mathfrak{a}_\gamma^C}\frac{\partial}{\partial \mathfrak{a}_\beta^G}\left(\frac{\partial \mathfrak{a}_\gamma^C}{\partial x_\nu}\right).$$

Das zweite Glied ist, weil $\frac{\partial}{\partial \mathfrak{a}_\beta^G}\left(\frac{\partial \mathfrak{a}_\gamma^C}{\partial x_\nu}\right)$ nur in der Umgebung von $C = G$ nichtverschwindende Werte aufweist, gleich

$$\int\limits_G \frac{\partial \mathfrak{a}_\beta^G}{\partial x_\mu}\frac{\partial \psi}{\partial \mathfrak{a}_\gamma^G}\int\limits_C \frac{\partial}{\partial \mathfrak{a}_\beta^G}\frac{\partial \mathfrak{a}_\gamma^C}{\partial x_\nu} = 0$$

unter Benutzung von (12). Es bleibt also nur das erste Glied:

$$U = \iint\limits_{GC} \frac{\partial \mathfrak{a}_\beta^G}{\partial x_\mu}\cdot\frac{\partial \mathfrak{a}_\gamma^C}{\partial x_\nu}\cdot\frac{\partial^2 \psi}{\partial \mathfrak{a}_\beta^G \partial \mathfrak{a}_\gamma^C}. \tag{15'}$$

Da man hier die Reihenfolge der Differentiation von ψ vertauschen kann, erhält man für U aus (15) die zwei gleichwertigen Darstellungen

$$U = \int\limits_G \frac{\partial \mathfrak{a}_\beta^G}{\partial x_\mu}\frac{\partial}{\partial \mathfrak{a}_\beta^G}\int\limits_C \frac{\partial \mathfrak{a}_\gamma^C}{\partial x_\nu}\frac{\partial}{\partial \mathfrak{a}_\gamma^C}\psi = \int\limits_C \frac{\partial \mathfrak{a}_\gamma^C}{\partial x_\nu}\frac{\partial}{\partial \mathfrak{a}_\gamma^C}\int\limits_G \frac{\partial \mathfrak{a}_\beta^G}{\partial x_\mu}\frac{\partial}{\partial \mathfrak{a}_\gamma^C}\psi. \tag{16}$$

Für den Sonderfall $\mu = \nu$ ergibt sich somit eine wesentliche Vereinfachung der Mieschen Grundgleichung (7), nämlich die folgende Grundgleichung der Quantenelektrodynamik:

$$\frac{1}{c^2}\frac{\partial^2 \psi}{\partial t^2} - \sum_1^3{}^{\nu} \int\limits_G \int\limits_C \sum_1^3{}^{\beta} \sum_1^3{}^{\gamma} \frac{\partial \mathfrak{a}_\beta^G}{\partial x_\nu} \cdot \frac{\partial \mathfrak{a}_\gamma^C}{\partial x_\nu} \cdot \frac{\partial^2 \psi}{\partial \mathfrak{a}_\beta^G \, \partial \mathfrak{a}_\gamma^C} + \frac{4\pi^2}{h^2 c^2} E_0^2 \psi = 0. \tag{17}$$

Die Koeffizienten $\frac{\partial \mathfrak{a}^G}{\partial x_\nu}$ sind dabei Funktionen des „Koordinatenpunkts" im $\mathfrak{a}_\alpha^G$-Raum, während ψ eine Funktion dieses Koordinatenpunkts und der Zeit t ist.

§ 5. Reduktion auf Gleichungen erster Ordnung. Die Vertauschbarkeit (16) gibt jetzt die Möglichkeit, von der Grundgleichung (7) mit ihrer zweimaligen Differentiation nach den Koordinaten $\mathfrak{a}_\alpha^G$ in derselben Weise eine Gleichung erster Ordnung abzuspalten, wie es Dirac mit der Grundgleichung zweiter Ordnung des Punktelektrons getan hat, um das Gleichungssystem erster Ordnung des Kreiselelektrons zu erhalten.

Es seien nämlich Γ_μ vier Diracsche Operatoren mit

$$\Gamma_\mu^2 = 1, \quad \Gamma_\mu \Gamma_\nu + \Gamma_\nu \Gamma_\mu = 0 \text{ für } \mu \neq \nu, \tag{18}$$

welche auf vier Funktionen $\psi_\zeta(\mathfrak{a}^G, t)$ wirken, so daß

$$\Gamma_\mu \psi_\zeta = \sum^{\zeta'} \Gamma_\mu^{\zeta\zeta'} \psi_{\zeta'}.$$

Dann läßt sich (7) zerspalten in

$$\left\{-i\Gamma_4 \frac{\partial}{\partial x_4} - i \sum_1^3{}^{\mu} \Gamma_\mu \int\limits_G \sum_1^3{}^{\beta} \frac{\partial \mathfrak{a}_\beta^G}{\partial x_\mu} \frac{\partial}{\partial \mathfrak{a}_\beta^G} + \frac{2 i \pi}{h c} E_0\right\}$$

$$\cdot \left\{+ i\Gamma_4 \frac{\partial}{\partial x_4} + i \sum_1^3{}^{\nu} \Gamma_\nu \int\limits_C \sum_1^3{}^{\gamma} \frac{\partial \mathfrak{a}_\gamma^C}{\partial x_\nu} \frac{\partial}{\partial \mathfrak{a}_\gamma^C} + \frac{2 i \pi}{h c} E_0, \; \psi\right\} = 0,$$

da bei der Ausmultiplikation die Faktoren von $\Gamma_\mu \Gamma_\nu$ und von $\Gamma_\nu \Gamma_\mu$ nach (16) gleich sind. Trennt man den ersten Operator $\{\}$ ab, so bleibt

$$i\Gamma_4 \frac{\partial \psi}{\partial x_4} + i \sum_1^3{}^{\nu} \Gamma_\nu \int\limits_C \sum_1^3{}^{\gamma} \frac{\partial \mathfrak{a}_\gamma^C}{\partial x_\nu} \frac{\partial \psi}{\partial \mathfrak{a}_\gamma^C} + \frac{2 i \pi}{h c} E_0 \psi = 0. \tag{19}$$

Das sind vier Gleichungen erster Ordnung für vier Funktionen ψ_ζ.

§ 6. Kreiselelektron als Sonderfall. Mie hat aus seiner Grundgleichung (7) die wellenmechanische Grundgleichung des Punktelektrons entwickelt. Die Wahrscheinlichkeitsamplitude ψ, ein gewisses

Feld $\mathfrak{a}^G$ in den einzelnen Raumteilen G_i anzutreffen, wird nämlich eine Funktion des Elektronenorts $\xi\eta\zeta$. Felder $\mathfrak{a}$, die der Anwesenheit des Elektrons in $\xi\eta\zeta = \xi_1\xi_2\xi_3$ widersprechen, haben dann $\psi = 0$; zulässig sind nur solche Felder $\mathfrak{a}$, bei denen $\mathfrak{a}^G$ allein von den relativen Komponenten $x^G - \xi$, $y^G - \eta$, $z^G - \zeta$ abhängt. Es ist daher (vgl. Mie, l. c., § 9)

$$\int\limits_C \sum_1^3{}_\gamma \frac{\partial \mathfrak{a}_\gamma^C}{\partial x_\nu} \frac{\partial \psi}{\partial \mathfrak{a}_\gamma^C} = \int\limits_C \sum_1^3{}_\gamma \frac{\partial}{\partial \mathfrak{a}_\gamma^C}\left(\frac{\partial \mathfrak{a}_\gamma^C}{\partial x_\nu}\psi\right) = -\frac{\partial \psi}{\partial \xi_\nu} \tag{20}$$

zu setzen, so daß aus (19), wenn man noch das Vorzeichen der Zeit umkehrt, wird

$$\left\{ i \sum_1^4{}_\nu \Gamma_\nu \frac{h}{2 i \pi} \frac{\partial \psi}{\partial \xi_\nu} + \frac{E_0}{c}, \psi \right\} = 0 \quad \text{mit} \quad E_0 = \mu_0 c^2, \tag{21}$$

das ist Diracs Gleichung des Kreiselelektrons ohne äußeres Feld.

Bei Anwesenheit eines äußeren Feldes $\Phi_\nu = \mathfrak{a}, i\varphi$ gewinnt man Diracs Gleichung

$$\left\{ i \sum_1^4{}_\nu \Gamma_\nu \left(\frac{h}{2 i \pi} \frac{\partial \psi}{\partial \xi_\nu} + \frac{\varepsilon}{c}\Phi_\nu\right) + \frac{E_0}{c}, \psi \right\} = 0, \tag{22}$$

indem man die klassischen Bewegungsgrößen

$$J_\nu = \int\limits_G \sum_1^3{}_\beta \frac{\partial \mathfrak{a}_\beta^G}{\partial x_\nu} \frac{\partial \mathfrak{W}}{\partial \mathfrak{a}_\beta^G} - \frac{\varepsilon}{c}\Phi_\nu(\xi\eta\zeta t), \quad J_4 = i E$$

(Mie, Gleichung 40) in die klassische Energiegleichung des Feldes $\sum_1^4{}_\nu J_\nu^2 + E_0^2 = 0$ einsetzt, die Operatorenumdeutung (6) (6') vornimmt und die entstehende Differentialgleichung zweiter Ordnung mit Hilfe der Diracschen Γ_ν auf erste Ordnung reduziert. Wesentlich für die Anwendbarkeit des Verfahrens ist wieder die Vertauschbarkeit der Operatoren (17); sie ermöglicht, dem Diracschen Gleichungssystem des Kreiselelektrons ein entsprechendes System (22) für die Feldgrößen an die Seite zu stellen.

§ 7. Die Maxwellschen Gleichungen. Da die Koordinaten $\mathfrak{a}_\alpha^G$ und Impulse $\frac{1}{c}\mathfrak{b}_\alpha^G\, dG$ nicht simultan scharf definiert sind, können zwischen den Feldgrößen an verschiedenen Raumzeitpunkten nur statistische Zusammenhänge bestehen. $\psi(\mathfrak{a}_\alpha^G, t)$ beschreibt die Wahrscheinlichkeitsamplitude, zur Zeit t ein Feld mit den „Koordinaten" $\mathfrak{a}^{G_1}$, $\mathfrak{a}^{G_2}$, ... in den Raumteilen dG_1, dG_2, ... anzutreffen. Ist f irgend eine Funktion der Koordinaten und Impulse, so ist der statistische Mittelwert von f das Matrixelement

$$[f] = \int \tilde{\psi} f \psi \,.\, d\mathfrak{a}^{G_1} \,.\, d\mathfrak{a}^{G_2} \ldots$$

Nur Matrixelemente sind der Messung zugänglich. Zum Beispiel ist

$$[\mathfrak{a}^{G_i}] = \int \tilde{\psi}\, \mathfrak{a}^{G_i} \psi \,.\, d\mathfrak{a}^{G_1} \,.\, d\mathfrak{a}^{G_2} \ldots \tag{23}$$

$$[\mathfrak{d}_\alpha^{G_i} d G_i] = \int \tilde{\psi} \frac{h c}{2 i \pi} \frac{\partial}{\partial \mathfrak{a}_\alpha^{G_i}} \psi \,.\, d\mathfrak{a}^{G_1} \,.\, d\mathfrak{a}^{G_2} \ldots \tag{24}$$

Auch die räumlichen Ableitungen der Koordinaten und Impulse sind definiert; z. B. wird der Mittelwert der magnetischen Induktion

$$[\mathfrak{b}_x^G] = \mathrm{rot}_x [\mathfrak{a}^G] = \lim \frac{[\mathfrak{a}_z^{G+\Delta y}] - [\mathfrak{a}_z^G]}{\Delta y} - \frac{[\mathfrak{a}_y^{G+\Delta z}] - [\mathfrak{a}_y^G]}{\Delta z}, \tag{25}$$

und die räumliche Ladungsdichte hat den Mittelwert

$$[\varrho^G] = \mathrm{div}\, [\mathfrak{d}^G] = \lim \frac{[\mathfrak{d}_x^{G+\Delta x}] - [\mathfrak{d}_x^G]}{\Delta x} + \cdots \tag{26}$$

Nicht eindeutig ist dagegen die Definition der zeitlichen Ableitung. Hier widerstreiten ja schon in der Schrödingerschen Wellenmechanik zwei Definitionen. Heißt nämlich die Wellengleichung

$$H\psi + \frac{h}{2 i \pi} \dot{\psi} = 0 \quad \text{bzw.} \quad H\tilde{\psi} - \frac{h}{2 i \pi} \dot{\tilde{\psi}} = 0,$$

so ist das Matrixelement

$$[f] = \int \tilde{\psi} f \psi \, d q$$

und die zeitliche Ableitung ist

$$\begin{aligned} [f]^{\cdot} &= \int \dot{\tilde{\psi}} f \psi \, d q + \int \tilde{\psi} f \dot{\psi} \, d q \\ &= \frac{2 i \pi}{h} \Big(\int (H \tilde{\psi}) \,.\, f \psi \, d q - \int \tilde{\psi} f H \psi \, d q \Big), \end{aligned} \tag{27}$$

während die in der Matrizenmechanik übliche Definition lautet

$$[\dot{f}] = \frac{2 i \pi}{h} [H f - f H] = \frac{2 i \pi}{h} \Big(\int \tilde{\psi} H f \psi \, d q - \int \tilde{\psi} f H \psi \, d q \Big) \cdot \tag{27'}$$

Es bieten sich demnach zwei Definitionen der Stromdichte $\mathfrak{i} = \mathrm{rot}\, \mathfrak{h} - \frac{1}{c} \dot{\mathfrak{d}}$ dar, nämlich*

$$[\mathfrak{i}^G] = \mathrm{rot}\, [\mathfrak{h}^G] - \frac{1}{c} [\mathfrak{d}^G]^{\cdot} \quad \text{bzw.} \quad [\mathfrak{i}^G] = \mathrm{rot}\, [\mathfrak{h}^G] - \frac{1}{c} [\dot{\mathfrak{d}}^G]. \tag{28}$$

* Man wird dabei $\mathfrak{h} = \mathfrak{b}/\mu$ und $\mathfrak{e} = \mathfrak{d}/\varepsilon$ definieren.

Bei jeder Wahl ist automatisch zwischen $\mathfrak{i}$ und ϱ die Kontinuitätsgleichung erfüllt:

$$\operatorname{div}[\mathfrak{i}^G] = \frac{1}{c}[\varrho]^{\cdot} \quad \text{bzw.} \quad \operatorname{div}[\mathfrak{i}^G] = \frac{1}{c}[\dot{\varrho}], \tag{29}$$

da $\operatorname{div}\operatorname{rot}[\mathfrak{h}^G]$ identisch verschwindet. Das erste Maxwellsche Gleichungssystem im Vakuum

$$\operatorname{rot}\mathfrak{h} - \frac{1}{c}\dot{\mathfrak{d}} = \mathfrak{i}, \quad \operatorname{div}\mathfrak{d} = \varrho \tag{30}$$

hat also sein Äquivalent bei den beobachtbaren Matrixelementen der Quantenelektrik, indem die Stromkomponenten i und ϱ einfach durch (26) und (28) definiert werden.

Das zweite Maxwellsche Gleichungssystem, welches aus

$$\mathfrak{b} = \operatorname{rot}\mathfrak{a}, \quad \mathfrak{e} = -\operatorname{grad}\varphi - \frac{1}{c}\dot{\mathfrak{a}}$$

folgt, kann jedoch nur in seinem ersten Teil $\mathfrak{b} = \operatorname{rot}\mathfrak{a}$ als Definitionsgleichung (25) für $[\mathfrak{b}]$ aufgefaßt werden. Bildet man dagegen

$$[\mathfrak{e}^G] = \frac{1}{\varepsilon}[\mathfrak{d}^G] \quad \text{und} \quad \frac{1}{c}[\mathfrak{a}]^{\cdot} \quad \text{oder} \quad \frac{1}{c}[\dot{\mathfrak{a}}]$$

gemäß (24) und (27) oder (28), so wird im allgemeinen ihre Summe nicht der negative Gradient einer Raumfunktion $[\varphi^G]$ sein. Es könnte also höchstens in besonderen Fällen, bei ganz bestimmten ψ-Funktionen, die Darstellung

$$\frac{\partial}{\partial t}\frac{1}{c}[\mathfrak{a}^G] + [\mathfrak{e}^G] = -\operatorname{grad}[\varphi^G]$$

möglich sein, und es wäre interessant, solche Sonderfälle kennen zu lernen, in denen die Maxwellschen Gleichungen wenigstens statistische Gültigkeit hätten.

Polarisation von Materiewellen.

Von A. LANDÉ, Tübingen[1].

Richtungsquantelung und Polarisation. Es ist in letzter Zeit oft versucht worden, durch Experimente nach dem Vorbild der Optik eine Polarisation von Materiewellen herzustellen und nachzuweisen. Solche Versuche werden besonders durch die Kreiselnatur der Elektronen nahegelegt; denn den zwei entgegengesetzten Einstellungen im Magnetfeld entsprechen wellenmechanisch zwei unabhängige, d. h. nicht interferenzfähige Wellen verschiedener „Polarisation". So wurde in Analogie zum optischen Verfahren der gekreuzten Spiegel ein Elektronenstrahl an Metall- oder Krystallspiegeln verschiedener Stellung, zum Teil nach Durchlaufung von Magnetfeldern, mehrfach reflektiert und nach einer Abhängigkeit der reflektierten Intensität vom Azimut des Reflektors gesucht[2].

[1] Vortrag auf der Gautagung der Phys. Ges., Tübingen 25. Febr. 1929.

[2] J. C. DAVISSON und L. H. GERMER, Nature **1928**, 809. — Fr. WOLF, Z. Physik **52**, 314 (1928). — E. RUPP, Z. Physik **53**, 548 (1929).

Nach dem negativen Ausfall dieser Versuche ist es nicht überflüssig, auf die Verwandtschaft von wellenmechanischer und optischer Polarisation näher einzugehen und dabei auf andere Experimente hinzuweisen, die eher ein positives Ergebnis voraussehen lassen.

Der Hauptunterschied zwischen optischer und wellenmechanischer Polarisation ist der, daß in der Optik zwei linear polarisierte Wellen dann unabhängig sind, d. h. nicht miteinander interferieren, wenn sie um 90° gegeneinander geneigt sind, zwei Elektronenwellen dagegen, wenn ihre Polarisationsrichtungen (oder punktmechanisch ihre Kreiselachsen) um 180° differieren. Statt mit senkrecht gekreuzten Spiegeln muß man also mit Vorrichtungen operieren, bei denen zwei antiparallele Richtungen getrennt werden können (s. u.). Beachtet man diesen Unterschied, so läßt sich die Lehre von der Polarisation ziemlich wörtlich aus der Optik ins Wellenmechanische übertragen.

Zunächst ist der durch die punktmechanischen

Reprinted from *Naturwiss.* **17**, 634–637 (1929).

Vorstellungen nahegelegte Irrtum zu berichtigen, ein Elektronenstrahl (oder auch ein Atomstrahl mit magnetischem Moment, z. B. Silber) gewinne beim Durchlaufen eines transversalen homogenen magnetischen Feldes eine besondere physikalische Eigenschaft, die man als Richtungsquantelung parallel und antiparallel zu dem Feld bezeichnet und die man irgendwie nachzuweisen befähigt sein müsse. Im Gegenteil sagt die Wellenmechanik, daß ein *natürlicher* Materiestrahl auch nach Durchlaufung eines Magnetfeldes keinerlei Bevorzugung irgendeiner Transversalrichtung vor irgendeiner anderen besitzt, sondern vor wie nach dem Durchgang durch das Feld unpolarisiert ist. Läßt man in einem entsprechenden optischen Versuch einen natürlichen Lichtstrahl auf eine passend geschnittene Glimmerplatte fallen, so daß ordinärer und extraordinärer Strahl den gleichen Weg durchlaufen, so ist es zwar für manche Zwecke vorteilhaft, sich den Wellenverlauf im Krystall formal aus zwei zueinander senkrecht polarisierten Komponenten aufgebaut zu denken; der austretende, aus beiden Komponenten superponierte Strahl wird aber trotzdem genau so unpolarisiert sein wie der eintretende. Ebenso ist es zwar für gewisse Zwecke praktisch, im Magnetfeld selbst mit einer Zerlegung der Materiewellen in zwei antiparallele Komponenten zu rechnen und sie durch das Bild der Richtungsquantelung zu veranschaulichen; experimentell können aber im austretenden Strahl jene beiden Richtungen keineswegs vor anderen Transversalrichtungen bevorzugt sein. Ein gegenteiliger Schluß hat zum Teil die erwähnten negativ ausgefallenen Versuche veranlaßt. Und ebenso erfolglos wäre es, bei der *Zerstreuung* eines Atom- oder Elektronenstrahls in Materie nach einer Abhängigkeit der gestreuten Intensität vom Azimut eines vorgeschalteten transversalen Magnetfeldes zu suchen.

Polarisator und Analysator für Materiewellen. In der Optik gibt es einen Apparat, der wirklich aus natürlichem Licht linear polarisiertes Licht macht, das NICOLsche Prisma. Hier wird durch unsymmetrische Incidenz erreicht, daß die beiden Komponenten verschiedene Wege gehen, so daß man etwa die untere abblenden und nur die obere zur isolierten Untersuchung bringen kann. Ein Polarisator für Materiestrahlen ist ein STERN-GERLACHscher Apparat mit inhomogenem Magnetfeld NS, dessen eine Zerlegungskomponente man abblendet und dessen andere man für sich untersucht (Fig. 1). Der aus diesem Polarisator austretende Strahl hat nun, wie gleich zu sehen, eine nachweisbare Polarisation. In der Optik erkennt man die Polarisation mit Hilfe eines zweiten Nicols, des Analysators, der z. B. bei um 90° gekreuzter Stellung von dem Polarisatorstrahl keine Intensität durchläßt. Ebenso wird man zum Nachweis der Polarisation des Materiestrahls einen zweiten STERN-GERLACHschen Apparat als Analysator benutzen.

Fig. 1. Polarisator.

Wir stellen ihn zunächst parallel dem ersten (Fig. 2, das dort noch zwischengeschaltete Querfeld wolle man zunächst nicht beachten) und justieren ihn so, daß seine obere Strahlkomponente durch ein Loch auf den Schirm gelangen kann. Drehen wir jetzt den Analysator um 180° um seine Längsachse, oder was denselben Effekt hat, polen wir seinen Magneten um, so wird der in den Analysator eintretende Strahl den punktierten Weg einschlagen und nicht auf den Schirm gelangen; dort herrscht also Dunkelheit. Würde man eine kontinuierliche Drehung des Analysators inclusive der letzten Blende aus der Anfangs- in die um 180° gedrehte Stellung ausführen, so würde man eine kontinuierliche Abnahme der Strahlhelligkeit auf dem Schirm wahrnehmen[1].

In der Optik läßt sich für jeden Richtungsunterschied φ von Polarisator und Analysator die austretende Intensität nach der Formel $J_{\text{Anal}} = J_{\text{Pol}} \cdot \cos^2 \varphi$ berechnen. Bei den Elektronenwellen (und den Ag-Strahlen, etwas komplizierter ist es bei Atomen mit mehr als zwei Zeemankomponenten s. u.) hat man entsprechend der Verdoppelung der maßgebenden Winkel die Intensitätsformel $J_{\text{Anal}} = J_{\text{Pol}} \cdot \cos^2 \frac{\varphi}{2}$, so daß J_{Anal} bei $\varphi = 90°$ auf die Hälfte herabgegangen ist und bei $\varphi = 180°$ verschwindet.

Elliptisch polarisierte Materiewellen. Es seien jetzt Polarisator und Analysator parallel gestellt wie in Fig. 2, so daß auf dem Schirm Helligkeit besteht. Der Strahl laufe in der X-Richtung, die beiden inhomogenen Magnetfelder in der Z-Richtung. Es werde jetzt ein homogenes Feld H_y parallel y zwischen Polarisator und Analysator eingeschaltet (Fig. 2). Die Wellenmechanik erwartet nach C. G. DARWIN[2] bei kontinuierlicher

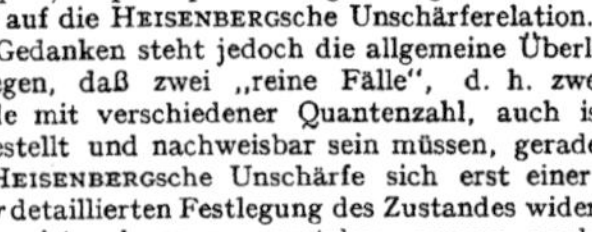

Fig. 2. Herstellung und Nachweis der Polarisation.

[1] Anm. b. d. Korrektur: Von maßgebender Seite wird, wie ich höre, für *Elektronen* die Isolierung und der Nachweis polarisierter Strahlen (Richtungsquantelung des Spins) als prinzipiell unmöglich angesehen mit Rücksicht auf die HEISENBERGsche Unschärferelation. Diesem Gedanken steht jedoch die allgemeine Überlegung entgegen, daß zwei „reine Fälle", d. h. zwei Zustände mit verschiedener Quantenzahl, auch isoliert dargestellt und nachweisbar sein müssen, gerade weil die HEISENBERGsche Unschärfe sich erst einer noch *weiter* detaillierten Festlegung des Zustandes widersetzt. Ferner ist schwer zu verstehen, warum nach dem „indirekten" Nachweis des Elektronenspins im Zeemaneffekt nicht auch ein direkter Nachweis prinzipiell möglich sein sollte.

[2] C. G. DARWIN, Proc. Roy. Soc. Lond. 117, 258 (1927).

Zunahme von H_y zunächst Abschwächung, dann Verschwinden des auf dem Schirm aufgefangenen Strahles, bei weiterer Verstärkung von H_y aber wieder ein Anwachsen bis zur ursprünglichen Helligkeit und periodisch so fort. Die Erwartung dieser typischen *Interferenzerscheinung* steht im strikten Gegensatz zur Theorie der Richtungsquantelung, die etwa folgendermaßen argumentieren würde. Der aus dem Polarisator austretende nach $+z$ richtungsgequantelte (polarisierte) Materiestrahl wird beim Eintritt in das Feld H_y zur Hälfte nach $+y$, zur Hälfte nach $-y$ polarisiert. Beim Eintritt in das H_z-Feld des Analysators wird dann eine gleichmäßige Aufteilung in nach $+z$ und $-z$ gerichtete Partikel entstehen, von denen nur die ersteren den Schirm erreichen. Das Verdächtige dieser falschen Überlegung liegt schon darin, daß bei Einschaltung des geringsten Zwischenfeldes H_y die Intensität auf den Schirm sofort auf die Hälfte zurückgehen soll.

Die richtige Überlegung, die zu einem periodischen Anwachsen und Abfallen der Intensität auf dem Schirm bei allmählicher Verstärkung des Zwischenfeldes führt, macht man sich am besten an dem optischen Analogon klar. In den Gang einer nach x fortschreitenden, nach z polarisierten Lichtwelle wird eine *Glimmerplatte* eingeschaltet, welche das Licht in zwei lineare Komponenten zerlegt, die in der zy-Ebene um 45° gegen z geneigt sind. Die Dicke der Platte gebe $k \cdot \lambda$ Gangunterschied zwischen den beiden Zerlegungskomponenten. Dann setzen sich letztere beim Austritt aus der Platte zu einer elliptisch polarisierten Welle zusammen, von der nur ein zwischen 0 und 1 liegender Intensitätsbruchteil durch den parallel z gestellten Analysator hindurchgeht. Ist z. B. der Gangunterschied $^1/_2 \lambda$, so ist die elliptische Schwingung zu einer linearen ausgeartet, die um 90° gegen z geneigt ist, und der Analysator läßt keine Helligkeit durch. Entsprechende Wirkung, nur mit doppelten Winkeln, hat das homogene um 90° gegen z geneigte H_y-Feld: Der nach $+z$ polarisierte Materiestrahl wird in H_y in zwei Komponenten zerlegt, die beiderseits um 90° von $+z$ abweichen. Die beiden Komponenten laufen aber mit verschiedener Phasengeschwindigkeit durch das Zwischenfeld, und zwar entspricht der Gangunterschied $1\,\lambda$ einer solchen „Dicke" x und einer solchen Stärke H_y des Feldes, daß ein Kreiselelektron bzw. ein Ag-Atom, während es durch das Feld läuft, gerade eine ganze Larmorpräzession um die y-Richtung ausführt. Das ist bei Teilchen der Geschwindigkeit v_x der Fall, wenn

$$\frac{v_x}{x} = \frac{1}{\tau} = o = g \cdot \frac{\varepsilon H_y}{4\pi\mu c}.$$

Hierin bedeutet τ die Dauer, o die Frequenz der Larmorpräzession, g den von Zeemaneffekt bekannten Aufspaltungsfaktor ($g = 2$ beim Elektron und beim Ag-Atom) und ε, μ, c die Elektronenladung, -masse und die Lichtgeschwindigkeit. Ein halb so starkes Feld gibt dann nur einen Gangunterschied von $\frac{1}{2}\lambda$. In letzterem Fall setzen sich die beiden um 90° gegen $+z$ geneigten Komponenten beim Austritt zu einer um 180° geneigten, d. h. nach $-z$ polarisierten Materiewelle zusammen, welche den Analysator nicht passieren kann. Allgemein wird beim Gangunterschied $k \cdot \lambda$, d. h. bei

$$\frac{v_x}{x} = \frac{1}{k} \cdot g \cdot \frac{\varepsilon H_y}{4\pi\mu c}$$

in den Analysator eine $+z$-Komponente der Stärke $\cos^2 k\pi$, eine $-z$-Komponente der Stärke $\sin^2 k\pi$ eintreten, von der nur die erstere den Analysator passiert.

Man kann in Analogie zur Optik die aus dem Zwischenfeld austretende Materiewelle allgemein als „elliptisch polarisiert" bezeichnen. Dieser Name soll aber keinen anderen Inhalt haben als den, daß ein weiteres Zwischenfeld der Stärke H'_y und der Dicke x' aus diesem elliptischen Strahl wieder einen in der ursprünglichen $+z$-Richtung linear polarisierten Strahl macht, wenn

$$xH_y + x'H'_y = \frac{4\pi\mu c}{\varepsilon g} \cdot n \quad (n = \text{ganze Zahl})$$

oder was dasselbe ist, wenn die Gangunterschiede $k \cdot \lambda$ und $k' \cdot \lambda$, der beiden Felder zusammen

$$k \cdot \lambda + k' \cdot \lambda = n \cdot \lambda$$

ergeben. Vom experimentellen Standpunkt aus ist ja auch die Bezeichnung elliptisches Licht nichts anderes als der Hinweis auf die Möglichkeit, durch eine weitere Glimmerplatte den Gangunterschied der ersten Glimmerplatte zu paralysieren. Daß dagegen der Schwingungsvektor wirklich eine Ellipse beschreibt, ist nur eine Veranschaulichung, die sofort hinfällig wird, wenn man etwa den Logarithmus des Schwingungsvektors betrachtet.

Zirkulare Polarisation. In diesem zunächst experimentell aufgefaßten Sinn erhält man aus dem linearen einen „zirkular polarisierten" Materiestrahl, wenn man dem Zwischenfeld eine Stärke gibt, die äquivalent $^1/_4\,\lambda$ Gangunterschied ist, so daß ein Materiepartikel nach punktmechanischer Auffassung Zeit zu $^1/_4$ Larmorpräzession haben würde. Der aus dem Zwischenfeld austretende Strahl hat dann keine Vorzugsrichtung, er wird bei jeder Stellung des Analysators mit halber Intensität auf dem Schirm ankommen $\left(\cos^2\frac{\pi}{4} = \sin^2\frac{\pi}{4}\right)$. Er ist aber trotz seiner zirkularen Symmetrie doch ohne weiteres von einem natürlichen unpolarisierten Strahl unterscheidbar; denn durch Einschaltung eines weiteren H_y-Feldes von $^1/_4\,\lambda$ Gangunterschied wird er zu einem linear nach $-z$ polarisierten Strahl; ein natürlicher Materiestrahl bleibt aber auch nach dem Durchgang durch ein homogenes Zwischenfeld beliebiger Stärke unpolarisiert.

Drehung der Polarisationsebene. Einen ganz anderen Effekt als das transversale H_y-Feld wird ein zwischengeschaltetes longitudinales H_x-Feld hervorbringen, nämlich einfach eine Drehung der Polarisationsebene des einfallenden nach $+z$ polarisierten Strahls um die x-Achse, deren Winkel direkt dem Drehwinkel der Larmorpräzession (unter Beachtung des g-Faktors) um die x-Achse entspricht. Man hat hier ein Gegenstück zu der Wirkung einer *Quarzplatte*, welche das eintretende lineare Licht in zwei zirkulare Komponenten mit verschiedener Phasengeschwindigkeit zerlegt, die sich beim Austritt zu linearem Licht mit gedrehter Polarisationsebene zusammensetzen. Durch Kombination von longitudinalen und transversalen Zwischenfeldern verschiedener Stärke und Dicke kann man die optischen Experimente nachzubilden versuchen, die sich durch Kombination von Glimmer- und Quarzplatten ergeben.

Die hier besprochenen typischen Interferenzeffekte würden einen besonders anschaulichen Beweis von der Polarisierbarkeit der Materiewellen geben; sie sind aber natürlich nicht leicht ausführbar, besonders wegen der schwachen Trennung der beiden Strahlen im STERN-GERLACHschen Apparat, selbst bei stark inhomogenen Feldern und selbst wenn es gelungen ist, Strahlen mit einigermaßen einheitlicher Geschwindigkeit (monochromatische Wellen) herzustellen.

Multiplizität der Polarisation. Es möge noch kurz auf die mannigfaltigen Erscheinungen eingegangen werden, welche Atome zeigen würden, die optisch mehrere Zeemanterm-Komponenten besitzen, also im STERN-GERLACH-Apparat in mehrere (etwa 6) getrennte Strahlen zerfallen (Fig. 3). Würde man sie alle zur Superposition

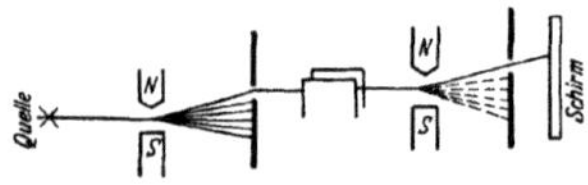

Fig. 3. Atomstrahl mit mehrfacher Zerlegung.

bringen, so würde keiner von ihnen mit einem anderen interferieren; anders ausgedrückt, ein einzelner unter ihnen hat keine „Komponente" in Richtung eines der anderen. Läßt etwa der Polarisator nur den ersten obersten Strahl durch, so wird auch in einem ihm gleich gebauten und gleich gestellten Analysator nur der oberste Strahl auftreten. Die Frage, mit welcher Intensität eine aus dem Polarisator kommende Strahlkomponente vom Analysator durchgelassen wird, wenn letzterer um φ gedreht ist, läßt sich zurückführen auf die Entwicklung von Kugelfunktionen nach Kugelfunktionen mit um φ gedrehtem Pol. Denselben Einfluß wie eine Drehung des Analysators hat ein zwischengeschaltetes Longitudinalfeld von entsprechender Stärke. Etwas anders ist der Einfluß eines transversalen Zwischenfeldes auf einen polarisierten Materiestrahl.

Doppelbrechung. Oberhalb der xy-Ebene herrsche kein Feld, unterhalb ein homogenes Magnetfeld H_z. (Eine solche Unstetigkeit ist natürlich nur angenähert realisierbar.) Von oben falle in der xz-Ebene unter dem Einfallswinkel φ_0 ein Elektronenstrahl auf die xy-Ebene. Es findet dann eine Doppelbrechung statt, die wir erst nach der Theorie der Richtungsquantelung berechnen wollen. Und zwar sei ein *Vorfeld* H' eingeschaltet, welches eine parallel $\pm H'$ gerichtete Einstellung der Partikelmomente erzeugt. Hat H' eine z-Komponente, so wird die Hälfte der Partikel zuerst mit ihrem Nordpol, danach mit ihrem Südpol die xy-Ebene überschreiten; die übrigen Partikel tauchen dagegen erst mit ihrem Südpol, dann mit dem Nordpol in das Feld H_z ein. Solange aber nur *ein* Pol in dem homogenen H_z-Feld liegt, erfährt das Partikel eine Kraft in der $+H_z$-Richtung bzw. in der $-H_z$-Richtung; es wird also, bis auch der andere Pol die xy-Ebene erreicht, abgelenkt, und man erwartet eine *Doppelbrechung*. In einem Vorfeld H', welches in Richtung der xy-Ebene liegt, werden die Partikel dagegen eine solche Richtungsquantelung erhalten, daß sie mit beiden Polen gleichzeitig die xy-Ebene überschreiten und daher keine Brechung erfahren.

In Wirklichkeit darf aber die Richtung und überhaupt die Anwesenheit eines Vorfeldes keinen Einfluß auf die Stärke der Doppelbrechung ausüben, (ebensowenig wie die Einschiebung eines Glimmerplättchens in den Gang des natürlichen Lichtstrahles, welcher auf einen doppelbrechenden Krystall auffällt). In der Tat gibt die Wellenmechanik, unabhängig von der Anwesenheit und Richtung eines Vorfeldes, das Doppelbrechungsgesetz

$$\frac{\sin\varphi}{\sin\varphi_0} = 1 \pm \frac{H_z M}{\mu v^2}$$

und zwar sowohl für den Vektor der Phasengeschwindigkeit wie für den der Gruppengeschwindigkeit (bei kleinem H_z). Die Doppelbrechung an der Grenzfläche eines homogenen Feldes könnte als Ersatz für die übliche Aufspaltung durch ein inhomogenes Feld dienen, und ihre Unabhängigkeit von einem Vorfelde würde eine besonders anschauliche Widerlegung der Richtungsquantelung zugunsten der Wellenmechanik geben[1].

[1] Anm. b. d. Korrektur: Inzwischen hat J. J. RABI (Z. Physik 54, 190 [1929]) im STERNschen Institut die Doppelbrechung von Kaliumatomstrahlen wirklich durchgeführt und das wellenmechanische Gesetz bestätigt.

Zur Quantenmechanik der Gasentartung.

Von **A. Landé** in Columbus, Ohio.

(Eingegangen am 19. Dezember 1931.)

Nach Jordan besteht eine Äquivalenz der Wellen im Raume der Besetzungszahlen und im Raume der individuellen Partikel. Es wird gezeigt, daß dies einem zufälligen formalen Umstand im Falle der Fermistatistik zu verdanken ist; in allgemeineren Fällen hängt das Ergebnis dagegen von der speziellen klassischen Ausgangsform der Energiegleichung ab.

§ 1. Ein System von vielen gleichen Materiepartikeln mit verschwindend kleiner gegenseitiger Störung läßt sich auf zwei Weisen quantentheoretisch behandeln: a) durch Wellen $\psi(N_1 N_2 \ldots)$ im Raume der Besetzungszahlen N_k, wobei die N_k von vornherein der Bedingung unterworfen werden, daß sich in einem Zustand k nicht mehr als *eine* Partikel aufhalten darf ($N_k < 2$); oder b) durch Wellen $\psi(k_1 k_2 \ldots)$ im Zustandsraum der individuellen Partikel (n-te Partikel im Zustand k_n), wobei nachträglich nur die antisymmetrische lineare Kombination der Grundlösungen zugelassen wird.

Die Äquivalenz beider Methoden ist von Jordan[1]) gezeigt worden, bzw. von Dirac[2]) im Falle der Bosestatistik. Es fragt sich nun, ob eine solche Äquivalenz allgemein besteht z. B. in dem Falle, daß man eine *endliche Partikelanzahl größer als 1 in einem Quantenzustand zuläßt.* Neben der Untersuchung einer Vorzugsstellung des Pauliprinzips dürfte diese Frage auch im Hinblick auf die noch unbekannte Statistik im Innern der Atomkerne vielleicht von Interesse sein. Die folgende Rechnung zeigt nun, daß eine Äquivalenz der Wellengleichungen für $\psi(N)$ und für $\psi(k)$ im allgemeinen nicht besteht. Vom formalen Standpunkt aus ist es vielmehr einem Zufall zu verdanken, daß im Falle der Fermistatistik (und Bosestatistik) die beiden äquivalenten Formen der klassischen Energiegleichung auch noch bei der Übersetzung in die Quantentheorie zu gleichen Resultaten führen. Für jede andere Statistik („N_k darf gleich $0, 1, \ldots, Z-1$ sein") hängt das Ergebnis von der speziellen klassischen Ausgangsform der Energiegleichung ab.

§ 2. Wellengleichung für $\psi(N_1 N_2 \ldots)$. Im Anschluß an Jordans „Neubegründung der Quantenmechanik"[3]) suchen wir die Matrizen-

---

[1]) P. Jordan, ZS. f. Phys. **44**, 473, 1927.
[2]) P. A. M. Dirac, Proc. Roy. Soc. London (A) **114**, 243, 1927.
[3]) P. Jordan, ZS. f. Phys. **44**, 1, 1927.

Reprinted from *Z. Phys.* **74**, 780–784 (1932).

darstellung kanonischer Größen N_r und Θ_r, wobei die N_r nur die ganzzahligen Werte 0, 1, 2, ..., $Z-1$ kleiner als Z annehmen sollen. Die Matrix $\{N\}^{N'N''}$ bezüglich der Übergänge N' nach N'' ist dann einfach eine Z-reihige Diagonalmatrix mit den Diagonalelementen

$$N' = r \quad \text{mit } r = 0, 1, 2, \ldots, Z-1. \tag{1}$$

Eine beliebige Funktion $S(N_1' N_2' \ldots)$ im Raume der ganzen Zahlen N_r' läßt sich dann entwickeln in der Form

$$S(N_1' N_2' \cdots) = \sum_{\Theta'} T(\Theta_1' \Theta_2' \cdots) \cdot \frac{1}{\sqrt{Z}} \cdot e^{-\frac{2 i \pi}{h}(\Theta_1' N_1' + \Theta_2' N_2' + \cdots)} \tag{2}$$

mit den Fourierkoeffizienten $T(\Theta')$ und den „Wellenlängen" h/Θ_r'. Nun gelten aber die Identitäten (Orthogonalitätsrelationen):

$$\sum_{r=0}^{Z-1} \frac{1}{Z} e^{2 i \pi r (s' - s'')/Z} = \delta^{s's''},$$

$$\sum_{s=0}^{Z-1} \frac{1}{Z} e^{2 i \pi (r' - r'')(s - \text{const})/Z} = \delta^{r'r''}.$$

Wenn man also den N' die Eigenwerte $N' = r = 0, 1, \ldots, Z-1$ zuschreibt, müssen die Θ' die Eigenwerte $h\ (s - \text{const})/Z$ mit $s = 0, 1, \ldots, Z-1$ durchlaufen. Dabei kann man noch const so wählen, daß die Θ' symmetrisch um Null liegen, nämlich

$$\Theta' = \frac{h}{Z}\left(s - \frac{Z-1}{2}\right) \quad \text{mit } s = 0, 1, \cdots, Z-1. \tag{1'}$$

In der Tat werden dann mit Hilfe der Orthogonalitätsrelationen die Fourierkoeffizienten

$$T(\Theta_1' \Theta_2' \cdots) = \sum_{N'=0}^{Z-1} S(N_1' N_2' \cdots) \cdot \frac{1}{\sqrt{Z}} e^{+\frac{2 i \pi}{h}(\Theta_1' N_1' + \Theta_2' N_2' + \cdots)} \tag{2'}$$

als Umkehrung von (2).

Aus den Eigenwerten Θ_s' von (1') erhält man die Matrixelemente $\{\Theta_s\}^{N'N''}$ durch die Transformation:

$$\{\Theta_s\}^{N'N''} = \sum_{\Theta'} \Phi^*(\Theta' N') \cdot \Theta_s' \cdot \Phi(\Theta' N'')$$

mit der Transformierenden

$$\Phi(\Theta' N') = \frac{1}{\sqrt{Z}} e^{-\frac{2 i \pi}{h}(\Theta_1' N_1' + \Theta_2' N_2' + \cdots)}.$$

Es wird also

$$\{\Theta_s\}^{N'N''} = \sum_{\Theta'} \frac{1}{Z} e^{\frac{2 i \pi}{h}[\Theta_1'(N_1' - N_1'') + \cdots]} \cdot \Theta_s'.$$

Wegen der obigen Orthogonalitäten verschwindet dies, wenn $N'_r \neq N''_r$ für $r \neq s$. Beim Übergang N'_s nach N''_s wird dann

$$\{\Theta_s\}^{N'N''} = \sum_{\Theta'_s} \frac{1}{Z} \cdot e^{\frac{2i\pi}{h}\Theta'_s (N'_s - N''_s)} \cdot \Theta'_s.$$

Mit Einsetzung von Θ'_s aus (1') ergibt die Summe nach elementarer Rechnung

$$\left.\begin{aligned} \{\Theta_s\}^{N'N''} &= 0 \quad \text{für} \quad N'_s = N''_s \\ &= \frac{h}{2Zi} \frac{(-1)^{N'_s - N''_s}}{\sin\left[\frac{\pi}{Z}(N'_s - N''_s)\right]} \quad \text{für} \quad N'_s \neq N''_s \end{aligned}\right\} \tag{3}$$

als Z-reihige Hermitesche Matrix.

Der Fall $Z = 2$ (Fermistatistik) ist von Jordan behandelt und ergibt

$$\{N_r\}^{N'N''} = \begin{Bmatrix} 0 & 0 \\ 0 & 1 \end{Bmatrix}, \quad \{\Theta_r\}^{N'N''} = \frac{h}{4i} \begin{Bmatrix} 0 & 1 \\ -1 & 0 \end{Bmatrix}. \tag{3'}$$

Für $Z = 3$ erhält man wegen $\sin \pi/3 = \sin 2\pi/3 = \frac{1}{2}\sqrt{3}$

$$\{N_r\}^{N'N''} = \begin{Bmatrix} 0 & 0 & 0 \\ 0 & 1 & 0 \\ 0 & 0 & 2 \end{Bmatrix}, \quad \{\Theta'_r\}^{N'N''} = \frac{h}{6i} \begin{Bmatrix} 0 & -2/\sqrt{3} & -2/\sqrt{3} \\ 2/\sqrt{3} & 0 & -2/\sqrt{3} \\ 2/\sqrt{3} & 2/\sqrt{3} & 0 \end{Bmatrix}. \tag{3''}$$

Bei größerem Z sind die Matrixelemente von Θ wegen des Faktors $1/\sin$ im allgemeinen nicht durch rationale Zahlen oder Quadratwurzeln ausdrückbar, sondern *irrationale Zahlen*, wie von der Kreisteilung her bekannt.

Wir gehen nun über zu den Größen

$$b_s = e^{-\frac{2i\pi}{h}\Theta_s} \cdot N_s^{1/2} \quad \text{und} \quad b_s = N_s^{1/2} e^{+\frac{2i\pi}{h}\Theta_s} \tag{4}$$

und benutzen sie für die Schrödingergleichung[1])

$$\left[H + \frac{h}{2i\pi}\frac{\partial}{\partial t}\right]\psi = \left[\sum_{r,s} b_r^* H_{rs} b_s + \frac{h}{2i\pi}\frac{\partial}{\partial t}\right]\psi = 0,$$

die dadurch die Form erhält:

$$\left[\sum_{r,s} H_{rs} \{N_r^{1/2}\}\{e^{-\frac{2i\pi}{h}\Theta_r}\}\{e^{+\frac{2i\pi}{h}\Theta_s}\}\{N_s^{1/2}\} + \frac{h}{2i\pi}\frac{\partial}{\partial t}\right]\psi(N'_1 N'_2 \cdots) = 0. \tag{5}$$

Die Matrixoperationen sind darin wie gewöhnlich definiert durch

$$\{M\} f(N') = \sum_{N''} M^{N'N''} f(N'').$$

[1]) P. Dirac, l. c.

Im Fall $Z = 2$ (Fermistatistik) reduziert sich wegen $\sqrt{0} = 0$ und $\sqrt{1} = 1$ die Matrix $\{N_s^{1/2}\}$ auf $\{N_s\}$. Und die unendliche Reihe $\left\{e^{\pm\frac{2i\pi}{h}\Theta_s}\right\}$ reduziert sich, da nach (3′)

$$\left\{\frac{4\Theta}{h}\right\}^2 = \{1\}$$

gilt, auf den *einen* Term

$$\left\{e^{\pm\frac{2i\pi}{h}\Theta}\right\} = \left\{\begin{matrix} 0 & \pm i \\ \pm i & 0 \end{matrix}\right\}, \tag{5'}$$

so daß (5) in Übereinstimmung mit Jordan für $Z = 2$ lautet:

$$\left[\sum_{r,s} H_{rs} \left\{\begin{matrix} 0 & 0 \\ 0 & 1 \end{matrix}\right\}_r \left\{\begin{matrix} 0 & -i \\ -i & 0 \end{matrix}\right\}_r \left\{\begin{matrix} 0 & +i \\ +i & 0 \end{matrix}\right\}_s \left\{\begin{matrix} 0 & 0 \\ 0 & 1 \end{matrix}\right\}_s + \frac{h}{2i\pi}\frac{\partial}{\partial t}\right]\psi = 0. \tag{5''}$$

Auch im Fall $Z = 3$ gelingt noch eine Reduktion der unendlichen Reihe für die Exponentialfunktion; nach (3″) ist nämlich hier

$$\left\{\frac{3\Theta}{h}\right\}^3 = \left\{\frac{3\Theta}{h}\right\},$$

so daß man erhält:

$$\left\{e^{\pm\frac{2i\pi}{h}\Theta}\right\} = \{1\} + \left(\mathfrak{Cof}\,\frac{2\pi}{3} - 1\right)\cdot\left\{\frac{3\Theta}{h}\right\}^2 \pm \mathfrak{Sin}\,\frac{2\pi}{3}\cdot\left\{\frac{3\Theta}{h}\right\}. \tag{5'''}$$

Aber dieser Ausdruck enthält die irrationalen Zahlen $\mathfrak{Cof}\,\frac{2\pi}{3}$ und $\mathfrak{Sin}\,\frac{2\pi}{3}$. Wir finden also das Resultat: *Im allgemeinen enthält die Energiematrix* (5) *für* $Z > 2$ *irrationale Zahlen.* Auch ist ihr Bau für größere Z unübersichtlich, da eine Reduktion der unendlichen Reihe für die Exponentialfunktion, wenn überhaupt, jedenfalls nicht durch wenige Glieder möglich ist, wie die Nachrechnung des Falles $Z = 4$ und $Z = 5$ zeigt.

§ 3. Wellengleichung für $\psi\,(r_1\, r_2 \ldots)$. Wir suchen jetzt die Schrödingergleichung im Zustandsraum der individuellen Partikel und können hier fast wörtlich der Untersuchung des Falles $Z = 2$ von Jordan[1]) folgen. Zunächst haben wir

$$\sum_s H\,(r_1 r_2 \cdots s_1 s_2 \cdots)\,\varphi\,(s_1 s_2 \cdots) + \frac{h}{2i\pi}\frac{\partial}{\partial t}\,\varphi\,(r_1 r_2 \cdots) = 0.$$

Hierin bedeutet $H\,(r, s)\,\varphi\,(s) = \sum_s H_{rs}\,\varphi\,(r)$. Also wird ausführlich

$$\sum_m \sum_{s_m \neq r_m} H_{r_m s_m} \cdot \varphi\,(r_1 \cdots r_{m-1}\, s_m\, r_{m+1} \cdots)$$
$$+ \sum_n H_{r_n r_n} \cdot \varphi\,(r_1 \cdots) + \frac{h}{2i\pi}\frac{\partial}{\partial t}\,\varphi\,(r_1 \cdots) = 0. \tag{6}$$

[1]) P. Jordan, ZS. f. Phys. **44**, 473, 1927.

Die Grundlösung $\varphi(r_1 r_2 \ldots)$ ist die Wahrscheinlichkeitsamplitude, die erste Partikel im Zustand r_1, die zweite Partikel im Zustand r_2 usw. anzutreffen. Man kann nun durch lineare Kombination der Grundlösungen leicht Lösungen hinschreiben, welche identisch verschwinden, falls Z und mehr als Z Partikel den gleichen Zustand besetzen. (Für $Z = 2$ ist es die antisymmetrische Kombination.) Bedeuten nun $N_1, N_2, \ldots$ die *Anzahlen* der Partikel im Zustand $1, 2, \ldots$ und ist $\varphi(N_1' N_2' \ldots)$ die zugehörige Wahrscheinlichkeitsamplitude, so wird ein Zusammenhang zwischen $\psi(r_1 r_2 \ldots)$ und $\varphi(N_1 N_2 \ldots)$ bestehen, nämlich

$$|\varphi(r_1 r_2 \ldots)|^2 = |\varphi(N_1 N_2 \ldots)|^2 : R(N_1 N_2 \ldots), \tag{7}$$

wobei der Faktor R im Falle der Bosestatistik $(Z = \infty)$ den Wert $(N_1 + N_2 + \cdots)!/N_1!\,N_2!\ldots$, im Falle der Fermistatistik $(Z = 2)$ den Wert 1 hat. Auch für $Z > 2$ wird R stets eine *rationale* Zahl, nämlich eine *Anzahl der Kombinationen* sein. Setzt man (7) in (6) ein, so erhält man eine Gleichung für $\varphi(N_1 N_2 \ldots)$. In fast wörtlicher Übereinstimmung mit Jordan, l. c., kann diese aber geschrieben werden mit Hilfe Z-reihiger Matrizen in der Form

$$\sum_{r,s} H_{rs} \cdot \left\{\begin{matrix} 0000\cdot\cdot \\ 1000\cdot\cdot \\ 0100\cdot\cdot \\ 0010\cdot\cdot \\ \cdots\cdots \end{matrix}\right\}_r \left\{\begin{matrix} 0100\cdot\cdot \\ 0010\cdot\cdot \\ 0001\cdot\cdot \\ 0000\cdot\cdot \\ \cdots\cdots \end{matrix}\right\}_s \cdot \varphi(N_1 N_2 \cdots) + \frac{h}{2 i \pi} \frac{\partial}{\partial t} \varphi = 0. \tag{8}$$

Speziell für $Z = 2$ mit zweireihigen Matrizen, beginnend in der oberen linken Ecke, erhält man den von Jordan behandelten Fall der Fermistatistik in Übereinstimmung mit dem Ergebnis (5″) des § 2, so daß hier die Äquivalenz beider Methoden bewiesen ist. Aber schon für $Z = 3$ enthält (8) nur *ganze Zahlen*, dagegen enthielt (5‴) in § 2 *irrationale Zahlen*, und die Ergebnisse der beiden Methoden weichen überhaupt in ihrem ganzen Bau völlig voneinander ab.

Für $Z > 2$ besteht also im allgemeinen keine Äquivalenz der Wellen im Raume der Besetzungszahlen und im Zustandsraum der individuellen Partikel. Die Äquivalenz im Falle der Fermistatistik ist eine Ausnahme, und man sah in § 2, welchem zufälligen formalen Umstand sie zu verdanken ist, nämlich der Reduzierbarkeit der Exponentialmatrix auf *ein* Glied der unendlichen Reihe.

Reprinted from THE PHYSICAL REVIEW, Vol. 44, No. 12, 1028–1029, December 15, 1933

The Magnetic Moment of the Proton

O. Stern[1] by his method of molecular rays obtained the surprising result that a proton has a magnetic moment of about $2\frac{1}{2}$ nuclear magnetons with a possible error of 10 percent. It seems now that the same result of an extraordinarily large magnetic moment of the proton can be derived from the magnetic properties of higher nuclei, although instead of Stern's value $2\frac{1}{2}$, the value 2 seems to account best for the observations.

There are four types of nuclei belonging to even and odd charge-number Z and mass number M, namely: (1) Z even, M even; (2) Z even, M odd; (3) Z odd, M even; (4) Z odd, M odd. In type 1 the nucleus consists of α-particles and an even number of neutrons. It is known from experiments that nuclei of this type have no mechanical moment j and no magnetic moment $g\cdot j$. The even arrangements of neutrons and the α-particles seem to form closed shells. They give us no information about the magnetic properties of their elements. Type 4 differs from type 1 only by one additional proton. Hence we suppose that, as a rule, the mechanical and magnetic moment of such a nucleus is due only to the orbit and spin of this one additional proton. Nuclei belonging to type 2 (α-particles and an odd number of neutrons) give us no information about the proton. Type 3 (one additional proton besides α-particles and an odd number of neutrons) does not exist, as a rule, due to an instability that was explained, together with some exceptions of this rule, in a previous paper.[2] So we are left only with type 4 (Z odd and M odd) where the quantum number j (total angular moment) and the magnetic moment $g\cdot j$ is due to the orbit and the spin of one proton only. Since the mechanical spin of the proton is $s=\frac{1}{2}$, its orbital quantum number l is combined with the spin to give one of the two values $j=l\pm\frac{1}{2}$ forming doublet-terms. Their g-values can be calculated according to the general formula of Goudsmit:

$$g=g_l\frac{l(l+1)+j(j+1)-s(s+1)}{2j(j+1)}+g_s\frac{s(s+1)+j(j+1)-l(l+1)}{2j(j+1)},$$

where $s=\frac{1}{2}$, $g_l=1$ and where g_s is the magnetic factor of the proton. According to Stern we should take $g_s\sim 5$. It turns out however that $g_s=4$ agrees better with the observed nuclear data of j and g than any other choice. Table I gives the g-values for various j and l, putting $g_s=4$ according to the above formula. Next we reproduce a table of Goudsmit[3] (Table II) containing the observed values of j and g for various nuclei of type 4. Although the values of j can be said to be observed, the values of g are obtained by rather indirect conclusions and extrapolations. Goudsmit himself classified his results under grades A, B, and C of reliability. Even the accuracy of the g-values graded B may not be considered more than qualitative. The last column gives the theoretical values of g taken from our Table I and selected as close as possible to the observed g. This choice is made in every case between two possibilities only, since j is observed and only l may be either $j+1$ or $j-1$. Thus there is almost no arbitrariness. The case of Ga is omitted from the comparison; apparently it cannot be subordinated to our simple model, since the two isotopes $M=69$ and 71 of Ga with equal j differ only by 2 neutrons. Thus they should not, but do, differ in their values of g. Of course we do not pretend to give here an exact theory of the magnetic properties of nuclei. But we think that at least in first approximation the one proton is responsible for the mechanical and magnetic moment of the whole nucleus of type 4. From this simplified model we infer that *the magnetic moment of a proton is about 2 magnetons* differing from Stern's value by 20 percent. It is quite interesting that the values of the orbital quantum number l assigned to the proton in Table II indicate: *The proton circles around inside or on the surface of the neutron shells only*, and never far outside them. Indeed $l=2$ appears in Table II first with $Z=33$, $l=3$ first with $Z=37$, $l=4$ with $Z=49$, and $l=5$ with $Z=83$, in accordance with a scheme of neutron shells suggested in a previous paper.[2]

TABLE I. $s=\frac{1}{2}$, $g_s=4$.

l	$j=\frac{1}{2}$	$1\frac{1}{2}$	$2\frac{1}{2}$	$3\frac{1}{2}$	$4\frac{1}{2}$
0	4				
1	0	2			
2		2/5	8/5		
3			4/7	10/7	
4				2/3	4/3
5					8/11

TABLE II.

Nuclei	j (obs.)	g (obs.)	g (theor.)
Li^{7} (3)	$1\frac{1}{2}$	2.19 (A)	2 ($l=1$)
Al^{27} (13)	$\frac{1}{2}$	4.2 (B)	4 ($l=0$)
$Cu^{63,\,65}$ (29)	$1\frac{1}{2}$	1.7 (B)	2 ($l=1$)
$Ga^{69,\,71}$ (31)	$1\frac{1}{2}$	1.34 (A)	?
		1.70 (A)	
As^{75} (33)	$1\frac{1}{2}$	0.6 (C)	0.4 ($l=2$)
$Rb^{85,\,87}$ (37)	$2\frac{1}{2}$	0.5 (C)	0.57 ($l=3$)
	$1\frac{1}{2}$	1.8 (C)	2.0 ($l=1$)
In^{115} (49)	$4\frac{1}{2}$	1.2 (B)	1.33 ($l=4$)
$Sb^{121,\,123}$ (51)	$2\frac{1}{2}$	1.1 (B)	1.6 ($l=2$)
	$3\frac{1}{2}$	0.6 (B)	0.57 ($l=3$)
$Tl^{203,\,205}$ (81)	$\frac{1}{2}$	3.6 (A)	4 ($l=0$)
Bi^{209} (83)	$4\frac{1}{2}$	0.89 (A)	0.73 ($l=5$)

ALFRED LANDÉ

Ohio State University,
November 9, 1933 at Zurich.

[1] O. Stern, Helv. Phys. Acta 6, 426 (1933).
[2] A. Landé, Phys. Rev. 43, 620 (1933).
[3] S. Goudsmit, Phys. Rev. 43, 636 (1933).

Reprinted from *Phys. Rev.* **44**, 1028–1029 (1933).

Neutrons in the Nucleus. I

ALFRED LANDÉ, *Ohio State University, Mendenhall Laboratory of Physics*

(Received January 21, 1933)

It is supposed that the nucleus consists of α-particles, neutrons and zero or one proton, instead of the former structure scheme, α-particles, electrons and 0, 1, 2, 3 protons. The calculated mass defects Δm of the isotopes of a single element show an exact linear increase of Δm with the mass number (instead of the fluctuating function in the former structure scheme). The Δm-difference of the isotopes of each element is rather constant throughout the periodic system for even elements. The absolute values of the mass defects give a potential energy curve decreasing uniformly with increasing atomic number (instead of showing a minimum at the element No. 50 in the former structure scheme). In the region of the radioactive substances the energy curve seems to turn up again. All of this helps the model that the isotopes of an element differ only by the number of neutrons incorporated by them, the binding energy per neutron being rather constant throughout the periodic system and about 0.009 in mass units for even elements. In several cases the isotopes give a picture of the construction of a complete outer shell of 8 or 12 neutrons and indications that also in other cases there is a shell structure of the neutron arrangement, but none of the α particles. The empirical rule that odd elements have no isotopes with even mass numbers can be explained, together with its exceptions, by help of the neutron structure scheme.

FOLLOWING Heisenberg,[1] who has explained several facts about the existence and stability of isotopes by help of neutrons and protons, we assume that the building stones of the nucleus consist of α-particles, zero or one loose proton, and neutrons. It may be of interest to support this model from some other points of view throughout the periodical table, stressing more than does Heisenberg the rôle of the α-particles in the whole nuclear structure.

I. ISOTOPES OF A SINGLE ELEMENT

There are only a few elements with several isotopes whose atomic weights have been measured to three decimals, so that one can calculate their mass defects with sufficient accuracy. These are Kr 36 (6 isotopes), Sn 50 (11 isotopes), Xe 54 (9 isotopes), Hg 80 (9 isotopes). Now the former theory interprets the structure of the Xe-isotopes $Z=54$ in the following way:

$$\mathrm{Xe}^{124}=31\alpha+8\ \mathrm{el},$$

Xe^{125}, missing,

$$\mathrm{Xe}^{126}=31\alpha+10\ \mathrm{el}+2\ \mathrm{pr},$$

Xe^{127}, missing,

$$\mathrm{Xe}^{128}=32\alpha+10\ \mathrm{el},$$

$$\mathrm{Xe}^{129}=32\alpha+11\ \mathrm{el}+1\ \mathrm{pr},$$

etc.

assuming four different numbers of α-particles from 31 to 34. This scheme gives the following values for the mass defects of the nine isotopes (compare the mass-spectrum of Xe in Table II): 0.133, —, 0.150, —, 0.137, ?, 0.154, 0.162, 0.141, —, 0.158, —, 0.154, which are seen to fluctuate with increasing mass of the isotope (compare Gamow's Table II of reduced weights with He = 4.000).

Now since Aston's weights[2] of the Xe-isotopes increase from 123.867 to 135.855 in almost exactly equal steps (passing over the missing isotopes) it is rather unsatisfactory to account for this linear rise by a fluctuating function. One has rather to explain it by a linear sequence of equal binding processes. In the scheme of neutrons (ν) the Xe-isotopes are to be described by

$$\mathrm{Xe}^{124}=27\alpha+16\nu \quad \text{to} \quad \mathrm{Xe}^{136}=27\alpha+28\nu.$$

Here the mass defect of Xe^{124} becomes $27\times 4.000+16\times 1.0075+16\times 0.0005-m_{\mathrm{observed}}=0.261$, representing the energy required to split up the nucleus into 27 α-particles and 16

[1] W. Heisenberg, Zeits. f. Physik **78**, 150 (1932).

[2] G. Gamow, *Atomic Nuclei and Radioactivity*, Oxford, 1931.

Reprinted from *Phys. Rev.* **43**, 620–623 (1933).

neutrons and break up each neutron into its components. The last part could be separated if we knew the exact atomic weight of the neutron. If one calculates in the same way the mass defects of all Xe-isotopes, one gets the results: 0.261, —, 0.279, —, 0.297, ?, 0.315, 0.324, 0.333, —, 0.351, —, 0.369, indicating a *linear increase* of the defect by equal steps of 0.009 each, parallel to the observed linear steps of the atomic weights. This result is based on the assumption that all of the Xe-isotopes consist of 27 α-particles and 16 to 28 neutrons, the energy required to split off each neutron from the nucleus of Xe and to break it up into a proton and an electron being exactly constant, equal to 0.009 in mass units.

II. Isotopes of Various Elements

If one carries out the same calculations for the isotopes of other elements insofar as their atomic weights are sufficiently determined, one obtains in all cases the same exact linearity of the mass defects, parallel to the fact that the observed atomic weights of the isotopes form a linear set. We have then merely to report the constant intervals between subsequent mass defects for various elements, among them 0.009 for Xe. These are given in Table I for those

Table I. *Mass defect differences.*

6 C	0.008	54 Xe	0.009
10 Ne	0.006	80 Hg	0.008
18 Ar	0.009	3 Li	0.009
36 Kr	0.008	5 B	0.013
42 Mo	0.008	17 Cl	0.011
50 Sn	0.009	35 Br	0.010

elements with more than one isotope, whose atomic weights are known up to 3 decimals.

We interpret then the values of Table I as the energy in mass units to split off one neutron and to break it up. The atoms of even charge number display in general many more isotopes than the odd elements. For even elements the binding energy per neutron seems rather constant throughout the periodic system except for Ne. The binding energy per neutron for odd elements is more variable and on the average a little larger than for even elements. This may be due to the one extra proton which increases the attraction of the neutrons and disturbs the symmetry of the neutron arrangement.

III. Nuclear Stability Throughout the Periodic Table

If one plots the mass defects according to the old theory (α-particles, loose electrons and 0, 1, 2, 3 loose protons) one obtains for the potential energy of the nuclei a distribution having a minimum in the range of element number 50 (compare Gamow's Fig. 16). This minimum is a serious difficulty, because it means that the elements above 50 should be unstable, while in fact they are unstable above 80. If however we plot the mass defects according to the new scheme (α-particles, neutrons and 0 or 1 proton), then we obtain the mass defects given in Fig. 1. Each mass defect dot is marked with the number of neutrons contained in the isotope. The figure shows a *general decrease of the potential energy* with increasing atomic number. Among the radioactive substances the weights of Ra, Th and U are determined to only 2 decimals, in which the last one is not certain. So we have drawn dashes instead of dots in the region of their probable mass defects. Among the lighter elements the measured weights are rather incomplete, and sometimes only one of several isotopes could be used in our figure for that reason. The potential energy seems to have a minimum just in the region of the radioactive substances, where stable elements cease to exist. That our Δm increases uniformly while the curve of Gamow's book bends up after 50 is due to the fact that in the old scheme the number of α-particles is larger than in the neutron theory. For instance Hg 80 with $m=196$ to 204 has in the old scheme 49 to 51 α-particles, in the neutron scheme only 40.

IV. Existence of Odd Charged Nuclei

The rules of Harkins concerning the relative abundance of the elements and their isotopes throughout the periodic table read in our scheme: Elements with a loose proton (odd charge number) are much rarer than elements without a loose proton (even charge number). Furthermore if we consider first only even elements we find that isotopes with an even number of neutrons are more frequent than those with an odd number of neutrons. Missing isotopes in most cases belong to odd neutron arrangements. *This fact cannot be*

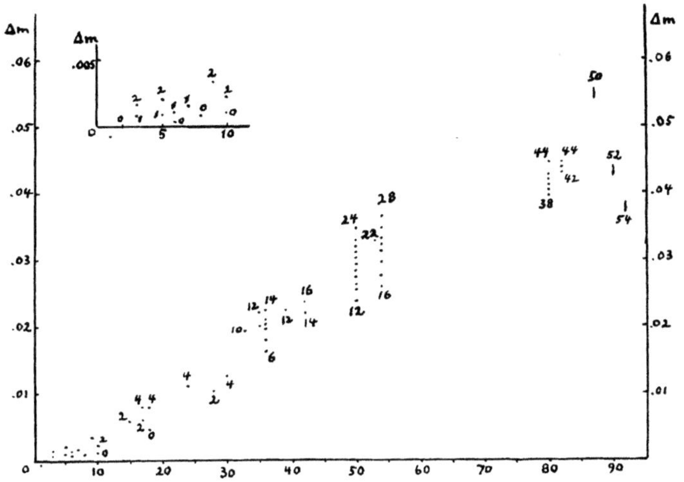

FIG. 1.

explained by energy balances, since we learned in Part I that the successive incorporation of one neutron after the other produces a linear increase of the mass defect without any break, at least for the neutrons added last. We have then to take for granted the preference of even arrangements of neutrons without an explanation by energy balances.

As to the elements of odd charge number one may wonder why they exist at all, both with even and odd numbers of neutrons. For if processes of *β-emission* connected with a transformation of one of the neutrons into a proton are taken into account, then the original loose proton and the new proton should associate with two neutrons to form an α-particle, and the odd element should pass over into an even one. However, though the final product has one α-particle more, it has three neutrons less. Now we learn from Table I that the energy gain 0.032 of building up an α-particle is about the energy loss of separating three neutrons and one β-particle from the nucleus; so these two effects may approximately balance each other, and we expect that minor secondary causes shall give the *decision* whether an element of odd charge number is or is not stable.

Now experience shows as a rule that odd elements have isotopes with odd mass numbers only, or expressed in our scheme: *Odd elements have no isotopes with an odd number of neutrons.*

We can explain this rule in the following way. The above-mentioned β-emission transforms an odd arrangement of neutrons into an even one. If there is only a small preference of even neutron arrangements before odd ones, this may give the decision mentioned above that the β-emission in this case always will happen, hence odd arrangements of neutrons in odd elements will be unstable. In the reverse case, if an even number of neutrons has only a small tendency to remain even instead of turning odd, this will give the decision that the β-emission is barred, and the isotope is stable.

This consideration does not hold if the odd number of neutrons is just *unity*. For then a β-emission would leave no neutron to form a new α-particle. In fact, there are four exceptions to the rule, namely, the existence of the stable isotopes, H^2. Li^6, B^{10}, N^{14}. But these are just four cases in which our structure scheme gives *one* neutron only, namely:

$$H^2 \ldots\ldots\ldots 0\alpha+1\ \mathrm{pr}+1\nu$$

$$Li^6 \ldots\ldots\ldots 1\alpha+1\ \mathrm{pr}+1\nu$$

$$B^{10} \ldots\ldots\ldots 2\alpha+1\ \mathrm{pr}+1\nu$$

$$N^{14} \ldots\ldots\ldots 3\alpha+1\ \mathrm{pr}+1\nu$$

Thus from the point of view of the neutron scheme the four exceptions prove the rule. The same holds for the exceptions among the radioactive elements giving β-rays.

V. Neutron Shells

It is very tempting but precarious to conclude from the table of the isotopes known up to now details of the arrangement of the neutrons in the nucleus. The existence of closed shells of neutrons is suggested by the fact, so striking at the first view of an isotopic table, of similar isotope sequences repeated in different elements. Consider for instance the following cases of mass-spectra given in Table II. Missing isotopes are indicated by dots. The second line means the charge number of the element, the last line of the table indicates the number of neutrons contained in the isotopes of lowest mass. We interpret this number as the total number in complete or incomplete inner neutron shells, to which neutrons are then attached step by step until an outer shell is completed. The examples of Table II we interpret as the incorporation of an outer shell of 8 or of 12 neutrons. As to the dots we observe that usually odd arrangements of neutrons are missing. With Se, Kr, Mo, Ru and also Sn and Xe, the isotopes with *one* neutron in the outer shell and the isotope with *one* neutron lacking in the outer shell are not observed. Whether this is essential or merely due to small intensity may be judged from the case of Hg. Here Aston's first experiments missed these two isotopes, but in a recent paper he reported them present in small intensity. So if one looks only for the possible population of neutron shells and for quantum rules controlling them, one should consider the missing isotopes more as an intensity problem.

Table II. *Mass-spectra.*

Ge	Se	Kr	Mo	Ru	Hg	Pb	Po	Sn	Xe
32	34	36	42	44	80	82	84	50	54
·	—	—	—	—	—	—	—	—	—
—	·	·	·	·	(—)	·	·	·	·
—	—	—	—	—	—	—	—	—	—
—	·	·	—	—	—	—	—	—	·
—	—	—	—	—	—	—	—	—	—
—	—	—	—	—	—	·	·	·	—
—	—	—	—	—	—	·	—	—	—
—	·	·	·	·	(—)	—	—	—	—
—	—	—	—	—	—	—	—	—	—
								—	·
								—	—
								·	·
								—	—
6ν	6ν	6ν	8ν	8ν	36ν	42ν	42ν	12ν	16ν

Until the table of isotopes is completed by a table of their exact atomic weights to 3 decimals, it is rather precarious to generalize the idea that *the smallest isotope represents all neutrons in inner shells, and the largest isotope an additional complete outer shell.* This idea may be justified for the group of elements in Table II, since for those of them which are measured the mass defects certainly increase in equal steps, with the step magnitude 0.008 and 0.009. From mere energetic considerations one should expect that the incorporation of the neutrons takes place with decreasing energy steps, until the last neutron is bound with nearly no energy and bars the incorporation of more neutrons. This helps the conclusion that the neutrons are arranged in shells like the outer electrons, subject to Pauli's exclusion principle and Fermi statistics.[3] At the same time one expects for the α-particles, since they consist of an even number of components, *Bose* statistics and no shell structure at all.

Note added in proof: After this paper was sent in, I received an article of E. N. Gapon[4] being rather identical with the contents of Sections I, II and III of the present paper. Compare also with D. Iwanenko[5] who first suggested the nuclear model used here. One may consider, then, these parts as an introduction into Part II.

[3] J. H. Bartlett, Phys. Rev. **41**, 370 (1932); **42**, 145 (1932).

[4] E. N. Gapon, Zeits. f. Physik **79**, 676 (1932).

[5] D. Iwanenko, Comptes Rendus **195**, 439 (1932)

Neutrons in the Nucleus. II

ALFRED LANDÉ, *Mendenhall Laboratory, Ohio State University*
(Received February 10, 1933)

In Part I we came to the conclusion, that in several cases the *lightest* isotope of an element represents an arrangement of neutrons in more or less closed shells, that the heavier isotopes indicate the attachment of one neutron after the other, until with the *heaviest* isotope a new outer shell is completed. In the present paper we account for the number of neutrons in the nuclei by the following model. Up to $Z=16$ the neutrons populate a first shell with at most two neutrons. From $Z=17$ to 28 an additional shell of four neutrons is allowed. From $Z=32$ to 36 we see the presence of neutrons in a third shell of eight. It is necessary to assume that between $Z=36$ and 40 the inner shells are filled in with two more neutrons, and the same between $Z=50$ and 54. Evidence for this filling in is seen in certain significant features of the binding energy. It is pointed out that the intensity distribution of the isotopes points to their stability with respect to α and β transformations. This can be used to give a more rational basis to the art of predicting missing isotopes.

I.

USING the scheme "nucleus $=\alpha$-particles $+$neutrons$+$zero or one free proton" in the case of an even or odd charge number, we have plotted in Fig. 1 the number of neutrons in the isotopes against the charge number $Z=1$ to 92 of the elements as far as known. The result can be described as follows (compare with the schematic diagram of Fig. 2). Up to $Z=16$ the number n of neutrons varies between 0 and 2. From $Z=17$ to 28 the number n runs from 0 to 2 to 6. From 32 to 36 we have n between 6 and 14. From 40 to 42 n is found between 8 and 16. The element $Z=50$ has n from 12 to 24, and in $Z=54$ n runs from 16 to 28. The significant feature of this distribution is found in the fact, that the upper and lower limit of the n-range remain constant through a series of Z-values, and then jump up suddenly by several units. In some cases the former n-maximum becomes now n-minimum.

We can account for this numerical arrangement by the model of Fig. 2. Up to $Z=16$ the neutrons populate a first shell with at most 2 neutrons. From $Z=17$ to 28 an additional shell of 4 neutrons is allowed. In $Z=32$ to 36 we see the presence of neutrons in a third shell of 8. It is not meant that these shells are already complete. On the contrary we have to assume (verification in Section II), that between $Z=36$ and 40 the inner shells are filled in with 2 more neutrons, so that the third shell of 8 neutrons rests now on 8

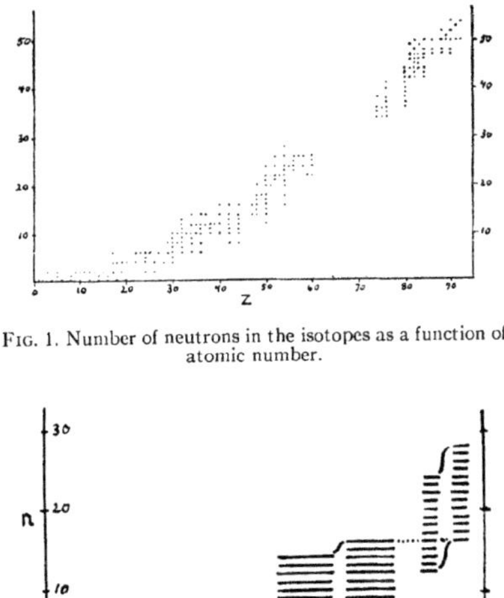

FIG. 1. Number of neutrons in the isotopes as a function of atomic number.

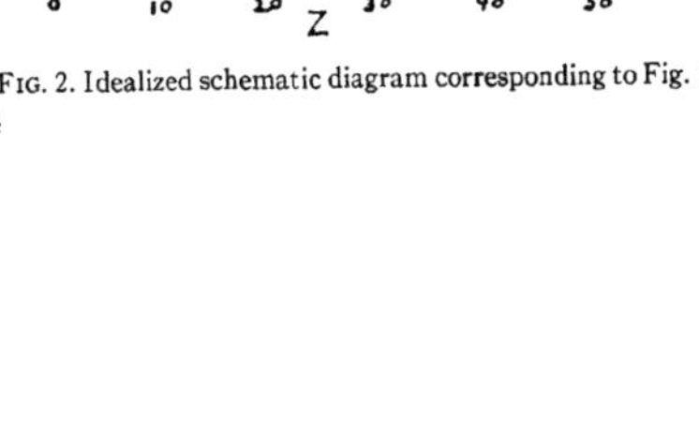

FIG. 2. Idealized schematic diagram corresponding to Fig. 1.

[1] The *odd* elements give mass defects a little *above* our smooth curves $n=$const., if we calculate Δm by the scheme nucleus $=\alpha$-particles$+$neutrons$+$proton, and a little *below* the curves in the scheme "neutrons$+$protons." This shows that one of the α-particles has a looser structure inside the nucleus than when isolated.

Reprinted from *Phys. Rev.* **43**, 624–626 (1933).

instead of $2+4=6$ inner neutrons. With $Z=50$ we meet a fourth shell of 12 neutrons built on the former three shells diminished by 4 neutrons. But with $Z=54$ these 4 neutrons are filled in again (see Section II), and the fourth shell is based now on 16 inner neutrons. The observations of isotopes for higher Z are too incomplete to draw conclusions from them.

Altogether we obtain for the elements up to $Z=54$ a table of their *capacity* for neutrons, (Table I) not made use of in the case of "missing" isotopes.

TABLE I. *Neutron shells.*

Z	Neutron shells
3–16	2
20–28	2 4
32–36	2 4 8
40–44	2 6 8
50	2 6 4 12
54	2 6 8 12

Our taking recourse to the assumption of inner shells being filled in seems to render the result very hypothetical indeed. It is with the help of energy considerations that this structure scheme can be verified in an independent way.

II.

In Part I we calculated the mass defects Δm of the isotopes derived from their measured atomic weights according to the scheme nucleus $=\alpha$-particles+neutrons+zero or one proton. If we join by a curve the mass defect dots in Fig. 1 of Part I belonging to a certain *constant* number n, these curves will represent the energy of binding a constant number n of neutrons to a varying number $Z/2$ of α-particles, considering only the *even*[1] elements. Although there are not many dots on each particular curve $n=$const., that are obtained from direct measurements of the exact atomic weights, we know from Part I, that these curves run nearly parallel at constant distances from each other throughout the periodic system.[2] This enables us to extrapolate these curves in a rather wide range with good reason. The result is shown for the even

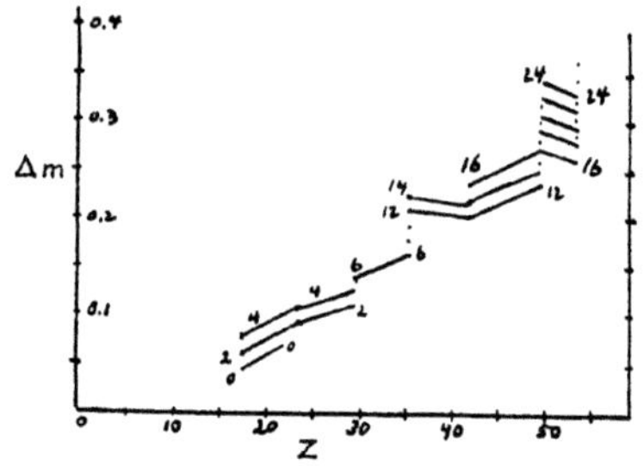

FIG. 3. Mass defect for constant n as a function of Z.

elements in Fig. 3. In general the mass defect Δm increases with increasing number of α-particles attached to a constant number n of neutrons. Only between $Z=36$ and 40 and between $Z=50$ and 54 the curves are descending. These are just the ranges, where the numerical distribution of the isotopes suggested the assumption of *neutrons being filled into inner shells.* We have to interpret the descending parts of the curves $n=$const. as a sign, that the uniform process of attaching α-particles to a fixed number of neutrons is interrupted here. Namely α-particles are apparently bound in these ranges looser than in the preceding ones, as if they were attached more toward the outside of the nucleus, and some of the neutrons were shifted to inner shells. One could try to explain the stability against α-emission on a descending part of the Δm-curve by the assumption that an emission of an outside α-particle would leave the nucleus in a state of excitation with a Δm smaller than the measured Δm of the *stable* product after such an emission.

The extrapolation of our mass defect curves $n=$const. into the unexplored range $Z=54$ to 80 shows that corresponding descending parts must occur here, too, in order to join the curves onto the measured mass defect dots of $Z=80$.

III.

The isotopes of one element, though differing only by the number of neutrons in the outer shell, cannot be supposed to be in a state of mutual equilibrium. Else we should expect to

[2] This fact was first found by E. N. Gapon, Zeits. f. Physik 79, 676 (1932).

find a maximum abundance for a certain isotope and a uniform decrease of the intensity to both heavier and lighter isotopes of the same element. Instead we find that the relative abundance varies in large steps up and down, as in the instance of $Z=54$:

$m=112$	113	114	115	116	117	118	119	120	121	122	123	124
Intens. 0.1	0	0.1	0	2.3	27.1	4.2	20.7	26.4	0	10.3	0	8.8

Only if we consider the 4 families $m=4N$, $4N+1$, $4N+2$, $4N+3$ separately:

112	116	120	124	113	117	121	114	118	122	115	119	123
0.1	2.3	26.4	8.8	0	27.1	0	0.2	4.2	10.3	0	20.7	0

then we obtain a uniform decrease on both sides of the maximum abundance. This indicates of course, that the intensity distribution can only be understood from the historical point of view of α- and β-disintegration or synthesis. For this reason we think that speculations about the formation of nuclei by successive addition of protons and neutrons have not much significance. For every charge number Z there should be a certain number n of neutrons possessing the largest stability, and the stability maximum should run along a uniformly ascending curve in the (nZ)-diagram, smoothing out the corners of Fig. 2. From this point of view one can understand the abundance distribution of the isotopes of each radioactive family separately. In particular the isotopes represented by convex corners of the (nZ)-diagram are extremely weak or even missing, indeed.

Although the members of one family have mass differences of 4 units for a given charge number, the even families $4N$ and $4N-2$ contribute in many cases 2 or even 3 members to the isotopes of one element. These belong to different branches of the family because of forking processes, familiar in the case of radioactive elements. The odd families $4N-1$ and $4N-3$ are, with a few exceptions, represented by only *one* isotope in each element. Forking seems to be much rarer here. Consequently there is no great chance of predicting missing isotopes in the odd families. Furthermore, according to the rule obtained in Section IV, Part I, there is no chance to find stable isotopes of odd charge number with even mass numbers, except for the first elements.

A method of prediction based on the descendence theory has to consider two separate cases. *Either* the present abundance of the "stable" elements and their isotopes is the effect of a *decay* process. Then one will predict missing isotopes on the *heavier* end of the mass spectrum of some elements. For instance, one will predict the missing isotopes $n=6$ in $Z=26$ and 28, since $n=6$ in $Z=24$ can be reached by α-disintegration only through the two missing isotopes, if one wants to avoid too large detours from the intensity maximum. *Or* the present abundance is the result of α- and β-*synthesis*. Then one will predict missing isotopes on the *lighter* end of the mass spectrograms of some elements. It would be interesting to tell from a more completed table of isotopes, whether the present state appears to be the result of decay or synthesis.

Nuclear Magnetic Moments and Their Origin

ALFRED LANDÉ, *Ohio State University*
(Received June 27, 1934)

The origin of the nuclear moments is in most cases one proton or one neutron only. The analysis of hyperfine structure leads to the following magnetic moments: proton ~2.0 magnetons and neutron ~ −0.6 magneton.

THE purpose of this article is to give a report on the theoretical interpretation of the observed mechanical momenta j (in units $h/2\pi$) and magnetic moments μ (in units $he/4\pi mc$ = 1 nuclear magneton) of various nuclei throughout the periodic system. The theory was outlined already in a letter to the *Physical Review*[1] and applied to a group of cases. Meanwhile Tamm and Altschuler[2] extended our scheme to a new group of cases. The basic idea is this: *One* particle only, one proton or one neutron, is responsible for the total spin and the magnetic properties of the whole nucleus, the rest of it forming closed shells in general. The observed vector j is thus composed in general by the orbit l and the spin s of one particle only. Since s is known to be $\frac{1}{2}$ for the proton as well as for the neutron, l can be only $j\pm\frac{1}{2}$; hence there is no arbitrariness in this 2-vector model. This model fails, however, in some cases. The exceptions can be accounted for by the supplementary assumption of Tamm and Altschuler that here two neutrons line up their spins to $s=1$ instead of forming a closed shell $s=0$. The arbitrariness of this additional third vector $s=1$ is greatly reduced by assuming that it reappears in all cases. This theory is in contradiction to that of H. Schueler[3] who starts from the beginning with a 3-vector model taking the core as the third vector. Although Schueler uses the basic idea that one proton or one neutron is mainly responsible for j and μ beside the core, he ascribes, for instance, to the neutron a magnetic moment of −1.65 magnetons instead of Tamm-Altschulers and our value of about −0.5 or −0.6.

The theory is based on a division of all nuclei into four types belonging to different charge numbers Z and mass numbers M.

Type 1: Z even, M even. Nuclei of this type are most abundant. They consist of an *even* number of protons and an *even* number of neutrons. Since they show no mechanical momentum j and no magnetic moment μ at all we suppose them to consist of closed shells.

Type 2: Z odd, M odd. This type differs from the first one by one additional *proton* only. We suppose then that this one proton, by its orbit l and its spins, is responsible for the j and μ of the whole nucleus.

Type 3: Z even, M odd. This type differs from type 1 only by one additional *neutron*. We suppose then that this one neutron is responsible for the j and μ of the whole nucleus.

Type 4: Z odd, M even: This type differs from the closed shell type 1 by one additional neutron plus one proton. In general this type is unstable and occurs only in four instances H_2^1, Li_6^3, B_{10}^5, N_{14}^7, among them the deuton. Since here two different particles are cooperating it is not possible to obtain a unique interpretation of their j and μ values. Conversely the deuton would be the most inadequate object for an analysis of the properties of its two components. If one wants to know about the proton one has to inquire higher nuclei of type 2, and to know about the neutron one has to inquire type 3.

In some cases Tamm and Altschuler assume that one pair of neutrons does not form a closed shell. One has thus:

Type 2′: Z odd, M odd, differing from the closed shell type 1 by one proton plus two neutrons. The latter are supposed to form $j_{2\nu}=1$ out of $s_{2\nu}=1$ and $l_{2\nu}=1$ in all cases.

Type 3′: Z even, M odd, differing from type 1 by three neutrons forming $s_{3\nu}=\frac{3}{2}$.

[1] A. Landé, Phys. Rev. **44**, 1028 (1933).
[2] I. Tamm and S. Altschuler, Academy U.R.S.S. **1**, 455 (1934); D. Inglis and A. Landé, Phys. Rev. **45**, 842 (1934).
[3] H. Schueler, Zeits. f. Physik **88**, 323 (1934). A thorough discussion of the experimental g-values is given in Schueler's paper.

Reprinted from *Phys. Rev.* **46**, 477–480 (1934).

The theoretical g-values of type 2 and 3 are both taken from the generalized g-formula

$$g=g_l\frac{j(j+1)+l(l+1)-s(s+1)}{2j(j+1)}+g_s\frac{j(j+1)+s(s+1)-l(l+1)}{2j(j+1)}. \qquad \text{(a)}$$

In *type 2* we put $s=\frac{1}{2}$, $l=j\pm\frac{1}{2}$, $g_l=1$. To fit the observation best one has to choose $g_s\sim 4$, according to a *magnetic moment of the proton of about* $4\cdot\frac{1}{2}=2$ *magnetons*. In *type 3* we put $s=\frac{1}{2}$, $l=j\pm\frac{1}{2}$, $g_l=0$. To fit the observation best we choose $g_s=-1.2$ according to a *magnetic moment of the neutron of* $-1.2\times\frac{1}{2}=-0.6$ *magneton.*

To calculate g in *type 2′* for $j_\pi j_{2\nu}$-coupling T. and A. first calculate separately g_π for the proton and $g_{2\nu}$ for the neutron pair, and then insert g_π and $g_{2\nu}$ into the formula

$$g=g_\pi\frac{j(j+1)+j_\pi(j_\pi+1)-j_{2\nu}(j_{2\nu}+1)}{2j(j+1)}+g_{2\nu}\frac{j(j+1)+j_{2\nu}(j_{2\nu}+1)-j_\pi(j_\pi+1)}{2j(j+1)}. \qquad \text{(b)}$$

In most cases of type 2′ there is an isotope of the same element belonging to type 2 where the two neutrons form still a closed shell. So $j_\pi s_\pi l_\pi$ and hence g_π are fixed already. Furthermore we assume in all cases of type 2′ $j_{2\nu}=s_{2\nu}=l_{2\nu}=1$, hence $g_{2\nu}=-0.6$. In *type 3′* one uses formula (a) with $s=\frac{3}{2}$ and $g_s=-1.2$ for 3 neutrons. This theory claims to represent the facts only in first order approximation. All finer traits brought about by the interaction of the one acting particle with the rest of the nucleus are neglected. It is significant nevertheless that the observed g-values can be well explained in this way, taking into account that the observed g-values claim at best 10 percent accuracy. For instance Goudsmit[4] calculated with his extrapolation formula the value $g=3.6$ for Tl and marked it even with the best grade A of accuracy, while Schueler[5] later decided for $g=2.94$ using the formula of Fermi-Segrè.[6] This may be kept in mind by judging the observed g-values graded B and C and the aim of getting better agreement between observation and theory by help of more complicated models.

To compare the theory with the observed g-values we give first the theoretical g-Tables I and II for various values of j and l. In Table I

TABLE I. *Theoretical g-values of type 2 (and type 2′) using* $\mu_\pi=2.0$ *and* $\mu_\nu=-0.6$.

l \ j	1/2	3/2	5/2	7/2	9/2
0	4 / *−2.133*				
1	0 / *−0.8*	2 / *1.306*			
2		0.4 / *0.133*	1.6 / *1.35*		
3			0.57 / *0.44*	1.43 / *1.28*	
4				0.67 / *0.59*	1.33 / *1.24*
5					0.73 / *0.68*

TABLE II. *Theoretical g-values of type 3 (and type 3′) using* $\mu_\pi=2.0$ *and* $\mu_\nu=-0.6$.

l \ j	1/2	3/2
0	−1.2	*−1.2*
1	+0.4 / *−2.0*	−0.4 / *−0.88*
2	*+1.2*	+0.24 / *−0.24*
3		*+0.72*

the number in the upper left of each square represents type 2, where one proton alone is responsible for g and μ. The number in the lower right of each square in italics accounts for type 2′, where according to T. and A. 2 neutrons participate with $s_{2\nu}=1$. In Table II the number in the upper left of each square represents type

[4] S. Goudsmit, Phys. Rev. **43**, 636 (1933).
[5] H. Schueler, Zeits. f. Physik **88**, 323 (1934).
[6] E. Fermi and E. Segrè, Zeits. f. Physik **82**, 729 (1933).

TABLE III. *Observed and theoretical g-values with $\mu_\pi = +2$ magnetons, $\mu_\nu = -0.6$ magneton.*

	j	g observed Schueler-Goudsmit		g theor.	coordination		
Li_7^3	3/2	2.19 (Breit)		2	$l_\pi = 1$		$j = j_\pi$, $l_\pi = j_\pi \pm 1/2$, $s_\pi = 1/2$ in type 2
Al_{21}^{13}	1/2	3.86	4.2 (B)	4	0		
$Cu_{63,\,65}^{29}$	3/2	1.82	1.7 (B)	2	1		
Ga_{71}^{31}	3/2	1.82	1.7 (A)	2	1		
As_{75}^{33}	3/2		0.6 (?)	0.4	2		
Rb_{85}^{37}	5/2	0.6	0.5 (C)	0.57	3		
Rb_{87}^{37}	3/2	2.04	1.8 (C)	2	1		
Tn_{115}^{49}	9/2	1.10	1.2 (B)	1.33	4		
Sb_{123}^{51}	7/2		0.7 (B)	0.67	4		
Cs_{133}^{55}	7/2	0.83		0.67	4		
$Tl_{203,\,205}^{81}$	1/2!	2.94	3.6 (A)	4?	0?		
Bi_{209}^{83}	9/2	0.80	0.89 (A)	0.73	5		
Na_{23}^{11}	3/2	1.42		1.31	$l_\pi = 1$,	$j_\pi = 3/2$	$s_{2\nu} = l_{2\nu} = j_{2\nu} = 1$ in type 2′
Ga_{69}^{31}	3/2	1.42		1.31	$l_\pi = 1$,	$j_\pi = 3/2$	
Sb_{121}^{51}	5/2	1.08	1.1 (B)	1.35	$l_\pi = 4$,	$j_\pi = 5/2$	
Au_{197}^{79}	3/2	0.15		0.133	$l_\pi = 2$,	$j_\pi = 3/2$	
Cd_{113}^{48}	1/2	−1.26	−1.33 (B)	−1.2	$l = 0$	$s = 1/2$	$s_\nu = 1/2$ in type 3, $s_{3\nu} = 3/2$ in type 3′
Sn_{119}^{50}	1/2	−1.90		−2	1	3/2	
Ba_{137}^{56}	3/2	+0.63?		+0.72	3	3/2	
Hg_{199}^{80}	1/2		+1.10 (B)	+1.2	2	3/2	
Hg_{201}^{80}	3/2		−0.41 (B)	−0.4	1	1/2	
Pb_{207}^{82}	1/2		+1.20 (A)	+1.2	2	3/2	

3 where one neutron alone is responsible for j and μ. The lower right numbers in italics account for type 3′, where 3 neutrons line up their spins to $s_{3\nu} = \frac{3}{2}$. The theoretical g-values of Tables I and II are drawn as horizontal bars in Figs. 1 and 2, the normal types 2 and 3 a little more to the left than the abnormal types 2′ and 3′ for each single j. The observed g-values are represented by dots, or vertical dashes on account of their possible error of ±10 percent in most cases. The admission of the abnormal types is increasing the number of possible g-values considerably as compared with our original simple theory of types 2 and 3. Nevertheless there are so great distances between the possible g-values *for small* j that one still has a unique coordination of theory and experiment. On the other hand *for large* j the g-values of type 2′ come closer and closer to those of type 2; and in type 3′ only the cases $j = \frac{1}{2}$ and $j = \frac{3}{2}$ are realized at all.

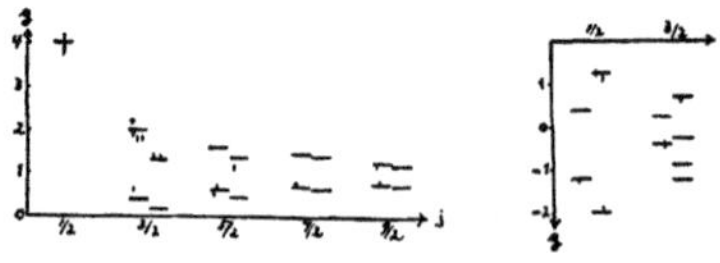

FIG. 1 and FIG. 2. Theoretical g-values of Tables I and II are drawn as horizontal bars.

Aside from every detailed interpretation there remains one main result: The proton has a magnetic moment of $\mu_\pi \sim 2$ and the neutron has a magnetic moment of $\mu_\nu \sim -0.6$, as proved by the hyperfine structure of higher nuclei. There are other determinations of μ_π by Stern and Rabi, namely, 2.5 from molecular rays and 3.2 from atomic rays of hydrogen in inhomogeneous magnetic fields. The Rabi method in particular is a very direct and unobjectionable way of finding μ_π, and one may wonder as to what is responsible for the difference between the two ray methods and the analysis of hyperfine structure.[7] No direct methods are known so far to determine the magnetic moment of the neutron. Scattering experiments seem to indicate that the neutron has no or only a very small magnetic moment.

[7] According to new ideas on the structure of the nucleus a proton may split up into a positron and a neutron, and the neutron may split up into an electron and a proton; then the latter proton may perhaps contain an electron and a positron less than the former proton and may also have a different magnetic moment, a very precarious hypothesis of course, which I do not want to propagate.

Table III gives a more detailed report of the g-values and their origin in various isotopes. It is of interest that the proton (type 2 and 2′) produces j and l-values that are small at the beginning of the periodic table and increase more and more with higher elements.[8] On the other hand the neutrons of type 3 and 3′ retain their small j and l-values throughout the periodic table. One may interpret this in the sense that the single proton is bound to the surface of the nucleus while the single neutrons are bound inside.

[8] Only Tl^{81} is an exception with $j=\frac{1}{2}$. This behavior makes us suspect that our scheme of type 2 and the g-formula (a) does not apply here. The experimental g-value of Tl is rather uncertain, too, depending on whether one applies the interpolation formulas of Goudsmit or of Fermi-Segrè. For these two reasons we have marked Tl in Table III with question marks and have not drawn it in Fig. 1.

CRITICAL REMARKS ON THE INTERPRETATION OF QUANTUM THEORY.

BY

ALFRED LANDÉ,

Professor of Theoretical Physics, Ohio State University.

1. Reality and interpretation.
   Dualism of interpretation. The corpuscular statistical interpretation of the wave density and the wave interpretation of discontinuities of energie represent untenable absolute standpoints as against the relativity of quantum theory.
2. Kinematics of diffraction.
   Equivalence of Huyghens' resonance and corpuscular transmissions of momentum. Length as a wave attribute, momentum as a corpuscular attribute. The compromises of the absolutists are based on over-interpretations. Modified meaning of the uncertainty relation. Classical versus wave and corpuscular view.
3. Quantum dynamics.
   Expansion of the range in space, contraction of the range of momentum. Corpuscular process relating wave data, wave process relating corpuscular data. The prototype of quantum dynamics. Prestabilized harmony between waves and particles.
4. Fluctuations.
   Particles and waves appear as limit cases of fluctuations. Classical and quantum theoretical undeterminacy. The emission of α-particles and α-beats.

§ 1. REALITY AND INTERPRETATION.

When we wish to obtain information about a physical object, for instance when we ask for the position, volume, or energy, of a quantity of matter, we cannot draw conclusions from what we see before we have postulated a certain manner of *interpreting* the optical signals, that is, before we have

Reprinted from *J. Franklin Inst.* **226**, 83–98 (1938).

presupposed a certain theory as to the constitution of the light received and its interaction with matter. Of course we are not allowed to invent such a theory at will. Instead we have to build up the theory of interpretation in such a way as to bring to a common denominator as complete a set of experiences as possible. This purpose is achieved to a certain extent by the *corpuscular theory of light*, established by Newton, revived by Einstein, according to which light is supposed to consist of photons that are capable of interacting mechanically with matter, the latter being supposed to consist of particles, too. As this hypothesis accounts for a great variety of phenomena (reflection, refraction, and also the so-called interference phenomena as diffraction and polarization, refer to § 2), the corpuscular hypothesis obtains more and more the character of a reality: light and matter consist "in reality" of particles reacting mechanically.

Now it happens that the same fundamental experiences may just as well be understood from the wave point of view according to the *undulatory theory* established by Huyghens, extended by Fresnel and Maxwell, and transferred to matter by de Broglie: light and matter consist "in reality" of vibrations that are subject to the principle of superposition.

In addition to the previously mentioned stationary phenomena there is a wide range of phenomena to be classed as dynamical processes, where we succeed in getting a rational description only by using a peculiar method of changing over from the corpuscular to the wave theory and vice versa (§ 3). The problems of dynamical stability (Eigenwert problems) and fluctuations (§ 4) belong to this class. We prefer here to speak first of *what* we see (Kinematics) and later on of *why* we see it (Dynamics).

We might be disappointed, in view of our desire to have a uniform picture of the physical world, to be confronted with two equally justifiable images. We must not forget however that these images are to a certain extent results of our subjective interpretation, and that *absolute reality ends where there are several equivalent physical realities.* In the theory of relativity the basic equations could be derived from the equivalence of gravity and inertia. Similarly one can build up quantum theory on the equivalence of waves and particles.

Due however to the desire to seek absolute truth, the *absolutists* have tried to persuade us to accept two different ways of escaping the dilemma of a twofold reality.

(1) The advocates of the wave theory say: Only waves exist; and what sometimes appears to be a particle is in reality the intensity maximum of a group of waves condensed and keeping together within corpuscular dimensions, in violation of the ordinary rules of the wave theory (Schrödinger 1926, later abandoned). Furthermore, what sometimes appears as a discontinuous corpuscular (= quantized) change of energy is in reality the change of energy of a vibration taking place in violation of the continuous laws of damping. (Planck 1900, quantized oscillation.)

(2) The advocates of the corpuscular theory say: Only particles exist, and what sometimes appears to be a maximum of interference is in reality a maximum probability for the occurrence of particles. The particles appear to be guided, at least in their statistical behavior, by wave laws in violation of ordinary mechanics (Born 1927 and now generally accepted).

In § 2 we shall see that both interpretations although they sometimes help to obtain a quick but superficial picture, are untenable from a more critical point of view, in particular in view of the uncertainty principle, which is considered in the present paper from a somewhat different angle. First of all, there is no reason why opinion (1) should be better or worse than opinion (2). The least we should have learned from the dualism of interpretation is this: If one has reason to disagree with waves that have corpuscular attributes, one should reject as well particles that have miraculous wave attributes. Secondly, we are going to show in § 2 that there is no reason to resort to miracles as those postulated in (1) and (2), because one can explain the cases of apparent wave interference as the result of corpuscular collisions; and one can explain those phenomena that seem to prove discontinuous corpuscular changes of energy and momentum as the result of a wave interference. The miracles of quantum theory, so-called to contrast them with the two classical theories, are met only on a higher stage, in dynamics (§ 3).

§ 2. THE KINEMATICS OF DIFFRACTION.

It has often been shown that simple processes like reflection and refraction are understandable as the result of corpuscular mechanics applied to particles, just as well as the result of Huyghens' principle applied to waves. We might study therefore the equivalence of waves and particles in a case that has long been considered as a conclusive argument in favor of the wave theory only, the phenomenon of *diffraction*.

Consider a small line element δx of matter (Fig. 1). A rectilinear monochromatic beam of light coming from the y-direction will then be diffracted by it through a cone $\delta\Omega$ of deflected directions. (We are considering only the coherent part of the deflected light, although in the case of independent gas particles forming the line element it might be that the major part of the incident light is scattered incoherently with change of color.) The coherent cone of diffraction can be accounted for by means of the *wave theory* of light and matter. According to this theory matter is supposed to act as a source of resonance (Huyghens' source) sending out secondary light waves. The length δx of the matter element, the wavelength Λ of the light, and the angle $\delta\Omega$ of the cone of diffraction are then related by the simple formula (giving the order of magnitude):

(1) $$\delta x = \frac{\Lambda}{\delta\Omega}.$$

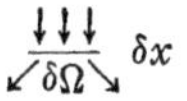

FIG. 1.

The diffraction appears here as a result of the principle of superposition applied to the interfering secondary waves. It seems impossible at first sight to derive the same result without the wave theory.

Nevertheless one can account for the same cone of diffraction by means of the *corpuscular theory* of light and matter. Here photons of momentum P are deflected from their original y-direction. The cone $\delta\Omega$ shows in this interpretation that the matter particles give momentum to the photons up to the amount $\pm \frac{1}{2}P\cdot\delta\Omega$ parallel to the $\pm x$-direction. In other words the matter particles themselves cover a *range of x-momentum*

$$\delta p_x = P \cdot \delta\Omega \qquad (1')$$

which is the range of their statistically ruled change of x-momentum during the collisions.

One and the same optical signal, the light cone $\delta\Omega$ thus leads us two quite different results concerning the qualities of the matter, depending on the pre-supposed manner of interpretation. According to the wave theory of light the matter is found to consist of a line element of resonance having the length δx. This length might in its turn be interpreted as the width of a packet of matter waves. According to the corpuscular interpretation the same matter consists of particles whose momenta are spread over a range δp_x, that is, which suffer changes of their x-momentum up to that magnitude. The length δx is a quantity derived from the wave interpretation of the signal $\delta\Omega$, the range δp_x belongs to the corpuscular interpretation.

It would be quite a mistake, however, if we should say that the matter *wave* packet spread along δx according to the first interpretation, had the property in addition of giving out momentum of range δp_x. For the momenta have been introduced only in order to explain the deflection of photons of the 2nd interpretation. It would as well be a mistake if we should say that the matter particles [that transmit mechanical momenta of range δp_x] were spread over a range of magnitude δx in space. For δx derives its "reality" only from being the supposed seat of Huyghens' sources of waves. And yet it happens that both opinions, in particular the second one, are so commonly accepted that we may resort to an example from everyday life in order to regain an unbiased judgement.

Suppose we receive a sound signal "eagle"; in the English language this will be interpreted by the picture of a bird of prey. A German, however, will interpret the same sound to mean "Igel," that is, hedgehog. If now we happen to understand both English and German, are we entitled to assume that the source of the sound is a winged hedgehog or a bird with quills?

But this is the very error made by the corpuscular statistical interpretation, that particles are distributed along the range δx, and the same error is repeated by the commonly accepted corpuscular statistical interpretation of the wave density in general. According to the latter it is said, for instance, that the density of the charge cloud around the nucleus of a radiating H-atom is in reality the probability density according to which a corpuscular electron is expected to stay in the various volume elements, in defiance of the laws of mechanics. In fact, the purpose of this charge cloud is merely to account for the frequency and intensity of a wave radiation, and has nothing to do with the corpuscular mechanical interpretation, which is based on transmission of energy and momentum by collisions.

If on the other hand one prefers the picture of the corpuscular electron, one has to endow it with the quality of emitting a photon of energy $\epsilon = E_1 - E_2$, when the electron changes from the energy level E_1 to E_2. But it would be a mistake to ascribe these discontinuities of energy to the aforementioned charge cloud, or to any vibrational state whatsoever. Neither does a jumping electron, which emits or deflects photons of certain energies, call for position governed by a charge cloud, whose only assignment is to send out waves. Nor does a charge cloud, explained as the result of a superposition of matter waves, call for a discontinuous change of its energy.

Instead of striving to acquiesce in such over-interpretations as are contained in the statistical picture of the wave functions, and in the wave picture of discontinuities of energy and momentum, one should say, and it is the meaning of quantum theory to say: The same observed radiation that appears, when interpreted in wave terms, to originate from a rotating or vibrating charge cloud of frequency ν_{12}, seems to originate in energy changes $E_1 - E_2$ of an electron when interpreted in corpuscular fashion. The term "transition density" is expressing this relation in a proper way: Schrödinger's wave density ρ_{12} is the corpuscular equivalent of Bohr's energy jumps, but ρ_{12} is not the place where the particles dwell when carrying out these jumps. A distribution in space is a quality belonging to the wave interpretation of the signal received, whereas jumps of energy belong to the corpuscular interpretation of the same signal.

Of course, one may ascribe energy and momentum also to waves. One has to be conscious, however, that a *dynamics* of waves is much more specialized and farther removed from direct observation than wave kinematics. On the other hand, one can ascribe to particles a position in space if one resigns fixing this position by means of observations interpreted in a corpuscular fashion.

A similar confusion, only in the opposite direction, can be seen in the case of the well-known wave interpretation of corpuscular discontinuities of energy. Here we mean the opinion, first suggested by Planck, that a particle oscillating with frequency ν_{12} changes its vibrational energy by quantized amounts, emitting thereby a corresponding amount $\epsilon = h\nu_{12}$ of light energy. Instead of defending this compromise between the wave and corpuscular ideas, one should better say; a radiating *oscillator* is from the standpoint of the wave theory, a charge cloud whose vibrating density distribution ρ_{12} can be calculated according to Schrödinger from the superposition of two vibrations of frequency ν_1 and ν_2; the charge cloud sends out light waves of frequency $\nu_{12} = \nu_1 - \nu_2$. From the corpuscular point of view the same "oscillator" has nothing oscillating at all, but is an electron that carries out transitions between energy levels separated by equal steps ϵ. *It would be, however, an over-interpretation if we were to ascribe to the corpuscular electron of the oscillator a distribution in space represented by the oscillating Schrödinger charge cloud, or vice versa, if we should ascribe to the vibration (it is the charge cloud that vibrates) the property of having quantized energy levels and energy jumps.*

It is hard to free ourselves from these incorrect ideas inherited from the older quantum theory, since there are a great number of macroscopic phenomena which, although not proving them, are not disproving them either. But this is due to the fact that macroscopic observations can always be interpreted by means of both classical pictures. For instance, one finds *particles* (better: beams that display corpuscular fluctuations on account of their small intensity, see § 4) which travel to the interference maxima of waves *as though* the particles were guided by wave rules. We saw, however, that the mechanical cause of this diffraction can be found in collisions with the matter particles. Our example of diffraction explains what is meant when we say: What *is* a matter line of length δx from the wave point of view, *is* an assembly of particles of range δp_x of momentum from the corpuscular point of view.

If the "plug" of matter δx is replaced by a screen with a gap of width δx (this is a description in wave terms) then Babinet's principle requires the gap to produce the same diffracted cone of light $\delta\Omega$ as did the plug. One would expect at first sight that photons (corpuscular theory) should go straight ahead through the gap (wave description), giving a shadow of the edges of δx, instead of being diffracted. The corpuscular cause of their diffraction can be derived from the consideration that what is a plug or gap of width δx in wave terms *are* matter particles of range δp_x in corpuscular terms.

Similar considerations apply to a grating with holes or grooves at constant distances d. This is now a wave description. The corpuscular description of the same grating is this: It represents a system of matter particles bound to surrender momenta ruled statistically in such a fashion that the resulting deflection of photons gives exactly the same pattern as the diffraction of waves. It is the purpose of the quantum theory to give us the mathematical relations between the wave description of a phenomenon and the corpuscular description. In the case of diffraction from a single plug δx, quantum theory gives the result:

$$\delta x \cdot \delta p_x = P \cdot \Lambda = h, \qquad (1'')$$

which follows from multiplying (1) with (1′). That is, the product of the *ranges* δx and δp_x is equal to the product of the *values* of Λ and P of the light employed, and this product always has the same value, Planck's h. The smaller δx, the larger δp_x, where δx and δp_x are complementary results of interpretation of one and the same observation, namely $\delta\Omega$. This is the correct meaning of Heisenberg's uncertainty relation. A more general rule reads: Every change of momentum $p_j \rightarrow p_k$ of free particles carried out with a probability $|a_{jk}|^2$, gives rise to a Fourier component of the corresponding amplitude $\psi(x)$ of the wave density $\rho = |\psi|^2$:

$$\psi(x) = \sum_j \sum_k a_{jk} \cdot e^{2i\pi(p_j - p_x)\cdot x/h}.$$

This rule was already contained in Bohr's *principle of correspondence* of the older quantum theory, and was applied to the diffraction of gratings first by Duane, Ehrenfest, and Epstein. In the case of mutually *bound* particles (waves in higher dimensional spaces), the generalized quantum methods of Born-Heisenberg- Jordan or Schrödinger apply, supplemented in the case of several equal particles by the statistical rules of Einstein- Bose, or Pauli-Fermi- Dirac for particles, and by the rule of symmetry or anti-symmetry for waves.

At any rate there is no need of ascribing to particles, a knowledge of, and obedience to, interference rules, nor for endowing vibrations with corpuscular energy levels or jumps. One has only to make a consistent use of either wave or corpuscular concepts instead of fusing them to a necessarily one-sided and incorrect compromise.[1]

One may see a distinction between the classical theory of a process on the one hand and the wave and corpuscular descrip-

[1] The statistical interpretation appears to be helpful in predicting the probability of emission of α-particles from a calculation of the intensity of the emitted α-wave. In general, however, the α-wave is a superposition of a large or infinite number of monochromatic waves whose phases are chosen so as to cancel their resultant intensity outside the nucleus at the time $t = 0$ and to leave a positive intensity inside only. As time goes on the monochromatic components get out of phase, the intensity outside gains at the expense of the inside, wave beats are rushing outward at group velocity, and the resulting intensity displays interference fluctuations. It would be wrong to assume that the wave intensity with all its maxima and minima and with its beats and fluctuations is measuring the statistical distribution of the α-particles. It is only the *average* intensity over many maxima and minima that is apt to represent the average density of the particles. But this is a very restricted statement as compared with the statistical interpretation of the wave function, which claims that the details and in particular the maxima and minima of the wave intensity describe the average distribution of the particles.

The statistical interpretation fails most strikingly in places xyz where $\psi_n(xyz)$ is finite although the potential energy $V(xyz)$ is larger than the total energy E_n, so the particles at xyz have negative kinetic energy that is imaginary velocity. If it is said that the uncertainty principle allows a large margin of energies to particles in $dxdydz$ this means again that $|\psi_n(xyz)|^2$ does *not* measure the statistical density of particles of energy E_n.

tion on the other. Consider for instance the scattering of α-particles in the field of a nucleus of charge Ze, a process described correctly by Rutherford's formula. (1) The wave theory explains the observed facts by means of a variable index of refraction n that depends on the frequency of the incident α-waves. (2) The corpuscular theory has to derive the same scattered intensity from a system of complementary transmissions of momentum by the scattering particle to the incident particles. (3) Now it is more or less accidental that the same Rutherford formula can also be derived from the model of a Coulomb center Ze that serves to deflect the α-particles $2e$. This coincidence of the classical orbits with the wave and corpuscular result is the reason that we still consider the classical model of a point charge as a kind of physical reality, although it works only in the case of one such point charge. A couple of two classical Coulomb centers would deflect α-particles in a way quite different from the correct result of the wave theory and from its complementary counterpart. This shows again the limited value of the classical model of a point charge quite apart from the dilemma concerning its *radius* when the latter is assumed to be zero or is defined by the electric or the magnetic field energy and the mass. Fortunately the question of the radius neither arises in the wave theory (index n) nor in the description of complementary transmissions of momentum to the incident particles.

§ 3. QUANTUM DYNAMICS.

All that has been said so far about the rational description of an observation by means of waves or corpuscles applies, however, only to a single instant of time. As soon as one follows a certain quantity of matter in time, a new situation arises. One may ask, for instance, for the diameter δx of a quantity of matter at times 0 and t, as derived from an optical observation of the matter. Only if one applies the wave interpretation of the cones of diffraction $\delta\Omega^0$ and $\delta\Omega$ (§ 2) does one arrive at certain diameters δx^0 and δx, to be ascribed to the quantity of matter. Comparing now δx^0 with δx, one finds the surprising result that the diameter δx is *expanding* continuously in time according to the formula:

$$(2) \qquad \delta x = \frac{h}{m} \cdot \frac{t}{\delta x^0} \quad \text{(expansion of length).}$$

supposed that δx has become already large compared with δx^0. Here it is supposed that there are no forces between the parts of the matter. In formula (2) m is a constant peculiar to the matter, signifying the mass of the molecule in the corpuscular picture, and h is Planck's constant.

The phenomenon of expansion (2) can be accounted for, according to Heisenberg, in a typical quantum fashion, in two distinct steps. *First,* one has to remember that the two diameters δx^0 and δx are *observed* by means of the two diffracted light cones $\delta\Omega^0$ and $\delta\Omega$, from which is inferred

$$(3) \qquad \delta x^0 = \frac{\Lambda}{\delta\Omega^0}, \qquad \delta x = \frac{\Lambda}{\delta\Omega},$$

if the matter is assumed to serve as a secondary source of light waves Λ. One now changes over secondly, in a quite inconsistent manner, to the corpuscular interpretation of the observed light cones. Then $\delta\Omega^0$ means that the photons

$$(4) \qquad P = \frac{h}{\Lambda}$$

have obtained at time zero such momenta from the matter, that the matter itself covers a range of initial momenta

$$(5) \qquad \delta p_x^0 = P \cdot \delta\Omega^0,$$

or of initial velocities up to $v_x^0 = \dfrac{\delta p_x^0}{m} = \dfrac{P \cdot \delta\Omega^0}{m}$. Thus they will spread during the time t over a length

$$(6) \qquad \delta x = v_x^0 \cdot t = \frac{P \cdot \delta\Omega^0}{m} \cdot t \quad \text{(expansion).}$$

The expansion (6) proves to be identical with (2), if at the end one returns to the wave intrepretation, that is, if one replaces

$\delta\Omega^0$ and P in (6) by their wave equivalents with the help of (3) and (4).[2]

From this example, which may be considered as the simplest prototype of quantum dynamics, two features of the method of quantum theory can be seen.

First, the act of observation plays a decisive role in determining the process. If, for instance, we say that the matter *is* now within δx^0, and *is* later within δx, we would not be able to give a causal explanation of the miracle of expansion. If, however, we say that the matter is *seen* within δx at time 0, we concede the act of being *seen* to be a contributing factor, and *it is true no longer that causality fails* in explaining the expansion (we disregard here the fluctuations which belong to quite a different level of the theory, compare with § 4).

The distinction between *being* and being *seen* is irrelevant in dimensions of everyday life; it becomes essential, however, for microscopic processes where the act of being seen represents a relatively large encroachment into the course of events.

Second, the two diameters δx^0 and δx seen at the times 0 and t (in fact we see only the light cones and infer from them the lengths δx^0 and δx by means of the wave interpretation) are related to one another in a causal way only by reinterpreting δx^0 by way of $\delta\Omega^0$ into a range of initial momenta $\delta p_x{}^0$ or initial velocities up to $v_x{}^0 = \delta p_x{}^0/m$. The motion lasts for the time t, and leads to the expansion δx, which can be found ultimately only by returning to the wave interpretation of the final cone $\delta\Omega$.

The whole procedure of relating two wave data δx^0 and δx by means of the corpuscular mechanism appears to be very inconsistent, indeed. It represents, however, the typical method of quantum dynamics. Its counterpart consists in relating two corpuscular data by means of wave dynamics. In Schrödinger's theory one considers, for instance, a corpuscular model at times 0 and t, and one relates the two corpuscular states by means of a wave process, asking in particular for such initial values of the corpuscular energy

[2] From the empirical point of view, it is inconsistent to assign to particles a range in space δx, since δx can be measured only if the wave theory is applied.

that remain constant for all times t (eigenvalue problem, standing wave).

It is quite characteristic of the method of quantum theory that the previously described example of expansion can be inverted. Beginning and ending with the *corpuscular* interpretation of the observed cones $\delta\Omega^0$ and $\delta\Omega$, one finds the miraculous fact that independent particles, which at the time zero are spread over a range $\delta p_x{}^0$ of momenta, *contract* this range to the smaller magnitude

$$(7) \quad \delta p_x = \frac{hm}{\delta p_x{}^0 \cdot t} \quad \text{(contraction of range of momentum).}$$

t is supposed to be large so as to make δp_x small compared with $\delta p_x{}^0$. The relation (7) is equivalent, with (2), as can be seen, if one replaces δp_x by $h/\delta x$ and $\delta p_x{}^0$ by $h/\delta x^0$. In order to explain this contraction in a causal way, one can relate the two corpuscular data $\delta p_x{}^0$ and δp_x by a wave dynamical process, with due consideration of the process of *observing*. For this purpose we first re-interpret the cone $\delta\Omega^0$ in wave fashion, which leads us to the conclusion that the matter represents a group maximum of waves condensed within the range (3) $\delta x^0 = \Lambda/\delta\Omega^0$ in space. According to wave kinematics, such a group maximum spreads out in time with a group velocity v_x which is determined by the formula $v_x = d\nu/d(1/\lambda)$. Here $d\nu$ is the range of frequency, $d(1/\lambda)$ is the range of reciprocal wavelengths of the harmonic components of the wave group. In our present case we have $\delta(1/\lambda) = 1/\delta x^0$, and $\delta\nu = 1/t$, where t is the time of observation, and δx^0 the width of the group maximum. The velocity of expansion of the maximum is thus $v_x = \delta x^0/t$ decreasing with the time t. If one now introduces a wave dynamics in which one ascribes to the wave group a range of *momentum* [3] up to $m \cdot v_x$, where m is a factor characteristic of the substance of the waves, then one

[3] From the empirical point of view it is inconsistent to ascribe a range of momenta to a wave group, since δp_x can be verified only by means of a corpuscular interpretation of the diffracted cone of light. The whole argument is based on grounds just as objectionable as the argument criticised in footnote 2 on page 94. But it represents the ultimate attempt to describe quantum theory in classical terms.

arrives at the range

$$\delta p_x = mv_x = \frac{m \cdot \delta x^0}{t} \tag{8}$$

If this result of wave dynamics is re-interpreted into corpuscular language by replacing δx^0 by $h/\delta p_x{}^0$ it leads to formula (7) for δp_x. In this way quantum theory gives a wave dynamical derivation of the contraction of the range of corpuscular momenta.

It is characteristic that the expansion formula (2), and the contraction formula (3) both contain Planck's h. On the other hand, the two formulæ

$$\text{(6)} \quad \delta x = \frac{\delta p_x{}^0 \cdot t}{m} \qquad \text{and} \qquad \text{(8)} \quad \delta p_x = \frac{\delta x^0 \cdot m}{t},$$

which relate ranges of length to ranges of momentum, do not contain h. Multiplying (6) by (8) leads to the result that Heisenberg's product (1″) remains constant all the time:

$$\delta x \cdot \delta p_x = \delta x^0 \cdot \delta p_x{}^0 = P \cdot \Lambda = h.$$

We have compared in paragraph § 2 the two interpretations of one and the same optical signal with the English and the German interpretation of a sound signal, "eagle—Igel." If we receive a *succession* of sound signals, they use to represent a reasonable sense only in *one* of the two languages, for instance, the sense "eagle flies high," but the nonsense "Igel, Fleiss, Hai," meaning "hedgehog, diligence, shark." In the case of light signals sent out by matter, it happens, however, that both classical interpretations represent sense. This "sense" is the reason indeed that physicists have developed the corpuscular and the wave theory independently. It appears thus, that there exists a sort of Leibnitzian "prestabilized harmony" between the two classical theories. The assignment of quantum theory is to reveal the formal relation between the two languages. As example of such relations we mention Planck's formula $E/\nu = h$, de Broglie's $p \cdot \lambda = h$, Heisenberg's $\delta p_x \cdot \delta x = h$, Schrödinger's $p_x \rightarrow \frac{h}{2i\pi} \frac{\partial}{\partial x}$.

§ 4. FLUCTUATIONS.

A decisive argument in favor of the pretended corpuscular constitution of matter and light is often seen in the fact that one can *count* particles in a beam. Indeed, at small intensity a beam shows fluctuations *as though* it consisted of particles of a certain mass m or energy E. This argument is contested, however, by the fact that the beam, if its intensity is raised sufficiently, shows fluctuations of a magnitude as though the beam consisted of a group of interfering waves whose phases are distributed at random. The dynamic properties of the ray are determined in both cases by the same material constant m. In the wave theory the role of m can be seen from the example of equation (8) in § 3.

One is confronted then with the fact that in the case of small intensity a diffraction pattern can be calculated by means of the wave theory, and yet shows corpuscular fluctuations. This looks as though "the particles, of which the beam consists in reality, are guided by the interference rules of waves." Here one has forgotten, however, that one could have derived the same pattern by means of corpuscular collisions without employing interference.

Vice versa, after one has derived the diffraction pattern in a corpuscular manner (§ 2), one finds wave-like fluctuations at places of large intensity. This appears then as though "the beam consists in reality of waves whose intensity distribution in the pattern is ruled by corpuscular laws." Here one has forgotten that the same pattern could have been derived from the outset by means of a wave calculation.

Both classical theories fail to give account of the observed intensity and its fluctuations in the case of *intermediate intensities*. Here one starts either with photons which then are subject to the typical wave-like statistics of Bose; or one starts from the wave model of Jeans, and subjects it to the corpuscular statistics of quantized oscillators.

Let us add finally a few remarks on the frequently misinterpreted difference between classical and quantum-theoretical indeterminacy. The latter, as seen from Heisenberg's formula $\delta p_x \cdot \delta x = h$, relates the corpuscular to the wave interpretation of one and the same observation $\delta\Omega$. The indeterminacies of the distribution of particles found in beams of small intensity, however, have nothing to do with quantum theory, nor have the individual interference beats in rays of large intensity. For instance, if we have a small quantity of radium, we cannot predict the exact times at which single α-particles will escape. This is, however, exactly the same uncertainty as in the case of a small ball put in a large box with a small hole.[4] The task of quantum theory is only to calculate the magnitude of the radium-box in comparison with the magnitude of the hole (Gamow mount) and the energy of the α-ball, starting from certain general ideas concerning the structure of nuclei and applied to the nucleus of number 88. The uncertainty concerning the exact time of emission is then a purely classical affair. The same applies to the exact times of individual beats of α-waves that are emitted from a very strong radium preparation.

[4] In classical statistical mechanics it is the idea that the time of emission depends on particular initial conditions, whereas in the case of α-particles on is not even allowed to have the idea of such initial conditions; observing them would mean changing them.

Transitions Between Levels Spaced Almost Continuously

ALFRED LANDÉ
Mendenhall Laboratory, Ohio State University, Columbus, Ohio
(Received June 16, 1938)

The transition probabilities between closely spaced energy levels, when calculated according to the usual perturbation methods, lead to apparent infinities if the perturbation is finite. A more appropriate method of approximation which disposes of the infinities is worked out. The resulting finite transition probabilities are identical with the finite parts of the usual expressions in first and second order, but additional finite terms appear in orders higher than the second.

THE probabilities of transition between the levels of a continuous or almost continuous energy spectrum can always be treated in an unambiguous way as far as the first-order (direct) transitions are concerned. But the second-order transitions (through *one* intermediate state) give rise to infinite transition probabilities in the case of a continuous spectrum. Usually one splits up the resulting terms, in a more or less arbitrary way, into a finite part that is supposed to represent the physical facts, and an infinite part that is neglected without further justification. This procedure appears all the more ambiguous when one learns that different approximation methods lead to different convergent parts of diverging series. The omission of infinite terms seems to be based on the hope that the various infinite members would cancel one another if

Reprinted from *Phys. Rev.* **54**, 940–944 (1938).

only a proper way of approximation were introduced.[1] In the following we propose a method of approximation that is more appropriate to the case of a continuous energy spectrum. Furthermore, whereas the perturbation method is confined to perturbations that are small compared with the unperturbed intervals, we here strive to do away with this nonphysical restriction in the continuous case. The results obtained in this way turn out to be free from the infinities mentioned before. They allow one at the same time to trace down the origin of the infinities that appear in the usual perturbation method.

§1.

In order to show the divergence in question we first use an expansion with respect to the perturbation time τ. If

$$\Psi^0(x, t) = \sum_l a_l \psi_l^0(x) \exp [iE_l^0 t/h]$$

is an unperturbed ψ-function, and if a perturbing potential V is applied there will be a change of the coefficients a_l with the time

$$\dot{a}_l = \sum_k a_k(t) i v_{kl} \exp [i\omega_{kl} t], \tag{1}$$

where $\omega_{kl} = (E_k^0 - E_l^0)/h$

and $$v_{kl} = (1/h) \int \psi_k^0 V \psi_l^{*0} dx. \tag{2}$$

One can try to find the a_l after the time τ by means of a Taylor series

$$a_l(\tau) = a_l(0) + \tau \dot{a}_l(0) + (\tau^2/2!)\ddot{a}_l(0) + \cdots.$$

If one inserts on the right for $\dot{a}_l(0)$, $\ddot{a}_l(0)$ the values obtained from (1) and its derivatives, and assumes $a_n(0)$ to be unity and all the other $a_l(0)$ to be zero, one obtains the following power series with respect to the time τ:

$$a_l(\tau) = \frac{i\tau}{1!} v_{nl} + \frac{(i\tau)^2}{2!}[v_{nl}\omega_{nl} + \sum_j v_{nj} v_{jl}] + \frac{(i\tau)^3}{3!}[v_{nl}\omega_{nl}^2 + \sum_j v_{nj} v_{jl}\omega_{nl} + \sum_i \sum_j v_{nj} v_{ji} v_{il}] + \cdots. \tag{3}$$

[1] See L. Nordheim's remarks in *Théorie des chocs et du rayonnement* (Annales Institut Poincaré, 1936), p. 8.

This series can be rearranged in various ways. For instance, when transitions from E_n^0 to *neighboring levels* E_l^0 with small ω_{nl} are considered, one may rearrange (3) into a series with respect to powers of ω_{nl}. The resulting formula is not written down explicitly. When the *perturbation* is small one may rearrange (3) with respect to powers of V:

$$\left(\frac{\exp [i\omega_{nl}\tau] - 1}{\omega_{nl}}\right) v_{nl} + \left(\frac{\exp [i\omega_{nl}\tau] - 1}{\omega_{nl}^2} - \frac{i\tau}{\omega_{nl}}\right) \times \sum_j v_{nj} v_{jl} + \cdots. \tag{4}$$

The three power series with respect to τ, ω_{nl} and V do not represent the same values, however, because $a_l(\tau)$ does not converge *uniformly* in τ, ω_{nl} and V. In the most important applications τ as well as ω_{nl} and V are small, and the result will then entirely depend on the limiting process applied. In the series (4) the first power of V is multiplied by an exponential factor that contains already the highest powers of τ and ω_{nl}. In the case of radiation one is interested in finding the total probability $J(\tau)$ of transitions from an initial level n into a *range* of levels l distributed with the spectral density $\rho(E_l^0)$:

$$J(\tau) = \int |a_l(\tau)|^2 \cdot \rho(E_l^0) \cdot dE_l^0. \tag{5}$$

When using the first term (4) alone one obtains the well-known result

$$J(\tau) = \int \frac{\sin^2 (\omega_{nl}\tau)}{\omega_{nl}^2} |v_{nl}|^2 \rho(E_l^0) dE_l^0 = h\pi\tau \cdot \rho(E_n^0) \cdot |v_{nl}|^2_{l \to n} \tag{5'}$$

where the matrix element v_{nl} refers to a transition from E_n^0 to a level E_l^0 of the *same* energy. This first approximation becomes questionable, however, when one sees that the higher terms of (4) contain denominators ω_{nl}^2 which lead, when integrated in (5) over dE_l^0, to *infinities*. On the other hand $\sum_j$ in the second term of (4) will tend toward *zero* if the perturbation becomes small. In the limit when both ω_{nl} and V become small, one arrives at an indefinite product $\infty \cdot 0$, which contributes to the integral (5). In the case of a finite perturbation, but ever decreasing unperturbed intervals, the value of this product would approach ∞. This is just one example of the insufficiency of the perturbation method. Other series than the above for $a_l(\tau)$ with different divergent results (see below §4) have been used by various authors. Our aim is to get rid of the infinities altogether.

§2.

In order to obtain a convergent expression for the transition probability in the case of an almost continuous spectrum, we first derive a rigorous expression for $a_l(\tau)$ for any value of τ and for any magnitude of V. Approximations will be left to a later stage of the calculations (§3).

Up to the time 0 and after the time τ we have the unperturbed potential U^0 with eigenfunctions $\psi_k{}^0$. From 0 to τ the potential U^0+V gives rise to eigenfunctions $\psi_{m'}$ and eigenvalues $E_{m'}$. Before $t=0$ only the level $E_n{}^0$ shall be present with amplitude 1. We can then expand, at $t=0$, the unperturbed ψ-function into a series of perturbed ψ-functions:

$$\psi_{(x,\,0)}=\psi_n{}^0(x)=\sum_m c^*_{m'n}\psi_{m'}(x), \tag{6}$$

whose coefficients $c_{m'n}{}^*$ are defined by

$$\psi_{m'}=\sum_l c_{m'l}\psi_l{}^0 \quad \text{or} \quad c_{m'l}=\int\psi_{m'}\psi_l{}^{0*}dx. \tag{7}$$

By the time τ the wave function has become

$$\psi_{(x,\,\tau)}=\sum_{m'}c^*_{m'n}\psi_{m'}(x)\cdot\exp\left[iE_{m'}\tau/h\right]. \tag{7'}$$

Expanding this last function into the series

$$\psi_{(x,\,\tau)}=\sum a_l(\tau)\cdot\psi_l{}^0(x)\cdot\exp\left[iE_l\tau/h\right]$$

we find after equating the right-hand sides of the last two equations:

$$a_l(\tau)=\int\psi_{(x,\,\tau)}\cdot\psi^{0*}(x)\exp\left[-iE_l{}^0\tau/h\right]dx.$$

Using (6) and (7) we obtain

$$a_l(\tau)=\sum_{m'}\exp\left[i(E_{m'}-E_l{}^0)\tau/h\right]c_{m'l}c^*_{m'n}$$

for every l including $l=n$ and for every V. For $\tau=0$ we have in particular

$$a_l(0)=\sum_{m'}c_{m'l}c^*_{m'n}\ \text{which is}\ \delta_{nl}=\begin{matrix}1\\0\end{matrix}\ \text{for}\ \begin{matrix}l=n\\l\neq n\end{matrix} \tag{7''}$$

according to the completeness relation. Thus $a_l(\tau)$ for $l\neq n$ can also be written

$$a_l(\tau)=\sum_{m'}(\exp\left[i(E_{m'}-E_l{}^0)\tau/h\right]-1)\cdot c_{m'l}c^*_{m'n}. \tag{8}$$

The $c_{m'l}$ may be expressed in terms of the perturbation. Multiplying the wave equation for $\psi_{m'}$ by $\psi_l{}^{0*}$ and the wave equation for ψ_l by $\psi_{m'}$, subtracting the products and integrating over the space coordinates we obtain

$$c_{m'l}(E_{m'}-E_l{}^0)=V_{m'l} \tag{9}$$

$$\text{where}\qquad V_{m'l}=\int\psi_{m'}V\psi_l{}^{0*}dx.$$

Thus, if $E_{m'}\neq E_l{}^0$, one has $c_{m'l}=V_{m'l}/(E_{m'}-E_l{}^0)$. Next we show that $c_{m'l}$ is proportional to $c_{m'n}$. From (9) we have first

$$c_{m'l}=\frac{V_{m'l}}{E_{m'}-E_l{}^0}\quad\text{with}\quad V_{m'l}=\int\psi_{m'}V\psi_l{}^{0*}dx. \tag{10}$$

Under the integral we can replace $\psi_{m'}$ by the series

$$\psi_{m'}=c_{m'n}\psi_n{}^0+\sum_j{}'c_{m'j}\psi_j{}^0 \tag{10'}$$

where the sum is extended only over $j\neq n$. Each $c_{m'j}$ under the sum $\sum'$ can be replaced by a quotient as in (10), and the same process can be repeated. This iteration leads to the proportionality

$$c_{m'l}=\frac{c_{m'n}}{E_{m'}-E_l{}^0}\cdot V_{nl}{}^{(m')}, \tag{11}$$

where

$$V_{nl}{}^{(m')}=V_{nl}+\sum{}'_{j\neq n}\frac{V_{nj}V_{jl}}{E_{m'}-E_j{}^0}+\sum_{i\neq n}{}'\sum_{j\neq n}{}'\frac{V_{ni}V_{ij}V_{jl}}{(E_{m'}-E_i{}^0)(E_{m'}-E_j{}^0)}+\cdots \tag{12}$$

and where the V_{ij} are defined by

$$V_{ij}=\int\psi_i{}^0V\psi_j{}^{0*}dx.$$

Inserting this value of $c_{m'l}$ into (8) we obtain

$$a_l(\tau)=\sum_{m'}(\exp\left[i(E_{m'}-E_l{}^0)\tau/h\right]-1)\cdot\frac{V_{nl}{}^{(m')}}{E_{m'}-E_l{}^0}\cdot|c_{m'n}|^2. \tag{13}$$

All formulae so far are rigorous.

§3.

We now are going to carry out some approximations. Because of the factor (10)

$$|c_{m'n}|^2=\left|\frac{V_{m'n}}{E_{m'}-E_n^0}\right|^2,$$

the members m' of the sum (13) have a maximum for those m' whose energy $E_{m'}$ is close to E_n^0. If the perturbation happens to be of such a magnitude that *one* perturbed level $E_{m'}$ is found to be very close to E_n^0 (much closer than to E^0_{n+1} or E^0_{n-1}) then there is a very steep maximum for this particular m' which shall be called N' hereafter. If the perturbation V is varied slightly so as to shift $E_{N'}$ to a position say halfway between E_n^0 and E^0_{n+1}, then the maximum will be only moderately steep, and a number of members m' besides N' will contribute to the sum (13). We now introduce the ***assumption*** that in general, barring singular cases of discontinuous potential functions, the value of the sum (13) will not depend on such small variations of the magnitude of V that would shift $E_{N'}$ over an interval between E_n^0 and E^0_{n+1}. That is to say, we assume that the ***value*** of (13) does not depend on whether the magnitude of V is varied slightly such as to produce a very steep instead of a moderately steep maximum under the sum. We are then allowed to *calculate* the value of (13), in the case of an almost continuous energy spectrum, for such a magnitude of V that *one* $E_{m'}$ which is called $E_{N'}$ is very close to E_n^0 and thus contributes alone to the sum (13). This reduces (13) to

$$a_l(\tau)=\frac{\exp\left[i(E_{N'}-E_l^0)\tau/\hbar\right]-1}{E_{N'}-E_l^0}\cdot V_{nl}^{(N')} \qquad (14)$$

where $E_{N'}\sim E_n^0$ and where

$$V_{nl}^{(N')}=V_{nl}+\sum{}'_{j\neq n}\frac{V_{nj}V_{jl}}{E_{N'}-E_j^0}$$
$$+\sum{}_i'\sum{}_j'\frac{V_{ni}V_{ij}V_{jl}}{(E_{N'}-E_i^0)(E_{N'}-E_j^0)}+\cdots. \qquad (14')$$

The value of (14), according to our assumption, is independent of whether the perturbed level $E_{N'}$ is *very* close to or actually coincides with E_n^0. Thus we can finally write, without physical restriction, for $l\neq n$

$$a_l(\tau)=\frac{\exp\left[i(E_n^0-E_l^0)\tau/\hbar\right]-1}{E_n^0-E_l^0}\cdot V_{nl}^{(n)}, \qquad (15)$$

where

$$V_{nl}^{(n)}=V_{nl}+\sum{}'_{j\neq n}\frac{V_{nj}V_{jl}}{E_n^0-E_j^0}$$
$$+\sum{}_i'\sum{}_j'\frac{V_{ni}V_{ij}V_{jl}}{(E_n^0-E_i^0)(E_n^0-E_j^0)}+\cdots. \qquad (15')$$

The first-order term of (15′) is identical with that of (14′); the higher terms of (15′) and (14′) agree if our assumption is correct. Inserting (15) in the integral (5) one obtains

$$J(\tau)=\pi\tau\hbar\cdot\rho(E_n^0)\cdot|(1/\hbar)V_{nl}^{(n)}|^2{}_{E_l^0\to E_n^0}. \qquad (16)$$

In contrast to (4), our result (15) (15′) does not contain denominators $E_l^0-E_n^0$ in higher than first order, ***the integral over $a_l(\tau)$ will not give rise to infinities.***

§4.

Comparison with other solutions. The expression (4) for $a_l(\tau)$ contains denominators $\omega_{nl}=E_n^0-E_l^0$ and also higher powers of ω_{nl} which give rise to infinities in the integral $J(\tau)$. The same infinities reappear in the well-known result[2] given by the perturbation theory:

$$V_{nl}+\left(\sum{}'_{j\neq n}\frac{V_{nj}V_{jl}}{E_n^0-E_j^0}-\frac{V_{nm}V_{nl}}{E_n^0-E_l^0}\right)+\cdots. \qquad (17)$$

The second-order term is identical, in its first part, with our expression (15′). Its second part, however, contains the fatal denominator ω_{nl} which leads to an infinity in $J(\tau)$. The origin of this term as the result of the perturbation method can be traced down as follows. Going back to the equations (14) and (14′) and applying them to so small a perturbation V that $E_{N'}$ is the perturbed level of E_n^0 itself (instead of that of a distant unperturbed level) one may expand the denominators $(E_{N'}-E_l^0)$ in terms of

[2] See E. C. Kemble, *Quantum Mechanics* (McGraw-Hill, 1937), p. 386, formula (47.27).

the unperturbed levels, that is, one may write in (14)

$$V_{nl}{}^{(N')}\frac{1}{E_{N'}-E_l{}^0}=\left(V_{nl}+\sum'_{j\neq n}\frac{V_{nj}V_{jl}}{E_{N'}-E_l{}^0}+\cdots\right)\left(\frac{1}{E_n{}^0-E_l{}^0}-\frac{E_{N'}-E_n{}^0}{(E_n{}^0-E_l{}^0)^2}+\cdots\right)$$

If we neglect all terms of higher than second order, and notice that $E_{N'}-E_n{}^0=V_{nn}$ because of (9) and (7), we obtain

$$\frac{1}{E_n{}^0-E_l{}^0}\left[V_{nl}+\sum_j'\frac{V_{nj}V_{jl}}{E_n{}^0-E_l{}^0}-\frac{V_{nn}V_{nl}}{(E_n{}^0-E_l{}^0)}+\cdots\right];$$

hence according to (14)

$$a_l(\tau)=\frac{\exp\left[i(E_{N'}-E_l{}^0)\tau/\hbar\right]-1}{E_n{}^0-E_l{}^0}\cdot\left[V_{nl}+\left(\sum_j'\frac{V_{nj}V_{jl}}{E_n{}^0-E_l{}^0}-\frac{V_{nn}V_{nl}}{E_n{}^0-E_l{}^0}\right)+\cdots\right].$$

The square bracket turns out to be identical with (17), whereas the time factor before the bracket contains $E_{N'}$ in its exponent and $E_n{}^0$ in its denominator, instead of $E_{N'}$ in both places as in (14) or $E_n{}^0$ in both places as in (15). The nonconvergent term in the usual expression (17) is thus found to originate from an inconsistency of approximation: If in (14), when passing over to (15) one would replace $E_{N'}$ by $E_n{}^0$ only in the denominator but not in the exponent, then $a_l(\tau)$ would converge toward const/0$=\infty$ instead of toward 0/0= finite for $E_l{}^0\to E_n{}^0$.

The divergent series (4) is correct only in its first-order convergent term. The divergent series (17) agrees with our result only in its first- and second-order terms and only when the divergent part of the latter is dropped. Our third- and higher-order terms differ however from the usually given expressions[1] which read in third order

$$\sum_i'\sum_j'\frac{v_{ni}v_{ij}v_{jl}}{\omega_{ni}\omega_{ij}}$$

in contrast to our

$$\sum_i'\sum_j'\frac{v_{ni}v_{ij}v_{jl}}{\omega_{ni}\omega_{nj}}.$$

The latter can be transformed by virtue of

$$\frac{1}{\omega_{ni}\omega_{nj}}=\frac{1}{\omega_{ni}\omega_{ij}}+\frac{1}{\omega_{nj}\omega_{ji}}$$

for $E_n{}^0\to E_l{}^0$ into the more symmetrical form

$$\sum_i'\sum_j'\left(\frac{v_{ni}v_{ij}v_{jl}}{\omega_{ni}\omega_{ij}}+\frac{v_{ni}v_{ij}v_{jl}}{\omega_{ij}\omega_{jl}}\right)\tag{18}$$

whose first part is identical with the usually given third-order term. Not so, however, the second part of (18) since the state n is different from the state l although $E_n{}^0=E_l{}^0$. The customary expression[3] is asymmetric in so far as it contains in its denominator the interval between the initial and the first intermediate level but lacks the interval between the last intermediate and the final level.

A few remarks may be added about *degeneracy*. In general V_{nl} does not vanish. If, however, for a group of final states l in the neighborhood of n, all the V_{nl} happen to vanish like $(E_n{}^0-E_l{}^0)$, then we have degeneracy: The group l together with n may be considered as having had originally exactly the same energies, then as being separated first by a potential, say $(1/10)V$, to which is added later the perturbation $(9/10)V$. The relation $V_{nl}=0$ means then that V is *adapted* to the originally coinciding states in so far as both the integrals

$$\int\psi_n{}^0\psi_l{}^{0*}dx\quad\text{and}\quad\int V\cdot\psi_n{}^0\psi_l{}^{0*}dx$$

vanish. If V_{nl} vanishes like $(E_n{}^0-E_l{}^0)^2$ then the second-order term in (15′) will also vanish, and the series begins with the third-order term. The difference between our formula and the customary expression would then have physical significance.

[3] See for instance reference 1, p. 10, formula (3.8)

SOMMERFELD'S FINE STRUCTURE CONSTANT AND BORN'S RECIPROCITY.

BY

ALFRED LANDÉ,

Professor of Theoretical Physics, Mendenhall Laboratory, Ohio State University.

SUMMARY.

The problem of the electronic charge distribution together with that of the magnitude of Sommerfeld's fine structure constant $\alpha = 2\pi e^2/hc = 1/137$ is reduced to a *linear homogeneous integral equation* for the density amplitude ψ. The kernel depends on the parameter α, and every value of α determines an eigenfunction. One eigen value α and one eigenfunction is selected by an additional condition which is, the energy balance. The results are based on a hyperbolic sine relation between the momentum measurements of an inside and an outside observer, and on a similar relation between the space measurements of the two observers. Whereas the relations in momentum space are derived from the familiar Einstein energy-momentum equation, the space geometry of the particle is obtained by an application of the principle of reciprocity of M. Born.[1]

§1. EXTERNAL VERSUS PROPER OBSERVER OF THE PARTICLE. NEW SPACE GEOMETRY OF THE PARTICLE.

When a particle is accelerated from $p = 0$ to a momentum p (as observed by an outside observer), we may ask, what would be the *proper* increase of this momentum for an observer who is placed on the accelerated particle itself? The answer can be derived from the Einstein relation between energy and momentum (for an outside observer):

$$(\epsilon/c)^2 = (m_0c)^2 + p^2$$

or, when using reduced values

$$E = \epsilon/m_0c^2, \qquad P = p/m_0c, \tag{1}$$

from the equation

$$E^2 = 1 + P^2 \qquad \text{hence} \qquad E\cdot dE = P\cdot dP, \tag{2}$$

defining a *hyperboloid* in the $EP_xP_yP_z$ space. An increment dP is the projection of an increment dP' on the hyperboloid

$$dP' = (dP^2 + dE^2)^{\frac{1}{2}}.$$

The proper value of this increment is obtained, however, by

[1] M. Born, *Proc. Roy. Soc. A*, 165, p. 291, 1938.

Reprinted from *J. Franklin Inst.* **498**, 495–502 (1939).

dividing dP' by the proper unit of length which is, by the distance $(P^2 + E^2)^{\frac{1}{2}}$ of the line element from the center:

$$dP^0 = \left(\frac{dP^2 + dE^2}{P^2 + E^2}\right)^{\frac{1}{2}}$$

for which we can write, by virtue of (2)

$$dP^0 = \frac{dP}{(1 + P^2)^{\frac{1}{2}}}. \tag{3}$$

The momentum increase from 0 to P for an outside observer thus corresponds to a proper increase from 0 to

$$P^0 = \int_0^P \frac{dP}{(1 + P^2)^{\frac{1}{2}}} = \ln\left[P + (1 + P^2)^{\frac{1}{2}}\right] = \text{Sinh}^{-1} P.$$

Vice versa we have

$$P = \text{Sinh}\, P^0. \tag{3'}$$

For small values of $P = p/m_0c$ the difference between P^0 and P is negligible. But if p is as large as h/D where D is the electric diameter of the particle, the ratio P to P^0 becomes of the order of 100, as was shown in a Letter to the Editor of the Physical Review.[2]

Next we ask for the volume element dW in the ordinary P-space as compared to that in the proper momentum space, dW^0. The volume element in the curved space of the hyperboloid (2) is

$$dW' = dP_x dP_y dP_z \left[1 + \left(\frac{\partial E}{\partial P_x}\right)^2 + \left(\frac{\partial E}{\partial P_y}\right)^2 + \left(\frac{\partial E}{\partial P_z}\right)^2\right]^{\frac{1}{2}}$$

$$= \left(\frac{1 + 2P^2}{1 + P^2}\right)^{\frac{1}{2}} dW.$$

The proper value of this volume element is obtained by dividing dW' by the proper unit of length (not by its cube, because the Lorentz contraction applies only to the longitudinal direction):

$$dW^0 = \frac{dW'}{(P^2 + E^2)^{\frac{1}{2}}} = \frac{dW}{(1 + P^2)^{\frac{1}{2}}}. \tag{4}$$

These formulae are consequences of the *Einstein* equation (2).

[2] A. Landé, *Phys. Rev.*, Sept. 1, 1938.

We now introduce a new set of formulae relating the space measurements of an outside observer to those of an internal observer. If r is the distance from the center, we introduce a dimensionless reduced distance R and *postulate a new geometry* for the inside observer of the particle. His reduced line element shall be (compare with (3))

$$dR^0 = \frac{dR}{(1 + R^2)^{\frac{1}{2}}};$$

hence

$$R = \operatorname{Sinh} R^0, \tag{5}$$

and his volume element (compare with (4))

$$dV^0 = \frac{dV}{(1 + R^2)^{\frac{1}{2}}}.$$

These relations are derived from an equation *reciprocal* (in the sense of *Born's principle of reciprocity*) to Einstein's equ. (2):

$$(ct)^2 = (\gamma e^2/m_0c^2)^2 + r^2,$$

$$\frac{dr}{dt} = c\sqrt{1 + \gamma e^2/m_0c^2r)^2} > c \tag{6}$$

with a numerical factor γ. Introducing

$$R = rm_0c^2/e^2\gamma, \qquad T = tm_0c^2/e^2\gamma, \tag{6'}$$

our new fundamental equation of the particle reads

$$T^2 = 1 + R^2. \qquad \frac{dR}{dT} = \sqrt{1 + (1/R)^2}. \tag{7}$$

If t is interpreted as the time for a *signal* travelling along r then (6) means that the time $\gamma e^2/m_0c^3$ is saved from infinity to the center of the particle. This agrees with an earlier result of *Dirac's*,[3] who derived from *classical* considerations that the time saved by a signal from infinity to the center of the particle is $2e^2/3m_0c^3$. Thus $\gamma = 2/3$ might be correct, although Dirac's result concerns only the *major part* of the signal, and $\gamma = 1$ might still be true.

[3] P. A. M. Dirac, *Proc. Roy. Soc. A*, 167, p. 148, 1938.

§2. TWOFOLD COORDINATION OF PROBABILITY AMPLITUDES. THE INTEGRAL EQUATION.

In terms of the dimensionless quantities R and P (1) (6′) and of Sommerfeld's fine structure constant $\alpha = 2\pi e^2/hc$ we can write

$$\frac{2i\pi}{h}p\cdot r = i\alpha\gamma PR = i\alpha' PR \qquad \text{with} \qquad \alpha' = \alpha\gamma. \tag{8}$$

The density amplitude in space and the abundance amplitude in momentum space (for an outside observer) are then related by the equation

$$\psi(R) = \left(\frac{\alpha'}{2\pi}\right)^{\frac{3}{2}}\int\!\!\int\!\!\int \chi(P)\exp\left[i\alpha'(P\cdot R)\right]\cdot dW \tag{9}$$

and its inversion

$$\chi(P) = \left(\frac{\alpha'}{2\pi}\right)^{\frac{3}{2}}\int\!\!\int\!\!\int \psi(R)\exp\left[-i\alpha'(P\cdot R)\right]\cdot dV. \tag{9′}$$

We are now going to apply quantum theory not only to the external but also to the internal observer. The latter shall be supposed to live in a world with a "natural" quantum of action h_0 relating his proper momentum and space coordinates. Since both worlds are related by the transformation formulae of §1, h_0 will be calculable from h. Or, putting

$$h = 2\pi e^2/c\alpha \qquad \text{and} \qquad h_0 = 2\pi e^2/c\alpha_0, \tag{10}$$

α_0 will be calculable from α and $\alpha_0' = \alpha_0\gamma$ from $\alpha' = \alpha\gamma$. In the present state of the theory we know α to be near 1/137. This will lead in §3 to a "natural" value of α_0 near *unity*. A future theory might start from assuming α_0 to be unity and then try to calculate the numerical value of the fine structure constant α.

Quantum theory in the proper system shall be governed by the equation, using α_0' instead of α',

$$\chi^0(P^0) = \left(\frac{\alpha_0'}{2\pi}\right)^{\frac{3}{2}}\int\!\!\int\!\!\int \psi^0(R^{0\prime}) \times \exp\left[-i\alpha_0'(P^0\cdot R^{0\prime})\right]\cdot dV^{0\prime} \tag{11}$$

and its inversion analogous to (9) (9′). (The letters $R^{0\prime}$ and $V^{0\prime}$ are written instead of R^0 and V^0 in order to have R^0

available later.) It is plain that two quantum theories, one with h and one with h_0 in the two spaces cannot co-exist in general. But the point is that if we *postulate* them to co-exist then we come to a special case, to a ψ-function representing a *particle*. (9) connects ψ with χ, (11) connects ψ^0 with χ^0. In addition we have the following relations between χ, ψ and χ^0, ψ^0:

$$\psi^2 dV = (\psi^0)^2 dV^0, \qquad \chi^2 dW = (\chi^0)^2 dW^0, \tag{12}$$

completing the cycle $\psi\chi\chi^0\psi^0\psi$. Thus, beginning with ψ in (9) we substitute on its right under the integral

$$\chi(P)dW = \chi^0(P^0)\sqrt{dWdW^0}$$

(see (4)). Then we replace $\chi^0(P^0)$ by the integral (11) over $\psi^0(R^0)$ and substitute

$$\psi^0(R^{0\prime})dV^{0\prime} = \psi(R')\sqrt{dV'dV^{0\prime}}.$$

In this way we arrive at the integral equation

$$\psi(R) = \left(\frac{\alpha'\alpha_0'}{4\pi^2}\right)^{3/2} \iiint \left[\iiint \exp(i\alpha' PR) \times \exp(-i\alpha_0' P^0 R^{0\prime})\sqrt{dWdW^0}\right]\psi(R')\sqrt{dV'dV^{0\prime}}.$$

In the case of spherical symmetry we obtain easily

$$\psi(R) = \left(\frac{\alpha'\alpha_0'}{4\pi^2}\right)^{3/2} \int\left[\int \frac{\sin(\alpha' PR)}{(\alpha' PR)} \frac{\sin(\alpha_0' P^0 R^{0\prime})}{(\alpha_0' P^0 R^{0\prime})} \times \frac{4\pi P^2 dP}{(1+P^2)^{1/4}}\right]\psi(R')\frac{4\pi(R')^2 dR'}{(1+R'^2)^{1/4}}, \tag{13}$$

where P^0 and P, $R^{0\prime}$ and R' are related by (3′) and (5). (13) is a homogeneous integral equation for $\psi(R)$ with the kernel

$$K(R, R', \alpha', \alpha_0') = \left(\frac{\alpha'\alpha_0'}{4\pi^2}\right)^{1} \int_0^\infty \frac{\sin(\alpha' PR)}{(\alpha' PR)} \times \frac{\sin(\alpha_0' \operatorname{Sinh} P \operatorname{Sinh} R')}{(\alpha_0' \operatorname{Sinh} P \operatorname{Sinh} R')} \frac{4\pi P^2 dP}{(1+P^2)^{1/4}}. \tag{14}$$

The kernel is unsymmetric in R and R' and contains the two parameters $\alpha' = \alpha\gamma$ and $\alpha_0' = \alpha_0\gamma$. If one of them is given then every value of the other leads to a solving eigenfunction ψ, normalized to unity. We now introduce the additional condition[4]

$$\int\int \frac{1}{R_{12}} \psi(R_1)^2 \psi(R_2)^2 dV_1 dV_2 = \gamma, \tag{15}$$

that is, because of $R = rm_0c^2/e^2\gamma$, the condition that the electrostatic energy of the charge cloud shall be m_0c^2. This additional condition then selects one eigenvalue α', if α_0' is given, and vice versa. The theory is based on two ideas: (A) the classical equation $T^2 = 1 + R^2$ reciprocal to $E^2 = 1 + P^2$; (B) the coordination of the quantum functions ψ, χ of (9) and ψ^0, χ^0 of (11).

§3. APPROXIMATE SOLUTION OF THE INTEGRAL EQUATION.

Before trying to solve the integral equation (13) we must get acquainted with the kernel (14). Its values for various arguments cannot be obtained without much numerical work. But we may try at least a very rough approximation, not so much in order to obtain numerical results than to study the general type of problem involved. Our approximation shall consist in replacing the functions (sin x/x) under the integral (14) by *zero* for values $x > 2\pi$, and by a *constant* C for $x < 2\pi$. The integral in (14) then reduces to

$$J = C^2 \int_0^{P^{0*}} 4\pi\,(\text{Sinh}\,P^0)^2\,(\text{Cosh}\,P^0)^{\frac{1}{2}}\,dP^0.$$

Instead from 0 to ∞ the integral runs from 0 to an upper limit P^{0*} which is the *smaller* of the two values P^{0*} defined by

$$\alpha_0' P^{0*} R^{0'} = 2\pi \text{ resp. } \alpha' \,\text{Sinh}\, P^{0*}\, \text{Sinh}\, R^0 = 2\pi.$$

That is, P^{0*} is the *smaller* of the two values

$$P^{0*} = 2\pi/\alpha' R^{0'} \text{ resp. } P^{0*} = \text{Sinh}^{-1}\,(2\pi/\alpha'\,\text{Sinh}\,R^0). \tag{16}$$

The kernel (14) is thus

$$K(R^0, R^{0'}, \alpha_0'\alpha') = \left(\frac{\alpha'\alpha_0'}{4\pi^2}\right)^{\frac{1}{2}} 4\pi\,(\text{Sinh}\,R^{0'})^2\,(\text{Cosh}\,R^{0'})^{\frac{1}{2}}\,J(P^{0*})$$

[4] For this additional condition as well as for many important critical remarks I am very much indebted to Prof. L. H. Thomas

where J is now to be considered as a function of its argument P^{0*}. So we have *two cases*:

$$\text{Sinh } (2\pi/\alpha_0'R^{0\prime}) > 2\pi/\alpha' \text{ Sinh } R^0. \qquad (17\text{ I})$$

Here K is an asymmetric function of R^0 and $R^{0\prime}$.

$$\text{Sinh } (2\pi/\alpha_0 R^{0\prime}) < 2\pi/\alpha' \text{ Sinh } R^0. \qquad (17\text{ II})$$

Here K depends on $R^{0\prime}$ alone and not on R^0.

The boundary between the two cases is given by the equation

$$\text{Sinh } (2\pi/\alpha_0'R^{0\prime}) = 2\pi/\alpha' \text{ Sinh } R^0, \qquad (18)$$

representing a boundary *line* in the $R^0R^{0\prime}$ plane drawn in fig. 1. The point A on this curve marks the point where R^0 equals $R^{0\prime}$. When solving the integral equation (13) with

FIG. 1.

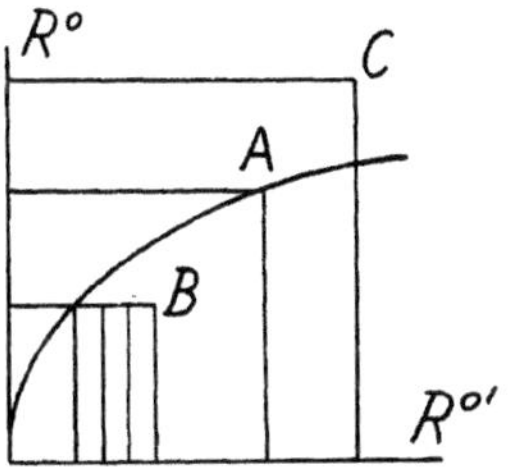

the simplified kernel we may first try to get a solution for a *finite* range of R^0, supposing that ψ outside of this range is *negligible*. The kernel is then to be defined in a corresponding finite range, that is, within a finite square of fig. 1. Three such cases are drawn in fig. 1 supposing that ψ is negligible beyond A, B, C respectively. At the same time one may approximate the integral equation by a system of linear homogeneous equations for the values of ψ at various points $R_1^0R_2^0R_3^0 \cdots$. The kernel is then the determinant of the set. Its elements are

$$K_{mn} = K(R_m{}^0R_n{}^{0\prime}).$$

Now if α' is such as to produce the case I, then the determinant is an unsymmetric scheme of elements K_{mn}, and the determinant will not vanish in general. In case II however, the determinant will have many equal columns. Thus the integral equation will have not only one but many independent solutions. The only case where there is *one* definite solution is found at the boundary between the two cases. If in fig. 1 we consider the three squares A, B, C resp. as being filled with the elements K_{mn} of the determinant K, then the square B contains many equal columns, entered as vertical lines. The column C does not contain equal columns at all. Only the square A represents the boundary case where equal columns just begin to appear, leading to *one* definite solution of the integral equation.

Thus, for a certain value of α_0' we have first to draw the boundary line (18) in the $R^0R^{0\prime}$ plane. Then we have to find the point A on it where $R^0 = R^{0\prime}$. This point is determined by the equation

$$\text{Sinh}\ (2\pi/\alpha_0'R^0) = 2\pi/\alpha'\ \text{Sinh}\ R^0,$$

that is by the equation

$$\text{Sinh}\ (2\pi/\gamma\alpha_0R^0) = (2\pi/\gamma\alpha R). \tag{19}$$

(The factors 2π on both sides are due to our neglecting of $\sin x/x$ beyond $x = 2\pi$.) In order to satisfy the additional condition of the electrostatic self energy we have to deal with a ψ function that is negligible outside the usual electrostatic radius $r = 2e^2/3m_0c^2$, that is, we have to take R in (19) equal to $2/3\gamma$, and R^0 equal to $\text{Sinh}^{-1}\ (2/3\gamma)$. If $\gamma = 2/3$ (see end of §1) then $R = 1$ and $R^0 = 0.88$. Putting $1/\alpha = 137$ we then have on the right of (19) a number of order $2\pi\cdot 137$. However, $2\pi\cdot 137$ happens to be numerically close to Sinh (2π). Thus the argument of Sinh on the left of (19) must be of order 2π, and $\gamma\alpha_0R^0$ of order unity. Since γR^0 is of order unity *the same must then be true of* α_0 *itself*. According to this very rough approximative consideration the appearance of 137 has its numerical origin in the fact that the ratio of 2π to Sinh (2π) is of order 1 to 137.

It gives me great pleasure that I can refer to a paper of M. Born's on the same subject to be published soon by the Royal Society of Edinburgh.

The Structure of Electric Particles and the Number 137

In a recent letter to the editor[1] I reported the purely empirical result that the uncertainty product of the ranges in space and in momentum space of an electric particle, $\Delta p\cdot\Delta r=h=137\cdot 2\pi e^2/c$, is reduced to a product $\Delta p^0\cdot\Delta r^0\approx 2\pi e^2/c$ without the factor 137 if Δp^0 and Δr^0 are the *proper* ranges as measured by an observer on the particle itself. The result was based on Einstein's energy-momentum relation ($E^2=1+P^2$ in reduced units) and on a similar space-time relation ($T^2=1+R^2$ in reduced units). The latter equation (postulate A), established in (I) for the first time, was to characterize the particle in a fashion "reciprocal" to Einstein's relation in the sense of *Born's principle of reciprocity*.[2] The physical meaning of $T^2=1+R^2$ is that a signal sent across the particle travels at a velocity larger than c, in agreement with an earlier result of Dirac's.[3] If, according to Dirac, the time saved by such a signal from infinity to the center of the particle, is $2e^2/3m_0c^3$, then our reduced coordinates are to be

$$R=r\cdot(m_0c^2/e^2\gamma),\qquad T=ct\cdot(m_0c^2/e^2\gamma)$$

with $\gamma=\frac{2}{3}$. However, the question of the magnitude of the factor γ is not quite settled; it is a question of the *classical* theory of the electron.

Starting from the classical equation $T^2=1+R^2$ and from the empirical result of (I) we have tried to work out a more consistent quantum theory of the particle with the aim of having the Sommerfeld fine structure constant $\alpha=1/137$ appear as the eigenvalue of a linear integral equation whose eigenfunction under an additional condition is the density amplitude $\psi(r)$ of the electric particle (irrespective of its mass). With $\alpha=e^2/\hbar c$ and with $\alpha'=\alpha/\gamma$ the Fourier expansion of quantum theory reads

$$\psi(R)=(\alpha'/2\pi)^{\frac{3}{2}}\int\int\int\chi(P)\exp\left[i\alpha'(P\cdot R)\right]dV_P$$

and its inversion. We introduce a similar equation for the *proper* reduced coordinates and momenta (compare with (I)) $P^0=\sinh^{-1}P$ and $R^0=\sinh^{-1}R$, namely (Postulate B):

$$\chi^0(P^0)=(\alpha_0'/2\pi)^{\frac{3}{2}}\int\int\int\psi^0(R^0)\exp\left[-i\alpha_0'(P^0\cdot R^0)\right]dV^0$$

and its inversion. Here we have used $\alpha_0'=\alpha_0/\gamma$ where α_0 is a "proper" fine structure constant to be determined later. Identifying ψ^2dV with $(\psi^0)^2dV^0$ and χ^2dV_P with $(\chi^0)^2dV_P{}^0$ we obtain a closed chain of equations expressing ψ by χ, χ^0, ψ^0, ψ, and resulting in a *linear integral equation*[4] for $\psi(R)$ whose unsymmetrical kernel K depends on the two parameters α and α_0 since γ is known classically:

$$\psi(R)=\int K(R,R',\alpha_0,\alpha)\cdot\psi(R')\cdot dR'.$$

On the suggestion of L. H. Thomas we add the condition that the electrostatic self-energy equals the rest energy m_0c^2. In our reduced coordinates this condition reads

$$\int\int(1/R_{12})\cdot\psi^2(R_1)\cdot\psi^2(R_2)\cdot dV dV_2=\gamma.$$

The integral equation is solved, according to a very rough approximative consideration,[4] by an eigenvalue α_0 of order *unity* if we assume α to be 1/137, and by an eigenvalue α of order 1/137 if we assume α_0 to be unity. The latter value would amount to a "proper quantum" $\hbar_0=e^2/c$ applying to the proper space, as against $\hbar=e^2/\alpha c$.

There is the objection to (B) that *two* quantum theories, one with $\hbar$ and one with $\hbar_0$ cannot hold simultaneously on the ground of the transformation theory. This is true in general. But the point is that if we *require* them to coexist then we are led automatically to special ψ-functions, those representing a *particle*.

Alfred Landé

Ohio State University,
Columbus, Ohio,
June 28, 1939.

[1] A. Landé, Phys. Rev. **56**, 482 (1939), quoted as (I).
[2] M. Born, Proc. Roy. Soc. **A165**, 291 (1938).
[3] P. A. M. Dirac, Proc. Roy. Soc. **A167**, 148 (1938).
[4] To be published in the J. Frank. Inst. (1939).

Reprinted from *Phys. Rev.* **56**, 486 (1939).

ON THE EXISTENCE AND THE MAGNITUDE OF ELECTRONIC CHARGES.

BY

ALFRED LANDÉ,

Professor of Theoretical Physics, Mendenhall Laboratory, Ohio State University.

SUMMARY.

In order to quantize Dirac's classical point electron[1] we supplement Einstein's classical equation $(E/c)^2 - p^2 = b^2$ with a reciprocal classical equation $(c\Delta t)^2 - (\Delta r)^2 = a^2$ where $b = mc$ and a is Dirac's signal radius. Δt is the time saved by a light signal in various states of motion of the electron, and a/c is the rest time saved. Our former efforts[2] of obtaining an integral equation for the probability amplitude have been rectified by Born.[3] There is no solution of the integral equation, however, unless advanced and retarded phases are introduced simultaneously, along with Dirac's advanced and retarded potentials. We have obtained a transcendental equation for the eigen-value $\mu = \alpha\gamma$ where α is the Sommerfeld fine-structure constant, and γ is the numerical factor in Dirac's signal radius $a = \gamma e^2/mc^2$. The smallest eigen-value is $\mu = 0.0299$. That is, $ab = \hbar\mu = h/210$.

1. CLASSICAL THEORY OF THE POINT ELECTRON.

The Lorentz-Einstein theory ascribes the rest mass of an electric particle to the Coulomb potential of its charge cloud. Quantum theory, when considering the charge cloud as a probability cloud in order to avoid its explosive tendency, cannot overlook the fact that a small radius in space implies a large range in momentum space with energies of *motion* that would be about 100 times as large as the energy of the *rest* mass. Furthermore, since particles can have a mass without having a charge, the electrostatic theory of the mass

[1] P. A. M. Dirac, *Proc. Roy. Soc.*, A167, 148, 1938.
[2] A. Landé, *Phys. Rev.*, **56**, 482, 1939. JOURN. FRANK. INST., **228**, 459, 1939.
[3] M. Born, *Proc. Roy. Soc. Edinburgh*, **49**, 219, 1939.

Reprinted from *J. Franklin Inst.* **229**, 767–774 (1940).

cannot be maintained any more. For these reasons *Dirac* has reexamined the problem of the classical point electron. His chief result was that the usual singularities in the field of a point charge can be avoided if one considers the point charge as subject to the *difference* of the advanced and retarded potential produced by its own past and future path. Without resorting to a finite radius of the particle, an electronic "radius" re-appears in Dirac's theory in a quite new fashion. If a short light signal is sent toward the electron then the latter reacts already a long (infinite) time before the light signal could normally arrive at the charged point. The time saved by the bulk of the signal, as compared with a normal light signal, is $\tau = a/c$ where a may be called the "signal radius" of the particle. It is hard to obtain an exact definition of the magnitude of a. In Dirac's theory the reaction of the electron to the signal is described by functions exp (r/r_0) with $r_0 = 2e^2/3mc^2$. Therefore one may put $a = 2r_0$ or $a = r_0$ depending on whether one ascribes the time saved by the signal to the receiving electron alone or to the transmitting electron as well. According to another customary definition of the "width" of the signal one might take the value of the signal radius 2π times as large. In view of this indefiniteness we write

$$a = \gamma e^2/mc^2 \tag{1}$$

with an unknown numerical factor γ of order $\frac{2}{3}$ or $2\pi\frac{2}{3}$. The signal time saved is $\Delta t = a/c$. During the time Δt the electron has travelled the distance $\Delta r = 0$. This applies to an electron at rest and an observer at rest. If both are in the same state of motion, then the respective values are $\Delta t' = a/c$ and $\Delta r' = 0$. Relativity requires $(c\Delta t)^2 - (\Delta r)^2 = (c\Delta t')^2 - (\Delta r')^2$. Thus we obtain in general

$$(c\Delta t)^2 - (\Delta r)^2 = a^2 \quad \text{where} \quad a = \gamma e^2/mc^2. \tag{2}$$

Various values of Δt and Δr as viewed by an observer at rest are found on the hyperboloid defined by equation (2).

The signal equation (2) is of the same form as Einstein's equation

$$(\epsilon/c)^2 - p^2 = b^2 \quad \text{where} \quad b = mc. \tag{3}$$

The principal feature of this equation is that it is invariant under rotations but is not invariant under translations. The energy and the momentum of a particle can be found only on the hyperboloid defined by equation (3). There can be no "reciprocity" of the ϵ, p space and the space t, r since space-time relations must be invariant under translations as well. This is the reason that an amplitude function $\chi(\epsilon, p)$ has a physical meaning, but a function $\psi(t, r)$ describing the probability amplitude of position in space-time is meaningless. On the other hand, a probability amplitude of finding various values of the intervals Δt and Δr can have a physical meaning.

The invariant volume element in the p-space of equation (3) is

(4) $$dw_0 = p^2 dp d\phi d(\cos\theta)[1 + (p/b)^2]^{-\frac{1}{2}},$$

and the invariant volume element in the Δr-space of equation (2) is

(4′) $$dv_0 = (\Delta r)^2 d(\Delta r) d\varphi d(\cos\vartheta)[1 + (\Delta r/a)^2]^{-\frac{1}{2}}.$$

It is convenient to use the reduced dimensionless coördinates

(5) $$P = p/b, \quad E = \epsilon/bc, \quad D = \Delta r/a, \quad T = c\Delta t/a.$$

The proper value of P for an observer accelerated along with the electron is

(6) $$P_0 = \int_0^P dP(1 + P^2)^{-\frac{1}{2}} = \sinh^{-1} P.$$

Similarly we may use the abbreviation

(6′) $$D_0 = \sinh^{-1} D.$$

2. QUANTIZATION OF THE POINT ELECTRON.

The quantum theory of the electric particle shall be founded on the assumption that, the more exact we measure the distance Δr of equation (2) the less exact will be our simultaneous determination of the momentum p of equation (3). That is, we consider the probability amplitudes $\chi(p)$ and $\psi(\Delta r)$ as conjugate in the sense of the quantum theory. Our first attempt [2] to use this conjugacy was put on a reasonable basis by Born [3] whose work we are going to modify again.

First, Born's integral equation is the iteration of a much simpler one. Second, it is necessary to imitate Dirac's method of the advanced and retarded potentials; otherwise the resulting equation would be meaningless.

In terms of the reduced coördinates (5) and with the abbreviation

$$(7) \qquad \mu = ab/\hbar = \gamma \cdot (e^2/mc^2) \cdot (mc)/\hbar = \gamma \cdot \alpha,$$

the Fourier relations between ψ and χ read

$$(8) \quad \psi(D, T) = (\mu/2\pi)^{\frac{3}{2}} \int \chi(P, E) \times \exp \{i\mu(P \cdot D - ET)\} dW_0,$$

$$(8') \quad \chi(P, E) = (\mu/2\pi)^{\frac{3}{2}} \int \psi(D, T) \times \exp \{- i\mu(P \cdot D - ET)\} dV_0,$$

where dW_0 and dV_0 are reduced invariant elements

$$(9) \qquad dW_0 = P^2 dP d\phi d(\cos \theta)(P^2 + 1)^{-\frac{1}{2}},$$

$$(9') \qquad dV_0 = D^2 dD d\varphi d(\cos \vartheta)(D^2 + 1)^{-\frac{1}{2}}.$$

Substituting (8) in (8′) one obtains with *Born* the integral equation

$$(10) \quad \chi(P, E) = (\mu/2\pi)^3 \int\int \chi(P', E') \times \exp \{i\mu(D \cdot P - P' - T \cdot E - E')\} dW_0' dV_0$$

and a similar integral equation (10′) for ψ when (8′) is substituted in (8). It was Born's idea that for a "particle at rest" one has to replace E by $\pm (P^2 + 1)^{\frac{1}{2}}$ and T by $\pm (D^2 + 1)^{\frac{1}{2}}$. One might think that for every sign of the square root there were a separate integral equation so as to determine four ψ functions and four χ functions. Instead, we carry the integrals over all choices of the signs simultaneously, in line with Dirac's retarded and advanced potentials. That is, we replace factors $\exp(\pm i\sqrt{\ })$ by their sum $2\cos(\sqrt{\ })$. So we write instead of (8′) and (10)

$$(11) \quad \chi(P) = (\mu/2\pi)^{3/2} \int \psi(D') \exp\,(-\,i\mu P\cdot D') \\ 2\cos\left[\mu(P^2+1)^{1/2}(D'^2+1)^{1/2}\right] dV_0',$$

$$(12) \quad \chi(P) = (\mu/2\pi)^3 \int\!\!\int \chi(P') \exp\,(i\mu D\cdot P - P') \\ \times 2\cos\left[\mu(P^2+1)^{1/2}(D^2+1)^{1/2}\right] \\ \times 2\cos\left[\mu(P'^2+1)^{1/2}(D^2+1)^{1/2}\right] dW_0'\,dV_0,$$

and two similar equations (11′) and (12′) for $\psi(D)$. Because of the formal equivalence of P and D, the equations for $\chi(P)$ and those for $\psi(D)$ will have the same eigenvalues μ and the same normalized eigen-functions, except for the fact that the latter may be supplied with factors ± 1 or $e^{i\varphi}$ without violating their normalization. We therefore can replace $\psi(D')$ in (11) by $\pm\,\chi^*(D')$. Then changing the notation D' under the integral to the notation P' we obtain instead of (11)

$$(13) \quad \chi(P) = \pm\,(\mu/2\pi)^{3/2} \int \chi^*(P') \exp\,(-\,i\mu P\cdot P') \\ \times 2\cos\left[\mu(P^2+1)^{1/2}(P'^2+1)^{1/2}\right] dW_0'.$$

(12) is the iteration of the much simpler equation (13).—Supposing spherical symmetry of χ and integrating over $d\phi$ and $d(\cos\theta)$ where θ is the angle between the vectors P and P' we arrive at

$$(13') \quad \chi(P) = \pm\,8\pi\left(\frac{\mu}{2\pi}\right)^{3/2} \int \chi(P') \frac{\sin\,(\mu PP')}{\mu PP'} \\ \times \cos\,(\mu\sqrt{P^2+1}\,\sqrt{P'^2+1})\,\frac{P'^2\,dP'}{\sqrt{P'^2+1}}\,.$$

Then introducing the *proper* reduced momentum P_0 defined by (6) (6′)

$$P = \sinh P_0, \qquad \sqrt{P^2+1} = \cosh P_0,$$

substituting

$$(14) \qquad \chi(P)\cdot P = \varphi(P_0),$$

and rearranging sines and cosines, we arrive at the integral equation

$$(15)\quad \varphi(P_0) = \pm \sqrt{\frac{2\mu}{\pi}} \int_0^\infty \varphi(P_0')[\sin(\mu \cosh(P_0 + P')) - \sin(\mu \cosh(P_0 - P_0'))]dP_0'.$$

3. EXACT SOLUTION.

In order to find the eigen-values and eigen-functions of (15) we try the Ritz method. After multiplying both sides by $\varphi(P_0)dP_0$ and integrating we have

$$(16)\quad 1 = \pm \sqrt{\frac{2\mu}{\pi}} \int\int \varphi(P_0)\varphi(P_0')[\sin - \sin]dP_0 dP_0'.$$

Substituting the new variables

$$u = P_0 + P_0', \qquad v = P_0 - P_0', \qquad dP_0 dP_0' = -\tfrac{1}{2}du dv,$$

we obtain

$$(17)\quad 1 = \pm \sqrt{\frac{2\mu}{\pi}} \int_0^\infty du \int_0^u dv \varphi\left(\frac{u+v}{2}\right)\varphi\left(\frac{u-v}{2}\right) \times [\sin(\mu \cosh u) - \sin(\mu \cosh v)].$$

In order to satisfy this equation we use a trial function with one maximum only:

$$(18)\quad \varphi(P_0) = CP_0 \exp(-AP_0^2).$$

We consider the limit $A = 0$ where

$$(19)\quad \varphi(P_0) = CP_0 \quad \text{and} \quad 4\pi\varphi^2 dP_0 = C^2 4\pi P_0^2 dP_0.$$

This is a *constant probability density in the proper space* for an observer who considers $4\pi P_0^2 dP_0$ as his volume element. For an observer at rest the density amplitude (14) is

$$(19')\quad \chi(P) = \varphi(P_0)/P_0 = CP_0/P = (C \sinh^{-1} P)/P$$

with a maximum at $P = 0$ and a Gaussian-like decrease for larger values of P. When the trial function (18) is substituted in (17) the latter after some rearrangements reduces to

$$1 = \pm \sqrt{\frac{2\mu}{\pi}}\, 2\cdot(-1) \int_0^\infty \sin(\mu \cosh u)du = \mp \sqrt{2\pi\mu}\, J_0(\mu)$$

where J_0 is the well known Bessel function. The last equation may be written

$$(20) \qquad 1 = 2\pi\mu \cdot [J_0(\mu)]^2.$$

This is a transcendental equation for the smallest eigenvalue μ of the equation (17). The smallest solution of (20) is

$$(20') \qquad \mu = 0.157 \cdots,$$

close to $1/2\pi$. But there are larger solutions $\mu \sim 1.8$, $\mu \sim 3$ etc. Substitution proves that our trial function (19) which solves the Ritz equation (17) is already the exact ground solution of the equation (15). However, when we replaced the factor $\exp(\pm i\sqrt{\ })$ by 2 cos, we did so under the assumption that $\chi(P, \sqrt{P^2+1}) = \chi(P, -\sqrt{P^2+1})$. If however $\chi(P, \sqrt{P^2+1}) = -\chi(P, -\sqrt{P^2+1})$ then the integration over both hyperboloids amounts to replacing the factor $\exp(\pm i\sqrt{\ })$ by $2i$ sin. (This is in close analogy to Dirac's *difference* of advanced and retarded potentials.) We then have to replace $\psi(D')$ in (11) by $\pm i\chi(D')$. As a consequence, the integrand in (15) now becomes a difference of two *cosines* rather than two sines. The new integral equation (15) is again solved by the eigenfunction (19) (19'), but μ is now determined by the transcendental equation

$$(21) \qquad 1 = 2\pi\mu[Y_0(\mu)]^2$$

whose smallest solution is

$$(21') \qquad \mu = 0.0299.$$

Although this eigenvalue is still larger than 1/137 it would lead almost to the correct value of $\alpha = \mu/\gamma$ if γ were as large as $\frac{2}{3}\cdot 2\pi$ (see §1). But as long as we don't have a *classical* theory which yields a definite value of γ without ambiguity, our μ-value (21') cannot yet be used to predict α.

Prof. *L. H. Thomas* has found that higher eigenfunctions of the integral equation (15) are

$$(22) \qquad \varphi_\nu(P_0) = \sin(\nu P_0), \quad \text{that is,} \quad \chi_\nu(P_0) = \sin(\nu P_0)/\sinh P_0$$

for *continuous* values of the parameter ν. The eigenvalue μ

thereby has to satisfy the transcendental equation

$$(23)\qquad 1 = \pm \sqrt{2\pi\mu}\,\frac{2}{\pi}\int_0^\infty \begin{matrix}\sin\\ \cos\end{matrix}\,(\mu \cosh u) \cosh (\nu u)du$$

where the sin applies to the sum, and the cos to the difference of the factors exp $(\pm i\sqrt{\ })$. For $\nu = 0$ this is our former case (19), (20), (21). Although the spectrum of the eigenvalues μ_ν is continuous, the ground value (21′) has the preference of belonging to the only non-oscillatory eigenfunction (19′) with a maximum of $\chi(P)$ at $P = 0$. Other solutions (not eigenfunctions) of (15) are $\varphi_\nu(P_0) = \sinh (\nu P_0)$.

I am greatly indebted to Prof. Thomas for his many valuable suggestions.

ON THE STABILITY AND MAGNITUDE OF ELECTRONIC CHARGES. PART II, SCALAR WAVE FUNCTIONS.

BY

ALFRED LANDÉ and LLEWELLYN H. THOMAS,*

Mendenhall Laboratory, Ohio State University.

1. INTRODUCTION.

The question of how electronic particles can exist in space and time under the laws of relativity and quantum theory splits up in two separate problems. First, if the particle is supposed to be characterized by a fundamental momentum (mc) and a fundamental length a reciprocal to m, then how large is the product amc (which is independent of m)? The answer has been found [1] in Part I. The numerical ratio $amc/\hbar$ in the most stable ground state is

$$\mu = amc/\hbar = 0.02985037\ldots$$

as the smallest solution of the transcendental equation $2\pi\mu[Y_0(\mu)]^2 = 1$. See also this Part II section 4.

The second question is that of how large is the length a? Or, if a is written in the form $a = \gamma e^2/mc^2$, how large is the numerical factor γ? If γ were known we would be able to predict the value of Sommerfeld's fine structure constant

$$\alpha = e^2/c\hbar = \gamma^{-1}(\gamma e^2/mc^2)mc\cdot\hbar^{-1} = \mu/\gamma.$$

Although we do not have a unique way of calculating γ, certain physical considerations (see below) seem to leave only *two* reasonable choices for γ. The one is $\gamma = 4\cdot(2/3)^{1/2}$ obtained when a is the *diameter* of J. J. Thomson's cross section σ of a free electric particle scattering infrared light, $\sigma = (8\pi/3)(e^2/mc^2)^2$ so that $(a/2)^2\pi = \sigma$ with a *circular* area σ. The other choice of γ is obtained from the still simpler formula $a^2 = 2\sigma$ so that a is the *diagonal* of a *quadratic* area σ.

* Sections 1–4 by A. L., Section 5 by L. H. Th.

[1] A. Landé, Part I, Jour. Frank. Inst., 229, 767, 1940.

Reprinted from *J. Franklin Inst.* **231**, 63–70 (1941).

It is noteworthy that the latter choice

$$a^2 = 2\sigma, \quad \text{that is,} \quad \gamma = 4\cdot(\pi/3)^{1/2} = 4.093307\ldots$$

immediately yields

$$\alpha = \frac{\mu}{\gamma} = \frac{1}{137.1273}.$$

The value of μ was derived a priori, and only the factor 2 in $a^2 = 2\sigma$ has been chosen a posteriori. The physical reason why (a/c) should be the time for a light signal to travel across σ will be discussed in a separate paper.

Our way of arriving at the proper values of μ is related to the theory of Born and Fuchs [2] but differs in the method as well as in the results.

2. THE INTEGRAL EQUATION.

We are using reduced coördinates and momenta

$$R = r/a, \quad T = ct/a, \quad P = p/mc, \quad E = \epsilon/mc^2. \qquad (1)$$

Einstein's and the signal equation then read

$$E = \pm (P^2 + 1)^{1/2}, \qquad (2)$$

$$T = \pm (R^2 + 1)^{1/2}. \qquad (2')$$

In Part I we wrote Δr and Δt instead of r and t in order to emphasize the interval character of r and t. Through (2) (2') the wave functions $\psi(\boldsymbol{R}, T)$ and $\chi(\boldsymbol{P}, E)$ become functions of the vectors $\boldsymbol{R}$ and $\boldsymbol{P}$ alone and of the *sign* of T and E:

$$\psi_+(\boldsymbol{R}), \quad \psi_-(\boldsymbol{R}), \quad \chi_+(\boldsymbol{P}), \quad \chi_-(\boldsymbol{P}).$$

The ground solution of the Schrödinger-Klein-Gordon equation for a free particle is an exponential function

$$\exp[i\hbar^{-1}(\boldsymbol{p}\cdot\boldsymbol{r} + \epsilon t)].$$

We may build up more general solutions in the form of Fourier integrals

$$\psi(\boldsymbol{R}) = (\mu/2\pi)^{3/2}\int\chi(\boldsymbol{P})\exp[i\mu(\boldsymbol{P}\cdot\boldsymbol{R} + ET)]dW_0, \qquad (3)$$

$$\chi(\boldsymbol{P}) = (\mu/2\pi)^{3/2}\int\psi(\boldsymbol{R})\exp[-i\mu(\boldsymbol{P}\cdot\boldsymbol{R} + ET)]dV_0. \qquad (3')$$

[2] M. Born, *Proc. Roy. Soc. Edinburgh*, **59**, 219, 1939. Born and Fuchs, ibid., **60**, 100 and 141, 1940.

dW_0 and dV_0 are the invariant volume elements on the hyperboloids (2) (2′)

$$\begin{aligned} dW_0 &= P^2dPd\phi d(\cos\theta)\,|E|^{-1}, \\ dV_0 &= R^2dRd\varphi d(\cos\vartheta)\,|T|^{-1}, \end{aligned} \tag{4}$$

whereas μ is an abbreviation for the positive numerical factor

$$\mu = amc/\hbar (= \gamma\cdot\alpha, \text{ see introduction}). \tag{4'}$$

The integrations in (3) (3′) shall be carried over positive and negative values of E and T respectively. The factor $(\mu/2\pi)^{3/2}$ is chosen so that (3′) would be the direct inversion of (3) were it not for the factor $\exp(i\mu ET)$ and the relativistic denominators $|E|^{-1}$ and $|T|^{-1}$ in dW_0 and dV_0. That is, the nonrelativistic approximation of (3) (3′) could be solved for every function ψ and for every value of μ. In fact, however, (3) (3′) are satisfied by certain selected proper functions ψ and proper values μ only.[3] When solving (3) (3)′ we may consider two special cases:

$$\psi_- = \psi_+, \qquad \chi_- = \chi_+, \tag{a}$$

or

$$\psi_- = -\psi_+, \qquad \chi_- = -\chi_+, \tag{b}$$

so that ψ_+ and χ_+ satisfy the equations obtained from (3) (3′)

$$\begin{aligned} \psi_+(\boldsymbol{R}) &= (\mu/2\pi)^{3/2}2\int\chi_+(\boldsymbol{P}) \\ &\qquad\times\exp(i\mu\boldsymbol{P}\cdot\boldsymbol{R})\begin{cases}\cos\\ i\sin\end{cases}(\mu|E|\,|T|)\cdot dW_0, \end{aligned} \tag{$5\begin{Bmatrix}a\\b\end{Bmatrix}$}$$

$$\begin{aligned} \chi_+(\boldsymbol{P}) &= (\mu/2\pi)^{3/2}2\int\psi_+(\boldsymbol{R}) \\ &\qquad\times\exp(-i\mu\boldsymbol{P}\cdot\boldsymbol{R})\begin{cases}\cos\\ -i\sin\end{cases}(\mu|E|\,|T|)\cdot dV_0. \end{aligned} \tag{$5'\begin{Bmatrix}a\\b\end{Bmatrix}$}$$

When ψ_+ and χ_+ have been found then ψ_- and χ_- are defined by (a) (b). In Part I we considered wave functions of spherical symmetry ($l = 0$). Here we discuss angular wave functions ($l = 0, 1, 2, \cdots$) in general.

[3] A proper value problem of a similar kind was first suggested in JOUR. FRANK. INST., 228, 459, 1939. M. Born (Part I) first suggested an integral equation not very different from (3) (3′).

3. ANGULAR WAVE FUNCTIONS. INTEGRAL EQUATION.

If ψ and χ depend on ϑ, φ and θ, ϕ respectively we factorize

$$\begin{aligned} \psi(\boldsymbol{R}) &= \psi(R)\mathfrak{P}_l^m(\cos\vartheta)\exp(im\varphi), \\ \chi(\boldsymbol{P}) &= \chi(P)\mathfrak{P}_l^m(\cos\theta)\exp(-im\phi). \end{aligned} \tag{6}$$

The angular factors (spherical harmonics) shall be normalized to unity. We then have the expansion

$$\begin{aligned} \exp(i\mu\boldsymbol{P}\cdot\boldsymbol{R}) &= \exp\left[i\mu PR(\cos\vartheta\cos\theta+\sin\vartheta\sin\theta\cos(\varphi-\phi))\right] \\ &= \sum_0^\infty{}^l\sum_0^l{}^m(2\pi)^{3/2}i^l(\mu PR)^{-1/2}J_{l+\frac{1}{2}}(\mu PR) \\ &\qquad\times\mathfrak{P}_l^m(\cos\vartheta)\mathfrak{P}_l^m(\cos\theta)\cdot\cos\left[m(\varphi-\phi)\right]. \end{aligned}$$

This and (6) substituted in (5) (5′) leads to the equations

$$\begin{aligned} \psi_+(R) &= i^l\mu^{3/2}2\int_0^\infty\chi_+(P) \\ &\qquad\times\frac{J_{l+\frac{1}{2}}(\mu PR)}{(\mu PR)^{1/2}}\begin{Bmatrix}\cos\\ i\sin\end{Bmatrix}(\mu|T||E|)P^2dP_0, \end{aligned} \qquad \left(7\begin{matrix}a\\b\end{matrix}\right)$$

$$\begin{aligned} \chi_+(P) &= (-i)^l\mu^{3/2}2\int_0^\infty\psi_+(R) \\ &\qquad\times\frac{J_{l+\frac{1}{2}}(\mu PR)}{(\mu PR)^{1/2}}\begin{Bmatrix}\cos\\ -i\sin\end{Bmatrix}(\mu|T||E|)R^2dR_0 \end{aligned} \qquad \left(7'\begin{matrix}a\\b\end{matrix}\right)$$

if we use the abbreviations

$$\begin{aligned} R &= \sinh R_0, & |T| &= \cosh R_0, & |T|^{-1}dR &= dR_0, \\ P &= \sinh P_0, & |E| &= \cosh P_0, & |E|^{-1}dP &= dP_0. \end{aligned} \tag{8}$$

The two interlocked equations (7) (7′) for ψ and χ can be reduced to one equation for ψ and another equation of the same form for χ if we consider the particular cases

either $$\psi(x) = (\pm)i^l\chi(x), \tag{A}$$

or $$\psi(x) = (\pm)i^{l+1}\chi(x). \tag{B}$$

Born's "reciprocity" appears to be a particular way (A) of solving the quantum problem (3) (3′). The case (B) however turns out to be more important.

A real symmetric kernel is obtained in the two combination

cases (Aa) and (Bb) where (7) (7′) reduce to the final integral equation

$$\psi_+(R) = (\pm)\mu^{3/2}2\int_0^\infty \psi_+(P) \times \frac{J_{l+\frac{1}{2}}(\mu PR)}{(\mu PR)^{1/2}} \left\{ \begin{matrix} \cos \\ \sin \end{matrix} \right. (\mu|T||E|)P^2dP_0 \quad \left(9\left\{\begin{matrix} Aa \\ Bb \end{matrix}\right\}\right)$$

and the same equation for χ. The remaining task is that of solving equation (9) for $l = 0, 1, 2 \cdots$.

An abbreviated way of obtaining (7) (7′) and then (9) is this. Substitute the product (6) into the wave equation for $\psi(R)$

$$\nabla^2\psi - \partial^2\psi/\partial T^2 = \mu^2\psi.$$

This leaves for $\psi(R)$ the equation

$$\frac{1}{R^2}\frac{d}{dR}\left(R^2\frac{d\psi}{dR}\right) - \frac{l(l+1)}{R^2}\psi(R) = -\mu^2(E^2-1)\psi(R), \qquad (10)$$

which is solved with $E^2 - 1 = P^2$ by

$$\psi(R) = \text{const.}\ (\mu PR)^{-1/2}J_{l+\frac{1}{2}}(\mu PR).$$

Supplying this ground solution with the relativistic factor $\exp(i\mu ET)$ and with an amplitude $\mu^{3/2}i^l\chi(P)$ and integrating over dW_0 one arrives at (7). Since the angular momentum and its z-component are functions symmetric in r and p, the state (l, m) can also be described in momentum space which leads to (7′). The factor $\mu^{3/2}$ in front is chosen so that (7′) is the inversion of (7) in the nonrelativistic limit according to the Fourier-Bessel formula

$$G(\xi) = \int_0^\infty F(\eta)J_\nu(\xi\eta)\eta d\eta, \qquad F(\eta) = \int_0^\infty G(\xi)J_\nu(\xi\eta)\xi d\xi.$$

4. SOLUTION OF THE INTEGRAL EQUATION FOR $l = 0$.

For $l = 0$ the Bessel function $J_{l+\frac{1}{2}}$ reduces to

$$J_{\frac{1}{2}}(z) = (2/\pi)^{1/2}z^{-1/2}\sin(z),$$

so that instead of (9) we have to solve the integral equation

$$[R\cdot\psi(R)] = (\pm)(2\mu/\pi)^{1/2}2\int_0^\infty [P\cdot\psi(P)]$$

$$\times \sin(\mu PR)\begin{Bmatrix}\cos\\ \sin\end{Bmatrix}(\mu|T||E|)dP_0. \quad \left(11\begin{Bmatrix}aA\\ bB\end{Bmatrix}\right)$$

With the help of (8) we have shown in Part I that the solution is

$$\psi_\nu(R) = \sin(\nu R_0)\cdot R^{-1} = \sin(\nu R_0)\cdot(\sinh R_0)^{-1} \quad (12)$$

for continuous values of the parameter ν. The proper value μ thereby has to satisfy the equation

$$1 = (\pm)\sqrt{2\pi\mu}\,\frac{2}{\pi}\int_0^\infty \begin{matrix}-\sin\\ \cos\end{matrix}(\mu\cosh x)\cos(\nu x)dx, \quad \left(12'\begin{Bmatrix}Aa\\ Bb\end{Bmatrix}\right)$$

correcting a typographical error in (23) Part I. The smallest proper value is obtained in the limit $\nu = 0$ where (12′) reads

$$1 = (\mp)\sqrt{2\pi\mu}\begin{Bmatrix}J_0(\mu)\\ Y_0(\mu)\end{Bmatrix} \quad \left(12''\begin{Bmatrix}Aa\\ Bb\end{Bmatrix}\right)$$

with the smallest solutions $\mu = \begin{Bmatrix}0.157\\ 0.0299\end{Bmatrix}$ respectively. The corresponding proper function in both cases is

$$\psi_0 = \text{const. } R_0R^{-1} = \text{const. } R_0\cdot(\sinh R_0)^{-1}.$$

Proper functions $\psi_\nu(R)$ of (12) belonging to different parameters ν are mutually orthogonal and normalized to unity in so far as they satisfy the equation

$$\lim_{A=\infty}\frac{1}{A}\,2\int_0^A \psi_\nu\psi_{\nu'}R^2dR_0 = \delta_{\nu\nu'}. \quad (13)$$

($4\pi R^2dR_0$ is the invariant volume element). This is true also in the limit $\nu\approx 0$ where $\psi\approx(\nu R_0)\cdot R^{-1}$. The physical significance of the smallest proper value $\mu = 0.0299$ was discussed in the introduction.

Other solutions of (11) are the functions [replace ν by $i\kappa$ in (12) (12′)!]

$$\psi_\kappa(R) = \sinh(\kappa R_0)\cdot R^{-1} = \sinh(\kappa R_0)\cdot(\sinh R_0)^{-1} \quad (14)$$

for proper values μ determined by the transcendental equation

$$1 = (\pm)\sqrt{2\pi\mu}\,\frac{2}{\pi}\int_0^\infty - \begin{matrix}\sin\\ \cos\end{matrix}(\mu\cosh x)\cosh(\kappa x)dx. \qquad \left(14'\begin{matrix}Aa\\ Bb\end{matrix}\right)$$

For $|\kappa| > 1$ (14) is infinite at $R = \infty$ and does not represent a proper function. For $|\kappa| < 1$ (14) vanishes at $R = \infty$, but is not integrable in the sense of (13). Therefore the proper values μ of (14'), always larger than 0.0299, do not have a physical significance.

5. SOLUTION FOR EVERY l.

In order to solve the integral equation (9) for every $l = 0, 1, 2 \cdots$ we refer to a mathematical theorem (similar to a theorem of Gegenbauer, see Watson, Bessel functions, 1922, p. 379).

The integral equation

$$2\int_0^\infty \psi(P)(\mu\sinh R_0\sinh P_0)^{-1/2}J_{l+\frac{1}{2}}(\mu\sinh R_0\sinh P_0) \times \exp(i\mu\cosh R_0\cosh P_0)\sinh^2 P_0 dP_0 = \frac{1}{\Lambda}\psi(R) \qquad (15)$$

is solved by the proper functions[4]

$$\psi_{\kappa,l}(R) = \sinh^l R_0\left(\frac{d}{d\cosh R_0}\right)^l\frac{\sinh(\kappa R_0)}{\sinh R_0} \qquad (16)$$

for proper values

$$\frac{1}{\Lambda_{\kappa,l}} = i^{l+1}\sqrt{2\pi\mu}^{-1}\frac{2}{\pi}\int_0^\infty \exp(i\mu\cosh x)\cosh(\kappa x)dx \qquad (16')$$

and continuous values of κ. $\psi_{l,\kappa}$ vanishes at infinity if κ is either real between -1 and $+1$, or purely imaginary $\kappa = i\nu$ with ν between $-\infty$ and $+\infty$. $\psi_{l,\kappa}$ in (16) then is either real or purely imaginary, too. We therefore may split (15) in its real and imaginary parts and arrive at two separate cases:

[4] It can at once be verified by differentiating the equation (15) that its solutions satisfy the differential equation

$$\frac{1}{R^2}\frac{d}{dR_0}\left(R^2\frac{d\psi}{dR_0}\right) - \frac{l(l+1)}{R^2}\psi(R) = -\mu^2\psi(R),$$

which is a modification of (10).

If l is *odd* then i^{l+1} is real, and (9 Aa) resp. (9 Bb) is solved by the proper function (16) whereby μ is determined by the transcendental equation

$$1 = (\pm)i^{l+1}\sqrt{2\pi\mu}\,\frac{2}{\pi}\int_0^\infty \frac{\cos}{\sin}(\mu\cosh x)\cosh(\kappa x)dx. \quad (17)$$

If l is *even* then i^{l+1} is imaginary, and (9) is solved by the proper function (16) whereby μ is determined by

$$1 = (\pm)i^{l}\sqrt{2\pi\mu}\,\frac{2}{\pi}\int_0^\infty \frac{-\sin}{\cos}(\mu\cosh x)\cosh(\kappa x)dx. \quad (18)$$

If κ is purely imaginary, $\kappa = i\nu$, $\sinh(\kappa R_0) = i\sin(\nu R_0)$, $\cosh(\kappa x) = \cos(\nu x)$, then (16) represents an integrable proper function in the sense of (13). If κ is real between -1 and $+1$ then $\psi_{\kappa,l}$ still vanishes at infinity but is not integrable any more. When comparing (17) (18) with (12′) one learns that the proper value spectra for every l are the same as for $l = 0$ except for the various *cases* (Aa), ($\pm$) etc. in which they occur. Our proper functions and proper value spectra are quite different from those obtained by Born and Fuchs l.c. The most significant result of the quantization is the smallness of the proper value $\mu \sim 0.03$. This together with the largeness of the Thomson cross-section ($\gamma \sim 4.1$) leads to the small value of $\alpha = \mu/\gamma$. The result rests on the signal equation which had been proposed as an example of Born's idea of *reciprocity*.

Finite Self-Energies in Radiation Theory. Part I

ALFRED LANDÉ
Mendenhall Laboratory, Ohio State University, Columbus, Ohio
(Received March 8, 1941)

According to Dirac, electric particles display a finite radius $r_0 = 2e^2/3mc^2$ as the result of the damping term $(2e^2/3mc^3)d^3x/dt^3$ in the equation of motion. If the finite radius is due to radiative damping, the same must necessarily be true for the finite self-energy that is inversely proportional to the radius. An infinitely large self-energy and an infinitely small radius (Coulomb's law e^2/r) results from *Fermi's* Fourier representation of classical electrodynamics. A certain change is necessary, but the change is to produce at once a finite self-energy and a finite radius r_0. Now, an electric particle vibrating in a field of frequency ν suffers a reduction R_ν of its vibrational energy due to radiative damping, the energy reduction factor being $R_\nu = 1/[1+(\nu/\nu_0)^2]$ where $\nu_0 = 3mc^3/4\pi e^2$. In view of the uncertainty of position due to damping we propose that the Fourier terms in the expression for the ***energy*** in Fermi's classical radiation theory be reduced by the same factor R_ν with Doppler effect for particles in motion. The result of this reduction is that Dirac's finite radius r_0 now occurs in a modified Coulomb energy $(e^2/r)[1-\exp(-r/r_0)]$, and the finite self-energy of a single particle becomes $e^2/2r_0 = (3/4)mc^2$. Whereas the force between charged particles of finite mass remains finite for $r=0$, the force on an ideal test charge of infinite mass becomes infinite for $r=0$. This is analogous to the difference between the field E and the displacement D in Born's unitary field theory. Of interest for nuclear reactions are the electrostatic forces between particles of different masses m and M. The results are related to Sommerfeld's fine-structure constant and to the theory of mesons.

1. INTRODUCTION

ELECTRIC particles can be treated from the unitary or dualistic point of view. In the unitary theory a particle is but a spherically symmetric solution of certain modified field equations, without singularity at $r=0$. Born-Infeld's new field equations yield a finite maximum field e/r_0^2 at $r=0$. The electronic radius r_0 can be adjusted so that the total field energy is $\kappa \cdot mc^2$; the fraction κ can be chosen at will. This adjustable parameter is a disadvantage since we cannot know beforehand what fraction of the total mass is of electromagnetic origin. We prefer the dualistic point of view in which particles of various masses m are taken for granted, and the field produced by them, the "radius" and the self-energy, are to be expressed in terms of e and m.

One general point is common to all theories of electric particles. The smaller the radius, the larger the mass, the product r_0mc^2 being proportional to the square of the universal charge. However, the accepted (dualistic) radiation theory leads to an infinitely large self-energy and to an infinitely small radius, as expressed in Coulomb's energy $e^2/r = \infty$ for $r=0$. *If there are any reasons for having a finite radius then the same reasons must also be responsible for the finite self-energy.*

A radius dependent on the charge and mass occurs in Thomson's formula for the scattering cross section of an electric particle as the result of *radiative damping*. A similar radius occurs in Dirac's re-examination of the classical Lorentz theory.[1] Due to the damping term

[1] P. A. M. Dirac, Proc. Roy. Soc. **A167**, 148 (1938).

Reprinted from *Phys. Rev.* **60**, 121–127 (1941).

$(2e^2/3mc^3)d^3x/dt^3$ in the equation of motion, the universal length

$$r_0 = 2e^2/3mc^2$$

plays the rôle of an apparent radius in Dirac's discussion. The same radius measures the uncertainty of position due to the natural line breadth. *If the finite electronic radius is the result of radiative damping*, the same cause then must also be responsible for the finite electromagnetic energy. Our task is to find the quantitative relation between radius and self-energy in terms of e and m.

In particular we have tried to answer the following questions. (1) If m is the total inertia of a particle, what part of m is of electromagnetic origin? (in contrast to the infinite field energy of the present theory). (2) What is the mutual electrostatic energy of two electric particles of equal or different masses? (in contrast to the Coulomb energy e^2/r that is ∞ for $r=0$).

An answer different from the impossible result of radiation theory can only be obtained by means of a *formal* change of this theory, introduced *ad hoc* for the purpose of getting rid of the infinities.

We are proposing a cutting-off method based on the analogy to the classical Lorentz theory. If an electric particle of charge e and mass m is put into a periodic electric field of frequency ν then the vibrational energy of the particle depends on whether we do or do not account for radiative damping. With damping the energy is reduced (§ 2) by a factor

$$R_\nu = 1/[1+(\nu/\nu_0)^2], \quad \text{where} \quad \nu_0 = 3mc^3/4\pi e^2.$$

On the other hand, in Fermi's classical field theory the electromagnetic energy produced by the particles consists of Fourier terms of wavelength c/ν. Our hypothesis is that each of these Fourier terms of the energy is to be reduced by the same factor R_ν that reduces the energy of a vibrating electron because of radiative damping. For a particle in motion ν is replaced by the Doppler frequency ν' for reasons of invariance.

The result of this formal modification is so simple that it might be considered correct even if the method of deduction is not yet satisfactory. The mutual energy of two equal particles at distance r is found (§ 3) to be

$$E_{jk} = (e^2/r)[1-\exp(-r/r_0)]$$

where

$$r_0 = 2e^2/3mc^2.$$

The same $\exp(-r/r_0)$ appears in Dirac's investigation. For $r=0$ we have the finite value

$$E_{jk}(r=0) = e^2/r_0.$$

For the self-energy of one particle at rest we obtain

$$E_{jj} = \tfrac{1}{2}e^2/r_0,$$

intimately connected with the modification of Coulomb's mutual energy. With the former value of r_0 we also can write $E^0 = \tfrac{3}{4}mc^2$. That is, if the modified Coulomb law is correct (in view of its great simplicity it probably is) then only $\tfrac{3}{4}$ of the total energy mc^2 can be of electromagnetic origin. A result like this is not unexpected in view of neutral particles that have mass without field.

Our discussion throws an interesting sidelight on Sommerfeld's *constant* $\alpha = 1/137$. The characteristic frequency ν_0 occurring in R_ν may be considered as the *central frequency* between $\nu=0$ and $\nu=\infty$ for the particle. Indeed, according to Dirac[1] Eq. (35) the spectral intensity emitted by a self-accelerated particle is proportional to R_ν and the total recorded intensity $\int R_\nu d\nu$ consists of two equal parts, integrals from $\nu=0$ to ν_0, and from ν_0 to $\nu=\infty$. The characteristic time period $t_0 = 1/\nu_0 = 4\pi e^2/3mc^3$ leads to an approximative value $(\alpha \sim 1/140)$ of the fine-structure constant when used in the proper value theory[2] of the electronic charge.

There is also a relation between our results and the *theory of the meson*. The modified Coulomb potential resulting from the damping effect consists of two terms

$$V-U = (e/r)-(e/r)\exp(-r/r_0).$$

V yields the ordinary Coulomb repulsion between like charges whereas U leads to an attraction between like charges at nuclear distances. V

[2] A. Landé, Phys. Rev. **59**, 434 (1941); J. Frank. Inst. **229**, 767 (1940); **231**, 63 (1940). Part III is to appear soon. The proper value theory of M. Born starts from a different background and arrives at different results (Proc. Roy. Soc. Edinburgh **59**, 219 (1939) **60**, 100 and 141 (1940).

and U are solutions of the differential equations

$$\nabla^2 V - \partial^2 V/\partial ct^2 = -4\pi\rho,$$

$$\nabla^2 U - \partial^2 U/\partial ct^2 = -4\pi\rho + k^2 U,$$

with

$$k = 1/r_0 = 3mc^2/2e^2.$$

The latter differential equation of Yukawa is the Schrödinger-Klein-Gordon equation for a free particle of mass

$$M = kh/2\pi c = (3mc^2/2e^2)(h/2\pi c) = (3m/2)(hc/2\pi e^2) = m\cdot(3/2)\cdot 137 = m\cdot 205,$$

perhaps identical with the meson mass.

2. Energy of Scattering Particles

The equation of motion for a particle of charge e and mass m is

$$m\ddot{x} - (2e^2/3c^3)d^3x/dt^3 = eE \quad (1)$$

for small accelerations. For a periodic field

$$E = E_\omega \cos(\omega t)$$

the solution reads

$$x = (eE_\omega/m\omega^2)\cos\zeta_\omega \cos(\omega t - \zeta_\omega), \quad (1')$$

where

$$\zeta_\omega = \mathrm{tg}^{-1}(\omega/\omega_0), \quad \cos\zeta_\omega = [1+(\omega/\omega_0)^2]^{-\frac{1}{2}},$$
$$2\pi\nu_0 = \omega_0 = 3mc^3/2e^2. \quad (2)$$

The average vibrational energy thus is

$$\tfrac{1}{2}m(\dot{x})^2_{Av} = (e^2E^2_\omega/4m\omega^2)\cos^2\zeta_\omega. \quad (3)$$

$\cos^2\zeta_\omega$ is identical with the reduction factor R, mentioned before. Periodic terms also occur in the classical Fermi theory[3] under the heading "mutual energy." There, however, the terms appear without the reducing factor $\cos\zeta_\omega$ and without the phase lag ζ_ω. We are trying to rectify this situation in an *invariant* way. For this purpose we need the proper value ζ'_{sj} of the phase shift for a particle e_j moving with velocity β_j in the direction of ϑ_{sj} through the wave s of frequency ω_s. Since the proper frequency felt by the particle according to Doppler is

$$\omega'_{sj} = \omega_s(1-\beta_j\cos\vartheta_{sj})(1-\beta_j^2)^{-\frac{1}{2}}, \quad (4)$$

[3] E. Fermi, Rev. Mod. Phys. **4**, 87 (1932).

we have a phase lag and amplitude reduction

$$\zeta'_{sj} = \mathrm{tg}^{-1}(\omega'/\omega_0); \quad \cos\zeta'_{sj} = [1+(\omega'/\omega_0)^2]^{-\frac{1}{2}}. \quad (4')$$

The terms describing the mutual energy between field and particles in Fermi's classical theory of radiation can be transformed (§7) into

$$H' = 4\pi c^2\Omega^{-1}\textstyle\sum_s \omega_s^{-2}\{(\sum_i e_i\beta_i \sin\vartheta_{si}\sin\Gamma_{si})^2 + (\sum_i e_i\cos\Gamma_{si})^2\}. \quad (5)$$

Here Ω is the total volume in which the proper vibrations of frequency ω_s take place; ϑ_{si} is the angle between the wave s and the velocity β_i, and

$$\Gamma_{si} = \omega_s r_i \cos\theta_{si}/c + \text{phase}$$

contains the angle θ_{si} between the wave direction s and the radius vector r_i from the zero point to the particle e_i. Replacing the summation over all waves s by an integration over $(\Omega/2\pi^2c^3)\omega_s^2 d\omega_s$ one obtains

$$H' = (e_1e_2/r_{12}) + \cdots + \text{infinite self-energies}.$$

This is Fermi's explanation of the Coulomb law in wave fashion, accompanied by infinite self-energies of every single particle.

We propose to modify Fermi's mutual energy (5) into the form:

$$H' = 4\pi c^2\Omega^{-1}\textstyle\sum_s \omega_s^{-2} \times\{(\sum_i e_i\beta_i\sin\vartheta_{si}\cos\zeta'_{si}\sin(\Gamma_{si}+\zeta'_{si}))^2 + (\sum_i e_i\cos\zeta'_{si}\cos(\Gamma_{si}+\zeta'_{si}))^2\} \quad (6)$$

making use of the invariant phase shift and amplitude reduction (4) (4'). We remark that all *electrostatic* results obtained from (6) could as well be obtained from an energy expression half-way between (5) and (6) in which the reduction ζ'_{si} is applied only to *one* factor of the squares $(\sum\cdots)^2$. We even could omit the phase lag altogether.

Another justification for the factor $\cos^2\zeta' = R$, is this. Due to the classical uncertainty $\delta\lambda = r_0$ wave functions at the place X are to be replaced by their averages with density $\exp(-r/r_0)$, *viz.*

$$\sin(\omega x/c)_{Av} = \frac{1}{2}\int_{-\infty}^{\infty}\exp(-|\xi| r_0^{-1})\cdot\sin[\omega(x+\xi)/c]d\xi = \sin(\omega x/c)\cdot[1+(\omega/\omega_0)^2]^{-1}.$$

3. Self-Energy and Mutual Energy of Particles

For a single particle at rest, $\beta_i=0$ and $\zeta'_{si}=\zeta_s$ we obtain from (6)

$$E_i^0=(4\pi c^2/\Omega)e_i^2\sum_s\omega_s^{-2}\cos^2\zeta_s\cos^2(\Gamma_{si}+\zeta_s).$$

Replacing the sum by an integral we obtain

$$E_i^0=\frac{e_i^2}{2c}\cdot\frac{2}{\pi}\int_0^\infty\left(1+\frac{\omega^2}{\omega_0^2}\right)^{-1}d\omega=\frac{e_i^2\omega_0}{2c}=\tfrac{3}{4}m_ic^2. \quad (7)$$

Next we consider the mutual energy of two particles at rest in the distance r_{ij}. Here

$$\cos(\Gamma_{si}+\zeta_s)\cos(\Gamma_{sj}+\zeta_s)$$
$$=\tfrac{1}{2}\cos(\omega_s r/c\cos\theta_s)+\tfrac{1}{2}\cos(\text{phase})$$

where θ_s is the angle between the wave s and the direction of r_{ij}. Replacing the summation by the integration $\frac{1}{2}d(\cos\theta_s)(\Omega/2\pi^2c^3)\omega_s^2d\omega_s$, and using the abbreviations

$$\omega/\omega_0=u,\quad \omega r/c=ux_0,\quad x_0=r/r_0,$$
$$r_0=2e^2/3mc^2,\quad \cos\zeta=(1+u^2)^{-\frac{1}{2}}, \quad (8)$$

we obtain from (6) the mutual energy

$$\overset{0}{E}_{ij}=(e^2/r)(2/\pi)\int_0^\infty du\,\sin(ux_0)u^{-1}(1+u^2)^{-1}$$
$$=(e^2/r)[1-\exp(-r/r_0)]. \quad (9)$$

For large r this is the Coulomb energy. For small r the mutual energy tends toward the constant value $e^2/r_0=\frac{3}{2}mc^2$. The mutual plus the self-energies of a pair of electrons at the distance zero is equal to the self-energy of a charge $2e$. If an electron and a positron approach to $r=0$ the energy $2\cdot(\frac{3}{4}mc^2)$ is released, but the system would still retain its original non-electromagnetic mass. This process has nothing to do with annihilation. In general, a point charge acts on another point charge like an exponentially shading-off charge cloud of radius $r_0=2e^2/3mc^2$.

For the mutual energy of two electric particles of masses m and M we obtain from (6) with $X_0=r/R_0$ and $R_0=2e^2/3Mc^2$

$$\overset{0}{E}_{mM}=(e^2/r)(2/\pi)\int_0^\infty dw\,\sin w\,w^{-1}$$
$$\times(1+w^2/x_0^2)^{-\frac{1}{2}}(1+w^2/X_0^2)^{-\frac{1}{2}}. \quad (10)$$

We discuss this integral in the limit $M=\infty$ where $X_0=\infty$. Here (10) reduces to

$$\overset{0}{E}_{m\infty}=(e^2/r)(2/\pi)\int_0^\infty dw\,\sin w\,w^{-1}(1+w^2/x_0^2)^{-\frac{1}{2}}$$
$$=(e^2/r)(2/\pi)\int_0^{x_0}dw\int_0^\infty dt\,\cos(wt)(1+t^2)^{-\frac{1}{2}}$$
$$=(e^2/r)(2/\pi)\int_0^{x_0}dwK_0(w),$$

where K_0 is the Bessel function. For $x_0=r/r_0=\infty$ this reduces to e^2/r. In general one can say that a test charge of mass ∞ in the distance r from the charge e of mass m feels a Coulomb potential of the smaller charge

$$e'=e(2/\pi)\int_0^{r/r_0}dwK_0(w)<e. \quad (11)$$

Since $K_0(w)$ for small w is $-\lg w+\lg 2-\gamma=-\lg w+0.11593$, the potential energy at small distance becomes

$$\overset{0}{E}_{m\infty}=(e^2/r_0)(2/\pi)[1.11593+\lg(r_0/r)]$$
$$=(3mc^2/\pi)\lg(3.052\,r_0/r).$$

For $M\gg m$ one obtains approximately

$$\overset{0}{E}_{M\gg m}=(3mc^2/\pi)\lg(3.052\,M/m). \quad (12)$$

Whether the formulae (10, 11, 12) for particles of different masses have any physical significance depends on whether the protonic mass is or is not of electromagnetic character. It seems more reasonable to assume that the mass of the proton is mainly that of a neutron, plus a small electron mass. In this case the *electric* forces between electrons and protons, and between protons and protons, would be of the same type (9) as between electronic particles, with r_0 being the *electronic* radius.

The potential energy between two electrons remains finite and differentiable even for $r=0$, whereas the potential energy $\overset{0}{E}_{m\infty}$ between the electron and a test charge of infinite mass ($R_0=0$) becomes logarithmically infinite for $r=0$. This is a distinction similar to that between the potential of the vector E (which remains finite), and the potential of the vector D (that becomes infinite for $r=0$) in the unitary theory of *Born* and *Infeld*[4]).

[4] M. Born, Proc. Roy. Soc. **A143**, 410 (1934).

4. Self-Energy of Particles in Motion

In order to find the electromagnetic self-energy of a particle in motion we need the average of $(\cos\zeta'_{sj})^2$ over all angles ϑ_{sj}. Expanding (4′) into powers of β^2 we obtain the average

$$(\cos\zeta'_{sj})_{Av}=\cos^2\zeta_s+\frac{4}{3}\beta^2\left(\frac{\omega_s^2}{\omega_0^2}\cos^4\zeta_s-\frac{\omega_s^4}{\omega_0^4}\cos^2\zeta_s\right)+\cdots,$$

if we neglect terms in β^4. Remembering that the average of $\cos^2\vartheta_{sj}$ is $\frac{1}{3}$ and that of $\sin^2\vartheta_{sj}$ is $\frac{2}{3}$ we obtain from (6) the self-energy of a moving particle

$$E=(2e^2\omega_0/c)\left[\beta^2\frac{2}{3}\frac{1}{2}\frac{\pi}{2}+\frac{1}{2}\left(\frac{\pi}{2}+\frac{4}{3}\beta^2\frac{3\pi}{16}-\frac{4}{3}\beta^2\frac{\pi}{4}\right)\right]$$

$$=\tfrac{4}{3}mc^2(1+\tfrac{1}{2}\beta^2) \qquad (13)$$

in agreement with relativity if β^4 is neglected. The result is mainly due to the *invariance* of the phase and amplitude reduction.

Our considerations yield definite values for the self- and mutual-energies. We cannot expect that quantum theory will change these values materially. In particular, there is no reason why the self-energy should be multiplied by a factor of order 1000 on account of the magnetic dipole energy of a spinning charge cloud. This expectation would be just as wrong as the expectation of an infinite self-energy from the picture of a point charge.

In conclusion: The electromagnetic self-energy of a charged particle is finite. Hence there must also be a deviation from Coulomb's law so as to eliminate Coulomb's singularity for $r=0$. We have tried to find the modified interaction energy and the corresponding finite self-energy by a modification of Fermi's radiation theory, taking account of the classical uncertainty of position due to the natural line breadth.

Our next task is that of trying to deduce the modified energy expression (6) from a corresponding modification of the general set-up of radiation theory. Fermi's theory is based on standing waves rather than on incoming and outgoing waves. Since standing waves account for retarded and advanced potentials in a symmetrical fashion, they cannot adequately describe the very radiation damping that was the starting point of our approach. Indeed, radiation damping is due to transforming an incoming plane wave into an outgoing spherical wave. (The corresponding difficulties in the unreduced theory are much greater due to the *infinite* self-field of the electron.)

5. Modified Fermi Theory

Fermi[3] Eq. (140) introduces a Fourier expansion of the scalar and vector potential into standing waves in a large volume Ω:

$$V(r,t)=c(8\pi/\Omega)^{\frac{1}{2}}\textstyle\sum_s Q_s(t)\cos\Gamma_{sr},$$
$$U(r,t)=c(8\pi/\Omega)^{\frac{1}{2}}\textstyle\sum_s[\alpha_s\chi(t)+A_s q_s(t)]\sin\Gamma_{sr}, \qquad (14)$$
$$\Gamma_{sr}=\omega_s(\alpha_s\cdot r)/c+\text{phase}.$$

α_s and A_s are unit vectors longitudinal and transversal to the wave s. Substitution of (14) into the Maxwell equations with $\operatorname{div}U-\partial V/\partial ct=0$ leads to the following differential equations for Q_s, χ_s and q_s:

$$d^2Q_s/dt^2+\omega_s^2Q_s=c(8\pi/\Omega)^{\frac{1}{2}}\textstyle\sum_i e_i\cos\Gamma_{si},$$
$$d^2\chi_s/dt^2+\omega_s^2\chi_s=(8\pi/\Omega)^{\frac{1}{2}}\textstyle\sum_i e_i(\alpha_s\dot{r}_i)\sin\Gamma_{si}, \qquad (15)$$
$$d^2q_s/dt^2+\omega_s^2q_s=(8\pi/\Omega)^{\frac{1}{2}}\textstyle\sum_i e_i(A_s\dot{r}_i)\sin\Gamma_{si}.$$

Equation (15) has homogeneous solutions Q^0, χ_s^0, q_s^0 superposed by solutions of the inhomogeneous equation which are

$$Q_s^1(t)=c(8\pi/\Omega)^{\frac{1}{2}}\sum_i e_i\omega_s^{-2}(1-\beta_i^2\cos^2\vartheta_{si})^{-1}\cos\Gamma_{si},$$

$$\begin{matrix}\chi^1_s\\ q_s\end{matrix}(t)=c(8\pi/\Omega)^{\frac{1}{2}}\sum_i e_i\beta_i\begin{matrix}\sin\\ \cos\end{matrix}\vartheta_{si}\omega_s^{-2}(1-\beta_i^2\cos^2\vartheta_{si})^{-1}\sin\Gamma_{si}, \tag{16}$$

when we suppose that $\dot{r}_i/c=\beta_i$ and $\ddot{r}_i=0$. ϑ_{si} is the angle between s and β_i. By virtue of (16) and (14) the field at every point r is composed of contributions of every single particle in a *symmetric* fashion, aside from the pure field derived from Q^0, χ^0, q^0.

Referring to the amplitude reduction and the phase lag (4′) we now define reduced quantities $\mathbf{Q}_s$, $\boldsymbol{\chi}_s$, $\mathbf{q}_s$ as the solutions of the following differential equation

$$d^2\mathbf{Q}_s/dt^2+\omega_s^2\mathbf{Q}_s=c(8\pi/\Omega)^{\frac{1}{2}}\sum_i e_i\cos\zeta'_{si}\cos(\Gamma_{si}+\zeta'_{si}), \tag{17}$$

etc. Compare these with (15). The solutions are $\mathbf{Q}_s=\mathbf{Q}_s^0+\mathbf{Q}_s^1$, etc. Here $\mathbf{Q}_s^0$ is identical with the former Q_s^0 whereas $\mathbf{Q}_s^1$ is reduced in amplitude and lags in phase:

$$\mathbf{Q}^1(t)=c(8\pi/\Omega)^{\frac{1}{2}}\sum_i e_i\omega_s^{-2}(1-\beta_i^2\cos^2\vartheta_{si})^{-1}\cos\zeta'_{si}\cos(\Gamma_{si}+\zeta'_{si}), \tag{17′}$$

etc., to be compared with (16). We also define reduced potentials at the place of the particle e_i.

$$\begin{aligned}\mathbf{V}(i,t)&=c(8\pi/\Omega)^{\frac{1}{2}}\sum_s \mathbf{Q}_s\cos\zeta'_{si}\cos(\Gamma_{si}+\zeta'_{si}),\\ \mathbf{U}(i,t)&=c(8\pi/\Omega)^{\frac{1}{2}}\sum_s(\alpha_s\boldsymbol{\chi}_s+A_s\mathbf{q}_s)\cos\zeta'_{si}\sin(\Gamma_{si}+\zeta'_{si}).\end{aligned} \tag{17″}$$

Given positions and given velocities of the particles produce Fourier components (17′) satisfying (17). Equations (15) are the Fourier representation of Maxwell's equations including $\operatorname{div}U-\partial V/\partial ct=0$. Since (15) for $\mathbf{Q}_s$ is equivalent to (17) for Q_s, Eqs. (17) are only another form of Maxwell's equations as long as $\ddot{r}=0$.

6. Energy of Particles in a Field

In Fermi's (154) we write $\dot{r}_i$ for $-c\gamma_i$, 1 for δ_i, which is immaterial for our main task, which is to *deduce* (6) *from a Hamiltonian*. We propose the following modification of Fermi's Hamiltonian (154):

$$\begin{aligned}H=\sum_i m_ic^2+\sum_s\sum_i(\dot{r}_ip_i)+c(8\pi/\Omega)^{\frac{1}{2}}\sum_s\mathbf{Q}_s\sum_i e_i\cos\zeta'_{si}\cos(\Gamma_{si}+\zeta'_{si})\\ -(8\pi/\Omega)\sum_s\sum_i(\dot{r}_i,\alpha_s\chi_s+A_s\mathbf{q}_s)\cos\zeta'_{si}\sin(\Gamma_{si}+\zeta'_{si})\\ +\tfrac{1}{2}\sum_s[(\mathbf{p}_s^2+\xi_s^2-\mathbf{P}_s^2)+\omega_s^2(\mathbf{q}_s^2+\chi_s^2-\mathbf{Q}_s^2)].\end{aligned} \tag{18}$$

H differs in the terms containing ζ'_{si} from the unreduced Fermi Hamiltonian. Nevertheless, as we shall see in (20), the energy of the pure field is the same as in Maxwell's theory, and only the mutual energy is changed. As "coordinates" we consider the reduced quantities $\mathbf{Q}_s$, $\boldsymbol{\chi}$, $\mathbf{q}_s$; the conjugate "momenta" are $\mathbf{P}_s$, ξ_s, $\mathbf{p}_s$. As equations of motion $\partial H/\partial\mathbf{Q}_s=-d\mathbf{P}_s/dt$, $\partial H/\partial\mathbf{P}_s=d\mathbf{Q}_s/dt$ we obtain the former Eqs. (17) which, as we saw before, are equivalent to Maxwell's equations for $\ddot{r}_i=0$. Furthermore, the first four terms of (18) can be written

$$\text{Energy}=\text{rest}+\text{potential}+\text{kinetic energy}$$

$$E=\sum_i[m_ic^2+e_i\mathbf{V}(i)+(\beta_i,p_i-e_i\mathbf{U}(i)/c)], \tag{18′}$$

representing the Hamiltonian of a system of electric particles under the reduced potentials $\mathbf{V}$ and $\mathbf{U}$, defined in (17″) with the Fourier amplitudes $\mathbf{Q}_s=\mathbf{Q}_s^0+\mathbf{Q}_s^1$, etc. and $\mathbf{Q}_s^0=Q_s^0$. According to (18′) a monochromatic external potential Q_s acts on the particle with a potential $\mathbf{V}$ that is reduced by the factor $\cos\zeta'_{si}$ and has a phase lag ζ'_{si} behind the phase of Q_s. At the same time there is no damping term in (18′). The motion of the electron under this reduced external potential then is the same as its motion according to the usual theory where the effect of the unreduced potential is accompanied by that of a damping term. The terms $\mathbf{Q}_s^1$ in $\mathbf{V}$ calculated for vibrating electrons have no phase lag and will not produce an additional damping effect. This result seems very inconsistent indeed. But we must remember that the method of standing waves accounts for advanced and retarded potentials simultaneously, not only for an external potential Q_s^0 but also for the potential $\mathbf{Q}_s^1$ produced by a particle on itself. The whole problem needs further clarification.

7. Transformation of the Energy

We now turn to transforming the energy (18) into a more convenient form in which the Hamiltonian form is abandoned, however. p_i is the total momentum, $p_i - e_i\mathbf{U}(i)/c$ is the kinetic momentum $(p_i)^{\mathrm{kin}}$. It does not matter in (17) that $(p_i)^{\mathrm{kin}}$ and m_ic^2 split up into an electromagnetic and a mechanical part in the ratio of 3 to 1 (see below). Only the mechanical part is to be carried in m_ic^2 and $(\dot{r}_ip_i)^{\mathrm{kin}}$, the electromagnetic part being contained in the other terms of (18). The potential momentum is a part of the second sum in (18) and cancels the negative potential momentum represented by the fourth sum of (18). This leaves for the total energy:

$$E=\sum_i m_ic^2+\sum_i(\dot{r}_ip_i)^{\mathrm{kin}}+c(8\pi/\Omega)^{\frac{1}{2}}\sum_i e_i\sum_s \mathbf{Q}_s\cos(\Gamma_{si}+\zeta'_{si})\cos\zeta'_{si}$$
$$\times\tfrac{1}{2}\sum_s[(\mathbf{p}_s^2+\xi_s^2-\mathbf{P}_s^2)+\omega_s^2(\mathbf{q}_s^2+\chi_s^2-\mathbf{Q}_s^2)]. \quad (19)$$

A further simplification is obtained by virtue of [Fermi's (160)(161)]

$$\omega_s\chi_s-\mathbf{P}_s=0,\quad \xi_s=\omega_s\mathbf{Q}_s-(c/\omega_s)(8\pi/\Omega)^{\frac{1}{2}}\sum_j e_j\cos\zeta'_{sj}\cos(\Gamma_{sj}+\zeta'_{sj}),$$

which results in

$$E=\sum_i m_ic^2+\sum_i(\dot{r}_ip_i)^{\mathrm{kin}}+(4\pi c^2/\Omega)\sum_s\omega_s^{-2}(\sum_i e_i\cos\zeta'_{si}\cos(\Gamma_{si}+\zeta'_{si})+\tfrac{1}{2}\sum_s(\mathbf{p}_s^2+\omega_s^2\mathbf{q}_s^2).$$

At last we can use the relations $\dot{\mathbf{q}}_s=\mathbf{p}_s$ so that

$$\mathbf{q}_s^2=(\mathbf{q}_s^0)^2+(\mathbf{q}_s^1)^2+2\mathbf{q}_s^0\mathbf{q}_s^1,$$
$$\mathbf{p}_s^2=(\dot{\mathbf{q}}_s^0)^2+(\dot{\mathbf{q}}_s^1)^2+2\dot{\mathbf{q}}_s^0\dot{\mathbf{q}}_s^1.$$

When summing over s the double products vanish because of independent phases. q_s' can be taken from (16) whereas $(\dot{q}_s')^2$ is small and of order β^4. Thus the energy becomes (if we neglect β^4)

$$E=\sum_i m_ic^2+\sum_i(\dot{r}_ip_i)^{\mathrm{kin}}+\tfrac{1}{2}\sum_s[(p_s^0)^2+\omega_s^2(q_s^0)^2]$$
$$+(4\pi c^2/\Omega)\sum_s\omega_s^{-2}\{(\sum_i e_i\beta_i\sin\vartheta_{si}\sin(\Gamma_{si}+\zeta'_{si})\cos\zeta'_{si})^2+(e_i\cos(\Gamma_{si}+\zeta'_{si})\cos\zeta'_{si})^2\}. \quad (20)$$

E consists of the mechanical rest and kinetic energy of the particles, the pure field energy, and the mutual energy between field and particles. For the latter (20) yields the expression used before in (6) *q.e.d.*

The attempt to incorporate the phase lag and the amplitude reduction into the general set-up of the radiation theory cannot be considered as satisfactory because of inherent difficulties of the standing wave method. Nevertheless the results obtained in the case of particles at rest or in uniform motion may be considered as a supplement to Dirac's investigation[1] of the classical electron. Dirac has shown that the "own radiation field" of a particle leads to a self-accelerated motion in which the term $\exp(-r/r_0)$ plays a major rôle. We have tried to show here that radiation damping when accounted for by the modified energy (6), leads to a mutual energy between two particles of the extremely simple form

$$E_{12}=(e^2/r)[1-\exp(-r/r_0)].$$

The corresponding electromagnetic self-energy ($E_1=\frac{1}{2}E_{12}$ for $r=0$) is $\frac{3}{4}mc^2$ contradicting those who think that the mass ought to be completely of electromagnetic origin, and confirming the present idea[1,5] that only a part of the mass can be electromagnetic.

[5] W. Heitler, *Quantum Theory of Radiation* (Oxford, 1936), p. 33. See also reference 1.

Finite Self-Energies in Radiation Theory. Part II

ALFRED LANDÉ AND LLEWELLYN H. THOMAS
Mendenhall Laboratory, Ohio State University, Columbus, Ohio
(Received July 9, 1941)

The "cutting-off method" proposed in Part I is equivalent to a field theory based on Maxwell's equations supplemented by Yukawa's equations, both fields having the same point charges as sources. The chief result is a finite self-energy $W=e^2/2r_0$ and a modified Coulomb potential $(e/r)[1-\exp(-r/r_0)]$, also derivable from a Hamiltonian in Fourier form. For accelerated motions the field theory yields a finite force of inertia $(-m\ddot{x})$ together with the universal damping term in first approximation. Small additional terms reflect the "structure" of the electron. Radiation and self-force of a vibrating electron are discussed, and the perturbation problem is formulated. The exact integration of Yukawa's field equation is given in Section 9. Our results are related to Born-Infeld's unitary field theory and Dirac's theory of the classical electron, in particular with respect to waves of velocity larger than c. The electronic mass m is the result of photons of rest mass *zero* and mesons of rest mass $M=m\cdot 2\cdot 137=274m$.

1. INTRODUCTION

In Part I we discussed a "cutting-off method"[1] for obtaining finite self-energies of charged particles. We started from the physical consideration that the natural line breadth $\Delta\lambda=4\pi e^2/3mc^2$ allows to determine the position of an electron only within a range of order $\Delta\lambda$ since the electron does not react to the phase of an external field at its exact position but rather to the phase averaged over the range $\Delta\lambda$. More precisely, its vibrational energy is reduced, as compared with the energy without damping, by the damping factor $R=[1+(\nu\Delta\lambda/c)^2]^{-1}$. In Part I we then proposed to reduce the Fourier terms in Fermi's theory of radiation by the same factor R made invariant by Doppler correction for particles in motion. This reduction led to a finite electrostatic self-energy $W=e^2/2r_0$ and a modified Coulomb potential $(e/r)[1-\exp(-r/r_0)]$ where $r_0=\Delta\lambda/2\pi=2e^2/3mc^2$.

In Part II we start from the remark that this potential is the difference of Maxwell and Yukawa potentials as solutions of two separate sets of invariant field equations with the same point charges as sources. The special value $r_0=2e^2/3mc^2$ was chosen in Part I so that the Fourier reduction factor R_ν equals the former damping factor R. This led to an electromagnetic mass $\frac{3}{4}$ of the total mass. However, the special choice of r_0 is not essential. It would seem even more reasonable to choose the parameter $k=1/r_0$ of the field theory so as to have a *unitary field theory* in which the mass of the field equals the total mass, by virtue of the formula $W=e^2/2r_0=ke^2/2=mc^2$, or vice versa $r_0=e^2/2mc^2$. Whether this choice is correct can only be decided by experiments with extremely short waves. In view of the existence of neutral particles it has become doubtful whether one should insist on a purely electromagnetic origin of the electronic mass. On the other hand the combination of Maxwell's and Yukawa's field equations is already a deviation from the pure electromagnetic theory.

Our method offers a consistent and invariant scheme of formulae for calculating the properties of electronic charges without infinities. However, from a physical point of view it is hard to understand why the resulting potential, the resulting radiation of energy, etc., should be the *difference* rather than the sum of the two independent fields of Maxwell and Yukawa. A similar objection could be raised against Dirac's[2] *difference* of advanced and retarded potentials. We are using *retarded* potentials only, although the retarded Yukawa potential is given a negative sign. Apart from the lack of "physical understanding" of this negative sign, our method may at least be considered as an invariant formal way of avoiding infinities in classical point charges. The Fourier representation of Section 7 shall

[1] A. Landé, Phys. Rev. 60, 121 (1941).

[2] P. A. M. Dirac, Proc. Roy. Soc. 167, 148 (1938).

Reprinted from *Phys. Rev.* 60, 514–523 (1941).

prepare the way to a future application of *quantum theory* to our classical scheme.

2. Field Equations

Already in Part I we remarked that the modified electrostatic potential resulting from the Fourier method is the difference of two separate potentials

$$V=V''-V'=(e/r)-(e/r)\exp(-r/r_0). \quad (1)$$

V' and V'' are solutions of the differential equations

$$\Box V''=-4\pi\rho, \quad \Box V'=-4\pi\rho+k^2V', \quad (2)$$

to be supplemented by two equations for vector potentials

$$\Box A''=-4\pi j/c, \quad \Box A'=-4\pi j/c+k^2A'. \quad (2')$$

ρ and j vanish everywhere except on the world lines of point particles. The field derived from $V''A''$ is an ordinary Maxwell field. The field of meson type derived from the potential V', A' is

$$E'=-\nabla V'-\dot{A}'/c, \quad H'=\text{curl } A', \qquad \text{div } A'+\dot{V}'/c=0. \quad (3)$$

Together with (2) (2′) this is equivalent with the field equations

$$\text{curl } E'=-\dot{H}'/c, \quad \text{div } H'=0,$$
$$\text{curl } H'=\dot{E}'/c+4\pi j/c-k^2A', \quad (4)$$
$$\text{div } E'=4\pi\rho-k^2V', \quad \text{div } j+\dot{\rho}=0.$$

Multiplying by H' and E', and subtracting we arrive at

$$-(c/4\pi)\int ds\{[E'H']_n+k^2A_n'\}=(1/8\pi)(d/dt)$$
$$\times\int dv\{E'^2+H'^2+k^2(V'^2+A'^2)\}+\int E'jdv. \quad (5)$$

The stress-energy-momentum tensor T' therefore has the components

$$-T'_{44}=w'=(1/8\pi)\{E'^2+H'^2+k^2(V'^2+A'^2)\},$$
$$-iT'_{41}=g'=(1/4\pi c)\{[E'H']+k^2V'A'\}, \quad (6)$$

representing density of energy and momentum. Condensing three rows and columns to one we can write for the tensor T'

$$T'=\begin{Bmatrix} p'_{mn} & iS'/c \\ iS'/c & -w' \end{Bmatrix}+\frac{k^2}{4\pi}\begin{Bmatrix} A'_mA'_n & iA'V' \\ iA'V' & -V'^2 \end{Bmatrix}$$
$$-\frac{k^2}{8\pi}\begin{Bmatrix} (A'^2-V'^2)_{nm} & 0 \\ 0 & (A'^2-V'^2) \end{Bmatrix}, \quad (7)$$

where p', S', w' are the usual expressions for Maxwell's tensor, Poynting's vector, and energy density in terms of E' and H'.

Corresponding equations with $k=0$, called (3′) to (7′), hold for the Maxwell field E'', H''. Since the potentials V'' and V' are supposed to be subtractive the same applies to the field components $E''-E'=E$, $H''-H'=H$. But it also applies to the tensor components $T''-T'=T$. This can be learned from the fact that the last term in (5) is to be subtracted from the last term in (5′) in order to give the total mechanical work $\int E\cdot jdv=\int(E''-E')jdv$.

Integration of the wave equations (2) leads to the following general solution (see Section 9) for the potential of a point charge at $xyzt$:

$$V''-V'=ck\int\int\int\int R^{-1}J_1(kR)\rho d\xi d\eta d\zeta d\tau, \quad (8)$$

where $\rho(\xi\eta\zeta\tau)$ is the density, and R is the 4-distance

$$R^2=(c\tau-ct)^2-(\xi-x)^2-(\eta-y)^2-(\zeta-z)^2. \quad (8')$$

The integral extends over τ from $-\infty$ to t and over values $\xi\eta\zeta$ belonging to real values of R for the respective value of τ (*retarded potential*). In case of point charges e the integration over $\xi\eta\zeta$ yields a factor e so that (8) simplifies to a sum over the point charges:

$$V''-V'=\sum eck\int R^{-1}J_1(kR)d\tau$$
$$=\sum eck\int_0^\infty R^{-1}J_1(kR)(-\partial\tau/\partial R)dR. \quad (9)$$

Replacing ρ by j/c and j by $e\dot{\xi}$ for point charges one obtains the vector potential

$$A''-A'=\sum ek\int_0^\infty R^{-1}J_1(kR)$$
$$\times\dot{\xi}(\tau)(-\partial\tau/\partial R)dR. \quad (9')$$

The proof of the fundamental formula (9) is given in Section 9.

V' and V'' can always be supplemented by solutions of the homogeneous Maxwell and Yukawa equations. The latter are solved by plane waves λ whose frequency is

$$\nu^* = [\nu_0^2 + (c/\lambda)^2]^{\frac{1}{2}} \quad \text{where} \quad \nu_0 = kc/2\pi,$$

so that the phase velocity $c^* = \nu^*\lambda$ is larger than c:

$$c^* = [c^2 + (\nu_0\lambda)^2]^{\frac{1}{2}}.$$

A similar velocity larger than c occurred also in Dirac's theory of the classical point electron[2] and does not interfere with invariance. ν_0 is the minimum frequency of Yukawa waves.

3. Applications. Uniform Motion

(I) As our first example we consider an electron at rest at the zero point $\xi\eta\zeta = 0$. At $t = 0$ and at the distance $r^2 = x^2 + y^2 + z^2$ we have from (8′)

$$R^2 = (c\tau)^2 - r^2, \quad \partial c\tau/\partial R = -R(R^2 + r^2)^{-\frac{1}{2}},$$

the root with minus sign since $\tau < t$. According to (9) we obtain

$$V'' - V' = ek\int_0^\infty J_1(kR)(R^2 + r^2)^{-\frac{1}{2}} dR = (e/r)[1 - \exp(-kr)]. \tag{10}$$

In particular for $r = 0$ we have $(V'' - V')_0 = ek$, that is, the modified Coulomb potential of Part I and the starting point of Part II. Instead of k we may write $1/r_0$.

The electrostatic self-energy of an electron at rest is

$$W_{\text{rest}} = (1/8\pi)\int dv\{E''^2 - (E'^2 + k^2 V'^2)\},$$

where

$$E'' = e/r^2, \quad V' = (e/r)\exp(-kr), \quad E' = -\partial V'/\partial r.$$

Integration gives

$$W_{\text{rest}} = e^2k/2. \tag{10′}$$

The same result could have been obtained by the simpler formula

$$W_{\text{rest}} = \tfrac{1}{2}e(V'' - V')_0 = e^2k/2.$$

The electromagnetic rest mass is therefore

$$m = e^2k/2c^2, \text{ vice versa } k = 2mc^2/e^2, \tag{10″}$$

k determines the ratio e^2/m, where the "mass m" is defined as the factor of c^2 in the self-energy, and the "charge e" is defined as the factor of $1/r$ in the mutual energy. The corresponding meson mass is

$$M = h\nu_0/c^2 = kh/2\pi = 2m(hc/2\pi c^2) = m \cdot 2 \cdot 137.$$

(II) If the electron moves uniformly with velocity $v_x/c = \beta$ we have

$$\xi = \beta c\tau, \quad \eta = \zeta = 0,$$

$$R^2 = (c\tau - ct)^2 - (\beta c\tau - x)^2 - y^2 - z^2,$$

$$\partial c\tau/\partial R = -R(1-\beta^2)^{-\frac{1}{2}}(R^2 + a^2)^{-\frac{1}{2}},$$

where

$$a^2 = (1-\beta^2)^{-1}[r^2 - 2\beta ctx + \beta^2(c^2t^2 + x^2 - r^2)],$$

so that

$$V'' - V' = ek(1-\beta^2)^{-\frac{1}{2}}\int_0^\infty J_1(kR)(R^2 + a^2)^{-\frac{1}{2}} dR = e[a(1-\beta^2)^{\frac{1}{2}}]^{-1}[1 - \exp(-ak)]. \tag{11}$$

It can easily be shown geometrically that

$$a(1-\beta^2)^{\frac{1}{2}} = d \cdot (1 - \beta\cos\alpha)$$

where d is the distance between $xyzt$ and the position ξ of the particle at the retarded time τ so that $d = c(t - \tau)$, whereas α is the angle between d and the velocity. Therefore the first part of (11) agrees with the Lienard-Wiechert potential of a point charge V'', whereas the second part represents the Yukawa potential V'. The vector potential is

$$A_x'' - A_x' = (V'' - V')(v_x/c).$$

In particular, on the moving electron itself ($a = 0$) we have

$$\begin{aligned} V_0 &= (V'' - V')_0 = ek(1-\beta^2)^{-\frac{1}{2}}, \\ A_0 &= (A'' - A')_0 = ek\beta(1-\beta^2)^{-\frac{1}{2}}. \end{aligned} \tag{12}$$

Energy and momentum of the field of the moving electron are therefore

$$\begin{aligned} W &= eV_0/2 = mc^2(1-\beta^2)^{-\frac{1}{2}}, \\ G &= eA_0/2c = mv(1-\beta^2)^{-\frac{1}{2}}, \end{aligned} \tag{12′}$$

agreeing with relativity. An explicit proof of (12′) is given in (29) Section 8. When two like (unlike) point charges approach to the distance *zero* the finite work $e^2k=2mc^2$ is spent (gained).

4. Acceleration. Self-Force

Next we consider an electron moving along the x-axis with coordinates

$$\xi=u\tau+\tfrac{1}{2}f\tau^2+\tfrac{1}{6}g\tau^3,\quad \eta=\zeta=0. \tag{13}$$

The meaning of u, f, g is seen from the values at $\tau=0$:

$$u=(d\xi/d\tau)_0,\quad f=(d^2\xi/d\tau^2)_0,\quad g=(d^3\xi/d\tau^3)_0.$$

At an external point $r^2=x^2+y^2+z^2$ at time t we have from (8′)

$$R^2=(c\tau-ct)^2-(u\tau+\tfrac{1}{2}f\tau^2+\tfrac{1}{6}g\tau^3-x)^2-y^2-z^2.$$

For the field on the particle itself at $\tau=0$ consider t and r as small so that r^2 can be neglected altogether. Also neglecting second orders of u, f, g we obtain approximately

$$c\tau=ct-R+xR^{-1}(u\tau+\tfrac{1}{2}f\tau^2+\tfrac{1}{6}g\tau^3).$$

In the same approximation we can on the right replace τ by $(t-R/c)$, hence

$$\begin{aligned}cd\tau/dR=&-1-xR^{-2}\{u(t-R/c)\\&+\tfrac{1}{2}f(t-R/c)^2+\tfrac{1}{6}g(t-R/c)^3\}\\&-xR^{-1}c^{-1}\{u+f(t-R/c)+\tfrac{1}{2}g(t-R/c)^2\}.\end{aligned} \tag{14}$$

There are two special cases of (14). If $t=0$ and r is small we obtain

$$cd\tau/dR=-1+\tfrac{1}{2}xf/c-\tfrac{1}{3}xgR/c^3. \tag{14′}$$

If t is small and $r=0$ hence $x=0$ we have

$$cd\tau/dR=-1. \tag{14″}$$

We are now prepared to calculate V near the electron at $t=0$ for small r. Substituting (14′) in (9) we obtain

$$\begin{aligned}V''-V'&=(1-\tfrac{1}{2}xf/c^2)ek\int_0^\infty J_1(kR)R^{-1}dR\\&\quad+(xge/3c^3)\int_0^\infty J_1(kR)d(kR)\\&=(1-\tfrac{1}{2}xf/c^2)ek+xge/3c^3,\end{aligned} \tag{15}$$

since both integrals are unity. Therefore

$$-\partial V/\partial x=\tfrac{1}{2}fek/c^2-eg/3c^3.$$

Substituting (14″) and $\dot\xi=u+f\tau+\tfrac{1}{2}g\tau^2$ in (9′) we arrive at

$$\begin{aligned}A''-A'&=(ek/c)\int_0^\infty[u+f(t-R/c)\\&\qquad+\tfrac{1}{2}g(t-R/c)^2]J_1(kR)R^{-1}dR,\\-(\partial A/\partial ct)_{t=0}&=(ek/c)\int_0^\infty(-f+gR/c)J_1(kR)R^{-1}dR\\&=-ekf/c+ge/c^2.\end{aligned}$$

The magnetic field H vanishes on the electron so that the self-force $F=eE=-e\partial V/\partial x-e\partial A/\partial ct$ at $t=0$ becomes

$$\begin{aligned}F&=-(e^2k/2c^2)\cdot f+(2e^2/3c^3)\cdot g,\\&=-m(d^2\xi/d\tau^2)+(2e^2/3c^3)(d^3\xi/d\tau^3).\end{aligned} \tag{16}$$

where m is the mass due to the two fields, see (10″). If the whole mass of the electron is due to the fields, the various field centers (point charges) move *according to the field equations alone* in such a way that "the total field force is zero" on every single particle.

Charges with different masses and radii could be accounted for by extending the sums (9) (9′) over terms with different individual values of k.

The self-force (16) at $t=0$ is composed of retarded contributions of the whole path (13) during $\tau<0$. But only the immediate past matters in producing the two terms of (16). In case of a more general path

$$\xi=u\tau+\tfrac{1}{2}f\tau^2+\tfrac{1}{6}g\tau^3+\tfrac{1}{24}h\tau^4+\cdots\quad \text{for } \tau<0$$

it turns out that the higher terms contribute also with their remote past to the self-force at $t=0$. In connection with the fact that the velocity $\dot\xi$ on such a path would be larger than c in the remote past, each higher term furnishes an infinite contribution to F. Even if an infinite series in τ should represent a physically possible path $\xi(\tau)$ (vibrating electron) an integration by terms is not possible.

It would be an interesting problem to find an accelerated path such that the self-force vanishes at all times. As long as the acceleration is small this path will coincide with that derived by Dirac[2] from the difference of advanced and retarded Maxwell potentials.

5. Vibrating Electron. Radiation

An electronic point shall vibrate about the zero point with coordinates

$$\xi = a \sin(\omega\tau), \quad \eta = 0 = \zeta.$$

The amplitude a shall be small compared with the wave-length $2\pi c/\omega$ and with the electronic radius $r_0 = 1/k = c/\omega_0$ so that a^2 can always be neglected. At distance $r^2 = x^2 + y^2 + z^2$ we have (8′)

$$R^2 = c^2(\tau - t)^2 + 2ax \sin(\omega\tau) - r^2,$$

hence in the same approximation

$$c\tau = ct - (R^2 + r^2)^{\frac{1}{2}} + (R^2 + r^2)^{-\frac{1}{2}} ax \sin(\omega\tau)$$

with the argument $\omega\tau = \omega t - (R^2 + r^2)^{\frac{1}{2}}\omega/c$ when neglecting a^2. Thus

$$\begin{aligned} -R^{-1}\partial(c\tau)/\partial R = (R^2+r^2)^{-\frac{1}{2}} & \\ +(ax\omega/c)(R^2+r^2)^{-1}\cos(\omega\tau) & \quad (17) \\ +ax(R^2+r^2)^{-\frac{3}{2}}\sin(\omega\tau) & \end{aligned}$$

consisting of three terms. For large r (wave zone) the second term alone contributes to V, and the first term alone to A. With $d\xi/d\tau = a\omega\cos(\omega\tau)$ we obtain from (9) (9′)

$$\begin{aligned} V'' - V' &= (eax\omega/c)\int_0^\infty J_1(kR)(R^2+r^2)^{-1} \\ &\quad \times \cos[\omega t - (R^2+r^2)^{\frac{1}{2}}\omega/c]d(kR), \\ A'' - A' &= (ea\omega/c)\int_0^\infty J_1(kR)(R^2+r^2)^{-\frac{1}{2}} \\ &\quad \times \cos[\omega t - (R^2+r^2)^{\frac{1}{2}}\omega/c]d(kR). \end{aligned} \quad (18)$$

In the limit of small ω one can replace (R^2+r^2) by r^2 not only for small R but also for large R since the integrals give negligible contributions for large R if ω is small. In this case (18) simplifies to

$$\begin{aligned} V = V'' - V' &= (ea\omega/c)(x/r^2)\cos[\omega(t - r/c)], \\ A = A'' - A' &= (ea\omega/c)(1/r)\cos[\omega(t - r/c)], \end{aligned} \quad (18')$$

that are the well-known Lorentz potentials. But for larger ω one has to use the complete integrals (18); we have not been able to evaluate them. From what is learned in (20′) about the self-force of a vibrating electron the Lorentz potentials (18′) are valid up to $\omega = \omega_0$, and a decrease of the emitted potential will occur only for $\omega > \omega_0$ in connection with the fact that Yukawa waves have a minimum frequency $\omega_0 = kc$ (Section 2). This result is confirmed by the Fourier method, Section 8, III.

6. Vibrating Electron. Self-Force

In order to find the self-force of a vibrating electron at time t it is convenient to have the electron in the zero point $r = 0$ at time t. We therefore consider the position

$$\xi = a \sin(\omega\tau) - a \cdot s, \quad \eta = \zeta = 0,$$

where the parameter s will later be equated to $\sin(\omega t)$. With small r and neglection of r^2 we now have

$$c\tau = ct - R + xaR^{-1}[\sin(\omega\tau) - s].$$

On the right we can replace τ by $(t - R/c)$ if a is small. Then

$$\begin{aligned} \partial c\tau/\partial R = -1 - xaR^{-2}[\sin(\omega t - \omega R/c) - s] & \\ -(xa\omega/Rc)\cos(\omega t - \omega R/c). & \end{aligned}$$

Substituting in (9) (9′) and neglecting a^2 we obtain

$$\begin{aligned} \partial V/\partial x &= eka\int_0^\infty J_1(kR)\{R^{-3}[\sin(\omega t - \omega R/c) - s] \\ &\quad + (\omega/R^2c)\cos(\omega t - \omega R/c)\}dR, \\ \partial A/\partial ct &= -eka(\omega/c)^2\int_0^\infty J_1(kR)R^{-1} \\ &\quad \times \sin(\omega t - \omega R/c)dR. \end{aligned}$$

We now put $s = \sin(\omega t)$. In the self-force

$$F = -e\partial V/\partial x - e\partial A/\partial ct,$$

we separate terms with factors $\sin(\omega t)$ and $\cos(\omega t)$. Writing

$$-\omega^2 a \sin(\omega t) = d^2\xi/d\tau^2, \quad -\omega^3 a\cos(\omega t) = d^3\xi/d\tau^3,$$

and using the abbreviations $kR = u$, $\omega R/c = qu$ with

$$e^2k/2c^2 = m, \quad ck = c/r_0 = \omega_0, \quad \omega/\omega_0 = q, \quad (19)$$

we obtain

$$F=-m(d^2\xi/d\tau^2)f(q)+(2e^2/3c^3)(d^3\xi/d\tau^3)g(q),$$

$$\begin{aligned} f(q)&=2\int_0^\infty J_1(u)u^{-1}\{\cos(qu)-(qu)^{-1}\sin(qu)\\ &\qquad+(qu)^{-2}[1-\cos(qu)]\}du, \\ g(q)&=\tfrac{3}{2}\int_0^\infty J_1(u)\{(qu)^{-1}\sin(qu)\\ &\qquad+(qu)^{-3}[(qu)\cos(qu)-\sin(qu)]\}du. \end{aligned} \tag{20}$$

For small $q=\omega/\omega_0$ the factors f and g reduce to *unity* so that F has the classical form (16). In general F can be found with help of auxiliary formulae in two cases $0\leqslant q\leqslant 1$ and $q\geqslant 1$, respectively:

$$\int_0^\infty J_1(u)\frac{\sin(qu)}{(qu)}du=\begin{cases}1\\ 1-(1-q^{-2})^{\frac{1}{2}},\end{cases}$$

$$\int_0^\infty J_1(u)\frac{\sin(qu)}{(qu)}\frac{du}{u}=\begin{cases}\frac{1}{2}[(1-q^2)^{\frac{1}{2}}+q^{-1}\sin^{-1}q]\\ (\pi/4)q^{-1},\end{cases}$$

$$\int_0^\infty J_1(u)\cos(qu)\frac{du}{u}=\begin{cases}(1-q^2)^{\frac{1}{2}}\\ 0.\end{cases}$$

Also

$$(qu)^{-2}[1-\cos(qu)]=(qu)^{-1}\int_0^1\sin(pqu)dp,$$

$$(qu)^{-2}[(qu)\cos(qu)-\sin(qu)]=-\int_0^1\sin(pqu)pdp.$$

With these formulae we obtain in (20)

$$f(q)=\begin{cases}(1/3q^2)[1-(1-q^2)^{\frac{3}{2}}]\\ \qquad+q^{-2}[(1-q^2)^{\frac{1}{2}}-1]+(1-q^2)^{\frac{1}{2}}\\ \qquad\qquad-(2/3q^2)\end{cases}$$

$$g(q)=\begin{cases}1\\ 1-(1-q^{-2})^{\frac{1}{2}},\end{cases} \tag{20'}$$

for $0\leqslant q\leqslant 1$ and $q\geqslant 1$, respectively. For large frequencies $q\gg 1$ both f and g tend toward zero as though inertia and damping were fading out with increasing ω. The amplitude a shall always be small compared with c/ω. If we should consider frequencies $\omega\sim\omega_0$ and yet amplitudes a not small compared with the electronic radius $r_0=\omega_0/c$ the result would be quite different. The dependence of the "scattering cross section" on the amplitude for frequencies of order ω_0 could be used for checking the classical theory if this effect were not completely overshadowed by quantum effects just at these high frequencies.

It is quite significant that the decrease of the factor $g(q)$ begins only at the characteristic frequency ω_0 itself. Since the damping term with $(2e^2/3c^3)\cdot g(q)$ is the counterpart of long distance radiation, this means that up to $\omega=\omega_0$ only Maxwell radiation is emitted, in agreement with the fact (Section 2) that Yukawa waves have a minimum frequency $\omega_0=kc$. We learn from (20') that for $\omega>\omega_0$ the ratio of Maxwell to Yukawa radiated energy is 1 to $(1-q^{-2})^{\frac{1}{2}}$. The same result can be obtained directly by the Fourier method.

7. Fourier Method. Hamiltonian

For particles at rest the field theory is equivalent with the Fourier reduction method of Part I. For particles in motion the field theory gives results differing from the Doppler correction of Part I, but consistent with relativity.

Similar to Fermi we expand the Yukawa potential $V'(r,t)$ into a Fourier series of standing waves of direction α_s in a large space Ω (for details compare with Fermi[3]):

$$V'(r,t)=c(8\pi/\Omega)^{\frac{1}{2}}\textstyle\sum_s Q_s'(t)\cos\Gamma_{sr}, \qquad \Gamma_{sr}=(\omega_s/c)(\alpha_s\cdot r)+\text{phase}. \tag{21}$$

Substitution into Eq. (2) gives the following differential equation for Q_s'

$$d^2Q_s'/dt^2+(\omega_s^2+k^2c^2)Q_s'=c(8\pi/\Omega)^{\frac{1}{2}}\textstyle\sum_i e_i\cos\Gamma_{si} \tag{21'}$$

[3] E. Fermi, Rev. Mod. Phys. 4, 87 (1932).

in case of point charges. For uniform motions where r_i in Γ_{si} changes with time (21) is solved by

$$Q_s'(t)=c(8\pi/\Omega)^{\frac{1}{2}}\sum_i e_i \cos\Gamma_{si}[\omega_s^2(1-\beta_i^2\cos^2\vartheta_{si})+\omega_0^2]^{-1}. \tag{22}$$

ϑ_{si} is the angle between the wave normal α_s and the direction of β_i, and ω_0 is written for kc. The dependence of t is contained in r_i in Γ_{si}. Corresponding Fourier series for the Maxwell potential V'' lead to

$$Q''(t)=c(8\pi/\Omega)^{\frac{1}{2}}\sum_i e_i \cos\Gamma_{si}[\omega_s^2(1-\beta_i^2\cos^2\vartheta_{si})]^{-1}. \tag{22'}$$

(22) and (22′) can be augmented by solutions of the homogeneous differential equations. The Fourier coefficient $Q_s=Q_s''-Q_s'$ of the resulting potential $V=V''-V'$ can be written

$$Q_s(t)=c(8\pi/\Omega)^{\frac{1}{2}}\sum_i e_i \cos\Gamma_{si}\omega_s^{-2}(1-\beta_i^2\cos^2\vartheta_{si})^{-1}R_{si} \tag{23}$$

and contains the "reduction factor"

$$R_{si}=[1+(1-\beta_i^2\cos^2\vartheta_{si})\omega_s^2/\omega_0^2]^{-1}. \tag{24}$$

For $\beta_i=0$ this is the factor used in Part I for particles at rest.

Corresponding calculations can be applied to the vector potential $A=A'-A''$:

$$A(r,t)=c(8\pi/\Omega)^{\frac{1}{2}}\sum_s[\alpha_s\chi_s(t)+A_sq_s(t)]\sin\Gamma_{sr}$$

with α_s=longitudinal, A_s=transversal unit vector. (3′) is equivalent to $\omega_s\chi_s'+\dot{Q}_s'=0$. The Fourier coefficients $\chi_s=\chi_s''-\chi_s'$ and $q_s=q_s''-q_s'$ are

$$\begin{matrix}\chi_s\\ q_s\end{matrix}(t)=c(8\pi/\Omega)^{\frac{1}{2}}\sum_i e_i\beta_i \begin{matrix}\cos\\ \sin\end{matrix}(\vartheta_{si})\sin\Gamma_{si}\omega_s^{-2}(1-\beta_i^2\cos^2\vartheta_{si})^{-1}R_{si} \tag{25}$$

with the same factor R_{si}. In all cases one may add solutions of the homogeneous equation (21′) etc.

The *Hamiltonian* of the resulting field is $H=H''-H'$, *viz.*

$$\begin{aligned}H=&\sum_i m_ic^2+\sum_i(\dot{r}_i(p_i^{\text{kin}}+p_i^{\text{pot}}))+c(8\pi/\Omega)^{\frac{1}{2}}\sum_i e_i\sum_s(Q_s''-Q_s')\cos\Gamma_{si}\\ &-c(8\pi/\Omega)^{\frac{1}{2}}\sum_i(e_i/c)\sum_s(\dot{r}_i,\alpha_s(\chi_s''-\chi_s')+A_s(q_s''-q_s'))\sin\Gamma_{si}\\ &+\tfrac{1}{2}\sum_s[(p_s''^2+\xi_s''^2-P_s''^2)+\omega_s^2(q_s''^2+\chi_s''^2-Q_s''^2)]\\ &-\tfrac{1}{2}\sum_s[(p_s'^2+\xi_s'^2-P'^2)+(\omega_s^2+\omega_0^2)(q_s'^2+\chi_s'^2-Q_s'^2)]\end{aligned} \tag{26}$$

with coordinates $Q_s'Q_s''q_s'q_s''\chi_s'\chi_s''$ and momenta $P_s'P_s''p_s'p_s''\xi_s'\xi_s''$ and with $\omega_0=kc$. (26) is verified by the canonical equations

$$\dot{Q}_s'=\partial H/\partial P_s'=-P_s',\quad \dot{P}_s'=-\partial H/\partial Q_s', \tag{26'}$$

etc., that agree with the differential equations (21) etc., for Q_s', Q_s'' etc., (compare with Fermi, reference 3, p. 129).

The first sum in (26) is the *mechanical* rest energy, the second sum contains the *mechanical* kinetic energy. In a unitary theory with $k=2mc^2/e^2$ these two terms are to be omitted. The sum over $(\dot{r}_ip_i^{\text{pot}})$ is identical with the whole second line of (26) so that these sums cancel one another. The energy reduces to the two last lines of (26).

8. Applications of the Fourier Method

(I) First we consider a system of electrons *at rest*. Here (22) simplifies to

$$Q'_s = c(8\pi/\Omega)^{\frac{1}{2}} \textstyle\sum_i e_i \cos\Gamma_{si}(\omega_s^2+\omega_0^2)^{-1},$$

$$\dot{Q}'_s = P'_s = p'_s = \xi'_s = q'_s = \chi'_s = 0$$

and similar formulae for Q''_s etc., without ω_0^2. The second line in (26) turns out to be half as large as, and of opposite sign as the third line, so that H reduces to

$$H = \tfrac{1}{2}c^2(8\pi/\Omega)\textstyle\sum_i \sum_j e_i e_j \sum_s \cos\Gamma_{si}\cos\Gamma_{sj} \times[(\omega_s^2)^{-1}-(\omega_s^2+\omega_0^2)^{-1}],$$

obviously a difference of Maxwell and Yukawa terms. Instead we may write

$$H = \tfrac{1}{2}c(8\pi/\Omega)\textstyle\sum_i \sum_j e_i e_j \sum_s \cos\Gamma_{si}\cos\Gamma_{sj} \times\omega_s^{-2}[1+(\omega_s/\omega_0)^2]^{-1}, \quad (27)$$

that is, Fermi's expression "reduced" by a factor $R=[1+(\omega_s/\omega_0)^2]^{-1}$ as in Part I. Replacing the summation $\sum_s$ by an integration with Jeans' factor $(\Omega/2\pi^2c^3)\omega_s^2 d\omega_s$ one arrives (see Part I) at

$$H = \textstyle\sum_i (e_i\omega_0/2c) + \sum_i \sum_j (e_ie_j/r)[1-\exp(-r\omega_0/c)] \quad (27')$$

in agreement with (10) (10′), representing finite self-energies and modified Coulomb energies.

(II) Our second example shall be *one* electron in uniform motion with velocity $\dot{r}_i=\beta_i c$. Here we have to substitute the complete expressions (22) into the last two lines of (26). In addition we have

$$P'_s = -\partial H/\partial P'_s = -\dot{Q}'_s$$
$$= c(8\pi/\Omega)^{\frac{1}{2}} e_i \sin\Gamma_{si}\omega_s\beta_i\cos\vartheta_{si} \times[\omega_s^2(1-\beta_i^2\cos^2\vartheta_{si})+\omega_0^2]^{-1}$$

and corresponding expressions for the other momenta. First we sum over all directions ϑ_{si} by integrating with factor $\frac{1}{2}d(\cos\vartheta)$ from -1 to 1, and replace $\sin^2\Gamma_{si}$ and $\cos^2\Gamma_{si}$ by $\frac{1}{2}$ because of irregular phases. The second line of (26) then gives

$$c^2(8\pi/\Omega)(e^2/2)\textstyle\sum_s \{\omega_s^{-2}\beta_i^{-1}\,\mathrm{tgh}^{-1}\beta_i$$
$$-(\omega_s\beta_i)^{-1}(\omega_s^2+\omega_0^2)^{-\frac{1}{2}}\,\mathrm{tgh}^{-1}(\omega_s\beta_i(\omega_s^2+\omega_0^2)^{-\frac{1}{2}})\}, \quad (28)$$

obviously a difference of Maxwell and Yukawa terms. The latter are small compared with the former for $\omega_s \ll \omega_0$. The last line of (26) gives

$$-\tfrac{1}{2}c^2(8\pi/\Omega)(e^2/2) \times\textstyle\sum_s \{(\omega_s^2)^{-1}-[\omega_s^2+(\omega_0^2/(1-\beta_i^2))]^{-1}\}. \quad (28')$$

The tgh^{-1} in (28) can be expanded in powers of β_i and then integrated term by term with Jeans' factor $(\Omega/2\pi^2c^3)\omega_s^2 d\omega_s$. The result is a series that condenses to the simple expression $(e^2\omega_0/c)(1-\beta_i^2)^{-\frac{1}{2}}$. On the other hand (28′) can be integrated directly with the result $-\frac{1}{2}(e^2\omega_0/c)(1-\beta_i^2)^{-\frac{1}{2}}$ just half as large as (28). The balance is

$$H=(e^2\omega_0/2c)(1-\beta_i^2)^{-\frac{1}{2}} = mc^2(1-\beta_i^2)^{-\frac{1}{2}}, \quad (29)$$

agreeing with (12′) and verifying the invariance of the method in Fourier form.

(III) The Fourier method can also be applied to the *radiation* emitted by a vibrating electron similar to Heitler's method.[4] The result is quoted at the end of Section 6.

Our invariant "cutting-off method" consists in using the Hamiltonian $H=H''-H'$ rather than H'' alone.

The *perturbation problem* of the classical Hamiltonian is this. The electrons may first move with prescribed *constant* velocities $\dot{r}_i$. The corresponding "electronic" field coordinates $Q'_s(t)$, etc., are given in (22), etc., augmented by solutions of the homogeneous equations (21′) representing the initial "pure field." Between t_1 and t_2 the electrons shall move on prescribed accelerated path [$r_i(t)$ in Γ_{si} on the right of (21′) prescribed]. The equation of motion (21′) together with the initial value $Q'_s(t_1)$ determines the final value $Q'_s(t_2)$. Its continuation for $t>t_2$ can again be separated into an "electronic field" of type (22) and a "pure field" if the electrons move with constant velocities after t_2. Such a separation is not possible during the time of radiation $t_1<t<t_2$. The prescribed path ought to be such that the total force (no matter whether it can be separated into external and self-force) vanishes on every electron.

---

[4] W. Heitler, *Quantum Theory of Radiation* (Oxford, 1936), p. 54.

9. Appendix. Exact Integration of Yukawa's Equation

The exact solution (V'', A'') of the Maxwell equations produced by charges ρ, j is well known. The exact solution of the combined Maxwell-Yukawa problem shall be given here. The exact solution of the Yukawa problem alone might be of value for the discussion of meson problems, irrespective of the present field theory.

In order to solve the differential equation

$$\nabla^2 V' - \partial^2 V'/\partial c^2 t^2 = -4\pi\rho + k^2 V' \tag{30}$$

we use the Fourier transformation

$$u'(A, B, C; t) = \int\int\int V'(x, y, z; t) \times \exp[-2i\pi(Ax+By+Cz)]dxdydz,$$

$$\sigma(A, B, C; t) = \int\int\int \rho(x, y, z; t) \times \exp[-2i\pi(Ax+By+Cz)]dxdydz.$$

Their inversion substituted in (30) yields for u' the equation

$$-4\pi^2(A^2+B^2+C^2)u' - \partial^2 u'/\partial c^2 t^2 = -4\pi\sigma + k^2 u'. \tag{31}$$

With the abbreviation

$$p^2 = c^2[k^2 + 4\pi^2(A^2+B^2+C^2)], \quad q^2 = c^2 4\pi^2(A^2+B^2+C^2), \tag{32}$$

(31) reduces to

$$p^2 u' + \partial^2 u'/\partial t^2 = 4\pi c^2 \sigma.$$

The solution for vanishing u' and $\partial u'/\partial t$ at $t = -\infty$ is

$$u'(A, B, C, t) = \int_{-\infty}^{t} \sin[p(t-\tau)]p^{-1} 4\pi c^2 \times \sigma(A, B, C; \tau)d\tau. \tag{33}$$

Reversing the Fourier transformation we obtain

$$V' = \int\int\int dAdBdC \exp[2i\pi(Ax+By+Cz)] \times \int_{-\infty}^{t} d\tau \sin[p(t-\tau)]p^{-1} 4\pi c^2 \times \int\int\int d\xi d\eta d\zeta \rho(\xi, \eta, \zeta; \tau) \times \exp[-2i\pi(A\xi+B\eta+C\zeta)]. \tag{34}$$

Changing the order of integration we arrive at

$$V'(xyzt) = 4\pi c^2 \int\int\int\int_{-\infty}^{t} \rho(\xi\eta\zeta\tau) \times K'(x-\xi, \cdots, t-\tau)d\xi d\eta d\zeta d\tau \tag{35}$$

with the kernel function

$$K'(x, y, z, t) = \int\int\int \sin\eta p t)p^{-1} \times \exp[+2i\pi(Ax+By+Cz)]dAdBdC. \tag{36}$$

The same considerations applied to the Maxwell field (with $k=0$) result in a corresponding formula for V'' with kernel K'' in which p is replaced by q of (32). The resulting potential is

$$V'' - V' = 4\pi c^2 \int\int\int\int_{-\infty}^{t} \rho(\xi\eta\zeta\tau) \times (K'' - K')d\xi d\eta d\zeta d\tau. \tag{37}$$

The kernel $K''-K'$ can be evaluated in polar coordinates. With

$$x^2+y^2+z^2 = r^2, \quad A^2+B^2+C^2 = D^2$$

we obtain

$$K'' - K' = 2\int_0^\infty \sin(2\pi r D)r^{-1} \times [\sin(pt)p^{-1} - \sin(qt)q^{-1}]DdD, \tag{38}$$

in which $p^2 = c^2(k^2+4\pi^2 D^2)$ and $q^2 = c^2 4\pi^2 D^2$. Writing

$$p = ck\cosh\theta, \quad q = ck\sinh\theta, \quad 2\pi D = k\sinh\theta,$$

we have

$$K'' - K' = (k^2/4\pi^2)2\int_0^\infty \sin(kr\sinh\theta)r^{-1} \times [\sin(ckt\cosh\theta)(ck\cosh\theta)^{-1} - \sin(ckt\sinh\theta)(ck\sinh\theta)^{-1}] \times \sinh\theta\cosh\theta d\theta. \tag{39}$$

(39) has two forms according to $ct > r$, or $ct < r$. If $ct > r$ we write

$$ckt = \lambda\cosh\alpha, \quad kr = \lambda\sinh\alpha, \quad \lambda^2 = k^2(c^2t^2 - r^2).$$

Associating and dissociating sines and cosines we arrive after some transformations at the simple value of (39):

$$K''-K'=(k^2/4\pi c\lambda)J_1(\lambda).$$

If $ct<r$ we write

$$ckt=\lambda' \sinh \alpha, \quad kr=\lambda' \cosh \alpha,$$
$$\lambda'^2=k^2(r^2-c^2t^2)=-\lambda^2.$$

Here λ is imaginary, and the result is

$$K''-K'=0.$$

(37) thus yields the exact solution

$$V''-V'=ck^2\int_{-\infty}^{t}\int\int\int J_1(\lambda)\lambda^{-1}\rho(\xi\eta\zeta\tau)d\tau d\xi d\eta d\zeta, \tag{40}$$

where

$$\lambda^2=k^2[(ct-c\tau)^2-(x-\xi)^2-(y-\eta)^2-(z-\zeta)^2].$$

The $\xi\eta\zeta$-integral is extended over values that make λ real.

Subtracting $V''-V'$ from the well-known Maxwell solution V'' with the same charges as sources one obtains the exact solution of the Yukawa equation.

On the Magnitude of Electronic Charges

ALFRED LANDÉ
Mendenhall Laboratory, Ohio State University, Columbus, Ohio

(Received November 25, 1940)

A charged point particle is characterized first by its classical rest energy $\epsilon_0 = mc^2$, second by the characteristic wave period $t_0 = 4\pi e^2/3mc^3$ that occurs in the classical formula $\phi_\tau/\phi_\infty = [1+(t_0/\tau)^2]^{-1}$ for the ratio of the scattering cross section for light of period τ compared with the Thomson cross section ϕ_∞ for light of period ∞. Quantum theory asks that the product $\epsilon_0 t_0$ be as small as $h/210$ as the smallest eigenvalue of a proper value problem. The classical values of ϵ_0 and t_0 together with their quantum product yield the value $\alpha \approx 1/140$ for Sommerfeld's fine-structure constant. The discrepancy may be due to our *classical* treatment of the interaction between light and charged matter. The Lorentz invariance of the energy transmission coefficient $R_\tau = \phi_\tau/\phi_\infty$ makes R_τ apt to serve as a reduction factor in the theory of radiation for avoiding the usual infinities. As a first example, the energy reduction R_τ leads to a modified Coulomb energy together with a finite electrostatic self-energy corresponding to an electrostatic mass $m_{\text{stat}} = m$.

THE velocity of a particle can be found in two ways; first, by measuring the energy ϵ and the momentum p so that

$$v/c = pc/\epsilon \quad \text{whereby} \quad \epsilon^2 - (pc)^2 = \epsilon_0^2, \tag{1}$$

if ϵ_0 stands for the rest energy; and second, by measuring the path r during a time interval t so that

$$v/c = r/ct \quad \text{whereby} \quad t^2 - (r/c)^2 = t_0^2, \tag{2}$$

if t_0 stands for the rest value of the interval t.

The quantities p and ϵ can be measured optically if the particle is charged. The Compton scattering effect yields p and ϵ within certain margins of accuracy since p and ϵ change during the observation. The universal rest energy ϵ_0 which also is the critical photonic energy for the pair production, has a definite value $\epsilon_0 = mc^2$ without uncertainty.

The quantities r and t can also be measured optically by means of light waves scattered by the particle. The Lorentz rest system in which the scattering process takes place is defined by the system of interference fringes of the incident and reflected light and matter waves that move through the distance r during t. The position of the maxima cannot be measured exactly at any time. Therefore r and t are determined within a certain margin only, although the rest period t_0 has a definite universal value (see (7)).

The two uncertainties (corpuscular p and ϵ, wave r and t) are reciprocal in the sense of quantum theory. The probability amplitudes $\psi(r, t)$ and $\chi(p, \epsilon)$ comply with the quantum rule (for free particles) that they are Fourier expansions of one another. At the same time ϵ is determined by p and ϵ_0, and t is determined by r and t_0 by virtue of (1) and (2). The Fourier integrals[1] read

$$\begin{aligned} \chi(p) &= h^{-\frac{3}{2}} \int \psi(r) \\ &\quad \times \exp\left[i/\hbar(p\cdot r - \epsilon t)\right] dx dy dz (t_0/t)^{\frac{1}{2}}, \\ \psi(r) &= h^{-\frac{3}{2}} \int \chi(p) \\ &\quad \times \exp\left[-i/\hbar(p\cdot r - \epsilon t)\right] dp_x dp_y dp_z (\epsilon_0/\epsilon)^{\frac{1}{2}}. \end{aligned} \tag{3}$$

The square roots on the right provide for invariant volume elements. The factors $h^{-\frac{3}{2}}$ are chosen so that the two integral equations are mere inversions of one another in the non-relativistic limit. The integrals are carried over positive and negative values of the square roots; they are soluble only for certain proper values of the quantity

$$\epsilon_0 t_0/\hbar = \mu. \tag{4}$$

[1] The integrals are modifications of Born's integrals. Born modified the writer's original wrong integrals. See A. Landé, J. Frank. Inst. **228**, 459 (1939). M. Born, Proc. Roy. Soc. Edinburgh **59**, 219 (1939). The proper value theory of Born and Fuchs, Proc. Roy. Soc. Edinburgh **60**, 100, 141 (1940) starts from a different background and arrives at different results.

Reprinted from *Phys. Rev.* **59**, 434–435 (1941).

The smallest proper value of μ turns out to be[2]

$$\mu = 0.02985037\cdots \tag{4'}$$

as the smallest root of the transcendental equation $2\pi\mu[Y_0(\mu)]^2 = 1$.

The smallness of the product $\epsilon_0 t_0$ in terms of h, namely $\epsilon_0 t_0/h \approx 1/210$ must be considered as the chief reason for the smallness of the Sommerfeld fine-structure constant α. Indeed, the latter is

$$\alpha = \frac{e^2}{ch} = \frac{e^2}{ct_0\epsilon_0}\cdot\frac{t_0\epsilon_0}{h} = \frac{e^2}{ct_0mc^2}\cdot\mu = \frac{\mu}{\gamma}, \tag{5}$$

if γ is the numerical factor expressing t_0 in terms of e^2/mc^2 by the formula

$$ct_0 = \gamma e^2/mc^2. \tag{6}$$

A tentative value of γ is obtained by identifying t_0 with the characteristic period t_0 that occurs in the scattering cross section ϕ_τ for light of period τ, as compared with the Thomson cross section ϕ_∞ for light of period ∞. The classical theory of the scattering of infinitely weak light waves yields the formula

$$\phi_\tau = \phi_\infty\cdot[1+(\tau/t_0)^2]^{-1} \text{ where } t_0 = 4\pi e^2/3mc^3. \tag{7}$$

From identifying t_0 of (2) with t_0 of (7) we learn that γ is $4\pi/3$, hence

$$\alpha = \mu/\gamma = 0.0298\cdot(3/4\pi) \approx 1/140 \tag{8}$$

instead of the experimental value $\approx 1/137$. The discrepancy may be due partly to the value of ϕ_τ which was obtained from the *classical* scattering of infinitely weak light waves, as against quantized waves of zero-point energy. A uniform theory is wanted in order to replace the two incoherent sections of computing $\alpha = \mu/\gamma$ from a quantum calculation of μ and a classical calculation of γ. The not quite convincing classical reasons for choosing $\gamma = 4\pi/3$ will be discussed in a paper, Part III, in the *Journal of the Franklin Institute* (1941) to which we also refer for the following remarks.

[2] A. Landé, J. Frank. Inst. **229**, 767 (1940). Part I.

The ratio $R_\tau = \phi_\tau/\phi_\infty$ is apt to serve as a reduction factor to rid the radiation theory of infinities. *R is Lorentz-invariant* since ϕ_∞ is a universal constant, and ϕ_τ depends on the scattered period τ and the speed of the scattering particle in the following way. The light may have the period τ for an observer who is at rest together with the particle. If the observer moves with velocity v' relative to the former rest system he will observe a different period τ'. But the scattering cross section, that is, the ratio of the scattered to the incident intensity per unit area will be the same as in the rest system namely R_τ rather than $R_{\tau'}$. Indeed, the scattering cross section can be thought of as the cross section of a (missing) column of light cut out of the incident parallel light rays, the walls of the column being light rays.

A first application of this reduction factor for the energy transmission is offered by the Dirac-Fermi wave theory of the electrostatic interaction between particles and light. This theory leads to the Coulomb energy e_je_k/r_{jk} and to an infinite self-energy. If one assumes, however, that the energy contribution of the waves of period τ is reduced by the invariant factor $R_\tau = \phi_\tau/\phi_\infty$ of (7), then one obtains a modified Coulomb energy

$$(e_je_k/r_{jk})\cdot[1-\exp(-r_{jk}3mc^2/2e^2)] \tag{9}$$

and a finite electrostatic self-energy of value $E_{stat} = \frac{3}{4}mc^2$. This corresponds to an electrostatic mass

$$m_{stat} = m, \tag{9'}$$

since, according to Abraham, any spherical electric field of energy E_{stat} has an inertia $m_{stat} = E_{stat}\cdot(4/3c^2)$. The reduction of the infinite self-energy through radiation damping is preferable to an arbitrary cutting-off process, and perhaps also to those theories (Born-Infeld and Born's reciprocity) that yield the correct finite self-energy only with a certain selection of an adjustable parameter r_0 called "electronic radius" (determination of the factor γ *a posteriori*).

Finite Self-Energies in Radiation Theory. Part III

ALFRED LANDÉ AND LLEWELLYN H. THOMAS
Mendenhall Laboratory of Physics, Ohio State University, Columbus, Ohio
(Received November 10, 1943)

The invariant field theory of Part II is interpreted, in agreement with F. Bopp, as Maxwell's theory with a linear differential relation between the fields E, B and D, H involving a new constant k which measures the reciprocal radius of the electron. The former "mesonic field" of minimum frequency $\nu_0=kc/2\pi$ represents polarization of the vacuum. The electron is a singularity in the D, H field whereas E, B remain finite. Instead of obeying dynamical equations of motion, the electron moves under the condition that the Lorentz force vanishes identically on the singularity, so that no work is done on the particle. All energy is located in the field. In this respect the theory is unitary. Electromagnetic and inert mass are identical. In contrast to Dirac's classical electron which is subject to advanced and retarded potentials and displays self-acceleration, the field theory works with retarded potentials only, and self-acceleration is avoided. Stable equilibrium between electrons and radiation is granted by spontaneous and induced transitions, similar to Einstein's derivation of Planck's radiation formula. In spite of displaying a magnetic moment the electron does not have magnetic self-energy, so that its radius is the ordinary electrostatic radius $1/k=\epsilon^2/2mc^2$. In contrast to Born-Infeld's non-linear theory, our field equations allow a Fourier representation as a basis for the quantum theory of Part IV.

1. CLASSICAL FIELD THEORY

THE modification of electrostatics proposed in Part I and its electromagnetic continuation discussed in Part II [1] rest on the assumption that vacuum is polarizable, as described by linear differential relations between the vectors E, B and D, H (for details see Section 6):

$$D=E-k^{-2}\Box E,\quad H=B-k^{-2}\Box B,\tag{1}$$

where $\Box$ is the Laplace operator in x, y, z, ict. The constant k of dimension $[l^{-1}]$ determines the minimum frequency $\nu_0=kc/2\pi$ of waves of polarization or "meson waves." k also plays the role of the reciprocal electronic radius, although the charges ϵ are condensed in mathematical points only. The simplicity and naturalness of our approach are demonstrated by the fact that the same modification of Maxwell's theory has been proposed independently and simultaneously by F. Bopp.[2] Whereas we began in Part I with a Fourier representation of the field of a point particle with finite self-energy, Bopp started from a formal generalization of the Lagrangian function of the field E, $B=f_{\alpha\beta}$, namely,

$$L=-(1/16)\{(f_{\alpha\beta})^2+k^{-2}(\partial f_{\alpha\beta}/\partial x_\gamma)^2\}+J_\alpha\varphi_\alpha\tag{2}$$

where J is the 4 current and φ is the 4 potential.

The relation to other field theories (Maxwell, Born-Infeld) become obvious if the vectors E, H of Part II are called E, B, and the vectors E'', H'' are called D, H. Our "meson field" $E'=D-H$

[1] A. Landé, Phys. Rev. **60**, 121 (1941). A. Landé and L. H. Thomas **60**, 541 (1941).

[2] F. Bopp, Ann. d. Physik **38**, 345 (1940).

Reprinted from *Phys. Rev.* **65**, 175–184 (1944).

TABLE I. Notation.

Our former	$E, H; V, A$	$E'', H''; V'', A''$	$E', H'; V', A'$
Bopp	$E, B; \varphi, a$	$D, H; \phi, A$	$F, G; V/k, U/k$

and $H' = H - B$ then represents the electric and magnetic polarization of the vacuum (see Table I). In contrast to Born-Infeld, our relation between D, H and E, B is *linear* so that it is easy to obtain a Fourier representation (not discussed by Bopp) with subsequent quantization. Infinities are avoided automatically without resorting to arbitrary cutting-off procedures.

The new field theory is unitary insofar as all energy is supposed to be located in the field, without additional "mechanical" energy of particles. Instead of introducing mechanical equations of motion for the electrons, we postulate that the field E and B (which is responsible for Lorentz force and work on the particles) shall vanish at all times on the point singularities themselves. As a consequence of this condition we were able in Part II to derive a quasimechanical equation of motion:

$$m(\ddot{x})_0 = \text{external force} + (2\epsilon^2/3c^3)(d\ddot{x}/dt)_0 \quad (3)$$

valid at a particular time ($t=0$). m is an abbreviation for $k\epsilon^2/2c^2$ and represents the electromagnetic mass of the surrounding field.

The simplest solution of the field equations is an electrostatic field of spherical symmetry surrounding a point charge ϵ (II, Section 4):

$$D = \epsilon/r^2, \quad E = \epsilon/r^2 - \epsilon(1/r^2 + k/r) \exp(-kr).$$

In contrast to D, the field E remains finite at $r=0$, namely, $E = \epsilon k^2/2$. However, similar to Born-Infeld, the field component E_z jumps from the finite value $+|E|$ to $-|E|$ when passing through the singularity, with the average value $E_z = 0$ on the singularity itself. This discontinuity preserves the individuality of the particle. The electric field energy of the particle at rest has value $W = k\epsilon^2/2 = mc^2$.

Two point charges ϵ_1 and ϵ_2 at distance r have field energy

$$W = k\epsilon_1^2/2 + k\epsilon_2^2/2 + (\epsilon_1\epsilon_2/r) \cdot [1 - \exp(-kr)]. \quad (4)$$

Two opposite charges $+\epsilon$ and $-\epsilon$ therefore yield

$$\begin{aligned} W &= mc^2 + mc^2 - \epsilon^2/r \text{ for large } r, \\ W &= mc^2 kr \text{ for small } r. \end{aligned} \quad (5)$$

Hence, when r decreases from ∞ to 0, field energy of value $2mc^2$ is released. It thus turns out that transformation of mutual electrostatic into radiation energy with neutralization of $+\epsilon$ and $-\epsilon$ (annihilation) is possible already in the classical domain.

Another significant feature of our theory concerns electrons vibrating with high frequencies $\nu > \nu_0 = kc/2\pi$. The energy emitted in this case is reduced by a factor (II, Section 6)

$$1 - (1 - \nu_0^2/\nu^2)^{\frac{1}{2}} \quad (6)$$

as compared with the normal Maxwell-Lorentz radiation. For $\nu \gg \nu_0$ the reduction factor approaches $\nu_0^2/2\nu^2$, so that energy is emitted at the rate ν^2 rather than ν^4 per second, or ν rather than ν^3 per period. This is of importance for the quantum theory of stationary states which always presumes that the energy emission during a single period is small compared with the energy of the state itself.

Our theory in its classical form does not distinguish between self-field and external field, except for the special case of uniform motion. On the other hand, the quantum theory of radiation is dualistic. Here one considers electrons in uniform motion with definite self-energies $W = W_0(1-\beta^2)^{-\frac{1}{2}}$ surrounded by a "pure field" with constant Fourier amplitudes. Transitions between stationary states result from mutual perturbations between pure field and particles. The difficulties of the quantum theory of radiation arise primarily from the task of describing the interaction between external field and mechanical particles in a dualistic fashion, although the classical theory of the electron in the field is unitary. The difficulty is solved in Part IV by considering as zero approximation particles without rest mass which therefore travel with the velocity of light. When the interaction with the field is introduced, stationary states of the particles with any velocity smaller than c become possible. These states may be obtained from states with zero velocity by Lorentz transformations, and the rest mass now has a definite value. Our special type of semi-unitary field theory in which the particles retain their individuality as singularities although all energy is located in the field, offers a satisfactory background from the classical and quantum points of view.

2. THE PROBLEM OF SELF-ACCELERATION

For vanishing external field Eq. (3) reads

$$d\ddot{x}/d(ct)=a\ddot{x} \quad \text{with} \quad a=3mc^2/2\epsilon^2. \tag{7}$$

The solution of this non-relativistic equation is

$$dx/d(ct)=\exp(act)+\beta \tag{7'}$$

where β is the velocity ratio v/c at $t=-\infty$. A free electron thus should be able to accelerate itself from any initial velocity v at $t=-\infty$ to larger and larger velocities, the beginning phase of the process being described by (7′). Relativistic corrections are needed for higher velocities only. Dirac[3] has emphasized the fundamental importance of self-acceleration in his relativistic theory of the classical point electron. There he assumes that the force on the point charge is determined by the difference of retarded and advanced potentials, in order to get rid of the infinite self-energy. As a consequence he obtains self-acceleration. However, the whole idea of a free particle acquiring larger and larger velocities on its own accord is so non-physical that any theory yielding self-acceleration might be rejected almost *a priori*. Yet, self-acceleration is an inevitable consequence of any theory in which the electron is subject to a differential equation of motion of finite order because the equation of motion at the beginning of the process for small velocities is always approximated by (7) with the solution (7′). It is a decisive advantage of the present field theory that the singularity does not obey a differential equation of motion. The force on the electron at t depends on the whole path before t rather than on the motion in the immediate neighborhood of t.

In II, Section 4 we discussed an electron moving with coordinate

$$x=ut+\tfrac{1}{2}ft+\tfrac{1}{6}gt^3 \tag{7''}$$

during a short time t near $t=0$ and with small coefficients u, f, and g whose meaning is $u=(\dot{x})_0$, $f=(\ddot{x})_0$, $g=(d\ddot{x}/dt)_0$ at $t=0$. The self-force was found to be

$$\begin{aligned}\text{self-force}&=-(\epsilon^2k/2c^2)\cdot f+(2\epsilon^2/3c^3)\cdot g\\ &=-m(\ddot{x})_0+(2\epsilon^2/3c^3)(d\ddot{x}/dt)_0\end{aligned}$$

where m is an abbreviation for $(\epsilon^2k/2c^2)$ representing the finite mass of the point charge ϵ. Our requirement of a vanishing total force means vanishing self-force for a free electron, so that the latter at $t=0$ satisfies the equation

$$m(\ddot{x})_0=(2\epsilon^2/3c^3)(d\ddot{x}/dt)_0.$$

This equation does not permit conclusions about self-acceleration before or after $t=0$. Whether self-acceleration is possible depends on the question whether the self-field vanishes during an accelerated motion. Before answering this question of dynamics we must first find the correct kinematic description of a relativistically accelerated motion.

Let us assume tentatively that the motion of a certain free particle were actually of the form (7′) at least for large negative t and for small values of the initial velocity β. Let us ask also: What is the correct relativistic continuation of this accelerated motion? The answer may be found by relativistic transformations without resorting to dynamics. Since the electron is free, the acceleration at any time must depend only on the proper time s measured on the particle itself. For large negative t, however, t and s are identical provided that $\beta\ll 1$. Instead of (7′) we therefore may write relativistically

$$\begin{aligned}dx/d(cs)&=\exp(acs)+\beta,\\ d(ct)/d(cs)&=1 \text{ for } s=-\infty.\end{aligned} \tag{8}$$

With reference to a Lorentz system xt in which the electron is at rest at the beginning of the process we also have

$$\begin{aligned}dx_0/d(cs)&=\exp(acs),\\ d(ct_0)/d(cs)&=1 \text{ for } s=-\infty.\end{aligned} \tag{8'}$$

Generalizing these equations tentatively for all s values we write

$$\begin{aligned}dx/d(cs)&=S(e^{acs}+b), & d(ct)/d(cs)&=C(e^{acs}+b),\\ dx_0/d(cs)&=S(e^{acs}), & d(ct_0)/d(cs)&=C(e^{acs}),\end{aligned}$$

where $b(\beta)$ is a function of β which coincides with β for small β, whereas $S(z)$ is a function of z which coincides with z for small z like a sine function, and $C(z)\to 1$ for small z like a cosine function. We now write down relativistic transformation formulae from xt to x_0t_0

$$\begin{aligned}dx&=[dx_0+d(ct_0)\cdot\beta](1-\beta^2)^{-\frac{1}{2}},\\ d(ct)&=[dx_0\cdot\beta+d(ct_0)](1-\beta^2)^{-\frac{1}{2}}.\end{aligned}$$

[3] P. A. M. Dirac, Proc. Roy. Soc. **167**, 148 (1938).

Dividing by $d(cs)$ and writing z for e^{acs} we obtain

$$S(z+b)=[S(z)+C(z)\cdot\beta]\cdot(1-\beta^2)^{-\frac{1}{2}},$$
$$C(z+b)=[S(z)\beta+C(z)]\cdot(1-\beta^2)^{-\frac{1}{2}}.$$

These equations represent rotations in Minkowski space. Indeed, if we write

$$(1-\beta^2)^{-\frac{1}{2}}=\cos(ib)=\text{Cosh}(b),\qquad \text{Tanh } b=\beta,$$
$$\beta(1-\beta^2)^{-\frac{1}{2}}=-i\sin(ib)=\text{Sinh}(b),$$

we have

$$S(z+b)=S(z)\,\text{Cosh}(b)+C(z)\,\text{Sinh}(b),$$
$$C(z+b)=S(z)\,\text{Sinh}(b)+C(z)\,\text{Cosh}(b).$$

These formulae are valid only if the functions S and C are Sinh and Cosh. The correct relativistic continuation of (7′) in the xt system, therefore, is

$$dx/d(cs)=\text{Sinh}(e^{acs}+b),\qquad b=\text{Tanh}^{-1}\beta, \tag{9}$$
$$d(ct)/d(cs)=\text{Cosh}(e^{acs}+b),$$

where $\beta=v/c$ describes the original constant velocity of the electron in the xt system at $t=-\infty$, and s is the proper time. Equation (9) represents the only accelerated motion possible for a free electron with (7′) as non-relativistic approximation for $t\approx-\infty$. As a consequence we obtain the following invariant description of self-acceleration:

$$d^2x_r/d(cs)^2=a\cdot\exp(acs), \tag{9′}$$

where x_r is the Lorentz system in which the electron is momentarily at rest.

Next let us calculate the self-force according to the field theory if the electron is relativistically accelerated according to (9). In order to simplify the mathematical problem let us discuss only the initial part of the process between $t=-\infty$ and $t=(1/ac)\cdot\ln C$ where C is a small positive number. During this initial phase we may use the approximation (7′). Shifting the zero point of the time scale we may consider the motion

$$d\xi/d(c\tau)=C\exp(ac\tau),$$
$$\xi=(C/a)[\exp(ac\tau)-1] \tag{9″}$$

during $-\infty<\tau<0$. The zero point of the ξ axis coincides with the position of the electron at $\tau=0$. Furthermore, instead of discussing the self-force during the whole time $\tau<0$, we calculate it at $\tau=0$ itself. In the original time scale this is the time $t=(1/ac)\ln C$ where C is any small number, so that what applies to $t=0$ also applies to a continuity of times t in the original time scale.

In order to find the self-force of the motion (9″) at $\tau=0$ we apply the method of retarded potentials (Part II, Section 4) and proceed in three steps.

(1) If the exponential function in (9″) is expanded into a series we have

$$\xi=(C/a)[ac\tau+\tfrac{1}{2}(ac\tau)^2+\tfrac{1}{6}(ac\tau)^2].$$

If we omit all higher terms, the result was already found in II, Section 4:

$$\text{Self-force}=-(\epsilon^2k/2c^2)(\ddot{\xi})_0+(2\epsilon^2/3c^3)(d\ddot{\xi}/d\tau)_0$$
$$=-\epsilon^2a^2C[(k/2a)-(2/3)].$$

The self-force vanishes for $a=0$ (uniform motion) and also for $a=3k/4$ (self-accelerated motion), that is, for $a=3mc^2/2\epsilon^2$ which is Dirac's value.

(2) If the next expansion term $(ac\tau)^4/24$ is added to the series, the self-force becomes infinite for every value of a except $a=0$.

(3) If the complete exponential function $\exp(ac\tau)$ is used the self-force becomes *finite* again due to the fact that successive expansion terms contribute infinite terms of opposite signs. The resulting self-force according to the method II, Section 4 is

$$-e^2C\cdot\int_0^\infty J_1(kR)\{(aR^{-1}e^{-aR})+(a^{-1}R^{-3}e^{-aR})$$
$$-(R^{-3}a^{-1})+(R^{-2}e^{-aR})\}d(kR)$$

or after integration:

Self-force=

$$-\epsilon^2a^2C\left\{\frac{(a^2+k^2)^{\frac{1}{2}}-a}{a}-\frac{(a^2+k^2)^{\frac{3}{2}}-k^3}{3a^3}+\frac{1}{3}\right\}.$$

If we had used the exact relativistic motion (9) rather than (9″), the bracket would contain an additional term linear in the small quantity C. For small but finite C the self-force vanishes only if the bracket is zero. The latter, however, does not vanish for $a=3k/4$ nor for any other value of a save $a=0$ (or $a\approx0$ if the small correction term linear in C is added). That is, our field theory does not allow self-acceleration in its beginning phase. Therefore, the whole process of self-acceleration is not compatible with the field theory. It will be noticed that the bracket in the last equation for the self-force would vanish for $a=3k/4$, if the positive root $(a^2+k^2)^{\frac{1}{2}}$ were replaced by the negative root. However, because of our application of retarded potentials the root appears with positive sign, and we arrive at the gratifying result that self-acceleration is impossible in our field theory.

3. NEGATIVE ENERGY DENSITY

It seems impossible to devise a field theory of charged particles without violating the requirement that the density of the field energy ought to be larger in the presence of a field than without field, that is, be positive definite in the presence of a field. As an example we mention Born-Infeld's field theory which leads to negative energy densities[4] wherever the vectors D and B have certain large values. (In our theory negative field energy is connected with large frequencies $\nu > \nu_0 = kc/2\pi$ rather than with large field intensities). Dirac[3] in his classical theory of the electron simply assumes that an infinite amount of negative energy of unknown origin is condensed near the point electron so as to counterbalance somehow the infinite positive Maxwell energy. He thereby denies that the mass of the electron is of electromagnetic origin.

The negative energy density of the meson field in our theory seems to lead to certain difficulties. Consider an electron vibrating with a frequency ν larger than ν_0 for a limited time only. As shown in Part II, it then emits a group of Maxwell waves E, B and a group of meson waves of polarization $D-E$, $H-B$. The two groups travel with different group velocities and become separated at some distance from the source. The Maxwell group carries more energy than was emitted by the electron; the meson group with its negative energy re-establishes the energy balance. A resonator exposed to the Maxwell group alone then might transform the Maxwell energy into mechanical energy of the resonator, thereby reducing the energy remaining in the field to larger and larger negative values. This objection does not hold, however, in our unitary theory where all energy is located and conserved in the field, and the work on the resonating charged particle is zero. From the energetic point of view our position with respect to negative field energy is the same as that of an observer above sea level who discovers that weights may be dropped below zero level at the expense of other weights raised above sea level. Difficulties appear, however, if one tries to derive a statistical distribution of photons and mesons over positive and negative levels, at least if he wants to apply the same statistical methods which had been developed for positive levels.

In case of Boltzmann statistics the relative number of particles on two energy levels is

$$\bar{n}_1/\bar{n}_2 = \exp\,(W_2 - W_1/kT),$$

and remains unchanged if both energies are counted from a new zero point. Bose statistics, however, yield the following formula for the average number of particles of energy W:

$$\bar{n} = 1/[\exp\,(W/kT) - 1],$$

where W is an absolute energy value without an additional constant. $\bar{n}_1/\bar{n}_2$ depends on the absolute position of the zero energy. Furthermore, Bose's formula is meaningless for negative values of W unless a new interpretation of a "negative number of particles" is invented. However, one must remember that Bose particles are "particles" only in a very restricted sense, and that the success of Bose's procedure is more or less accidental. Bose showed that the same Planck radiation law which was derived from an equilibrium between radiation and radiating matter (Planck's and Einstein's derivations) could also be obtained from certain statistics applied to "particles without individuality." We cannot expect that a modified Planck law (asked for by modified field theories) should still be derivable from Bose's corpuscular method. This applies in particular to our case where "pure field" and "electronic field" are undistinguishable within the range $1/k$ of the electronic "radius." Radiation of wave-length $\lambda = 2\pi/k$ may be treated in connection with electrons responsible for the radiation equilibrium, similar to Einstein's derivation of Planck's law, as follows.

---

[4] M. Born, Proc. Roy. Soc. **143**, 410 (1934). See also W. Heitler, *Quantum Theory of Radiation* (Oxford University Press, 1936), Eq. (5), p. 237.

4. MODIFIED EINSTEIN EQUILIBRIUM

An electron vibrating with frequency $\nu>\nu_0=kc/2\pi$ emits negative meson energy at the ratio of $(1-\nu_0^2/\nu^2)^{\frac{1}{2}}$ to 1 in comparison to the normal Maxwell radiation, according to (6). This ratio has another significant meaning. The number of Jeans proper vibrations per unit cube and per wave-length interval $d\lambda$ is

$$dZ=(8\pi/\lambda^2)d(1/\lambda).$$

Since $c/\lambda=\nu$ for Maxwell waves, and

$$c/\lambda=(\nu^2-\nu_0^2)^{\frac{1}{2}}$$

for meson waves, we obtain the following numbers of levels within the same $d\nu$:

$$dZ''=8\pi\nu^2d\nu/c^3 \text{ for photons } h\nu \tag{10}$$
$$dZ'=(8\pi\nu^2d\nu/c^3)(1-\nu_0^2/\nu^2)^{\frac{1}{2}} \text{ for meaons } (-h\nu).$$

dZ' and dZ'' turn out to have the same ratio as the numbers of mesons and photons emitted "spontaneously" by the vibrating electron during a certain time. Hence, if a group of electrons has emitted just one photon onto every one of the dZ'' levels within $d\nu$, the same group of electrons has also emitted just one meson onto every one of the dZ' meson levels within $d\nu$. The total number of photons and mesons emitted is proportional to $(dZ''+dZ')$ whereas the total energy emitted is proportional to $h\nu\cdot(dZ''-dZ')$.

After this preparation let us discuss Einstein's derivation of Planck's radiation law, modified by our field theory. Two electronic energy levels W_a and $W_b<W_a$ may be occupied by N_a and N_b electrons, respectively. Electronic transitions between the two levels produce emissions and absorptions of quanta $+h\nu$ and $-h\nu$ to and from the Jeans radiation levels within a certain resonance interval $d\nu$ containing dZ'' photon levels and dZ' meson levels. An electronic transition from W_b to the higher level W_a corresponds to an increase of the electronic amplitude of vibration and to a decrease of the Maxwell field strength $|E''|$ (=absorption of photons) and to an increase of the meson field strength $|E'|$ (=emission of mesons). In terms of statistics this means that the probability of an electronic transition from W_b to W_a ought to be proportional to the difference of the numbers $n''dZ''$ of photons and the number $n'dZ'$ of mesons ready to be absorbed from the resonance interval $d\nu$:

$$P_{ba}=N_b[n''dZ''-n'dZ'].$$

Opposite transitions $a\to b$ induced by the radiation will be proportional to the same difference, whereas spontaneous transitions will be proportional to $1\cdot dZ''-1\cdot dZ'$ [see (6) and (10)] so that

$$P_{ab}=N_a[(n''+1)dZ''-(n'+1)dZ'].$$

In case of equilibrium we must have $P_{ab}=P_{ba}$ in the average, that is,

$$N_b/N_a=\frac{(\bar{n}''+1)dZ''-(\bar{n}'+1)dZ'}{\bar{n}''dZ''-\bar{n}'dZ'}.$$

The bars indicate average numbers of photons and mesons per level. If equilibrium shall apply to photon processes alone and to meson processes alone we must have

$$N_b/N_a=(\bar{n}''+1)/\bar{n}''=(\bar{n}'+1)/\bar{n}',$$

hence, $\bar{n}''=\bar{n}'$. That is, the average number of photons and mesons per Jeans level must be equal. If the electrons are subject to Boltzmann statistics $N=\text{const.}\exp(-E/kT)$ we obtain the following value for the average number of photons and mesons per level:

$$\bar{n}''=\bar{n}'=[\exp(h\nu/kT)-1]^{-1}. \tag{10'}$$

The total radiation energy within $d\nu$ has density

$$w_\nu d\nu=\bar{n}''h\nu dZ''+\bar{n}'(-h\nu)dZ'=(w_\nu''-w_\nu')d\nu$$
$$=\frac{8\pi h\nu^3d\nu}{c^3}\frac{1}{\exp(h\nu/kT)-1}\times[1-(1-\nu_0^2/\nu^2)^{\frac{1}{2}}]. \tag{10''}$$

For $\nu>\nu_0=kc/2\pi$ Planck's radiation formula is multiplied by the same factor (6) which already occurs in the classical energy emission of an electron for $\nu>\nu_0$. The result is obtained without applying statistics to the pure radiation.

5. STABILITY OF EQUILIBRIUM

In order to show that the equilibrium is stable consider small deviations from the average numbers

$$n''=\bar{n}''+\delta'',\quad n'=n'+\delta',$$
$$N_a=\bar{N}_a+\Delta,\quad N_b=\bar{N}_b-\Delta$$

which are related by the condition

$$\Delta = Z'\delta' - Z''\delta''$$

where Z' and Z'' are the number of radiation levels involved (formerly called dZ' and dZ''). Photonic processes lead to an increase of the number of photons, $d(n''Z'')/dt = P_{ab} - P_{ba}$ whereas $dZ'=0$, that is,

$$d(n''Z'')/dt = (\bar{N}_a+\Delta)(\bar{n}''+\delta''+1)Z'' - (\bar{N}_b-\Delta)(\bar{n}''+\delta'')Z''.$$

The terms of zero order in the deviations cancel, and the second-order terms shall be neglected. This leaves the first-order terms:

$$d(\delta''Z'')/dt = -(\delta''Z'')(\bar{N}_b-\bar{N}_a)+\Delta\cdot(2\bar{n}''+1)Z''.$$

Mesonic processes yield similarly $d(n'Z')/dt = P_{ba}-P_{ab}$ and $dZ''=0$, that is, after removing second- and zero-order terms:

$$d(\delta'Z')/dt = -(\delta'Z')(\bar{N}_b-\bar{N}_a)+\Delta(2\bar{n}'+1)Z'.$$

At last, the electronic number N_a increases with probability $P_{ba}-P_{ab}$, that is, after removing second- and zero-order terms:

$$d\Delta/dt = -\Delta\{(2\bar{n}''+1)Z''-(2\bar{n}'+1)Z'\} + (\bar{N}_b-\bar{N}_a)(\delta''Z''-\delta'Z').$$

The last bracket is $-\Delta$. Writing C for the positive constant $\bar{N}_b-\bar{N}_a$, we thus obtain

$$(\alpha)\quad d\Delta/dt = -\Delta\{C+(2\bar{n}''+1)Z''-(2\bar{n}'+1)Z'\}$$

together with the former results

$$(\beta)\quad d\delta''/dt = -\delta''C+\Delta\cdot(2\bar{n}''+1),$$
$$(\gamma)\quad d\delta'/dt = -\delta'C+\Delta\cdot(2\bar{n}'+1).$$

The factor of $-\Delta$ in (α) is positive since $C>0$, and $\bar{n}''=\bar{n}'$, as well as $Z''>Z'$. Thus the absolute value of Δ will always decrease. The terms with Δ in (β) and (γ) will therefore shrink to zero after some time, and from thereon the absolute values of δ'' and δ' will always decrease. A small deviation from the average values $\bar{n}''$, $\bar{n}'$, $\bar{N}_a$, $\bar{N}_b$ thus tends to disappear automatically according to the transition probabilities accepted before, and the equilibrium turns out to be stable.

6. FIELD EQUATIONS

We now return to our former notation E, H for Maxwell's field E, B, and E'', H'' for Maxwell's D, H (Table I). Both fields shall be derived from potentials V, A and V'', A'', respectively:

$$E = -\nabla V - \dot{A}/c, \quad H = \nabla\times A; \tag{11}$$

$$E'' = -\nabla V'' - \dot{A}''/c; \quad H'' = \nabla\times A''. \tag{11'}$$

However, only the potential V'', A'' shall always obey the Lorentz condition:

$$(\nabla\cdot A)+\dot{V}/c = R, \tag{12}$$

$$(\nabla\cdot A'')+\dot{V}''/c = 0 \tag{12'}$$

where R on the right of (12) may be any scalar function of $xyzt$, to be restricted later. In our applications we usually consider the special case $R=0$ only. As a consequence of (11), (12) one obtains field equations for E, H and E'', H'':

$$\nabla\times E+\dot{H}/c = 0, \quad (\nabla\cdot H) = 0; \tag{13}$$

$$\nabla\times E''+\dot{H}''/c = 0, \quad (\nabla\cdot H'') = 0; \tag{13'}$$

$$\nabla\times H-\dot{E}/c = -\Box A+\nabla R, \quad (\nabla\cdot E) = -\Box V-\dot{R}/c; \tag{14}$$

$$\nabla\times H''-\dot{E}''/c = -\Box A'', \quad (\nabla\cdot E'') = -\Box V''. \tag{14'}$$

The right-hand sides of (14') represent 4π times the current j/c and density ρ of the true charge (which later on is supposed to be condensed to world lines only). The right-hand sides of (14) represent 4π times the free current and density. $\Box A$ and $\Box V$ have the dimensions of potentials divided by the square of a length. They may be written in the form

$$-\Box A = k^2 A', \quad -\Box V = k^2 V'; \tag{15}$$

$$-\Box A'' = 4\pi j/c, \quad -\Box V'' = 4\pi\rho; \tag{15'}$$

thereby defining a new "potential" A', V'. Hence $(k^2A'+\nabla R)$ is 4π times the free current density, and $(k^2V'-\dot{R}/c)$ is 4π the free charge density. As a consequence of (14) (14') we obtain continuity equations for free and true charge:

$$(\nabla\cdot A')+\dot{V}'/c = -\Box R/k^2, \tag{16}$$

$$(\nabla\cdot j)+\dot{\rho} = 0. \tag{16'}$$

From the potentials A', V' we may also derive a new "field" E', H':

$$E' = -\nabla V' - \dot{A}'/c, \quad H' = \nabla \times A'. \tag{17}$$

(13) and (14') are Maxwell's equations. It has been assumed that both fields $E, H(=E, B)$ and $E'', H''(=D, H)$ are derived from potentials, and that V'', A'' satisfy the Lorentz condition.

We now postulate a new relation between the two potentials, namely,

$$V'' = V - \Box V/k^2, \quad A'' = A - \Box A/k^2 \tag{18}$$

from which follows

$$E'' = E - \Box E/k^2, \quad H'' = H - \Box H/k^2 \tag{19}$$

or $D = E - \Box E/k^2$ and $H = B - \Box B/k^2$ in the usual notation. Eliminating $\Box A$ and $\Box V$ from (15) and (18) we obtain

$$A = A'' - A', \quad V = V'' - V'. \tag{20}$$

Hence (12) must be the difference of (12') and (16). That is, the right-hand side R of (12) must satisfy the condition

$$-\Box R + k^2 R = 0. \tag{21}$$

From (20) we learn that

$$E = E'' - E', \quad H = H'' - H' \tag{22}$$

or $E = D - E'$ and $B = H - H'$ in the usual notation, which shows that the fields E' and H' determine an electric (P) and magnetic (M) polarization of the vacuum

$$E' = 4\pi P, \quad H' = -4\pi M. \tag{22'}$$

Equation (16) now reduces to

$$(\nabla \cdot A') + \dot{V}'/c = -R. \tag{23}$$

The field equations for E' and H' according to (17) and (23) read

$$\nabla \times E' + \dot{H}'/c = 0, \quad (\nabla \cdot H') = 0; \tag{24}$$

$$\nabla \times H' - \dot{E}'/c = -\Box A' - \nabla R, \quad (\nabla \cdot E') = -\Box V' + \dot{R}/c. \tag{24'}$$

Subtraction of (15) from (15') yields, because of (20),

$$-\Box A' + k^2 A' = 4\pi j/c, \quad -\Box V' + k^2 V' = 4\pi\rho. \tag{25}$$

Equation (25) together with (15')

$$-\Box A'' = 4\pi j/c, \quad -\Box V'' = 4\pi\rho \tag{25'}$$

shows that the true charge is the common source of the two otherwise independent fields E'', H'' and E', H'. True charge shall be condensed on singular world lines only.

The absolute values of the potentials A', V' have a physical meaning without additional constants since they occur in the field equations (14) whose right-hand sides read

$$k^2 A' + \nabla R \quad \text{and} \quad k^2 V' - \dot{R}/c. \tag{26}$$

They represent 4π times the free current and free charge density.

Since the fields $E = E'' - E'$ and $H = H'' - H'$ determine the Lorentz force and work, the energy-momentum tensor T must be the difference $T = T'' - T'$. In particular, the density of energy and flux are

$$w = w'' - w', \quad S = S'' - S', \tag{27}$$

where

$$w' = (1/4\pi)\{\tfrac{1}{2}(E'^2 + H'^2 + k^2 A'^2 + k^2 V'^2) + R\dot{V}'/c - \dot{R}V'/c + \tfrac{1}{2}R^2\}, \tag{28}$$

$$S' = (c/4\pi)\{[E' \times H'] + k^2 V' A' + V' \nabla R + \dot{A}' R/c\},$$

and

$$w'' = (1/4\pi)\tfrac{1}{2}(E''^2 + H''^2), \quad S'' = (c/4\pi)[E'' \times H'']. \tag{28'}$$

Equation (28) contains the right-hand side R of (12) and is more general than the expressions for w' and S' of Part II where we considered the case of $R = 0$ only.

Meson waves in vacuum may have longitudinal field components. Indeed, consider the special case

$$A_x' = a_x' \sin(2\pi\nu t + 2\pi x/\lambda), \quad A_y' = 0, \quad A_z' = 0, \quad V' = v' \cdot \sin(2\pi\nu t + 2\pi x/\lambda).$$

The amplitudes a_x' and V' are not restricted by (12). The field is

$$E_x' = -(a_x'\nu/c + v'/\lambda)2\pi \cos(2\pi\nu t + 2\pi x/\lambda), \quad E_y' = E_z' = H_x' = H_y' = H_z' = 0,$$

representing a longitudinal electric wave. In case of Maxwell waves we would have $a_x'' = -v''$, and $E_x'' = 0$. Maxwell waves do not have longitudinal components for two reasons: first, because $\lambda = c/\nu$, and second, because of the

Lorentz condition (12′). Meson waves do not have to satisfy the Lorentz condition, and their relation between λ and ν is

$$(\nu/c)^2 = 1/\lambda^2 + (kc/2\pi)^2. \qquad (29)$$

7. ELECTRIC POLE AND MAGNETIC DIPOLE

In Part II we discussed the potential and field of an electric point charge ϵ. The field equations allow the following solution:

$$V'' = \epsilon/r, \quad V' = (\epsilon/r)\exp(-kr),$$
$$E_r'' = \epsilon/r^2, \quad E_r' = \epsilon(1/r^2 + k/r)\exp(-kr). \qquad (30)$$

At large distance this is the ordinary Coulomb field of a point charge ϵ. In a similar way we now discuss the field of a magnetic dipole of moment μ. The field equations for $R=0$ allow the solution:

$$A_x'' = 0, \quad A_y'' = \mu\frac{\partial}{\partial z}\left(\frac{1}{r}\right), \quad A_z'' = -\mu\frac{\partial}{\partial y}\left(\frac{1}{r}\right)$$

$$A_x' = 0, \quad A_y' = \mu\frac{\partial}{\partial z}(e^{-kr}/r),$$
$$A_z' = -\mu\frac{\partial}{\partial y}(e^{-kr}/r) \qquad (31)$$

with the magnetic fields

$$H_x'' = \mu\left(\frac{3x^2}{r^5} - \frac{1}{r^3}\right), \quad H_y'' = \mu\frac{3xy}{r^5},$$

$$H_z'' = \mu\frac{3xz}{r^5},$$

$$H_x' = \mu\left\{\left(\frac{3x^2}{r^5} - \frac{1}{r^3}\right) + k\left(\frac{3x^2}{r^4} - \frac{1}{r^2}\right) + k^2\left(\frac{x^2}{r^3} - \frac{1}{r}\right)\right\}e^{-kr}, \qquad (31')$$

$$H_y' = \mu\left\{\frac{3xy}{r^5} + k\frac{3xy}{r^4} + k^2\frac{xy}{r^3}\right\}e^{-kr},$$

$$H_z' = \mu\left\{\frac{3xz}{r^5} + k\frac{3xy}{r^4} + k^2\frac{xz}{r^3}\right\}e^{-kr}.$$

For large r this is the ordinary Coulomb field of a dipole of moment μ parallel x. Although the field $H = H'' - H'$ does not vanish for $r=0$, the Lorentz force $\mu\partial H/\partial x$ vanishes for $r=0$. The classical field theory remains unitary if we postulate as before that the electron moves so that the total Lorentz force and work on the singularity are always zero.

In order to find the energy of the magnetic field we use (27), (28) for the energy density $w = w'' - w'$ with function $R \equiv 0$. Integration over space yields

$$\dot{W}_{\text{mag}} = \mu^2 k^3 \tfrac{1}{9}.$$

The field energy of the point dipole is **finite** due to magnetic polarization of the vacuum.

If the electron really had a magnetic self-energy like this, the common electric and magnetic radius $1/k$ at which Coulomb's law breaks down would be determined by the equation

$$mc^2 = \tfrac{1}{2}\epsilon^2 k + \tfrac{1}{9}\mu^2 k^3.$$

Substituting the quantum values

$$\mu = \epsilon h/2mc, \quad \epsilon^2 = \alpha hc, \quad \alpha = 1/137, \qquad (32)$$

this would yield the following equation for $\delta = 2mc^2/\epsilon^2 k$:

$$\frac{\delta}{2} = \tfrac{1}{2} + \tfrac{1}{9}(\alpha\delta)^{-2}$$

solved by $\delta = 16.47$; that is, $1/k = 16.47\ (\epsilon^2/2mc^2)$. The radius would be more than sixteen times the electric radius, and the magnetic energy more than fifteen times the electric energy.

However, results obtained from substituting quantum values into classical formulae do not mean very much. Take the example of the ratio of spin M to magnetic moment μ which according to quantum theory and experience is $\mu/M = \epsilon/mc$ corresponding to a g factor 2. In the classical field theory the spin is due to the radial electric field of the pole ϵ and the longitudinal field of the dipole μ which together produce angular momentum about the dipole axis, proportional to the product $\epsilon\mu$. In case of a point pole and point dipole with surrounding Coulomb fields, M becomes infinite. If instead we take a "model" in which the field is present outside the radius $1/k$ only, M becomes $2\epsilon\mu k/3c$. In our invariant field theory in which Maxwell and meson terms are subtracted the spin happens to be **zero**. It is not surprising that the classical theory cannot yield the correct spin, because the angular moment rests on the exact knowledge of perpendicular components of E and H simultaneously which cannot be measured without uncertainty. The actual value $M=\frac{1}{2}\hbar$ is just halfway between the field value $M=0$ and the "normal" value $M=\hbar$.

We learn, however, from these considerations that the ratio of magnetic moment to spin and also to magnetic energy varies widely with the special theory under consideration. The "model" with fields outside $1/k$ yields

$$W_{el}=\tfrac{1}{2}\epsilon^2 k,\quad W_{mag}=\tfrac{1}{3}\epsilon^2 k^3,\quad M=\tfrac{2}{3}\epsilon\mu k/c,$$
$$1/k=23.3\epsilon^2/2mc^2.$$

Quantum theory and experience, however, yield (see Part IV):

$$W_{el}=\tfrac{1}{2}\epsilon^2 k,\quad W_{mag}=0,\quad M=\tfrac{1}{2}\hbar,$$
$$1/k=\epsilon^2/2mc. \tag{33}$$

The result that the magnetic energy and magnetic mass are zero in spite of the presence of a magnetic moment μ is suggested already by the simple formula $\mu=\epsilon\hbar/mc$; if m in this formula should depend on μ implicitly, the ratio between electric and magnetic energy would have complicated values [like 16.47 (see above)]. Also, the radius $1/k$ would be much too large as soon as the magnetic energy plays any considerable part in the self-energy [even with so small a factor as $\frac{1}{5}$ (see above)]. Already the discussion of various classical models and field theories shows that it is well possible already on a classical basis to construct a dipole moment whose surrounding magnetic energy happens to vanish.

The satisfactory result of Part IV that the electron does not have magnetic self-energy arising from its magnetic moment, and that its radius is the electrostatic radius $1/k=\epsilon^2/2mc^2$, is explained in the following way. In the first place, the only sources of the field according to the field equations (25), (25′) are the electric charges, and there are no retarded potentials from magnetic poles or dipoles. Turning to the Fourier representation of Part II, Section 7, the Hamiltonian consists of terms referring to the particles alone, to the field alone, and perturbation terms. In our unitary theory the terms referring to the particles alone vanish [first two terms in II, (26)]. The part of the "mutual" energy which is proportional to ϵ^2 may be interpreted as electromagnetic "self-energy." It arises from scalar and vector potentials, but for a particle at rest the contribution of the scalar potential [last term in first line of II, (26)] is of opposite sign and half as large as the contribution of the vector potential [second line in II, (26)]; the resultant energy is $-\frac{1}{2}k\epsilon^2+k\epsilon^2=\frac{1}{2}k\epsilon^2$. If the particle is in an external field one also obtains mutual energy terms proportional to ϵ, namely, for a particle at rest $\epsilon\cdot(V'-V'')_{ext}$ and also, if Dirac's quantum method is applied, the scalar product $(\mu\cdot H''-H')$ where μ stands for $\epsilon\hbar/2mc$ as though the electron had a dipole moment μ. There are no terms, however, proportional to μ^2 which could be interpreted as magnetic self-energy. In spite of displaying spin and magnetic moment μ, the electron at rest has only electrostatic self-energy, and the mass is $m=\frac{1}{2}\epsilon^2 k/c^2$.

Interaction between Elementary Particles. Part I

ALFRED LANDÉ
Mendenhall Laboratory, Ohio State University, Columbus, Ohio

(Received June 13, 1949)

An elementary particle is considered as a mathematical point which under an invariant law of communication involving a universal length a establishes a primary potential in space-time. Due to the peculiar communication law, $r^2-c^2t^2+a^2=0$ or $S^2=0$, in contrast to the light signal law $R^2=0$, the primary potential is without singularity at $r=0$. It becomes the background of a regular electrodynamic or mesonic field and automatically yields a finite radius a to the charge distribution, with a density falling off as $(a/r)^6$ at larger distances. The potentials of different particles are additive so that all quantities obey the superposition law. The total force on the Nth particle is produced under the same invariant communication law $S=0$ by integration of the force density k_N over the volume elements of the instantaneous rest system. K_N is the resultant of mutual and self-forces, $K_N=S_M K_{MN}$. Only retarded field interaction is admitted between different particles. The original production of the self-charge by the center and its force reaction on the center is derived from a heuristic scheme involving half-retarded, half-advanced potentials, as a substitute for the instantaneous reaction between the "parts" of a charge. In the dynamics of the particle a variable "acceleration mass" of field origin is added to the mechanical mass. An experimental determination of mass differences under various very high accelerations could reveal the unknown ratio between the field mass and the mechanical mass of a charged particle.

1. POINT PARTICLE *VERSUS* FINITE RADIUS

THERE are two ways of approaching the problem of elementary particles and their fields. When it became obvious that the primitive model of a charged ball was incompatible with relativistic dynamics, one turned to point particles as primary sources in spite of the field singularity at $r=0$. The last twenty years have seen heroic efforts of removing the divergencies inherent in the fields of point charges, first by arbitrarily cutting off undesirable terms, and lately by systematic elimination methods. Nevertheless, to many it seemed appropriate to construct a theory which would never introduce a cause for divergencies at least in the classical domain rather than to rely on laborious elimination methods at a later stage.

Dirac[1] tried to remove the point singularity from the very outset by assuming an effective potential equal to half the difference between retarded and advanced potential as responsible for the self-force of the electron. Dirac's theory led to an ever increasing self-acceleration of an isolated electron, and to a premonitory acceleration under an incoming light impulse due to signal communication *faster* than the velocity of light. Wheeler and Feynman in their absorber theory of radiation[2] assume half the sum of the retarded and advanced potential to be effective between *different* particles, maintaining that an accelerated isolated electron would not suffer a self-force at all.

The second approach, through unitary field theories, strives to replace the arbitrary construction of finite balls of charge by modified field equations which automatically produce stable charge concentrations of finite radius. The most famous of these attempts, the Born-Infeld theory[3] (1934) replaces the linear Maxwell scheme by non-linear field equations involving a basic length a. The same a then becomes the width of the resulting field maximum. However, non-linear theories in which resonance depends not only on frequency but also on amplitude, are unwieldy to quantization. Furthermore, the lack of superposition makes it impossible to define the individual fields of various particles at close distance from one another.

The following attempt of establishing an invariant theory of interaction between particles including self-reaction is related in various respects to the aforementioned theories, but tries to avoid some of the difficulties of the latter. Similar to Born-Infeld, we obtain a particle of finite electric radius a in an invariant fashion without introducing a special structural hypothesis; yet the linearity and superposition of the ordinary Maxwell field equations is not abandoned. Second, similar to Dirac, we admit advanced as well as retarded potentials for the communication "inside" of the particle, and retarded potentials for the interaction between different particles; but instead of half the difference we use half the sum of the two self-potentials, and yet we obtain a finite self-energy as well as a finite mutual energy between particles even at distances $r \ll a$ and $r=0$. It was Dirac's half-difference which seemed objectionable to Wheeler and Feynman until they were able to show that Dirac's results are derivable from their assumption of half the sum of the two potentials. In contrast to W. and F., however, we use only *retarded* potentials for the interaction between different particles and admit a self-force also for an isolated particle.

2. THE SIGNAL EQUATION OF A POINT PARTICLE

Let us start with an analogy. When a particle is tested as to the simultaneous values of its energy and

[1] P. A. M. Dirac, Proc. Roy. Soc. **167**, 148 (1938).
[2] J. A. Wheeler and R. P. Feynman, Rev. Mod. Phys. **17**, 157 (1945).
[3] M. Born and L. Infeld, Proc. Roy. Soc. **142**, 410 (1934); **144**, 425 (1934); **147**, 522 (1934); **150**, 141 (1935).

Reprinted from *Phys. Rev.* **76**, 1176–1179 (1949).

momentum, e.g., by its Compton reaction to photons, then various E and p values are found to satisfy the relation

$$p^2-(E/c)^2+b^2=0, \quad (b=m_0c), \tag{1}$$

and the particle is said to have rest mass $m_0=b/c$. We know that particles exist which satisfy this relation, although with different values of the constant b. Figure 1 shows the two hyperbolic surfaces in E/c, p space with the gap $2b$ between positive and negative E/c-values. The 3-dimensional p-space is continuous.

We now propose an analogous definition of a point particle in space-time:

When effects or "potentials" are received in a variety of world points r, t related by the equation

$$r^2-(ct)^2+a^2=0, \quad \text{or} \quad S^2=0 \quad (a=\text{signal radius}), \tag{2}$$

when these effects have their common source in a point particle located in the world point 0 ($r=t=0$). Figure 2 shows the two hyperbolic signal surfaces of the past and future characterizing a particle of signal radius a. Of course we do not know whether elementary particles actually possess signal surfaces $S=0$ rather than light cones $R=0$; yet Eq. (2) would be the simplest invariant way of introducing a finite radius a and eliminating divergencies without resorting to a structural hypothesis or to non-linear field equations. Equation (2) was first proposed by the author[4] in 1939 under the impression of Born's *Principle of Reciprocity*.

As seen from Fig. 2 there is an initial time lag, $t=a/c$, for signals or "potentials" emerging from the point particle even to reach the immediately surrounding points $r=0$. The communication time to distances r in general is $t=1/c[r^2+a^2]^{\frac{1}{2}}>r/c$ with asymptotic value $t=r/c$ for $r\gg a$. The "phase velocity" with which points along a radius are passed is $dr/dt=c[1+(a/r)^2]^{\frac{1}{2}}$, faster than c. Yet since this sudden spurt of communication over a range of order a (which is responsible for the lack of infinities at $r=0$) starts only after the initial time lag, the total time for a signal to reach a point r is always longer than r/c so that *the signal velocity is less than c*.

3. THE MAXWELL FIELD

Before applying the signal Eq. (2) to the theory of electric particles we comment on the Maxwell-Lorentz theory in general. An electromagnetic field F containing a continuous charge-current density J can be derived from a 4-potential ϕ, satisfying the Lorentz condition $\text{Div}\phi=0$, in the following fashion. The 6-vector F is obtained as

$$F=\text{curl}\phi, \tag{3}$$

from which the first Maxwell couple follows as an *identity*. The 4-vector J is *defined* as

$$4\pi J=\Delta iv F, \tag{4}$$

[4] A. Landé, Phys. Rev. **56**, 482 (1939). J. Frank. Inst. **231**, 63 (1941).

which is the same as the second Maxwell couple; the latter thus is but a *definition* of J in terms of F, in accordance with the experimental procedure. From (4) follows the continuity equation of J as an identity. Equation (4) may also be written as

$$4\pi J=-\Box^2\phi. \tag{5}$$

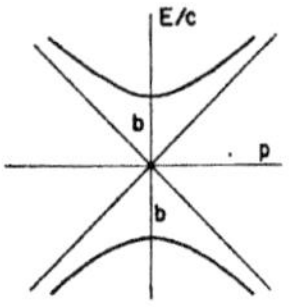

FIG. 1.

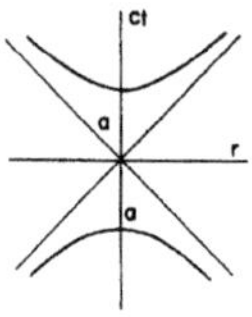

FIG. 2.

At last, the 4-vector Lorentz force density and work rate density of the field is defined as

$$k=[J, F], \tag{6}$$

from which follows the identity $k=-\Delta iv T$ where T is the symmetric stress-energy-momentum tensor of the field. These equations, or rather *definitions* in terms of the original 4-vector ϕ, hold for any divergenceless function $\phi(x_1\cdots x_4)$. One also may reverse the potential Eq. (5) to

$$\phi=\frac{1}{\pi}\int(Jd\Sigma/R^2), \tag{7}$$

where $d\Sigma=dx_1\cdots dx_4$ and R is the world distance between $d\Sigma$ and the field point. Whenever a J-distribution is given which satisfies the Maxwell theory, i.e., which is derived from any function ϕ with $\text{Div}\phi=0$, then this J may conversely be considered as a source "producing" a potential ϕ according to (7) with light velocity retardation ($R=0$).

We now introduce a special choice for the field potential ϕ surrounding an elementary *point particle* moving with any variable velocity $U_k=dx_k/d\tau$ (τ=proper time) on any world line. If the point particle were a point charge $+\epsilon$ one would choose the Liénard-Wiechert potential

$$\phi=\mp\epsilon\left[\frac{U}{(R\cdot U)}\right]_{R=0}, \tag{8}$$

whose Div vanishes, but which is singular at the point charge. We replace (8) by

$$\phi=\mp\epsilon\left[\frac{U}{(R\cdot U)}\right]_{S=0}, \tag{9}$$

whose Div also vanishes. The subscript $S=0$ indicates that the primary potential ϕ in various world points is established by the point particle with a time retardation (or advancement in case of the lower sign) according to Eq. (2).

Once this potential is established it produces, or defines, a perfectly normal Maxwellian field sustaining a certain charge distribution J. In this Maxwell field (7) is still the inversion of (5).

4. STATIC SOLUTION

When the point particle is at rest in the 0-point of space at all times t' one has $U_1=U_2=U_3=0$, and

$$\left.\begin{aligned} U_4=ic,\quad S^2=0=r^2-c^2(t-t')^2+a^2,\\ \text{hence}\qquad R_4=ic(t-t')=\pm i(r^2+a^2)^{\frac{1}{2}},\\ (R\cdot U)=R_4U_4=\pm c(r^2+a^2)^{\frac{1}{2}}. \end{aligned}\right\}\qquad(10)$$

The scalar electric potential $\varphi=\phi_4/i$ and the density ρ become

$$\varphi=\frac{\epsilon}{(r^2+a^2)^{\frac{1}{2}}},\quad \rho=\frac{\epsilon}{4\pi}\frac{3a^2}{(r^2+a^2)^{5/2}}\qquad(11)$$

regular at $r=0$. At a large distance from the point particle (which is not a point charge) the condition $S=0$ is identical with $R=0$ so that our results coincide with those of point charges in the limit of $r\gg a$. The result (11) is the first test passed by the theory. It holds for retarded as well as advanced effects, and also for half their sum. (Half the difference would yield $\varphi=0$ and $\rho=0$ everywhere; we therefore reject this possibility.)

A nucleon of "charge" g may become the source of a *meson field* derivable from the primary potential

$$\phi=g\mp[U/(R\cdot U)\exp\{(R\cdot U)\kappa/c\}]_{S=0}.\qquad(12)$$

In the static example (10) it yields

$$\varphi=g/(r^2+a^2)^{\frac{1}{2}}\exp\{-(r^2+a^2)^{\frac{1}{2}}\kappa/c\}.\qquad(12')$$

5. THE FORCE DENSITY ON THE SELF-CHARGE

If we assume that the charge-current density J_N which the Nth particle surrounds itself is obtained from half the sum of retarded and advanced potentials (9), as a substitute for the instantaneity within a point charge, we obtain in various space-time points:

$$\phi_N{}^{\text{self}}=\tfrac{1}{2}(\phi_{N,\,\text{ret}}{}^{\text{self}}+\phi_{N,\,\text{adv}}{}^{\text{self}})=\text{self-potential}\qquad(13)$$

$$F_N{}^{\text{self}}=\tfrac{1}{2}(F_{N,\,\text{ret}}{}^{\text{self}}+F_{N,\,\text{adv}}{}^{\text{self}})=\text{self-field}\qquad(13')$$

$$J_N=\tfrac{1}{2}(J_{N,\,\text{ret}}+J_{N,\,\text{adv}})=\text{current density.}\qquad(13'')$$

Only the resulting J_N is used further on, namely, as a source of an ordinary *retarded* potential ϕ_N and field $F_N=\text{Curl}\phi_N$. The same J_N is the source of ϕ_N but half a source, half a sink of $\phi_N{}^{\text{self}}$. ϕ_N, and F_N are "physical," i.e., derived from J_N, $\phi_N{}^{\text{self}}$ and $F_N{}^{\text{self}}$ "virtual," i.e., constructed as a heuristic scheme for deriving J_N.

Force and work rate density are defined in the Maxwell-Lorentz theory as $k=[J,F]$. Correspondingly when F is the total physical field$=S_MF_{MN}+F^{\text{ext}}$ we define the force density k_N which ultimately contributes to the total force K_N on the Nth particle

$$k_N=\tfrac{1}{2}k_{N,\,\text{ret}}+\tfrac{1}{2}k_{N,\,\text{adv}}\qquad(14)$$

according to the division of J_N in two parts in (13″). Here we have

$$k_{N,\,\text{ret}}=[J_{N,\,\text{ret}},F]\qquad(15)$$

and similarly $k_{N,\,\text{adv}}$. Another possibility would be to assume that the total force is the charge multiplied by the field at the point particle itself.

So far, this theory may be summarized as follows. In order to surround a point particle with a finite charge-current density J_N dependent on the world line of the center, we introduce a heuristic Maxwellian scheme involving retarded and advanced potentials and leading to $\phi_N{}^{\text{self}}$ and $F_N{}^{\text{self}}$ and then to J of (13″). The latter, irrespective of its mode of calculation,* becomes the source of an ordinary *retarded* potential ϕ_N and a corresponding field F_N, differing from the "virtual" $F_N{}^{\text{self}}$. The physical F_N alone produces, when acting on the J_M of another particle, a contribution K_{NM} to the force on the latter.

5. THE SELF-FORCE ON A PARTICLE

When asking for the self-force and work rate K_N on the Nth particle, it is logical that the k_N-contributions in the surrounding volume elements should react on the center according to the same communication law, $S=0$, which the center originally employed in establishing J_N. We tentatively define the four components of $K_N{}^0$ in the instantaneous rest system of the center by an integral of $k_N{}^0$ over the volume elements dV^0 of the same rest system:

$$K_N{}^0=\int[k_N{}^0]_{S=0}dV^0.\qquad(16)$$

More specifically we assume that $k^0{}_{N,\,\text{ret}}$ is reported to the center in an advanced fashion, and $k^0{}_{N,\,\text{adv}}$ in a retarded way:

$$K_N{}^0=\frac{1}{2}\int\{[k^0{}_{N,\,\text{ret}}]_{\text{adv}}+[k^0{}_{N,\,\text{adv}}]_{\text{ret}}\}dV^0,\qquad(17)$$

with the integrand given in (15) or (15′) or (15″). This definition provides a maximum of simultaneity in spite of the finite communication velocity to and from the center. K_N is clearly divided into self-, mutual, and pure field contributions:

$$K_N=K_{1N}+K_{2N}+\cdots K_{NN}+\cdots+K_N{}^{\text{ext}}.\qquad(18)$$

K_{MN} depends only on the world lines of the particles M and N.

The (apparent) trouble with the above definition (17) is that the fourth component of $K_N{}^0$ which repre-

* $\phi_N{}^{\text{self}}$ is defined by means of the rule $S=0$. Yet the relation between $\phi_N{}^{\text{self}}$ and J, as well as between J and ϕ is that of a communication law $R=0$.

sents i times the work rate of the field on the particle, may have a finite value even in the instantaneous rest system of the center, which is not the rest system of the surrounding J_N distribution. Of course, $K_4{}^0$ vanishes in static examples and in case of a constant acceleration. However, during times of a varying acceleration (in general, when there are non-vanishing odd order time derivatives of the acceleration), the field works on the particle even in the instantaneous rest system of the center. The particle then accumulates the well-known "acceleration energy" (G. E. Schott[5]) which is carried along by the particle and contributes to its inertia. During times of decreasing acceleration
The equations of motion of a particle with τ = proper time are

7. DYNAMICS

The equations of motion of a particle with τ = proper time are

$$dP/d\tau = K, \tag{19}$$

where K now is the 4-vector of force work rate resulting from both mechanical and field forces, and P is the momentum-energy vector of the particle satisfying the invariant relation $P^2+(m_0c)^2=0$. Since the work rate may possess a finite value even in the instantaneous rest system of the particle, the scalar m_0 is not a constant but rather a function of the proper time τ along the world line, representing mechanical plus variable "acceleration mass." When splitting P in two factors, namely, a scalar m_0 and a 4-vector acceleration $dU/d\tau$, (19) becomes

$$m_0(dU/d\tau)+U(dm_0/d\tau)=K. \tag{20}$$

In the instantaneous rest system where $(U_4)^0=ic$ and $(dU_4/d\tau)^0=0$ the four components of (20) read

$$[m_0(dU_1/dt)]^0=(K_1)^0, \quad \cdots, \quad [ic(dm_0/dt)]^0=(K_4)^0. \tag{21}$$

The four right-hand sides are sums of external mechanical plus self- and mutual field forces (the field forces depend only on the world lines. On the left of (21) one has the "unknowns" m_0, $U_1U_2U_3$ and their derivatives with respect to the time. Finding solutions in a system of several particles, each subjected to four equations of the form (21) is a matter of great complexity. Our aim was only that of deriving the field forces consisting of self- and mutual parts in a system of charged particles led along *prescribed* world lines.

8. CONCLUDING REMARKS

We have attempted to consider particles as mass points which react on each other at a distance through forces calculated by means of an intermediate kinematic scheme representing a superposition of self and mutual fields. Essentially this is a *unitary theory* of interaction between particles in which the fields are subordinate entities with no degrees of freedom of their own (unless one admits also pure fields in superposition).

Radiation theory rests on the dualistic view of particles and field representing separate entities, with a mutual perturbation energy being responsible for acts of emission and absorption. This view can be applied also to our theory as an approximation, when regarding the combined field of other particles as an "external pure field." In this approximation the potential energy-momentum of the particle, instead of being the product $(e\phi\cdot U)$ at the place of the center, will be an integral over the distribution of $(J\cdot\phi)$ in space. In case of an external field of wave-length $\lambda \ll a$ the resulting perturbation energy will be much smaller than in case of a point charge, and the integration over the whole radiation spectrum will behave as though it were cut off at wave-lengths $\lambda \sim a$.

[5] G. E. Schott (Cambridge University Press, London, 1912). Refer also to the remarks of Dirac, reference 1, p. 155.

THE PHYSICAL SIGNIFICANCE OF THE RECIPROCAL LATTICE OF CRYSTALS

By ALFRED LANDÉ
Ohio State University, Columbus, Ohio

SINCE the discovery of Laue in 1912, the diffraction of X rays through crystals has been considered as an interference effect of waves, controlled by the Laue and Bragg rules for the direction of the diffraction maxima and supplemented by rules connecting the relative intensity of the maxima with the Fourier wave analysis of the matter distribution within the basic lattice cell. In spite of the great success of the classical wave theory it must not be forgotten, however, that the quantum theory considers waves only as a one-sided working hypothesis opposed by the hypothesis of mechanical particles. The uncertainty principle delimits the applicability of the classical theories in microscopic dimensions. There are many large-scale phenomena, however, among them the diffraction of a broad ray of light (or a cathode ray) through a large-sized crystal, which may be derived from either classical hypothesis. A mechanical theory of X-ray diffraction, resting on a re-appraisal of the Bragg reflection rule (section 1, below), was first established in 1923 by P. Duane. A similar re-interpretation of the Laue interference rules (section 2) lends a new physical significance to the concept of the *reciprocal lattice* of a crystal. The latter is usually considered as an abstract geometrical construction in spite of its wide usage in structural analysis. If the present article should contribute to lifting the reciprocal lattice from its abstract mathematical pedestal to a more realistic position in the physics of crystals, it will have attained its goal.

1. *Bragg diagrams.* Quantum theory contends that whenever the classical wave theory can explain an experiment, the same experiment must also be explainable in terms of particles whose energies and momenta are related to the wave length and frequency by the relations $E = h\nu$ and $p = h/\lambda$. No macroscopic experiment can ever decide which of the two theories is correct. (Microphenomena show that neither is correct.) The classical wave theory explains the X-ray diffraction maxima as resulting from the Bragg interference condition

$$2d \sin \theta = n \lambda \quad \text{(Bragg's relation)}. \tag{1}$$

in which d is the distance between successive lattice planes, and θ is the angle between the latter and the incident as well as the reflected ray. When (1) is divided by $d \cdot \lambda$ and multiplied by Planck's constant h it reads $2\frac{h}{\lambda}\sin\theta = n\frac{h}{d}$. With introduction of $h/\lambda = p$ as the momentum of the incident photons (or electrons) and with $h/d = P_1$ as an elementary momentum parallel to d characteristic of the crystal, the Bragg relation finally translates into

Reprinted from *Am. Scientist* **37**, 414–416 (1949).

$$2p \sin\theta = nP_1 \quad \text{(Duane's relation)}. \tag{2}$$

The left-hand side now is the change of the normal momentum component of an incident particle (changing from $+p \cdot \sin\theta$ to $-p \sin\theta$). According to the conservation law of momentum, the right-hand side must be the change of momentum of the whole crystal normal to the reflecting plane. This momentum change is $P = nP_1$. We thus learn that in reaction to an incident particle *the crystal changes its momentum component normal to a lattice plane only by amounts P which are integral multiples of a basic momentum quantum*, $P = nP_1$, where $P_1 = h/d$. The order n of the Bragg interference appears now as a *quantum number*. Because of its large mass, the kinetic energy of the crystal as a whole during the reflection changes only by a negligible amount so that we have a quantized *elastic* reflection of a small particle from a heavy body. Remember that the wave theory also considers the whole crystal as a physical unit responsible for the interference effect.

At the time of its publication Duane's mechanical theory of diffraction (2) seemed artificial as compared with the more natural wave interference theory (1). Modern quantum theory, however, considers both particles and waves as legitimate working hypotheses, and Duane's conception must be accepted as a serious physical theory, "reciprocal," rather than in contradiction, to the usual wave theory. It is not quite correct when a famous book on Röntgenstrahl Interferenzen remarks:

(I) "The space lattice structure of crystals . . . . was proved by the X-ray experiments of Friedrich and Knipping, which at the same time brought the *final decision* in favor of the wave nature of X rays" (italics ours).

Indeed one may counter this statement by the reciprocal statement:

(II) The experiments of Friedrich and Knipping proved that crystals are mechanical systems able to gain and lose momentum only in certain quantized amounts, $P = nP_1$, in certain selected directions, and the same experiments brought the *final decision* that X rays are particles subjected to the conservation laws of mechanics. From the standpoint of quantum theory both (I) and (II) are one-sided assertions; quantum physics is built on the (limited) equivalence of the two classical theories in explaining the observed facts. There is no point in arguing whether (I) or (II) describes the physical situation adequately.

2. *Laue diagrams.* We now discuss the two statements (I) and (II) from the standpoint of the Laue interference rules,

$$a(\cos\alpha - \cos\alpha_0) = h_1\lambda, \text{ etc.}, \tag{3}$$

in which a, b, c are three vectors producing a tricline space lattice cell, whereas α, β, γ and α_0, β_0, γ_0 are the angles between a, b, c and the incident and the diffracted X ray respectively whose wave length is λ. The integers h_1, h_2, h_3 describe the "order" of interference. The same rules are geometrically represented by the *Ewald sphere construction*

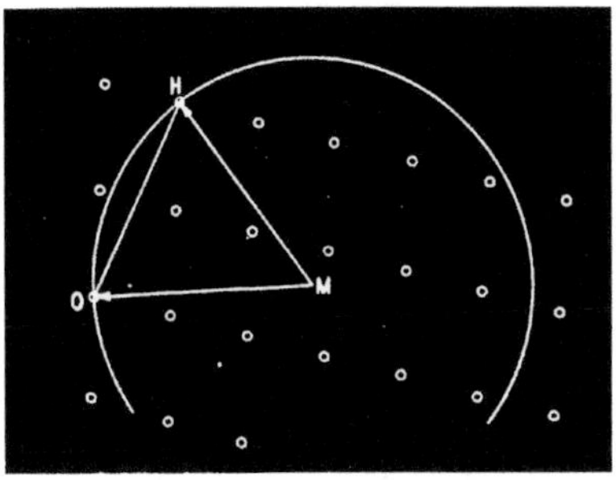

FIG. 1. Ewald sphere construction.

in the reciprocal lattice with basic vectors A, B, C of dimension cm^{-1} (Fig. 1). According to Ewald, draw the vector MO of length λ^{-1} in the direction of the incident X ray so as to end in any reciprocal lattice point O; describe a sphere with M as "middle point" and MO as radius; when this sphere runs through, or very close to, another lattice point H, then MH is the direction of a possible diffracted ray. We have the vector relation MO + OH = MH, in which the reciprocal lattice vector OH is a composition of the basic vectors A, B, C, namely, $h_1A + h_2B + h_3C$. This geometrical construction obtains a physical significance when it is carried out in a diagram h times as large, i.e., in momentum space, so that the numbers h_1, h_2, h_3 indicate integral numbers of quanta h. The vectors MO and MH represent the momentum vectors h/λ of the photon before and after the reaction with the crystal. Hence OH is the momentum given out by the crystal during the reaction. Experience as represented by the Ewald sphere construction thus tells us that:

(II′) a crystal is a mechanical system which can change its momentum only by such quantized amounts and directions as are indicated by vectors from one to any other point of the reciprocal lattice, supposing that the latter is enlarged by a factor h so as to represent a lattice in momentum space.

Those who consider the wave interpretation (namely, that a crystal is a periodic lattice in space) as physical, and the mechanical interpretation (II′) as artificial or far-fetched, may imagine for a moment the situation which would have prevailed if the diffraction of cathode rays had been discovered prior to that of X rays, at a time when cathode rays were "finally decided" to consist of particles. The deflection of various electron velocities then would soon have revealed that crystals always gain or lose certain quantized momenta which could conveniently be represented by a three-dimensional lattice in momentum space. Much later a theorist may have found that a rather unphysical interpretation of the same deflections was possible in terms of matter waves diffracted by a hypothetical space lattice reciprocal to the physical momentum lattice. We know now, of course, that both interpretations have equal rights before the laws of the quantum theory.

Interaction between Elementary Particles. Part II.

ALFRED LANDÉ
Ohio State University, Columbus, Ohio

(Received October 19, 1949)

A particle described by an exact δ-function with shift of origin, rather than by a structural smoothed-out δ-function, has equations of motion derivable from Fokker's least action principle, in analogy to Feynman's work. The two objections of arbitrariness of the structure function, and of violation of the linear field equations within the particle radius, are thereby avoided. The relation to Born's new theory of elementary particles is discussed.

IN Part I[1] we considered a particle whose point center produces the surrounding field through communication according to a "signal equation"

$$r^2-c^2t^2+\mathbf{a}^2=0(\text{or } R^2+\mathbf{a}^2=S^2=0). \tag{1}$$

The length $\mathbf{a}$ thereby becomes the radius of the particle without further structural assumptions. In this Part II we proceed to the equations of motion under self and mutual forces derived from a *least action principal*, discarding former speculations (Part I, §5) about these forces. We rather proceed in close analogy to the method applied by Feynman[2] to a general class of particles whose finite radius is obtained by replacing the exact δ-function of a point source by a smoothed-out structural function $f(R^2)$, a favorite choice being an exponentially shading-off function. The drawback of this method is (A) the arbitrary selection of a structure function, and (B) the violation of the linear field equations within the range of $f(R^2)$. Both objections are avoided in the present theory[3] which replaces $\delta(R^2)$ by $\delta(S^2)$.

(A) the finite radius is introduced by Eq. (1) which is "reciprocal" to the energy equation $p^2-(E/c)^2+\mathbf{b}^2=0$ with $\mathbf{b}=mc$, so that there is hardly a way to tamper with this equation; (B) using an exact δ-function although with shift of origin leaves the linear field equations valid in the whole space. In the following discussion we closely follow Feynman's method and notation; we also refer to his quotations of the literature.

Equations of Motion.—First we quote Fokker's unified principle of stationary action for the case of point particles $a, b\cdots$ at world distances R_{ab} with coordinate increments da_μ, db_μ, and proper time increments $d\tau_a=(da_\mu da_\mu)^{\frac{1}{2}}$:

$$\sum_a m_a c^2\int d\tau_a+\tfrac{1}{2}\sum_a\sum_b e_a e_b\int\int\delta(R_{ab}^2)da_\mu db_\mu =\text{Extr.} \tag{2}$$

The terms $a=b$ in the double sum yield infinite field masses.

Therefore one may replace $\delta(R^2)$ by various trial functions $f(R^2)$ with consequences discussed by Feynman. We propose instead to modify Eq. (2) to

$$\sum_a m_a c^2\int d\tau_a+\tfrac{1}{2}\sum_a\sum_b e_a e_b\int\int\delta(S_{ab}^2)da_\mu db_\mu =\text{Extr.} \tag{3}$$

Field quantities F resulting from (2) are indicated by F, those from (3) by $\bar{F}$. Dots indicate derivatives with respect to proper time. The equations of motion resulting from the variation problem (3) are

$$m_a\ddot{a}_\nu=e_a\dot{a}_\mu\{\textstyle\sum_{b\neq a}\bar{F}_{\mu\nu}{}^b(a)+\bar{F}_{\mu\nu}{}^a(a)\}, \tag{4}$$

where

$$\bar{F}_{\mu\nu}{}^b(x)=\partial\bar{A}_\mu{}^b(x)/\partial x_\nu-\partial\bar{A}_\nu{}^b(x)/\partial x_\mu \tag{5}$$

and

$$\bar{A}_\mu{}^b(x)=e_b\int\delta(S_{bx}{}^2)db_\mu. \tag{6}$$

From $d(S^2)=d(R^2)=2(R\cdot dR)=2d\tau(R\cdot U)$ follows

$$db_\mu=\frac{db_\mu}{d\tau}\frac{d\tau}{d(S^2)}d(S^2)=\frac{1}{2}\frac{U_\mu}{(R\cdot U)}d(S^2).$$

Therefore (6) is identical with the 4-vector potential given in Part I, namely

$$\bar{A}_\mu{}^b(x)=-e_b\{U_\mu{}^b/(R_{bx}\cdot U^b)\}_{S=0}. \tag{6'}$$

This is the Liénard-Wiechert potential except for the communication law $S=0$ rather than $R=0$. The Lorentz condition Div $\bar{A}=0$ is satisfied in the whole space; therefore, the linear Maxwell scheme holds everywhere without exception. However, (6) leads to (6′) only when the latter is understood as half the sum of an advanced and a retarded potential. (Part I left this question unsettled.)

The following considerations are almost identical with those of Feynman,[2] except that our

$$\bar{A}=\tfrac{1}{2}(\bar{A}_{\text{ret}}+\bar{A}_{\text{adv}})$$

is defined in (6) with $\delta(S^2)$ replacing the arbitrary structure function $f(R^2)$. When defining

$$\langle F\rangle_{\text{ret}}=\bar{F}+\tfrac{1}{2}F_{\text{ret}}-\tfrac{1}{2}F_{\text{adv}}=\tfrac{1}{2}(\bar{F}_{\text{ret}}+F_{\text{ret}})+\tfrac{1}{2}(\bar{F}_{\text{adv}}-F_{\text{adv}}).$$

[1] A. Landé, Phys. Rev. **76**, 1176 (1949).
[2] R. P. Feynman, Phys. Rev. **74**, 939 (1948).
[3] It was pointed out to me by Dr. Belinfante that a similar classical theory was developed by H. J. Groenewold, Physica, **6**, 115 (1939), coincident with the author's introduction of the signal equation in Phys. Rev. **56**, 482 (1939).

Reprinted from *Phys. Rev.* **77**, 814–816 (1950).

$\langle F\rangle_{\text{ret}}$ approaches the *retarded* field of a point charge outside the range $\mathbf{a}$. Similar to Feynman's Eq. (12) the equation of motion of a particle can now be written in the form

$$m_a\ddot{a}_\nu = e_a\dot{a}_\mu\{\textstyle\sum_{b\neq a}\langle F\rangle_{\mu\nu}{}^b{}_{\text{ret}} + \frac{1}{2}\sum_{\text{all } b}[F_{\mu\nu}{}^b{}_{\text{adv}} - F_{\mu\nu}{}^b{}_{\text{ret}}]$$
$$+\tfrac{1}{2}[F_{\mu\nu}{}^a{}_{\text{ret}} - F_{\mu\nu}{}^a{}_{\text{adv}}] + \bar{F}_{\mu\nu}{}^a\}. \quad (7)$$

The first term approaches the *retarded* field of all other particles outside the range $\mathbf{a}$. The second term vanishes in a Wheeler-Feynman world in which all light is eventually absorbed. The third term depends only on the motion of the particle a and represents the force of radiative damping. The fourth term is the inertial force of the particle on itself. Its value corresponds to a mass $e^2/2ac^2$, refer to Groenewold.[3] The third and fourth term contract, according to the above definition, to the one symbol $\langle F\rangle_{\text{ret}}{}^a$ so that (7) reduces to

$$m_a\ddot{a}_\nu = e_a\dot{a}_\mu \sum_{\text{all } b} \langle F\rangle_{\mu\nu}{}^b{}_{\text{ret}}. \quad (8)$$

Except for the removal of the objections (A) and (B) this result conforms with Feynman's. The above equations represent a *unitary theory* of interaction between point centers. The field plays only the part of an intermediary mathematical scheme. Simultaneous action and reaction between distant points is abandoned since simultaneity is not a covariant concept. A following Part III will discuss the particle-field dynamics in case of a dualistic theory.

Relation to Born's Reciprocity.—The length $\mathbf{a}$ in (1) which leads to the field mass $m_0=\frac{1}{2}e^2/ac^2$ takes the place of the electrostatic radius in structure functions $f(R^2)$ and removes classical infinities. Quantum theory predicts new phenomena beginning at the much larger Compton length $\lambda_C=h/mc=h/\mathbf{b}$. Whereas the Compton length depends on the mass of the individual particle, the length $\mathbf{a}$ in the communication law (1) ought to be considered as universal. This contention is supported by considerations of *reciprocity* in conjunction with the fact that there are elementary particles of many different masses, but with one universal charge only. The argument of reciprocity may be presented here in the purely formal and unphysical fashion proposed in 1940 and meant only as a preliminary exploration of a formal character. Let $\psi(r)$ and $\chi(p)$ be two functions pertaining to a free particle in space v and in momentum space w. Let ψ and χ be Fourier transforms of one another. According to non-relativistic quantum theory this would mean:

$$\chi(p)=h^{-\frac{1}{2}}\int\psi(r)\exp(ip\cdot r/\hbar)dv,$$
$$\psi(r)=h^{-\frac{1}{2}}\int\chi(p)\exp(-ip\cdot r/\hbar)dw, \quad (9)$$

where $\hbar=h/2\pi$ is a certain constant of action (we think, of course, of Planck's constant). When generalizing to four-dimensional spaces (r, ct) and $(p, E/c)$, the energy E is determined by the momentum p according to

$$E/c=\pm(p^2+\mathbf{b}^2)^{\frac{1}{2}} \text{ with } \mathbf{b}=mc. \quad (10)$$

Formal reasons of reciprocity then suggest that the parameter t is determined by r according to the equation

$$ct=\pm(r^2+\mathbf{a}^2)^{\frac{1}{2}}. \quad (10')$$

an equation interpreted physically at the beginning of Part I. Introducing reduced quantities $R=r/\mathbf{a}$, $T=ct/\mathbf{a}$, $P=p/\mathbf{b}$, $E=E/\mathbf{b}c$, together with $dv_0=dv(1+R^2)^{-\frac{1}{2}}\mathbf{a}^{-3}$ and $dw_0=dw(1+P^2)^{-\frac{1}{2}}\mathbf{b}^{-3}$, the relativistically revised Eqs. (9) read

$$\chi(P)=(\kappa/2\pi)^{\frac{1}{2}}\int\psi(R)\exp[i\kappa(PR+ET)]dV_0,$$
$$\psi(R)=(\kappa/2\pi)^{\frac{1}{2}}\int\chi(P)\exp[-i\kappa(PR+ET)]dW_0, \quad (11)$$

where κ stands for

$$\kappa=\mathbf{ab}/\hbar. \quad (12)$$

In contrast to the Eqs. (9) which for all functions $\psi(r)$ are identical inversions of one another, the new Eqs. (11) are compatible with one another only under certain conditions. In particular, when resorting once more to reciprocity and requiring that $|\psi|^2$ and $|\chi|^2$ are the same functions of their respective arguments, that is, when considering either $\psi=\pm\chi$, or $\psi=\pm i\chi$, then (11) is satisfied[4] only when the parameter κ satisfies the transcendental equation

$$2\pi\kappa[J_0(\kappa)]^2=1, \quad (13)$$

solved by an infinite set of values

$$\kappa=0.157,\ \sim1.8,\ \sim3.0, \text{ etc.}, \quad (13')$$

or when κ satisfies

$$2\pi\kappa[Y_0(\kappa)]^2=1, \quad (14)$$

solved by the set

$$\kappa=0.03,\ \sim1.38,\ \sim3.44, \text{ etc.} \quad (14')$$

There are two possible interpretations of these results. In 1940 we assumed *one* value $\mathbf{b}=m_0c$ and a variety of values of $\mathbf{a}=\frac{1}{2}e^2/m_0c^2$, i.e., a variety of charges $e=(2\kappa\hbar c)^{\frac{1}{2}}$, namely a smallest charge, $e\sim10^{-9}$ e.s.u. from the smallest $\kappa=0.03$, and larger charges which might be considered as unstable.

It seems more appropriate now to assume that there is *one* universal value of $\mathbf{a}$ ($=\frac{1}{2}e^2/m_0c^2$ with $m_0=$ electron field mass) and a variety of values $\mathbf{b}=mc$ belonging to

[4] M. Born, Proc. Roy. Soc. Edinburgh, **49**, 219 (1939); A. Landé, J. Franklin Inst. **229**, 767 (1940).

particles of total masses $m=\kappa\hbar/ac=2\kappa\cdot 137m_0$. This purely formal calculation is related to the physically meaningful investigation of Born and Green.[5] These authors obtain for the field mass of the electron $(3/2\pi^{\frac{1}{2}})e^2/ac^2$, and they derive the eigenvalues of κ from the transcendental equation $\kappa^k L_n^{k+1}(\kappa^2)=0$ where L_n^{k+1} is the $(k+1)^{st}$ derivative of the Laguerre polynomial L_n.

[5] M. Born and H. S. Green, Proc. Roy. Soc. Edinburgh **62**, 470 (1949); M. Born, Rev. Mod. Phys. **21**, 463 (1949).

On Advanced and Retarded Potentials

ALFRED LANDÉ
Ohio State University, Columbus, Ohio
June 26, 1950

WHEELER and Feynman[1] in their absorber theory of radiation have attempted to circumvent the classical infinities of point charges by introducing retarded and advanced potentials of interaction on an equal footing. Their theory has provoked much (unpublished) favorable as well as adverse comment. In view of the importance of the question whether a description of nature using advanced forces of interaction at a distance is possible, the following purely critical remarks may not be out of place.

That there are doubts about the consistency and physical applicability of the W-F theory is due to the dynamical incompleteness of the Maxwell-Lorentz theory, with fields determined by the world-lines of the charges, although the latter may be guided not only by self- and mutual electrodynamic forces and inertia but also by external forces, electromagnetic or mechanical, chosen at will, in short, by the arbitrary intervention of an experimenter. That the present motion of particles on a star 50 light years away should *actually* depend on whether a person on the earth arbitrarily will or will not decide to push a button in the year 2000 seems absurd, at least to our customary way of thinking. Closer analysis of the word "actually" shows that it could mean that the behavior of particles on the star in $(1950+n)$ for various n's shows a dependence on whether some one does or does not push a button on the earth in $(200+n)$ as established *post factum*. An "actual" dependence of the year 1950 on the year 2000 as confirmed by observation does not seem so absurd any more. It is quite a different question, however, whether waves converging on the "cause" are empirically acceptable. To reconcile us with this special form of retroaction, W-F wish to exclude arbitrary abrupt interventions, such as observers pushing buttons. They admit only built-in continuous mechanisms (W-F, II p. 427) which thereby become parts of the system itself. Thus they restrict their theory to closed deterministic systems in which "the distinction between cause and effect is pointless. The stone hits the ground because it was dropped from a height; equally well, the stone fell from the height because it was going to hit the ground" (W-F, II p. 428). The exclusion of arbitrary intervention, usually called an experimental test, for the sake of permitting a description by advanced and retarded potentials looks like a flight into unreality, however.

Wheeler and Feynman's reply to this objection is that their absorber theory permits a *consistent* derivation of the *tested* results of the usual retarded theory. In particular, they point out that the well known self-force experienced by a particle a under an acceleration (which may also be represented by Dirac's anti-symmetric expression

$$F^a(a)=\tfrac{1}{2}[F^a{}_{\text{ret}}(a)-F^a{}_{\text{adv}}(a)],) \qquad (1)$$

can be derived from the symmetric sum of half-advanced, half-retarded forces produced by the particles k other than a:

$$F^a(a)=\tfrac{1}{2}\Sigma_{k\neq a}[F^k{}_{\text{ret}}(a)+F^k{}_{\text{adv}}(a)]. \qquad (2)$$

The equivalence of (1) and (2) which is the central point of W-F's theory rests on two assumptions, namely, *first*, that the body of all particles constitutes a "perfect absorber" characterized by the equation [W-F, I (37)]:

$$\Sigma_{\text{all }k}F^k{}_{\text{ret}}(P)=\Sigma_{\text{all }k}F^k{}_{\text{adv}}(P) \qquad (3)$$

valid in all world points P including those of a particle; *second*, that the following initial conditions hold at the place of particle a at the instant when a alone is accelerated (by any test force whatsoever):

$$\tfrac{1}{2}\Sigma_{k\neq a}F^k{}_{\text{ret}}(a)=0, \qquad (4)$$

although

$$\tfrac{1}{2}\Sigma_{k\neq a}F^k{}_{\text{adv}}(a)\neq 0. \qquad (4')$$

The left-hand side of (4′) then is identical on the one hand with (2), and on the other hand with (1), by virtue of (3) and (4), thus proving the equivalence of (1) and (2).

Now, although there is no mathematical contradiction between the assumptions (3), (4) and (4′), nevertheless the following physical objection against the simultaneous validity of (3) and (4), (4′) at the time of acceleration of a may be raised. Equation (4) implies that before and at the instant $t=0$ when particle a is accelerated, the other particles are in a state of disorder so that their retarded force contributions which arrive in a at $t=0$, average out to zero. At times $t>0$, however, the other particles are affected by what happens to a at $t=0$ and thus yield a non-vanishing advanced contribution (4′) arriving at a at $t=0$. The privileged rôle of particle a at $t=0$ leads to the unsymmetric initial conditions (4) and (4′). The absorber hypothesis (3), however, implies and can be accepted only (a) when all particles are on an equal footing, thus excluding any privileged part played by the particle a, and (b) when we are assured that no particle has, or ever will be, subjected to an arbitrary disturbance; otherwise (3) would be self-contradictory, as is shown by the example of keeping all particles at rest before $t=0$, and on prescribed paths after $t=0$. Thus, although (3) alone, or (4) and (4′) alone may be acceptable, it is physically *inconsistent* to couple the symmetric assumption (3) with the asymmetric initial conditions (4), (4′). It seems that other ways will have to be found in order to get rid of the classical infinities of point charges.[2]

[1] J. A. Wheeler and R. P. Feynman, Rev. Mod. Phys. 17, 157 (1945), Bohr commemoration number; Rev. Mod. Phys. 21, 425 (1949), Einstein number. Referred to as W-F, I and II.

[2] We mention in this connection M. Born's theory of reciprocity, Rev. Mod. Phys. 21, 463 (1949), Einstein number; also A. Landé, Phys. Rev. 76, 1176 (1949); 77, 814 (1950).

Reprinted from *Phys. Rev.* **80**, 283 (1950).

Thermodynamic Continuity and Quantum Principles

ALFRED LANDÉ
Department of Physics, Ohio State University, Columbus, Ohio

(Received April 3, 1952)

A condensed survey is given of the results of a previous investigation on quantum concepts and principles developed from the anti-Gibbs postulate of thermodynamic continuity. The same postulate now also yields major parts of quantum statistics, such as the equality of various occupation number sets without permutation of individual particles, not however the alternative "either Bose or Fermi statistics." A distinction must be made between a coherent redistribution of particles without entropy change, and an incoherent redistribution leading to a new thermodynamic equilibrium. The latter is obtained from the former by a process of diffusion from separate level groups to a totality of levels.

I. QUANTUM PRINCIPLES OBTAINED FROM CONTINUITY

A RECENT investigation[1] demonstrated that the conceptual scheme as well as several principles of quantum theory can be derived as consequences of a fundamental *postulate of continuity* in the domain of thermodynamics: "The classical discontinuity of the diffusion entropy of two different gases gradually made alike, known as the Gibbs paradox, does not occur in reality." If one accepts this continuity principle then the following conclusions can and must be drawn.

(1) The alternative "like or unlike" as applied to states A and B of a gas, or of the mechanical systems (particles) constituting the gas, is to be abandoned in favor of a fractional likeness between two states. The latter may be described quantitatively by an intensity factor $q(A, B)$ of mutual likeness with value between 0 and 1. The quantity q, which is symmetric in its two arguments, determines the diffusion entropy $S-S_0$ of the two gases A and B so that $S-S_0$ may have an intermediate value between zero for $q=1$ in case of like gases, and the full classical value, $2nR\ln 2$, for $q=0$ in case of n moles of gas A and n moles of a different gas B diffusing from separate volumes V into the common volume $2V$. For the entropy $S-S_0$ as a continuous function of q refer to Eq. (7) below.

(2) Among all possible states of a mechanical system (gas particle) one may pick out a certain state A_1, then another state A_2 quite unlike A_1 with $q(A_1, A_2)=0$, then a third state A_3 quite unlike A_1 and A_2, and so forth until one has a (complete) set of mutually unlike or "orthogonal" states A_k with mutual likenesses

$$q(A_k,A_{k'})=\delta_{kk'}. \qquad (1)$$

From the remaining states one now may collect another complete orthogonal set $B_1B_2\cdots$, then a set C, and so forth. This procedure is not unique, a fact known as degeneracy. The fractional likenesses $q(A_k,B_j)$ between members of different sets have values between 0 and 1. Whereas classical theory considers any state A_1 as surrounded by an indiscriminate manifold of other states all unlike A_1, the continuity principle leads to an organized arrangement of all possible states in orthogonal sets, members of different sets being linked by mutual likeness factors $0<q<1$.

(3) Likeness between two gas states is synonymous with inseparability, and unlikeness implies physical separability—by means of semipermeable diaphragms or other selective devices. Such devices play a decisive part in the definition of the diffusion entropy through a reversible process of unfusion. Any modification of the classical diffusion entropy $S-S_0$ therefore implies a modification of the classical alternative "permeable or impermeable." To be more specific, fractional likeness between states A and B will manifest itself in a fractional separability of A from B. Let us define a device permeable for particles in the state B_j and impermeable for non-B_j=orthogonal to B_j, as a B_j-selector. When this selector is confronted with particles in the state A_k, then it will pass a fraction $q=q(A_k,B_j)$ of the incident A_k gas, and will reject the remaining fraction $1-q$. A further inevitable consequence is that the passing fraction, in order to qualify for passage through the B_j-selector, must have turned from the original state A_k to B_j. Similarly, the repelled fraction $1-q$ must have turned to the state non-B_j. These transitions may be ascribed to a dynamical interaction between the particles and the selector; the latter represents an instrument of analysis, a challenge "B_j or non-B_j." The newly acquired states will persist until subjected to another perturbing analyzer, e.g., a C_m-selector. In this way the continuity postulate foreshadows the splitting effect of one state A_k into component states $B_1,B_2,\cdots$ separately collectible with fractional intensities $q(A_k,B_j)$ and quantitatively defining the q's. The sum of the intensity fractions must be unity:

$$\Sigma_j\, q(A_k,B_j)=1, \quad \text{and} \quad \Sigma_k\, q(A_k,B_j)=1, \qquad (2)$$

remembering that the q's are symmetric.

In the following we not only use the concept of a B_j-selector which passes B_j and repels non-B_j (whether coming from the right or left) but also the concept of a B-separator which projects separate components $B_1,B_2\cdots$ all to one side (working from right to left as well as from left to right; the Stern-Gerlach field is an example). In contrast to a Maxwell demon which

[1] A. Landé, Am. J. Phys. (to be published).

Reprinted from *Phys. Rev.* **87**, 267–271 (1952).

represents a thermodynamically objectionable one-way valve, selectors and separators are thermodynamically admissable; however, one must carefully distinguish between reversible coherent, and irreversible incoherent splitting as discussed below

(4) When the splitting effect of a gas state A_k into separately collectable components B_j is interpreted in terms of individual gas particles A_k, then $q(A_k,B_j)$ represents the statistical fraction of all incident particles A_k jumping to B_j. The same fraction $q(A_k,B_j)$ also represents the probability for a single particle irrespective of the presence of others, to carry out a transition to B_j when challenged by a B-separator. When the fractional transition probabilities are written down in the form of a matrix

$$\begin{Bmatrix} q(A_1,B_1) & q(A_1,B_2) & \cdots \\ q(A_2,B_1) & q(A_2,B_2) & \cdots \\ \cdots & \cdots & \cdots \end{Bmatrix},$$

then the rule (2) requires the sum of the elements in every row and in every column to be unity: the sum rule for the $q(A,B)$ matrix.

(5) Similar matrices may also be drawn up for $q(B,C)$ and $q(A,C)$ etc. The question now arises whether there might be a general mathematical relation between the elements of the various matrices; in particular, whether the elements of $q(A,B)$ and those of $q(B,C)$ may be determining, in a unique or multivalent way, the elements of $q(A,C)$. The problem of finding a mathematical relation between matrices in general is too vague to have a definite solution. In the present case, however, several restrictions make the relationship between the three matrices a quite definite mathematical problem. First, there is the sum rule (2) for the rows and columns which must hold not only for $q(A,B)$ and $q(B,C)$ but also, as the result of the mathematical relationship, for $q(A,C)$. Second, the relation must work also in the special case of the states A and C coinciding so that $q(A,B)$ combined with $q(B,A)$ will yield $q(A,A)$ as a unit matrix, Eq. (1). Third, the relationship is required to be self-reproducing so that it will also yield the matrix $q(A,B)$ from $q(A,C)$ and $q(B,C)$, as well as $q(B,C)$ from $q(A,B)$ and $q(A,C)$. This group requirement is not thermodynamic but represents a kind of symmetry principle: "What is good for the set A is good also for B and C."

These three requirements now restrict the relationship problem between the q-matrices so much that only one solution has ever been found—although there is as yet no proof of its uniqueness. At first sight one might think the solution to read $q(A_k,C_m) = \sum_j q(A_k,B_j)\, q(B_j,C_m)$; however, such a direct combination of the probabilities does not stand the test of the special case in the second requirement: $q(A_k,A_{k'}) = 0$ for $k=k'$, since $\sum_j q(A_k,B_j)\, q(B_j,A_{k'})$ is positive. The unit sum rule suggests, however, that the $q(A_k,B_j)$ be geometrically interpreted as cosine squares between "directions" A_k and B_j, with the set A representing one orthogonal axis system, and the set B another. This further suggests that the required relation be analogous to an orthogonal transformation by means of the cosine rule, $\cos(A_k,C_m) = \sum_j \cos(A_k,B_j)\cdot\cos(B_j,C_m)$ where $\cos(A_k,B_j)$ is written for $\pm[q(A_k,B_j)]^{\frac{1}{2}}$. A more general solution is then obtained when the bivalent $\pm\sqrt{q}$ are replaced by complex quantities $\psi(A_k,B_j) = \sqrt{q}\, e^{i\varphi}$, multivalent because of the arbitrary phase φ. This arbitrariness is greatly reduced, from m^2 to m arbitrary phases, by the requirement that the sum of the products of the ψ's in one row (column) with the complex conjugates of another is to be zero. The cosine relation then may be generalized to the product rule for (Hermitian) ψ's

$$\psi(A_k,C_m) = \textstyle\sum_j \psi(A_k,B_j)\cdot\psi(B_j,C_m). \tag{3}$$

This is the Born-Heisenberg-Jordan superposition rule for the complex probability amplitudes $\psi = \sqrt{q}\, e^{i\varphi}$. It is the only known mathematical solution of the relationship problem under the group restriction of self-reproduction. If any other solution could be found it would present us with a most interesting, although unrealistic, alternative to quantum mechanics. With due reservations one may say, then, that the introduction of complex probability amplitudes ψ subject to the superposition rule is inseparably linked to the admission of fractional likenesses q, which in their turn are forced on us by the anti-Gibbs postulate of thermodynamic continuity. In view of the amplitude character of the ψ's one may speak of a wave theory of matter, although Born's statistical interpretation of the ψ's as probability amplitudes is preferable and generally accepted. So far, we have recapitulated in a rather condensed fashion the results of a previous investigation.[1]

II. CONTINUITY AND QUANTUM STATISTICS

We now turn to the question as to what extent quantum statistics can be considered as a consequence of the thermodynamic principle of continuity. Classical statistics leads to the discontinuity of the Gibbs paradox, whereas quantum statistics yields the required continuity of the diffusion entropy. It therefore would not seem too surprising if one could reverse the argument and derive quantum statistics from the continuity postulate. We saw before that this postulate, via fractional intensities of mutual likeness, leads to probability amplitudes ψ subjected to superposition; this implies a "wave theory" which will also show its influence on statistics, in so far as it controls the splitting or redistribution effect of particles over the states. Indeed, the wave theory leads to a distinction between a reversible redistribution, from a state A_k in a coherent fashion through intermediate states $B_1,B_2,\cdots$ and back to A_k, symbolized by the formula

$$\psi(A_k,A_k) = \textstyle\sum_j \psi(A_k,B_j)\, \psi(B_j,A_k) = 1, \tag{3'}$$

and the irreversible or incoherent redistribution with

$$\sum_j q(A_k,B_j)\, q(B_j,A_k)\neq 1, \text{ although } q(A_k,A_k)=1. \quad (3'')$$

Thermodynamic implications of both Eq. (3′) and Eq. (3″) will be considered below.

(1) Let N particles, originally in the state A_k, pass through a B-separator. The resulting distribution over the states $B_1B_2\cdots$ yields the occupation numbers $N_j=Nq_{kj}$ with dynamical certainty, both in the coherent and incoherent case, since only the intensities q_{kj} are involved. However, only in case of a coherent redistribution is this process dynamically reversible, according to Eq. (3′). The wave-dynamical certainty and reversibility of the sequence $(N,0,0,\cdots)\leftrightarrow(N_1,N_2,\cdots)$ proves that both the initial and the final distribution of the N particles are to be counted with the same statistical weight, *viz.*, unity. Now, by either starting from new original states with all N particles in one state $A_{k'}$ or $A_{k''}$ etc., or by using new separators B', or B'', etc. one may obtain other reversible sequences $(0,0,N,0,\cdots)\leftrightarrow(N_1'N_2'\cdots)$, always with wave-dynamical certainty. The final occupation number sets, $(N_1,N_2,\cdots)$ and $(N_1',N_2',\cdots)$ and so forth must, therefore, all be counted with the same statistical weight, unity. This general principle of weight counting is opposed to the classical theory with its permutation factors $N!/N_1!N_2!\cdots$.

(2) However, the discounting of permutations is only one, rather negative, feature of quantum statistics. It is important now that the transition probabilities $q(A_k,B_j)$ from the state A_k to B_j do not give preference to one individual particle over any other, i.e., the q's are symmetric with respect to the N like particles. Symmetry of $q=|\psi|^2$, however, requires ψ to be either symmetric or antisymmetric in case of two like particles, according to perturbation theory. If a third particle joins the former two, and if one *postulates* continuity of the symmetry character, then ψ will remain symmetric or antisymmetric also for more than two like particles. However, this certainly is not a result obtainable from thermodynamic considerations.

Still there is a certain gap between the proof of the weight equality of various occupation number sets $(N_1N_2\cdots)$, and the justification of the partition function $\sum_{n_1}\sum_{n_2}\cdots \exp(N_1\epsilon_1+N_2\epsilon_2+\cdots)$ which ultimately leads to the average number of particles of energy ϵ

$$\bar{n}=[(1/\zeta)e^{\epsilon/kT}\mp 1)^{-1}.$$

Indeed, it ought to be proved that *all* equivalent occupation number sets occur once within a sufficiently large time interval. Such a proof would correspond to the classical step from Liouville's weight equality of like phase volume elements to ergodicity.

In view of this gap, all one can say is that the principle of thermodynamic continuity, by virtue of reversible processes of redistribution, yields the equality of weight of various occupation number sets irrespective of permutations of individual particles. Assuming continuity of symmetry character would further leave the alternative between symmetric Bose and antisymmetric Fermi statistics. [The Nernst theorem is obtainable only from additional assumptions concerning the lack of degeneracy of the lowest energy level, as explained by Schrödinger in his "*Statistical Thermodynamics*."]

(3) Coherent and incoherent distribution. In order to avoid a decision between the two statistics the following thermodynamic considerations deal with dilute gases in which (a) each particle has its private energy, (b) the density is so low that the question of Bose crowding together and Fermi crowding out is immaterial. This is the case when the number of particles N distributed over a group of Z levels satisfies $N\ll Z$. In this case quantum statistics yields the simple entropy formula

$$S=kN\ln(Z/N)+\text{const.} \quad (4)$$

Let N particles, all in the state A_k, be distributed over Z kinetic energy levels; the entropy according to Eq. (4) is, with omission of the additional constant,

$$S_0=kN\ln(Z/N).$$

The N particles may now be redistributed over the states $B_1,B_2,\cdots$ so that every group of $N_j=Nq_j$ particles occupies a partial volume in Z-space of $Z_j=Zq_j$ levels. This corresponds to the separate collectibility in ordinary space and represents a coherent redistribution. Indeed, the entropy

$$S'=k\sum_j N_j\ln(Z_j/N_j)$$

is identical with S_0. This distribution does not represent a thermal equilibrium, however. If we now let the various particle groups irreversibly diffuse from the separate "volumes" Z_j to the total volume of Z levels, then the final entropy is

$$S=k\sum_j N_j\ln(Z/N_j),$$

so that after this incoherent distribution the entropy increase is

$$S-S_0=-kN\sum_j q_j\ln q_j. \quad (5)$$

The q_j play the same part as the concentrations in the thermodynamics of dissociation. When a B-separator is actually applied to an A_k gas, the initial result may be a coherent redistribution; after a time, however, the distribution becomes incoherent resulting in a thermal equilibrium.

(4) Alternating application of A- and B-separators. The last example showed that application of a B-separator to a pure A_k gas increases the entropy irreversibly. Let us now consider the simple case of only two orthogonal states, A' and A'' in the set A, and similarly only B' and B'' in the set B. The mutual likeness fractions may be

$$q(A',B')=q(A'',B'')=q,$$

and

$$q(A',B'')=q(A'',B')=1-q.$$

Omitting the common factor kN as well as the additional constant one has for the original pure A' gas,

$$S_0=-1\ \ln 1=0.$$

Application of the B-separator splits the A' gas into a fraction q of B' and $1-q$ of B'', with resulting equilibrium entropy

$$S_1=-q\ \ln q-(1-q)\ \ln(1-q).$$

Application of an A-separator now yields

$$q_2=q^2+(1-q)^2 \text{ of } A' \text{ and } 1-q_2 \text{ of } A'',$$

with resulting entropy

$$S_2=-q_2\ \ln q_2-(1-q_2)\ \ln(1-q_2),$$

and so forth. It can be proved[2] that S_{n+1} is always larger than S_n for any given likeness fraction q between A' and B'. In the exceptional case of $q=\frac{1}{2}$, already S_1 has the value kN ln2, to be retained for all following S_n's. The value $kN\cdot\ln 2$ also is the asymptotic value of $S-S_0$ for $n\rightarrow\infty$ at any q-value under alternating application of A- and B-separators.

If the original sets A and B have a sixfold multiplicity, and the original n moles of pure A_k gas are subjected to an alternating "shake up" by B- and A-separators, the final state will be a mixture of six quite different gases, each consisting of $n/6$ moles with total entropy $kN\cdot\ln 6$. Suppose now that this gas mixture is exposed to a C-separator whose multiplicity is only five, so as to produce a mixture of five different gases $C_1\cdots C_5$. Its maximum entropy can at most be $kN\cdot\ln 5$, less than it was before. This would contradict the second law. Thermodynamic reasons thus compel us to conclude that the orthogonal sets of states A, and B, and C, and so forth of one kind of particle must all have the same multiplicity m so that all matrices $q(A,B)$, and $q(B,C)$ etc. are quadratic. In particular if the multiplicity is infinite for one set, then it must be infinite for all others. When it is m for one set, it must be m for all others. This seems to be a strange and unbelievable result. In fact, it represents a quite trivial feature of quantum theory according to the following consideration.

First, one may remember that the various sets of states A, and B, etc. represent eigenstates of observables A, and B, etc. which are mutually incompatible. (If A were compatible with B then two states A_k and B_j might actually be the same states.) In general, the number of eigenvalues of various observables of a mechanical system are unlimited and lead to quadratic infinite q-matrices. Finite matrices occur only when "the kind of particle" whose states we consider is restricted to one value of a certain observable, M (of the angular momentum, say) with m-fold degeneracy so as to allow m orthogonal values of the sub-observable $A(=M_z)$ and also m values of other sub-observables B, and C, etc. (such as M_z' and M_z'', etc.), where all the sub-observables are compatible with K, but mutually incompatible. The thermodynamic requirement of a common multiplicity m leading to quadratic matrices $q(A_k,B_j)$ and so forth then only expresses the fact that the common multiplicity is the m-fold degeneracy of the state K_m of the particles under consideration. That finite q- and ψ-matrices must be quadratic may also be seen from the following example. Suppose A has two eigenvalues, $A_{k'}$ and $A_{k''}$, whereas B has three (or one) eigenvalues B_j. The eigenvalue equations for the latter then are

$$(B_{k'k'}-B_j)\psi_{k'j}+B_{k'k''}\psi_{k''j}=0,$$
$$B_{k''k'}\psi_{k'j}+(B_{k''k''}-B_j)\psi_{k''j}=0.$$

The determinant has only two solutions B_j, rather than three (or one), and the assumption of non-quadratic matrices ψ proves to be wrong. In the usual case of considering "one kind of particle" and its states, there is an infinite degeneracy, and each set of orthogonal states has an infinite number of members, satisfying the thermodynamic requirement.

(5) Diffusion of two partially like gases. N particles of gas A and N particles of B may diffuse from separate volumes V into the common volume $2V$. Originally the entropy is

$$S_0=2kN\ \ln(Z/N). \tag{6}$$

Later when N particles of B are in the same volume with N particles of A, the description in terms of orthogonal states compels us to consider the fraction q of the B gas as being in the state A, and the fraction $1-q$ in the state non-A, or orthogonal to A, or $\bar{A}$. Thus, altogether in $2V$ there are now $N(1+q)$ particles of A and $N(1-q)$ of $\bar{A}$, both groups distributed over $2Z$ levels in $2V$. The entropy now is

$$S=kN(1+q)\ \ln[2Z/N(1+q)] \\ +kN(1-q)\ \ln[2Z/N(1-q)]. \tag{6'}$$

The diffusion entropy increase is

$$S-S_0=kN\{2\ \ln 2-(1+q)\ \ln(1+q) \\ -(1-q)\ \ln(1-q)\}. \tag{7}$$

$S-S_0$ decreases monotonously from the classical value $2kN$ ln2 valid for $q=0$ (quite unlike gases) to $S-S_0=0$ for $q=1$ (like gases diffusing). Equation (7) is the detailed expression for the continuous entropy of diffusion, $S-S_0=f(q)\ 2kN\ \ln 2$, whose required continuity was the starting point of the derivation of quantum concepts and quantum principles from the anti-Gibbs postulate of thermodynamic continuity.

All general quantum results derived from the postulate of thermodynamic continuity are independent

[2] Clyde C. Reynolds, Masters thesis, Ohio State University (1952).

of the Planck constant. They might have been found by Gibbs through pure reasoning concerning his paradox. The constant h enters only through the special formula for the fractional likeness amplitude between q and p,

$$\psi(q,p) = \exp(2i\pi qp/h), \tag{8}$$

obtained from microphysical evidence. This ψ-function is periodic and thereby gives rise to de Broglie's $p = h/\lambda$, to the Heisenberg uncertainty relation between coordinates q and momenta p, and to the duality and complementarity of the particle theory and its wave-like formalism. Also, Eq. (8) opens the path to the dynamics of those special mechanical systems whose Hamiltonian and other observables are given as functions of the q's and p's. Those parts of quantum theory, however, which rest on the thermodynamic continuity principle are independent of microphysical experience.

Quantum Mechanics and Thermodynamic Continuity

ALFRED LANDÉ
Mendenhall Laboratory, The Ohio State University, Columbus, Ohio
(Received March 5, 1952)

The basic concepts and rules of quantum mechanics are shown to be immediate consequences, on the basis of simple reasoning, of a postulate of continuity in the domain of macroscopic thermodynamics. The continuity principle leads first to the concept of a fractional likeness between two states in general, as opposed to the classical alternative of either like or unlike. Then all possible states of a system can be arranged in sets of mutually unlike or "orthogonal" states, with members A and B of different sets interconnected by fractional likeness factors $q(A, B)$ between zero and unity. These factors q are identical with the relative intensities in a splitting effect of a state into components, ruled by probability relations and by the basic principle of quantum statistics of not counting permutations of individual particles. The problem of relation between the various fractional likenesses, or probabilities of transition under analysis, is a purely mathematical problem and is solved by the introduction of probability amplitudes necessarily subject to a matrix law of multiplication, i.e., to the principle of superposition. Thus, starting from the continuity postulate of thermodynamics, quantum theory in its general outline is obtained by simple reasoning. All further details, such as the duality of waves and particles, the uncertainty relation, and the mechanics of special systems, need only one more bit of empirical information, namely, the symmetric and periodic form of the amplitude ψ of fractional likeness between a state of given coordinate and a state of given momentum.

1.

QUANTUM theory rests on a number of new conceptions and mathematical rules of interrelation which have proved superior to those of the classical theory. The usual approach to these new conceptions and rules is inductive. Experience concerning spectral lines and collision processes has promoted the idea of discrete energy levels together with mathematical rules of calculating their values; experiments of matter ray diffraction has brought forward the idea of a duality between waves and particles, quantitatively connected by Planck's $E=h\nu$ and de Broglie's $p=h/\lambda$, together with rules of superposition for complex amplitudes ψ; scintillation experiments have forced us to accept probability, and the thermal behavior of substances led to quantum statistics.

There is one drawback to this inductive physical approach, however: It leaves the impression that quantum theory is pieced together—as it actually was—from diverse evidence chiefly of a microphysical character. One may be wondering whether the various concepts and mathematical theorems of quantum theory might not be derivable from *one* fundamental principle of Nature representing a general type of experience and therefore acceptable without much questioning. One ought to remember in this connection that Max Planck developed his older quantum theory of 1900 not from delicate microphysical data but from the long familiar macroscopic fact of thermal stability of radiation, as contrasted to the classically expected dissipation of the radiation energy to higher and higher frequencies. In the following pages we are going to show that *general* quantum mechanics is derivable from a *postulate of continuity* for the thermal work, entropy, etc., of reaction between substances, in particular their diffusion. That a continuity principle should be responsible for a branch of physics notorious for its discontinuous jumps between discrete mechanical states is rather surprising; nevertheless, thermodynamical principles have proved much more reliable than those of mechanics which lately had to undergo two major operations in order to accommodate electrodynamics (Einstein) and energetics (Planck).

2. THE POSTULATE OF CONTINUITY

It is a well-known fact that the maximum amount of work obtainable from the isothermal diffusion of two gases depends on whether the two gases are like or unlike. When they are *like* then their diffusion does not represent a physical process at all, and work cannot be gained from it. On the other hand, when the two gases are *unlike*, or are samples of the same kind of gas in two unlike "modifications" or "states" then the maximum isothermal work obtainable from

Reprinted from *Am. J. Phys.* **20**, 353–359 (1952).

their diffusion, called the diffusion work henceforth, has the classical value

$$W_{\text{class}} = 2nRT \ln 2 \quad \text{for unlike gases,} \qquad (1)$$

when n mols of either gas diffuse from separate volumes V to the common volume $2V$ at temperature T. However,

$$W = 0 \quad \text{for like gases.} \qquad (1')$$

The question now arises of what will happen to the value of W when two originally quite unlike gases, or two quite unlike states of the same kind of gas are gradually made more and more similar. Think of one gas sample consisting of molecules all pointing in one direction z, and another sample with the same kind of molecules pointing in another direction z^*, with the angle θ between z and z^* gradually decreased to zero. Is there a sudden change of W from the full value of Eq. (1) to zero of Eq. (1′) only in the last moment when the difference between the two gases changes from infinitely small to exactly zero? Or is there a gradual change from W_{class} to zero when the two diffusing gases are made more and more like? The first alternative, an abrupt change of W, would present a most paradoxical situation, known as the *Gibbs paradox*. One intuitively refuses to believe in such a discontinuity of the diffusion work upon a continuous decrease of the unlikeness between the two gas states. The root of the paradox is of course the narrow classical alternative "either like or unlike" for describing the relation between the two gas states. There ought to be a partial or fractional likeness between two gas states A and B, quantitatively defined by a factor $q = q(A, B)$ of value between 1 and 0 so as to offer a generalized diffusion work value

$$W = f(q) \cdot 2nRT \ln 2 \qquad (1'')$$

with the limiting cases $f(q) = 1$ for $q = 0$ (unlike gases) and $f(q) = 0$ for $q = 1$ (like gases). The possibility of such a gradual scale of likeness values had simply been overlooked in classical thermodynamics. The factor q of mutual likeness is symmetric in A and B. The requirement of avoiding the Gibbs paradox, namely, by a continuous scale of likeness values, may be called the postulate of thermodynamic continuity.

3. ORTHOGONAL SETS OF STATES

Important conclusions may be drawn from the continuity postulate even before discussing the quantitative aspect of the fractional likenesses between various states. Let *all* states of a certain kind of particle or system be listed on separate slips of paper forming a possibly infinitely high paper mountain. Draw one of the slips and denote the state it represents as the state A_1. Any remaining state will necessarily be either quite unlike A_1 for which we also say non-A_1, or fractionally like A_1. Next draw any one state quite unlike A_1 (non-A_1) and denote it as A_2. Next draw a state both unlike A_1 and unlike A_2 and call it A_3. Continuing in this fashion one may collect a set of mutually quite unlike or "mutually orthogonal" states $A_1A_2A_3\cdots$. When the next draw leaves no other choice than a state B_1 not orthogonal to all the previously drawn states A then the set A is "complete." Starting from B_1 we now may collect a complete set of mutually orthogonal states B, then a set C, and so forth. This procedure is not univalent, a fact known of degeneracy, and it may exhaust all possible states only after an infinite number of orthogonal sets has been collected.

The point brought out so far is this: Whereas classical theory considers any state A_1 as surrounded by an indiscriminate crowd of other states, all considered as quite ***unlike*** A_1, the principle of thermodynamic continuity leads to an organized arrangement of states into mutually orthogonal sets. The likeness fractions between the members of one set are

$$q(A_k, A_{k'}) = \delta_{kk'}, \quad \text{and} \quad q(B_j, B_{j'}) = \delta_{jj'}, \qquad (2)$$

etc., with δ being the Kronecker symbol. On the other hand, the members of different sets are connected by a web of fractional likenesses, each thread $q(A_k, B_j)$ having a definite "intensity" between 0 and 1.

4. QUANTITATIVE DETERMINATION OF LIKENESS FACTORS

If one knew the function $f(q)$ in the diffusion work formula (1″) [given later in Eq. (3)] one could use the W-measurement for finding the likeness fraction q between the two diffusing gas states. However, W can only be determined by a process of reversing the diffusion. Let us first discuss the special case of "unfusing" the mixture of two quite unlike or orthogonal gas states, such as A_1 and non-A_1 (we use the latter expression for any state orthogonal to A_1). The separation of the gases A_1 and non-A_1 would require a sieve, or semipermeable diaphragm, or some other selective device which will pass the gas state A_1 but will block all states non-A_1. We call such a device an A_1-selector.

Now if likeness between two states means lack of separability, and unlikeness (orthogonality) means total separability, then partial or fractional likeness between the states A_k and B_j must signify a sort of partial or fractional separability—there is nothing else left besides total separability and inseparability than fractional separability. That is, the same A_k-selector which passes A_k and blocks non-A_k must be expected partially to pass and partially to repell the gas state B_j. Quantitatively, if the gas B_j is passed at the rate q_{jk} and repelled at the rate $1-q_{jk}$ by an A_k-selector, then such an experiment would define the fractional likeness q_{jk} between A_k and B_j. The postulate of thermodynamic continuity thus foreshadows a splitting effect of the state B_j into components going different "ways." Whereas the semipermeable membranes used in osmosis distinguish only between particles of a different kind, salt and solvent, selective devices distinguishing between mutually orthogonal states of the same kind of particle were first devised by Stern and Gerlach in 1921 in a planned attempt of isolating those "quantum states" which had been indirectly inferred from the analysis of optical spectra (Bohr) and collision experiments (Franck-Hertz).

We now turn to the question of *how* some B_j-particles manage to pass the A_k-selector, whereas others are repelled. Wanting to be true to our former definition of an A_k-selector (passing A_k, rejecting non-A_k) there can be only one answer: Those particles which pass must first have turned or "jumped" from the state B_j to the state A_k in order to qualify for passage, *and then stay in the new state* A_k. Similarly, those particles which are repelled must have, in contact with the A_k-selector, turned to a state orthogonal to A_k thereby forfeiting their right of passage. These sudden transitions, seen here as a necessary consequence of the continuity postulate, may be ascribed to the activity of the selector itself which challenges incoming particles B_j as to "A_k or non-A_k." The actual arrangement of Stern-Gerlach is an example of an *A-separator* which yields, instead of A_k and non-A_k on different sides, various components $A_1A_2\cdots$ all on one and the same side, yet *separately collectable* since they are going different "ways." It is not hard to imagine how by combination of various A_k-selectors ($k=1, 2, \cdots$) one can in principle construct an A-separator and vice versa, and how the latter can be transformed into an A_k-selector by reflecting the path of all rays non-A_k.

5. PROBABILITY

Another essential feature of quantum mechanics is brought out by the question of how an individual particle B_j decides whether to turn, when confronted by an A-separator, to the state A_1, whereas another particle B_j decides to turn to A_2, and so forth. Since originally there was no difference between the particles B_j, the various fates of individual particles can only be ascribed to probability, ruled by definite odds, q_{j1}, q_{j2}, $\cdots$, so that the observed relative intensities q_{jk} represent the probabilities for an individual particle to turn from B_j to A_k. Thus probability enters the scene. The sum of the relative intensities, or probabilities, is unity:

$$\textstyle\sum_k q(A_k, B_j)=1, \quad \text{and} \quad \sum_j q(A_k, B_j)=1. \qquad (2')$$

Some physicists have expressed the hope that a hidden difference between the particles in the original state B_j may be responsible as the cause of their different behavior. This hope is futile, and the reasoning leading to it is self-contradictory: If there were an individual cause for one B_j-particle to turn with certainty to A_1, and for another to A_2, then these particles would have to be classified as *not* originally belonging to the same state B_j but rather to different states, B_j^1 and B_j^2, which contradicts the former assumption that both particles are in the same original state B_j distinct from all other states found in the paper mountain of Sec. 3. There is no way out of the probability issue for particles as long as one acknowledges the principle of continuity and its logical consequences, the conceptions and rules of quantum theory.

6. QUANTUM STATISTICS

It is a matter of probability whether this particle B_j will turn to the state A_1 and that to A_2 when sent through an A-separator. However, when there are N particles B_j then the numbers $N_1, N_2, \cdots$ turning to $A_1, A_2, \cdots$, respectively, are dynamically *certain*, namely, $N_k = q_{jk}N$. Similarly, when exposing the same N particles to a different separator arrangement, certain occupation numbers $N_1', N_2', \cdots$ will occur with dynamical certainty again. Now it is a general principle of statistical mechanics that situations following one another with certainty are counted with the same statistical weight or *a priori* probability. In the present case, therefore, the distribution of N particles with the occupation number set $N_1N_2\cdots$ has the same weight as the original distribution of all N particles in one state B_j. The same applies to the occupation number set $N_1'N_2'\cdots$ and to any other occupation number set obtainable from the same original distribution of all N particles in one state. Hence all these distributions have the same common weight, usually counted as weight unity. We here have arrived at the basic principle of quantum statistics: Regrouping does not change the statistical weight. This is opposed to classical statistics which counts each permutation of identical particles as a separate case and assigns to the occupation number set $N_1N_2\cdots$ the weight $N!/N_1!N_2!\cdots$ and to the set $N_1'N_2'\cdots$ the weight $N!/N_1'!N_2'!\cdots$. Quantum statistics does not need a special introduction as a new principle; it rather is an immediate consequence of the splitting effect in which various resulting occupation number sets are produced with dynamical certainty. In applications of this principle a sharp distinction must be made[1] between the following two cases. (1) There are N particles and Z levels. Originally all particles B_j are in one level, the other levels being empty. Then a redistribution takes place with $N_k = q_{jk}N$ particles A_k occupying $Z_k = qjkZ$ levels, respectively, where $\sum N_k = N$ and $\sum Z_k = Z$. Only in this case where N_k particles are brought into the separate parts Z_k of the Z-space, does the redistribution have the same statistical weight as the original distribution. (2) From the same original distribution is obtained a redistribution in which $N_k = q_{jk}N$ particles are now allowed in the whole Z-space of all Z levels. This redistribution belongs to an increased statistical weight. It is obtained from case 1 by a diffusion of each group of N_k particles from the partial volume Z_k to the total volume Z. One may call case 1 "coherent" and case 2 "incoherent redistribution." The distinction is of importance for problems of reaching thermal equilibrium. When two dilute gases A and B diffuse from separate volumes V into the common volume $2V$, case 2 prevails, and the maximum isothermal work is

$$W = nRT\{2\ln 2 - (1+q)\ln(1+q) - (1-q)\ln(1-q)\} \quad (3)$$

with value 0 for $q=1$, and value $2nRT\cdot\ln 2$ for $q=0$. Equation (3) determines the function $f(q)$ left open in Eq. (1'').[1]

[1] For a more detailed discussion refer to A. Landé, Phys. Rev. (to be published).

7. SUPERPOSITION OF PROBABILITY AMPLITUDES

Suppose we construct a table or matrix, usually rectangular, of the fractions $q(A_k, B_j)$:

$$\begin{Bmatrix} q(A_1, B_1) & q(A_1, B_2) & q(A_1, B_3) & \cdots \\ q(A_2, B_1) & q(A_2, B_2) & q(A_2, B_3) & \cdots \\ \cdots & \cdots & \cdots & \cdots \end{Bmatrix}$$

and similar matrices for $q(B, C)$ and $q(A, C)$, and so forth. The question arises whether there are quantitative relations between the elements of the various matrices, in particular whether $q(A, C)$ depends on $q(A, B)$ and $q(B, C)$.

Let us first consider an analogous problem. Suppose a number of objects called $A, B, C, \cdots$ are linked by quantities q_{AB}, q_{BC}, q_{AC}, and so forth, all q's having positive real values between 0 and 1, including the special values $q_{AA}=0$, etc., for "self-linkage." We now want to establish a mathematical relation between the q's so that a given q_{AB} and q_{BC} will determine q_{AC}, possibly in a multivalent fashion. The mathematical relation is required to be symmetric and self-reproducing so that it will also yield q_{BC} when q_{AB} and q_{AC} are given; furthermore, in the case of A being identical with C, the relation $q_{AA}=0$ shall result as a special case. In spite of the vagueness of the problem, the restrictions imposed on the interrelations are pointing to a definite solution. Indeed, the symmetry requirement together with the q's all being less than unity offers the interpretation of the q's as distances between points A, B, C, $\cdots$ located on a circle of diameter unity; hence q_{AB} and q_{BC} will determine q_{AC}, although in a bivalent fashion, since C may be on either side of B. More generally, q may be taken as the geodesic distance between points on a circle according to any metric of axial symmetry, e.g., over a dome topping the circle. It is hard to imagine any other possible solution of the interrelation problem under the above restrictions; however, it would be interesting to find a strict proof of uniqueness.

We now turn to the quantum problem, again concerning objects A, B, C, $\cdots$ linked by quantities q_{AB}, etc. However, the objects now have parts, A consists of members A_1, A_2, $\cdots$ also connected by q's, of value $q_{A_kA_{k'}}=\delta_{kk'}$; i.e., each object is self-orthogonal. As to the $q_{A_kB_j}$, they all are positive between 0 and 1, and satisfy the unit-sum rule (2′) of rows and columns: $\sum_k q_{A_kB_j}=1$ as well as $\sum_j q_{A_kB_j}=1$. Wanted is a mathematical relation between the q's so that given values of the q_{AB} and q_{BC} will determine the values of the q_{AC} in a symmetric and self-reproducing, although possibly multivalent fashion. The relation also is required to result in $q_{A_kA_{k'}}=\delta_{kk'}$ in the special case of A being identical with C. Again, in spite of the vagueness of the problem, the imposed restrictions lead to a definite solution. The unit-sum rule (2′) for the q-matrices definitely points to the interpretation of the q's as cosine-squares between "axis directions" A_k and B_j of orthogonal coordinate systems A and B, suggesting the interrelation $(q_{A_kC_m})^{\frac{1}{2}}=\sum_j(q_{A_kB_j})^{\frac{1}{2}}\cdot(q_{B_jC_m})^{\frac{1}{2}}$ in which the square roots have undetermined signs. The choice of $\pm$ signs is restricted by the requirement that the product of one row with another, or one column with another, is to yield the sum *zero* in every $\sqrt{q}$-matrix. One also may introduce the generalization that the q's are the absolute squares of "Hermitian cosines" ψ as intermediate quantities.

$$\psi_{A_kB_j}=+(q_{A_kB_j})^{\frac{1}{2}}\exp(i\varphi_{A_kB_j})$$

linked by the relation

$$\psi_{A_kC_m}=\sum_j\psi_{A_kB_j}\psi_{B_jC_m}. \qquad (4)$$

The multivalence of the phases then is restricted by the requirement that in every ψ-matrix the sum of the products of the elements of one row with the complex conjugates of another is *zero*; the same rule holds for the columns. Just as in the former example, it is hard to see how one could construct another solution of the interrelation problem between the q's with the restrictions imposed on them. One may therefore say tentatively that the introduction of complex amplitudes ψ and their combination law, i.e., the Born-Heisenberg-Jordan theory, is a direct mathematical consequence of fractional likeness between states and thereby a consequence of thermodynamic continuity. Still, a strict proof of the uniqueness of this method of solving the interrelation problem would be welcome.

8. QUANTUM MECHANICS, DUALITY, UNCERTAINTY

The results developed so far constitute *general* quantum theory. *Special* quantum mechanics asks the more specific question: What is the magnitude of the likeness factors q_{kj} between states A_k and B_j of a mechanical system in which the states A and B refer to certain functions $A(q, p)$ and $B(q, p)$ of coordinates q and momenta p? Answering this question requires one more bit of information, namely, knowledge of the amplitude ψ of likeness between a state of given coordinate value q, and a state of given value p of the associate momentum. This amplitude has been found inductively to be

$$\psi(q, p)=\exp(2i\pi qp/h), \qquad (5)$$

a function symmetric and periodic in q and p introducing Planck's quantum h into the theory. This periodic function is responsible for the famous duality of particles and waves: As a function of q the amplitude ψ is periodic in space with wavelength $\lambda=h/p$. Furthermore, according to wave theory, the number of waves per unit length, $1/\lambda$, can be determined with accuracy $\Delta(1/\lambda)\sim1/\Delta q$, if Δq is the range over which the wave train is allowed to be tested. Replacing $1/\lambda$ by its original meaning p/h again, the last relation reads $\Delta(p/h)\sim1/\Delta q$, or $\Delta p\cdot\Delta q\sim h$, i.e., the uncertainty relation of Heisenberg for the margins of accuracy of a simultaneous determination of the values q and p.

Apart from the special quantum-mechanical results based on the knowledge of the function $\psi(q, p)$ of Eq. (5), all the general conceptions and theorems of quantum theory, those concerning discrete sets of mutually orthogonal states with fractional likeness between states in general, the probability interpretation of the likeness fractions q, the splitting effect with conservation of statistical weight, i.e., quantum statistics, and last but not least, the mathematical, i.e., logical, necessity of introducing probability amplitudes ψ linked together by the matrix multiplication law (4)—all these results are immediate consequences of the postulate of thermodynamic continuity: "the Gibbs paradox does not occur." One may speculate on what would have been the development of physics if Gibbs in the 1890's had consistently pursued his objection to the discontinuity inherent in the classical theory of diffusion.

PROBABILITY IN CLASSICAL AND QUANTUM THEORY

ALFRED LANDÉ

The Ohio State University, Columbus, Ohio

EVER since Max Born in 1926 proposed his statistical interpretation of Schrödinger's wave function, the outstanding innovation of quantum mechanics has been seen in the admission of probability replacing classical determinacy. Heisenberg's uncertainty relation only stressed and clarified this view in a particularly significant example. The contrast between classical determinism and quantum uncertainty has since been stressed time and again by physicists and natural philosophers, and even moralists have drawn comfort from the quantum view that chance rather than strict causality is the supreme law of nature. In the following we wish to re-affirm that determinism fails not only in accounting for the results of any honest " classical " game of chance, but that there is no possibility of carrying out a program of reducing classical thermodynamics to deterministic mechanics, notwithstanding the many efforts of deriving the Second Law on a deterministic mechanical basis. In opposition to those who would like to see strict causality restored even to quantum theory we try to show that it is futile in principle to search for hidden causes behind any distribution which satisfies the rules of probability, whether the distribution occurs in a classical or quantum-theoretical investigation. To prove our point let us examine a simple macroscopic game of chance.

Ivory balls are dropped through a tube on the centre of a steel blade, and a 50 : 50 average ratio of balls falling to the right and left of the blade is observed. Now, although a superficial observer may consider an individual r-event as purely accidental, a more skilful physicist may be able to see in advance that an r-ball even before hitting the blade possessed a slight preponderance to the right. This seeing in advance presupposes that the observer has an optical device, a sort of optical blade, doing the same job of distinguishing between

Reprinted from *Scientific Papers Presented to Max Born*, pp. 59–64 (1953).

r- and *l*-balls which the steel blade does later. One of the events in the life of an *r*-ball may have been a *predestined* encounter with a group of molecules when leaving the tube. According to the classical view, then, to-day's *r*-state is preceded by yesterday's *r*-state, back to the infinite past through a continuous chain of events . . . *rrr* . . . of which the steel blade encounter is only one link.

When the determinist is now asked for a causal explanation of the average 50 : 50 ratio between *r*- and *l*-balls his answer will be that *this ratio, too, was predetermined* long before the tube and the blade ever existed. Pressed further why even the fluctuations from the average conform with statistical expectation of the theory of random events, he may retreat into conceding a *pre-established harmony* between groups of events looking *as if* subjected to random fluctuations although *in reality* each single event was predetermined. However, this would put the " as if " and the " reality " in an upside-down position. The random distribution is a physical reality, and the determinism which only looks like random is a purely academic construction. A distribution of effects satisfying the laws of error theory requires, just from the determinist's viewpoint, a corresponding random distribution of causes at an earlier time and from there to a still earlier time. A program of giving a strictly deterministic theory of statistically distributed events leads nowhere.

A word of excuse must be said for our apparent brushing aside of the many efforts to explain thermodynamic laws as the statistical effect of many particles obeying strictly deterministic laws of mechanics. What we maintain is that statistical theory can reduce one probability distribution to another, derive complicated odds from simple ones, calculate the average of x^6 from that of x^2 etc., and obtain time averages from the ergodicity of the system. However, when statistical theory equates the time average of one system to the instantaneous average of many like systems then this may be justified by appealing to the equal rights of various time elements of the one system as a model for assigning various present conditions to the many systems. But this certainly is not a deterministic argument, and no proof of ergodicity will help to make it one.

To consider another example, put N mass points with given initial conditions into a volume of incommensurable dimensions and wait one day. Will this not lead in the majority of cases to a positive entropy increment dS on purely mechanical grounds ? It might or it might not. Indeed, imagine 20 similar experiments carried out with 20 differently selected initial conditions, all leading to positive dS values. Now carry out 20 more experiments after exchanging initial with final conditions and reversing the velocities ; this will lead to 20 negative dS. Cantor forbids that we interpret this as an equality of the infinite number of positive and negative dS values of all possible experiments lasting one day. But neither are there mechanical grounds for the expectation that in a *finite* number of experiments with initial conditions selected at random dS will mostly be positive. The famous entropy staircase curve of P. and T. Ehrenfest is not derivable from reversible mechanics ; it rather illustrates the actual situation conforming with rules of probability. *A deterministic derivation of irreversibility from reversible deterministic mechanics is an impossibility.* All this has often been said but has just as often been forgotten.

Similar considerations hold for the game played by insurance companies with their clients. Of course we do not maintain that Mr Jones died at the age of 88 and 3 months from the 10 per cent. mortality rate of the age group 88 to 89. Closer inspection may reveal rather that he died of disease. However, when the insurance statistician is asked for the cause of the 10 per cent. mortality rate he may appeal to germ distribution statistics, from there to weather statistics, sun spot statistics, and so on back to the time of Ylem and before. There is no way of getting around *mixing* of conditions under certain odds at some earlier time.

If the original act of mixing is shifted back to the infinite past this is only an evasion, not a deterministic answer to the question what causes individual events to conform with probability odds. But if the determinist finally concedes *mixing* at some finite date he ceases to be a determinist. Mixing with definite odds may often be described as *thermal disorder*, prevailing even at absolute zero as a frozen-in random arrangement of obstacles in space. Without such disorder classical balls aimed at a classical edge either would all drop to the right, or all to the left, or all pile up on the edge indefinitely, and there would be no probability issue any more. Our thesis is only that *when* there are ensembles of events conforming with error theory *then* these events are not reducible to deterministic mechanics.

The last statement may be contested by pointing out a possibility of mechanically transforming an originally ordered ensemble into a distribution conforming with error theory, *e.g.* by putting N particles into one coner dV of an incommensurably dimensioned volume and waiting for pure mechanics to take its course, the result being a 50 : 50 distribution ratio in any two halves of the whole volume, conforming with probability expectations although produced in a deterministic mechanical fashion. The fallacy of this argument is that if each single particle within dV had its definite initial condition selected at $t = 0$ according to some plan then there is no reason to expect on grounds of pure mechanics, nor way to prove, that after a number of days there will be anything similar to a 50 : 50 distribution of the particles in like halves—unless one appeals to probability arguments again.

Determinism can also be discredited by noticing that the test of its validity depends on deliberately setting up certain initial conditions, repeated many times over, to see whether every time the same final conditions develop ; on the other hand, setting up conditions deliberately according to a chosen plan is just what determinism forbids. General arguments of a related kind have been brought forward by K. R. Popper [1] with the conclusion that determinism is an evasive if not self-contradictory notion. Our present aim is more restricted ; it is to point out that present probability distributions follow earlier probability distributions back to some act of uncontrolled mixing either at the infinite or the finite past ; that irreversible processes cannot be deduced from reversible mechanisms without slipping in probability arguments ; that acts of uncontrolled mixing are the price we have to pay for deriving the laws of thermodynamics from molecular mechanics. Irreducible probability, at present or shifted back to the past, is not an innovation of quantum physics ; it is a prerequisite also of classical statistical mechanics, as well as of honest games of chance.

One may ask which is more fundamental, molecular disorder, *i.e.* the abandonment of determinism in the molecular domain, or the Second Law of phenomenological thermodynamics. The question may be without point in an absolute sense but is of methodical interest under a program of reducing strange and complicated data to simple and natural principles relatively speaking. Thus, when an inventor tries to construct a complicated engine of perpetual motion we foresee his failure under the First Law. When he tries to invent a Maxwell demon for interfering in a deterministic fashion with molecular disorder we can predict again that he will fail under the Second Law.

Starting from the Second Law as fundamental, the necessity of abandoning strict determinism in the molecular distribution in favour of irreducible laws of probability appears as a strange but necessary consequence. The peculiar indeterminacy of quantum physics, however, cannot be based on the Second Law alone, although it, too, is of a thermodynamic origin in spite of its apparently pure mechanical character. Indeed, already the original theory of Max Planck rested on a thermodynamic basis, namely, on a principle of *energy continuity* opposing equipartition and postulating that there ought to be a *gradual* decrease of the thermal energy per vibration in temperature radiation from low to high frequencies; similarly there ought to be a gradual decrease of the thermal energy per mol from solid bodies with low to those with high elastic frequencies (diamond), and from there to absolutely rigid bodies lacking thermal energy altogether—in contrast to the discontinuous drop to zero of the thermal energy from very rigid to absolutely rigid bodies predicted by classical theory. In analogy to these earlier developments, the concepts and rules of modern quantum mechanics can be derived in a conclusive fashion from a postulate of *entropy continuity* [2] which negates the paradoxical entropy discontinuity pointed out by Gibbs. Quantum mechanics, largely resting on the creative work of Max Born and his collaborators, is usually presented as a refinement of the wave-particle duality restricted by the postulate that the two classical theories must never come in conflict with one another ; hence uncertainty, hence wave mechanics, superposition, and so forth. However, the duality and complementarity together with the superpositional matrix formalism are such strange features themselves that their replacement by a simple continuity principle ought to recommend itself at least from a methodical point of view.

REFERENCES

[1] K. R. Popper, Indeterminism in Quantum Physics and in Classical Physics, *Brit. J. Philos. Science*, **1**, 117 and 173 (1950).

[2] A. Landé, Quantum Mechanics and Thermodynamic Continuity, *Amer. J. Phys.*, **20**, 353 (1952) ; *Phys. Rev.*, **87**, 267 (1952).

QUANTUM MECHANICS, A THERMODYNAMIC APPROACH

By ALFRED LANDÉ

Ohio State University

QUANTUM mechanics is usually derived from a dualistic quality of matter—half wavelike and half particle like. The present discussion treats the structure of quantum mechanics as a consequence of a simple and almost self-evident principle in the domain of thermodynamics, namely, a principle of *continuity for the entropy*, in opposition to the discontinuity paradox of classical statistical theory. Entropy continuity implies a continuity of likeness values between two gases, or two states of the same gas, from total unlikeness to total likeness through various degrees of "fractional likeness." From the latter concept, physically interpreted as fractional separability, one obtains the general structure of quantum mechanics, the necessity of introducing probability amplitudes mutually related by a wavelike rule of superposition, and the basic principles of the two quantum statistics of Bose and of Fermi.

Energy Partition and Planck's Quantum

Fundamental progress in the physical sciences has often been achieved by investigators whose conscience did not permit them to compromise with apparently minor incongruities of current theories. One may recall Einstein's unceasing efforts to replace the age-old idea of an absolute space by a relativistic space-time frame which resulted in his theory of gravitation. Or closer to the present topic, Planck's discovery of the quantum resulted from his refusal to accept an incongruity in the realm of statistical thermodynamics. According to the classical "equipartition theorem" the energy of temperature motion is distributed in equal shares over loosely bound and tightly bound particles of a body, with only entirely fixed particles being excluded from sharing energy at all. Now, if this were true there would be an abrupt increase of the thermal energy, from zero to a finite value, when an originally fixed particle became ever so little movable! In place of such a discontinuity one rather expects a *gradual* increase of the particle's thermal energy share when its bond is gradually loosened, in compliance with the general *Principle of Continuity*, "Gradually increased causes ought to have gradually increased effects." This principle must not be confused with the often violated rule "*natura non facit saltus.*" Quantum jumps lacking a deterministic cause occur every day, but cause-effect continuity is the very mainspring of quantum mechanics.

Energy equipartition fails most conspicuously in the case of radiation. Classical theory expects high and low frequency vibrations of the spectrum to receive equal thermal energy shares; observation shows a *grad-*

Reprinted from *Am. Scientist* **41**, 439–448 (1953).

ual decrease of the thermal energy per vibration with increasing frequency (corresponding to an increasing rigidity of bond) without any hint of a discontinuity. Planck in 1900 overcame the discrepancy between classical theory and observed facts by introducing the unclassical hypothesis that the energy of an oscillation of frequency ν can be either zero or a multiple of a smallest quantum $h\nu$, where h is a universal factor, the quantum of action. In thermal equilibrium, then, a tightly bound particle or a high frequency vibration would be able to dwell in the high energy level $h\nu$ only on rare occasions, thus exhibiting a comparatively small average thermal energy. This is an instructive example of how continuity of an observed average is achieved by a hypothetically assumed discreteness of individual values. On the other hand, there is no compelling reason for removing the unacceptable energy discontinuity implicit in equipartition just by the quantum hypothesis of Planck; only a genius could have conceived this far-reaching idea on the basis of the observed facts. In other words, a *postulate of thermal energy continuity* is not sufficient for deducing the principles of quantum theory.

We mention this defect of the older quantum theory in order to contrast it with modern quantum mechanics, established by de Broglie and Schrödinger as "wave mechanics" and by Born, Heisenberg, and Jordan as "matrix mechanics" in 1926. The general principles of the modern theory can be *deduced*, in this writer's opinion, from a *postulate of entropy continuity* anchoring quantum mechanics in the second law of thermodynamics. It will be seen that entropy continuity not only explains *why* uncertainty and probability replace determinism, but also *why* various probabilities are linked through a superposition law for "probability amplitudes" or psi-functions, that is, *why* matter must display a strange duality of wave and particle qualities. To have one basic principle from which further conclusions can be drawn without appealing to experimental evidence is all the more important in a field where the unsophisticated interpretation of microphysical phenomena appears to expose a self-contradictory behavior of matter, half wavelike and half particle-like, thus giving quantum mechanics a reputation of being understandable only to abstract mathematical minds in spite of its numerous applications in everyday gadgets and machinery. We hope that a deduction of the strange conceptions and mathematical intricacies of quantum mechanics from an almost self-evident *principle of continuity* in the realm of thermodynamics will help to clarify the enigmatic character of the theory.

The Gibbs Paradox and Entropy Continuity

In order to view the entropy continuity principle in its proper perspective, we must first discuss the corresponding entropy discontinuity of classical statistical thermodynamics. Suppose two adjacent volumes

V contain two different gas samples, A and B, at common temperature and pressure. When removing the separating wall the two gases will form a mixture filling the whole volume $2V$. Now, instead of letting the diffusion take place "by itself" one may use a semipermeable diaphragm passing the gas A and blocking B. With its help one can gain, at the expense of an equal supply of heat, a certain characteristic *maximum amount of isothermal work*. Its magnitude is $W = 2RT \ln 2$ when one mol of gas A is mixed with one mol of B. This maximum isothermal work (m.i.w.), has the same magnitude *irrespective of the degree of difference* between the two gas samples—this is the contention of the classical theory.

This classical contention leads to a serious discontinuity, however. Imagine that the gas A consists of a certain kind of elongated particles with their axes pointing North, and B contains the same kind of particles all pointing at a certain angle α away from North. Classical theory then asks us to believe that the m.i.w. obtainable from the mixing of A and B is always the same W whether the angle α is large, or small, or ever so small, with W abruptly dropping to *zero* when α is finally decreased from ever so small to exactly zero, rendering the two gases *alike*. Such a *discontinuity* of W and of the entropy S of diffusion upon an infinitely small change of the angle α from almost zero to exactly zero (or of any other mark of distinction between the two gases) is just as unacceptable as the energy discontinuity criticized by Planck. The energy discontinuity rested on the too narrow alternative "fixed or loose"; the entropy discontinuity arises from too sharp a contrast between "like and unlike" applied to gases A and B. Already in the 1870's Josiah Willard Gibbs [1] of Yale was much disturbed by the discontinuity paradox of the classical entropy of diffusion without being able to propose a satisfactory solution.

Following in Gibbs' footsteps [2], let us first establish a *Principle of Entropy Continuity:* "There must be values of the diffusion entropy intermediate between the full classical amount valid for the diffusion of two quite unlike gases, and the vanishing entropy for the diffusion of two like gases." Hence "Two states A and B of a gas, or of the particles thereof, must in general be classified as being in a mutual relation of *fractional likeness*, revealed in a corresponding intermediate value of the entropy and the m.i.w. of diffusion." We shall see that this entropy continuity postulate leads immediately, by deductive reasoning, to the basic structure of quantum mechanics. To those not familiar with the intricacies of quantum mechanics this deduction may serve as an introduction.

Fractional Likeness between States

The first conclusion drawn from the principle of entropy continuity is that two states of a certain kind of particle may be in a mutual relation of *fractional likeness*. The term "state" is applied here in a most general sense. For illustration we may consider states A_1, A_2, etc., signifying various angles α with respect to the North. Other states B_1, B_2, etc., may indicate various angles β with respect to the N.W. The states C_1, C_2, etc., may indicate states of various internal energies of the particle. These states are permanent unless disturbed by interference from outside. Then there are transitory states X_1, X_2, etc., signifying positional coordinates or small domains in space, occupied by a particle. For the present discussion all specifications of the "states" considered are irrelevant. It is essential only that there be proper devices to observe and to distinguish the various states. Thus, there are orientation meters, energy meters, position meters, and other instruments devised to observe various states respectively. The term "particle" may be applied to an electron, or atom, molecule, crystal, or to any system, big or small. The "gas" then is a Gibbs assemblage of like systems.

The question now arises as to whether there are also devices or procedures for determining the degree of "fractional likeness" between *two* states, A_2, and B_5, say. Let us introduce the letter q to indicate mutual likeness fractions, and let us write $q\ (A_2, B_5)$ in the above example; $q = 1$ shall express exact likeness or identity, and $q = 0$ total unlikeness. The physical definition of a q-value must of course be closely associated with the m.i.w. and the entropy obtainable from the mixing of the two fractionally like gas state samples, or conversely from the m.i.w. to be spent on a process of unmixing. From the operational point of view total unlikeness between A and B means perfect separability of their mixture, and likeness between A and B implies a total lack of separability. Fractional likeness, with q between 0 and 1, therefore must indicate a sort of *fractional separability*. The question is, what physical meaning can be associated with this new concept?

Even before answering this question one may proceed to reason in the following somewhat abstract manner. Imagine that *all* possible states of a certain kind of particle, permanent and transitory, are listed one by one on separate cards, forming a huge paper mountain. A certain order may be brought into this chaos by the following procedure. Draw one card and call the state it represents A_1. The second state A_2, shall be selected so as to be totally unlike A_1, with $q(A_1, A_2) = 0$ in the above notation. The third state A_3 shall be chosen so as to be entirely unlike A_1 as well as unlike A_2. Continuing in this fashion we may collect a set of mutually unlike, i.e., entirely separable states A_1, A_2, A_3, etc. When after many draws no state can be found in the paper mountain which is entirely unlike *all* of the previously drawn states, then we have collected a *complete* set of mutually unlike, or separable, or mutually exclusive, or *orthogonal states*—denoted as the complete set A; the cards representing its members may be filed away in a drawer marked A. As an example, they may represent a catalog of all those orientations α with respect to the North which are *separable* from one another by a N-orientation meter.

The next draw will necessarily produce a state, named B_1, which can neither be identical with any of the former states A nor entirely unlike all of them—otherwise it would have been included in the set A. Thus the state B_1 must have a relation of *fractional likeness* to some if not to all of the states A. The same holds for the next state B_2 to be chosen so as to be orthogonal, i.e., entirely unlike or separable from B_1. Continuing in this way a complete set of states B may be collected and filed away in a second drawer, marked B. Then we may collect other orthogonal sets of states, C, and D, and so forth, until all the cards are used. Within one orthogonal set (drawer) every member state is only like itself and quite unlike every other member, i.e., in terms of likeness fractions

$$q(A_k, A_{k'}) = \begin{matrix} 1 \text{ for } k = k', \\ 0 \text{ for } k \neq k'. \end{matrix} \tag{1}$$

Similar relations hold for the set B, the set C, etc. On the other hand, the mutual likeness fractions $q(A_k, B_j)$ between any two states belonging to different sets have values between 0 and 1. These values may be compiled in a systematic table or *matrix* in the following manner:

$$\begin{Bmatrix} q(A_1, B_1) & q(A_1, B_2) & q(A_1, B_3) & \dots \\ q(A_2, B_1) & q(A_2, B_2) & q(A_2, B_3) & \dots \\ \dots & \dots & \dots & \dots \end{Bmatrix} \tag{2}$$

abbreviated $\{q(A, B)\}$. In the same fashion one may draw up the matrices $\{q(B, C)\}$ and $\{q(A, C)\}$ and so forth, even before knowing how to determine the values of the various q's in these matrices.

Led by the postulate of entropy continuity one thus can establish an orderly arrangement of all states of a particle or system into complete sets of mutually separable states, with a web of fractional likenesses connecting members of different sets. Many such arrangements are possible. All this is rather general and abstract. Our next task is that of filling the general scheme with a more concrete physical content; in particular a quantitative operational definition is needed of the degree q of fractional likeness between two given states.

The Splitting Effect

If likeness stands for inseparability, and unlikeness for separability, then fractional likeness between two states A and B must signify a sort of *fractional separability* of the gas states A and B. Let us first consider the limiting case of total separability of two mutually orthogonal states ($q = 0$) such as A_1 and *non* - A_1 e.g., A_2 or A_3. The separation or "unfusion" of a gas mixture of A_1 and *non* - A_1 requires the existence and application of a sieve, or diaphragm, or other selective device passing all particles in the state A_1 but blocking, or reflecting or deflecting all particles *non* - A_1. Such a device may be called an A_1-*selector*.

Let this selector now be bombarded with particles in the state B_j. Since B_j is not like A_1, the B_j-particles will not all pass. Since B_j is not *non*-A_1, they will not all be repelled. There is no alternative, then, but that a certain fraction of the incident B_j-particles will pass, and the remaining fraction be repelled by the A_1-selector. That is, fractional likeness between A_1 and B_j must reveal itself in a *splitting effect* for the B_j qarticles when "tested" by an A_1-selector as to A_1 or *non*-A_1. It is convenient to take the fractional intensity of the passing B_j-matter as the puantitative definition of the mutual likeness fraction between A_1 and B_j and denote it as $q(A_1, B_j)$. For thermodynamic reasons the fraction $q(B_j, A_i)$ of A_1-particles passing a B_j-selector must equal the former fraction. We thus have an operational definition of the q's in the matrix $\{q(A, B)\}$ and in other matrix schemes, provided that the splitting effect exists. It must exist if there is to be a continuity of the entropy.

The next problem is to determine what enables some of the B_j-particles to pass the A_1-selector whereas others are repelled. Again there can only be one logical answer. Since the A_1-selector is a device passing the state A_1 we must conclude that those B_j-particles which pass do so by virtue of turning from their original state B_j into the new state A_1 and stay there, that is, carry out a *transition* from B_j to A_1. Similarly, those particles B_j which are repelled must have turned into a state entirely *non*-A_1 and stayed there. Thus we have arrived at the necessity of "quantum jumps."

Furthermore, a particle originally supposed in the state B_j cannot have any premonition as to how it will act when later confronted with an A_1-selector; if particles B_j had different premonitions of later passing or being repelled respectively they would have had to be listed on different cards rather than on the one card B_j. The passing fraction $q(B_j, A_1)$ of the B_j-gas through the A_1-selector must therefore be interpreted, for an individual B_j-particle, as its *probability* of transition from the state B_j to A_1 in contact with the A_1-selector. *Thus probability enters the scene.* We use the term "in contact with" or "when tested by" rather than "caused by" the A_1-selector. Indeed, if the latter acted as a deterministic cause in the classical sense then all B_j-particles ought to react in the same way. A causal explanation of the *splitting effect* into passing and repelled fractions is out of the question as a matter of principle. We are faced with a pure probability issue. Probability, the most significant feature of quantum mechanics, enters as a direct consequence of the postulate of entropy continuity via fractional likeness, that is, fractional separation in the splitting effect posing the alternative $B_j \rightarrow A_1$ or $B_j \rightarrow$ *non*-A_1.

In order to split a gas B_j into separate, totally unlike components A_1 and A_2, etc., one may first apply an A_1-selector, then subject the repelled fraction to an A_2-selector, and so forth. There actually are *separators* which perform the splitting of one state B_j into a complete set of mutually orthogonal states A_1, A_2, etc., in one single step, with the various components emerging in different directions so that they may be collected separately. The Stern-Gerlach magnetic separation experiment is an example of such a separator, although marred by depolarization effects. The relative intensities of the various components, $q(A_k, B_j)$ represent probabilities for individual particles turning to the various component states A_k; their sum must be unity for a given original state. Similiarly, for a given initial state A_k the sum of the probabilities q to arrive at various final states B_j of the set B must be unity, that is:

$$\Sigma_k\, q(A_k, B_j) = 1, \qquad \Sigma_j\, q(A_k, B_j) = 1 \tag{3}$$

or, the sum of the q's in every one row and every one column of the matrix (2) is unity.

Hans Reichenbach [3] views quantum mechanics as an application of a three-valued logic in which the sharp alternative "true or false" is supplemented by a third truth value "indeterminate." Our viewpoint of supplementing the classical "like" or "unlike" by an intermediate fractional "like" is a physical illustration of this view.

General and Special Quantum Mechanics

It was to be expected that, starting from a very general principle, one might be able to draw only general and somewhat abstract conclusions. On the other hand, these general conclusions possess a high degree of credibility. It has been attempted to disprove probability as a ruling principle of microphysics in favor of classical certainty, by thinking out experiments where exact effects would result in place of quantum uncertainty [4]. Now, instead of trying to reveal hidden inconsistencies in those thought experiments, one might as well ask: "Do you believe that the diffusion entropy really shows the discontinuity of the Gibbs paradox? If not, then you must concede fractional separability, hence probability-controlled behavior of particles or mechanical systems in general."

Proceeding from the general substructure of quantum mechanics to specific mechanical problems, one may ask: How large is the probability factor $q(A, B)$ between two specifically defined states A and B? To mention the most important example, A may signify a state of position of a mass point between coordinate values x and $x + dx$, and B may indicate a state of momentum in the x-direction of value between p_x and $p_x + dp_x$. Experiments on matter diffraction have given the following answer : The probability q of transition from the position range dx to the momentum range dp_x under scrutiny by a momentum meter is always smaller than the product $dx \cdot dp_x$ divided by the universal constant h of Planck. This is the famous *uncertainty relation* of Heisenberg; it provides a specific bit of information from which further specific conclusions concerning energy levels, scattering cross sections, binding forces, and so forth can be drawn. The term *general quantum mechanics* may be reserved for conclusions deduced from the basic principle of continuity, such as the admission of fractional separability and transition probability in the splitting effect as well as the general superposition rule of the next section, and also the general principles of quantum statistics. *Special quantum mechanics* introduces the new constant h on the evidence of special experiments. One such experiment, e.g., matter diffraction determining the h-dominated probability relation between coordinates and momenta, may be exploited for the theoretical prediction of other special experimental results. All these results then are marked by the constant h.

The Superposition Rule

We now return to general quantum mechanics, that is, to consequences of entropy continuity. All general conclusions that have been drawn so far were of a qualitative character, with the exception of the unit sum rule (3) for the relative intensities in the splitting effect. Yet by reasoning on very general lines one can derive still another quantitative law namely, that of *Superposition.*

Suppose all intensity fractions $q(A, B)$ listed in the matrix (2) were known, e.g., from actual splitting experiments; likewise suppose the fractions q of the matrix $q(B, C)$ were known. Will it be possible, then, to use this knowledge for a theoretical calculation of the still unknown fractions $q(A, C)$ without having to determine them by direct observation? That is, do the transition probabilities $q(A, B)$ together with the $q(B, C)$ determine the direct transition probabilities $q(A, C)$? If an unambiguous determination of the latter from the two former should not be possible we would be content with having at least some method, ambiguous or multivalent, restricting the values of the $q(A, C)$ when those of $q(A, B)$ and $q(B, C)$ are given. The method must not give preference to one set of q's over another; that is, it ought to be *cyclic,* so as to apply also to a calculation of $q(A, B)$ from $q(A, C)$ and $q(B, C)$ and of $q(B, C)$ from q (A, B) and $q(A, C)$. Furthermore, the unit sum rule (3) must be satisfied for all three matrices.

A mathematician confronted with this problem will not fail to notice its analogy with the well-known problem of transformation from one set of orthogonal axes $A_1A_2A_3$ to other orthogonal axes $B_1B_2B_3$ and $C_1C_2C_3$, with $q(A_k, B_j)$ corresponding to the square of the cosine between the A_k and B_j directions. He therefore will first introduce generalized cosines, $\alpha = \pm\sqrt{q}$, and then establish the relation

$$\alpha\,(A_k, C_m) = \Sigma_j\, \alpha\,(A_k, B_j)\cdot\alpha(B_j, C_m)$$

imitating the well-known cosine relation of geometry. In order to give a most general solution of the problem he then may replace the bivalent $\alpha = \pm\sqrt{q}$ by multivalent complex quantities ψ whose absolute squares are the q's that is $\psi = \sqrt{q}\cdot exp(i\varphi)$, multivalent by virtue of an arbitrary phase angle φ; with ψ replacing the α he will then establish the interrelation formula

$$\psi(A_k, C_m) = \Sigma_j\, \psi(A_k, B_j)\cdot\psi(B_j, C_m) \tag{4}$$

The generalized directional cosines ψ, whose absolute squares are the probabilities or intensities q, are known as "probability amplitudes," and (4) is the "amplitude superposition rule" of matrix mechanics. To the physicist it is the source of all the wavelike features of matter revealed in micromechanical experiments. Mathematically it represents the natural and only known solution of the q-relation problem under the restriction of equivalence of all q's. There is still the possibility that future mathematicians might find a still more general solution; if so they would present us with a most interesting new development of quantum theory.

The point we wish to make is that the rule (4) initiating wave mechanics could have been found by pure mathematical, that is, logical reasoning about the q-relation problem, without waiting for experimental clues. Superposition of probability amplitudes, then, is not a new and strange law of nature but is a simple implication of entropy continuity together with the assumption that various states A, and B, and C have equal rights in a cyclic interrelation law. From this viewpoint we now understand *why* particles obey wavelike rules. The waves in question are not vibrations in a medium, however, but are "probability waves"; in general they are neither periodic nor defined in space.

Quantum Statistics

The two quantum statistics of Bose and Fermi are often considered as foreign elements grafted on the tree of quantum mechanics. Yet even *quantum statistics* can be shown to be an outgrowth of the general principle of continuity and thus to qualify as a legitimate part of general quantum theory. Continuity of entropy implies lack of entropy increase during the diffusion of two like gases. This lack of entropy increase alone disproves the classical method of statistical mechanics of counting all $N!$ permutations of N-like particles in the calculation of the probability. Only *one single* rather than $N!$ permutations must be admitted in order to yield a vanishing entropy for the diffusion of two like gas samples. This condition holds even in the simple case that the gas consists only of two particles, first separate then together in a common domain. From the special quantum development of the Heisenberg and Heitler-London theory it is known that in the case of two particles the probability amplitude ψ has only two possibilities, namely, being symmetric and antisymmetric with respect to an exchange of the two particles. The same result can be derived also from the *general quantum theory* without specific use of Planck's quantum constant or of the Schrödinger equation. Now, in order to reduce the $N! = 2! = 2$ permutations of a two-particle system to *one*, the two particles must make a choice between *either* symmetry *or* antisymmetry as the mode of interaction. Which choice they will take can, of course, not be derived from general thermodynamic postulates. However, suppose the two like particles have chosen symmetry. A third like particle may now approach from infinity to almost infinity. If this infinitely small cause were to produce a new symmetry type of mutual interaction then one would be faced with a sudden finite jump of the mutual "exchange energy" between the first two particles in contradiction to the First Law. In order to maintain *continuity of the exchange energy* it is necessary to maintain *conservation of the symmetry type* when a gas of two like particles is enlarged by the admission of a third, then a fourth particle, and so on. Since two particles have only the choice between symmetry and antisymmetry we thus arrive at the rule: "Once symmetric always symmetric, and once antisymmetric always antisymmetric." This rule is equivalent with the fact that there are *two statistics* for systems of like particles, namely, the symmetric Bose statistics, and the antisymmetric Fermi statistics; the latter is equivalent to the Pauli exclusion principle[1].

In conclusion, if our world is not "the best of all possible worlds" it certainly is the only one in which it is possible to avoid the dilemma of discontinuity.

REFERENCES

1. GIBBS, J. WILLARD. Collected Works, Vol. II (Yale University Press, 1928), p. 167. Also: *Commentary on the Scientific Writings of J. Willard Gibbs*, ed. by F. G. Donnan and A. E. Haas (Yale University Press, 1936), p. 37; and, *Principles of Statistical Mechanics*, by R. C. Tolman (Oxford University Press, 1938), p. 626.
2. LANDÉ, A. Quantum mechanics and thermodynamic continuity. *Am. Jour. Physics*, *20*, 353, 1952.
——— Thermodynamic continuity and quantum principles. *Phys. Rev.*, *87*, 267, 1951.
3. REICHENBACH, HANS. Philosophic Foundations of Quantum Mechanics (University of California Press, 1944), p. 42.
4. BOHR, NIELS. "Discussion with Einstein," in *A. Einstein, Philosopher-Scientist*, Library of Living Philosophers, P. A. Schilpp, ed. (Tudor Publishing Co., Evanston, Ill., 1951), p. 200.

[1] A more detailed discussion of *continuity as the key to quantum mechanics* may be found in a monograph by this author to appear in the near future.

Quantum Mechanics and Thermodynamic Continuity. II

ALFRED LANDÉ
The Ohio State University, Columbus, Ohio
(Received August 4, 1953)

The program of deducing quantum mechanics from the postulate of thermodynamic continuity is extended to embrace the principles of symmetry and quantum statistics, in particular the rule of conservation of symmetry type when a system of N particles in resonance interaction is augmented by one more particle. The special quantitative definition of quantum conjugacy contained in the commutation rule of Born and in the Schrödinger replacement of the momentum p by a differential operator may be replaced by a general qualitative physical definition: "p and q are conjugate observables in a mechanical system when the manifold of q reactions of the system uniquely determines the manifold of its p reactions." When interpreted in terms of superposition mechanics this definition leads to the rules of Born and Schrödinger and from there to quantum dynamics.

1. INTRODUCTION

IN a recent investigation[1] it was shown that certain general principles of quantum mechanics, originally found from microphysical evidence and condensed in the Born-Heisenberg-Jordan and Schrödinger theory, may be deduced as direct consequences of the general postulate of *continuity of cause and effect.* More specifically, since the classical distinction between two states of a mechanical system as "either like or unlike" leads to the discontinuity paradox of Gibbs for the diffusion entropy of two like as against two unlike gases, one is compelled to admit fractional likeness values between states of gas particles and of systems in general. When unlikeness is identified with separability, and likeness with inseparability, then fractional likeness must imply some sort of fractional separability. This leads, as we saw in Part I, to the arrangement of all states of a system into sets of mutually orthogonal or completely separable states, the set $A_1A_2\cdots$ and the set $B_1B_2\cdots$, and so forth, with a web of fractional likenesses, $q(A_k,B_j)<1$, connecting the members of different sets. The same fraction $q(A_k,B_j)$ also indicates the relative intensity in the splitting of the state A_k into component states B_j, or the probability of an individual particle (system) in the state A_k to turn to the state B_j and then be passed by a B_j-selecting device. When looking for a self-consistent correlation law between the probabilities q so that the elements of the matrix $q(A,B)$ together with those of $q(B,C)$ will determine the elements of the matrix $q(A,C)$, one finds only one simple and natural mathematical solution of this correlation problem, namely, the rule

$$\psi_{km}=\sum_j\psi_{kj}\psi_{jm}, \qquad (1)$$

[1] "Quantum mechanics and thermodynamic continuity," Am. J. Phys. **20**, 353 (1952); also Phys. Rev. **87**, 267 (1952).

Reprinted from *Am. J. Phys.* **22**, 82–87 (1954).

where the quantities ψ are defined as complex amplitudes

$$\psi_{km} = \sqrt{(q_{km})} \exp(i\varphi_{km}) = \overline{\psi_{mk}}. \quad (1')$$

It is well known how the superposition rule (1) leads further to a general superposition or matrix formalism for the eigenvalues and transition values of various observable quantities, with ψ itself playing the role of the "observable unity." In particular, one has the transformation rule

$$a_{ij} = \sum_k \psi_{ik} a_k \psi_{kj}, \quad (2)$$

where a_k is an eigenvalue of the observable a in the state A_k and $a_{ij} = \bar{a}_{ji}$ is the transition value (matrix element) of a between two states B_i and C_j. The ground structure of quantum mechanics, including the superposition formalism, is thus obtainable as a consequence of the postulate of thermodynamic continuity together with that of self-consistency.

Yet quantum mechanics has a superstructure built on additional rules of a more specific character. We refer to the Schrödinger rule of identifying a momentum p with the differential operator $(\hbar/i)\partial/\partial q$, and the Born commutation rule, $qp - pq = i\hbar$, both rules being equivalent definitions of *canonical conjugacy* between a coordinate q and a momentum p. Secondly we refer to the *symmetry rules* for systems of identical particles, rules which are fundamental for the structure of atoms, molecules, and the physical qualities of matter in bulk. It is our intention to show in the following pages that conjugacy and symmetry rules can be deduced from simple general postulates. The rule "ψ is either symmetric or antisymmetric," i.e., the division of all particles into the Bose and the Fermi kind, will be shown to be a direct consequence of the postulate of entropy continuity. The quantitative qp rules of Schrödinger and Max Born can be replaced by a less stringent general definition of conjugacy not requiring a special quantitative relation between q and p, but introducing conjugacy only by the following qualitative statement: "q and p are defined as conjugate observables of a system when the q reaction of the system uniquely determines its p reaction." A clarification of this somewhat enigmatic statement will be given in Sec. 3. At any rate, the present investigation tries to round out our effort of presenting the concepts and rules of quantum mechanics as direct consequences of simple and plausible assumptions about the working of nature, rather than as an assortment of mysterious rules about noncommutative algebra, etc., applied to complex imaginary quantities.

2. SYMMETRY PRINCIPLES AND QUANTUM STATISTICS

A statistical theory of thermodynamic phenomena is possible only when the many parts or particles of the thermodynamic macro-system are supposed to be in slight interaction. Without interaction, either direct by collisions or indirect through a common heat bath, one never would arrive at a thermal equilibrium. On the other hand, if the interaction were not *slight* then it would be meaningless to speak of the various parts of the macrosystem as individuals; a clear division into parts is possible only in the limit of negligibly small mutual effects. Therefore, when considering bodies whose parts are in strong interaction, statistical thermodynamics can be applied only to a Gibbsian ensemble of many samples of such a body. Statistical-thermodynamic phenomena are dependent, however, on the resonance mode of interaction between the slightly interacting parts of the assemblage.

(a) Resonance Interaction due to Superposition Mechanics

Let us start with a system of only *two* identical particles 1 and 2, whose states a and b may be described by amplitudes ψ_a and ψ_b as eigenfunctions of an observable $H^0(1,2) = H^0(1) + H^0(2)$. The superscript^0 is to indicate lack of mutual perturbation between 1 and 2. An eigenvalue of H^0 is $E_a^0 + E_b^0$; it belongs to the two ground solutions $\psi_a(1)\psi_b(2)$ and $\psi_a(2)\psi_b(1)$ as well as to any of their linear combinations. As soon as H^0 is augmented by an ever so small term $H'(1,2)$ symmetric in 1 and 2 (because 1 and 2 are identical particles) then even in zero approximation only the symmetric and the antisymmetric combination of the two ground solutions is admitted:

$$\psi^0(1,2) = \psi_a(1)\psi_b(2) \pm \psi_a(2)\psi_b(1). \quad (3)$$

This *resonance effect* is usually derived as a result of the h-controlled Schrödinger wave mechanics in the Heisenberg and Heitler-London theory. Yet the same result is inherent already in the general superposition formalism without reference to any special connection between conjugates q and p. The same applies to the further result that the eigenvalue $E_a{}^0+E_b{}^0$ is to be augmented by a Coulomb-like interaction term C_{ab} and by an exchange or resonance term D_{ab} with positive or negative sign in the symmetric or antisymmetric case respectively. The eigenvalue of H^0+H' thus becomes

$$E=(E_a{}^0+E_b{}^0)+C_{ab}\pm D_{ab}. \tag{4}$$

The same result is also described by the following scheme:

ψ	a_1b_2	a_2b_1	
sym	1	1	$+D_{ab}$
ant	1	-1	$-D_{ab}$,

where a_1b_2 in the top row stands for $\psi_a(1)\psi_b(2)$; the next two rows give the factors in the symmetric and antisymmetric combination. The last column lists the exchange term. For later use we add the corresponding scheme resulting from the resonance theory of three particles, 1 and 2 and 3 in three states, a and b and c. The factors supplied to the $3!=6$ ground solutions are powers of the sixth root of unity,

$$f=\exp(2i\pi/6), \quad \text{hence} \quad f^n=\exp(2i\pi n/6).$$

ψ	$a_1b_2c_3$	$a_1b_3c_2$	$a_2b_3c_1$	$a_3b_2c_1$	$a_3b_1c_2$	$a_2b_1c_3$	
...	f	f^2	f^3	f^4	f^5	f^6	...
...	f^2	f^4	f^6	f^8	f^{10}	f^{12}	...
ant	f^3	f^6	f^9	f^{12}	f^{15}	f^{18}	$-D_{ab}-D_{ac}-D_{bc}$
...	f^4	f^8	f^{12}	f^{16}	f^{20}	f^{24}	...
...	f^5	f^{10}	f^{15}	f^{20}	f^{25}	f^{30}	...
sym	f^6	f^{12}	f^{18}	f^{24}	f^{30}	f^{36}	$D_{ab}+D_{ac}+D_{bc}$

One may think of the example of three identical electrons in the fields of three different centers, a, b, and c. There are then six different ways of reaction between the three particles, among them the symmetric one listed in the last row where all factors f^n are unity, and the antisymmetric one in the third row with factors -1 and $+1$, alternately. The other rows belong to other types of resonance reaction shortly called "unsymmetric"; their exchange energies are involved expressions. The transition from the first to the second scheme may be exemplified by the addition of a third atom c to a molecule ab so as to form a triple molecule. Perturbation theory of superposition mechanics admits all six modes of resonance reaction, although there is no guarantee that any of them will lead to a stable triple molecule.

The following two questions now arise: Why is it that in case of two, and three, and N identical particles only *one* out of $2!$, $3!$, and $N!$ symmetry types of reaction is actually present? And further: Why is it that the symmetry type once chosen by two particles is conserved also when a third, a fourth, and an Nth particle of the same kind is added to the system? Both questions are answered by pointing to the principle of continuity. Let us first consider the reduction from $N!$ to *one*.

(b) Reduction from $N!$ Modes of Interaction to One

This reduction is necessary in order not to come in conflict with the Gibbs discontinuity paradox of classical statistical thermodynamics. Classical theory, in contrast to observation, yields a finite entropy increase during the diffusion of two identical samples of a gas. Indeed, according to classical statistics, the entropy of N particles at temperature T in a volume V is described by the well-known formula

$$S=kN\{\lg V+C\lg T+\text{const}\}, \tag{5}$$

where k is the Boltzmann constant, C is a specific heat constant, (3/2 for monatomic, and 5/2 for diatomic gases), and const is independent of V, T, and N. However, this classical S formula leads to the unacceptable result that the diffusion of, say, 5 like gas samples from their original separate volumes V into the common volume $5V$ would lead to an entropy increase. Indeed, for 5 separate samples one has, according to Eq. (5), the total entropy

$$S_0=5kN\{\lg V+C\lg T+\text{const}\}.$$

After their diffusion the gas of $5N$ particles in $5V$ at the same T would be

$$S=k5N\{\lg(5V)+C\lg T+\text{const}\},$$

leading to the entropy increase

$$S-S_0=5kN\lg 5 \quad \text{(classical)}, \tag{5'}$$

instead of $S-S_0=0$. The classical entropy formula is wrong. In order to arrive at a correct expression for the entropy of a gas of N particles in V at T we may tentatively replace the *const*, which certainly must be independent of V and T, by a still unknown function of N; that is, let us tentatively replace Eq. (5) by

$$S=kN\{\lg V+C\lg T+f(N)\}, \tag{6}$$

and determine $f(N)$ so that $S-S_0$ for the diffusion of 5 like gases will vanish. Originally we have, according to Eq. (6),

$$S_0=5kN\{\lg V+C\lg T+f(N)\}.$$

After merging the $5N$ particles in $5V$ we obtain

$$S=k5N\{\lg(5V)+C\lg T+f(5N)\}.$$

In order that $S-S_0=0$ we must have

$$f(5N)-f(N)=-\lg 5=-\lg 5+\lg 1,$$

from which we learn that $f(N)$ must equal $-\lg N+\text{const}$. The correct entropy formula for N particles in V at T thus reads

$$S=kN\{\lg V+C\lg T-\lg N+\text{const}\}. \tag{7}$$

Equation (7) is obtained from Eq. (5) by subtraction of the term $kN\lg N$. Now, since S stands for Boltzmann's $k\lg P$, and since $N\lg N$ is only the Stirling approximation of $\lg N!$ in statistical calculations, the subtraction of $kN\lg N\sim k\lg N!$ from the classical entropy S signifies a ***division*** of the classical probability P by $N!$. Hence, whereas classical statistics counts $N!$ microdistributions of N particles over N energy levels $E_a, E_b, \cdots E_n$ belonging to one and the same macro-configuration of energy $E_a+E_b+\cdots E_n$, the correct statistics has to count such a macro-configuration with statistical weight ***unity*** rather than $N!$ In superposition mechanics the same $N!$ permutations yield $N!$ resonance modes of interaction; ***only one of them can actually be admitted*** for the sake of (7) replacing (5).

(c) Conservation of Symmetry Type

All unsymmetric functions ψ must immediately be discarded as unphysical since they have, as can be seen easily, ***unsymmetric probabilities*** $|\psi|^2$, unfit to represent legitimate states of identical particles. This leaves for any number N the choice between symmetry and antisymmetry only.

Considering now a certain kind of identical particles, there still might be the possibility that these particles in two's may choose the symmetric way of resonance interaction listed in the first line of the 2-particle scheme, but might, in case of three's, choose the antisymmetric resonance interaction of the 3-particle scheme. That this cannot be so, and that there rather must be conservation of symmetry type when going from 2 to 3 to N identical particles can be proved as follows: Suppose that the two particles under consideration interact the symmetric way with exchange energy $+D_{ab}$ in the molecule ab (to use a familiar example). Suppose there is a third particle 3 in the state c, without any interaction with particles 1 and 2, e.g., bound in an atom c infinitely removed. The total resonance energy of the system $ab+c$ will still be $+D_{ab}$ since there is no mutual energy between a and c nor between b and c. When we now move the atom c from infinity to an ever-so-large ***finite*** distance from the molecule ab to form what may be called a triple molecule abc, then the absolute values of the exchange terms D_{ac} and D_{bc} will still be negligibly small in magnitude. The total exchange energy of the system abc of the three particles in antisymmetric resonance would be $-D_{ab}$. There would then be an abrupt change of the original exchange energy $+D_{ab}$ of the system upon the approach of c from an infinite to an ever-so-large distance from ab, except in the case of symmetric interaction also in case of the 3-particle system. Thus, in order to safeguard ***continuity of the resonance energy*** upon the incorporation of one more particle into a 2-particle system, and similarly during the addition of any new particle, there must be the rule ***once symmetric always symmetric***, and similarly ***once antisymmetric always antisymmetric***. The rule is identical with the division of all particles in two classes, symmetrically interacting Bose particles, and antisymmetrically interacting Fermi particles. The latter, of course, obey the Pauli exclusion principle, since antisymmetric ψ functions for states $a, b, c \cdots n$ vanish when two or more of these states are the same.

The statistical weight ***unity*** due to the absence of a $N!$-fold degeneracy leads immediately to the consequence that the average number of particles per energy level ϵ at temperature T is

$$\bar{n}=\left(\frac{1}{\xi}e^{\epsilon/kT}\mp 1\right)^{-1} \tag{8}$$

with upper sign for Bose and lower sign for Fermi particles. The rule of symmetry-type conservation remains in force under any continuous variation of the *magnitude* of the interacting forces involved. When it is true for one state of aggregation under small forces (in a gas state), it remains also true when the forces are made large (in a liquid or solid state). And since nondegeneracy rather than $N!$ fold degeneracy also prevails for the very lowest energy level in any state of aggregation, the precondition for the *Nernst theorem* is satisfied.

All unsymmetric ψ's can be shown to belong to at least twofold degenerate energy levels. The Nernst theorem and the requirement that $|\psi|^2$ be symmetric are thus equivalent: Both eliminate the unsymmetric ψ functions.

3. CANONICAL CONJUGACY AND QUANTUM DYNAMICS

Classical dynamics rests on the Hamiltonian equations of motion for coordinates q and momenta p, *defined* as being conjugate when they obey the canonical equations. Quantum mechanics usually introduces conjugacy either by the Born commutation rule $qp-pq=i\hbar$, or by the Schrödinger operator $p=(\hbar/i)\partial/\partial q$, both definitions being equivalent. Instead, we wish to introduce the following general *qualitative* definition: "In every mechanical system there are pairs of observables q and p so that the manifold of all q observations *uniquely* determines the manifold of all p observations." For example, when the energy E and the time t are said to be conjugate this shall imply that an observable f, whose eigenvalues are $f_{tt}=f(t)$, whereas $f_{tt'}=0$ for $t\neq t'$, has transition values $f_{E'E''}$ which are nonvanishing only for certain energy transitions $\Delta E=E'-E''$ *uniquely* determined by $f_{tt'}=f(t)\delta_{tt'}$. A consequence of this qualitative definition of conjugacy between E and t is the quantitative result that $\psi(E,t)$ has the form $\exp(iEt/\hbar)$, where $\hbar$ is a constant of the dimension of the product Et, whose magnitude can of course not be predicted in advance. The proof runs as follows.

According to the general transformation rule (2) of superposition one has, replacing summation by integration from $t=-\infty$ to $+\infty$,

$$f_{E'E''}=\int\psi(E',t)f(t)\psi(t,E'')dt, \tag{9}$$

where $\psi(t,E'')=\bar{\psi}(E'',t)$. Now, when the left-hand side is to have nonvanishing values only for certain energy differences $\Delta E=E'-E''$, then these differences must occur on the right-hand side in the product $\psi(E',t)\bar{\psi}(E'',t)$, since $f(t)$ does not contain E. This occurrence of the *difference* is possible only when the individual product factors ψ and $\bar{\psi}$ are *exponential* functions containing E as linear terms in the exponent, multiplied in ψ by i and in $\bar{\psi}$ by $-i$ in order that E' and E'' appear in ψ and $\bar{\psi}$ with opposite signs. That is, $\psi(E,t)$ must be of the form

$$\psi(E,t)=\exp(\cdots iE\cdots), \tag{10}$$

irrespective of the special function $f(t)$, i.e., of the special mechanical system under consideration. Now, since conjugacy is mutual, one may carry through the same argument with the rôle of E and t reversed. That is, assuming that an observable g whose matrix elements are $g_{EE'}=g(E)\delta_{EE'}$ uniquely determines certain intervals $\Delta t=t'-t''$ for which $g_{t't''}$ does not vanish, one arrives at the conclusion that $\psi(E,t)$ must also have the form

$$\psi(E,t)=\exp(\cdots it\cdots), \tag{10'}$$

irrespective of any particular system under consideration. Comparing Eq. (10) with Eq. (10′) one arrives at the following alternative. Either $\psi(E,t)$ contains iE and it separately in the form $\exp(\cdots ait\cdots biE\cdots)$, or the same factor i belongs to both E and t simultaneously in the form

$$\psi(E,t)=\exp(\cdots iEt\cdots)=A\exp(iEt/\hbar), \tag{11}$$

where $\hbar$ is a constant of the dimension of an action. Only the latter alternative is admissible. Indeed, when considering $f(t)$ in the harmonically

[2] E. Schrödinger, *Statistical Thermodynamics* (Cambridge University Press, Cambridge, 1946), Chapter III.

expanded form

$$f(t)=\sum_k f_k \cos(\omega_k t)=\sum_k \tfrac{1}{2} f_k(e^{i\omega_k t}+e^{-i\omega_k t}) \quad (12)$$

and substituting the first alternative for $\psi(E,t)$ into Eq. (9) then $+ait$ and $-ait$ cancel in the product $\psi\,\bar{\psi}$, leaving

$$f_{E'E''}=\sum_k \tfrac{1}{2} f_k \exp(\cdots bi\Delta E\cdots)\int \exp(\pm i\omega_k t)dt.$$

The integrals *vanish* essentially, i.e., they fluctuate between positive and negative values depending on exactly where one stops integrating toward $t=\pm\infty$. With the second alternative (11), however, one obtains

$$f_{E'E''}=\sum_k \tfrac{1}{2} f_k \int \exp[i(\Delta E/\hbar\pm\omega_k)t]dt, \quad (13)$$

which has nonvanishing (and finite, if normalized properly) values for those ΔE values which satisfy the condition

$$|\Delta E|=\omega_k\hbar, \quad (14)$$

determined uniquely by the function $f(t)$, in particular by the harmonic frequencies ω_k. Only the alternative (11) can be correct.

We have thus arrived at the *general* result that the probability amplitude $\psi(E,t)$ must have the complex exponential form (11) periodic with frequency $\omega=E/\hbar$. This result is identical with Schrödinger's replacement of the energy E by the differential operator $(\hbar/i)\partial/\partial t$, and when q and p are conjugate in the same sense, of the momentum p by $(\hbar/i)\partial/\partial q$. The latter result is equivalent with the Born commutation rule, $pq-qp=i\hbar$.

We have further obtained in Eq. (14) the *Bohr frequency condition:* A system with a spectrum of frequencies ω_k must have energy level differences $\Delta E=E'-E''=\omega_k\hbar$.

The counterpart of an oscillator in time is a periodic crystal in space, described by the vector function

$$f(\mathbf{r})=\sum_{klm} f_{klm}\cos(k\bar{\omega}_1\mathbf{r}_1+l\bar{\omega}_2\mathbf{r}_2+m\bar{\omega}_3\mathbf{r}_3), \quad (15)$$

from which the Laue-Bragg theory derives maxima of interference in certain selected directions. The same maxima can be obtained also from the Ewald reciprocal lattice construction which, after multiplication by h is a lattice construction in momentum space[3] and tells us that the crystal described in space by the values $f_{rr'}=f(r)\delta_{rr'}$ of Eq. (16) is a system capable of giving out certain selected vector momentum amounts $\Delta\mathbf{p}=\mathbf{p}'-\mathbf{p}''$ uniquely determined by the function $f(\mathbf{r})$.

It is gratifying that the quantitative rules of Planck ($\Delta E=h\nu$ for an oscillator), Bohr ($\nu=(E'-E'')/h$), Schrödinger, and Max Born do not have to be *assumed* but may be *derived* from the above qualitative definition of conjugacy interpreted in terms of the general superposition formalism which, in the last resort, springs from the postulate of thermodynamic continuity.

[3] Refer to A. Landé, *Quantum Mechanics* (Pitman Publishing Corporation, New York, 1951), §5, p. 20.

LE PRINCIPE DE CONTINUITÉ ET LA THÉORIE DES QUANTA

Par Alfred LANDÉ,
Professeur de Physique, Ohio State University, Columbus, Ohio ([1]).

Sommaire. — L'ancienne théorie des quanta a eu pour origine l'effort de Max Planck pour surmonter le paradoxe de discontinuité inhérent au théorème classique de l'équipartition de l'énergie. La théorie quantique moderne peut être déduite d'un postulat de continuité pour l'entropie permettant de tourner le paradoxe de discontinuité de Gibbs. La superposition des amplitudes de probabilités est la conséquence naturelle d'un postulat relatif à la loi de corrélation existant entre les diverses probabilités, postulat suivant lequel cette loi de corrélation est générale, ne favorise aucun état particulier et, par conséquent, est symétrique par rapport à tous les états.

Le sujet de cette Conférence est une déduction systématique des concepts et des règles formelles de la théorie quantique, à partir de postulats physiques simples, en attachant une importance particulière à la probabilité considérée comme un élément irréductible de la physique moderne. Aussi longtemps que les règles quantiques de probabilité sont basées sur un résultat expérimental négatif, sur notre incapacité à traduire des résultats exactement prévisibles dans les expériences de microphysique, on peut toujours garder l'espoir qu'une investigation plus serrée permettrait de déceler un déterminisme caché derrière ces mécanismes atomiques apparemment incontrôlables. En revanche, tout espoir de restaurer le déterminisme serait perdu si l'on pouvait montrer que la théorie quantique avec ses lois de probabilité est une conséquence naturelle et positive de principes empiriques d'un caractère général et presque évident. Dans ce qui suit, nous essayons de montrer que les concepts et les règles formelles de la physique quantique peuvent être déduits du principe de *continuité* pour les relations déterministes de cause à effet, principe qui s'énonce ainsi : « la grandeur de l'effet varie de façon continue avec la grandeur de la cause », et qui est appliqué au domaine de la thermodynamique, en particulier à l'entropie de diffusion de deux substances.

On peut se rappeler, à ce sujet, que la première théorie quantique de Max Planck en 1900 avait été édifiée pour surmonter un paradoxe de discontinuité inacceptable, inhérent à la thermodynamique statistique classique. En accord avec le théorème de l'équipartition, l'énergie thermique d'une particule dans un bain calorifique de température T a la valeur $3kT$, que la particule soit liée étroitement à sa position d'équilibre ou que la liaison soit lache, c'est-à-dire que la période de vibration τ de la particule soit courte ou longue. D'autre part, lorsque la particule est fixe avec une période de vibration $\tau = 0$, son énergie thermique ne peut être que 0. Il faudrait donc s'attendre à un changement brusque de l'énergie thermique, de 0 à $3kT$, produit par une cause infiniment petite : la libération, à un degré aussi petit que l'on veut, d'une particule primitivement fixe. Évidemment l'alternative aiguë : « ou bien fixe, ou bien libre » doit être remplacée en thermodynamique statistique par l'introduction de différents degrés de fixité et c'est précisément ce qu'a fait Max Planck avec sa fameuse hypothèse quantique : $E = nh\nu$. Cette hypothèse était, cependant, l'intuition d'un génie; elle n'était pas une conséquence nécessaire du postulat de *continuité pour l'énergie* thermique d'une particule considérée comme une fonction de sa période de vibration.

([1]) Conférence faite devant la Société française de Physique, à la Sorbonne, le 3 juin 1954, pendant la 51e Exposition d'Instruments et Matériel Scientifiques.

24

Reprinted from *J. Phys. Radium* **16**, 353–357 (1955).

En revanche, nous verrons qu'un postulat de *continuité pour l'entropie*, fondé sur le deuxième principe de la thermodynamique, plutôt que sur le premier, conduit directement à la structure fondamentale de la théorie quantique au moyen d'un raisonnement simple, sans faire appel à beaucoup d'intuition. Considérons une autre discontinuité de la thermodynamique statistique classique : le paradoxe de Gibbs relatif à la discontinuité de l'entropie. Lorsque deux gaz A et B diffusent, à partir de volumes V séparés, dans le volume commun $2V$, ce processus produit une augmentation définie δS de l'entropie S, égale à $\delta S = R \ln 2$ par molécule-gramme. En accord avec les idées classiques, ceci est supposé valable lorsque les deux gaz sont différents, sans que la question se pose de savoir à quel degré ils sont différents. Par ailleurs, lorsque les deux gaz sont égaux (c'est-à-dire identiques), leur diffusion produit $\delta S = 0$. Considérons maintenant deux gaz de la même espèce de particules mais dans deux *états* différents A et B. Le terme « état » est utilisé ici dans sa signification la plus générale et n'a pas besoin d'être spécifié à ce point de notre discussion. Supposons par exemple que A et B soient deux états d'orientation de nos particules, faisant entre eux un angle γ. Aussi longtemps que la différence angulaire γ entre les particules du gaz A et celle du gaz B est finie, même lorsque γ est aussi petit que l'on veut, la diffusion des gaz A et B produit $\delta S = R \ln 2$. Cependant, lorsque γ a décru de cette valeur aussi petite que l'on veut jusqu'à 0 exactement les deux gaz sont identiques et δS devient 0. Ce résultat de la thermodynamique statistique est physiquement inacceptable puisqu'il est en contradiction avec le postulat de continuité pour les relations de cause à effet. Au lieu de faire une distinction brutale entre l'égalité A = B et l'inégalité A $\neq$ B avec respectivement les deux valeurs $\delta S = R \ln 2$ et 0, il faudra introduire entre deux états A et B d'une particule différents degrés d'« égalité fractionnaire » qui conduiraient à diverses valeurs intermédiaires de δS. La valeur classique $\delta S = R \ln 2$ considérée plus haut correspond à la séparabilité physique (à l'aide de diaphragmes sélectifs ou autres filtres, au sens le plus général) des gaz A et B dans le cas A $\neq$ B, alors que la valeur $\delta S = 0$ dans le cas A = B exprime simplement leur inséparabilité au moyen de méthodes physiques, c'est-à-dire en utilisant un filtre. Par conséquent, l'égalité fractionnaire A $\sim$ B doit signifier une sorte de séparabilité fractionnaire. La manifestation physique de cette séparabilité fractionnaire conduira directement aux fondations de la théorie quantique.

Afin de comprendre le concept nouveau de séparabilité fractionnaire, considérons un diaphragme semi-perméable ou *filtre* qui laisse passer les particules dans l'état A mais les rejette lorsqu'elles sont dans un état A, ce qui définit l'état $\bar{A}$ comme un état totalement différent de A. Ces deux cas sont représentés sur les figures 1 et 2. La figure 1 représente le cas de particules incidentes, dans un état A passant au travers du filtre A, tandis que la figure 2 montre le rejet des particules $\bar{A}$. Supposons maintenant que les particules incidentes se trouvent dans un état B, tel qu'il existe une relation d'égalité fractionnaire entre les états A et B (possibilité impliquée par le principe de continuité).

Dans ce cas, nous devrons nous attendre à ce que la réaction des particules B en présence du filtre A soit intermédiaire entre celles des figures 1 et 2. En particulier, si B est encore très voisin de A, le résultat doit être très similaire à celui de la figure 1,

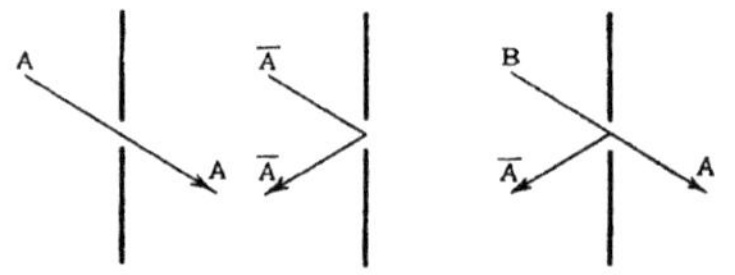

Fig. 1. Fig. 2. Fig. 3.

c'est-à-dire : la plupart des particules B passeront, quelques-unes seront rejetées. Le contraire se produira si B est presque totalement différent de A En général, lorsque B $\sim$ A, nous nous attendrons à ce qu'une certaine fraction des B incidents passe au travers du filtre A, la fraction restante étant rejetée, comme l'indique l'*effet de partage* de la figure 3. Puisque la fraction de B qui passe se comporte comme si elle était constituée par des particules dans l'état A, il est approprié de prendre cette fraction de passage comme définition quantitative de la fraction d'égalité q(A, B). Pour une particule individuelle arrivant dans l'état B sur le filtre A, la quantité q(A, B) exprime la probabilité de passage et $1 - q$ la probabilité de rejet. L'incertitude, fait son apparition en conséquence directe du postulat de continuité qui exige l'existence de cas intermédiaires entre A = B (entropie de différence $\delta S = 0$) et A $\neq$ B (entropie de différence $\delta S = R \ln 2$).

On peut, en utilisant un raisonnement physique simple, en conclure que les particules qui, en passant au travers du filtre A, se comportent comme des particules A sont, en fait, des particules A, c'est-à-dire que la fraction q(A, B) des particules B incidentes passe au travers du filtre A en vertu d'une propriété de sauter, au contact de ce filtre, de l'état originel B au nouvel état A et de rester dans ce nouvel état (à moins d'être soumise à une nouvelle épreuve avec un filtre C); de même, la fraction rejetée $1 - q$ est constituée par des particules qui, au contact du filtre A sautent à l'état $\bar{A}$ et y restent. Cette réaction est représentée sur la figure 3. Elle répond à la question de savoir comment et pourquoi des particules B passent et d'autres sont rejetées. Nous sommes ainsi arrivées au *partage* d'un rayon incident de particules B en deux « états composants » A et $\bar{A}$ avec des intensités relatives définies, égales à q et $1-q$, qui représentent les probabilités de transition de B à A et $\bar{A}$ respectivement en réponse à la sommation d'avoir à choisir entre A et $\bar{A}$.

Même indépendamment de telles considérations physiques, on peut voir que l'introduction d'une égalité fractionnaire en supplément à l'identité et à l'inégalité totale (inséparabilité et séparabilité totale) offre la possibilité de répartir tous les états possibles d'une certaine espèce de particules (ou de systèmes mécaniques) en séries d'états mutuellement séparables (c'est-à-dire mutuellement exclusifs, c'est-à-dire mutuellement orthogonaux), en procédant de la façon suivante : Sur une liste de *tous* les états, on peut choisir d'abord une série d'états $A_1, A_2, A_3, \ldots$ qui sont totalement différents, c'est-à-dire totalement séparables les uns des autres à l'aide de filtres. Lorsque cette série est « complète », on peut ensuite choisir, parmi les états restant sur la liste, une autre série complète d'états mutuellement orthogonaux B_1, $B_2, B_3, \ldots$, puis une autre série C, et ainsi de suite jusqu'à ce que la liste complète soit épuisée; chaque état a alors trouvé sa place dans l'une des séries orthogonales. A titre d'exemple, considérons l'électron d'un atome d'hydrogène, sans tenir compte du spin. Une série d'état, complète et orthogonale, est constituée par tous les états de position correspondant aux différentes valeurs de trois coordonnées (x, y, z). Une autre série est constituée par les divers états (E, L, Z) = (énergie, moment angulaire, composante du moment angulaire suivant l'axe des z), habituellement décrits au moyen des trois nombres (n, l, m). Une troisième série est constituée par les états $(E, L, Z^*) = (n, l, m^*)$, où Z^* désigne la composante du moment angulaire suivant une autre direction de référence, etc. (Par suite de la « dégénérescence », la répartition de tous les états en séries orthogonales n'est pas unique.)

Les membres d'une même série sont mutuellement inégaux avec les fractions d'égalité

$$q(A_k, A_{k'}) = \delta_{kk'}; \qquad q(B_j, B_{j'}) = \delta_{jj'}; \qquad \ldots \tag{1}$$

tandis qu'il existe, entre les membres de séries différentes, un q fractionnaire compris entre 0 et 1. La somme des fractions (de passage) est évidemment égale à l'unité

$$\sum q(A_k, B_j) = 1 \quad \text{et} \quad \sum_k q(B_j, A_k) = 1. \tag{2}$$

De plus, on peut montrer que, pour des raisons d'ordre thermodynamique, il doit exister une relation de symétrie telle que

$$q(A_k, B_j) = q(B_j, A_k), \tag{3}$$

c'est-à-dire que la fraction du gaz A_k passant à travers un filtre B_j est égale à la fraction du gaz B_j passant à travers un filtre A_k. Pour des raisons thermodynamiques de même nature, afin d'éviter une contradiction avec le second principe, la multiplicité M de la série A (c'est-à-dire le nombre M des états appartenant à la série A) doit être égal à la multiplicité de la série B, de la série C, etc. Par exemple, la multiplicité de la série (x, y, z) est $M = \infty$, et la multiplicité des séries (E, L, Z) et (E, L, Z^*), est aussi $M = \infty$. Mais si nous considérons une « catégorie restreinte » de particules, par exemple le même électron dans l'état d'énergie E_n, avec $n = 3$, cette particule ne possède alors que des séries orthogonales de multiplicité 9, ce qui signifie qu'il existe neuf valeurs possibles pour les couples de nombre (l, m), (l, m^*), ... Cette même particule n'a pas d'états de position (x, y, z) puisque l'une quelconque de ces positions supprimerait la restriction $E = E_3$ imposée à l'énergie, en rendant possibles pour la particule toutes les valeurs E_n. La multiplicité commune des séries orthogonales A, B, C, ... (M pouvant être fini ou infini) conduit à des matrices q à M lignes et M colonnes, c'est-à-dire à des matrices carrées du type

$$\left.\begin{matrix} q(A_1, B_1) & q(A_1, B_2) & \ldots & q(A_1, B_M) \\ q(A_2, B_1) & q(A_2, B_2) & \ldots & q(A_2, B_M) \\ \ldots\ldots & \ldots\ldots & \ldots & \ldots\ldots \end{matrix}\right\} = \{q(A, B)\}. \tag{4}$$

Les propriétés des fractions de passage ou probabilités q traduites par les équations (1) à (4) ci-dessus sont importantes pour la théorie quantique.

La plus caractéristique est la règle de superposition pour les amplitudes de probabilité qui conduit à la « mécanique matricielle » de Born-Heisenberg et la « mécanique ondulatoire » de de Broglie-Schrödinger. Cette règle de superposition est souvent considérée comme l'expression d'un « principe de dualité » plutôt mystérieux entre les aspects ondulatoire et corpusculaire de la matière. Cependant cette dualité, ou plutôt la complémentarité entre « espace-temps » et « énergie-moment », reflète seulement un aspect particulier, encore qu'important, alors que la règle générale de superposition [*voir* (5)] est valable même lorsque les ψ ne sont pas périodiques.

Imaginons que toutes les fractions de passage ou probabilités de transition q(A, B) de la matrice (4) aient été observées expérimentalement. Supposons de même que les éléments de la matrice $\{q(B, C)\}$ aient aussi été observés. La question se pose alors de savoir si $\{q(A, B)\}$ et $\{q(B, C)\}$ déterminent $\{q(A, C)\}$ en vertu d'une loi mathématique de corrélation entre les q. Pour être générale, cependant, la même règle formelle doit aussi déterminer les éléments de

$\{q(A, B)\}$ à partir de ceux de $\{q(A, C)\}$ et $\{q(B, C)\}$; autrement dit, la loi de corrélation doit être reproductible, elle doit par conséquent être symétrique par rapport aux séries A, B et C. A partir de considérations simples, illustrées par la figure 4, on peut

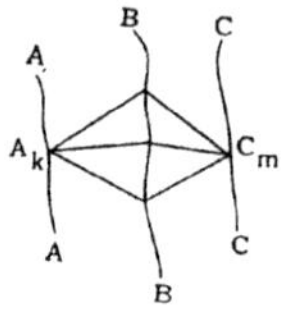

Fig. 4.

imaginer que la loi de corrélation puisse s'écrire

$$q(A_k, C_m) = \sum_j q(A_k, B_j) q(B_j\, C_m)$$

et inversement

$$q(A_k, B_j) = \sum_m q(A_k, C_m),\ q(C_m, B_j).$$

Toutefois la première formule, si l'on résoud par rapport à $q(A_k, B_j)$, conduit à un résultat tout à fait différent de celui de la seconde formule et en contradiction avec lui; la formule ci-dessus ne se reproduit pas, elle n'est pas symétrique par rapport à A, B, C. Une solution acceptable, symétrique et reproductible, du problème de corrélation entre les éléments de $\{q(A,B)\}$, $\{q(B, C)\}$ et $\{q(A, C)\}$ peut être trouvée à partir d'une analogie mathématique. En accord avec (2), la somme des éléments de chaque ligne ou colonne d'une matrice $\{q\}$ est égale à l'unité. Cela rappelle une règle de sommation similaire, valable pour la matrice des carrés des cosinus directeurs, $\cos^2(A_k, B_j)$, relatifs à deux axes A_k et B_j appartenant à des systèmes d'axes orthogonaux A et B. Entre les cosinus eux-mêmes, existe la formule de transformation bien connue :

$$\cos(A_k, C_m) = \sum_j \cos(A_k, B_j) \cos(B_j, C_m)$$

qui est reproductible. Par conséquent, on peut considérer que la série des états $A_1, A_2, \ldots$ se comporte symboliquement comme un système d'axes orthogonaux, les q comme les carrés des cosinus, et leurs racines carrées comme les cosinus. Ces dernières, définies par

$$\psi(A_k, B_j) = \pm \sqrt{q(A_k, B_j)}$$

satisfont donc à la loi de corrélation

$$\psi(A_k, C_m) = \sum_j \psi(A_k, B_j) \psi(B_j, C_m), \qquad (5)$$

qui est bien reproductible si les signes + ou — sont choisis de telle manière que, dans la matrice $\psi(A_k, B_j)$ la somme des produits deux à deux des éléments d'une ligne et des éléments d'une autre ligne soit égale à zéro, la même condition s'appliquant également aux colonnes. Cette condition réduit les M^2 signes dans la matrice $\{\psi\}$ a seulement M signes arbitraires.

La solution ci-dessus du problème de corrélation peut maintenant être généralisée en introduisant, au lieu du signe bivalent $\pm$, une phase multivalente dans un ψ complexe défini par

$$\psi(A_k, B_j) = \sqrt{q(A_k, B_j)} \exp(i\varphi_{kj}). \qquad (6)$$

En dépit de ces phases indéterminées, la loi de corrélation (5) reste reproductible si l'on décide que $\varphi_{kj} = -\varphi_{jk}$, de telle sorte que $\psi(A_k, B_j)$ soit complexe conjugué de $\psi(B_j, A_k)$ et si les valeurs des phases sont choisies de telle manière que, dans chaque matrice ψ, la somme de produits deux à deux des éléments d'une ligne et des conjugués des éléments d'une autre ligne quelconque soit égale à zéro (la même condition étant imposée aux colonnes), ce qui réduit les M^2 phases arbitraires dans une matrice ψ à M seulement. La formule (5) est la fameuse loi de superposition pour les amplitudes de probabilité ψ, définies en fonction des probabilités q par l'équation (6). Bien qu'il n'ait jamais été démontré que (5) et (6) constituent la solution la plus générale du problème de corrélation entre les q, aucun mathématicien n'a jamais trouvé une solution plus générale. Si une telle solution, plus générale, devait un jour être découverte (ce qui est plutôt improbable), elle représenterait la généralisation la plus intéressante de la théorie quantique d'aujourd'hui.

L'objet de ces considérations était de montrer que les concepts et les règles formelles de la théorie quantique peuvent être déduits de principes physiques simples et presque évidents. Il en est ainsi, en particulier, pour la répartition de tous les états d'un type donné de particules ou de systèmes de particules en séries d'états orthogonaux avec une égalité fractionnaire entre les membres de deux séries différentes. Cette égalité fractionnaire se manifestant comme une séparabilité fractionnaire dans un effet de partage contrôlé par des rapports de probabilités. Tout ceci est la conséquence du principe de continuité appliqué à l'entropie de diffusion. En outre, la règle de superposition pour les amplitudes de probabilités ψ ne doit pas être acceptée simplement comme une caractéristique étrange de la physique quantique, mais peut être considérée comme la réponse naturelle à l'exigence d'avoir à trouver une loi générale de corrélation entre les probabilités de transition, qui soit symétrique par rapport à tous les états, c'est-à-dire qui ne favorise pas un état ou un groupe d'états au détriment des autres. Il existe deux autres règles fondamentales pour la théorie quantique. La première concerne l'interaction entre des particules identiques en résonance symétrique ou antisymétrique. La seconde est la règle de commutation de Born-Heisenberg ou la règle de Schrödinger proposant de remplacer un moment par un opérateur différentiel. Ces règles peuvent également être considérées comme conséquences de postulats physiques simples et presque évidents (²).

(²) Pour plus de détails, l'auteur renvoie à sa monographie : *Foundations of Quantum Theory, a Study in Continuity and Symmetry*, Yale University Press et Oxford University Press, 1955.

DÉDUCTION DE LA THÉORIE QUANTIQUE A PARTIR DE PRINCIPES NON-QUANTIQUES

Par ALFRED LANDÉ,
Professeur de Physique, Ohio State University, Columbus, Ohio.

Sommaire. — Le formalisme des matrices ou de la superposition des ψ est équivalent à la métrique générale des probabilités de transition réelles. Cette métrique peut être développée comme une conséquence du principe thermodynamique de la continuité de l'entropie. Les règles quantiques de Planck, de Broglie, Schrödinger et Born sont des conséquences du formalisme général des ψ appliqué aux quantités q et p dont la conjugaison est définie par la propriété d'avoir une densité constante de probabilité dans l'espace qp. On obtient ainsi une déduction systématique de la théorie quantique à partir de principes non quantiques et, en particulier, une explication de la vieille énigme que constituait la correspondance périodique existant entre énergie et temps ou entre moment et position.

Le présent article fait suite à une publication antérieure ([1]) dont l'objet était de déduire les concepts et les règles de la théorie quantique à partir de principes fondamentaux d'un caractère général et non-quantique. Le premier de ces principes est celui de la *continuité thermodynamique* qui implique l'existence de cas intermédiaires entre l'entropie nulle correspondant à la diffusion de deux gaz *égaux* (ou identiques) et l'entropie finie, $2R \log 2$ par molécule-gramme, correspondant à la diffusion de deux gaz *inégaux* (ou différents). Pour éviter le paradoxe de Gibbs de la thermodynamique statistique classique, c'est-à-dire la brusque variation d'entropie de zéro à $2R \log 2$ apparaissant lorsque deux gaz égaux deviennent, si peu que ce soit, différents, il faut admettre que les particules d'un gaz et les systèmes mécaniques en général peuvent se trouver dans divers états A, B, etc... de telle sorte que deux états puissent avoir un degré fractionnaire d'égalité mutuelle, intermédiaire entre l'égalité et l'inégalité totales. A chacun de ces états correspond une valeur intermédiaire de l'entropie de diffusion. Les conséquences de ce postulat thermodynamique fondamental ont été développées dans le précédent article. Nous récapitulerons brièvement dans le paragraphe 1 les résultats obtenus qui constituent la structure de probabilités servant de base à la théorie quantique. Les paragraphes 2 et 3 renferment des développements nouveaux.

([1]) A. LANDÉ, Le Principe de Continuité et la Théorie des Quanta, *J. Physique Rad.*, 1955, **16**, p. 353. Se référer également à « Foundations of Quantum Theory, a Study in Continuity and Symmetry », Yale University Press, 1955.

1. La métrique des probabilités de transition.

— Tous les états d'un système mécanique peuvent être répartis en *séries* ([2]) *orthogonales d'états* : la série $A_1, A_2, \ldots$, la série $B_1, B_2, \ldots$ les séries C, D, etc.... Deux états appartenant à la même série, par exemple les états A_k et $A_{k'}$, sont orthogonaux, c'est-à-dire séparables et mutuellement exclusifs. Leur degré d'égalité est zéro :

$$q(A_k, A_{k'}) = \delta_{kk'}. \qquad (1)$$

Deux états appartenant à des séries différentes ont un degré d'égalité fractionnaire :

$$0 < q(A_k, B_j) < 1. \qquad (2)$$

q doit être interprété comme étant la probabilité pour le système se trouvant dans un état A_k de sauter à l'état B_j lorsque le choix lui est offert de passer ou de ne pas passer à travers un « filtre B_j » (filtre laissant passer le système lorsqu'il se trouve dans l'état B_j).

La somme des probabilités de transition est égale à l'*unité* :

$$\sum_j q(A_k, B_j) = 1. \qquad (3)$$

([2]) « Série » est employé ici dans le sens général de système ou d'ensemble (« set » dans le texte anglais).

Reprinted from *J. Phys. Radium* **17**, 1–4 (1956).

Pour des raisons de nature thermodynamique, il y a *symétrie* :

$$q(A_k, B_l) = q(B_l, A_k) \qquad (4)$$

aussi bien que *multiplicité commune M*, soit finie, soit infinie, pour toutes les séries orthogonales, de telle sorte que la matrice des probabilités de transition entre deux séries orthogonales quelconques d'états A et B :

$$\left\{\begin{matrix} q(A_1, B_1)\, q(A_1, B_2) \ldots q(A_1, B_M) \\ q(A_2, B_1)\, q(A_2, B_2) \ldots q(A_2, B_M) \\ \ldots \quad \ldots \quad \ldots \end{matrix}\right\} = \{q(A, B)\} \qquad (5)$$

est une matrice *carrée*. L'équation (3) montre que la somme des éléments d'une ligne quelconque est égale à l'unité ; compte tenu de l'équation (4) il en est de même pour les colonnes. On peut appeler *métrique des probabilités* le schéma constitué par les quantités métriques q (= probabilités de transition) reliant des séries orthogonales d'entités (= états) et satisfaisant aux conditions énoncées ci-dessus. Dans le précédent article, cette métrique a été déduite du *principe de continuité thermodynamique.*

2. **Amplitudes de probabilité et superposition.** — L'introduction, en 1926, des amplitudes de probabilité ψ a été considérée à juste titre comme un grand succès de la physique théorique. Néanmoins, on peut dire aujourd'hui que, contrairement à l'opinion courante, les lois exprimant, dans le formalisme des ψ, la multiplication des matrices ou la superposition (voir ci-dessous) ne nous introduisent pas dans un monde nouveau complexe et imaginaire au delà du monde réel des faits observés. Ces lois sont, en réalité, implicitement contenues dans la métrique de probabilités du paragraphe 1 et équivalentes à cette métrique sans qu'il soit nécessaire d'ajouter aucune information nouvelle de caractère mathématique ou physique. Ceci apparaîtra clairement dans l'analogie géométrique développée ci-dessous.

A des points A, B, C... dans un espace à n dimensions, on peut associer des distances q_{AB}, q_{AC}, q_{BC}, etc... qui satisfont à la condition triangulaire :

$$|q_{AB} - q_{BC}| \leqslant q_{AC} \leqslant q_{AB} + q_{BC} \qquad (6)$$

et aux conditions d'identité et de symétrie :

$$q_{AA} = 0 \quad \text{et} \quad q_{AB} = q_{BA}. \qquad (6')$$

Il existe entre les distances q une corrélation plutôt lâche, définie par l'inégalité (6) qui admet une infinité de valeurs possibles pour q_{AC} lorsque q_{AB} et q_{BC} sont données. Cette multivalence peut être réduite par des restrictions imposées à la distribution des points. Si les points sont tous sur une même droite, $q_{AC} = |q_{AB} \pm q_{BC}|$ est *bivalent*, puisque le point C peut se trouver d'un côté de B ou de l'autre. Si les points sont tous sur la circonférence d'un cercle, q_{AC} est encore bivalent. S'ils sont dans un plan ou dans l'espace, $q_{AC} = (q_{AB}^2 + q_{BC}^2 - 2q_{AB}\, q_{BC} \cos \beta)^{1/2}$ est *multivalent* à cause de l'angle arbitraire β. Cependant, avec ou sans ces restrictions, les relations générales (6) et (6') sont toujours valables.

Il est possible, d'une façon élégante, de remplacer les inégalités (6) entre les quantités définies q par une égalité entre des quantités indéfinies : associons à chaque longueur q_{AB} une quantité $\psi_{AB} = -\psi_{BA}$ de grandeur $|\psi| = q$, appelée *vecteur* et *ajustons* les directions de ces vecteurs de telle sorte qu'ils satisfassent au théorème d'addition :

$$\psi_{AC} = \psi_{AB} + \psi_{BC}. \qquad (7)$$

Cette relation vectorielle est générale et reproductible, c'est-à-dire valable pour trois points quelconques. Mais elle ne contient aucune information métrique nouvelle qui ne soit déjà contenue dans la relation (6) De fait, la géométrie s'est très bien portée pendant 4 000 ans sans vecteurs et ceux-ci n'ont apporté aucune révélation fondamentale. Les relations (6) et (7) sont *équivalentes*, mais il est toujours plus agréable d'avoir à faire à une équation qu'à une inéquation. Si donc l'on trouve que le théorème d'addition des vecteurs est toujours valable, que le triangle soit petit ou grand, régulier ou irrégulier, *on ne doit, en aucune façon, considérer ce résultat comme une révélation géométrique nouvelle et encore moins comme une découverte physique concernant les instruments de mesure.* Il est toujours possible d'*ajuster* les directions des vecteurs ψ de module q de telle sorte que les équations (7) soient valables lorsque les quantités q satisfont à l'inégalité (6).

Dans le cas particulier où tous les points sont *dans un plan*, on peut représenter les vecteurs de ce plan par un symbole complexe :

$\psi = |\psi|\, e^{i\varphi}$, ce qui ne signifie évidemment pas que les vecteurs deviennent plus « complexes » au sens habituel de ce mot. Il n'est *pas* possible d'utiliser la même notation lorsque les points sont distribués dans l'espace. D'autre part, si les points sont tous sur une même droite, les vecteurs peuvent seulement avoir des directions opposées et les ψ complexes deviennent *réels* : $\psi = \pm q$.

Revenons maintenant aux probabilités de transition. Nous sommes ici en présence d'une relation lâche entre trois matrices $\{q_{AB}\}$, $\{q_{AC}\}$ et $\{q_{BC}\}$. Bien que les relations (1) à (4) ne soient pas suffisantes pour déterminer une matrice en fonction des deux autres, elles expriment les restrictions auxquelles cette troisième matrice est soumise lorsque les deux autres sont données, exactement comme la relation (6) exprime les restrictions auxquelles la longueur q_{AC} est soumise lorsque les longueurs q_{AB} et q_{BC} sont données.

Par analogie avec le cas géométrique, on peut remplacer ces restrictions, portant sur les matrices q définies, par des *équations* reliant des quantités indéfinies et cela de la manière suivante : associons à chaque quantité $q(A_k, B_j)$ un vecteur $\psi(A_k, B_j)$ et une autre vecteur $\psi(B_j, A_k)$ possédant tous deux le même module $\sqrt{q}$ mais dont les directions, soit φ et $-\varphi$ respectivement, sont variables, tous les vecteurs ψ se trouvant cependant dans un plan donné.

Ajustons maintenant les directions des vecteurs dans le plan de telle sorte qu'ils satisfassent au *théorème de multiplication suivant* :

$$\{\psi_{AC}\} = \{\psi_{AB}\} \times \{\psi_{BC}\} \tag{8}$$

multiplication de deux matrices, pouvant s'écrire plus explicitement :

$$\psi(A_k, C_m) = \sum_j \psi(A_k, B_j) . \psi(B_j, C_m). \tag{8'}$$

Le produit de deux vecteurs ψ_1 et ψ_2 est défini comme un vecteur ψ, dans le plan donné, ayant pour module $|\psi| = |\psi_1| . |\psi_2|$ et pour direction $\varphi = \varphi_1 + \varphi_2$. Le théorème de multiplication est général et reproductible ; il s'applique aux vecteurs reliant trois séries quelconques d'états orthogonaux pourvu que les q satisfassent aux conditions (1) à (4). Puisque ces vecteurs sont tous dans un même plan, on peut les représenter par le symbole complexe $\psi = \sqrt{q}\, e^{i\varphi}$, cette notation, répétons-le, n'augmentant en rien la « complexité » des vecteurs.

Il va de soi que les relations métriques entre des séries orthogonales d'entités (= états) sont décrites par des « transformations orthogonales ». C'est exactement ce que font les équations (8), (8'): la loi de multiplication pour les ψ n'est pas autre chose que la formule d'une transformation orthogonale. Elle n'introduit, dans la métrique des probabilités de transition q, aucune information qui ne soit déjà contenue dans les conditions (1) à (4). Les directions des différents vecteurs ψ sont toujours *ajustables* de façon à ce qu'ils satisfassent au théorème de multiplication (8) ou à la *règle de superposition* (8') pour les amplitudes de probabilité. Il ne faut pas, par conséquent, considérer l'introduction de ψ « complexes » et les relations (8), (8') existant entre eux comme une nouvelle découverte mathématique et encore moins comme la révélation physique d'un monde caché et complexe qui gouvernerait les phénomènes du monde réel. Des spéculations de cette nature n'ont pas plus de fondement que l'idée suivant laquelle la géométrie des distances réelles entre les points situés *dans un même plan* serait régie par une super-géométrie des quantités complexes $\psi = \sqrt{q}\, e^{i\varphi}$, qui, pour quelque raison ésotérique, satisferaient au théorème d'addition (7). Le formalisme des ψ présente le caractère d'une vérité mathématique inébranlable : « équations (1) à (4), donc équations (8), (8') ». Que des séries orthogonales d'entités soient liées entre elles par une transformation orthogonale est un fait mathématique qui ne dépend d'aucune confirmation empirique ; c'est une question de définition, d'ajustement de la direction variable des ψ et cet ajustement est toujours possible, de façon à satisfaire aux conditions (1) à (4) relatives aux q.

Par analogie avec les relations métriques bivalentes existant entre des points situés sur une même droite, la théorie des probabilités de transition serait considérablement simplifiée si les vecteurs amplitude de probabilité avaient seulement deux directions possibles (opposées) avec un ψ *réel* et égal à $\pm\sqrt{q}$. Malheureusement, pour une raison qui apparaîtra dans le prochain paragraphe consacré à la dynamique, il est nécessaire d'admettre que les ψ sont des vecteurs de direction variable dans un *plan*. On peut cependant s'estimer heureux que les vecteurs ψ décrivant la transformation orthogonale entre les états soient dans un même plan, ce qui permet d'utiliser la notation complexe, particulièrement commode. L'analogie géométrique de l'espace de Hilbert, souvent utilisée en physique théorique, n'a rien de commun avec l'analogie géométrique utilisée dans le présent article.

3. **Déduction des règles de quantification.** — La mécanique classique doit être abandonnée puisqu'elle est en conflit avec les faits fondamentaux de la thermodynamique ; en particulier, elle conduit au paradoxe de l'équipartition pour l'énergie thermique et au paradoxe de Gibbs pour l'entropie de diffusion. Cependant la mécanique classique n'est pas tout à fait fausse ; le déterminisme strict des équations du mouvement doit être remplacé par des *lois statistiques* qui, d'une certaine manière, *correspondent* aux lois classiques. Dans ces circonstances, il est très plausible que le seul résultat fondamental capable de survivre à l'abrogation des équations déterministes du mouvement soit la proposition suivante de la *mécanique statistique* : la probabilité pour qu'un système mécanique se trouve dans un domaine donné de l'espace de phase (espace qp) est proportionnelle au *volume* de ce domaine ; c'est-à-dire, il y a une *densité constante de probabilité dans l'espace de phase.*

Comment, maintenant, définir la conjugaison des observables q et p ? La définition classique de deux variables conjuguées, en vertu de laquelle elles doivent satisfaire aux équations du mouvement d'Hamilton est dénuée de sens puisque de telles équations n'existent plus. Dans la théorie quantique on a souvent défini des grandeurs conjuguées comme des quantités satisfaisant à la règle des opérateurs de Schrödinger ou à la règle de commutation de Born ou encore comme des quantités possédant une fonction amplitude de probabilité :

$$\psi(q, p) = C \exp(2 i \pi q p / h). \tag{9}$$

Cependant, ces trois définitions équivalentes de la conjugaison supposent que la théorie quantique ait été admise au préalable. Notre intention est de *déduire* la fonction périodique (9), équivalente aux prescriptions quantiques de Schrödinger et de Born, à partir de faits ou d'axiomes fondamentaux qui ne contiennent en eux-mêmes aucune trace de périodicité quantique. Nous allons voir que la métrique générale des probabilités, c'est-à-dire le théorème de multiplication des ψ, lorsqu'elle est appliquée à des q et des p conjugués, dont la conjugaison est définie au moyen de la densité de probabilité constante dans l'espace qp, implique la périodicité quantique (9) comme une conséquence mathématique et *explique* par conséquent la vieille « énigme » quantique $E = h\nu$ et $p = h/\lambda$. La démonstration est la suivante :

Appliquons la règle générale de superposition (8′) à des états de moment et de position :

$$\psi(p_k, p_{k'}) = \sum_j \psi(p_k, q_j) \cdot \psi(q_j, p_{k'}). \tag{10}$$

Le premier membre est égal à $\delta_{kk'}$ conformément à (1) ; il ne dépend que de la *différence* $p_k - p_{k'}$. Dans les produits figurant au deuxième membre, p_k et $p_{k'}$ se trouvent dans deux facteurs différents. Le second facteur est le complexe conjugué (notation : $*$) de $\psi(p_{k'}, q_j)$. Le produit $\psi(p_k, q_j)\, \psi^*(p_{k'}, q_j)$ dépendra de la différence $p_k - p_{k'}$ si et seulement si la fonction $\psi(p, q)$ est une fonction exponentielle complexe avec p dans l'exposant, de telle manière que p_k soit multiplié par i dans le premier facteur et $p_{k'}$ par $-i$ dans le second facteur ; c'est-à-dire que $\psi(p, q)$ doit nécessairement être de la forme :

$$\psi(p, q) = C \exp(\ldots ip \ldots).$$

Des considérations similaires après échange des lettres p et q conduisent à la conclusion que $\psi(p, q)$ doit nécessairement être aussi de la forme :

$$\psi(p, q) = C \exp(\ldots iq \ldots).$$

De plus, la densité de probabilité constante dans l'espace qp nous permet de remplacer, dans le deuxième membre de l'équation (10), la sommation sur les positions q_j par une intégration sur dq. Cette équation devient alors :

$$\delta_{kk'} = \int \psi(p_k, q)\, \psi^*(p_{k'}, q)\, dq. \tag{11}$$

Il y a maintenant deux possibilités : *ou bien* $\psi(p, q)$ contient ip et iq séparément

$$\psi(p, q) = C \exp(i\alpha p + i\beta q)$$

ou bien p et q se trouvent dans un même facteur

$$\psi(p, q) = C \exp(i\gamma pq) \tag{12}$$

En substituant ces deux expressions possibles dans l'équation (11), on trouve :

ou

$$\delta_{kk'} = C \exp[i\alpha(p_k - p_{k'})] . \int dq$$

ou

$$\delta_{kk'} = C \int \exp[i\gamma(p_k - p_{k'})\, q]\, dq.$$

La première solution comporte une contradiction ; elle est à rejeter. La seconde, au contraire, donne bien *zéro* pour $p_k \neq p_{k'}$ et l'*unité* pour $p_k = p_{k'}$ à condition que la constante C soit convenablement normalisée. Seule cette seconde solution est valable. Nous arrivons donc au résultat suivant : la règle de superposition des ψ, appliquée aux observables q et p dont la *conjugaison* a été définie au moyen de la densité constante de probabilité dans l'espace de phase, conduit par nécessité mathématique à la fonction (12). Quand on remplace la constante γ par le symbole maintenant familier : $\frac{2\pi}{h}$, cette fonction (12) est identique à la fonction d'onde de Schrödinger. Nous avons, par conséquent, *expliqué* la fonction d'onde périodique $\psi(p, q)$ avec la longueur d'onde $\lambda = h/p$, ainsi que les prescriptions quantiques correspondantes de Schrödinger et de Born, au lieu de les introduire comme des hypothèses *commodes*. Par ailleurs, l'équation (9) nous oblige à prendre des ψ *complexes*, c'est-à-dire des vecteurs dans un *plan*. Nous avons vu dans le paragraphe II que la règle de superposition des ψ n'est pas une hypothèse *commode* et nouvelle mais une forme équivalente ou une *conséquence* de la métrique générale des probabilités de transition entre des états répartis en séries d'états mutuellement orthogonaux (c'est-à-dire totalement inégaux ou séparables ou mutuellement exclusifs). Or la métrique des probabilités de transition est une *conséquence* du principe de continuité de l'entropie. Ce principe fondamental de la thermodynamique, associé à la re-définition de la conjugaison énoncée ci-dessus, est suffisant pour une déduction systématique de la théorie quantique.

Je suis très obligé à M. Gilbert Amat pour avoir aimablement traduit le manuscrit anglais.

Manuscrit reçu le 10 juillet 1955.

ψ Superposition and Quantum Rules

ALFRED LANDÉ
The Ohio State University, Columbus, Ohio
(Received June 27, 1955)

The superposition rule for probability amplitudes ψ is not a separate *ad hoc* assumption of a physical character but is a formal consequence of the arrangement of the states of a system in sets of mutually orthogonal states linked by probabilities of transition. Nor do the quantum prescriptions of Born and Schrödinger have to be introduced as *ad hoc* assumptions; they can be deduced as consequences of (a) the superposition rule, and (b) the definition of conjugates q and p as leading to a constant probability density in qp-space, a quality known from classical statistical mechanics. Quantum theory can thus be deduced from a nonquantal background.

I. INTRODUCTION

THERE is no question that quantum theory in its nonrelativistic part is a faultless tool of great adaptability to the most diverse problems of microphysics. On the other hand, after more than a quarter of a century of wave and matrix mechanics one still finds a rather embarrassing jumble of opinions, interpretations, illogical analogies, side issues proclaimed as last principles, and other legends concerning the significance of the theory. Without implying any criticism we give a few random quotations from the writings of prominent authors. "ψ functions are beyond the understanding of the physicist," "When we go far enough in the direction of the very small quantum theory says that our forms of thought fail," "Light is corpuscular in structure, at least when it interacts with matter," "Electrons, instead of having laws similar to classical laws, obey the laws of wave motion." We also mention the divergence of views between Bohr, de Broglie, Einstein, Schrödinger, and others about what is 'behind' the formalism of the theory. No wonder that most physicists wish to retreat to the safe ground of the Schrödinger equation as containing everything necessary for the correct calculation of empirical data and refuse to take sides in the battle of opinions. But even within the secure range of established theory it is not always clear where one has to draw the line between assumption and consequence, between formal definition and unforeseeable physical fact. It is here that the present investigation hopes to clarify the issue. In two previous articles[1] we tried to show that one will arrive at the basic structure underlying quantum mechanics from the simple physical postulate of continuity for cause-effect relations, applied in the domain of the second law of thermodynamics (opposing the paradox of Gibbs). The following discussion is independent of this thermodynamic deduction of the quantum structure; it only uses this structure itself which may be described as follows.

[1] Am. J. Phys. 20, 353 (1952) and 22, 82 (1954).

II. THE SCHEMA OF TRANSITION PROBABILITIES

All 'states,' permanent or transitory, of a particle (mechanical system) can be arranged in sets of distinguishable, separable, mutually exclusive, or *orthogonal* states, the orthogonal set A consisting of the states $A_1A_2\cdots$, the set B of the states $B_1B_2\cdots$, and so forth. The complete orthogonal sets are all of the same multiplicity M for thermodynamic reasons. Two states such as A_k and B_j are linked by a transition probability $q(A_k,B_j)$ which may be determined by some sort of filter experiments. The following table or matrix contains the $M\times M$ transition probabilities between the states of the sets A and B:

$$\begin{Bmatrix} q(A_1,B_1)q(A_1,B_2)\cdots q(A_1,B_M) \\ q(A_2,B_1)q(A_2,B_2)\cdots q(A_2,B_M) \\ \cdots \quad \cdots \quad \cdots \quad \cdots \end{Bmatrix} \tag{IIa}$$

abbreviated as the matrix $\{q(A,B)\}$. Similar matrices may be written down for the transition probabilities between the states A and C, and between B and C, and so forth. Since the q's are probabilities, the sum of the q's in any one row and in any one column of a q-matrix is unity:

$$\textstyle\sum_j q(A_k,B_j)=1 \quad \text{and} \quad \sum_k q(A_k,B_j)=1. \tag{IIb}$$

The total separability or *orthogonality* of the states belonging to one and the same set is indicated by the equations

$$q(A_k,A_{k'})=0, \text{ except for } k=k', \text{ where } q=1. \tag{IIc}$$

Reprinted from *Am. J. Phys.* **24**, 56–59 (1956).

We also mention the *symmetry* quality, $q(A_k,B_j) = q(B_j,A_k)$ which is required for thermodynamic reasons.[2]

III. THE NATURE OF ψ

In this section we shall inquire into the nature of the complex quantity ψ. There is hardly another concept of physical theory that has given rise to so much discussion, bewilderment, and misinterpretation than the ψ function of the Schrödinger theory. It is said that ψ waves reveal a *duality* between particle and wave qualities of matter, although this would be an illogical contrast between a thing (particle) and one of its many qualities (probability amplitude of its position under special circumstances). One also reads that ψ is a mathematical signpost to guide particles to their proper places *in conflict* (!) with the laws of mechanics "like a ghost which produces material manifestations." And inaccurate phrases such that "a ψ function describes a *state* of a system" when in fact it describes the probability amplitude of transition from one to other states, have done as much harm as the loose application of the terms 'force, work, vis viva,' etc., in an earlier epoch.

In order to understand the esoteric quantity ψ let us first consider the following abstract problem with a geometrical interpretation. Unspecified entities A, B, C,··· are linked by quantities q_{AB}, q_{AC}, q_{BC}, and so forth. The q's are not quite independent but are supposed to satisfy the 'triangular' condition that q_{AC} is not larger than the sum (and not smaller than the difference) of q_{AB} and q_{BC}

$$q_{AC} \leqslant q_{AB}+q_{BC}. \qquad \text{(IIIa)}$$

The q's also satisfy the conditions of self-linkage and symmetry

$$q_{AA}=0, \quad \text{etc.} \quad \text{and} \quad q_{AB}=q_{BA}. \qquad \text{(IIIb)}$$

Suppose now there is a general relation law between the quantities q. What could be the possible form of this law? It should give no preference to any of the entities $A,B,$··· but should be *symmetric* in all of them as a sign of its *generality*. A glance at the conditions (IIIa) and (IIIb) reveals that the abstract problem is identical with that of finding a general law linking points $A,B,C,\cdots$ by metric distances q_{AB} etc. If the points are on a straight line then $q_{AC}=|q_{AB} \pm q_{BC}|$ involving a bivalent ± sign. If the points are in a plane then $q_{AC}=(q_{AB}^2+q_{BC}^2-2q_{AB}q_{BC}\cos\beta)^{\frac{1}{2}}$ involving a multivalent angle β. If the points are on a circle of radius *unity* then

$$q_{AC}=|q_{BC}\sqrt{(1-q_{AB}^2)}\pm q_{AB}\sqrt{(1-q_{BC}^2)}| \qquad \text{(IIIc)}$$

involving a bivalent ± sign, and so forth. In each of these cases one has a special q-metric satisfying the general conditions (IIIa) and (IIIb).

Under the same general triangular conditions there is an elegant way of writing down an *equality* in place of the *inequality* (IIIa). Introduce quantities ψ which, in contrast to the inequality (IIIa), satisfy the equality

$$\psi_{AC}=\psi_{AB}+\psi_{BC}. \qquad \text{(IIId)}$$

These quantities are called *vectors*. In order to render the triangular *vector addition rule* general and self-consistent, one has to define $\psi_{BA} = -\psi_{AB}$. In particular one then can replace the intermediate point B on the right by any other point D without affecting the result on the left of Eq. (IIId). When q is given, the corresponding vector ψ of magnitude $|\psi|=q$ is of a flexible direction. The addition theorem *adjusts* the directions of the three vectors in a triangle relative to one another. *But the theorem* (IIId) *does not add any new information* beyond that contained already in the inequality (IIIa). Geometrical relations have indeed been known since Chaldean times without using vector notation. The latter is a convenient way of superficially concealing the fact that q_{AB} and q_{BC} do *not* determine q_{AC}; it shifts the blame for this lack of determinacy to the indeterminate directions of the vectors. Instead of writing down the inequality (IIIa) for definite quantities q, one can as well write down Eq. (IIId) for indefinite quantities ψ. They are equivalent expressions of the same metric situation. Therefore, if the vector addition theorem proves correct in all applications of q-relations under the triangular conditions (IIIa,b), then *one should not be surprised* as though this vector addition law constituted a new and unforeseen discovery.

But imagine a novice is told that the relation between observed quantities q is dominated by

[2] For details refer to A. Landé, *Foundations of Quantum Theory, a Study in Continuity and Symmetry* (Yale University Press, New Haven, 1955).

complex quantities $\psi = |\psi| e^{i\varphi}$ satisfying the equation

$$|\psi_{AC}| \exp(i\varphi_{AC}) = |\psi_{AB}| \exp(i\varphi_{AB}) + |\psi_{BC}| \exp(i\varphi_{BC}). \quad \text{(IIIe)}$$

He certainly will be puzzled until he learns that this is only another notation for the simple vector addition rule, and that there is nothing complex in these quantities ψ but the notation.

We now return to the transition probabilities q of Sec. II. Here we are faced with a similar problem of interrelation. The quantities of the matrices $\{q(A,B)\}$ and $\{q(B,C)\}$ do not uniquely determine those of the matrix $\{q(A,C)\}$. But suppose there is a general, perhaps bivalent or multivalent, connection between the three q-matrices just mentioned. This general law must of course satisfy the conditions of q-summation in the rows and columns not only for the given matrices but also for those matrices $\{q\}$ which are calculated from the given ones by means of the desired law. A glance at the q-conditions (IIb,c) reveals that the problem is one of orthogonal transformation between sets of entities A, and B, and C, etc., characterized as orthogonal by Eq. (IIc). Its solution, irrespective of any physical meaning of the quantities q, runs as follows:

Associate with every quantity $q(A_k,B_j)$ a vector $\psi(A_k,B_j)$ of magnitude $|\psi| = \sqrt{q}$ and of a flexible direction φ in a plane; give to the vector $\psi(B_j,A_k)$ the direction $-\varphi$. Connect the sets A,B,C by the *multiplication rule.*

$$\{\psi_{AC}\} = \{\psi_{AB}\} \times \{\psi_{BC}\}. \quad \text{(IIIf)}$$

This is an abbreviated notation for the more explicit prescription

$$\psi(A_k,C_m) = \sum_j \psi(A_k,B_j) \times \psi(B_j,C_m), \quad \text{(IIIg)}$$

with a sum of products on the right. Equations (IIIf) and (IIIg) are known as the *superposition rule* for probability amplitudes. The summation is extended over the complete set of intermediate states $B_1,B_2,\cdots$ between the initial state A_k and the final state C_m as illustrated by the following schema:

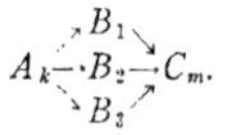

It is characteristic of this multiplication rule that it is general, self-consistent, symmetric in all sets of states. For example, one may on the right of Eqs. (IIIf) and (IIIg) replace the set B by any other complete set D of intermediate states without affecting the result on the left. The conditions (IIb) and (IIc) for the quantities q characterize the sets of entities $A,B,\cdots$ as *orthogonal sets.* Hence they are linked by orthogonal transformation, that is, by the matrix multiplication (IIIf) or superposition formula (IIIg) for amplitude vectors ψ, the directions of which are *adjusted* so as to satisfy the superposition law. The latter does not represent any new information which is not also contained in the conditions (IIb) and (IIc) for the probabilities q. It only replaces an indeterminate relation between definite quantities q by a definite equation between indeterminate quantities ψ. *The ψ-superposition law is not a new and independent law of nature.* It is as self-evident under the probability schema (IIb) and (IIc) as is the vector addition law of geometry under the triangular q-relations (IIIa) and (IIIb).

The superposition law for probability amplitudes was first received with startled amazement, as a glimpse into a new world of elusive complex quantities controlling the real world of observed data. This poetic vision turns out to have no substance at all. ψ-matrix multiplication is the formal expression of the natural metric of sets of orthogonal entities, namely, sets of mutually separable states connected by transition probabilities, the sum of which in every row and column of a probability matrix is *unity* as a matter of course; the symmetry $q(A,B) = q(B,A)$ is an additional condition, required for reasons of thermodynamics. ψ-matrix multiplication could be satisfied by admitting vectors of two opposite directions only, represented by real quantities $\psi = \pm\sqrt{q}$, similar to the geometric case of points arranged along a straight line (see above). The reason for generalizing to vectors ψ of various directions in a plane, i.e., to complex $\psi = \sqrt{q}e^{i\varphi}$, is *dynamics*, as will be seen in the following section.[3]

[3] The product of two vectors in a plane is defined as a vector in the same plane, of magnitude $|\psi| = |\psi_1| \times |\psi_2|$ and of direction $\varphi = \varphi_1 + \varphi_2$.

IV. ORIGIN OF QUANTUM PERIODICITY

In this section we shall try to come still closer to the core of the quantum theory, namely, to an explanation of the strange *periodic relationship* between energy and time, momentum and space coordinates, in short, between conjugates. When Max Planck had established beyond doubt that an oscillator of frequency ν can emit and absorb energy only in amounts $E=h\nu$, and when Niels Bohr later found similar quantum rules to prevail for periodic orbits in space, many physicists tried to explain these quantum facts as due to special circumstances within classical mechanics. This ideal seemed to have come true in the most unexpected fashion in the wave mechanics of de Broglie and Schrödinger. But first, the vibrating ψ states were soon recognized as having a statistical significance; and second, the new theory, like the older one, rests on quantum prescriptions which are only generalized versions of the old quantum rules, namely the Schrödinger operator rule, $p=(h/2i\pi)d/dq$, or the Born commutation rule, $qp-pq=h/2i\pi$. Both these prescriptions are introduced *ad hoc* with the only justification that they work even better than the older rules. They elevate the quantum enigma of periodicity to a higher level, but they do not solve it. And all attempts of exalting the quantum rules as manifestations of esoteric principles of duality and complementarity have not solved the problem *why* there is this periodicity between conjugates, but have surrounded quantum theory with a halo of inscrutability which it may take some time to disperse. The quantum prescriptions of Schrödinger and Born are not inscrutable. They are consequences of the probability metric (ψ superposition) applied to conjugate quantities when the latter are characterized by a quality known from classical mechanics. It is true that classical mechanics cannot be accepted without reservation since it is in conflict with fundamental facts of thermodynamics (equipartition paradox of the energy and Gibbs diffusion paradox of the entropy). But neither is classical mechanics quite wrong; only the strict determinism of the equations of motion must be replaced by statistical laws. Under these circumstances it is highly significant that there is one basic feature of classical mechanics apt to survive the decline of determinism, namely Liouville's theorem: the *probability* of a mechanical system to dwell in a given domain of phase space (=qp-space) is proportional to the *volume* of this phase space domain. To this must be added the trivial quality that only space *intervals* and momentum *differences* have a physical meaning.

The mathematical demonstration that this leads to the *periodic* relation between conjugates, in particular to the amplitude function $\psi(q,p)=\exp(2i\pi qp/h)$, is found in the second article in this *Journal* quoted above and also in Chapter 3 of the author's monograph.[2] However, the accompanying text asks for revision; it was not emphasized nor even realized that the replacement of summation over coordinate values q_k (or time instants t_k) by integration over dq (or dt) at fixed values of p (or E) is permitted only if there is a constant probability density in phase space. The innocent phrase "replacing summations by integrations" is in fact the crux of the matter. Elsewhere the mathematical reasoning is the same as in the resonance theory of collision and radiation. Therefore we do not repeat the proof here, and we only summarize as follows: There is no need for *assuming* the quantum prescriptions of periodicity or to justify them on grounds of assumed principles of duality and complementarity. The quantum periodicity rather is a consequence of (a) the formal metric of transition probabilities linking orthogonal sets of states through the superposition rule. The latter does not constitute a separate assumption as seen in Sec. II; (b) Pairs of conjugates q and p yield a constant probability density in qp-space. This is a well-known feature of classical statistical mechanics; (c) only momentum *differences* and space *intervals* have a physical significance. None of these three propositions contains a hint of periodicity. Their combination, however, leads to the conclusion that the amplitude $\psi(q,p)$ must have the form $\exp(iqp/\text{const})$; the constant may be denoted as $h/2\pi$.—It was our object to "do away with quantum rules," that is, to deduce the strange formal prescriptions of the quantum theory from simple physical postulates of a nonquantal character: entropy continuity and Liouville's theorem.

Wellenmechanik und Irreversibilität

Von Professor *Alfred Landé*, Ohio State University, Columbus

Bekanntlich läßt sich die Nichtumkehrbarkeit thermodynamischer Vorgänge aus der reversiblen klassischen Mechanik nur ableiten, wenn man statistische Zusatzannahmen macht. In der Quantentheorie bilden Wahrscheinlichkeitssätze dagegen einen Teil der Grundlagen selbst, sodaß sich die Irreversibilität hier in viel ungezwungenerer Weise ergibt. Trotzdem möchten wir einige methodische Bemerkungen zu diesem Thema machen. Heutzutage ist „die Quantenmechanik" mit ihrer Dualität, qp-Unbestimmtheit und Komplementarität, und mit ihren nicht-vertauschbaren Operatoren und komplexen Ψ-Funktionen eine so alltägliche Angelegenheit geworden, daß man es als eine zum *Boltzmann*schen Problem analoge Aufgabe ansieht, die Nichtumkehrbarkeit jetzt aus der neuen Mechanik abzuleiten. Das heißt aber doch, die Analogie zum klassischen Problem etwas zu weit treiben. Für *Boltzmann* und seine Nachfolger war es in der Tat eine sinnvolle Aufgabe, von der mathematisch und begrifflich e i n f a c h e n Mechanik über den in ihrem Rahmen recht fraglichen statistischen Grundansatz

$$dN_i/dt = \Sigma_j(N_j w_{ji} - N_i w_{ij})$$

mit symmetrischen

$$w_{ij} = w_{ji}$$

zur Thermodynamik vorzudringen. Heute will man dagegen von der sehr f r e m d a r t i g e n Quantenmechanik ausgehen und aus ihr den im Quantenrahmen gar nicht problematischen statistischen Grundansatz und damit die Nichtumkehrbarkeit herleiten. Dabei geht man zunächst von der *Schrödinger*-Gleichung aus, die aber für den vorliegenden Zweck zuviel Theorie enthält, nämlich Ψ-Phasen, sodaß man hinterher über die Phasen mitteln muß, um das gewünschte Resultat zu erhalten. Daß bei dieser Mittelung verschiedene Phasen mit gleichem Gewicht gezählt werden, ist eine plausible, aber in der Quantenmechanik nicht enthaltene Zusatzannahme. Die Behauptung also, daß man auf diese Weise die Irreversibilität aus der Quantenmechanik ableiten kann, ist ebenso unberechtigt wie die, daß man sie aus der klassischen Mechanik ableiten könne; denn hier wie dort werden statistische Zusatzannahmen eingeführt. Während aber auf klassischem Boden solche Zusatzannahmen unumgänglich waren, ist ihre Heranziehung in der Quantentheorie ganz überflüssig und nur dadurch bedingt, daß man die Quantenmechanik in einer viel zu speziellen Form heranzieht und dann Mühe hat, die unnötige Spezialisierung wieder los zu werden. Denn in der Tat sind die komplexen Größen Ψ_{ij} mit ihren Phasenwinkeln ganz unwesentlich für die reellen Wahrscheinlichkeiten w_{ij} der *e i n z e l n e n* w-Tabellen, auf die es für die Irreversibilität allein ankommt. Während nämlich eine w_{ij}-Matrix die Übergangswahrscheinlichkeiten zwischen zwei orthogonalen Zustandsreihen $i, i', i'', \ldots$ und $j, j', j'', \ldots$ enthält, besteht die Rolle der Ψ nur darin, daß man mit ihrer Hilfe aus z w e i gegebenen Matrizen w_{ij} und

Reprinted from *Physik. Blätter* **13**, 312–314 (1957).

w_{jk} die dritte Matrix w_{ik} berechnen kann, falls die Phasen der Ψ_{ij} und Ψ_{jk} bekannt sind — ähnlich wie man aus zwei Seitenlängen s_{ij} und s_{ik} eines Dreiecks die dritte Seite s_{ik} berechnen kann, wenn die Richtungswinkel der ersten beiden bekannt sind. Für die Irreversibilität benötigt man aber, wie *v. Neumann* gezeigt hat, nur die Eigenschaft

$$\Sigma_i \, w_{ij} = 1 \quad \text{und} \quad \Sigma_j \, w_{ij} = 1$$

jeder einzelnen w-Matrix, während die (durch komplexe Amplituden vermittelten) Zusammenhänge zwischen verschiedenen w-Matrizen hier völlig gleichgültig sind. Die symmetrischen reellen Wahrscheinlichkeiten w_{ij} sind das primäre Element der Theorie, während die Amplituden Ψ nichts als Hilfsgrößen zur bequemen Formulierung des Zusammenhanges zwischen drei w-Tabellen darstellen. (Man könnte sogar ohne die Ψ auskommen, wenn man stattdessen sehr unbequeme Verbindungsformeln für 6 w-Matrizen zwischen 4 orthogonalen Zustandsreihen in Kauf nehmen will.) Das ganze Verfahren, die volle Quantenmechanik mit ihren Ψ-Regeln zur Ableitung des statistischen Fundamentalsatzes und damit der Irreversibilität heranzuziehen, stellt den einfachen Sachverhalt in noch höherem Maße auf den Kopf, als wollte man etwa von der relativistischen Hydrodynamik bewegter Flüssigkeiten ausgehen und aus ihr dann die Konstanz der Lichtgeschwindigkeit im Vakuum ableiten. Wir sagten „in noch höherem Maße", denn in dem letztgenannten Beispiel kann die Aufgabe wenigstens ohne Zusatzannahmen gelöst werden. Sinnvolle Probleme der Physik bestehen aber darin, daß man einen verwickelten Sachverhalt aus einfachen Grundlagen abzuleiten und dadurch aufzuklären sucht.

Gerade in dieser Hinsicht befindet sich aber die Quantentheorie in einer recht schiefen Lage. Denn nach einem Vierteljahrhundert dogmatischer Schulung ist es heute dazu gekommen, daß die gesamte Quantenmechanik mit allen ihren fremdartigen Rechnungsregeln und begrifflichen Abstraktionen als das allerletzte, nicht weiter zurückführbare Ergebnis theoretischer Analyse hingenommen wird. Für das wirklich dringende Problem, sie auf einfache und unmittelbar annehmbare Grundsätze zurückzuführen, interessiert man sich nicht mehr. Vor dreißig Jahren war es gewiß angebracht, zunächst einmal nach dem Wie, nicht nach dem Warum zu fragen und aus der Not der damals mißglückten Erklärungsversuche eine Tugend zu machen. Auf die Dauer kann aber die Frage „warum ist die Welt eine Quantenwelt" nicht zurückgedrängt werden. Nun hat es sich in der Tat herausgestellt, daß man den so fremdartigen Inhalt der Quantenmechanik sehr wohl auf nicht quantenhafter Grundlage mit Hilfe einfacher und fast selbstverständlicher empirischer Postulate ableiten kann (obwohl die bisher gegebene Ableitung[1]) gewiß noch verbesserungsbedürftig ist). Dadurch ist aber der herrschenden Lehre einer Fundamentalität der Komplementarität und anderer Quantenprinzipe der Boden entzogen.

Jedoch, warum soll man einen Sachverhalt in einfacher Weise darstellen, wenn man dasselbe auch in verwickelter Weise tun kann? Wenn Steine

1) *A. Landé*. NATURWISS. *41*, 125 (1954); *43*, 217 (1956). Siehe auch NUCLEAR PHYS. 3, 132 (1957).

nach unten fallen und Feuer nach oben drängt, so beruht das nach *Aristoteles* darauf, daß jeder Stoff seinen rechtmäßigen Platz sucht. Wenn die Planeten auf Kreisen um die Sonne statt auf Epizyklen um die Erde laufen, so ist das nach *Kopernikus* die Erfüllung des Dranges der Himmelskörper nach größter Vollkommenheit. Wenn Elektronen sich nach der *Schrödinger*-Gleichung richten, so sieht *Bohr* darin die Erfüllung einer allgemeinen Dualität und Komplementarität als höchsten Naturprinzips, das selbst ins Biologische und Psychologische hinüberspielt. Ein solcher dogmatischer Standpunkt ist heute nicht mehr angebracht; denn nachdem sich viel einfachere Grundlagen für die Quantenmechanik ergeben haben[1]), stehen jene Quantenprinzipe als sekundäre Folgen da — und sind dabei gleichzeitig auf eine solidere Grundlage gestellt, als wenn man sie einfach ad hoc postuliert.

Zur Irreversibilität selbst ist noch zu sagen, daß nicht einmal die Quantentheorie zu einer einseitigen Entropiezunahme führt. Denn die oft vergessenen Abweichungen von der wahrscheinlichsten Entwicklung als Ergebnis aufeinander folgender Quantenteste führen zu einer *Ehrenfest*schen Treppenkurve, die in der Nähe des Entropiemaximums auf und ab schwankt. Da diese Kurve in der $+t$- und $-t$-Richtung den gleichen Charakter hat, hilft also auch die Quantentheorie nicht darüber hinweg, daß kein eindeutiger Zusammenhang zwischen Entropie und Zeitrichtung besteht.

ψ Superposition and Quantum Periodicity

ALFRED LANDÉ
The Ohio State University, Columbus, Ohio
(Received May 24, 1957)

The superposition law for probability amplitudes, usually considered as an empirical rule and introduced into the quantum theory as an *ad hoc* assumption, is shown to be the mathematical solution of almost self-evident requirements for the structural metric of the probabilities in general. When combining the general ψ metric of superposition with the postulate of a constant probability density in q-space for given p, and of a constant probability density in p-space for given q, one arrives at the mathematical result that $\psi(q,p)$ must necessarily have complex periodic form, $\exp(iqp/\text{const})$. Various quantum principles can thus be reduced to a nonquantal basis.

INTRODUCTION

THE following inquiry into the nature of probability amplitudes is occasioned by a recent statement of Heisenberg[1] that ψ as a vector in Hilbert space "is completely abstract and incomprehensible . . . and so to speak, contains no physics at all." Although this statement is out of context, remarks in the same vein by others lead to the impression that ψ and its strange laws are introduced into the theory by decree, merely because they "work." In contrast, the author has been attempting a program of reduction of quantum theory to strict and physically plausible basic axioms "so that our curiosity will rest" (Bridgman). The proposed postulates and their implications have at present the following form[2]:

(1) The continuity postulate; it leads to the admission of "fractional equality" between states.

(2) Reproducibility of a test result; combination of (1) and (2) leads to transitions between states in "filter" tests, controlled by statistical rules.

(3) Symmetry of the transition probability, $P(A,B) = P(B,A)$, in correspondence to classical reversibility. It leads to "magic square" matrices of the probabilities, with totally separable states figuring as "mutually orthogonal" states.

(4) The postulate that there is a general metric law connecting the probability matrices; the only possibility to construct such a general law is that of unitary transformation, which is the superposition law for complex amplitudes Ψ.

(5) A constant probability density in q-space for constant p and in p-space for constant q; (4) and (5) together necessitate a periodic function $\Psi(q,p)$ of the complex-imaginary form $\exp(2i\pi qp/\text{const})$, in which the constant may be denoted by the now familiar letter h. The periodic qp-relation (duality) and other quantum features are thus deducible from, i.e., explained on, a nonquantal basis.

This paper deals only with one part of the axiomatization: that which leads up to the formalism for superposition of probability amplitudes. Instead of taking this formalism for granted, and deducing the familiar algebra of transition probabilities, we proceed in the reverse order.

[1] W. Heisenberg, in *Niels Bohr and the Development of Physics*, edited by W. Pauli (Pergamon Press, London, 1955), p. 26.

[2] Reprinted from A. Landé, Nuclear Phys. 3, 132 (1957).

GEOMETRICAL ANALOGY

A geometrical analogy will indicate our philosophy. Someone has found a number of sticks of various lengths. There is reason to suspect that they were not cut at random but once formed a *structural framework* connecting points A, B, C, . . . in one- or two- or more dimensional space. Given the lengths, we find empirically that these lengths obey certain combinatorial laws. We can proceed in the reverse order: find out what substructure (vectors) and what mathematics of this substructure (vector analysis) are *required* to reproduce the observed laws of combinations of lengths. For a one-dimensional structure two lengths, P_{AB} and P_{BC}, will be found empirically to determine a third up to a choice of sign: $P_{AC}=P_{AB}\pm P_{BC}$. In a two-dimensional structure in flat space, five lengths, P_{AB}, P_{BC}, P_{CA}, P_{AD}, and P_{BD} will be found again to determine a sixth, P_{CD}, up to a choice of sign. In a three-dimensional flat space, nine lengths associated with five points determine a tenth length, up to a sign. In all these examples, we find we can define vectors that satisfy the general addition law,

$$\phi_{AC}=\phi_{AB}+\phi_{BC}, \tag{1}$$

made self-consistent by the relation

$$\phi_{AB}=-\phi_{BA}, \tag{2}$$

such that the lengths are given by bilinear expressions:

$$P_{AB}=|\phi_{AB}|. \tag{3}$$

ORTHOGONAL ENTITIES AND UNIT MAGIC SQUARES

Consider a class of entities $S_1S_2\cdots$ (e.g., all "states" of a certain kind of atom) divided into subclasses A, B, etc., each subclass having M members. The subclass A consists of M members $A_1A_2\cdots A_M$ which are in the mutual relationship P:

$$P(A_k,A_{k'})=\delta_{kk'}, \tag{4}$$

Reprinted from *Phys. Rev.* **108**, 891–893 (1957).

characterizing them as *mutually orthogonal* (e.g., discernible states, separable by "filters"). Similarly the subclass B has M members $B_1B_2\cdots B_M$, of mutually orthogonal entities, and so forth for C, D, etc. Two members belonging to different subclasses are in a *symmetric* relationship

$$P(A_k,B_j)=P(B_j,A_k), \quad \text{where} \quad 0<P<1. \tag{5}$$

Each P is a *positive* fraction of unity (e.g., fractional equality degree between the two states, fractional degree of separability, probability of transition from state A_k to B_j and *vice versa*). The positive P-values connecting two orthogonal sets A and B may be tabulated in a unit magic square

$$\begin{pmatrix} P(A_1,B_1) & P(A_1,B_2) & \cdots \\ P(A_2,B_1) & P(A_2,B_2) & \cdots \\ \cdots & \cdots & \cdots \end{pmatrix} = (P_{AB}), \tag{6}$$

in which the sum of the M elements in every row and every column is supposed to be *unity*:

$$\textstyle\sum_j P(A_k,B_j)=1 \text{ for every } k=1,2,\cdots M, \tag{7}$$

$$\textstyle\sum_k P(A_k,B_j)=1 \text{ for every } j=1,2,\cdots M. \tag{7'}$$

We shall not use the word "matrix" for (P_{AB}) because we do not propose to subject these quantities to addition or multiplication. Neither the sum nor the product of two of these objects gives in general a third unit magic square. The properties (5) and (7) justify the adjective "doubly stochastic" for every unit magic square. The special square (P_{AA}) may be called the "identity magic square" because of (4).

UNITARY TRANSFORMATION

We now search for a mathematical substructure which will (1) generate unit magic squares and (2) permit associative combination. Only two ways have been discovered to construct self-consistent formal rules of *associative combination* of two index quantities; by addition:

$$U_{AC}=U_{AB}+U_{BC}, \tag{8}$$

made self-consistent by the condition $U_{AB}+U_{AB}=0$; and by multiplication:

$$W_{AC}=W_{AB}\cdot W_{BC}, \tag{9}$$

made self-consistent by the condition $W_{AB}\cdot W_{BA}=1$. The two formalisms are made equivalent by the transformation $W=e^U$. It is sufficient therefore to study the multiplicative formalism alone. To the unit magic squares (P_{AB}), (P_{AC}), $\cdots$ we thus associate in the mathematical substructure matrices (ψ_{AB}), (ψ_{AC}), $\cdots$, satisfying the combinatorial law

$$(\psi_{AC})=(\psi_{AB})\cdot(\psi_{BC}); \tag{10a}$$

$$(\psi_{AB})\cdot(\psi_{BA})=1; \tag{10b}$$

or in terms of matrix elements,

$$\begin{aligned}\langle A_k|C_n\rangle&=\textstyle\sum_j \langle A_k|B_j\rangle\langle B_j|C_n\rangle,\\ \langle A_k|A_n\rangle&=\textstyle\sum_j \langle A_k|B_j\rangle\langle B_j|A_n\rangle=\delta_{kn}.\end{aligned} \tag{11}$$

Now we come to the central mathematical problem: how to construct the unit magic square (P_{AB}) out of the substructure matrix (ψ_{AB}). We might be tempted to try the assumption that the transition probabilities are the simple squares of real matrix elements,

$$P(A_k,B_j)=\langle A_k|B_j\rangle^2. \tag{12}$$

Then the unit magic square property for P_{AB} together with (11) demands that the (ψ_{AB}) be real orthogonal matrices:

$$(\psi_{BA})=(\psi_{AB})^{-1}=(\psi_{AB})_{\text{transposed}}. \tag{13}$$

However, this formalism is unsatisfactory. It does not allow one to represent the most general unit magic square. Such a square has n^2 real elements. They are subject to the $2n$ conditions (7) and (7′). These conditions are not all independent, for the sum of Eqs. (7) is identical with the sum of Eqs. (7′). With account of this duplication, the most general unit magic square is characterized by $n^2-(2n-1)=(n-1)^2$ independent real parameters. In contrast, the most general orthogonal matrix, continuously connected with the unit matrix, is generated by a rotation in n-space that has only $n(n-1)/2$ real angular parameters. Therefore, we are forced to conclude that *the mathematical substructure cannot be composed of matrices with real elements.*

As soon as it is accepted that the matrix elements are complex, the squaring operation (12) is unacceptable to obtain real probabilities. In its place we could find as an acceptable alternative only the operation of absolute square:

$$P(A_k,B_j)=|\langle A_k|B_j\rangle|^2. \tag{14}$$

Then it follows from (11) and from the magic square property of (P_{AB}) that (ψ_{AB}) is *unitary:*

$$\psi_{BA}=(\psi_{AB})^{-1}=(\psi_{AB})_{\text{transposed}}^*. \tag{15}$$

Thus, we arrive in the most natural way at a mathematical substructure endowed with (1) complex probability amplitudes, (2) a law of superposition (10a) of these probability amplitudes, and (3) a principle of unitary transformation.

[A unitary matrix has enough free parameters to reproduce the most general unit magic square. Consider a unitary (ψ_{AB}) which generates the magic square (P_{AB}), and make an infinitesimal change in it. We have no interest in an infinitesimal complex rotation of the kth row of (ψ_{AB}),

$$\langle A_k|B_j\rangle\rightarrow e^{i\delta_k}\langle A_k|B_j\rangle, \tag{16}$$

because it leaves all probabilities unchanged; likewise for an infinitesimal complex rotation of the jth column of (ψ_{AB}). Consider therefore the complex rotation in the

2-plane (st), characterized by the angle,

$$\begin{aligned} \theta_{st} &= \alpha_{st} + i\beta_{st}, \\ \alpha_{st} &= -\alpha_{ts}, \\ \beta_{st} &= \beta_{ts}. \end{aligned} \tag{17}$$

Thus,

$$\begin{aligned} d\langle A_k | B_j \rangle &= 0 \text{ for } j \neq s, t, \\ d\langle A_k | B_s \rangle &= \langle A_k | B_t \rangle \theta_{ts}, \\ d\langle A_k | B_t \rangle &= \langle A_k | B_s \rangle \theta_{st}. \end{aligned} \tag{18}$$

The most general infinitesimal unitary transformation on the matrix is constructable from the $n(n-1)/2$ such complex rotations. It produces changes in the probabilities $P(A_k,B_j)$ which leave the magic square property unaltered:

$$\begin{aligned} \textstyle\sum_k dP(A_k,B_j) &= 0, \\ \textstyle\sum_j dP(A_k,B_j) &= 0. \end{aligned} \tag{19}$$

This general rotation has $n(n-1)$ real parameters. Of these, $(n-1)$ are redundant so far as concerns changes in the $P(A_k,B_j)$. The remaining parameters are sufficient to generate the most general infinitesimal change in the unit magic square. Moreover, we can reach the most general unit magic square by a sequence of infinitesimal changes from the identity square.‡]

In summary, it was a matter of indifference in speaking of the relations between points in a flat space whether one limited the discussion to relations between lengths, or introduced the mathematical substructure of vectors. So in quantum mechanics one can deal with vectors in Hilbert space or alternatively speak entirely about the *interconnections between unit magic squares*. In either language, *all relations are purely geometrical.*

GENERALIZATIONS

1. The rules employed in the measurement of distances between points might have been calibrated according to an erroneous and nonlinear scale, such as $L' = \sinh L$. Then a supplementary transformation ($L = \text{arc} \sinh L'$) would have had to be applied to the measured pseudolengths to convert them into numbers that had any simple relations. The corresponding generalization to an erroneous scale of probabilities is too trivial to require further mention.

When ψ superposition has once been established as *the* structural metric of probabilities of transition, then it is hardly a new and independent step to assume that "observables," i.e., tensors in general, are subjected to the same transformation metric. That is, when ψ is the unit tensor, $\langle B_j | B_k \rangle = \delta_{jk}$, and b is a tensor with principal components $b(B_jB_k) = b_j\delta_{jk}$, then the following transformation formula ought to hold for the tensor components of b in general:

$$b(A_k,C_n) = \textstyle\sum_j \langle A_k | B_j \rangle b_j \langle B_j | C_n \rangle, \tag{20}$$

or in matrix terminology

$$(b_{AC}) = (\psi_{AB})(b_{BB})(\psi_{BC}), \tag{21}$$

and hence further

$$(b_{KL}) = (\psi_{KA})(b_{AC})(\psi_{CL}). \tag{22}$$

UNCERTAINTY RELATION

Why does the function $\psi(p,q)$ have the *complex periodic form*

$$\psi(q,p) = \exp(ipq/\hbar), \tag{23}$$

with reduced wavelength $\lambda\!\!\!^{-} = \hbar/p$? This fundamental formula of quantum mechanics, upon which duality, complementarity, and qp-uncertainty depend, is usually introduced by decree, either directly, or in the form of the Schrödinger operator rule, $p = -i\hbar\partial/\partial q$, or as the Born commutation rule, $qp - pq = \hbar/i$, as an *ad hoc* assumption. It has turned out, however, that (23) does not need to be introduced as a separate quantum theorem; the function (23), and with it the quantum rules of Schrödinger and Born, hence *quantum dynamics*, can rather be shown to follow from

(a) the formal superposition law (10a) for observables in general,
(b) the fact that only q- and p-differences are physically significant,
(c) the classical statistical principle that the probability density in qp-space is constant.

Neither (a) nor (b) nor (c) contain any hint at periodicity; yet their combination leads, by mathematical necessity, to the conclusion[3] that $\psi(q,p)$ must be of complex exponential form $\exp(2i\pi qp/\text{const})$. The value of the constant denominator in terms of conventional units can of course not be obtained from general considerations.

‡ The section in square brackets has been added by a reviewer.

[3] A. Landé, Am. J. Phys. 24, 56 (1956).

Symposium on the Axiomatic Method

QUANTUM THEORY FROM NON-QUANTAL POSTULATES

ALFRED LANDÉ
Ohio State University, Columbus, Ohio, U.S.A.

1. **Physical and Ideological Background.** Theoretical physics aims at deducing formal relations between observed data by the combination of simple and general empirical propositions which, if true, will 'explain' the variety of phenomena. In the process of constructing a physical theory on a postulational basis one may distinguish between three steps. *First*, by critical evaluation of experience one arrives at ideological pictures for the connection of individual data (e.g. for the 'path' of a firefly, Margenau) and at general notions expressed in everyday language which takes much for granted and may involve circularity in the definition of terms. *Second*, the resulting picture is formalized and condensed into general laws. *Third*, the formal laws are now put in correspondence with a physical 'model' which gives an operational definition of each symbol, resulting in a self-consistent physical theory. In spite of its vagueness, step 1 is of importance to the physicist since it furnishes a legitimate basis for his selection of one formalism among many possible ones as the formal substructure of his laws.

The quantum theory in its historical development has followed this procedure, its laws are based today on a few universal, though rather baffling, principles, the most prominent among them being those of *wave-particle duality, qp-uncertainty, and complementarity*. I submit, however, that the process of reduction has not gone far enough, and that the quantum principles just mentioned can be reduced further to simple empirical propositions of a *non-quantal* character, the combination of which yields the quantum principles as consequences. The latter can thus be 'explained' on an elementary and more or less familiar background "so that our curiosity will rest" (Percy Bridgman),. Conforming with step 1 above, I begin with considerations of a somewhat vague character in order to lay the ideological groundwork for the formal substructure of quantum mechanics. — Two objects, A and B, or two 'states" A and B of the same 'kind' of object, may be said to be different, written $A \neq B$, when A and B are discernible, i.e. separable by means of

Reprinted from *Berkeley Symposium on the Axiomatic Method*, pp. 353–364 (1958 some device, shortly denoted as a 'filter', responding to B with 'no' when $B \neq A$, and with 'yes' when $B = A$, as depicted by Figs. 1*a* and 1*b* where $\bar{A}$ is written for different from A or *non-A*. The term 'state', 'filter', 'kind' of system (atom) are introduced without operational definition; they happen to correspond to actual situations in microphysical experiments, however.

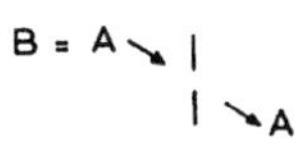

Fig. 1*a*

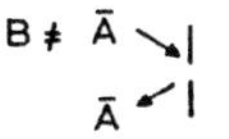

Fig. 1*b*

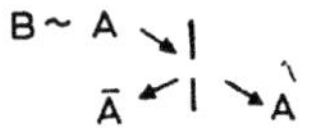

Fig. 1*c*

As an illustration, A may signify a state of vertical orientation of the molecular axis of a certain kind of particle, and the A-filter may be a screen with a vertical slit. State $\bar{A}$ may be a state of horizontal orientation of the same particle, so that the A-filter blocks $\bar{A}$-state particles.

Imagine now that, starting from a state $B \neq A$ (Fig. 1*b*) one gradually 'changes' state B so that it becomes 'more similar' to A (again no operational definition of the terms in quotation marks is given). One may expect *a priori* that an abrupt change from Fig. 1*b* to 1*a* will take place only in the last moment when B becomes exactly equal to A. The *postulate of continuity of cause and effect* requires, however, that a gradual change from $B \neq A$ to $B = A$ as cause will lead to a gradual change of effect, from all B's blocked to all B's passed by the A-filter. More precisely, the continuity postulate requires that there be intermediate states B between $B \neq A$ and $B = A$, with results intermediate between Fig. 1*b* and 1*a*, that is, with some B's passing and some rejected, as pictured in Fig. 1*c*; such cases then signify a 'fractional equality' between B and A, written $B \sim A$. The ratio between passed and repelled B-state particles can only be a *statistical ratio*, i.e. a probability ratio for an individual B-state particle. *Individual indeterminacy controlled by statistical ratios is a consequence of the continuity postulate* for cause and effect. The passing fraction written $P(B, A)$ of B-state particles through the A-passing filter may be taken as an operational definition of the *fractional equality degree* between the states A and B, of value between 0 and 1. And since equality degrees ought to be mutual, one will introduce the *symmetry postulate*, $P(A, B) = P(B, A)$; the latter is physically justified as the statistical counterpart of the reversibility of deterministic processes. It stipulates that the statistical fraction of B-state particles passed by an A-passing filter equals the statistical fraction of A-state particles passing a B-filter.

Similar considerations apply to any game of chance with the alternative 'yes' or 'no', passed or blocked, right of left, etc. For example, when balls are dropped from a chute upon a knife edge, they will drop to the right or to the left, depending on the aim of the chute.

According to the continuity postulate, however, there ought to be a continuity of cases between all balls to the right and all to the left, occurring within a small range of physical aim, with statistically ruled ratios of r- and l-balls, gradually changing from 100:0 to 0:100 when the physically regulated aim of the chute is changed from one to the other end of the small angular range. Hypothetical reservaetions about concealed causes for individual r- and l-events would never explain the miracle of 'statistical cooperation' of individual events yielding fixed statistical ratios [1], [2].

Next we introduce the empirical *postulate of reproducibility of a test result* which stipulates that a B-state particle in Fig. 1*c* which has once passed the A-filter will pass an A-filter again with certainty. This harmless looking postulate implies that the incident B-state particle, in the first act of passing the A-filter, must have changed its state from B to A. Indeed, only thus will it pass another A-filter again with certainty. Similarly, an incident B-state particle once repelled by the A-filter must have jumped, by virtue of its first repulsion, from B to the new state $\bar{A}$ so that it will be repelled again if tested once more by the A-filter. Discontinuous changes of state (transitions, jumps) in reaction to a testing instrument can thus be seen as consequences of the postulate of *reproducibility* of a test result and *continuity* of cause and effect. To these postulates we have added that of symmetry, $P(A, B) = P(B, A)$, in which P now assumes the meaning of a *transition probability* from state B to A in an A-filtertest, and from A to B in a B-filtertest.

2. **The Probability Schema.** After these ideological preparations we come to the mathematical schema of the probabilities of transition. Consider a class of entities S (= 'states' of a given atom) which are in a mutual relation of 'fractional equality' $S_m \sim S_n$, quantitatively described by positive fractional numbers, $P(S_m, S_n)$, denoted as 'equality fractions'. Special cases are $P = 0$ (separability, total inequality of S_m and S_n) and $P = 1$ (identity, inseparability). The P-relations permit a division of the elements of class S into subclasses, the subclass A with members $A_1A_2\ldots$ which satisfy the *orthogonality relation*

(1) $$P(A_m A_{m'}) = \delta_{mm'},$$

the subclass B, and C, and so forth. (The selection of complete orthogonal subclasses out of the entirety of entities S is not unique, a fact known to the quantum theorist as 'degeneracy').

P-values connecting the elements of two subclasses such as A and B may be arranged in a matrix:

(2) $$(P_{AB}) = \begin{Bmatrix} P(A_1, B_1) & P(A_1, B_2) & \dots \\ P(A_2, B_1) & P(A_2, B_2) & \dots \\ \dots & \dots & \dots \end{Bmatrix}$$

The physical interpretation of the P's as probabilities of transition in tests justifies the postulate that the sum of the transition probabilities from any one state A_m to the various states $B_1B_2\dots$ be unity, i.e. that each row of the matrix (2) sums up to unity. Furthermore, according to the *symmetry postulate*

(3) $$P(A_m, B_n) = P(B_n, A_m),$$

the columns of the matrix (P_{AB}) are the rows of the matrix (P_{BA}) so that the columns of (P_{AB}) also have sum unity;

(3') $$\Sigma_n P(A_m, B_n) = 1 \text{ and } \Sigma_m P(A_m, B_n) = 1.$$

Suppose now that the matrix (2) has M rows and N columns. The sum of all its elements would then be M when summing the rows, and N when summing the columns. Thus $M = N$, that is, the matrices (P_{AB}) and (P_{AC}) etc. must be *quadratic*, and the subclasses $A, B, C, \dots$ must all have the *same multiplicity*, M. The multiplicity M of the orthogonal sets of states may be finite or infinite depending on the 'kind' of particle. The P-matrices are *unit magic squares*.

3. **The Probability Metric.** We now introduce the further postulate that the various P-matrices are interdependent by virtue of a *general law* according to which one matrix (P) in a group is determined by the other matrices (P) of the same group. Only the following simple interdependence laws between two-index quantities are feasible:

(4) the *addition law* $U_{AC} = U_{AB} + U_{BC}$

made self-consistent by $U_{AB} = -U_{BA}$

and corresponding laws for distorted quantities $W = f(U)$, e.g. for $W = e^U$.

(5) the *multiplication law* $W_{AC} = W_{AB}.W_{BC}$

made self-consistent by $W_{AB}.W_{BA} = 1$

There is no other conceivable way of making U_{AC} or W_{AC} independent of the choice of the intermediate entity B than the addition theorem (4) and its generalization by distortion.

A model of (4) is furnished by the geometry of lengths L_{AB}, L_{AC}, etc. in frameworks connecting points $A, B, C, \ldots$. Although (4) cannot be applied to the lengths L themselves, it may be applied to a substructure of quantities φ satisfying the triangular relation $\varphi_{AC} = \varphi_{AB} + \varphi_{BC}$ with $\varphi_{AB} = -\varphi_{BA}$, known as *vectors*. The latter determine the lengths $L = |\varphi|$. Of particular interest is *plane* geometry where vectors φ can be written as complex symbols, $\varphi = |\varphi|.e^{i\alpha}$. Also in a plane, 5 points are connected by 10 lengths; when 9 of them are given they uniquely determine the tenth L.

In order to construct a law of interdependence between unit magic squares one may start from (5), Although (5) cannot be applied to the matrices (P) themselves, it may be applied to a substructure of quantites ψ which are to satisfy the matrix multiplication formula

(6) $$(\psi_{AC}) = (\psi_{AB}).(\psi_{BC}), \text{ with } (\psi_{AA}) = (\psi_{AB}).(\psi_{BA}) = (1).$$

When now decreeing (the asterisk standing for the complex conjugate):

(7) $$\psi(A_k, B_n) = \psi^*(B_n, A_k) \text{ and } P = |\psi|^2,$$

the P-matrices become unit magic squares, as required. (6) is known as the law of *unitary transformation*, connecting 'orthogonal axes systems' A and B etc. by 'complex directional cosines' ψ. A tensor f in general obeys the transformation formula

(8) $$(f_{AD}) = (\psi_{AB}).(f_{BC}).(\psi_{CD}).$$

To the physicist, the quantities ψ are the 'probability amplitudes' which satisfy the *law of interference* (6), and the tensors f are 'observables'. When f has its eigenvalues in the states $F_1F_2\ldots$ that is, when

(9) $$f(F_n, F_{n'}) = f(F_n).\delta_{nn'},$$

then, as a special case of (8), one has

(9') $$f(A_k, A_j) = \Sigma_n \psi(A_k, F_n).f(F_n).\psi(F_n, A_j).$$

The ψ-interference law and the corresponding transformation law for observables was first found inductively and was considered as a most surprising empirical law of nature. It turns out to be the only conceivable solution of the mathematical problem of finding a general self-consistent law connecting *unit magic squares*, viz. the law of unitary transformation.

In opposition to numerous physicists who see in the interference law for complex probability amplitudes a profound and unfathomable plan of nature presenting us with an abstract and unpictorial substructure of reality manifest in a wave-particle duality, it may be noticed that (*a*) each complex ψ may be pictured as a vector in a plane giving direction to the corresponding probability P so that the P-metric can be visualized as a structural framework of lines in a plane, and (*b*) similar to plane geometry where 5 points A, B, C, D, E are connected by 10 lengths L_{AB}, L_{AC}, etc. and 9 L's uniquely determine the tenth L, so are there direct relations between the 10 unit magic square matrices (P_{AB}), (P_{AC}), etc. which connect 5 orthogonal sets of states so that 9 P-matrices uniquely determine the tenth. That is, there are direct relations between the real probabilities P which can be formulated without resorting to complex quantities ψ with wave-like phase angles.

4. **Quantum Periodicity Rules.** The quantum theorems of Born and Schrödinger

$$(qp - pq) = h/2i\pi \text{ and } p = (h/2i\pi)\partial/\partial q \tag{10}$$

are equivalent to the rule that the amplitude function $\psi(q, p)$ is a complex exponential function

$$\psi(q, p) = \exp(iqp/\text{const}) \tag{11}$$

with const $= h/2\pi$. The quantum rules (10) or (11) are usually introduced *ad hoc* as inductive results of quantum experience. I am going to show that they are consequences of the following postulates added to those introduced before:

a) Linear coordinates q and linear momenta p are physically defined up to additional constants so that there are observables whose values depend on *q-differences* and on *p-differences* only.

b) The statistical density of conjugates q and p is *constant* in qp-space (as it is in classical statistical mechanics).

The proof of (11) on the grounds of (*a*)(*b*) rests on the fact that the complex exponential function, $f(x) = \exp(ix/\text{const})$ is the only function $f(x)$ which, together with its complex conjugate $f^*(x)$, satisfies the condition that the product $f(x_1).f^*(x_2)$ will depend on the *difference* $x_1 - x_2$ only.

The detailed proof runs as follows. As a special case of (9′) for an observable f defined as a function of q one has

$$f(p_k, p_j) = \Sigma_n\, \psi(p_k, q_n) f(q_n) \psi'(q_n, p_j).$$

If q is a linear coordinate running continuously from $-\infty$ to $+\infty$, and for given p-values has *constant* $|\psi|^2$ density, the last formula becomes an integral with *constant* weight factor in the integrand:

$$f(p_k, p_j) = \int \psi(p_k, q) f(q) \psi(q, p_j) dq \tag{12}$$

Since $f(q)$ may be any observable whatsoever, one may consider the case that it is a δ-function with maximum at any chosen place q_i; the integral then reduces to

$$f(p_k, p_j) = \psi(p_k, q_i)\psi^*(p_j, q_i).$$

If the 'transition value' $f(p_k, p_j)$ is to depend on the *difference* $p_k - p_j$ only, the function ψ on the right must contain p in the form

$$\psi(q, p) = \exp(\ldots ip\ldots). \tag{13}$$

An analogous consideration applied to an observable $g(p)$ which may be chosen as a δ-function yields the result that the function Ψ must contain q in the form

$$\psi(q, p) = \exp(\ldots iq\ldots). \tag{13′}$$

(13) and (13′) together leave only the following alternative: *Either* $\psi(q, p)$ is of the form

$$\psi(q, p) = \exp(\alpha iq + \beta ip)$$

with separate real constant factors α and β, or

$$\psi(q, p) = \exp(i\gamma qp) \tag{14}$$

with common real factor γ. The first alternative would lead, according to (12) to

$$f(p_k, q_j) = \exp(i\alpha(p_k - p_j)] \int f(q)\,.dq = \exp(i\alpha(p_k - p_j)].\text{const},$$

where the left hand side depends on the choice of the function f, whereas the right hand side does not. Only the second alternative makes sense. When writing $h/2\pi$ for γ Eq. (14) it is identical with (11), q.e.d. Eq. (11) is the fundamental wave function of quantum dynamics with wave length $\lambda = h/p$.

For completeness sake we add the well-known deduction of the symmetry theorems which are of such decisive importance for the aggregation of identical particles. Identity of two particles a and b signifies their indiscernibility and in particular equality of the two transition probabilities

$$P(S;\, a_i,\, b_j) = P(S;\, b_i,\, a_j),$$

or omitting reference to S:

$$|\psi(a_i,\, b_j)|^2 = |\psi(b_i,\, a_j)|^2.$$

This equation can be satisfied only when ψ is either symmetric or antisymmetric with respect to an exchange of the letters a and b, proved as follows. Write

$$\begin{aligned}\psi(a_i,\, b_j) &= \tfrac{1}{2}[\psi(a_i,\, b_j) + \psi(b_i,\, a_j) + \tfrac{1}{2}[\psi(a_i,\, b_j) - \psi(b_i,\, a_j)] \\ &= \phi_{\text{sym}}(a,\, b) \qquad\qquad + \phi_{\text{ant}}(a,\, b).\end{aligned}$$

Similarly

$$\psi(b_i,\, a_j) = \phi_{\text{sym}}(a,\, b) - \phi_{\text{ant}}(a,\, b)$$

Taking the absolute squares of the two last equations one arrives at

$$\begin{aligned}P(a_i,\, b_j) &= |\phi_{\text{sym}}|^2 + |\phi_{\text{ant}}|^2 + \textit{real part of } (2\phi_{\text{sym}}\phi_{\text{ant}}^*) \\ P(b_i,\, a_j) &= \quad \textit{same} \qquad \textit{real part of same}\end{aligned}$$

The two P's can be equal only when either ϕ_{sym} or ϕ_{ant} vanishes, i.e. (excluding the trivial case of $\psi \equiv 0$) when either $\psi = \phi_{ant}$ or $\psi = \phi_{sym}$, q.e.d.

For systems of three or more identical particles $\psi(a, b, c, \ldots)$ must either be symmetric with respect of the exchange of each pair, or antisymmetric. Indeed, if ψ were symmetric with respect to a and b, but antisymmetric with respect to a and c, one would arrive at the following sequence:

$$\begin{aligned}&+ \psi(a,\, b,\, c) = + \psi(b,\, a,\, c) = - \psi(b,\, c,\, a) = - \psi(a,\, c,\, b) = \\ &\qquad\qquad = + \psi(c,\, a,\, b) = + \psi(c,\, b,\, a) = - \psi(a,\, b,\, c)\end{aligned}$$

which is self-contradictory. All particles are thus divided in two classes, those which form symmetric, and those which form antisymmetric ψ-functions.

This concludes the deduction of the quantum theorems from basic postulates of a non-quantal character.

5. **Quantum Fact and Fiction.** A few remarks may be added concerning the present quantum philosophy, reputedly the most revolutionary innovation in the theory of knowledge of the century. Its starting point is the allegation that quantum theory has invalidated the notion of *objective states* possessed by a microphysical system independent of an observer (according to some authorities) or independent of a measuring instrument (according to others). And the quantity ψ is said to have a particularly 'subjective' character in so far as it expresses expectations of an observer, rather than states of an atom. ψ is also reputed to be 'abstract' and 'unanschaulich' (unpictorial) due to its complex-imaginary form.

In the writers opinion, this quantum philosophy rests on various misunderstandings and fictions. *First*, complex quantities stand for vectors in a plane; hence ψ gives direction to the transition probabilities so that the latter form a structural framework in a plane. The ψ-multiplication law (6) is quite analogous to the geometrical vector addition law $\varphi_{AC} = \phi_{AB} + \varphi_{BC}$. But nobody has yet found plane geometry abstract and unpictorial because it connects real lengths by vectors which could be symbolized by complex numbers.

Second, since a test resulting in the state A_m of an atom is *reproducible* by means of the same A-meter, one may legitimately denote the state A_m as being 'objectively possessed' by the atom. It is true that a subsequent B-test throws the atom into a new (equally reproducible) state B_n. Thus one does not have the right to say, or even to imagine, that the atom is in the two states A_m and B_n simultaneously; the two states are 'incompatible'. But incompatibility as such is nothing novel and revolutionary. A state of angular twist value w of a rod of ice, and a viscosity value v of the same sample in the liquid state are mutually incompatible; there are no combination vw-states. It is significant of quantum dynamics that a state q and a state p, though individually reproducible, do not allow reproducible 'objective' qp-states; and if an objective q-state has been ascertained one must not even *imagine* any hidden simultaneous p-value to prevail. But this is not initiating a new philosophy of knowledge. It merely tells us to be careful with the application of the term 'objective state'. Of course, physicists are more impressed by the example of qp-

incompatibility than by the trivial example of vw-incompatibility. Yet after thirty years of emphasizing differences, one may as well begin stressing similarities between quantum physics and everyday experience.

Third, in this connection one ought to remember that statistical law, as opposed to classical determinism, is known from ordinary games of chance; they, too, confront us with the 'miracle of statistical cooperation' of individual events irreducible *in principle* [1], [2] to hidden causes. There is no structural difference between the ordinary ball-knife game desribed above and the quantum game of Fig. 1*c*.

Fourth a great issue has been made of ψ being a subjective expectation function which suddenly collapses or contracts in violation of the 'wave equation' when a definite observation is made, turning potentiality into actuality. However, in spite of subjectively tainted words 'expectation' and 'probability', the quantum theory, like any other theory in physics, correlates experimental data rather than mental states; in particular it correlates statistical experience gained in tests of atoms with macroscopic instruments. If someone uses these statistical laws (which are of the same quality as the Gauss law of errors) for placing bets or for enjoying anticipations of future events, this is his personal affair and has nothing to do with the quantum theory. (Similarly, nobody has yet found a subjective element in Gauss' error law, or in Newton's law of attraction because astronomers anticipate eclipses with high accuracy). The fiction that quantum theory deals with differential equations for expectations rather than with the correlation of objective data which never collapse, has instilled utter confusion into the 'quantum theory of measurement'. Here we learn that a ψ-function, after first developing according to the Schrödinger equation as a kind of 'process equation of motion', suddenly collapses whenever a point event takes place (according to some authorities) or only when an observer takes notice of the point event (according to others). But since nobody can seriously believe in such inconsistencies, one tries at least to talk away the difficulty, as testified by extended discussions at many symposiums on 'measurement' during the last thirty years. The chief trouble is the mistaken view that the Schrödinger equation describes a physical change of state, either individually or statistically. Actually if connects various mathematical 'representations' of one and the same fixed state with one another, be it the fixed state A before the measurement, or B after the measurement [3], [4], [5], [6].

Fifth, confusion prevails also with respect to the famous waveparticle *duality*. In fact the latter has become illusory since Max Born thirty years ago introduced the statistical particle interpretation of the 'wave function' and thereby restored a *unitary particle theory*, following a short period of doubt whether matter really consisted of waves or of particles. Before Born it was considered philosophical to argue that neither waves nor particles are 'real'; but the same pseudo-philosophical *talk* has survived although physicists in their sober hours consider particles, and particles alone, as the constituting substance of matter (in the non-relativistic domain). Still talking of duality, i.e. drawing a parallel between a thing (particle) and one of its many qualities (its occasional periodic probability distribution in space and time) is illogical.

The great merit of Schrödinger's original matter wave theory had been that it gave an explanation of the discreteness of quantum states in terms of proper vibrations in a medium. But Born's statistical interpretation, confirmed by the observation of point events, destroyed the explanatory character of the Schrödinger waves, without substituting a rational explanation for the wave-like phenomena. The present investigation is to fill this gap. The wave-like ψ-interference becomes a natural and necessary quality of particles under the postulate that the unit magic square P-tables are connected by a self-consistent law, the only conceivable such law is that of unitary transformation, which is identical with that of ψ-interference (6). Furthermore, the wave-like qp-periodicity, the basis of all 'quantization', becomes a natural and obvious particle quality under the postulates $(a)(b)$ for conjugate observables q and p.

Postscript: The deduction on p. 360 is inconclusive. Only perturbation theory leads to the symmetry principles.

Bibliography

[1] LANDÉ, A., *The case for indeterminism*. In 'Determinism and Freedom', edited by Sidney Hook, New York University Press (1958), p. 69.
[2] ——, *Determinism versus continuity in modern science*. Mind, vol. 67 (1958), pp. 174–181.
[3] ——, *Foundations of quantum theory*. Yale University Press, 1955.
[4] ——, *The logic of quanta*. British Journal for the Philosophy of Science, vol. 6 (1956), pp. 300–320.
[5] ——, *Non-quantal foundations of quantum theory*. Philosophy of Science, vol. 24 (1957), pp. 309–320.
[6] ——, Zeitschrift für Physik, vol. 153 (1959)pp. 389–393.

Aus dem Department of Physics, The Ohio State University, Columbus, Ohio, USA

Zur Quantentheorie der Messung

Von

ALFRED LANDÉ

(Eingegangen am 12. Mai 1958)

Die Heisenberg-von Neumannsche Beschreibung des Messungsvorgangs beruht auf einem Doppelsinn des Wortes „Zustand" und einer mißverständlichen Auffassung der Schrödinger-Gleichung, die dann zu der bekannten Mischung von subjektiven und objektiven Elementen, dem Übergang vom Möglichen zum Faktischen usw. führt. In der konsequenten statistischen Deutung kann man (nach Ausscheidung des erwähnten Doppelsinns) von der Mischung von Physik und Phänomenologie der Bewußtseinsinhalte zur reinen Physik zurückkehren. Unser Ausweg aus den inneren Widersprüchen der Messungstheorie ist genau entgegengesetzt dem von SCHRÖDINGER und FEYERABEND, nämlich rein statistisch.

HEISENBERG-VON NEUMANN's description of the measuring process rests on a double meaning of the term "state" and on a misinterpretation of the Schrödinger equation which further leads to the mixture of subjective and objective elements, the transition from the possible to the factual, etc. If one eliminates the double meaning and consistently accepts the statistical interpretation, one can return from the mixture of physics and phenomenology of subjective elements of consciousness to pure physics again. Our remedy of removing intrinsic contradictions from the theory of measurement is just opposite to that of SCHRÖDINGER and FEYERABEND; it is purely statistical.

1. Kürzlich hat P. FEYERABEND[1] in dieser Zeitschrift versucht, die auf vielen Symposien[2] verhandelten Widersprüche der Heisenberg-von Neumannschen Quantentheorie der Messung zu beseitigen. Seinem Standpunkt, daß „der Vorgang der Messung nicht zwischen beliebigen Systemen, sondern zwischen einem beliebigen System und einem makroskopischen Meßapparat stattfindet" stimmt der Verfasser aufs Entschiedenste zu, möchte nur denselben Standpunkt auf die ganze Quantentheorie ausdehnen. Jede quantenphysikalische Größe, z.B. die Wahrscheinlichkeit $W(q, p)$ des Übergangs von einem q-Wert zu einem p-Wert bezieht sich auf einen *makroskopisch* gemessenen q-Wert und p-Wert. Die Theorie beschäftigt sich dann damit, den mathematischen Zusammenhang zwischen den Größen W aufzudecken. Im besonderen handelt es sich um Übergangswahrscheinlichkeiten $W(S_i; R_j)$ zwischen Eigenzuständen zweier Observablen s und r mit Eigenwerten s_i und r_j, wobei sich W auf folgende experimentelle Lage bezieht. Das System möge aus einer s-Messung mit dem Eigenwert s_i im Zustand S_i hervorgegangen

[1] FEYERABEND, P.: Z. Physik **148**, 551 (1957).

[2] Vgl. z.B. Vol. IX of the Colston Papers. London: Butterworths Scientific Publ. 1957 (Bristol Symposium).

Reprinted from *Z. Phys.* **153**, 389–393 (1959).

sein. Wird es jetzt einer r-Messung unterworfen (stets mit einem makroskopischen Meßapparat), so kommt es im Zustand R_j und Eigenwert r_j mit der relativen Häufigkeit $W(S_i; R_j)$ an*. Es ist gewiß nichts Neues gesagt, wenn wir folgende drei Stufen unterscheiden:

A. Vor der Messung ist das System im Zustand S_i (nach Ausweis einer vorangegangenen s-Messung). Dieser Zustand ändert sich nicht bis zum

B. Vorgang des r-Messung, welche das System zwingt, nach einem Eigenzustand der Observablen r zu springen. Die Wahrscheinlichkeit für Ankunft im Zustand R_j ist $W(S_i; R_j)$.

C. Danach bleibt das System im Zustand R_j, bis eine folgende Messung es zu einem neuen Zustandswechsel zwingt.

Wir weisen hier auf MARGENAUs experimentell sehr wichtigen Unterschied zwischen Zustandsvorbereitung und bestätigender Messung hin[3]. Die der statistischen Deutung entsprechende Beschreibung $(A)(B)(C)$ antwortet auf die Frage: „Was geschieht mit dem Zustand eines ungestörten Systems?" mit dem kurzen Wort „Garnichts". Die statistische Deutung kennt *nur* sprunghafte Zustandsänderungen in Wechselwirkung mit einem Meßapparat. Und in der Tat, wie sollte man eine Änderung in einem System anders definieren als durch Hinweis auf ein physikalisches Meßergebnis!

Die obige Beschreibung steht aber im Widerspruch zu der von vielen Physikern angenommenen Heisenberg-v. Neumannschen Beschreibung:

a) Ein sich selbst überlassenes (unbeobachtetes) System unterliegt einer kontinuierlichen, reversiblen und durch die Schrödinger-Gleichung geregelten Zustandsänderung.

b) Diese wird während einer Messung abgelöst durch eine plötzliche irreversible Zustandsänderung, die nicht der „Bewegungsgleichung" unterliegt und als Reduktion des während a) gebildeten „Wellenpackets" bezeichnet wird.

c) Danach tritt die in a) beschriebene kontinuierliche Änderung des Zustands wieder in Kraft.

Während SCHRÖDINGER (und scheinbar auch FEYERABEND) an a), c) festhält und daher konsequenter Weise b) sowie A, B, C zurückweist, möchte der Verfasser als Anhänger von BORNs statistischer Deutung a), c) als einen unzulässigen Rest der „Wellenmechanik" aufgeben und nur A, B, C als in die statistische Deutung hineinpassend ansehen. Die Heisenberg-v. Neumannsche Mischung a), b), c) ist aber unter allen

* Dabei spielen subjektiv gefärbte Worte wie „Wahrscheinlichkeit" und „Erwartungsfunktion" usw. eine rein objektive Rolle als Vertreter von statistisch ausgewerteten objektiven Daten früherer Experimente. Ob dann ein „Beobachter" diese objektiven Daten, sei es q oder p, E oder t, in seine subjektiven Betrachtungen aufnehmen will, ist für die Physik ganz gleichgültig. Nur die augenblickliche Mode legt großen Wert auf subjektive Elemente.

[3] MARGENAU, H.: Philos. Sci. **25**, 23 (1958).

Umständen inkonsequent; sie beruht auf einer irrtümlichen Auffassung der Schrödinger-Gleichung als einer Art statistischer Bewegungsgleichung sowie auf einem Doppelsinn des Wortes „Zustand", wie im folgenden erläutert werden soll.

2. In der Literatur liest man:

D. Eine Ψ-Funktion stellt *einen* Zustand eines Systems (oder einer statistischen Gesamtheit) dar.

d) Eine Ψ-Funktion stellt nicht einen, sondern eine kontinuierliche Folge von Zuständen dar, die durch die Schrödinger-Gleichung als einer Art statistischer Bewegungsgleichung miteinander verbunden sind.

D und d) gleichzeitig als richtig anzunehmen ist sinnlos. Während die Wellenmechanik auf d) beruhte, kann die statistische Deutung nur D als richtig annehmen. Zwar bedeutet hier jede einzelne Amplitude $\Psi(S_i; A_m)$, ebenso wie die Wahrscheinlichkeit $W(S_i; A_m)$ eine Brücke zwischen *zwei* Zuständen S_i und A_m. Trotzdem kann man aber die ganze Funktion $\Psi(S_i; A_m)$ für $m = 1, 2, \ldots$ als „Darstellung" oder charakteristische Beschreibung des *einen* Zustandes S_i betrachten. Derselbe Zustand S_i (oder derselbe Hilbert-Vektor S_i) kann auch durch die Funktion $\Psi(S_i; B_n)$ für $n = 1, 2, \ldots$ dargestellt werden, wo $B_1 B_2 \ldots$ eine andere vollständige Orthogonalreihe von Zuständen bedeutet; ebenfalls auch durch weitere Zustandsreihen C und D usw. Dies ist die oben unter D angeführte Auffassung.

Es ist aber eine Umdrehung der statistischen Quantentheorie, wenn man gleichzeitig die Einzelgrößen $\Psi(S_i; A_1)$ und $\Psi(S_i; A_2)$ usw. als Darstellung der vielen *verschiedenen* Zustände A_1 und A_2 usw. ansieht, wie es d) behauptet. d) bleibt auch dann noch unzulässig, wenn man als Beispiel für $A_1, A_2, \ldots$ die Lagenzustände $x_1\, x_2 \ldots$ zur Zeit t_A, als Beispiel für $B_1\, B_2 \ldots$ die Lagenzustände $x_1\, x_2 \ldots$ zur Zeit t_B nimmt und dann im Widerspruch zu D behauptet, daß $\Psi(S_i; x, t_A)$ den statistischen Verteilungszustand über die Lagen x zur Zeit t_A, und $\Psi(S_i; x, t_B)$ den Verteilungszustand über die Lagen x zur Zeit t_B beschreibt, wobei die Änderung des Zustands von t_A bis t_B usw. von der Schrödinger-Gleichung als einer Art Bewegungsgleichung beherrscht wird. Dies ist die Ansicht über den (angeblichen) Vorgang a) und c), der durch den Vorgang b) unterbrochen wird. Sie widerspricht offensichtlich der vorher beschriebenen Deutung D nach der die Funktionen $\Psi(S_i; x, t_A)$ und $\Psi(S_i; x, t_B)$ usw. verschiedene Darstellungen des *einen* Zustandes S_i sind, wonach also die Schrödinger-Gleichung verschiedene Darstellungen *eines* Zustandes verknüpft, nicht aber *verschiedene* Zustände miteinander verbindet. Obwohl diese Unterscheidung für praktische Zwecke gleichgültig sein mag, ist er für die Messungstheorie wesentlich und keineswegs eine Pedanterie.

Man kann gewiß die einzelnen Größen $\Psi(S_i; x, t_A)$ für verschiedene Werte x als „Amplituden der Erwartung" bezeichnen, daß ein im physikalischen Zustand S_i befindliches System in die neuen physikalischen Lagenzustände x springen würde, falls ein Beobachter zur Zeit t_A Lust hätte, solche Experimente anzustellen. Weniger glücklich ist es, wenn man dann die Funktion $\Psi(S_i; x, t_A)$ als Darstellung des *Zustandes der Erwartung* für verschiedene x-Werte zur Zeit t_A bezeichnet. Denn das Wort „Zustand" bezieht sich üblicherweise auf einen *physikalischen* Zustand des Systems, der objektiv durch einen Meßapparat festgestellt wird, im gegenwärtigen Fall auf den physikalischen Zustand S_i, nicht aber auf einen potentiellen „Zustand der Erwartung" im Falle *vielleicht* auszuführender Experimente, die auch durch andere Experimente ersetzt werden könnten, und jedenfalls garnichts mit dem betrachteten Meßvorgang, der das System von S_i nach R_j bringt, zu tun haben, nicht einmal einen Einfluß auf die statistische Größe $W(S_i; R_j)$ haben.

Die Vermischung oder Parallelsetzung der beiden Anwendungen des Wortes „Zustand" hat nun in der Beschreibung a), b), c) einen unheilvollen Einfluß ausgeübt. In b) handelt es sich um eine diskontinuierliche Änderung des *physikalischen Zustandes* von S_i nach R_j. In a) ist dagegen der physikalische Zustand konstant; was sich „ändert" ist die oben beschriebene *Erwartung* im Falle von vielleicht zu verschiedenen Zeiten anzustellenden Experimenten. *Die Schrödinger-Gleichung dient nur dazu, verschiedene mathematische Darstellungen ein und desselben physikalischen Zustands zu verbinden.*

Alles dies ist zwar im einzelnen bekannt, wird aber in dem Messungsbericht a), b), c) durcheinander geworfen und erweckt die Vorstellung, daß eine langsame Zustandsänderung a) von einer plötzlichen Zustandsänderung b) abgelöst wird, der dann wieder eine langsame Zustandsänderung c) folgt. Wenn berichtet wird, daß das Volumen eines Ballons erst langsam anschwillt, dann in Berührung mit einer Nadel plötzlich zusammenfällt, und danach wieder langsam anwächst, so nimmt der Hörer an, daß das Wort „Volumen" in allen drei Fällen dieselbe Bedeutung hat. Wer aber dasselbe von dem Wort „Zustand" in dem Bericht a), b), c) annimmt, täuscht sich selbst, oder seinen Zuhörer, oder beide. Und diese Selbsttäuschung hat dann zu den langen Diskussionen mit philosophischem Einschlag Anlaß gegeben, die wir von verschiedenen Symposien her kennen.

Während $\Psi(x, t)$ in der Wellenmechanik einen *physikalischen* Schwingungszustand in Raum und Zeit bedeutete, ist daraus in der statistischen Deutung ein „Zustand der Erwartung" für x zur Zeit t geworden, der dann besser durch $\Psi(S_i; x, t)$ bezeichnet werden sollte. Daneben gibt es in der statistischen Theorie aber auch noch *physikalische* Zustände, die sich während eines Meßvorgangs abrupt und akausal ändern; solchen Vorgängen entspricht in der kontinuierlichen Wellenmechanik *nichts*.

Man kann eben nicht ohne statistische Deutung auskommen, wie BORN schon vor 30 Jahren gesehen hat. In diesem Falle läßt sich aber alles, was a), b), c) eigentlich sagen möchte, aber durch Doppelsinn verdunkelt, viel einfacher durch A, B, C ausdrücken. In letzterer Beschreibung kommen aber x und t überhaupt nicht vor. In der Tat haben Raum- und Zeit-*Erwartungen* nichts mit dem zu beschreibenden Meßvorgang zu tun. Nur wer sich für mathematische Darstellungen interessiert, mag bemerken, daß man den physikalischen Zustand S_i durch die Funktion $\Psi(S_i; x, t_A)$ und auch durch die Funktion $\Psi(S_i; x, t_B)$ usw. darstellen kann, und daß diese Darstellungen durch die Schrödinger-Gleichung miteinander verbunden sind. Verfasser kann keinerlei Grund sehen, warum die Möglichkeit solcher *Darstellungen* (die keinen Bezug auf physikalische Zustandsänderungen haben) Anlaß geben soll zu Spekulationen über den Zusammenhang des Bewußtseins eines Beobachters mit dem Schrumpfen eines Wellenpackets, den Übergang vom Möglichen zum Faktischen usw., kurzum zu einer Quantenphilosophie, die an die Stelle der theoretischen Physik (d.h. gesetzmäßiger Verknüpfung objektiver Meßdaten) eine subjektive Phänomenologie von Bewußtseinsinhalten setzt.

Ein Teil der Unstimmigkeiten in der Diskussion über Messungstheorie entspringt der etwas überlebten Ansicht, daß Wellen in dualistischer Weise den Partikeln gleichberechtigt sind, oder anders ausgedrückt, daß nicht nur Partikel sondern auch Ψ-Wellen eine selbständige Wesenheit besitzen — obwohl gezeigt werden kann, daß sich die wellenartigen Gesetze der Quantenphysik in ganz einfacher Weise auf korpuskularstatistischer Grundlage *erklären* lassen. Im besonderen ist das Interferenzgesetz der Wahrscheinlichkeiten nicht als eine unabhängige, aus einer Laune der Natur den Partikeln auferlegte Verordnung anzusehen, sondern als das einzige mathematisch mögliche Verbindungsgesetz[4] zwischen den Wahrscheinlichkeitstabellen (Matrizen), wenn man überhaupt das Bestehen eines allgemeinen Verbindungsgesetzes postuliert. Und um die quanten-periodische Verknüpfung zwischen Koordinaten und Impulsen zu erklären, braucht man sich nicht auf ein „Prinzip" der Dualität zu berufen, sondern erhält jene Periodizität aus einer Kombination des allgemeinen Interferenzgesetzes mit der Forderung einer konstanten Wahrscheinlichkeitsdichte in qp-Raum[5]. Was aber die Messungstheorie betrifft, so hat die Suche nach einem befriedigenden Übergang von der mikrophysikalischen zur klassischen Theorie wenig Aussicht auf Erfolg, solange man den Thesen a), b), c) mit ihrem Doppelsinn, ihren ganz unwesentlichen „Darstellungen", und ihrer Verkennung des Sinnes der Schrödinger-Gleichung anhängt, anstatt von der einfachen Beschreibung A, B, C auszugehen.

[4] LANDÉ, A.: Phys. Rev. **108**, 891 (1957).
[5] LANDÉ, A.: Amer. J. Phys. **24**, 56 (1956).

Druck der Universitätsdruckerei H. Stürtz AG., Würzburg

FROM DUALISM TO UNITY IN QUANTUM MECHANICS *

ALFRED LANDÉ

1 *Idols of Duality*

THE doctrine of duality maintains that neither discrete particles nor continuous waves have an exclusive claim to physical reality, that both are rationalised pictures fitting different experimental situations which, being complementary, yield a more complete knowledge of a microphysical object only in their combination. I concede that a neutral stand toward the wave-particle controversy, leaning on the doctrine of duality, was justified during the earlier period of quantum theory when the evidence pointed sometimes in this, sometimes in the opposite direction. But I maintain that the continued cult of duality and complementarity represented as *fundamental* features of the microphysical world has become an all too convenient evasion of a serious pro-problem of theoretical physics, viz. that of establishing a unitary theory of matter resting on a clear decision between particles or waves as the *real* constituents of matter. Realism is the only stand which can satisfy physicists in the long run (Einstein certainly was a physicist). Dialectical positivism practised by Bohr and Heisenberg may serve only as a temporary stopgap, as a comfortable excuse for indecision resting on an unfilled gap in our knowledge of theoretical interconnections between data. Actually, a decisive step in the direction of unitary theory was taken already thirty years ago by Max Born. According to his statistical interpretation, wave-like *appearances* are the combined effects of statistical arrangements of *real* particles ; this was a clear repudiation of dualism with its claim that particles and waves are mere 'pictures' and of equal rank. Those who accept Born's statistical particle interpretation cannot speak of duality any more than they would speak of the duality of water droplets versus water waves with autonomous wave laws, (*a*) because it is illogical to construe an opposition between things (droplets) and one of their many qualities

* Received 4. xi. 58

Reprinted from *Brit. J. Phil. Sci.* **10**, 16–24 (1959).

(their occasional arrangement as waves), and (*b*) because the apparently autonomous wave laws can be reduced to general mechanical principles for droplets as the real basic constituents of water. In quantum theory, however, anything goes. The same theorists who adhere to Born's realistic particle interpretation of wave-like appearances during their working days, pay lip service to an alleged 'fundamental duality' in their Sunday talk. Thereby they not only violate the simple logical rule (*a*); but they ignore that, similar to (*b*), the appearance of separate wave laws in quantum mechanics can be reduced to a combination of general elementary principles for the statistical behaviour of particles —principles which do not presuppose anything wave-like, as will be discussed in Section 3 below. (We here deal exclusively with elementary quantum mechanics, disregarding relativistic theories of creation and annihilation of matter in real measurable fields, in contrast to the waves of elementary quantum mechanics which for adherents of Born's unitary particle interpretation, i.e. for non-dualists, are but 'expectation waves' for particles.) The philosophically adorned vacillation between workday particle realism and Sunday dualistic positivism may be excused, however, by the fact that Born's particle *interpretation* has never been developed into a complete theory by furnishing an *explanation* as to why particles, in their statistical manifestations, should obey interference and other wave-like laws. By 'explanation' we here mean a reduction of the puzzling wave phenomena displayed by particles to simple and unsophisticated general principles valid for particles, without resorting to wave arguments, i.e. without taking the explicandum for granted—as does the Copenhagen doctrine when it answers the question 'why' above with: 'don't you know that duality and complementarity are *fundamental* qualities of matter?' It is a similar evasion of the basic quantum problem when the physicist Dyson[1] recently reports with obvious satisfaction:

> The student begins by learning the tricks of his trade . . . then he begins to worry because he does not understand what he has been doing. This stage often lasts six months or longer, and it is strenuous and unpleasant. Then quite unexpectedly . . . the student says to himself: 'I understand quantum mechanics', or rather he says: 'I understand now that there isn't anything to be understood.' . . . For each new generation of students there is less resistance to be broken down before they feel at home with quantum ideas. . . .

[1] F. J. Dyson, *Scientific American*, Sept., 1958

I must confess that for myself, and I am certain also for a number of other physicists, the state of worry has lasted many years rather than six months; they and I still refuse to be ' broken down ' to accepting rules without an ' understanding ' of them from a unitary point of view.

It is always helpful to look into the history of a disputed ideology. In contrast to the well-established atomic theory of matter, the phenomena of interference discovered by Davisson-Germer and G. P. Thomson seemed to indicate a continuous substratum supporting matter waves, a hypothesis strongly supported by the immense success of Schrödinger's wave equation. Theory was thus faced with the following problem: Supposing that matter really consists of particles, how can one explain, from the pure particle point of view and with the least amount of *ad hoc* hypotheses, the appearance of wave-like phenomena? And *vice versa*, suppose matter is continuous, how can one explain individual clicks in Geiger counters and other phenomena indicating particles with definite measurable masses and charges? It was assumed of course that only one of the two constitution hypotheses could be accepted in the long run because ' you cannot have peasoup and whole peas at the same time ' (Einstein).

2 *Ways of Escape*

A solution of the dilemma seemed to arise from Schrödinger's result that, according to his wave equation, the *crests* formed by a group of material waves move along exactly as particles would move according to the laws of ordinary mechanics. Hence, what *appears* to be a particle might *in reality* be the crest of a wave group. This would indeed offer a most fascinating explanation of corpuscular appearances within *unitary wave theory*. Unfortunately, just according to the wave equation, the steeper a crest maximum, the faster will it flatten out and thereby lose all resemblance to a discrete particle. The attempt at establishing a unitary wave theory of continuous matter thus failed; it could not account for particle-like phenomena.

To end this deadlock, Max Born took the opposite stand. What *appears* to be a wave intensity is *in reality* the density of a statistical or probability distribution of particles. And Schrödinger's wave crest motion indicates that ordinary mechanics holds in the statistical average, though not for individual particles, a most satisfactory result connecting micro- with macromechanics. But neither Born nor his successors deemed it necessary to provide an *explanation*, resting on pure corpuscular arguments, why particles should ever display a wave-like

DUALISM TO UNITY IN QUANTUM MECHANICS

interference and other wave features in their statistical behaviour. Don't we have the Schrödinger wave equation? That is 'why'! *Unitary particle theory* so auspiciously begun by Born thus remained a torso.

Instead of regarding the lack of explanation of wave phenomena as a challenge to further efforts at constructing a complete quantum theory of particles, most physicists yielded to the nordic siren song—and among the Greats only Einstein, de Broglie, and Schrödinger ignored it—of *talking away* a problem by philosophical reflection, rather than solving it by the concrete methods of theoretical physics. If a problem seems to resist all efforts of solution, it may be a 'pseudo-problem'. At any rate it deserves a proper name such as 'fundamental duality' and 'universal complementarity'. Moreover, why should one try to 'explain', or to decide between two rival 'realities'! The belief in a reality behind the phenomena, independent of thought and sensation, is a metaphysical prejudice. And there are no eternal and self-evident truths through which nature could be 'explained'. Let the physicists look for economical description; and if they find two economical descriptions, let us guard against bias, in particular when the two turn out to be complementary. Duality must be regarded as 'fundamental', as an immanent characteristic of all matter. The desire for a unitary realistic theory is old-fashioned and naïve.

To all this I reply: your dialectical positivism and neutrality is pure opportunism, is an evasion of a clearcut problem of theoretical physics, is turning inability into a virtue. If unitary *wave* theory collapsed together with the wave crests, there is no reason to believe that unitary *particle* theory, too, should be doomed to failure for all time. Nor is it justified to put the physical question whether matter really is continuous or discrete, on a level with the deep philosophical issue of reality which has occupied thinkers from Locke and Berkeley to modern times. Physics starts from the position of naïve realism. Margenau's firefly[1] continues as one and the same real being also between visible flashes at night. In 'Quantentheorie und Wirklichkeit' Einstein [2] replies to the subjectivistic positivism of Bohr and Heisenberg as follows: 'The concepts of physics refer to a real world, to things that claim real existence, independent of perceiving subjects.' And when further discussing his view he speaks, as would anybody else, of electronic *particles*, and he wonders how and why these real

[1] H. Margenau, *The Nature of Physical Reality*, New York, 1950

[2] A. Einstein, *Dialectica*, 1948, **2**, 320

particles display wave-like phenomena, or *vice versa*. To Einstein and to other realists, i.e. to all physicists on weekdays, *whole peas or peasoup is still the question*. It is not a ' pseudo-problem ' which can be disputed away. The unqualified answer rather is ' peas '; it will be developed in the next paragraph.

3 *Unitary Particle Theory*

Destructive criticism is of little value unless followed by positive suggestion for improvement. The following short outline may indicate how a corpuscular explanation of the wave-like laws can be obtained within the statistical particle interpretation.

(*A*) The most prominent difference of quantum from classical mechanics is the occurrence of statistically ruled events, viz. transitions of a micro-mechanical system from one state to another during its interaction with a macroscopic instrument of measurement. The author has shown on other occasions [1] that statistical distribution of effects issuing from one and the same cause are closely related to, indeed must occur under, the postulate of *cause-effect continuity*, which requires a graded scale of fractional equality values between two states A and B of the same mechanical system (particle), ranging from $A = B$ (identity, inseparability) to $A \neq B$ (complete inequality, separability of A and B) *via* intermediate cases $A \sim B$ of ' fractional equality ' or fractional separability. The latter case implies that a ' filter ' built for *passing* particles in the state A with certainty, will react to B-state particles when $B \sim A$ by sometimes passing, sometimes rejecting them, at a statistical ratio which may serve as a quantitative measure of the ' equality fraction ' between A and B, denoted as $P(A, B)$. The same fraction $P(A, B)$ also indicates the probability of transition from the state B to A and *vice versa*. The postulate of cause-effect continuity thus yields *sufficient reasons for the lack of sufficient causes* for individual events.

(*B*) The statistical particle *interpretation* calls for an *explanation* of two characteristic wave-like features of particle behaviour, one being the *interference* law of probability amplitudes. Instead of accepting this wave-like law for particles at face value, or as a manifestation of a universal ' principle ' of duality, it may be explained as follows.[2] For very general reasons (symmetry of the probabilities of transition both ways in correspondence with classical reversibility) one can arrange the

[1] A. Landé, this *Journal*, 1956, **6**, 300; *Mind*, 1958, **67**, 174; *Philos. Sci.*, 1957, **24**, 309

[2] A. Landé, *Phys. Rev.*, 1957, **108**, 891

DUALISM TO UNITY IN QUANTUM MECHANICS

probabilities P in quadratic tables in which every row and every column sums up to *unity*. Each table (P_{AB}) which connects one set of states A (e.g. the states of energy) with another set B (e.g. the states of position) is a 'unit magic square matrix'. *A priori* one might think that the various P-tables, (P_{AB}), (P_{BC}), $P(_{AC})$, etc. are entirely independent of one another. If, however, one introduces the postulate that the various P-tables are interconnected by a general self-consistent law at all, rather than presenting a chaos, then one arrives by pure mathematical reasoning at the conclusion that this P-connection law can *only* be of the form familiar to mathematicians as *unitary transformation.* The latter, however, is known to physicists as the *interference* law of probabilities. In detail: unitary transformation associates with every element P of a unit magic square matrix a complex quantity ψ, i.e. a vector in a plane giving direction to the quantity P. The vectors ψ then represent a structural framework in a plane by virtue of the matrix multiplication law, $(\psi_{AC}) = (\psi_{AB}) \cdot (\psi_{BC})$, which is identical with the interference law of quantum physics. The simple postulate that *a general P-connection law exists at all* leads by mathematical necessity to interference, so that this wave-like feature is explained on a purely corpuscular statistical basis, without appealing to 'duality'.

(*C*) Another quantum feature, usually introduced *ad hoc* or with reference to wave-particle duality, is the *periodic* connection between co-ordinates q and momenta p, as well as between energy and time, best known through Planck's rule $E = h\nu$ and de Broglie's rule $p = h/\lambda$. This periodic relation between 'conjugate' dynamical observables, which re-appears in modern quantum mechanics as Born's commutation rule, $qp - pq = h/2i\pi$, and as Schrödinger's p-operator rule, is the backbone of quantum dynamics. It usually is accepted as fundamental without further attempt at understanding it from the particle point of view. To those not yet 'broken down' to accepting quantum theory at face value, it is the most intriguing quantum riddle. Yet it may be explained on the basis of particle mechanics alone, without appealing to wave-particle duality, in the following manner.[1]

'Conjugate observables' such as q and p, have a statistical density distribution which is *constant* for all q-values at given p, and *constant* for all p-values at given q. This constant statistical density in q- and in p-space is well known from classical theory; it is not a separate quantum assumption; nor does it imply any *periodic* relation between

[1] A. Landé, *Am. J. Phys.*, 1956, **24**, 56; *Foundations of Quantum Theory: a Study in Continuity and Symmetry*, New Haven, 1955

q and p. Yet, in combination with the above-mentioned general ψ-interference law, it leads by mathematical necessity to the result that the probability amplitude function $\psi(q, p)$ must be of the complex exponential form, $\exp(2i\pi qp/\text{const})$, describing a 'wave function' of wave length $\lambda = \text{const}/p$. With the constant denoted by the familiar letter h one thus arrives at the most prominent feature of the quantum mechanics of particles, the *periodic* connection between co-ordinates and momenta, without appealing to wave arguments of duality.

4 *General Conclusions*

How does all this affect the status of duality, qp-periodicity, and complementarity as fundamental and ultimate principles of nature? Let us ask the following analogous question: Someone has found experimentally that in every paper-cut triangle, the three altitudes intersect in one point, and that the same applies to the three medians and the three angular bisectors. He concludes that he has discovered a deep and fundamental geometrical feature, the principle of unity in trinity, with analogies in social relations, music, and so forth. Later he realises that his discovery could have been derived as a consequence of the (almost self-evident) general axioms of Euclid. Will he still maintain that 'unity in trinity' is an ultimate principle? The writer does not question the usefulness of the wave-particle antithesis for heuristic purposes. But he thinks that a better understanding of quantum mechanics can be attained—for those who did not yet arrive at the experts' view that 'there isn't anything to be understood'—by recognising the quantum principles as consequences of more general, more elementary, ground postulates upon which one can erect a *unitary particle theory* which at the same time *explains* wave-like appearances rather than merely accepting them as matters of fact or as manifestations of an immanent 'duality'.

In a recent article[1] Niels Bohr reiterates what he has told us many times before :

> This difficult task (of a rational generalization of classical mechanics) was eventually accomplished by the introduction of appropriate mathematical abstractions. Thus in the quantum formalism, the quantities by which the state of a physical system is ordinarily defined, are replaced by symbolic operators subjected to a non-commutative algorism involving Planck's constant.

[1] Niels Bohr, 'Quantum Mechanics and Philosophy', *Survey of Philosophy in Mid-Century*, Copenhagen, 1958

However, the same might be said of plain ordinary wave optics where it also has been found convenient to use the cabbalistic sign $\sqrt{-1}$ as an 'appropriate mathematical abstraction'. In my opinion it is time to overcome the idea that quantum mechanics is a kind of mathematical sorcery conjuring observable results as materialisations of abstract laws of nature which 'cannot be understood'. The simple laws of quantum mechanics rather are rational consequences of ordinary, elementary, plausible, and general principles concerning the statistical behaviour of matter particles, which can be grasped by any person who is ready to abandon the obsolete cult of dualism in favour of a unitary theory in which *real* particles produce wave-like *appearances*, as proposed thirty years ago by Max Born.

A few remarks may be added concerning the *Theory of Measurement* which has come into the limelight again through the Bristol Symposium on *Observation and Interpretation* of 1957. The starting point of the discussion always is the Heisenberg-von Neumann story of the sudden contraction and gradual expansion of a wave packet, telling us that a mechanical system undergoes two kinds of process, namely (*a*) a gradual change of state controlled by the reversible Schrödinger equation when the system is left alone, and (*b*) a sudden irreversible change of state during an act of measurement. Physicists are wondering of course how a consistent theory could account for two such entirely different kinds of process. My answer is that the tale of the two processes is a myth resting on a double meaning of the term 'state'. In (*a*) state means 'state of expectation' in the mind of some observer who knows quantum mechanics. In (*b*) it means 'physical state' of the system.[1] A sudden change of word-meaning cannot of course be understood in terms of a differential equation.

The source of the double meaning can be seen in a wrong interpretation of the Schrödinger equation as a 'process equation', as describing the gradual change of the physical state of a system. The Schrödinger equation does nothing of the kind (if one accepts Born's statistical interpretation). It rather describes a mathematical relation between various formalistic representations of one and the same physical state S [or Hilbert vector S, represented in terms of its orthogonal components with respect to the states (xyz, t_A), and also represented by its orthogonal components with respect to the states

[1] A. Landé, 'Zur Quantentheorie der Messung', *Zeitschr. Physik*, 1958, **153**, 389

ALFRED LANDÉ

$(xyz,\ t_B)]$, the component representations being $\psi_s\ (xyz,\ t_A)$ and $\psi_s\ (xyz,\ t_B)$, and the two functions ψ_s being connected by the Schrödinger equation.

Summary

When Schrödinger's idea of a unitary wave theory of matter, with wave crests giving the appearance of particles, proved untenable, Born took the first step toward a unitary particle theory of matter. However, his interpretation was never completed into an explanation as to why the statistical behaviour of particles should be wave-like. The temporary lack of a complete unitary particle theory was then turned into a virtue by proclaiming dualism as 'fundamental', thus talking away a problem rather than solving it. The cult of duality and complementarity is an opportunistic evasion of a clear problem of theoretical physics, which can be solved, however. Three steps leading to a solution of the problem of wave appearances within pure particle theory are outlined; details have been published in physical journals. A return from the subjectivistic positivistic neutrality of Bohr and Heisenberg to a realistic unitary theory is possible.

Department of Physics and Astronomy
Ohio State University
Columbus, Ohio

Heisenberg's Contracting Wave Packets

ALFRED LANDÉ
The Ohio State University, Columbus, Ohio
(Received November 3, 1958)

The discontinuous contraction of a wave packet preceded and followed by a continuous expansion controlled by Schrödinger's equation is a much discussed difficulty in the quantum theory of measurement. It is shown to rest on a mistaken interpretation of Schrödinger's equation as a "process equation" and on two different usages of the word "state," first as a subjective expectation state of an observer, then as the physical state of the object, and finally as a subjective expectation state again, with a sudden change of word meaning which of course has no place in a physical theory.

THE following statements have been discussed in the quantum theory of measurement.

(a) A ψ-function represents a state of a system.

(a′) A ψ-function does not represent one but rather a sequence of states changing according to the Schrödinger time-dependent differential equation as a kind of statistical equation of motion.

It is further said that a function $\psi(r,t)$ suddenly collapses when:

(b) a point event takes place at a measuring instrument,

(b′) only when an observer perceives the point event so that his subjective expectation changes.

This so-called "reduction of a wave packet" is said to take place:

(c) as a physical contraction process with the velocity of light,

(c′) as a mental process with the velocity of thought, i.e., instantaneously everywhere in space.

During this (physical or mental) contraction process the Schrödinger equation is invalid. It begins to operate again:

(d) when the point event has taken place,

(d′) only when an observer has realized that the event has taken place.

Heisenberg in a philosophical mood also tells us that a ψ-function, or a vector in Hilbert space, is (we quote),[1]

(e) completely "objective," i.e., no longer contains features connected with the observer's knowledge,

(e′) completely abstract and incomprehensible since the various expressions $\psi(q)$, $\psi(p)$, etc., do not refer to real space or to a real property; it thus, so to speak, contains no physics at all.

The writer would like to know which of the opinions (a) to (d′) agree with Heisenberg's (e) and (e′). He also has difficulty in understanding why the *lack* of knowledge (e) should be a criterion for objectivity, and why a function describing statistical experience should be called abstract, incomprehensible, and should contain no physics at all. He rather sees in the contradictions (a) to (d′) together with the authoritative statements (e) and (e′) the source of further misunderstandings, pseudo-problems, and pseudo-solutions discussed at various Symposiums on the Theory of Measurement.[2] Instead of criticizing the opinions of others, the writer may be permitted to present his own view as to what the *statistical interpretation* has to say to this controversy.

One of the chief tenets of (statistical) quantum mechanics is the *projection postulate*: a measurement converts the original state of an object into an eigenstate of the measured observable. Or in detail: when a system has been tested first by an instrument—let us call it an S-meter—and has emerged in the eigenstate S_k, and when the system is now subjected to a test by an A-meter, it will jump to one of the eigenstates A_1, A_2, $\cdots$ with probability $P(S_k,A_m)$, and will stay in the newly acquired state A_m until it is subjected to another test, by a B-meter, say. One has to be very careful, however, when using the word

[1] W. Heisenberg, *Niels Bohr and the Development of Physics* (Pergamon Press, Inc., New York, 1955).

[2] *Ninth Symposium of the Colston Research Society* (Bristol, 1957); P. K. Feyerabend, *ibid.* p. 121; G. Süssmann, *ibid.* p. 131.

Reprinted from *Am. J. Phys.* **27**, 415–417 (1959).

"state" in this context. For a hydrogen atom, energy alone does not define a "state," but combination of energy, angular momentum, its z-component and that of the spin; in short the combination (n,l,m,s), defines a state. Position does not define a "state," but position r_k at a certain time t_A does. The same (or any other) position at another time t_B represents another "state." The state $A_k = (r_k$ at time $t_A)$ is connected with the state $B_j = (r_j$ at time $t_B)$ by a probability $P(A_k, B_j)$, symmetric with respect to A_k and B_j. Every quantity P connects *two* physical states, and the magnitude of P can be determined by repeated test experiments.

Much has been written about the complex quantity ψ, as being abstract and incomprehensible,[1] and because of "the use of imaginary numbers, not [being] susceptible to pictorial interpretation."[3] The simple fact is that the P's are connected by a general mathematical correlation law, a *P-metric, viz.* that of unitary transformation. The simplest formulation of the latter is obtained when one associates with every P a *vector direction in a plane* (vectors in a plane can be written as complex symbols) so that these vectors form a structure in a plane. This structural law of unitary transformation is indeed the only conceivable general self-consistent law fit to connect P-tables with unit sums in the rows and columns.[4] But whether unpictorial or incomprehensible, every ψ, similar to the corresponding $P = |\psi|^2$, connects *two* states: $\psi(S_k, A_m)$ connects the *two* states S_k and A_m by a vector in the plane structure of transition probabilities P. Nevertheless it is justified to regard the entirety of the quantities $\psi(S_k, A_1)$, $\psi(S_k, A_2)$, etc., i.e., the *function* $\psi(S_k, A_m)$ for $m = 1,2, \cdots$ as characteristic of, or as representing, the *one* state S_k. In mathematical terms, the one Hilbert vector S_k can be represented by its directional cosines with the entirety of a complete orthogonal set of other Hilbert vectors $A_1, A_2, \cdots$. However, the same *one* state S_k can also be represented by the function $\psi(S_k, B_j)$ for $j = 1,2, \cdots$, and in an infinite number of similar ways. This is the quantum view quoted under (a) in the foregoing.

Opposed to this correct view (a) is the often heard opinion (a′) that the function $\psi(S_k, A_m)$ for $m = 1,2, \cdots$ describes a statistical distribution over the states A, and that the function $\psi(S_k, B_j)$ for $j = 1,2, \cdots$ describes *another* state of statistical distribution, this time over the states B. In particular, when A_m is exemplified by the positional state r_m at t_A, and B_j by r_j at t_B, then the function $\psi(S_k; r, t_A)$ of r, often written as $\psi_k(r, t_A)$, is said to represent one statistical distribution, and $\psi(S_k; r, t_B)$ another such distribution, with the Schrödinger equation controlling the gradual *process* of change from the one to the other distribution state. But this is certainly at variance with (a) according to which both functions represent one and the same physical state S_k of the system. According to the (correct) statistical view (a), then, the Schrödinger equation does *not* describe a process of development from one distribution state to another in the course of time. It merely connects two different mathematical representations of one and the same physical state S_k. The "change" between t_A and t_B is not a process.

The fact that two mathematical representations of one and the same physical state S_k are connected by a differential equation is of great importance to the theoretical physicist who is concerned with relation laws between objective physical states ascertained by measuring instruments. This fact has been turned, following Heisenberg, into a subjective report about "expectations" of an "observer" who reflects about what may happen in tentative experiments at time t_A or t_B. According to this subjective version it looks, as Margenau[5] justly remarks, as though "physics has seriously begun to describe human knowledge, a subjective aspect of the mind, in terms of differential equations involving physical constants." (But Margenau declines the "projection postulate" which, in this writer's opinion, is the backbone of quantum mechanics.) At any rate, one must not confuse the physical state of an object, S_k in our case, with a "state of expectation" of an observer who likes to speculate about what might happen in this or that future experiment.

Yet this very confusion of two different usages of the word "state" has led Heisenberg and von Neumann to the doctrine that "the state" of a

[3] N. Bohr, Dialectica **2**, 312 (1948).
[4] A. Landé, Phys. Rev. **108**, 891 (1957); Am. J. Phys. **24**, 56 (1956).
[5] H. Margenau, Phil. Sci. **25**, 23 (1958).

system can undergo two kinds of processes, namely:

(f) When the system is isolated, its state changes gradually in a reversible fashion controlled by Schrödinger's differential "process equation."

(g) When the system comes in contact with a measuring instrument, its state changes irreversibly in an abrupt fashion not controlled by the Schrödinger equation.

(h) When removed from contact with the instrument, the continuous process (f) takes over again, this time starting from the state newly acquired according to (g).

It is the often told story of the expanding, then suddenly collapsing, then again expanding *wave packet*, which would have substance only if the word "state" had the same meaning in (f) and (h) as in (g). But in (g) "state" means physical state of the object which indeed, according to the statistical interpretation, changes abruptly in contact with an instrument. In (f) and (h) "state" refers to a subjective "state of expectation" of an observer who knows the transformation formulas of quantum mechanics. All this is well known and accepted by most quantum physicists in their active work. It is hard to see therefore why one *also* should cling to the gradual expansion and sudden contraction of wave packets, resting on a surreptitious change of word meaning, as the background for a theory of measurement.

In the writer's opinion it is incompatible with the statistical interpretation of quantum theory even to ask "how" the discontinuous change of physical state comes to pass during a measurement, the "how" referring to a more or less causal description. Von Neumann was certainly right in his contention that quantum mechanics *cannot* be reduced to causal chains, even if his proof has turned out to be circular.[6] Least of all, however, could such a change of state be understood on the grounds of the Schrödinger equation since this equation does not describe a process, but connects different representations of one and the same physical state.

[6] L. de Broglie, *La physique quantique, restera t'elle indeterministe* (Gauthier-Villars, Paris, 1953); P. K. Feyerabend, Z. Physik. **145**, 421 (1956).

Aus dem Physikalischen Institut der Ohio State University, Columbus, Ohio, USA

Warum interferieren die Wahrscheinlichkeiten?

Von

ALFRED LANDÉ

(Eingegangen am 17. Juli 1961)

Reprinted from *Z. Phys.* **164**, 558–562 (1961).

The wavelike interference law connecting various transition probabilities, usually taken as the expression of a basic and irreducible quantum dualism, is derived as a consequence of the postulate that a general connection law between the probabilities exists at all, together with requirements of symmetry, invariance, and other features of a non-wavelike nature. Duality is thus divested of its fundamental character, and a way is found to understand quantum mechanics on a non-quantal basis.

1. Auf die Frage nach dem Grund der Wahrscheinlichkeitsinterferenz hört man zwei Antworten. Erstens, die Physik habe gar nicht zu erklären, „warum" gewisse Naturgesetze gelten; sie müsse sich vielmehr mit geordneter Beschreibung begnügen. Dieser Ansicht widerspricht aber die Erklärungsfolge KOPERNIKUS-KEPLER-NEWTON-EINSTEIN. Und die Quantentheorie ist heute bestenfalls im Kepler-Stadium angekommen. Deshalb ist auch die zweite Antwort, die Wellenregeln der Partikelmechanik seien eben der Ausdruck eines Grundprinzips der Dualität, nicht befriedigend. Denn die Berufung auf Dualität ist in diesem Zusammenhange ebenso tautologisch, wie etwa der Hinweis auf ein horror-vacui-Prinzip angesichts der Schwierigkeit, leere Räume herzustellen. Was wir als „Erklärung" brauchen ist vielmehr eine Zurückführung der befremdenden wellenähnlichen Regeln der Teilchenmechanik auf einfache und plausible nicht-wellenmäßige Grundsätze. Die im folgenden gegebene dritte Antwort auf die obige Frage lautet nun: Angenommen daß die Wahrscheinlichkeiten überhaupt einem allgemeinen Verknüpfungsgesetz unterliegen, so kann dieses Gesetz unter einfachen Zusatzannahmen, *die nichts mit Wellen zu tun haben*, nur das der wellenähnlichen Interferenz sein. Die Interferenz kann dadurch als mathematische Notwendigkeit *verstanden* werden, statt daß man sie als merkwürdiges Naturspiel anzunehmen hat.

2. Zunächst einige Bemerkungen über die Wahrscheinlichkeiten selbst, ohne Rücksicht auf ein gegenseitiges Verknüpfungsgesetz. Verschiedene Beobachtungsgrößen A, B, C, ... (Ort, Energie, Impuls, ...) mögen für ein gegebenes mechanisches System (Atom) gewisser Wertereihen $A_1 A_2 \dots A_M$ und $B_1 B_2 \dots B_N$, usw. fähig sein. Wie groß diese „Eigenwerte" sind, und ob sie diskret oder kontinuierlich verteilt sind, interessiert uns hier nicht. Nur mögen die Multiplizitäten M und N

der Wertereihen als *endlich* angenommen werden, um mathematische Schwierigkeiten zu vermeiden.

Angenommen nun, daß eine A-Messung den Zustand A_k des Systems aufzeigt oder besser gesagt *hervorruft*. Bei darauf folgenden B-Messungen werden die verschiedenen Zustände B_n mit gewissen statistischen Häufigkeiten oder Wahrscheinlichkeiten $W(A_k \to B_n)$ auftreten. Die experimentell festgestellten Größen W können dann in einer Tabelle von M Zeilen und N Spalten, der Matrix (W_{AB}), zusammengestellt werden:

$$\begin{pmatrix} W(A_1 \to B_1) & W(A_1 \to B_2) & \ldots \\ W(A_2 \to B_1) & W(A_2 \to B_2) & \ldots \\ \ldots & \ldots & \ldots \end{pmatrix} = (W_{AB}). \tag{1}$$

Ähnliche Matrizen lassen sich für die Übergangswahrscheinlichkeiten zwischen andern Zustandsreihen tabulieren, z.B. (W_{AC}), (W_{BC}), usw. Jede *Reihe* von W-Größen summiert sich dann zu Eins auf. Im besonderen ist (W_{AA}) eine Einheitsmatrix, mit Einsen in der Diagonale und Nullen außerhalb. Dasselbe gilt für (W_{BB}) usw.

In Analogie zur Umkehrbarkeit klassisch dynamischer Prozesse führen wir jetzt die *Symmetrieannahme* ein:

$$W(A_k \to B_n) = W(B_n \to A_k), \quad \text{oder} \quad (W_{AB}) = (\widetilde{W_{BA}}), \tag{2}$$

so daß die Pfeile von jetzt an fortgelassen werden können. Da nun die Spalten der Matrix (W_{AB}) gleich den Reihen der Matrix (W_{BA}) sind, letztere sich aber zu Eins summieren, gilt dasselbe auch von ersteren. Das heißt in jeder Matrix summieren sich Reihen wie Spalten zu Eins auf. Daher muß die Zahl der Reihen M gleich der Zahl der Spalten N sein. Die W-Matrizen sind also „magische Einheitsquadrate", woraus folgt, daß die Zustandsreihen A und B und C usw. alle die *gleiche Multiplizität* besitzen. (Dies bedeutet eine starke Einschränkung des Begriffs „Zustand" in der Quantentheorie.) Zum Beispiel definiert die Lage keinen Zustand, wohl aber die Lage zu einer bestimmten Zeit (r, t). Denn (r_k, t_A) ist mit (r_n, t_B) durch eine Übergangswahrscheinlichkeit W verknüpft. Ferner ist $W(r_k, t_A; r_l, t_A) = \delta_{kl}$. Zusammenfassend: Aus der Symmetrie (2) folgt

$$\text{die } W\text{-Matrizen sind magische Einheitsquadrate,} \tag{3}$$

$$(W_{AB}) = (\widetilde{W_{BA}}) \quad \text{und dabei} \quad (W_{AA}) = (1). \tag{4}$$

3. Wir machen jetzt die Annahme, daß zwischen den verschiedenen W-Tabellen, d.h. zwischen den magischen Einheitsquadraten (W_{AB}), (W_{AC}), (W_{BC}) usw. ein *allgemeines Verbindungsgesetz* besteht, und fragen dann nach möglichen Formen eines solchen Gesetzes. Statt der Matrizen (W) betrachten wir zunächst „Größen" Φ usw. und führen gleich die weitere Beschränkung ein, daß das Verknüpfungsgesetz *triangular* sein soll, so daß z.B. Φ_{AC} durch Φ_{AB} und Φ_{BC} bestimmt ist. Entsprechendes soll dann für irgend welche drei Buchstaben in irgendwelcher Anordnung gelten. Diese Allgemeinheit bedeutet aber erstens, daß die verbindende Gleichung

$$S(\Phi_{AB}\Phi_{BC}\Phi_{CA}) = 0 \quad \text{oder kurz} \quad S(A, B, C) = 0 \tag{5}$$

symmetrisch in A, B, C sein muß. Zweitens, damit auch bei anderen Buchstaben keine Widersprüche entstehen, muß die Verbindung *transitiv* sein, so daß sich aus den drei Gleichungen

$$S(A, B, C) = 0 \quad \text{und} \quad S(A, B, D) = 0 \quad \text{und} \quad S(A, C, D) = 0$$

die vierte Gleichung $S(B, C, D) = 0$ als *Folge* ergibt. Wir untersuchen nun systematisch alle Fälle, die unter dieser Forderung der Allgemeinheit (Symmetrie und Transitivität) möglich sind.

4. Das einfachste triangulare Gesetz lautet

$$\Phi_{AB} + \Phi_{BC} + \Phi_{CA} = K \quad \text{mit konstantem } K. \tag{6}$$

Es ist in der Tat symmetrisch gegenüber Buchstabenvertauschungen sowie auch transitiv. Anwendung auf den Sonderfall $A = B = C$ ergibt als Nebenbedingung

$$\Phi_{AA} = \tfrac{1}{3}K, \quad \text{und dann} \quad \Phi_{AB} + \Phi_{BA} = \tfrac{2}{3}K. \tag{6'}$$

Besonders einfach ist der Fall $K = 0$, wo

$$\Phi_{AB} + \Phi_{BC} + \Phi_{CA} = 0 \quad \text{mit} \quad \Phi_{AA} = 0 \quad \text{und} \quad \Phi_{AB} = -\Phi_{BA}. \tag{7}$$

Die nächst einfache symmetrisch triangulare Verbindung ist *zweiten Grades* und lautet (wir nennen die Größen jetzt X):

$$X_{AB}X_{BC} + X_{BC}X_{CA} + X_{CA}X_{AB} = L = \text{konst.}$$

zugleich mit

$$X_{AA} = \sqrt{L/3} \quad \text{und} \quad X_{BA} = (L - \sqrt{L/3}\,X_{BA})/(\sqrt{L/3} + X_{BA}).$$

Dies ist zwar eine symmetrische, aber so verwickelte Gleichung zwischen X_{AB} und X_{BA}, daß jede Beziehung zu dem gesuchten Gesetz für $(W_{AB}) = (\widetilde{W_{BA}})$ ausgeschlossen ist, ganz abgesehen von Zweifeln über die Transitivität der obigen X-Verbindung. Und der einfache Fall $L = 0$ kann nur durch Verschwinden aller X-Werte erfüllt werden. Ähnlich ist es mit anderen X-Kombinationen zweiten Grades, die hier nicht hingeschrieben zu werden brauchen.

Der nächste Fall einer triangularen und symmetrischen Verbindung ist *dritten Grades*, nämlich das Produkt

$$\Psi_{AB} \cdot \Psi_{BC} \cdot \Psi_{CA} = G \quad \text{mit konstantem } G. \tag{8}$$

Es ist im wesentlichen identisch mit dem Additionsgesetz (6), aus dem es durch $\Psi = e^{\Phi}$ und $G = e^{K}$ hervorgeht. (8) verlangt im besonderen

$$\Psi_{AA} = G^{\frac{1}{3}} \quad \text{und} \quad \Psi_{AB} \cdot \Psi_{BA} = G^{\frac{2}{3}} \tag{8'}$$

Für $K = 0$, also $G = 1$ erhält man die einfachere Form

$$\Psi_{AB} \Psi_{BC} \Psi_{CA} = 1 \tag{9}$$

oder anders geschrieben

$$\Psi_{AC} = \Psi_{AB} \cdot \Psi_{BC} \quad \text{mit} \quad \Psi_{AA} = 1 \quad \text{und} \quad \Psi_{AB} \cdot \Psi_{BA} = 1. \tag{9'}$$

In ähnlicher Weise kann man symmetrische Verbindungsgesetze vierten und höheren Grades konstruieren und auf Transitivität untersuchen. Die dabei auftretenden Beziehungen zwischen X_{AB} und X_{BA} sind dabei noch verwickelter als im obigen Falle zweiten Grades. Als Muster für ein allgemeines Verknüpfungsgesetz zwischen den magischen Einheitsquadraten (3), (4) bleibt also nur (6) und (8) bzw. (7) und (9) übrig, wodurch unser Problem sehr erleichtert ist.

5. Von den „Größen" Φ, X, Ψ im allgemeinen wenden wir uns jetzt den quadratischen Matrizen (W) gemeinsamer Multiplizität M^2 zu, für welche ja ebenfalls die Addition und Multiplikation in bekannter Weise definiert ist. Setzt man nun (W) in obige Gesetze für Φ, X, Ψ ein, so zeigt sich, daß weder sie, noch die nicht hingeschriebenen Gesetze höheren Grades, die magische Quadrateigenschaft invariant lassen. Somit erhält man das Resultat, daß die Wahrscheinlichkeiten überhaupt nicht durch ein eindeutiges trigonales Gesetz verbunden werden können. Hält man also an der Forderung eines allgemeinen trigonalen Verknüpfungsgesetzes fest, so muß man mit einem *mehrdeutigen Gesetz* zufrieden sein.

Durch dieses Ergebnis wird aber unser Problem wieder recht unbestimmt — außer wenn wir eine neue einschränkende Bedingung einführen. Wir wollen nun postulieren, daß die gesuchte mehrdeutige Verbindung zwischen den W-Matrizen auf einem der eindeutigen Gesetze als Unterbau gegründet ist. Die Mehrdeutigkeit könnte dann entweder durch eine quadratische oder kubische oder höher-gradige Verbindung zwischen W und Φ oder X oder Ψ usw. zustandekommen.

6. Damit ist aber die Lösung unseres Problems sofort angezeigt. Denn man erhält eine Beziehung zwischen magischen Einheitsquadraten dann, und nur dann (unter den obigen Einschränkungen), wenn man die eindeutige Ψ-Verbindung (9') für Matrizen

$$(\Psi_{AC}) = (\Psi_{AB}) \cdot (\Psi_{BC}) \quad \text{mit} \quad (\Psi_{AA}) = (1) \quad \text{und} \quad (\Psi_{AB}) \cdot (\Psi_{BA}) = (1) \tag{10}$$

als Unterbau benutzt und dann, im Fall *reeller* Ψ, die Beziehung

$$W = \Psi^2 \quad \text{mit} \quad \Psi(A_k \to B_n) = \Psi(B_n \to A_k), \tag{11}$$

und im Fall *komplexer* Ψ ($*$ bedeutet komplex-konjugiert)

$$W = |\Psi|^2 \quad \text{mit} \quad \Psi(A_k \to B_n) = \Psi^*(B_n \to A_k) \tag{11'}$$

einführt. (11) ist als *orthogonale Transformation* und (11') als deren Verallgemeinerung zur *unitären Transformation* bekannt. (11') ist aber identisch mit dem *Interferenzgesetz* der Wahrscheinlichkeitsamplituden Ψ, das die Gründer der Quantenmechanik nach 25jährigem Suchen durch geniale Intuition gefunden haben und jetzt als ein weiterhin nicht erklärbares Grundgesetz anzusehen pflegen. Es ist gewiß kein Kunststück, nachträglich zu zeigen, daß man zum gleichen Ergebnis auch durch formale, beinahe aprioristische Betrachtungen hätte kommen können. Wenn aber „Erklärung" gleichbedeutend mit einer Zurückführung von merkwürdigen Naturgesetzen auf einfache und allgemeine Grundforderungen ist, so mag die in der Überschrift genannte Frage als beantwortet gelten. Dabei sei bemerkt, daß keine der obigen Einschränkungen* (Triangularität und eindeutiger Unterbau) irgend etwas wellenartiges enthält, und trotzdem die wellenähnliche Interferenz resultiert.

7. Ähnliches gilt von der Frage: „Warum besteht ein *periodischer* Zusammenhang zwischen Orts- und Impulskoordinaten, wie er sich in der Wellenfunktion $\Psi(q, p) = \exp(2i\pi qp/h)$ ausdrückt?". Es ist die Frage nach dem Grunde der Quanten-*Dynamik*. Die Antwort wurde vor kurzem in dieser Zeitschrift auf Grund einer einfachen Invarianzforderung für q und p gegeben[1]. Zusammenfassend läßt sich deshalb sagen, daß man zur Rechtfertigung des wellenhaften statistischen Verhaltens der Materie sich keineswegs auf ein beschreibendes „Prinzip" der Dualität zu berufen braucht. Der Wellencharakter der Quantentheorie kann vielmehr aus Postulaten der Symmetrie, Invarianz und anderen *nicht-wellenartigen* Zusatzforderungen hergeleitet werden[2]. Eine Dualität zwischen Teilchen und Wellen ist übrigens seit der statistischen Deutung (DUANE 1923 und BORN 1926) unlogisch geworden als ein Gegensatz zwischen Dingen (wie z.B. Kranken) und *einer* ihrer vielen Eigenschaften (der wellenförmigen statistischen Epidemiekurve).

* Es wäre möglich, daß die Forderung eines allgemeinen Verknüpfungsgesetzes zwischen magischen Einheitsquadraten als Lösung *nur* die der unitären Transformation zuläßt, ohne daß man ausdrücklich die Einschränkung auf Trigonalität und eindeutigen Unterbau einzuführen braucht — obwohl sich diese Behauptung schwer beweisen lassen wird.

[1] LANDÉ, A.: Z. Physik **162**, 410 (1961). — Statt der Druckfehler $b(q)$ in (6) und $\beta(q)$ vor (7) lies $b(p)$ und $\beta(p)$.

[2] LANDÉ, A.: From Dualism to Unity in Quantum Theory. Cambridge: The University Press 1960.

Aus dem Physikalischen Institut der Ohio State University, Columbus, Ohio, USA

Ableitung der Quantenregeln auf nicht-quantenmäßiger Grundlage *

Von

ALFRED LANDÉ

(*Eingegangen am 6. Februar 1961*)

* Präzisierung und Vervollständigung eines an anderer Stelle gegebenen Beweises, s. ALFRED LANDÉ, From Dualism to Unity in Quantum Physics, S. 59—60. Cambridge University Press 1960.

Reprinted from *Z. Phys.* **162**, 410–412 (1961).

The general law of probability interference is only the first step to quantum mechanics; it does not yet contain wave-like periodic traits. The latter enter the theory only through additional dynamical rules for the connection between coordinates and momenta, typified by the wave function $\Psi(p, q) = \exp(2i\pi qp/h)$. This quantum-dynamical rule is shown to be derivable from a non-quantal, non-periodic requirement of *invariance* of certain quantities with respect to displacement of the zero point in q- and p-space.

Bei einem systematischen Aufbau der Quantenmechanik kann man zwei Stufen unterscheiden. Zunächst hat man das allgemeine Verknüpfungsgesetz zwischen den Wahrscheinlichkeiten mit Interferenz der Amplituden Ψ, mathematisch bekannt als das Schema der unitären Transformation. Observable spielen dabei die Rolle von Tensoren, und Ψ ist der Einheitstensor. Eigentlich quantenhafte Züge, d.h. durch h beherrschte periodische Verknüpfungen zwischen Koordinaten und Impulsen findet man erst auf der zweiten Stufe, nämlich in den Quantenregeln

$$p = (\hbar/i)\,\partial/\partial q, \qquad pq - qp = \hbar/i, \tag{1a, b}$$

und**

$$\Psi_{qp} = \text{const} \cdot \exp(iqp/\hbar) \tag{1c}$$

die auseinander folgen, wenn eine von ihnen axiomatisch angenommen wird. Die Quantenregeln haben aber einen Sinn nur, wenn man die erste Stufe (unitäre Transformation) schon voraussetzt.

Im folgenden wird versucht, die periodische Quantenregel (1c) auf nicht-quantenhafter (nicht-periodischer) Grundlage abzuleiten, wieder

** Der Einwand, daß $\Psi(p, q)$ in Gegenwart eines Feldes andere Formen habe, beruht auf einem Mißverständnis: $\Psi(p, q)$ als Lösung der Operatorgleichung $\boldsymbol{p}\Psi(p, q) = p \cdot \Psi(p, q)$ hat stets die Form $\exp(2i\pi qp/h)$. Es gibt aber auch noch andere Funktionen, $\Psi(E, q)$ genannt, welche Lösungen anderer Operatorgleichungen, $\boldsymbol{H}\Psi(E, q) = E \cdot \Psi(E, q)$, sind.

unter Voraussetzung der ersten Stufe. Wir führen dazu folgende Forderungen für konjugierte p und q ein:

A. Die Komponenten $T_{pp'}$ *jeder* Observablen $T(q)$ hängen nur von der Differenz $p-p'$ ab.

B. Dasselbe mit Vertauschung von q und p.

A. B. enthalten nichts periodisches, sondern verlangen nur die Invarianz gewisser von *zwei* p-Werten (oder zwei q-Werten) abhängenden Größen gegen Verschiebungen des p- und q-Nullpunkts — was sehr viel plausibler erscheint als die Quantenregeln (1) selbst. Aus A. und B. wollen wir jetzt ableiten, daß die Komponenten Ψ_{qp} des Einheitstensors, gewöhnlich als Funktion $\Psi(q, p)$ geschrieben, die Form (1c) haben muß.

Zum Beweis benutzen wir die allgemeine Transformationsformel

$$T_{pp'} = \int \Psi^*_{qp}\, T(q)\, \Psi_{qp'}\, dq. \tag{2}$$

Wenn nun die linke Seite für *jede* Funktion $T(q)$ nur von $p-p'$ abhängen soll, muß dasselbe auch im speziellen Fall einer *Deltafunktion*, $D(q) = \delta(q-q_0)$ gelten, wo (2) sich auf

$$D_{pp'} = \Psi^*_{q_0 p} \cdot \Psi_{q_0 p'} \tag{3}$$

reduziert, und zwar für jeden gewählten Wert q_0, für den wir jetzt wieder q schreiben wollen. Die Frage ist nun: Welche Funktion Ψ_{qp} erfüllt die Bedingung (3), d.h.

$$\Psi^*_{qp} \cdot \Psi_{qp'} = f(p-p')\,? \tag{3'}$$

Wie gleich bewiesen wird, lautet die Antwort: nur die Funktion

$$\Psi_{qp} = a_0(q) \cdot \exp[i \cdot \alpha(q) \cdot p], \tag{4}$$

wo $\alpha(q)$ ein reeller von q abhängiger Faktor ist. Mit (4) wird dann auch die linke Seite von (2) nur von $p-p'$ abhängen für jedes $T(q)$.

Zum Beweis von (4) setze man Ψ_{qp} als Potenzreihe an:

$$\Psi_{qp} = a_0[1 + A_1 p + A_2 p^2 + \cdots] \tag{5}$$

mit von q abhängigen Koeffizienten, substituiere in (3') und ordne nach Gliedern aufsteigenden Grades in p und p'. Damit das Resultat rechts eine Funktion von $p-p'$ wird, müssen die Koeffizienten A_n in gewissen Verhältnissen stehen. Zunächst stellt sich heraus, daß A_1 rein imaginär sein muß, $A_1 = i\alpha$, mit reeller Funktion $\alpha(q)$. Danach erhält man für die anderen Koeffizienten solche Werte, daß (5) zu der in (4) niedergeschriebenen Exponentialfunktion wird.

Wegen der Forderung B. erhält man das entsprechende Resultat

$$\Psi_{pq} = b_0(p) \exp[i \cdot \beta(p) \cdot q] = \Psi^*_{qp} \tag{6}$$

mit reeller Funktion $\beta(p)$. Vergleich von (4) mit (6) ergibt

$$\left.\begin{array}{l} a_0(q) = b_0(p) = \text{const} \\ \alpha(q) = q \quad \text{und} \quad \beta(p) = -p \text{ mal reeller const,} \end{array}\right\} \tag{7}$$

so daß Ψ_{qp} schließlich die Form

$$\Psi_{qp} = \text{const} \cdot \exp[iqp \cdot \text{reelle const}] \tag{8}$$

annimmt, q.e.d. Natürlich kann man nicht aus allgemeinen Betrachtungen die *Größe* der reellen Konstante im Exponenten erhalten. Die periodische Grundregel der Quantendynamik ist somit aus den nichtperiodischen Forderungen A. und B. abgeleitet, die man auch als eine Definition der Konjugiertheit ansehen kann. Entsprechendes gilt für E und t.

Die obige Betrachtung ist der Schlußstein der Bestrebungen, die Quantenmechanik aus einer Kombination nicht-quantenhafter Symmetrie- und Invarianzforderungen zu deduzieren.

ALFRED LANDÉ

Dualismus, Wissenschaft und Hypothese

Der folgende Aufsatz ist unter dem Eindruck eines Briefwechsels mit HEISENBERG im Jahre 1960 entstanden. Während die Lehrmeinung des Dualismus kaum wirksamer vertreten werden kann als durch HEISENBERGS berühmte Chicagoer Vorträge (1929), die das Denken einer ganzen Generation von Physikern entscheidend beeinflußten, vertritt Verfasser die Ansicht, daß ein einheitliches Vorstellungsbild auch in der Quantenphysik durchführbar ist, nach welchem Elektronen und andere Partikel keine Wellennatur besitzen, sondern der Quantenmechanik gehorchen.

I. Die Materiebeugung

Bei der Aufstellung der Relativitäts- wie auch der Quantentheorie hat eine methodisch wichtige Regel eine leitende Rolle gespielt: Beseitige alle Gedankenkonstruktionen, die nicht durch physikalische Operationen begründet sind (absoluter Raum, Elektronenbahnen usw.), und ganz allgemein: Befleißige Dich größtmöglicher Ökonomie des Gedankenbildes. Es scheint jedoch, als ob diese Lehre *nach* erfolgreicher Aufstellung des Quantenformalismus wieder in Vergessenheit geraten ist, und daß man ohne Not an recht umständlichen Vorstellungen festhält und sie sogar für grundlegend hält. Dieser Vorwurf trifft im besonderen den Ideenkreis des Dualismus, der zwar ursprünglich von großem heuristischem Nutzen war, inzwischen aber, und zwar gerade durch die Entwicklung der Quantenmechanik m. E. zum ideologischen Ballast geworden ist. Natürlich handelt es sich bei dieser Kritik nicht um theoretische Physik, d. h. um die reguläre Verknüpfung von Beobachtungskomplexen, sondern nur um das, was man dazu *sagt* und als erkenntnistheoretische Neuerung betrachtet.

Um die Diskussion zu vereinfachen, beschränken wir uns auf die Quantenphysik der Materie, obwohl ähnliche Betrachtungen auch für die Strahlung gelten. Welches sind nun die Beobachtungen, die — nach dem bereits als endgültig angesehenen Sieg des Atomismus in der Chemie, Wärmelehre und Radioaktivität — doch wieder zu Zweifeln über die Zusammensetzung der Materie, aus Korpuskeln oder Wellen, führten und dann im Dualismus eine neutrale Haltung befürworteten? Es war im wesentlichen das Experiment der Elektronenbeugung: Ein Strahl A, der offensichtlich aus einzelnen Partikeln der Masse m, Ladung e und Geschwindigkeit v besteht, wird durch einen Kristall in ein Büschel B_1 B_2 ... zerlegt. Dabei zeigt sich, daß man die Richtungen B_n *berechnen* kann, indem man probeweise annimmt, daß der korpuskulare Strahl A sich bei der Ankunft am Kristall zunächst in einen kontinuierlichen, den ganzen Kristall überdeckenden Wellenzug der Wellenlänge $\lambda = h/mv$ verwandelt und als solcher nach den Regeln der Welleninterferenz von dem System paralleler Gitterebenen in die Richtungen B_n als Maxima n-ter Ordnung abgebeugt wird, sich dann aber in die einzelnen Elektronen zurückverwandelt, wie man sie in den gebeugten Strahlen vorfindet. *Das geht nicht mit rechten Dingen zu,* oder besser: Das kann man nicht auf einheitliche Weise, weder rein korpuskular noch rein wellenmäßig verstehen. So schreibt SCHRÖDINGER[1]) („Unsere Vorstellung von der Materie"):

[1]) E. SCHRÖDINGER in „What is Life?", Doubleday Anchor Book New York 1956.

Reprinted from *Werner Heisenberg und die Physik unserer Zeit*, pp. 119–127 (1961).

Nach der wohlfundierten heutigen Meinung ... ist alles und jedes Ding sowohl Partikel wie auch Welle ... Protonen (und Elektronen), die man stets als diskrete Partikel anzusehen gewohnt war, führen in Wechselwirkung mit einem Kristall zu Interferenzerscheinungen, die keinen Zweifel an ihrer kontinuierlichen Wellennatur gestatten. Die Schwierigkeit, diese zwei so völlig verschiedenen Charakterzüge in einem einzigen Vorstellungsbild zu vereinigen, ist das Haupthindernis, das unsere Vorstellung von der Materie so unsicher und schwankend macht ..."

Und während SCHRÖDINGER sich viel Mühe gegeben hat, eine *einheitliche Undulationstheorie* der Materie einschließlich der Korpuskularphänomene aufzustellen, sieht die Kopenhagener Schule in dem ,Schwanken' weniger ein Dilemma als den Kernpunkt der neuen Physik und der darauf gegründeten neuen Erkenntnislehre. Die Hin- und Rückverwandlung, alias Doppelmanifestation, mag nun gewiß eine sehr reizvolle Botschaft vermitteln. Vom wissenschaftlichen Standpunkt, d. h. von dem der Ökonomie des Denkens, ist sie jedoch eine sehr *kostspielige Hypothese,* die zu vermeiden man allen Grund haben sollte.

Ihr gegenüber gibt es nun zwei Stellungnahmen, nämlich

1. die Doppelnatur als bestehend anzuerkennen und sich philosophisch mit ihr auseinanderzusetzen,
2. sie mit den Mitteln der theoretischen Physik zu überwinden.

Der erstere Weg besteht darin, daß man aus der anscheinenden Doppelnatur die Lehre zieht, daß die Physik gar nicht einer objektiven Wirklichkeit nachzujagen habe; sie könne uns niemals mehr als ein subjektiv gefärbtes *Bild* vermitteln. Daß man aber *zwei* Bilder braucht, sei eben eine verstärkte Warnung, keines der beiden als ,wirklich' oder ,richtig' anzuerkennen. Es hänge von der Versuchsanordnung des Beobachters ab, in welcher Weise die Materie sich manifestiere. Nach v. WEIZSÄCKER handelt es sich um einen

> „Zusammenbruch der Substanzkategorie; oder vielleicht sollten wir die durch unser Denken an Objekte geformte Logik der neuen Situation anpassen".

Das sind recht kühne erkenntnistheoretische Folgerungen aus dem so einfachen Beugungsexperiment. Freilich, sollte es sich herausstellen, daß nicht nur die Bahnspuren und der Öltröpfchenversuch, sondern auch die Materiebeugung und verwandte Quantenerscheinungen auf einheitlich korpuskular-mechanische Weise gedeutet werden können, so würde sich ,das Weltbild der Physik' insofern vereinfachen, als man dann ohne doppelte Manifestation, ohne Verzicht auf das Denken an Objekte, ohne Zusammenbruch der Substanzkategorie und ohne Anpassung der Logik auskommen könnte.

II. Die Mechanik der Materiebeugung

Nun ist in der Tat seit vielen Jahren eine einfache *mechanische,* nicht-wellenmäßige Erklärung der Beugung am Kristall bekannt — oder auch in weitesten Kreisen unbekannt. In demselben Jahr 1923 nämlich, in welchem DE BROGLIE in Paris seine geniale Wellentheorie der Materie vorlegte (die sich aber trotz ihres enormen heuristischen Wertes denkökonomisch als zu umständlich erwies), fand W. DUANE[2]),

[2]) W. DUANE, Proc. Nat. Acad. Wash. 9, 158 (1923).

Amerika, eine ebenso originelle wie einfache Deutung des Beugungsphänomens. (Damals dachte er an die Beugung von Lichtpartikeln am Kristall.) DUANES Theorie lautet folgendermaßen: Derselbe Kristall, der aus Gitterebenen des Abstandes D besteht und daher periodische Raumverteilungskomponenten der Länge D, $D/2$, $D/3, \ldots D/n$ besitzt, ist *eben dadurch* (s. u.) zugleich ein mechanisches System, das senkrecht zu den Gitterebenen Impulsbeträge der Größe h/D, $2h/D, \ldots nh/D$ ausgibt. Wenn der Kristall diese Impulse in statistischer Verteilung den einfallenden Teilchen mitteilt, werden letztere in neue Richtungen abgelenkt, welche mit denen der beobachteten Strahlen $B_1\ B_2 \ldots B_n$ übereinstimmen. Man hat hier also eine korpuskular-mechanische Deutung der Materiebeugung, nach welcher der periodische Intensitäts-Wechsel nicht auf eine periodische Wellennatur der Elektronen, sondern auf die mechanische Aktivität des Kristalls *als Ganzes* geschoben wird, ohne daß man an eine Zwischenverwandlung oder Doppelnatur der Elektronen zu denken hat. Ähnliches gilt nach EPSTEIN und EHRENFEST[3]) für das oft diskutierte Gedankenexperiment der Beugung von Elektronen an zwei parallelen Stäben oder Spalten. Stets handelt es sich um eine Impulsübertragung vom beugenden System *als Ganzes* auf die ankommenden Teilchen mit statistischen Häufigkeiten (Intensitäten), die fourier-mäßig mit der Raumverteilung der Materie im System verknüpft sind. In einer nicht-relativistischen Theorie mit Fernwirkung erübrigen sich Fragen „wie kann ein Elektron wissen usw."

Wenn Teilchen eine (unperiodische) Wand treffen und im gleichen Winkel reflektiert werden, könnte ein Dualist ja darin ebenfalls eine Zwischenverwandlung in Wellen und Interferenz nach dem HUYGHENSschen Prinzip sehen, statt den ganzen Vorgang einheitlich mechanisch aufzufassen.

Duane's Theorie ist übrigens ein Vorläufer und wichtiger Bestandteil der allen Physikern trotz dualistischer Sprechweise bekannten *einheitlichen* Quantenmechanik der Teilchen und Teilchensysteme. Sie kommt ohne das schwankende Bild aus, daß die Materie (und auch die Strahlung) sich bei *manchen* Gelegenheiten korpuskular, bei *anderen* Gelegenheiten als Welle manifestiert. Nach DUANE und nach der Quantenmechanik manifestieren sich die Elektronen vielmehr stets als Partikel. Das ursprüngliche Dilemma einer Doppelnatur, d. h. der echte Dualismus, ist durch DUANES und BORNS statistisch-mechanische Interpretation der wellenähnlichen Erscheinungen überwunden. Das Umgekehrte gilt m. E. bei der Strahlung: Hier ist das kontinuierliche Feld *real,* und seine Quantenmechanik führt zu korpuskularähnlichen Erscheinungen.

III. Die Heisenbergsche Relation

Der Einfluß der dualistischen Lehre, welche die eingangs erwähnte methodische Regel verletzt, hat sich auch der Heisenbergschen Relation bemächtigt. Zunächst, was ist der empirische Inhalt der Beziehung $\delta x \cdot \delta p_x \sim h$? Wie HEISENBERG uns so schön in seiner ursprünglichen Arbeit lehrte, offenbar folgendes: Ein Strom von Partikeln wird auf einen Stab der Breite δx oder auf einen Schirm mit Spalt δx geleitet. Die einzelnen Teilchen erhalten nun vom Stab oder vom Schirm mit Spalt *als Ganzes* verschiedene Impulse p_x, deren Einzelwerte man aus den korpuskularen Treffern auf einem entfernten Kollektor *genau* feststellen kann. Es zeigt sich aber (wie es auch die Quantentheorie fordert), daß die verschiedenen am Stab oder Spalt erhaltenen p_x-Werte über ein Gebiet der Größe $\delta p_x \sim h/\delta x$ gestreut sind.

[3]) P. EHRENFEST and P. EPSTEIN, ebenda **10**, 133 (1924) und **13**, 400, (1927) Soc. 1957.

Dieser einfache statistische Sachverhalt soll nun nach BOHR bedeuten, daß δp_x ein Unbestimmtheitsgebiet des *Seins,* der Existenz eines mit δx gleichzeitigen Impulses angibt (trotzdem der Eintritts- und der Austrittswert an δx in jedem Einzelfall genau festgestellt werden kann). BOHR empfiehlt uns sogar, nicht einmal an einen mit δx simultanen genauen p_x-Wert zu *denken.* (In der Tat, wenn ein genauer Wert sich in einen anderen genauen Wert ändert, kann man nicht von *einem* Wert sprechen; aber das ist trivial.)

Es scheint, daß BOHR sich hier durch eine vom Dualismus inspirierte, allzu wörtliche Übersetzung eines legitimen Wellenresultats hat täuschen lassen. Es ist zwar richtig, daß ein auf die Länge δx beschränktes Wellenaggregat keine genaue Wellenlänge λ und Wellenzahl $\tilde{\nu} = 1/\lambda$ *hat,* das letztere vielmehr nur bis auf ein Unschärfegebiet $\delta\tilde{\nu} \sim 1/\delta x$ definiert und *denkbar* ist. In der Quantentheorie wird aber aus dem Unschärfegebiet $\delta\tilde{\nu}$ ein statistisches Streugebiet $\delta p_x = h \cdot d\tilde{\nu}$ einzelner, genau meßbarer, also existierender und daher denkbarer p_x-Werte: *valeo, ergo sum!* Auf den Einwand aber, daß es sich hier nur um indirekte Messungen handele, stellt Verfasser die Gegenfrage, wo in der Physik es ‚direkte Messungen' gebe. Außerdem wird ja auch das Unschärfegebiet δp_x nur auf ‚indirekte' Weise festgestellt.

Daß nun ein einzelner p_x-Wert beim Austritt aus δx zwar meßbar, aber nicht kontrollierbar und voraussagbar ist[4]), wird in der üblichen Quantensprache durch die Worte ausgedrückt, es gebe keinen ‚Zustand' eines simultanen x- und p_x-Wertes, wobei aber das wichtige Adjektiv ‚kontrollierbar' oder ‚reproduzierbar' gewöhnlich ausgelassen wird. Dieser rein technische Gebrauch des Wortes ‚Zustand' wird nun mit dem Zustand im gewöhnlichen Sinne des *Seins,* der individuellen Koexistenz verwechselt, was dann zu weiteren erkenntnistheoretischen Folgerungen führen soll. Ein Doppelsinn des Wortes ‚Zustand' (Zustand eines physikalischen Systems, Erwartungszustand eines Beobachters) hat auch bei anderen Gelegenheiten zu Mißverständnissen geführt.

Zusammenfassend: Der *echte Dualismus* mit seinem Dilemma zweier sich ausschließender aber komplementärer Manifestationen (manchmal Partikel und ein andermal Wellen, wie es der Vergleich von Bahnspuren mit Beugungsringen zu zeigen *scheint*) ist durch DUANE und die einheitliche Quantenmechanik als kostspielige Hypothese überflüssig geworden. Dasselbe gilt daher von einem Teil der auf dem echten Dualismus aufgebauten Quantenphilosophie. Denn *es geht alles mit rechten Dingen zu,* einschließlich der befremdenden Quantengesetze für Materieteilchen, die einer ganz natürlichen Erklärung fähig sind (Abschnitt V).

IV. Der Neo-Dualismus

Zugegeben also, oder auch nicht zugegeben, daß die Materiebeugung nicht zu einem Dualismus, sondern auf geradestem Wege zur einheitlichen Quantenmechanik führt. Jedenfalls ist es nicht logisch, ein Ding (Partikel) mit einer seiner Eigenschaften (statistische Disposition von Partikeln) als komplementäres ‚Bild' zu konfrontieren. Um diesen Vorwurf zu vermeiden, ist man jetzt zu einem *logisch* einwandfreieren Dualismus übergegangen. Man kann nämlich den einheitlichen und vollständigen Teilchenformalismus so umformen, daß er als einheitliche und vollständige Beschreibung von Wellenvorgängen in einem kontinuierlichen Medium erscheint. Diese *Zweite Quantelung* von KLEIN, JORDAN und WIGNER (1928) ist hinsichtlich der Beobachtung

[4]) F. BOPP, in „Observation and Interpretation", Colston Research Soc. 1957.

der Partikeltheorie gleichwertig. Deshalb ist es müßig, darüber zu streiten, welche Darstellung ‚richtiger' sei. Der echte Dualismus (manchmal Partikel-, ein andermal Wellentheorie) ist tot; es lebe der Neo-Dualismus zweier äquivalenter Darstellungen ein und derselben vollständigen Theorie.

Diese Umformungsmöglichkeit ist aber doch so verschieden von dem echten Dualismus, daß sie kaum mehr denselben Namen verdient. Denn *erstens* läßt sich ja auch eine dritte und vierte Quantelung einführen, so daß man es eher mit einem Pluralismus von Darstellungen zu tun hat.

Zweitens haben die zwei Formen der Theorie, obwohl sie dieselben Beobachtungen beschreiben, doch in mathematisch-formaler wie auch ideologischer Hinsicht sehr verschiedenes Gewicht. Während nämlich die übliche Quantenmechanik der Partikel und Partikelsysteme von BORN-HEISENBERG-JORDAN und SCHRÖDINGER in statistischer Deutung in *einfachster* Weise *auch* von den Beugungserscheinungen Rechenschaft gibt, ist die Zweite Quantelung eine äußerst verwickelte Methode, die bezeichnenderweise bei der Materie fast nie angewandt wird. In der Tat ist schwer einzusehen, warum man einen α-Strahl mit einzelnen Bahnspuren sowie ein aus einzelnen Treffern bestehendes Beugungsbild als Manifestation eines Kontinuums ansehen soll, in welchem eine komplizierte nicht-lineare Differentialgleichung auf eine nicht-vertauschbare Wellenfunktion wirkt — statt einfach zu sagen, daß der α-Strahl ebenso wie seine abgebeugten Komponenten ‚in Wirklichkeit' aus einzelnen Teilchen ‚besteht' (heutzutage muß man solche Worte in Anführungszeichen schreiben). Die Zweite Quantelung ist gewiß äußerst wertvoll für die Behandlung eines Kontinuums, eines Feldes. In Anwendung auf die Materie ist sie aber der üblichen Quantenmechanik weit unterlegen. Ähnlich geht ja auch das Ptolemäische Weltbild aus dem Kopernikanischen durch eine Koordinatentransformation hervor, so daß beide hinsichtlich der Erfahrung gleichwertig sind. Trotzdem wäre es irreführend, hier das Wort ‚Dualismus' anzuwenden. Denn hier wie dort sind ja auch noch andere Transformationen möglich, nur daß eben *eine* sich formal-mathematisch wie denkökonomisch, d. h. wissenschaftlich, vor allen andern auszeichnet.

Drittens, um bei dem astronomischen Vergleich zu bleiben, gelang es KEPLER erst auf Grund des Heliozentrischen Systems, seine Planetengesetze zu entdecken, die dann durch NEWTON in universeller Art erklärt werden konnten. In analoger Weise, während die Zweite Quantelung ihrem Materiekontinuum recht verwickelte Eigenschaften beilegen muß, die vom Standpunkt eines Kontinuums sehr abwegig und *ad hoc* erscheinen, lassen sich die einfachen Quantenregeln der Partikelmechanik auf ganz natürliche Weise erklären (s. u.). Auch von diesem ganz entscheidenden Gesichtspunkt aus ist also die übliche Quantenmechanik der Materie ebensoviel ‚richtiger' als die Kontinuumstheorie, wie die heliozentrische Lehre ‚richtiger' ist, als die Ansicht, daß sich das gesamte Weltall um die Erde dreht. Es ist also kaum berechtigt, die auf dem Widerspruch zweier ‚Bilder' beruhende Quantenphilosophie nachträglich durch Hinweis auf die Zweite Quantelung retten zu wollen. Man wird hier an den Disput zwischen GALILEI und Kardinal BELLARMINO erinnert, in welchem der letztere ein denkökonomisch kostspieliges Dogma durch Hinweis auf Koordinatentransformationen zu retten suchte — ohne freilich von einer Doppelnatur der Planeten zu sprechen.

Zusammenfassend: Der Haupteinwand gegen den echten Dualismus der zwanziger Jahre besteht in DUANES viel einfacherer einheitlich korpuskular-statistischer Beugungstheorie von 1923, ohne deren Ignorierung die dualistische Lehre m. E.

niemals fußgefaßt hätte. Der Grund *für* HEISENBERGS Unbestimmtheit der Voraussage und *gegen* BOHRS Unschärfe des Seins ist, daß die wörtliche Übersetzung einer legitimen Welleneigenschaft in die Teilchensprache willkürlich ist und dabei der Erfahrung wie auch der statistischen Deutung widerspricht. Der Haupteinwand gegen die Idee einer Symmetrie des Wellen- und Partikelbildes ist jedoch, daß die Quantenmechanik der Materie einer einfachen *Erklärung* als Partikelmechanik (aber nicht als Wellenvorgang) fähig ist, wie jetzt gezeigt werden soll.

V. Grundlagen der Quantenmechanik

Die obige Kritik bestehender Ansichten war notwendig, um den Weg für ein Problem freizumachen, das im Rahmen des Dualismus sinnlos ist und schon einige Jahre nach PLANCKS Entdeckung in Mißkredit gefallen war. Wir meinen die Frage: Lassen sich die so erstaunlichen Regeln der Quantenmechanik auf einfache *nicht-quantenmäßige* Grundlagen zurückführen? Eine positive Antwort soll hier in Kürze gegeben werden[5]).

Im Gegensatz zu den älteren Versuchen, mit den klassischen Bewegungsgleichungen auszukommen und vielleicht eine Lücke im Gleichverteilungssatz zu entdecken, beginnen wir gleich mit dem Schema der *Wahrscheinlichkeiten* des Zustandswechsels eines Mikroobjekts unter dem Einfluß einer Messung mit einem makroskopischen Instrument. Es ist von vornherein klar, daß bei einer A-Messung an einem bestimmten Objekt (A möge z. B. die Energie bedeuten) verschiedene Werte A_1 oder A_2 oder A_3 usw. gefunden werden können. (Ob diese Werte kontinuierlich oder diskret verteilt sind, tut hier nichts zur Sache.) Dasselbe gilt für eine B-Messung (B möge z. B. eine Ortskoordinate bedeuten), wo sich verschiedene Werte B_1, B_2, B_3 ... ergeben können. Dies ist trivial; es ist ja das Ziel jeder Messung, *einen* unter vielen möglichen Werten festzustellen. Sehr neuartig ist aber folgendes: Es zeigt sich, daß es besondere, im folgenden A and B and C usw. genannte observable Größen gibt, oder vom Theoretiker als existierend *angenommen* werden können, welche die Eigenschaft haben, daß, wenn z. B. eine A-Messung den Wert A_5 ergeben hat, darauf folgende B-Messungen niemals einen bestimmten B-Wert, sondern eine bestimmte *statistische Verteilung* über die Werte B_1, B_2 ... aufzeigen. Die relativen Häufigkeiten, nicht sehr passend Wahrscheinlichkeiten genannt, kann man dann in einer geordneten Tabelle wie folgt zusammenstellen:

$$\begin{pmatrix} W(A_1 \to B_1) \, W(A_1 \to B_2) \, W(A_1 \to B_3) \ldots \\ W(A_2 \to B_1) \, W(A_2 \to B_2) \, W(A_2 \to B_3) \ldots \\ \ldots \quad \ldots \quad \ldots \quad \ldots \end{pmatrix} = W(A \to B), \tag{1}$$

genannt die *Matrix* W $(A \to B)$. In ähnlicher Weise kann man die relativen Häufigkeiten W andrer Messungsreihen in Tabellen W $(A \to C)$, W $(B \to C)$ usw. zusammenstellen. Die gefundenen Werte W in diesen Tabellen oder Matrizen hängen natürlich von dem gewählten Objekt sowie von der physikalischen Bedeutung der als A und B

[5]) A. LANDÉ, „Foundations of Quantum Theory, a Study in Continuity and Symmetry", Yale Univ. Press 1955. „From Dualism to Unity in Quantum Physics", Cambridge Univ. Press 1960. Vgl. hierzu auch den Beitrag von F. BOPP: „Statistische Mechanik bei Störung des Zustands eines physikalischen Systems durch die Beobachtung. — Ein neuer Zugang zur Quantenmechanik," auf S. 128 in diesem Band, dem eine verwandte Vorstellung zugrunde liegt.

und C usw. bezeichneten Größen ab. Wenn man aber die Gesamtheit der A-Werte, B-Werte usw. umfaßt, werden sich die Reihen in jeder W-Tabelle zu *Eins* aufsummieren.

Man wird sich nun nicht sehr wundern, oder man kann plausiblerweise auch fordern, daß die *Symmetriebeziehung* gilt:

$$W(A_k \rightarrow B_m) = W(B_m \rightarrow A_k), \tag{2}$$

da diese Symmetrie der Umkehrbarkeit klassischer Prozesse entspricht. Man kann dann oben alle Pfeile fortlassen. Daraus ergibt sich sofort, daß sich auch die Kolonnen jeder W-Tabelle zu *Eins* aufsummieren, da ja die Kolonnen der Tabelle W (A, B) identisch mit den Reihen von W (B, A) sind. Weiterhin, wenn die Reihe $A_1, A_2 \ldots A_N$ aus N Werten besteht, muß das gleiche für die Reihe B, und dann für alle andern Reihen C, D, usw. gelten, damit die Summe aller Glieder in jeder W-Tabelle nach Reihen summiert dasselbe Resultat N ergibt wie die Summe nach Kolonnen. Aus der Symmetrieforderung (2) erhält man also das wichtige Resultat, daß alle W-Tabellen *magische Einheitsquadrate* mit N Reihen und N Kolonnen sind (‚magisch' weil eben jede Reihe und jede Kolonne sich zu *Eins* aufsummiert). Wie groß die ‚Multiplizität' N ist, hängt ganz von dem betrachteten Objekt ab. Meistens ist N unendlich. Zur Vereinfachung tun wir aber so, als ob N endlich wäre.

Wir stellen jetzt die Frage: Besteht vielleicht bei jedem Mikro-Objekt, ganz gleich was die Observablen A und B usw. bedeuten, ein *allgemeines Verknüpfungsgesetz* zwischen den W-Tabellen, so z. B., daß die Tabelle W (A, C) nicht mehr frei ist, wenn die beiden Tabellen W (A, B) und W (B, C) gegeben sind? (Ebenso wie in einem Dreieck die Seite AC nicht mehr ganz frei ist, wenn AB und BC gegeben sind.) Daß überhaupt ein allgemeines Verknüpfungsgesetz zwischen den in verschiedenen Experimenten erhaltenen relativen Häufigkeiten W bestehen soll, ist eine beinahe metaphysische Erwartung über die Gesetzmäßigkeit der Natur. Führt man sie aber einmal als Annahme ein, so ist das Problem, das fragliche *allgemeine Verknüpfungsgesetz* zu finden, rein mathematischer Art, unabhängig von der physikalischen Bedeutung der Größen W in den magischen Einheitsquadraten.

Dasselbe mathematische Problem ist in der Geometrie bekannt; nur bedeutet dort die Reihe $A_1\ A_2\ \ldots\ A_N$ ein System aufeinander senkrechter (orthogonaler) Achsen, die Reihe B ein anderes Achsensystem usw. Und die sich zu *Eins* summierenden Größen W bedeuten die Kosinus-Quadrate, $W = c^2$, zwischen den verschiedenen Achsen, und umgekehrt $c = \pm\sqrt{W}$. Das Verknüpfungsgesetz zwischen den $W = c^2$-Tabellen ist nun am einfachsten durch die Beziehung zwischen den Kosinus selbst dargestellt und lautet

$$c(A_k, C_n) = \textstyle\sum_j c(A_k, B_j) \cdot c(B_j, C_n) \quad \text{mit} \quad W = c^2, \tag{3}$$

bekannt als das Gesetz der *orthogonalen Transformation* zur Verknüpfung der Tabellen $W = c^2$. Es läßt die magische Einheitsquadrat-Eigenschaft bestehen oder ‚invariant' und bietet sich also auch in unserm Fall, wo die W eine andere physikalische Bedeutung haben, als Verknüpfungsgesetz dar. Jedoch gibt es noch ein allgemeineres Gesetz, das derselben Invarianzforderung genügt. Es besteht darin, daß man statt reeller Größen $c = \pm\sqrt{W}$ komplexe Größen einführt, die wir mit dem ominösen Buchstaben ψ bezeichnen wollen, und die mit W durch die Beziehung $\psi = \sqrt{W} \cdot e^{i\varphi}$

oder umgekehrt $W = |\psi|^2$ verbunden sind, sonst aber derselben Beziehung wie die c in (3) genügen, nämlich

$$\psi(A_k, C_n) = \sum_j \psi(A_k, B_j) \cdot \psi(B_j, C_n) \quad \text{mit} \quad W = |\psi|^2. \tag{4}$$

Dies bezeichnen die Mathematiker als *unitäre Transformation*. Es ist identisch mit dem *Interferenzgesetz der Wahrscheinlichkeiten*, das die Quantenphysiker nach langen Irrwegen durch eine Kombination von Experiment und genialer Intuition entdeckt haben. Wie wir hier sehen, kommt man zu demselben Gesetz fast zwangsmäßig[6]) auf Grund der Annahme, daß überhaupt ein allgemeines Verknüpfungsgesetz zwischen den W-Tabellen als magischen Einheitsquadraten besteht. (Innerhalb des Transformationsschemas (3) oder (4) spielen dann die Observablen die Rolle von Tensoren, und c bzw. ψ ist der Einheitstensor.) Die Frage erhebt sich jedoch, warum die Natur zu dem komplexen Gesetz (4) greift, statt sich mit dem einfacheren reellen Gesetz (3) zu begnügen, das ja ebenfalls die Invarianz der magischen Quadrateigenschaft garantiert. Die Antwort lautet: wieder wegen einer Invarianzforderung, wie wir jetzt sehen werden.

Statt weiter von Observablen A und B und C im allgemeinen zu sprechen, wollen wir jetzt die speziellen dynamischen Größen p = Impuls und q = Lagenkoordinate eines Teilchens betrachten. Ihre Zusammengehörigkeit, Symmetrie und ‚Konjugiertheit' ist in der klassischen Mechanik durch die Hamiltonschen Bewegungsgleichungen definiert. In der Quantentheorie kennt man drei zueinander äquivalente Definitionen oder *Quantenregeln*, die nur innerhalb des vorher beschriebenen unitären Transformationsschemas einen Sinn haben, nämlich (1) BORNS Vertauschungsregel $pq - qp = h/2i\pi$, (2) die SCHRÖDINGERsche Operatorregel $p = (h/2i\pi)\, \partial/\partial q$, und (3) die Regel, daß die zwischen p und q vermittelnde Wahrscheinlichkeitsamplitude die wellenmäßige Form

$$\psi(q, p) = \text{Const} \cdot \exp\,(2i\pi q p/h) \tag{5}$$

besitzt. Zur Begründung von (5) und damit der andern zwei Quantenregeln beruft man sich auf die stets bewährten Anwendungen und nachträglich auch auf ein ‚Prinzip' der Dualität. Letzteres ist aber weniger eine Erklärung als eine Beschreibung der aus (5) sich ergebenden Folgen in nicht adäquater Sprache, wie die ersten Abschnitte gezeigt haben mögen. Statt nun die Regel (5) oder die noch merkwürdiger aussehenden andern zwei Quantenregeln als letztes Ergebnis einer Analyse der Beobachtungen einzuführen, kann man sie auf *nicht-quantenhafter* Basis ableiten. Man braucht nur zu fordern, daß gewisse von zwei Werten p und p' bzw. von zwei Werten q und q' abhängende Größen, nämlich die Komponenten $T_{pp'}$ jeder Observablen $T(q)$ und die Komponenten $S_{qq'}$ jeder Observablen $S(p)$, nicht von den absoluten Werten, sondern nur von den *Differenzen* $p - p'$ bzw. $q - q'$ abhängen sollen, also gegen Verschiebung des Nullpunkts im Raum und Impulsraum *invariant* sein sollen. Diese Forderung enthält nichts von einer *periodischen* Verknüpfung zwischen p und q. Und doch folgt aus ihr die Wellenfunktion (5), natürlich ohne Bestimmung der *Größe* der Konstanten h. Der Beweis[7]) beruht im wesentlichen darauf, daß die einzige Funktion $f(x)$, welche die Beschaffenheit hat, das Produkt $f(x) \cdot f^*(x')$ nur von $x - x'$ abhängen zu lassen, die Form $\exp\,(ix/\text{const})$ besitzt, welche komplex-periodisch ist.

[6]) Eine systematische Ableitung ist in Zs. Phys. **162**, 410 (1961) erschienen.

[7]) A. LANDÉ, Zs. Phys. **162**, 410 (1961) gibt einen kürzeren Beweis als den der obigen zwei Bücher.

Die hier angedeutete Ableitung der formal-quantitativen Grundregeln der Quantenmechanik gründet sich auf der qualitativen Annahme, daß es überhaupt ‚miteinander unvereinbare Observable' A und B usw. gibt, die durch ein allgemeines Schema (1) von Wahrscheinlichkeiten, besser relativen Häufigkeiten von Messungsergebnissen, verknüpft sind. Von hier aus erhält man die magische Quadrateigenschaft der W-Tabellen aus der Symmetrieforderung (2) und die unitäre Transformation oder Wahrscheinlichkeitsinterferenz aus der Forderung, daß ein *allgemeines* Verknüpfungsgesetz zwischen den magischen Einheitsquadraten bestehen soll. Die *periodische* Beziehung (5) zwischen q und p vermittels einer Wirkungskonstanten folgt dann aus der *Differenz*- oder Invarianzforderung gegen Verschiebungen des Nullpunkts. Es sei bemerkt, daß die obigen Überlegungen weder an eine fundamentale Dualität appellieren, noch auch ‚die Kenntnis des Beobachters' und andere subjektive Elemente einführen. Eine praktische Seite der obigen Ableitung ist, daß man eventuelle Änderungsvorschläge am Formalismus darauf prüfen kann, welche der Grundannahmen man zu opfern bereit ist.

Unitary Interpretation of Quantum Theory*

ALFRED LANDÉ
The Ohio State University, Columbus, Ohio
(Recieved December 7, 1960)

This Anti-Copenhagen interpretation [compare with N. R. Hanson, Am. J. Phys. **27**, 1 (1959)] submits that the doctrine of an inherent double nature of matter (and of light) is a most uneconomical hypothesis which would never have been proposed (except for heuristic purposes) had it not been for an oversight of the mechanical particle theory of diffraction by Duane (1923), later incorporated into the quantum mechanics of 1926 in Born's unitary statistical interpretation of wavelike phenomena. Bohr's indeterminacy view comes from a verbal translation of a legitimate wave feature; it is contrasted to the uncertainty of prediction of exact results. The latter is supported by the experiment, the former is not, so that various "epistemological lessons" drawn from Bohr's view stand on brittle ground, which can hardly be reinforced by pointing to the transformation from the first to the second quantization, i.e., from one to another form of a complete and unitary theory. The simple quantum rules of the particle theory (first quantization) can be reduced to general postulates of symmetry and invariance.

I. WAVES AND PARTICLES

THE atomic theory of matter, strongly suggested by chemical and thermal experience, was confirmed after 1900 by irrefutable direct evidence of discrete particles in cloud chambers, Geiger counters, and oil drops. A turning point in the development of the quantum theory as well as the experiment of diffraction seemed to challenge the corpuscular view in favor of a continuous material medium supporting waves. In order to attenuate the contradiction, though hardly solving it, the viewpoint was brought

* Aided by a grant from the National Science Foundation.

Reprinted from *Am. J. Phys.* **29**, 503–507 (1961).

forward that matter *is* neither composed of particles nor of waves, but that *we* must become resigned to two classes of manifestations represented by two convenient pictures, neither of which has a claim to reality in the traditional sense. The same detached dualistic view is supposed to give us various "epistemological lessons" (Bohr), in particular concerning the relation between subject and object, lessons which have been disputed, however, during thirty years of argument about the interpretation of the quantum formalism, and of the symbol ψ in particular. It has been a dispute between the dialectical positivism of Bohr and Heisenberg who are satisfied with two contradictory though complementary "pictures" as the ultimate result of the new physics, and the quest for one definite physical reality independent of perceiving subjects pursued by Einstein, and also by Schrödinger, to whom the doctrine of the futility of searching for one objective view is "a philosophical extravagance dictated by hopelessness in the face of a severe crisis."[1]

Following Einstein and Schrödinger, I think it mandatory that the crisis of dualistic appearances be solved in a realistic and unitary fashion, either by arriving at particles as the real constituents of matter with waves as mere appearances, or the other way around. I also think that the alternative has partly been solved long ago by Born's statistical particle *interpretation* of wave-like phenomena, although Born did not give us an *explanation* as to *why* the statistical laws of quantum mechanics should be wave-like. But let us first corroborate Born's interpretation by showing that particles *always* behave as particles, also in the diffraction experiment, that they *never* display a wave nature with amplitude and phase, that they do *not* deserve to be called "wavicles."

II. DIFFRACTION OF MATTER

A homogeneous beam of negative charge displaying individual electrons of a definite rest mass m, charge e, and velocity v is impinging upon a crystal where it splits into various components of sharply defined directions α_1, α_2 $\cdots$, which again are clearly composed of individual electrons. However, their directions can be *calculated* from the idea that the incident ray of particles transforms itself, in contact with the crystal, into a continuous matter wave of wavelength $\lambda = h/mv$ covering the whole crystal with all its parallel lattice planes of mutual distance D. This wave is now diffracted according to the law of interference ($2D \sin\alpha_n = n\lambda$, Bragg) into the directions α_n as intensity maxima of the nth order. Thereafter the diffracted waves are reformed into particles again. Thus, goes the argument, matter displays a twofold nature, first as particles, then as waves, then as particles again—and duality is on its way to dominate "the world view of physics" for a whole generation, with the term "back-and-forth transformation" now replaced by "double manifestation."

My comment to all this is: If one insists on a complicated and highly problematic interpretation of the observed facts, one can arrive at any world view whatsoever. Instead of alternately applying particle theory and wave theory, why not resort consistently to the *mechanical particle theory of diffraction* which was established as early as 1923 by the American physicist Duane,[2] one of the pioneers of quantum mechanics? (Duane at his time thought of the diffraction of photonic particles.) His theory runs as follows: The crystal with its lattice planes of mutual distance D and with harmonic components of matter distribution of length D, $D/2$, $D/3$, $\cdots$, is *thereby* (according to a rule later incorporated in the quantum mechanics of 1926) a mechanical system which *as a whole* can change its momentum perpendicular to the lattice planes only in selected amounts h/D, $2h/D$, $3h/D$, $\cdots$. If these momenta are transmitted to the incident electrons under the law of momentum conservation ($2p \sin\alpha_n = nh/D$), the electrons are deflected into exactly the same directions α_n which the Bragg interference law *would* yield if there *were* an interim transformation of the particles into waves of wave length $\lambda = h/p = h/mv$. The importance of Duane's mechanical diffraction theory is that it frees us from having to believe in a bewildering miracle of back-and-forth transformation, *alias*

[1] E. Schrödinger, "Our Conception of Matter," published in *What is Life?* (Doubleday Anchor Book, New York, 1956).

[2] W. Duane, Proc. Natl. Acad. Sci. U. S. **9**, 158 (1923); P. Epstein and P. Ehrenfest, *ibid.* **10**, 133 (1924) and **13**, 400 (1927).

double manifestation. The latter, allegedly supported by the contrast between particle tracks and diffraction fringes, turns out to be an *ad hoc* hypothesis violating every requirement of economy of thought and moreover long overcome by the unitary quantum mechanics of 1926, of which Duane's theory of 1923 is an integral part. It would be just as extravagant to assume a Huyghens wave interlude in case of reflection of particles (or balls) from a solid wall which is unperiodic, hence not subject to discrete momentum changes. The doctrine of a double nature, with matter (and light) on *some* occasions acting as though consisting of particles, and on *other* occasions as though consisting of waves, has become ideological ballast.

The same then holds, in the author's opinion, of part of the lessons drawn from the dualistic doctrine in the philosophy of knowledge. And the importance of the unitary viewpoint for the *teaching* of quantum mechanics can hardly be overstressed: instead of ingraining into the neophyte the idea that diffraction of matter shows a mysterious double manifestation, the same diffraction in Duane's interpretation opens a royal road to quantum mechanics in the usual form of a unitary statistical theory of particles and systems of particles.

III. HEISENBERG'S UNCERTAINTY RELATION

The experimental background of Heisenberg's relation $\delta x \cdot \delta p_x \sim h$ is the following: When particles coming from the y direction interact with a rod of width δx or a screen with slit δx, they receive from the rod or the screen with slit *as a whole* various unpredictable p_x impulses. In spite of their unpredictability, the individually received p_x-values can *post factum* be ascertained with any desired accuracy from the point of arrival at a distant place. It is found now (in agreement with quantum mechanics) that the many accurately measured p_x values emerging from δx are statistically spread over a range $\delta p_x \sim h/\delta x$.

Influenced by the dualistic doctrine, however, Bohr tells us a quite different story. A wave aggregate confined to the range δx does *not have* an exact wave length λ or wave number $\bar{\nu}=1/\lambda$ by definition. Rather, its $\bar{\nu}$ is *undetermined in principle* up to a range $\delta\bar{\nu} \sim 1/\delta x$ (correct!). By translating this wave result into the particle "picture" by means of $p=h\bar{\nu}$, he arrives at the result that particles confined to δx have their p_x *undetermined in principle* up to $\delta p_x \sim h/\delta x$.

Indeterminacy of being is of course quite different from *uncertainty* of what will be or nonreproducibility of an individual member of a statistical ensemble. In my opinion, the evidence of measurable, though not reproducible, p_x-values emerging from δx counts more than a literal translation of a legitimate wave result into particle terms. Therefore, I hold to Heisenberg's original view embodied in quantum mechanics that the dispersion of the p_x is due to the statistically ruled interaction with the scattering body (rod or screen with slit), rather than to an inherent wave nature of the scattered particles.

The determination of an individual $p_x = mv_x$ obtained from two positions, from the starting range δx and the point of arrival far away, is "indirect" to be sure. But velocities are always determined indirectly, and I cannot see why this should prevent us from thinking of the two positions as not *being* simultaneous with said velocity. Furthermore, the technical term "state" in quantum theory means "reproducible state," and there is indeed no *reproducible* xp_x-combination state; x and p_x are called "incompatible." Nevertheless, individual p_x values emerging from δx can be ascertained, and hence *exist*. Therefore, I cannot follow the contention that

(a) the concept of particle breaks down,

(b) The category of substance breaks down, and we have to modify our logic,[3]

(c) a host of other assertions of the dualistic school which have been convincingly refuted on empirical and logical grounds by Bunge[4] in a paper recommended to every quantum theorist.

IV. NEO-DUALISM

When dualists are confronted with the logical fallacy of an opposition between particle tracks and statistical results of particle tracks, they often fall back on a second line of defense and declare: Beside the popular though perhaps un-

[3] C. F von Weizsäcker in *The World View of Physics* (University of Chicago Press, Chicago, Illinois, 1952).

[4] M. Bunge, Brit. J. Phil. Sci. 6, 1 and 141 (1955).

tenable duality above there still is a more sophisticated kind of dualism, to be seen in the *equivalence* of the complete unitary quantum mechanics of matter particles of 1926, and the complete and unitary wave formalism of Klein-Jordan-Wigner's second quantization of 1928, obtained by a coordinate transformation from the usual theory. Since there is no experiment to discriminate between the two forms of the theory, why should we regard the first as "more true" than the second? Indeed, if observational equivalence were the only criterion! But science *evaluates* theories according to formal simplicity, multiple connectedness (Margenau), and what may be called explainability. The Ptolemean world view is obtained from the Copernican by a mere coordinate transformation, so that both are "equivalent." Yet apart from its greater formal simplicity, the heliocentric system is accepted as "true" because it first led to Kepler's laws and from there to Newton's explanation on the basis of the universal inverse square law of attraction. And nobody will speak of a duality of the planets in view of said coordinate transformation.

Similarly, not only is the usual quantum mechanics of particles much simpler than the K-J-W wave formalism. The qualities ascribed to the three-dimensional fluid, accepted for the sake of equivalence, look very odd indeed. Even more important is that the quantum rules for particles in the usual form can be further reduced to simple general postulates (see below). The same seems hardly possible for the nonlinear differential equation acting on a noncommutative ψ function of the second quantization, except by way of going back to the first quantization.

After all, it does not seem adequate first to justify a dualistic quantum philosophy by two complementary "manifestations" (tracks versus diffraction fringes), and then, when both yield to Duane's and Born's unitary statistical particle interpretation, to fall back on the argument of observational *equivalence* of two complete and unitary forms of the theory, one of which is simple and explainable, and the other is not.

V. FOUNDATIONS OF QUANTUM MECHANICS

When after Planck's discovery all efforts of explaining the startling quantum rules on plausible grounds of deterministic mechanics failed, many people became resigned to an irreducibility or "fundamentality" of the quantum theory. It had indeed been a hopeless task to give a consistent derivation of a set of inconsistent rules. Today, however, we have a perfectly self-consistent theory, yet one still reads: "We know today that [wavelike quantum rules $E=h\nu$, etc.] are consequences of a basic fact of all atomic events, the dualism of the wave picture and the particle picture"[3] which clearly is begging the question. A reduction of the quantum principles (interference of probabilities, Born commutation rule, Schrödinger p-operator rule) from non-quantal postulates is indeed possible. Since it has been presented in this Journal[5] before, we here list only the results.

(1) In correspondence to the reversibility of classical mechanical processes, one has the postulate of a *two-way symmetry* of every transition probability, $P(A\rightarrow B)=P(B\rightarrow A)$. This leads to the consequence that the probabilities can be arranged in matrices which are "unit magic squares" whose rows and columns sum up to unity.

(2) If one postulates that the various unit magic square matrices are such as to be connected by a *general correlation* law with equal rights (symmetry) for all states, the only known way to satisfy this demand is "unitary transformation" via complex quantities ψ. It is identical with the "interference of probabilities." Each complex ψ can be visualized as a vector in a plane, giving its associated $P=|\psi|^2$ a direction in a sort of two-dimensional framework of probabilities. Observables then play the part of tensors within the unitary transformation schema.

(3) If one adds the further postulate that observables $Q(q)$ have matrix elements $Q_{pp'}$ dependent on p-p' only, and observables $P(p)$ have matrix elements $P_{qq'}$ dependent on q-q' only, this postulate of Galileo and Lorentz *invariance* for linear coordinates q and momenta p leads to the result[6] that the amplitude function $\psi(q,p)$ must be of the complex-periodic form, $\exp(2i\pi qp/\text{const})$, which is the backbone of

[5] A. Landé, Am. J. Phys. **24**, 56 (1956) and **27**, 415 (1959); also *Foundations of Quantum Theory* (Yale University Press, New Haven, Connecticut, 1955); *From Dualism to Unity* (Cambridge University Press, New York, 1960).

[6] A. Landé, Z. Physik **162**, 419 (1961).

quantum dynamics, together with a similar result for energy and time.

The quantum theory of radiation regards the field with its harmonic components of frequencies ν as a mechanical system with an infinite number of freedoms, each of them subject to the quantum rules, thereby giving rise to the appearance of "photons." It is just the opposite to the case of matter. Matter *consists* of particles which by their statistical quantum performance give the *appearance* of waves. Radiation *consists* of "field oscillators" which by their quantum action produce the *appearance* of photonic particles dashing around.

Altogether, this article has two aims. First a negative one, namely that of repudiating the doctrine that nature is dominated by a basic dualism of manifestations, a view held on both sides of the fence, by the indeterministic Copenhagen-Göttingen School as well as by the deterministically inclined camp of de Broglie, Schrödinger, Bohm, and others, and expressed by Schrödinger[1] in the following sentences:

> "The well established view today is that everything—anything at all— is at the same time particle and field . . . . Protons and neutrons . . . which everybody has been accustomed to considering as discrete particles, when directed in swarms at a crystal surface, yield interference patterns which leave no doubt as to their continuous wave structure. The difficulty, in all cases equally great, of combining these two so very different character traits in one mental picture is still the main stumbling block which causes our conception of matter to be so wavering and uncertain."

To this generally accepted view I must retort that Duane in 1923, and the founders of quantum mechanics in 1926, actually have taken the "wavering" out of our conception of matter by offering us a perfectly satisfactory *unitary* particle theory, including that of matter diffraction through a crystal, using only *one mental picture*, without need for resorting to "wavicles." This of course signifies a vast ideological difference from the prevalent dualistic view.

The second and positive aim of this investigation is to point out that, after removing the "stumbling block" and the "wavering," the path is open to viewing the perplexing quantum-mechanical rules for particles and systems of particles (as well as of fields) *not* as irreducible or as manifestations of imminent "principles" of duality and complementarity. The quantum rules can rather be understood as being consequences of a few nonquantal postulates of symmetry, invariance, and the like, imposed on the general structure of the probability schema, "postulates so evident that one only needs to grasp them in order to accept them" (Descartes).

Quantum Fact and Fiction

ALFRED LANDÉ
Ohio State University, Columbus, Ohio
(Received 19 June 1964)

The *fact* is that, beside the two quantum rules for energy and angular momentum, there is a third analogous rule for the linear momentum, established by W. Duane in 1923. Though this rule is generally accepted, there is no trace of recognition in the literature that it yields a consistent unitary particle explanation of all those phenomena of diffraction and coherence, e.g., of the two-slit experiment, which allegedly can be accounted for only by the *fiction* of a dual nature of matter, with transmutation of particles into waves and back into particles again. The usual method of solving this dilemma has admittedly been that of "refining the language of physics," beginning with replacing the physical idea of a forth and back transformation by the term "dual manifestation," thereby shunning any "real" constitution of matter, which then requires a specially adjusted philosophy of knowledge. In contrast, the quantum rule for the linear momentum solves the apparent contradictions in a *physical* manner without alternating manifestations. It introduces a great simplification which should also influence the method of *teaching* the theory. The purpose of the present article is to give due credit to the American pioneer of quantum mechanics, W. Duane, whose contribution to solving the duality paradox is a shining example of the scientific method, in contrast to the purely semantic approach in vogue for more than a generation.

AT the Volta Congress in Como 1927, Niels Bohr proposed his principle of complementarity. As a means of accommodating apparent contradictions in the interpretation of atomic phenomena it became the cornerstone of the doctrine that we must abandon the search for one true constitution of matter, either particles or waves, and be content with two alternating "pictures" together with other "renunciations" based on the "epistemological lessons" of quantum physics. (The terms in quotation marks are constantly used in the Copenhagen literature.) The Bohr–Heisenberg "dialectical positivism" of thesis, antithesis, and synthesis has often been attacked by philosophers of science for its lack of thought economy, its inclusion of metaphysical elements, and its occasional clash with a simple realistic interpretation of facts. But it is favored by the majority of quantum theorists who brush off criticism by physicists like Einstein and Schrödinger and by philosophers of science like Margenau and Popper as due to their lack of "understanding Bohr." Typical here is the following passage written by L. Rosenfield[1]:

"While the great masters were vainly trying to eliminate the contradictions in Aristotelian fashion by reducing one aspect to another, Bohr realized the futility of such attempts; he knew that we had to live with this dilemma . . .

[1] L. Rosenfeld, Phys. Today 50 (Oct. 1963).

Reprinted from *Am. J. Phys.* **33**, 123–127 (1965).

and that the real problem was to refine the language of physics so as to provide room . . . for the coexistence of the two conceptions."

However, already in 1927 Born's statistical interpretation had paved the way for a consistent unitary particle theory by "reducing one aspect to another." The present article follows Born's interpretation to its logical conclusion. In particular, the writer is opposed to Bohr's method of "living with this dilemma" by "refining the language of physics" because this, according to Schrödinger, is "a philosophical extravaganza dictated by despair," if not an ideological "*Eiertanz*" (Einstein) and "the ultimate betrayal of Galilean science" (Popper). The dilemma has always been illustrated by the diffraction of material particles through a crystal or a screen with two slits where it has been asked again and again: "How could one ever explain those alternating diffraction maxima and minima than by the interference of waves?". As will be seen, one can!

DIFFRACTION THROUGH A CRYSTAL

When a broad stream of electrons, all of the same velocity, hits a crystal consisting of a set of parallel lattice planes of mutual distance L, the electrons are reflected at the same angle θ. This has to be so according to the conservation laws for energy and momentum. However, the surprising fact is that reflection takes place only at certain discrete angles θ of incidence and reflection. This selectivity is usually explained as follows. Before hitting the crystal, each electron of momentum p is transformed into a broad wave train of wavelength $\lambda = h/p$, h being Planck's constant. The superposition of the waves reflected from subsequent lattice planes produces large wave intensity only in those directions θ in which subsequent wave trains have path differences of 1λ, 2λ, $\cdots n\lambda \cdots$. This is the case when the angle of incidence and reflection is determined by the equation

$$2L \sin\theta = n\lambda, \qquad (1)$$

known from x-ray diffraction as Bragg's equation. After the waves have done their duty of yielding sharp interference maxima, they reform into particles again, observed as statistically distributed impacts on the film. In the refined Copenhagen language, the forth and back transformation is named "dual manifestation." We are told never to think of "real" particles or waves but only of two alternating "pictures." The success of the wave calculation of electron diffraction according to (1) is taken as a decisive proof of the dual nature, or aspect, or picture of matter.

However, already in 1923 one of the early pioneers of quantum theory, W. Duane,[2] has proposed a pure mechanical particle explanation of selective diffraction through a crystal. At this time he thought simply of x-ray photons; the selective diffraction of electrons through crystals was discovered only a few years later, and by that time Duane's theory was forgotten. It went as follows. The incident particles do not have to spread out like waves (pardon: "manifest themselves as though they did"); they stay particles all the time. It is the crystal with its periodic lattice planes which *is* already spread out in space and as such reacts under the third quantum rule.

What are the three quantum rules? The first is Planck's rule: A body periodic in time with period τ, e.g., an oscillator of frequency $\nu = 1/\tau$, has a finite *probability* of changing its energy E in amounts $\Delta E = h/\tau$. Conversely, an atom with a pair of energy levels of interval ΔE displays a time period $\tau = h/\Delta E$ or a frequency $\nu = \Delta E/h$ (Bohr frequency condition). The second quantum rule maintains: A body which is periodic with respect to rotation through an angle φ is entitled to change its angular momentum p_φ in amounts h/φ. Since the angular periodicity of all bodies is $\varphi = 2\pi$, one has the Sommerfeld–Wilson quantum rule for the change of angular momentum, $\Delta p_\varphi = h/2\pi$. The third quantum rule of Duane concerns linear momentum and is quite analogous to the first two: A body periodic in a certain direction of space with periodic length l is entitled to change its momentum component in this direction in amounts $\Delta p = h/l$.

A space-periodic body is typified by a crystal, only that in addition to the ground period L it has higher periodicities or harmonic components of lengths $L/2$, $L/3$, $\cdots L/n \cdots$ so that for a crystal one obtains the rule for its momen-

[2] W. Duane, Proc. Nat. Acad. Wash. 9, 158 (1923).

tum change perpendicular to the lattice planes

$$\Delta p = 2p \sin\theta = nh/L \quad \text{with} \quad n = 1,2,3,\cdots. \quad (2)$$

Equation (2) yields a set of discrete angles which are identical with those determined by (1). Indeed, one only has to retranslate the wavelength λ of (1), which was introduced there by translation of the incident momenta p into waves $\lambda = h/p$, back into the original momenta $p = h/\lambda$, and (1) becomes identical with (2). The great difference is, however, that Duane's quantum mechanics (2) leads directly to the correct angles of selective deflection of the incident particles *without any mysterious wave interlude* or dual manifestation, as assumed in (1). It thus turns out that the diffraction of matter by a crystal, usually regarded as conclusive physical evidence for the unavoidability of the doctrine of a dual nature of matter, is no evidence at all.

THE TWO-SLIT EXPERIMENT

Similar considerations apply to the diffraction of electronic particles through one or two slits in a screen, commonly quoted as proving a temporary wave manifestation. If only one slit is open, the electrons are diffracted into a broad fan of sidewise directions producing a broad intensity maximum on a film. If only the other slit is opened, a similar broad intensity distribution results. But when both slits are open, the new intensity distribution is not the sum of the two single slit ones, but rather a pattern of alternating maxima and minima. In particular, various formerly bright places now become dark. How can one ever explain that places accessible through one slit are *blocked* to electrons when another slit is *opened* except by assuming a temporary transformation of the electrons into broad wave trains and their interference? Does this not provide irrefutable evidence for duality? It does not! The diffraction of particles through one or two slits can be explained in a purely mechanical fashion, by an extension of Duane's quantum mechanics, shown in 1924 by Ehrenfest and Epstein as follows.[3]

A screen with one or two slits does not possess such obvious periodicities in space as a crystal. Nevertheless, its matter distribution curve can be decomposed into sinusoidal components of various periodic lengths l occurring with various amplitudes. Each periodic space component l reaches from one to the other end of the screen. An incident electron does not react to this or that individual point of the screen or slit. It rather reacts to the screen with slits *as a whole* solid body by way of its harmonic components l. And the intensity of an l-component in the harmonic analysis of the matter distribution in the diffractor is proportional to the statistical frequency or probability of the corresponding momentum transfer $\Delta p = h/l$. Of course, a screen with one slit has a different intensity distribution in its l-spectrum, and hence produces a deflection pattern different from that of a screen with two slits. In both cases, however, the resulting diffraction patterns agree with those which could be *calculated* by means of the wave interference theory. Yet, as in case of the crystal, there is no reason to resort to the strange hypothesis of material transmutation from particles of momentum p into waves $\lambda = h/p$ and back into particles again. Quantum mechanics and, in particular, the third quantum rule can account for the observations without dual manifestations.[4] The quantum constant h occurs in the *physical* rules for the (probabilities of) exchange of energy and momentum between bodies, rather than as a magic translation key between two mental pictures. But nowhere in the many discussions of the diffraction of matter does one find any mention, let alone appreciation, of the third quantum rule as being the physical reason for the alternating maxima and minima. And Duane is entirely forgotten under the impress of an exquisite though fantastic "quantum philosophy" supported by great names.

Schrödinger always wanted to *replace* the "quantum jumps" inherent in the energy and momentum exchange rules by a continuous wavelike *resonance*. We find here that both prevail at the same time: An atomic system containing a time period τ, which can thus change

[3] P. Ehrenfest and P. Epstein, Proc. Nat. Acad. Sci. U. S. **10**, 133 (1924) and **13**, 400 (1927).

[4] In order to explain the phenomena connected with a coherence length by pure particle mechanics, one has to remember that a restriction of length δq, leads to a statistical spread of momentum, $\delta p \sim h/\delta q$, as found by Heisenberg, later changed into a metaphysical "principle of indeterminacy" that exact p-values do not *exist*.

its energy in amounts $\Delta E = h/\tau$, needs another system containing the same time period τ if it is to give off or receive the energy ΔE. The other system may be the surrounding radiation field which contains any desired time period; or it may be a free particle which is unperiodic and free of energy restrictions. A similar resonance of space periodicities l applies for bodies exchanging linear momentum, $\Delta p = h/l$. The wavelike resonance condition between bodies exchanging quantum amounts of energy and momentum is of course entirely different from the alleged duality of two pictures, according to which unperiodic free particles transform into periodic waves, or act as though they did. And no refined language justifies the claim of seeing duality in the transformation of the quantum mechanics of the Rutherford atom into a formalism describing events in a continuous material medium by the second quantization of Klein, Jordan, and Wigner. It is said that this favors a dualism of "particles as well as waves at all times" in contrast to the original "sometimes particles and at other times waves." And Heisenberg[5] maintains:

"The symmetry between waves and particles . . . has to be regarded as an essential feature of quantum theory since Bohr's work of 1927 and the investigation of Klein, Jordan, and Wigner."

Here we must object that Bohr's work of 1927 is repudiated by Duane's third quantum rule of 1923. And the investigation of K–J–W does not yield a shadow of *symmetry* between particles and waves since their transformation does not lead from the momenta p of the particle model to corresponding waves $\lambda = h/p$. If there are no waves, how can there be symmetry between waves and particles?

REAPPRAISAL OF THE QUANTUM IDEOLOGY

As "quantum ideology" we denote the lessons drawn from the (alleged) principles of duality, complementarity, and symmetry of pictures, resting on a magical rather than physical interpretation of diffraction. It is indeed quite heroic of L. Rosenfeld to assure us:

"The complementarity idea is, first of all, the most direct expression of a fact . . . as the only rational interpretation of quantum mechanics."

After Duane this is hard to accept. Dualists, of course, display a predictable lack of enthusiasm for simple physical explanations which are bound to discredit their linguistic refinements. They also ask questions such as: "When according to *your* unitary theory, an electron is reflected from one lattice plane of a crystal, how can it 'know' of the other lattice planes at mutual distance L so that it will contribute its legitimate share to the diffraction pattern?" First, it is not *my* unitary particle theory but the same quantum mechanics which everybody uses in his work, although theorists in and around the Danish capital seem not always to be aware that the third quantum rule of mechanics disposes of the need for dual manifestation. Second, as explained before, the selective deflection of an electron by impulse transfer may occur at any place within the crystal; it is the diffractor as a whole solid body which acts through its periodic space components reaching from one end of the crystal to the other, filling out the empty spaces between the lattice points, too. And the emerging electron does not even have to be identical with the incident one; what matters is conservation of total charge, energy, and momentum during the reaction.

Similarly it has been asked: "If an electron is supposed to remain an electron all the time, how can it 'know,' when passing one slit, that there is another slit so that it will give its due contribution to the two-slit diffraction pattern?". Again, it does not need to know because it reacts to the diffractor as a whole mechanical unit via its periodic space components l. And the diffracted electron does not have to be identical with the incident one; it may emerge from any point on the screen. Also, as phrased at another occasion: A slit is more than a Nothing; it is a Nothing with something Around it. And the Around is as important for the interaction process as the Nothing.

If the quantum rules $\Delta E = h/\tau$, etc., are justly regarded as problematic, then dualists are satisfied to "live with *two* problems," first the wave particle duality which they accommodate by "refining the language of physics," and second the two quantum rules for E and p_φ,

[5] W. Heisenberg in *Niels Bohr and The Development of Physics* (Pergamon Press, Ltd., London, 1955).

accepted as fundamental and irreducible. It should be obvious here that the rejection of the dualistic translation rule, $p=h/\lambda$, from one imaginary picture to another and its replacement by the third rule, $\Delta p=h/l$ (analogous to the other physical rules for ΔE and Δp_φ), that is the return from metaphysics to physics, removes the first problem of the quantum ideology. One wonders how the many books and symposia about physics and philosophy of the past generation of theorists would have turned out if the manifestation magic had been replaced by the *physics* of Duane's third quantum rule which indeed is the *missing link* between wavelike appearances and particle reality.

There remains, then, only one enigma, that of the three analogous quantum rules for E, p_φ, and p. After many futile efforts during the early years of the theory to "solve the quantum riddle," further attempts to reduce them to a nonquantal basis are regarded as naive. And when von Weizsacker[6] tries to explain:

> "We know today that [the quantum rules] are consequences of a basic fact of all atomic events, the dualism of the wave picture and the particle picture,"

this is neither physics, nor philosophy, nor is it explaining anything. With the same logic, or illogic, one could say that the wave-particle picture dualism is the consequence of the quantum rules. Actually, *the quantum rules can be explained*, that is be reduced to, or be deduced from, a nonquantal basis. They follow from elementary postulates of symmetry and invariance, familiar from deterministic mechanics, when these postulates are imposed on the interdependence between various *probabilities* of transition from state to state, so that Prob (A → B) and Prob (B → C) determine Prob (A → C) in the same way as Prob (A → C) and Prob (C → B) determine Prob (A → B), together with Galilean invariance concerning mechanical states of energy and momentum.[7] The quantum theory can thus be demystified in two steps: first, removing the dilemma of an alleged dual manifestation by the third quantum rule and, second, deducing the quantum rules themselves from a nonquantal basis of familiar postulates of symmetry and invariance.

It may be added that quantum mechanics with its three rules is but the *form*, the general schema connecting various "states," without specification of the objects having those states, i.e., without concern for the *substance* to which the rules are applied. Quantum theory as such does not give us information about the fields of various elementary particles nor about the constitution of various solid substances—just as classical mechanics does not inform us of the construction of wrist watches, locomotives, or missiles. The considerations above which challenge common beliefs about the *general* roots of the quantum theory may therefore be of minor interest to the physicist busy with research at the frontiers of science. The student, however, who asks questions about the "why" of the baffling techniques of quantum mechanics may be advised to be somewhat skeptical of authoritative statements beginning with "we know today" and "he knew" and "the only rational interpretation." In short, after an age of ambiguity dominated by the Bohr–Heisenberg duality as a "principle," the quantum philosophy is open for an agonizing reappraisal.

[6] C. F. von Weizsäcker, *The World View of Physics* (University of Chicago Press, Chicago, 1952).

[7] A. Landé, *New Foundations of Quantum Mechanics* (The Cambridge University Press, Cambridge, 1965).

DISCUSSION: SOLUTION OF THE GIBBS ENTROPY PARADOX

ALFRED LANDÉ

Ohio State University

In his paper 'The Gibbs Paradox and the Distinguishability of physical Systems' (this Journal, July 1964) Robert Rosen discusses the discontinuity of the diffusion entropy S of two gases, A and B.

If there is a pronounced difference between the qualities of A and B, their diffusion entropy is $S = 2R \cdot ln\, 2$ per mole of each gas. This value remains unchanged when the difference is gradually shrunk to an ever so small value. Only in the last moment, when the difference between the gases A and B goes from ever so little to exactly zero, S goes down abruptly to $S = 0$. 'Difference' signifies distinguishability, and the latter means operationally that the two gases can be separated out of their mixture by some sort of filter, at least in principle, but irrespective of whether physicists know of the difference or have ever achieved separation. Thus, the diffusion of one mole of oxygen gas 0^{16} and one mole of 0^{17} would have produced the full value $S = 2R \cdot ln\, 2$ even before Aston actually found that oxygen has several isotopes. But physicists often tell us *not to worry* about the entropy discontinuity paradox since it is purely academic, there being no possibility, not even in principle, to confront 0^{16} atoms with 0-atoms of intermediate fractional mass numbers between 17 and 16.

In this example they are right. They tell us, furthermore, that the various states of one and the same species of atoms are always defined by integral (or half-integral) quantum numbers, so that a continuity of intermediate states belonging to fractional numbers does not occur, hence again we ought not to worry. Here they are wrong (see below). At any rate, Rosen justly regards such arguments as inconclusive. But when he maintains that 'the ghost of the Gibbs paradox still walks in physics,' he would be right only if physics still were classical. The following considerations will show that according to modern physics, theoretical as well as experimental, two states A and B of an atom may have an operationally defined 'fractional equality quotient' $Q(A, B)$, defined by their 'fractional separability.' Q may range from $Q = 1$ for $A = B$ (equality) to $Q = O$ for $A \neq B$ (total inequality) *via* a continuous scale of fractional Q-values for $A \sim B$ (fractional equality, defined by the fractional degree of separability by means of a 'filter' in the most general sense).

To illustrate these new developments we take an example which, at first (classical) sight, seems to display the Gibbs paradox, but upon closer analysis shows how the discontinuity is removed by quantum physics. Consider two gases A and B of silver atoms, all of the same isotope and all in the ground state. Their only difference is that the atoms of gas A point with their spin and magnetic axis toward the north, whereas those of B point at an angle α away from north. According to classical ideas, the two gases should be regarded as distinguishable, i.e. completely separable, as unequal, as long as α is finite. But when the angular difference α is decreased from an ever so small finite value to exactly zero, the two gases abruptly become equal, and their diffusion entropy suddenly decreases from $2R \cdot ln\, 2$ to zero, so as to display the Gibbs paradox. This conclusion is wrong, however, since there does not exist a filter, neither in theory nor in practice, which would be able to pass all A-atoms and ***simultaneously*** block all B-atoms for any angle α excepting $\alpha = 180°$. For intermediate angles α a certain statistical fraction, $Q = cos^2(\alpha/2)$ of B-atoms, will necessarily slip through the

Reprinted from *J. Phil. Sci.* **32**, 192–193 (1965).

A-passing filter. And the same fraction of A-atoms will slip through a filter which passes all B-atoms, shortly termed B-filter. The *passing fraction* $Q(A \to B) = Q(B \to A)$ may then be taken as the operational definition of the *mutual equality degree* of gas A and B. The same considerations hold quite generally in atomic physics. The most famous example is the Heisenberg uncertainty rule which may be phrased as follows: There is no filter which passes all atoms confined to a space range δq and *simultaneously* confines all of them to a parallel momentum range δp less than $h/\delta q$. By the way, the diffusion entropy of gas A and B depends on their fractional equality Q by way of the formula

$$S = 2R[\ln 2 - (1+Q)\cdot\ln(1+Q) - (1-Q)\cdot\ln(1-Q)].$$

S decreases continuously from $2R\cdot\ln 2$ to zero when Q is varied continuously from $Q = 0(A \neq B)$ to $Q = 1(A = B)$, thus overcoming the paradox.

It may be remarked here that, according to quantum physics, the equality fraction $Q(A, B)$ between A and B, that is the statistical fraction of B-particles passing an A-passing filter, is identical with what is commonly known as the *probability* of B-particles jumping to the new state A by virtue of their passing the A-filter. Indeed, those B-particles which have once passed the A-filter when tested again will pass the A-filter—all of them—thus indicating that they have changed their state from B to A.

It is well known that Max Planck in 1900 built up the beginnings of the quantum theory in order to overcome the discontinuity paradox of the thermal *energy* of a 'gas' (radiation) consisting of oscillators of various frequencies and obeying the equipartition theorem of classical statistical thermodynamics. In an analogous way one arrives at the first steps toward the quantum mechanics of 1926 by postulating that the *entropy* discontinuity of classical theory must be overcome, namely by some continuous scale of in-equality degrees = distinguishabilities = separabilities of atoms in various 'states'. The solution of the Gibbs paradox by the considerations above seem to be little known, however, even among physicists (who simply have no time any more to worry about such old problems). Even Schrödinger, one of the few exceptions, in his admirable booklet of 1948, *Statistical Thermodynamics*, Cambridge University Press, remarks as quoted by Rosen: 'It has always been believed that the Gibbs paradox embodied profound thought.' But he did not suggest that quantum mechanics with its statistically ruled jumps from state to state under tests (in which he did not believe) offered a measure for the desired continuity between distinguishability and indistinguishability. Rosen's article, still based on prequantal ideas, therefore is a welcome occasion for clarifying the issue and for showing that the ghost of the Gibbs paradox neither walks nor stalks physics any more).[1]

[1] For details refer to A. Landé, 'Continuity, a Key to Quantum Mechanics', *Philosophy of Science* 20 (1953), 101-109. *Foundations of Quantum Theory, a Study in Continuity and Symmetry*, Yale University Press 1955, and the comprehensive late report in *New Foundations of Quantum Mechanics*, Cambridge University Press, to appear Spring 1965.

Quantum Fact and Fiction. II*

Alfred Landé
Ohio State University, Columbus, Ohio
(Received 2 March 1966; in final form, 22 July 1966)

Electron diffraction was shown in Part I to be due to the quantum-mechanical activity of the diffractor rather than to a fictional wave-picture manifestation of the diffracted particles. Part II aims at eliminating further fictional elements, most of them based on inconsistency of interpretation. The controversy between the extremist views of Schrödinger and Born, either frequency resonance or quantum jumps, is removed by showing that consistency compels one to admit both to occur simultaneously. Attempts at saving duality and other fictions are criticized, such as the contention that (1) "duality is a fact" seen in the contrast of obvious particle effects and not so obvious particle effects, (2) that particles are material and waves are expectations by observing subjects, (3) that statistical law means the end of the sharp separation between subject and cbject, (4) that Heisenberg's empirical rule for the uncertainty of predicticn means indeterminacy of existence. It is pointed out that quantum mechanics can be derived as a necessary consequence of general nonquantal postulates, known from deterministic mechanics, but applied now to the construction of a probabilistic schema of connection between events.

THE task of separating fact from fiction in the interpretation of the quantum theory is, to a large extent, identical with pointing out inconsistencies. This was seen in Part I, where it was stressed that there are *three* conservation laws of mechanics: for the energy E, for the angular momentum p_φ, and for the linear momentum p. Hence, it is inconsistent when quantum theorists take notice only of *two* selection rules—one restricting the energy change of bodies with time periods τ (Planck's rule of 1900, $\Delta E=h/\tau=h\nu$) and a second rule restricting the change of angular momentum of bodies of rotational period φ (Sommerfeld–Wilson's rule of 1915, $\Delta p_\varphi=h/\varphi$, with $\varphi=2\pi$ in most cases). There must be, and there is, a third analogous selection rule for the change of linear momentum of bodies having linear periods of length l (Duane's rule of 1923, $\Delta p=h/l$). This rule explains the diffraction patterns of electrons through crystals and screens with slits as being due to the selective momentum activity of the *diffractor* without introducing the *fiction* of a "dual picture manifestation" of an electron, followed by the advice of "living with the dilemma" and "refining the language of physics" (the official Copenhagen version), and answering such questions as "How does an electron know *when* it has to switch from the particle to the wave manifestation and interfere with itself?" by taking the positivistic stand: "That's easy! Both are but subjective mind pictures which the observer can change at will; at anyrate electrons do not exist in reality; *everything* is a picture." But why accept "picture manifestations" when there is a consistent and unitary quantum *physics*, with particles remaining particles even in reaction to periodically constructed bodies, according to *three*, rather than only two, selection rules, and in line with Born's statistical particle interpretation of the wavefunction.

* A. Landé, Am. J. Phys. **33**, 123 (1965) (Part I).

QUANTUM JUMPS AND RESONANCE

Much controversy has stemmed from inconsistent interpretations of the selection rules themselves, even of the two well-known ones. As to Planck's $\Delta E=h\nu$, the consensus, correct in my opinion, is that a harmonic oscillator of frequency ν is capable of harmonic oscillations of frequency ν; and that it carries out such oscillation when exchanging energy with a "radiation oscillator" of the same frequency ν, a *resonance* effect which terminates when the quantum $\Delta E=h\nu$ has been exchanged, whereupon a stationary state prevails. This is not a classical picture, but it is physical insofar as is possible.

It is consistent to ascribe to the harmonic oscillator *both* periodicity ν and transitions ΔE when one ascribes to a rotator *both* angular periodicity 2π and transitions Δp_φ, and to a crystal *both* periodicity l and transitions Δp.

Reprinted from *Am. J. Phys.* **34**, 1160–1163 (1966).

So far, so good. But, when proceeding from a harmonic to an anharmonic oscillator and then to an atom with a Balmer-type spectrum, the interpretation becomes inconsistent. Bohr's version, $\nu=\Delta E/h$, of Planck's oscillator rule is commonly taken as meaning that the atom carries out a quantum jump ΔE only, without having a periodicity $\nu=\Delta E/h$ at the same time, the latter being ascribed to the radiation only so that no resonance is involved. Bohr himself was never satisfied with this view, and he established the correspondence between spectral frequency ν and atomic orbital frequency. To me, it seems more consistent to accept both energy exchange ΔE and frequency resonance ν between the atom and radiation. This is suggested also by quantum mechanics, which allows a radiating transition $\Delta E=E_i-E_k$ to occur only when the atomic electric moment M has a non-vanishing transition value or matrix element M_{ik} of frequency $\nu=\Delta E/h$. Why this periodic moment of the atom is regarded as "only virtual" is not clear. To me it looks very real indeed. *The idea of both energy exchange and resonance is not even new!*

Schrödinger, however, impressed by his own wave mechanics and disapproving of Born's statistical particle interpretation, did not believe in quantum jumps at all. He regarded all evidence in favor of stationary energy levels and transitions between them as illusory, and he wrote about "the alleged energy balance—a resonance phenomenon." Born[1] challenged him with the opposite extremist view of quantum jumps only. The considerations above reconcile the two totalitarian views. There cannot be one picture for atoms (only ΔE), another for harmonic oscillators (both ΔE and ν), and a third for radiation (only ν in Bohr's equation). Rather, there is one *general* law $\Delta E=h\nu$, which reads:

A body gives out energy quanta ΔE when it is capable of, and is actually carrying out, oscillations $\nu=\Delta E/h$. For the sake of E-conservation, it needs another body to unload the ΔE. But the other body, in order to receive ΔE, must *also* be capable of a frequency component ν. E-conservation plus the quantum rule *necessitate* both energy exchange ΔE and resonance of ν at the same time. Of course, whereas resonance fits into a classical picture, stationary states and quantum jumps do not. Still, physics requires that ΔE in one system is balanced by $-\Delta E$ in another, and that a period ν in one system is produced by, or produces, the same ν in another by resonance. Quantum theory only provides a non-classical relation between ΔE and ν.

The general meaning of $\Delta E=h\nu$ just described is masked in the two most important cases by special circumstances: When the one system is a *free electron which has no periodicity* (rather than having $\lambda=h/p$), it is not restricted to a definite ΔE. And if "the other body" is a radiation field, then it is not restricted to a definite ν because radiation has every ν available for resonance. In general, however, ΔE exchange and ν resonance are present simultaneously and are mutually restricted by quantum theory.

SAVING DUALITY

All this has nothing to do with a doctrine of duality according to which an electron is a "wavicle" which alternates between particle and wave-picture manifestation and "interferes with itself," a pure fiction invented out of ignorance of the Duane momentum rule of quantum mechanics for space-periodic bodies. One must distinguish, of course, between the selection rules of quantum *physics* for ΔE, Δp_φ, and Δp, in periodically constituted bodies, as against the purely ideological *conversion rules*, $E=h\nu$ and $p=h/\lambda$ from one "picture" of single particles to another. The trouble with the conversion rules is their basic untenability. E and p have different values with respect to different Galileo frames of reference, O and O'. A wave field, however, has the same wavelength λ whether it is viewed from O or O'. Notice also the enormous change of ν when one chooses to add mc^2 to the energy $\frac{1}{2}mv^2$. Whereas the selection rules are physics, the conversion rules can only be fiction—although they work in some cases. As remarked at another place: "*Se non è vero è ben trovato.*"

Next, we discuss a few attempts of saving the duality doctrine—if not in substance, then at least in name. For example, it is said that duality prevails since one can transform the quantum mechanics in $3N$-dimensional space for the statistical distribution of N *particles* into a

[1] E. Schrödinger, Brit. J. Phil. Sci. **3**, 3, 19 (1952); M. Born, *ibid.* **4**, 95 (1953).

formalism describing a *continuous* fluid in three dimensions. But since this fluid does not carry waves λ corresponding to the momenta p of particle mechanics, it is hard to discover a "duality." The same holds of the contrast between first and second quantization, since the latter describes the probabilities of a change in the occupation numbers of states from N to $N+1$ or $N-1$ *particles*, again without waves $\lambda = h/p$ being involved.

One of the founders of quantum mechanics, however, condemns "the reactionary p-totaller movement" (meaning Born's *unitary* statistical particle interpretation?) and maintains that "duality is a fact since there are particle and wavelike phenomena side by side." However, in case of wavelike diffraction of electrons, the fact has been shown to be fiction in Part I. And the fact that gases of like particles have density fluctuations of a classical corpuscular and also of a wavelike kind has been explained in a unitary fashion by Bose–Einstein and Fermi–Dirac statistics, with particles either crowding together or excluding one another from the same particle state under symmetry principles. At best, one can thus speak of an opposition between obvious particle effects and not-so-obvious particle effects. Calling this "duality" is a singularly misleading use of language.

SUBJECTIVE INTERPRETATION

But, after all, it seems that duality must be saved at any price as a conceptual revolution, enhancing the undeniable physical revolution of quantum theory. Jeans found it in a repudiation of one-sided materialism:

> The ingredients of the particle picture are material, those of the wave picture mental···. Before Man appeared on the scene···and before there was human knowledge, there were no waves.

Jeans has succumbed here to the customary confusion of a statistical distribution of objective data, described by a wavefunction, with the subjective mental activity of expectation of an observer. The same confusion is promoted when we are told, again by one of the founders:

> The appearance of chance in the elementary processes means the end of the sharp separation of the object observed and the subject observing. For chance can be understood *only* [my italics!] in regard to the expectations of a subject.

Going even further, the same authority maintains that, in quantum theory,

> the subjective element enters physics since the experimenter can choose between complementary arrangements,

as though the experimenter had not always been able to choose between arrangements, complementary or not, without making physics become subjective.

But, even if it were true that "chance can be understood *only* in regard to the expectations of a subject," one would like to know why this means the end of the sharp *separation* between subject and object. Where is the end of the sharp separation between subject and object when, in a Stern–Gerlach experiment, one *expects* a 50:50 ratio of atoms turning to the right and left?

It is true that *during* the interaction of two objects with their overlapping fields it is hard to say where the one object ends and the other begins. This holds also when the one object is used as a measuring instrument. But first to replace the measuring instrument by a thinking human observer and then to speak of the lack of sharp separation is confusion rather than "the conceptual situation in quantum theory."

UNCERTAINTY VERSUS INDETERMINACY

A great deal of conceptual situation has also been made of the objective statistical rule known as the "uncertainty principle," to which we come now. Heisenberg's rule, $\delta p \cdot \delta q \approx h$, delimits the statistical scatter of individual p values acquired by particles emerging from a hole of width δq. Heisenberg's rule is not a principle, however. It is a very important application of the selection rule for the p scattering activity of a *diffractor*, be it a crystal or a screen with one or two slits (Part I). Objective statistical fact, with individual uncertainty of prediction, has been turned into fiction, however, by the interpretation that (a) one cannot measure an exact p value within δq, and (b) one must not even think that such a p value exists, its exact value being "indeterminate" of existence. Now if (a) and (b) should be justified only by the remark that the deflection or diffraction of a particle involves a change of p, and thus one cannot speak of *one* p value when there are *two*, this would be far too trivial to become the basis of a conceptual revolution. (a) and (b) can reasonably refer only to the one p value with which the particle emerges from δq. Although this value cannot be predicted within margin δp, p can be measured *post factum* with far greater accuracy than δp from its angular deflection to a distant film, as K. Popper had already pointed out in 1934. Moreover, the experimental test of Heisenberg's range consists in ascertaining those many individual p values and then finding that they are scattered over the range δp. How can one maintain, then, that such individual p values do not exist, that they are indeterminate of existence within δp? They can even be measured—indirectly, of course, as all measurements in physics are indirect—which does not affect their existence at all. The term "indeterminacy" is likewise misplaced for Heisenberg's relation $\delta E \cdot \delta t \approx h$, which describes the uncertainty of predicting the exact instant t of disintegration of a radium atom within the margin of $\delta t = 1580$ years. Nevertheless, I contend that exact disintegration instants t exist, and are recorded, indirectly only, by a Geiger counter. Heisenberg's uncertainty of statistical distribution and individual unpredictability is a fact; indeterminacy of existence of exact data is fiction.

But whichever version, physical or metaphysical, of the *product* rule, $\delta E \cdot \delta t \approx$ const. one wishes to defend, one cannot do it by appealing to general relativity with its *quotient* $\delta E/\delta t$ = const., as Bohr did it in his "Discussion with Einstein." [2]

The status of the principle of *complementarity* must obviously change with that of duality. Indeed, when one accepts Born's unitary statistical particle interpretation of wavelike appearances then it is hard to defend a complementarity of a thing, a particle, with one of its more abstract qualities, its membership in a statistical ensemble which sometimes looks wavelike. Even less can there be a complementarity between a material particle and a "wave" which is said to represent expectations of an observing subject and hence, quite logically, did not exist "before Man appeared on the scene" (Jeans). One ought to listen, in this connection, to one among the many students of 2000 years of natural science who writes[3] about the *positivism* of the predominant School of quantum interpretation:

> Ernst Mach asserted that science was simply the most convenient mode of arranging sense impressions, and that any discussion of the real material world was pure and useless metaphysics···. Most physicists have so absorbed this positivism in their education that they think of it as an intrinsic part of science, instead of being an ingeneous way of explaining away an objective world in terms of subjective ideas.

On the other hand, with the duality paradox out of the way (Part I), the scientific question remains of whether the puzzling prescriptions of the quantum formalism—the selection rules (all three of them), the interference law of probabilities, the Born pq commutation rule, the replacement of observable quantities by operators—might be derivable from a few postulates of a nonquantal character. This is indeed possible. Abandoning classical deterministic mechanics, but applying its regulative principles of symmetry and invariance to the construction of a general theory of probability-connected events, leads directly to the formal rules of (nonrelativistic) quantum mechanics,[4] so as to solve what was once known as "the Quantum Riddle," that is, not only to apply but to *understand* quantum mechanics.

---

[2] *Albert Einstein, Philosopher-Scientist*, A. Schilpp, Ed. (Tudor Publ. Co., New York, 1957).

[3] J. D. Bernal, *Science in History* (C. A. Watts, London, 1965).

[4] A. Landé, *New Foundations of Quantum Mechanics* (Cambridge University Press, London, 1965).

International Journal of Theoretical Physics, Vol. 1, No. 1 (1968), pp. 51–60.

Quantenmechanik, Beobachtung und Deutung

ALFRED LANDÉ

Ohio State University

Abstract

The doctrine of wave-particle duality and complementarity has been regarded since the late 1920's as the only possible interpretation of observations such as electron diffraction through crystals and screens with two slits as well as other coherence phenomena. Physicists have been unaware that those apparent wave features can be accounted for, without supernatural dual manifestations made palatable by semi-philosophical 'renunciation', by the unitary quantum mechanics of matter particles alone if one only is consistent enough to admit that there are three (rather than only two) conservation laws of mechanics, hence there are three (rather than two) corresponding selection rules, for E, p_φ and also for the linear momentum p, restricting the mechanical activity of time-, angular-periodic, and also of space-periodic systems. This clears up the mystery of dualism in a physical manner without philosophical subtleties and leads to a great simplification of the quantum ideology.

1. *Das Problem der Dualität*

Während der nicht-relativistische Quantenformalismus keinem Zweifel unterliegt, bestehen nach vierzig Jahren immer noch Fragen über seine Deutung. Dabei nimmt der Kopenhagener *Dualismus* eine so vorherrschende Stellung ein, dass abweichende Ansichten sich meistens nur auf Einzelheiten beziehen (siehe die Übersicht in Kap. III dieses Aufsatzes). Im scharfen Gegensatz zu allen diesen Meinungen, die stets eine Dualität in dieser oder jener Form als unvermeidlich betrachten, steht die um 1955 vorgeschlagene *einheitliche Deutung* der Quantenerscheinungen, über die hier kurz berichtet werden soll. Dies ist natürlich nur im Zusammenhang mit einer Kritik der Dualitätslehre möglich. Letztere begann schon 1905 beim lichtelektrischen Effekt und wiederholte sich in schärferem Masse bei der Materienbeugung (1926). Hier trat die Frage auf, wie man die diskreten Reflektionswinkel von Elektronen an Krystallen anders erklären kann als auf Grund von Wellen entsprechend der Bragg'schen Interferenzbeziehung

$$2L.\sin\theta_n = n\lambda \tag{1.1}$$

Reprinted from *Int. J. Theor. Phys.* **1**, 51–60 (1968).

wobei L den Gitterebnen-Abstand und $\lambda = h/p$ die duale Beziehung zwischen Teilchenimpuls und Wellenlänge darstellt. Da ein physikalischer Umwandlungszauber von Elektronen in breite Wellenzüge abzulehnen ist, hat man nach anderen Erklärungen gesucht. Hier bieten sich nun zwei Wege dar, ein physikalischer Weg und ein philosophisch-sprachlicher Ausweg.

Der philosophische Ausweg besteht darin, dass man zunächst eine physikalische Lösung als unmöglich ansieht und diesen Verzicht dann zum Grundprinzip des Quantendenkens erhöht. So schreibt Rosenfeld (1963) (in deutscher Übersetzung des englischen Originals):

> 'Während die grossen Meister sich vergebens plagten, den Widerspruch in Aristotelischer Weise [entweder — oder] durch Zurückführung der einen Ansicht auf die andere zu eliminieren, sah Bohr die Fruchtlosigkeit dieser Versuche. Er wusste [!], dass wir mit diesem Dilemma leben müssen ... und dass das wirkliche Problem darin bestand, die *Sprache der Physik zu verfeinern*, um Raum für die Koexistenz beider Auffassungen zu schaffen.'

Nach Ansicht des Verfassers lässt sich kaum eine schärfere Charakterisierung (oder Selbstanklage) des Kopenhagener Gedankenkreises finden.

Die Sprachverfeinerung besteht darin, dass man *sagt*, es gäbe 'in Wirklichkeit' weder Wellen noch Teilchen. Beide seien nur als *subjektive Bilder* klassischer Art aufzufassen, die den Versuchsbedingungen entsprechend ausgewechselt werden können. In einer Nebelkammer gilt das Teilchenbild, am Krystall und an einem Beugungsspalt das Wellenbild. Diese Denkweise wird ergänzt durch das Prinzip der *Komplementarität*: 'Wo das eine Bild versagt, dort gilt das andere Bild', was sich nach Bohr auch in der Politik und in anderen menschlichen Angelegenheiten bestätigt.

Wer an diese Errungenschaft philosophischer Sprachverfeinerung gewöhnt ist, wird eine unphilosophische, dafür aber *physikalische Lösung* des Dualitätsproblems für unmöglich gehalten. Sie besteht darin, dass man die Beugungsbilder nicht einem Wechsel vom Teilchenbild zum Wellenbild der einfallenden Materie zuschreibt, sondern der Quantenmechanik des beugenden Körpers, der durch statistisch geregelte Impulsausgaben die Teilchen ablenkt. Die Zahl n in (1.1) wird dadurch aus einer Ordnungszahl der Welleninterferenz zu einer 'Quantenzahl', in folgender Weise, die eine besonders schöne Anwendung der Quantentheorie darstellt.

2. *Lösung des Problems*

Der wesentliche Punkt ist, dass es in der Mechanik nicht nur zwei sondern drei Erhaltungssätze gibt, für die Energie E, den Drehimpuls p_φ und den linearen Impuls p. Ihnen entsprechen nicht nur zwei sondern drei Auswahlregeln, nämlich

$$\Delta E = h/l \tag{2.1a}$$

$$\Delta p_\varphi = h/\varphi \tag{2.1b}$$

$$\Delta p = h/l \tag{2.1c}$$

(2.1a) ist Planck's Regel: Ein System, das eine Zeitperiode τ besitzt, ist dadurch befugt, seine Energie in Quanten $\Delta E = h/\tau$ zu ändern (2.1b) und (2.1c) besagen das entsprechende für Körper mit Winkel- und linearen Perioden φ und l. Da jeder Körper die Winkelperiode $\varphi = 2\pi$ hat, wird aus (2.1b) die Sommerfeld-Wilson'sche Auswahlregel $\Delta p_\varphi = h/2\pi$. Für Atome mit (spektral beobachteten, s.u.) Frequenzen $\nu_n = 1/\tau_n$ gilt Bohr's Frequenzbedingung, $\Delta E = h\nu_n$. Ein Krystall mit Gitterebnen im Abstand L hat die Grundperiode $l = L$ sowie höhere Raumperioden $l = L/n$, ist daher fähig, Impulse der Grösse nh/L auszugeben und aufzunehmen. Stets sind dabei die Erhaltungssätze bei der Wechselwirkung zweier Körper bewahrt. Wenn z.B. ein Teilchen im Winkel θ einfällt und wegen des Energie- und Impulssatzes im selben Winkel reflektiert wird, ändert sich seine Impulskomponente parallel zu L um $2p.\sin\theta$. Für den Zusammenstoss mit dem Krystall gilt also der Impulssatz

$$2p.\sin\theta_n = \Delta p = nh/L \tag{2.2}$$

Diese Gleichung der Mechanik führt zu denselben Winkeln θ_n, die man auch nach Gleichung (1.1) *berechnen* kann, indem man eine übernatürliche Verwandlung der Elektronen in Wellen nach der Regel $p = h/\lambda$ annimmt. Oder man ändert die Sprache und schiebt alles auf eine Änderung des subjektiven 'Bildes'. Verf. kann es nicht als reine Geschmacksache betrachten, ob man die Materienbeugung einer Doppelverwandlung von 'Bildern' oder einem einheitlichen Quantenprozess zuschreibt. Die wichtige dritte Quantenregel (2.1c) wurde schon 1923 von Duane aufgestellt, ist aber Jahrzehnte lang in der Fachliteratur als Staatsgeheimnis bewahrt worden trotz ihrer entscheidenden Bedeutung für die *physikalische Lösung* des Dualitätsproblems. Eine Sprachverfeinerung und *ad hoc* erfundene Quantenphilosophie ist überflüssig.

Bei dem Beugungsproblem von Elektronen an einem Schirm mit

ein oder zwei Spalten stützt sich die Dualitätslehre stets auf das anscheinende Wunder, dass eine Stelle im Beugungsbild, die durch *einen* Spalt für Elektronen zugänglich ist, *unzugänglich* wird, wenn man den zweiten Spalt *öffnet*. Das scheint in der Tat nur durch Superposition von Wellen entgegengesetzter Phase erklärbar zu sein und wird bis heute als schlagender Beweis für die doppelte Bildersprache angesehen. Das Wunder lässt sich jedoch mit Hilfe der Quantenregel (2.1c) physikalisch erklären. Während nämlich die Perioden l beim Krystall diskrete Werte besitzen, hat ein Schirm mit Spalt ein kontinuierliches l-Spektrum mit einer Intensitätsverteilung, die im Einspalt- und Zweispaltversuch zu verschiedenen Währscheinlichkeiten der Ablenkungen $\Delta p = h/l$ führen und auf diese Weise die zwei verschiedenen Beugungsbilder hervorrufen.

Dabei ist es nicht nötig, dass im Krystall-Beispiel ein reflektiertes Elektron alle Gitterebenen 'durchfühlt', oder im Zweispalt-Versuch durch einen der Spalte geht und dabei 'fühlt', ob der andere Spalt offen oder geschlossen war. Das vom Film aufgefangene Elektron mag von irgend einer Stelle der Schirm-Rückseite herkommen, wenn nur im ganzen die Erhaltungssätze gewahrt sind — wie beim Stoss auf das eine Ende einer Kugelreihe die Kugel am andern Ende abfliegt. Wie Bohr stets betonte, betrifft jeder Quantenvorgang eine *Ganzheit*. Im gegenwärtigen Beispiel hängt die Δp-Wirkung von den Perioden l ab, die sich von einem zum andern Ende des Beugers erstrecken, und sogar darüber hinaus ins Vakuum bei der Beugung an einer Halbebene, so unphysikalisch das auch aussehen mag. Die ganze Qu. M. ist ja unphysikalisch! Wie Verf an anderer Stelle betonte, ist ein Spalt keineswegs ein Nichts, sondern ein Nichts mit etwas Herum, und beide liefern ihren Beitrag zum l-Spektrum und dadurch zum gequantelten Impulswechsel $\Delta p = h/l$.

3. *Ersatz-Dualität*

Wer sich an abwechselnde Bilder als genügende Erklärung physikalischer Probleme gewöhnt hat, wird dazu neigen, die Fahne der Dualität wenigstens dem Namen nach, oder auch unter andern Namen zu retten. So ist es jetzt üblich, statt abwechselnder Bilder ihre gleichzeitige Geltung in allen Fällen zu betonen, gestützt auf die Äquivalenz der Beziehungen (1.1) und (2.2) bei der Beugung. Dabei wird aber vergessen, dass diese Äquivalenz sich nur auf die Winkel θ_n bezieht, nicht aber auf ihren statistischen Aufbau, der einer reinen Teilchenmechanik den Vorzug gibt. Dadurch wird die Äquivalenz völlig zunichte.

Eine andere Version sieht Wellen und Teilchen als objektiv in Raum und Zeit vorhanden an, wobei die deterministischen Wellen als Piloten der statistischen Teilchenverteilung dienen. Nach Born ist es umgekehrt: Die Grundgesetze der Quantenmechanik führen zu statistischen Verteilungen, die wie Welleneffekte aussehen. Die Born'sche Deutung stimmt nicht nur mit der Korpuskulartheorie der Chemie und Elektrolyse überein, sondern wird ganz überzeugend durch die Spuren in Nebel kammern und auch durch den statistischen Aufbau der Beugungsbilder bewiesen, wenn man Duane's Quantenregel für Δp nicht ignoriert.

Hier hört man den üblichen Eimwand, dass eine 'Zweite Quantelung' es ermöglicht, sämtliche Erscheinungen, selbst die Bahnspuren, als Welleneffekte zu deuten. So lässt sich das Rutherford-Bohr'sche Atommodell mit seinen N Elektronen durch mathematische Transformationen als Modell einer gequantelten kontinuierlichen Flüssigkeit auffassen. Also dürfe man keinem der beiden 'Bilder' den Vorzug geben. Dazu ist erstens zu sagen, dass erstens besagte Flüssigkeit keine Wellen λ entsprechend den Teilchenimpulsen $p = h/\lambda$ enthält, so dass man von einer Dualität von Wellen und Teilchen nur sprechen kann, wenn man den Sinn des Wortes *ad hoc* ändert. Zweitens stelle man sich einen Physiker vor, der zunächst nur den äusserst komplizierten nicht linearen Formalismus der Zweiten Quantelung zur Beschreibung der Spektren kennt und dann entdeckt, dass man ihr in die Quantenmechanik von N Teilchen umformen kann, die identisch mit den Elektronen der Kathodenstrahlen sind. Man würde ihn gewiss als den neuen Kopernikus und Newton des Atomgebietes feiern, statt ihn als Finder einer rein formalen Äquivalenz zu degradieren. wie es die Inquisition mit Galilei versuchte. Kurz gesagt, wer das Modell der zweiten Quantelung als gleichberechtigt mit dem N-Elektronenmodell ansieht, um den Dualitätsglauben zu retten, sollte auch das geozentrische Modell der Planetenbahnen als gleichberechtigt mit dem heliozentrischen Modell ansehen, im Widerspruch zu jedem Grundsatz wissenschaftlicher Methode.

Auf den Einwand schliesslich, dass die Dualität eine 'Tatsache' sei, wie man aus den Dichteschwankungen in Gasen mit ihren zwei gesonderten Beiträgen sehen könne, ist zu antworten, dass die Statistik von Fermi und Bose diese Erscheinungen auf Grund der einheitlichen Quantenmechanik von *Gas-Teilchen* erklärt. Ebenso wie bei dem Gegensatz zwischen Bahnspuren und Beugungsringen bleibt also auch hier nichts anderes von der Dualität übrig als ein Kontrast zwischen offensichtlichen und nicht ganz offensichtlichen

Teilcheneffekten, ein etwas zu bescheidener Sinn des viel bewunderten und viel gescholtenen Begriffs.

In diesem Zusammenhang ist es aufklärend, die verschiedenen Wendungen des Dualitätsdenkens zusammenzustellen:

(a) *Abwechselnde objektive* Manifestierung der Materie unter verschiedenen physikalischen Versuchsbedingungen.
(b) *Abwechselnde subjektive* Bilder zur Illustrierung verschiedener Beobachtungen.
(c) *Gleichzeitige* Existenz von Teilchen und Wellen in Raum und Zeit, wobei die Teilchen von den Wellen geführt werden.
(d) Gleichzeitig gültige Bilder, die wegen ihrer mathematischen Äquivalenz auf alle Beobachtungen angewendet werden können.
(e) Gegensatz zwischen *objektiv* verhandenen Teilchen und *subjektiven* Wellenbildern, letztere daher erst 'seit der Mensch die Bühne betrat' (Jeans).
(f) Gegensatz zwischen kinematischen und dynamischen Daten in der reinen Partikelmechanik (also ohne Wellen).
(g) Gegensatz zwischen offensichtlichen und nicht ganz offensichtlichen reinen Partikeleffekten (Schwankungen in Gasen).

Die Liste macht keinen Anspruch auf Vollständigkeit. In Büchern über Physik und Philosophie findet man die verschiedenen Standpunkte nebeneinander und durcheinander vorgetragen in dem unbewussten Bestreben, idealistische, positivistische und realistische Erkenntnislehren je nach Wahl zur Unterstützung des Dualismus in den verschiedenen Formen (a) bis (g) anzurufen, was dann sehr tiefgründig aussieht. Allen Verteidigern der Dualität sei jedoch die Frage vorgelegt, warum man seit vier Jahrzehnten von dem stärksten Gegengrund, der einheitlichen Duane'schen Theorie der Beugung, keine Notiz genommen hat.

4. *Quantensprünge und Resonanz*

Versuche, eine einheitliche Deutung der Quantentheorie zu erreichen, sind stets daran gescheitert, dass man die Δp-Erklärung der Beugung ignorierte. Typisch in dieser Hinsicht ist die bekannte Diskussion zwischen Schrödinger und Born (1953). Auf Grund seiner Wellenmechanik und in Ablehnung der statistischen Interpretation bestand Schrödinger darauf, dass diskrete *Quantensprünge* zwischen stationären Energiezuständen auf Illusion beruhen, und dass alles auf *Wellenresonanz* zurückgeführt werden müsse. Born (1953) verteidigte den entgegengesetzten Standpunkt der reinen Teilchenmechanik mit Auswahlregeln für plötzliche Quantensprünge. Damals blieb die Frage unentschieden, und keiner der Diskutanten sah, dass Resonanz und Quantensprünge garnicht im Widerspruch stehen, dass beide sich vielmehr gegenseitig bedingen, wie die folgende Uberlegung zeigt.

Niemand bestreitet, dass ein harmonischer Oszillator der Frequenz ν ein Objekt ist, des harmonische Oszillationen der Frequenz ν in *Resonanz* mit einer Strahlungskomponente derselben Frequenz ausführt. Dass ein Oszillator sowohl die Frequenz ν besitzt als auch der Auswahlregel $\Delta E = h\nu$ beim *Energieaustausch* unterliegt, ist ebenso anerkannt wie dass ein Rotator sowohl die Winkelperiode $\varphi = 2\pi$ hat als auch der Auswahlregel $\Delta p_\varphi = h/2\pi$ gehorcht. Beides ist unklassisch, stellt aber die Lage so gut wie möglich dar.

Wenn man aber vom Rotator und harmonischen Oszillator zum anharmonischen Oszillator und dann zu Atomen mit Balmer-ähnlichen Spektren übergeht, wird die übliche Deutung unklar. Bohr's Umkehrung $\nu = \Delta E/h$ des Planck'schon Gesetzes wird allgemein so aufgefasst, dass das Atom nur eine Energieänderung ΔE erleidet, ohne gleichzeitig eine Schwingung $\nu = \Delta E/h$ auszuführen; die Frequenz ν wird nur der Strahlung zugeschrieben, sodass keine Resonanz im Spiel ist (Born's Standpunkt). Bohr war aber stets unzufrieden mit dieser Ansicht. Und sein Korrespondenzprinzip sollte eben zwischen spektralen und atomaren Frequenzen vermitteln. Mir scheint es logisch, dass man wie beim harmonischen Oszillator auch beim Atom *sowohl* Energieänderungen ΔE *als auch* Schwingungen $\nu = \Delta E/h$ in Resonanz mit der Strahlung annimmt. Das wird sogar durch die Quantenmechanik gefordert, weil Übergänge $\Delta E = E_i - E_k$ nur erlaubt sind, wenn das atomare elektrische Moment M einen nicht-verschwindenden Übergangswert oder Matrixelement M_{ik} der Frequenz $\nu = \Delta E/h$ besitzt. Warum dieses periodische Moment M_{ik} nu als 'virtuell' betrachtet wird, ist nicht klar. Meiner Auffassung nach sollte man es als ebenso physikalisch vorhanden ansehen wie sein Gegenstück, die entsprechende Strahlungskomponente.

Dass *sowohl* Energieaustausch *wie auch* Resonanz der Frequenzen verliegt und verliegen muss, geht aus dem Erhaltungssatz $\Delta E_1 = -\Delta E_2$ zusammen mit der Quantenbedingung $\Delta E = h\nu$ hervor entsprechend der Gleichung

$$\nu_1 = |\Delta E_1/h| = |\Delta E_2/h| = \nu_2$$

D.h. zwei Körper können Energie nur austauschen, wenn sie sowohl gleiche Niveauunterschiede wie auch gleiche (fälschlich 'virtuell' genannte) Schwingungsfrequenzen besitzen. Diese Regel ist aber gerade in den wichtigsten Anwendungen verschleiert. Wenn der erste Körper ein Atom und der zweite ein freies Teilchen ist, so kann letzteres seine Energie um jeden beliebigen Betrag ändern, da es keine Periodizität besitzt (im Widerspruch zu dem 'Bild' $\lambda = h/p$ der Dualisten). Und ein Strahlungsfeld ist ebenfalls für jede geforderte Energieänderung bereit, da es Komponenten jeder beliebigen Frequenz ν enthält. Der alte Gegensatz zwischen nur Resonanz (Schrödinger) und nur Quantensprüngen (Born) ist dadurch gelöst.

5. *Voraussage, Messung, Existenz*

Heisenberg's Quantenregel, $\delta x . \delta p_x \simeq h$, ist ein statistisches Gesetz. Ein Teilchenstrom, der senkrecht auf einen Schirm mit Spalt der Breite δx fällt, wird in ein Bündel von Richtungen θ zerstreut, die zu verschiedenen neu erworbenen Impulskomponenten p_x gehören. Mit Hilfe der Aufprallpunkte auf einem Film oder einem sonstigen Auffänger können die einzelnen p_x-Werte gemessen werden. Man findet dann, dass sie über das Gebiet δp_x statistisch gestreut sind, wie es auch die Theorie der Impulsübertragungen Δp vom Beuger als statistisches Ergebnis fordert. Da die experimentelle Grundlage der Heisenberg'schen Beziehung auf der *Messung einzelner* von δx herkommender p_x-*Werte* und ihrem Streubereich beruht, ist es, wie K. Popper schon 1934 bemerkte, schwer zu verstehen, warum hinterher diese Messbarkeit einzelner p_x-Werte aus den Ablenkungen θ geleugnet wird, und derer Unmessbarkeit sogar zum Grundprinzip erhoben wird.

Die übliche Antwort lautet hier, dass die einzelnen p_x-Werte (warum nicht auch ihre Gesamtheit?) nur *indirekt* am fernen Film, nicht aber im Spalt oder seiner nächsten Umgebung festgestellt werden können. Darauf ist zu bemerken, dass fast jede Messung, gewiss aber *jede atomare Messung indirekt* ist und Rückschlüsse auf das gesuchte Datum nur auf Grund mehr oder weniger verwickelter Theorie erlaubt. Einen Impuls p_x kann man seiner Definition gemäss, $p_x = m(x_1 - x_2):(t_1 - t_2)$ nur durch Benutzung zweier Lagen messen, die recht weit voneinander abliegen dürfen, wenn kein beschleunigendes Feld besteht, wie im vorliegenden Fall. Es liegt im Wesen des Impulses und der Geschwindigkeit, nicht in der Quantenphysik, dass man *zwei* Punkte braucht. Die Quantentheorie gibt uns nur über das statistische Streugebiet δp_x vieler Einzelbeobachtungen oder Messungen Auskunft. Es ist nichts Neues, dass bei der Impulsmessung mit

Hilfe eines Weges zwischen zwei Punkten der Impulswert im Endpunkt durch Anprall geändert wird. Heisenberg's Regel handelt von der Unbestimmtheit der einzelnen *Voraussage* und Unmöglichkeit der Preparation eines xp_x-Paares. Dies als eine Unbestimmtheit der *Nachhersage*, d.h. der Messung darzustellen, ist eine willkürliche Umdeutung des Begriffs der Messung. Sie ist offenbar dadurch motiviert, dass man, wegen der Missdeutung der Beugung, schon *a priori* an Welleneigenschaften einzelner Teilchen glaubt. Das heisst aber den Wagen vor das Pferd spannen, besonders wenn dann gesagt wird, dass die Heisenberg'sche Beziehung eine Bestätigung der Dualität darstellt und die angebliche Unmessbarkeit von p_x innerhalb von $h/\delta x$ als unbestreitbare Tatsache angesehen und jedem Studenten als Grundprinzip der Quantenphysik eingeprägt wird. *Ein Cliché wird selbst durch ständige Wiederholung nicht zur Wahrheit.*

Von dieser problematischen Trans-Physik angeblicher Messunmöglichkeit ist aber immer noch ein weiter Schritt zur Meta-Physik, die von dem ultra-positivistischen Satz ausgeht: 'Was man nicht messen kann, das existiert nicht'. Nach Bohr und Heisenberg soll es sinnlos sein, einem Teilchen gleichzeitig einen bestimmten Ort und eine bestimmte Geschwindigkeit als existierend zuzuschreiben — ähnlich wie Zeno seinem Pfeil. Deshalb müsse man den Begriff einer Partikel in den eines verschwommenen Wesens, englisch 'Wavicle' genannt, umdeuten, das mit einer *Unbestimmtheit der Existenz* innerhalb der Grenzen δx und δp_x behaftet ist. Diese Umdeutung gründe sich also auf der Gleichung 'Unmöglichkeit der einzelnen Voraussage = Unmöglichkeit einzelner Messung = Unbestimmtheit der Existenz'. Schon das erste Gleichheitszeichen ist fraglich (und nach Ansicht des Verf. falsch). Das zweite Gleichheitszeichen ist aber reine Metaphysik.

Die Quelle der Kopenhagener Metaphysik liegt wieder in der Dualitätslehre: Da eine Welle innerhalb δx keine bestimmte Wellenzahl $\kappa = 1/\lambda$ hat, darf ein Teilchen im Gebiet δx nur einen unbestimmten Impuls haben. (Der Beziehung $\delta x . \delta\kappa \simeq 1$ entspricht $\delta x . \delta p_x \simeq h$.) Denn sonst würde, wie Weisskopf richtig bemerkt, die folgende Katastropheeintreten:

> 'Man kann nicht Lage und Geschwindigkeit gleichzeitig *messen*. Könnte man es, dann würde die Koexistenz von Wellen- und Partikel-Eigenschaften jedes einzelnen Objekts zusammenbrechen ... und unsere Deutung des weiten Feldes atomarer Erscheinungen würde nichts als ein Gewebe auf zufälliger Koinzidenz beruhender Irrtümer sein.'

Und Heisenberg behauptet in ähnlichem Sinn (aus dem englischen übersetzt):

> 'Es kann nicht geleugnet werden [?], dass die Elementarteilchen der gegenwärtigen Physik enger mit den Wesenheiten Plato's als mit den Atomen Demokrit's verwandt sind . . . Denn in der modernen Naturwissenschaft sind nicht mehr die materiellen Dinge primär, sondern Gestalt, mathematische Symmetrie. Und da mathematische Struktur letzten Endes intellektueller Natur ist, so können wir mit Goethe's Faust sagen: Am Anfang war das Wort — der Logos.'

Hier muss Verf. leugnen, was nicht zu leugnen ist. Für ihn ist ein Elektron selbst in der modernen Quantenphysik nicht eine platonische Idee, sondern ein stets innerhalb 10^{-12} cm konzentrierte Ladung, die (trotz Zeno und Bohr) in jedem Augenblick eine bestimmte Lage und Geschwindigkeit *besitzt*, obwohl man nicht beide gleichzeitig *veraussagen* kann. Glücklicherweise brauchen wir aber nicht zu warten, bis eine besondere Quantenphilosophie den Bau der Atomwelt zusammenhält. Denn das Getriebe erhält sich schon jetzt, und bereits seit 1927, durch die eindeutige Quantenmechanik, über die wir ja alle einig sind, und deren Aufbau der Kopenhagen und Göttinger Gruppe von Physikern zu verdanken ist, selbst wenn ihre neue Erkenntnislehre zuweilen recht willkürlich erscheint und letzten Endes auf Ignorierung der Duane' schen dritten Auswahlregel bei der Beugung beruht.

Literaturverzeichnis

Born, M. (1953). *British Journal for the Philosophy of Science*, **4**, 95.

Landé, A. (1965). *New Foundations of Quantum Mechanics*. C.U.P., Cambridge.

Rosenfeld, L. (1963). *Physics Today*.

Schrödinger, E. (1952). *British Journal for the Philosophy of Science*, **3**, 3 and **19**.

Quantum Fact and Fiction III

ALFRED LANDÉ
Ohio State University, Columbus, Ohio 43210
(Received 29 April 1968; revision received 11 October 1968)

Part III of this series [A. Landé, Amer. J. Phys. **33**, 123 (1965), and **34**, 160 (1966), quoted as Parts I and II] continues the critique of the customary interpretation of quantum mechanics. It is directed against the idea that electrons, in opposition to the Born statistical particle interpretation of the wave function, are "wavicles." Serious conceptual and elementary mathematical defects in Bohr's famous "Discussion with Einstein" are pointed out. The doctrine that position q and momentum p of a particle are blurred over an uncertainty range because both allegedly cannot be measured simultaneously, that q and p do not exist simultaneously, is due to a confusion of analogy with identity of qualities. In its second part, the paper offers a nonquantal derivation of the probability interference law as a necessity under the postulate that the general interdependence between probabilities is to become the ordinary probability addition law in the average. The wave picture of matter violates the postulate of relativity.

I. AIM OF THE ARTICLE

This article has two objectives. One is to deduce the quantum *formalism* of matrix multiplication for probability amplitudes from simple and plausible nonquantal postulates. The other is to comment on *interpretation* with particular reference to the famous discussion between Bohr and Einstein,[1] and also to an otherwise most commendable article by Witmer,[2] in this Journal where he voices a common view by writing,

> I think we have to recognize that the ψ functions are an entirely different kind of function, totally unlike any previous kind of function used in physics, and that it is the existence of these functions that makes it altogether impossible to return again to the pristine simplicity of classical materialism.

My contrary view, which is defended below, is that the use of complex probability amplitudes, ψ, in atomic theory has no more relevance to changing our philosophical outlook from materialism to idealism or dialectical positivism, or from objectivism and operationalism to subjectivism (to name various items of the conceptual revolution) than did the introduction of "irrational," "imaginary," and "transcendental" numbers into algebra, or of vectors and unimaginable multidimensional spaces into geometry. Some of these mathematical devices were originally regarded as abstract and bewildering. They were either rejected as illegitimate or praised as opening new vistas into the supernatural, instead of being recognized as convenient formal shortcuts for expressing general relations between perfectly concrete and objective experimental data. If there is reason for changing traditional views in physics and philosophy, then it is the belated recognition that not only ordinary games of chance, often thought to be ultimately reducible to microphysical causality, but microphysics itself is dominated by statistical law, irreducible *in principle* to cause–effect chains, Bohm and Vigier's idea of hidden causes to the contrary. The special form of statistical law under various circumstances then becomes a technical, rather than a philosophical, matter. Thus it is interesting to ask for special reasons why atomic probabilities obey a rule of wavelike interference rather than one of simple addition. Here, as in other instances, the student will hardly be satisfied when he is told that he must accept the quantum rules as "the tricks of the trade," that he just has to replace the momentum p by the Schrödinger operator, $(h/2i\pi)\partial/\partial q$, acting on a complex imaginary function ψ, and other startling innovations, justified at best by a "complementarity of two contrasting pictures."

Unquestioned acceptance of the rules of the game without explanation of the "why" seemed justified a few years after Planck's discovery, when all efforts of solving the quantum riddle on a deterministic classical basis ended in failure. In contrast, this writer has attempted, for a number of years, to revive the problem of deducing the theory, not from classical determinism with statistical ingredients, but from a basically probabilistic approach, regulated only by certain postulates of order, such as generality, sym-

[1] N. Bohr, "Discussion with Einstein," in *Albert Einstein, Philosopher–Scientist*, A. Schlipp (Tudor Co., New York, 1957).

[2] E. E. Witmer, "Interpretation of Quantum Mechanics and the Future of Physics," Amer. J. Phys. **35**, 40 (1967).

Reprinted from *Am. J. Phys.* **37**, 541–548 (1969).

metry, and invariance. The solution proposed in previous articles and books,[3] always suffered from an insufficiency of mathematical reasoning, justly criticized by others. The present paper hopes to bridge this gap by adding to the previous postulates the requirement that the desired general law of probability connection ought to yield the ordinary addition law *in the average*—a plausible nonquantal restriction which closes the mathematical gap of the deduction. As to interpretation, Heisenberg once remarked,

> The mathematical equipment of the theory was complete in its most important parts by the middle of 1926; but the physical significance was still extremely unclear.

It has remained unclear ever since in spite of all profundity. Only a few like Einstein and Schrödinger searched for a physical rather than linguistic-evasive answer to the question of interpretation. The principal reason for this state of affairs was, and still is, as pointed out by the writer in this Journal,[1] the failure to include *all* of quantum mechanics in the discussion of the paradox of electron diffraction by admitting two but not all three selection rules. The time has come also for a reorientation of the method of teaching the theory, not as a collection of intricate calculation rules which happen to work, but as the logical consequence of a few elementary and almost self-evident postulates of a nonquantal nature.

II. THE BOHR–EINSTEIN DISCUSSION

My first object of criticism concerns the famous "Discussion with Einstein"[1] in which, according to common opinion, Bohr "won." I am convinced of the opposite because of mathematical impossibilities and conceptual inadequacies in Bohr's reasoning. Einstein had proposed a thought experiment according to which a mass m and hence an energy $E=mc^2$ of a particle can be measured with greater accuracy than allowed by the Heisenberg uncertainty relation $\delta E\cdot\delta t\sim h$. Bohr at first was not able to refute Einstein's argument. "But after a sleepless night he told Einstein that the latter had neglected his own general relativity theory," involving the time interval change δt, suffered by a clock owing to its energy change, δE, during a shift, δq, of location in a gravitational field g. "Einstein, although he acknowledged his mistake, remained unconvinced."

His lack of conviction was only too justified, as may become clear from the following scrutiny of Bohr's reasoning:

(a) Are we to accept a chain of reasoning which needs, for the justification of the quantal uncertainty relation, the gravitational redshift of general relativity? If so, one could *derive* Heisenberg's relation from the relativistic clock retardation. This is just what Bohr does, as remarked first by the philosopher J. Agassi. Or *vice versa*, one could derive the relativistic time retardation in a gravitational field from the uncertainty relation without going through the difficult phases of non-Euclidian geometry in curved space–time. This would indeed be a great methodical and pedagogical shortcut, but the prospect should have left not only Einstein unconvinced.

(b) Misgivings about Bohr's victory become even more disquieting after a scrutiny of Bohr's mathematics. Here we find a justification or derivation of the inverse proportionality of δE and δt in the uncertainty relation by appealing to the direct proportionality of the same quantities in gravitational theory; that is, the quantal

$$\delta E\sim h/\delta t,$$

from the relativistic relation, $\delta E/E=\delta t/t$, or

$$\delta E/E=mg\cdot\delta q/mc^2=g\cdot\delta q/c^2=\delta t/t.$$

It should be obvious that, by appropriate combination of direct and inverse proportionality one can obtain any desired result, just as dividing by zero in the familiar arithmetic puzzle. The only puzzle here is that physicists have acquiesced in this *non sequitur* for several decades until a philosopher of science put his finger on it.

(c) Einstein has never denied that Heisenberg's rule is a restriction upon the prediction of a single event within a statistical ensemble of a certain distribution breadth. His thought experiment was only to demonstrate that single outcomes can be ascertained, or accurately measured after they have happened. Heisenberg, in his original presentation of the rule, told us that the energy E, or the momentum p, of a particle cannot be predicted with an accuracy better than δE, or δp,

[3] A. Landé, *From Dualism to Unity in Quantum Physics* (Cambridge University Press, London, 1960), and *New Foundations of Quantum Mechanics* (Cambridge University Press, London, 1965).

within an allowance δt, or δq, due to likewise uncontrollable and statistically distributed perturbations of the measuring instrument, subjected in its atomic constitution to the same quantum restriction. Measurement disturbs the previous state of the object. But it produces a new present state ascertainable with much greater accuracy than the total statistical scattering range, δE and δp, as pointed out by Sir Karl Popper as early as 1934.

For example, the emission instant t of a single electron from a β source cannot be predicted within an interval δt, the half-life of the source, corresponding to an uncertainty $\delta E \sim h/\delta t$ of the energy of emission. But nobody will deny that the emission time t with energy E of a single electron, though not predictable, can be measured after it has occurred more accurately than δt. Mixing up prediction of what will be with postdiction or measurement of what is or was is a serious misconception of the essence of statistical theory. Indeed, distribution of many statistical data over a certain range implies that each individual value participating in this distribution can be ascertained more accurately than the whole range. As a matter of fact exact measurement of many individual outcomes is the prerequisite for confirming that their distribution is controlled by the statistical law in question. It is self-contradictory, therefore, to maintain that such exact, or practically exact, measurement is not possible in principle. If the fifth side of a pentagon cannot be discovered not only because of poor eyesight but in principle, then it is not a pentagon. And if, in the case of an empirically confirmable statistical distribution law, single data cannot be measured in principle with greater accuracy than the whole distribution range, then it is not an empirically confirmable statistical law of physics but a self-contradictory dogma. Yet, all logic to the contrary, the statement "(p, q) pairs and (E, t) pairs cannot be *measured* with greater accuracy than Heisenberg's limits of accurate prediction" has become one of the basic tenets of the Copenhagen spirit, and it is repeated many times to mystify students and teachers alike.

The mystery becomes even greater when the allegation of the nonmeasurability of simultaneous pairs of data after they have occurred is followed by the statement that such pairs of data do not even exist sharply—although one can measure them indirectly. It is like climbing up a ladder and then denying its existence. Yet the "Copenhagen language" tells us that we ought to regard an electron as a hybrid with both particle and wave features, as a "wavicle" whose very existence is blurred over simultaneous ranges δq and δp, and δE and δt, in analogy to a wave blurred over the range $\delta(1/\lambda)\cdot\delta q \sim 1$, and $\delta\nu\cdot\delta t \sim 1$. This changing of the wave analogy of the statistical distribution of many particles into an identity of the qualities of each single particle with those of a wave is erroneous. Taking it as armament for the defense of the duality thesis is putting a false cart before a false horse.

Altogether: Lack of predictability of exact (p, q) pairs, *Yes*. Lack of measurability of exact (p, q) pairs, *No*. And lack of coexistence of exact p and q values of an electron, *two times, No*. Historically, the confusion seems to have originated principally from the belief that the diffraction patterns of electrons through crystals and through a screen with two parallel slits necessitate the assumption that particles somehow transform or manifest themselves as waves. This confusion is seen in the statement that an "electron, when hitting the crystal or screen with slits, acts as the 'picture' of a wave and interferes with itself," or similar versions of dualism. It is not a matter of taste whether electron diffraction is thought to be due to an intermediate wave picture of the original particle picture of the diffracted matter ray, or whether it is due to the physical activity of the diffracting body deflecting incident particles under the quantum-mechanical selection rule for the momentum change.[4] The nonexistence doctrine is sustained neither by facts nor by logic.

III. PROBABILITY MATRICES

This section contains a brief recapitulation, for the convenience of the reader, of things published previously,[3] as a preparation for the developments of Secs. 4 and 5.

Physics considers various quantities A, B, C, $\cdots$, such as the energy, the position at various times, the electric moment, etc. of a given system. In a system, such as an atom, the observable A may be capable of a variety of values, $A_1A_2\cdots$, and the observable B may have values $B_1B_2\cdots$ for the same atom. Whether these possible values

[4] A. Landé, Amer. J. Phys. **33**, 123 (1965), and **34**, 1160 (1966), quoted as Parts I and II.

form a continuity or represent a discrete set is irrelevant for the following considerations. Merely for the sake of mathematical simplicity we assume finite multiplicities, A_1 to A_M, B_1 to B_N, etc., pending generalization to infinite multiplicities.

Suppose now that we have found our atom, by an A-measuring instrument or A meter, in a state $A=A_\alpha$. Thereupon we subject the atom to a B-meter test. It then is not possible (in our statistically dominated world) to predict which of the values B_1 to B_N will turn up. However, each of the B values occurs with a certain statistical frequency or probability, $P(A_\alpha \rightarrow B_\beta)$, the sum over these probabilities being unity:

$$\sum_\beta P(A_\alpha \rightarrow B_\beta)=1. \tag{1}$$

The totality of the P's connecting intial states A with final states B may be compiled in a probability table or matrix,

$$\begin{pmatrix} P(A_1\rightarrow B_1) & P(A_1\rightarrow B_2) & \cdots \\ P(A_2\rightarrow B_1) & P(A_2\rightarrow B_2) & \cdots \\ \cdots & \cdots & \cdots \end{pmatrix} = (P_{AB}),$$

of M rows and N columns. In a similar way one may draw up P matrices (P_{AC}), (P_{BC}), etc., and also the matrix (P_{BA}), which is not identical with (P_{AB}). It is significant that, as soon as a new state has been reached under a test, all "remembrance" of any previous state is wiped out, and a new situation occurs. All this is almost self-evident as the starting point of a statistical schema of transitions from one to another state under tests with measuring instruments.

Far from trivial, although plausible, is the postulate of a two-way symmetry of every single transition probability

$$P(A_\alpha \rightarrow B_\beta)=P(B_\beta \rightarrow A_\alpha). \tag{2}$$

It is plausible because it is the statistical counterpart of the reversibility of classical mechanical processes (symmetry with respect to $+t$ and $-t$). Two-way symmetry, Eq. (2), has far-reaching consequences. It means that the columns of the matrix (P_{AB}) are identical with the rows of (P_{BA}) which, as rows, sum up to unity. Hence, not only the rows but also the columns of the matrix (P_{AB}) and of all other P matrices, too, sum up to unity. Next, if one sums up all elements of (P_{AB}) row by row, one obtains $M\cdot 1=M$. Summing up by columns yields $N\cdot 1=N$. Hence M must equal N. That is, the multiplicity of all observables pertaining to a certain atomic system must be the same. In other words, the P matrices must all be quadratic, with M rows and M columns; they are unit magic squares, each row and each column adding up to the same sum, unity. A special case is the matrix

$$(P_{AA})=(P_{BB})=\cdots=(1), \tag{3}$$

or

$$A_{\alpha\alpha'}=\delta_{\alpha\alpha'}, \tag{3'}$$

where the unit matrix (1) contains *ones* in the diagonal and *zeros* outside the diagonal, indicating reproducibility of a test result: When an A-meter test has found the state A_α, and the A test is repeated without an intermediate B test, the same state A_α is found again with certainty. Because of Eq. (2) we can now omit the arrow signs. (For details see Ref. 4.) So far nothing is said or assumed about any relation between various unit magic square or stochastic matrices (P_{AB}), (P_{AC}), (P_{BC}), and so forth.

As our next step we introduce the postulate that the various P matrices are not independent of one another but that a certain order prevails in the following sense. Suppose that the elements of the matrix (P_{AB}) and those of (P_{BC}) are known, e.g., from statistical measurements with A, B, and C meters. We then assume that the elements of the matrix (P_{AC}) are not quite free, but are either uniquely determined [sign$=$] or at least multivalently restricted [sign$\rightarrow$ in Eq. (4)] by way of a triangular relation,

$$(P_{AB})\cap(P_{BC})\overset{=}{\rightarrow}(P_{AC}), \tag{4}$$

where the sign $\cap$ indicates some still unknown mathematical procedure with equal rights or symmetry with respect to all triples of observables $A, B, C, D, \cdots$. The requirement that Eq. (4) is to hold in general for all triples may serve vice versa as a criterion for a physical quantity to qualify as an "observable" in the statistical structure. (Position is not an "observable," but position at time t_A is an observable A, and position at time t_B is another observable B, with a statistical connection between pairs of their values.)

In addition to the unspecified postulate of "order" or generality of Eq. (4), we postulate that Eq. (4) shall coincide with the ordinary probability relation law of classical physics in the average. The ordinary law which characterizes the quantities P as probabilities, is the addition theorem

$$P_{\alpha\gamma}=\sum_\beta P_{\alpha\beta}P_{\beta\gamma}. \tag{5}$$

That is, the probability of arriving from state A_α at C_γ equals the sum of the probabilities of going from A_α to C_γ via the set of intermediate states $B_1B_2\cdots B_M$, where B may represent any one of the many observables serving as intermediate stepping stones. The ordinary probability relation, Eq. (5), may as well be written in the form of the matrix product

$$(P_{AC})=(P_{AB})\times(P_{BC}), \tag{5'}$$

where the symbol $\times$ indicates the usual matrix rule "row times columns." [The postulate that Eqs. (5) and (5′) are to hold in the average is the new restricting condition added to a previous incomplete derivation of the ψ-interference theorem by this writer.]

IV. INTERFERENCE OF PROBABILITIES

We can now proceed to answer the question of why the probabilities interfere rather than add in the ordinary fashion of Eqs. (5) and (5′). First notice that Eq. (5′) is unfit to serve as a general law because it would lead, in the special case of $C=A$ to

$$(P_{AB})\times(P_{BA})=(P_{AA})=(1), \tag{6}$$

or written out as

$$\sum_\beta P_{\alpha\beta}P_{\beta\alpha'}=P_{\alpha\alpha'}=\delta_{\alpha\alpha'}, \tag{6'}$$

a self-contradiction, the right-hand side being zero for $\alpha\neq\alpha'$, whereas the left-hand side is a sum of positive terms. To solve the problem of Eq. (4) we turn to an indirect method, first introducing auxiliarly quantities named $\psi_{\alpha\beta}$ etc., each of them individually connected with the corresponding $P_{\alpha\beta}$ and then requiring that the ψ matrices satisfy a univalent relation similar to that in Eq. (4) with = sign:

$$(\psi_{AB})\cap(\psi_{BC})=(\psi_{AC}), \tag{7}$$

as a general triangular interdependence, including the special case

$$(\psi_{AB})\cap(\psi_{BA})=(\psi_{AA})=(1), \tag{8}$$

and yet reducing to the ordinary P-law Eqs. (5) (5′) of product summation, in the average. In order to determine the still open operation $\cap$ in Eq. (7), remember that this operation is required to become matrix multiplication of rows times columns when Eq. (7) is averaged. It follows that $\cap$ must also signify matrix multiplication $\times$. [Indeed, the average of Eq. (7) would never yield Eq. (5) unless single pairs of ψ's, like $\psi_{\alpha\beta}$ and $\psi_{\beta\gamma}$, were not occuring in a sum of products, $\psi_{\alpha\beta}\psi_{\beta\gamma}$, in the same way as single pairs $P_{\alpha\beta}$ and $P_{\beta\gamma}$ are connected in the sum of products $P_{\alpha\beta}P_{\beta\gamma}$ in Eq. (5).] That is, the postulate that the matrix multiplication law [Eq. (5′)] for the P's is to hold in the average (it cannot hold in general, see above), leads by necessity to the corresponding interdependence of the auxiliary quantities $\psi_{\alpha\beta}$ as a matrix multiplication in the form:

$$(\psi_{AB})\times(\psi_{BC})=(\psi_{AC}), \tag{9}$$

or multiplied out

$$\sum_\beta \psi_{\alpha\beta}\psi_{\beta\gamma}=\psi_{\alpha\gamma}, \tag{9'}$$

including the special case

$$(\psi_{\alpha\beta})\times(\psi_{\beta\alpha})=(\psi_{\alpha\alpha})=(1), \tag{10}$$

or multiplied out

$$\sum_\beta \psi_{\alpha\beta}\psi_{\beta\alpha'}=\psi_{\alpha\alpha'}=\delta_{\alpha\alpha'}=1 \quad \text{for} \quad \alpha=\alpha',$$
$$=0 \quad \text{for} \quad \alpha\neq\alpha', \tag{10'}$$

Eq. (9) is supposed to hold always, not only in the average.

The functional relation between the auxiliary quantities $\psi_{\alpha\beta}$ and the probabilities $P_{\alpha\beta}$ is now determined by the following comparative listing:

$$P_{\alpha\alpha'}=\delta_{\alpha\alpha'} \qquad \sum_\beta P_{\alpha\beta}=\sum_\beta P_{\beta\alpha}=1,$$

$$\psi_{\alpha\alpha'}=\delta_{\alpha\alpha'} \qquad \sum_\beta \psi_{\alpha\beta}\psi_{\beta\alpha}=1,$$

$$(P_{AB})\times(P_{BC})=(P_{AC}) \text{ in the average}$$

$$(\psi_{AB})\times(\psi_{BC})=(\psi_{AC}) \text{ always}$$

The functional dependence between P and ψ therefore is

$$P_{\alpha\beta}=\psi_{\alpha\beta}\psi_{\beta\alpha}=P_{\beta\alpha}. \tag{11}$$

In contrast to the always positive P's, because of Eq. (10′), the ψ's must be allowed positive as well as negative, or possibly complex, values. In the latter case, Eq. (11) requires

$$\psi_{\alpha\beta}=\psi_{\beta\alpha}{}^*=(P_{\alpha\beta})^{1/2}\exp(i\varphi_{\alpha\beta}), \tag{11'}$$

where the asterisk indicates the complex conjugate. In case of real ψ's, the asterisk can be dropped as insignificant so that $\psi_{\alpha\beta}=\pm(P_{\alpha\beta})^{1/2}=\psi_{\alpha\beta}$. In all cases, a given $\psi_{\alpha\beta}$ determines the corresponding $P_{\alpha\beta}$ uniquely, whereas a given $P_{\alpha\beta}$ determines the corresponding $\psi_{\alpha\beta}$ only up to a phase factor or a plus or minus sign. Whereas the relation Eq. (9) between the ψ's is univalent [=sign], the relation between the P's is only one of mutual restriction [→sign in Eq. (4)].

Because Eq. (9) contracts the product of two matrices to a single one by elimination of the intermediate set B, (which may be replaced by any other set D, or E, etc.) the theorem of Eq. (9) is associative. Furthermore, each ψ matrix has an opposite so that their product is the matrix *unity*, according to Eq. (10). And there are identity members among the ψ matrices, $(\psi_{AA}) = (\psi_{BB}) = \cdots = (1)$. These three qualities safeguard group structure of the multiplication theorem, Eq. (9), a particularly close form of interdependence.

The average result, the "ordinary" probability connection, as in Eq. (5), now results from the ψ law in the following manner. Multiply Eq. (9′) by its own conjugate,

$$\psi_{\alpha\gamma}\psi_{\alpha\gamma}{}^* = (\sum_{\beta} \psi_{\alpha\beta}\psi_{\beta\gamma})(\sum_{\beta'} \psi_{\alpha\beta'}{}^*\psi_{\beta'\gamma}{}^*). \quad (12)$$

Separate on the right the product terms with $\beta=\beta'$ from those with $\beta\neq\beta'$. The latter, when averaged over the phases or over $\pm$ signs, nullify the double sum over $\beta\neq\beta'$, leaving only the single sum

$$|\psi_{\alpha\gamma}|^2 = \sum_{\beta} |\psi_{\alpha\beta}|^2 |\psi_{\beta\gamma}|^2 \text{ in the average}, \quad (13)$$

which is identical with Eq. (5), as required. The question, "Why do the probabilities interfere by way of a matrix product law for the probability amplitudes ψ?" can now be answered: The probabilities cannot be related otherwise if they are to be connected by a general triangular law which reduces to the ordinary triangular law for the probabilities [Eq. (5)] in the average. No quantum ingredients are involved in these considerations. The quantum enters only when one specializes the observables A and B etc. to represent mechanical quantities (position, momentum, etc.). However, the fact that atomic observables quite generally satisfy an interdependence law of the simple form, as in Eq. (9), signifies that in the atomic realm we have arrived at a very deep level of theoretical analysis indeed.

There is no reason to be mystified when the interdependence of probabilities, dominated by the matrix multiplication law with Eq. (5) in the average, can most conveniently be expressed by the matrix multiplication theorem of Eq. (9), for associated quantities ψ. Even if ψ in application to mechanics is to have complex-imaginary values for reasons of Galilean invariance,[4] this does not involve a restriction of the reality of actual data any more than do complex symbols in optics. The thing to be amazed at is the fact that atomic probabilities, in contrast to those of ordinary life, can be linked by one general law of group quality at all. Why this law has the special form of multiplication of ψ matrices, this fact is clarified above. It says no less and no more than that the special conditions Eqs. (4) and (5) in the average are satisfied, conditions which are of a most elementary nonquantal form. Further steps in the demystification of the quantum formalism and its interpretation cannot be elaborated in this short article. (See Ref. 4.)

How can the struggle between various interpretations, going on since 1927, be cleared once and for all? In my opinion, this could be achieved by going back to the origin of the formalism contained in simple nonquantal ground postulates of symmetry and invariance imposed on a general structure of probability connections. Does ψ represent a material wave amplitude (Schrödinger[5]), or a probability amplitude (Born)? Since the ψ-interdependence law is but a modification of the ordinary interdependence law of probabilities, only the Born interpretation can be right. That is, matter waves do not exist in physical space, and the alleged physical equivalence of matter waves and particles in untenable. Whether one prefers particles or waves is not a matter of taste but one of physics as a science, in spite of duality's occasional utility for heuristic purposes. Next, does the uncertainty relation mean a restriction of predictability, or of postdictability (=measurement), or does it mean a blurred existence in space and momentum space? As in every statistical theory, predictability of individual events is restricted, but individual exact measurement is an essential part of confirming the statistical distribution law. And the blurred existence of individual entities spread over the whole statistical scattering range is an arbitrary metaphysical ornament, as every philosopher of science will confirm. Matter particles are real; they can hurt us. The ψ waves are

[5] E. Schrödinger, "Are There Quantum Jumps?", Brit. J. Phil. Sci. **3**, 19 (1952) and M. Born, "The Interpretation of Quantum Mechanics," *ibid.* **4**, 95 (1953).

probability amplitudes, imaginary in more than one sense, and they cannot hurt anybody physically. Next, what is the content of the quantum rule, $\Delta E = h\nu$? Does it describe quantum jumps only (Born), or is it a resonance relation only (Schrödinger)? The reply is that both quantum jumps and resonance are inseparable, as may be learned from tracing the selection rule to its origin.[1,4] Furthermore, "has quantum physics begun to describe conscious human experience in terms of differential equations concerning subjective expectations?" The answer is that quantum theory deals with statistical ratios recorded on objective instruments. As in every game of chance, these ratios can also be taken as expectations and used for betting odds by observing subjects. But this has nothing to do with the objective statistical character of quantum physics and its theory.

V. DUALITY VIOLATES RELATIVITY

Wave–particle duality rests on the translation formulas $E = h\nu$ and $p = h/\lambda$ from the one to the other "picture." The trouble is that the left-hand sides of these equations depend on the reference systems and the right-hand sides do not, if both sides are regarded as physical. Take the example of *free particles* traveling with velocity u in system O and u' in system O', the latter moving with velocity v relative to the former. According to every textbook, a traveling particle sometimes acts as though it were, or is, associated with, a wave. Yet its wavelength would be $\lambda = h/mu$ or $\lambda' = h/mu'$ respectively according to the translation formula of de Broglie. Suppose now that free particles later encounter a crystal at rest in another system O'''. Now, if $\lambda = h/mu$ and $\lambda' = h/mu'$, the diffraction pattern would depend on the *arbitrary* choice of the reference system. Translation from the particle to the wave picture thus contradicts the *principle of relativity*: Observed phenomena, such as diffraction, do not depend on arbitrarily chosen reference systems. But how can free particles "know" in advance that they may eventually meet with a crystal at rest in O'''? And suppose part of the beam later meets with a second crystal at rest in O'''', which wavelength λ do the particles then "associate" with?

All this shows that those associated waves cannot be regarded as physically existing with the same degree of physical reality as must be ascribed to particles. Physical waves, moving or standing, looked at from system O, a light house, or from system O', a traveling airplane, display the same wavelength $\lambda = \lambda'$, apart from a Lorentz contraction small of second order in v/c, whereas momenta are quite different in first order, $p \neq p'$. *This contradiction between wave–particle duality and the fundamental principle of relativity discredits the wave theory of matter* (diffraction) *once and for all*! It does not discredit optical wave diffraction since light waves have the same velocity, $c = c' = c'' \cdots$ in every reference system. There is nothing to say against using de Broglie's translation formula for mathematical calculation purposes. But it cannot serve as basis of a physical "principle of duality and complementarity." It is about time that students are told of this fact, instead of being indoctrinated with an untenable dogma which, more than a generation ago, proved extremely fertile, but cannot be sustained any more.

After the wave theory of matter diffraction has proved unacceptable, the question is how else can one explain those electronic patterns which look so very similar to x-ray wave diffraction patterns. The answer is contained in the unitary theory of particle diffraction resting on the selection rule for momentum *changes* Δp which are the same in the systems O and O' and O''. I refer to Duane's theory of 1923 which explains the selective deflection of particles by the *mechanical activity of the diffractor* under the selection rules of quantum mechanics. It has been described in Part I of this series, but seems still to be unknown to most physicists today who still see in electronic diffraction an obvious counterpart to optical wave diffraction, demonstrated by displaying electron and x-ray patterns side by side. It really looks as though both must be due to the same physical process. Yet it is no more obvious than that the Earth stands still. And there is nothing more salutary than the shock of discovering that a hallowed prejudice turns out untenable after all, and can be replaced by something better, that is, simpler and more self-consistent. Matter simply consists of discrete particles, and the wave picture is physically misleading. Besides, it is unnecessary: wavelike material phenomena result from the quantum mechanics of matter particles, as we know already since 1927 from Born's famous statistical particle interpretation of the de Broglie–Schrödinger waves.

The case of light is just the reverse. The idea of photonic particles chasing around with the velocity of light was made superfluous a long time ago by the consistent quantum theory of the electromagnetic field with its periodic components of frequency ν which are spread out continuously in space, and change their energy *as a whole* only in quanta $\Delta E = h\nu$ (Planck, Heitler, Fermi). There is no duality in light as there is no duality in matter. Yet there are efforts at saving the duality doctrine, if not in substance, then at least in name. They rest on seeing a kind of duality in the opposition between obvious matter particle effects and not-so-obvious matter particle effects, and in case of light, between obvious wave effects and not-so-obvious wave effects.

Unity in Quantum Theory

Alfred Landé

Ohio State University, Columbus, Ohio

Received May 8, 1970

After a brief survey of arguments for a unitary particle theory of matter, offered by the writer in previous publications, the following new items are discussed. (1) The wave part of the dual aspect of matter, resting on the translation formula $\lambda = h/p$, *is not covariant in the nonrelativistic domain. And relativistically, it is untenable not only on methodological grounds, but because it leads to obvious contradictions to elementary experience, e.g., in the equilibrium between a material oscillator and radiation. (2) The photon story as usually presented is rectified historically and factually. (3) The previous derivation by the writer of quantum mechanical theory from a nonquantal background is supplemented, in order to be conclusive, by the postulate that the general probability relation is to become the ordinary addition law in the average. (4) Quotations from the writings of prominant dualists, intended by the latter to support their ideology, disclose a fantastic disarray of pseudophilosophical standpoints which can be cleared up only by repudiating the alleged dual nature of matter and of light and by ceasing to constantly mix up the contrast between particles and fields with that between particles and waves, and by returning to a strictly unitary aspect.*

1. INTRODUCTION

The paradoxical contrast between the wavelike and particlelike phenomena of matter and of light was regarded up to the late 1920's as a challenging problem of theoretical physics in urgent need of a consistent unitary solution. About 1928, however, Bohr and Heisenberg undertook the bold step of elevating the duality *problem* to a *principle*, that is, to an issue which no longer calls for an either–or solution but had to be accepted as fundamental, neither capable of nor even in need of justification on still deeper grounds. The principle of duality decreed that there is no objective reality

Reprinted from *Found. Phys.* **1**, 191–202 (1971).

to either particles or waves, that both are subjective pictures to be used at our convenience. The Copenhagen way of disposing of the contradictions by decree was accepted enthusiastically by the majority of physicists. It relieved them indeed of all responsibility of worrying about the paradox and of searching for a consistent physical explanation of the wavelike diffraction phenomena of electrons, otherwise known as discrete particles.

It seems to this writer that, after four decades of almost unchallenged dualism in textbooks, articles, and at symposiums on observation and interpretation, the time has come to attack dualism not only on methodological grounds, as has been done often before, but by purely physical arguments not offered before and yet, in the writer's opinion, quite decisive. The present article intends to show that the otherwise attractive and stimulating idea of matter waves somehow "associated" with matter particles is in conflict with the basic principles of physical theory as well as leading to false consequences in the experimental domain if taken seriously rather than only as an occasionally helpful working hypothesis.

2. THE UNITARY NATURE OF LIGHT

The common opinion is that a dual nature of light as a *fact* was revealed first by Einstein in 1905 when he proposed the hypothesis of photons in order to explain the presence of a corpuscular besides a wavelike term in the fluctuations of the radiation energy according to Planck's law. "Einstein's consideration shows that light can be described neither with particles alone nor with waves alone, that it rather is neither of the two." Unfortunately, this is not so. Whether Einstein himself was conscious of it or not, he derived his two fluctuation terms from the same electromagnetic *wave theory* of light that Planck used for calculating the equilibrium between electric oscillators ν and surrounding light waves ν. He also used Jeans's enumeration of the possible ν-wave components in an interval $d\nu$ in a given volume. If Einstein thus derived his fluctuations from Planck's *wave* theoretical results of the radiation equilibrium, this means that Einstein, too, used *wave* theory and that his photons were nothing but *as-if illustrations* of a result actually obtained from the wave theory of light, with energies restricted to values $E = nh\nu$.

The same application of wave theory is found also in the inversion of the problem in Einstein's celebrated derivation of Planck's law. It is based, first, again on Jeans's enumeration of independent standing wave components in an interval $d\nu$, and second on the hypothesis that the probability of absorption of an energy quantum $h\nu$ by an electric oscillator from the surrounding wave field is proportional to $nh\nu$, and emission proportional to $(n + 1)\,h\nu$. If n were to be understood as the number of photonic particles roaming around, rather than as the number of quanta $h\nu$ carried by a wave component, then it might still be plausible that absorption by the oscillator were proportional to n. But it would be inconceivable why emission acts by the oscillator should be proportional to the number n of photonic particles already present in the radiation. Thus Einstein showed for the second time that only *waves* of light producing emission by interference with the oscillator vibrations lead to the correct Planck equilibrium law.

The pure wave theory of light won a complete victory around 1930 in the modern theory of radiation (Fermi, Heitler), so that Heitler could write: "Light quanta appear in the theory only as quantum numbers attached to the radiation oscillators [or wave components ν]." The components ν of the optical wave field are in resonance with the vibrations ν (or vibration components ν) of the material radiator, and there is energy exchange in quanta $h\nu$ between the two. All observed optical phenomena, including the Compton and photoelectric effects, are explainable by light waves only. The hypothesis of photonic particles, though of occasional heuristic value, turns out to be ideological ballast, an as-if picture as opposed to the electromagnetic wave field as a physical reality. Presenting the corpuscular-looking part of the thermal energy fluctuations as proving any fact of duality is historically and physically untenable, all categorical assertions to the contrary not withstanding. After the apparent particle–wave paradox of light found its unitary solution around 1930, it has become a sin of omission not to add the adjective "apparent" to the term duality. Photons have become quantum numbers of wave components. Only for Pythagoras are numbers things and things, numbers.

3. THE UNITARY NATURE OF MATTER

After its elimination in the case of light, the dilemma or paradox of a dual nature of things raised its ugly head again in the case of matter in 1925 when the diffraction phenomena of electrons were discovered. If one looks at the alternating maxima and minima of intensity of electronic intensity reflected by crystals, it is quite suggestive indeed to see in them the same wave interference effect as in the case of X-ray diffraction and to discount the possibility of a mechanical particle explanation. Again, instead of trying and trying again to explain the contrast between linear tracks and alternating intensity fringes in a unitary fashion, theoretical physicists took advantage of the evasive gambit of Bohr and Heisenberg of introducing duality as a principle, which then lent a new lease on life, in a new form, to the moribund photon–light wave duality. Bohr's ideological creed was elaborated most clearly by his collaborator, Rosenfeld, who wrote (I have quoted this significant passage before) as follows:

> "While the Great Masters [Planck, Einstein, Schrödinger, *et al.*] were vainly trying to eliminate the contradictions in Aristotelian fashion by reducing one aspect to another, Bohr realized the futility of such attempts. He knew that we have to live with this dilemma ... and that the real problem was to refine the language of physics so as to provide room for the coexistence of the two conceptions."

Since that time, we have had a "wave language" and a "particle language," and the problem of the Great Masters, of finding a unitary interpretation of the phenomena, is talked out of existence. How poorly fit and how dispensible the particle language is in the case of light was discussed above. The reverse holds for matter: The wave language for describing electronic effects is not only methodologically an unnecessary complication, it is impossible for purely physical reasons, as will be seen presently. At any rate, Karl Popper was justified when he scored the Bohr–Heisenberg method of solving a contradiction as "the ultimate betrayal of Galilean science." It signifies indeed a return to medieval scholasticism, which would have answered the question, "Why does matter sometimes display corpuscular and at other times wave qualities ?" by the answer, "Because it is the inherent nature of matter to behave in this fashion."

4. PHYSICAL FAILURE OF MATTER-WAVE THEORY

The most important (apparent) wave effect that needs to be explained in a unitary particle fashion is the diffraction of electrons through crystals and through slits in a screen, producing alternating maxima and minima. The usual dualistic interpretation reads as follows: The electrons leaving the source with momenta p transform, or act as though transforming, when being deflected by the diffractor, into waves of wavelength $\lambda = h/p$. Since this process takes place even when the electrons follow one another at long distances, each single electron is supposed to "interfere with itself" in contributing to the diffraction pattern. After the waves or as-if waves have done their duty, they reform into particles or as-if particles again as shown by countable impacts on a receiving film or Geiger counter. The idea of such back and forth transformation, with or without the words "as if" added, can at best be regarded as a temporary evasion as long as no physical explanation is known.

Yet, since 1955, a rational and unitary physical explanation has been available. Before discussing this, in Section 5, I wish to offer purely physical arguments why the wave aspect of the so-called duality of matter is unacceptable. Indeed, when using Galilean kinematics to fit the case of *slow electrons*, the translation $\lambda = h/p$ from particles to waves violates the fundamental principle of covariance: In going from one reference system O to another one O' moving with velocity u relative to O, the momentum p transforms into $p' = p - mu$, whereas a physical wavelength λ remains the same, $\lambda' = \lambda$. (Snapshots of waves taken from a lighthouse show the same wavelength as those taken from an airplane.) Therefore, $\lambda = h/p$ can hold only in one preferred system of reference. To obtain the correct diffraction pattern from matter waves, one has to take p in the rest system of the diffractor. But how can a particle "know" before meeting with the crystal which wavelength it has to associate with ? And which wavelength is the correct one in the case of two diffractors in mutual motion ? The conclusion is that, although waves $\lambda = h/p$ may have heuristic value for the purpose of calculation, one cannot ascribe to them any physical reality on the same level as particles as *physical* entities.

It has been pointed out correctly that relativistic de Broglie waves do not have this defect: $\lambda = h/p$ here transforms into $\lambda' = h/p'$, and $\nu = E/h$ transforms into $\nu' = E'/h$. However, the phase velocity of the relativistic de Broglie waves is $w = \nu\lambda = mc^2/mv = c^2/v$, which for slow electrons is a multiple of the velocity

c of light. (The group velocity $g = v$ does not yield interference; only phases interfere.) Are we really to believe that diffraction of electrons is due to interference of waves of phase velocity $w = c^2/v$? Although it is mathematically admissible, it suffers from the defect of discontinuity. Indeed, whereas the differential equations of motion for the mechanics of particles are not affected by the addition of the constant m_0c^2 to the energy, the same constant makes an enormous and abrupt difference for the (allegedly) associated waves. Their phase velocity changes discontinuously from $w = \frac{1}{2}v$ to $w = c^2/v$. Even worse, relativistic matter-wave theory leads to experimentally wrong results (see below).

Let us first answer some questions to clarify the issue. First, are light waves of frequency ν associated with, or equivalent to, light particles of energy $E = h\nu$ and momentum $p = h\nu/c$? And vice versa, are photons of energy E equivalent to waves of frequency $\nu = E/h$ which change their energy in quanta $\epsilon = h\nu$? Yes or No? Second, does the analogous situation hold also for the relation between matter particles and matter waves? Yes or No?

If the answers are Yes, the consequences are disastrous. Take the example of an electronic harmonic oscillator of frequency ν_0. As we know from Planck, it changes its energy only in quanta $\epsilon = h\nu_0$ in resonance with, and through energy exchange with, the surrounding radiation waves of frequency ν_0; hence, the oscillator energy is quantized to $E_0 = nh\nu_0$. In the analogous case of matter, the waves are to be relativistic in order to preserve covariance. That is, their frequency is to be taken from the relativistic oscillator energy $E = E_0 + m_0c^2$ so that the associated wave frequency $\nu = E/h$ is vastly larger than the oscillator frequency ν_0. Also, the energy of the matter waves ν would have to change in quanta $\epsilon = h\nu$ rather than in the quanta $\epsilon_0 = h\nu_0$ of the radiation waves. Energy exchange between radiation waves ν_0 and matter waves ν would be impossible. *Do not change the rules during the game!* ϵ_0 and ν_0 are incompatible with ϵ and ν. Relativistic matter particles are allright. But relativistic matter waves are physically unacceptable, even though they may be helpful as a mathematical fiction. The same holds for nonrelativistic matter waves $\lambda = h/p$ because of their lack of covariance. The wave mechanics of ψ-functions is right, of course. But ψ-functions do not describe physical waves, as Schrödinger thought, but represent statistical distributions of physical particles according to the unitary Born interpretation of 1927.

Unfortunately, the ideational cliché of wave–particle duality has taken a dogmatic hold on physicists and through them on the interested public in general, in spite of the statistical nature of the Schrödinger wave theory, which should have written *finis* to the alleged equivalence of the two "pictures" and the associated two "languages."

However, since Born in 1927 did not, or could not, explain the alternating maxima and minima in electron diffraction without resorting to the wave hypothesis, he and others indulged in a sort of doublethink. On the one hand, they accepted the statistical particle interpretation. On the other hand, they acclaimed the Bohr–Heisenberg pseudophilosophical thesis that both particles and waves are no more than mental pictures, without the need to express preference for one over the other.

The only riddle is why, in the more than four decades since de Broglie and Schrödinger established the mathematical theory of wave mechanics, nobody has seriously pointed out the purely physical arguments given above *against* the physical existence of matter waves, relativistic and nonrelativistic. Was perhaps a sort of Freudian repression involved?

The chief trouble is that dualists, in order to defend their preconceived doctrine, fluctuate from one to another meaning of the term duality, often with no reasonable meaning at all. Thus, Heisenberg offers as proof for the alleged particle–wave equivalence the possibility of transforming particle mechanics into a wave theory of matter by way of a *second quantization* which leads to "a nonlinear theory of matter waves for a ψ-function reinterpreted as an operator with a peculiar commutation rule," a thoroughly complicated process which actually does not lead to waves $\lambda = h/p$ at all in spite of the letter ψ being involved. At the same time, in popular books *ad usum delphini* the plain $\lambda = h/p$ sort of duality is propagated as necessitated by the electron diffraction pattern although the latter can be disposed of, as the next section will show.

5. PARTICLE MECHANICS OF MATTER DIFFRACTION

A unitary particle theory of matter diffraction was offered by the writer in 1955. It is recapitulated here only for the convenience of the reader not yet familiar with it. It ascribes the diffraction pattern to the quantum mechanical activity of the diffractor rather than to a wave interlude of the diffracted particles. The matter distribution in space of the diffracting body can be analyzed into periodic space components (Fourier analysis) of various periods of lengths l. Each space component l then gives rise to a momentum change of magnitude $\Delta p = h/l$, according to Duane's (1923) selection rule for the linear momentum, in analogy to the two other selection rules, those for the energy $\Delta E = h/\tau$, with $\tau = 1/\nu$, and for the angular momentum $\Delta p_\varphi = h/\varphi$, where φ is an angular period, usualy $\varphi = 2\pi$, according to the selection rules of Planck (1900) and of Sommerfeld and Wilson (1915). Duane's selection rule yields the direction of the observed diffraction maxima as follows.

A crystal consisting of lattice planes of mutual distance L has periods $l = L/n$ perpendicular to the planes, hence can change its momentum in this direction only in quanta $\Delta p = nh/L$. On the other hand, a particle of momentum p incident at a glancing angle θ and reflected at the same angle changes its momentum component perpendicular to the lattice planes by the amount $2p \sin \theta$. Momentum conservation during the reaction then leads to the equation $2p \sin \theta = nh/L$ which, for various integral numbers n, yields a corresponding set of diffraction angles θ_n. They agree with those obtained from wave theory via $\lambda = h/p$, which transforms the θ_n condition to $2L \sin \theta_n = n\lambda$, that is, Bragg's formula for wave interference.

The particle theory of diffraction through a crystal had the following history. As earlv as 1923, in the same year in which de Broglie proposed his matter waves

$\lambda = h/p$, a mechanical theory of particle diffraction was developed by W. Duane in the USA based on his very important new selection rule for the linear momentum quoted above, but intended to explain the diffraction of X-rays by way of the photonic particle hypothesis. Duane's great achievement met with little response because the photon theory, which does not account for the electromagnetic qualities of radiation, could not even at that time (1923) be taken quite seriously. Thus, it was soon forgotten, after having been mentioned only once, in Heisenberg's Chicago Lectures of 1931. It was for a long time ignored in the literature in spite of its containing the key to a mechanical particle explanation of matter diffraction. It was only 32 years later that the writer in 1955 transferred Duane's theory from light, where it is out of place, to matter, where it yields the clue to a unitary mechanical particle explanation of electron diffraction without appealing to wave interference.

The mechanical momentum transfer theory also solves the old problem of diffraction through slits, where one asks: "How can it be that electrons reach certain places on a film through one slit, yet are *blocked* from the same places when a second parallel slit is *opened*?" Does this not show indisputably that wave interference is involved where bright plus bright may produce dark due to phase relations? The last conclusion was proved fallacious by the particle theory of mechanical momentum transfer from the diffractor to the incident particles (Ehrenfest and Epstein's photon theory of 1924) via the periodic space components of periods l into which the matter distribution of the diffractor can be analyzed. Of course, the l-spectrum of a one-slit screen differs from that of a two-slit screen.

Here, I must mention the often repeated question, "What right do you have to prefer particle mechanics to a wave theory of matter when both lead to *the same experimental results*, e.g., in the diffraction of electrons?" The reply is now obvious: The wave theory, though quite helpful in selected cases, is untenable in general, for its lack of covariance in nonrelativistic theory, and because it leads to nonsensical results in relativistic theory. At the same time, the possibility of a pure particle explanation of the apparent interference phenomenon seems, as my correspondence shows, to have awakened many teachers of quantum theory and their students from the dogmatic slumber imposed on them by the traditional doctrine of wave–particle duality.

Another futile defense of dualism is based on the alleged equivalence of wave and particle effects inherent in the supposed possibility of *transforming the mathematics* of the one into that of the other aspect. However, such transformation is illusory for light; no mathematical transformation can lead from photonic particles to electromagnetic Maxwell waves. And in the case of matter, although there is a transformation from a space representation to a momentum representation, the latter is not identical with wave theory, even when one finally uses the (untenable, see above) translation $p = h/\lambda$.

There have been in the course of the past four decades many critics who objected to the dualistic ideology, e.g., Sir Karl Popper as early as 1932. But since these critics were "merely" philosophers of science, they were dismissed by the profession as not competent. I wonder, however, whether the purely physical arguments against the wave theory of matter can be brushed aside so easily.

6. NONQUANTAL FOUNDATIONS OF QUANTUM THEORY

The question has always been "Where do those strange selection rules and other puzzling features of quantum mechanics come from ?" According to current views, they all are anchored in, or even follow from, the principle of wave–particle duality. This, however, is a rather poor reply to Einstein's query in a letter of 1916 to Arnold Sommerfeld: "If I only knew which little screw the Lord applies here." Deriving quantum features from a quantum "principle" is walking around in circles and beginning, as the previous analysis has shown, at a most questionable point of the circumference. Clearly, "das Schräubchen" expected to unlock the quantum riddle, or muddle, can be found only in a nonquantal basis of postulates which are to be simple and plausible so that they do not require further justification.

The task of constructing quantum mechanics on a nonquantal basis has been accomplished by way of the following three postulates imposed on a statistical structure of events connecting states of physical objects, with the restriction that this probabilistic theory is to correspond to classical mechanics. The three postulates read as follows[5].

(*A*) The probability for an atomic system to arrive from state *A* at state *B* equals the reverse probability from *B* to *A*. This *symmetry postulate* is plausible because it corresponds to the reversibility of classical deterministic processes. It has far-reaching consequences for the structure of probabilistic mechanics.

(*B*) There is a *general relation* between atomic probabilities of transition from state to state. It is to be identical with the ordinary addition law of probabilities *in the average*. This postulate leads to the interference theorem as the only possible *general* probability relation. (The condition for the average is new.)

(*C*) Atomic mechanics connects energy with time and momentum with space coordinates as mutually conjugate quantities. Their connection is postulated to be independent of arbitrary choices of zero points. From this postulate of *covariance* it follows, as a result of mathematical reasoning, that the connection between energy and time, and that the connection between momentum and space coordinates, must be *periodic*, the most significant feature of the quantum theory.

By thus proceeding from the *How* to the *Why* of quantum mechanics, that is, by deriving the theory from a simple and plausible nonquantal basis,[5] one has gained a new key or "Schräubchen" to the understanding of the quantum realm. There is no suggestion of a dual nature of things or of the intrusion of the observer as a subject. Quantum mechanics is a purely objective theory without need for one or two "refined languages of physics." The only important fundamental innovation is that natural events are recognized as being in a statistically ruled rather than a deterministic relation. It may be added that the writer came to establish the nonquantal foundations of quantum theory only after he freed himself of the ideological shackles of the duality doctrine.

7. THE QUANTUM PHILOSOPHY

After 40 years of wandering in the wilderness of dubious interpretations—there are at least seven different meanings[5] attributed to the quantity ψ alone—it is time to dispel the air of mystery which has enveloped the quantum domain since the days of matrix and wave mechanics in the late 1920's, based mainly on the dualistic trend, which favored acceptance of subjective pictures, even contradictory ones, instead of searching for a unitary and objective interpretation of atomic fact. Thus, after relativity theory had led to a revision of the concepts of physical *space and time*, it was now proclaimed that quantum theory was of similar philosophical import as revolutionizing the relation between *subject and object*. Philosophers and popular writers of course took great interest and tried to utilize this sensational message. At least some of them, however, became disappointed when they learned that it did not amount to more than, as we are told by *Max Born*,[2] "The observer has to decide beforehand which kind of answer he wants to obtain. Thus subjective decisions are inseparably mixed with objective observations... . The means of observation depend on the subject." As if they had not always depended on the subject, without having rendered physics half-subjective. Besides, the human observer is replaced today, most of all in the atomic domain, by automatically reporting instruments. Furthermore, if the quotation above refers to the observer's decision as to whether to obtain corpuscular or wavelike information, then we must object: All experiments with matter yield only corpuscular information, waves being out of competition. The reverse holds for radiation. It is quite surprising to see Max Born defending subjectivism and duality, because it was none other than he who in 1927 dealt a mortal blow to the "dual answer" doctrine by his magnificent unitary and objective particle interpretation of the Schrödinger ψ-waves. But recently, he told us that "an electron is neither particle nor wave," just confusing what an electron *is* with what the statistical effect of many electrons seem to suggest. Then, returning to the subjective view, he supports it from quite another standpoint than the choice of experiment, namely,[2] "The appearance of chance in the elementary processes means the end of the sharp separation between the object observed and the subject observing. For chance can be understood only in regard to the expectations of a subject." Has chance in any statistical situation with mechanical devices ever blunted the sharp separation between subject and object? Why so only in the quantum domain, where the chance distribution has ups and downs like a wave, when there is no change of the separation between subject and object in a Gaussian chance distribution with but one maximum, or in a dice game with six maxima? The mistaken notions that Born and other physicists have about probability and chance have been refuted often enough by philosophers of science as well as statisticians, who eliminate all subjective elements by renting electronic computers. Just the same, Born tells us further,[2] "The wave [which wave, physical or mathematical?] is just that part of the description of the phenomena that depends on the intrusion of the observer," presumably because of the statistical interpretation of the Schrödinger wave function, which presumably means the end of the sharp separation of subject and object, a most fundamental fallacy.

There is another trend, connected with the variety of subjective pictures, namely, that the only "real reality" is to be found in the mathematical formalism having precedence over interpretations. Thus, Niels Bohr suggested that the frequent occurrence of the imaginary unit $\sqrt{-1}$ in the quantum mathematics was indicative of the "elusive character of quantum physics, not being susceptible to [one definite] pictorial representation." He only repeated the error of earlier days when "negative" and "irrational" and "transcendaental" numbers in the description of geometric or physical relations were thought to have magic implications. The same spirit is revealed also in the declaration by *Werner Heisenberg*,(4) "For modern natural science there is no longer in the beginning the material object but form, mathematical symmetry. And since mathematical structure is, in the last analysis, an intellectual content, we could say in the words of Goethe's Faust: 'In the beginning was the word—the Logos'." Is this really the ultimate sense of the quantum theory ? Or is it of the same category as applying the *principle of complementarity* between particles and (nonexisting) waves to politics, psychiatry, and other human affairs, and praising it as being "in one sense the most important conception of our day" (J. A. Wheeler) ? I rather agree with Mario Bunge that this "principle" of the more *yin* the less *yang* is entirely unscientific because it does not contain a criterion for finding the unknown *yang* to a given *yin*. The same must be said of the bold assertion by Born: "The most audacious application of the idea of complementarity is Bohr's solution [!] of the ancient problem of necessity versus freedom." Pointing out "the more necessity, the less freedom" is trivial rather than a solution of the ancient problem. Yet it is all the "principle" of complementarity can say.

A great deal of Weltanschauung has been connected with a misreading of Heisenberg's important *uncertainty rule* of individual prediction of an exact (p, q)-datum (q indicates space coordinate, p momentum) within a statistical ensemble of such data over a range $\delta p\, \delta q \sim h$. This rule of physical statistics has later been mistaken as restricting the exact *measurability* of an individual (p, q)-datum, and then as representing limits of exact *existence* of such data, according to the maxim "what one cannot measure does not exist." This change of meaning of the uncertainty rule of prediction is problematic for two reasons, one semantic, the other because it rests on false analogy. First, a statistical dispersion of data, here of (p, q)-data over a range $\delta p\, \delta q \sim h$, is *defined* and capable of empirical confirmation only by individual data measured with much greater accuracy than the statistical dispersion range itself. The assertion that each single datum is measurable only with an uncertainty as large as the whole statistical range is a self-contradiction. It can be made acceptable only if one first changes the meaning of the term "measurement" so that it fits the purpose, in this case the false analogy between wave qualities and single-particle qualities rather than those of the distribution of many particles. It is true that a wavelength λ or wave number $\kappa = 1/\lambda$ cannot be measured within a space range δq with greater accuracy than $\delta\kappa \sim 1/\delta q$. However, mathematically translating $\delta\kappa$ into $\delta p/h$ and thereby arriving at $\delta p \sim h/\delta q$ and at the same time changing "wave quality" to "individual quality" rather than statistical quality of many particles is deceptive and is one of the causes of the problematic, not to say illusive, quantum philosophy of the past four decades. The change of word meaning in the present case is contained in the redefinition: "A measurement M_0 is not a 'measurement' when neither a future measurement M_1 can be predicted nor a past measurement M_{-1} can be retrodicted." Of course, by arbitrarily changing the meaning of words one can prove anything, even a demonstrably untenable physical theory.

Another example of such an error, first regarding individual electrons as "wavicles" and then confusing them with the statistical effect of many particles, was made by even so great a physicist as *Werner Heisenberg*, who writes,[(4)] "It cannot be denied that the elementary particles of present day physics are more closely related to Platonic bodies (read: ideas) than to the atoms of Democritos." I rather vote for Democritos because an electron has a mass of 0.9107×10^{-27} gm, whereas a Platonic idea has none.

Enlightened by Heisenberg, the next step is taken by *Sir James Jeans*,[(3)] "It is probably [?] as meaningless to ask how much room an electron takes up as it is to discuss how much room a fear, an anxiety, or an uncertainty takes up." However, in contrast to the indefinite volume of a fear, etc., an electron has a volume of about 10^{-36} cm^3.

Finally, we quote three revolutionary, though mutually exclusive, views on quantum thought offered by *Carl F. von Weizsäcker*,[(7)] "What fails is the objectifiability of nature. Perhaps we can best speak of a collapse of the category of substance. Perhaps we should rather speak of the necessity of adapting our logic, formed by thinking in objects, to the new situation." His "best speak of" and "perhaps rather" do not offer a solid background for communicable thought. On the contrary, when trying to make sense out of the various interpretations and ensuing philosophies of dualism, one finds himself in the quandary of George Gamow's "Mr. Tompkins discovering the Quantum," whose only mistake is that he accepts the various doctrines of "best speak of," etc. seriously and at face value but without trying to wriggle his way out by way of an evasive "complementarity principle" which explains nothing. Gamow's still-timely parody challenges us to overcome the contradictions by a unitary outlook obtained without resort to the methodological and physical inadequacies pointed out in Section 3, and by clarifying the dramatic mysteries of the quantum by reduction to quite prosaic nonquantal ground axioms. Duality? *Je n'ai pas besoin de cette hypothèse!*

Closing this article, I must ask for the indulgence of the reader to end with a quotation from Senator Barry Goldwater: "Reading over what I have written, it strikes me that my tone may have lacked humility."

REFERENCES

1. N. Bohr, Discussion with Einstein, in *Einstein, Philosopher–Scientist*, P. A. Schilpp, ed. (Tudor Publ. Corporation, Evanston, 1949).
2. M. Born, *The Restless Universe* (Dover Publications, Inc., London, 1935); *My Life and My Views* (Scribner, New York, 1968); *Proc. Phys. Soc. (London)* **66**, 501 (1953); *Physics Today* **21**, 51 (1968).

3. Sir James Jeans, *Physics and Philosophy* (Cambridge University Press, New York, 1936).
4. W. Heisenberg, *Physics and Philosophy* (Harper & Row, New York, 1958).
5. A. Landé, *New Foundations of Quantum Mechanics* (Cambridge University Press, 1965); Quantum fact and fiction, I–III, *Am. J. Phys.* **33**, 123 (1965); **34**, 1160 (1966); **37**, 541 (1969).
6. L. Rosenfeld, *Science Progr.* **163**, 393 (1953).
7. C. F. von Weizsäcker, *The World View of Physics* (University of Chicago Press, Chicago, 1952).

Quantum fact and fiction. IV

Alfred Landé
Department of Physics
Ohio State University
Columbus, Ohio 43210
(Received 11 October 1974; revised 15 January 1975)

Niels Bohr has often pointed out that already the simplest quantum rule, $\Delta E = h\nu$, is irrational insofar as ΔE stands for a timeless energy jump, whereas a frequency ν is defined only over a long time span. However, when this irrational relation is accepted as a mainstay of the quantum theory, one cannot reject a corresponding irrationality for momentum jumps Δp connected with periodicties in space, the less so as it yields a unitary mechanical explanation of all wavelike-looking phenomena of matter, in particular those of the diffraction of electrons, without resorting to any wave interference in space. (This has nothing to do with the complex–imaginary wave function ψ, which has a purely statistical significance.) We therefore propose to regard matter particles as real physical entities as always, in contrast to the matter waves with $\lambda = h/p$ as a suggestive yet expendable fiction, permitting a return from dualism to unity, a simplification of the customary interpretation of standard quantum effects, also suggesting a long overdue reform in the teaching of the elements of quantum mechanics.

Editor's note: *This is the fourth and last in a series of articles begun ten years ago in this Journal. Earlier parts in the series may be found in* American Journal of Physics **33**, *123 (1965);* **34**, *1160 (1966); and* **37**, *541 (1969).*

I. INTRODUCTION

Since the late 1920s we have been exposed to the view that there is no unambiguous decision about the ultimate composition of matter, discrete particles or a continuum supporting waves; hence, we must adopt the idea of a *fundamental duality*. Typical are authoritative declarations such as[1]:

> We must not say "an electron is a particle" or "it is a wave" but rather "it is both particle and wave," and I decide by the disposition of my experiments in which of the two ways it manifests itself. . .

as a particle in counters and cloud chambers, as a wave in diffraction through crystals and slits in screens producing alternating maxima and minima of intensity. To support this "wavicle" aspect, which is repugnant to the adept who expects physics to be a self-consistent science with definite and unitary theories, we are told that[2]

> Niels Bohr knew [!] that we have to live with the dilemma, and that the real problem was to *refine the language of physics* so as to make room for the coexistence of the two conceptions. . .

—a signal to refine the language of physics to the utmost at the expense of clarity and unambiguity. Bohr also took a stand in the old argument between objective realism and subjective idealism, tilting toward the latter not only as a philosophical issue but as opening the way to solving a purely physical impasse. Condensing his repeated assurances that there is a *principle* of complementarity to reconcile the two aspects, his opinion was that both particles and waves are but *pictures* (one of the most abused words in the quantum literature) of the classical sort, neither of them having a claim to represent complete physical reality.

The more or less linguistic trend toward a solution of a dilemma in physics by refined language stems from the widespread view that there is no unitary answer to the challenge, "How can we ever explain those diffraction fringes produced by electronic particles without assuming a wave interlude with superposition and wave interference?" This is the crucial question on which the physical solution of the paradox of duality depends. There is a positive answer to the challenge, namely *the undiluted and unitary quantum mechanics of particles* without any wave interference picture of the latter. It has been described by this writer in previous articles and books.[3] It is repeated here (Sec. III) for two reasons. The usual answer, "*We need* wave interference of the electrons by way of the Laue–Bragg x-ray diffraction theory [Sec. II] under de Broglie's relation $\lambda = h/p$," is unsatisfactory because it appeals to supernatural powers and because its wave part alone violates basic tenets of physics. Second, objections against the pure particle mechanics of the effect have been raised by several critics, but are repudiated, here and now, as being objections to the very foundations of quantum mechanics and therefore of little avail (Sec. V). But let us now go into closer details of the duality issue.

II. DUAL INTERPRETATION OF MATTER DIFFRACTION

The customary explanation of the diffraction fringes produced by electrons reflected from crystals of lattice plane distance L reads, *in plain language*, that the incident particles of momentum p (somehow) transform into waves of wavelength $\lambda = h/p$ and thus produce interference maxima at glancing angles θ_n determined by the Bragg relation

$$2L\sin\theta_n = n\lambda. \qquad (1)$$

Afterwards tney reform into particles again, individually observable as clicks in Geiger counters or as impacts on a sensitive film. The *refined Copenhagen language* now translates the words "forth-and-back transformation" into the more sophisticated "dual manifestation."

However, I cannot see any difference between a supernatural duality of "being" and that of "manifestation," except some nebulous subjective picture difference. Einstein called it a "tranquilizer philosophy." Indeed, when one asks for some deeper reason of this looking like dual manifestation, the answer is: "Elementary. There is a *principle* of duality." (For a scientific reply see Sec. III.) To me, this is like asking, "Why did the first settlers call a turkey a turkey?", with Mark Twain's answer, "Because it looked like a turkey." I think that, after half a century of dogmatic slumber, a new approach should be given a chance to be heard.

There are indeed objections against the de Broglie translation formula as distinguished from the quantum rule (6) below. In the *nonrelativistic domain*, the relation

$$\lambda = h/p \tag{2}$$

violates one of the most sacred postulates of theoretical physics, that of *covariance:* Whereas a momentum $p = mv$ of a particle in a system O changes to $p' = p + mu$ in a system O′ moving with velocity **u** relative to O, a wavelength λ remains unchanged, $\lambda = \lambda'$. (A snapshot of ocean waves taken from a lighthouse displays the same wavelength as one taken from an airplane.) Thus, when $\lambda = h/p$ prevails in O, it fails in all other systems O′. But how can a moving particle "know" in which system, O or O′, it should "associate itself" with a wave? Far away from the crystal it cannot know the latter's rest system, which is the only one leading to the λ yielding the correct interference pattern.

Things look much better in *relativistic* theory because there $p = h/\lambda$ becomes $p' = h/\lambda'$ under a Lorentz transformation. The drawback is, however, that the phase velocity of the waves now becomes as large as

$$w = \nu\lambda = (E/h)(h/p) = mc^2/mv = c^2/v, \tag{3}$$

which is an ever larger multiple of the velocity c of light, the smaller is the velocity v of the particle. λ and w approach infinity in the rest system of the particle. Besides, the very idea that the diffraction of slow electrons with small v/c is a relativistic effect depending on a multiple of c is not very "physical." But all this is not important, compared with the entirely ad hoc flight into a dual manifestation *principle*—an evasion from solving the wave–particle *dilemma*. Fortunately, a *physical theory* of the diffraction of electrons and related effects is at hand. It is known as quantum mechanics.

III. UNITARY PARTICLE THEORY OF MATTER DIFFRACTION

In the same year, 1923, in which de Broglie proposed his relation $\lambda = h/p$ which was so very fertile for the further development of atomic theory, the American physicist W. Duane succeeded in explaining the diffraction fringes of x rays reflected from crystals in terms of Einstein's *photonic particles*[4] without appealing to wave interference. Instead, he introduced a selection rule for the linear momentum, analogous to that for the energy and angular momentum.

There are *three*, not only two, selection rules for individual bodies, corresponding to the *three* conservation rules during the interaction of two bodies for the energy E, the linear p, and the angular momentum p_φ.

(i) The first selection or quantum jump rule holds for the energy and reads as follows: A system having a periodic time component of magnitude τ (e.g., an oscillator of frequency $\nu = 1/\tau$) is entitled to change its energy in amounts

$$\Delta E = h/\tau \quad \text{(Planck, 1900)}. \tag{4}$$

If the system has several Fourier time components τ_1, τ_2, etc., then it can change its energy in any of the amounts $\Delta E_n = h/\tau_n$.

(ii) The second selection rule controls the change of the angular momentum p_φ due to an angular period φ, according to

$$\Delta p_\varphi = h\varphi. \tag{5}$$

And since every body has angular period $\varphi = 2\pi$, there is the well-known rule for the change of p_φ of a body,

$$\Delta p_\varphi = h/2\pi \quad \text{(Sommerfeld and Wilson, 1915)}. \tag{5′}$$

However, a regular hexagon has periods $\varphi = 2\pi/n$ with $n = 1, 2, 3, 6$, so that $\Delta p_\varphi = nh/2\pi$ holds here.

(iii) The third quantum rule connects the linear momentum p with a linear period in space, l. It reads

$$\Delta p = h/l \quad \text{(Duane, 1923)}. \tag{6}$$

For example, a crystal with lattice planes at distance $l = L$ has structural Fourier components of periods $l = L/n$; it therefore is entitled to change its momentum component perpendicular to the planes in amounts (valid for any system of lattice planes)

$$\Delta p = nh/L \quad \text{(crystal)}. \tag{6′}$$

Equation (6′) is the key to the selective reflection of incident electrons into discrete directions which *look like* interference maxima, as follows.

A particle incident at a glancing angle θ on a system of lattice planes changes its perpendicular p component from $+p\sin\theta$ to $-p\sin\theta$, altogether by the perpendicular p amount

$$\Delta p = 2p\sin\theta \quad \text{(electron)}. \tag{7}$$

Since crystal and electron undergo opposite p changes, we can combine (7) with (6′) to obtain

$$2p\sin\theta_n = \Delta p = nh/L. \tag{8}$$

The directions θ_n of the maxima determined here by the "quantum number" n turn out to be identical with those of the Bragg rule (1) by virtue of the translation $p = h/\lambda$, with n now being the "order" of wave interference.

The difference between the two ways of arriving at the correct angles θ_n is spectacular. The dual theory ascribes the diffraction to a magic activity of the electrons, incident as particles spaced at any large time and space interval, then "manifesting" themselves as interfering waves, and finally as individual particles again, a fantastic assumption accepted for lack of anything better. In the quantum-mechanical theory (Duane), the periodicity involved is that of the crystal alone, connected via rule (6') with the selectivity of the momentum transfer. It does not call for refined language and a subjective ideology of two opposite pictures.

To stress the advantage of the unitary approach, imagine that it has been observed that reflection of balls from a solid wall always occurs at an angle of reflection equal to that of incidence. To explain this regularity, it is assumed that the balls transform into, or manifest themselves near the wall as, waves which now, according to Huygens's principle, reinforce their wave intensity only in the angle of reflection. After the waves have done their duty, the waves become plain balls again. A generation later someone offers a unitary explanation of the effect as due to E and p conservation. It will of course be met with great resistance from the dualist camp. Yet the difference from our present case of electronic diffraction is (only) that now the reflector has a permament periodicity; hence, there are only discrete angles of incidence which lead to reflection at the same angles θ_n. Objections to the quantum mechanism of Duane as "just a mathematical trick, and entirely unphysical," and the like are discussed in Sec. V. Schrödinger's ψ waves refer of course to the statistical distribution of many particles and not to a dual feature of single particles as wavicles depending on the experimental setup.

IV. TWO-SLIT EXPERIMENT

Another apparent evidence for dual manifestation is the diffraction of electrons through a screen with two parallel slits, yielding a pattern of bright and dark fringes, similar to those in the analogous optical experiment which, since Thomas Young and Fresnel, is taken as the standard proof for the wave nature of light because, "How else can one explain that places hit by particles arriving through one slit, are *blocked* when another slit is *opened?*" In this example, too, quantum mechanics supplies an answer, as follows (Ehrenfest and Epstein, 1924).[5]

Whereas a crystal of lattice constant L has space periods $l = L, L/2, L/3, \ldots$, representing a discrete spectrum of Fourier components of its space structure, a screen with slits has a characteristic continuous spectrum of l values representing a Fourier integral. Each l component now entitles the diffractor as a whole unit to impart impulses $\Delta p = h/l$ to an incident particle with a probability proportional to the intensity of the corresponding l component in the l spectrum.

The usual question has always been: "How can an electron, when passing through one slit, 'know' whether the other slit is open or closed, so as to give its contribution to the two-slit or the one-slit diffraction pattern, without having first spread out into a broad wave covering both slits?" The reply is that it does not have to know because it reacts to one of the l components of the diffractor as a whole, and the l spectrum is different in its intensity distribution in the one-slit case from that in the two-slit case. The emerging particle does not even have to be identical with the incident one—as in a row of ivory balls, the last ball continues the motion of the first with conservation of energy and momentum.

V. OBJECTIONS TO QUANTAL ACTION

Is all this not outrageously unphysical and irrational? In particular, how can an incident particle ever pick out just one among the crowd of all l values in the l spectrum by an instantaneous Fourier analysis of the diffractor, although the l components are defined only through its space structure as a whole whereas the particle strikes momentarily at one point, and related questions. To answer them we must go somewhat deeper into the quantum ideology as contrasted to ordinary views.

After the initiation of the energy relation $\Delta E = h/\tau$ by Max Planck, the next great step forward in the understanding of atomic mechanics was made by Niels Bohr in 1913 when he recognized that each *spektralline* is produced separately by one atomic process at one time so that the whole spectrum is only the statistical result of many such processes of frequency production according to $\nu = \Delta E/h$. Before that time, theorists always tried to construct a model of a radiator which could produce all the frequencies of the Balmer series simultaneously, but it turned out to be impossible to have such a series converge to an upper limit of finite frequency. Thus Bohr's theory was a most revolutionary innovation. In afterthought, this is not too surprising under Planck's rule, because only one E jump can occur at one instant, rather than many simultaneously in one body. Still, according to classical determinism, it is incomprehensible how such a process is chosen at random among a multiplicity of possible E jumps, and also that an E change happening instantaneously should be connected with a time period $\nu = 1/\tau$ which is definable as a Fourier component only over a long time allowance. Yet, Bohr's theory has become the cornerstone of all quantum mechanics.

Now, what holds for energy and time must, *mutatis mutandis*, also hold for momentum and space, not only with respect to the rules $\Delta E = h/\tau$ versus $\Delta p = h/l$ but also with respect to their physical interpretation. For instance, since a body can carry out only one p jump, Δp, at one time, only one of its space periods l can be involved in determining it. Thus, a particle incident on a diffractor can pick out just one of the many Fourier components l of the l spectrum in its reaction, although from a classical deterministic viewpoint it is hard to see how it can achieve such a feat, in particular when it strikes at one point in space, whereas an l component is defined only over the large space of the diffractor as a whole. Yet, analogy to the Bohr process should demonstrate that, if we accept the apparently unphysical elements of the latter, we have no right to reject Duane's mechanism as an unphysical mathematical trick. It rather is quantum mechanics at its best.

As to the *duality of light*, electromagnetic waves *versus* photons, it has been shown long ago that the Compton, the photoelectric, and similar effects do not need the picture of little balls of energy chasing around in space, but that the *quantum theory of radiation* explains these phenomena in a unitary and consistent way. It is for this reason that Duane's 1923 x-ray theory of photon diffraction was not appreciated at his time and was forgotten when the diffraction of electrons was discovered—where it belongs—as a physical, rather than philosophical or linguistic, way of removing the duality dilemma. On the other hand, the even more fundamental problem of reducing the main features of atomic physics, the discontinuous quantum jumps, to simple and plausible general postulates—in short, the question of *why the world is a quantum world*—remained an open challenge to the theorists. It has recently been discussed (and solved?) in this Journal under the 2200-year-old thesis of *Zeno* that there are no simultaneous states of position and velocity.[6]

[1]C. F. von Weizsäcker, *The World View of Physics* (University of Chicago, Chicago, IL, 1952).
[2]L. Rosenfeld, Sci. Prog. **163**, 393 (1953).
[3]A. Landé, *Quantum Mechanics in a New Key* (Exposition, Jericho, NY, 1974).
[4]W. Duane, Proc. Nat. Acad. Sci. USA **9**, 153 (1923).
[5]P. Ehrenfest and P. Epstein, Proc. Nat. Acad. Sci. USA **10**, 133 (1924); **13**, 400 (1927).
[6]A. Landé, Am. J. Phys. **42**, 459 (1974).

Annalen der Physik. 7. Folge, Band 33, Heft 2, 1976, S. 88–92 J. A. Barth, Leipzig

Physikalische Theorie der Beugung von Materieteilchen

Von A. LANDÉ †

Ohio State University, Columbus, Ohio (USA)

Inhaltsübersicht. Das physikalische Paradoxon der Dualität mit ihren zwei entgegengesetzten „Manifestationen Als-Ob" kann durch die einheitliche Quantenmechanik, im besonderen durch die DUANEsche Auswahlregel für den linearen Impuls überwunden werden. Dies wird am Beispiel der Elektronenbeugung am Kristall und am einfachen und Doppelspalt gezeigt. Was Einstein als ‚Beruhigungsphilosophie' bezeichnete, kann dadurch in objektive Physik verwandelt werden.

Physical Theory of the Diffraction of Matter Particles

Abstract. The physical paradox of duality with its two opposite "manifestations as-if" can be solved by the unitary quantum mechanics, in particular by the selection rule of DUANE for the linear momentum. This is demonstrated in the example of the diffraction of electrons through a crystal and through a simple and double slit. What Einstein scored as a "tranquillizer philosophy" can thereby be turned into objective physics.

Einleitung

Zweck dieses Aufsatzes ist es, eine rein physikalische Antwort auf die Frage zu geben: „Wie lassen sich die Beugungsstreifen von Elektronen am Kristall und Doppelspalt ohne Welleninterferenz, d.h. ohne Dualismus erklären?" Die hier gegebene Antwort lautet: „Auf Grund der Quantenmechanik, die ein wellenartiges Zwischenspiel von Materieteilchen als überflüssige Hypothese ablehnt". Falls sich dies als richtig erweist, bedeutet es eine große Vereinfachung in der Deutung atomarer Vorgänge mit Ausschaltung der nach einem halben Jahrhundert immer noch verbreiteten Quantenmystik. Daß dieser Ausdruck berechtigt ist, zeigt sich u.a. darin, daß es mehrere einander widersprechende Auslegungen der Dualitätslehre gibt, von denen wir die folgenden erwähnen, um sie später durch die einheitliche Quantenmechanik der Teilchenbeugung zu ersetzen.

a) Die Materie besteht aus einzelnen Teilchen, die sich als Folge der Versuchsanordnung gelegentlich in ein wellentragendes Kontinuum verwandeln.

Dies ist zwar realistisch gedacht, aber doch ganz unphysikalisch. Um den Verwandlungszauber zu umgehen, greift man nun zum Wortzauber [1]:

b) Man darf nicht sagen „ein Elektron ist ein Teilchen" oder „es ist eine Welle", sondern „es manifestiert sich nur so als ob es ein Teilchen wäre als lineare Bahnspur, und als ob es eine Welle wäre bei der Beugung, beidemal als klassisches Bild."

Verf. kann keinen physikalischen Unterschied zwischen „ist" und „manifestiert sich als ob" entdecken. Ein Unterschied der Sprechweisen ist kaum geeignet, ein physikalisches Paradoxon zu lösen.

Das Gegenteil von Version (b) behauptet

c) Alle Beobachtungen können auf Grund beider Theorien beschrieben werden, da die eine sich durch eine mathematische Transformation in die andere umformen läßt. Des-

Reprinted from *Ann. Phys.* (*Leipzig*) **33**, 88–92 (1976).

halb ist es sinnlos, entscheiden zu wollen, welches Bild richtig ist. (S. Heisenbergs Korrespondenz mit dem Verf., hinterlegt in der Dokumentensammlung der Preussischen Staatsbibliothek).

Hier braucht man gar nicht die Zweite Quantelung anzuführen, denn die einfache Gleichung $p = h/\lambda$ leistet mathematisch dasselbe. Ob man aber deshalb beiden Seiten der Gleichung denselben Grad physikalischen Seins zuschreiben soll, das ist hier die Frage.

Gleichzeitigkeit von Teilchen und Wellen findet man auch in

d) DE BROGLIES Idee einer onde pilote, welche die Bahnen der materiellen Teilchen leitet.

Schließlich haben wir

e) BORNS korpuskulare Deutung der scheinbaren Wellenphenomene als statistisches Ergebnis vieler Teilchen oder als Erwartungswert für ein einzelnes Teilchen.

BORNS Deutung wird mit Recht allgemein als korrekt angenommen, weil sie einheitlich physikalisch ist. Nebenher hält man aber noch an einer oder sogar an mehreren der Deutungen a) bis c) fest. Und selbst MAX BORN hat in seinen späteren Jahren den Dualismus als elementaren Grundzug der Atomphysik verteidigt (siehe seine Korrespondenz mit dem Verf. in der Staatsbibliothek).

Unser Ziel ist, die am Anfang gestellte Frage, ob die Beugungserscheinungen ohne Welleninterferenz erklärbar seien, und die im Prinzip negativ beantwortet wird, positiv zu lösen, und zwar auf Grund der Quantenmechanik des Beugers, an Stelle einer Als-Ob-Transformation der gebeugten Materieteilchen oder durch Sprachmanipulation, die von EINSTEIN als „Beruhigungsphilosophie" gekennzeichnet wurde. Zur Klarstellung des springenden Punktes betrachten wir erst ein noch einfacheres Problem.

1. Das Reflexionsgesetz

Zunächst stellen wir die Frage: Warum werden Materieteilchen beim Aufprall auf eine solide Wand stets unter demselben Winkel zurückgeworfen? Jemand der nichts von Mechanik weiß, mag vielleicht die folgende Theorie vorschlagen: Die Teilchen verwandeln sich zunächst nahe der Wand in kontinuierliche Wellen, die dann nach dem Huygenschen Prinzip durch Interferenz eine endliche Intensität nur im gleichen Reflexionswinkel erzeugen, wonach eine Rückverwandlung in einzelne Teilchen, die man auf einen Schirm auffangen kann, stattfindet.

Diese mathematisch mögliche, aber physikalisch unannehmbare Theorie kann man dann dadurch verteidigen, daß man eine duale Philosophie des Als-Ob mit zwei rein subjektiven Bildern einführt, von denen keines objektive Realität besitzt. Aber wozu dies alles, wenn die Mechanik auf Grund der Erhaltungssätze für Energie und Impuls das Problem in einheitlich physikalischer Weise ohne Verwandlungszauber oder duale Bilderphilosophie löst?

Die Quantenmechanik fügt der Erhaltung von Energie E und Impuls p für das Gesamtsystem der Körper beim Zusammenstoß noch besondere Regeln für die Änderung von E und p jedes Einzelkörpers hinzu, bekannt als Auswahlregeln, die zur einheitlichen Erklärung der Materiebeugung ohne Wellenbild führen, wie unten gezeigt werden soll. Zunächst erinnern wir aber an die übliche dualistische Theorie der Materiebeugung, die nur eine logische Fortsetzung des obigen Dualismus beim Reflexionsgesetz darstellt.

2. Duale Theorie der Materiebeugung

Die übliche und als notwendig betrachtete Erklärung der Materiebeugung lautet wie folgt: Treffen Elektronen im Glanzwinkel θ auf einen Kristall mit Gitterebnen des Abstandes L, so werden sie nach dem Energie- und Impulssatz der Mechanik im gleichen

Winkel zurückgeworfen. Zwischendurch manifestieren sie sich aber, als ob sie Wellen der Wellenlänge $\lambda = h/p$ wären und durch Interferenz nur unter selektiven Winkeln θ_n reflektiert werden, wobei θ_n sich aus der Gleichung

$$2L \cdot \sin \theta_n = n\lambda \quad \text{(Bragg)} \tag{1}$$

bestimmt. n ist dabei die ‚Ordnung' der Interferenz. Nach getaner Schuldigkeit erfolgt eine Rückverwandlung in Teilchen. Wer diese physikalische Unmöglichkeit nicht glaubt, mag zu der viel gerühmten Philosophie der zwei subjektiven Bilder Zuflucht nehmen und sich bei diesem Ausweg beruhigen. So schreibt Bohrs engster Mitarbeiter ROSENFELD [2]:

„Niels Bohr wußte, daß wir mit dem Dilemma [der Dualität] zu leben haben ... und daß das eigentliche Problem war, die Sprache der Physik zu verfeinern, um Raum für die Koexistenz der beiden Auffassungen zu schaffen".

Während also Bohr eine physikalische Lösung des Dualitätsparadoxons für unmöglich hielt und nach erkenntnistheoretischen und sprachlichen Auswegen suchte — das gleiche gilt noch nach vierzig Jahren für seine Schule — wird im folgenden gezeigt, daß eine einheitlich physikalische Deutung der scheinbaren Wellenäußerungen erreicht werden kann, wodurch dann ein großer Teil der sog. Quantenphilosophie als überflüssig, wenn nicht gar als irreführend erkannt werden kann.

3. Physikalische Theorie der Materiebeugung

Entsprechend den drei Erhaltungssätzen der Mechanik, für die Energie E, den Drehimpuls p_φ und den linearen Impuls p, fügt die Quantenmechanik noch drei Regeln für die Änderung der drei Größen in Einzelkörpern hinzu, wie folgt.

a) Ein System, das eine periodische Zeitkomponente τ oder Schwingungszahl $\nu = 1/\tau$ besitzt (harmonischer Oszillator) kann seine Energie nur in Quanten

$$\Delta E = h/\tau \quad \text{(Planck, 1900)}$$

ändern. Besitzt der Körper mehrere periodische Fourier-Komponenten τ_n (anharmonischer Oszillator), so kann seine Energie in irgend einer der Größen $\Delta E_n = h/\tau_n$ springen.

b) Der Drehimpuls gehorcht der Auswahlregel

$$\Delta p_\varphi = h/\varphi \quad \text{(Sommerfeld, Wilson, 1915),}$$

wobei φ irgend eine der Winkelperioden bedeutet. Da eine von ihnen stets $\varphi = 2\pi$ ist, gilt stets die Regel

$$\Delta p_\varphi = h/2\pi.$$

c) Wenig bekannt ist, daß man den Erhaltungssatz für den linearen Impuls durch eine entsprechende Auswahlregel zu ergänzen hat, welche lautet:

$$\Delta p = h/l, \quad \text{(DUANE, 1923)} \tag{2}$$

wobei l eine der Fourierkomponenten in der Raumstruktur des mechanischen Systems anzeigt. Für einen Kristall mit Gitterebnen des Abstandes L hat l die Werte L, $L/2$, $L/3, \ldots$ so daß hier die Regel

$$\Delta p_n = nh/L \quad \text{(ebenfalls DUANE, 1923)} \tag{2'}$$

in Kraft tritt [3].

Nach dieser Vorbereitung ergibt sich die physikalische Erklärung des scheinbaren Dualismus der Elektronenbeugung am Kristall in wenigen Zeilen. Ein im Glanzwinkel

θ auf ein System von Gitterebnen auffallendes Teilchen, das nach den Erhaltungssätzen im gleichen Winkel reflektiert wird, ändert dabei seine Impulskomponente senkrecht zu den Gitterebnen von $+p \cdot \sin \theta$ nach $-p \cdot \sin \theta$, im ganzen also um $2p \cdot \sin \theta = \Delta p$. Kombination mit (2') führt dann zu

$$2L \cdot \sin \theta_n = nh/p, \qquad (3)$$

was durch Übersetzung in die Wellensprache mit dem Ergebnis (1) der Interferenzhypothese übereinstimmt.

Auf die Frage also: „Warum ist die Reflektion von Elektronen unter dem gleichen Winkel an Kristall selektiv ?" lautet die Antwort: „Nicht weil der Teilchenstrahl sich in eine Welle verwandelt oder so tut, als ob er sich verwandelte, oder weil weder Teilchen noch Wellen objektiv real existieren und deshalb die Sprache verfeinert werden muß" sondern „wegen der Quantenmechanik des Beugers" [4].

Das berühmte Ewaldsche reziproke Gitter, ursprünglich als abstrakt mathematische Konstruktion gedacht, hat eine viel größere physikalische Bedeutung, als sein Autor voraussehen konnte. Mit h multipliziert stellt es den vollständigen Katalog aller möglichen Impulsvektoren Δp des Kristalls dar.

4. Teilchenbeugung am Spalt

Während ein Kristall diskrete Raumperioden $l = L/n$ besitzt, hat ein Schirm mit Spalten eine kontinuierliche Reihe von l-Werten, die nach der Auswahlregel (2) zu einem kontinuierlichen Intensitätsspektrum im Beugungsbild führt [5]. Letzteres ist natürlich verschieden im Einspalte- vom Zweispaltebild. Dadurch erledigen sich die endlosen Diskussionen über die Frage, wie ein an einem Spalt ankommendes Teilchen ‚wissen' kann, ob der andere Spalt offen oder geschlossen ist, was als Zeichen für eine breite Materiewelle gelten soll. Nach der Quantenmechanik reagiert das Teilchen gar nicht lokal am Auftreffpunkt oder Durchgangspunkt, sondern nur auf eine der Raumperioden des Beugers als Ganzes. Wir haben es hier mit der unrelativistischen Theorie zu tun. Eine konsistente relativistische Quantenmechanik ist noch ein Zukunftstraum. Im übrigen braucht das gebeugte Teilchen gar nicht identisch mit dem einfallenden zu sein — wie bei einer Reihe von elastischen Kugeln die letzte die Bewegung der ersten fortsetzt mit Erhaltung von Energie und Impuls.

Der Impulsprozeß mittels Reaktion einer Raumkomponente als Ganzes sieht sehr ‚unphysikalisch' aus. Dasselbe muß aber von der gesamten Quantentheorie einschließlich des Bohrschen Emissionsvorgangs gesagt werden. Man betrachte das Beispiel des anharmonischen Oszillators mit seinen vielen Zeitperioden τ_n. Diese sind nur über lange Zeitspannen definierbar. Und doch reagiert der Oszillator momentan und nur auf eine der vielen bereitstehenden Zeitperioden τ_n mit entsprechendem Energiesprung $\Delta E_n = h/\tau_n$. Hier fragt man: Wie kann ein den E-Sprung kompensierendes äußeres System, materiell oder elektromagnetisch, überhaupt ‚wissen', daß Zeitperioden τ_n und Sprünge ΔE_n verfügbar sind ? Ganze Zeitperioden zu einem Zeitpunkt zu umfassen, ist nicht weniger unphysikalisch als ganze Raumperioden momentan an einem Raumpunkt zu erkennen. Und daß die relative Häufigkeit verschiedener möglicher Sprünge statistisch geregelt wird, ist klassisch ganz unverständlich. Und doch machen diese unphysikalischen Züge grade das Wesen der Quantentheorie aus.

Historisch sei noch folgendes erwähnt. Der amerikanische Röntgenforscher WALTER DUANE stellte seine Auswahlregel (2) mit ihrer Anwendung (2') auf den Kristall im Jahre 1923 auf, um die Beugung von Röntgenstrahlen auch vom Standpunkt der Photonen zu erklären. Da aber niemand ernstlich an die physikalische Existenz von Photonenteilchen, die mit Lichtgeschwindigkeit durch den Raum jagen, glaubte und ferner Anfang der dreißiger Jahre eine konsequente Quantenmechanik der Strahlung (Heitler, Fermi) alle scheinbaren Photoneneffekte auf Quantelung der Lichtwellen zurückführen konnte, geriet DUANES Teilchentheorie der Lichtbeugung in Vergessenheit, nachdem Heisenberg sie einmalig in seinen Chicagoer Vorlesungen von 1930 erwähnte. Erst um 1950 wurde sie vom Verf. wieder gefunden und auf Elektronen angewendet, deren Beugung zu DUANES Zeiten unbekannt war. Leider wird sie trotz ihrer Ergänzung zu den zwei bekannteren Auswahlregeln und ihrer entscheidenden Rolle in der Überwindung des Dualitätsdogmas immer noch von den Lehrbüchern als Staatsgeheimnis behandelt.

Zuletzt sei noch bemerkt, daß die Frage nach dem letzten Grund für die merkwürdigen Quantengesetze, die Einstein Zeit seines Lebens vergebens zu beantworten suchte, ebenfalls seine Lösung gefunden hat, nämlich auf Grund von drei allgemeinen Prinzipien der Physik, Symmetrie, Kovarianz und Korrespondenz, in Kombination mit Zenos These vom Pfeil; An einem Ort sein (q) und sich durch einen Ort bewegen (p) sind zwei verschiedene Zustände [6].

Literaturverzeichnis

[1] C. F. v. WEIZSÄCKER, The World View of Physics, University of Chicago Press, 1949.
[2] L. ROSENFELD, The Strife about Complementarity, Sci. Prog. **163**, 393 (1953).
[3] W. DUANE, Proc. Nat. Acad. Sci. Wash. **9**, 158 (1923).
[4] A. LANDÉ, Foundations of Quantum Theory, Yale Univ. Press, 1955; From Dualism to Unity, Cambr. Univ. Press 1960; New Foundations of Quantum Mechanics, Cambr. Univ. Press 1965.
[5] P. EPSTEIN and P. EHRENFEST, Proc. Natl. Acad. Sci. Wash. **10**, 133 (1924) and **13**, 400 (1927).
[6] A. LANDÉ, Quantum Mechanics in a New Key, Exposition Press, Jericho, N.Y. 1974.

Bei der Redaktion eingegangen am 26. Februar 1975.

Anschr. d. Verf.: Mrs. A. LANDÉ, Ohio State University,
174 West 18th Avenue,
Columbus, Ohio, 43210, (USA)

APPENDIX A

Alfred Landé: A Biographical Sketch

Born in Elberfeld, Rhineland, Germany, on December 13, 1888.
Died October 30, 1975, in Columbus, Ohio, U.S.A.

Father a lawyer, much interested in science and mathematics.

Alfred Landé shows an early interest in music, becoming an accomplished pianist and a lifelong music enthusiast.
Moreover, evident from his schooldays, is an exceptional gift for science, especially mathematics and physics.

1908, Landé becomes a freshman at the University of Marburg.

Subsequently studies at the University of Göttingen, doing experimental work and attending Max Born's early lectures. Finally decides to switch to theoretical physics, his "chief interest anyway".

Enrolls at the University of Munich, where he immediately comes under the influence of Arnold Sommerfeld and his celebrated school.

1913, on the recommendation of Born and Sommerfeld, Landé becomes an assistant to the mathematician David Hilbert in Göttingen.

1914, Landé obtains his Ph. D. in Munich under Sommerfeld.

At outbreak of World War I, Landé signs up with the Red Cross; later is drafted as a soldier, but never sees battle.

1917, becomes attached to the *Artillerie-Prüfungs-Kommission* in Berlin, serving as a scientific assistant to Max Born.

At the end of World War I, Landé takes up teaching music at the Odenwaldschule near Heidelberg but devotes his free time to research in theoretical spectroscopy (1919–1920).

1920, *Habilitation*, University of Frankfurt am Main.

1921–1922, theoretical work commenced at the Odenwaldschule is continued and culminates in the discovery of the g-factor and the g-formula.

1922, Landé is appointed as *Extraordinarius* (associate professor) at the University of Tübingen; there collaborates closely with F. Paschen and E. Back.

1929–1970, first guest professor and then full professor at Ohio State University, Columbus, Ohio, U.S.A.

APPENDIX B

Alfred Landé: An Autobiography

Alfred Landé, born Dec. 18, 1888 in Elberfeld, Rhineland.

My first intense love was music, and I received piano lessons beginning at the age of 5, composed music at 9, and had systematic schooling in theory and composition until 18. But a lively interest in science began at about 8, at the top: cosmology. The tales of my father, a lawyer but much interested in science and mathematics, about the planetary system on walks at sunset made a deep impression. I also remember having been puzzled by the discovery that the addition of odd numbers yields square numbers. (When I showed this to my oldest son 30 years later, his only reaction was: so what? He became a political scientist.) At the age of 12 I became owner of "Bernstein's Naturwissenschaftliche Volksbücher" (mentioned also by Einstein) and studied the chapters on astronomy over and over again. Then I became fascinated with minerals, crystals, chemistry, built up a home laboratory (to the disgust of housemaids) and finally electricity. In high school I was very poor in Latin and Greek, except when an inspired teacher studied Plato in the original with us. But in mathematics and physics I was far ahead of my schoolmates and regarded by my teacher as a kind of Wunderkind.

When entering the University (Marburg 1908, München, and Göttingen) I discovered that there were many other Wunderkinder, and I had a hard time keeping pace with them. Being rather slow, I did learn more from textbooks than from lectures, thereby missing many useful hints, worrying over the paradox how $1/2mv^2$ and mv could be conserved at the same time, and what is the difference between mass and weight, and similar puzzles which could have been cleared up by an experienced teacher in minutes. But paradoxes always intrigued me, e.g. the one of Gibbs which is still mushed over in the books (I think that the proper solution is found in quantum theory, according to a paper written when I was 64).

After three years of study without decisive progress, direction, or personal influence, I began experimental work with cathode rays in Göttingen. But the constant vacuum leaks, dirt effects, waiting for the mechanic irked me so much that I decided to turn to theoretical physics which had been my chief interest anyway, and I changed from Göttingen, where I had attended Max Born's maiden lecture, rather unorganized and for about 5 students, to München.

In München I came immediately under the influence of Arnold Sommerfeld, the greatest teacher of theoretical physics east of the Rhine. He was surrounded by a talented crowd of students, almost all of them later coming to prominence: Debye, Einstein, Ewald, Laue as Dozent already, and various collaborators of Röntgen. We met daily after lunch for (?) and Torte in the Hofgarten to discuss the latest version of atomic physics. These gatherings, as well as weekly climbs and ski tours in the near Alps, proved more instructive to a young scientist than all the lectures together. Sommerfeld did not look with great favor on me because I stubbornly tried to solve "the quantum riddle" of selective energy states by finding a gap in classical statistical mechanics, as did many others at that time, whereas, he and more progressive physicists regarded the quantum theory as something absolutely new and fundamental. Finally I gave up, although I never became entirely satisfied with the 'fundamentality' of the quantum rules. (Lately, 1952–60, I have them reduced to more basic postulates of symmetry and invariance which also dispose of the 'duality'.) The most sensational event of my München days was Laue's discovery of x-ray diffraction in 1912.

In 1913 I had the great fortune of becoming scientific assistant to the great David Hilbert in Göttingen, thereby being accepted as a fullfledged member of a younger set with headquarters in the 'mathematische Lesezimmer' and dependency at the Konditerei of Kron und Lanz, where we gathered every afternoon. Hilbert who thought that "physics is too hard for physicists" tried to establish a 'world formula' for relativistic quantum mechanics (achieved many years later by Dirac). My task was to keep him up to date on the current literature. This job as 'Hauslehrer' to a great mathematician was very wholesome for one used to confine himself to a single track. This was the time of the specific heat at low temperature (Debye, Born-Kármán) and of the Bohr model. By the way, papers not written in German were mostly ignored, unless they appeared in translation. In Göttingen I came in close contact with Max Born, finished my rather insignificant Ph.D. thesis for Sommerfeld, and almost flunked my orals with Röntgen in München because of a spectacular blunder in optics (didn't know of phase shift upon reflection).

Then came a great gap, the first World War. I enrolled with the Red Cross, later was drafted as a soldier, but never fired a shot. Finally in 1917 I was enrolled in one of the few military science offices in Berlin, as an assistant to Born in a section commanded by Rudolf Ladenburg, containing a number of other physicists, too. Beside the military problem of sound detection I became engaged in Born's study of the cohesive forces in crystals. It led to the important result that the electronic orbits could not be all in one plane, as suggested with great force by the current expression 'planetary orbits' which stuck like a fixed idea in the heads. Only Sommerfeld had once suggested two perpendicular orbits as more stable, but had not pursued the idea further. The *space structure* of the atom became my leading thread during the next seven years. It dominated the calculation of the energy levels of the *Helium atom* with two orbits on inclined planes (the method of approach later turned out to be wrong). It led to the *vector model* of the atom, then to the term analysis of the *anomalous Zeeman effect*, the *interval rule*, the *g-factor*, and finally to the *g-formula* on the ground of Back's magnificent experimental results. It yielded the necessity of modifying quantum numbers j^2 etc. to $j(j+1)$, revealing here for the first time a new 'quantum riddle'. This work was done first (1919–20) in the Odenwaldschule near Heidelberg, where I had the morning free for theoretical physics, and in the afternoon earned my keep by giving music lessons, in a most stimulating atmosphere of educators, artists, nature lovers, etc., interrupted by a short visit to Copenhagen. Then Frankfurt (1921–22), where Stern-Gerlach found their magnetic splitting of silver rays and I the key to the magnetic splitting of spectral lines. From 1928 on I lived in Tübingen, in close collaboration with Paschen and Back; since 1931 in Columbus, Ohio.

I do not wish to omit that, for acquiring a teacher's certificate, I had to study a certain amount of the history of philosophy, which I did first with reluctance ("philosophy is bunk"), then becoming interested more and more, reading the works of famous philosophers first hand. This proved of lasting value for my general outlook. It helped a great deal also, many years later, to look with critical eyes on the current production by famous authorities of books passing for 'physics and philosophy'.

Postscript

People have often asked me: "How did you ever find the g-formula?" My answer is: The g-formula was very easy to find on the grounds of Back's exhaustive material of anomalous Zeeman spectral types. The difficult step which required a new idea, or rather the application of an old idea to a new subject, was trying to analyze the Zeeman types into Zeeman terms, an upper and a lower one. Rydberg had established as early as 1900 the combination principle, further interpreted in 1913 by Bohr. Sometime later my teacher Sommerfeld applied the combination principle to the normal Zeeman effect and was happy to find in this way the three normal components. Thereafter he fell back on studying the spectral types again, and in 1920 he published a paper on a 'magneto-optischer Zerlegungssatz' concerning regularities of the visible Zeeman types, similar to Runge's and Preston's rule. How was it possible that for twenty years the Rydberg combination principle was known and applied to a myriad of spectral lines for their term analysis, and by the theorists for the unravelling of the orbital structure of atoms – and yet nobody got the idea of applying the same principle to unravelling the anomalous magnetic types into terms?? Once this was done, and a structural interpretation was suggested on the basis of orbits arranged in space (rather than sticking to the fixed idea of 'planetary orbits' all in one plane), it was simple to see that each spectral term had its peculiar gyro-magnetic factor g. After this it was not a difficult puzzle to combine the various clay tablets established by Back into a coherent language, in which the strange word $k(k+1)$ instead of k^2, and the like, occurred for the first time. But picking up the key, lying there for twenty years, was the decisive step.

APPENDIX C

Letter to Allen D. Breck*

Columbus, Ohio

Feb. 24, 1969

Dear Professsor Breck:

It is very fortunate to have a historian to write this planned contribution to the history of science. We ordinary people often mix up dates and events in our memory in a most unreliable fashion. I am glad that the two notes which I wrote years ago are of help to you. They have never been published, and you may make free use of them. The reprint from 'Isis' gives a detailed account of work done in the early 1920's. Dr. Forman has been particularly interested in my contributions as a physicist, and he has written as his Ph.D. thesis a long record with chapters "Alfred Landé and the Anomalous Zeeman Effect" and another chapter "A.L. receives a Call to Tübingen" in which he investigates the intrigues within the faculty as a historical picture of german Universities in the 1920's. This is of no interest for your present purpose. All essential things concerning physics are condensed in the reprint sent to you. The main point is that, by the "term analysis" of the observed magnetic or Zeeman-types, I *cracked the magnetic code of atomic structure* by the g-*factor*, followed by its application in the g-*formula*.

It is interesting for the history of ideas to notice that today I am remembered chiefly for the complicated g-*formula*. Yet the latter was only a small step of applying the introduction of the g-*factor* in the magnetic term-analysis, taken for self-evident today although at the time it was *the* great breakthrough, looked for by many physicists who had much more knowledge and technical ability than I as a beginner. But as Hermann *Bondi* wrote: "It is the mark of a really major step in thinking that, when we have become used to it, we can no longer imagine how things were before that step." So the term-analysis is taken as a matter of course and the g-formula as a feat of ingenuity, when it was the other way around.

*At the time of this letter, professor of history and departmental chairman at the University of Denver.

This brings me to my way of working. I have always been very slow in following the achievements of others, wishing to be able to reconstruct the whole complex as though it were my own creation. My greatest fault has always been not following the literature and informing myself of what others had done. Instead of knowing little about much, I put all my energy into finding out much about little, and biting my teeth into some irritating problem which seemed almost insoluble. But I am convinced that my slowness and ignorance was helpful to make progress. As Arthur Koestler wrote somewhere: "Without the art of forgetting [or, in my case, of never have known of it] the mind remains cluttered up with ready-made answers and never finds occasion to ask the proper questions." Thus, working quite alone in Frankfurt without encouragement from colleagues, I found the *key*, the g-factor, which then opened the drawer with the g-formula in it, when whole groups of older physicists, even the great atomist Sommerfeld, remained in the dark. It is also very interesting historically that, when I wrote to Sommerfeld of my results, he replied that a young student of his just had the same idea, but that I had priority. And this student was indeed a genius and would find other things of his own. (As I learned later, it was Heisenberg, then 20 years old.)

I also learned a great deal from a remark of my father, a jurist, to whom I tried to explain some of the principles of relativity: "If you cannot explain the thing in simple terms, you have not understood it yourself." Thereafter, looking for *simple* things in simple language remained my leitmotif to this day. It came up again many years later when a mathematician told me: "The whole quantum theory is nothing but a terrible mess", which angered me so much that I began to scrutinize the muddle presented in the textbooks and articles on interpretation by philosophizing physicists, after myself having an increasingly bad conscience in presenting the traditional muddle to my students. Thus brings me to the second phase of my work starting about 1954 when I was 66 years old.

A few years earlier, in 1950, a textbook on quantum mechanics came out (Pitman) in which I presented the quantum theory as a faithful follower of the dualistic views of Bohr and Heisenberg, yet feeling frustrated at the same time in not having clarified the matter sufficiently. This was the beginning of trying to put quantum mechanics upon a unified basis. This work has steadily progressed for a dozen years. My book "New Foundations of Quantum Mechanics" of 1965 still suffers from insufficiency in deriving the "interference law of probabilities", which I think I have overcome only recently by an additional postulate so as to close a serious gap. The postulate looks almost self-evident now. By the way, almost all "sparks" came to me in the morning before rising.

As to 'duality', the conflict between particle and wave appearances was regarded until 1927 as a most serious *paradox* which was in urgent need of being solved one or the other way. When no solution seemed to be at hand, it was decreed that the paradox from now on had to be considered as a *principle* of nature, or of contemplating nature, and thus not in need of any explanation any more, adding the 'principle' of complementarity (which, according to Mario Bunge, does not say more than "the less yin, the more yen and vice versa" without even giving a criterium which yan is complementary to a given yin). Many people regard this principle as very profound; others find it utterly trivial and at any rate evasive and unscientific because of its vagueness. And when one reads: "Bohr has done his utmost to explain that, with the principle of complementarity, all paradoxes could be avoided", it is a wonderful world indeed. But this faith has become the official creed of a whole generation of physicists, with few exceptions, such as Einstein and Schrödinger – and also a few philosophers of science who, however, had the grace of being mere philosophers and thus could be dismissed as incompetents. I regard this whole duality principle as a misleading elephant made of a non-existing mouse, by the method of ignoring, in 1927 and then continuing to ignore for 40 years, certain facts which indeed do not fit into the system (Duane' quantum theory of matter diffraction and the non-invariance of the relation $p = h/\lambda$) by a sort of snowblindness of the mind. Even today it seems quite difficult to rouse dualists out of their dogmatic slumber, since many people prefer irrational explanations when the rational can be made to look so much more exciting. Thus it may take some time until the establishment* will abandon the escapist doctrines of duality and complementarity, even when scores of younger physicists have written that this path "from dualism to unity" has made them 'understand' the quantum theory. However, there is nothing more sad than the death of an illusion. Einstein has never yielded to this trend, and I follow his lead when he declared: "The highest task of the theoretical physicists is the search for those general and elementary laws from which one can construct the world picture by pure deduction. There is no logical way to those elementary laws; one needs intuition based on critical analysis of experience."

As to your question about family history, there is nothing to say other than that my parents were the first real intellectuals, both intensely interested in literature and in politics, both active in the city council and other public concerns, with my father for a short time becoming acting Regierungs-Präsident im Düsseldorf am Rhein. The French accent was allegedly invented in the 18th century when there was a fashion to look French in name at least.

I hope this will answer some of your questions. Please feel free to use this material, including quotations and manners of speaking at your discretion. I myself feel rather reluctant to indulge in this eulogy coming from my own pen. But apparently it cannot be helped.

Yours sincerely,

Please give my regards to Yourgrau.
When will the Denver Symposium come out?

*including editors of American journals for physics teachers. Of course, they cannot be expected to preside over the liquidation of their own empire of evasion.

APPENDIX D

Books by Alfred Landé

1. *Fortschritte der Quantentheorie* (Steinkopf, Leipzig, 1922)
2. *Zeemaneffekt und Multipletstruktur der Spektrallinien* (with E. Back) (Springer-Verlag, Berlin, 1925).
3. *Die Neuere Entwicklung der Quantentheorie* (Steinkopf, Leipzig, 1926).
4. *Vorlesungen über Wellenmechanik* (Akademie-Verlag, Leipzig, 1930).
5. *Principles of Quantum Mechanics* (Cambridge University Press, London, 1937).
6. *Quantum Mechanics* (Pitman, London, 1950).
7. *Foundations of Quantum Theory* (Yale University Press, New Haven, 1955).
8. *From Dualism to Unity in Quantum Theory* (Cambridge University Press, London, 1960).
9. *New Foundations of Quantum Mechanics* (Cambridge University Press, London, 1965).
10. *Quantum Mechanics in a New Key* (Exposition Press, New York, 1973).

APPENDIX E

Handbook Review Articles by Alfred Landé

1. 'Axiomatische Begründung der Thermodynamik durch Carathéodory', *Handbuch der Physik* **9**, 281–300 (1926).
2. 'Optik, Mechanik und Wellenmechanik', *ibid.* **20**, 317–452 (1928).
3. 'Optik und Thermodynamik', *ibis.* **20**, 453–479 (1928).
4. 'Zeemaneffekt', *ibid.* **21**, 360–388 (1928).

APPENDIX F

Papers of Alfred Landé

(Papers included in this volume are labeled with an asterisk)

1914

1. 'Zur Methode der Eigenschwingungen in der Quantentheorie' (Inaugural-Dissertation, kgl. Ludwigs-Maximillians-Universität zu München) (Dieterichsen Univ.-Buchdruckerei, Göttingen, 1914).
*2. 'Quanteneffekt im Hochfrequenzspektrum', *Phys. Z.* **15**, 793–794.
*3. 'Zur Theorie der Helligkeitsschwankungen', *Phys. Z.* **15**, 946–952.

1915

*4. 'Einige neue Experimente zur Quantenhypothese und deren theoretische Bedeutung', *Naturwiss.* **3**, 17–23.
5. 'Die Beugung enlicher Wellenzüge an einer Halbebene', *Ann. Phys. (Leipzig)* **48**, 521–545.
*6. 'Über ein Paradoxon der Optik', *Phys. Z.* **16**, 201–204.
7. 'Theoretisches über die Breite der Spektrallinien', *Phys. Z.* **16**, 313–316.

1916

*8. 'Die Abzahlung der Freiheitsgrade in einer Elektronenwolke (strahlender Körper)', *Ann. Phys. (Leipzig)* **50**, 89–105.

1918

*9. 'Über die absolute Berechnung der Kristalleigenschaften mit Hilfe Bohrscher Atommodelle' (with M. Born), *Preuss. Akad.* **45**, 1048–1068.
10. 'Über die natürliche optische Aktivität isotroper Flüssigkeiten', *Ann. Phys. (Leipzig)* **56**, 225–260.
11. 'Die Randbelegungsmethode zur Lösung von Potential und Schwingungsproblemen', *Ann. Phys. (Leipzig)* **57**, 519–540.
12. 'Das elektrostatische Potential des Flusspatgitters', *Verh. Deut. Phys. Ges.* **22**, 217–223.
*13. 'Über die Berechnung der Kompressibilität regulärer Kristalle aus der

Gittertheorie' (with M. Born), *Deut. Phys. Ges.* **20**, 210–216.
*14. 'Kristallgitter und Bohrsches Atommodell' (with M. Born), *Deut. Phys. Ges.* **20**, 202–209.
*15. 'Über Koppelung von Elektronenringen und das optische Drehungsvermögen asymmetrischer Moleküle', *Phys. Z.* **19**, 500–505.
*16. 'Die Abstände der Atome im Molekül und im Kristall' (with M. Born), *Naturwiss.* **6**, 496. (Vorläufige Mitteilung.)

1919

*17. 'Elektronenbahnen im Polyederverband', *Preuss. Akad.* **5**, 101–106.
*18. 'Antwort auf die Bemerkungen des Herrn L. Vegard zu unseren Arbeiten über Kristallgitter and Bohrsches Atommodell' (with M. Born), *Deut. Phys. Ges.* 385–387.
19a,b,c. 'Dynamik der räumlichen Atomstruktur', *Deut. Phys. Ges.* **21**, 2–12; 644–652; 653–662.
*20. 'Adiabatenmethode zur Quantelung gestörter Elektronensysteme', *Deut. Phys. Ges.* **21**, 578–584.
*21. 'Eine Quantenregel für die räumliche Orientierung von Elektronenringen', *Deut. Phys. Ges.* **21**, 585–588.
22a. 'Das Serienspektrum des Heliums', *Naturwiss.* **7**, 269–270. (Vorläufige Mitteilung.)
*22b. 'Das Serienspektrum des Heliums', *Phys. Z.* **20**, 228–234.

1920

*23. 'Über die Grösse der Atome', *Z. Phys.* **2**, 191–197.
24. 'Würfelatome, periodisches System und Molekülbildung', *Z. Phys.* **2**, 380–404.
*25. 'Über ein dynamisches Würfelatommodell' (with E. Madelung), *Z. Phys.* **2**, 230–235.
*26. 'Über Würfelatome', *Phys. Z.* **21**, 626–628.
*27. 'Störingstheorie des Heliumatoms', *Phys. Z.* **21**, 114–122. (Habilitationsschrift, Frankfurt.)

1921

28a,b. 'Über die Kohäsionskraft im Diamanten', *Z. Phys.* **4**, 410–423; **6**, 10–11.
29a,b. 'Über den anomalen Zeemaneffekt', *Z. Phys.* **5, 231–241; 398–405.
*30. 'Anomaler Zeemaneffekt und Seriensysteme bei Ne und Hg', *Phys. Z.* **22**, 417–422.
*31. 'Über den anomalen Zeemaneffekt', *Naturwiss.* **9**, 926–928.

1922

32. 'Adsorption und übereinstimmende Zustände' (with R. Lorenz), *Z. Anorg. Allgem. Chem.* **125**, 47–58.

*33. 'Zur Theorie der anomalen Zeeman- und magneto-mechanischen Effekte', *Z. Phys.* **11**, 353–363.
34. 'Über eine einfache Ermittlung der Grenzwerte des molaren Leitvermogens starker Elektrolyte' (with R. Lorenz), *Z. Anorg. Allgem. Chem.* **125**, 59–66.

1923

*35. 'Fortschritte beim Zeemaneffekt', *Ergeb. Exakt. Naturwiss.* **11**, 147–162.
*36. 'Zur Theorie der Röntgenspektren', *Z. Phys.* **16**, 391–396.
*37. 'Zur Struktur des Neonspektrums', *Z. Phys.* **17**, 292–294.
38a. 'Termstruktur und Zeemaneffekt der Multipletts', *Z. Phys.* **15**, 189–205.
38b. 'Termstruktur und Zeemaneffekt der Multipletts. II', *Z. Phys.* **19**, 112–123.
*39. 'Schwierigkeiten in der Quantentheorie des Atombaues, besonders magnetischer Art', *Phys. Z.* **24**, 441–444.
40. 'Das Versagen der Mechanik in der Quantentheorie', *Naturwiss.* **11**, 725.

1924

41a. 'Das Wesen der relativistischen Dubletts bei den Röntgenspektren', *Naturwiss.* **12**, 332. (Vorläufige Mitteilung.)
41b. 'Das Wesen der relativistischen Röntgendubletts', *Z. Phys.* **24**, 88–97.
42. 'Die absoluten Intervalle der optische Dubletts und Tripletts', *Z. Phys.* **25**, 46–57.
*43. 'Termstruktur der Multipletts höherer Stufe' (with W. Heisenberg), *Z. Phys.* **25**, 279–286.
*44. 'Über gestrichene und verschobene Spektralterme', *Z. Phys.* **27**, 149–156.
*45. 'Über den quadratischen Zeemaneffekt', *Z. Phys.* **30**, 329–340.

1925

46. 'Bemerkungen zu der Kritik von O. Laporte und G. Wentzel', *Z. Phys.* **31**, 339.
*47. 'Lichtquanten und Kohärenz', *Z. Phys.* **33**, 571–578.
48. 'Zeemaneffekt bei Multipletts höherer Stufe', *Ann. Phys.* (*Leipzig*) **76**, 273–283.
*49. 'Warum hat das System der chemischen Elemente die Periodenlängen 2, 8, 8, 18, 18, 32?, *Naturwiss.* **13**, 604–606.

1926

*50. 'Zur Quantentheorie der Strahlung', *Z. Phys.* **35**, 317–322.
*51. 'Ein Experiment über Kohärenzfähigkeit von Licht' (with W. Gerlach), *Z. Phys.* **36**, 169–173.

*52. 'Neue Wege der Quantentheorie', *Naturwiss.* **14**, 455–458.
53. 'Axiomatische Begründung der Thermodynamik durch Carahéodory', *Handbuch der Physik* **9**, 281–300.

1927

*54. 'Zur Wellenmechanik der Kontinua und Elektrodynamik', *Z. Phys.* **44**, 768–772.
*55. 'Spontane Quantenübergänge', *Z. Phys.* **42**, 835–839.

1928

*56. 'Zu Diracs Theorie des Kreiselelektrons', *Z. Phys.* **48**, 601–606.
57. 'Entropie verdünnter Lösungen', *Z. Anorg. Allgem. Chem.* **171**, 143–145.
58. 'Optik, Mechanik und Wellenmechanik', *Handbuch der Physik* **20**, 317–452.
59. 'Optik und Thermodynamik', *Handbuch der Physik* **20**, 453–479.
60. 'Zeemaneffekt', *Handbuch der Physik* **21**, 360–388.
61. 'Influenzmethode zur Lösung von Potential-und Schwingungsproblemen', in *Festschrift Zum 60. Geburtstage Arnold Sommerfelds* (Hirschel, Leipzig).

1929

*62. 'Zur Quantenelektrik von G. Mie', *Z. Phys.* **57**, 713–722.
*63. 'Polarisation von Materiewellen', *Naturwiss.* **17**, 634–637.

1932

*64. 'Zur Quantenmechanik der Gasentartung', *Z. Phys.* **74**, 780–784.

1933

*65. 'The Magnetic Moment of the Proton', *Phys. Rev.* **44**, 1028–1029.
66a,b. 'Neutrons in the Nucleus. Parts I and II', *Phys. Rev.* **43, 620–623; **43**, 634–626.

1934

*67. 'Nuclear Magnetic Moments and Their Origin', *Phys. Rev.* **46**, 477–480.

1938

*68. 'Critical Remarks on the Interpretation of Quantum Theory', *J. Franklin Inst.* **226**, 83–98.
*69. 'Transitions between Levels Spaced Almost Continuously', *Phys. Rev.* **54**, 940–944.
70. 'Waves and Corpuscles in Quantum Physicists', *Science* **85**, 210–213.

1939

*71a. 'Sommerfeld's Fine Structure Constant and Born's Reciprocity', *J. Franklin Inst.* **228**, 495–502.

71b. 'Sommerfeld's Fine Structure Constant and Born's Reciprocity', *Phys. Rev.* **56**, 482–483.

*72. 'The Structure of Electric Particles and the Number 137', *Phys. Rev.* **56**, 486.

1940

*73a. 'On the Existence and the Magnitude of Electronic Charges', *J. Franklin Inst.* **229**, 767–774.

1941

*73b. 'On the Stability and Magnitude of Electronic Charges. Part II, Scalar Wave Functions' (with L. H. Thomas), *J. Franklin Inst.* **231**, 63–70.

74a,b. 'Finite Self-Energies in Radiation Theory. Part I and II' (the latter with L. H. Thomas), *Phys. Rev.* **60, 121–127; **60**, 514–523.

*75. 'On the Magnitude of Electronic Charges', *Phys. Rev.* **59**, 434–435.

1944

*76. 'Finite Self-Energies in Radiation Theory. Part III' (with L. H. Thomas), *Phys. Rev.* **65**, 175–184.

1949

*77. 'Interaction between Elementary Particles. Part I', *Phys. Rev.* **76**, 1176–1179.

*78. 'The Physical Significance of the Reciprocal Lattice of Crystals', *Am. Scientist* **76**, 414–416.

1950

*79. 'Interaction between Elementary Particles', Part II', *Phys. Rev.* **77**, 814–816.

*80. 'On Advanced and Retarded Potentials', *Phys. Rev.* **80**, 283.

1952

*81. 'Thermodynamic Continuity and Quantum Principles', *Phys. Rev.* **87**, 267–271.

*82. 'Quantum Mechanics and Thermodynamic Continuity', *Am. J. Phys.* **20**, 353–359.

1953

83. 'Continuity, a Key to Quantum Mechanics', *J. Phil. Sci.* **20**, 101–109.

*84. 'Probability in Classical and Quantum Theory', *Scientific Papers Presented to Max Born* (Oliver and Boyd, Edinburgh), pp. 59–64.

*85. 'Quantum Mechanics, a Thermodynamic Approach', *Am. Scientist 41*, 439–448.

1954

*86. 'Quantum Mechanics and Thermodynamic Continuity. II', *Am. J. Phys.* **22**, 82–87.

87a,b. 'Thermodynamische Begründung der Quantenmechanik', *Naturwiss.* **41**, 125–131; **41**, 524–25.

88. 'Quantum Indeterminacy, a Consequence of Cause-Effect Continuity', *Dialectica* **8**, 199–209.

1955

*89. 'Le Principe de Continuité et la Théorie des Quanta', *J. Phys. Radium* **16**, 353–357.

1956

90. 'The Logic of Quanta', *Brit. J. Phil. Sci.* **6**, 300–320.

91. 'Quantentheorie auf nicht-quantenhafter Grundlage', *Naturwiss.* **10**, 217–221.

*92. 'Deduction de la Théorie Quantique a Partir de Principes Non-Quantiques', *J. Phys. Radium* **17**, 1–4.

93. 'Quantum Mechanics and Common Sense', *Endeavour* **15**, 61–67.

*94. 'ψ Superposition and Quantum Rules', *Am. J. Phys.* **24**, 56–59.

1957

*95. 'Wellenmechanik und Irreversibilität', *Physik. Blätter* **13**, 312–314.

96. 'Non-Quantal Foundations of Quantum Theory', *J. Phil. Sci.* **24**, 309–320.

*97. 'ψ Superposition and Quantum Periodicity', *Phys. Rev.* **108**, 891–893.

1958

98. 'Ist die Dualität in der Quantentheorie ein Erkenntnis-problem?, *Phil. Nat.* **5**, 498–502.

99. 'Determinism versus Continuity in Modern Science', *Mind* **67**, 1–8.

100. 'Quantum Physics and Philosophy', *Current Science* **27**, 81–85.

*101. 'Quantum Theory from Non-Quantal Postulates', in *Berkeley Symposium on the Axiomatic Method*, pp. 353–364.

1959

*102. 'Zur Quantentheorie der Messung', *Z. Phys.* **153**, 389–393.

103. 'Quantum Mechanics, from Duality to Unity', *Am. Scientist* **47**, 341–349.

*104. 'From Dualism to Unity in Quantum Mechanics', *Brit. J. Phil. Sci.* **10**, 16–24.

*105. 'Heisenberg's Contracting Wave Packets', *Am. J. Phys.* **27**, 415–417.

106. 'Can Physical Knowledge Be Satisfied With a Dualistic Picture Rather Than a Unitary Reality', Marquette University Symposium, June 1959.

1961

*107. 'Warum interferieren die Wahrscheinlichkeiten?', *Z. Phys.* **164**, 558–562.

*108. 'Ableitung der Quantenregeln auf nicht-quantenmässiger Grundlage', *Z. Phys.* **162**, 410–412.

*109. 'Dualismus, Wissenschaft und Hypothese', in *Werner Heisenberg und die Physik unserer Zeit*, Fritz Bopp, ed. (Vieweg, Braunschweig, 1961), pp. 119–127.

110. 'From Duality to Unity in Quantum Mechanics', *Current Issues in the Philosophy of Science*, H. Feigl and G. Maxwell, eds. (Holt, Rinehart and Winston, New York, 1961), pp. 350–370.

*111. 'Unitary Interpretation of Quantum Theory', *Am. J. Phys.* **29**, 503–507.

1962

112. 'The Case Against Quantum Duality', *J. Phil. Sci.* **29**, 1–6.

1964

113. 'Vom Dualismus zur einheitlichen Quantentheorie', *Phil. Nat.* **8**, 232–241.

1965

114. 'Why Do Quantum Theorists Ignore the Quantum Theory?', *Brit. J. Phil. Sci.* **15**, 307–313.

115. 'Non-Quantal Foundations of Quantum Mechanics', *Dialectica* **19**, 349–358.

*116. 'Quantum Fact and Fiction', *Am. J. Phys.* **33**, 123–127.

*117. 'Discussion: Solution of the Gibbs Entropy Paradox', *J. Phil. Sci.* **32**, 192–193.

1966

118. 'Quantum Theory Without Dualism', *Scientia* **7**, 208–212.

119. 'Non-Quantal Foundations of Quantum Mechanics', in *Physics, Logic, and History* (Proceedings of the International Colloquium I, University of Denver, 1966), W. Yourgrau and A. D. Breck, eds. (Plenum, New York, 1970), pp. 297–310.

*120. 'Quantum Fact and Fiction. II', *Am. J. Phys.* **34**, 1160–1163.

1967

121. 'Observation and Interpretation in Quantum Theory', *Proceedings of the Seventh Inter-American Congress of Philosophy*, Laval University.

122. 'New Foundations for Quantum Physics', *Phys. Today* **20**, 55–58.

1968

123. 'Quantum Physics and Philosophy', in *Contemporary Philosophy*, R. Klibansky, ed. (La Nuova Italia Editrice, 1968), pp. 286–297.
124. 'Quantum Observation and Interpretation', in *XIV Internationaler Kongress für Philosophie* (Vienna, Sept. 1968) (Herder, Vienna, 1968), pp. 314–317.
*125. 'Quantenmechanik, Beobachtung und Deutung', *Int. J. Theor. Phys.* **1**, 51–60.
126. 'Dialog on Dualism', *Phys. Today.* **21**, 55–56.

1969

127. 'Auffassungen über die Quantentheorie: Wahrheit und Dichtung in Quantentheorie', *Phys. Blätter* **25**, 105–113.
128. 'Dualismus in der Quantentheorie', *Phil. Nat.* **11**, 395–396.
*129. 'Quantum Fact and Fiction. III', *Am. J. Phys.* **37**, 541–548.

1971

*130. 'Unity in Quantum Theorie', *Found. Phys.* **1**, 191–202.
131. 'The Decline and Fall of Quantum Dualism', *J. Phil. Sci.* **38**, 221–223.

1972

132. 'Einheit in der Quantenwelt', *Dialectica* **26**, 115–150.

1975

*133. 'Quantum Fact and Fiction. IV', *Am. J. Phys.* **43**, 701–704.
134. 'Why the World is a Quantum World', *Logic and Probability in Quantum Mechanics*, P. Suppes, ed. (Reidel, Dordrecht, 1975), pp. 433–444.

1976

135. 'The Laws Behind the Quantum Laws', *Brit. J. Phil. Sci.* **27**, 43–50.
*136. 'Physikalische Theorie der Beugung von Materieteilchen', *Ann. Phys. (Leipzig)* **33**, 88–92.

No date

137. 'Causality and Dualism on Trial', pp. 327–351.
138. 'Defence of Indeterminacy', in Charles De Koninck Volume, pp. 205–208.

The editors gratefully acknowledge the permission of various publishers to reprint those papers from the above list that are included in the present selection.

GPSR Compliance

The European Union's (EU) General Product Safety Regulation (GPSR) is a set of rules that requires consumer products to be safe and our obligations to ensure this.

If you have any concerns about our products, you can contact us on ProductSafety@springernature.com

In case Publisher is established outside the EU, the EU authorized representative is:

Springer Nature Customer Service Center GmbH
Europaplatz 3
69115 Heidelberg, Germany

Batch number: 10815974

Printed by Printforce, the Netherlands